Konzepte und Studien zur Hochschuldidaktik und Lehrerbildung Mathematik

Reihe herausgegeben von

Thomas Bauer, Fachbereich Mathematik und Informatik, Universität Marburg, Marburg, Deutschland

Albrecht Beutelspacher, Justus-Liebig-Universität Gießen, Gießen, Deutschland

Rolf Biehler, Institut für Mathematik, Universität Paderborn, Paderborn, Deutschland

Andreas Eichler, FB 10 / Didaktik der Mathematik, University of Kassel, Kassel, Deutschland

Lisa Hefendehl-Hebeker, Institut für Mathematik, Universität Duisburg-Essen, Essen, Deutschland

Reinhard Hochmuth, Institut für Didaktik der Mathematik und Physik, Leibniz Universität Hannover, Hannover, Deutschland

Jürg Kramer, Institut für Mathematik, Humboldt-Universität zu Berlin, Berlin, Deutschland

Susanne Prediger, Fakultät für Mathematik, IEEM, Technische Universität Dortmund, Dortmund, Deutschland

Die Lehre im Fach Mathematik auf allen Stufen der Bildungskette hat eine Schlüsselrolle für die Förderung von Interesse und Leistungsfähigkeit im Bereich Mathematik-Naturwissenschaft-Technik. Hierauf bezogene fachdidaktische Forschungs- und Entwicklungsarbeit liefert dazu theoretische und empirische Grundlagen sowie gute Praxisbeispiele.

Die Reihe „Konzepte und Studien zur Hochschuldidaktik und Lehrerbildung Mathematik" dokumentiert wissenschaftliche Studien sowie theoretisch fundierte und praktisch erprobte innovative Ansätze für die Lehre in mathematikhaltigen Studiengängen und allen Phasen der Lehramtsausbildung im Fach Mathematik.

Weitere Bände dieser Reihe finden Sie unter http://www.springer.com/series/11632

Rolf Biehler · Andreas Eichler ·
Reinhard Hochmuth · Stefanie Rach ·
Niclas Schaper
(Hrsg.)

Lehrinnovationen in der Hochschulmathematik

praxisrelevant – didaktisch fundiert –
forschungsbasiert

Hrsg.
Rolf Biehler
Institut für Mathematik, Universität Paderborn
Paderborn, Nordrhein-Westfalen, Deutschland

Andreas Eichler
Institut für Mathematik, Universität Kassel
Kassel, Hessen, Deutschland

Reinhard Hochmuth
Didaktik der Mathematik und Physik, Leibniz
Universität Hannover
Hannover, Niedersachsen, Deutschland

Stefanie Rach
Institut für Algebra und Geometrie, Otto-von-
Guericke-Universität Magdeburg
Magdeburg, Sachsen-Anhalt, Deutschland

Niclas Schaper
Institut für Humanwissenschaften
Universität Paderborn
Paderborn, Nordrhein-Westfalen, Deutschland

ISSN 2197-8751   ISSN 2197-876X   (electronic)
Konzepte und Studien zur Hochschuldidaktik und Lehrerbildung Mathematik
ISBN 978-3-662-62853-9   ISBN 978-3-662-62854-6   (eBook)
https://doi.org/10.1007/978-3-662-62854-6

Die Deutsche Nationalbibliothek verzeichnet diese Publikation in der Deutschen Nationalbibliografie;
detaillierte bibliografische Daten sind im Internet über http://dnb.d-nb.de abrufbar.

Planung/Lektorat: Annika Denkert
Springer Spektrum ist ein Imprint der eingetragenen Gesellschaft Springer-Verlag GmbH, DE und ist ein Teil
von Springer Nature.
Die Anschrift der Gesellschaft ist: Heidelberger Platz 3, 14197 Berlin, Germany

Inhaltsverzeichnis

Einführung: Lehrinnovationen in der Hochschulmathematik – praxisrelevant – didaktisch fundiert – forschungsbasiert

Rolf Biehler, Andreas Eichler, Reinhard Hochmuth, Stefanie Rach und Niclas Schaper

Zusammenfassung

In diesem einführenden Kapitel werden die Strukturierung und Ausrichtung des vorliegenden Bandes sowie des Kompetenzzentrums Hochschuldidaktik der Mathematik (khdm) vorgestellt. Dazu wird zunächst auf die Entstehungsgeschichte des khdm, seine nationalen und internationalen Aktivitäten und seinen Beitrag zur Nachwuchsförderung eingegangen. Anschließend werden die hier vorgestellten forschungsbasierten Lehrinnovationen, die im khdm von 2010 bis 2020 entwickelt wurden, eingeordnet. Die Beiträge strukturieren sich entlang von vier übergreifenden Perspektiven, nämlich fachlichen Analysen, Schnittstellenaktivitäten, Vorkurse sowie der Förderung mathematikspezifischer Arbeitsweisen und Lern-

R. Biehler (✉)
Institut für Mathematik, Universität Paderborn, Paderborn, Deutschland
E-Mail: biehler@math.upb.de

A. Eichler
FB 10, Universität Kassel, Kassel, Deutschland
E-Mail: eichler@mathematik.uni-kassel.de

R. Hochmuth
idmp, Leibniz Universität Hannover, Hannover, Deutschland
E-Mail: hochmuth@idmp.uni-hannover.de

S. Rach
FMA/IAG, Otto-von-Guericke-Universität Magdeburg, Magdeburg, Deutschland
E-Mail: stefanie.rach@ovgu.de

N. Schaper
KW, Universität Paderborn, Paderborn, Deutschland
E-Mail: niclas.schaper@upb.de

© Springer-Verlag GmbH Deutschland, ein Teil von Springer Nature 2021
R. Biehler et al. (Hrsg.), *Lehrinnovationen in der Hochschulmathematik,*
Konzepte und Studien zur Hochschuldidaktik und Lehrerbildung Mathematik,
https://doi.org/10.1007/978-3-662-62854-6_1

strategien an der Hochschule. Innerhalb dieser vier Cluster besteht ein Schwerpunkt darin, die Forschungsbasierung des Designs der Lehrinnovationen herauszuarbeiten und, sofern vorhanden, durch Ergebnisse von Evaluationen und Begleitforschungen zu ergänzen.

Der vorliegende Band ist im Kontext des Kompetenzzentrums Hochschuldidaktik Mathematik (www.khdm.de) entstanden und fokussiert auf Good-Practice-Beiträge, die auf der Arbeit des khdm in den zurückliegenden zehn Jahren basieren. Herausgeber sind die Geschäftsführenden Direktoren im Jahre 2020, Rolf Biehler (Paderborn), Andreas Eichler (Kassel) und Reinhard Hochmuth (Hannover) sowie Niclas Schaper (Paderborn) als langjähriges Mitglied des Direktoriums des khdm und Kooperationspartner aus der Psychologie in mehreren khdm-Projekten sowie Stefanie Rach (Magdeburg), die von 2016 bis 2018 zur Entstehungszeit dieses Bandes die Juniorprofessur für Hochschuldidaktik an der Universität Paderborn innehatte. Da die Beiträge des Bandes auch die Geschichte des khdm repräsentieren, skizzieren wir diese zu Beginn und beschreiben dann kurz die Arbeitsstruktur des Kompetenzzentrums. Schließlich erläutern wir die Struktur des Bandes und geben einen Überblick zu den Inhalten der einzelnen Kapitel.

Geschichte des khdm

Das khdm stellte zunächst ein von der Stiftung Mercator und der Volkswagenstiftung finanziertes Drittmittelprojekt dar, das eine Startfinanzierung für zunächst drei Jahre ab dem Herbst 2010 erhielt mit dem Ziel einer Verstetigung und Institutionalisierung. Eingeworben wurden diese Mittel im Rahmen der Ausschreibung „Bologna – Zukunft der Lehre" durch die beiden Universitäten Kassel und Paderborn. Neben Impulsen zur Entwicklung der Hochschuldidaktik Mathematik als interdisziplinäres wissenschaftliches Feld und als wissenschaftliche „Community" sollten insbesondere kooperativ angelegte Forschungs- und Entwicklungsprojekte mit hohem, über die Universitäten hinausgehendem Transferpotenzial durchgeführt werden. An der Konzeption der Projekte und der Antragstellung waren ursprünglich 15 Wissenschaftlerinnen und Wissenschaftler aus der Fachmathematik, der schulbezogenen Mathematikdidaktik, der allgemeinen Hochschuldidaktik und der Psychologie beteiligt. Federführend eingeworben und dann geleitet wurde das Zentrum von Rolf Biehler (Paderborn) und Reinhard Hochmuth (Kassel). Bedingt durch den Wechsel des Letzteren an die Leuphana-Universität Lüneburg wurde das khdm in den Jahren 2011 bis 2015 zu einer Einrichtung dieser drei Universitäten. Mit dem Wechsel von Reinhard Hochmuth an die Leibniz Universität Hannover übernahm diese Hochschule (ab 2016) die Rolle der dritten Trägeruniversität von der Leuphana-Universität.

So ist das khdm aktuell als gemeinsame wissenschaftliche Einrichtung der Leibniz Universität Hannover, der Universität Kassel und der Universität Paderborn etabliert. Die Universitäten unterstützen die Arbeit des khdm mit einer Grundausstattung – Beteiligung an Sekretärinnenkapazität, Stellenanteile der Geschäftsführer und Sachmittel. Seine Weiterführung verdankt das khdm aber im Wesentlichen der Einwerbung von Drittmitteln für Forschungs- und Entwicklungsprojekte. Im Jahre 2019 kooperierten im khdm insgesamt 22 Professorinnen und Professoren sowie 38 wissenschaftliche Mitarbeiterinnen und Mitarbeiter. Mit Bezug auf wissenschaftliche Nachwuchsförderung werden im khdm derzeit 19 Qualifikationsprojekte durchgeführt, zehn wurden bereits abgeschlossen (Feudel 2020; Fischer 2014; Göller 2020; Kempen 2019; Kortemeyer 2019; Laging 2021; Liebendörfer 2018; Ostsieker 2020; Püschl 2019; Wolf 2017). In der Aufbauphase des khdm wurden mehrere nationale und internationale Tagungen organisiert, um eine Vernetzung der Hochschuldidaktik Mathematik zu etablieren bzw. auszubauen. Die erste Arbeitstagung des khdm widmete sich schwerpunktmäßig den Vorkursen (Bausch et al. 2014) und die zweite der Studieneingangsphase (Hoppenbrock et al. 2016, 2013). Die internationale Einbettung des khdm wurde dann durch weitere vom khdm initiierten Tagungen in Oberwolfach (Biehler et al. 2014; Biehler und Hochmuth 2016) und Hannover (Göller et al. 2017) gestärkt.

Arbeitsstruktur des khdm

Nach der kurzen geschichtlichen Einbettung soll im Folgenden die Arbeitsstruktur des khdm vorgestellt werden. Die Mathematik ist eine eigenständige Disziplin an der Hochschule. Sie ist aber auch wichtige Grundlage anderer Disziplinen. In den verschiedenen Bereichen taucht die Mathematik dabei in sehr unterschiedlichen Formen auf, was die Inhalte, Ziele und Methoden betrifft. Da sich die Mathematik an der Hochschule in mehreren Studienbereichen wiederfindet und einen spezifischen Charakter je nach Studienbereich zeigt, wurden Entwicklungs- und Forschungsprojekte zu mathematischen Lehr- und Lernprozessen in verschiedene Arbeitsgemeinschaften eingeteilt.

Das khdm gliedert sich einerseits nach Studiengangsbereichen, die jeweils durch eine Arbeitsgemeinschaft (AG) repräsentiert sind:

- AG 1 Lehrer*innenausbildung Grund-, Haupt- und Realschule
- AG 2 Bachelor Mathematik und Lehrer*innenausbildung Gymnasium
- AG 3 Wirtschaftswissenschaften
- AG 4 Ingenieurwissenschaften

Eine besondere Herausforderung liegt in den mathematischen Eingangsvoraussetzungen für die verschiedenen Fächer, die von der zunehmend heterogenen Studierendengruppe sehr unterschiedlich erfüllt werden. Die besondere Bearbeitung der Übergangsproblematik mit Fokus auf der Sicherung eines gemeinsamen Mindestniveaus stellt daher einen eigenen Bereich dar:

- AG 5 Mathematische Vor- und Brückenkurse

Schließlich haben sich in den Jahren der gemeinsamen und standortübergreifenden Zusammenarbeit Projekte herausgebildet, die aus verschiedenen Perspektiven der

Arbeitsgruppen heraus betrachtet werden müssen. Hierfür wurde eine ergänzende Arbeitsgruppe eingerichtet:

- AG 6 Übergreifende Projekte

In diesen sechs AGs tauschen sich die Forschenden über ihre Projekte aus oder initiieren neue, interdisziplinär ausgerichtete Projekte. In jeder AG sind Lehrende der Mathematik aus der jeweiligen Domäne integriert.

Die Projekte in der Startphase waren an die AG-Struktur angedockt. Mittlerweile ist die Forschungs- und Entwicklungsarbeit des khdm in thematisch fokussierten Clustern organisiert, die stärker den weiterentwickelten Forschungsschwerpunkten entsprechen, quer zur AG-Struktur liegen und auch das Grundgerüst des vorliegenden Bandes bilden:

- Fachliche Analysen als Grundlage hochschuldidaktischer Innovationen (Kap. 2 – 6)
- Schnittstellenaktivitäten zwischen Schule, Hochschule und Profession (Kap. 7 – 12)
- Mathematikvorkurse als Einführung in das Studium (Kap. 13 – 18)
- Förderung mathematikspezifischer Arbeitsweisen und Lernstrategien an der Hochschule (Kap. 19 – 24)

Zu diesem Band

Die einzelnen Arbeiten des Bandes haben wir übergeordneten Kapiteln zugeordnet, die wir im Folgenden kurz vorstellen. Diese orientieren sich an den eben genannten Clustern (zu weiteren Arbeiten im khdm, die sich in die Cluster einreihen lassen, siehe die Website www.khdm.de).

Fachliche Analysen sind eine Grundlage hochschuldidaktischer Innovationen und bilden den thematischen Schwerpunkt der Kapitel 2 bis 6. Der Fokus auf das Lehren und Lernen einzelner mathematischer Begriffe und Theorien wurde im khdm bereits seit seinem Beginn gelegt, jedoch zunächst häufiger analytisch-beobachtend und weniger auf Lehrinnovationen zielend. In diesem Band sind solche Arbeiten dargestellt, die auch eine Komponente der Praxisinnovation beinhalten. Es gibt zwei Beiträge zu Konzepten für die Gestaltung von Mathematiklehrveranstaltungen in der Ausbildung für Studierende der Ingenieurwissenschaften. Ferner fokussieren zwei weitere Beiträge auf spezielle mathematische Themen, die Folgenkonvergenz und die Signaltheorie als Teil der Elektrotechnik.

Eine spezielle Form der Lehrinnovation in Vorlesungen stellen sogenannte Schnittstellenaktivitäten dar, die in den Kapiteln 7 bis 12 diskutiert werden. Dabei geht es darum, besondere Angebote für diejenigen Studierenden zu entwickeln, die nicht Mathematik auf Bachelor und Master als Hauptfach studieren, um später als Mathematikerin oder Mathematiker tätig zu sein, sondern die Lehrveranstaltungen als Teil einer wissenschaftlich fundierten Fachbildung und Berufsausbildung sehen. Das betrifft einerseits alle Lehramtsstudiengänge und andererseits diejenigen, die Mathematik als Servicefach belegen, also zum Beispiel die Studierenden der Wirtschaftswissenschaften oder Ingenieurwissenschaften. Die Angebote bestehen im Kern darin, Aufgaben und Aktivitäten zu entwickeln, die eine Verbindung zur späteren Berufspraxis oder zu den Bezugsdisziplinen herzustellen. In den entsprechenden Kapiteln werden daher sowohl Schnittstellenaktivitäten in der ingenieurwissenschaftlichen Ausbildung als auch in der Lehramtsausbildung thematisiert.

Ein besonderer Fokus des khdm liegt auf der Entwicklung und Beforschung von digital gestützten Mathematikvorkursen, zu denen Arbeiten in den Kapiteln 13 bis 18 präsentiert werden. Drei der fünf Beiträge in diesem Teil bauen auf den VEMINT-Vorkursen auf. Diese basieren auf dem 2003 gegründete VEMA-Projekt, in dem multimediale Vorkursmaterialien für Blended-Learning-Szenarien entwickelt und erforscht wurden – auch nach Gründung des khdm weiterhin zusammen mit der TU Darmstadt. Ein Beitrag ist dem Einsatz des Aufgabenentwicklungssystems STACK gewidmet, das mittlerweile an vielen Hochschulen eingesetzt wird. Ein Beitrag greift diese Technologie für die digitale Unterstützung von Übungen auf, und das nicht nur in Vorkursen, sondern auch im ersten Studienjahr. Ferner wird über eine vergleichende wissenschaftliche Studie zu verschiedenen weiteren Vorkursen mit dem Fokus auf digitalem Medieneinsatz bei Themen der Statistik berichtet.

Abschließend sind in den Kapiteln 19 bis 24 solche Arbeiten aus dem khdm aufgenommen, in denen die partielle Neugestaltung mathematischer Vorlesungen oder Tutorien im ersten Studienjahr vor allem zur Förderung mathematischer Arbeitsweisen in verschiedenen mathematikhaltigen Studiengängen diskutiert wird. Diese Arbeitsweisen zielen vor allem darauf ab, dass Studierende eigenständig Beweise konstruieren und ein umfassendes Verständnis abstrakter Begriffe aufbauen können. In den hier vorgestellten Beiträgen werden erstens Lerninnovationen vorgestellt, die direkt in Vorlesungen umgesetzt und evaluiert wurden, z. B. verschiedene Typen von Beweisen, Konzeptbasen, Lückenskripts oder die Einbindung der enaktiven Darstellungsebene. Zweitens werden Schulungsangebote für Tutorinnen und Tutoren im Hinblick auf die Förderung von Arbeitsweisen präsentiert.

Die Gesamtheit der Forschungsarbeiten des khdm abzubilden war nicht Ziel dieses Bandes. Vielmehr wird eine Zwischenbilanz nach zehn Jahren im Hinblick auf praktische Innovationen vorgelegt. Der aktuelle Stand ist auf unserer Homepage (www. khdm.de) gut abgebildet, eine zusammenfassende Darstellung des khdm findet sich auch in Hochmuth et al. (2020).

Alle Beiträge dieses Bandes sind einem Review-Verfahren mit zwei Gutachten unterzogen worden, einem Gutachten aus den Reihen des khdm und einem weiteren aus der Community der Hochschuldidaktik Mathematik.

Literatur

Bausch, I., Biehler, R., Bruder, R., Fischer, P. R., Hochmuth, R., Koepf, W., Schreiber, S., & Wassong, T. (2014). *Mathematische Brückenkurse: Konzepte, Probleme und Perspektiven.* Wiesbaden: Springer Spektrum.

Biehler, R., & Hochmuth, R. (2016). Oberwolfach papers on mathematics in undergraduate study programs: Challenges for research. *International Journal of Research in Undergraduate Mathematics Education*, 1–7. doi: https://doi.org/10.1007/s40753-016-0049-7

Biehler, R., Hochmuth, R., Hoyles, D. C., & Thompson, P. W. (2014). Mathematics in undergraduate study programs: Challenges for research and for the dialogue between mathematics and didactics of mathematics. *Oberwolfach Reports*, *11*(4), 3103–3175. https://doi.org/10.4171/OWR/2014/56.

Feudel, F. (2020). *Die Ableitung in der Mathematik für Wirtschaftswissenschaftler: Analysen zum benötigten, gelehrten und von Studierenden erreichten Verständnis des Ableitungsbegriffs.* Wiesbaden: Springer Spektrum.

Fischer, P. (2014). *Mathematische Vorkurse im Blended Learning Format - Konstruktion, Implementation und wissenschaftliche Evaluation.* Wiesbaden: Springer Spektrum.

Göller, R. (2020). *Selbstreguliertes Lernen im Mathematikstudium.* Wiesbaden: Springer Spektrum.

Göller, R., Biehler, R., Hochmuth, R., & Rück, H.-G. (Hrsg.). (2017). *Didactics of Mathematics in Higher Education as a Scientific Discipline – Conference Proceedings.* Kassel: Universitätsbibliothek Kassel. https://nbn-resolving.de/urn:nbn:de:hebis:34-2016041950121.

Hochmuth, R., Liebendörfer, M., Biehler, R., & Eichler, A. (2020). Das Kompetenzzentrum Hochschuldidaktik Mathematik (khdm). *Neues Handbuch Hochschullehre, 95,* 117–138.

Hoppenbrock, A., Biehler, R., Hochmuth, R., & Rück, H.-G. (Hrsg.). (2016). *Lehren und Lernen von Mathematik in der Studieneingangsphase – Herausforderungen und Lösungsansätze.* Wiesbaden: Springer Spektrum.

Hoppenbrock, A., Schreiber, S., Göller, R., Biehler, R., Büchler, B., Hochmuth, R., & Rück, H.-G. (2013). *Mathematik im Übergang Schule/Hochschule und im ersten Studienjahr - Extended Abstracts zur 2. khdm-Arbeitstagung.* Kassel: Universität Kassel. https://kobra.bibliothek.uni-kassel.de/handle/urn:nbn:de:hebis:34-2013081343293.

Kempen, L. (2019). *Begründen und Beweisen im Übergang von der Schule zur Hochschule. Theoretische Begründung, Weiterentwicklung und wissenschaftliche Evaluation einer universitären Erstsemesterveranstaltung unter der Perspektive der doppelten Diskontinuität.* Heidelberg: Springer Spektrum.

Kortemeyer, J. (2019). *Mathematische Kompetenzen in Ingenieur-Grundlagenfächern: Analysen zu exemplarischen Aufgaben aus dem ersten Jahr in der Elektrotechnik.* Wiesbaden: Springer Spektrum.

Laging, A. (2021). *Selbstwirksamkeit, Leistung und Calibration in Mathematik. Eine Studie zum Einfluss von Aufgabenmerkmalen und Feedback zu Studienbeginn.* Wiesbaden: Springer Spektrum.

Liebendörfer, M. (2018). *Motivationsentwicklung im Mathematikstudium.* Wiesbaden: Springer Spektrum.

Ostsieker, L. (2020). *Lernumgebungen für Studierende zur Nacherfindung des Konvergenzbegriffs: Gestaltung und empirische Untersuchung.* Heidelberg: Springer Spektrum.

Püschl, J. (2019). *Kriterien guter Mathematikübungen – Potentiale und Grenzen in der Aus- und Weiterbildung von studentischen TutorInnen.* Wiesbaden: Springer Spektrum.

Wolf, P. (2017). *Anwendungsorientierte Aufgaben für Mathematikveranstaltungen der Ingenieurstudiengänge - Konzeptgeleitete Entwicklung und Erprobung am Beispiel des Maschinenbaustudiengangs im ersten Studienjahr.* Wiesbaden: Springer Spektrum.

Teil I

Fachliche Analysen als Grundlage hochschuldidaktischer Interventionen

Fachliche Analysen als Grundlage hochschuldidaktischer Interventionen – Einführung

Reinhard Hochmuth

Zusammenfassung

Fachliche Analysen in der Hochschuldidaktik Mathematik fokussieren auf den Lehr- bzw. Lernstoff und theoretisch fundierte empirische Analysen fachlicher Lernprozesse. Sie tragen zur Klärung der Frage bei, welcher „Stoff" auf welche Weise in Mathematik-, Lehramts-, Naturwissenschafts- und Ingenieurstudiengängen behandelt werden soll und kann. Damit verfolgen die fachlichen Sachstrukturanalysen insbesondere auch das Ziel, Grundlagen für neue Lehr-Lern-Sequenzen zu entwickeln. Die Einführung skizziert Antworten auf Fragen wie „Worum geht es in fachlichen Analysen?" oder „Worin besteht deren Relevanz und worin liegen typischerweise deren Grenzen?". Vor diesem Hintergrund werden schließlich die Beiträge dieses Buchteils kurz eingeordnet.

In der Hochschuldidaktik Mathematik fokussieren fachliche Analysen auf den Lehr- bzw. Lernstoff, dabei insbesondere auf Rekonstruktionen seiner fachlichen und innermathematischen Logik im Hinblick auf Lehr-Lern-Prozesse und auf theoretisch fundierte empirische Analysen fachlicher Lernprozesse selbst. Diesbezüglich besteht kein Unterschied zwischen einer hochschulmathematik- und einer schulmathematikbezogenen Fachdidaktik. Für einen vertiefenden und breiten historischen Überblick zur schulbezogenen stoffdidaktischen Forschung sei beispielsweise auf Hefendehl-Hebeker (2016) verwiesen. Fachliche Analysen haben dabei die Lehr-Lern-Situation in ihren sozialen Dimensionen, z. B. bezüglich des didaktischen Vertrags (Brousseau 1997),

R. Hochmuth (✉)
idmp, Leibniz Universität Hannover, Hannover, Deutschland
E-Mail: hochmuth@idmp.uni-hannover.de

und in ihren psychologischen Dimensionen, z. B. bezüglich Fragen der Motivation, durchaus im Blick. Diese Perspektiven dienen unter anderem der Orientierung fachlicher Reflexionen und darauf basierender Lehrvorschläge, die das Lernen Studierender erleichtern und die Lernergebnisse vertiefen wollen. Fachlichen Analysen zugrunde liegende Fragen sind beispielsweise:

- Bezüglich welcher fachlichen Inhalte bzw. Aspekte sollen Studierende größere Verantwortung in ihren Lernhandlungen übernehmen?
- Welches Beispiel oder auch welches Hintergrundwissen könnte motivierend wirken?

Untersuchungen, die in elaborierter und spezifischer Weise auch auf theoretische Konzepte bezüglich etwa selbstständiger Lernformen, Lern- und Arbeitsstrategien oder Motivationsfragen eingehen, oder auf empirischer Basis die Frage zu beantworten versuchen, ob und inwiefern auch fachlich veranlasste Lehrinnovationen die angestrebten Ziele tatsächlich erreichen und welchen Anteil spezifisch fachliche Neuerungen daran haben, folgen in anderen Teilen dieses Bandes. Entsprechend finden sich dort an der einen oder anderen Stelle auch Analysen fachlicher Aspekte, die dann aber jeweils explizit einer anderen und in erster Linie nicht primär fachlichen Perspektive untergeordnet sind. Im Unterschied dazu sind in diesem Teil Beiträge versammelt, die fachliche Aspekte in den Mittelpunkt stellen und aus dem Fachlichen sowohl ihre zentralen Untersuchungsdimensionen, Fragestellungen und Ergebnisse als auch einen wichtigen Ausgangspunkt für Geltungsbegründungen ihrer Aussagen erhalten.

In der Forschungsperspektive des khdm stellen fachbezogene Analysen einen Schwerpunkt dar, auch weil von Beginn an im khdm Wissenschaftlerinnen und Wissenschaftler aus der Fachwissenschaft und der Didaktik intensiv in Projekten kooperierten. Dabei sind in den zurückliegenden Jahren insbesondere komplexe Fragen nach geeigneten fachlichen Übergängen und Passungen, etwa hinsichtlich der Verwendung von Begriffen und Kalkülen in den Ingenieur- und Wirtschaftswissenschaften, untersucht worden. Die einmal eher begriffs- und ein anderes Mal eher textorientierten Sachstrukturanalysen verfolgten unter anderem auch das pragmatische Ziel, Grundlagen für neue Lehr-Lern-Sequenzen oder Aufgaben für die Lehre zu konstruieren.

Wir werden nun zunächst auf die beiden folgenden Fragen eingehen:

- Worum geht es in fachlichen Analysen?
- Worin besteht deren Relevanz und worin liegen typischerweise deren Grenzen?

Vor diesem Hintergrund werden dann schließlich die vier Beiträge dieses Buchteils eingeordnet.

Worum geht es in fachlichen Analysen?

Fachliche Analysen beschreiben und untersuchen Inhalte, Themen des Lehr- und Lernstoffs, den Lehrplan bzw. curriculare Aspekte eines Themas, einer Vorlesungseinheit, eines Moduls oder eines Studiengangs. Infrage gestellt wird das, was inhaltlich in Vorlesungen, Übungen und Seminaren behandelt wird. Dabei geht es insbesondere um spezifische fachliche Lernhürden. Was zum zu lehrenden Inhalt gehört, scheint in Studiengängen der Mathematik am klarsten zu sein. Deshalb geht es in darauf bezogenen Untersuchungen häufig mehr um das Wie, um das Verstehen bestimmter Schwierigkeiten beim Lernen an sich feststehender Inhalte im ersten Studienjahr sowie im Übergang von der Schule zur Universität. Schon für das gymnasiale Lehramt werden bezüglich der notwendigen und mit Blick auf die späteren beruflichen Anforderungen hilfreichen Inhalte und deren Gestaltung seit Jahren viele Fragen gestellt. Diese beziehen sich nicht nur auf die fortgeschrittene Mathematik, der sich etwa Master-Studierende in originären Mathematikstudiengängen widmen, sondern auch auf die Grundlagenveranstaltungen der Analysis und Linearen Algebra. Deren in der Regel axiomatischen Aufbau sollen Lehramtsstudierende zwar durchaus kennenlernen, ein erstes Fragezeichen besteht aber bereits hinsichtlich darauf bezogener Handlungskompetenzen. Und ein zweites, im gewissen Sinne „größeres" Fragezeichen besteht bezüglich fachlicher Anschlüsse zu schulmathematischen und fachdidaktischen Wissensbeständen. Was hier zur Disposition gestellt und wohl auch zu Recht mit Blick auf aktuell tatsächlich erreichte Lernziele angezweifelt wird, ist der Transfer vom universitären Wissenskanon der Analysis und Linearen Algebra zu entsprechenden schulbezogenen Wissensbeständen. Beiträge, die sich gezielt mit dieser Problematik auseinandersetzen, finden sich im Teil 2 dieses Bandes.

Ähnlich relevant sind solche den Inhalt selbst zur Disposition stellende Fragen mit Blick auf ingenieurwissenschaftliche Studiengänge und, diesbezüglich, auf Lehrveranstaltungen zur Höheren Mathematik. Deren Verhältnis wird derzeit vielleicht als nicht ganz so problematisch angesehen wie beim gymnasialen Lehramt. Von daher geht es in darauf bezogenen Studien eher um eine Optimierung der Lehre im Sinne einer besseren Verzahnung von mathematischen und ingenieurwissenschaftlichen Inhalten. In der Höheren Mathematik für Ingenieure finden sich häufig pragmatische und an Kalkülen orientierte Stoffauswahlen. Allerdings erscheint mit Kalkülorientierung die jeweilige Auswahl noch nicht hinreichend qualifiziert (Schupp 2016). Entsprechend haben in den zurückliegenden Jahren Umfang und Tiefe der Forschung zu Verwendungsweisen der Mathematik in den Ingenieurwissenschaften auch international zugenommen (Hochmuth 2020). Dabei wird jedoch oft nur in den Blick genommen, welche Kalküle und welche Begriffe in den Ingenieurwissenschaften konkret verwendet werden. Zunehmend werden aber auch weitergehende Fragen gestellt. Diese beziehen sich etwa auf die Spezifik der Verknüpfung von Mathematik als axiomatisch gegründeter Wissenschaft und empirisch fundierten Ingenieurwissenschaften und darauf bezogenes Begründungs- und Steuerungswissen. Entsprechend dieser Ausweitung untersuchter Fragestellungen haben sich in den zurückliegenden Jahren auch die in der Forschung fruchtbar gemachten Theorierahmen verändert (Artigue 2016).

Nach wie vor findet in der hochschuldidaktischen Forschung häufig die analytische Unterscheidung zwischen einem *concept image* und der *concept definition* Verwendung.

Diese wurde in den 1970er-Jahren (z. B. Vinner 1976) eingeführt und nachfolgend durch die viel zitierte Arbeit von Tall und Vinner (1981) zu einem wesentlichen Bestandteil eines kognitiv orientierten, entwicklungsorientierten Ansatzes zur Analyse des mathematischen Lernens auf Universitätsebene. In dieser Unterscheidung reflektiert sich zum einen die gegenüber der Schulmathematik größere Bedeutung von Definitionen. Aussagen etwa in Gestalt mathematischer Sätze müssen auf Basis von Definitionen, deren präziser Formulierung und unter Befolgung logischer Regeln bewiesen werden. Dies stellt einen großen Teil universitärer Mathematik dar, den es so für die Schulen weder vom Umfang her noch in der Tiefe jemals gab. Zum anderen gehen auch an der Universität Begriffe nicht in deren Definitionen auf. Für die Verwendung von Konzepten und Begriffen, ob beim Problemlösen, Anwenden oder dem Finden eines Beweises, spielen in der Regel vielfältige Vorstellungen, Darstellungen und teilweise auch intuitive Bezüge zwischen fachlichen Inhalten eine wichtige Rolle. Ziel der Lehre ist es, dass Studierende nicht nur die *concept definition* kennen und verständig damit umgehen können, sondern auch über ein darüber hinausgehendes reichhaltiges *concept image* verfügen, das in seinen verschiedenen Aspekten hinsichtlich seiner Möglichkeiten und Grenzen sowie seiner Verträglichkeit bezüglich der *concept definition* reflektiert werden kann.

In den zurückliegenden Jahren ist auch der Kompetenzbegriff mit seinen verschiedenen Facetten verstärkt in der Hochschuldidaktik Mathematik verwendet worden. Wie in der schulbezogenen Mathematikdidaktik adressieren die Dimensionen auch hier in erster Linie fachlich gedachte Kompetenzen unter expliziter Ausklammerung affektiver Aspekte. So hat etwa das SEFI-Netzwerk (2013) aufbauend auf dem von Niss formulierten Modell (Niss 2003; siehe auch Niss und Højgaard 2019) für die mathematischen Kompetenzen in den Ingenieurwissenschaften ein explizites Modell beschrieben.

Schließlich werden zunehmend für fachliche Analysen auch außerhalb der Länder und Regionen, in denen diese schon länger die Mittel der Wahl darstellen (vgl. etwa zu länderbezogenen Vergleichen Sträßer (1996) sowie Laborde (2016)) Elemente der Anthropologischen Theorie der Didaktik (ATD) und hier insbesondere das sog. 4 T-Model sowie die Skala der Ebenen der Kodetermination genutzt (Chevallard 1992; Bosch und Gascón 2014; Winsløw et al. 2014). ATD bietet einen kohärenten und systematischen Rahmen, mathematische und mathematikdidaktische Aktivitäten zu untersuchen. Die zentrale Untersuchungseinheit stellen sog. Praxeologien dar. Deren Beschreibung mittels 4T-Modellen beruht u. a. auf der Vorstellung, dass alle menschlichen Handlungen, also auch mathematische und mathematikdidaktische, zwei Momente einschließen: ein praktisches sowie ein theoretisches und begründendes Moment. Darüber hinaus fokussiert ATD auf die Dynamik von Wissensbereichen und -organisationen, deren Existenz- und Entwicklungsbedingungen in institutionellen Kontexten.

Worin bestehen die Relevanz und die Grenzen fachlicher Analysen?

Mit Bezug auf Predigers (2015) Darstellung fachdidaktischer Theorieelemente und ihre Funktionen lassen sich Stoffdidaktik und fachliche Analysen als notwendiges und hilfreiches Moment bezüglich der folgenden forschungsbezogenen Dimensionen ausweisen: In deskriptiven Theorieelementen betrifft das etwa Fragen danach, welche Phänomene und Beziehungen sich fachlich unterscheiden lassen, oder auch welche fachlichen Fehler typischerweise bei Studierenden auftreten. Im Kontext erklärender bzw. verstehender Theorieelemente helfen fachlich orientierte Untersuchungen Fragen nach Gründen des Auftretens bestimmter Phänomene zu beantworten bzw. deren fachliche Hintergründe zu spezifizieren. In normativen Theorieelementen sind sie notwendig, um Inhalte und die mit ihnen verknüpften fachlichen Ziele zu beschreiben, zu verorten und zu begründen. Mit Blick auf präskriptive Theorieelemente kann es etwa um folgende Fragen gehen:

- Wie sollen Begriffe eingeführt und welche Aufgaben sollen gestellt werden, um bestimmte Ziele zu erreichen?
- An welche fachlichen Bedingungen ist die Erreichung bestimmter Lehr-Lern-Ziele geknüpft?
- Welche Materialien und Beispiele sind hilfreich?

Und schließlich mit Blick auf prognostische Theorieelemente:
- Was ist als Folge bestimmter fachlicher Voraussetzungen und Bedingungen anzusehen?

Es versteht sich von selbst, dass fachliche Untersuchungen und Vorschläge diesbezüglich nur gut begründete Möglichkeiten beschreiben können, deren Realisierung von weiteren, über das Fachliche hinausweisenden Faktoren abhängt. Unabhängig davon können fachliche Analysen sowohl in rekonstruktiven als auch in quantitativen und qualitativen, empirisch orientierten Forschungsdesigns eine zentrale Rolle einnehmen.

In einer vor mehr als zwanzig Jahren unter dem Titel „Hat die Stoffdidaktik Zukunft?" erschienenen Überblicksarbeit hat sich Reichel (1995) mit der Relevanz und den Grenzen der sog. „Stoffdidaktik" beschäftigt, wenn auch vor allem mit Blick auf die schulbezogene Fachdidaktik. Darin stellte er zunächst fest, dass Kern- und Ausgangspunkt der Stoffdidaktik stets ein mathematisches Thema sei, an das sich mannigfache didaktische Forschungen anschließen könnten. Als notwendige Klammer zwischen der fachlichen Seite und ihrer Umsetzung im Unterricht sieht er vor allem lernpsychologische und interaktionistische Studien. Deren Perspektiven und Fragestellungen markieren gleichsam Grenzen fachlicher Untersuchungen. Aufgrund der Verflechtung zwischen dem Unterrichtsgegenstand einerseits und dem hermeneutischen Verstehen zwischenmenschlicher Dialoge andererseits könne aber auf das Fachliche nicht verzichtet werden. Unter Berufung auf Blum (1984), weist Reichel darüber hinaus darauf hin, dass ein bewusstes Ausblenden stoffbezogener Aspekte zu Verkürzungen, u. a. der Unterschätzung fachmethodischer Spiel- und Handlungsräume, führe. Gleichzeitig widerspricht Reichel aber auch klar einer Beschränkung auf Sachanalysen und befürwortet vielmehr, wie bereits angedeutet, eine enge Verbindung inhaltlich-mathematischer Aspekte mit Fragen der Unterrichtskultur. Übertragen auf die hochschulbezogene Fachdidaktik scheint eine solche Erweiterung unter anderem hinsichtlich der Beantwortung folgender Forschungsfragen angebracht:

- Welche Gebiete, welche Art von Lehrveranstaltung und welches Studierenden- und Lehrerverhalten generieren bzw. spiegeln unbewusst welches Bild von Mathematik wider?
- Wie lassen sich allgemeine Denk- und Handlungsformen (Bildung), die in der Mathematiklehre möglicherweise besonders zum Tragen kommen, fachbezogen analysieren und bestimmen?
- Wie könnte eine fach- und interaktionsbezogene Didaktik der Prüfungen für die Hochschule aussehen?

Je nach theoretischer Rahmung fachlicher Untersuchungen werden sicher Aspekte der eben genannten Problembereiche bereits in fachlichen Analysen berührt, in der Breite und eventuell notwendigen Tiefe aber sicher nicht, da sie Fragen betreffen, die einen fachlichen Diskurs notwendig überschreiten.

Eines der Defizite der frühen und soeben adressierten „Stoffdidaktik" besteht darin, dass empirische Fragen hinsichtlich der Lernenden nicht systematisch in den Blick genommen wurden. In Bezug darauf hat sich in den letzten zwanzig Jahren viel bewegt (siehe dazu u. a. Biehler und Blum 2016). Ein vielversprechendes Rahmenkonzept zur Verknüpfung stoffdidaktischer Überlegungen und empirischer Ansätze stellt das sog. Design Research dar (für einen differenzierten Überblick zu verschiedenen Varianten siehe beispielsweise Prediger et al. 2015). Bezogen auf die schulbezogene Fachdidaktik haben unter anderem Hußmann und Prediger (2016) eine spezifische Konkretisierung des Design Research vorgeschlagen, die klassische stoffdidaktische Fragestellungen auf mehreren Ebenen eines allgemeinen Vier-Ebenen-Ansatzes verortet und empirisch einordnet. Ein entsprechender vollständiger Durchlauf mehrerer Forschungszyklen findet sich in der hochschuldidaktischen Forschung im Bereich Mathematik bisher selten. Die fachlich orientierten Analysen des vorliegenden Bandes decken aber durchaus relevante Schritte dieses umfassenden Rahmenkonzepts ab. In der weiteren Ausgestaltung konkreter empirischer fachlicher Analysen besteht diesbezüglich sicher noch viel Potenzial. Das betrifft auch eher theoretische, grundlagenorientierte Fragen wie etwa bezüglich einer auch wissenschaftstheoretischen Ansprüchen genügenden Konzeptualisierung des Verhältnisses zwischen eher institutionell orientierten stoffdidaktischen und subjektbezogenen empirischen Aspekten. In diesem Kontext ist dann auch eine möglichst präzise Fassung der Grenzen fachlicher Analysen und deren theoretischer Mittel nötig (vgl. dazu etwa Hochmuth und Peters im Druck).

Eine weitere und eher offensichtliche Grenze der vorliegenden Beiträge besteht nicht zuletzt in der Breite der untersuchten Studiengänge. So liegen bisher im khdm keine

Untersuchungen zur Verwendung der Mathematik in den Naturwissenschaften, der Psychologie und den Sozialwissenschaften vor.

Einordnung der Beiträge

Die vier Beiträge in diesem Buchteil beschäftigen sich mit der mathematischen Lehre in den Studiengängen der Mathematik und des gymnasialen Lehramts sowie in den Ingenieurwissenschaften und dabei insbesondere der Elektrotechnik. Dabei geht es vor allem um Fragen des Übergangs, hier insbesondere von der Schule zur Universität, bzw. der Passung, hier insbesondere zwischen Inhalten der Höheren Mathematik für Ingenieure und deren Verwendung in ingenieurwissenschaftlichen Fachveranstaltungen. Bezüglich des ersten Themenbereichs liegt der Schwerpunkt zweier Beiträge auf Untersuchungen, die den Übergang von der Schule in das erste Studienjahr fokussieren. Im Beitrag von Kortemeyer und Frühbis-Krüger (Kap. 3) wird über die Organisation einer Höhere-Mathematik-Lehrveranstaltung für Ingenieurwissenschaftsstudierende berichtet. Der spezifische Fokus des Beitrags liegt auf der Beschreibung einzelner Maßnahmen und wie diese im Hinblick auf die spezifischen Schwierigkeiten einer solchen Lehrveranstaltung ineinandergreifend miteinander verknüpft werden. Im Beitrag von Ostsieker (Kap. 4) geht es zentral um eine Lernumgebung und einen Workshop zum Konvergenzbegriff bei Folgen, die in einer Design-Based Research-Studie entwickelt wurden, um Studierenden den Zugang zu diesem bekanntermaßen schwierigen Begriff zu erleichtern. In diesem Beitrag wird insbesondere auf die Konstrukte der *concept definition* und des *concept image* zurückgegriffen. Die beiden weiteren Beiträge fokussieren auf fortgeschrittene ingenieurwissenschaftliche Fachveranstaltungen in mittleren Semestern. In beiden geht es um im weiteren Sinne signaltheoretische Inhalte. Der Beitrag von Block und Mercorelli (Kap. 5) entwickelt auf der Grundlage kompetenztheoretischer und fachlicher Überlegungen Lehrinnovationen anhand zwei verschiedener Themen unter besonderer Berücksichtigung der heterogenen Mathematikkompetenz von Studierenden. Im Vordergrund der Beschreibung und Analyse steht jeweils die stoffdidaktische Verzahnung von mathematischer und ingenieurwissenschaftlicher Theorie und Praxis. Im Beitrag von Peters und Hochmuth (Kap. 6) werden im Kontext signaltheoretischer Aufgaben zwei Mathematikdiskurse, ein Höherer-Mathematik-Diskurs und ein mathematischer Elektrotechnik-Diskurs, vor ihren jeweiligen institutionellen Hintergründen unterschieden. Praxeologische Analysen auf der Grundlage der ATD identifizieren dabei zentrale Verknüpfungspunkte der Diskurse und damit sowohl potenzielle Hürden in studentischen Aufgabenbearbeitungen als auch fachbezogene Anregungen für die Lehrpraxis.

Alle Beiträge verfolgen beschreibende und analysierende Ziele, konstruktive Aspekte im engeren Sinne nehmen zwei der Beiträge in den Blick. Die theoretischen Einbettungen sind vielfältig. Die verfolgten Erkenntnisinteressen betreffen in erster Linie deskriptive, erklärend-verstehende, normative und nicht zuletzt präskriptive Theorieelemente. So zeichnen die Beiträge mit Blick auf deren Erkenntnisinteressen ein vielfältiges Bild sowohl hinsichtlich der Studiengänge als auch bezüglich der theoretischen, methodischen und empirischen Orientierungen.

Literatur

Artigue, M. (2021). Mathematics education research at University level: Achievements and challenges. In V. Durand-Guerrier, R. Hochmuth, E. Nardi & C. Winsløw (Hrsg.), *Research and development in university mathematics education. New perspectives on research in mathematics education – ERME series* (S. 3-21). New York: Routledge.

Biehler, R., & Blum, W. (2016). Didaktisch orientierte Rekonstruktion von Mathematik als Basis von Schulmathematik und Lehrerbildung-Editorial. *Journal für Mathematik-Didaktik, 37*(1), 1–4.

Blum, W. (1984). Einige Bemerkungen zur Bedeutung von „stoffdidaktischen" Aspekten am Beispiel der Analyse eines Unterrichtsausschnittes in der Arbeit von J. Voigt. Journal für Mathematik-Didaktik, 5(4), 71–76.

Bosch, M., & Gascón, J. (2014). Introduction to the Anthropological Theory of the Didactic (ATD). In A. Bikner-Ahsbahs & S. Prediger (Hrsg.), *Networking of theories as a research practice in mathematics education* (S. 67–83). Dordrecht: Springer.

Brousseau, G. (1997). *Theory of Didactical Situations in Mathematics. [Edited and translated by N. Balacheff, M. Cooper, R. Sutherland & V. Warfield].* Dordrecht: Kluwer Academic.

Chevallard, Y. (1992). Fundamental concepts in didactics: Perspectives provided by an anthropological approach. *Research in Didactique of Mathematics, Selected Papers*, La Pensée Sauvage, Grenoble, 131–167.

Hefendehl-Hebeker, L. (2016). Subject-matter didactics in German traditions. *Journal für Mathematik-Didaktik, 37*(1), 11–31.

Hochmuth, R. (2020). Service-Courses in University Mathematics Education. In S. Lerman (Hrsg.), *Encyclopedia of Mathematics Education* (2. Aufl., S. 770–774). New York: Springer.

Hochmuth, R., & Peters, J. (im Druck). On the analysis of mathematical practices in signal theory courses. *Int. J. Res. Undergrad. Math. Ed.*

Hußmann, S., & Prediger, S. (2016). Specifying and structuring mathematical topics. *Journal für Mathematik-Didaktik, 37*(1), 33–67.

Laborde, C. (2016). A view on subject matter didactics from the left side of the Rhine. *Journal für Mathematik-Didaktik, 37*(1), 255–273.

Niss, M. (2003). Mathematical competencies and the learning of mathematics: The Danish KOM project. In A. Gagatsis & S. Papastravidis (Hrsg.), *Proceedings of the 3rd Mediterranean Conference on Mathematics Education* (S. 115–124). Athens.

Niss, M., & Højgaard, T. (2019). Mathematical competencies revisited. *Educational Studies in Mathematics, 102*(1), 9–28.

Prediger, S., et al. (2015). Theorien und Theoriebildung in didaktischer Forschung und Entwicklung. In R. Bruder (Hrsg.), *Handbuch der Mathematikdidaktik* (S. 643–662). Berlin: Springer.

Prediger, S., Gravemeijer, K., & Confrey, J. (2015). Design research with a focus on learning processes – An overview on achievements and challenges. *ZDM, 47*(6), 877–891.

Reichel, H. C. (1995). Hat die Stoffdidaktik Zukunft. *Zentralblatt für Didaktik der Mathematik, 27*(6), 178–187.

Schupp, H. (2016). Gedanken zum „Stoff "und zur „Stoffdidaktik "sowie zu ihrer Bedeutung für die Qualität des Mathematikunterrichts. *Mathematische Semesterberichte, 63*(1), 69–92.

SEFI. (2013). *A framework for mathematics curricula in engineering education*. Brussels: European Society for Engineering Education (SEFI).

Sträßer, R., et al. (1996). Stoffdidaktik und Ingénierie didactique – ein Vergleich ['Stoffdidactic' and 'Ingénierie didactique' a comparison]. In G. Kadunz (Hrsg.), *Trends und Perspektiven* (S. 369–376). Vienna: Hölder-Pichler-Tempsky.

Tall, D., & Vinner, S. (1981). Concept image and concept definition in mathematics with particular reference to limits and continuity. *Educational Studies in Mathematics, 12*(2), 151–169.

Vinner, S. (1976). The naive concept of definition in mathematics. *Educational Studies in Mathematics, 7*(4), 413–429.

Winsløw, C., Barquero, B., De Vleeschouwer, M., & Hardy, N. (2014). An institutional approach to university mathematics education: From dual vector spaces to questioning the world. *Research in Mathematics Education, 16*(2), 95–111.

Mathematik im Lehrexport – ein bewährtes Maßnahmenpaket zur Begleitung von Studierenden in der Studieneingangsphase

3

Jörg Kortemeyer und Anne Frühbis-Krüger

Zusammenfassung

Der Lehrexport, d. h. die Mathematiklehre für Studierende nichtmathematischer Studiengänge, stellt ganz eigene Herausforderungen: jedes Semester vierstellige Studierendenzahlen, Veranstaltungen mit einer Vielzahl verschiedener Studiengänge, Mathematik in der Funktion eines Nebenfachs mit der Bedeutung eines Hauptfachs. All diesen Anforderungen muss sich auch die „Mathematik für Ingenieure" an der Leibniz Universität Hannover stellen und gleichzeitig natürlich auch denen, die jede Anfängerveranstaltung betreffen: so die Veränderungen durch G8, die Verschiebung von Inhalten aus der Schule ins Studium (vgl. Veränderungen in den Kerncurricula), die Studiensozialisation der Erstsemester und nicht zuletzt die wachsende Heterogenität der Gruppe der Studienanfänger durch den Anstieg der MINT-Anfängerzahlen, die Zulassung von Studierenden ohne Abitur (vgl. Projekt an der Leibniz Universität Hannover oder „Techniker2Bachelor" an der TU Clausthal) oder den höheren Anteil Studierender mit ausländischen Bildungsabschlüssen.

Angesichts dieser Vielfalt an Aufgaben und Randbedingungen ist es nicht überraschend, dass eine einzelne Maßnahme nicht ausreicht, um diese Herausforderungen erfolgreich anzugehen, sondern nur das Zusammenspiel eines über die Jahre gut ausbalancierten Portfolios an Einzelmaßnahmen zielführend sein kann (z. B. Vorkurs,

J. Kortemeyer (✉)
Institut für Mathematik, Technische Universität Clausthal, Clausthal-Zellerfeld, Deutschland
E-Mail: joerg.kortemeyer@tu-clausthal.de

A. Frühbis-Krüger
IFM, Carl-von-Ossietzki-Universität Oldenburg, Oldenburg, Deutschland
E-Mail: anne.fruehbis-krueger@uol.de

© Springer-Verlag GmbH Deutschland, ein Teil von Springer Nature 2021
R. Biehler et al. (Hrsg.), *Lehrinnovationen in der Hochschulmathematik,*
Konzepte und Studien zur Hochschuldidaktik und Lehrerbildung Mathematik,
https://doi.org/10.1007/978-3-662-62854-6_3

frühzeitige Rückmeldungen zum Lernfortschritt, Zusammenarbeit mit Ingenieurfächern). In diesem Artikel möchten wir das durch eine kontinuierliche Evolution
über zehn Jahre entstandene, in Hannover unter stetiger Begleitung durch didaktische
Forschung eingesetzte Maßnahmenpaket im Detail vorstellen und dabei aufzeigen, wie die Einzelmaßnahmen gerade im Zusammenspiel wirken.

3.1 Die Ausgangslage an der Leibniz Universität Hannover

3.1.1 Die Studierendenkohorte

„Mathematik für Ingenieure" ist die gemeinsame mathematische Grundlagenver-
anstaltung für Ingenieurstudierende in zwölf verschiedenen Studiengängen an der
Leibniz Universität Hannover. Diese Studiengänge werden von fünf verschiedenen
Fakultäten getragen, siehe Tab. 3.1. Im Folgenden sind jeweils die einzelnen in der Veranstaltung vertretenen Studiengänge hinter dem Doppelpunkt aufgelistet:

- Fakultät für Maschinenbau: Maschinenbau, Produktion und Logistik, Technical
  Education Metalltechnik
- Fakultät für Bauingenieurwesen und Geodäsie: Bau- und Umweltingenieurwesen,
  Geodäsie und Geoinformatik
- Fakultät für Elektrotechnik und Informatik: Elektrotechnik und Informationstechnik,
  Mechatronik, Energietechnik, Technische Informatik, Technical Education Elektro-
  technik
- Fakultät für Wirtschaftswissenschaften: Wirtschaftsingenieur
- Fakultät für Mathematik und Physik: Nanotechnologie

An der zweisemestrigen Veranstaltung nahmen von 2010 bis 2018 jährlich zwischen
1500 und 2000 Studierende teil; in diese Anzahl sind sowohl Erstsemester als auch

Tab. 3.1 Schwankungsbreite der Anfängerzahlen der beteiligten Studiengänge, zusammengefasst
nach Fakultäten

Fakultät	2011	2012	2013	2014	2015	2016
Bauingenieurwesen und Geodäsie	338	295	312	347	409	382
Elektrotechnik und Informatik	349	207	269	329	343	357
Maschinenbau	624	540	599	665	641	303
Wirtschaftswissenschaften	242	221	212	205	226	201
Mathematik und Physik	83	41	83	137	107	192
Summe:	1636	1239	1475	1683	1726	1435

Wiederholer und Hochschulwechsler eingerechnet. Die Veranstaltung ist dabei folgendermaßen gegliedert:

1. Zwei bis drei inhaltsgleiche Vorlesungen mit unterschiedlichen Dozenten, auf welche die Studierenden abhängig von ihrem Studiengang verteilt werden. Im Rahmen der Vorlesungen wird die Theorie eingeführt.
2. Eine Hörsaalübung, die für alle Studiengänge angeboten, von einem wissenschaftlichen Mitarbeiter gehalten und (seit 2012) auf Video aufgezeichnet wird. Die Hörsaalübung verbindet die Theorie mit Aufgabentypen, die dann in den Gruppenübungen näher besprochen werden.
3. Gruppenübungen mit einer eigentlich zu großen Gruppengröße von bis zu 40 (in Ausnahmefällen 50) Studierenden werden zum Training der verschiedenen Aufgabentypen eingesetzt. Es wird von den Studierenden hierzu erwartet, dass sie die Übungsaufgaben als Beispiele für typische Aufgabenformen selbstständig lösen, ihre Ergebnisse in der Gruppe abgleichen und Fragen dort diskutieren. Diese Übungen werden von wissenschaftlichen Mitarbeitern oder Studierenden der Ingenieurwissenschaften gehalten.

Derartige Veranstaltungen sind in vielen Fällen deutlich größer als Veranstaltungen wie „Analysis" oder „Lineare Algebra" für Studierende im Hauptfach Mathematik und werden unter anderen Rahmenbedingungen durchgeführt, die im Folgenden näher dargelegt werden:

Trotz teilweise unterschiedlicher benötigter mathematischer Kenntnisse, bezogen auf die ingenieurwissenschaftlichen Anwendungsfächer der einzelnen Studiengänge, hat es sich aus verschiedenen Gründen bewährt, diese Veranstaltung für alle Ingenieurstudiengänge der Leibniz Universität Hannover gemeinsam zu konzipieren und organisieren:

- Die Lehrenden der Ingenieurfächer haben durch die Anzahl grundständiger Studiengänge oft gemischte Studierendenkohorten in ihren Veranstaltungen und können sich durch die gemeinsame Mathematikveranstaltung in der Gestaltung auf eine gemeinsame mathematische Basis aller teilnehmenden Studierenden verlassen.
- Bei einem Studiengangwechsel zwischen Ingenieurstudiengängen, wie er innerhalb des ersten Studienjahrs laut (wiederholt eingeholter und stets gleich lautender) Auskunft der für die Anerkennung von Studienleistungen zuständigen Stellen im Akademischen Prüfungsamt nicht selten vorkommt, haben die Studierenden volle Kontinuität in der Mathematikgrundausbildung und es besteht Rechtssicherheit bzgl. der Gültigkeit der erbrachten Mathematikleistungen.
- Aus organisatorischer Sicht gewinnt die Veranstaltung an Flexibilität in der Reaktion auf die Entwicklung von Studierendenzahlen sowohl in den einzelnen Studiengängen als auch bei der Gesamtzahl der teilnehmenden Studierenden. Von Semester zu Semester ist eine Anpassung der Zuordnung der Studiengänge in die verschiedenen

Vorlesungstranchen möglich. Auch die Übungsgruppeneinteilung und der Prüfungs-
betrieb erhalten hier größeren zusätzlichen Spielraum. Studierenden mit unüb-
lichem Studienverlauf wie Wiederholern oder Hochschulwechslern bietet die Zahl an
Parallelveranstaltungen die Möglichkeit zur kollisionsfreien Zusammenstellung des
eigenen Stundenplans.

3.1.2 Die Lerninhalte der „Mathematik für Ingenieure"

Inhaltlich deckt die „Mathematik für Ingenieure" in Hannover den klassischen Kernstoff
der Höheren Mathematik im Bereich der Reinen Mathematik mit Zielgruppe Ingenieurstudierende innerhalb von zwei Semestern ab:

Auf einen etwa siebenwöchigen Abschnitt mit Themen der Analytischen Geometrie
und Linearen Algebra, in dem auch die komplexen Zahlen eingeführt werden und der
stofflich bis zu Eigenräumen vordringt, folgt ein Abschnitt mit den Grundlagen der
Analysis in einer Veränderlichen. Im Gegensatz zu üblichen Veranstaltungen zur „Analysis 1" mit der Zielgruppe Mathematikstudierende sowie Kandidaten des gymnasialen
Lehramts wird das Thema Reihen (seit 2014) nicht direkt im Anschluss an Konvergenz
und Folgen behandelt, sondern erst zum Ende des ersten Semesters. Dadurch mündet
es nahtlos in die Behandlung von Funktionenfolgen sowie den in den Ingenieurwissenschaften sehr relevanten Taylor- und Fourier-Reihen und hält den Spannungsbogen vom
ersten zum zweiten Semester aufrecht. Im Zentrum des zweiten Semesters stehen die
Differential- und Integralrechnung in mehreren Veränderlichen bis hin zu den Integralsätzen von Gauß und Stokes aus der Vektoranalysis. Den Abschluss bildet dann die
Behandlung gewöhnlicher Differentialgleichungen (siehe das Skript, abrufbar unter
Ebeling 2013, 2014). Themen der Numerischen Mathematik folgen in der eigenen Veranstaltung „Numerische Mathematik für Ingenieure", während Themen der Funktionentheorie nicht behandelt werden (vgl. Studiendekanat für Maschinenbau 2019).

Vorbereitend auf die „Mathematik für Ingenieure" haben alle Studienanfänger in
Ingenieurstudiengängen die Möglichkeit, an einem mathematischen Vorkurs teilzu-
nehmen. Während die Fakultät für Elektrotechnik und Informatik ihren eigenen Vorkurs mit einer Gesamtdauer von vier Wochen anbietet (bestehend aus einem freiwilligen
sowie einem verpflichtenden Abschnitt, der in einer Klausur abgeprüft wird), wird das
Angebot eines zweiwöchigen Vorkurses für alle anderen Studiengänge seit 2013 durch
das Team der „Mathematik für Ingenieure" koordiniert. Der letztgenannte Kurs ist
dabei bereits sowohl auf mathematische Bedürfnisse der Anfängerveranstaltungen der
Ingenieurfächer in den ersten Semesterwochen als auch auf die Inhalte der „Mathematik
für Ingenieure" abgestimmt. Er deckt einerseits Inhalte der Sekundarstufe 1 ab, die sich
in den Klausuren immer wieder als problematisch erwiesen haben, z. B. Bruchrechnung,
Potenzgesetze oder das Aufstellen von Geraden bei zwei bekannten Punkten. Andererseits vertieft der Vorkurs die für die Technische Mechanik und Baumechanik so wichtige
Trigonometrie und legt seinen Schwerpunkt auf die Kalküle zum Differenzieren und

Integrieren aus der eindimensionalen Analysis, die erst in der zweiten Semesterhälfte in den Mathematikveranstaltungen erneut thematisiert werden.

3.2 Herausforderungen

Vor dem Hintergrund der gerade skizzierten Ausgangssituation an der Leibniz Universität Hannover werden wir uns in diesem Abschnitt den verschiedenen Herausforderungen widmen, denen sich eine Mathematikveranstaltung im Lehrexport, d. h. in der Lehre für Studierende eines nichtmathematischen Hauptfaches, mit einer vierstelligen Teilnehmerzahl stellen muss.

3.2.1 Individuelle Betreuung der Studierenden

Eine individuell abgestimmte Betreuung von Studierenden bei inhaltlichen und organisatorischen Fragen, aber auch bei allgemeinerem Gesprächsbedarf zu Studium und Studieren ist in einer Massenveranstaltung (wie Vorlesung und Hörsaalübung) für die Lehrenden kaum bis gar nicht möglich. Auch für die Dozenten der Gruppenübungen stellt dies noch eine Herausforderung dar, da dort rein aus Kapazitätsgründen die Gruppenstärke nicht selten bei 40 und mehr liegt. Ein geregelter klassischer Hausübungsbetrieb mit wöchentlicher Abgabe von Lösungen und instruktiver individualisierter Korrektur ist allein organisatorisch kaum zu bewältigen – ganz zu schweigen von der Schwierigkeit der Rekrutierung und Anleitung geeigneten Personals sowie Qualitätssicherung bei der Korrektur. Hinzu kommt das gängige Problem der mangelnden Beschäftigung mit den Aufgaben und des Abschreibens von Lösungen seitens der Studierenden, wie es Liebendörfer & Göller (2016, S. 121) beschrieben haben:

> Insgesamt ergibt sich ein Bild vom Abschreiben als durchaus aus Schule und Hochschule bekanntem Phänomen. Es tritt zusammen mit einer eher negativen Wahrnehmung des Faches und der eigenen Fähigkeiten und Leistungsprobleme auf, u. a. um diese zu überdecken. Als problematisch angesehen werden dabei zum einen moralische Aspekte, zum anderen das Ausbleiben der vorgesehenen Lernhandlung.

Ein vollständiger Ersatz des Hausübungsbetriebs durch den Einsatz einer Lernplattform ist beim heutigen Stand der Technik zwar schon denkbar und wird z. B. an der TU Berlin oder der TU Hamburg-Harburg auch schon praktiziert. Dennoch ist derzeit noch nicht ausreichend geklärt, inwieweit dies einen vollen Ersatz für die individualisierten Rückmeldungen eines Hausübungsbetriebs und das direkte Eingehen von Tutoren auf häufig auftretende Probleme darstellt (vgl. Daniel et al. 2014). Darüber hinaus können sich zusätzliche Schwierigkeiten durch Missverständnisse einer elektronischen Korrektur oder einer nicht exakt passenden Rückmeldung ergeben: Syntaktische Fehler können bei richtigem Inhalt zu gemeldeten Fehlern führen, die Studierende als inhaltliche Fehler verstehen. Ein zu mächtiges Computer-Algebra-System kann Studierenden wichtige Umformungsschritte abnehmen, die eigentlich abgeprüft werden sollen (in der Software STACK vermieden durch die Verwendung von Maxima). Darüber hinaus kann die Rückmeldung eines Systems nicht in einem zweiten Schritt individuell umformuliert werden unter Berücksichtigung der Rezeptionsschwierigkeiten des Nutzers, wie es für einen Übungsleiter selbstverständlich ist.

3.2.2 Einordnung der Mathematik im Ingenieurstudium

Eine weitere Herausforderung stellt die Einordnung der Mathematik in das Ingenieurstudium dar. Neben der curricularen Verankerung und der inhaltlichen Abstimmung mit den erwähnten technischen Fächern hat dies vor allem auch einen motivationalen und volitionalen Aspekt. Eine Mathematikveranstaltung ist für Studierende in den Ingenieurwissenschaften einerseits nicht der Grund für die Wahl ihres Studiengangs. Andererseits müssen sie jedoch im ersten Studienjahr dafür ähnlich viel Zeit und Energie aufwenden wie für ein Hauptfach, um mittelfristig in den während der Vorlesungszeit parallel durchgeführten Mathematikveranstaltungen sowie in den ingenieurwissenschaftlichen Veranstaltungen erfolgreich sein zu können. Viele Studierende sind sich der entscheidenden Bedeutung mathematischer Kenntnisse und Fertigkeiten für ihr zukünftiges Studienfach und ihr Berufsziel im Vorhinein oder nach kurzer Zeit im Studium bewusst (vgl. Kortemeyer und Biehler 2012). Dennoch stellen diese unterschiedlichen Aspekte eine Herausforderung für die Studierenden bzgl. ihres Lern- und Arbeitsverhaltens dar. Auch für die Lehrenden entsteht so eine inhaltliche und didaktische Herausforderung bei der Stoffauswahl, der Art der Präsentation und der Gestaltung der Schnittstelle zu den Ingenieurfächern, die gerade im speziellen Setting an der Leibniz Universität Hannover mit dieser Vielzahl an Studiengängen etlichen Randbedingungen genügen muss. Asynchronizitäten, d. h. Unterschiede in der zeitlichen Abfolge zwischen Behandlung eines mathematischen Themas in der Mathematikvorlesung und Verwendung der mathematischen Inhalte in den technischen Fächern, sind dabei unvermeidlich, wie sich leicht erschließen lässt, wenn man nur die Kombinationen ansieht (vgl. Tab. 3.2), in denen Technische Mechanik und Elektrotechnik von Studierenden verschiedener Studiengänge besucht werden, wodurch wiederum klar wird, wie entscheidend die Vernetzung mit diesen Fächern ist:

Hinzu kommen für andere Studiengänge noch Veranstaltungen wie Baumechanik oder Grundlagenveranstaltungen der Geodäsie und Geoinformatik, aber auch mathematisch anspruchsvolle Nebenfächer beispielsweise aus der Physik, die ähnlich wie die Mathematik in ingenieurwissenschaftlichen Studiengängen als Fach im Lehrexport auftritt.

Dabei können die bereits genannten Asynchronizitäten in beide Richtungen auftreten: Während bestimmte Themengebiete für eine technische Veranstaltung nicht

Tab. 3.2 Ingenieurwissenschaftliche Hauptfächer bei ausgewählten Studiengängen der „Mathematik für Ingenieure"

	„Technische Mechanik" als Hauptfach	„Grundlagen der Elektrotechnik" als Hauptfach	„Technische Mechanik" als Nebenfach	„Grundlagen der Elektrotechnik" als Nebenfach
Maschinenbau	X	–	–	X
Elektrotechnik und Informationstechnik	–	X	X	–
Wirtschaftsingenieur	–	X	X	–
Mechatronik	X	X	–	–
Energietechnik	X	X	–	–
Nanotechnologie	X	X	–	–
Produktion und Logistik	–	–	X	X

rechtzeitig zur Verfügung gestellt werden können (wie etwa die Integration in mehreren Veränderlichen für die Behandlung von Massenschwerpunkten in der Statik starrer Körper oder die Integralsätze in der Theorie elektrischer und magnetischer Felder), werden andere Themen oder Verfahren behandelt, lange ehe sie in einer anderen Veranstaltung benötigt werden (wie z. B. die Partialbruchzerlegung, deren voller Nutzen sich erst in fortgeschrittenen Veranstaltungen wie der Regelungstechnik zeigt). In dieses Spannungsfeld muss sich nun die Mathematikveranstaltung einpassen, die selbst einem deduktiven Aufbau, d. h. einer strukturierten Entwicklung einer Theorie als Hinführung zu tieferen Resultaten verpflichtet ist und daher nur an bestimmten Punkten im Ablauf verändert werden kann. Andere Anpassungen an die Zielgruppe sind da leichter möglich, erfordern aber dennoch eine gute Abwägung verschiedener Faktoren: Im Gegensatz zur Lehre für Studierende in Bachelor- und Master-Studiengängen der Mathematik, bei denen Beweise das Rückgrat jeder Veranstaltung bilden, liegt der Fokus der Mathematiknutzung in Ingenieurfächern auf mathematischen Ergebnissen, Verfahren und Rechentechniken sowie auf der Verwendung der Mathematik als Sprache zur exakten, kompakten Darstellung (zuvor ausreichend idealisierter) technischer Sachverhalte. So reicht es für viele Ingenieurstudierende aus, wenn sie Beweise lesen und kleinere rechenlastige Beweise auch selbst führen können. Ein vollständiger Verzicht auf Beweise und die in ihnen verwendete Argumentation in der „Mathematik für Ingenieure" birgt das Risiko, dass die nötigen Fertigkeiten fehlen, um Verfahren mit Verständnis durchführen zu können und insbesondere die Grenzen ihrer Anwendbarkeit zu kennen. Dieser Komplex an Herausforderungen erklärt, warum eine Mathematik für Ingenieure nicht als eine verkürzte Analysis verstanden werden darf, sondern als eine Veranstaltung mit eigenem Konzept und Charakter.

Ein Beispiel hierfür ist das erste Thema in der „Mathematik für Ingenieure I", nämlich die Vektorraumgeometrie. Der Grund, warum dieses Thema an den Anfang der

Veranstaltung gesetzt wurde, ist seine hohe Bedeutung für die Grundlagen der Mechanik, die Erstsemesterstudierende des Maschinenbaus (als Hauptfach) und der Elektrotechnik (als Nebenfach) in der Technischen Mechanik und diejenigen des Bauingenieurwesens in der Baumechanik kennenlernen. Dort werden Kräfte am Anfang vektoriell betrachtet und beispielsweise in Komponenten zerlegt. Die mathematischen Hintergründe werden zeitlich parallel geliefert und bereits in der Joker-Klausur (meistens vierte Woche der Vorlesungszeit) abgeprüft, die die allererste halbstündige Klausur in der Form einer Kurzklausur ist.

Ein wichtiger Aspekt bei der Vermittlung innerhalb der Mathematikveranstaltung ist es, eine Anschlussfähigkeit zu Inhalten zu gewährleisten, welche die Studierenden im Vorkurs aufgefrischt (bzw. neu erworben) haben, und darauf argumentativ den roten Faden weiter aufzubauen. Anknüpfend an die Vektorvorstellung als Elemente des zwei- oder dreidimensionalen Raumes aus der Schule werden Vektorräume allgemeiner eingeführt, indem die Vektorraumaxiome mit den vorliegenden Vorstellungen und Rechenfertigkeiten illustriert werden. Beweise durch Nachrechnen vertiefen hier die Kalkülfähigkeiten im nun allgemeineren Kontext und zeigen nebenbei, dass Beweise auch eine solche Form haben können, die – auch in Übungsaufgaben – zum Anforderungsprofil der Veranstaltung gehört. Bei Beweisen aus der Vorlesung, die auf umfangreicheren Ideen aufbauen (wie der Beweis der Cauchy–Schwarz-Ungleichung), wird darauf verwiesen, dass die Studierenden den Beweis nachvollziehen können sollten, aber ein selbstständiges Finden und Durchführen derartiger Beweise nicht zu den Anforderungen der Veranstaltung gehört.

Auch Skalarprodukte sowie die orthogonale Zerlegung lernen die Studierenden zeitgleich in Anwendungen in ihren Mechanik-Fächern kennen, dort allerdings mit dem Fokus auf der Mathematisierung, d. h. Übersetzung von konventionalisierten Skizzen in der Aufgabenstellung in lösbare mathematische Ausdrücke, und späterer Validierung, aber nicht auf den Rechenmethoden selbst, da diese in die Mathematik ausgelagert sind und dort zeitnah unter Klausurbedingungen abgeprüft werden.

3.2.3 Übergang Schule Hochschule

Zusätzlich zu diesem eher ingenieurspezifischen Spannungsfeld findet sich die „Mathematik für Ingenieure" auch mit denselben Herausforderungen konfrontiert, die jede Mathematikveranstaltung für Studienanfängerinnen und -anfänger vorfindet. Der Übergang Schule-Hochschule ist ein großer Umbruch für alle Erstsemesterstudierenden, der eine Sozialisation ins Studium erfordert, da sich nun nicht nur die Inhalte, sondern auch die Art der Präsentation und das Lernumfeld grundlegend von der Schule unterscheiden, z. B. durch die Aufteilung in Vorlesung und Übungsveranstaltungen. Exemplarisch seien hier neben dem Auszug aus dem Elternhaus und häufig auch der Notwendigkeit, zum eigenen Lebensunterhalt beizutragen, der Erwerb neuer selbstständigerer Lern- und Arbeitsstrategien genannt, wie sie in der Schule noch nicht zwingend notwendig waren. Auch der motivationale Aspekt, dass viele der Ingenieuranfänger an ihrer Schule zu den Besseren in Mathematik zählten, sich aber an der Universität unter gleich gesinnten und gleich starken Kommilitonen als eine(r) von vielen wiederfinden – der sogenannte Big-Fish-Little-Pond-Effekt –, darf bei der Übergangsproblematik nicht unterschätzt werden. Dies ist jedoch nicht zentrales Thema dieses Artikels und schwingt nur bei vielen Überlegungen, insbesondere bei der Sicht auf Potenziale und Einschränkungen der Maßnahmen, im Hintergrund mit.

Großen strukturellen Einfluss hat allerdings der Wandel von G9 zu G8 (und in naher Zukunft in Niedersachsen wieder zurück zu G9) und infolgedessen die Änderung des Kerncurriculums auf die „Mathematik für Ingenieure". Durch die curricularen Umstrukturierungen können manche Inhalte nicht mehr vorausgesetzt werden, etwa Integration durch Substitution oder das Determinantenkalkül, oder sie sind nicht in dem Maße eingeübt und abrufbar, wie es wünschenswert wäre und bislang vorausgesetzt werden konnte. Bei Letzterem fallen z. B. Bruchrechnung und Potenzgesetze aus der Mittelstufe, aber auch die Verwendung von Ableitungsregeln wie der Kettenregel beim Differenzieren bei Klausuren regelmäßig als für viele Erstsemesterstudierende problematisch ins Auge. Dies sind Themen, die in der Schule behandelt wurden und auch von den Studierenden als bekannt anerkannt werden. Diese Problematik ist bei Lehrenden an Schule und Hochschule allgemein bekannt und daher auch im Basispapier Mathematik (vgl. Niedersächsisches Ministerium für Wissenschaft und Kultur 2019, S. 13) erstellt durch den Institutionalisierten Gesprächskreis Schule – Hochschule in Niedersachsen) berücksichtigt, in dem die Diskrepanz wie folgt formuliert wird:

„Kategorie B: Kenntnisse, Fähigkeiten und Fertigkeiten werden von Hochschule in der Regel erwartet und in Schule auf dem Niveau grundlegender Ideen und Anschauungen erworben"

Doch nicht nur mangelnde Geläufigkeit und die offensichtliche Verschiebung bestimmter Inhalte aus der Schule ins Studium (Kategorie C im Basispapier Niedersächsisches Ministerium für Wissenschaft und Kultur 2019) müssen bewältigt werden. Die Zulassung von Studierenden aus langjähriger Berufstätigkeit, zum Teil auch ohne allgemeine Hochschulreife, führt zu einem kleinen, aber nicht vernachlässigbaren Hörerkreis mit nochmals anderen Lernvoraussetzungen, der nochmals zur Heterogenität der Studierenden in der Veranstaltung beiträgt. Auf diesen letzten Aspekt gehen Ruge, Hochmuth, Frühbis-Krüger und Fröhlich (Kap. 18) im Detail ein, während wir ihn hier nur der Vollständigkeit halber mit aufgeführt haben.

3.2.4 Mathematik aus Sicht von Ingenieurfächern

Ingenieurstudierende müssen bei der Bearbeitung von Aufgaben aus Grundlagenvorlesungen drei Wissensbereiche integrieren: ingenieurwissenschaftlichen Fächer, Mathematik für Ingenieure sowie die in der Elektrotechnik eingebettete Mathematik. Die Schnittstelle zwischen der Mathematik für Ingenieure und den Grundlagen der

Elektrotechnik als exemplarischem Grundlagenfach wird näher in Kortemeyer (2019) untersucht. Diese Dissertation wurde im Paderborner Teilprojekt des BMBF- Projekts KoM@ING[1] verfasst. Gegenstand der Untersuchungen waren vier Aufgaben aus einer Zweitsemesterveranstaltung zur Elektrotechnik zu den Themen magnetische Kreise, Schwingkreise, Signalanalyse sowie komplexe Wechselstromrechnung. Anhand dieser Aufgaben wurde analysiert, welche mathematischen Kompetenzen zur Lösung benötigt werden. Zur Analyse wird eine am Modellierungskreislauf nach Blum und Leiss (2007) orientierte dreiphasige Gliederung verwendet:

1. Mathematisierung: mathematische Beschreibung der durch die Aufgabe gegebenen Situation
2. Mathematisch-elektrotechnisches Arbeiten: Lösung der Aufgabe unter Verwendung von Größen, also Zahlen mit Einheiten
3. Validierung: Überprüfung der Ergebnisse

In allen drei Phasen sind dabei sowohl mathematisches Wissen als auch elektrotechnisches Fachwissen notwendig. Zu den vier Aufgaben wurden normative Lösungen erstellt und Experteninterviews durchgeführt, die zur Analyse von Bearbeitungsprozessen und -produkten der Studierenden dienten.

Im Rahmen der Mathematisierung werden in den Aufgaben gegebene konventionalisierte Skizzen in mathematische Ausdrücke übersetzt. Dabei werden häufig Idealisierungen zur Realsituation vorgenommen, um die Übersetzung in mathematische Ausdrücke zu vereinfachen, die mit den Studierenden bekannten Methoden lösbar sind. Ein Beispiel für derartige Vereinfachungen ist die Betrachtung von statischen anstatt dynamischen Situationen. Auf die Mathematik bezogen, die in der zweiten Phase (mathematisch-elektrotechnisches Arbeiten) auf Größen bezogen verwendet wird, sind die benötigten Themenkomplexe Termumformungen an Bruchtermen (u. a. Arbeit mit Doppelbrüchen), gewöhnliche Differentialgleichungen (u. a. inhomogene erster Ordnung, homogene zweiter Ordnung), Integralrechnung in einer Veränderlichen (u. a. Zerlegung von Integrationsintervallen) und komplexe Zahlen (u. a. Umrechnung von Darstellungen, Isolierung eines Realteils). In der Validierung treten Umrechnungen zwischen Einheiten der Ausgangsgrößen und der Ergebnisgröße auf, die häufig auf Bruchterme sowie ein Umrechnen von Zehnerpotenzen führen.

Die Herausforderung ist, wie diese Ergebnisse über das bloße „Abarbeiten" der genannten Aufgabentypen aus der Elektrotechnik hinaus bei der Gestaltung konkreter Lehrveranstaltungen zur „Mathematik für Ingenieure" einfließen können.

---

[1]Kompetenzmodellierungen und Kompetenzentwicklung, integrierte IRT-basierte und qualitative Studien bezogen auf Mathematik und ihre Verwendung im ingenieurwissenschaftlichen Studium.

3.3   Ansätze zum Umgang mit der geschilderten Problematik

Angesichts der Vielfalt an Herausforderungen kann es für die „Mathematik für Ingenieure" offensichtlich nicht die eine einzige Stellschraube geben, mit der alle beschriebenen Herausforderungen gleichzeitig bewältigt werden. Vielmehr gilt es in diesem Szenario einen für Studierende und Dozierende ertragreichen und praktikablen Weg aus einem Portfolio von einzelnen Bausteinen zusammenzusetzen. Das in Hannover im Laufe der Jahre aufgebaute Portfolio möchten wir in seiner Ausgestaltung und zum Teil auch in der Wirkung der Bausteine im Folgenden näher beleuchten. Bei zahlreichen erläuterten Maßnahmen gilt, dass sie bewusst im Laufe der ersten beiden Semester, oft beim Übergang vom ersten zum zweiten, zurückgefahren werden, um den Studierenden in ihrer Entwicklung und Eingewöhnung ins Studium immer mehr Selbstständigkeit zu erlauben bzw. diese einzufordern.

3.3.1   Vorkurs

Eine wichtige Leitidee bei der Zusammenstellung der Maßnahmen ist die Gestaltung eines verträglicheren Übergangs für die Studierenden von der Schule an die Hochschule. In dem Zusammenhang konnte 2013 eine Vorkursreform durchgeführt werden, deren Ergebnis als aktueller Stand hier ebenfalls mit einfließt und zu dem oben beschriebenen Konzept für Studierende von vier der fünf beteiligten Fakultäten führte. Vor 2013 wurden in einwöchigen Vorkursen die Inhalte der kommenden „Mathematik für Ingenieure I" aufbereitet, ohne näher auf dafür benötigte mathematische Grundlagen einzugehen. Beispielsweise wurde an der Fakultät für Maschinenbau die Gesamtgruppe von ca. 400 Teilnehmenden in zwei Gruppen geteilt, die anschließend in einer Mischung aus Vorlesung und Bearbeitung von zugeordneten Übungsaufgaben in zwei Hörsälen sechs Stunden pro Tag betreut wurden. Im Rahmen der Reform erhielten die Fakultäten für Maschinenbau, Bauingenieurwesen und Geodäsie sowie Wirtschaftswissenschaften einen gemeinsamen „Mathematik-Vorkurs für Ingenieure". Dabei erfolgte eine Aufteilung in Vorlesungen, die fakultätsweise unterteilt sind, d. h. separate Vorlesungen für die Fakultät für Maschinenbau, die Fakultät für Bauingenieurwesen und Geodäsie sowie die Fakultät für Wirtschaftswissenschaft, und in Übungen, die ebenfalls nach Studiengängen getrennt waren, um ein gegenseitiges Kennenlernen der Studierenden zu erleichtern.

Die zentrale Idee hierbei ist die Installation einer „Zwischenstufe" statt eines harten Bruches im Vergleich zur Schule, der beispielsweise die Angst der Studierenden vor Mathematik erhöhen würde. Dabei bedeutet diese Zwischenstufe kein Absenken der mathematischen Ansprüche, sondern eher ein Abholen der Studienanfänger und kontinuierliches Hinführen zu der universitären Sicht auf Mathematik und zu Lernformen der Universität. Ein Beispiel ist hier die Einführung der Trigonometrie, die sich in den vergangenen Jahren immer wieder als schwieriges Thema für die Anfängerstudierenden erwiesen hat, weil die Studierenden entsprechend den Schulcurricula über

weniger ausführliche Grundlagen verfügen. Aufgrund der später beschriebenen zeitlichen Taktung kann allerdings die Mathematik-Grundlagenveranstaltung darauf nicht
ausreichend eingehen. Daher werden im Rahmen einer Vorkursvorlesung zunächst verschiedene trigonometrische Ausdrücke als Seitenverhältnisse in rechtwinkligen Dreiecken eingeführt und motiviert, dass diese Verhältnisse bei gleichen betrachteten Seiten
im Zähler und Nenner nur von den Winkeln abhängen. Im nächsten Schritt werden diese
Ausdrücke schließlich als Funktionen betrachtet, um so schließlich zur Darstellung am
Einheitskreis zu gelangen, die in ingenieurwissenschaftlichen Fächern wie Technischer
Mechanik oder eben auch bei der Einführung komplexer Zahlen in der Mathematikveranstaltung eine große Rolle spielt.

Gleichzeitig mit einer solchen Auffrischung und Vertiefung von Kenntnissen
bietet der Vorkurs durch seine Präsentation der Inhalte auch eine Form der Studiensozialisation. Gerade der Effekt der Studiensozialisation ist besonders schwer zu messen,
da er zu den weichen Faktoren des Studienerfolgs gehört. Dennoch deuten Freitextfeedback in den Lehrevaluationen im Rahmen der Qualitätssicherung zu Vorkurs und
Hauptveranstaltung sowie die Tatsache, dass Schwund im zweiwöchigen Vorkurs seit der
Umstrukturierung regelmäßig fast nicht mehr auftritt (während er zuvor bei über 50 %
lag), darauf hin, dass die ganzheitlichere Sichtweise auf die Übergangsproblematik bei
der Konzeption des Vorkurses die Studierenden besser erreicht. Insbesondere heben die
Studierenden hervor, dass ihnen das Kennenlernen universitärer Lehrveranstaltungen
(Vorlesung und Kleingruppenübung) im Kontext des Vorkurses eine gute Möglichkeit zur Erprobung und Verfeinerung von Arbeitsstrategien bietet. Bei den Vorkursen
gibt es überdies eine starke Zusammenarbeit mit den jeweiligen Studiendekanaten der
Fakultäten. Ein Artikel, der sich explizit mit der Sozialisation in dem durch die Reform
entstandenen Vorkurs an der Fakultät für Maschinenbau auseinandersetzt, wird im
Rahmen des Abschlussbandes des BMBF-Projekts WiGeMath erscheinen.

3.3.2   Semesterbegleitende Leistungskontrolle – Kurzklausuren

Die Studierenden in der „Mathematik für Ingenieure" können in beiden Semestern wahlweise die Klausur mit 120 min Dauer am Ende des Semesters durch eine Teilnahme an
vier halbstündigen, semesterbegleitenden Kurzklausuren ersetzen. Ein Großteil der Ver-
anstaltungsteilnehmer entscheidet sich hierbei für das semesterbegleitende Prüfungs-
verfahren, das im Gegensatz zu der 120-min-Klausur ohne Hilfsmittel geschrieben
wird. Dies hat zur Folge, dass die Studierenden während des Semesters kontinuierlich
die mathematischen Inhalte nacharbeiten sowie Defizite früher erkennen und auf diese
Weise in der Vorbereitung für die folgende Kurzklausur aufarbeiten können. Hierzu
trägt auch die von Jahr zu Jahr im Wesentlichen identische Taktung bei, die bewusst
thematisch zusammengehörige Blöcke den jeweiligen Klausuren zugrunde legt. Für
die Studierenden hat die Teilnahme an den Kurzklausuren den Vorteil, dass die Inhalte
in kleineren Abschnitten abgefragt werden, während die Dozierenden durch das

mehrfach im Semester auftretende Klausurlernen eine im Vergleich zu einem Haus-übungsbetrieb höhere Sicherheit haben, dass die vorherigen Lerninhalte als bereits durchgearbeitet angenommen werden können. Die Studierenden stehen laufend in der Situation des Vorbereitens einer Klausur, was zu anderen Formen des Lernens führt und der Prokrastination entgegenwirkt. Im Gegensatz zu einem Hausübungsbetrieb kann hier überwacht werden, dass die Studierenden tatsächlich eigene Leistung erbringen und nicht unreflektiert Lösungen von Kommilitonen abschreiben. Dies sorgt auch für eine echte(re) Rückmeldung der Kenntnisse der Studierenden sowohl an diese selbst als auch an die Dozierenden, sodass letztere beispielsweise passend auf schlechte Ergeb-nisse und offensichtliche Lücken in bestimmten Themengebieten reagieren können, ehe sich Defizite durch immer folgende Themen verstärken und so zu einem Nicht-besuch der Veranstaltung im Laufe des Semesters führen. Die Aufteilung der Lehr-inhalte auf die Kurzklausuren hilft auch bei der Verfügbarkeit der Mathematikinhalte in den ingenieurwissenschaftlichen Hauptfächern, was die zeitliche Taktung, aber auch die tatsächliche Abrufbarkeit der Inhalte angeht. Zudem ist durch die semester-begleitenden Kurzklausuren die rechtzeitige Aufarbeitung der Mathematikkenntnisse bereits vor Beginn der Klausurvorbereitung in den parallel laufenden Ingenieurfächern sichergestellt. So kann das System der semesterbegleitenden Klausuren als eine Über-gangsstufe zwischen der Schule mit stark strukturiertem Arbeitsrhythmus und der vollen Eigenverantwortung als Student verstanden werden. Bei der Beschreibung des Ver-fahrens kann der Eindruck entstehen, dass dieses Verfahren das sogenannte „Bulimie-lernen" fördert, also ein kurzfristiges Lernen von Fakten oder Formeln, die dann bald wieder vergessen werden. Diesem wirken wir bewusst entgegen, indem immer wieder in den Kurzklausuren Inhalte aus dem Bereich des gesamten vorherigen Semesters ein-geflochten werden, statt sich nur auf Inhalte seit der letzten Kurzklausur zu beschränken. So gehören zu den Lerninhalten der Folgen in der Kurzklausur 3 (Mathematik für Ingenieure I) beispielsweise komplexe Folgen, um bewusst das Kalkül der komplexen Zahlen aus dem Bereich der Kurzklausur 1 wieder aufgreifen zu können.

Zentral bei der Konzeption der Kurzklausuren ist, den Anspruch inhaltlicher Äqui-valenz zu der Abschlussklausur nicht aus den Augen zu verlieren. Eine Form sollte inhaltlich weder einfacher sein noch andere Themengebiete oder Kompetenzschwer-punkte enthalten. Beispielsweise werden aus diesem Grund in Abschlussklausuren keine umfangreicheren Einzelaufgaben als in Kurzklausuren gestellt. Dennoch finden sich systembedingt in beiden Formen gewisse Vorteile: Für die Kurzklausuren können die Lerninhalte etappenweise gelernt werden, sodass der inhaltliche Umfang jeweils geringer ist. In den Abschlussklausuren kann man sich durch „Lücken" bei einzelnen Themengebieten und somit Auslassen von Aufgaben zusätzliche Zeit für die übrigen Aufgaben verschaffen. Nur bei einer klaren Planung der Verteilung der Inhalte auf die Kurzklausuren bereits vor Semesterbeginn ist eine Ausgewogenheit sowohl zwischen den Einzelthemen als auch bzgl. der Schwierigkeitsgrade möglich. Dies erfordert in der Umsetzung von den Lehrenden natürlich Disziplin, die aber gerade in einem Vor-lesungsbetrieb mit mehreren parallelen Tranchen ohnehin notwendig ist und so für

Tab. 3.3 Aufteilung der Lerninhalte der „Mathematik für Ingenieure" auf die einzelnen Kurzklausuren

Klausur	Inhalte	Zeitpunkt
MfI1-PK	Analytische Geometrie	Semester 1, Woche 4
MfI1-KK1	Komplexe Zahlen, lineare Gleichungssysteme, Matrizen	Semester 1, Woche 6
MfI1-KK2	Determinanten, Eigenwerttheorie	Semester 1, Woche 9
MfI1-KK3	Folgen, Differentialrechnung in einer Veränderlichen	Semester 1, Woche 12
MfI1-KK4	Integralrechnung in einer Veränderlichen	Semester 1, Woche 14
MfI2-KK1	Reihen (inkl. Taylor, Fourier), Kurven	Semester 2, Woche 4
MfI2-KK2	Differentialrechnung in mehreren Veränderlichen[a]	Semester 2, Woche 7
MfI2-KK3	Integralrechnung in mehreren Veränderlichen[a]	Semester 2, Woche 10
MfI2-KK4	Integralsätze, gewöhnliche Differentialgleichungen	Semester 2, Woche 13

[a]Zusätzlich schließen Funktionen mehrerer Veränderlicher jeweils auch Skalar- und Vektorfelder mit ein.

alle Beteiligten klare Meilensteine erhält. In den vergangenen Jahren hat sich in der „Mathematik für Ingenieure" in Hannover die in Tab. 3.3 dargestellte Aufteilung der Lerninhalte bewährt. Hierzu werden die folgenden Abkürzungen verwendet: „MfI" (= Mathematik für Ingenieure), „KK" (= Kurzklausur) sowie „PK" (= Probeklausur, „Joker"). Letztere erlaubt es den Studierenden, bereits im ersten Vorlesungsmonat das Format und den Ablauf einer Kurzklausur kennenzulernen und als Anreiz für die Teilnahme – je nach Leistung in der Klausur – in geringem Umfang Bonuspunkte für die Prüfungsleistung zu erwerben.

Um den Studierenden ausreichend Zeit zur Aufarbeitung des Stoffs für die Kurzklausuren zu geben, wird die Behandlung der klausurrelevanten Inhalte jeweils mindestens eine Woche vor der entsprechenden Klausur in der Vorlesung beendet, sodass die Übungsveranstaltungen dazu auch noch rechtzeitig besucht und nachbereitet werden können. Eine Ausnahme bildet hierbei lediglich die letzte Kurzklausur MfI1-KK4, die am Ende des Semesters platziert ist[2]. Das Kapitel „Reihen", das im Zusammenhang mit Konvergenzkriterien wie dem Wurzel- oder Leibniz-Kriterium in ingenieurwissenschaftlichen Anwendungen eher selten direkt benötigt wird, ist am Ende der „Mathematik für Ingenieure I" angesiedelt. Dadurch wird es in natürlicher Weise zu Beginn des Sommersemesters bei der Behandlung des Themenkomplexes Funktionenfolgen, Gleichmäßige Konvergenz, Potenzreihen sowie Taylor- und Fourier-Reihen wieder aufgegriffen und für MfI2-KK1 mit aufgearbeitet. Generell sind die Themenbereiche für Kurzklausuren

---

[2]Das Sommersemester ist an der Leibniz Universität Hannover eine Woche kürzer als das Wintersemester.

so zugeschnitten, dass jeder Stoffabschnitt sowohl theoretische Hintergründe als auch Rechentechniken behandelt. Dies geschieht insbesondere auch in den Klausuren selbst, indem ein Charakteristikum vieler Aufgaben darin besteht, dass der Kalkülaufwand, auf dem in Ingenieurklausuren ein starker Fokus liegt, durch besseres theoretisches Verständnis verringert werden kann. Wenn z. B. nach dem Taylor-Polynom n-ten Grades um den Entwicklungspunkt 0 eines Polynoms gefragt ist, kann dieses mittels der in der Vorlesung vorgestellten Formel mechanisch berechnet werden. Mit entsprechendem Theorieverständnis kann man allerdings das angegebene Polynom (der Argumentation der Vorlesung und Übung folgend) direkt hinschreiben.

Die Unterteilung der Lerninhalte auf verschiedene semesterbegleitende Kurzklausuren bietet noch weitere Vorteile gegenüber einer Abschlussklausur: Üblicherweise werden in Mathematikvorlesungen an mehreren Stellen zuvor behandelte Themen wieder aufgegriffen und treten dann eingebettet in einer weiterführenden Theorie auf. Beispiele hierfür sind z. B. der Gauß-Algorithmus für lineare Gleichungssysteme, der später benötigt wird, um Eigenvektoren berechnen zu können, oder Taylor-Reihen in einer Veränderlichen, die für die Bestimmung von Taylor-Reihen in mehreren Veränderlichen benötigt werden. Bei einer Abschlussklausur würden diese Themen jeweils gemeinsam geprüft, was bedeutet, dass beispielsweise Studierende, die den Gauß-Algorithmus nicht beherrschen, keine Chance haben, die Eigenvektoren korrekt zu bestimmen. Bei dem Kurzklausurverfahren können jedoch Defizite bei der Anwendung des Gauß-Algorithmus, die sich durch das Ergebnis von MfI1-KK1 zeigen, in der Vorbereitung von MfI1-KK2 noch aufgearbeitet werden, sodass Punkte für die Berechnung von Eigenvektoren in MfI1-KK2 dennoch erzielt werden können. Ähnliche Effekte treten in Abschlussklausuren nur im geringeren Maße auf: Hier kann z. B. der Zusammenhang zwischen MfI2-KK4 (gewöhnliche Differentialgleichungen) einerseits und MfI1-KK3 (Differenzieren in einer Veränderlichen) und MfI1-KK4 (Integration in einer Veränderlichen) andererseits gesehen werden. Aber auch hier ergeben sich durch die Behandlung der mehrdimensionalen Analysis in MfI2-KK1, MfI2-KK2 und MfI2-KK3 zusätzliche Gelegenheiten durch Aufarbeitung der Defizite in der Analysis in einer Veränderlichen.

Tendenziell sind die Durchfallquoten von Erstsemesterstudierenden in den Abschlussklausuren (zwischen 50 % und 75 % von 200 bis 300 Studierenden) höher als im Kurzklausurverfahren (zwischen 30 % und 40 % von 1400 bis 1800 Studierenden). Allerdings werden die Abschlussklausuren auch von Studierenden, die im Kurzklausurverfahren nicht bestanden haben, als Wiederholungsklausur geschrieben, sodass hier bei einem signifikanten Anteil der Teilnehmer der Abschlussklausur von einer Negativselektion ausgegangen werden kann. Daher sind die Durchfallquoten beider Prüfungsformen nicht direkt vergleichbar. Im Kurzklausurverfahren zeigt sich bei zahlreichen Studierenden des mittleren Leistungsspektrums auch eine aufsteigende Tendenz von MfI1-KK1 hin zu den späteren Kurzklausuren, was zumindest als erstes Indiz für ein besseres Zurechtkommen mit dem selbstständigen Vorbereiten auf eine schriftliche Prüfung gewertet werden könnte. Nähere Untersuchungen zu diesem Punkt liegen aber bisher noch nicht vor.

3.3.3 Präsentation der Lerninhalte

Ingenieurstudierende studieren nicht Mathematik als zentrales Studienfach, was z. B. durch das Verhältnis der Anzahl an Creditpoints in Mathematikveranstaltungen und ingenieurwissenschaftlichen Grundlagenfächern deutlich wird. Daher werden in einer Veranstaltung „Mathematik für Ingenieure" auch nicht dieselben Ziele verfolgt wie in einer „Analysis" oder „Linearer Algebra". Wo das Lernen von Beweisen und Heuristiken im Zentrum der Lehre für Mathematikstudierende steht, da sind es die mathematischen Konzepte und Zusammenhänge in der Lehre für Ingenieurstudierende. So ist es für den Vorlesungsaufbau bisweilen sinnvoll, den in der Mathematik essenziellen deduktiven Aufbau zu verlassen und bestimmte Themen zu vertagen oder vorzuziehen. Ein Beispiel dafür wurde oben schon angesprochen: Das Thema Reihen wird zugunsten einer früheren Behandlung der Differential- und Integralrechnung einer Veränderlichen aufgeschoben und erst unmittelbar vor der Einführung von Gleichmäßiger Konvergenz, Potenzreihen und schließlich Taylor-Reihen behandelt. An derselben Stelle wird dann auch der Abschnitt über Fourier-Reihen eingeschoben, der in einigen der Studiengänge früh im zweiten Semester in Ingenieurfächern benötigt wird und Ideen der Einführung von Taylor-Reihen wieder aufgreift, nämlich beispielsweise die Annäherung von Funktionen durch geeignete andere Funktionen zur Aufwandsverringerung.

Bei aller Anpassung des Aufbaus und der Darstellung soll Ingenieurstudierenden gezeigt werden, wie mathematische Gedankengänge klar und stringent formuliert werden, wie rechenlastige Argumentationen selbst zu führen sind und wie etwas komplexere oder stark theorielastige Beweise, nicht zuletzt solche durch Induktion oder Kontraposition, nachzuvollziehen und zu verstehen sind. Wichtig ist darüber hinaus, dass Studierende Erfahrung damit sammeln, Verfahren aus konstruktiven Beweisen zu extrahieren, was z. B. auch für die Anwendung von mathematischen Themen aus höheren Ingenieurfächern wichtig ist, z. B. wenn in der Theoretischen Elektrotechnik komplexe Integrale mithilfe des Residuensatzes berechnet werden müssen, obwohl, wie oben erwähnt, die Funktionentheorie nicht in den mathematischen Grundlagenveranstaltungen direkt behandelt wird. Daher ist es ein Ziel sicherzustellen, dass die mathematischen Inhalte so anschlussfähig für die Studierenden sind, dass letztere sich derartige Inhalte später selbst aneignen können.

Das ist auch der Grundgedanke hinter der Auswahl der in der Vorlesung zu besprechenden Beweise: Beweise, die Rechentechniken einführen, erklären, anwenden, vertiefen oder grundlegende Argumentationsweisen prägnant illustrieren, werden meist behandelt und mit besonderem Blick auf die Methodik erläutert; solche, die technisch aufwendigere oder tiefgründigere Argumentationen benötigen, werden eher ganz ausgelassen oder durch eine kurze anschauliche Erläuterung der dahinter stehenden Grundideen ersetzt. So wird die Maßtransformationsformel in den mehrdimensionalen reellen Zahlen in „Mathematik für Ingenieure II" zwar für eine Scherung hergeleitet, aber die allgemeine Formel dann ohne Beweis eingeführt. Durch die für Ingenieurwissenschaften typische Nutzung der Mathematik auch als Formalismus (vgl. Kortemeyer 2019), um technische Sachverhalte kompakt und eindeutig darzustellen, kommt der Präzision in der Darstellung dennoch eine wichtige Rolle zu: Anschauliche Erläuterungen müssen stets für die Studierenden klar erkennbar von exakten mathematischen Formulierungen abgegrenzt sein. Teilweise gehen solche Argumente in ingenieurwissenschaftlichen Veranstaltungen unter, etwa wenn $\sin(\alpha)$ nahe 0 als α angenommen wird, ohne beispielsweise Schlagwörter wie Taylor-Polynome zu verwenden. Gerade die saubere und korrekte Anwendung der eingeführten Aussagen und Methoden in expliziten Beispielen hat für die Studierenden Vorbildcharakter im Umgang mit der Sprache Mathematik, sodass den Beispielen und ihrer Darstellung ein anderes Augenmerk geschenkt werden muss als in der Lehre für Mathematiker.

Regelmäßig zeigt das Feedback der Studierenden in den Freitexten der Evaluationsbögen sowie in den Rückmeldungen der entsprechenden Studiendekanate, dass die Studierenden die beschriebene Ausgestaltung der Schnittstelle zwischen der Mathematik und ihren Anwendungsfächern schätzen.

3.3.4 Abstimmung der Lerninhalte mit den Ingenieur-Hauptfächern

Unverzichtbar für eine gute inhaltliche Abstimmung des Kurses „Mathematik für Ingenieure" ist die enge und von gegenseitigem Respekt für das jeweils andere Fach geprägte Zusammenarbeit mit den Ingenieurfächern. In der Technischen Mechanik, den Grundlagen der Elektrotechnik oder der Baumechanik, um nur die relevantesten Beispiele für Ingenieur-Grundlagenfächer zu nennen, werden von Anfang an mathematische Kenntnisse und Fertigkeiten vorausgesetzt. So werden beispielsweise in der Technischen Mechanik orthogonale Projektionen eingesetzt, ohne diese eingeführt zu haben oder überhaupt als solche zu bezeichnen, sodass eine weitere Einordnung nur über die Mathematik stattfinden kann. Gleichzeitig bilden die Ingenieurveranstaltungen allerdings auch als Hauptfach den thematischen Rahmen, auf den sich die Ingenieurstudierenden konzentrieren und der sie in den meisten Fällen zur Wahl ihres Studienfachs bewogen hat. Diese Querverbindungen, am Anfang der Erstsemesterveranstaltung z. B. bei der Vektorraumgeometrie oder der Betrachtung von Eigenwerten und Hauptachsen, sind für Studienanfänger a priori nicht offensichtlich. Hier bieten gut untereinander abgestimmte Veranstaltungen durch gegenseitige Verweise, die mit dem Wissen Anfängerstudierender verständlich sind, Orientierung und fügen so die einzelnen Module in das Gesamtcurriculum der Ingenieure ein. Auch an dieser Stelle ist der Vorkurs sehr nützlich, da er in dem beschriebenen Wechselspiel aus Mathematik und ingenieurwissenschaftlichen Anwendungsfächern der Mathematik einen zeitlich begrenzten Vorsprung zu einem Zeitpunkt verschafft, an dem noch keine Veranstaltungen in ingenieurwissenschaftlichen Anwendungsfächern stattfinden.

Die Zusammenarbeit wird gestaltet durch regelmäßige Treffen zwischen den Verantwortlichen der „Mathematik für Ingenieure" und denen der Grundlagenfächer in den drei Ingenieurfakultäten der Leibniz Universität. Ähnliche Verbindungen gibt es auch auf der Ebene der Wissenschaftlichen Mitarbeiter. Genau dadurch wurde eine zielgerichtete Reform des Vorkurses ermöglicht, die zu einer Verbesserung der Bestehensquoten ohne Verringerung des Niveaus in sämtlichen Folgeveranstaltungen führte. Ein konkretes Beispiel für die wochengenaue Abstimmung der Lehre zwischen den beteiligten Fakultäten und der Mathematik ist die frühe Behandlung der linearen Gleichungssysteme in „Mathematik für Ingenieure I". Dieses Thema hat im Zusammenhang mit der Berechnung von Fachwerken in der Mechanik sowie bei der Behandlung von analogen Schaltkreisen in der Elektrotechnik große Bedeutung. Es besteht die Hoffnung, dass durch die Kurzklausuren die Inhalte tatsächlich verfügbar sind und es Synergieeffekte zwischen den Fächern gibt. Unvermeidlich ist ein gewisses Maß an „Lernen auf Vorrat", zumindest bezogen auf die einzelnen Studierenden. Das heißt: Es gibt Themen, die erst später, manchmal sogar erst in höheren Semestern in Ingenieurfächern benötigt werden und mangels Mathematikveranstaltungen – insbesondere im Master-Studiengang – bereits Teil der Lehrveranstaltungen zur Ingenieurmathematik am Anfang des Studiums sind. Auch hier bietet die Mischung der Studiengänge einen entscheidenden Vorteil, da ein Eingehen auf die spezielleren Bedarfe der einzelnen Gruppen meist die Gelegenheit bietet, einen unmittelbar folgenden Einsatz in einem Fach als Beispiel zu nutzen. Analog zu dem Beispiel mit den Schwingkreisen gibt es eine ähnliche Verbindung zwischen den Integralsätzen von Stokes und Gauß aus der Vektoranalysis („Mathematik für Ingenieure II"), die im selben Semester Anwendung in Elektrotechnik-Veranstaltungen bei der Beschreibung elektro-magnetischer Felder finden. Hier stellt die Mathematik zeitlich vorher sicher, dass die Studierenden sich innermathematisch schon mit den Integralsätzen auseinandergesetzt haben, sodass die Elektrotechnik-Veranstaltung ihren Fokus auf die Mathematisierung derartiger Situationen sowie die Validierung erhaltener Ergebnisse richten kann. Für andere Studierende (z. B. aus dem Bauingenieurwesen) ist dieser Inhalt erst in fortgeschritteneren Veranstaltungen etwa zur Strömungslehre relevant.

Wie schon bei der sorgfältigen zeitlichen Taktung der Präsentation der Lerninhalte, z. B. in der Reihenfolge lineare Algebra vor Analysis, ist auch bei der Stoffauswahl das Leitmotiv, dass es sich um die Vermittlung von Mathematik und mathematischen Arbeitsweisen als einem integralen Baustein des Ingenieurstudiums handelt. Das bedeutet, dass das globale Ziel des versierten Umgangs mit Aufgabenstellungen aus den Ingenieurfächern in allen konzeptionellen Entscheidungen mitschwingt, ohne diesem jedoch den Anspruch eines mathematisch schlüssigen deduktiven Aufbaus zu opfern. Hier gibt es seitens der Mathematik ein Zuarbeiten, sodass die Schnittstelle zu den Ingenieurwissenschaften gut ausgefüllt werden kann. Wenn z. B. bei der Betrachtung von Schwingkreisen gewöhnliche Differentialgleichungen zum Einsatz kommen, werden die nötigen Lösungsverfahren in der „Mathematik für Ingenieure" vorgestellt, aber es ergibt sich z. B. nicht der für Mathematiker übliche Schwerpunkt auf Existenzfragen von Lösungen. Innermathematisch müsste hier mit dem Satz von Peano argumentiert werden, aber im Ingenieurkontext kann dies über die Anwendungssituation begründet werden, die zeigt, dass es eine Lösung geben muss.

Insbesondere wird zwar regelmäßig deutlich gemacht, wie die in der Mathematik vorgestellten Inhalte innerhalb von Themen der Anwendungsfächer von Ingenieuren auftreten – sei es in einer Motivation zu einem Thema oder sei es im Kontext von Beispielen. Jedoch bedeutet dies nicht, dass die Veranstaltung ihren roten Faden durch eine Aneinanderreihung von Anwendungsaufgaben erhält. Die konkrete, kleinschrittige Anbindung mathematischer Verfahren an Anwendungsaufgaben findet in Hannover im Bereich der erwähnten Ingenieurfakultäten statt, was sich sehr gut in die Gesamtstruktur mit der fächerübergreifenden Mathematikveranstaltung einfügt, gleichzeitig aber ohne eine gegenseitige Kenntnis der Veranstaltungen und ihrer Taktung so nicht denkbar wäre.

3.3.5 Unterstützung von Studierenden in Bezug auf das Lernen

Ein weiteres Ziel der Veranstaltung ist eine Unterstützung der Studierenden beim Lernen von Mathematik, d. h. beim selbstständigen Nachbereiten und Aufarbeiten des Veranstaltungsstoffes sowie, darauf aufbauend, auch beim Lernen für weitere mathematikhaltige Fächer, wie sie in allen Ingenieurstudiengängen im Curriculum enthalten sind. Hierzu werden zuerst einmal in der Veranstaltung regelmäßig der rote Faden innerhalb des deduktiven mathematischen Aufbaus thematisiert und Querverbindungen zwischen den verschiedenen mathematischen Themen aufgezeigt, um die Studierenden beim Strukturieren des Stoffes zu unterstützen. Darüber hinaus bietet die Veranstaltung mit Vorlesung, einer für alle Studierenden gemeinsamen Übung (d. h. der jahrelang vom zweiten Autor betreuten Hörsaalübung) und Gruppenübungen drei verschiedene Formate der Stoffvermittlung, die eng ineinandergreifen. Während in der genannten Hörsaalübung der Fokus auf der Besprechung von Aufgaben liegt, die dabei auch in den von der Vorlesung bereits eingeführten Kontext eingebettet werden und gleichzeitig neue Perspektiven auf die Inhalte eröffnen, ist die Gruppenübung der Ort für die gezielte Besprechung der Übungsaufgaben sowie von Problemen bei deren Bearbeitung. Die in der Hörsaalübung besprochenen Aufgaben stimmen dabei inhaltlich nicht eins zu eins mit denen der Gruppenübungen überein, sind jedoch bezüglich der Lernziele meist eng mit denen der Gruppenübungen verbunden. Auf diese Weise kann die Hörsaalübung auch bei Bedarf helfen, Qualitätsprobleme auszugleichen, wie sie bei einem Übungsbetrieb mit weit über 30 Gruppenübungen in der Besprechung eines Übungsblatts immer wieder auftreten können und werden.

Kurzklausuren als Hilfe zur Optimierung der Lernstrategien

Die semesterbegleitenden Kurzklausuren geben den Studierenden eine zeitnahe und tatsächlich personenbezogene Rückmeldung zum jeweiligen Leistungsstand, da sie im Gegensatz zu einem Hausübungsbetrieb, bei dem in vielen Fällen eingereichte Lösungen abgeschrieben sind, unter Klausurbedingungen geschrieben werden. Insbesondere erhalten die Studierenden mittels der erreichten Punktzahlen in den einzelnen Aufgaben auch eine detaillierte Information über ihre Defizite. Dieses wird sichergestellt über semesterbegleitende Einsichten (mehr als zehn Termine pro Woche), an denen die Kurzklausuren eingesehen werden können. Dort haben die Studierenden Gelegenheit, individuell Feedback von studentischen Hilfskräften zu erhalten, wobei dies auf Wunsch der Studierenden um eine weitere Stufe, nämlich ein Gespräch mit einem Wissenschaftlichen Mitarbeiter, erweitert werden kann. Dadurch haben wir die Hoffnung, dass viele Studierende im Laufe des ersten Semesters ihre Arbeitsweise und Lernstrategien selbstständig anpassen und verfeinern: Die Kurzklausuren ermöglichen in dem beschriebenen Sinne eine frühere individuelle Rückmeldung zu Klausurlernen, Klausurschreiben und Klausurresultaten, bevor die Studierenden Prüfungen in anderen Fächern ablegen. Ohne ein Kurzklausurverfahren würden sich die Zeiträume von Prüfungen (Lernen, Schreiben, Rückmeldung) überschneiden, ohne in diesem Maße Einsichten und Feedback zu liefern, was Studierende in Feedbackrunden z. B. im Kontext von Studiengangevaluationen auch so mitgeteilt haben. Darüber hinaus hoffen wir, dass das Kurzklausurverfahren auch eine andere Form von Lernen fördert, in der kein Aufschieben möglich ist und unmittelbar die Inhalte für Klausursituationen vorbereitet werden. Dieses kommt ihnen dann auch im ersten regulären Prüfungszeitraum zugute, indem sie neben der Abrufbarkeit mathematischen Wissens auch auf bereits erprobte, für sie persönlich passende Strategien in der Klausurvorbereitung zurückgreifen können. Gleichzeitig bieten die Leistungen in den Kurzklausuren auch eine wichtige Hintergrundinformation in der individuellen Beratung von Studierenden, die sich hilfesuchend an die Dozierenden wenden; es wird dadurch möglich, frühzeitig bei der Suche nach Lücken in den Vorkenntnissen zu unterstützen, aber auch außermathematische Faktoren für Prüfungsprobleme wie etwa Prüfungsangst aufdecken zu helfen.

Ingenieurstudierende als Übungsleiter

In einer Veranstaltung mit teilweise mehr als 2000 Teilnehmern ist es für die Studierenden schwer, häufiger Kontakt zu den Dozenten von Vorlesung und Hörsaalübung zu erhalten und auf diese Weise individuell Unterstützung zu bekommen. Daher ist es wichtig, dass Studierende auch niederschwellige Kommunikationsangebote erhalten. In der „Mathematik für Ingenieure" geschieht dies durch den Einsatz eines gemischten Teams von Übungsleitern, dessen Mitglieder von Studierenden am Ende des Bachelor-Studiums bis hin zu promovierten Mathematikern reichen. Gerade bei jungen Übungsleiterinnen und Übungsleitern fällt es den Studierenden tendenziell leichter, ihre Fragen ohne Angst vor Blamage zu stellen. An dieser Stelle stellt sich aber bisweilen das Problem, wie qualifiziert die Antwort im Zweifelsfall ist – dies ist gleichzeitig die entscheidende Frage nach der Qualifikation von Übungsleitern.

Wer ist am besten zum Abhalten von mathematischen Übungsgruppen für die Zielgruppe der Ingenieurstudierenden geeignet? An manchen Universitäten werden hierfür Studierende des Lehramts eingesetzt, die in ihrem Studium jedoch nicht mit Grundlageninhalten der Ingenieurwissenschaften konfrontiert sind und hierzu daher nur selten

Bezug haben. An der Leibniz Universität Hannover wird das Team der „Mathematik für Ingenieure" aus wissenschaftlichen Mitarbeitern der Mathematik-Institute sowie erfolgreichen Studierenden der Ingenieurwissenschaften (etwa mit einem „sehr gut" in „Mathematik für Ingenieure") zusammengestellt bzw. rekrutiert. Während dabei die wissenschaftlichen Mitarbeiter wesentlich mehr Einblick in die mathematischen Hintergründe haben, bringen die studentischen Übungsleiter die Perspektive der Ingenieurwissenschaften ein, was im Idealfall zu einer positiven gegenseitigen Ergänzung führt. Bei Wissenschaftlichen Mitarbeitern herrscht häufig eine mangelnde Kenntnis über das Vorwissen der Studierenden, insbesondere da ihre Schulausbildung deutlich länger zurückliegt als bei den Ingenieurtutoren; letztere haben dafür u. U. fachliche Defizite bei tiefergehenden Fragen und weniger Lehrerfahrung. Die studentischen Hilfskräfte beginnen ihre Tätigkeit in der Veranstaltung stets, indem sie die wissenschaftlichen Mitarbeiter bei der Korrektur der Klausuren unterstützen und den Einsichtsbetrieb in die Kurzklausuren vom Ablauf her betreuen und dadurch auch der erste Ansprechpartner für Fragen der Studierenden sind. Auf diese Weise erhalten auch die neu rekrutierten, sehr guten Studierenden einen Einblick in die Probleme ihrer nicht so leistungsstarken Kommilitonen in jüngeren Jahrgängen und insbesondere in die typischen Fehler und Missverständnisse im Umgang mit dem Veranstaltungsstoff, aber auch mit den eigentlich als bekannt vorausgesetzten Kenntnissen und Techniken aus der Schule, allen voran Bruchrechnung, Potenzgesetze und Termumformungen. Aus diesem selbst erworbenen Erfahrungsschatz können sie dann im Folgejahr schöpfen, wenn sie sich selbst auf das Abhalten von Übungsgruppen vorbereiten und dann auch vor einer Gruppe stehen.

Aus dem Freitextfeedback in der Übungs- und Vorkursevaluation geht immer wieder hervor, dass die Studierenden diese Form der Übungsbetreuung schätzen. Studentische Übungsleiter in der „Mathematik für Ingenieure" (wie auch zuvor im Vorkurs) haben für die Studierenden sowohl den Charakter eines direkt ansprechbaren Kommilitonen als auch einen gewissen Vorbildcharakter. Die erfahrenen Mathematiker dagegen werden eher als Lehrer eingeordnet und oft ohne Bezug zu Ingenieurfächern wahrgenommen.

Neben einer bloßen Vermittlung von Inhalten erhalten die Studierenden auf diesem Weg auch praktische Hinweise, wie sie für einen Erfolg in der Veranstaltung vorgehen können. Hierbei fungieren die Ingenieurtutoren, die nur einen geringen Altersunterschied zu ihren Tutoriumsteilnehmern haben, als Peers, die eigene Erfahrungen als ehemals in der Veranstaltung erfolgreiche Studierende weitergeben können.

Einsatz des LIMST-Fragebogens

In der Veranstaltung wurde längsschnittlich mehrfach der LIMST-Fragebogen eingesetzt, über den „Lernstrategien in mathematikhaltigen Studiengängen" untersucht werden. Eine Veröffentlichung dieses Fragebogens, der inzwischen eine ausführliche Pilotierungsphase durchlaufen hat, findet sich in Liebendörfer et al. (2020). Dieser wurde mit Klausurleistungen in Verbindung gebracht, sodass Prädiktoren für Klausurerfolg ausgemacht werden konnten. Hierzu wurden mittels eines Codes die Ergebnisse der Kurzklausuren mit den Antworten im LIMST-Fragebogen gekoppelt. Auf dieser

Basis kann künftigen Studierenden noch ein weiteres, wissenschaftlich fundiertes Feedback gegeben werden, wie erfolgreiches Lernen im Hinblick auf die Klausuren in der „Mathematik für Ingenieure" möglich ist. Im Jahr 2015 gab es eine Erhebung in „Mathematik für Ingenieure II", an der mehr als 1000 Studierende teilnahmen. Durch die für die Studierenden freiwillige Angabe ihrer Matrikelnummer war es bei mehr als 400 Studierenden möglich, eine Verknüpfung zu Leistungsdaten sowohl aus der „Mathematik für Ingenieure I" des vorangegangenen Semesters als auch aus der laufenden „Mathematik für Ingenieure II" herzustellen. So entstanden Forschungsergebnisse dazu, an welchen Stellen es mögliche Zusammenhänge zwischen bestimmten Lernstrategien und Klausurresultaten gibt. Es zeigte sich, dass die Leistung aus dem Vorsemester ein klarer Prädiktor für die Leistung im laufenden Semester ist. Die folgenden Ergebnisse haben ein Signifikanzniveau von $p < 0{,}01$. Wenig überraschend zeigt sich, dass das Ergebnis aus „Mathematik für Ingenieure I" eine Korrelation von 0,73 zu dem Ergebnis aus „Mathematik für Ingenieure II" hat. Dieser Punkt ist für die Studierenden, die an der jeweils aktuellen Befragung teilnehmen, nicht mehr beeinflussbar, jedoch untermauert dieses Forschungsergebnis den Hinweis an künftige Jahrgänge zur Bewusstmachung der Bedeutung von „Mathematik für Ingenieure I" sowie des ursächlichen deduktiven Aufbaus.

Als wichtigste Faktoren für den Erfolg in der „Mathematik für Ingenieure II" erwiesen sich Frustrationstoleranz, die investierte Zeit sowie das Üben von Aufgabentypen. Die Korrelation zum Ergebnis der „Mathematik für Ingenieure II" liegt für die Frustrationstoleranz bei 0,4, für die investierte Zeit bei 0,29 und für das Üben bei 0,23. Eine ausführliche Darstellung der Ergebnisse – explizit bezogen auf die vorgestellte „Mathematik für Ingenieure" – ist in Vorbereitung (vgl. Gildehaus et al. subm.). Der Nutzen von LIMST liegt hierbei vor allem darin, Verbindungen zwischen Lernstrategien und Klausurergebnissen herzustellen, die Studierende in späteren Jahrgängen dabei unterstützen können, richtige Vorgehensweisen für ein erfolgreiches Abschneiden in der Veranstaltung zu entwickeln.

3.3.6   Technologieeinsatz/Moderne Medien

Die Frage des Technologieeinsatzes in einer Veranstaltung mit weit über 1000 Hörern ist stets ein schwieriges Thema, da sich dadurch neue Chancen ergeben, etwa im durchdachten Einsatz von Audience-Response-Systemen, aber auch die Gefahr, die Aufmerksamkeit der Hörer fehlzuleiten, etwa durch zu viel Ablenkung oder einen nicht hörergerechten Präsentationsrhythmus. So bleibt für die Entwicklung mathematischer Gedanken und Argumente, aber auch für die Behandlung von Beispielen die Tafel das Medium größter Bedeutung, da diese in einem Raum mit adäquater Tafelanlage Dozenten zu einer moderaten Geschwindigkeit und natürlich auftretenden Pausen (zum Wischen) leitet. Nicht mehr wegzudenken ist allerdings der gezielte Einsatz von

Übersichtsfolien zu Kernaussagen sowie von Visualisierungen, letztere gerade bei Themen der mehrdimensionalen Analysis, wo sie für die Studierenden oft die Brücke von der Formel zur Anschauung bauen, insbesondere auch bei der Integration.

Innerhalb des Vorkurses wird das Audience-Response-System PINGO (vgl. Kundisch et al. 2017) der Universität Paderborn erfolgreich eingesetzt. Damit kann jedem Studierenden Gelegenheit gegeben werden, sich mit einer Frage bzw. Aufgabe kurz selbst auseinanderzusetzen und dann anonym zu antworten. So ist es möglich, dass sowohl Studierende als auch Dozierende ein Feedback zu dem aktuellen Kenntnisstand erhalten, was im Idealfall zu entsprechenden Anpassungen der Inhalte, etwa in Form einer Wiederholung oder eines zusätzlichen Beispiels, sowie an der Geschwindigkeit der Präsentation führen kann. Dabei überwiegt die Unruhe bzw. der Ablenkungsfaktor beim häufigen Stellen isolierter Fragen den Nutzen, während in Hannover gute Erfahrungen mit dem Einsatz im Kontext der „Peer Instruction" gemacht wurden (vgl. Mazur 1999), insbesondere auf den von den Studierenden wahrgenommenen Lernerfolg. Die Peer Instruction erfolgt in vier Schritten:

a. „Spontane" Beantwortung einer Frage durch jeden einzelnen Studierenden: Die Frage wird über den Beamer gezeigt und erscheint gleichzeitig auf den internetfähigen Geräten (Smartphone, Tablet etc.), mit denen sich die Studierenden in die Umfrage eingeloggt haben.
b. Aufgabenstellung „Überzeugen Sie Ihren Sitznachbarn von Ihrer Antwort": Dabei ist aus Dozierendenposition erkennbar, wann die Diskussionen starten und langsam immer weniger werden.
c. Erneute Beantwortung der Ausgangsfrage: Auf diese Weise können sich Veränderungen im Antwortverhalten zeigen. In den meisten Fällen nimmt dabei die Anzahl der richtigen Antworten zu.
d. Ergebnissicherung im Plenum: Die Lösung der Aufgabe wird durch Studierende oder Dozierende vorgestellt. Dies ist insbesondere dann wichtig, wenn bei der zweiten Beantwortung der Frage die Anzahl der richtigen Antworten nicht angestiegen ist. Sollten deutlich weniger als 50 % die richtige Antwort ausgewählt haben, ist eine Besprechung durch Dozierende sinnvoll.

PINGO lässt vier verschiedene Antwortformate zu: Single Choice (aus einer Auswahl ist genau eine Antwort richtig), Multiple Choice (aus einer Auswahl sind mehrere Antworten richtig), numerische Eingabe oder Texteingabe. Dies ermöglicht eine Vielzahl an Fragestellungen, wobei generell zu beachten ist, dass hier keine Ergebnisse längerer Rechnungen abgefragt werden sollten, weil dafür in Bezug auf Korrektur und Rückmeldung zu Schwierigkeiten bei bestimmten Teilen der Rechnungen andere Formate besser geeignet sind. Die verwendeten Fragen können dafür allerdings andere Aufgabentypen abdecken, die nützlich für das Verständnis sind, aber selten als direkte isolierte Aufgabe in Übungsblättern auftreten. Im Folgenden ein paar Beispielaufgaben.

Beispielaufgaben

1. „Was ist lg(10.000)?" (numerisch, Vorkurs) Hier kann die Lösung schnell eingegeben werden, allerdings erhalten Dozierende so eine direkte Rückmeldung, ob
   das Konzept eines Zehnerlogarithmus verstanden wurde.
2. „Ist die Aussage, dass aus $f'(0) = 0$ und $f''(0) = 0$ folgt, dass an der Stelle 0
   eine Sattelstelle vorliegt, wahr oder falsch?" (Single Choice, „Mathematik für
   Ingenieure I") Hier kommt es auf die Argumentationsfähigkeiten der Studierenden
   an. In der Diskussion im letzten Schritt können dann Gegenbeispiele (wie die Null-
   funktion) besprochen werden, die die Studierenden gefunden haben.
3. „7π ist näherungsweise eine ganze Zahl. Welche?" (numerisch, Vorkurs) In den
   verschiedenen Durchläufen dieser Frage, kamen jedes Mal mehr als 80 % durch
   Schätzen auf die richtige Lösung 22. Gerade Aufgabenstellungen des Schätzens/
   Überschlagens sind für die Validierung erhaltener Ergebnisse bei ingenieurwissenschaftlichen Grundlagenaufgaben sehr nützlich (vgl. Kortemeyer 2019).
4. „Bestimmen Sie eine partikuläre Lösung von $f''(x) + f'(x) + f(x) = x + 1$ (Text-
   eingabe, „Mathematik für Ingenieure II") Diese Aufgabe dient dazu, dass die
   Studierenden mit dem eigenen Entdecken partikulärer Lösungen gewöhnlicher
   Differentialgleichungen vertrauter werden. Die Aufgabe wird vor einem tieferen
   Einstieg in Differentialgleichungen behandelt, sodass die Studierenden i. d. R. nur
   Wissen zum Differenzieren einsetzen können, aber dennoch in vielen Fällen x als
   Lösung erkennen. ◄

Das System fördert die Kommunikation über Mathematik und erlaubt es den
Studierenden, zeitnah und individuell Feedback zu erhalten. Gleichzeitig erhalten auch
die Dozierenden Feedback zu dem aktuellen Stand der Studierenden, auf das sie dann
direkt in den Veranstaltungen reagieren können.

3.3.7 Einsatz zusätzlicher Übungsmaterialien ohne Thematisierung in den Präsenzveranstaltungen

Einem ausdrücklichen Wunsch der Studierenden zu mehr Übungsmaterial über die
grundlegenden Techniken folgend, wurden zur Festigung der Inhalte durch den Erstautor
dieses Beitrags Übungshefte zu typischen Themen der „Mathematik für Ingenieure"
entwickelt. Diese sind im Bereich der "Mathematik für Ingenieure I" Hefte zu
mathematischen Grundlagen (wie Bruchrechnung, Potenzgesetz), zu komplexen Zahlen
und Linearer Algebra, zum Differenzieren in einer Veränderlichen sowie zur Integration
in einer Veränderlichen. Darüber hinaus gibt es ein Heft zur „Mathematik für Ingenieure
II", das die mehrdimensionale Analysis sowie gewöhnliche Differentialgleichungen
abdeckt. Thematisch können auch hier die Hefte zur „Mathematik für Ingenieure I"
weiter in der „Mathematik für Ingenieure II" eingesetzt werden, da die Theorie des

mehrdimensionalen Differenzierens beispielsweise auch auf dem Differenzieren in einer Veränderlichen aufbaut.

Die Hefte enthalten jeweils Rechenaufgaben zu den genannten Themen sowie die Endergebnisse zu den Rechnungen. Dazu gibt es Hunderte von Aufgaben, die jeweils nach einer Ankündigung in der Hörsaalübung in die PDF-Sammlung zur Veranstaltung hochgeladen wurden, ohne dass es weitere Hinweise dazu gab. Sie dienen heute den Studierenden als wichtiges Material, um sich selbstständig mit den Inhalten auseinanderzusetzen und Geläufigkeit im Umgang mit dem Stoff zu gewinnen. Auch in den Lernräumen der Ingenieurfakultäten (z. B. Saalgemeinschaften im Maschinenbau, Arbeitssäle in der Elektrotechnik) an der Leibniz Universität Hannover werden sie gerne genutzt.

In den Heften finden sich jeweils Blöcke strukturell ähnlicher bzw. von den Anforderungen her vergleichbarer Aufgaben, um die Studierenden beim Entdecken von Strukturen zu unterstützen und ein Training der Kalküle aus der „Mathematik für Ingenieure" zu ermöglichen. Während die Vorlesungen und Übungen den Zweck der Weiterentwicklung der Theorie haben und häufig umfangreichere Aufgaben gestellt werden wie z. B. die Durchführung einer Kurvendiskussion, sind in den Heften gezielt Teilschritte wie das Berechnen von Ableitungen (Ableitungsregeln) behandelt, wobei hierzu jeweils ausschließlich das Endergebnis angegeben ist.

Zu den Aufgabenheften ist noch anzumerken, dass diese den Studierenden nicht als Material zur Vorlesung an die Hand gegeben werden, sondern als Zusatzmaterial, das die Studierenden aber gerne annehmen, wie sich jedes Jahr aus zahlreichen Fragen zu verschiedenen dieser Aufgaben an Übungsleiter und Dozenten ablesen lässt.

3.4   Fazit und Ausblick

Das Maßnahmenbündel der „Mathematik für Ingenieure" an der Leibniz Universität Hannover ist über zehn Jahre langsam gewachsen und orientiert sich an dem Ziel, den Studieneinstieg für Ingenieurstudierende sowohl bezogen auf die benötigte Mathematik als auch auf das Studium im Allgemeinen möglichst reibungsarm zu gestalten. Im Einzelnen wird dabei unter der Prämisse der speziellen Interessenlage und Erwartungshaltung der Ingenieurfächer bzgl. Mathematik und unter der Zielsetzung einer möglichst guten Betreuung der einzelnen Studierenden auf folgende Punkte besonderes Augenmerk gerichtet:

- regelmäßige, „echte" Rückmeldung zu den Kenntnissen in Mathematik und damit indirekt auch zum Erfolg der eingesetzten Strategien,
- Einbettung der mathematischen Lehrinhalte in das ingenieurwissenschaftliche Gesamtstudium sowie Verwenden eines gegenüber Mathematikveranstaltungen für Mathematiker abweichenden „Stils", ohne sich als Mathematiker zu verleugnen,
- persönliche Unterstützung beim Erarbeiten der Inhalte sowohl während als auch nach den Veranstaltungen,
- Unterstützung einer orts- und zeitunabhängigen Auseinandersetzung mit Mathematik.

Die Abstimmung und Verzahnung der einzelnen Maßnahmen stellt hier eine Besonderheit dar, denn einerseits verstärkt dies Effekte, die bei reinen Zusatzangeboten nur bezogen auf einzelne Elemente auftreten, andererseits gehen Analyseergebnisse vorheriger Durchführungen der Veranstaltung z. B. zu Lernstrategien in die Weiterentwicklung der Veranstaltung mit ein:

Es erfolgten und erfolgen bewusst vor allem kleine Eingriffe. In Folge dessen sind auch die erwarteten Einzeleffekte klein. Gleichzeitig unterlag die Veranstaltung im betrachteten Zehnjahreszeitraum auch Veränderungen im Umfeld, z. B. im Schulbereich, außerhalb unseres Einflusses. Alle erhobenen Daten von Klausurergebnissen über Evaluationen und LIMST-Erhebungen bis hin zu Feedbackrunden zeigen, wie wichtig es ist, eine solche Veranstaltung kontinuierlich zu hinterfragen und weiterzuentwickeln. Die Klausurergebnisse werden ohne ein Absenken der Ansprüche besser durch die genauere Kenntnis der Studierenden und das Eingehen auf die erkannten Spezifika. Hierbei wurde unser Vorgehen durch Design-Based Research (DBR) beeinflusst, wobei keine ursächliche Forschungsintention bestand. Entsprechend dem Vorgehen im DBR sind die in dem Artikel geschilderten Maßnahmen vor allem eine Momentaufnahme der Evolution solch einer Massenveranstaltung, nicht aber die Untersuchung einer einzelnen Maßnahme von Analyse der Ausgangssituation über Arbeitshypothese und Experiment zu Analyse der Ergebnisse und Beurteilung des Erfolgs.

Triebfeder der Auseinandersetzung und Weiterentwicklung der Veranstaltung war und ist der Wunsch nach einer möglichst individuellen Betreuung der Studierenden trotz der Größe der Veranstaltung. Aus dieser Zielsetzung ergeben sich Potenziale für die nächsten Etappen der Weiterentwicklung der Veranstaltung:

Eine Möglichkeit zur Unterstützung des Lernens der Studierenden und der Klausurvorbereitung können Online-Materialien darstellen, wobei es wünschenswert wäre, wenn diese nicht nur ein Ergebnis überprüfen, sondern auch Lösungswege kommentieren würden und den Studierenden – ähnlich wie ein Tutor oder Dozent – Rückmeldung zu Zwischenschritten geben. Hier werden zurzeit Tests mit der Software STACK durchgeführt (vgl. Sangwin und Grove 2006). Im Zusammenhang mit dem Einsatz solcher Systeme ist daher großes Augenmerk darauf zu legen, bei der Aufgabenerstellung Erwartungen zu möglichen Fehlern zu entwickeln und diese in den auftretenden Antwortbäumen zu berücksichtigen, um passend auf diese eingehen zu können. Es ist erforderlich, diese möglichen Fehler wie auch mögliche fehlende Varianten in gezielten und hinreichend breit angelegten Feldversuchen zu eruieren. Im Erfolgsfall kann ein Einsatz dann einen Hausübungsbetrieb insbesondere bei reinen Rechenaufgaben ersetzen.

Durch die Thematisierung beispielsweise von LIMST-Ergebnissen zu Lernstrategien oder Zielen können auch hochschuldidaktische Erkenntnisse stärker in diese Mathematikveranstaltung einfließen. Gerade hier besteht die Hoffnung, Ergebnisse aus anderen Bereichen des Mathematiklernens, d. h. eben auch Mathematik in anderen Fächern des Lehrexports oder Mathematik für Mathematiker, zu übertragen. Hierzu kann auch die Weiterentwicklung der Aussagekraft des LIMST-Fragebogens durch eine größere Datenbasis beitragen, durch dessen weiteren Einsatz (sowohl bezogen auf

Mathematik für andere Zielgruppen als auch an anderen Universitäten) immer mehr Daten zu studentischen Lernstrategien erhoben werden.

Eine weitere Möglichkeit ist eine genauere Auseinandersetzung mit der Schnittstelle zu den Hauptfächern der Ingenieurstudierenden, d. h. Fächern wie Technische Mechanik oder Grundlagen der Elektrotechnik (vgl. Abschn. 3.2.4). Im Rahmen der Zusammenarbeit mit den Hauptfächern können diese Phasen näher beschrieben und auf diese Weise noch stärker die Einbettung von Mathematik in den Hauptfächern herausgearbeitet werden. Solch eine Systematisierung der Schnittstelle und der Lösungsprozesse liefert darüber hinaus auch eine fundierte Basis, um aufseiten der Lehrenden einen Austausch über Erwartungen und Ergebnisse sowohl in der Mathematikveranstaltung als auch in den Hauptfächern zu führen und die Feinabstimmung zwischen den Veranstaltungen weiter zu verbessern.

Literatur

Blum, W., & Leiß, D. (2007). How do students and teachers deal with modelling problems? In C. Haines, P. Galbraith, W. Blum, & S. Khan (Hrsg.), *Mathematical modelling: Education, engineering, and economics* (S. 222–231). Chichester. Horwood.

Daniel, M., Köcher, N., & Küstermann, R. (2014). eKlausuren in der angewandten Mathematik-Herausforderungen & Lösungen. *DeLFI 2014-Die 12. e-Learning Fachtagung Informatik.*

Ebeling, W. (2013) Mathematik für Ingenieure I. https://www.iag.uni-hannover.de/fileadmin/institut/team/ebeling/MatheIngI.pdf. Zugegriffen: 5. März 2020.

Ebeling, W. (2014) Mathematik für Ingenieure II. https://www.iag.uni-hannover.de/fileadmin/institut/team/ebeling/MatheIngII.pdf (Abgerufen am: 5. März 2020)

Gildehaus, L., Göller, R., Kortemeyer, J., Liebendörfer, L. (submitted). The Role of Learning Strategies for Performance in Mathematics Courses for Engineers. In: *Proceedings of INDRUM 2020.*

Kortemeyer, J. (2019). *Mathematische Kompetenzen in ingenieurwissenschaftlichen Grundlagenveranstaltungen – Normative und empirische Analysen zu exemplarischen Klausuraufgaben aus dem ersten Studienjahr in der Elektrotechnik.* Wiesbaden: Springer Spektrum.

Kortemeyer, J., & Biehler, R. (2012). Studienmotivation und Einstellung zur Mathematik in der Studieneingangsphase bei Ingenieurstudierenden In *BZMU 2012, Weingarten, Deutschland, 2012.* Abrufbar unter: https://www.mathematik.uni-dortmund.de/ieem/bzmu2012/files/BzMU12_0162_Kortemeyer.pdf

Kundisch, D., Neumann, J., & Schlangenotto, D. (2017). Please Vote Now! A Field Report on the Audience Response System PINGO. In Carsten Ullrich, Martin Wessner (Hrsg.): *Proceedings of DeLFI and GMW Workshops 2017* Chemnitz, Germany, September 5, 2017

Liebendörfer, M., Göller, R., Biehler, R., Hochmuth, R., Kortemeyer, J., Ostsieker, L., … Schaper, N. (2020). LimSt – Ein Fragebogen zur Erhebung von Lernstrategien im mathematikhaltigen Studium. *Journal für Mathematik-Didaktik.* https://doi.org/10.1007/s13138-020-00167-y

Liebendörfer, M., & Göller, R. (2016). Abschreiben – ein Problem in mathematischen Lehrveranstaltungen? In W. Paravicini & J. Schnieder (Hrsg.), Hanse-Kolloquium zur Hochschuldidaktik der Mathematik 2014 Beiträge zum gleichnamigen Symposium am 7. & 8. November 2014 an der Westfälischen Wilhelms-Universität Münster (S. 119–141). Münster: WTM-Verlag für wissenschaftliche Texte und Medien.

Mazur, E. (1999). Peer instruction: A user's manual.

Niedersächsisches Ministerium für Wissenschaft und Kultur. (2019) MINT-Basispapier Mathematik. https://www.mwk.niedersachsen.de/download/144830/MINT_in_Niedersachsen_-_Mathematik_fuer_einen_erfolgreichen_Studienstart.pdf. Zugegriffen: 5. März 2020.

Ruge, J., Hochmuth, R., Frühbis-Krüger, A., & Wegener, J. (in diesem Band) Unterstützungsmaßnahmen für Studierende ohne allgemeine Hochschulreife in ingenieur-mathematischen Übungen.

Sangwin, C. J., & Grove, M. (2006). STACK: addressing the needs of the neglected learners. In *Proceedings of the Web Advanced Learning Conference and Exhibition, WebALT* (S. 81–96).

Studiendekanat Maschinenbau. Modulkatalog zu PO 2017. (2019). https://www.maschinenbau. uni-hannover.de/fileadmin/maschinenbau/Kurs_und_Modulplaene_Ordnungen/MB_BSc_ MSc_SS19.pdf. Zugegriffen: 5. März 2020.

Konzept eines Workshops zur Nacherfindung der Definition von Folgenkonvergenz

4

Laura Ostsieker

Zusammenfassung

Im Rahmen einer „Analysis 1"-Vorlesung bildet die Konvergenz von Folgen eines der zentralen Konzepte. Zahlreiche Studien belegen die Schwierigkeiten mit diesem Begriff. In diesem Artikel wird das Konzept einer Lernumgebung vorgestellt, in der Studierende selbstregulativ die Definition der Konvergenz von Folgen nacherfinden. Die Lernumgebung besteht zum einen aus einer Menge von Beispielen und einem Nicht-Beispiel gegen 1 konvergenter Folgen. Diese Folgen sind derart ausgewählt, dass den typischen eingeschränkten Vorstellungen entgegengewirkt werden kann. Zum anderen wurden mögliche Problemstellen und Hürden bei der Nacherfindung der Definition identifiziert. Es wurden gestufte Hilfen entwickelt, die bei Auftreten einer solchen Problemstelle zur Unterstützung der Studierenden eingesetzt werden können. In Form einer Design-Based Research-Studie wurde die Lernumgebung entwickelt, in Workshops erprobt, überarbeitet und erneut erprobt. Auch auf Erfahrungen aus den beiden Erprobungen wird hier eingegangen.

L. Ostsieker (✉)
Fachbereich 1: Architektur - Bauingenieurwesen - Geomatik,
Frankfurt University of Applied Sciences, Frankfurt am Main, Deutschland
E-Mail: laura.ostsieker@fb1.fra-uas.de

© Springer-Verlag GmbH Deutschland, ein Teil von Springer Nature 2021
R. Biehler et al. (Hrsg.), *Lehrinnovationen in der Hochschulmathematik,*
Konzepte und Studien zur Hochschuldidaktik und Lehrerbildung Mathematik,
https://doi.org/10.1007/978-3-662-62854-6_4

4.1 Einleitung

Typischerweise ist die Konvergenz von Folgen einer der zentralen Begriffe, die in einer „Analysis 1"-Vorlesung formal definiert werden. Bei der Formulierung der Definition kann es kleinere Unterschiede geben, der Dozent der „Analysis 1"-Vorlesung, die der hier betrachteten Studie zugrunde liegt, hat sich für die folgende Variante entschieden:

> **Definition**
> Sei $(a_n)_{n \in \mathbb{N}}$ eine Folge und $a \in \mathbb{R}$. Dann heißt $(a_n)_{n \in \mathbb{N}}$ konvergent gegen a, falls gilt:
> $$\forall \varepsilon > 0 \exists N \in \mathbb{N} |a_n - a| < \varepsilon \forall n \geq N$$

Die Studierenden verfügen in der Regel vor der Behandlung der Konvergenz von Folgen in der Vorlesung bereits über ein *concept image* (Tall und Vinner 1981) zum Konvergenzbegriff, das jedoch nicht den vollen Begriffsumfang abdeckt. Dieses *concept image* muss an der Universität angepasst und eine *concept definition* muss ebenfalls angepasst oder entwickelt werden. Dabei kann es jedoch zu verschiedenen Problemen kommen. So können Diskrepanzen zwischen der formalen Definition und dem *concept image* und der *concept definition,* Konfliktfaktoren zwischen dem *concept image* und der *concept definition* oder zwischen verschiedenen Anteilen des *concept image* einer Person auftreten (vgl. Tall und Vinner 1981, S. 153).

4.1.1 Schwierigkeiten im Zusammenhang mit dem Konvergenzbegriff

In zahlreichen Studien wurden bereits verschiedene Schwierigkeiten und eingeschränkte Vorstellungen zum Konvergenzbegriff identifiziert. Eine solche eingeschränkte Vorstellung besteht darin, konvergente Folgen dürften den Grenzwert nicht erreichen (vgl. Davis und Vinner 1986, S. 294). Ähnlich verhält es sich mit der Vorstellung, bei einer konvergenten Folge werde der Abstand der Folgenglieder zum Grenzwert mit jedem Schritt kleiner (vgl. Roh 2005, S. 105). Auch sehen manche Lernende monotone konvergente Folgen als prototypisch für alle konvergenten Folgen an (vgl. Alcock und Simpson 2004, S. 4). Eine weitere eingeschränkte Vorstellung besteht darin, dass der Grenzwert eine obere oder untere Schranke bilde, die von den Folgengliedern nicht über- oder unterschritten werden dürfe (vgl. Robert 1982).

Derartige eingeschränkte Vorstellungen können einerseits damit zusammenhängen, dass es sich bei den in der Schule betrachteten Beispielen konvergenter Folgen oft ausschließlich um monotone konvergente Folgen handelt, die den Grenzwert nicht annehmen. Andererseits können laut Monaghan (1991) auch Begriffe im Zusammenhang mit der Konvergenz zu Problemen führen, wenn diese im alltagssprachlichen Gebrauch eine andere Bedeutung als im mathematischen Kontext haben. Beispielsweise könnte der Begriff *Grenzwert* die Konnotation hervorrufen, der Wert dürfe nicht über- oder unterschritten werden. Des Weiteren können Schwierigkeiten in der Komplexität der Definition selbst begründet sein, beispielsweise durch die vorkommenden Quantoren, Beträge und die Ungleichung (vgl. Herden et al. 1983). Laut Roh (2005) kann insbesondere die umgekehrte Beziehung zwischen den Variablen ε und N zu Problemen führen. Ihrer Meinung nach würden Lernende intuitiv eher beobachten, wie sich mit wachsendem Folgenindex der Abstand der Folgenglieder zum Grenzwert verändert, anstatt zuerst einen beliebigen, aber festen Wert ε zu betrachten und dann zu untersuchen, ob es einen Index N gibt, ab dem der Abstand aller weiteren Folgenglieder zum (potenziellen) Grenzwert kleiner als dieser Wert ε ist.

4.1.2 Angeleitetes Nacherfinden von Definitionen

„Analysis 1"-Vorlesungen sind typischerweise in einer „Definition – Satz – Beweis"-Form aufgebaut. Die Zielerreichung eines solchen Aufbaus wird in der mathematikdidaktischen Forschung jedoch angezweifelt:

> There is general skepticism about the extent to which the stereotypical undergraduate „definition-theorem-proof" pedagogy (cf. Weber 2004) achieves what is required. (Alcock und Simpson 2017, S. 6).

Speziell beziehen sie sich mit dieser Aussage auf die Frage, wie und inwieweit die Lehre die Studierenden dabei unterstützen kann, dass sie für Argumentationen die *concept definition* eines Begriffs nutzen und bereits vorhandene *concept images* derart anpassen, dass sie zur allgemein üblichen mathematischen Definition des jeweiligen Konzepts passen.

Unter verschiedenen alternativen Konzepten zur Einführung hochschulmathematischer Begriffe im Allgemeinen und des Konvergenzbegriffs im Speziellen scheint insbesondere die angeleitete Nacherfindung einer Definition basierend auf einer vorgegebenen Menge von (Nicht-)Beispielen geeignet zu sein, die Studierenden beim Aufbau eines breiten *concept image* zu unterstützen. Im englischsprachigen Raum wird in diesem Zusammenhang auch der Begriff „Guided Reinvention" verwendet. „Guided Reinvention" bildet eine Heuristik innerhalb der Theorie der „Realistic Mathematics Education" (vgl. Freudenthal 1973; van den Heuvel-Panhuizen und Drijvers 2014). Lernumgebungen, die nach dieser Heuristik designt werden, sollen den Lernenden keine vorgefertigte Mathematik präsentieren, sondern letztere sollen diese selbst entwickeln beziehungsweise nacherfinden. Dieser Nacherfindungsprozess kann sich an der historischen Entwicklung des jeweiligen Begriffs orientieren, er kann aber auch von informellen Präkonzepten der Lernenden ausgehen:

... to design, the developer takes both the history of mathematics and students' informal interpretations as sources of inspiration and tries to formulate a tentative, potentially revisable learning trajectory along which collective reinvention (as a process of progressive mathematization) might be supported. (Gravemeijer et al. 2000, S. 239).

Zu verschiedenen mathematischen Begriffen gibt es Vorschläge für derartige Lernumgebungen und Ergebnisse zu begleitenden Forschungsstudien. Es wird insbesondere von dem Potenzial in Bezug auf eine stärkere Verbindung von *concept image* und *concept definition* berichtet:

While the literature often points out discontinuities between concept image and concept definition, our analysis describes a trajectory from less formal to more formal that allows students to make greater and richer connections between their concept image and concept definition. (Zandieh und Rasmussen 2010, S. 72).

Zur Nacherfindung des Begriffs der Folgenkonvergenz gibt es insbesondere einen Vorschlag von Przenioslo (2005) und eine größere Studie von Oehrtman et al. (2011). Przenioslo schlägt elf Beispiele und ein Nicht-Beispiel gegen 1 konvergenter Folgen vor. Diese hat sie möglichst vielfältig ausgewählt. Auf Basis dieser Folgen sollten ihre Schülerinnen und Schüler eine gemeinsame Eigenschaft der Beispielfolgen finden, die das Nicht-Beispiel nicht besitzt. Zusätzlich hat sie mehrere zusätzliche Aufgaben in Form von fiktiven Diskussionen vorbereitet, die bei Bedarf eingesetzt werden können, um die Schülerinnen und Schüler zu unterstützen oder ihre Aufmerksamkeit auf bestimmte Aspekte zu lenken. Przenioslo hat dieses Konzept laut eigener Aussage mehrmals in der Schule durchgeführt, jedoch nicht durch eine wissenschaftliche Studie begleitet. Bei Oehrtman et al. (2011) hingegen wurden die (Nicht-)Beispiele nicht durch die Lehrperson vorgegeben, sondern von den Studierenden selbst zu Beginn gesammelt. Inwiefern sichergestellt wurde, dass es sich nicht nur um typische konvergente Folgen wie z. B. streng monotone konvergente Folgen, die den Grenzwert nicht erreichen, handelt, wird nicht erwähnt. Die Forschergruppe hat jedoch im Gegensatz zu Przenioslo eine wissenschaftliche Studie durchgeführt, in der mehrere Studierendenpaare bei der Nacherfindung der Konvergenzdefinition begleitet und beobachtet wurden. Da ich die Auswahl der Menge der (Nicht-)Beispielfolgen für sehr bedeutsam halte, habe ich das Konzept von Przenioslo adaptiert und erstmalig durch eine wissenschaftliche Studie begleitet. Das Konzept dieser Lernumgebung wird im Folgenden vorgestellt.

4.2   Konzept der Lernumgebung

Die Lernumgebung zur angeleiteten Nacherfindung des Konvergenzbegriffs wurde in einer ersten Version von Przenioslo (2005) adaptiert und im Sinne des Design-Based Research (vgl. Gravemeijer und Cobb 2006) weiterentwickelt. Dazu wurde die erste Version der Lernumgebung in Form eines freiwilligen Workshops für Studierende einer

„Analysis 1"-Vorlesung erprobt, noch bevor der Konvergenzbegriff in dieser Vorlesung behandelt wurde. Anschließend wurden die Nacherfindungsprozesse der Studierendengruppen, die an dem Workshop teilgenommen hatten, analysiert. Darauf aufbauend wurde das Konzept überarbeitet und die zweite Version ebenfalls durchgeführt und analysiert. Hier wird die dritte Version des Konzepts dargestellt. Die Lernumgebung besteht aus drei wesentlichen Elementen: aus der Menge der (Nicht-)Beispielfolgen, die den Studierenden vorgegeben werden, aus der Aufgabenstellung, welche die Studierenden zur Nacherfindung auffordert, und aus vorbereiteten Unterstützungsangeboten zu erwarteten Problemstellen. Diese drei Elemente werden nacheinander detailliert präsentiert.

4.2.1 Die Menge der (Nicht-)Beispielfolgen

Die vorgegebenen Beispielfolgen und das Nicht-Beispiel wurden größtenteils von Przenioslo (2005) übernommen. Es handelt sich jeweils um (Nicht-)Beispiele gegen 1 konvergenter Folgen. Hätten die Beispielfolgen verschiedene Grenzwerte, so könnte dies eine zusätzliche Hürde bedeuten. Wird hingegen die Konvergenz gegen 1 von den Studierenden nacherfunden, so lässt sich diese anschließend in der Regel problemlos zur Konvergenz gegen a beziehungsweise zur Existenz eines Grenzwerts verallgemeinern. Anstelle von (Nicht-)Beispielen von Folgen mit dem Grenzwert 1 könnte auch ein anderer Grenzwert gewählt werden. Lediglich bei dem Grenzwert 0 wäre die anschließende Verallgemeinerung vermutlich nicht so leicht, da in dem Fall nicht unbedingt ein Abstand zur Charakterisierung verwendet werden müsste.

Die Anzahl der Folgen wurde reduziert, um die Studierenden nicht durch die gleichzeitige Betrachtung zu vieler Folgen zu überfordern. Dennoch weisen die Beispiele eine große Vielfalt auf, um den Aufbau eines breiten *concept image* zu fördern. Außerdem soll durch die Auswahl der Folgen so weit wie möglich verhindert werden, dass Studierende eine Eigenschaft formulieren, die zwar auf die vorgegebenen Beispiele zutrifft und auf das Nicht-Beispiel nicht zutrifft, doch nicht äquivalent ist zur üblichen Definition der Konvergenz gegen 1. Die folgenden Beispielfolgen $(a_n)_{n \in \mathbb{N}}, \ldots, (g_n)_{n \in \mathbb{N}}$ und das Nicht-Beispiel $(x_n)_{n \in \mathbb{N}}$ sollen den Studierenden sowohl durch die definierenden Terme als auch in Form von Graphen vorgegeben werden:

$$a_n = \frac{n+1}{n} \forall n \in \mathbb{N}$$

$$b_n = \begin{cases} 1 - \frac{1}{n}, & n \leq 125 \\ 1, & n > 125 \end{cases}$$

$$c_n = \begin{cases} -3, & 200000 \leq n \leq 500000 \\ 1, & \text{sonst} \end{cases}$$

$$d_n = \begin{cases} 1, & n \text{ Vielfaches von } 10 \\ 1 + \frac{1}{n}, & \text{sonst} \end{cases}$$

$$e_n = 1 \forall n \in \mathbb{N}$$

$$f_n = \begin{cases} 2, & n = 10 \\ 1 + \left(-\frac{1}{2}\right)^n, & n \neq 10 \end{cases}$$

$$g_n = \begin{cases} 1 + \frac{1}{2^n}, & n \text{ ungerade} \\ 1 + \frac{1}{n}, & n \text{ gerade} \end{cases}$$

$$x_n = \begin{cases} 2, & n \text{ Vielfaches von } 10 \\ 1 + \frac{1}{n}, & \text{sonst} \end{cases}$$

Es sind mehrere Folgen dabei, die nicht durch einen einzigen Term definiert sind. Es gibt sowohl Beispielfolgen, bei denen kein Folgenglied dem Grenzwert entspricht, als auch eine konstante Folge sowie Folgen, die ab einem N konstant sind. Auch gibt es mit der Folge $(d_n)_{n\in\mathbb{N}}$ ein Beispiel einer Folge, bei der unendlich viele Folgenglieder dem Grenzwert entsprechen, die jedoch ab keinem N konstant ist. Außerdem sind nicht nur monotone Folgen, sondern auch nichtmonotone Folgen und solche, die ab keinem N monoton sind, unter den vorgegebenen Beispielen. Des Weiteren gibt es mit $(f_n)_{n\in\mathbb{N}}$ eine Folge, bei welcher der Grenzwert weder eine obere noch eine untere Schranke bildet. Mit $(c_n)_{n\in\mathbb{N}}$ ist eine Folge vertreten, bei der sich das Verhalten der Folgenglieder ab einem relativ großen N verändert. Die Folge $(g_n)_{n\in\mathbb{N}}$ wurde aufgenommen, damit es auch ein Beispiel gibt, bei dem für die Teilfolge der vom Grenzwert verschiedenen Folgenglieder der Abstand zum Grenzwert nicht monoton fallend ist. Somit findet sich jeweils mindestens eine Beispielfolge, auf welche die bekannten eingeschränkten Vorstellungen, die bereits genannt wurden, nicht zutreffen. Außerdem ist unter den vorgegebenen Folgen mit $(a_n)_{n\in\mathbb{N}}$ auch eine eher typische, gegen 1 konvergente Folge, die streng monoton ist und den Grenzwert nicht annimmt. Alle übrigen Beispiele von Przenioslo sind von einem der gerade beschriebenen Typen von Folgen oder bilden eine Kombination verschiedener Typen. Das Nicht-Beispiel wurde derart ausgewählt, dass die Folge den Wert 1 als Häufungspunkt besitzt. Dadurch kann von den Studierenden auch der Unterschied zwischen Grenzwerten und Häufungspunkten entdeckt werden.

4.2.2 Die Aufgabenstellung

Von den genannten acht Folgen werden den Studierenden nicht nur die Definitionen, sondern auch Grafiken ausgegeben und als vorbereitende Aktivität sind sie dazu aufgefordert, die Folgen den Grafiken zuzuordnen und charakteristische Eigenschaft der einzelnen Folgen zu formulieren. Dadurch soll erreicht werden, dass sie sich nach und nach mit den Folgen vertraut machen. Auf das Erstellen der Graphen durch die Studierenden selbst wurde aus zeitlichen Gründen verzichtet. Im Anschluss wird ihnen die eigentliche Hauptaufgabe präsentiert:

Aufgabenstellung

Wir wollen die hochschulmathematische Definition der Konvergenz einer Folge gegen 1 entdecken. Der Begriff soll dabei so definiert werden, dass die Folgen $(a_n)_{n\in\mathbb{N}}, \dots, (g_n)_{n\in\mathbb{N}}$ konvergent gegen den Grenzwert 1 sind und die Folge $(x_n)_{n\in\mathbb{N}}$ nicht konvergent ist.

Versucht, eine gemeinsame Eigenschaft der Folgen $(a_n)_{n\in\mathbb{N}}, \dots, (g_n)_{n\in\mathbb{N}}$, die die Folge $(x_n)_{n\in\mathbb{N}}$ nicht besitzt, durch eine einzige Bedingung auszudrücken. Diese Bedingung muss so gut formuliert werden, dass jemand, dem diese Formulierung gegeben wird, für jede beliebige Folge objektiv entscheiden und nachweisen kann, ob sie die Eigenschaft besitzt oder nicht. Jeder, dem diese Formulierung gegeben wird, soll damit zu derselben Entscheidung gelangen, ob eine Folge die Eigenschaft besitzt.

Wenn ihr der Meinung seid, eine geeignete Eigenschaft formuliert zu haben, prüft für alle vorgegebenen Beispielfolgen, ob sie die formulierte Eigenschaft besitzen. Prüft auch, ob die Folge $(x_n)_{n\in\mathbb{N}}$ die Eigenschaft nicht besitzt. Falls etwas davon nicht der Fall ist, überarbeitet die formulierte Eigenschaft. ◄

In dem Konzept von Przenioslo (2005) wurden die Schülerinnen und Schüler lediglich dazu aufgefordert, eine gemeinsame Eigenschaft der Beispielfolgen zu finden, die das Nicht-Beispiel nicht besitzt. Im Vergleich dazu ist die hier vorgeschlagene Aufgaben-stellung deutlich länger. Die einzelnen Aspekte sollen nun begründet werden.

Zunächst wird vorgegeben, dass die gesuchte Eigenschaft „Konvergenz gegen 1" heißt. Das kann zum einen dazu führen, dass die Studierenden ihre bereits vorhandenen *concept images* zum Konvergenzbegriff abrufen und nicht versuchen, eine ganz andere Eigenschaft zu finden. Zum anderen kann dadurch verhindert werden, dass als Scheinlösung geantwortet wird, die gemeinsame Eigenschaft sei Konvergenz gegen 1. Gleichzeitig soll deutlich gemacht werden, dass die vorhandenen *concept images* mög-licherweise angepasst werden müssen. Dazu wird von der hochschulmathematischen Definition gesprochen, was implizit aussagt, dass die gesuchte Eigenschaft von der schulischen Definition abweichen kann. Schließlich wird durch den Satz, dass der Begriff derart definiert werden soll, dass $(a_n)_{n\in\mathbb{N}}, \dots, (g_n)_{n\in\mathbb{N}}$ gegen 1 konvergieren und $(x_n)_{n\in\mathbb{N}}$ nicht konvergiert, die Möglichkeit offengehalten, dass der Begriff theoretisch auch anders hätte definiert werden können.

Im zweiten Absatz der Aufgabenstellung wird zum einen gefordert, dass die Eigen-schaft durch eine einzige Bedingung ausgedrückt wird. Bei den Durchführungen früherer Versionen der Lernumgebung haben Studierende die gesuchte Eigenschaft durch mehrere Bedingungen ausgedrückt, die sie durch „oder" miteinander verbunden haben. Außerdem waren die Studierenden teilweise mit Formulierungen zufrieden, die nicht genau genug waren, um sie als Entscheidungskriterium nutzen zu können. Auf die Frage, ob ihre Formulierung genau genug sei, um damit entscheiden zu können, ob eine Folge die Eigenschaft besitzt, haben sie teilweise geantwortet, dass dies möglich sei. Daher wurde in der Aufgabenstellung expliziert, welchen Anforderungen die Formulierung der Eigenschaft in Bezug auf die Präzision genügen soll. Die Formulierung soll so genau sein, dass jede Person damit entscheiden kann, ob die Eigenschaft auf eine Folge zutrifft, und dass jede Person damit zu derselben Entscheidung gelangt.

Außerdem hat die Analyse der Nacherfindungsprozesse aus der Erprobung früherer Versionen der Lernumgebung ergeben, dass die Studierenden ihre Definitionsversuche nicht systematisch an den vorgegebenen Folgen überprüft haben. Dadurch ist ihnen teilweise eher zufällig oder gar nicht aufgefallen, wenn eine von ihnen formulierte Eigenschaft nicht als Charakterisierung der Beispielfolgen geeignet war. Daher sollten die Studierenden explizit dazu angeleitet werden, eine Formulierung, mit der sie zunächst zufrieden sind, sowohl an allen vorgegebenen Beispielfolgen als auch an dem Nicht-Beispiel zu testen. Falls sie feststellen, dass ihr Definitionsversuch ungeeignet ist, sollen sie diesen überarbeiten.

Vermutlich werden die Studierenden beim Lesen nicht alle Aspekte auf Anhieb erfassen. Dass all dies in der Aufgabenstellung expliziert ist, eröffnet der Lehrperson jedoch die Möglichkeit, die Studierenden bei Bedarf auf die einzelnen Aspekte hinzuweisen, ohne dass dadurch die Aufgabe verändert wird.

4.2.3 Hypothetischer Erkenntnisverlauf mit möglichen Problemstellen und Unterstützungsangeboten

Zunächst wurden Lernvoraussetzungen und -ziele sowie ein hypothetischer Erkenntnisverlauf theoretisch erarbeitet und anschließend auf Basis der Analysen der beiden Erprobungen der Lernumgebung überarbeitet. In diesen Verlauf werden mögliche Problemstellen eingeordnet, zu denen jeweils Unterstützungsangebote vorbereitet wurden. Der hypothetische Erkenntnisverlauf samt möglichen Problemstellen und Unterstützungsangeboten kann die Lehrperson bei der Vorbereitung und Durchführung der Lernumgebung maßgeblich unterstützen.

4.2.3.1 Lernvoraussetzungen

Damit die Nacherfindung der Definition der Konvergenz gegen 1 erfolgreich stattfinden kann, benötigen die Studierenden ein paar (hochschul-)mathematische Vorkenntnisse. Zum einen sollten sowohl die Menge der natürlichen Zahlen als auch die Menge der reellen Zahlen in der zugehörigen Vorlesung behandelt worden sein. Auch sollte der Abstandsbegriff bekannt sein. Außerdem ist es hilfreich, wenn die Studierenden bereits Aussagen, die „für alle" oder „es gibt" als Quantoren oder in Worten beinhalten, kennengelernt haben. Des Weiteren sollten erste (formale) Definitionen in der Vorlesung behandelt worden sein. Sofern der Folgenbegriff noch nicht bekannt ist, sollte er zu Beginn der Lerneinheit thematisiert werden.

Die Konvergenz von Folgen sollte hingegen zum Zeitpunkt des Einsatzes der Lernumgebung noch kein Gegenstand der Vorlesung gewesen sein. Solange es sich bei den Teilnehmenden nicht um Studierende handelt, welche die entsprechende Vorlesung bereits in einem früheren Semester besucht haben, kann erfahrungsgemäß davon ausgegangen werden, dass niemand zu Beginn der Lerneinheit in der Lage ist, eine geeignete Definition der Konvergenz einer Folge gegen 1 zu wiederzugeben. Die Teilnehmenden verfügen in der Regel bereits über ein *concept image* zum Grenzwertbegriff. Dieses beinhaltet meist ausschließlich übliche Beispiele konvergenter Folgen, nämlich solche, die monoton sind und den Grenzwert nicht annehmen.

4.2.3.2 Lernziele

Nach Durchführung der Lernumgebung sollen die Teilnehmenden ein breites *concept image* konvergenter Folgen aufgebaut haben. Dazu sollen neben üblichen Beispielen auch solche Folgen gehören, die den Grenzwert annehmen, Folgen, für die der Grenzwert weder eine obere noch eine untere Schranke bildet, Folgen, die sich dem Grenzwert nicht monoton annähern, und konstante Folgen. Des Weiteren sollen die Studierenden geeignete Vorstellungen zum Konvergenzbegriff aufgebaut haben wie beispielsweise, dass sich in jeder beliebigen Umgebung um den Grenzwert alle bis auf endlich viele Folgenglieder befinden. Die formale ε-N-Definition sollen sie kennen und in einfachen Fällen anwenden können.

Abgesehen vom Wissen zu dem konkreten Begriff sollen die Studierenden auch erkannt haben, dass eine mathematische Definition genutzt werden kann, um zu entscheiden, ob ein Objekt die jeweilige Eigenschaft besitzt oder nicht. Somit kann ihnen der Wert formaler Mathematik bewusst werden.

4.2.3.3 Hypothetischer Erkenntnisverlauf

Bei der Analyse der Erkenntnisprozesse aus den beiden Erprobungen der Lernumgebung wurden die folgenden vier Phasen herausgearbeitet, in denen die Nacherfindung üblicherweise verläuft:

1. **Phase: Auseinandersetzen mit den Beispielen und begriffliche Fassung charakteristischer Merkmale**

   Die Studierenden beschäftigen sich mit den Beispielfolgen. Dabei entdecken sie, dass einige der Folgen sich dem Wert 1 annähern, ohne ihn zu erreichen, andere Folgen den Wert 1 erreichen und es sich bei einer Folge um eine Art Mischform handelt, da diese aus zwei Teilfolgen besteht, von denen die Folgenglieder der einen sich asymptotisch annähern und die der anderen 1 erreichen. Außerdem bemerken sie, dass das Verhalten am Anfang irrelevant dafür ist, ob eine Folge konvergent genannt wird; es ist entscheidend, ob die Folge ab einer bestimmten Stelle gewisse Eigenschaften besitzt. Die Studierenden stellen weiter fest, dass der Abstand der Folgenglieder zum Wert 1 mit wachsendem n nicht bei allen Beispielfolgen monoton fallend ist. Sie entdecken außerdem, dass manche Beispielfolgen sich dem Wert 1 von unten annähern, andere nähern sich von oben an und bei einer Beispielfolge sind die Folgenglieder immer abwechselnd kleiner und größer als der Wert 1. Nicht immer werden alle genannten Aspekte eigenständig entdeckt, in manchen Fällen sind Interventionen nötig. Dazu genügt es meist, die Studierenden aufzufordern, eine bestimmte Beispielfolge zu betrachten. Das Resultat dieser Phase ist häufig eine Charakterisierung, in der die Eigenschaft durch mehrere Bedingungen ausgedrückt wird, die durch „oder" miteinander verbunden sind. Mit einer solchen Charakterisierung sind die Studierenden teilweise zufrieden. Damit sie zur nächsten Phase übergehen, ist dann ein Impuls nötig, der aus einer Aufforderung, die Eigenschaft durch eine einzige Bedingung auszudrücken, bestehen kann.

2. **Phase: Finden einer einzigen Charakterisierung, die auf alle Beispiele zutrifft**
Der Übergang zu einer einzigen Eigenschaft, welche die Beispielfolgen charakterisiert, kann durch die Betrachtung des Abstands der Folgenglieder zu 1 oder der Umgebungen um 1 gelingen. Bei diesem Schritt ist oft eine Intervention nötig. Dazu eignet sich eine der fiktiven Diskussionen, die im Anschluss vorgestellt werden. Das Resultat dieser Phase ist meist eine Charakterisierung, die nicht so genau formuliert ist, als dass sie als objektive Entscheidungsregel genutzt werden könnte. Teilweise sind einzelne Aspekte bereits formalisiert, die gesamte Charakterisierung hingegen meist nicht. Auch hier kommt es vor, dass die Studierenden mit dem Resultat zufrieden sind und ein Impuls gegeben werden muss, damit zur nächsten Phase übergegangen wird. Das kann eine Aufforderung sein, die Eigenschaft so genau zu formulieren, dass damit entschieden werden kann, ob eine Folge gegen 1 konvergiert oder nicht, und jede Person damit zu derselben Entscheidung gelangt.

3. **Phase: Optimierung der Formulierung, sodass diese so genau ist, dass sie als Entscheidungsregel genutzt werden könnte**
Diese Phase kann sich teilweise mit der vorherigen Phase vermischen. Ein großer Schritt in dieser Phase ist der Übergang zum umgekehrten Denken. Damit hängt eng zusammen, dass jeder beliebige Wert ε betrachtet wird. Sofern das in den vorherigen Phasen noch nicht geschehen ist, wird hier außerdem formuliert, dass die Bedingung ab einem N gefordert wird. Die Bedingung selbst wird ebenfalls in dieser Phase formuliert, und zwar sollen sich die Folgenglieder innerhalb der ε-Umgebung befinden beziehungsweise es soll $|a_n - 1| < \varepsilon$ gelten. Bei all diesen Aspekten benötigen die Studierenden vielfach Unterstützung. Diese kann darin bestehen, dass ihnen zu den Graphen aller vorgegebenen Folgen ε-Streifen ausgehändigt werden. Auf diese Form der Unterstützung und wie dadurch die oben genannten Schritte angeregt werden können, wird im Anschluss genauer eingegangen. Schließlich werden alle genannten Aspekte zu einer Charakterisierung verbunden. Das Resultat dieser Phase lautet etwa, dass für jedes $\varepsilon > 0$ die Folgenglieder ab irgendeinem N alle innerhalb der ε-Umgebung liegen. Häufig wird bis zu diesem Punkt alles mündlich diskutiert

und die Studierenden haben noch nichts aufgeschrieben. Dann ist meist ein Impuls nötig, die Eigenschaft nun aufzuschreiben, damit sie zur nächsten Phase übergehen.

4. **Phase: Aufschreiben der finalen Charakterisierung (in formal-mathematischer Sprache)**

Die Aufforderung, die Eigenschaft aufzuschreiben, führt häufig zu einer Präzisierung der Formulierung, selbst wenn nicht vorgegeben wird, dass diese formal-mathematisch aufgeschrieben werden soll. Ein Aspekt, der teilweise in dieser Phase noch präzisiert wird, ist der Übergang von der Formulierung, dass die Folgenglieder innerhalb der ε-Umgebung liegen, zur Bedingung $|a_n - 1| < \varepsilon$. Eine weitere mögliche Präzisierung in dieser Phase ist „$\exists N \in \mathbb{N}$ so, dass $\forall n \geq N \ldots$" anstelle des Ausdrucks „ab einem N". Dazu gehört auch, dass zwei verschiedene Variablen für die natürliche Zahl N und den Folgenindex n verwendet werden. Auch hier können Interventionen nötig sein. Das finale Ergebnis entspricht meist der üblichen formalen ε-N-Definition oder einer dazu äquivalenten Charakterisierung.

Diese Phasen werden nicht unbedingt in dieser Reihenfolge durchlaufen. Es können sich Phasen vermischen, übersprungen werden und es kann zwischen Phasen hin und her gesprungen werden. Außerdem können an verschiedenen Stellen Interventionen nötig sein. Die möglichen Problemstellen wurden für die erste Version der Lernumgebung theoriebasiert entwickelt und anschließend auf Grundlage der Analysen der beiden Erprobungen optimiert. Auf diese möglichen Problemstellen und dafür vorgesehenen Unterstützungsangebote wird nun eingegangen.

4.2.3.4 Problemstellen und Unterstützungsangebote

In der ersten Phase sind die folgenden beiden Problemstellen denkbar:

- Die Studierenden finden keinen Ansatz, sie sind möglicherweise mit der Menge an Beispielen überfordert. (1.1)
  Zunächst soll strategisch interveniert werden. Es soll der Tipp gegeben werden, erst einmal mit weniger Beispielen zu beginnen und eine gemeinsame Eigenschaft von diesen zu finden. Dann kann überprüft werden, ob die weiteren Beispiele diese Eigenschaft ebenfalls erfüllen. Falls die strategische Intervention nicht ausreicht, soll inhaltlich interveniert werden. Dazu soll die fiktive Diskussion (1) ausgegeben werden, die auf den folgenden Seiten dargestellt ist.
- Die Studierenden formulieren eine nicht passende Eigenschaft, prüfen jedoch nicht selbstständig, ob diese auf alle Beispiele zutrifft und auf das Nicht-Beispiel nicht. (1.2)
  Die Studierenden sollen aufgefordert werden, zu überprüfen, ob die von ihnen formulierte Eigenschaft auf alle Beispielfolgen zutrifft und auf das Nicht-Beispiel nicht. Falls diese Intervention nicht ausreicht, sollen sie auf die Beispielfolge hingewiesen werden, auf welche die Eigenschaft nicht zutrifft, beziehungsweise auf das Nicht-Beispiel, falls die Eigenschaft auf dieses zutrifft.

In der zweiten Phase sind die folgenden Problemstellen zu erwarten, die gemeinsam haben, dass die Eigenschaft durch mehrere Bedingungen ausgedrückt wird:

- Die Eigenschaft wird dadurch charakterisiert, dass die Folgenglieder sich 1 annähern oder 1 erreichen. (2.1)
  Zunächst sollen die Studierenden gefragt werden, ob mit ihrer Formulierung für jede beliebige Folge objektiv und eindeutig entschieden und nachgewiesen werden kann, ob sie die Eigenschaft besitzt oder nicht. Falls diese Intervention nicht ausreicht, sollen die ε-Streifen ausgegeben, die auf den nächsten Seiten dargestellt werden. Falls diese Intervention ebenfalls nicht ausreicht, kann die fiktive Diskussion (2.1) ausgegeben werden, die nachfolgend präsentiert wird.
- Die Eigenschaft wird dadurch charakterisiert, dass der Abstand der Folgenglieder zu 1 klein wird oder null bleibt. (2.2)
  Hier soll interveniert werden wie bei der vorherigen Situation. Als einziger Unterschied wird anstelle der fiktiven Diskussion (2.1) die Diskussion (2.2) eingesetzt.
- Es gelingt nicht, *eine* gemeinsame Eigenschaft zu finden. Stattdessen klassifizieren die Studierenden die Folgen in mehrere Gruppen, wobei die Formulierung sich unter keine der Situationen (2.1) und (2.2) einordnen lässt. (2.3)
  Hier muss je nach konkreter Situation interveniert werden. Eine Möglichkeit ist die Frage, ob mit der Formulierung für jede beliebige Folge objektiv und eindeutig entschieden und nachgewiesen werden kann, ob sie die Eigenschaft besitzt oder nicht. Eine weitere Möglichkeit besteht in dem Einsatz der ε-Streifen. Auch können die Studierenden aufgefordert werden, die Eigenschaft aufzuschreiben, da dies oftmals zu einer Präzisierung der Formulierung führt.

Die möglichen Problemstellen in Phase 3 sind dadurch gekennzeichnet, dass die Formulierung zu ungenau ist, um sie als objektives, eindeutiges Entscheidungskriterium nutzen zu können:

- Die Eigenschaft wird als Annäherung an 1 beschrieben. (3.1)
  Zunächst sollen die Studierenden gefragt werden, ob mit ihrer Formulierung für jede beliebige Folge objektiv und eindeutig entschieden und nachgewiesen werden kann, ob sie die Eigenschaft besitzt oder nicht. Falls diese Intervention nicht ausreicht, sollen die ε-Streifen ausgegeben werden, die auf den nächsten Seiten dargestellt sind. Falls diese Intervention ebenfalls nicht ausreicht, kann die fiktive Diskussion (3.1) ausgegeben werden, die nachfolgend präsentiert wird.
- Die Eigenschaft wird dadurch charakterisiert, dass der Abstand der Folgenglieder zu 1 klein wird. (3.2) Hier soll interveniert werden wie bei der vorherigen Situation. Als einziger Unterschied wird anstelle der fiktiven Diskussion (3.1) die Diskussion (3.2) eingesetzt.
- Die Eigenschaft wird dadurch charakterisiert, dass der Abstand der Folgenglieder zu 1 für große n beliebig klein wird. (3.3)

Hier soll interveniert werden wie bei den vorherigen Situationen. Als einziger Unterschied wird anstelle der fiktiven Diskussion (3.1) bzw. (3.2) die Diskussion (3.3) eingesetzt.

- Die Eigenschaft ist nicht so genau formuliert, dass damit bei jeder beliebigen Folge eindeutig und objektiv entschieden werden kann, ob sie diese Eigenschaft besitzt oder nicht, und die Formulierung lässt sich unter keine der Situationen (3.1), (3.2) und (3.3) einordnen. (3.4)

  Hier muss je nach konkreter Situation interveniert werden. Eine Möglichkeit kann wie bei den anderen Problemstellen dieser Phase sein, die Studierenden zu fragen, ob mit ihrer Formulierung für jede beliebige Folge objektiv und eindeutig entschieden und nachgewiesen werden kann, ob sie die Eigenschaft besitzt oder nicht. Der Einsatz der ε-Streifen ist eine weitere Möglichkeit. Außerdem können die Studierenden aufgefordert werden, die Eigenschaft aufzuschreiben, was zu einer Präzisierung der Formulierung führen kann.

In der Phase 4 können beim Aufschreiben der Formulierung die folgenden Problemstellen auftreten:

- Die Studierenden haben (mündlich) formuliert, dass die Bedingung für immer kleiner werdendes oder „unendlich kleines" ε gelten soll, und es gelingt ihnen nicht, diesen Aspekt formal-mathematisch durch $\forall \varepsilon > 0$ auszudrücken. (4.1)

  In dieser Situation soll den Studierenden die Frage gestellt werden, wie sie nachweisen würden, dass eine Folge die von ihnen formulierte Eigenschaft besitzt.

- Die Studierenden haben (mündlich) formuliert, dass die Bedingung ab einem n gelten soll, und es gelingt ihnen nicht, diesen Aspekt formal-mathematisch durch $\exists N \in \mathbb{N} \ldots \forall n \geq N$ auszudrücken. (4.2)

  In diesem Fall soll gezielt nachgefragt werden, ob die Bedingung für jeden ε-Streifen beziehungsweise für jedes ε ab demselben N erfüllt sein muss und ob die Bedingung für jede Folge ab demselben N gelten soll.

Schließlich gibt es noch eine mögliche Problemstelle, die sich in keine der Phasen einordnen lässt:

- Die formulierte Eigenschaft trifft auf alle vorliegenden Beispiele zu und auf das Nicht-Beispiel nicht. Die Eigenschaft ist jedoch nicht äquivalent zur Konvergenz gegen 1. (0)

  Auch bei sorgfältiger Auswahl der (Nicht-)Beispielfolgen ist es möglich, dass von den Studierenden eine Eigenschaft formuliert wird, welche die vorgegebenen Folgen charakterisiert, ohne äquivalent zur Konvergenz gegen 1 zu sein. Die Studierenden sollten in diesem Fall zunächst dafür gelobt werden, dass sie die Aufgabenstellung erfüllt haben. Damit sie im Sinne der intendierten Aufgabenstellung weiterarbeiten, sollte ihnen ein geeignetes zusätzliches (Nicht-)Beispiel genannt und sie dazu aufgefordert werden, die Eigenschaft derart zu verändern, dass diese auch das zusätzliche Beispiel umfasst beziehungsweise das zusätzliche Nicht-Beispiel ausschließt.

Die einzelnen Unterstützungsangebote, die zuvor lediglich kurz erwähnt wurden, werden nun präsentiert. Die fiktiven Diskussionen, bei denen es sich um Adaptionen der Zusatzaufgaben von Przenioslo (2005) handelt, werden den Studierenden mit der Aufforderung ausgehändigt, diese jeweils bis zu einer fett gedruckten Frage durchzulesen, dann diese Frage zu beantworten und erst im Anschluss weiterzulesen. Dazu ist unter den fett gedruckten Fragen in der Version für die Studierenden jeweils Platz für ihre Antworten frei gelassen.

Fiktive Diskussion (1)

Anna, Eva, Michael und Peter diskutieren über die Aufgabe. Sie tauschen sich nun über ihre Beobachtungen aus. Lies ihre Diskussion und beantworte die fett gedruckten Fragen!

Michael: *Schaut mal, die Folgen $(b_n)_{n\in\mathbb{N}}$ und $(c_n)_{n\in\mathbb{N}}$ haben etwas gemeinsam.*

Was denn?

Michael: *Ab einem gewissen n sind die Terme immer gleich 1.*

Hat Michael recht? Falls ja, bestimme für jede dieser Folgen das geeignete n.

Peter: *Die Folge $(c_n)_{n\in\mathbb{N}}$ ist ab $n = 500001$ immer 1.*

Eva: *Und die Folge $(b_n)_{n\in\mathbb{N}}$ ab $n = 126$.*

Peter: *Die Folge $(x_n)_{n\in\mathbb{N}}$ hat diese Eigenschaft nicht, aber die Folgen $(a_n)_{n\in\mathbb{N}}$, $(d_n)_{n\in\mathbb{N}}$, $(f_n)_{n\in\mathbb{N}}$ und $(g_n)_{n\in\mathbb{N}}$ auch nicht.*

Anna: *Ja, ja, aber ich schaue auf die Graphen von $(a_n)_{n\in\mathbb{N}}$ und $(g_n)_{n\in\mathbb{N}}$, da passiert etwas mit ihnen, was mit der Folge $(x_n)_{n\in\mathbb{N}}$ nicht passiert.*

Was, glaubst du, hat Anna bemerkt?

Anna: *Schaut euch diese Folgen an, die weichen irgendwann kaum noch von der Geraden $y = 1$ ab, erreichen sie aber nie.*

Was meint Anna mit „irgendwann"?

Michael: *Stimmt, ab einem gewissen n sind die Folgenglieder ganz nah an der Geraden $y = 1$. Bei der Folge $(f_n)_{n\in\mathbb{N}}$ ist das auch so, nur dass da die Folgenglieder auf beiden Seiten der Geraden liegen.*

Eva: *Und was ist mit $(d_n)_{n\in\mathbb{N}}$?*

Anna: *$(d_n)_{n\in\mathbb{N}}$ besteht aus einem Teil, der nah an der Geraden $y = 1$ liegt, und einem Teil, der gleich 1 ist.*

Michael: *Also haben wir die gemeinsame Eigenschaft herausgefunden.*

Was ist die gemeinsame Eigenschaft?

Peter: *Die gemeinsame Eigenschaft ist, dass ab einem bestimmten Index etwas mit den Folgengliedern passiert.*

Anna: *Ab einem bestimmten n unterscheiden sich die Werte kaum noch von 1, werden aber nie 1. Oder aber sie sind gleich 1, oder die Folge besteht aus Teilfolgen der beiden Typen.*

Eva: *Oh, aber was ist mit der Folge* $(x_n)_{n \in \mathbb{N}}$*? Hat die diese Eigenschaft nicht auch für sehr großes n?*

Peter: *Nein, hat sie nicht, weil sie für jedes Vielfache von 10 den Wert 2 annimmt.*

Anna: *Du kannst kein* n_0 *finden, ab dem sich alle Werte der 1 annähern oder gleich 1 sind. Wenn wir ein* n_0 *wählen, dann wird es immer eine natürliche Zahl n größer als* n_0 *geben, für die* b_n *2 ist.*

Michael: *Es besteht aus einer konstanten Teilfolge gleich 2 für alle Vielfachen von 10 und der Teilfolge* $1 + \frac{1}{n}$ *für die anderen natürlichen Zahlen.*

Fasse deine Beobachtungen zusammen.

Fiktive Diskussion (2.1)

Anna, Timo, Lisa und Max bearbeiten dieselbe Aufgabe wie ihr. Lest euch ihre Diskussion durch und beantwortet jeweils die fett gedruckten Fragen!

Anna: *Also eigentlich ist das doch ganz einfach, die nähern sich alle der 1 an oder sie sind ab irgendeinem Punkt nur noch 1.*

Timo: *Und die Letzte nicht?*

Lisa: *Die Letzte springt ja immer wieder zwischendurch auf 2. Egal wie weit du nach rechts gehst, du findest immer wieder ein Vielfaches von 10, und da ist es dann wieder 2.*

Max: *Dass die Letzte immer wieder auf 2 springt, versteh ich. Aber was genau heißt denn für euch „annähern"?*

Was versteht ihr unter „annähern"?

Lisa: *Mir ist das auch zu ungenau mit dem „annähern". Im Endeffekt will ich doch eine Bedingung haben, bei der ich ganz klar entscheiden kann: Diese Folgen erfüllen die Bedingung und die andere erfüllt die Bedingung nicht. Vom Gefühl her würde ich das zwar auch so sagen, dass die Ersten sich 1 annähern oder irgendwann nur noch 1 sind und die Letzte nicht, aber ich würde das gerne eindeutiger entscheiden können … versteht ihr, was ich meine?*

Timo: *Ja … aber ich weiß nicht, wie wir das eindeutiger formulieren können.*

Max: *Wenn mich jetzt vorher einer gefragt hätte, was „annähern" bedeutet, dann hätte ich gesagt, dass es immer näher herankommt. Aber das passt ja hier gar nicht. Denn bei der* $(d_n)_{n \in \mathbb{N}}$ *springt's ja zwischendurch immer von der 1 wieder weiter weg und dann wieder näher ran.*

Anna: *Ok, ihr habt mich überzeugt, also nichts mit „annähern".*

Timo: *Vielleicht können wir ja irgendwie den Abstand betrachten.*

Anna: *Was für einen Abstand?*

Welchen Abstand könnte Timo meinen?

Timo: *Ich hätte jetzt gesagt, den Abstand von den einzelnen Folgengliedern zu 1. Dass der klein werden muss …*

Versucht noch einmal, die gemeinsame Eigenschaft mit euren Worten aufzuschreiben. Habt ihr jetzt eine Eigenschaft gefunden, bei der ihr eindeutig entscheiden könnt, ob eine Folge diese erfüllt oder nicht?

Fiktive Diskussion (2.2)

Anna, Timo, Lisa und Max bearbeiten dieselbe Aufgabe wie ihr. Lest euch ihre Diskussion durch und beantwortet jeweils die fett gedruckten Fragen!

Anna: *Also die Differenz von den Folgengliedern zu 1 wird klein oder 0.*

Timo: *Und was genau ist „klein"?*

Lisa: *Ich könnte zum Beispiel sagen, für mich ist 1 schon klein, dann wäre ja aber bei der letzten Folge die Differenz auch klein. Also ist 1 wohl nicht klein, sonst passt das nicht.*

Anna: *Nee, 1 ist für mich nicht klein.*

Timo: *Aber was ist dann klein? Ist 0,5 klein? Oder 0,1?*

Max: *Man kann nicht irgendeine konkrete Zahl angeben und sagen, die ist jetzt klein und Zahlen, die größer sind, sind nicht klein. Das geht nicht. Die Differenz muss halt fast 0 werden.*

Was meint ihr? Ist die Formulierung „fast 0" besser als „klein"?

Lisa: *Aber „fast 0" ist doch auch nicht präziser. Da könnte doch auch wieder einer sagen, für ihn ist 0,1 fast 0, und jemand anderes sagt, für ihn ist erst 0,01 fast 0.*

Anna: *„Genau 0" können wir aber auch nicht sagen, weil ja bei $(a_n)_{n \in N}$ die Differenz zu 1 niemals genau 0 wird.*

Max: *Stimmt, das geht nicht. Deswegen hab ich ja „fast 0" gesagt.*

Timo: *Wie wäre es denn mit „beliebig klein"?*

Lisa: *Da würde ich jetzt auch wieder fragen, was ist „beliebig klein"?*

Was versteht ihr unter „beliebig klein"?

Timo: *Also 0,1 wäre nicht beliebig klein, weil ich eine Zahl angeben kann, die noch kleiner ist.*

Lisa: *Aber dann ist 0,00.001 auch nicht beliebig klein, denn da kann ich doch auch eine noch kleinere Zahl finden. Das kann ich doch immer.*

Anna: *Außer für 0. Aber ich hab ja eben schon gesagt, dass bei $(a_n)_{n \in N}$ die Differenz zu 1 niemals genau 0 wird.*

Max: *Also ist außer 0 keine Zahl beliebig klein, weil man immer noch eine kleinere Zahl finden kann?*

Timo: *Eine feste Zahl nicht. Aber wir haben hier ja auch gar keine feste Zahl, die beliebig klein sein soll. Der Abstand von den Folgengliedern zu 1 verändert sich ja, wenn n größer wird.*

Lisa: *Stimmt! Und wenn irgendeine beliebige Zahl vorgegeben ist, muss ich nur das n groß genug wählen, dann wird der Abstand aller weiteren Folgenglieder zu 1 kleiner als die vorgegebene Zahl, solange sie größer als 0 ist.*

Was haltet ihr von Lisas Idee?

Anna: *Ist das jetzt die gemeinsame Eigenschaft der ersten Folgen, die die letzte Folge nicht hat?*

Was meint ihr: Hat die Folge $(x_n)_{n \in \mathbb{N}}$ auch die von Lisa beschriebene Eigenschaft?

Lisa: *Bei $(x_n)_{n \in \mathbb{N}}$ geht das nicht, weil wenn zum Beispiel 0,5 vorgegeben ist, dann kannst du kein n finden, ab dem der Abstand der Folgenglieder zu 1 immer kleiner als 0,5* *ist. Es wird ja immer noch alle zehn Schritte auf 2 springen, also ist der Abstand immer noch mal größer als 0,5, egal wie weit du auch nach rechts gehst.*

Versucht noch einmal, die gemeinsame Eigenschaft mit euren Worten aufzuschreiben.

Fiktive Diskussionen (3.1) und (3.2)

Die fiktiven Diskussionen (3.1) und (3.2) stimmen jeweils, abgesehen vom ersten Satz, mit den fiktiven Diskussionen (2.1) beziehungsweise (2.2) überein.

Fiktive Diskussion (3.3)

Anna, Timo, Lisa und Max bearbeiten dieselbe Aufgabe wie ihr. Lest euch den Ausschnitt aus ihrer Diskussion durch und beantwortet jeweils die fett gedruckten Fragen!

Anna: *Also ich würde jetzt schreiben: Für große n wird der Abstand der Folgenglieder zu 1 beliebig klein.*

Timo: *Aber wann ist ein n denn für dich ein großes n?*

Wann ist eurer Meinung nach ein n ein großes n?

Lisa: *Bei $(f_n)_{n \in \mathbb{N}}$ könnte ja statt $n = 10$ zum Beispiel auch $n = 7000000$ stehen, wäre das dann ein großes n?*

Was sagt ihr: Ist $n = 7000000$ ein großes n?

Anna: *Es gibt ja noch größere …*

Max: *Ja klar, aber es gibt doch immer noch größere.*

Anna: *Ja schon, aber es ist was anderes als bei der letzten Folge, da springt es ja immer wieder auf die 2 und nicht nur einmal.*

Max: *Also einen Ausreißer darf es geben, aber nicht mehrere?*

Stimmt ihr Max zu?

Lisa: *Es darf schon mehrere Ausreißer geben, aber nicht unendlich viele. Du musst irgendeinen Punkt finden können, ab dem es nicht mehr weiter wegspringt als irgendein Wert.*

Könnt ihr für die Folgen $(a_n)_{n \in \mathbb{N}}, \ldots, (g_n)_{n \in \mathbb{N}}$ jeweils ein n angeben, ab dem die nachfolgenden Folgenglieder höchstens den Abstand 0,5 zu 1 haben?

Kann man für die Folge $(x_n)_{n \in \mathbb{N}}$ auch ein solches n finden?

ε-Streifen.

Transparente Streifen verschiedener Breite mit einer horizontalen Mittellinie hat unter anderem Roh (2005) im Zusammenhang mit dem Konvergenzbegriff vorgeschlagen, um das Erkennen der umgekehrten Beziehung zwischen ε und N zu unterstützen. Diese Streifen können die Studierenden auf die vorhandenen Graphen der vorgegebenen Folgen legen – idealerweise mit der Mittellinie auf Höhe des potenziellen Grenzwerts 1. Die Folgen und ε-Streifen könnten theoretisch auch mit Dynamischer Geometrie-Software visualisiert werden. Dies sollte jedoch so umgesetzt werden, dass die Studierenden selbst entscheiden können und müssen, wo sie die Mittellinie der Streifen platzieren. Ein Vorteil der konkreten Streifen gegenüber Dynamischer Geometrie-Software ist, dass die Graphen aller (Nicht-)Beispielfolgen gleichzeitig zu sehen sind. Da die Studierenden mit dieser Form der Visualisierung allein oft überfordert sind, sollen ihnen bei Bedarf nach und nach die folgenden Anweisungen gegeben werden:

1. Ihr habt transparente Streifen verschiedener Breite bekommen, die ihr auf die Graphen der Folgen legen könnt. Überlegt euch als Erstes, wo ihr die eingezeichnete Mittellinie der Streifen hinlegt.
2. Nehmt euch erst einmal einen der transparenten Streifen. Legt diesen Streifen nacheinander auf die Graphen der Beispielfolgen $(a_n)_{n\in\mathbb{N}}, \ldots, (g_n)_{n\in\mathbb{N}}$ und der Folge $(x_n)_{n\in\mathbb{N}}$. Der Streifen sollte dabei jeweils so auf dem Graphen platziert werden, dass die Mittellinie auf Höhe des Wertes 1 verläuft. Fallen euch Unterschiede zwischen den Beispielfolgen und der Folge $(x_n)_{n\in\mathbb{N}}$ auf?
3. Wie ist es, wenn ihr das Gleiche mit den anderen Streifen macht?
4. Wenn ihr die Streifen auf die Beispielfolgen und auf die Folge $(x)_{n\in\mathbb{N}}$ legt, gibt es dann jeweils Folgenglieder, die außerhalb des Streifens liegen? Um wie viele Folgenglieder handelt es sich dabei?

4.3   Erprobung der Lernumgebung

Die hier vorgestellte Version der Lernumgebung wurde noch nicht erprobt, doch im Rahmen einer Design-Based Research-Studie wurden die beiden vorherigen Versionen jeweils in Form eines Workshops als freiwilliges Zusatzangebot für Studierende einer „Analysis 1"-Vorlesung durchgeführt. Auf diesen Erprobungen basieren die nun präsentierten Erfahrungen.

Zwischen den Nacherfindungsprozessen der sieben Gruppen aus je drei bis vier Studierenden, die an einer der beiden Durchführungen teilgenommen haben, gab es deutliche Unterschiede. Es variierte sowohl die benötigte Zeit für die Nacherfindung der Definition (von 50 bis 80 min, im Mittel etwa 68 min) als auch die Anzahl und Art der Problemstellen und der dazu eingesetzten Unterstützungen sowie die Endergebnisse der Definitionsversuche. Es gab einerseits eine Gruppe, welche die Definition in der üblichen Formulierung nacherfunden hat, ohne dass – abgesehen von einem Impuls, die Eigenschaft aufzuschreiben – interveniert wurde. Andererseits gab es auch eine Gruppe, bei der verschiedene Unterstützungsangebote nacheinander eingesetzt wurden und die Lehrperson dennoch darüber hinaus unterstützen musste, damit am Ende der Bearbeitung eine geeignete Eigenschaft formuliert wurde. Fast allen Studierenden ist es jedoch gelungen, auf Basis der vorgegebenen Folgen und mit eventuell eingesetzten Unterstützungsangeboten die Definition nachzuerfinden.

Ungeeignet ist diese Lernumgebung für Studierende, die nicht bereit sind, sich längere Zeit mit einer Aufgabe zu beschäftigen, sondern ausschließlich an dem Ergebnis interessiert sind. Unabhängig davon, welche Beispielfolgen vorgegeben werden, wie die Aufgabenstellung formuliert ist und welche Unterstützungsangebote zum Einsatz kommen, werden diese Studierenden sich nicht auf die Aufgabe einlassen.

Sobald sich mehrere Studierendengruppen gleichzeitig mit der Nacherfindung der Konvergenzdefinition beschäftigen, stellt die Anleitung und Unterstützung der Studierenden eine große Herausforderung dar. Die Lehrperson muss sich sehr gut auf die Durchführung vorbereiten. Insbesondere sollte sie die erwarteten Problemstellen und die dazu vorgesehenen Unterstützungsangebote genau kennen, da oftmals schnell eingeschätzt werden muss, in welcher Situation sich die Studierenden gerade befinden und wie interveniert wird. Die gemeinsame Durchführung durch zwei Lehrpersonen ist empfehlenswert.

Bei der ersten Durchführung haben außerdem alle Studierenden der zugehörigen „Analysis 1"-Vorlesung vor dem Workshop an einem Test teilgenommen, der Vorwissen zum Konvergenzbegriff abgefragt hat, und nach dem Workshop sowie nach der Behandlung des Themas in der Vorlesung wurden mit einem weiteren Test die Vorstellungen und Kenntnisse zum Konvergenzbegriff erhoben. Beide Tests wurden basierend auf Ergebnissen anderer Studien zu Schwierigkeiten im Zusammenhang mit dem Konvergenzbegriff selbst konzipiert. In dem Test, der nach der Durchführung der Lernumgebung zum Einsatz kam, wurden insbesondere Items verwendet, die ein breites *concept image* zur Folgenkonvergenz abprüfen beziehungsweise typische eingeschränkte Vorstellungen aufdecken. Unter Berücksichtigung des Vorwissens wurden die Ergebnisse der Teilnehmerinnen und Teilnehmer des Workshops zu den Items, welche die Ziele des Workshops abgefragt hatten, mit denjenigen Studierenden verglichen, welche die Vorlesung erstmalig besucht und nicht am Workshop teilgenommen hatten. Obwohl zwischen den beiden Tests ein zeitlicher Abstand von mehreren Wochen lag und die Stichprobengröße relativ klein war, konnte zumindest ein kleiner bis mittlerer Effekt nachgewiesen werden. Auch wenn sich die beiden verglichenen Gruppen beispielsweise im Hinblick auf ihre Motivation unterscheiden könnten, so liefert dies doch einen Hinweis darauf, dass die entwickelte Lernumgebung zum Aufbau eines breiten *concept image* zum Konvergenzbegriff beitragen kann. Näheres zu den konzipierten Tests und den Ergebnissen kann bei Ostsieker (2020) nachgelesen werden.

Insgesamt sind die Ergebnisse der Erprobungen der ersten beiden Versionen der Lernumgebung bereits vielversprechend. Da alle Aspekte, bei denen ein Potenzial zur Verbesserung erkannt wurde, für die hier präsentierte dritte Version überarbeitet wurden, ist die Hoffnung begründet, dass die Durchführung dieser Version noch besser verlaufen wird.

4.4   Fazit und Ausblick

Hier wurde nun ein theoretisch fundiertes Konzept zur angeleiteten Nacherfindung des Konvergenzbegriffs durch Studierende vollständig dargestellt. In Form eines Workshops könnte diese Lernumgebung auch von anderen Lehrenden genauso durchgeführt werden.

Es wäre auch denkbar, das Konzept gegebenenfalls leicht anzupassen und die Lernumgebung in einer Übung oder einem Tutorium durchzuführen.

Für die Zukunft wäre es zum einen wünschenswert, dass die vorliegende dritte Version der Lernumgebung ebenfalls erprobt wird. Zum anderen könnte das Konzept auch auf andere hochschulmathematische Begriffe übertragen werden. Bei der Auswahl der Menge der (Nicht-)Beispiele, für die Formulierung der Aufgabenstellung und das Erarbeiten von hypothetischen Erkenntnisverläufen sowie die Vorbereitung von Unterstützungsangeboten könnte das hier dargestellte Konzept Ansätze liefern. Insgesamt halte ich die angeleitete Nacherfindung einer Definition für gut geeignet, um den Aufbau eines breiten *concept image* und eines tiefen Verständnisses zu einem Begriff zu fördern.

Literatur

Alcock, L., & Simpson, A. (2004). Convergence of sequences and series: Interactions between visual reasoning and the learner's beliefs about their own role. *Educational Studies in Mathematics, 57*(1), 1–32.

Alcock, L., & Simpson, A. (2017). Interactions between defining, explaining and classifying: The case of increasing and decreasing sequences. *Educational Studies in Mathematics, 94*(1), 5–19.

Davis, R. B., & Vinner, S. (1986). The notion of limit: Some seemingly unavoidable misconception stages. *The Journal of Mathematical Behavior, 5*(1), 281–303.

Freudenthal, H. (1973). *Mathematics as an educational task*. Dordrecht: D. Reidel.

Gravemeijer, K., & Cobb, P. (2006). Design research from the learning design perspective. In J. van den Akker, K. Gravemeijer, S. McKenney, & N. Nieveen (Hrsg.), *Educational design research: The design, development and evaluation of programs, processes and products* (S. 45–85). London: Routledge.

Gravemeijer, K., Cobb, P., Bowers, J., & Whitenack, J. (2000). Symbolizing, modeling, and instructional design. In P. Cobb, E. Yackel, & K. Mc Clain (Hrsg.), *Symbolizing and Communicating in Mathematics Classrooms* (S. 225–273). Mahwah: Lawrence Erlbaum Associates.

Herden, G., Knoche, N., & Pickartz, U. (1983). Eine Untersuchung zur Diskussion über Schwierigkeiten im Umgang mit dem Konvergenzbegriff. *Journal für Mathematik-Didaktik, 4*(4), 263–305.

Monaghan, J. (1991). Problems with the language of limits. *For the Learning of Mathematics, 11*(3), 20–24.

Oehrtman, M., Swinyard, C., Martin, J., Roh, K. H., & Hart-Weber, C. (2011). From intuition to rigor: Calculus students' reinvention of the definition of sequence convergence. In S. Brown, S. Larsen, K. Marrongelle, & M. Oehrtman (Hrsg.), *Proceedings of the 14th Annual Conference on Research in Undergraduate Mathematics Education* (S. 325–338). Portland: Portland State University.

Ostsieker, L. (2020). *Lernumgebungen für Studierende zur Nacherfindung des Konvergenzbegriffs: Gestaltung und empirische Untersuchung*. Wiesbaden: Springer.

Przenioslo, M. (2005). Introducing the concept of convergence of a sequence in secondary school. *Educational Studies in Mathematics, 60*(1), 71–93.

Robert, A. (1982). L'acquisition de la notion de convergence des suites numériques dans l'enseignement supérieur. *Recherches en didactique des mathématiques, 3*, 307–341.

Roh, K. H. (2005). *College students' intuitive understanding of the concept of limit and their level of reverse thinking (Unveröffentlichte Dissertation)*. Ohio: The Ohio State University.

Tall, D., & Vinner, S. (1981). Concept image and concept definition in mathematics with particular reference to limits and continuity. *Educational Studies in Mathematics, 12*(2), 151–169.

Van den Heuvel-Panhuizen, M., & Drijvers, P. (2014). Realistic mathematics education. In S. Lerman (Hrsg.), *Encyclopedia of €mathematics education* (S. 521–525). Dordrecht: Springer Science + Business Media.

Weber, K. (2004). Traditional instruction in advanced mathematics courses: A case study of one professor's lectures and proofs in an introductory real analysis course. *The Journal of Mathematical Behavior, 23*(2), 115–133.

Zandieh, M., & Rasmussen, C. (2010). Defining as a mathematical activity: A framework for characterizing progress from informal to more formal ways of reasoning. *The Journal of Mathematical Behavior, 29*(2), 57–75.

Theoriebasierte studierendenzentrierte Lehrinnovationen in den Ingenieurwissenschaften für Zielgruppen mit stark heterogener Mathematikkompetenz am exemplarischen Beispiel zweier stoffdidaktischer Analysen

Brit-Maren Block und Paolo Mercorelli

Zusammenfassung

Die Ingenieurwissenschaften stehen weiterhin vor der Herausforderung, mit der Gestaltung von innovativen studierendenzentrierten Lehrangeboten auf sich stark ändernde globale Rahmenbedingungen zu reagieren und gleichzeitig die Attraktivität ihrer Studienangebote zu verbessern. Ziel dieses Beitrags ist es, (1) die in diesem Kontext entstehenden Schwierigkeiten, insbesondere bei studentischen Zielgruppen mit stark heterogener Mathematikkompetenz, forschungsbasiert zu erheben und zu adressieren sowie (2) theoriefundierte Interventionsansätze zu deren Überwindung vorzustellen. Zu (1) wird die studierendenzentrierte Lehrentwicklung in den Forschungsdiskurs um die mathematische Kompetenz mit Fachbezug zu den Ingenieurwissenschaften eingebettet, weiterhin wird mit dem Modell der Didaktischen Rekonstruktion ein darauf ausgerichteter Forschungsrahmen vorgestellt. Ausgehend von der theoretischen und methodischen Fundierung werden (2) die Entwicklung und Umsetzung der Lehrinnovationen anhand zweier stoffdidaktischer Analysen aufgezeigt, die die enge Verzahnung von mathematischer und ingenieurwissenschaftlicher Theorie und Praxis an Lehrbeispielen und Experimenten transparent machen. Abschließend werden Erkenntnisse aus der Umsetzung vorgestellt,

B.-M. Block (✉) · P. Mercorelli
Institut für Produkt- und Prozessinnovation,
Leuphana Universität Lüneburg, Lüneburg, Deutschland
E-Mail: block@uni.leuphana.de

P. Mercorelli
E-Mail: paolo.mercorelli@leuphana.de

R. Biehler et al. (Hrsg.), *Lehrinnovationen in der Hochschulmathematik,*
Konzepte und Studien zur Hochschuldidaktik und Lehrerbildung Mathematik,
https://doi.org/10.1007/978-3-662-62854-6_5

der Einfluss auf die curriculare Entwicklung innerhalb des Ingenieurstudiums diskutiert sowie ein Ausblick auf weitere Forschungsdesiderate und mögliche Weiterentwicklungen gegeben. So wird neben neuen theoretischen Erkenntnissen ein Beitrag zur Verbesserung der ingenieurwissenschaftlichen Lehrpraxis geleistet.

5.1   Einleitung und Zielsetzung

Die Ingenieurwissenschaften sehen sich vielfältigen Herausforderungen und geänderten Rahmenbedingungen gegenüber, darunter digitale Transformation und Globalisierung, und reagieren darauf mit einer Vielzahl von neuen Studienangeboten und inhaltlichen Änderungen der Curricula. Eine stärker interdisziplinäre Ausrichtung und allgemeine Ressourceneffizienz führen zur Reduzierung der Semesterwochenstundenzahl einzelner bisheriger Studieninhalte, insbesondere hat sich mit der Bachelor-Master-Einführung die zur Verfügung stehenden Mathematikstunden in vielen europäischen Ländern reduziert (vgl. Alpers et al. 2013). Was bedeutet das für die ingenieurwissenschaftlichen Anwendungsfächer mit starkem Bezug zur Mathematik, die sich darüber hinaus häufig mit einer heterogenen Mathematikkompetenz und Lernschwierigkeiten der Studierenden auseinandersetzen müssen? Dieses Thema zu adressieren und mit theoriegeleiteten studierendenzentrierten Lehrinnovationen Anregungen zu diesem Diskurs zu liefern, ist Ziel dieses Beitrags.

Dabei ist die Einbettung in die Kompetenzdiskussion zur Ingenieurmathematik zwingend, die in den letzten Jahren verstärkt und auf breiter Ebene geführt wird (vgl. Schreiber und Hochmuth 2013; Hoppenbrock et al. 2016; Mustoe und Lawson 2002; Niedersächsisches Kultusministerium & NMWK 2019). Im Abschn. 5.2 wird der Bezug zum Konzept der mathematischen Kompetenz (vgl. Alpers et al. 2013; Niss 2003; Jensen 2007) hergestellt und anschließend anhand zweier stoffdidaktischer Analysen die Umsetzung in konkreten Aufgabenstellungen und Lehr-Lern-Situationen aufgezeigt. Durch die Analyse des Lehr-Lern-Kontextbezugs des mathematischen Wissens in verschiedenen ingenieurwissenschaftlichen Zusammenhängen wird ein Forschungsbeitrag zur kompetenzbezogenen Konzeptualisierung (vgl. Hochmuth und Schreiber 2016) und zur Transparenz der engen Verzahnung zwischen der Mathematik und den Ingenieurwissenschaften geleistet.

Mit dem Modell der Didaktischen Rekonstruktion wird im Abschn. 5.3.1 der Forschungsrahmen für eine konsequente studierendenzentrierte Lehrgestaltung in den Ingenieurwissenschaften vorgestellt (vgl. Niebert und Gropengiesser 2013; Duit et al. 2012; Block 2016), der als neuen Ansatz dieses Beitrags die mathematischen Kompetenzen in die fachlichen Analysen einbezieht. Ausgehend von der methodischen Fundierung und der lehr-lern-theoretischen Verortung im Abschn. 5.3.2 liegt ein Schwerpunkt dieses Beitrags auf den stoffdidaktischen Analysen ingenieurwissenschaftlicher Lehr-Lern-Konzepte unter Berücksichtigung stark heterogener studentischer Mathematikkompetenz (siehe Abschn. 5.4). Mit den Themenbereichen „Komplexe Zahlen und Eulersche Formel" sowie „Nyquist- Shannon-Theorem" wurden dazu exemplarisch zwei grundlegende ingenieurwissenschaftliche Fachthemen mit starker Mathematikfundierung ausgewählt, die den Studierenden oft Verständnisprobleme bereiten.

In der umfassenden Ist-Analyse der studentischen Vorkenntnisse in Abschn. 5.4.1 wird vor allem auf die transparente Darlegung der Zielgruppen und der Rahmenbedingungen dieses Beitrags Wert gelegt. Die Autoren sind wissenschaftlich als Lehrende in den Ingenieurwissenschaften an der Leuphana Universität Lüneburg verortet, die mit einem stark interdisziplinären Studienmodell in besonderem Maße die eingangs geschilderten Herausforderungen einer stark heterogenen Studierendengruppe angeht. Durch die besondere Studienstruktur sind die entwickelten Lehr- Lern-Beispiele für Bachelor- und Master-Studierende (auch berufsbegleitend) konzipiert, die hinsichtlich der Vorerfahrungen und Vorkenntnisse nicht zwingend einer „klassischen" technisch-studentischen Zielgruppe an einer Technischen Hochschule entsprechen. Die entwickelten stoffdidaktischen Anwendungsbeispiele mit neuen Lehr- Lern-Ansätzen in Abschn. 5.4.2 und Abschn. 5.4.3 stützen sich explizit auf Erkenntnisse der ingenieurwissenschaftlichen Fachdidaktikforschung, des Diskurses um die Mathematikkompetenz sowie auf langjährige Lehrerfahrung der Autoren. Es werden exemplarische Beispiele und Experimente vorgestellt, die die praktische Bedeutung und mögliche Interpretationen der jeweiligen mathematischen Konzepte innerhalb der verschiedenen technischen Gebiete hervorheben, um den Zugang der Studierenden zu diesen Themen zu vereinfachen. Darüber hinaus wird als innovativer Lehransatz in Abschn. 5.4.3.2 eine Theorie-Praxis-Verbindung zwischen der Eulerschen Formel, dem Nyquist-Shannon-Theorem sowie der Laplace- und z-Transformation geschaffen. Der Implementierung der neuen Lehr-Lern-Beispiele in verschiedene ingenieurwissenschaftliche Module, den daraus gewonnenen Erkenntnissen sowie einem Ausblick auf mögliche weitere Forschungsfragen widmet sich abschließend Abschn. 5.5.

Mit den vorgestellten Analysen und Lehr-Lern-Beispielen werden in diesem Beitrag theorie- und forschungsbasierte Ansätze, Vorschläge und Handlungsempfehlungen für Lehrende in den Ingenieurwissenschaften zur individuellen Entwicklung studierendenzentrierter Lehr-Lern-Szenarien im Kontext mathematischer Kompetenz geliefert. Im methodischen Vorgehen sehen die Autoren eine mögliche Unterstützung für agile Studienprogrammentwicklung in den Ingenieurwissenschaften, um auf künftige Veränderungen, z. B. durch stärker interdisziplinär aufgestellte ingenieurwissenschaftliche Studiengänge, adäquat zu reagieren.

5.2   Mathematikkompetenz im Kontext studierendenzentrierter Lehrentwicklung in den Ingenieurwissenschaften

Als Teil des theoretischen Rahmens studierendenzentrierter Lehrentwicklung ist ein klares Verständnis des Kompetenzbegriffs für den Wirkungsbereich der Ingenieurwissenschaften notwendig. Die Darlegungen dieses Beitrags beziehen sich auf subjekt- und handlungszentrierte Kompetenzmodelle (vgl. Weinert 2001; Erpenbeck und Rosenstiel 2007), weil diese grundsätzlich geeignet sind, die Kompetenzprozesse für die dargelegten innovativen Lehr-Lern-Formen zu erfassen. In einem für die Ingenieurwissenschaften fachspezifisch ausdifferenzierten Kompetenzmodell ist dabei neben der Personal-, Fach-, Methoden- und Sozialkompetenz auch die fachspezifische Praxiskompetenz von Relevanz (vgl. Block 2012). Diese beschreibt im Sinne einer „Anwendungskompetenz" die Fähigkeiten und Fertigkeiten der Individuen, eine analytische Verknüpfung von Theorie und Praxis herzustellen bzw. den Transfer der Lehrinhalte in die Ingenieurpraxis zu vollziehen, sowie die Fähigkeit, vorhandenes Wissen auf neue Problemstellungen anzuwenden. Für eine Vielzahl von Modulen (und ganzen Curricula) in den Ingenieurwissenschaften sind bei der Ausgestaltung der kompetenzorientierten Lehr-Lern-Szenarien aus Sicht der Autoren die Betrachtung mathematischer Kompetenz und die Transparenz ihres Bezugs zur ingenieurwissenschaftlichen Fachwissenschaft zwingend, da mathematische Begriffe, Verfahren und Denkweisen integraler Bestandteil des Verständnisprozesses sind.

So weisen Hochmuth und Schreiber (2016) auf eine zentrale Rolle der Mathematik im ingenieurwissenschaftlichen Studium hin, die sich zum einen auf die Einbettung mathematischen Wissens in drei Kontexten bezieht (in den Veranstaltungszyklus „Höhere Mathematik für Ingenieure", in die Grundlagenveranstaltungen des Fachs und in fortgeschrittene Fachveranstaltungen), aber auch die Schwierigkeiten der Studierenden mit der Mathematik (und hohe Abbruchquoten als mögliche Folge) thematisiert. In ihren Analysen zum mathematischen Wissen mit Kontextbezug zum ingenieurwissenschaftlichen Fach arbeiten sie die anspruchsvolle Aufgabe der Studierenden heraus, die Vielfalt der mathematischen Vorstellungen, Strukturen und Praxen in anschlussfähiges ingenieurwissenschaftliches Wissen zu transformieren (vgl. Schreiber und Hochmuth 2013). Für die Ausgestaltung erfolgreicher mathematikbezogener universitärer Lehre sind nach Hochmuth und Schreiber (2016) der *interne* Blick auf das Lehren und Lernen spezieller mathematischer Konzepte sowie der *externe* Blick auf Rahmenbedingungen, institutionelle oder auch nationale Kontexte relevant. Für diesen Beitrag ist insbesondere die Einbeziehung der *externen* Sicht aufgrund der in Abschn. 5.1 dargestellten Heterogenitäten und Besonderheiten und den sich daraus ergebenden Beschränkungen besonders zu berücksichtigen. Zusammen mit den nachfolgenden kompetenztheoretischen Ausführungen bildet sich daraus das Fundament für die Ausgestaltung der stoffdidaktischen Analysen in Abschn. 5.4.

Der Diskurs um die mathematische Kompetenz mit Bezug zur Ingenieurwissenschaft wurde seit den 90er-Jahren vor allem von der SEFI (European Society for Engineering Education) vorangetrieben, deren Mathematics Working Group es sich zum Ziel gesetzt hatte, Orientierung und Transparenz zum Thema Mathematikausbildung von Ingenieuren zu schaffen. Sie erstellte dazu 1992 die erste Auflage eines Curriculum-Dokuments[1] (vgl. Alpers 2016). Zehn Jahre später erschien mit der zweiten Auflage des Kerncurriculums

---

[1] Abrufbar unter https://sefi.htw-aalen.de.

(vgl. Mustoe und Lawson 2002) ein der modernen Curriculumentwicklung angepasster, an „Learning Outcomes" orientierter Lernzielkatalog (Abb. 5.1). Dieser ist nicht als homogener verbindlicher Lernzielkatalog ausgeführt, sondern trägt mit der Unterteilung in einen Kernbereich und aufbauende Level der Heterogenität der dem Studium vorhergehenden Schulbildungsverläufe in Europa sowie der Vielfalt der verschiedenen Ingenieursstudiengänge Rechnung (vgl. Alpers 2016).

Der Kernbereich (Core Zero) sollte von allen Ingenieurstudierenden eigentlich bereits aus der schulischen Ausbildung heraus beherrscht werden (vgl. Alpers 2016). In Abschn. 5.4.1 wird mit der Diskussion um die mathematischen Vorkenntnisse der Studierenden aufgezeigt, dass es selbst im Kernbereich häufig nur formal vorhandene mathematische Kenntnisse sind, die in der Hochschulausbildung neu bzw. nochmals vermittelt werden müssen. Die aufbauenden Bereiche sind je nach Studiengang individuell zu definieren und daher nicht mehr für alle Ingenieurstudierende als verbindlich anzusehen. Im Level 2 wird eine Auswahl mathematischer Fähigkeit und Fertigkeiten beschrieben, mit denen die Ingenieurstudierenden reale Probleme im Anwendungsbezug bearbeiten können. Der fortgeschrittene Level 3 enthält Spezialthemen, die in gewissen Anwendungsfächern benötigt (z. B. Fourier-Analyse) und nur teilweise in der Mathematikausbildung behandelt werden. Diese Erkenntnisse stellen einen starken Bezug der kompetenztheoretischen Betrachtungen zu den stoffdidaktischen Analysen (Abschn. 5.4) und den sich ergebenden Herausforderungen für die jeweilige Lehr-Lern-Konzeptgestaltung her. Da das Erfassen höherer Lernziele, wie z. B. das verständige Nutzen der Mathematik in relevanten Anwendungstexten, für diesen Beitrag essenziell ist, bilden die dritte Auflage des Curriculum-Dokuments „A Framework for Mathematics Curricula in Engineering Education" (Alpers et al. 2013) sowie die Ausführungen von Niss und Højgaard (2019) zur mathematischen Kompetenz die Grundlage der weiteren Betrachtungen. Auch hier ist wegen der heterogenen Anforderungen in den verschiedenen Ingenieurwissenschaften und der Breite der Arbeitsplatzprofile kein starres Anwenden

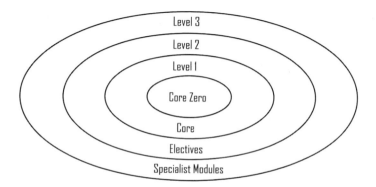

Abb. 5.1 Aufbau des mathematischen Kerncurriculums nach Mustoe und Lawson (2002, S. 8); Abb. ähnlich zum Original.

des Rahmencurriculums sinnvoll, sondern ein nach Studiengangprofil (und Modulprofil) ausdifferenziertes Vorgehen notwendig, das die Autoren in Abschn. 5.4 aufgreifen.

Das Curriculum übernimmt das im Rahmen des dänischen KOM-Projekts entwickelte Konzept der mathematischen Kompetenz (vgl. Niss 2003; Niss und Højgaard 2011), das mathematische Kompetenz[2] folgendermaßen definiert:

> Mathematical competence then means the ability to understand, judge, do, and use mathematics in a variety of intra- and extra-mathematical contexts and situations where mathematics plays or could play a role. Necessary, but certainly not sufficient, prerequisites for mathematical competence are lots of factual knowledge and technical skills, in the same way as vocabulary, orthography, and grammar are necessary but not sufficient prerequisites for literacy. (Niss und Højgaard 2011, S. 6).

In ihrer überarbeiteten Fassung des konzeptionellen Rahmens greifen Niss und Højgaard (2019) aktuelle Entwicklungen des Diskurses um die mathematische Kompetenz auf. Unter Beibehaltung der mathematischen Kompetenzen als grundsätzlich kognitive Konstrukte stärken sie den für diesen Beitrag wichtigen Bezug zur Handlungsorientierung und fokussieren „… on the exercise of mathematics, i.e., the enactment of mathematical activities and processes" (Niss und Højgaard 2019, S. 10). Die ähnlich gelagerten aktuellen Probleme und Herausforderungen im Spannungsfeld der mathematischen Kompetenzen mit Bezug zur Fachwissenschaft (Studierendenaktivierung, Heterogenität, Auswirkungen des Bologna-Prozesses, Assessment etc.) werden auch international vielfältig diskutiert, u. a. in Konferenzbeiträgen der American Society for Engineering Education[3]. Mit der Einbettung der stoffdidaktischen Analysen und der kompetenzbasierten ingenieurwissenschaftlichen Lehr-Lern-Entwicklungen in den Kontext der Mathematikkompetenz (Abschn. 5.4.2 und 5.4.3) soll zu diesem aktuellen Diskurs ein Beitrag geleistet werden.

Die in Abb. 5.2 visualisierten mathematischen Kompetenzen sind in einer Vielzahl von Publikationen (vgl. Alpers et al. 2013; Niss und Højgaard 2011, 2019) in ihrer Aussagekraft und Reichweite beschrieben und seien an dieser Stelle zum Verständnis der weiteren Verwendung (vgl. u. a. Abschn. 5.4) in Kürze aufgeführt. Sie hängen zusammen bzw. überlappen einander in der Art, dass Aspekte einer Kompetenz ebenfalls innerhalb einer anderen notwendig sind (vgl. Niss und Højgaard 2019, S. 20; Niss und Højgaard 2011).

Wie Niss und Højgaard darlegen, sind die acht Kompetenzen, die die Gesamtheit der mathematischen Kompetenz bilden, zwei übergeordneten Zielen zuzuweisen (vgl. Abb. 5.2). Das erste übergeordnete Ziel beschreibt als Klammer der Kompetenzen eins bis

---

[2]An dieser Stelle möchten die Autoren auf die begrifflich vielfältige, in der öffentlichen Wahrnehmung teilweise unter verschiedenen Synonymen (u. a. *skill*, *capability*, *qualification*, *literacy*) und in verschiedenen Zusammenhängen eingesetzte Verwendung des Begriffs „Kompetenz" hinweisen. Ergänzende Ausführungen zur Begriffsklärung sind u. a. in Lemaitre et al. (2006) oder Block (2012, S. 28 ff.) zu finden.

[3]Die Beiträge sind unter www.asee.org einsehbar.

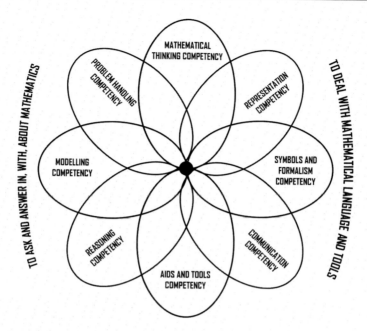

Abb. 5.2 Eine visualisierte Darstellung der acht mathematischen Kompetenzen (Niss und Højgaard 2019, S. 19); Abb. ähnlich zum Original.

vier die Fähigkeit, Fragen in und mit Mathematik zu stellen und zu beantworten, während sich die Kompetenzen fünf bis acht mit dem zweiten übergeordneten Ziel, nämlich der Fähigkeit, „mit mathematischen Sprachen und Werkzeugen umzugehen" (Niss und Højgaard 2019, S. 14), zusammenfassen lassen. Folgende vier Kompetenzen beschreiben das Leitziel *Posing and answering questions in and by means of mathematics:*

1. *Mathematical thinking competency – engaging in mathematical inquiry* (Niss und Højgaard 2019, S. 15) umfasst die „… Fähigkeit einzuschätzen, wann eine mathematische Vorgehensweise zur Problemlösung adäquat ist und welche Arten von Antworten die Mathematik liefern kann" (Alpers 2016, S. 647). Weiterhin beinhaltet sie die Kenntnis mathematischer Konzepte, das Verstehen des Umfangs und der Grenzen des jeweiligen Konzepts sowie das Erweitern des Umfangs der Konzepte und Theorien durch Abstraktion und Verallgemeinerung (Niss und Højgaard 2019, S. 15).

2. *Mathematical problem handling competency – posing and solving mathematical problems* (Niss und Højgaard 2019, S. 15) umfasst die „… Fähigkeit, eine Fragestellung als mathematisches Problem zu formulieren und mathematische Problemlösungsstrategien anzuwenden, die von einfachen Prozeduren bis hin zur Anwendung allgemeiner Strategien reichen (z. B. Betrachtung vereinfachter Situationen zur Hypothesengewinnung)" (Alpers 2016, S. 648).

3. *Mathematical modelling competency – analysing and constructing models of extra-mathematical contexts and situations* (Niss und Højgaard 2019, S. 16) umfasst die „… Fähigkeit, existierende Modelle zu verstehen und in diesen Probleme zu lösen,

und die Fähigkeit, selbst Modelle zu erstellen und Teile des Modellierungszyklus durchzuführen" (Alpers 2016, S. 648). Dabei beinhaltet das aktive Modellieren auch das Navigieren und Aufeinanderbeziehen der Schlüsselprozesse des Modellierungszyklus in seinen verschiedenen Erscheinungsformen (vgl. Blomhoj und Jensen 2003; Blum und Leiß 2007).

4. *Mathematical reasoning competency – assessing and producing justification of mathematical claims* (Niss und Højgaard 2019, S. 17) umfasst die „… Fähigkeit, mathematisch zu argumentieren, d. h. logische Argumentationsketten zu verstehen und selbst zu erstellen" (Alpers 2016, S. 648).

Das zweite Leitziel *Handling the language, constructs and tools of mathematics* wird durch vier weitere Kompetenzen beschrieben:

5. *Mathematical representation competency – dealing with different representations of mathematical entities* (Niss und Højgaard 2019, S. 17) umfasst die „… Fähigkeit, problemadäquate mathematische Darstellungen zu finden und zu interpretieren und je nach Aufgabenstellungen zwischen Darstellungen zu wechseln" (Alpers 2016, S. 648).

6. *Mathematical symbols and formalism competency – handling mathematical symbols and formalisms* (Niss und Højgaard 2019, S. 17) umfasst die „… Fähigkeit, mathematische Symbolik und mathematische Sprache zu verstehen und selbst korrekt zu nutzen" (Alpers 2016, S. 648).

7. *Mathematical communication competency – communicating in, with and about mathematics* (Niss und Højgaard 2019, S. 17) umfasst die „… Fähigkeit, schriftliche und mündliche mathematische Ausführungen anderer zu verstehen und selbst schriftlich und mündlich mathematische Sachverhalte zu beschreiben" (Alpers 2016, S. 648).

8. *Mathematical aids and tools competency – handling material aids and tools for mathematical activity* (Niss und Højgaard 2019, S. 18) umfasst die „… Fähigkeit, Grenzen und Möglichkeiten von Hilfsmitteln (z. B. Bücher, Formelsammlungen) und Tools zu kennen und diese entsprechend sinnvoll zu nutzen" (Alpers 2016, S. 648).

Die dargestellten mathematischen Kompetenzen drücken sich in der aktiven Ausübung der Mathematik in vielfältigen Situationen und Kontexten aus. Der Grad der angestrebten bzw. erworbenen fachlichen (inklusive mathematischen) Kompetenz ist für die Ausgestaltung der studierendenzentrierten Lehrinnovationen und die Beschreibung der Learning Outcomes der jeweiligen Module von besonderem Interesse. Als Kriterien zur Spezifizierung der mathematischen Kompetenz und zur Messung des Kompetenzfortschritts sind drei Dimensionen identifiziert, in denen eine Person über eine Kompetenz verfügt (vgl. Niss 2003, S. 10; Niss und Højgaard 2019, S. 21 ff.). Die erste Dimension *degree of coverage* beschreibt den Grad der Abdeckung der charakteristischen Aspekte der Kompetenz, die der Einzelne besitzt. Die zweite

Dimension *radius of action* repräsentiert die Bandbreite und Vielfalt unterschiedlicher Kontexte und Situationen, in denen der Einzelne die Kompetenz erfolgreich aktivieren kann. Die dritte Dimension *technical level* gibt den Grad und die Komplexität der mathematischen Konzepte, Theorien und Methoden an, die der Einzelne bei der Ausübung der Kompetenz aktivieren kann (vgl. Niss und Højgaard 2019, 2011).

Die drei Dimensionen des Kompetenzbesitzes werden in diesem Beitrag in Abschn. 5.4.2 und 5.4.3 verwendet, um den angestrebten Fortschritt im mathematischen Kompetenzbesitz eines Individuums und den Radius der Kontexte, in denen die mathematischen Fähigkeiten zur Anwendung kommen, zu definieren und zu charakterisieren.

Der vorgestellte Kompetenzrahmen dient zur Orientierung und als analytischer Gestaltungsrahmen für Mathematiklehrpläne von Ingenieurstudienprogrammen. Aus Sicht der Autoren sollte der Anwendungsradius darüber hinausgehen und, wie in diesem Beitrag aufgezeigt, als Basis für die Integration des Konzepts der mathematischen Kompetenz in den verschiedenen mathematikbezogenen Fachgebieten der Ingenieurwissenschaften zur Anwendung kommen. Als innovativer Ansatz wird der starke Fachbezug aktiv adressiert und das Konstrukt der Mathematikkompetenz reflektiert zur Entwicklung konkreter kompetenzbasierter Lehr-Lern-Situationen eingesetzt. Dabei werden theoriebasiert Fragestellungen nach Kontexten, Situationen und Zweck der Verwendung der Mathematik beantwortet (Abschn. 5.3.2) sowie anhand zweier stoffdidaktischer Analysen (Abschn. 5.4) die Bedeutung und Gewichtung verschiedener Kompetenzen an konkreten Aufgabenstellungen und Lehr-Lern-Situationen aufgezeigt. Nach Ansicht der Verfasser ist dieses Vorgehen für die Akzeptanz des Konzepts in den Ingenieurwissenschaften von großer Bedeutung, da durch beispielhafte Spezifikation der Mathematikkompetenz und Bestimmung der Ausprägungsdimensionen (Abdeckungsgrad, Aktionsradius und technischer Level) Lehrenden aus den MINT-Anwendungsbereichen Transparenz und Orientierung für kompetenz- und studierendenzentrierte Lehrentwicklung gegeben werden können. Nachfolgend werden das methodische Vorgehen und die theoretische Verortung für diese Herangehensweise dargelegt.

5.3 Methodisches Vorgehen und theoretische Verortung bei der Entwicklung innovativer Lehr- Lern-Konzepte in den Ingenieurwissenschaften

5.3.1 Didaktische Rekonstruktion als Forschungsrahmen für die designbasierte Entwicklung studierendenzentrierter Lehr-Lern-Konzepte

Dieser Beitrag zielt sowohl auf Erkenntnisse für das theoretische Verständnis ingenieurwissenschaftlicher Themenstellungen als auch auf Implikationen für eine innovative studierendenzentrierte ingenieurwissenschaftliche Lehrpraxis. Um dieser dualen Zielsetzung gerecht zu werden, haben sich die Autoren für einen designbasierten Ansatz[4] entschieden. Durch dessen systematische Abfolge war es möglich, die Zielsetzungen auf theoretischer Ebene (theoretische Erkenntnisse zum Lehren und Lernen komplexer Zahlen und des Nyquist-Shannon-Abtasttheorems einschließlich der Wissensgenerierung zum Designprozess) und gleichermaßen konkrete Verbesserungen für die Lehrpraxis (Ausgestaltung neuer Lehr-Lern-Einheiten zu den genannten Themen) zu verfolgen. Um den in Abschn. 5.1 geschilderten Herausforderungen, u. a. der stark heterogenen Mathematikkompetenz der Studierenden, zu begegnen, wurde als konkreter Forschungsrahmen das Modell der Didaktischen Rekonstruktion gewählt. Bei diesem werden fachliche Konzepte mit den Perspektiven der Lernenden in Beziehung gesetzt und aus dem wechselseitigen Vergleich Schlussfolgerungen für die didaktische Strukturierung der Lehr- Lern-Umgebung gezogen. Die drei Elemente „fachliche Klärung", „Erfassen von Lernerperspektiven" und „didaktische Strukturierung" treten als fachdidaktisches Triplett (vgl. Kattmann et al. 1997; Niebert und Gropengiesser 2013; Duit et al. 2012) bei dieser Art der Konstruktion von Lehrinhalten miteinander in Wechselwirkung. Basierend auf konstruktivistischen Lehr-Lern-Theorien (Abschn. 5.3.2) ist die gleichwertige Behandlung der fachlichen Expertise und der Perspektive der Lernenden zentrales Element des gewählten Ansatzes. Das Modell der Didaktischen Rekonstruktion findet in den Naturwissenschaften breite Anwendung (vgl. Niebert und Gropengiesser 2013; Duit et al. 2012), in den stark auf die Vermittlung fachlicher Inhalte ausgerichteten Ingenieurwissenschaften wird die Perspektive der Lernenden oftmals nur am Rande berücksichtigt. Gerade mit Blick auf starke Heterogenitäten in der Vorbildung (sowohl ingenieurfachliche als auch mathematische) gilt es diesem Ungleichgewicht entgegenzuwirken, da Begrifflichkeiten, Vorannahmen und Methoden den z. T. fachfremden Studierenden bzw. Studienanfängern noch unbekannt sind. Diese Aspekte müssen durch Rückbezug auf die Vorstellungen der Lernenden in einem pädagogisch sinnvollen Zusammenhang „erstellt" werden (vgl. Kattmann et al. 1997). Gelingt dieses nicht oder nicht in ausreichendem Maße, haben Studierende mit Verständnisschwierigkeiten häufig Probleme, sich darauf aufbauende Inhalte zu erschließen. Als innovativer Ansatz wird in diesem Beitrag das Modell der Didaktischen Rekonstruktion unter Einbeziehung der mathematischen Fachthemen für die Ingenieurwissenschaften angepasst. Als fachlicher Inhalt wurden der Forschungsarbeit die zwei Themenfelder „Komplexe Zahlen und Eulersche Formel" und „Nyquist-Shannon-Abtasttheorem" zugrunde gelegt, da beide

---

[4]Das generische Modell für die designbasierte Forschung umfasst die drei Prozessphasen Analysis, Design und Evaluation, die jeweils in Wechselwirkung mit der Lehrpraxis stehen (vgl. McKenney und Reeves 2012, 2014). Anhand des Modells lassen sich der systematische Ablauf des Forschungsprozesses (Gestaltung, Durchführung, Überprüfung und Redesign) und die Dualität der Ergebnisse in Bezug auf Interventionsentwicklung und Theoriebildung gut veranschaulichen (vgl. Reimann 2011). Weitere Informationen zum generischen Modell dieses Ansatzes sind u. a. bei McKenney und Reeves (2012, 2014) dargelegt.

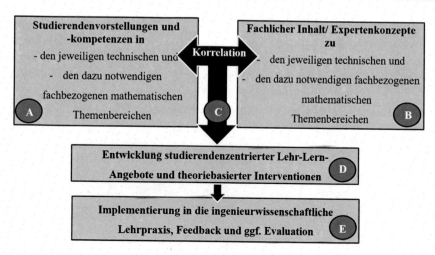

Abb. 5.3 Didaktische Rekonstruktion in den Ingenieurwissenschaften unter Einbeziehung des mathematischen Kompetenzdiskurses

Konzepte eine elementare Bedeutung für die Lehre in den Ingenieurwissenschaften und eine starke mathematische Fundierung haben. Abb. 5.3 zeigt das generische Modell der Didaktischen Rekonstruktion (vgl. Niebert und Gropengiesser 2013; Duit et al. 2012) für die ingenieurwissenschaftliche Lehre mit starkem Mathematikbezug ausdifferenziert.

Zur Umsetzung des Modells müssen die in Abb. 5.3 dargelegten **Forschungsschritte A bis E** durchlaufen werden. Die somit generierten Daten und Erkenntnisse liefern die Grundlage für die stoffdidaktischen Analysen und die Gestaltung der studierenden-zentrierten Lehr-Lern-Umgebung in Abschn. 5.4. Die eingesetzten Methoden in den Schritten A bis E werden im Folgenden in Korrespondenz zum jeweiligen Forschungs-schritt vorgestellt.

Die **Erhebung der Studierendenvorstellungen und -kompetenzen** (Abb. 5.3, **Schritt A**) im jeweiligen Fachinhalt und der dazu notwendigen Mathematik ist fundamentaler Bestandteil zu Beginn der Forschungsarbeit. Dazu wurden im Mixed-Method-Design die Vorkenntnisse und Schwierigkeiten der Studierenden, deren sozio-demografische Daten und die institutionellen Rahmenbedingungen erhoben (vgl. Block und Mercorelli 2015). Die Erkenntnisse der quantitativen Erhebung zu den Konzept-schwierigkeiten von Bachelor- und Master-Studierenden sowie ergänzende qualitative Aussagen von Mathematiktutorinnen und -tutoren werden im Rahmen der Ist-Analyse (Abschn. 5.4.1) vorgestellt.

Die **fachliche Klärung der Expertenkonzepte** (Abb. 5.3, **Schritt B**) erfolgte über die Analyse der Kernkonzepte „Komplexe Zahlen" und „Nyquist-Shannon-Abtasttheorem" aus der wissenschaftlichen Literatur, wobei hier als neuer Ansatz sowohl die fachlichen Ingenieuransätze als auch die fachlichen Analysen der mathematischen Kompetenzen mitgedacht werden. Welche fachlichen Konzepte und Modelle liegen vor? Wo bestehen Modellgrenzen, Unterschiede und Übereinstimmungen der Expertenkonzepte? Die anschließende **Korrelation** (Abb. 5.3, **Schritt C**) schafft die Verbindung zur Interpretation der Studierendenkonzeptionen und deckt Differenzen zwischen den Perspektiven der Wissenschaft und denen der Lernenden auf. Als Ergebnis liegen theoriebasierte Daten vor, die herausarbeiten, was in Bezug auf die Einführung von Formeln, Konzepten und Modellen beachtet werden muss. Diese Erkenntnisse führen zur **Entwicklung studierendenzentrierter Lehr-Lern-Angebote und theoriebasierter Interventionen** (Abb. 5.3, **Schritt D**) sowie zu Veränderungsprozessen im Lehrkonzept und abschließend zur **Implementierung in die Lehrpraxis** (Abb. 5.3, **Schritt E**). Die Konzeption der studierendenzentrierten Lehr-Lern-Ansätze, deren Implementierung und Erkenntnisse der Umsetzung werden in Abschn. 5.4.2, 5.4.3 und 5.5 näher erläutert.

5.3.2 Theoretische Verortung studierendenzentrierter Lehr-Lern-Konzepte in den Ingenieurwissenschaften

Der theoretische Rahmen der Lehr-Lern-Konzepte wird durch das aktive Konstruieren des Verständnisses zu den zwei exemplarischen Themengebieten „komplexe Rechnung" und „Nyquist-Shannon-Abtasttheorem" durch den Lernenden und dessen Mathematik-kompetenz bezüglich dieser Themen gebildet. Deshalb sind als Basis konstruktivistische Ansätze gewählt, die sich durch das Primat der Konstruktion auszeichnen (vgl. Krapp und Weidenmann 2006; Mandl und Reimann-Rothmeier 2003; Götz et al. 2018). In der ausgeweiteten Betrachtung konstruktivistischer Theorien (vgl. Gnahs 2002; Deci und Ryan 1993) sehen die Autoren die Notwendigkeit für eine noch stärkere Verknüpfung von Theorie und Praxis begründet. Diese Forderung nach praktischer Orientierung wird ebenfalls aus Sicht der Gendertheorien mit Fokus auf technische Wissenschaften unterstützt. Neben der Integration von fachübergreifenden Inhalten weisen ver-stärkte problem- und praxisorientierte Lehrinhalte auf eine Attraktivitätssteigerung der ingenieurwissenschaftlichen Lehrangebote insbesondere für weibliche Studierende hin (vgl. Wächter 2012; Mills et al. 2010; Gill et al. 2009). Darüber hinaus ist die Anwendung fachspezifischer Erkenntnisse in der Praxis und die Übertragung des fach-spezifischen Wissens auf neue Anforderungssituationen eine alltägliche Aufgabenstellung für angehende Ingenieurinnen und Ingenieure. Sowohl mit Blick auf die Beschäftigungs-fähigkeit (Employability) der Studierenden als auch aus fachpädagogischer Sicht ist des-halb der Situationsbezug der zu bewältigenden Aufgabenstellung von entscheidender Bedeutung. Fachdidaktische Ansätze zur stärkeren Einbindung der Mathematik in die ingenieurwissenschaftliche Zieldisziplin (so bei Shadaram 2013 oder Bausch et al. 2014) und eine verstärkte Theorie-Praxis-Bindung (vgl. Block 2014) sind als Best-Practice-Beispiele in die Konzeption eingeflossen. Als Konsequenz dieser theoretischen Erkennt-nisse ist eine Vielzahl aktiver Handlungsmöglichkeiten der Lernenden mit einem starken Problem- und Situationsbezug in den stoffdidaktischen Analysen berücksichtigt worden, um eine optimale Förderung des Kompetenzerwerbs zu ermöglichen. Auf diese wird in Abschn. 5.4 detaillierter hingewiesen.

Ein weiteres wesentliches Theorieelement dieses Beitrags ist die Einbeziehung des mathematischen Kompetenzdiskurses (Abschn. 5.2), der die starke Verbindung der mathematischen Grundlagen und der jeweiligen Ingenieuranwendungen aktiv adressiert und Transparenz und Orientierung für die studierendenzentrierten Lehr-Lern-Ansätze liefert. In folgenden Abschn. 5.4 wird nun an zwei stoffdidaktischen Beispielen aus dem Ingenieurbereich die Bedeutung der Mathematikkompetenz für die kompetenzorientierte Gestaltung ingenieurwissenschaftlicher Lehre erläutert und illustriert. Dazu wird für beide Fachinhalte das mathematische Kompetenzprofil herausgearbeitet, indem die Rolle und Bedeutung verschiedener Kompetenzen und damit deren Gewichtung innerhalb des jeweiligen Lehr- Lern-Szenarios durch eine Matrixstruktur transparent gemacht wird. Die Matrixkonzeptualisierung dient als „analytisches Werkzeug" zur Erfassung der Hauptbeziehung zwischen den mathematischen Kompetenzen und den Sachgebieten (vgl. Niss und Højgaard 2019). Die von Niss und Højgaard vorgeschlagene methodische Herangehensweise wird als Besonderheit in diesem Beitrag nicht für die Ausgestaltung mathematischer Curricula oder Module eingesetzt, sondern auch zur Konzeptualisierung der mathematischen Kompetenzfelder als integraler Bestandteil des ingenieurwissenschaftlichen Fachmoduls. Basierend auf dieser Analyse werden weiterhin die Aspekte einer bestimmten mathematischen Kompetenz spezifiziert, indem der erwünschte Kompetenzgewinn anhand der drei Dimensionen „Abdeckungsgrad", „Aktionsradius" und „technischer Level" genauer bestimmt wird (siehe Abschn. 5.2).

5.4　Stoffdidaktische Analysen ingenieurwissenschaftlicher Lehr- Lern-Konzepte für Studierendengruppen mit stark heterogener Mathematikkompetenz

Die zwei exemplarischen Themenbereiche „Komplexe Zahlen" und „Nyquist-Shannon-Abtasttheorem" wurden gezielt für die stoffdidaktischen Analysen ausgewählt, da sie aus Sicht fachbezogener Mathematikkompetenz eine grundlegende Bedeutung haben. Mit dem komplexen Zahlenbereich eröffnet sich für viele ingenieurwissenschaftliche Betrachtungen ein neuer Möglichkeitskosmos und das Abtasttheorem gewinnt mit der Digitalisierung ebenfalls einen erweiterten Einsatzbereich. Nach einer Ist-Analyse der Rahmenbedingungen und der studentischen Vorkenntnisse in Abschn. 5.4.1 wird der jeweilige mathematische Ansatz als integrativer Bestandteil studierendenzentrierter Lehr-Lern-Szenarien in Abschn. 5.4.2 und 5.4.3 vorgestellt.

5.4.1　Ist-Analyse der Rahmenbedingungen und der studentischen Vorkenntnisse

In Passung zur Didaktischer Rekonstruktion (Abb. 5.3, Schritt A) erfolgt zuerst die *Erhebung der Studierendenvorstellungen* und der institutionellen Rahmenbedingungen.

Zu den in Abschn. 5.1 dargelegten allgemeinen Rahmenbedingungen und Veränderungen, denen sich die universitäre Lehre und im Besonderen die ingenieurwissenschaftliche Mathematikausbildung gegenübersieht, unterliegen die in diesem Beitrag
vorgestellten Analysen weiterer institutionellen Herausforderungen. Diese sind im
Studienmodell der Leuphana Universität, an der die Autoren lehren, strukturell verankert.
Dieses Modell grenzt sich bewusst von enger Fachlichkeit ab und will durch ein breit
angelegtes, akademisch anspruchsvolles Studium eine solide Grundlage für künftige, sich
wandelnde wissenschaftliche und berufliche Anforderungen legen. Die Studienstruktur
ist als Kombination von *Major* (Hauptfach) und *Minor* (Nebenfach) sowie parallel zu
diesem Fachstudium zu absolvierenden fächerübergreifenden Studienelementen aufgebaut. Diese bestehen aus dem sogenannten *Leuphana Semester* als gemeinsamem Einstieg für alle Bachelor-Studierenden und dem interdisziplinären *Komplementärstudium,*
das ab dem zweiten Semester parallel zum Major und Minor belegt wird. Diese eigene,
stark interdisziplinäre Struktur schafft zum einen für die Studierenden eine individuelle
Gestaltungsmöglichkeit ihres Studiums, zum anderen stellt sie die Lehrenden vor große
Herausforderungen in der Vermittlung fachlicher Themen. Die Themen der zwei Stoff-
analysen werden als fachliche Lehr-Lern-Einheiten in allen vier „Strukturgefäßen"
angeboten, was eine stark heterogene Studierendengruppe bezüglich Vorkenntnissen,
fachkulturellem Hintergrund und Erkenntnisinteresse zur Folge hat.

Zur Erhebung der studentischen Vorkenntnisse und Sichtweisen auf Mathematik
werden die Ergebnisse des Institutionalisierten Gesprächskreises Mathematik Schule
– Hochschule (IGeMa) herangezogen (vgl. Niedersächsisches Kultusministerium &
NMWK 2019), in dem die Autoren mitgearbeitet haben. Unter Führung des Nieder-
sächsischen Kultusministeriums haben sich Vertreterinnen und Vertreter aus Schule
und Hochschule ausgetauscht, über welche mathematischen Kenntnisse, Fertigkeiten und Fähigkeiten Schulabsolventinnen und -absolventen verfügen bzw. welche
Vorkenntnisse an den Hochschulen von den Studienanfängerinnen und -anfängern
erwartet werden können. Im Sinne einer transparenteren Darstellung dieser Schnittstelle wird in dem Basispapier Bezug auf die bestehenden Bildungsstandards im Fach
Mathematik für die Allgemeine Hochschulreife genommen, weiterhin ist der „Mindestanforderungskatalog Mathematik (Version 2.0 vom 27.10.2014) der Hochschulen
Baden-Württembergs für ein Studium von WiMINT-Fächern"[5] eingeflossen. Es wird
im Basispapier unterstrichen, dass die Mathematik an Hochschulen in vielen Fächern
nicht nur ein Werkzeug zur zielgerichteten Behandlung komplexer Probleme in der
Mathematik und in den Anwendungsfächern ist, sondern auch Sprache und Mittel zur
Modellbildung und Abstraktion in fachspezifischen Zusammenhängen, sich somit eine
anwendungsorientierte und eine fachwissenschaftlich orientierte Sichtweise ergibt. In der
anwendungsorientierten Sichtweise ist Mathematik vorrangig als ein Werkzeug zu sehen,

---

[5]Der im Hochschulkontext weit verbreitete Beispielaufgabenkatalog bietet den Lehrenden eine
Grundlage für voraussetzbare Kenntnisse und wurde im Rahmen des Basispapiers angepasst.

es werden mit ihr fachspezifische Fragestellungen bearbeitet und Sachzusammenhänge formalisiert. Die *fachwissenschaftlich orientierte Sichtweise* fokussiert auf das innermathematische Arbeiten (u. a. Definitionen, Sätze und Beweise) (vgl. Niedersächsisches Kultusministerium & NMWK 2019).

Die sich aus den unterschiedlichen Studienrichtungen und der jeweiligen Zielgruppe ergebenden spezifischen Vorstellungen und Anforderungen an die Inhalte der Grundlagenmathematik sowie an die thematisierten Begriffe und Funktionen hängen in Umfang und Tiefe der Behandlung von den disziplinspezifischen Fachinhalten ab und müssen deshalb modulspezifisch herausgearbeitet werden. Für die Fachinhalte der stoffdidaktischen Analysen dieses Beitrags sind Analysis, Geometrie und Lineare Algebra zentral. Die Analyse der Beispielaufgaben und ihrer Kategorisierung[6] sowie die dargelegten Kompetenzen gemäß Bildungsstandards für die Allgemeine Hochschulreife (vgl. Niedersächsisches Kultusministerium & NMWK 2019) führen zum Ergebnis, dass die für die zwei Themenbereiche „Komplexe Zahlen" und „Nyquist-Shannon-Abtasttheorem" benötigten Kenntnisse aus der schulischen Mathematik z. T. nur eingeschränkt vorliegen, also weiterentwickelt bzw. ganz neu eingeführt werden müssen. Exemplarisch sei genannt, dass in der Schule ausschließlich Polynom-, Exponential- und einfache trigonometrische Funktionen behandelt und Begriffe und Vorstellungen ausschließlich für reelle Funktionen in einer Veränderlichen definiert und entwickelt werden. Für die Erhebung der Vorkenntnisse wird ergänzend angemerkt, dass diese bundeslandabhängig differieren und hier in der Aussagekraft auf Niedersachsen begrenzt sind. Weiterhin ist durch die Erhöhung der Durchlässigkeit des Bildungssystems[7] eine Vielzahl an Hochschulzugangsberechtigungen entstanden, die nicht alle mit den einheitlichen Bildungsstandards korrespondieren. Somit kann nicht grundsätzlich von der Allgemeinen Hochschulreife bei den Studienanfängerinnen und -anfängern ausgegangen werden.

Die Analysen der Vorkenntnisse wurden durch eigene Erhebungen der Autoren zum studentischen Verständnis der komplexen Arithmetik und der Eulerschen Formel ergänzt (vgl. Block und Mercorelli 2015, 2014). Im Mixed-Method-Design wurden zum einen quantitative Daten zum Wissen der Studierenden zum Thema „Komplexe Zahlen und Eulersche Formel" über eine selbsteinschätzende Fragebogenerhebung erfasst. Die Stichprobe im Wintersemester 2013/2014 umfasste 54 Bachelor-Studierende und zehn Master-Studierende. Mit der Zielsetzung einer vertieften Untersuchung des Lehr-Lern-Prozesses der Studierenden und der Identifikation von Barrieren im Umgang mit dem Thema

---

[6]Die im Basispapier enthaltenen Aufgaben sind in abgestufte Kategorien A bis D eingeteilt. Dabei sind z. B. Aufgaben der Kategorie A zugewiesen, wenn Kenntnisse, Fähigkeiten und Fertigkeiten von der Hochschule in der Regel erwartet und in Schule erworben wurden. Kategorie C beschreibt z. B. Aufgabenbereiche, die von der Hochschule erwartet werden, deren entsprechende Inhalte jedoch nicht Gegenstand schulischer Bildung sind (vgl. Niedersächsisches Kultusministerium & NMWK 2019).

[7]Ergänzende Informationen unter https://www.offene-hochschule-niedersachsen.de.

„Komplexe Zahlen und Eulersche Formel" wurden im Wintersemester 2015/2016 semistrukturierte Interviews mit Tutorinnnen und Tutoren der Mathematik geführt. Die Auswertung der transkribierten Interviews erfolgte mittels qualitativer Inhaltsanalyse (vgl. Mayring 2008). Die Ergebnisse bestätigen die Schwierigkeiten der Studierenden mit dem komplexen Konzept. Insbesondere die qualitative Studie weist auf die mangelnde Verknüpfung der theoretischen Kenntnisse mit praktischen Anwendungen und Vorerfahrungen hin: Das Thema wird aus Sicht der Studierenden als sehr abstrakt wahrgenommen und der praktische Nutzen ist oft nicht klar, sodass die formalen Modelle und mathematischen Beschreibungen der Lehrpersonen („Experten") nicht verinnerlicht werden. Die Daten geben darüber hinaus Hinweise darauf, dass das Konzeptverständnis der komplexen Zahlen als mögliches Schwellenkonzept (vgl. Barradell 2013; Meyer et al. 2010) in den Ingenieurwissenschaften angesehen werden kann, da ohne die Durchdringung des Ansatzes den Studierenden relevante Applikationen und vertiefende Betrachtungen verschlossen bleiben (vgl. Block und Mercorelli 2015, 2014). Zur weiteren Verfolgung dieser Hypothese wäre vertiefende Forschungsarbeit notwendig, ebenso sind durch die Selbsteinschätzung und den geringen Stichprobenumfang die Erhebungen in ihrer Aussagekraft und Reichweite begrenzt. Sie liefern aber wertvolle Ansatzpunkte für die studierendenzentrierte Ausgestaltung innovativer Lehr-Lern-Ansätze, die nachfolgend im Rahmen der zwei fachtheoretischen Analysen vorgestellt werden.

5.4.2 Fachtheoretische Analyse im Kontext fachbezogener Mathematikkompetenz I: Komplexe Zahlen und Eulersche Formel

Basierend auf der Ist-Analyse werden im Einklang mit der Didaktischen Rekonstruktion die *fachliche Klärung der Expertenkonzepte* zum Thema „Komplexe Zahlen" und die *Entwicklung eines studierendenzentrierten Lehr-Lern-Beispiels* (Abb. 5.3, Schritte B–D) vorgenommen. Dabei werden mit dem theoriegeleiteten neuen Lehr-Lern-Ansatz folgende Zielsetzungen verfolgt:

- Adressierung der Verständnisschwierigkeiten der Studierenden unter besonderer Berücksichtigung der starken Heterogenität der Studierenden in Bezug auf ihre mathematische Vorbildung und
- Stärkung der Theorie-Praxis-Verbindung auch unter Einbeziehung von IT-Technologien.

Weiterhin soll mit der Einordnung des ingenieurwissenschaftlichen Lehr-Lern-Ansatzes in das mathematische Kompetenzcluster ein wichtiger Beitrag zur Transparenz der engen Verzahnung zwischen beiden Fachdisziplinen geleistet werden. In Analogie zum in Abschn. 5.2 vorgestellten Kompetenzrahmen wird an dieser Stelle der Bezug zwischen den kompetenzorientierten Ausführungen und der stoffdidaktischen Analyse zum Thema

„Komplexe Zahlen" hergestellt. Als analytisches Tool für diese Konzeptualisierung nutzen die Autoren die von Niss und Højgaard (2019, S. 15) vorgeschlagene Matrixstruktur. Diese wird exemplarisch für den spezifischen ingenieurwissenschaftlichen Fachinhalt „Komplexe Zahlen und Eulersche Formel" ausdifferenziert und um die methodisch-didaktische Einbindung in die Lehr-Lern-Situation ergänzt (siehe Tab. 5.1).

Um den Bezug zwischen den kompetenzorientierten Ausführungen und der stoffdidaktischen Analyse zum Thema „Komplexe Zahlen" weiter zu explizieren, wird als nächster Schritt der erwünschte Kompetenzgewinn im Bereich „Komplexe Zahlen" anhand der in Abschn. 5.2 aufgeführten Dimensionen genauer bestimmt. Beispielhaft werden hier die Zusammenhänge und technischen Spezifikationen für die *Mathematical problem handling competency* als mathematische *Problemlösekompetenz* in den Blick genommen. Hinsichtlich des „Abdeckungsgrades" ist der jeweilige Studienabschnitt, in dem die Lehrsequenz eingesetzt wird, zu bedenken. In den Einstiegssemestern sollten die Studierenden in der Lage sein, gut spezifizierte Rechenprobleme aus dem ingenieurwissenschaftlichen Lehrkontext mittels komplexen Ansätzen zu lösen. Im weiteren Studienverlauf sollten sie die komplexe Rechnung auch innerhalb umfangreicherer Modellierungen als Lösungsstrategie zielorientiert anwenden können. Der „Aktionsradius" der Problemlösekompetenz im Bereich „Komplexe Zahlen" reicht von den ingenieurwissenschaftlichen Grundlagenfächern Technische Mechanik und Elektrotechnik bzw. Elektrodynamik bis zu vertiefenden Anwendungsfächern (u. a. Optik, Quantenmechanik, digitale Signalverarbeitung, Regelungs- und Antriebstechnik). Die Studierenden sollten in der Lage sein, die mathematische Problemlösungskompetenz in den jeweiligen fachspezifischen Problemstellungen anzuwenden, die mit komplexer Rechnung gelöst werden können, und diese in allen Arten von Dimensionierungs- und Konstruktionsproblemen anwenden können. Mit Blick auf das „technische Niveau" kann z. B. für den Bereich Elektrotechnik formuliert werden:

> Die Studierenden sollten die wesentlichen Konzepte und Verfahren der komplexen Wechselstromlehre kennen und anwenden können.
> Die Studierenden sollten das Vorgehen bei der komplexen Leistungs- und Frequenzbetrachtung kennen, die gewonnenen Erkenntnisse hinsichtlich Nutzen bzw. Einschränkungen für die betrachteten Systeme abschätzen und für deren Dimensionierung einsetzen können.

Die exemplarisch erläuterten Dimensionsbeschreibungen sollen für Lehrende Anregungen für die Entwicklung moduleigener Spezifizierungen liefern, erläuternde mathematische Beispiele werden in Abschn. 5.4.2.2 und 5.4.2.3 vorgestellt.

Ein abschließender Bestandteil der fachtheoretischen Analyse ist die *begründete* Auswahl und Integration von IT-Technologien in die ingenieurwissenschaftliche Lehre. Von den durch Niss und Højgaard (2011, S. 55 ff.) dargelegten breiten Verwendungsmöglichkeiten ist die direkte methodische Einbindung als Berechnungs-, Simulations- und Demonstrationstools (u. a. MATLAB Simulink) innerhalb der Vorlesung ein schon weit verbreiteter und für die geschilderten Zielsetzungen sinnvoller Ansatz. Große Ressourcen

Tab. 5.1 Konzeptualisierung der mathematischen Kompetenzen im Kontext des ingenieurwissenschaftlichen Fachthemas „Komplexe Zahlen und Eulersche Formel"

Mathematische Kompetenz	Konzeptualisierung zum Fachthema „Komplexe Zahlen und Eulersche Formel"
1: Mathematical thinking competency	Sie umfasst die Fähigkeit einzuschätzen, wann der Einsatz von komplexen Zahlen und Funktionen eine geeignete mathematische Vorgehensweise zur ingenieurwissenschaftlichen Problemlösung ist. Dazu gehört die Kenntnis der mathematischen Konzepte im komplexen Zahlenraum, insbesondere das Verstehen des für die Ingenieurwissenschaften wichtigen Umfangs der Erweiterung bisher bekannter Zahlenräume und die damit verbundenen „erweiterten" Abstraktions- und Verallgemeinerungsmöglichkeiten
2: Mathematical problem handling competency	Kernaspekt ist die Fähigkeit zur Entwicklung und Umsetzung von Strategien zur Lösung mathematischer Probleme mittels komplexer Zahlen und Funktionen, diese aus ingenieurwissenschaftlichen Kontexten zu extrahieren und abzugrenzen. Die Lösungsansätze (Grundrechenarten, Potenzieren, Radizieren etc.) sind auf verschiedenen Schwierigkeitsstufen sicher anzuwenden
3: Mathematical modelling competency	Sie umfasst die Fähigkeit, mathematische Modelle bzw. Teilaspekte dieser mittels komplexer Rechnung zu konstruieren und zu bewerten. Dies beinhaltet ebenso die kritische Analyse von (bestehenden) Modellen zur Extraktion relevanter Daten, Merkmale und Eigenschaften
4: Mathematical reasoning competency	Sie beinhaltet die Fähigkeit, im Zahlenraum der komplexen Zahlen mathematisch zu argumentieren und die Argumentationskette unter Einbeziehung der komplexen Rechnung in mündlicher und schriftlicher (auch in geometrischer) Form logisch darzulegen
5: Mathematical representation competency	Hier wird insbesondere die Fähigkeit angesprochen, die verschiedenen Darstellungsformen (algebraisch und kartesisch, Polarform) reflektierend auszuwählen, zu nutzen und ggf. in andere Darstellungsformen (z. B. über Transformationsgleichungen, Eulersche Formeln) zu wechseln. Weiterhin ist die Kenntnis der „Stärken und Schwächen" der jeweiligen Darstellungsform von Relevanz
6: Mathematical symbols and formalism competency	Sie beinhaltet die Fähigkeit, sich auf mathematische Symbole (insbesondere die Verwendung des Symbols i bzw. j für die imaginäre Einheit) und Ausdrücke innerhalb der komplexen Rechnung zu beziehen und sicher damit umzugehen
7: Mathematical communication competency	Sie umfasst die Fähigkeit, ingenieurwissenschaftliche Problemstellungen, die mithilfe der komplexen Rechnung zu beschreiben bzw. zu lösen sind, in schriftlicher (auch grafischer) Form in technischer und mathematischer Form präzise zu äußern und die mathematischen Ausführungen anderer zu verstehen
8: Mathematical aids and tools competency	Diese Kompetenz fokussiert auf den sinnvollen Einsatz von Hilfsmitteln und (digitalen) Tools (z. B. MATLAB Simulink) für Betrachtungen, Berechnungen und Visualisierungen im Komplexen

Methodisch-didaktische Einbindung in studierendenzentrierte Lehr-Lern-Szenarien durch bzw. innerhalb von: Vorlesungen, konservative und digital unterstützte Übungen und Seminare (sowohl als Teil der Vorlesung als auch als ergänzendes E-Learning-Angebot), praktische Sequenzen (als Miniinterventionen innerhalb der Vorlesung bzw. als ergänzende Laborversuche)

für eine innovative Weiterentwicklung sehen die Autoren in der indirekten methodischen Einbindung in vorlesungsbegleitende Selbststudienanteile (z. B. E-Learning-Einheiten, Self Assessment). Zielsetzung des IT-Einsatzes ist die mögliche Verbesserung der Einstellung der Lernenden gegenüber der Mathematik, die Verbesserung der Effektivität des Lehrprozesses, die Aktivierung der Studierenden und der z. B. durch Visualisierung erleichterte Zugang zu abstrakteren Konzepten (vgl. Niss und Højgaard 2011). Dabei sind die notwendigen Anpassungen des Lehr-Lern-Szenarios und mögliche Grenzen und Risiken des Einsatzes in jeder Lehr-Lern-Einheit neu zu überdenken. In den folgenden drei Abschnitten werden der fachtheoretische Ansatz und Anwendungsbeispiele erläutert, die Implementierung des neu konzipierten Ansatzes in vier verschiedene Fachmodule wird dann in Abschn. 5.5 vorgestellt.

5.4.2.1 Historie und allgemeiner fachtheoretischer Ansatz

Die für die Ingenieurwissenschaften bedeutsame Eulersche Formel ist wie folgt definiert (u. a. bei Papula 2018, S. 640):

$$e^{\pm jk} = \cos(k) \pm j\sin(k), \tag{5.1}$$

in der j die imaginäre Einheit mit $j = \sqrt{-1}$ darstellt, mit $k \in \mathbb{R}$. Wegen der „Kombination" der trigonometrischen Funktionen, der Transzendenz der Formel und vor allem wegen des Gebrauchs der imaginären Einheit bleibt der „Wert" der Formel – der Physiker Richard Feynman nannte sie 1977 „die bemerkenswerteste Formel der Welt" – den Studierenden oftmals verschlossen. Euler leitete die Formel in einer Periode her, in der er das lineare gewöhnliche Differential im Zusammenhang mit oszilierenden Fällen studierte, verwendete diesen Zusammenhang allerdings nicht für den Beweis seiner Formel. Der ursprüngliche Beweis basierte auf der Taylorschen Reihenentwicklung der exponentiellen Funktion exp^z (wobei z eine komplexe Zahl ist) und der Funktionen $sin(k)$ und $cos(k)$ für reelle Zahlen. Dieser Beweis zeigt auch, dass Eulers Formel für alle reellen k gültig ist. Um 1740 betrachtete Euler die Taylor-Reihe der komplexen Funktion e^{jk} und folgerte daraus:

$$
\begin{aligned}
e^{jk} &= 1 + jk + \frac{(jk)^2}{2!} + \frac{(jk)^3}{3!} + \cdots + \frac{(jk)^n}{n!} = \\
&\quad 1 + jk - \frac{k^2}{2!} - j\frac{k^3}{3!} + \frac{k^4}{4!} + j\frac{k^5}{5!} + \cdots \\
&= \left(1 - \frac{k^2}{2!} + \frac{k^4}{4!} - \cdots\right) + j\left(k - \frac{k^3}{3!} + \frac{k^5}{5!} - \cdots\right) \\
&= \cos(k) + j\sin(k)
\end{aligned}
\tag{5.2}
$$

Dieser ursprüngliche Ansatz erweist sich aus ingenieurwissenschaftlicher Lehrsicht wegen der Abstraktheit der Taylor-Reihe als nicht optimal. Die im vorangegangenen Kapitel dargelegten Herausforderungen und Zielsetzungen führten deshalb zur Entwicklung eines neuen Lehransatzes, bei dem lineare gewöhnliche Differentialgleichungen zur Erklärung verwendet werden. Die neue Struktur startet mit zwei Praxisproblemen (formuliert als Cauchy-Problem), die nachfolgend als stoffdidaktische Beispiele vorgestellt werden.

5.4.2.2 Stoffdidaktisches Beispiel aus der Mechanik

Ein ideales Feder-Masse-System, dessen Masse gleich m und dessen Federkonstante gleich k ist, wird unter Einbeziehung der Newtonschen Axiome, die das Verhalten solcher Systeme beschreiben, wie folgt definiert.

Problem 1: Mit dem zweiten Newtonschen Gesetz wird.

$$\begin{cases} m\,\ddot{x}(t) = -kx(t) \\ x(0) = x_0 \\ \dot{x}(0) = 0 \end{cases}$$

zum Cauchy-Problem, das die Dynamik des Systems beschreibt, in dem die zweite Ableitung des Weges $\ddot{x}(t)$ die Beschleunigung darstellt und x_0 die anfängliche Feder-position. Gesucht wird die eindeutige Position $x(t)$, die dieses Cauchy-Problem erfüllt. Wegen der Verlustfreiheit des idealen Systems kann man als Lösungsansatz für das als *Problem 1:* skizzierte System folgende Schwingungsgleichung formulieren:

$$x(t) = a\cos(\omega t) + b\sin(\omega t), \tag{5.3}$$

wobei angenommen wird, dass a, b und ω berechnete Konstanten sind. Betrachtet man die erste und die zweite Ableitung von Gl. 5.3, erhält man die folgenden zwei Ausdrücke:

$$\dot{x}(t) = -\omega a\sin(\omega t) + b\omega\cos(\omega t) \tag{5.4}$$

$$\ddot{x}(t) = -\omega^2 a\,\cos(\omega t) - b\omega^2\sin(\omega t) \tag{5.5}$$

Unter Berücksichtigung von Gl. 5.4 und 5.5 einfach schließen, dass sich die allgemeine Lösung für *Problem 1:* bei folgender Bedingung ergibt:

$$\omega = \sqrt{\frac{k}{m}} \tag{5.6}$$

Die partikuläre Lösung erhält man durch.

$$a = x_0 \quad und \quad b = 0, \tag{5.7}$$

sodass sich als Lösung von *Problem 1* ergibt:

$$x(t) = x_0\cos\sqrt{\frac{k}{m}}t \tag{5.8}$$

Betrachtet man nun *Problem 1* aus Sicht der Differentialgleichung, wird die Funktion $e^{\omega t}$ häufig zur Vereinfachung der Ableitungen verwendet, selbst wenn die Lösung Sinus- und Kosinusfunktionen beinhaltet. Der Grund dafür ist, dass die komplexe Exponential-funktion die Eigenfunktion der Differentialgleichung ist. Dies bedeutet, dass in einem abstrakteren Sinn die folgende Lösung von *Problem 1* angenommen werden kann:

$$x(t) = e^{\omega t} \tag{5.9}$$

Um die dynamische Bedingung von *Problem 1* zu erfüllen, muss gelten:

$$mw^2 c e^{wt} + k c e^{wt} = 0,$$ (5.10)

wobei c eine von Null verschiedene Konstante ist. Wie oben dargestellt, ist die dynamische Bedingung von *Problem 1* erfüllt durch:

$$\omega = \pm j \sqrt{\frac{k}{m}}$$ (5.11)

Daraus ergibt sich die folgende allgemeine Lösung:

$$x(t) = c_1 e^{j\sqrt{\frac{k}{m}}t} + c_2 e^{-j\sqrt{\frac{k}{m}}t}$$ (5.12)

Mit

$$x(0) = x_0 = c_1 + c_2 \text{ und}$$ (5.13)

$$\dot{x}(0) = 0 = jc_1 \sqrt{\frac{k}{m}} + jc_2 \sqrt{\frac{k}{m}}$$ (5.14)

ergibt sich die folgende Lösung:

$$x(t) = \frac{x_0}{2} e^{j\sqrt{\frac{k}{m}}t} + \frac{x_0}{2} e^{-j\sqrt{\frac{k}{m}}t}$$ (5.15)

Entsprechend der Eindeutigkeit der Lösung von *Problem 1* muss gelten:

$$x_0 \cos \sqrt{\frac{k}{m}} t = \frac{x_0}{2} e^{j\sqrt{\frac{k}{m}}t} + \frac{x_0}{2} e^{-j\sqrt{\frac{k}{m}}t}$$ (5.16)

In Analogie zum Problem 1 wird eine zweite Problemstellung *Problem 2* definiert, dabei lassen wir

$$\begin{cases} m\ddot{x}(t) = -kx(t) \\ x(0) = 0 \\ \dot{x}(0) = x_0 \sqrt{\frac{k}{m}} \end{cases}$$

ein Cauchy-Problem sein, das die Dynamik dieses Systems beschreibt, in dem mit $\dot{x}(0)$ eine Anfangsgeschwindigkeit der Feder vorliegt. Gesucht ist wieder die eindeutige Position $x(t)$, die dieses Cauchy-Problem erfüllt. Auch hier kann wegen der nicht vorhandenen Verluste angenommen werden, dass das *Problem 2* mit einer Schwingungsgleichung (siehe Gl. 5.3) beschrieben werden kann. Wie schon oben erläutert, werden dabei a, b und ω als berechenbare Konstanten angenommen. Mit ähnlichen Lösungsansätzen erhalten wir folgende Lösung für *Problem 2*:

$$x_0 \sin \sqrt{\frac{k}{m}} t = \frac{x_0}{2j} e^{j\sqrt{\frac{k}{m}}t} - \frac{x_0}{2j} e^{-j\sqrt{\frac{k}{m}}t}$$ (5.17)

Aus Addition bzw. Subtraktion der Gl. 5.16 und 5.17 lässt sich die Eulersche Formel ableiten:

$$e^{\pm j\sqrt{\frac{k}{m}}t} = \cos\sqrt{\frac{k}{m}}t \pm j\sin\sqrt{\frac{k}{m}}t \qquad (5.18)$$

Eine mögliche Interpretation der Eulerschen Formel als zentrales Bindeglied zwischen Analysis und Trigonometrie ist in Abb. 5.4 dargestellt. In der Darstellung lässt sich jetzt anschaulich erkennen und erklären, dass die resultierende Funktion der Summe zweier konjugiert komplexer exponentieller Funktionen immer eine trigonometrische reelle Funktion ist.

Wie bei Hochmuth und Schreiber (2016) darlegt, besteht eine Besonderheit der fachspezifischen Mathematikverwendung in dem Vorhandensein einer technischen Realität, die mathematisch beschrieben werden soll. Hier eignet sich das Beispiel aus der Mechanik im Besonderen, um die vorab getätigten Betrachtungen über den Zusammenhang der komplexen Zahlenebene und der Eulerschen Formel einer konkreten Realität zuzuordnen, mit den Studierenden die Überlegungen zu vertiefen, zu illustrieren und so einen engen Theorie-Praxis-Transfer herzustellen. Je nach Zielsetzung und Zeitressourcen in der Lehrveranstaltung kann der Einsatz der Eulerschen Formel bei der

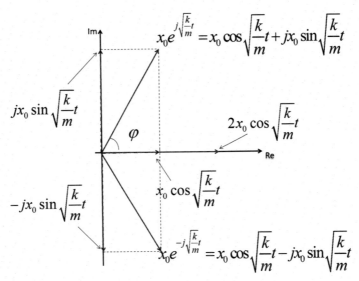

Abb. 5.4 Eine mögliche Interpretation der Eulerschen Formel

Analyse des dynamischen Systems vertieft werden, indem ein mechanisches System mit Dämpfung bzw. mit externer Anregung betrachtet wird. Die Darstellungen können simuliert werden (z. B. mit MATLAB Simulink), je nach Rahmenbedingungen interaktiv in der Vorlesung oder als Aufgabe für eine begleitende Selbstlernphase. Des Weiteren bietet sich mit der Simulation die Möglichkeit, die verschiedene Fälle und Verhaltensweisen des Systems sowohl in Kleingruppen als auch im Plenum zu analysieren und zu diskutieren und damit eine vertiefende inhaltliche aktive Auseinandersetzung der Studierenden zu ermöglichen.

5.4.2.3 Stoffdidaktische Beispiel aus der Elektrotechnik: Stationäre Analyse der elektrischen Leistung

Als zweites Beispiel zur Vertiefung des Themas „Komplexe Zahlen und Eulersche Formel" wird ein elektrotechnisches Beispiel aufgegriffen. Dabei wird aufgezeigt, wie unter Verwendung der Eulerschen Formel eine einfache Darstellung des allgemeinen Ansatzes der elektrischen Leistung in der stationären Analyse erreicht werden kann. Betrachtet wird zunächst der folgende allgemeine Ausdruck für die elektrische Leistung:

$$p(t) = u(t)i(t), \tag{5.19}$$

wobei $u(t)$ für die elektrische Spannung und $i(t)$ für die elektrische Stromstärke stehen. Unter stationären Bedingungen gilt für die zeitabhängige Spannung

$$u(t) = \frac{1}{2}\left(\mathbf{U}e^{j\omega_0 t} + \mathbf{U}^* e^{-j\omega_0 t}\right) \tag{5.20}$$

sowie für die zeitabhängige Stromstärke

$$i(t) = \frac{1}{2}\left(\mathbf{I}e^{j\omega_0 t} + \mathbf{I}^* e^{-j\omega_0 t}\right), \tag{5.21}$$

wobei $\mathbf{U}, \mathbf{U}^*$ und $\mathbf{I}, \mathbf{I}^*$ jeweils den Vektor der Spannung bzw. des Stromes und seinen konjugierten Ausdruck darstellen. Das Einsetzen der Gl. 5.20 und 5.21 in die Ausgangsformel für die elektrische Leistung Gl. 5.19 ergibt folgenden Zusammenhang:

$$\begin{aligned} p(t) &= \frac{1}{4}\left(\mathbf{U}e^{j\omega_0 t} + \mathbf{U}^* e^{-j\omega_0 t}\right)\left(\mathbf{I}e^{j\omega_0 t} + \mathbf{I}^* e^{-j\omega_0 t}\right) = \\ &\frac{1}{4}\left(\mathbf{U}\mathbf{I}^* + \mathbf{U}^*\mathbf{I}\right) + \frac{1}{4}\left(\mathbf{U}\mathbf{I}e^{j2\omega_0 t} + \mathbf{U}^*\mathbf{I}^* e^{-j2\omega_0 t}\right) = \\ &\frac{1}{2}Re\mathbf{U}\mathbf{I}^* + \frac{1}{2}Re\left(\mathbf{U}\mathbf{I}e^{j2\omega_0 t}\right) \end{aligned} \tag{5.22}$$

wobei mit der Notation „Re" der Realteil des Vektors $\mathbf{U}\mathbf{I}^*$ angezeigt ist. In der Darstellung ist weiter berücksichtigt, dass die Summe der konjugiert komplexen Vektoren dem Doppelten ihres Realteils entspricht. Mit der Definition des Mittelwertes der elektrischen Leistung im stationären Fall

$$\bar{p}(t) = \frac{1}{T}\int_0^T p(t)dt = \frac{1}{2}Re\left(\mathbf{U}\mathbf{I}^*\right) \tag{5.23}$$

erhält man unter Berücksichtigung der Gl. 5.22 den folgenden Ausdruck für die elektrische Leistung:

$$p(t) = \frac{1}{2}Re\left(\mathbf{U}\mathbf{I}^*\right) + \frac{1}{2}Re\left(\mathbf{U}\mathbf{I}e^{j2\omega_0 t}\right) = \frac{1}{T}\int_0^T p(t)dt + p_v(\mathrm{t}) \qquad (5.24)$$

Dabei stellt $p_v(\mathrm{t})$ die pulsierende Leistungskomponente der Leistung dar. Damit lässt sich folgender Ausdruck formulieren:

$$\begin{aligned} p_v(\mathrm{t}) &= \tfrac{1}{2}Re\left(\mathbf{U}\mathbf{I}e^{j2\omega_0 t}\right) = \tfrac{1}{2}Re\left(\mathbf{U}\mathbf{I}e^{-j2\phi_i}e^{j2\omega_0 t}e^{j2\phi_i}\right) = \\ &\tfrac{1}{2}Re\left(\mathbf{U}\mathbf{I}^*e^{j2\omega_0 t}e^{j2\phi_i}\right) = \tfrac{1}{2}Re\left(\mathbf{U}\mathbf{I}^*e^{j2\omega_0 t+j2\phi_i}\right) \end{aligned} \qquad (5.25)$$

Die aus der Literatur bekannte Definition der komplexen Leistung wird in Betracht gezogen:

$$\mathbf{P_c} = \frac{1}{2}\mathbf{U}\mathbf{I}^* \qquad (5.26)$$

Aus der Gl. 5.26 erhält man unter erneuter Einbeziehung der Eulerschen Formel folgende Gleichung für die komplexe Leistung P_c:

$$\mathbf{P_c} = \frac{1}{2}\mathbf{U}\mathbf{I}^* = \frac{1}{2}Re\mathbf{U}\mathbf{I}^* + jIm\frac{1}{2}\mathbf{U}\mathbf{I}^* \qquad (5.27)$$

Betrachtet man Gl. 5.25 und wendet erneut die Eulersche Formel an, so ergibt sich folgender Ausdruck:

$$\begin{aligned} p_v(t) &= \tfrac{1}{2}Re\left(\mathbf{U}\mathbf{I}^*\right)e^{2\omega_0 t+2\phi_i}) = \\ &\tfrac{1}{2}Re\left(\mathbf{U}\mathbf{I}^*\right)(\cos\left(2\omega_0 t + 2\phi_i\right) - \tfrac{1}{2}Im\left(\mathbf{U}\mathbf{I}^*\right)\sin\left(2\omega_0 t + 2\phi_i\right) \end{aligned} \qquad (5.28)$$

Durch die Zuhilfenahme der Eulerschen Formel und der komplexen Darstellung (komplexes Leistungsdreieck) ist es auch hier möglich, den Studierenden alle wesentlichen Zusammenhänge der einzelnen Komponenten der elektrischen Leistung (Wirk-, Blind- und Scheinleistung) „bildlich" zu verdeutlichen und Zusammenhänge zwischen dem mathematischen Ausdruck und der praktischen Anwendung herzustellen.

5.4.3 Fachtheoretische Analyse im Kontext fachbezogener Mathematikkompetenz II: Das Nyquist-Shannon-Abtasttheorem

Zur vertiefenden Betrachtung wird die Konzeptachse „Komplexe Zahlen – Eulersche Formel" um eine fachtheoretische Analyse zum *Nyquist-Shannon-Abtasttheorem* (auch Nyquist-Shannon-Sampling-Theorem genannt) erweitert.

Als ein Leitkonzept der digitalen Signalverarbeitung an der Schnittstelle zwischen Mathematik, Informations- und Ingenieurwissenschaften beschreibt das Nyquist-Shannon-

Abtasttheorem den Sachverhalt, dass ein auf f_{max} bandbegrenztes Signal aus einer Folge von äquidistanten Abtastwerten exakt rekonstruiert werden kann, wenn es mit einer Frequenz von größer als $2*f_{max}$ abgetastet wird. (Seibt 2006, S. 214).

Als Grundlage für die Abtastung von Signalen und für das grundlegende Verständnis der Digitalisierung von Daten sowie der darauf aufbauenden Prozesse ist die Kenntnis des Nyquist-Shannon-Abtasttheorems nicht nur für Studierende informations- und nachrichtentechnischer Studiengänge unabdingbar. Strategien im Kontext von Industrie 4.0 und weiterer Bereiche, die das Erfassen, Verarbeiten und Vernetzen von Daten erfordern, ist gemein, dass die Daten (z. B. Bild und Ton) in entsprechender Qualität vorhanden sein und die Verarbeitungsprozesse schnell und sicher vonstattengehen müssen (vgl. Bauernhansl et al. 2014; Arnold et al. 2016). Daher verfolgt der Beitrag das Ziel, das Verständnis des Nyquist-Shannon-Theorems für Studierende der gesamten Breite naturwissenschaftlich-technisch orientierter Studiengänge zu erleichtern und die praktische Bedeutung dieses fundamentalen Ansatzes und seiner Ergebnisse herauszuarbeiten. Ausgehend von einem einfachen Beispiel aus dem Filmbereich wird als neue didaktische Herangehensweise die praktische Interpretation dieses Theorems mit der Eulerschen Formel in Verbindung mit der z-Transformation gezeigt.

5.4.3.1 Fachtheoretischer Ansatz: Das Phänomen des stehenden Rades

Die Autoren greifen das Praxisbeispiel einer fahrenden Postkutsche auf, mit dem sich die Phänomene in Bezug auf das Nyquist-Shannon-Theorem besonders gut illustrieren lassen. Angelehnt an eine Postkutsche in alten Wildwestfilmen, die durch den Kutscher bei Verfolgungsjagden immer schneller angetrieben wird, werden die grundlegenden Zusammenhänge dargestellt. Mit zunehmender Beschleunigung beobachten die Zuschauer eine schnellere Drehung der Räder, bei weiterer Beschleunigung scheinen sich die Räder plötzlich langsamer zu drehen und bei noch stärkerem Antreiben der Kutsche sogar unerwartet stillzustehen. Schließlich scheint es dem Publikum, als ob sich die Räder rückwärtsdrehen. Diesem Phänomen nachzugehen, wird als einfaches Beispiel des Nyquist-Shannon-Abtasttheorems und als Ausgangspunkt für vertiefende Erklärungen genutzt. Zur Verdeutlichung der verschiedenen Effekte wird in dem Lehransatz ein einzelnes Rad der Postkutsche zu zwei unterschiedlichen Zeitpunkten betrachtet und nachfolgend detailliert erläutert. Wir betrachten dabei zu Beginn ein Rad der Kutsche, das nur aus einer Speiche (analog dem Radius) besteht (siehe Abb. 5.5). Später können im Detail die Fälle mit mehr als einer Speiche diskutiert werden, in denen die Auswirkungen der Verletzung des Shannon-Theorems deutlicher hervortreten.

Abb. 5.5 zeigt zwei Bilder des Rades für den Fall, dass die Bildaufnahmefrequenz f_s das Vierfache der Drehfrequenz des Rades f_{Rad} beträgt. Das bedeutet, dass das Rad von einer Bildaufnahme bis zur nächsten eine Viertelumdrehung vollzogen hat. Nur wenn die Bedingung $f_S > 2f_{Rad}$ erfüllt ist, kann die Drehbewegung des beobachteten Rades in korrekter Weise wahrgenommen werden. Diese Überlegungen basieren auf dem Abtasttheorem des schwedischen Physikers Harry Nyquist und des amerikanischen

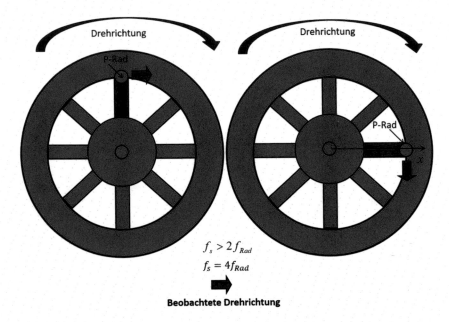

$$f_s > 2f_{Rad}$$
$$f_s = 4f_{Rad}$$

Beobachtete Drehrichtung

Abb. 5.5 Die Bildaufnahmefrequenz f_s ist größer als die doppelte Drehfrequenz des Rades f_{Rad}

Mathematikers Claude Elwood Shannon. Das nach ihnen benannte Nyquist-Shannon-Abtasttheorem gibt in Bezug auf das Wagenrad an, dass der Zuschauer die reale Rad-geschwindigkeit nur dann richtig erfassen kann, wenn die Bildaufnahmefrequenz mindestens zweimal höher als die Raddrehfrequenz ist.

Wenn die Geschwindigkeit der Postkutsche größer wird, dann wird auch die Dreh-frequenz ihrer Räder größer. Überschreitet diese die Hälfte der Bildaufnahmefrequenz, führt das zu einer optischen Täuschung des Betrachters. Für ihn scheint es so, als würden sich nach Überschreitung dieses kritischen Punktes die Räder langsamer drehen. Dieser kritische Punkt wird auch als „Nyquist-Kriterium" bezeichnet, da nun das Nyquist-Shannon-Abtasttheorem verletzt wird. Abb. 5.6 zeigt konkret diesen kritischen Punkt, bei dem die Bildaufnahmefrequenz f_s der zweifachen Drehfrequenz des Rades f_{Rad} entspricht.

Zur engeren Kopplung von Theorie und Praxis wird das Beispiel des „Nyquist-Kriteriums" mit MATLAB Simulink simuliert. Dadurch eröffnet sich außerdem die Möglichkeit, die Studierenden durch eigene Simulation zur aktiven Mitarbeit anzuregen bzw. diese Aufgabenstellung in den Selbstlernteil der Vorlesung zu integrieren. Für den in Abb. 5.6 dargestellten Fall der Abtastung ist die Problematik der visuell nicht ein-deutig bestimmbaren Drehrichtung in der Simulation gut nachvollziehbar. Führt man die Betrachtungen unter der Annahme fort, dass die Drehgeschwindigkeit des Rades noch weiter zunimmt, dann erscheint es für den Beobachter, als würde sich das Rad langsamer drehen. Eine mögliche Interpretation dieses Effekts ist, dass die Radpositionen bei einer

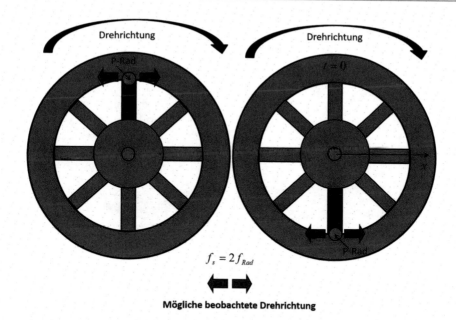

$$f_s = 2 f_{Rad}$$

Mögliche beobachtete Drehrichtung

Abb. 5.6 Die Bildaufnahmefrequenz f_s entspricht der zweifachen Drehfrequenz des Rades f_{Rad}

höheren Geschwindigkeit (äquivalent zur Erhöhung der Radfrequenz f_{Rad}) des Rades dargestellt sind. Mit Startpunkt „P-Rad" scheint sich das Rad langsamer zu drehen. Es sei noch einmal darauf hingewiesen, dass dieses Phänomen nur sichtbar wird, wenn eine Speiche des Rades Berücksichtigung findet. Bei der Betrachtung von mehr als einer Speiche erscheint der Effekt der Verzögerung evidenter.

Wenn die Drehfrequenz des Rades der Abtastfrequenz entspricht ($f_S = f_{Rad}$), wie in Abb. 5.7 gezeigt, dann wird deutlich, dass der Beobachter das Rad unbeweglich sieht. In diesem Fall befinden sich die P-Punkte des Rades bei Abtastung wieder in der gleichen Position.

Das Phänomen der Rückwärtsbewegung des Rades tritt auf, wenn die Rotationsfrequenz des Rades f_{Rad} die Aufnahmerate der Kamera f_S überschreitet ($f_S < f_{Rad}$). Ein konkretes Beispiel für diesen Fall ist in Abb. 5.8 zu sehen. Konkret beträgt die Aufnahmefrequenz der Kamera in dieser Abb. 4/7 der Drehfrequenz des Rades. Allgemein taucht dieses Phänomen der Rückwärtsbewegung für das als Beispiel gezeigte Kutschenrad nur auf, wenn $f_S < 2/3 f_{Rad}$. Der Grund ist, dass ab dieser Frequenz die Speiche in der linken Darstellungshälfte des Rades auftaucht. Dabei befindet sich der Punkt „P" des Rades nicht wieder in derselben Position, sondern ist entgegen der Drehrichtung „früher" bei jedem Abtastzeitpunkt zu sehen (siehe Abb. 5.8).

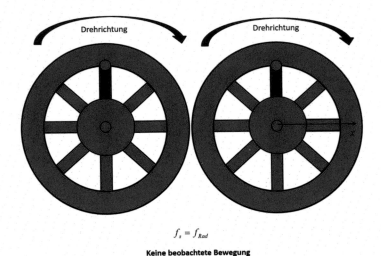

$$f_s = f_{Rad}$$

Keine beobachtete Bewegung

Abb. 5.7 Die Bildaufnahmefrequenz f_s entspricht der Drehfrequenz des Rades f_{Rad} ($f_S = f_{Rad}$)

Dieser Effekt kann je nach verfügbaren Zeitressourcen im Detail beliebig vertieft werden. Ebenso kann gesagt werden, dass bei Verletzung des Nyquist-Shannon-Theorems sowohl der Verzögerungseffekt als auch der Rücklaufeffekt didaktisch besser aufbereitet werden können, wenn das Rad aus vielen Radien (Speichen) besteht.

5.4.3.2 Vertiefende Details und ergänzende Interpretation zur Verknüpfung von Eulerscher Formel und Nyquist-Shannon-Theorem im Kontext von Laplace- und z-Transformation

Zusammen mit der Eulerschen Formel lässt sich das Nyquist-Shannon-Theorem, das kontinuierliche und diskrete Darstellung mathematisch verknüpft, auch im Kontext von Laplace- und z-Transformation wiederfinden. Studierende haben häufig Schwierigkeiten, die Verknüpfung zwischen Laplace-Transformation (Darstellung der „kontinuierlichen Welt") und z-Transformation (Darstellung der „diskreten Welt") und deren mögliche Interpretation nachzuvollziehen. Dieser Beitrag schlägt nach Definition der beiden Transformationen eine mögliche Interpretation der z-Transformation im Zusammenhang mit dem Shannon-Theorem und der Eulerschen Formel vor. Ziel dieses Vorgehens ist aus fachwissenschaftlicher Sicht, die entscheidende Rolle der Eulerschen Formel und des Shannon-Theorems für die Übertragung der Informationen eines Signals oder Systems von der kontinuierlichen in die diskrete Form darzulegen. Diese Betrachtung

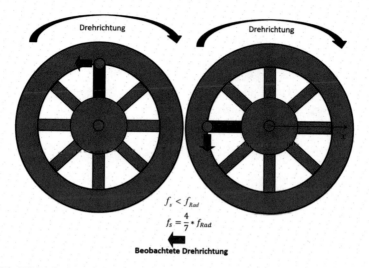

$$f_s < f_{Rad}$$

$$f_s = \frac{4}{7} * f_{Rad}$$

Beobachtete Drehrichtung

Abb. 5.8 Die Bildaufnahmefrequenz f_s ist kleiner als die Drehfrequenz des Rades f_{Rad}

in Verbindung mit der Laplace- und z-Transformation stellt einen innovativen exemplarischen Interpretationsansatz dar, der aus fachdidaktischer Sicht zu einem grundlegenden Verständnis der Thematik beiträgt.

Gemäß nachfolgender Definition der Laplace-Transformation

$$L(f(t)) = \int_0^\infty f(t)e^{-st}, mit\ t \in \mathbb{R}, s \in \mathbb{C}, \tag{5.29}$$

bei der die Definition der z-Transformation wie folgt Berücksichtigung findet:

$$Z(f(t)) = \sum_{k=0}^\infty f(k)z^{-k},\ mit\ t \in \mathbb{R}, k \in \mathbb{N}, z \in \mathbb{C}, \tag{5.30}$$

ist bekannt, dass die Variable k somit zu einer Diskretisierung der Darstellung führt und die Verbindung zwischen der Variablen z und der Variablen s wie folgt aussieht:

$$z = e^{sT_s}, \tag{5.31}$$

wobei T_s die Abtastzeit darstellt. In Anbetracht der Eulerschen Formel Gl. 5.1 gilt dann:

$$z = e^{sT_s} = e^{(\sigma \pm j\omega)T_s} = (\cos(\omega T_s) \pm j\sin(\omega T_s))e^{\sigma T_s}, \tag{5.32}$$

wobei σ und ω der Real- bzw. Imaginärteil der Variablen s sind. Bei erneuter Betrachtung des Phänomens des Rades, bei dem ω die Kreisfrequenz (analog der Winkelgeschwindigkeit) des Rades darstellt, kann dieses Phänomen als eine Rekonstruktion eines Signals angesehen werden, das aus nur einer Frequenz besteht. Seitens der Systemanalyse stellt die Betrachtung für $\delta = 0$ den entscheidenden Ort für die Betrachtung der Stabilität eines Systems dar, aus Sicht der Signalanalyse ist $\delta = 0$ die Frequenzuntersuchung. Somit ist es möglich, den folgenden Eulerschen Ausdruck zu betrachten:

$$\sigma = 0 \rightarrow z = e^{\pm j\omega T_s} = \cos{(\omega T_s)} \pm j\sin{(\omega T_s)} \tag{5.33}$$

Die nachfolgenden Abb. 5.9 bis Abb. 5.11 zeigen die Korrespondenz zwischen kontinuierlicher und diskreter Darstellung in Bezug auf Laplace- und z-Transformation. Die Überführung der Gl. 5.32 in Gl. 5.33 zeigt die Korrespondenz der Imaginärachse in der Ebene der Laplace-Transformation mit dem Einheitskreis in der Ebene der z-Transformation. Weiterhin zeigt Gl. 5.33 die Möglichkeit der Betrachtung positiver und negativer Frequenzen. Nachfolgend werden ausgewählte Punkte der korrespondierenden Z-- und Laplace-Ebenen diskutiert, die in den Abbildungen zur einfacheren Identifikation durch unterschiedliche Farben gekennzeichnet sind.

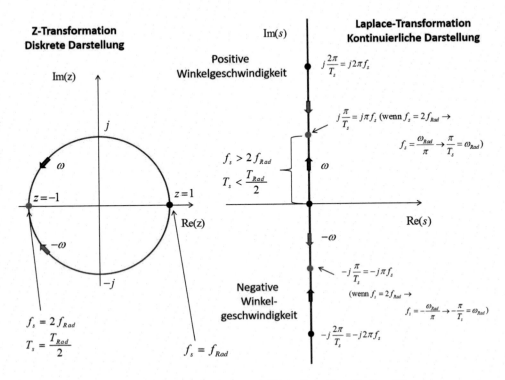

Abb. 5.9 Zusammenhang zwischen Laplace- und z-Transformation für $f_S > 2f_{Rad}$

Schaut man zuerst auf den Fall des unbeweglichen Rades ($\omega = 0$), entspricht dieser in der Laplace-Ebene dem Koordinatenursprung (Abb. 5.9, schwarzer Punkt). In der Z-Ebene ergibt sich aus Gl. 5.33 der Punkt auf dem Einheitskreis $z = 1$ (Abb. 5.9, schwarzer Punkt). Nun wird das sich drehende Rad für verschiedene Abtastzeiten T_s untersucht. Solange.

$$0 < T_s < \frac{T_{Rad}}{2},$$

(5.34)

wobei $T_{Rad} = 1/f_{Rad}$, liegen die Darstellungen der positiven Winkelgeschwindigkeit ($+\omega$) des Rades in der Laplace-Ebene auf dem gekennzeichneten Segment (Abb. 5.9, zwischen schwarzem und grünem Punkt der Laplace-Darstellung) der positiven Imaginärachse. In der Darstellung der Z-Ebene korrespondiert dieser Abschnitt mit dem entgegen dem Uhrzeigersinn abgefahrenen positiven Halbkreis des Einheitskreises (Abb. 5.9, zwischen schwarzem und grünem Punkt der Z-Darstellung, blaue Pfeilrichtung). In Analogie liegen die Darstellungen mit negativer Winkelgeschwindigkeit des Rades ($-\omega$) in der Laplace-Ebene auf dem Segment zwischen schwarzem und grünem Punkt der negativen Imaginärachse (gelbe Pfeilrichtung). In der Darstellung der Z-Ebene entspricht dieser Abschnitt dem im Uhrzeigersinn abgefahrenen negativen Halbkreis des Einheitskreises zwischen schwarzem und grünem Punkt der Z-Ebene.

Betrachtet wird nun der Fall, dass die Abtastung mit der halben Periode der Raddrehung erfolgt ($T_S = T_{Rad}/2$). Die dabei gegebene Abtastzeit T_s, bei der die Kreisfrequenz des Rades.

$$\omega = \frac{\pi}{T_s} \text{ist, wobei}$$

(5.35)

$$f_s = \frac{1}{T_s},$$

(5.36)

zeigt, dass wegen $\omega = 2\pi f$ die Bildaufnahmefrequenz f_s der doppelten Drehfrequenz des Rades f_{Rad} entspricht.

Die Darstellungen der positiven und negativen Frequenzen der Radbewegung „treffen sich" für diesen Fall am Punkt $z = -1$ (siehe Abb. 5.9). Die Abb. 5.9 stellt den Zusammenhang zwischen den Darstellungen der Laplace- und der z-Transformation für $f_S > 2f_{Rad}$ dar. Es wird klar, dass an diesem Punkt nicht bestimmt werden kann, ob die Geschwindigkeit des Rades positiv oder negativ ist (vgl. auch Abb. 5.6).

Ein abgetastetes Signal hat ein periodisches Spektrum, die wiederholten Spektren sind in den Abbildungen der Laplace-Ebene durch die mehrfachen Pfeile angedeutet. Die Richtung und die Lage der Pfeile entsprechen den Frequenzen des Spektrums in Bezug auf die Radgeschwindigkeit. Die Winkelgeschwindigkeit des Rades wird nur zwischen 0 und π/T_s betrachtet, da hier das Spektrum des kontinuierlichen Signals lokalisiert ist. Die konjugierte Region (zwischen 0 und $-\pi/T_s$) ist redundant. Dieser Fakt ist in den Abbildungen durch den gekennzeichneten Bereich zwischen schwarzem und grünem Punkt auf der positiven Imaginärachse dargestellt.

In Abb. 5.10 erhöht das Rad seine Winkelgeschwindigkeit ($f_S < 2f_{Rad}$, $T_S > T_{Rad}/2$). In dem betrachteten Bereich der Laplace-Ebene zwischen dem grünen und dem schwarzen Punkt taucht dann eine verlangsamte Winkelgeschwindigkeit auf (gelber Pfeil). Wenn $T_S = T_{Rad}/2$ wird das Shannon-Theorem verletzt mit der Konsequenz einer „Frequenzüberlappung", d. h., eine verlangsamte positive Frequenz erscheint in der sichtbaren Region auf der Imaginärachse der Laplace-Ebene (Abb. 5.10, gelber Pfeil), die in Abb. 5.9 im positiven Nachbarspektrum war. Dieses Phänomen entspricht dem Effekt der Entschleunigung, der in Abschn. 5.4.3.1 diskutiert wurde. Durch die Transformation in die Z-Ebene erscheint im positiven Halbkreis der Z-Darstellung eine verlangsamte Frequenz, die sich in Richtung $z = 1$ bewegt. Wenn jetzt.

$$\omega = \frac{2\pi}{T_s},$$ (5.37)

bedeutet dieses, dass die Bildaufnahmefrequenz der Drehfrequenz der Räder entspricht ($f_S = f_{Rad}$, $T_S = T_{Rad}$). Jetzt ist keine Bewegung sichtbar, da in der Z-Darstellung diese Situation $z = 1$ entspricht, was $s = 0$ gleichkommt (keine Bewegung). Dieser Effekt wurde in Abb. 5.7 am Beispiel des Kutschenrades visualisiert.

Wenn das Rad erneut seine Geschwindigkeit erhöht, wird jetzt deutlich, warum sich das Gefühl einstellt, als bewege sich das Rad rückwärts. Grund dafür ist, wie bereits erklärt, dass in Übereinstimmung mit der Z-Darstellung nur eine Geschwindigkeit darstellbar ist, deren Frequenzbereich zwischen 0 und π/T_s liegt. Somit ergibt sich für $T_S > T_{Rad}$ ($f_S < f_{Rad}$) der „Rückwärtseffekt", da die negative Frequenz in der sichtbaren Region auf der positiven Imaginärachse der Laplace-Ebene erscheint (Abb. 5.11, blauer Pfeil), die in Abb. 5.10 im negativen Nachbarspektrum war. Der entsprechende Effekt ist ebenfalls in der Z-Ebene erklärbar (Abb. 5.11, blauer Pfeil entgegen Uhrzeigersinn).

Als abschließende Betrachtung zeigt dieser Beitrag, wie durch die Verbindung der Eulerschen Formel mit dem Nyquist-Shannon-Theorem eine mögliche mathematische Interpretation und Verknüpfung zwischen der z-Transformation und der Laplace-Transformation möglich ist.

5.4.3.3 Experiment zur Erläuterung des Nyquist-Shannon-Theorems

Als Ergänzung zur theoretischen Erklärung und zur Ermöglichung von Hands-on-Erfahrungen der Studierenden wurde ein Realexperiment entwickelt, welches das direkte Erleben des sich drehenden Rades bei variierender diskreter Abtastung ermöglicht. Als interaktives Basis-Experiment kann es als Mini-Intervention in die Vorlesung integriert werden, je nach Rahmenbedingungen und didaktischer Zielsetzung sind ergänzende Fragestellungen und vertiefende Betrachtungen im Rahmen von Praktikumsversuchen möglich. Zielsetzung der Konzeption war neben der inhaltlichen Vertiefung und des Theorie-Praxis-Transfers ein möglichst einfacher, transportabler und kostengünstiger Aufbau, der in Abb. 5.12 dargestellt ist.

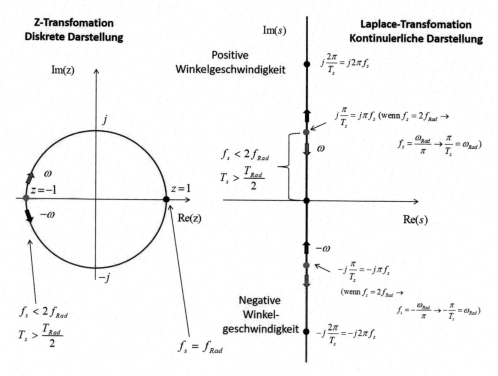

Abb. 5.10 Zusammenhang zwischen Laplace- und z-Transformation für $f_S < 2f_{Rad}$

Als Modell des sich drehenden Rades wird ein Gehäuselüfter mit konstanter Drehzahl eingesetzt. Die reflektierende Markierung auf dem Lüfter symbolisiert die Achsposition des Rades („P-Rad", siehe Abb. 5.5 und folgende), eine Anpassung der Markierungs-anzahl auf die Darstellungen des Beitrags (Erhöhung der Achsenzahl) ist gegeben. Mithilfe eines Handstroboskops[8] wird die diskrete Abtastung ermöglicht, welche in einem großen Blitzlichtfrequenzbereich mit hoher Genauigkeit variabel einstellbar ist. So lassen sich alle vorab diskutierten Verhältnisvarianten zwischen der Lüfterfrequenz und der Abtastfrequenz (als Blitzlichtfrequenz) des Stroboskops erzeugen und die Effekte sind, wie in Abschn. 5.4.3.1 theoretisch dargelegt, durch die Studierenden real zu sehen und zu erfahren.

---

[8]Für das Experiment wurde ein Handstroboskop testo 476 mit Xenonblitzlampe verwendet, das zur Drehzahlmessung und Inspektion von hochfrequent bewegten Teilen im Messbereich +30 bis +12.500 U/min eingesetzt werden kann. Weitere Informationen unter https://www.testo.com/de-DE/testo-476/p/0563-4760.

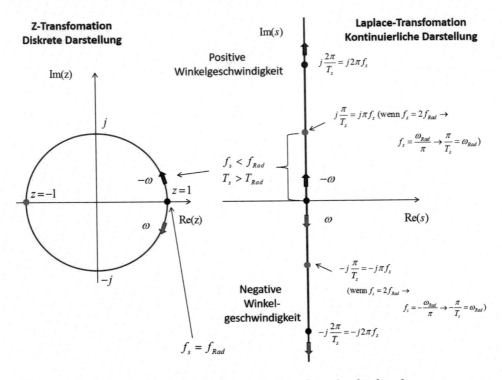

Abb. 5.11 Zusammenhang zwischen Laplace- und z-Transformation für $f_S < f_{Rad}$

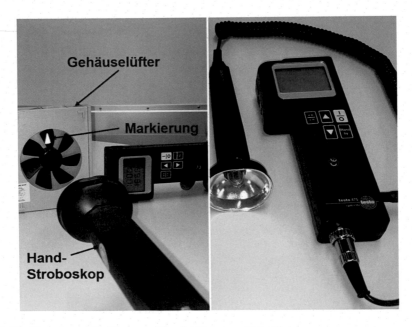

Abb. 5.12 Experimentalaufbau zum Nyquist-Shannon-Abtasttheorem

5.5 Implementierung der innovativen Lehr-Lern-Ansätze und Ausblick

In der methodischen Abfolge der Didaktischen Rekonstruktion erfolgt mit *der Implementierung in die ingenieurwissenschaftliche Lehrpraxis* der letzte Schritt (Abb. 5.3, Schritt E). Die Autoren haben die neuen Lehransätze der zwei fachdidaktischen Analysen seit 2014 in verschiedene Bachelor (BA)- und Master-Veranstaltungen (MA) implementiert: Technische Mechanik (BA), Elektrotechnik (BA), Antriebs- und Regelungstechnik (BA), Bildverarbeitung (BA), Angewandte Ingenieurwissenschaften (berufsbegleitender MA) und Simulation (MA). Dabei sind die vertiefenden Beispiele je nach Fokus der Lehrveranstaltung ausgewählt, die grundlegenden Erklärungen aber gleich durchgeführt worden. Dieses Vorgehen ist bewusst gewählt worden, um eine Wiederholung des Themas innerhalb des curricularen Durchlaufs zu ermöglichen. Gerade aus dem Blickwinkel der Schwellenkonzept-Theorie (vgl. Barradell 2013; Meyer et al. 2010) erscheint das als qualitätssteigerndes Mittel. Die vorgestellten fachtheoretischen Ansätze wurden im Sinne der Studierendenzentrierung der Lehrveranstaltung durch Simulationen und interaktive Hands-on-Experimente ergänzt, um so den direkten Praxisbezug der mathematischen Ansätze zu den ingenieurwissenschaftlichen Grundlagen herzustellen und mögliche Interpretationen der mathematischen Konzepte für verschiedene technische Bereiche zu erleichtern. Die Erkenntnisse der Umsetzung beziehen sich zum einen auf die *Auswirkungen auf die Studierenden*. Wie Studien belegen, unterstützt eine studierendenzentrierte Lehrgestaltung den Kompetenzerwerb der Studierenden (vgl. Braun und Hannover 2008). Das im Rahmen der Lehrevaluationen eingeholte studentische Feedback enthält positive Aussagen zur erfolgreichen Umsetzung der neuen Ansätze. Aus Sicht fachdidaktischer Forschung erscheinen den Autoren forschungsbasierte Evaluationen zum Thema der studentischen Kompetenzentwicklung als weiterer Ausblick sinnvoll. Des Weiteren sind *Auswirkungen auf Lehrveranstaltungsebene* zu verzeichnen. Die dargelegten stoffdidaktischen Analysen können Lehrenden Orientierung und Handlungsempfehlung zur Ausgestaltung studierendenzentrierter Lehre in den Ingenieurwissenschaften, insbesondere mit Fokus auf theoriebasierte Integration von mathematischen Konzepten, bieten. Sie eignen sich aus Sicht der Autoren aber auch zum Einsatz von digitalen Lehrmethoden (Simulationen, Item-Response-Abfragen etc.), wodurch sich innerhalb der Vorlesung die Möglichkeit des Feedbacks zum studentischen Konzeptverständnis und des aktiven Austauschs zum theoretischen Inhalt bietet. Starkes Potenzial ist in den *Auswirkungen auf die Konzeption und die Umsetzung ingenieurwissenschaftlicher Curricula* gegeben. Das Feedback zu den neuen Lehransätzen wurde im Sinne eines Qualitätszirkels der Hochschulevaluation in eine kontinuierliche Verbesserung des Lehr-Lern-Konzepts eingespeist (vgl. Szczyrba und Wildt 2009). Darüber hinaus wurden Koordinationsprozesse und Diskussionen zwischen verschiedenen Lehrenden zu den Inhalten und zur Ausgestaltung der Lehr-Lern-Situationen initiiert, wodurch eine engere Zusammenarbeit entstand und Reflexionsprozesse angestoßen wurden. Zielsetzung war das Aufzeigen der

Verbindung zu anderen Lehrveranstaltungen, die gleiche oder ähnliche mathematische Begriffe, Verfahren und Denkweisen nutzen. Durch diese Diskussionsprozesse bei gleichzeitiger Fokussierung auf die Verständnisprobleme der Studierenden wurden die Hochschullehrenden zu veränderten Denk- und Handlungsweisen und einem verstärkten studierendenzentrierten Verhalten angeregt. Die Bedeutung der professionellen Kompetenz der Lehrenden für einen erfolgreichen Lehr-Lern-Prozess der Studierenden wurde mehrfach unterstrichen, u. a. durch Baumert und Kunter (2006). In diesem Zusammenhang kann der vorliegende Beitrag als eine Handlungsempfehlung an Lehrende der Ingenieurwissenschaften für eine agile und studierendenzentrierte Lehrgestaltung gesehen werden.

Der methodische Forschungsrahmen der Didaktischen Rekonstruktion (Abschn. 5.3.1) eignet sich in besonderem Maße zur theoriebasierten Ausgestaltung studierendenbasierter Lehransätze in den Ingenieurwissenschaften unter Einbeziehung des mathematischen Kompetenzkonzepts. Entsprechend dem designbasierten Forschungsansatz sind neben den theoretischen Erkenntnissen die Implikationen für die Lehrpraxis von Interesse. Hier liegen als Ergebnis Lehrinnovationen mit ergänzenden Fallbeispielen und Realexperimente vor, die die enge Verzahnung der mathematischen und ingenieurwissenschaftlichen Ansätze adressieren und als Beispielanwendung für weitere Modulentwicklungen genutzt werden können. Zur Erweiterung der theoretischen Erkenntnisse für die studierendenzentrierte Lehre und zur wissenschaftlichen Diskussion von Schwellenkonzepten in den Ingenieurwissenschaften wären ergänzende Evaluationsforschungen zu leisten.

5.6   Zusammenfassung

Die Ingenieurwissenschaften stellen sich den globalen Veränderungen durch neue Studienangebote und curriculare Änderungen mit z. T. stärkerer interdisziplinärer Ausrichtung. Dieser Beitrag adressiert die Herausforderungen, die sich daraus für ingenieurwissenschaftliche Anwendungsfächer insbesondere mit starkem Bezug zur Mathematik ergeben. Theoriegeleitet wird die studierendenzentrierte Lehrentwicklung in den Ingenieurwissenschaften thematisiert, die konsequenterweise in den Forschungsdiskurs um die mathematische Kompetenz eingebettet wird. Mit dem Modell der Didaktischen Rekonstruktion wird ein darauf ausgerichteter Forschungsrahmen vorgestellt. Ausgehend von der methodischen Fundierung und der lehr-lern-theoretischen Verortung stellen zwei fachliche stoffdidaktische Analysen einen zentralen Aspekt der Forschungsarbeit dar. Zum einen wird dabei durch die Analyse des Lehr-Lern-Kontextbezugs des mathematischen Wissens in verschiedenen ingenieurwissenschaftlichen Zusammenhängen ein Forschungsbeitrag zur kompetenzbezogenen Konzeptualisierung und zur Transparenz der engen Verzahnung zwischen der Mathematik und den Ingenieurwissenschaften geleistet. Zum anderen werden Lehr-Lern-Sequenzen für die ingenieurwissenschaftliche Lehre konstruiert, die u. a. durch eine starke Theorie-Praxis-Bindung auf die heterogene Zielgruppe der Studierenden ausgerichtet und für den jeweiligen Anwendungskontext durch die Lehrenden erweiterbar sind. Die abschließende Diskussion zeigt das Potenzial in der methodischen Vorgehensweise und der Umsetzung der stoffdidaktischen Analysen für eine theoriebasierte studierendenzentrierte Lehrentwicklung in den Ingenieurwissenschaften auf. So wird neben theoretischen Erkenntnissen ein Beitrag zur Verbesserung der ingenieurwissenschaftlichen Lehrpraxis geleistet.

Literatur

Alpers, B. et al. (2013). *A framework for mathematics curricula in engineering education.* Brussels: European Society for Engineering Education (SEFI).

Alpers, B., et al. (2016). Das SEFIMathsWorking Group „Curriculum Framework Document" und seine Realisierung in einem Mathematik-Curriculum für einen praxisorientierten Maschinenbaustudiengang. In A. Hoppenbrock (Hrsg.), *Lehren und Lernen von Mathematik in der Studieneingangsphase, Konzepte und Studien zur Hochschuldidaktik und Lehrerbildung Mathematik* (S. 645–659). Wiesbaden: Springer Fachmedien.

Arnold, D., Arntz, M., Gregory, T., Terry, S., Steffes S., & Zierahn, U. (2016). *Herausforderungen der Digitalisierung für die Zukunft der Arbeitswelt* (S. 5). Mannheim: Centre for European Economic Research.

Barradell, S. (2013). The identification of threshold concepts: a rewiew of theoretical complexities and methodological challenges. *Higher Education, 65*(2), 265–276.

Bauernhansl, T., Hompel, M., & Vogel-Heuser, B. (2014). *Industrie 4.0 in Produktion, Automatisierung und Logistik. Anwendung, Technologien, Migration.* Wiesbaden: Springer.

Baumert, J., & Kunter, M. (2006). Professionelle Kompetenz von Lehrkräften. *Zeitschrift für Erziehungswissenschaft, 9*(4), 469–520.

Bausch, I., Bruder, R., Fischer, P., Hochmuth, R., Koepf, W., & Wassong, T. (2014). *Mathematische Vor und Brückenkurse.* Wiesbaden: Springer.

Block, B.-M. (2012). *Kompetenzorientierte Hochschullehre in den Ingenieurwissenschaften am Beispiel der theorie- und forschungsbasierten Entwicklung, der Implementierung und der Wirksamkeitsanalyse des Lehr-Lernkonzeptes "Projektmentoring".* Göttingen: Sierke Verlag.

Block, B.-M. (2014). Integration of laboratory experiments into introductory electrical engineering courses: concept, implementation and competence-based evaluation. In *Proceedings of the International Education Engineering Conference EDUCON 2014.* Istanbul: IEEE.

Block, B.-M. (2016). Educational reconstruction as model for the theory-based design of student-centered learning environments in electrical engineering courses. In *IEEE Global Engineering Education Conference EDUCON 2016* (S. 105–113). IEEE.

Block, B.-M., & Mercorelli, P. (2014). A new didactic approach in Engineering Education for conceptual understanding of Euler's Formula. In *Proceedings of the Frontiers in Education Conference 2014* (S. 3040–3047). Madrid: IEEE. (vgl. Block & Mercorelli 2014)

Block, B.-M., & Mercorelli, P. (2015). Conceptual understanding of complex components and Nyquist-Shannon sampling theorem: A design based research in Engineering. In *IEEE Global Engineering Education Conference EDUCON 2015* (S. 462–470), IEEE Computer Society.

Blomhoj, M., & Jensen, T. H. (2003). Developing mathematical modelling competence: Conceptual clarification and educational planning. *Teaching mathematics and its applications, 22*(3), 123–139.

Blum, W., & Leiß, D. (2007). How do students and teachers deal with modelling problems? In C. Haines, P. Galbraith, W. Blum, & S. Khan (Hrsg.), *Mathematical Modelling (ICTMA 12): Education, engineering and economics* (S. 222–231). Chichester: Horwood.

Braun, E., & Hannover, B. (2008). Zum Zusammenhang zwischen Lehr-Orientierung und Lehr-Gestaltung. *Zeitschrift für Erziehungswissenschaft, 10*(9), 277–291.

Deci, E., & Ryan, R. (1993). Die Selbstbestimmungstheorie der Motivation und ihre Bedeutung für die Pädagogik. *Pädagogik, 39*(2), 223–239.

Duit, R., Gropengießer, H.; Kattmann, U., Komorek, M., & Parchmann, I. (2012). The model of educational reconstruction – A framework for improving teaching and learning science. In D. Jorde & J. Dillon (Hrsg.), *Science education research and practice in Europe. Retrospective and prospective* (S. 13–47). Rotterdam: Sense.

Erpenbeck, J., & von Rosenstiel, L. (2007). *Handbuch Kompetenzmessung* (2. Aufl.). Stuttgart: Schäffer-Poeschel.

Feynman, R. (1977). *The Feynman lectures on physics 1*. Addison-Wesley.

Gill, J., Sharp, R., Mills, J., & Franzway, S. (2009). I still wanna be an engineer! women, education and the engineering profession. *European Journal of Engineering Education, 33*(2), 391–402.

Gnahs, D. (2002). Überblick über selbstbestimmtes Lernen. In P. Faulstich (Hrsg.), *Praxishandbuch selbstbestimmtes Lernen*. Weinheim, München: Juventa-Verlag.

Götz, T., Frenzel, A., & Pekrun, R. (2018). Psychologische Bildungsforschung. In R. Tippelt & B. Schmidt-Hertha (Hrsg.), *Handbuch Bildungsforschung* (S. 81 ff.). Wiesbaden: Springer Fachmedien.

Hochmuth, R., & Schreiber, S. (2016). Überlegungen zur Konzeptualisierung mathematischer Kompetenzen im fortgeschrittenen Ingenieurwissenschaftsstudium am Beispiel der Signaltheorie. In A. Hoppenbrock et al. (Hrsg.), *Lehren und Lernen von Mathematik in der Studieneingangsphase, Konzepte und Studien zur Hochschuldidaktik und Lehrerbildung Mathematik* (S. 549–566). Wiesbaden: Springer Fachmedien.

Hoppenbrock, A., Biehler, R., Hochmuth, R., & Rück, H.-G. (Hrsg.). (2016). *Lehren und Lernen von Mathematik in der Studieneingangsphase: Konzepte und Studien zur Hochschuldidaktik und Lehrerbildung*. Wiesbaden: Springer.

Jensen, T. H. (2007). Assessing mathematical modelling competency. In C. Haines, P. Galbraith, W. Blum, & S. Khan (Hrsg.), *Mathematical Modelling (ICTMA 12): Education, engineering and economics* (S. 141–148). Chichester: Horwood.

Kattmann, U., Duit, R., Gropengießer, H., & Komorek, M. (1997). The model of educational reconstruction -a framework for educational research and development within natural sciences. *Zeitschrift für Didaktik der Naturwissenschaften, 3*, 3–18.

Krapp, A., & Weidenmann, B. (2006). *Pädagogische Psychologie. Ein Lehrbuch* (S. 618), Weinheim: Beltz PVU.

Lemaitre, D., Le Prat, R., De Graaff, E., & Bot, L. (2006). Editorial: Focusing on competence. *European Journal of Engineering Education, 31*(1), 45–53.

Mandl, H., & Reimann-Rothmeier, G. (2003). Die konstruktivistische Auffassung vom Lehren und Lernen. In W. Schneider & M. Knopf (Hrsg.), *Entwicklung, Lehren und Lernen. Zum Gedenken an Franz Emanuel Weinert* (S. 366). Göttingen: Hogrefe.

Mayring, P. (2008). *Qualitative Inhaltsanalyse*. Weinheim: Beltz.

McKenney, S., & Reeves, T. (2012). *Conducting educational design research*. New York: Routledge.

McKenney, S. & Reeves, T. (2014). Educational Design Research. In M. Spector (Hrsg.), *Handbook of research on educational communications and technology* (S. 131 ff.). New York: Springer.

Meyer, J., Land, R., & Baillie, C. (2010). *Threshold concepts and transformational learning.* Rotterdam: Sense.

Mills, J., Ayre, M., & Gill, J. (2010). *Gender inclusive engineering education.* New York: Routledge.

Mustoe, L., & Lawson, D. (Hrsg.). (2002). *Mathematics for the European engineer. A curriculum for the twenty-first century.* Brussels: SEFI.

Niebert, K., & Gropengiesser, H. (2013). The model of educational reconstruction: A framework for the design of theory-based content specific interventions. The example of climate change. *Educational design research,* SLO, 511–531.

Niedersächsiches Kultusministerium & Niedersächsisches Ministerium für Wissenschaft und Kultur. (2019). *IGeMa. Basispapier Mathematik. MINT in Niedersachsen- Mathematik für einen erfolgreichen Studienstart.* https://www.mint-in-niedersachsen.de/assets/MINT/ Dokumente/IGeMa_Basispapier_Mathematik_MK_MWK_190401.pdf. Zugegriffen: 10. Jan. 2020.

Niss, M. (2003). Mathematical competencies and the learning of mathematics: The Danish KOM project. In A. Gagatsis & S. Papastravidis (Hrsg.), *Proceedings of the 3rd Mediterranean Conference on Mathematics Education* (S. 115–124). Athens.

Niss, M., & Højgaard, T. (2011). *Competencies and mathematical learning. Ideas and inspiration for the development of mathematics teaching and learning in Denmark.* Roskilde: Roskilde University.

Niss, M., & Højgaard, T. (2019). Mathematical competencies revisited. *Educational Studies in Mathematics, 102*(1), 9–28.

Papula, L. (2018). *Mathematik für Ingenieure und Naturwissenschaftler Band 1.* Springer Vieweg.

Reimann, P. (2011). Design-based research. In L. Markauskaite, P. Freebody, & J. Irwin (Hrsg.), *Methodological choice and design. Scholarship, policy and practice in social and educational research.* New York: Springer.

Schreiber, S., & Hochmuth, R. (2013). Mathematik im Ingenieurwissenschaftsstudium: Auf dem Weg zu einer fachbezogenen Kompetenzmodellierung. In G. Greefrath, F. Käpnick, & M. Stein (Hrsg.), *Beiträge zum Mathematikunterricht 2013* (Bd. 2, S. 906–909). Münster: WTM-Verlag.

Seibt, P. (2006). Algorithmic information theory: Mathematics of digital information processing. In *Algorithmic information theory. Signals and communication technology* (S. 2016). Berlin: Springer.

Shadaram, M. (2013). Implementation of just in time and revamped engineering math courses to improve retention and graduation rates. In Proceedings of Frontiers in Education Conference 2013, Oklahoma City: IEEE.

Szczyrba, B., & Wildt, J. (2009). Hochschuldidaktik im Qualitätsdiskurs. In R. Schneider (Hrsg.), *Wandel der Lehr- und Lernkulturen. 40 Jahre Blickpunkt Hochschuldidaktik* (S. 190–205). Bielefeld: Bertelsmann.

Wächter, C. (2012). Interdisciplinary teaching and learning for diverse and sustainable engineering education. In Beraud, A., Godfroy, A.-S. & Michel, J. (Hrsg.), *Gender and interdisciplinary education for engineers.* Rotterdam: Sense publisher.

Weinert, F. E. (2001). Concept of competence: A conceptual clarification. In D. S. Rychen & L. H. Salganik (Hrsg.), *Defining and selecting key competencies* (S. 45–66). Seattle: Hogrefe & Huber.

Praxeologische Analysen mathematischer Praktiken in der Signaltheorie

6

Jana Peters und Reinhard Hochmuth

Zusammenfassung

Im Fokus dieses Beitrags steht die Analyse mathematischer Praktiken, wie sie in der Signaltheorie eines Elektrotechnik-Studiengangs gelehrt werden. Den theoretischen Rahmen der Analyse bildet die Anthropologische Theorie der Didaktik (ATD). Im Sinne dieser werden die mathematischen Praktiken der Signaltheorie als institutionalisierte Verknüpfungen von Praktiken der Höheren Mathematik für Ingenieure, der Mathematik, wie sie in elektrotechnischen Grundvorlesungen entwickelt und verwendet wird, und spezifischen signaltheoretischen Inhalten verstanden. Dabei unterscheiden wir zwei Mathematikdiskurse, einen Höhere-Mathematik- und einen elektrotechnischen Mathematik-Diskurs. Auf der Basis eines entsprechend erweiterten praxeologischen 4T-Modells rekonstruieren wir im Folgenden exemplarisch an zwei signaltheoretischen Aufgaben die jeweiligen Diskursaspekte sowie deren Verknüpfungen und stellen diese Ergebnisse grafisch dar. Die beiden Beispiele zeigen, dass das erweiterte praxeologische Modell geeignet ist, um aufgabenbezogen potenzielle, mit der Verknüpfung der analytisch unterschiedenen Diskurse verbundene Hürden bei studentischen Aufgabenbearbeitungen zu identifizieren und fachbezogene Anregungen für die Lehrpraxis zu generieren.

J. Peters (✉) · R. Hochmuth
Leibniz Universität Hannover, Hannover, Deutschland
E-Mail: peters@idmp.uni-hannover.de

R. Hochmuth
E-Mail: hochmuth@idmp.uni-hannover.de

© Springer-Verlag GmbH Deutschland, ein Teil von Springer Nature 2021
R. Biehler et al. (Hrsg.), *Lehrinnovationen in der Hochschulmathematik,*
Konzepte und Studien zur Hochschuldidaktik und Lehrerbildung Mathematik,
https://doi.org/10.1007/978-3-662-62854-6_6

6.1   Einleitung

Die Mathematik in Lehrveranstaltungen zur Signaltheorie ist unter anderem dadurch gekennzeichnet, dass sie Praktiken der Höheren Mathematik für Ingenieure, der Mathematik, wie sie in elektrotechnischen Grundvorlesungen entwickelt und verwendet wird, und spezifisch signaltheoretische Inhalte verknüpft. Diese Feststellung als solche bedarf zu ihrer Begründung keiner eigenen Forschung, da sie sich aus Prüfungsordnungen und Modulbeschreibungen sowie der darin vorgenommenen zeitlichen und inhaltlichen Verortung von Lehrveranstaltungen bzw. deren Inhalten ergibt. Aber auch ein Blick in einschlägige Literatur zur Signaltheorie (etwa Fettweis 1996; Frey und Bossert 2009) offenbart auf den ersten Blick die genannten Bezüge. Schließlich scheint es auch einen gewissen Konsens darüber zu geben, die Bezüge und Verknüpfungen als „pragmatisch" zu betrachten und in den Zusammenhang von Praxisbezogenheit (etwa im Sinne von Anforderungen aus elektrotechnischen Anwendungen) zu stellen (vgl. z. B. Rach et al. 2014). Wie die Verknüpfungen allerdings im Detail aussehen, welche Überlegungen, Vorstellungen, Praktiken jeweils einfach übernommen, neu eingeführt, ggf. modifiziert usw. werden, erschließt sich nicht unmittelbar.

In dieser Arbeit werfen wir nun einen genaueren Blick auf die Verknüpfungen der verschiedenen mathematikbezogenen Praktiken. Dabei geht es uns insbesondere darum, den die mathematischen Praktiken in der Signaltheorie rechtfertigenden Diskurs zu rekonstruieren, wobei ein eher defizitorientierter Blick aus Sicht der Universitätsmathematik vermieden werden soll. Dieser bestünde etwa darin, einerseits anzumerken, dass gewisse Techniken oder Aussagen der Universitätsmathematik (etwa aus der Fourier-Analysis oder der Distributionentheorie) in elektrotechnischen Signaltheorie-Lehrveranstaltungen nicht den universitätsmathematischen Normen genügend verwendet werden, und andererseits nicht im Detail nach fachbezogenen Gründen und Rechtfertigungen für die spezifischen Abweichungen sowie nach deren (ggf. ingenieurwissenschaftlichem) Mehrwert zu fragen. Wir gehen diesbezüglich zum einen davon aus, dass dem spezifischen Diskurs in der Signaltheorie die Lösung gewisser Aufgaben zukommt, und zum anderen, dass die häufig in Lehre und Literatur nicht explizit gemachte Verknüpfung von verschiedenen fachlichen Orientierungen gehorchenden Praktiken den Studierenden beim Einstieg in die Signaltheorie potenziell Probleme bereitet.

Unseres Erachtens stellen ein adäquater Umgang mit den verschiedenen fachlich-institutionellen Orientierungen und deren spezifische signaltheoretische Integration ein wichtiges Lernziel signaltheoretischer Lehrveranstaltungen dar. Die gegebenenfalls auftretenden Probleme von Studierenden sind also auch als darauf bezogene Lerngelegenheiten zu verstehen. Probleme treten insbesondere beim Bearbeiten von Übungsaufgaben auf, wenn etwa nicht klar ist, welche Argumente gerade eben zulässig sind oder nicht, aber auch bei der Einführung neuer Begriffe oder Objekte, wie etwa dem Dirac-Impuls. Hochmuth und Peters (2020) fokussierten auf diesen zweiten Problembereich und rekonstruierten zentrale Aspekte der Verknüpfung eines elektrotechnischen und eines HM-bezogenen Mathematik-Diskurses im Kontext der Einführung des

Dirac-Impulses in der Signaltheorie. Deren Rekonstruktion erforderte es, insbesondere auch epistemologisch-philosophische Vorstellungen bezüglich des Verhältnisses von Mathematik und Ingenieurwissenschaften einzubeziehen. Damit konnte das, was allgemein als „pragmatische" ingenieurwissenschaftliche Verwendung von Mathematik umschrieben wird, an diesem Fall praxeologisch charakterisiert werden. Unsere Analysen wiesen ebenfalls darauf hin, dass ein Verständnis darüber, was es bedeutet, dass eine mathematische Praxis in der Elektrotechnik „pragmatisch" ist, über die Auffassung, dass Mathematik in der Elektrotechnik lediglich angewendet wird[1], hinausgehen muss. Die reine Anwendungsinterpretation schien uns prinzipiell mit einer mehr oder weniger expliziten defizitorientierten Sicht auf mathematische Praxen in der Elektrotechnik verbunden. Stattdessen konnten wir epistemologische Probleme aufzeigen, die die Mathematik nicht lösen kann, sondern erst deren geeigneter Einbau in den „pragmatischen" Signaltheorie-Diskurs.

In dieser Arbeit fokussieren wir auf den ersten Problembereich, also potenzielle Probleme beim Bearbeiten von Übungsaufgaben. Wir werden anhand der Analyse zweier Beispielaufgaben aus der Signaltheorie zeigen, dass ein spezifisch erweitertes praxeologisches 4T-Modell der Anthropologischen Theorie der Didaktik (ATD) geeignet ist, um aufgabenspezifische Verknüpfungen eines elektrotechnischen und eines HM-bezogenen Mathematik-Diskurses zu rekonstruieren und ihre jeweils spezifischen Beziehungen darzustellen. Dabei beziehen wir uns unter anderem auf Vorarbeiten von Castela (2015). Wir adressieren dabei explizit zwei analytisch voneinander getrennte Mathematikdiskurse, die wir entsprechend ihren institutionellen Bezügen *Höhere-Mathematik-Diskurs* (HM) und *elektrotechnischer Mathematik-Diskurs* (ET) nennen. Zur genaueren Charakterisierung der Diskurse vergleiche Abschn. 6.2.1 und Abschn. 6.4. Dabei unterscheidet sich unser Zugang insbesondere von Ansätzen, die einen Mathematikdiskurs von einem (unmathematischen) Elektrotechnikdiskurs abgrenzen und die Verknüpfung zwischen Mathematik und unmathematischer Elektrotechnik untersuchen. Darüber hinaus werden Konstrukte wie der Modellierungskreislauf (z. B. Blum und Leiß 2007) von uns nicht verfolgt, da diese unter anderem nicht geeignet sind, die den mathematischen Praktiken in der Signaltheorie zugrunde liegenden komplexen Wechselbeziehungen zwischen Mathematik und Elektrotechnik zu erfassen, und damit insbesondere epistemologisch problematisch sind. Die von Biehler et al. (2015) vorgeschlagene Modifizierung des Modellierungskreislaufs für die Analyse bestimmter mathematikhaltiger Aufgaben aus elektrotechnischen Grundveranstaltungen erscheint uns für die komplexeren Aufgaben aus der Signaltheorie nicht ausreichend, da sich auch hier die von uns adressierten Beziehungen zwischen den verschiedenen mathematischen Praktiken und Orientierungen nicht adäquat abbilden lassen, diese aber unseres Erachtens ein nicht zu vernachlässigendes Charakteristikum der in diesem Beitrag untersuchten Aufgaben darstellen. Anschlussfähig scheinen unsere Überlegungen insbesondere an

---

[1]Vergleiche dazu auch die Arbeit von Barquero et al. (2011) zum *applicationism*.

den im Kompetenzrahmen des SEFI-Netzwerks (Alpers et al. 2013) formulierten Standpunkt zur Modellierung zu sein. Dort wird die Wahl des jeweils adäquaten Modells, das selbst schon immer eine Mischung aus Mathematik und mathematisch repräsentierter Ingenieurwissenschaft darstellt, hervorgehoben.

Wir werden zeigen, dass das im Folgenden von uns eingeführte praxeologische Modell ein für die Forschungs- und Lehrpraxis geeignetes Werkzeug darstellt, um in Aufgaben Beziehungen zwischen den verschiedenen mathematischen Praktiken mit Blick auf spezifische, im gewissen Sinne institutionelle Hürden bei deren Bearbeitung zu identifizieren. Zusätzlich machen wir einen Vorschlag zur grafischen Darstellung der Praxeologien und ihrer Blöcke. Die textförmige Darstellung der verschachtelten Struktur der verschiedenen mathematischen Diskurse stößt unseres Erachtens an Grenzen der Verständlichkeit und Handhabbarkeit. Die vorgeschlagene Art der Darstellung hebt die Verschlingung der verschiedenen mathematischen Diskurse, deren Übergänge bzw. das jeweilige Zueinander von Techniken und der darauf bezogenen Technologien für weitere, das Lernen der Studierenden und die Lehre betreffende Überlegungen hervor. Das eröffnet unter anderem erweiterte Möglichkeiten des Feedbacks an Studierende und für explizierende Bemerkungen in Vorlesungen und Tutorien.

Im Folgenden wird nun zunächst der theoretische Rahmen der ATD und dabei insbesondere unsere Ausdifferenzierung des praxeologischen 4T-Modells vorgestellt. Hierbei gehen wir auch auf Vorarbeiten (Castela 2015; Castela und Romo Vázquez 2011; Romo Vázquez 2009) ein. Nach einer fachlichen Einbettung der Aufgaben und einer Charakterisierung des elektrotechnischen Mathematik-Diskurses stellen wir die Analyse der Übungsaufgaben vor. Anschließend diskutieren wir unsere Ergebnisse und gehen dabei insbesondere auf unseren Vorschlag, praxeologische Analysen grafisch darzustellen, ein. Hier skizzieren wir schließlich einige für die Lehrpraxis relevante Aspekte.

6.2   Die Anthropologische Theorie der Didaktik und das erweiterte praxeologische Modell

Die Anthropologische Theorie der Didaktik (ATD) (Chevallard 1992; Bosch und Gascón 2014) steht in einer französischen Forschungstradition und hat ihre Ursprünge in der Theorie didaktischer Situationen, die hauptsächlich in den 1970er- und 1980er-Jahren entwickelt wurde (Brousseau 2002), und in der Theorie didaktischer Transpositionen (Chevallard 1985). Aus diesen Bezügen ergibt sich das allgemeine Didaktikverständnis der ATD. Beispielsweise schreiben Bosch und Gascón 2014:

> In the framework proposed by ATD, the institutional dimension of mathematical and didactic activities becomes much more explicit. Doing, teaching, learning, diffusing, creating, and transposing mathematics, as well as any other kind of knowledge, are considered as human activities taking place in institutional settings. The science of *didactics* is thus concerned with the conditions governing these knowledge activities in society, as well as the restrictions hindering their development among social institutions. (p. 68).

Darauf beziehen sich die für unseren Beitrag zentralen theoretischen Konzepte der ATD: der institutionelle Standpunkt der ATD, nach dem menschliche Aktivitäten, wie beispielsweise das Mathematik-Betreiben, immer in Institutionen verortet ist und institutionelle Bedingungen bestimmen, welche Handlungen und Begründungen als adäquat gelten; die Konzeption von Wissen als Praxeologien, die abhängig von den je gegebenen institutionellen Bestimmungen existieren, und das Konzept der (didaktischen) Transposition, das es erlaubt, dynamische Aspekte wie Entwicklung, Veränderung und Verbreitung von Wissen über verschiedene Institutionen hinweg zu untersuchen.

Konzepte der ATD wurden bereits in verschiedensten Kontexten der mathematischen Hochschuldidaktik fruchtbar gemacht. Hervorzuheben sind insbesondere Arbeiten zu Problemen im Übergang Schule – Hochschule und zu mathematikbezogenen Übergängen innerhalb des Universitätsstudiums (Bosch 2014; Winsløw et al. 2014, 2018). Zur Rolle der Mathematik in den Ingenieurwissenschaften wären neben den bereits erwähnten Arbeiten von Castela und Romo Vázquez auch die Arbeiten von González-Martín und Hernandes-Gomes (2018, 2019) zu nennen. Letztere adressieren insbesondere die Frage der Passung von Praktiken bezüglich Aspekten des Integralbegriffs und der Integralverwendung in Calculus- und Mechanik-Lehrveranstaltungen. Diese im Wesentlichen curricularen Unterschiede wurden auch von Dammann (2016) beobachtet und untersucht. Ähnliche Differenzen bezüglich grundlegender Begriffe und deren Verwendung lassen sich auch in der Elektrotechnik im Kontext von theorieorientierten Grundlagenveranstaltungen finden, beispielsweise im Umfeld des Integralsatzes von Gauß (vgl. z. B. Henning et al. 2015). Unsere Analysen sind im Unterschied dazu auf Phänomene der Verknüpfung, der Integration und der jeweiligen Spezifik rechtfertigender Diskurse innerhalb einer fortgeschrittenen Lehrveranstaltung der Elektrotechnik gerichtet.

Nachdem im Folgenden der theoretische Rahmen – und dabei insbesondere das 4T-Modell – insoweit erläutert wird, wie es für das Verständnis unserer Aufgabenanalysen notwendig erscheint, gehen wir anschließend auf unseren Vorschlag zur Modifizierung des 4 T-Modells ein.

Mathematisches Wissen wird im Rahmen der ATD handlungstheoretisch aufgefasst und beinhaltet nicht nur Aspekte des „Know-why", sondern auch praktisches Wissen im Sinne eines „Know-how". Methodisch wird dies mittels des Konzepts der Praxeologie gefasst. Chevallard (2006) schreibt zum Begriff der Praxeologie:

What exactly is a praxeology? [...] one can analyse any human doing into two main, interrelated components: praxis, i.e. the practical part, on the one hand, and logos, on the other hand. [Logos bezieht sich auf menschliches Denken, rationalen Diskurs, die Autoren]. How are P [Praxis, die Autoren] and L [Logos, die Autoren] interrelated within the praxeology [P/L], and how do they affect one another? The answer draws on one of the fundamental principle of ATD [...] according to which no human action can exist without being, at least partially, 'explained', made 'intelligible', 'justified', 'accounted for', in whatever style of 'reasoning' such as an explanation or justification may be cast. Praxis thus entails logos which in turn backs up praxis. For praxis needs support – just because, in the long run, no human doing goes unquestioned.[...] Following the French anthropologist Marcel Mauss (1872–1950), I will say that a praxeology is a 'social idiosyncrasy', that is, an organised way of doing and thinking contrived in a given society. (Chevallard 2006, S. 23, Hervorhebungen im Original)

Eine Praxeologie besteht also aus zwei zusammenhängenden, aufeinander bezogenen Blöcken: Der Praxisblock („Know-how") besteht aus Aufgabentypen T und einer Reihe von relevanten zugehörigen Techniken τ zur Lösung der Aufgaben. Der Logosblock („Know-why") wird durch die zwei Ebenen eines Begründungsdiskurses gebildet: Auf der ersten Ebene werden die Techniken des Praxisblocks durch Technologien θ unter anderem erklärt, gerechtfertigt, motiviert und begründet. Auf der zweiten Ebene organisiert und ordnet die Theorie Θ ihrerseits die Technologien. Insgesamt kann eine Praxeologie als 4 T-Modell dargestellt werden: $[T, \tau, \theta, \Theta]$.

Eine Kernposition der ATD ist, dass Praxeologien immer in Abhängigkeit spezifischer Institutionen existieren. Das Verständnis von Institution innerhalb der ATD geht deutlich über bürokratische Einrichtungen wie Schule, Universität, Gerichte usw. hinaus und lehnt sich an das von Douglas (1991) ausgearbeitete Verständnis an. Chevallard (2019) fasst darunter explizit (soziale) Entitäten und Strukturen, die eine gewisse formative Funktion erfüllen. Diese institutionelle Abhängigkeit bedeutet, dass in unterschiedlichen Institutionen je andere Aufgabentypen relevant, andere Lösungstechniken adäquat und andere Begründungsdiskurse akzeptabel sind. Fokussiert man also ein spezifisches Element mathematischen Wissens in unterschiedlichen Institutionen, ergeben sich unterschiedliche Praxeologien. Didaktische Fragestellungen sind zunächst auf dieser institutionellen Ebene angelegt, wobei der Fokus entsprechend jenseits individueller Merkmale und Eigenschaften der handelnden Menschen liegt. Damit einher geht ein Subjektverständnis als generisches Subjekt, das unter institutionellen Bedingungen stehend verstanden wird. Bosch (2015) charakterisiert das Subjektverständnis der ATD wie folgt:

> An institution lives through its actors, that is, the persons that are subjected to it – its subjects – and serve it, consciously or unconsciously. [...] Freedom of people results from the power conferred by their institutional subjections, together with the capacity of choosing to play such or such subjection against a given institutional yoke. (Chevallard 2005, zitiert nach Bosch 2015, S. 52)

Dabei wird die Unterwerfung unter institutionelle Bedingungen nicht repressiv, sondern vor allem produktiv und konstitutiv verstanden. Diese institutionelle Abhängigkeit von Wissen reflektiert sich in unserer Erweiterung des praxeologischen Modells.

Während es Praxeologien erlauben, mathematisches Wissen in seiner institutionellen Konzeption eher statisch zu fassen, bietet die ATD mit dem Konzept der (didaktischen) Transposition die Möglichkeit, dynamische Aspekte der Produktion, Entwicklung, Veränderung und Verbreitung von Wissen zwischen Institutionen zu untersuchen und beschreiben. Grundlegend ist dabei der Gedanke, dass die Analyse von in Lehr-Lern-Kontexten relevanten Wissenselementen diese Prozesse berücksichtigen sollte. Das Basismodell des didaktischen Transpositionsprozesses geht dabei von einer Unterscheidung zwischen drei relevanten Institutionen aus: Zunächst wird das *scholarly mathematical knowledge* von Mathematikern oder anderen Experten in Universitäten oder Forschungsinstituten produziert. Das *mathematical knowledge to be taught* wird über offizielle Curricula festgelegt. In diesem Prozess sind Politiker, Wissenschaftler, Pädagogen und andere Mitglieder der *noosphere*[2] beteiligt. Daraus wird schließlich das *taught knowledge,* das sich wiederum über einen didaktischen Transpositionsprozess aus den curricularen Dokumenten ergibt (Bosch und Gascón 2006). Der Übergang vom scholarly mathematical knowledge zum knowledge to be taught wird als externe didaktische Transposition bezeichnet. Im Bereich hochschuldidaktischer Forschung sind hier Fragen der Organisation des Wissens in Module, Vorlesungen und in Form von Syllaby relevant. Der weitere Übergang zum taught knowledge wird interne didaktische Transposition genannt (vgl. Bosch et al. 2021).

Unser Beitrag berücksichtigt im Wesentlichen Aspekte interner didaktischer Transpositionen. Corine Castela und Avenilde Romo Vázquez rekurrieren in ihren Arbeiten (Castela 2015; Castela und Romo Vázquez 2011; Romo Vázquez 2009) insbesondere auf externe transpositive Effekte bzgl. der Produktion und Legitimation mathematischen Wissens, die beim Übergang von wissenschaftlicher Mathematik in berufsbezogene Domänen relevant sind. Dabei differenzieren sie das Modell des didaktischen Transpositionsprozesses im Hinblick auf unterschiedliche institutionelle Einflüsse und ihre Beziehungen untereinander aus und erweitern dabei schließlich das praxeologische 4 T-Modell, um diesen verschiedenen Einflüssen auf der Ebene praxeologischer Wissenselemente gerecht werden zu können[3]: Im Kontext der untersuchten Kurse differenzieren sie eine theoretische und eine praktische Komponente der Technologie. Diese Unterscheidung dient dort insbesondere dem Untersuchungsziel, bezüglich höherer Ebenen der Kodetermination die institutionelle Relativität technologischer Diskurse verschiedener Kurse zu rekonstruieren. Der Fokus liegt in den

---

[2]Mit *noosphere* wird in der ATD „[...] the sphere of those who 'think' (*noos*) about teaching-, its relationship to 'scholarly knowledge' which usually legitimates its introduction in educational institutions, and the specific form it takes when arriving in the classroom [...]." (Bosch und Gascón 2014, S. 71) bezeichnet. Die *noosphere* umfasst alle Agenten, die am Prozess der didaktischen Transposition vom *scholarly mathematical knowledge* zum *knowledge to be taught* beteiligt sind. In diesem umfassenden Begriff drückt sich auch der Umstand aus, dass die an diesem Transpositionsprozess beteiligten Agenten und die zugehörigen historischen und institutionellen Bedingungen nicht immer einfach zu erkennen sind.

[3]Im Rahmen ihrer Untersuchungen bezieht sich Castela (2015) auf in Arbeiten mit Romo Vázquez rekonstruierte Funktionen der Technologie, nämlich Beschreiben, Motivieren, Fördern, Validieren, Erklären, Bewerten und Kontrollieren: „Drawing on the aforementioned textbooks, Romo Vázquez and I have differentiated six of them: *describing* the technique, *validating* it i.e. proving that this technique produces what is expected from it, *explaining* the reasons why this technique is efficient (knowing about causes), *motivating* the different gestures of the technique (knowing about objectives), *making* it *easier* to use the technique and *appraising* it (with regard to the field of efficiency, to the using comfort, relatively to other available techniques). [...] This list should not be taken as exhaustive. For instance, [...] I currently consider one more need: *controlling* the technique implementation." (S. 11) Wir schließen uns diesem erweiterten Verständnis der Funktionen von Technologie an.

Arbeiten von Castela und Romo Vázquez also unter anderem auch auf dem Nachspüren der Wirkung der komplexen äußeren didaktischen Transformation in verschiedenen Institutionalisierungen didaktischer Transformationen.

6.2.1   Das erweiterte praxeologische Modell

Wir stimmen mit der Position von Castela (2015) darin überein, dass eine Ausdifferenzierung des praxeologischen Modells dazu dienen kann, mathematische Aspekte menschlicher Aktivitäten in unterschiedlichen Kontexten zu untersuchen, ohne sich dabei im Wesentlichen ausschließlich auf die akademische Mathematik und deren spezifische Normen zu beziehen[4].

> When someone of this world [der akademischen Mathematik, die Autoren], that is, a mathematician, begins to investigate on mathematics education, especially but not only in vocational education, he needs tools to distance himself with the 'alma mater'. Since the beginning, this has been Chevallard's objective with the anthropological theory of the didactic. I contend that the work I have presented here around the notion of praxeology provides a powerful tool to investigate the mathematics dimension of human social activities in any context, without referring to academic mathematics. [...] This anthropology of the mathematics should investigate social practices without too narrow restrictions on what is an interesting object. [...] It highlights dimensions of the institutional cognition that would be neglected otherwise, especially when the reference to acknowledged mathematics is too strong. Such a research program is directed towards epistemological and anthropological goals, intending to unearth the diversity of human mathematics praxeologies. (Castela 2015, S. 18, Hervorhebungen im Original)

Dies kann dazu beitragen, einer gegebenenfalls vor allem defizitorientierten Sicht auf mathematische Praktiken in der Elektrotechnik entgegenzuwirken. Als defizitär kann u. a. ein nicht vorhandener oder aus mathematischer Sicht nicht hinreichend ausgeführter Nachvollzug innermathematischer Begründungen von Techniken und deren ersatzweise nicht innermathematische Rechtfertigung interpretiert werden (siehe dazu auch unsere Bemerkungen in der Einleitung). Dabei ist unsere Fragestellung mit der von Castela und Romo Vázquez verwandt, aber doch verschieden. Wir untersuchen Aufgaben und zugehörige Dozenten-Musterlösungen aus einer Perspektive der inneren Strukturierung eines Elektrotechnik-Studiengangs an der Universität Kassel und der verschiedenen gelehrten Wissenselemente zum Zeitpunkt eines bestimmten Kurses. Im Kontext des Kurses „Signale und Systeme" (SST) wird ein mathematischer Diskurs identifiziert, in den Aspekte einer vorgängigen Höheren Mathematik, ggf. vorgängige einführende elektrotechnische und neue signaltheoretische Aspekte eingehen. Gestellte Aufgaben

---

[4]Wir verstehen dies insbesondere auch als eine zum epistemologischen Referenzmodell (siehe z. B. Bosch 2015) alternative Methode der Distanzierung vom eigenen institutionellen Standpunkt.

erfordern bei der Bearbeitung geeignete Wahlen und Anwendungen entsprechender Techniken und Technologien. Relevant ist hier unserer Ansicht nach insbesondere die unterschiedliche epistemologische Verfasstheit des mathematischen Wissens bezogen auf unterschiedliche Institutionen: das einer Institution HM zuordenbare Wissen auf der einen und das mathematische Wissen elektrotechnischer Institutionen, z. B. Lehrveranstaltungen wie „Grundlagen der Elektrotechnik", „Signale und Systeme" usw. auf der anderen Seite. Wir fassen diese beiden unterschiedlichen Arten von Mathematik als zwei verschiedene mathematische Diskurse, jeweils in Bezug auf die entsprechenden Institutionen, auf: einen auf die Höhere Mathematik bezogenen Diskurs (HM-Diskurs) und einen auf elektrotechnische Lehrveranstaltungen bezogenen elektrotechnischen Mathematik-Diskurs (ET-Diskurs). Der HM-Diskurs, wie er aus bisherigen Aufgabenanalysen von uns rekonstruiert wurde, zeichnet sich durch eine innermathematische Konzeption der Begriffe und Aussagen ohne konkrete Realitätsbezüge, eine Konzentration auf Rechenregeln und den Einbezug schulmathematischer Begriffe aus[5]. Im Gegensatz dazu weist der ET-Diskurs Realitätsbezüge auf. Darüber hinaus zeichnet er sich durch eine elektrotechnischtypische Art des Denkens und Sprechens über Mathematik und mathematische Praxen aus. Eine konkretere Charakterisierung des ET-Diskurses geben wir nachfolgend in Abschn. 6.4 im Rahmen der fachlichen Einordnung der von uns analysierten Aufgaben.

Um das Verhältnis der beiden auf epistemologischer Ebene unterschiedlich konstituierten mathematischen Diskurse im Rahmen der Lehrveranstaltung SST näher herausarbeiten zu können, verwenden wir ein erweitertes praxeologisches Modell:

$$\left[T, \begin{array}{cc} \tau_{HM} & \theta_{HM} \\ \tau_{ET} & \theta_{ET} \end{array}, \Theta \right]_{SST}$$

Dabei geht es uns nicht um eine Erweiterung der von Chevallard entwickelten Theorie als solcher, sondern um eine spezifische innere Ausdifferenzierung des 4 T-Modells im Hinblick auf unseren Fokus. Um unsere Unterscheidung eines HM-Diskurses und eines ET-Diskurses im Modell repräsentieren zu können, differenzieren wir zwischen Techniken τ_{HM} und τ_{ET} sowie Technologien θ_{HM} und θ_{ET}. Als HM-Techniken und -Technologien charakterisieren wir dabei diejenigen mathematischen Praxen, die dem oben beschriebenen HM-Diskurs zuordenbar sind. Mathematische ET-Techniken τ_{ET} und -Technologien θ_{ET} werden auf Basis des ET-Diskurses zugeordnet. Diese analytische Ausdifferenzierung der Techniken und Technologien nach den beiden Diskursen findet gewissermaßen innerhalb des praxeologischen 4 T-Modells statt. Insgesamt entstehen

---

[5]Die zugrunde gelegte Lehrbuchliteratur für die Vorlesungen zur Höheren Mathematik ist (Strampp 2012, 2015; Strampp et al. 1997a, b). Die an historisch-philosophischen Arbeiten orientierten Überlegungen zur unterschiedlichen epistemologischen Verfasstheit von Mathematik und Physik im Kontext der Einführung des Dirac-Impulses in (Hochmuth und Schreiber 2015; Hochmuth und Peters 2018) sind hier ebenfalls anschlussfähig.

im Rahmen der „Signale- und Systeme"-Vorlesung SST-Praxeologien (daher der Index in der grafischen Repräsentation des 4 T-Modells), in denen die Techniken und Technologien beider Diskurse in naheliegender Weise auch zusammen gedacht werden können, nämlich gemeinsam in ihrer Verschlingung als SST-Techniken und -Technologien.

Im Rahmen unserer bisherigen Untersuchungen hat sich gezeigt, dass die einzelnen Elemente des erweiterten praxeologischen Modells in vielfältigen Bezügen zueinander stehen können. In Abschn. 6.5 konkretisieren wir diese Überlegungen anhand zweier Analysen von Dozenten-Musterlösungen und rekonstruieren die Zusammenhänge, in denen die praxeologischen Elemente der unterschiedlichen Diskurse miteinander stehen.

6.3   Rahmenbedingungen der Veranstaltung „Signale und Systeme" im Sommersemester 2013 in Kassel

Die Vorlesung „Signale und Systeme" bildet zusammen mit der Vorlesung „Digitale Kommunikation" das Modul „Signalübertragung". Die Prüfungsleistung des Moduls besteht in einer vierstündigen Klausur über beide Lehrveranstaltungen. Die Vorlesung „Signale und Systeme" wird dreistündig gehalten, wobei Übungen nach Bedarf in die Vorlesung integriert werden. Formulierungen der Übungsaufgaben finden sich sowohl auf den Vorlesungsfolien (dort aber teilweise in leicht abweichender Darstellung) und auf Übungsblättern. Die Übungsaufgaben wurden von den Studierenden selbstständig bearbeitet, abgegeben und korrigiert. Musterlösungen wurden dann später im Rahmen der Veranstaltung vom Dozenten präsentiert. Die von uns analysierten Dozenten-Musterlösungen gehören zu Teilaufgaben der Aufgabe 4 (Vorlesung S. 93) des Übungsblattes „Aufgaben zur Vorlesung Signalübertragung am 3.6.2013". Dabei handelt es sich um das zweite von insgesamt fünf im Rahmen der Vorlesung behandelten Übungsblättern.

6.4   Fachlicher Kontext der Aufgaben und Charakteristika des elektrotechnischen Mathematik-Diskurses

Wie bei der Darstellung unseres erweiterten praxeologischen Modells bereits ausgeführt, unterscheiden wir neben einem HM-Diskurs auch einen elektrotechnischen Mathematik-Diskurs, den ET-Diskurs. Nachdem in Abschn. 6.2 die Eigenschaften eines solchen ET-Diskurses nur angedeutet wurden, soll in diesem Kapitel nun mit der fachlichen Einbettung der Aufgaben auch eine Herausarbeitung der Charakteristika dieses ET-Diskurses erfolgen. Dabei führen wir die fachliche Einbettung so weit aus, wie sie unserer Ansicht nach für das Verständnis der Analysen notwendig ist.

Die beiden Begriffe Signal und System sind nicht nur namensgebend für die Vorlesung, sondern auch zentral sowohl für die fachliche Einbettung der von uns analysierten Dozenten-Musterlösungen als auch für die Beschreibung des ET-Diskurses.

Unter einem Signal versteht das Handbuch der Elektrotechnik (Plaßmann und Schulz 2009) „die physikalische Realisierung der Nachricht (*wie* es mitgeteilt wird)" (S. 919, Hervorhebungen im Original), das Lehrbuch von Fettweis (1996) unterschiedet zwischen realen Signalen[6], die physikalische Größen sind, und idealisierten Signalen[7], die zur numerischen Berechnung und als Messsignale dienen (S. 4 ff.)[8], und das Lehrbuch von Frey und Bossert (2009) versteht unter einem Signal „eine abstrakte Beschreibung einer veränderlichen Größe" (S. 1) und liefert als Definition: „Ein (zeit-)kontinuierliches Signal wird durch eine reelle oder komplexe Funktion $x(t) \in \mathbb{R}(\mathbb{C})$ einer reellen Veränderlichen $t \in \mathbb{R}$ dargestellt. Der Wertebereich ist $\mathbb{R}(\mathbb{C})$ und der Definitionsbereich ist $\mathbb{R}$" (S. 2).

Diese drei Auffassungen des Begriffs Signal unterscheiden sich in einem ansteigenden Grad an Formalisierung und Abstraktion, erhalten aber alle den Bezug zu wirklichen Phänomenen aufrecht. Auch Frey und Bossert, deren Lehrbuch sich hier durch den höchsten Grad an Formalisierung auszeichnet, sprechen von einer Darstellung bzw. einer Beschreibung durch die reelle oder komplexe Funktion. Damit sind zwei Charakteristika des ET-Diskurses herausgearbeitet: zum einen der Bezug zur Realität, zum anderen eine sehr unterschiedlich starke Explikation dieses Realitätsbezugs, die einhergeht mit einer unterschiedlich stark ausgeprägten Formalisierung. Fettweis (1996) formuliert das Dilemma,

> … daß mit zunehmender Ausfeilung der zugrundeliegenden mathematischen Zusammenhänge das Verständnis für die physikalische Begründung der gewählten Vorgehensweise immer schwieriger wird. Was also auf der einen Seite an mathematischer Strenge gewonnen wird, geht auf der anderen Seite wieder verloren, wenn es um die Einsicht in die tatsächliche Anwendbarkeit auf physikalische Gegebenheiten geht. (S. iii)

Nach Fettweis erfordert also das Verständnis physikalischer Begründungen ein Abweichen von der „mathematischen Strenge", die andererseits als zentrale Orientierung und wesentlicher Maßstab für die mathematischen Praktiken fungiert. Letzteres

---

[6]Diese treten bei der Nachrichtenübertragung auf, sind von endlicher Dauer, stetig und ausreichend differenzierbar. Allerdings sind sie auch sehr unregelmäßig und unvorhersehbar (andernfalls wäre der Informationsgehalt der Nachricht auch sehr gering) (siehe Fettweis 1996, S. 4 ff.).

[7]Diese verletzen einige Eigenschaften realer Signale, lassen sich durch wenige Parameter beschreiben, können aber zu Schwierigkeiten beispielsweise hinsichtlich Konvergenz führen (siehe Fettweis 1996, S. 6).

[8]Vergleiche insbesondere auch unsere Überlegungen in Hochmuth und Peters (2018) zum Verhältnis realer und idealisierter Signale.

impliziert eine gewissermaßen defizitorientierte Sicht auf mathematische Ingenieur-praktiken, da diese dem hervorgehobenen Maßstab letztlich nicht genügen. Unsere Auffassung von mathematischen Ingenieurpraktiken grenzt sich davon in der Hin-sicht ab, dass wir einen eigenen elektrotechnischen Mathematik-Diskurs identifizieren und charakterisieren sowie in unseren Analysen dessen Relevanz für das Verständnis mathematischer Ingenieurpraktiken aufzeigen.

Der System-Begriff, der in unterschiedlichen Quellen ebenfalls verschieden stark formalisiert präsentiert wird, verweist noch auf ein weiteres Charakteristikum des elektrotechnischen Mathematik-Diskurses: Unter einem System verstehen Frey und Bossert (2009, S. 3) „allgemein eine abstrahierte Anordnung, die mehrere Signale zueinander in Beziehung setzt. Dies entspricht der Abbildung eines oder mehrerer Eingangssignale auf ein oder mehrere Ausgangssignale." Sie führen zunächst einen mathematisch leicht handhabbaren Systemtyp ein und betrachten nur jeweils ein Ein-gangs- und ein Ausgangssignal, da „daher der Systemgedanke leichter zu erfassen ist" (S. 6). Ein System kann als eine Blackbox aufgefasst werden, die auf ein konkretes Ein-gangssignal mit einem konkreten Ausgangssignal reagiert. Systeme werden dann zum Beispiel anhand ihrer Antwort auf ein pulsförmiges Eingangssignal charakterisiert.

Dieses Input–Output- oder Systemdenken geht einher mit einer Art des Sprechens über mathematische Praktiken, die sich von der Art der Mathematiker unterscheidet. Bissell und Dillon (2000, S. 7) illustrieren dies unter anderem anhand eines ein-fachen Beispiels: In einem einfachen elektrischen Schaltkreis sind Spannung U und Stromstärke I über einen Widerstand R mittels $U = R \cdot I$ zueinander in Beziehung gesetzt. Mathematisch handele es sich um einen linearen Zusammenhang mit R als Proportionalitätskonstante. Dieses mathematische Verständnis des Modells reiche aber nicht aus, um zu verstehen und zu erklären, wie sich Veränderungen von Stromstärke und Spannung in Stromkreisen auswirken. Hinzutreten müsse vielmehr ein Verständnis der Gleichung, dass es sich hier um physikalische Größen handle und das Modell das physikalische Verhalten eines Systems (hier eines einfachen elektrischen Stromkreises) beschreibe. Die mathematische Sicht blende diese für die Verwendung der Gleichung im elektrotechnischen Kontext im gewissen Sinne notwendige Sichtweise quasi aus. Aus mathematischer Sicht gelte die Beziehung zwischen Spannung und Stromstärke für jeden Zeitpunkt, die Veränderung des einen Wertes ziehe eine gleichzeitige Veränderung des anderen Wertes nach sich.

Dies entspricht im Wesentlichen der Kovariationsvorstellung eines funktionalen Zusammenhangs. Diese schließt die Vorstellung eines durchaus auch kausal ver-standenen, aber im Wesentlichen quantitativen Zusammenhangs zwischen den involvierten Variablen ein. Die elektrotechnische Sichtweise ergänze diese Vorstellung aber nun wesentlich durch qualitative Aspekte, und zwar durch die spezifischen physikalischen Größen und mit diesen verknüpfte Vorstellungen und Bedeutungen: „This means that a change in the current causes the voltage to change." (Bissell und Dillon 2000, S. 7). Die elektrotechnische Rede über die Gleichung drückt also nicht nur einen funktionalen mathematischen Zusammenhang zwischen Variablen, sondern damit und darüber hinaus einen kausalen Zusammenhang zwischen elektrotechnischen Größen aus.

Nach Bissell und Dillon (2000, S. 10) handelt es sich dabei nicht nur um eine andere Art des Redens, sondern stellt eine eigene Art des Denkens dar[9]:

> Moreover, this linguistic shift is more than just jargon, and more than just a handy way of coping with the mathematics; the shift indicates a way of thinking about systems behaviour in which the features of the models are deeply linked to the systems they are describing.

Im Zusammenhang mit dieser an Kausalzusammenhängen orientierten Art, über die Gleichung des Schaltkreises zu reden und zu denken, steht die allgemeine, über das einfache Beispiel weit hinausgehende Entwicklung eines Systemdenkens, das es schließlich auch erlaube, grafische und piktorale Repräsentationen anstelle komplizierter mathematischer Ausdrücke zu manipulieren[10]. Nach Bissel (2004) war für diese Entwicklung die Einführung komplexer Größen in der Elektrotechnik, vorangetrieben u. a. von Steinmetz (1893), grundlegend. Er schlug vor, Größen wie Wechselstrom oder -spannung durch eine „komplex imaginäre Größe" (S. 598) zu repräsentieren und in Polarkoordinaten als Phasor[11] darzustellen, da die Sinuswelle vollständig bestimmt ist durch Intensität und Phase. Dieser Ansatz führte zum einen zu einer wesentlichen Vereinfachung von Rechnungen:

> Wo wir früher mit periodischen Funktionen einer unabhängigen Variablen, ‚Zeit' zu thun hatten, gelangen wir jetzt durch einfache Addition, Subtraktion etc. konstanter Zahlengrössen zur Lösung. [...] Selbst die Beschränkung der Methode auf Sinuswellen ist nicht wesentlich, da wir in der gewöhnlichen Weise die allgemeine periodische Funktion aus ihren Sinuswellenkomponenten zusammensetzen können. (Steinmetz 1893, S. 597)

---

[9]Im Rahmen dieses Beitrags sollen dieses einfache Beispiel und die folgenden Ausführungen genügen, um die eigene Art des Denkens zu illustrieren. Für eine ausführlichere Darstellung der Entwicklung verweisen wir zusätzlich auf die Arbeiten von Bissell und Dillon (2000) sowie von Bissell (2004, 2012).

[10]Hier verweisen wir auch auf unsere Analyse zu den rotierenden Zeigern in Abschn. 6.5.2 und auf die Arbeit von de Oliveira und Nunes (2014).

[11]Für eine sinusförmige Größe gilt $A \cdot \cos(\omega t + \varphi) = \Re\left(A \cdot e^{i(\omega t + \varphi)}\right) = \Re\left(A \cdot e^{i\omega t} \cdot e^{i\varphi}\right)$, wobei A die Amplitude, ω die Kreisfrequenz und φ der Phasenwinkel ist (jeweils zeitunabhängig). Der Fakto $\underline{A} = A \cdot e^{i\varphi}$ wird Phasor genannt. Bei der Analyse elektrischer Komponenten ist im Wesentlichen das Amplitudenverhältnis von Eingangssignal und Ausgangssignal sowie die Phasenverschiebung, die durch die Komponente verursacht wird, von Interesse. Die Funktion $\underline{A} \cdot e^{i\omega t}$ kann als rotierender Zeiger in der komplexen Ebene dargestellt werden. Phasoren und rotierende Zeiger stellen wichtige grafische Mittel zur Interpretation und Analyse elektrotechnischer Vorgänge dar.

Daneben führte dieser Ansatz nach Bissell (2004) aber auch zum Systemdenken und zur Blackbox-Analyse:

> Second, it was indeed an important step towards the 'black box' concept. The defining equations for resistors, capacitors and inductors were all subsumed into a generalised, complex version of Ohm's relationship; and even if it would be premature to talk of 'implicit 2-terminal black boxes' at this time, such a representation of components as complex impedances was clearly a great conceptual step. (S. 309)

In der komplexen Version des Ohmschen Gesetzes wird der komplexe Widerstand $\underline{Z}$ bzw. die Impedanz als Verhältnis aus komplexer Spannung und komplexer Stromstärke aufgefasst[12]:

$$\underline{Z} = \frac{\underline{u}}{\underline{i}} = \frac{u \cdot e^{j\omega t} \cdot e^{j\varphi_u}}{i \cdot e^{j\omega t} \cdot e^{j\varphi_i}} = \frac{u}{i} \cdot e^{j(\varphi_u - \varphi_i)}$$

Die Impedanz kann auch dargestellt werden als $\underline{Z} = R + jX$ mit Wirkwiderstand R und Blindwiderstand X. Für einen Ohmschen Widerstand gilt nun $\underline{Z}_R = R$, für einen Kondensator $\underline{Z}_C = 1/j\omega C$ und für eine Spule $\underline{Z}_L = j\omega L$. Beispielsweise können so in elektrischen Schaltungen die Gesamtimpedanz und Phasenverschiebungen von Strömen und Spannungen berechnet werden. Relevant wurde das vor allem im Bereich Filteranalyse und -design im Rahmen einer technologischen Entwicklung im Hinblick auf das effektivere Ausnutzen von Bandbreite bei der Signalübertragung. Hier hat das Zusammenspiel von Mathematik, der Zusammenfassung von Schaltungskomponenten zu abstrakteren Zweipolen, die über Input–Output-Betrachtungen charakterisiert werden konnten, und Filter-Design zur effektiveren Gestaltung von Signalübertragungen geführt. Diese Aspekte eines anderen Denkens über mathematische Praxen in der Elektrotechnik sind insbesondere auch für die von uns in Abschn. 6.5 analysierten Aufgaben relevant.

Im Rahmen unseres ATD-Modells interpretieren wir nun diese eigene Art zu reden und das Systemdenken als eigenen mathematischen Diskurs – als ET-Diskurs –, der sich also zusammenfassend durch einen Bezug zur Realität, der sehr unterschiedlich stark expliziert wird, und durch ein Systemdenken auszeichnet.

Neben der Beschreibung und Charakterisierung von Signalen und Systemen ist in der Vorlesung auch die Signalübertragung ein zentrales Thema. Dabei spielt dann zusätzlich zur Beschreibung und Charakterisierung verschiedener Übertragungskanäle (Systeme) auch die Frage nach der Realisierung der Signalübertragung über einen bestimmten Kanal eine große Rolle. Ein wichtiges Kriterium ist hierbei die mögliche Mehrfach-

---

[12]Mit dem Unterstrich kennzeichnet man in der Elektrotechnik üblicherweise komplexe Größen. In der Elektrotechnik wird für die imaginäre Einheit der Buchstabe j verwendet, um Verwechslungen mit der zeitabhängigen Stromstärke i zu vermeiden.

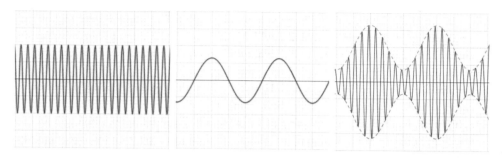

Abb. 6.1 Trägersignal (links), Primärsignal $s(t)$ (Mitte), AM-Signal mitgestrichelter Einhüllende (rechts)

ausnutzung des Übertragungskanals: Mehrere Signale sollen gleichzeitig übertragen werden, ohne dass es zum Übersprechen zwischen Signalen am Empfänger kommt. Ein klassisches Beispiel ist hier die Übertragung mehrerer Radiosender über Antenne oder Kabel. Ein einfaches und mit wenig technischem Aufwand durchführbares Verfahren ist die analoge Amplitudenmodulation und -demodulation[13], die schließlich in den von uns betrachteten Aufgaben thematisiert wird. Das Prinzip der Amplitudenmodulation wird in Abb. 6.1, veranschaulicht. Dabei wird die Amplitude eines hochfrequenten Trägersignals (Abb. 6.1 links) entsprechend dem Verlauf des niederfrequentes Primärsignals $s(t)$ (Abb. 6.1 Mitte) variiert. Das AM-Signal (Abb. 6.1 rechts) lässt sich darstellen als $x(t) = A[1 + m\,s(t)]\cos(2\pi f_0 t)$, wobei $\cos(2\pi f_0)$ das Trägersignal ist. Der Modulationsgrad m ist das Verhältnis aus Amplitude des Trägersignals und Amplitude des Primärsignals, außerdem gelten die Einschränkungen $\max_{t\in\mathbb{R}} |s(t)| = 1$ und $0 < m < 1$.

Mit der Amplitudenmodulation lassen sich mehrere Primärsignale (z. B. jeweils für verschiedene Radiosender) mit unterschiedlichen Trägerfrequenzen (den jeweiligen Senderfrequenzen) über Antenne übertragen und am Empfänger (Radiogerät) je nach eingestelltem Sender empfangen. Am Empfänger muss dann zur Rekonstruktion des Primärsignals eine Demodulation stattfinden. Eine einfache, auch technisch unaufwendig zu realisierende Methode der Demodulation ist der Enveloppendemodulator (oder Hüllkurvendetektor). Hier wird das amplitudenmodulierte Signal zunächst gleich gerichtet und das hochfrequente Trägersignal mit einem Tiefpassfilter entfernt (vgl. Fettweis 1996, S. 251)[14]. So wird die obere Hüllkurve (gestrichelt in Abb. 6.1 rechts) des amplitudenmodulierten Signals – und somit das Primärsignal – rekonstruiert.

Die in unserer Analyse betrachtete Aufgabe inklusive Dozenten-Musterlösung ist im Anhang abgebildet. Sie besteht aus zwei Punkten, die im Rahmen unserer Analyse als eigene Aufgaben aufgefasst werden:

---

[13]Ein Gerät, das sowohl moduliert als auch demoduliert, nennt man Modem.

[14]Im einfachsten Fall ist ein Tiefpassfilter eine Schaltung aus Widerstand und Kondensator, bei der die Ausgangsspannung gegenüber der Eingangsspannung um einen frequenzabhängigen Faktor geschwächt ist. Dabei ist die Abschwächung umso stärker, je höher die Frequenz ist.

- Im ersten Aufgabenteil soll gezeigt werden, dass unter bestimmten Voraussetzungen der Enveloppendemodulator ein Signal liefert, das proportional zur Amplitude des modulierten Trägersignals ist. Die Dozenten-Musterlösung zu dieser Aufgabe wird in Abschn. 6.5.1 analysiert.
- Der zweite Aufgabenteil ist in drei Unteraufgaben strukturiert. Es soll ein Primärsignal zuerst (1) amplitudenmoduliert, dann (2) als Summe dreier harmonischer Schwingungen aufgeschrieben und (3) das Ergebnis schließlich in der komplexen Ebene als rotierender Zeiger mit variierender Amplitude grafisch dargestellt werden. Die Dozenten-Musterlösung zu diesem dritten Teil wird in Abschn. 6.5.2 analysiert.

Die Aufgabe ist ebenfalls Bestandteil der Vorlesungsfolien und wird nach der Einführung des Enveloppendemodulators im Rahmen des Abschnitts zur Amplitudenmodulation gestellt.

6.5   Analyse

Die in diesem Abschnitt präsentierten ATD-Analysen beziehen sich auf die Dozenten-Musterlösungen der beiden Teilaufgaben von Aufgabe 4, die in Abschn. 6.4 inhaltlich vorgestellt und in den thematischen Zusammenhang der Vorlesung eingebettet worden sind. Alle Teile von Aufgabe 4 und die zugehörigen Dozenten-Musterlösungen sind im Anhang wiedergegeben.

Jede der beiden ATD-Analysen wird zur besseren Übersicht auch grafisch dargestellt. Dazu haben wir zunächst die Orientierung des 4 T-Modells verändert: Aufgabentypen, Techniken, Technologien und Theoriefacetten sind nicht mehr nebeneinander, sondern untereinander angeordnet. Im Rahmen unserer Analyse haben wir komplexe Techniken als neue Teilaufgaben aufgefasst und zu diesen wiederum die zugehörigen Lösungstechniken, Technologien und Theoriefacetten zugeordnet[15]. Der Übergang von komplexen Techniken zu neuen Teilaufgaben ist über entsprechend beschriftete Pfeile dargestellt. Zur besseren Unterscheidung von HM- und ET-Elementen der Praxeologie wurden unterschiedliche Farben und Formen verwendet (vgl. Legende in Abb. 6.2).

---

[15]Dieser Übergang von komplexen Techniken zu neuen (Teil-)Aufgaben kann als dialektisches Verhältnis zwischen Aufgaben und Techniken verstanden werden (vgl. Chevallard 2019, S. 85), das wir hier zur Strukturierung unserer Analyse nutzen.

6.5.1   Der Enveloppendemodulator

Diese Analyse bezieht sich auf die folgende Aufgabe (siehe erste Unterpunkte von Aufgabe 4 im Anhang).

> Unter der Annahme $0 < m < 1$ und somit $A(t) > 0$ (die Einhüllende oder Enveloppe des AM-Signals ist stets positiv) zeige man, dass der o.g. Enveloppendemodulator tatsächlich ein Signal proportional zu $A(t)$ liefert.

Die grafische Repräsentation der Analyseergebnisse zu dieser Aufgabe befindet sich in Abb. 6.2. Die Formulierung „…, dass der o.g. Enveloppendemodulator …" bezieht sich dabei auf die entsprechende Vorlesungsfolie, auf der der Enveloppendemodulator eingeführt wurde.

Die Aufgabe (T_1) besteht darin zu zeigen, dass der Enveloppendemodulator unter den gegebenen Voraussetzungen eine bestimmte Eigenschaft, nämlich ein Signal proportional zur Einhüllenden $A(t)$ zu liefern, hat. Die Lösung der Aufgabe erfordert die Techniken Anwendung des Enveloppendemodulators (τ_{ET}) auf das gegebene Signal und Ablesen der Proportionalität (τ_{HM}). Technologieelemente sind hier einmal, als Voraussetzung der Anwendbarkeit dieses speziellen Detektors, das Vorliegen eines Signals mit Modulationsgrad $m < 1$ (θ_{ET}) und der Aspekt, dass elektrotechnische Größen auffassbar sind als Veränderliche im Kontext linearer Funktionen (θ_{HM}). Der Bezug zwischen linearen Funktionen und Proportionalität ist nicht notwendig Teil einer HM-Vorlesung[16]. Allerdings ist das Deuten von Parametern linearer Funktionen, im Spezialfall als Proportionalitätskonstante, Teil der Schulmathematik.

Die Anwendung des Enveloppendemodulators stellt eine komplexe Technik dar, die wir zu analytischen Zwecken als neue Teilaufgabe (T_2) aufgefasst haben. Diese erfordert die Techniken Gleichrichtung (τ_{ET}) und Anwendung des Tiefpassfilters (τ_{ET}). Diese beiden Techniken sind für die Rückgewinnung des modulierenden Signals zentral (θ_{ET}). Ohne Gleichrichtung würden sich positive und negative Amplitudenschwankungen im Mittel auslöschen (θ_{ET}). Mit dem Tiefpass lässt sich schließlich das höherfrequente Trägersignal eliminieren (θ_{ET}). Hier ist die Voraussetzung wichtig, dass die Trägerfrequenz größer ist als die Signalfrequenz (θ_{ET}).

Aus beiden Techniken lassen sich nun analytisch wieder jeweils eigene Teilaufgaben konstruieren. Die Gleichrichtung (T_3) erfordert die Anwendung der Betragsfunktion (τ_{HM}). Diese HM-Technik lernen die Studierenden im Rahmen der Vorlesung „Grundlagen der Elektrotechnik" als mathematisches Modell des elektrotechnischen Vorgangs der Gleichrichtung (θ_{ET}) kennen. Dadurch erfährt eine HM-Technik eine neue, elektrotechnische Deutung. Die Anwendung des Tiefpassfilters (T_4) erfordert die Zerlegung des Signals in konstante und oszillierende Komponenten (τ_{ET}) und schließlich das Weglassen des Frequenzanteils (τ_{ET}) als mathematische Darstellung der Wirkung des Tiefpassfilters (θ_{ET}).

---

[16]Beispielsweise nicht im zugrunde liegenden Lehrbuch von Strampp (2015).

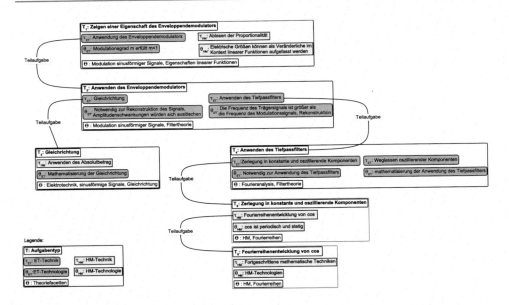

Abb. 6.2 Grafische Darstellung der Analyseergebnisse zum Enveloppendemodulator

Die Zerlegung des Signals in Gleich- und Frequenzanteile bildet eine weitere Teilaufgabe (T_5). Da |cos| eine periodische stetige Funktion ist (θ_{HM}), kann |cos| in eine Fourier-Reihe entwickelt werden (τ_{HM}). Diese HM-Technik kann wieder als neue Teilaufgabe (T_6) betrachtet werden, deren Lösung zum Teil anspruchsvolle HM-Techniken erfordert, die hier nicht näher ausdifferenziert werden. Elektrotechnische Bezüge werden im Verlauf der Lösung dieser Teilaufgabe nicht mehr hergestellt.

Zur Interpretation unserer Analyseergebnisse betrachten wir zunächst die rekonstruierten Praxeologien zu den jeweiligen Teilaufgaben einzeln: Insgesamt wurden sechs Teilaufgaben und zugehörige praxeologische Elemente rekonstruiert, die jeweils eine oder zwei Techniken und Technologien enthalten. Außer bei der Teilaufgabe zur Gleichrichtung (T_3) werden ET-Techniken durch ET-Technologien begründet und HM-Techniken durch HM-Technologien.

Bei der Teilaufgabe zur Gleichrichtung (T_3) ist zur Rechtfertigung der HM-Technik, den Absolutbetrag auf eine Funktion anzuwenden, eine elektrotechnische Deutung relevant. Der Absolutbetrag stellt die Mathematisierung der Wirkung des Gleichrichtens dar.

Zum Zeigen der spezifischen Eigenschaft des Enveloppendemodulators, Teilaufgabe (T_1), sind sowohl elektrotechnische Techniken mit elektrotechnischen Technologien als auch HM-Techniken mit zugehörigen HM-Technologien relevant. In allen weiteren Teilaufgaben treten entweder nur elektrotechnische Techniken und Technologien, (T_2) und (T_4), oder nur HM-Techniken und HM-Technologien, (T_5) und (T_6), auf. Bis auf die Teilaufgabe (T_3) finden die jeweiligen mathematischen Handlungen in ihren jeweils eigenen mathematischen Diskursen statt.

Bis hierher hat sich bereits gezeigt, dass Techniken und Technologien beider Diskurse vorkommen und in einem Fall, (T_3), auch eine Mischung, also die Rechtfertigung der Technik des einen Diskurses durch Elemente des anderen Diskurses, auftritt. Wenn wir nun bei der Interpretation berücksichtigen, dass die Trennung in Teilaufgaben ein analytischer Schritt ist, die sechs Praxeologien also integriert gedacht werden müssen, fallen weitere interdiskursive Beziehungen auf: Bei der Anwendung des Tiefpassfilters (T_4) muss das Signal in konstante und oszillierende Komponenten zerlegt werden, um schließlich zu zeigen, dass eine konstante positive Komponente existiert, nach Anwendung des Tiefpassfilters also ein positiver Proportionalitätsfaktor übrig bleibt. Dabei unterdrückt der Tiefpassfilter alle oszillierenden Komponenten. Die Rechtfertigung auf dieser Ebene ist elektrotechnischer Natur (vgl. hierzu auch die Ausführungen in Fettweis 1996, S. 236 ff.). In Teilaufgabe (T_5) und Teilaufgabe (T_6) wird diese Zerlegung nun als Entwicklung in eine Fourier-Reihe durchgeführt. Dabei ist das gesamte Vorgehen stark formalisiert ausgerichtet[17]. Hier findet im Verlauf der Aufgabenlösung ein Diskurswechsel statt, wobei die mathematische Strenge im weiteren Verlauf durch die Ansprüche der Aufgabenstellung nicht gerechtfertigt ist. Nach der Fourier-Reihen-Entwicklung findet eine Rückkehr in den elektrotechnischen Diskurs statt, in dem das Weglassen der oszillierenden Komponenten mit Bezug auf den Tiefpassfilter gerechtfertigt und somit auch das Bestimmen aller Fourier-Koeffizienten außer dem ersten gewissermaßen infrage gestellt wird.

6.5.2 Rotierende Zeiger

Diese Analyse bezieht sich auf die folgende Aufgabe (siehe dritte Aufgabe des zweiten Unterpunktes von Aufgabe 4 im Anhang):

> Stellen Sie $x(t)$ unter Ausnutzung der Beziehung $\cos(2\pi ft) = \Re\{\exp(j2\pi ft)\}$ und des Ergebnisses unter Punkt 2. in der komplexen Ebene als rotierenden Zeiger mit variierender Amplitude grafisch dar.

Bevor wir zur Analyse der Dozenten-Musterlösung kommen, möchten wir zwei Bemerkungen einfügen: Zum einen wird in Punkt 2., auf den in der Aufgabenstellung Bezug genommen wird, das amplitudenmodulierte Signal $x(t) = A(1 + m\cos(\Omega t))\cos(2\pi f_0 t)$ als Summe dreier harmonischer Schwingungen dargestellt, wobei $\Omega \ll 2\pi f_0$ gilt. Das Ergebnis lautet:

---

[17]Möglich wäre hier auch eine pragmatische Lösung im Sinne der Aufgabenstellung, die nur den ersten Koeffizienten berechnet, um zu zeigen, dass der positiv ist. Das Berechnen weiterer Koeffizienten ist in gewissem Sinne unnötig, da die zugehörigen Signalanteile durch die anschließende Anwendung des Tiefpassfilters unterdrückt werden. Solche Varianten finden sich beispielsweise in Studierendenlösungen.

$$x(t) = A\cos(2\pi f_0 t) + \frac{Am}{2}\cos(2\pi f_0 t + \Omega t) + \frac{Am}{2}\cos(2\pi f_0 t - \Omega t)$$

Damit wird in der von uns analysierten Aufgabe weitergearbeitet. Und zum anderen ist die Aufgabenstellung ungenau: Das Signal $x(t)$ ist der Realteil des rotierenden Zeigers, der in der komplexen Zahlenebene dargestellt werden soll, nicht der Zeiger selbst. In der Dozenten-Musterlösung wird zwischen dem Realteil des Zeigers und dem Zeiger selbst unterschieden.

Die Aufgabe (T_1) besteht nun also darin, den gegebenen Ausdruck als Realteil eines rotierenden Zeigers in der komplexen Ebene darzustellen. Insgesamt werden zur Lösung dieser Aufgabe vier Techniken rekonstruiert. Zwei davon werden wiederum jeweils aufgrund ihrer Komplexität als Teilaufgaben aufgefasst. Die grafische Darstellung der Analyseergebnisse zu dieser Aufgabe befindet sich in Abb. 6.3.

Zur Lösung von (T_1) muss das Signal $x(t)$ zunächst so umgeformt werden (τ_{HM}), dass es schließlich als Realteil eines sich drehenden Trägerzeigers mit zeitabhängiger Amplitude $A(t)$ interpretierbar ist. Begründet sind diese Umformungen in der Idee, Prinzipien der Amplitudenmodulation grafisch darzustellen (θ_{ET}). Insbesondere der Rechenschritt von.

$$x(t) = A\Re\{\exp(j2\pi f_0 t)\} + \frac{Am}{2}\Re\{\exp(j(2\pi f_0 t + \Omega t))\} + \frac{Am}{2}\Re\{\exp(j(2\pi f_0 t - \Omega t))\},$$

in dem $x(t)$ als Realteil dreier im Ursprung gezeichneter rotierender Zeiger interpretierbar ist, hin zu.

$$x(t) = \Re\left\{\exp(j2\pi f_0 t)\left[A + \frac{Am}{2}\exp(j\Omega t) + \frac{Am}{2}\exp(-j\Omega t)\right]\right\},$$

in dem $x(t)$ als rotierender Trägerzeiger mit zeitabhängiger Amplitude $A(t)$ interpretiert werden kann, ist hier zentral. Nur wenn $x(t)$ in dieser Form dargestellt wird, kann ein

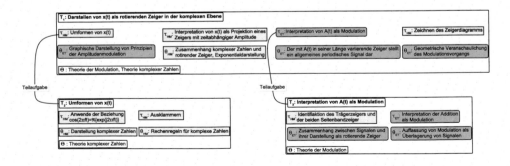

Abb. 6.3 Grafische Darstellung der Analyseergebnisse zu den rotierenden Zeigern

Zeigerdiagramm gezeichnet werden, in dem die Amplitudenmodulation des Signals $x(t)$ dargestellt werden kann[18].

Die Technik, $x(t)$ umzuformen, haben wir in unserer Analyse als Teilaufgabe (T_2) aufgefasst. Dazu wird zunächst die in der Aufgabenstellung gegebene Beziehung $\cos(2\pi ft) = \Re\{\exp(j2\pi ft)\}$ auf $x(t)$ angewendet (τ_{HM}). Hier sind zur Begründung Zusammenhänge zwischen der Darstellung einer komplexen Zahl in Polarform und in Exponentialform relevant (θ_{HM}). Im weiteren Verlauf werden Rechenregeln für komplexe Zahlen angewendet (θ_{HM}), nämlich das Ausklammern des Realteils (τ_{HM}) und des Faktors $\exp(j2\pi f_0 t)$ (τ_{HM}). Als Ergebnis ergibt sich bis hierher:

$$x(t) = \Re\left\{ \exp(j2\pi f_0 t) \left[A + \frac{Am}{2} \exp(j\Omega t) + \frac{Am}{2} \exp(-j\Omega t) \right] \right\}$$

Im nächsten Schritt muss dieser Ausdruck als Projektion eines Zeigers mit zeitabhängiger Amplitude

$$A(t) = A + \frac{Am}{2} \exp(j\Omega t) + \frac{Am}{2} \exp(-j\Omega t)$$

auf die reelle Achse interpretiert werden (τ_{HM}). Diese Technik ist dem HM-Diskurs zugeordnet, da auch in der Höheren Mathematik komplexe Zahlen als Zeiger aufgefasst, in Zeigerdiagrammen dargestellt und die Projektion des Zeigers auf die reelle Achse als Realteil der komplexen Zahl interpretiert werden (vgl. Strampp 2012). Gerechtfertigt wird dies im Rahmen der Behandlung komplexer Zahlen (θ_{HM}). Als Nächstes wird die Summe $A(t)$ als Modulation des Trägerzeigers interpretiert (τ_{ET}). Die Länge des Zeigers $\exp(j2\pi f_0 t)$ ändert sich zeitabhängig entsprechend $A(t)$. Somit korrespondiert dieser in seiner Länge variierende Zeiger mit einem allgemeinen periodischen Signal (θ_{ET}).

Diese Interpretation als Modulationsvorgang wird aufgrund ihrer Komplexität als Teilaufgabe (T_3) aufgefasst. Um den Ausdruck $A(t)$ als Modulation des Trägerzeigers interpretieren zu können, müssen zuerst der Trägerzeiger mit Amplitude A, der

---

[18]Die Abb. 6.1 rechts und das Zeigerdiagramm (siehe Abb. 4 in der Dozenten-Musterlösung im Anhang) stellen im Prinzip zwei Veranschaulichungen der Amplitudenmodulation dar. Das Zeigerdiagramm hat gegenüber der Darstellung in Abb. 6.1 rechts den Vorteil, dass sich damit einige Effekte, die bei der Amplitudenmodulation relevant sind, darstellen lassen. Ist beispielsweise der Modulationsgrad m größer als 1, kommt es zu einem Phasensprung: Zu dem Zeitpunkt, an dem die beiden Seitenbandzeiger genau entgegen der Richtung des Trägerzeigers liegen, sind die beiden Seitenbandzeiger dann zusammen länger als der Trägerzeiger. Insgesamt macht der Zeiger der Gesamtsumme dann einen Phasensprung. Ein zweites Beispiel ist eine ungleichmäßige Übertragung der beiden Seitenbänder. Wenn sich deren Amplituden unterscheiden, sind die beiden Seitenbandzeiger nicht mehr gleich lang. Ursprünglich zeigt die Summe der Seitenbandzeiger immer in oder genau entgegen der Richtung des Trägerzeigers. Schwanken die Amplituden der Seitenbänder, schwankt die Summe der Seitenbandzeiger um diese Mittellage und es kommt zu zusätzlicher Phasenmodulation.

sich mit Winkelgeschwindigkeit $\omega_0 = 2\pi f_0$ dreht, und die beiden Seitenbandzeiger mit Amplitude je $Am/2$, die sich mit Winkelgeschwindigkeit Ω. und $-\Omega$ den Trägerzeiger drehen, identifiziert werden (τ_{HM}). Diese Technik wurde dem HM-Diskurs zugeordnet, da es hier darum geht, Ausdrücke als komplexe Zahl mit der jeweils entsprechenden Darstellung als Zeiger zu interpretieren. Hier ist die Rechtfertigung dieser Interpretation durch die elektrotechnische Konzeption der Darstellung von Signalen durch rotierende Zeiger begründet (θ_{HM}). Anschließend wird die Addition der drei Zeiger als Modulation interpretiert (τ_{ET}), was sich durch die Auffassung von Modulation als Überlagerung von Signalen rechtfertigen lässt. Diese Überlagerung wird durch die Addition der entsprechenden Zeiger modelliert (θ_{ET}).

Die vierte Technik ist schließlich das Zeichnen des Zeigerdiagramms (τ_{HM}). Die Darstellung komplexer Zahlen als Zeiger in der komplexen Zahlenebene ist eine übliche HM-Technik. Hier jedoch bekommt diese HM-Technik wiederum eine elektrotechnische Deutung, da es sich um die geometrische Veranschaulichung eines Modulationsvorgangs handelt (θ_{ET}).

Insgesamt wurden zur Aufgabe T_1 vier Techniken mit zugehörigen Technologien identifiziert und rekonstruiert. Zwei Techniken wurden wiederum aufgrund ihrer Komplexität als Teilaufgaben T_2 und T_3, mit jeweils zwei Techniken und zugehörigen Technologien, aufgefasst. Im Vergleich zur Aufgabe zum Enveloppendemodulator kommen hier HM-Techniken, die im Rahmen eines mathematischen ET-Diskurses gerechtfertigt werden, häufiger vor: Das Umformen von $x(t)$ stellt an sich eine HM-Technik dar, und als Teilaufgabe T_2 steht sie komplett im HM-Diskurs, aber das Ziel dieser Umformungen ist eine ganz spezifische Form, die notwendig ist, um das Signal überhaupt als amplitudenmoduliert zu interpretieren. In Teilaufgabe T_3 müssen Trägerzeiger und die beiden Seitenbandzeiger identifiziert werden. Hier geht es prinzipiell darum, komplexe Zahlen in Polarform zu identifizieren und ihnen ihre entsprechende Darstellung als Zeiger zuzuordnen. Die technologische Ebene reflektiert dabei, dass es sich einmal um den Zeiger des Trägersignals und einmal um die beiden Zeiger der Seitenbänder im Kontext der Amplitudenmodulation handelt. Und schließlich wird in Aufgabe T_1 das Zeigerdiagramm gezeichnet. Auch diese Technik ist prinzipiell in der HM anzutreffen. In der vorliegenden Aufgabe liegt die Begründung aber in der Veranschaulichung eines elektrotechnischen Vorgangs. Man könnte auch alle drei Zeiger an den Ursprung zeichnen, entsprechend dem vorletzten Schritt in der Umformung. Diese Darstellung wäre aber nicht geeignet, relevante Aspekte der Amplitudenmodulation darzustellen.

Ein weiterer Aspekt, der uns im Rahmen der Analyse aufgefallen ist: HM-Techniken, die sich mit den Zeigern beschäftigen (Interpretation von $x(t)$ als Projektion eines Zeigers, Identifikation von Trägerzeiger und Seitenbandzeigern und Zeichnen des

Zeigerdiagramms), können vom Typ her in der HM vorkommen, treten aber in der vorliegenden Aufgabe in besonders komplexer Weise auf. Einen Ausdruck als Projektion eines Zeigers auf die reelle Achse zu interpretieren, ist HM-typisch. Hier kommt hinzu, dass der Zeiger eine zeitabhängige Amplitude besitzt. Ausdrücke als komplexe Zahl mit der jeweils entsprechenden Darstellung als Zeiger zu interpretieren, ist HM-typisch. Im Ausdruck für $A(t)$ die beiden Seitenbandzeiger zu identifizieren und A als Amplitude des Trägerzeigers zu erkennen, benötigt aber spezifisches Wissen über Prinzipien der Amplitudenmodulation. Und schließlich ist auch das Zeichnen von Zeigerdiagrammen üblich in der HM. Hier muss nun aber im Prinzip auf dem Trägerzeiger ein zweites Zeigerdiagramm gezeichnet werden (siehe Abb. 4 im Anhang). Nur so ist der Vorgang der Amplitudenmodulation überhaupt adäquat dargestellt und nur so ist es möglich, an dieser spezifischen Grafik weitergehende Aspekte (z. B. zum Modulationsgrad m oder zu Übertragungsverlusten in den Seitenbändern, vgl. Fußnote 18) zu untersuchen. Das Erkennen der Amplitudenmodulation in diesem Zeigerdiagramm und die Möglichkeit, dieses Zeigerdiagramm zum Studium bestimmter elektrotechnischer Effekte nutzen zu können, erfordert demnach gerade einen spezifischen „elektrotechnischen Blick", also den ET-Diskurs, und somit Aspekte, die mit den Überlegungen von Bissell und Dillon zum Systemdenken in Verbindung stehen.

6.6 Diskussion

Die Analysen der Aufgaben zeigen, dass sich in deren Lösungsschritten Techniken und Technologien unterscheiden lassen, die sich verschiedenen mathematischen Diskursen, dem HM-Diskurs oder dem ET-Diskurs zuordnen lassen. Dabei kann die Unterscheidung auf der Grundlage der vorher formulierten Charakterisierungen dieser beiden Diskurse vorgenommen werden. Im Hinblick auf die beiden Aufgaben und deren Lösungen adressieren die Charakterisierungen also identifizierbare Unterschiede und sind hinsichtlich dieses Ziels hinreichend präzise.

Insbesondere aus den grafischen Darstellungen der Analyse wird unmittelbar deutlich, an welchen Stellen in der Bearbeitung für Studierende eventuell problematische Übergänge zwischen mathematischem HM-Diskurs und mathematischem ET-Diskurs auftreten und explizit in der Lehre, etwa bei der Besprechung der Lösungen in der Lehrveranstaltung, angesprochen werden könnten. Gegebenenfalls in Aufgabenbearbeitungen auftretende Schwierigkeiten können anhand der Grafik diagnostisch hinsichtlich ihrer technischen oder technologischen Qualität beurteilt werden. Auf dieser Grundlage könnte darüber hinaus auch die Ebene der Rückmeldung an Studierende bedacht und geeignet gewählt werden. So könnte Feedback auf technische Probleme etwa nicht nur die jeweilige Technik adressieren, sondern auch technologische Aspekte und deren jeweilige Verortung im HM- bzw. ET-Diskurs der SST berücksichtigen. Sowohl die vorgenommene Charakterisierung der Diskurse als auch unser Vorschlag zur grafischen Darstellung von Ergebnissen der praxeologischen Analyse können also in fachbezogene Vor- und Nachbereitungsüberlegungen von Lehrveranstaltungen sowie in fachliches Feedback auf Aufgabenbearbeitungen als Werkzeug einbezogen werden.

Im Einzelnen und unter Berücksichtigung der jeweiligen Teilaufgabenebenen ergaben sich im Kontext der zwei Beispielaufgaben die folgenden drei praxeologisch zu unterscheidenden Typen von Verknüpfungen:

a. HM-Technik als Moment eines ET-Diskurses: z. B. in T_3 in der Enveloppen-Aufgabe (Gleichrichtung und Absolutbetrag) und in T_3 in der Aufgabe zum rotierenden Zeiger (Interpretation von $A(t)$ als Modulation). Hier muss man jeweils den mathematischen ET-Diskurs und dessen Realisierung kennen. Feedback zu einer problematischen Aufgabenbearbeitung an diesem Punkt könnte also sinnvollerweise dieses möglicherweise nicht vorhandene Verknüpfungswissen adressieren. Dies müsste gegebenenfalls im ET-Diskurs plausibel gemacht werden. Aktivierende Fragen könnten im Beispiel der Enveloppen-Aufgabe etwa sein: Was bedeutet Gleichrichtung? Wie wird das elektrotechnisch und mathematisch realisiert? Was macht das mit dem Signal?
b. ET-Technik als Moment des ET-Diskurses: z. B. in T_4 in der Enveloppen-Aufgabe (Anwenden des Tiefpassfilters)
c. HM-Technik als Moment des HM-Diskurses: z. B. in T_5 in der Enveloppen-Aufgabe (Fourier-Reihe)

Die Typen b. und c. sind jeweils, zumindest wenn man die Integriertheit der jeweiligen Unterebenen unberücksichtigt lässt, innerhalb der jeweiligen Diskurse angesiedelt. Inwieweit diese verschiedenen Typen tatsächlich praxeologisch zu unterscheidende Hürden für Studierende darstellen, ist natürlich eine empirisch weiter zu untersuchende Frage. Schließlich müssen strukturelle Hürden in Lösungen nicht notwendigerweise tatsächlich zu Hürden bei der Bearbeitung führen. Auch zur Verbreitung der jeweiligen Schwierigkeiten kann unsere Analyse keine Aussage machen.

Noch zwei kurze abschließende Bemerkungen: An den beiden in dieser Arbeit beispielhaft analysierten Aufgaben ließen sich Aspekte identifizieren, bei denen höhere Ebenen der Kodetermination einen Beitrag zur Aufklärung des Logos-Blocks leisten würden, analog zu unserer Analyse der Einführung des Dirac-Impulses (Hochmuth und Peters 2020). Im Hinblick auf die zentralen Fragestellungen dieses Beitrags schienen uns diese aber von untergeordneter Bedeutung. Unseres Erachtens zeigen die grafischen Darstellungen der Verschlingungen der mathematischen Diskurse auch noch einmal deutlich, dass sich im Kontext dieser eher fortgeschrittenen Aufgaben keine klare Unterscheidung in einen reinen Mathematikdiskurs und einen mathematik-freien Elektrotechnikdiskurs, was dem sogenannten Rest der Welt im Modellierungs-kreislauf entsprechen würde, treffen lässt. Das Verhältnis zwischen Mathematik und Elektrotechnik, das wir im Rahmen dieses Beitrags nicht explizit adressieren, sondern zusammen im mathematischen ET-Diskurs fassen, ist darüber hinaus mit der Anwendungsmetapher nur unzureichend erfasst. Damit stützen die Ergebnisse der beiden exemplarischen Aufgabenanalysen unsere methodischen und theoretischen Vor-entscheidungen.

Anhang

Dieser Abschnitt gibt Übungsaufgaben und die zugehörigen, von uns analysierten Dozenten-Musterlösungen wieder, so wie sie auf dem Übungsblatt zur Vorlesung erscheinen.

AUFGABE 4 (Vorlesung S. 93)

- Unter der Annahme $0 < m < 1$ und somit $A(t) > 0$ (die Einhüllende oder *Enveloppe* des AM-Signals ist stets positiv) zeige man, dass der o.g. *Enveloppendemodulator* tatsächlich ein Signal proportional zu $A(t)$ liefert.

LÖSUNG

Der Enveloppendemodulator liefert zunächst das Signal $|x(t)| = |A(t)\cos(2\pi f_0 t)|$. Wegen $0 < m < 1$ und somit $A(t) > 0$ gilt somit $|x(t)| = A(t)\,|\cos(2\pi f_0 t)|$. Die periodische Funktion $|\cos(2\pi f_0 t)|$ lässt sich, wie nachfolgend gezeigt, in eine Fourierreihe entwickeln.

Wir betrachten hierzu die komplexe Fourierreihe, die in der Vorlesung verwendet wird, und setzen

$$s(t) = |\cos(2\pi f_0 t)| \overset{!}{=} \sum_{n=-\infty}^{\infty} S_n e^{\jmath n 2\pi F t},$$

wobei die Periode T von $s(t)$ durch $T = 1/2f_0$ gegeben ist und somit $F = 1/T = 2f_0$ ist.

Die Koeffizienten der Fourierreihe sind definiert durch

$$S_n = \frac{1}{T} \int\limits_{-T/2}^{T/2} s(t) e^{-\jmath n 2\pi F t} \mathrm{d}t = \frac{1}{T} \int\limits_{-T/2}^{T/2} s(t)[\cos(2\pi n F t) + \jmath \sin(2\pi n F t)]\mathrm{d}t.$$

Da $s(t)$ eine gerade Funktion ist, $\sin(2\pi n F t)$ jedoch eine ungerade, gilt

$$S_n \quad = \quad \frac{1}{T} \int\limits_{-T/2}^{T/2} s(t)\cos\left(2\pi nFt\right)\mathrm{d}t$$

$$\overset{\text{Integrand gerade}}{=} \quad \frac{2}{T} \int\limits_{0}^{T/2} s(t)\cos\left(2\pi nFt\right)\mathrm{d}t$$

$$= \quad \frac{2}{T} \int\limits_{0}^{T/2} \left|\cos\left(2\pi f_0 t\right)\right| \cos\left(2\pi nFt\right)\mathrm{d}t$$

$$= \quad \frac{2}{T} \int\limits_{0}^{T/2} \cos\left(2\pi f_0 t\right) \cos\left(2\pi nFt\right)\mathrm{d}t$$

$$\overset{\text{Add.theorem},F=2f_0}{=} \quad \frac{1}{T} \int\limits_{0}^{T/2} \left[\cos\left(2\pi f_0(2n+1)t\right) + \cos\left(2\pi f_0(2n-1)t\right)\right]\mathrm{d}t$$

$$= \quad \frac{1}{2\pi T f_0}\left[\frac{1}{2n+1}\sin\left(2\pi f_0(2n+1)t\right)\big|_0^{T/2} + \frac{1}{2n-1}\sin\left(2\pi f_0(2n-1)t\right)\big|_0^{T/2}\right].$$

$$\overset{2f_0T=1}{=} \quad \frac{1}{\pi}\left[\frac{1}{2n+1}\sin\left(\frac{\pi(2n+1)}{2}\right) + \frac{1}{2n-1}\sin\left(\frac{\pi(2n-1)}{2}\right)\right].$$

Wegen $\sin\left(\frac{\pi(2n+1)}{2}\right) = (-1)^n$ und $\sin\left(\frac{\pi(2n-1)}{2}\right) = (-1)^{n+1}$ für $n \in \mathbb{Z}$, ergibt sich

$$
\begin{aligned}
S_n &= \frac{1}{\pi}\left[\frac{(-1)^n}{2n+1} + \frac{(-1)^{n+1}}{2n-1}\right] \\
&= \frac{(-1)^n}{\pi}\left[\frac{1}{2n+1} - \frac{1}{2n-1}\right] \\
&= \frac{(-1)^n}{\pi(2n+1)(2n-1)}[(2n-1)-(2n+1)] \\
&= \frac{(-1)^n}{\pi(4n^2-1)}(-2) \\
&= \frac{2}{\pi}\frac{(-1)^{n+1}}{4n^2-1} \\
&= S_{-n}.
\end{aligned}
$$

Somit ergibt sich schließlich

$$
\begin{aligned}
s(t) &= \sum_{n=-\infty}^{\infty} S_n e^{jn2\pi Ft} \\
&\overset{S_n = S_{-n}}{=} S_0 + \sum_{n=1}^{\infty} S_n\left(e^{jn2\pi Ft} + e^{-jn2\pi Ft}\right) \\
&= \frac{2}{\pi} + \frac{2}{\pi}\sum_{n=1}^{\infty} \frac{2(-1)^{n+1}}{4n^2-1}\cos\left(4\pi n f_0 t\right) \\
&= \frac{2}{\pi}\left[1 + \sum_{n=1}^{\infty} \frac{2(-1)^{n+1}}{4n^2-1}\cos\left(4\pi n f_0 t\right)\right] \\
&= \frac{2}{\pi}\left[1 + \frac{2}{3}\cos\left(4\pi f_0 t\right) - \frac{2}{15}\cos\left(8\pi f_0 t\right) \pm \dots\right].
\end{aligned}
$$

Wird nun das Signal

$$
|x(t)| = A(t)s(t) = A(t)\frac{2}{\pi}\left[1 + \frac{2}{3}\cos\left(4\pi f_0 t\right) - \frac{2}{15}\cos\left(8\pi f_0 t\right) \pm \dots\right]
$$

einem Tiefpassfilter zugeführt, ergibt sich an dessen Ausgang

$$
y_0(t) = \frac{2}{\pi}A(t)
$$

- Gegeben sei ein Primärsignal $s_1(t) = \cos(\Omega t)$ mit $\Omega \ll 2\pi f_0$.

  1. Wie lautet das resultierende AM-Signal (Zweiseitenbandmodulation mit Träger)?

$$\boxed{\text{LÖSUNG}}$$

  Durch Einsetzen von $s_1(t) = \cos(\Omega t)$ ergibt sich sofort

$$x(t) = A(1 + m\cos(\Omega t))\cos(2\pi f_0 t).$$

  2. Formen Sie $x(t)$ um, so dass sich das AM-Signal als Summe von drei harmonischen Schwingungen ergibt.

$$\boxed{\text{LÖSUNG}}$$

  Wir erhalten mit dem bekannten Additionstheorem $\cos(\alpha)\cos(\beta) = \frac{1}{2}(\cos(\alpha + \beta) + \cos(\alpha - \beta))$

$$x(t) = A(1 + m\cos(\Omega t))\cos(2\pi f_0 t) = A\cos(2\pi f_0 t) + \frac{Am}{2}\cos(2\pi f_0 t + \Omega t) + \frac{Am}{2}\cos(2\pi f_0 t - \Omega t).$$

  Das Spektrum von $x(t)$ ist in Abb. 3 dargestellt.

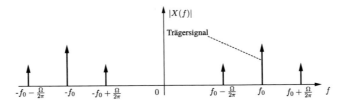

Abb. 3: Signalspektrum $X(f)$ des AM-Signals für $s_1(t) = \cos(\Omega t)$.

  3. Stellen Sie $x(t)$ unter Ausnutzung der Beziehung $\cos(2\pi f t) = \Re\{\exp(\jmath 2\pi f t)\}$ und des Ergebnis unter Punkt 2. in der komplexen Ebene als rotierenden Zeiger mit variierender Amplitude grafisch dar.

$$\boxed{\text{LÖSUNG}}$$

Man schreibt zunächst

$$
\begin{aligned}
x(t) &= A\cos(2\pi f_0 t) + \frac{Am}{2}\cos(2\pi f_0 t + \Omega t) + \frac{Am}{2}\cos(2\pi f_0 t - \Omega t) \\
&= A\Re\{\exp(\jmath 2\pi f_0 t)\} + \frac{Am}{2}\Re\{\exp(\jmath(2\pi f_0 t + \Omega t))\} + \frac{Am}{2}\Re\{\exp(\jmath(2\pi f_0 t - \Omega t))\} \\
&= \Re\left\{\exp(\jmath 2\pi f_0 t)\underbrace{\left[A + \frac{Am}{2}\exp(\jmath\Omega t) + \frac{Am}{2}\exp(-\jmath\Omega t)\right]}_{A(t)}\right\}
\end{aligned}
$$

und interpretiert den Ausdruck in der eckigen Klammer als reellwertige zeitabhängige Amplitude $A(t)$, die den sich mit der Frequenz f_0 drehenden Trägerzeiger $\exp(\jmath 2\pi f_0 t)$ in Abb. 4 moduliert.

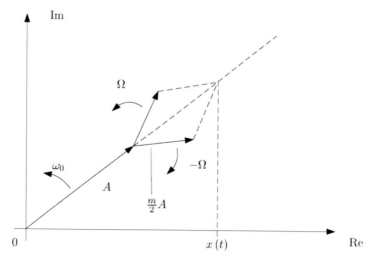

Abb. 4: Darstellung von $x(t) = x(t) = A(1 + m \cos{(\Omega t)}) \cos{(2\pi f_0 t)}$ als Realteil eines sich drehenden Zeigers $A(t) \exp{(\jmath 2\pi f_0 t)}$ mit $\omega_0 = 2\pi f_0$.

Literatur

Alpers, B. A., Demlova, M., Fant, C.-H., Gustafsson, T., Lawson, D., Mustoe, L., Olsen-Lehtonen, B., Robinson, C. L., & Velichova, D. (2013). *A framework for mathematics curricula in engineering education: a report of the mathematics working group*. European Society for Engineering Education (SEFI).

Barquero, B., Bosch, M., & Gascón, J. (2011). 'Applicationism' as the dominant epistemology at university. In M. Pytlak, T. Rowland, E. Swoboda (Hrsg.), *Proceedings of the seventh congress of the european society for research in mathematics education* (S. 1938–1948). Rzeszów: University of Rzeszów.

Biehler, R., Kortemeyer, J., & Schaper, N. (2015). Conceptualizing and studying students' processes of solving typical problems in introductory engineering courses requiring mathematical competences. In K. Krainer & N. Vondrová (Hrsg.), *CERME 9 Proceedings – Ninth Congress of the European Society for Research in Mathematics Education* (S. 2060–2066). Prague: Charles University in Prague, Faculty of Education and ERME.

Bissell, C. (2004). Models and «black boxes»: Mathematics as an enabling technology in the history of communications and control engineering. *Revue d'histoire des sciences*, 305–338.

Bissell, C. (2012). Metatools for information engineering design. In C. Bissell & C. Dillon (Hrsg.), *Ways of thinking, ways of seeing* (S. 71–94). Berlin Heidelberg: Springer.

Bissell, C., & Dillon, C. (2000). Telling tales: Models, stories and meanings. *For the learning of mathematics, 20*(3), 3–11.

Blum, W., & Leiß, D. (2007). How do Students and Teachers Deal with Modelling Problems? In C. Haines, P. Galbraith, W. Blum, & S. Khan (Hrsg.), *Mathematical Modelling* (S. 222–231). Woodhead Publishing.

Bosch, M. (2014). Research on university mathematics education within the Anthropological Theory of the Didactic: Methodological principles and open questions. *Research in Mathematics Education, 16*(2), 112–116.

Bosch, M. (2015). Doing research within the anthropological theory of the didactic: The case of school algebra. In S. J. Cho (Hrsg.), *Selected regular lectures from the 12th international congress on mathematical education* (S. 51–69). Cham: Springer.

Bosch, M., & Gascón, J. (2006). Twenty-five years of the didactic transposition. In B. R. Hodgson (Hrsg.), *ICMI Bulletin, 58,* 51–65.

Bosch, M., & Gascón, J. (2014). Introduction to the Anthropological Theory of the Didactic (ATD). In A. Bikner-Ahsbahs & S. Prediger (Hrsg.), *Networking of theories as a research practice in mathematics education* (S. 67–83). Springer.

Bosch, M., Hausberger, T., Hochmuth, R., & Winsløw, C. (2021). External Didactic Transposition in Undergraduate Mathematics. *Int. J. Res. Undergrad. Math. Ed., 7,* 140–162.

Brousseau, G. (2002). *Theory of Didactical Situations in Mathematics: Didactique des Mathématiques, 1970–1990.* Springer

Castela, C. (2015). When praxeologies move from an institution to another one: The transpositive effects. In D. Huillet (Hrsg.), *23rd annual meeting of the Southern African association for research in mathematics, science and technology* (S. 6–19).

Castela, C., & Romo Vázquez, A. (2011). Des mathématiques à l'automatique: étude des effets de transposition sur la transformée de Laplace dans la formation des ingénieurs. *Recherches en didactique des mathématiques, 31*(1), 79–130.

Chevallard, Y. (1985). *La Transposition Didactique. Du savoir savant au savoir enseigné.* Grenoble: La Pensée Sauvage.

Chevallard, Y. (1992). Fundamental concepts in didactics: Perspectives provided by an anthropological approach. *Research in Didactique of Mathematics, Selected Papers.* La Pensée Sauvage, Grenoble, 131–167.

Chevallard, Y. (2006). Steps towards a new epistemology in mathematics education. In M. Bosch (Hrsg.), *Proceedings of the IV Congress of the European Society for Research in Mathematics Education* (S. 21–30).

Chevallard, Y. (2019). Introducing the anthropological theory of the didactic: An attempt at a principled approach. *Hiroshima Journal of Mathematics Education, 12,* 71–114.

Dammann, E. (2016). *Entwicklung eines Testinstruments zur Messung fachlicher Kompetenzen in der Technischen Mechanik bei Studierenden ingenieurwissenschaftlicher Studiengänge.* Dissertation, Universität Stuttgart.

De Oliveira, H. M., & Nunes, F. D. (2014). About the phasor pathways in analogical amplitude modulations. *International Journal of Research in Engineering and Science, 2*(1), 11–18.

Douglas, M. (1991). *Wie Institutionen denken.* Frankfurt a. M.: Suhrkamp.

Fettweis, A. (1996). *Elemente nachrichtentechnischer Systeme.* Wiesbaden: Vieweg+Teubner Verlag.

Frey, T., & Bossert, M. (2009). *Signal- und Systemtheorie.* Wiesbaden: Vieweg+Teubner.

González-Martín, A. S., & Hernandes-Gomes, G. (2018). The use of integrals in Mechanics of Materials textbooks for engineering students: The case of the first moment of an area. In V. Durand-Guerrier, R. Hochmuth, S. Goodchild, & N. M. Hogstad (Hrsg.), *Proceedings of INDRUM2018 – Second conference of the International Network for Didactic Research in University Mathematics* (S. 115–124). Kristiansand: University of Agder and INDRUM.

González-Martín, A. S., & Hernandes-Gomes, G. (2019). The graph of a function and its anti-derivative: a praxeological analysis in the context of Mechanics of Solids for engineering. In U. T. Jankvist, M. van den Heuvel-Panhuizen, & M. Veldhuis (Hrsg.), *Eleventh Congress of the European Society for Research in Mathematics Education (CERME11)*. Freudenthal Group, Freudenthal Institute and ERME.

Hennig, M., Mertsching, B., & Hilkenmeier, F. (2015). Situated mathematics teaching within electrical engineering courses. *European Journal of Engineering Education, 40*(6), 683–701.

Hochmuth, R., & Peters, J. (2020). About the "mixture" of discourses in the use of mathematics in signal theory. *Educação Matemática Pesquisa: Revista Do Programa de Estudos Pós-Graduados Em Educação Matemática, 22*(4), 454–471.

Hochmuth, R., & Schreiber, S. (2015). Conceptualizing societal aspects of mathematics in signal analysis. In *Proceedings of the Eighth International Mathematics Education and Society Conference* (Bd. 8, S. 610–622).

Plaßmann, W., & Schulz, D. (2009). *Handbuch Elektrotechnik Grundlagen und Anwendungen für Elektrotechniker*. Vieweg+Teubner GWV Fachverlage GmbH.

Rach, S., Heinze, A., & Ufer, S. (2014). Welche mathematischen Anforderungen erwarten Studierende im ersten Semester des Mathematikstudiums? *Journal für Mathematik-Didaktik, 35*(2), 205–228.

Romo Vázquez, A. (2009). *La formation mathématique des futurs ingénieurs*. Dissertation, Université Paris Diderot.

Steinmetz, C. P. (1893). Die Anwendung complexer Grössen in der Elektrotechnik. *Elektrotechnische Zeitschrift*, 597–599.

Strampp, W. (2012). *Höhere Mathematik 1: Lineare Algebra*. Wiesbaden: Springer Vieweg.

Strampp, W. (2015). *Höhere Mathematik 2 : Analysis* (4. Aufl.). Wiesbaden: Springer Vieweg.

Strampp, W., Ganzha, V. & Vorozhtsov, E. (1997a). *Höhere Mathematik mit Mathematica : Band 3: Differentialgleichungen und Numerik*. Wiesbaden: Vieweg Teubner Verlag.

Strampp, W., Ganzha, V. & Vorozhtsov, E. (1997b). *Höhere Mathematik mit Mathematica : Band 4: Funktionentheorie, Fourier- und Laplacetransformationen*. Wiesbaden: Vieweg Teubner Verlag.

Winsløw, C., Barquero, B., De Vleeschouwer, M., & Hardy, N. (2014). An institutional approach to university mathematics education: from dual vector spaces to questioning the world. *Research in Mathematics Education, 16*(2), 95–111.

Winsløw, C., Gueudet, G., Hochmuth, R., & Nardi, E. (2018). Research on university mathematics education. In *Developing research in mathematics education* (S. 60–74). Routledge.

Teil II
Schnittstellenaktivitäten zwischen Schule, Hochschule und Profession

Schnittstellenaktivitäten zwischen Schule, Hochschule und Profession – Einführung

7

Andreas Eichler

Zusammenfassung

Der Übergang von der Schulmathematik zur Hochschulmathematik ist ein in der Hochschuldidaktik Mathematik häufig diskutiertes Thema, da der Übergang erhebliche Anforderungen an Studierende stellt, die von Motivationsproblemen und Überforderungserleben bis hin zu Studienabbruchstendenzen reichen. Aus diesen Gründen liegt ein Augenmerk hochschuldidaktischer Forschung auf Schnittstellenaktivitäten, die den Übergang von der Schule zur Hochschule erleichtern. Insbesondere hinsichtlich einer höheren Motivation, sich auf Hochschulmathematik einzulassen, gibt es zudem eine weitere Form von Schnittstellenaktivität, bei der bereits zu Beginn des Studiums ein Berufsfeldbezug verdeutlicht wird. Beide Formen von Schnittstellenaktivitäten werden in diesem Kapitel eingeführt, um die nachfolgenden Beiträge aus dem khdm zu diesem Thema vorzubereiten.

Mit dem drastischen Begriff „rupture" kennzeichnet Gueudet (2008) die Schnittstelle Schulmathematik- Hochschulmathematik. Dabei geht sie aufbauend auf Guzmán et al. (1998) auf verschiedene fachliche und überfachliche Aspekte ein, die das Lernen von Schulmathematik und Hochschulmathematik ausmachen und deren Änderung von Schule zu Hochschule den Begriff der „Schnittstelle" als Berührpunkt unterschiedlicher Perspektiven auf einen Gegenstand erst legitimieren. Genannt werden etwa die Veränderung der Art des mathematischen Denkens und der mathematischen Sprache oder die Veränderung der Organisation von Wissen und Wissensvermittlung (Gueudet 2008).

A. Eichler (✉)
FB 10, Universität Kassel, Kassel, Deutschland
E-Mail: eichler@mathematik.uni-kassel.de

Die als radikal verstandene Änderung in der Schnittstelle von der Schulmathematik zur Hochschulmathematik wird als hohe Hürde und Schwierigkeit für Lernende aller mathematikhaltigen Studiengänge verstanden (z. B. Thomas et al. 2015). Diese Schwierigkeiten werden als wesentlicher Grund für das hochproblematische Phänomen angesehen, dass Studierende mathematikhaltiger Studiengänge insbesondere im ersten Studienjahr ihren Studiengang verlassen, also abbrechen oder wechseln (Dieter 2012; Härterich et al. 2012; Hetze 2011; Heublein et al. 2014).

Als möglicher Ausdruck der genannten Schwierigkeiten im Übergang von der Schule zur Hochschule werden auf die Mathematik bezogen insbesondere die fachliche Überforderung und die fehlende Motivation genannt (Fellenberg und Hannover 2006; Hetze 2011). Aktivitäten, die als Unterstützung in der Studieneingangsphase konzipiert wurden, zielen entsprechend insbesondere auf diese beiden Schwierigkeitskomplexe. Hinsichtlich einer fachlichen Überforderung existiert eine Fülle von Unterstützungsmaßnahmen wie etwa Vorkurse, Brückenkurse oder Lernzentren (Bausch et al. 2014). Diese Unterstützungsmaßnahmen bieten den Studierenden in Vorbereitung oder Begleitung der regulären Anfängerveranstaltungen zur Mathematik Hilfe dabei, die Studierfähigkeit im Sinne der Anforderungen der Anfängerveranstaltungen zu sichern und damit das mathematische Erwachsenwerden („rite of passage", vgl. Clark und Lovric 2009) anzubahnen. Unterstützungsmaßnahmen dieser Art, insbesondere Vorkurse, die eine Begleitung der fachwissenschaftlichen Anfängerveranstaltungen in mathematikhaltigen Studiengängen umfassen, werden im dritten Abschnitt dieses Bandes thematisiert.

Im Gegensatz zur Unterstützung der hochschulmathematischen Ausbildung in der Studieneingangsphase zielen Schnittstellenaktivitäten auf das Verdeutlichen von Bezügen von der Schulmathematik zur Hochschulmathematik bzw. von der Hochschulmathematik zur berufsfeldbezogenen Mathematik. Damit ist beispielsweise für Lehrkräfte wiederum die Schulmathematik, für Ingenieure die für Anwendungen notwendige Mathematik zu verstehen (vgl. Alpers 2010). In einer Übersicht werden im Folgenden Begründungen und spezifische Zielrichtungen von Schnittstellenaktivitäten diskutiert.

Gründe für Schnittstellenaktivitäten

Obwohl die oft zitierte Beschreibung der Mathematikausbildung an Hochschulen von Felix Klein (1908, S. 1) aus einer anderen Zeit mit anderen Strukturen eines Lehramtsstudiums stammt, kann sie als zumindest in Teilen noch aktuelle Begründung für Schnittstellenaktivitäten bezogen auf beide möglichen Schnittstellen verwendet werden:

> „In einer ganzen langen Zeitperiode [...] trieb man an den Universitäten ausschließlich hohe Wissenschaft ohne Rücksicht auf das, was der Schule not tat, und ohne sich überhaupt um die Herstellung einer Verbindung mit der Schulmathematik zu sorgen. Doch was ist die Folge einer solchen Praxis? Der junge Student sieht sich am Beginn seines Studiums vor Probleme gestellt, an denen ihn nichts mehr an das erinnert, womit er sich bisher beschäftigt hat, und natürlich vergisst er daher alle diese Dinge rasch und gründlich. Tritt er aber nach Absolvierung des Studiums ins Lehramt über, so muss er eben diese herkömmliche Elementarmathematik schulmäßig unterrichten, und da er diese Aufgabe kaum selbstständig

mit der Hochschulmathematik in Zusammenhang bringen kann, so nimmt er bald die althergebrachte Unterrichtstradition auf, und das Hochschulstudium bleibt ihm nur eine mehr oder minder angenehme Erinnerung, die auf seinen Unterricht keinen Einfluss hat.

Die erste Diskontinuität, die als „Transition" bezeichnet wird (z. B. Gueudet 2008), betrifft alle mathematikhaltigen Studiengänge, die zweite dagegen nur das Lehramtsstudium. Die sogenannte doppelte Diskontinuität bezogen auf beide Schnittstellen ist in der hier formulierten Fassung somit ein Spezifikum des Lehramtsstudiums. Ziel der Maßnahmen für die Verminderung der ersten Diskontinuität ist nach Bauer und Partheil (2009), die fachwissenschaftlichen Inhalte der Fachvorlesungen in Bezug zur Schulmathematik zu setzen und dabei bekannte Aspekte der Schulmathematik neu in die Hochschulmathematik einzuordnen. Stellvertretend für die vielen Ansätze sind das Projekt „Mathematik neu denken" (Beutelspacher et al. 2011) oder die umstrukturierten Anfängervorlesungen Mathematik von Bauer (2012) oder Grieser (2013) Beispiele für die Adressierung der ersten Diskontinuität.

Schnittstellenaktivitäten können sich aber auch auf die zweite Diskontinuität, also die zweite Schnittstelle, oder im Verbund auf beide Diskontinuitäten beziehen. Schnittstellenaktivitäten solcher Art beziehen sich auf diejenigen, die später Mathematik anwenden, wie etwa Studierende der Ingenieurstudiengänge oder des Lehramts. Für solche Studierende können Schnittstellenaktivitäten einen Berufsfeldbezug herstellen, der für die reinen Mathematikstudierenden in ihrer Selbstsicht offenbar keine Relevanz im Studium besitzt (Bauer und Partheil 2009). Die Wichtigkeit eines Berufsfeldbezugs ist für Studierende des Lehramts schon in obigem Zitat von Klein enthalten und wird auch aktuell immer noch als wichtiger Aspekt des Studiums eingefordert (z. B. Bauer 2017; Heid et al. 2015). Für Studierende des Lehramts scheint die Transparenz eines Berufsfeldbezugs, also die Klärung, welche Funktion die Hochschulmathematik für die professionelle Tätigkeit in der Schule hat, von wesentlicher Bedeutung zu sein (Hefendehl-Hebeker 2013; Isaev und Eichler 2017).

Der Wunsch eines Berufsfeldbezugs ist aber nicht auf Studierende des Lehramts beschränkt, sondern auch für ingenieurwissenschaftliche Studiengänge relevant. So heißt es in einer Bestandsaufnahme zu technischen Studiengängen etwa: „Gerade im Fall der MINT-Fächer wird immer wieder kritisiert, dass die Curricula in den ersten Fachsemestern zu theorieorientiert seien. Nötig sind Elemente, die die praktische Anwendung des erworbenen Wissens verdeutlichen." (acatech 2017) Derboven und Winker (2010, S. 18) stellen fest, dass gerade die „mangelnde Berufsrelevanz" der Studieninhalte zu Studienbeginn die Studierenden stark demotiviert (vgl. auch Kap. 8 in diesem Band). Ganz allgemein bezeichnen Guzmán et al. (1998) einen besseren Dialog zwischen der Anwendung von Mathematik in spezifischen Berufen und der Mathematik als universitärem Lehrfach als wesentliche Anforderung eines gelingenden Übergangs von der Schulmathematik zur Hochschulmathematik. Wird der Berufsfeldbezug schon im Studium thematisiert, könnte er auf die erste und zweite Diskontinuität wirken. So könnte durch das Transparentmachen der Nützlichkeit der Hochschulmathematik für die professionelle Tätigkeit (zweite Diskontinuität) gleichsam auch die erste Diskontinuität gemildert werden, wenn dadurch das Interesse, Nützlichkeitsüberzeugungen oder die Motivation, sich mit der Hochschulmathematik zu beschäftigen, gesteigert wird.

Zielrichtung von Schnittstellenaktivitäten

Während viele Unterstützungsmaßnahmen für den erfolgreichen Übergang von der Schulmathematik zur Hochschulmathematik in erster Linie auf die Verbesserung der mathematischen Fähigkeiten zielen, adressieren Schnittstellenaktivitäten vor allem affektive Dispositionen der Studierenden, wozu Einstellungen, Überzeugungen oder motivationale Variablen gehören können (vgl. Hannula 2012).

Schnittstellenaktivitäten, die die erste Diskontinuität adressieren, zielen unmittelbar auf motivationale Dispositionen der Studierenden (z. B. Bauer und Partheil 2009), etwa indem ausgehend von aus der Schule bekanntem Wissen die Hochschulmathematik mitsamt ihren Vorteilen im Sinne von größerer Präzision oder von größerer Reichweite (z. B. Gueudet 2008) deutlich wird. Mittelbar sollen hierbei aber durch die Erhöhung der motivationalen Disposition von Studierenden auch deren mathematische Fähigkeiten erhöht werden.

In verstärktem Maße ist dies sicher auch für Schnittstellenaktivitäten der Fall, die den Berufsfeldbezug der Hochschulmathematik deutlich machen sollen und bei denen die Erhöhung der mathematischen Fähigkeiten wiederum nur mittelbar, nämlich als Folge der Veränderung affektiver Variablen, ein Ziel darstellt. Zu diesen affektiven Variablen gehören mit einem mathematischen Bezug beispielsweise

- die einfache Nutzerakzeptanz, die als Einstellung gegenüber einem Studieninhalt verstanden werden kann. Einstellung kann nach Hannula (2012) als stark affektive und relativ leicht veränderbare Variable verstanden werden.
- epistemologische Überzeugungen (Muis 2004), mathematische Weltbilder (Grigutsch et al. 1998) oder auch Überzeugungen zur doppelte Diskontinuität selbst (Isaev und Eichler 2017), wobei Überzeugungen allgemein als weitgehend stabil erachtet werden (Liljedahl et al. 2012).
- motivationale Variablen wie Interesse oder Überlegungen zum Kosten-Nutzen-Verhältnis eines Studieninhalts (Gradwohl und Eichler 2018; Wigfield und Eccles 1992).
- stark auf das Selbst bezogene Variablen wie Mathematik-Angst (Williams 2010) oder Selbstwirksamkeitserwartung (Bandura 2012).

Eine Einordnung dieser Art Variablen und Beispiele aus dem khdm finden sich exemplarisch in einzelnen Beiträgen dieses Bandes sowie insbesondere in Kap. 4, wobei dort der Schwerpunkt auf Lernstrategien gelegt wird.

Einordnung der Beiträge

Im Beitrag von Wolf (Kap. 8) wird der Berufsfeldbezug im Studium der Ingenieurwissenschaften thematisiert. Hier geht es darum, Schnittstellenaufgaben zu identifizieren, die im ersten Jahr des Studiums den Nutzen der universitären Mathematik für die professionelle Tätigkeit deutlich machen können. Das hier zugrunde liegende Projekt MatheMasch im khdm wird dabei skizziert und ausgewählte Ergebnisse der Evaluation werden präsentiert.

Der Beitrag von Hoffmann (Kap. 9) bezieht sich auf zwei Mathematikveranstaltungen für das Lehramt Gymnasium. Für Schnittstellenaufgaben wird dazu zunächst ein theoretischer Rahmen für die Einordnung der Aufgaben vorgeschlagen, der anhand von Beispielen aus den Veranstaltungen „Einführung in mathematisches Denken und Arbeiten" und „Grundlagen der Geometrie und Analysis I" an der Universität Paderborn illustriert wird. Ergebnisse des khdm-Projekts werden im Beitrag erläutert.

Neuhaus und Rach (Kap. 10) präsentieren eine neuartige Form von Schnittstellenaktivitäten, die nicht als spezielle, auf das Fach Mathematik bezogene Aufgaben gestaltet sind, sondern als begleitende Texte, in denen ein Alltagsbezug und ein Professionsbezug hergestellt werden. Das khdm-Projekt genügt einem Kontrollgruppendesign, in dem die Wirkung der spezifischen Schnittstellenaufgaben untersucht wird.

Im Beitrag von Frischemeier, Podworny und Biehler (Kap. 11) wird ein Lehrkonzept zum Bereich „Daten und Zufall" für das Grundschulstudium Mathematik an der Universität Paderborn diskutiert. In diesem khdm-Projekt geht es um eine globale Schnittstellenaktivität, die die Vermittlung in den fachwissenschaftlich orientierten Vorlesungen mit fachdidaktischen Veranstaltungen bis hin zu Prüfungen verzahnt. Wesentlicher Bestandteil des Lehrkonzepts ist der Einsatz statistischer Software.

In dem Beitrag von Khellaf, Hochmuth und Peters (Kap. 12) wird ein Projekt vorgestellt, das im Rahmen der „Qualitätsoffensive Lehrerbildung" an der Universität Hannover im khdm durchgeführt wurde. In dem Projekt wurde eine mathematikdidaktische Anfängerveranstaltung in dem Sinne neu konzipiert, dass spezifische Schnittstellenaufgaben zum Einsatz kamen, die auf die Bedeutung fachwissenschaftlichen Wissens für die Bewältigung didaktischer Anforderungen zielen.

Literatur

Acatech. (Hrsg.) (2017). *Studienabbruch in den Ingenieurwissenschaften. Hochschulübergreifende Analyse und Handlungsempfehlungen (acatech POSITION)*. München: Herbert Utz Verlag.

Alpers, B. (2010). Studies on the mathematical expertise of mechanical engineers. *Journal of Mathematical Modelling and Application, 1*(3), 2–17.

Bandura, A. (2012). *Self-efficacy: The exercise of control* (13. Aufl.). New York: Freeman.

Bauer, T. (2012). *Analysis – Arbeitsbuch: Bezüge zwischen Schul- und Hochschulmathematik – sichtbar gemacht in Aufgaben mit kommentierten Lösungen. Studium*. Wiesbaden: Springer Spektrum.

Bauer, T. (2017). Schulmathematik und Hochschulmathematik – was leistet der höhere Standpunkt? *Der Mathematikunterricht, 63*, 36–45.

Bauer, T., & Partheil, U. (2009). Schnittstellenmodule in der Lehramtsausbildung im Fach Mathematik. *Mathematische Semesterberichte, 56*(1), 85–103.

Bausch, I., Biehler, R., Bruder, R., Fischer, P. R., Hochmuth, R., Koepf, W., & Wassong, T. (Hrsg.). (2014). *Mathematische Vor- und Brückenkurse.* Wiesbaden: Springer Fachmedien Wiesbaden.

Beutelspacher, A., Danckwerts, R., & Nickel, G. (2011). *Mathematik neu denken: Impulse für die Gymnasiallehrerbildung an Universitäten. Studium.* Wiesbaden: Vieweg + Teubner.

Clark, M., & Lovric, M. (2009). Understanding secondary–tertiary transition in mathematics. *International Journal of Mathematical Education in Science and Technology, 40*(6), 755–776.

Derboven, W., & Winker, G. (2010). *Ingenieurwissenschaftliche Studiengänge attraktiver gestalten.* Berlin Heidelberg: Springer.

Dieter, M. (2012). *Studienabbruch und Studienfachwechsel in der Mathematik: Quantitative Bezifferung und empirische Untersuchung von Bedingungsfaktoren.* Duisburg: Universität Duisburg. https://duepublico2.uni-due.de/servlets/MCRFileNodeServlet/duepublico_ derivate_00030759/Dieter_Miriam.pdf. Zugegriffen: 13. Febr. 2020.

Fellenberg, F., & Hannover, B. (2006). Kaum begonnen, schon zerronnen? Psychologische Ursachenfaktoren für die Neigung von Studienanfängern, das Studium abzubrechen oder das Fach zu wechseln. *Empirische Pädagogik, 20*(4), 381–399.

Gradwohl, J., & Eichler, A. (2018). *Predictors of performance in engineering mathematics: INDRUM2018, INDRUM Network.* University of Agder, Kristiansand.

Grieser, D. (2013). *Mathematisches Problemlösen und Beweisen: Eine Entdeckungsreise in die Mathematik. Bachelorkurs Mathematik.* Wiesbaden: Springer. doi: https://doi.org/10.1007/978-3-8348-2460-8. Zugegriffen: 13. Febr. 2020.

Grigutsch, S., Raatz, U., & Törner, G. (1998). Einstellungen gegenüber Mathematik bei Mathematiklehrern. *Journal Für Mathematik-Didaktik, 19*(1), 3–45.

Gueudet, G. (2008). Investigating the secondary–tertiary transition. *Educational Studies in Mathematics, 67*(3), 237–254.

Guzmán, M. de, Hodgson, B. R., Robert, A., & Villani, V. (1998). Difficulties in the passage from secondary to tertiary education. In G. Fischer (Hrsg.), Documenta mathematica, proceedings of the international congress of mathematicians: extra volume ICM, Berlin, 18–27 August 1998 (S. 747–762). Rosenheim: Geronimo.

Hannula, M. S. (2012). Exploring new dimensions of mathematics-related affect: Embodied and social theories. *Research in Mathematics Education, 14*(2), 137–161.

Härterich, J., Kiss, C., Rooch, A., Mönnigmann, M., Schulze Darup, M., & Span, R. (2012). MathePraxis – connecting first-year mathematics with engineering applications. *European Journal of Engineering Education, 37*(3), 255–266.

Hefendehl-Hebeker, L. (2013). Doppelte Diskontinuität oder die Chance der Brückenschläge. In C. Ableitinger, J. Kramer, & S. Prediger (Hrsg.), *Zur doppelten Diskontinuität in der Gymnasiallehrerbildung* (S. 1–16). Wiesbaden: Springer Fachmedien Wiesbaden.

Heid, M. K., Wilson, P. S., & Blume, G. W. (2015). *Mathematical understanding for secondary teaching: A framework and classroom-based situations.* Charlotte: Information Age.

Hetze, P. (2011). *Nachhaltige Hochschulstrategien für mehr MINT-Absolventen.* Essen: Stifterverband für die Deutsche Wissenschaft, Heinz Nixdorf Stiftung.

Heublein, U., Richter, J., Schmelzer, R., & Sommer, D. (2014). Die Entwicklung der Studienabbruchquoten an den deutschen Hochschulen: Statistische Berechnungen auf der Basis des Absolventenjahrgangs 2012. Forum Hochschule: Bd. 2014,4. Hannover: Deutsches Zentrum für Hochschul- und Wissenschaftsforschung. https://www.dzhw.eu/pdf/pub_fh/fh-201404.pdf. Zugegriffen: 13. Febr. 2020.

Isaev, V., & Eichler, A. (2017). Measuring beliefs concerning the double discontinuity in secondary teacher education. CERME 10, Feb 2017, Dublin, Ireland. hal-01949039. Zugegriffen: 13. Febr. 2020.

Klein, F. (1908). *Elementarmathematik vom höheren Standpunkte aus. Teil I: Arithmetik, Algebra, Analysis*. Leipzig: Teubner.

Liljedahl, P., Oesterle, S., & Bernèche, C. (2012). Stability of beliefs in mathematics education: A critical analysis. *Nordic Studies in Mathematics Education, 17*(3), 101–118.

Muis, K. R. (2004). Personal epistemology and mathematics: A critical review and synthesis of research. *Review of Educational Research, 74*(3), 317–377.

Thomas, M. O. J., Freitas Druck, I. de, Huillet, D., Ju, M.-K., Nardi, E., Rasmussen, C., & Xie, J. (2015). Key mathematical concepts in the transition from secondary school to university. In S. J. Cho (Hrsg.), *The Proceedings of the 12ᵗʰ International Congress on Mathematical Education: Intellectual and attitudinal challenges* (S. 265–285). Cham: Springer.

Wigfield, A., & Eccles, J. S. (1992). The development of achievement task values: A theoretical analysis. *Developmental Review, 12*(3), 265–310.

Williams, A. S. (2010). Statistics anxiety and instructor immediacy. *Journal of Statistics Education, 18*(2), 1–18.

Konzeptgeleitete Entwicklung und Erprobung anwendungsorientierter Mathematikaufgaben für Ingenieurstudienanfänger im ersten Studienjahr

8

Paul Wolf

Zusammenfassung

Die Mathematikausbildung der Ingenieure wird stark theorieorientiert gehalten, was praxisinteressierte Studierende demotivieren kann, sich aktiv an der Veranstaltung zu beteiligen, da der Bezug zum eigentlichen Studienfach zu fehlen scheint. Im MatheMasch-Projekt der AG Ing-Math im Kompetenzzentrum Hochschuldidaktik Mathematik (khdm) hat der Autor sich diesen Problemen gestellt und ein Konzept zur Erstellung anwendungsorientierter Aufgaben für die Mathematikveranstaltungen der Ingenieure im ersten Studienjahr entwickelt.

Resultierend aus diesem Konzept entstanden spezielle Aufgaben, deren Kontexte im Studienfach angesiedelt, aber dabei insbesondere für die Mathematikveranstaltungen konzipiert sind. Die Evaluation der Intervention wurde über drei Semester mittels empirischer quantitativer Studien durchgeführt.

8.1 Einleitung

Zu der Ausbildung angehender Ingenieure gehört eine vergleichsweise große Menge an Inhalten aus der Höheren Mathematik, die in Lehrveranstaltungen wie „Mathematik für Maschinenbauer" gelehrt wird. Üblicherweise werden diese unter dem Begriff der „Service-Veranstaltungen" geführt und sollen den Studierenden des entsprechenden Ingenieurstudiengangs die für ihr Studium notwendigen mathematischen Werkzeuge

P. Wolf (✉)
Hochschule Stralsund, Stralsund, Deutschland
E-Mail: paul.wolf@hochschule-stralsund.de

© Springer-Verlag GmbH Deutschland, ein Teil von Springer Nature 2021
R. Biehler et al. (Hrsg.), *Lehrinnovationen in der Hochschulmathematik,*
Konzepte und Studien zur Hochschuldidaktik und Lehrerbildung Mathematik,
https://doi.org/10.1007/978-3-662-62854-6_8

an die Hand geben sowie ihnen zudem mathematische Denkweisen vermitteln. So kann man beispielsweise bei Alpers (2010, S. 2) von den zwei wichtigsten Zielen der Mathematikvorlesungen für Maschinenbauer erfahren:

> Correspondingly, the mathematical education of engineers has two major goals: It should enable students to understand, set up and use the mathematical concepts, models and procedures that are used in the application subjects like engineering mechanics, machine dynamics or control theory. [...] The second major goal of mathematics education is to provide students with a sound mathematical basis for their future professional life.

Bedingt durch die unterschiedlichen Eingangsvoraussetzungen und die daraus resultierende Heterogenität des mathematischen Fachwissens der Studierenden sind teils große Hürden in den ersten Semestern vorprogrammiert. Zudem kommt in der Ingenieurmathematik die Schwierigkeit hinzu, dass in den Fachvorlesungen oft mathematische Inhalte verwendet oder vorausgesetzt werden, die noch nicht in den Mathematikvorlesungen behandelt wurden. Weiterhin kann man beispielsweise bei Bingolbali et al. (2007) erfahren, dass Ingenieure die Mathematik lediglich als Werkzeug sehen und teilweise völlig andere Zugänge zu den Themen suchen, wodurch eine Mathematikvorlesung, die nicht auf ihre Bedürfnisse angepasst ist, deutlich größere Schwierigkeiten bereiten kann und nur schwerlich in der Lage ist, Motivationen zu wecken. Auch ist den Studierenden gerade in den ersten Semestern oft nicht bewusst, in welchem Zusammenhang die in den Mathematikvorlesungen behandelten Themen zu den ingenieurwissenschaftlichen Inhalten stehen. Demotivation und Desinteresse an der für sie später sehr wichtigen Mathematik sind oft die Folgen, und dies führt zu erhöhten Durchfallquoten in den Mathematikprüfungen (siehe z. B. Härterich et al. 2012, S. 255 f.). In einer Online-Studie von Derboven und Winkler (2009, S. 15) wurden insgesamt 680 Studienabbrecher der Ingenieurwissenschaften zu ihren Gründen befragt. Mehr als die Hälfte der Probanden gaben an, dass u. a. folgende Gründe sehr zentral und ausschlaggebend für ihren Abbruch waren (vgl. Tab. 2.2 in Derboven und Winkler 2009, S. 19):

- Man bekam oft isolierte Fakten präsentiert – ohne Zusammenhang oder einen Überblick.
- Es gab kaum konkrete Beispiele, die einem das Verstehen leichter gemacht hätten.
- Man musste häufig Dinge lernen, die für den späteren Beruf keine Bedeutung haben.
- Überwiegend ging es darum, Formeln anzuwenden, ohne sie zu verstehen.

Dies zeugt unter anderem von einer schlechten Verständnisvermittlung für die Mathematik und einer großen Frustration. Die Autoren schlussfolgern:

> Als zusammenfassendes Ergebnis kann festgehalten werden, dass über alle Konflikt-Faktoren und alle Befragten der Leistungsdruck und die Formellastigkeit beziehungsweise mangelnde Berufsrelevanz der Studieninhalte am stärksten im Studium demotivieren. (Derboven und Winkler 2009, S. 17 f.)

Auch Pfenning et al. (2002) haben durch eine Studie mit über 1000 deutschen Ingenieuren und Naturwissenschaftlern zeigen können, dass das Studium von den Studierenden als zu abstrakt und praxisfern bewertet wird (S. 20, 50). Sie empfehlen, dass bereits im Grundstudium Praxiskenntnisse und anwendungsbezogene Lehrinhalte vermittelt werden sollten (S. 79). Dass diese Probleme noch immer aktuell sind, kann man beispielsweise bei Rooch et al. (2014) erfahren, die in ihren Projekten versuchen, den geforderten Praxisbezug in das Ingenieurstudium zu integrieren.

Die Mathematikausbildung der Ingenieure wird meist von Dozenten der Mathematik gehalten, die mitunter stark innermathematisch bzw. theorieorientiert lehren. Dies kann praxisinteressierte Studierende abschrecken und demotivieren, sich aktiv an der Veranstaltung zu beteiligen, da der Bezug zum eigentlichen Studienfach entweder kaum zu sehen ist oder gar völlig zu fehlen scheint. Dieser Beitrag beschäftigt sich mit dem Problem dieser fehlenden Verbindung und versucht durch eine neue Intervention eine Brücke zu schlagen, die es ermöglicht, auf möglichst einfachem und mühelosem Weg die Relevanz der Mathematik den Ingenieurstudierenden (hier: Maschinenbaustudierenden) auch in klassischen Mathematik-Serviceveranstaltungen aufzuzeigen.

Der Autor ist seit 2013 Mitglied des Kompetenzzentrum Hochschuldidaktik Mathematik (khdm) und war insbesondere der AG Ing-Math (Mathematik in den Ingenieurwissenschaften) zugehörig. Das Teilprojekt, welches es ihm ermöglichte, seine Forschungen voranzutreiben, stellt sich unter dem Namen „Mathematik für Maschinenbauer: Integration des Modellierens in ingenieurwissenschaftlichen Zusammenhängen" vor und wurde von Prof. Dr. Rolf Biehler und Prof. Dr. Gudrun Oevel geleitet. Informationen rund um das Projekt finden sich u. a. auf der khdm-Homepage (www. khdm.de) sowie bei Oevel et al. (2014) oder Wolf (2017).

Der Fokus dieses Beitrags liegt auf dem Aufgabenkonzept, den Aufgaben bzw. der Aufgabenentwicklung sowie den abgeschlossenen Interventionsevaluationen. Die Einordnung dieser speziellen Aufgaben in ein bekanntes Klassifizierungsschema wird die theoretische Verortung unterstützen. Der Beitrag fasst wichtige Ergebnisse aus Wolf (2017) (mit lediglich rein stilistischen Änderungen) zusammen und bietet somit einen kurzen Überblick über die umfangreiche Arbeit. Die aktuelle Version der Aufgaben findet man in Wolf und Biehler (2016). Informationen zu den Aufgabenevaluationen finden sich weiterhin auch in Wolf und Biehler (2014).

8.2 Das Konzept zur Entwicklung anwendungsorientierter Aufgaben

Ein zentrales Ziel war es, Aufgaben zu entwickeln, die thematisch und von den Anforderungen her in den üblichen Übungsbetrieb einer Mathematik-Lehrveranstaltung für Ingenieure passen. Was aber kann in diesem Zusammenhang „passen" überhaupt meinen? Im Folgenden zeigen wir Kriterien auf, die einerseits in der Diskussion der Mathematikdidaktik zur Klassifikation von anwendungsbezogenen Aufgaben verankert sind (z. B. Maaß 2010), andererseits aber die spezifischen Rahmenbedingungen von Mathematik-Lehrveranstaltungen für Ingenieure berücksichtigen. Die Aufgaben sind vom Bearbeitungsumfang her etwa zu einer von üblicherweise vier wöchentlich gestellten Aufgaben äquivalent. Wir unterscheiden uns damit von deutlich zeitaufwendigeren und komplexeren Projekten wie beispielsweise dem MathePraxis-Projekt von Rooch et al. (2014) oder den Praxisprojekten von Alpers (2002). Unser Ansatz ist im Vergleich dazu weniger umfangreich, aber auch weniger zeit- und kostenintensiv und kann in nahezu jeder Mathematik-Serviceveranstaltung für Ingenieure eingesetzt werden. Selbstverständlich kann dieses Konzept kein „Allheilmittel" für die Schwierigkeiten in der Vermittlung von Mathematik in den Ingenieurwissenschaften sein, jedoch kann es auch in klassischen Mathematikvorlesungen Anwendung finden und ohne großen Aufwand Erfolge erzielen.

8.2.1 Das Konzept im Spannungsfeld

Die Ingenieurstudierenden wollen naturgemäß keine Mathematiker werden, sondern müssen Mathematik als Hilfswissenschaft nutzen können, um ihr eigenes Studienfach erfolgreich zu studieren. Oft fehlt ihnen in der Mathematik aber der Bezug zu ihrem Studienfach, was mitunter ein Grund für den Studienabbruch ist (siehe z. B. aktuell für Paderborn Oevel und Thiere 2014), sodass allein rein mathematische Aufgaben kaum eine Brücke schlagen können, was die Entwicklung anwendungsorientierter Aufgaben nahelegt. Einerseits sollen die Aufgaben natürlich den zu lernenden Stoff behandeln und die geforderten Kenntnisse und Kompetenzen vermitteln und vertiefen, aber andererseits sind sie (und die rein mathematischen Aufgaben) auch gewissermaßen der einzige tatsächliche und unmittelbare Kontakt mit Mathematik in der Veranstaltung, da nur hier die Studierenden selbst gefordert sind, eigenständig zu handeln. Wollen wir nun dieser besonderen Klientel auch die Relevanz der Mathematik näherbringen, die Studienmotivation positiv beeinflussen und eventuell sogar Modellierungs- und Interpretationskompetenzen schulen, so bedarf es spezieller Aufgaben, die über klassische „Rechenaufgaben" bzw. reine Mathematikaufgaben – und eben auch über jene künstlichen Anwendungsaufgaben, die als solche sofort identifiziert werden („eingekleidete Aufgaben", vgl. Greefrath et al. 2013) – hinausgehen müssen. Allerdings kann man nicht lediglich Aufgaben aus den Ingenieur-Fachveranstaltungen übernehmen und in den Mathematikveranstaltungen einsetzen, da diese Aufgaben nicht die Mathematik oder deren Anwendung vermitteln wollen. Vielmehr benutzen sie die Mathematik lediglich als notwendiges Hilfsmittel und sind damit kaum geeignet, die geforderte Brücke zu schlagen. Unser Konzept für solche Aufgaben muss sich also in einem Spannungsfeld zwischen den gegebenen Bedingungen aus Lehr- und Lernbetrieb, den Forderungen der

Abb. 8.1 Das Konzept im
Spannungsfeld

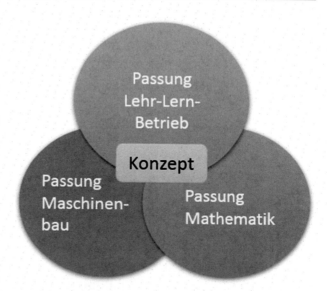

Mathematik und der gemeinsamen Interessenbasis der Studierenden, also dem eigentlichen Studiengang (hier: Maschinenbau), bewegen. Abb. 8.1 fasst dies zusammen. Was sind also die grundlegenden Forderungen, denen sich unser Konzept stellen muss?

Passung Lehr-Lern-Betrieb
An erster Stelle steht die „Passung Lehr-Lern-Betrieb", denn die Aufgaben sollen auch im Rahmen einer klassischen Veranstaltung eingesetzt werden können. So trivial dies auch zunächst klingen mag, so wichtig ist es doch, sich zuallererst den Rahmenbedingungen zu stellen, die eingehalten werden müssen. In unserem Fall lauten die Bedingungen wie folgt:

- Die Aufgaben sollen im Rahmen der Hausaufgaben gestellt werden und ersetzen üblicherweise eine von insgesamt drei bis vier reinen Mathematikaufgaben auf einem Hausübungsblatt. Wir setzen etwa alle zwei Wochen eine Anwendungsaufgabe ein.
- Die Bearbeitungszeit muss angemessen sein, d. h., sie sollte durchschnittlich zwei bis drei Stunden betragen. Es gilt zu beachten, wie aufwendig die restlichen (rein mathematischen) Aufgaben auf dem Arbeitsblatt sind.
- Die Aufgabe und die Musterlösung (für die Korrektoren) müssen möglichst verständlich und eindeutig formuliert sein, da in vielen Veranstaltungen die Bewertungen der Hausaufgaben Einfluss auf Klausurzulassungen oder Bonuspunkte haben.
- Die Textmenge muss im Sinne der Bearbeitungszeit (und einer sonst möglichen Abschreckung) übersichtlich bleiben. Da aber eine Anwendungsaufgabe so gut wie nie in wenigen Worten verständlich und eindeutig erläutert werden kann, sind oft Grafiken für das Verständnis und ggf. zum Auflockern des Textes notwendig.

- Es muss berücksichtigt werden, dass gerade bei großen Veranstaltungen mit vielen Studierenden unweigerlich auch studentische Hilfskräfte eingestellt werden, um die Hausaufgaben zu korrigieren. Diese Hilfskräfte studieren mitunter Mathematik ohne ein technisches (Neben-)Fach, sodass man ihnen die Lösung der Aufgaben dennoch verständlich erklären können muss.
- Die Aufgabe muss so konzipiert sein, dass man auch leicht nachvollziehbar Teilpunkte vergeben kann und dass das Scheitern in einer Teilaufgabe nicht die Bearbeitung aller weiteren Teilaufgaben verhindert.
- Es muss ein sogenannter „didaktischer Kontrakt" zwischen Lehrenden und Studierenden geschlossen werden (Brousseau 1997). Gemeint ist damit eine meist implizit bleibende Vereinbarung zwischen Lehrenden und Lernenden über das Wissen und die Strategien, die bezogen auf diese Aufgaben genutzt werden können und sollen. Das beinhaltet in unserem Fall, dass zur Lösung maschinenbaulich-physikalisches Wissen nicht nur erwünscht, sondern erforderlich ist und im Maschinenbau übliche Validierungsstrategien über Einheiten und Größenordnung der Ergebnisse hier anwendbar sind. Das ist schon deshalb wichtig, weil viele Studierende aus ihrem Mathematikunterricht eher eingekleidete Aufgaben kennen, die eine andere Lösungsstrategie erfordern, bei der das Ernstnehmen des Anwendungskontextes sogar manchmal hinderlich sein kann.

Diese Punkte werden durch die vorhandenen Umstände im alltäglichen Lehr-Lern-Betrieb an Universitäten und Hochschulen sowie durch den Dozenten/die Dozentin vorgegeben.

Passung Mathematik

Die Aufgaben sollen in Mathematikveranstaltungen für angehende Ingenieure eingesetzt werden, wodurch sich gewisse Anforderungen ergeben:

- Das in der Veranstaltung aktuell behandelte mathematische Thema soll auch auf dem entsprechenden Übungsblatt behandelt werden, daher müssen die Aufgaben entlang der Vorlesungsthemen entwickelt sein. Nicht jedes mathematische Thema findet direkte Anwendung in den Ingenieur-Fachveranstaltungen (z. B. vollständige Induktion), sodass zugleich auch eine Einschränkung diesbezüglich gegeben ist.
- Die mathematischen Verfahren und Konzepte, die hier zum Tragen kommen sollen, müssen bereits rudimentär verstanden und geübt worden sein. Beispielsweise sollten bereits ein paar klassische Integrale berechnet worden sein, bevor die Anwendungsaufgabe zur Integralrechnung eingesetzt wird. Andernfalls ist die Hürde zu hoch und Frustration über die doppelte Belastung durch unbekannte Mathematikinhalte und gleichzeitige Modellierungstätigkeiten kann entstehen.
- Eine Grundidee der Mathematik ist es, Verfahren zu verallgemeinern und möglichst viele Einzelfälle zu vereinen. Diese Idee der Generalisierung, wie wir es hier nennen wollen, zählt aus unserer Sicht zum Wichtigsten, was angehenden Ingenieuren

vermittelt werden muss. Anstatt hunderte einzelne Fälle zu berechnen, kann oft eine allgemeingültige Formel entwickelt werden, die dann im Folgenden die Arbeit deutlich erleichtert. Diese Idee kann und soll in unseren Aufgaben ein wichtiger Aspekt sein. Zudem sind solche Generalisierungen in den Ingenieur-Fachveranstaltungen (z. B. in der Statik) nicht unüblich, sodass eine Behandlung der Generalisierung in den Mathematikveranstaltungen im Rahmen einer passenden Anwendungsaufgabe nur zur Verzahnung beitragen kann.

Passung Maschinenbau

Eine Brücke zum Studienfach kann natürlich nur geschlagen werden, wenn auf dieses auch Bezug genommen wird (vgl. Ditzel et al. 2014, S. 193), was wiederum einige Anforderungen mit sich bringt:

- Es gilt fachspezifische Themen ausfindig zu machen, die jene Mathematik benötigen oder zumindest häufiger verwenden, die in der Mathematikveranstaltung behandelt wird. Dies wird dadurch erleichtert, wenn die Dozenten der Mathematik und der Fachveranstaltungen kooperieren und die Themenreihenfolge entsprechend den Bedürfnissen anpassen.
- Es ist darauf zu achten, dass die fachspezifischen Themen bereits genügend in den Fachveranstaltungen behandelt worden sind oder dass sie vom Schwierigkeitsgrad her leicht durch einen Anhang oder Verweis (Literatur, Internet) erklärt werden können.
- Sollte kein passendes Thema in den Fachveranstaltungen gefunden werden, so können alternativ interessante, leicht verständliche und dem Studienfach nahe Themen gewählt werden. Grundsätzlich ist entscheidend, dass keine eingekleidete Aufgabe entwickelt wird, sondern der Aufgabenhintergrund relevant für die Bearbeitung ist und dass selbiger den Bezug der Mathematik zum Studienfach aufzeigen kann.
- Eine Absprache mit den lehrenden Ingenieuren ist absolut sinnvoll. So kann man erfahren, ob die Idee passend ist, das technische Thema behandelt wurde und ob die Verfahren, die man in der Musterlösung angibt, den in den Fachveranstaltungen gelehrten Methoden entsprechen. Häufig erfährt man (insbesondere als Mathematiker) bei derlei Gesprächen, dass die Ingenieure etwas abgewandelte mathematische Verfahren verwenden als jene, die in der Mathematikveranstaltung gelehrt werden. Man sollte dies nicht durch Punkteverlust sanktionieren, sondern vielmehr in Vorlesung und Übung entsprechende Unterschiede thematisieren und Vorzüge wie Nachteile (evtl. sogar mathematische Ungenauigkeiten) aufzeigen. Nicht immer muss dazu der Professor angesprochen werden, häufig können auch Mitarbeiter oder höhersemestrige Studierende des Fachs gefragt werden.

Wie wir nun gesehen haben, gilt es eine ganze Reihe von Voraussetzungen zu erfüllen und verschiedene Aspekte zu beachten. Das Konzept zur Entwicklung anwendungsorientierter Aufgaben versucht diesen Anforderungen gerecht zu werden und in möglichst knapper Form dem Aufgabenentwickler einen Leitfaden an die Hand zu geben.

8.2.2 Die Konzeptidee

Wir betrachten nun die Konzeptidee „Gute anwendungsorientierte Aufgaben in der Mathematik für Maschinenbauer". Abb. 8.2 fängt die wichtigsten Stichworte in Kurzschreibweise auf. Im weiteren Verlauf wird auf jeden Unterpunkt einzeln eingegangen.

Mathematik-themenorientiert

Da die Übungsaufgabe in einer Mathematikvorlesung ausgeteilt wird, sollte natürlich das zu übende Thema (z. B. Gleichungssysteme lösen) auch den mathematischen Teil der Aufgabe bestimmen oder zumindest in auffälliger Weise darin vorkommen. Die Brücke zwischen der Mathematik und den Fachinhalten kann nur geschlagen werden, wenn den Lernenden die Zusammenhänge klar werden. Die aus der Vorlesung bekannte Mathematik soll dabei möglichst so angewendet werden, wie sie auch gelehrt wurde (z. B. Gauß-Verfahren). Hierin liegt der Unterschied zu Aufgaben in Maschinenbauvorlesungen, in denen oft eigene mathematische Praktiken eingeführt und benutzt werden dürfen.

Weiterhin zeichnet sich eine – insbesondere im Sinne der Mathematik – gute Aufgabe auch dadurch aus, dass die Studierenden den mathematischen Gedanken des Verallgemeinerns erfahren und umsetzen müssen. Hiermit wird eine Art der Verallgemeinerung angestrebt, die eher in Richtung der Mathematik als in Richtung einer Theorie im Maschinenbau geht. Im Beispiel der Gleichungssysteme kann dies leicht durch Einführung von zusätzlichen Parametern oder Variablen geschehen. Grundsätzlich soll damit gezeigt werden, dass man mithilfe der Mathematik nicht nur jenes spezielle Problem lösen kann, das gerade bearbeitet wurde, sondern häufig auf leichtem Wege eine

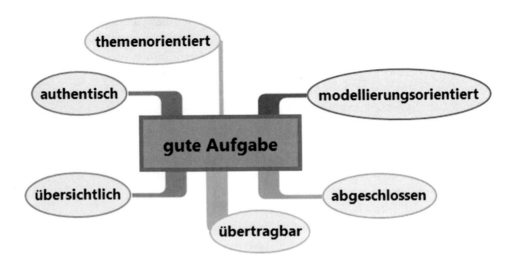

Abb. 8.2 Die Konzeptidee in Stichworten

Vielzahl von ähnlichen Problemen (oder gar unendlich viele) direkt lösen kann. Diese Macht und enorme Nützlichkeit der Mathematik sollen die Studierenden erfahren (vgl. Forderungen von SEFI 2013).

Maschinenbau-authentisch

Die Authentizität ist eine zentrale Eigenschaft von Modellierungs- und Anwendungsaufgaben, da nur durch sie die Relevanz der Mathematik gezeigt werden kann. Angelehnt an Niss (1992), Maaß (2010) und Vos (2011) verlangen wir hier, dass keine eingekleidete Mathematikaufgabe vorliegt, in der der Maschinenbaukontext nur behauptet wird, und unrealistische Zahlenwerte sowie unrealistische Annahmen und Fragestellungen verwendet werden. Das zu behandelnde Problem muss tatsächlich dem Fachgebiet angehören und weiterhin müssen die in unseren Aufgaben verwendeten Werte in der Praxis vorkommen oder zumindest theoretisch vorkommen können und nicht wirken, als ob sie nur für ein „schönes" Ergebnis gewählt wurden, wie es häufig in Schulbüchern geschieht (siehe z. B. Engel und Sproesser 2013, S. 149 f.). Die Verwendung von korrekten Einheiten und für Maschinenbauer relevanten Problemstellungen sollte selbstverständlich sein.

Bei Erstellung der Aufgabe sollte man sich fragen, ob in der Realität hier tatsächlich etwas berechnet würde (wenigstens bei entsprechend sehr großen oder schweren Objekten und Bauvorhaben) oder ob man einfach probieren würde. Eine Aufgabe wirkt sehr künstlich, wenn es keinen Grund gibt, das Problem mathematisch exakt lösen zu wollen. Dieser Aspekt des Konzepts ähnelt der Forderung von Alpers (2002) nach relevanten Themen in Projekten für Ingenieurstudierende. Insgesamt soll dieser Punkt den Zusammenhang zu den technischen Inhalten des Studiums garantieren und das Interesse an den mathematischen Themen steigern. Um die „Maschinenbau-Authentizität" sicherzustellen, wurden die Aufgaben Dozenten aus Maschinenbau-Lehrveranstaltungen zur Beurteilung vorgelegt.

Es sei noch erwähnt, dass die Authentizität der Aufgabe – insbesondere der verwendeten Werte und Einheiten – den Studierenden die Möglichkeit bieten kann, ihre Ergebnisse bis zu einem gewissen Grad selbst zu validieren. Häufig lernen sie in den Ingenieurfachvorlesungen, welche Werte realistisch sind, sodass sie in der praktischen Anwendung eventuelle Fehler schnell erkennen können. Wenn dies auch in dem Lösungsprozess unserer Anwendungsaufgabe möglich ist, so darf dies als starker Pluspunkt für die Aufgabe verbucht werden.

Wir wollen nicht verschweigen, dass dieser Punkt unseres Konzepts auch der am häufigsten kritisierte ist. Für uns ist es selbstverständlich, dass eine komplett authentische Aufgabe mit Bezug zur aktuellen Mathematik und dazu noch möglichst interessanter und maschinenbaurelevanter Thematik, die in rund zwei bis drei Stunden im Rahmen einer Hausübung lösbar sein soll, utopisch ist. Wirklich authentische Probleme aus der modernen Praxis werden von mitunter sehr großen Projektgruppen über Jahre hinweg bearbeitet und erfordern bereits ein abgeschlossenes Studium. Aber auch kleinere Projekte (z. B. Alpers 2013) erfordern viel mehr Zeit, Ressourcen und

Vorbereitung. Daher haben wir deutlich zu machen versucht, was wir unter Authentizität im Sinne des Konzepts verstehen: eine gewissermaßen abgeschwächte und auf das konkrete didaktische Problem hin angepasste Authentizität mit aber dennoch deutlicher Abgrenzung zu den völlig künstlichen und eingekleideten Aufgaben, die man beispielsweise in vielen Schulbüchern finden kann.

Modellierungsorientiert
Es soll ein stetiger Wechsel zwischen Physikinterpretation und mathematischem Vorgehen zum Lösen der Aufgabe notwendig sein, sodass die physikalischen bzw. technischen Zusammenhänge der Aufgabe nicht bloß „schmückendes Beiwerk", sondern von tatsächlicher Relevanz für die Aufgabe und die darin beschriebene Problemlage sind. Dieser Wechsel darf durch spezielle Aufgabenteile an verschiedenen Stellen wiederholt angeregt werden, doch ist darauf zu achten, dass es nicht möglich sein soll, die Aufgabe zu lösen, ohne den Wechsel Physik-Mathematik-Physik wenigstens einmal vollzogen zu haben. Man sollte durch die Aufgabenstellung auch die Interpretation der berechneten Lösung(en) fordern, um somit einerseits den Kreislauf zu schließen und den Bezug zum technisch-physikalischen Problem wieder deutlich zu machen (anstatt mit einem bloßen „Zahlenergebnis" abzuschließen), andererseits die Validierung zu üben und ggf. ins Gedächtnis zu rufen. Offene komplexe Modellierungsaufgaben, wie sie in der schulischen Mathematikdidaktik gefordert werden, werden i. d. R. auch nicht in Anfängervorlesungen zum Maschinenbau gestellt. Es ist darauf zu achten, dass die Studierenden nach Möglichkeit selbst die passenden „Werkzeuge" auswählen müssen (Formeln, Algorithmen, Wissen aus technischen Fächern etc.), vergleiche hierzu auch die Forderungen der SEFI (2013) bzgl. *using aids and tools,* wenn auch, in Anbetracht der Natur der Intervention, in einem deutlich kleineren Rahmen (ebd. S. 19). Hierzu gehört auch, dass die Lernenden Voraussetzungen prüfen, Definitionsbereiche von Variablen bzw. Parametern bestimmen und eben solches auf Sinnhaftigkeit bzgl. der physikalischen Situation hin untersuchen. Dies kann ggf. durch die Aufgabe direkt gefordert werden.

Übersichtlich und kognitiv angemessen bzgl. Aufgabentext und Bearbeitungsdauer
Die Studierenden dürfen nicht allein durch die Textmasse bereits abgeschreckt werden, die Aufgabe zu bearbeiten. Stattdessen ist es angebracht, stilistische Mittel wie z. B. Bilder oder Skizzen zu nutzen und die Aufgabenstellung möglichst kurz und präzise zu formulieren, wobei wiederum auch auf die Korrektheit aus Sicht der Ingenieur-Fachveranstaltung (z. B. bei Skizzen) zu achten ist. Als grober Richtwert gilt eine Seite. Natürlich muss zudem die Schwierigkeit der Aufgabe angemessen sein, allerdings nicht nur im mathematischen Teilbereich, sondern insbesondere auch im technischen und physikalischen. Im optimalen Fall wurden die technischen Aspekte bereits in einer Fachvorlesung behandelt, bevor die Aufgabe gestellt wird. So ergibt sich zugleich ein Wiederholungseffekt. In diesem Zusammenhang sollte auch darauf geachtet werden, dass bei

aufeinander aufbauenden Teilaufgaben ggf. Zwischenergebnisse angegeben werden, sodass nachfolgende Teilaufgaben auch dann noch korrekt zu lösen sind, wenn die vorhergehenden fehlerhaft bearbeitet wurden.

Wir streben üblicherweise eine Bearbeitungszeit von etwa zwei bis drei Stunden für eine Anwendungsaufgabe an, sodass sie gut auf einem üblichen Hausaufgabenblatt in Kombination mit klassisch reinen Mathematikaufgaben verwendet werden kann.

Abgeschlossen bzgl. Maschinenbauwissen

Es sollte entweder bekanntes Wissen aus den Maschinenbau-Fachvorlesungen verwendet werden oder man muss Informationen zum physikalisch-technischen Hintergrund der Aufgabenthematik oder eventuell vorgegebener Formeln in der Aufgabe selbst vermitteln. Um den Aufgabentext nicht zu überfrachten (siehe „Übersichtlichkeit"), besteht eine Möglichkeit darin, diese Informationen in einem Anhang zu erklären. Für die eigentliche Aufgabenbearbeitung ist dieser i. d. R. optional, kann aber zur Wertschätzung der Authentizität beitragen. Gerade in den ersten Semestern sollten allerdings die Themen so gewählt sein, dass Hinweise auf ein Buch oder auf eine gute Internetseite den Anhang auch ersetzen können. So finden beispielsweise Studierende zum Thema „Schwerpunkt" leicht die Formeln und gute Erklärungen im Internet und haben dort die Möglichkeit, sich auf eigenen Wunsch in kürzester Zeit weiter zu informieren.

Schließlich sei noch angemerkt, dass die genannten Forderungen den bereits erläuterten „didaktischen Kontrakt" mit den Studierenden voraussetzen, da ansonsten unter Umständen Widersprüche zu den sonstigen Regeln der Vorlesung oder dem aus der Schule bekannten üblichen Verhalten entstehen könnten, was auf die Studierenden sehr verwirrend wirkt.

Prototyp- und Ankerbeispielaufgabe

Im besten Fall handelt es sich um eine Prototyp- bzw. Ankerbeispielaufgabe für Mathematik und/oder Maschinenbau (kurz: „übertragbar"), was bedeutet, dass Studierende, die diese Aufgabe gelöst haben, auf ihre Erfahrungen zurückgreifen können, wenn sie Aufgaben ähnlichen Typs oder Probleme mit ähnlichen Methoden lösen wollen. Dieser Punkt lässt sich nur schwer bei der Aufgabenkonstruktion erzwingen, allerdings stellt er im Nachhinein ein zusätzliches Qualitätsmerkmal dar, wenn man von den Studierenden erfährt, dass sie beim Bearbeiten anderer Aufgaben gedacht haben: „Das ist ja wie in der Anwendungsaufgabe." Durch die Verknüpfung von technischen und mathematischen Inhalten hoffen wir zudem das längere Behalten von mathematischen Inhalten zu fördern. Der vorstellbare Kontext, ein passender Name für die Aufgabe, der Aufbau und die Einbindung in die Lehre sollen dies unterstützen und die Aufgabe von den typischen „Rechenaufgaben" abheben.

Hilfreiche Anmerkungen sowie eine Checkliste zur konkreten Aufgabenkonstruktion finden sich in Wolf (2017).

8.3   Das Konzept im Klassifizierungsschema nach Maaß

Das Aufgabenklassifizierungsschema nach Katja Maaß aus der Arbeit „Classification Scheme for Modelling Tasks" entstand unter Berücksichtigung aktueller Theorien sowie in Kooperation mit internationalen Modellierungsexperten (vgl. Maaß 2010, S. 287 ff., 294) und bietet einen Überblick über die unterschiedlichen Eigenschaften von Modellierungsaufgaben, sodass deren Design- und Auswahlprozess für bestimmte Ziele und Zielgruppen gesteuert werden kann. Maaß versteht unter realitätsbezogenen Aufgaben alle Arten von Anwendungen der Mathematik in der realen Welt und sieht das Modellieren als eine Arbeit an, die stets im Bezug zur Realität steht. Somit werden rein innermathematische Modellierungen ausgeklammert (ebd. S. 287). Unter dem Begriff des Modells versteht Maaß eine vereinfachte Repräsentation der Realität und unterscheidet zwischen deskriptiven und normativen Modellen (ebd. S. 287). Während die deskriptiven Modelle die Realität möglichst exakt darstellen wollen (wie z. B. ein Globus oder der maßstabsgetreue Nachbau eines Oldtimers), so ist das Ziel eines normativen Modells weniger realitätsgetreu, aber dafür praktikabler. Beispiele hierfür sind Schnittmuster in der Schneiderei und Schaltpläne in der Elektrotechnik (vgl. dazu auch Blum 1996, S. 19). Der Vorgang des Modellierens besteht nach Maaß daraus, dass zunächst das reale Problem verstanden, dann modelliert und schließlich anhand des Modells mit mathematischen Werkzeugen gelöst wird (S. 287). Das Schema von Maaß bietet eine gute Basis, um unser Konzept einzuordnen.

Bevor das eigentliche Klassifizierungsschema betrachtet wird, wollen wir die von Maaß (2010, S. 294) gestellten Fragen nach den Zielen und der Zielgruppe für uns beantworten:

- *Welches Ziel bezüglich des zukünftigen Lebens der Studierenden soll angestrebt werden?*

Die Studierenden sollen den Bezug zwischen Mathematik und Physik erfassen und zudem erkennen, dass die Mathematik zu den grundlegenden Werkzeugen gehört, die später im Berufsleben gebraucht werden. Die Fähigkeit, Anwendungsaufgaben zu lösen, ist fundamental wichtig und setzt oft ein Verständnis für die Mathematik voraus, die dem Problem zugrunde liegt. Wird dieser Zusammenhang erkannt, so wird eine Interessensteigerung erwartet und im besten Fall eine intrinsische Motivation, sich mit der relevanten Mathematik zu beschäftigen, gefördert. Und letztlich soll natürlich das in der jeweiligen Aufgabe behandelte mathematische Thema geübt und verstanden werden.

- *Welche Kompetenzen sollen gefördert werden?*

Es sollen Modellierungskompetenzen, innermathematische Kompetenzen und die Fähigkeit, mathematisch und physikalisch zu argumentieren, geschult werden. Alle drei Kompetenzen sind äußerst relevant für den zukünftigen Ingenieur (siehe z. B. Barry und Steele 1993, S. 226).

- *Wie soll die Aufgabe im Unterricht (Vorlesung/Übung) verwendet werden?*

Die Verwendungsmöglichkeiten können der Vorlesung angepasst werden. Wir zielen darauf ab, die Aufgaben als sogenannte Heimübungen zu verwenden, was bedeutet: Die Studierenden befassen sich einzeln oder in Lerngruppen zu Hause bzw. außerhalb des Übungsbetriebs mit den Aufgaben und geben ihre Lösung nach einer Woche in schriftlicher Form ab. Diese wird korrigiert, ggf. bewertet und nach Rückgabe in den Übungsgruppen gemeinsam besprochen. Die Aufgaben sind zunächst nicht als Klausuraufgaben gedacht, da sie darauf abzielen, dass die Studierenden sich längere Zeit, d. h. mindestens zwei Stunden, mit ihnen intensiv beschäftigen.

- *Soll die Aufgabe die Einstellung der Studierenden zur Mathematik beeinflussen?*

Dies ist eines unserer Hauptziele, wobei es utopisch wäre zu hoffen, dass jeder Studierende die Aufgabe gleichermaßen begeistert bearbeitet. Im Allgemeinen sind die Vorlesungen für Maschinenbauer gerade in der Studieneingangsphase mit einer derart heterogenen Zuhörerschaft gefüllt, dass man nicht jede individuelle Neigung durch spezielle Aufgaben ansprechen kann. Viele erkennen auch erst gegen Ende des ersten Semesters, dass sie lieber ein anderes Fach studieren möchten, und so kann man nur hoffen, dass die Anwendungsaufgaben zumindest jene Studierenden ansprechen, die das nötige Interesse am Beruf des Ingenieurs mitbringen. Wir erhoffen uns eine Steigerung der Motivation, sich mit den Inhalten der Vorlesung auseinanderzusetzen, indem den Studierenden Verbindungen zu ihrem Fach klargemacht werden. Dass diese Motivation notorisch unterschätzt wird, hat Weinert (1990) überzeugend aufgezeigt, denn bei schwierigen Aufgaben (und das Studieren von Ingenieurmathematik darf i.A. als schwierig angenommen werden) sind sowohl große Anstrengungen als auch eine hohe Ausprägung kognitiver Kompetenzen nötig, um erfolgreich zu lernen. Weiterhin zeigt Krapp (1998) auf, dass bei der Bearbeitung eines für den Lernenden interessanten Themas dessen kognitives System sich auf einem optimalen Funktionsniveau befindet, wobei Schiefele et al. (1993) hinzufügen, dass das thematische Interesse gerade in Mathematik und Physik viel zum Lernerfolg beiträgt (siehe allgemeiner auch bei Krapp 1998, S. 187). Auch wenn sich die Untersuchungen von Krapp auf Schüler/innen beziehen, so stützen dies dennoch unser Vorhaben in vollem Umfang, da wir uns hauptsächlich mit Studienanfänger/innen beschäftigen.

- *Welche Zielgruppe soll angesprochen werden?*

Die Studierenden der Vorlesung „Mathematik für Maschinenbau" in den ersten Semestern sollen angesprochen werden. Sie befinden sich größtenteils im ersten Fachsemester und haben oft erst kürzlich das Abitur bestanden. Die mathematischen Kompetenzen lassen sich aufgrund der bereits erwähnten Heterogenität kaum einschätzen. Es ist normalerweise zu erwarten, dass zumindest ein Grundkurs in Mathematik an der Schule mit wenigstens durchschnittlicher Leistung bestanden wurde. Wir gehen letztlich davon aus, dass die Studierenden ein Interesse an den Themen ihres Fachs haben, wie z. B. der Statik oder der Dynamik, und dass ihnen bewusst ist, dass realitätsbezogene Anwendungsaufgaben für sie auch im späteren Berufsleben relevant sind.

Es soll nun unser spezielles Konzept als eine Teilmenge in der Maaß-Klassifizierung aufgezeigt werden. Weiterhin sollen diejenigen Details und Abweichungen, die nicht bereits geklärt worden sind, erläutert werden. Die Tabelle aus Abb. 8.3 findet sich in ähnlicher Form bei Maaß (2010, S. 296) und fasst das Klassifizierungsschema zusammen. Zur Verdeutlichung wurden die für uns relevanten Punkte markiert.

Die Tabelle wird Zeile für Zeile gelesen, wobei in jeder Spalte der Zeilen I bis VII eine klare Ja/Nein-Aussage getroffen werden muss. In den letzten beiden Zeilen muss jeder Eintrag einzeln behandelt werden. So geben wir beispielsweise bei „School level" an, dass wir die Aufgaben an Universitäten benutzen wollen. Es würde den Rahmen dieses Beitrags sprengen, auf alle Aspekte einzugehen, daher sollen an dieser Stelle nur exemplarisch ein paar wenige Entscheidungen im Schema begründet werden. Detaillierte Ausführungen sind in Wolf (2017) zu finden.

	Name of the clas-sification[a]	Categories of the classification						
Classifications for modelling tasks	I Focus of modelling activity[a]	Whole process (no/yes)	Understanding the situation (no/yes)	Setting up the real model (no/yes)	Mathematizing (no/yes)	Working within mathematics (no/yes)	Interpreting (no/yes)	Validating (no/yes)
	II Data[a]	Superfluous (no/yes)	Missing (no/yes)	Superfluous and missing (no/yes)	Inconsistent (no/yes)	Matching (no/yes)		
	III Nature of relationship to reality[a]	Authentic (no/yes)	Close to reality (no/yes)	Embedded (no/yes)	Intentionally artificial (no/yes)	Fantasy (no/yes)		
	IV Situation[a]	Personal situation (no/yes)	Occupational situation (no/yes)	Public situation (no/yes)	Scientific situation (no/yes)			
	V Type of model used[a]	Descriptive (no/yes)	Normative (no/yes)					
	VI Type of representation[a]	Text (no/yes)	Picture (no/yes)	Text and picture (no/yes)	Material (no/yes)	Situation (no/yes)		
General classifications	VII Openness of a task[a]	Solved example (no/yes)	Ascertaining task (no/yes)	Reversal task (no/yes)	Complex problem (no/yes)	Complex reversal problem (no/yes)	Finding a situation (no/yes)	Open problem (no/yes)
	VIII Cognitive demand[b]	Extra-mathematical modelling	Inner-mathematical working	Grundvorstellungen	Dealing with texts containing mathematics	Reasoning mathematically	Dealing with mathematical representations	
	IX Mathematical content[b]	Mathematical area	School level *University (first year)*	[a]Choose one category in each classification [b]Choose in every subcategory				

Abb. 8.3 Klassifizierungsschema nach Maaß (2010, S. 296) mit eigenen Markierungen

Wir wählen in der ersten Zeile „Whole process", da wir wollen, dass der Modellierungskreislauf (vgl. Blum 1985, S. 200) beim Bearbeiten der Aufgabe möglichst vollständig durchlaufen wird.

In der zweiten Zeile beachten wir, dass es im Allgemeinen bei uns nicht darum geht, aus einem unnötig langen Text erst die relevanten Daten herauszuarbeiten. Dies verzögert in unseren Augen nur die eigentliche Arbeit, lässt die Aufgabe länger und abschreckender erscheinen. Man könnte argumentieren, dass in der Realität auch viele unnötige Informationen vorliegen, doch wollen wir im Sinne der Einsatzbarkeit der Aufgaben im Lehrbetrieb annehmen, dass der Selektionsprozess bereits größtenteils abgeschlossen wurde. Zwar kann es durchaus vorkommen, dass den Aufgaben auch Zusatzinformationen beigefügt sind, die nicht direkt für die Lösung gebraucht werden, oder es werden Formeln und Grundlagen aus den Fachveranstaltungen benötigt, die bekannt sein sollten. Aber dennoch erscheint uns „Matching" (d. h. nur relevante Informationen anzugeben) am passendsten, da wir weder eine langwierige Informationssuche noch die Informationsselektion als zentralen Aspekt der Aufgaben ansehen.

Wie bereits aus den Erklärungen hervorgegangen sein sollte, wollen wir möglichst authentische oder zumindest realitätsnahe Aufgaben entwickeln. Wir müssen an dieser Stelle die Schemaregeln etwas dehnen und wählen in der dritten Zeile sowohl „Authentic" als auch „Close to reality", da uns bewusst ist, dass die Aufgabe in angemessener Zeit lösbar sein muss, und das leider häufig zuungunsten der Authentizität.

Wird das Schema nun bis zum Schluss verfolgt, so ist eine aussagekräftige Klassifizierung der Aufgaben möglich, die auch Vergleiche mit anderen Aufgaben ermöglichen könnte.

8.4   Ein Beispiel: Die Laserstrahl-Aufgabe

Aus Platzgründen können wir hier nur eine der entwickelten Aufgaben vorstellen. Die Entscheidung fiel auf die Laserstrahl-Aufgabe, da sie für die ersten Wochen des ersten Semesters konzipiert wurde und daher auch ohne tiefergehende Kenntnisse des Maschinenbaus verstanden werden kann. Sämtliche Aufgaben sind bei Wolf und Biehler (2016) zu finden.

8.4.1   Aufgabenstellung

Mittels eines Lasers soll eine Metallplatte graviert werden. Aus praktischen Gründen wird nicht der Laser selbst bewegt, sondern nur ein Spiegel, über den der Laserstrahl weitergeleitet wird. Zu diesem Zweck soll eine Maschine konstruiert werden, die den Spiegel ausrichtet. Der Spiegel wurde mittig über der Platte angebracht. Sie dürfen Ihr Wissen aus der Technischen Mechanik verwenden!

a. Zunächst soll nur eine einzelne Linie in die Platte graviert werden. Die Entfernung zwischen der Drehachse des Spiegels und der Platte beträgt 50 cm, wobei der Spiegel nur um die x-Achse gedreht werden kann (siehe Skizze in Abb. 8.4). Dieser Drehwinkel wird mit α bezeichnet. Bestimmen Sie den Auftreffpunkt des Laserstrahls auf die Platte in Abhängigkeit vom Drehwinkel α! Tipp: Welche Beziehung gilt zwischen Eintritts- und Austrittswinkel?

b. Die Platte ist 80 cm breit und der Laserstrahl soll sich dem Rand nicht mehr als 10 cm annähern. Welche Werte sind in der Teilaufgabe a) für α sinnvoll bzw. erlaubt?

c. Um die komplette Platte treffen zu können, kann der Spiegel nun zusätzlich auch um die y-Achse rotieren (siehe Skizze in Abb. 8.5). Dieser Drehwinkel wird mit β bezeichnet. Geben Sie den Auftreffpunkt des Laserstrahls auf die Platte in Abhängigkeit von α und β an!

d. Beachten Sie, dass die Platte 80 cm breit und 40 cm lang ist und dass ein Abstand von 10 cm zu allen Rändern eingehalten werden soll. Welche Winkel α, β sind in Teilaufgabe c) also sinnvoll bzw. erlaubt?

(Hiernach folgen ein paar wenige grundlegende Hinweise zu den Umkehrfunktionen wie Arkustangens, sofern diese noch nicht ausführlich in der Vorlesung behandelt worden sind.)

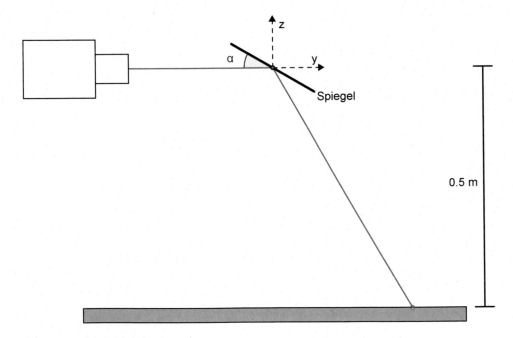

Abb. 8.4 Skizze zu Teilaufgabe a)

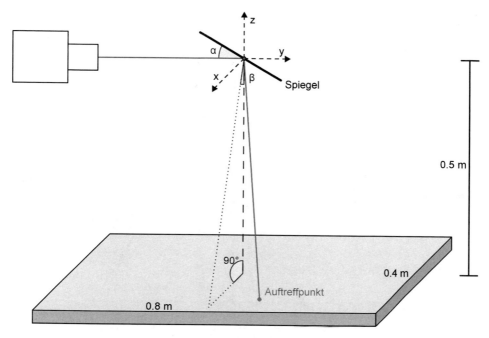

Abb. 8.5 Skizze zu Teilaufgabe c)

8.4.2 Auszug aus der Musterlösung

Aus Platzgründen können wir hier nicht die komplette Lösung anbieten, jedoch genügt ein Einblick in die Teilaufgaben a) und b).

Die erste Leistung, die die Studierenden erbringen müssen, besteht darin, sich die Situation vorzustellen (was durch die Skizzen erleichtert wird) und die richtigen mathematischen Werkzeuge auszuwählen. Hat man erst einmal das rechtwinklige Dreieck „entdeckt", wobei eine Seite die Metallplatte und eine andere der Laserstrahl ist, so sind die weiteren Schritte meist ebenfalls schnell klar.

Unseren Koordinatenursprung legen wir in die Mitte des Spiegels, so wie in der Skizze zu sehen.

Da die Metallplatte 50 cm von dem Spiegel entfernt ist, steht die z-Komponente mit -50.

bereits fest. Also benötigen wir nur noch die y-Komponente. Zunächst bestimmen wir den Winkel δ zwischen dem reflektierenden Laserstrahl und der z-Achse. Da Eintrittswinkel gleich Austrittswinkel, ist dieser Winkel gleich $\delta = 90 - 2\alpha$ (vgl. Abb. 8.6).

Es liegt ein rechtwinkliges Dreieck vor und wir können mit dem Tangens die Länge der Gegenkathete berechnen: $\tan(\delta) = y/50$. Beim Umstellen zum gesuchten y können

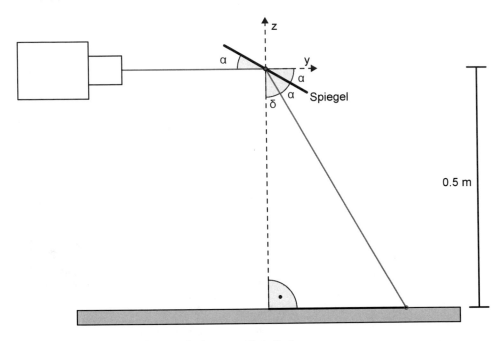

Abb. 8.6 Hilfsskizze zur Lösung der Laserstrahl-Aufgabe

nun Eigenschaften der trigonometrischen Funktionen aus der Vorlesung verwendet werden (z. B. Additionstheoreme, Eigenschaften von Sinus und Kosinus usw.).

In Teilaufgabe b) nutzen wir die Ergebnisse aus Teilaufgabe a) (hier zeigt sich eine geschickte Umstellung nach y als sehr hilfreich) und erfahren schließlich, dass $\alpha = 1/2 \operatorname{arccot}(y/50)$. Mit den situationsbedingten Werten (Breite der Platte etc.) lassen sich nun die sinnvollen Winkel berechnen. Diese lassen sich auch (zumindest grob) anhand der Skizze anschaulich verifizieren.

Die Teilaufgaben c) und d) sind nach dieser Vorarbeit gut zu lösen, da ähnliche Methoden angewendet werden sollen, wenngleich nun im Dreidimensionalen.

8.4.3   Die Aufgabe im Sinne des Konzepts

Wir wollen nun prüfen, dass die Aufgabe im Sinne des Konzepts entwickelt wurde. Eine stoffdidaktische Analyse der Aufgabe findet sich in Wolf (2017). Die Aufgabe wurde an der Universität Paderborn eingesetzt (s. 8.5.1).

Mathematik-Themenorientiert

In dieser Aufgabe geht es offensichtlich um Trigonometrie, und dies ist ebenfalls das Thema in den ersten Wochen des Eingangssemesters gewesen. Die Auswahl an

Verfahren ist zu diesem Zeitpunkt noch nicht sehr groß, sodass es eigentlich selbstverständlich ist, das Wissen und die Methoden aus der Vorlesung hier zum Lösen zu verwenden. Weiterhin wird der Gedanke des mathematischen Verallgemeinerns auf zwei Arten aufgegriffen: bei der Erhöhung der Dimension im Laufe der Aufgabe (2-D zu 3-D) und im gewissen Sinne noch bei der Bestimmung der möglichen Winkel. Letzteres trifft zwar nicht ganz die Idee des Verallgemeinerns, zielt aber schon vorbereitend darauf ab und erzeugt ein Bewusstsein für das, was später als Definitionsbereich bezeichnet wird.

Maschinenbau-Authentisch
Die vorliegenden Werte sowie das Szenario an sich kann man als authentisch bezeichnen. Selbstverständlich dürft es schwer sein, exakt diese Situation so in der Praxis zu finden, da diese Berechnungen von Computern im Hintergrund ausgeführt werden. Jedoch ist das Spiegelungsproblem deutlich zu erkennen, und selbst wenn es nicht um eine Gravur in der Anwendung gehen wird, so ist der Bezug zur Realität dennoch klar gegeben. Die Studierenden sehen übrigens laut unserer Studie die Szenerie als authentisch an. Weiterhin erkennt man bereits in der Musterlösung, dass es sich um keine eingekleidete Aufgabe handelt. Der Bezug zum Problem ist relevant für den Lösungsprozess und es wird stets eine Verbindung zur Situation verlangt (z. B. auch in Teilaufgabe b). Auch lässt sich das Problem nicht akzeptabel durch „Hingucken" oder „Probieren" lösen.

Modellierungsorientiert
Der geforderte Wechsel zwischen Physikinterpretation und mathematischem Vorgehen wird durch den Aufbau der Aufgabe garantiert. So sollen sich die Studierenden beispielsweise Gedanken über sinnvolle und erlaubte Winkelgrößen machen, was unweigerlich mit der physikalischen Situation in Verbindung gebracht werden muss. Auch die Validierung der Ergebnisse ist leicht möglich und verbindet die beiden Ebenen. Ein Studierender hat innerhalb unserer Akzeptanzbefragung geschrieben, dass er während des Lösungsprozesses mit einer Taschenlampe vor einem Spiegel stand, um sein Ergebnis zu überprüfen. Dies verdeutlicht, dass der Aspekt unseres Konzepts erfolgreich durch die Aufgabe umgesetzt wurde.

Übersichtlich und kognitiv angemessen
Die Aufgabe passt gut auf eine Seite und wird durch zwei Skizzen aufgelockert und erläutert. Die einzelnen Aufgabentexte sind möglichst kurz und präzise gehalten (dies bestätigen die Studierenden auch in unseren Studien), sodass eine Abschreckung durch den Aufbau der Aufgabe nicht zu erwarten ist. Die kognitive Angemessenheit lässt sich nur schwer objektiv vorab beurteilen, insbesondere da die Aufgabe ganz am Anfang des ersten Semesters gestellt wird und eine sehr heterogene Studierendengruppe die Veranstaltung besucht. Allerdings zeigten auch hier unsere Studien, dass der Schwierigkeitsgrad absolut angemessen war und die Aufgabe für die meisten Studierenden sehr gut lösbar, aber dennoch eine kleine Herausforderung war.

Abgeschlossen bzgl. Maschinenbauwissen

Die Aufgabe wurde am Anfang des ersten Semesters eingesetzt und darf daher noch kaum Fachwissen verlangen. Wie man in der Musterlösung und auch in den studentischen Bewertungen erkennen kann, ist dies gut gelungen.

Prototyp- und Ankerbeispielaufgabe

Die Aufgabe hat definitiv das Potenzial, als „übertragbar" im Sinne unseres Konzepts bewertet zu werden, da der Umgang mit trigonometrischen Funktionen und Eigenschaften hier sehr deutlich geübt wird und leicht mit ähnlichen Fällen in Verbindung gebracht werden kann. In unserer Studie im WS 2013/2014 stellten wir zudem fest, dass sich auch am Ende des Semesters die meisten Studierenden noch sehr gut an die Aufgabe und ihr mathematisches Thema erinnern konnten. Dies stützt die Vermutung, dass dieser Konzeptpunkt auch erfüllt wurde.

Wie sich die Ideen der Aufgaben auch in Praxisprojekte für die Mathematikausbildung umsetzen lassen, kann eindrucksvoll Prof. Dr. Alpers von der Hochschule Aalen aufzeigen: Er entwickelte ausgehend von der Laserstrahl-Aufgabe Praxisprojekte für die Maschinenbaustudierenden, wobei Studierende aus höherem Semester die Maschine planten und realisierten, während Studierende in den ersten Semestern im Rahmen von Projekten in der Mathematikveranstaltung diese als Hilfsmittel und Veranschaulichung nutzen. Abb. 8.7 zeigt den Aufbau. Der Laser ist rechts im Bild befestigt und ihm gegenüber der über einen Elektromotor bewegbare Spiegel angebracht.

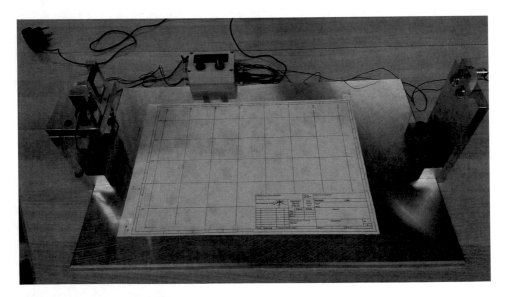

Abb. 8.7 Laserumlenkvorrichtung an der Hochschule Aalen (mit freundlicher Genehmigung von © Prof. Dr. Burkhard Alpers 2019)

Vergleicht man unsere Aufgaben mit anderen bekannten Aufgaben (wie z. B. Papula 2012), so liegen die Stärken ersterer insbesondere im Kontext und der damit ermöglichten Ergebnisinterpretation, was Validierung, Anschaulichkeit und Motivation mit sich bringen kann. Weiterhin versuchen unsere Konzeptaufgaben die Interpretations- und Modellierungsfähigkeiten zu schulen und zielen darauf ab, die Verbindung von Mathematik und Fachveranstaltung zum geeigneten Zeitpunkt zu stärken.

8.5 Die Evaluationsstudien

8.5.1 Studiendesign

Um die Auswirkungen der Intervention, d. h. den Einsatz der Anwendungsaufgaben auf die Studierenden zu untersuchen (via Vergleichsstudien), aber auch um die Aufgaben selbst als didaktisches Werkzeug von Studierenden bewerten zu lassen und daraufhin optimieren zu können (Akzeptanzstudien/Evaluationsstudien), wurden empirische Studien durchgeführt (vgl. Wolf 2017). Die erste fand im Wintersemester 2013/2014 statt, eine weitere einjährige Studie wurde im Zeitraum Wintersemester 2014/2015 und Sommersemester 2015 durchgeführt.

Allen diesen Studien ist ein Grundmodell gemein. Die Studierenden der „Mathematik für Maschinenbauer" wurden in zwei Gruppen unterteilt: eine Experimental- und eine Kontrollgruppe (auch Vergleichsgruppe genannt). Ein ideales Design, bei dem tatsächlich nur die Einsetzung der Anwendungsaufgabe ein Unterscheidungsmerkmal darstellt, ist im Rahmen der Lehre kaum umsetzbar, sodass eine gute Approximation gesucht werden musste. In einer Studie im Wintersemester 2013/2014 entstanden diese beiden Gruppen durch den Studiengang (Maschinenbau (MB) versus Wirtschaftsingenieure (WING), da beide Gruppen die gleiche Mathematikveranstaltung besuchten, jedoch auf organisatorisch gut umsetzbarer Weise separat untersucht werden konnten. Wir gingen zunächst davon aus, dass die Studiengänge gerade in den ersten Semestern so ähnlich sind, dass die Wahl des Studiengangs sich nur schwach kausal auf die Merkmale auswirken würde und daher die Gruppen vergleichbar seien. Wir mussten im Laufe der Auswertung erkennen, dass der Unterschied tatsächlich beachtenswert war und sich auf die zu untersuchenden Merkmale auswirkte. Im Jahr darauf wurden daher die Gruppen „Alpha" und „Beta" randomisiert gefüllt. Die Kontrollgruppe erhielt in allen Studien stets die üblichen Hausaufgaben, d. h. nur rein mathematische und typische Übungsaufgaben, während bei der Experimentalgruppe etwa alle zwei Wochen eine der rein mathematischen Aufgaben durch eine Anwendungsaufgabe ersetzt wurde. Ansonsten waren die Lehre sowie auch die Klausur bei beiden Gruppen in allen Punkten identisch.

Um die Intervention zu evaluieren, wurden am Anfang des Wintersemesters Eingangsbefragungen durchgeführt, die persönliche Daten (Geschlecht, Alter etc.), Studiengang,

Studienmotivation, Lernverhalten und Einstellungen zur Mathematik erfassen, um so einen Eindruck von den Probanden zu erhalten. Im Laufe des Semesters wurden zu ausgewählten Anwendungsaufgaben Akzeptanzbefragungen durchgeführt, welche den Studierenden die Möglichkeit gab, verschiedene Aspekte wie Schwierigkeitsgrad, Verständlichkeit, Authentizität usw. zu den jeweiligen Aufgaben zu bewerten. Zum Ende jeden Semesters wurde schließlich eine Endbefragung ausgeteilt, durch die verschiedene Lernermerkmale wie Relevanzeinschätzung der Mathematik, Motivation, Bewertung der Veranstaltung usw. erfasst wurden. Dies gab uns die Möglichkeit, Vergleiche zwischen den Gruppen herzustellen und Einflüsse durch unsere Intervention zu messen.

Abb. 8.8 zeigt schematisch die Datenerhebung in einem Semester auf. Während im Wintersemester 2013/2014 noch MB/WING als Experimental- und Kontrollgruppen verwendet wurden, haben wir im darauffolgenden Jahr die randomisierten Gruppen Alpha/Beta untersucht. Der Aufbau blieb ansonsten identisch.

Die zentralen Forschungsfragen lassen sich wie folgt formulieren:

- Welche Unterschiede zeigen sich hinsichtlich der beobachteten Merkmale zwischen der Experimental- und der Vergleichsgruppe und wie stark sind die Auswirkungen durch die Intervention auf diese Merkmale?
- Wie bewerten die Studierenden, die die Anwendungsaufgaben bearbeitet haben, die Aufgaben?

Diese Themen wurden durch eine Reihe weiterer Fragen präzisiert. Aus Platzgründen ist es nicht möglich, hier auf alle untersuchten Aspekte einzugehen, weshalb wir uns im Folgenden auf zwei Fragen beschränken, die einen Einblick in die Studien geben und die Bedeutung der Aufgaben andeuten.

1. In welchem Ausmaß unterscheiden sich die Studiengruppen hinsichtlich eines Bedürfnisses nach Anwendungsaufgaben?
2. Welche relative Bedeutung messen die Studierenden dem Existieren bzw. Fehlen von Anwendungsaufgaben für ihre Motivationsentwicklung bei?

Wir konzentrieren uns im Folgenden auf die Daten der randomisierten Studie im Wintersemester 2014/2015 (Alpha/Beta als Experimental-/Kontrollgruppen).

Abb. 8.8 Verlauf der Studien

Eine vollständige Auswertung aller Forschungsfragen findet sich in Wolf (2017), weiterhin wurden bereits einige Erkenntnisse aus den Aufgabenevaluationsstudien in Wolf und Biehler (2014) veröffentlicht.

8.5.2 Bedürfnis nach Anwendungsaufgaben

In den Fragebögen am Semesterende wollten wir von den Studierenden erfahren, welche der Aussagen folgenden eher für sie zutrifft: „Ich löse lieber rein mathematische Aufgaben" oder „Ich löse lieber mathematische Aufgaben, die einen Anwendungsbezug besitzen" (dichotom). Dieses Item ermöglicht es uns, Untergruppen zu untersuchen, die wir mit R (lieber reine Mathematikaufgaben) bzw. mit A (lieber Anwendungsaufgaben) abkürzen. Der Alpha-A-Gruppe gehörten im Wintersemester 2014/2015 rund 63 % an, während nur 55 % Beta-Studierende zu den Anwendungsliebenden gehörten. Im Sommersemester 2015 gehörten von Alpha noch 44 % der A-Teilgruppe an, während es in Beta nur noch 19 % waren. Dies lässt mutmaßen, dass die Intervention bei der Alpha-Gruppe für ein gewisses Aufrechterhalten des Zuspruchs zur Anwendungsorientierung sorgt, während die Beta-Gruppe das ganze Jahr über keine Anwendungsaufgaben in der Mathematik bearbeitet hat und spätestens nach der Klausur (die keine Anwendungsaufgaben enthielt) deren Nutzen eventuell völlig infrage stellt. Weitere Ausführungen insbesondere auch zu der Klausurproblematik sind in Wolf (2017) zu finden.

Die Studierenden wurden von Anfang an über die Studie informiert und waren sich daher bewusst, zu welcher Gruppe (Alpha/Beta) sie gehörten und dass sie daher auch Anwendungsaufgaben oder aber nur rein mathematische Aufgaben lösen würden. In den Endfragebögen (Wintersemester 2014/2015 und Sommersemester 2015) sollten sie über eine 6er-Likert-Skala entscheiden, welcher Studiengruppe sie angehören wollten, wenn sie die freie Wahl hätten. So wurden die Beta-Probanden gebeten, auf die Aussage „Ich wäre lieber in der Alpha-Gruppe gewesen, hätte also gerne Anwendungsaufgaben bearbeitet" zu reagieren. Und die Alpha-Gruppe sollte sich bzgl. „Ich wäre lieber in der Beta-Gruppe gewesen, hätte also lieber nur reine Mathematikaufgaben ohne Anwendungsbezug bearbeitet" entscheiden. Besonders beachtenswert ist die sich hieraus ergebende Verteilung (vgl. Abb. 8.9). So zeigt sich, dass Ende des Wintersemesters 2014/2015 ca. 79 % der Alpha-Studierenden nicht in die Beta-Gruppe wechseln wollen

N = 76 (Alpha) / 82 (Beta)	1	2	3	4	5	6	$\tilde{x}$	$\bar{x}$	sd
	% (gerundet)						(gerundet)		
A: Lieber Beta	10	4	8	13	12	54	6	4,7	1,7
B: Lieber Alpha	24	21	17	12	13	12	3	3,1	1,7

Abb. 8.9 Verteilung zum Wechselwunsch nach Studiengruppe (1 = „trifft ganz genau zu", Ende des Wintersemesters 2014/2015)

würden, und sogar knapp über die Hälfte (54 %) lehnt den Wechsel strikt ab. Bei der Beta-Gruppe verteilen sich die Antworten etwas gleichmäßiger über die Skala, allerdings ist auch hier zu erkennen, dass mit rund 62 % eine breite Masse lieber der Alpha-Gruppe angehören würde – sogar knapp ein Viertel wünscht sich den Wechsel sehr.

Zusätzlich baten wir speziell bei diesem Item auch um eine schriftliche Begründung, die von 65 % der Alpha- und 56 % der Beta-Probanden geliefert wurde. Der Großteil der Kommentare (rund 73 % der Alpha-Antworten) äußert sich sehr positiv gegenüber den Anwendungsaufgaben. Für einen Eindruck werden folgende Kommentare zitiert:

- „Anwendungsaufgaben erläutern deutlich die späteren Zusammenhänge."
- „Anwendungsaufgaben helfen mir beim Verständnis und fördern so die Motivation."
- „Die Anwendungsaufgaben waren immer eine schöne Abwechslung und Verbindung der Mathematik mit den Ingenieurwissenschaften."
- „Ich bevorzuge zwar reine Mathematikaufgaben, habe jetzt aber auch mein Interesse an Anwendungsaufgaben gefunden, weshalb ich froh bin, in der Alpha-Gruppe gewesen zu sein."

Aus den Beta-Antworten lässt sich erkennen, dass sie sich von solchen Aufgaben erhoffen würden, dass sie den Sinn dahinter zeigen, einen stärkeren zukunftsbezogenen Nutzen haben und beim Verständnis der Mathematik helfen. Gründe gegen Anwendungs-aufgaben wurden abgesehen von der Bevorzugung reiner Mathematikaufgaben nicht genannt. Die meisten notierten hier lediglich, dass sie keine Einschätzung geben können, da sie die Aufgaben nicht kennen.

Bildet man zum Wechselwunsch R/A-Teilgruppen, so zeigt sich ein deutlicher Unter-schied im Median: Alpha-R/A mit 4,0 zu 6,0 versus Beta-R/A mit 4,0 zu 2,0. Dies ver-deutlicht wieder, wie wichtig den anwendungsliebenden Studierenden der Einsatz von Anwendungsaufgaben ist und dass das Fehlen von Anwendungsaufgaben von einem Großteil der Kontrollgruppe als negativ angesehen wird. Dies zeigt, dass das Bedürfnis nach Anwendungsaufgaben bei der Mehrheit einerseits existiert und andererseits gerade bei der Kontrollgruppe nicht durch die normale Lehre befriedigt wird. Diese Ergebnisse werden auch durch andere Befragungsitems gestützt, wie beispielsweise zur Fortführung der Intervention im nächsten Semester oder Bewertungen zur gewünschten Anzahl an Aufgaben pro Semester (vgl. Wolf 2017). Auf diese können wir jedoch aus Platzgründen hier nicht weiter eingehen.

8.5.3 Bedeutung für die Motivationsentwicklung

Schon vor der Arbeit des Autors zeigte das MatheMasch-Team, dass die Motivation zur aktiven Teilnahme in der Mathematik für Ingenieure über das Semester hinweg sinkt (Oevel und Thiere 2014). Auch in den Endbefragungen (wie z. B. Wintersemester 2014/2015, siehe Abb. 8.10) zeigte sich ein sehr ähnliches Bild.

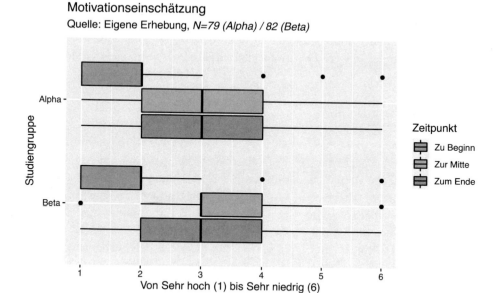

Abb. 8.10 Boxplots zur Motivationseinschätzung über das Wintersemester 2014/2015 hinweg mit dem Vergleich Alpha/Beta

Wie zu erkennen ist, wird der generelle Motivationsabfall kaum durch die Intervention gebremst, was jedoch zu erwarten war, da zu viele starke Faktoren Auswirkungen haben. Dies lässt daher kaum einen Schluss über die Intervention, also den Einsatz unserer Aufgaben zu. Allerdings kann die relative Bedeutung der Aufgaben untersucht werden.

Im Wintersemester 2014/2015 stellten wir die Frage: „Wie wirkten sich die folgenden Punkte auf Ihre Motivation zur aktiven Teilnahme bezüglich der „Mathematik 1 für Maschinenbauer" im Laufe des Semesters aus?" Die Studierenden konnten zu einigen Themen mittels einer 5er-Likert-Skala von „sehr positiv (1)" über „gar nicht (3)" bis „sehr negativ (5)" antworten. Hier zeigte sich, dass gerade die Vermittlung durch die Tutorin bzw. den Tutor sehr positiv eingeschätzt wird. Auch die Abstimmung von Vorlesung und Übung, das Kennenlernen anderer Studierenden und die Abstimmung der mathematischen Inhalte mit der Ingenieurveranstaltung „Technische Mechanik" wurden (sehr) positiv hinsichtlich der oben aufgeführten Frage bewertet. Einige andere Themen, wie der Aufbau der Vorlesung, der Zeitmangel und der Schwierigkeitsgrad der Mathematikinhalte, zeigten sehr breite Streuungen bei einem Median von 3.

Abseits dieser allgemeineren Themen haben wir zudem speziell die Studiengruppen Alpha/Beta gebeten, sich auch zu den Anwendungsaufgaben bzw. dem Fehlen dieser zu äußern. Abb. 8.11 zeigt ein deutliches Bild: Während der Einsatz der Aufgaben von 64 % der Alpha-Studierenden als (sehr) positiv hinsichtlich der Motivation gewertet wurde, hat die Hälfte der Beta-Studierenden das Fehlen als (sehr) negativ bewertet.

Betrachten wir auch hier die R/A-Untergruppen, so werden die Unterschiede noch offensichtlicher. Gerade anwendungsliebende Studierende werten die Aufgaben positiv

(Alpha-A/R: Median 2/3; MW 1,9/3,1; SD 0,6/1,0) und das Fehlen solcher negativ (Beta-A/R: Median 4/3; MW 3,7/3,2; SD 1,0/0,9). Obgleich die Gesamtmotivation kaum durch die Intervention berührt wird (da einfach zu viele Einflussfaktoren existieren), kann eine klare Empfehlung für die Anwendungsaufgaben ausgesprochen werden.

8.6 Fazit

Im Zuge der Arbeit im MatheMasch-Projekt wurde ein spezielles Konzept für die Erstellung anwendungsorientierter Aufgaben für die Mathematikausbildung für Ingenieure entwickelt, vorgestellt und durch mehrere Studien evaluiert. Das Konzept kann leicht auch auf Mathematik-Serviceveranstaltungen anderer Ingenieurstudiengänge angepasst werden, da es im Kern die Bedürfnisse von Studierenden ansprechen soll, die die Mathematiklehre mit Fragen nach dem Nutzen und dem Sinn auf die Probe stellen. Hierbei versucht das Konzept eine Brücke zwischen der Mathematik und den entsprechenden Fachveranstaltungen zu schlagen, aber gleichzeitig auch die alltäglichen Aufgaben und Hürden der Lehre nicht aus den Augen zu verlieren. Wie so oft ist es auch hier notwendig, gewisse Kompromisse einzugehen und geeignete Mittelwege zu finden, wobei das Augenmerk bei der Entwicklung des Konzepts besonders auf der praktischen Umsetzbarkeit lag. Das Konzept befindet sich dauerhaft in einer Überarbeitungsphase, was jedoch auch in der Natur der Sache liegt: Es muss durch neue Erkenntnisse optimiert und gegebenenfalls an andere Fächer oder die Bedürfnisse spezieller Studierendengruppen angepasst werden. Eine Ausdehnung auf andere Bereiche der Ingenieurwissenschaften (wie z. B. Elektrotechnik) ist möglich. Insgesamt lässt sich aus den Studienergebnissen und Erfahrungen in der Lehre schlussfolgern, dass die Verwendung des Konzepts bzw. der entwickelten Aufgaben eine gelungene Ergänzung und Erweiterung einer Mathematikveranstaltung im ersten Studienjahr (insbesondere im ersten Semester) für Ingenieure sein kann. Die Kooperation der Lehrenden der Mathematik und des Studienfachs (z. B. Maschinenbau) nimmt nicht nur beim Einsatz der Aufgaben, sondern für die Qualität der Lehre an sich einen sehr hohen Stellenwert ein und sollte unbedingt gefördert und gefordert werden.

N=80 (Alpha) / 84 (Beta)	Sehr positiv	Positiv	Gar nicht	Negativ	Sehr negativ	$\tilde{x}$	$\bar{x}$	sd
	Angaben in % (gerundet)					(gerundet)		
Anwendungsaufgaben [Al.]	16	48	27	4	5	2	2,4	1
Fehlen von Anw. [Beta]	0	15	35	32	18	3,5	3,5	1

Abb. 8.11 Verteilung der gruppenspezifischen Motivationsitems (Endbefragung Wintersemester 2014/2015)

Literatur

Alpers, B. (2002). Mathematical application projects for mechanical engineers - concept, guidelines and examples. In M. Borovcnik & H. Kautschitsch (Hrsg.), *Technology in Mathematics Teaching, Proceedings der International Conference on Technology in Mathematics Teaching (ICTMT 5), Klagenfurt* (S. 393–396). Wien: Öbv&http.

Alpers, B. (2010). Studies on the mathematical expertise of mechanical engineers. *Journal of Mathematical Modelling and Application, 1*(3), 2–17.

Alpers, B. (2013). *Stabfachwerke und lineare Gleichungssysteme (Unveröffentlichter Artikel).* Hochschule Aalen: Aalen.

Barry, M. D. J., & Steele, N. C. (1993). A core curriculum in mathematics for the European engineer: An overview. *International Journal of Mathematical Education in Science and Technology, 24*(2), 223–229.

Bingolbali, E., Monaghan, J., & Roper, T. (2007). Engineering students' conceptions of the derivative and some implications for their mathematical education. *International Journal of Mathematical Education in Science and Technology, 38*(6), 763–777.

Blum, W. (1985). Anwendungsorientierter Mathematikunterricht in der didaktischen Diskussion. In D. Kahle (Hrsg.), *Mathematische Semesterberichte. Zur Pflege des Zusammenhangs zwischen Schule und Universität* (Bd. XXXII, S 195–232). Göttingen: Vandenhoeck & Ruprecht

Blum, W. (1996). Anwendungsbezüge im Mathematikunterricht – Trends und Perspektiven. *Trends und Perspektiven. Beiträge zum 7. Internationalen Symposium zur Didaktik der Mathematik,* 15–38.

Brousseau, G. (1997). *Theory of didactical situations in mathematics 1970–1990.* Dordrecht: Kluwer.

Derboven, W., & Winkler, G. (2009). *Ingenieurswissenschaftliche Studiengänge attraktiver gestalten.* New York: Springer Verlag.

Ditzel, B., Dahlkemper, J., Landenfeld, K., & Renz, W. (2014). Integratives Grundstudium in den Ingenieurwissenschaften durch Themenwochen – Vom Konzept zur Umsetzung. *Zeitschrift für Hochschulentwicklung, 9*(4), 191–212.

Engel, J., & Sproesser, U. (2013). Mathematik und der Rest der Welt. Von der Schwierigkeit der Vermittlung zwischen zwei Welten. In J. Sprenger, A. Wagner, & M. Zimmermann (Hrsg.), *Mathematik lernen, darstellen, deuten, verstehen* (S. 145–159). Wiesbaden: Springer Spektrum.

Greefrath, G, Kaiser, G., Blum, W., & Borromeo Ferri, R. (2013). Mathematisches Modellieren – Eine Einführung in theoretische und didaktische Hintergründe. In R. Borromeo Ferri, G. Greefrath, & G. Kaiser (Hrsg.), *Mathematisches Modellieren für Schule und Hochschule – Theoretische und didaktische Hintergründe* (S. 11–40). Wiesbaden: Springer Spektrum.

Härterich, J., Kiss, C., Rooch, A., Mönnigmann, M., Schulze, D. M., & Span, R. (2012). MathePraxis – connecting first-year mathematics with engineering applications. *European Journal of Engineering Education, 37*(3), 255–266.

Krapp, A. (1998). Entwicklung und Förderung von Interesse im Unterricht. *Psychologie in Erziehung und Unterricht, 44,* 185–201.

Maaß, K. (2010). Classification scheme for modelling tasks. *Journal für Mathematik-Didaktik, 31*(2), 285–311.

Niss, M. (1992). *Applications and modelling in school mathematics – directions for future development.* Roskilde: IMFUFA Roskilde Universitätscenter.

Oevel, G., Henning, M., Hoppenbrock, A., Kortemeyer, J., & Mertsching, B. (2014). Werkstattbericht der Arbeitsgruppe „Mathematik in den Ingenieurwissenschaften". In T. Wassong, D. Frischemeier, P. R. Fischer, R. Hochmuth, & P. Bender (Hrsg.), *Mit Werkzeugen Mathematik und Stochastik lernen – Using Tools for Learning Mathematics and Statistics* (S. 471–485). Wiesbaden: Springer Spektrum.

Oevel, G. & Thiere, B. (2014). Motivation in der Mathematik? Evaluationsergebnisse von Studierenden der Ingenieurwissenschaften im ersten Semester. In A. Tekkaya (Hrsg.), *TeachING-LearnING.EU Tagungsband movING Forward – Engineering Education from vision to mission 18. und 19. Juni 2013* (S. 226–227). Dortmund: Universität Dortmund

Papula, L. (2012). *Mathematik für Ingenieure und Naturwissenschaftler – Anwendungsbeispiele: 222 Aufgabenstellungen aus Naturwissenschaft und Technik mit ausführlich kommentierten Lösungen* (6. vollständig überarbeitete und erweiterte Aufl.). Wiesbaden: Vieweg+Teubner Verlag.

Pfenning, U., Renn, O., & Mack, U. (2002). *Zur Zukunft technischer und naturwissenschaftlicher Berufe - Strategien gegen den Nachwuchsmangel.* Stuttgart: Akademie für Technikfolgenabschätzungen in Baden-Württemberg.

Rooch, A., Kiss, A., & Härterich, J. (2014). Brauchen Ingenieure Mathematik? - Wie Praxisbezug die Ansichten über das Pflichtfach Mathematik verändern. In I. Bausch, R. Biehler, R. Bruder, P. R. Fischer, R. Hochmuth, W. Koepf, S. Schreiber, & T. Wassong (Hrsg.), *Mathematische Vor- und Brückenkurse - Konzepte, Probleme und Perspektiven* (S. 398–409). Wiesbaden: Springer Spektrum.

Schiefele, H., Krapp, A., & Schreyer, I. (1993). Metaanalyse des Zusammenhangs von Interesse und schulischer Leistung. *Zeitschrift für Entwicklungspsychologie und Pädagogische Psychologie, 25*(2), 120–148.

SEFI (2013). *A framework for mathematics curricula in engineering education – A report of the Mathematics Working Group.* Brüssel: European Society for Engineering Education (SEFI).

Vos, P. (2011). What is authentic in the teaching and learning of mathematical modelling? In G. Kaiser, W. Blum, R. Borromeo Ferri, & G. Stillman (Hrsg.), *Trends in teaching and learning of mathematical modelling (ICTMA 14)* (S. 713–722). Netherlands: Springer

Weinert, F. E. (1990). Theory building in the domain of motivation and learning in school. In P. Vedder (Hrsg.), *Fundamental studies in educational research* (S. 91–120). Boca Raton: CRC Press.

Wolf, P., & Biehler, R. (2014). Entwicklung und Erprobung anwendungsorientierter Aufgaben für Ingenieurstudienanfänger/innen. *Zeitschrift für Hochschulentwicklung, 9*(4), 169–190.

Wolf, P., & Biehler, R. (2016). Anwendungsorientierte Aufgaben für die Erstsemester-Mathematik-Veranstaltungen im Maschinenbaustudium. *khdm-Report, 4*(16), 1–38.

Wolf, P. (2017). *Anwendungsorientierte Aufgaben für Mathematikveranstaltungen der Ingenieurstudiengänge - Konzeptgeleitete Entwicklung und Erprobung am Beispiel des Maschinenbaustudiengangs im ersten Studienjahr.* Wiesbaden: Springer Spektrum.

Einsatz von Schnittstellenaufgaben in Mathematikveranstaltungen – Praxisbeispiele aus der Universität Paderborn

Max Hoffmann

Zusammenfassung

Seit dem Wintersemester 2013/2014 werden an der Universität Paderborn Schnittstellenaufgaben im Rahmen der Veranstaltungen „Einführung in mathematisches Denken und Arbeiten", „Grundlagen der Geometrie" und „Analysis I" in der Gymnasiallehrerausbildung eingesetzt, konzeptuell eingeordnet und evaluiert.

Im Folgenden wird zunächst der theoretische Boden zur strukturierten Betrachtung von Schnittstellenaufgaben geebnet. Darauf aufbauend wird eine allgemeine Definition für Schnittstellenaufgaben vorgeschlagen. Anschließend werden an der Universität Paderborn eingesetzte Schnittstellenaufgaben sowie die jeweiligen Rahmenbedingungen und Zielsetzungen vorgestellt. Diese werden in Verbindung mit den theoretischen Konzepten gebracht. Abschließend folgt ein Vorschlag zur systematischen Reflexion des Einsatzes einer Schnittstellenaufgabe in Form von vier Einflussgrößen.

Wohlbekannt und oft zitiert sind die Ausführungen von Klein (1908, S. 1 f.) zur *doppelten Diskontinuität* in der Lehramtsausbildung. Die im einschlägigen Zitat erwähnte Ausbildung des „höheren Lehramts" entspricht nach heutigem Verständnis der universitären Ausbildung der Gymnasiallehrerinnen und -lehrer. Klein motiviert durch den Problemaufwurf seine Vorlesungen zur „Elementarmathematik vom höheren Standpunkte aus". Diese sieht er als professionsbezogene Ergänzung in der

M. Hoffmann (✉)
Institut für Mathematik, Universität Paderborn, Paderborn, Deutschland
E-Mail: max.hoffmann@math.uni-paderborn.de

© Springer-Verlag GmbH Deutschland, ein Teil von Springer Nature 2021
R. Biehler et al. (Hrsg.), *Lehrinnovationen in der Hochschulmathematik,*
Konzepte und Studien zur Hochschuldidaktik und Lehrerbildung Mathematik,
https://doi.org/10.1007/978-3-662-62854-6_9

Mathematiklehrerausbildung am Ende des Hauptstudiums (Allmedinger 2016, S. 211). Die doppelte Diskontinuität dient als gemeinsames Schlagwort für zwei sowohl zeitlich als auch inhaltlich unterschiedlich gelagerten Probleme. Die erste Diskontinuität bezieht sich auf Probleme auf verschiedenen Ebenen beim Übergang von der Schule und der Schulmathematik zur Hochschule und akademischen Mathematik. Die zweite Diskontinuität beschreibt Probleme der mangelnden (wahrgenommenen) Anschlussfähigkeit der akademischen Mathematik an die zu unterrichtende Schulmathematik.

In diesem Problemfeld schlägt Bauer (2013) das Konzept von sogenannten Schnittstellenaufgaben vor, die dabei helfen sollen, dass akademische Mathematik und Schulmathematik als „füreinander nützlich und aufeinander bezogen" (S. 40) wahrgenommen werden. Ähnliche Konzepte „besonderer" Aufgaben für Lehramtsstudierende sind auch Bestandteil von Innovationsprojekten an anderen Universitäten.

Aus der universitären Lehrpraxis kommend, wurde der Begriff der Schnittstellenaufgabe noch nicht systematisch vor einem theoretischen Hintergrund definiert. Eine solche generelle Definition ist sowohl notwendig für den Versuch einer Abgrenzung von Schnittstellenaufgaben und Nicht-Schnittstellenaufgaben als auch Bedingung für eine weitere Ausspezifizierung verschiedener Arten von Schnittstellenaufgaben und damit einhergehenden zielgerichteten empirischen Untersuchungen.

In diesem Artikel wird ein theoretisch eingebetteter Vorschlag einer solchen Definition und Klassifikation vorgestellt und mit Aufgabenbeispielen aus der Gymnasiallehrerausbildung ausgefüllt.

9.1 Von der doppelten Diskontinuität zu Schnittstellenaufgaben

9.1.1 Beschreibung der Diskontinuitäten

Dass der mathematikbezogene Übergang von der Schule zur Hochschule nicht nur auf institutioneller Ebene einen Bruch darstellt, ist in vielen Untersuchungen belegt. Inhaltliche, lehr-lern-methodische oder auch im privaten Umfeld situierte Veränderungen stellen viele Studienanfänger vor Probleme. Schulmathematik und akademische Mathematik haben in ihrem jeweiligen Anwendungsumfeld eine gut begründete Existenzberechtigung. Die fachinhaltlichen und fachmethodischen Unterschiede können demnach nicht behoben werden, indem sich beide Arten von Mathematik einander angleichen. Somit sind zur Überwindung der *ersten Diskontinuität* Lösungen erforderlich, die verhindern, dass der mitgebrachte schulmathematische Hintergrund einfach durch eine „korrekte" Hochschulmathematik überschrieben wird. Stattdessen sollte die Schulmathematik in ein reflektiertes Verhältnis zur Fachmathematik gesetzt werden. Dabei haben die schulmathematischen Vorkenntnisse das Potenzial, auf verschiedene Weisen den Erwerb hochschulmathematischer Kompetenzen zu unterstützen. Folgende Liste nennt, ohne Anspruch auf Vollständigkeit, einige Möglichkeiten:

- als Beispiel für ein eingeführtes hochschulmathematisches Konzept:
  Beispiel: Der Differenzenquotient in der Schulmathematik als Spezialfall der allgemeinen Differenzierbarkeit von Funktionen auf normierten Vektorräumen
- als Ausgangspunkt für die Einführung eines hochschulmathematischen Konzepts
  Beispiel: Die Rechengesetze der unterschiedlichen Zahlbereiche als Ausgangspunkt für die Einführung algebraischer Strukturen wie Gruppen, Ringe, Körper
- als Vergleichsreferenz für die Einführung desselben Themas auf eine andere Art und Weise:
  Beispiel: sin und cos am Dreieck bzw. Einheitskreis im Vergleich zur Potenzreihendefinition der Hochschulanalysis

Leitend ist hier das Lernen der akademischen Mathematik, für das Schulbezüge nutzbar gemacht werden sollen. Das beschriebene Problem ist dabei nicht professionsspezifisch für die Lehramtsausbildung, sondern betrifft grundsätzlich die Studieneingangsphase in allen mathematikhaltigen Studiengängen. Man mag an dieser Stelle spekulieren, dass in einem Fachstudium Mathematik bei vielen Studierenden die Akzeptanz dafür, die Schulmathematik zu verwerfen und eine neue „saubere" Mathematik zu lernen, größer ist als beispielsweise im Lehramtsstudiengang. Jedoch gibt es keinen Grund anzunehmen, dass in einem bestimmten Studiengang das generelle Problem (zumindest für einen Teil der Studierenden) nicht existiert.

Die *zweite Diskontinuität* hingegen ist genuin professionsspezifisch, da sie sich auf die Anschlussfähigkeit der im Studium erworbenen mathematischen Kompetenzen für den späteren Beruf bezieht. Auch wenn es beim Schlagwort *doppelte Diskontinuität* in der Regel um die Lehramtsausbildung geht (und auch im weiteren Verlauf des Artikels gehen wird), gibt es wieder keinen Grund, von der Irrelevanz für andere Professionen auszugehen. Lediglich müssen Lösungsansätze hier jeweils professionsspezifisch neu gedacht werden.

Bezogen auf die Lehramtsausbildung bedeutet „Anschlussfähigkeit", dass die im Studium erworbenen fachinhaltlichen Kompetenzen eine Grundlage des tatsächlichen professionellen Handelns als Lehrkraft darstellen. Um über Lerngelegenheiten zur Förderung nachzudenken, muss zunächst klar sein, welche typischen mathematikhaltigen professionellen Handlungsanforderungen in der Unterrichtspraxis relevant sind. In Abschn. 9.1.2 wird dies näher ausgeführt.

Mit diesem Hintergrund kann der Anschluss von akademischer Mathematik an Schulmathematik im Folgenden als Zweischritt betrachtet werden:

1. *Hintergrundtheorie zur Schulmathematik:* Hochschulmathematische Inhalte bilden den fachlichen Hintergrund der Schulmathematik und ermöglichen insbesondere die konsistente und rigorose Verknüpfung unterschiedlicher Bereiche der Schulmathematik (vgl. zum Beispiel Vollrath 1979; Dreher et al. 2018). Zur Überwindung der zweiten Diskontinuität müssen die Studierenden einsehen, welche Bereiche der akademischen Mathematik für welche Themenfelder der Schulmathematik als

Hintergrundtheorie dienen können. Die Erfahrung zeigt, dass sich diese Bezüge nicht von alleine einstellen und demnach explizit behandelt werden müssen. Zu beachten ist, dass dies im Optimalfall bedeutet, im Studium auch für möglichst alle schulmathematischen Themen den fachlichen Hintergrund zu liefern.

Beispiel: Ein hochschulmathematischer Hintergrund zu Symmetrieeigenschaften ebener Figuren ist etwa die Tatsache, dass die mit den Symmetrien verbundenen Isometrien eine Gruppe bilden.

2. *Didaktische Reduktion:* Die Hintergrundtheorien erlauben es, fachmathematische Sichtweisen (sowohl inhaltlich als auch methodisch) auf in professionellen Kontexten auftauchende Situationen anzuwenden. Durch diese Perspektive gewonnene Einsichten können dann didaktisch reduziert werden. So dient die Fachmathematik als Hintergrund für professionelles Handeln. Es soll an dieser Stelle betont werden, dass natürlich die fachmathematische nicht die einzige Perspektive auf professionstypische Probleme ist. Zur Überwindung der zweiten Diskontinuität müssen die Studierenden lernen, wie sie im Kontext typischer unterrichtlicher Handlungsanforderungen ihr mathematisches Hintergrundwissen gewinnbringend nutzen können. Auch diese Fähigkeit stellt sich nicht von alleine ein.

Beispiel: Eine Schülerin fragt, ob eine zu zwei sich schneidenden Achsen spiegelsymmetrische Figur immer auch drehsymmetrisch ist, weil sie dies bei mehreren Beispielen festgestellt hat. Die oben beschriebene fachliche Perspektive liefert eine Antwort, die dann lernförderlich didaktisch reduziert werden kann (bspw. in eine ziel- und weiterführende Aufgabenstellung für die Schülerin).

9.1.2 Mathematikhaltige Handlungsanforderungen im Unterricht

Als eine wesentliche Grundlage für die oben beschriebene Sicht auf die zweite Diskontinuität bedarf es Erkenntnisse über die Art mathematikhaltiger Handlungsanforderungen an Lehrkräfte im Unterricht. Mit dem Ziel, professionsbezogene Probleme zu identifizieren, für deren Lösung Lehrkräfte im alltäglichen Unterricht mathematisches Wissen benötigen, stellen Ball und Bass (2002, S. 11 ff.) für den Bereich der Grundschule die Ergebnisse einer umfangreichen Berufsanalyse (ausgewertet wurden bspw. Audio- und Videoaufnahmen, Transskripte, Kopien von SuS-Arbeiten) vor und halten fest, „[...] that teaching is a form of mathematical work. Teaching involves steady stream of mathematical problems that teacher must solve." (S. 6 f.)

Die entstandene Aufzählung mathematikhaltiger professionellen Aktivitäten von Grundschullehrkräften wurde von Prediger (2013, S. 156) übersetzt und zu folgender Liste ergänzt, bei der es keinen Grund gibt, sie nicht für den Sekundarstufenbereich zu übernehmen. (Die Nummerierungen wurden vom Autor dieses Artikels zwecks besserer Referenzierbarkeit hinzugefügt; die Ergänzungen von Prediger sind kursiv dargestellt):

1. *Anforderungen an Schülerinnen und Schüler (aus Schulbüchern, Tafelbildern oder Tests) selbst bewältigen und auf verschiedenen Niveaus bearbeiten können;*
2. Lernziele setzen und ausschärfen;
3. *Zugänge (in Schulbüchern, Tafelbildern o. Ä.) analysieren und bewerten;*
4. Aufgaben und Lernanlässe auswählen, *verändern* oder konstruieren;
5. Tests *entwickeln* und reskalieren;
6. geeignete Darstellungen *und Exaktheitsstufen* auswählen und nutzen sowie zwischen ihnen vermitteln;
7. Äußerungen von Lernenden analysieren, bewerten *und darauf lernförderlich reagieren;*
8. Fehler von Lernenden analysieren und darauf lernförderlich reagieren;
9. *fachlich substantielle,* produktive Diskussionen moderieren;
10. *zwischen verschiedenen Sprachebenen (Alltagssprache, Fachsprache, Symbolsprache) flexibel hin- und herwechseln und vermitteln für Lernende;*
11. Lernstände, *Lernprozesse und Lernerfolge* erfassen.

Bei der Konstruktion passender Lerngelegenheiten zur Überwindung der zweiten Diskontinuität können diese Aufgabenbereiche einen nützlichen Ausgangspunkt darstellen.

9.1.3 Mathematikbezogenes Fachwissen von Mathematiklehrkräften

Im Rahmen verschiedener Projekte seit Ende der 80er-Jahre wurde versucht, das professionelle (insb. mathematikbezogene) Wissen von Mathematiklehrkräften in Kategorien zu unterteilen. Die immer noch verwendeten Bezeichnungen *content knowledge* und *pedagogical content knowledge* gehen zurück auf Shulman (1986, S. 9) und bilden das begriffliche Fundament auch für aktuelle Arbeiten. Im Jahre 1992 ergänzte Bromme (2014, S. 96 f.) in seiner *Topologie des professionellen Lehrerwissens* Shulmans Überlegungen um die Kategorie „Philosophie der Schulmathematik" um insbesondere auch normative Komponenten. Brommes Arbeiten sind dem in den Neunzigern entstandenen Experten-Novizen-Paradigma zuzuordnen.

Die Gruppe um Ball und Bass (2002) schlägt eine auf ihren oben beschriebenen Analysen aufbauende „Practice-based Theory of Mathematical Knowledge for Teaching" vor, in der das *mathematical knowledge for teaching (MKT)* in die Wissensarten *subject matter knowlegde* (bestehend aus den Unterkategorien *common content knowledge (CCK), horzion content knowledge (HCK)* und *specialized content knowledge (SCK))* sowie *pedagogical content knowledge (PCK)* mit ebenfalls drei Unterkategorien unterteilt ist.

Das MKT-Konzept liefert wertvolle Ansatzpunkte zur theoretischen Rahmung von Schnittstellenaufgaben, jedoch kann die Theorie nicht ohne Weiteres von der Ausbildung von Grundschullehrkräften auf das Gymnasiallehramtsstudium übertragen werden. Für das MKT wesentlich ist die Unterscheidung in CCK und SCK. Ersteres meint mathematisches Wissen, das in verschiedenen Bereichen eine Rolle spielt und im Gegensatz zum SCK nicht spezifisch für den Lehrerberuf ist. Speer et al. (2015, S. 116 ff.) belegen an plausiblen Situationen aus den Arbeitsrealitäten einer Gymnasiallehrkraft und eines forschenden Mathematikers, dass diese Trennung basierend auf dem Kontext, in dem Mathematik verwendet wird, sehr schwerfällt: Beispielsweise spielt das Dekomprimieren und Validieren mathematikhaltiger Aussagen im Unterricht bei der Reaktion auf die Äußerungen von Lernenden eine wichtige Rolle; ebenso relevant ist dies aber auch bei der Kommunikation zwischen zwei mathematischen Forschern.

Dreher et al. (2018, S. 330) nehmen sich dieses Problems an und schlagen das Konzept des *school-related content knowledge (SRCK)* als spezielles mathematisches *content knowledge* (CK) für Sekundarstufenlehrkräfte vor, das sich von akademischem CK und PCK unterscheidet und tiefer als die Schulmathematik geht:

> In contrast to the academic CK that prospective secondary mathematics teachers share with future research mathematicians, SRCK necessarily includes knowledge about school mathematics and its non-trivial interrelations with academic mathematics. Contrary to PCK, SRCK is CK that is not blended with pedagogical knowledge – hence, there is, for instance, no knowledge on typical students' misconceptions needed.

SRCK besteht aus drei Bereichen (Dreher et al. 2018, S. 330 f.):

1. Wissen über die Struktur des Curriculums und der Schulmathematik sowie deren mathematische Begründung (insb. auch über zentrale Ideen und deren Auftauchen im Sinne eines Spiralcurriculums)
2. Beziehungen zwischen Schul- und Hochschulmathematik in Top-down-Richtung (insb. Dekompression und didaktische Reduktion mathematischer Inhalte)
3. Beziehungen zwischen Schul- und Hochschulmathematik in Bottom-up-Richtung (insb. Erkennen von mathematischen Ideen/ Inhalten, die in SuS-Äußerungen bzw. Schulbuchzugängen verborgen sind, Erkennen und Einordnen impliziter Annahmen in der Schulmathematik)

Ein wesentlicher Unterschied zum SCK liegt in der Trennung von Fachmathematik und Schulmathematik. Im Vergleich zur universitären Grundschullehrerausbildung ist dieser Unterschied im Sekundarstufenlehramt deutlich größer, was bei der Beschreibung des SRCK berücksichtigt wurde.

In ersten Untersuchungen konnten Heinze et al. (2016) nachweisen, dass PCK, SRCK und CK quantitativ erfassbar sind und sich SRCK tatsächlich empirisch von den anderen beiden Konstrukten trennen lässt (S. 340 ff.). Eine offene Frage bleibt, wie SRCK im Rahmen der Lehramtsausbildung erworben werden kann und welche Rolle PCK und vor allem CK bei diesem Erwerb spielen.

Aus den Beschreibungen wird deutlich, dass Lerngelegenheiten zur Förderung von Facetten des SRCK (zu denen viele der Schnittstellenaufgaben gezählt werden können) das Potenzial haben, zum Abbau der zweiten Diskontinuität beizutragen.

Für die Überwindung der ersten Diskontinuität steht im Vordergrund, den Erwerb von CK durch Bezüge zur Schulmathematik zu unterstützen. Trotzdem besteht das Potenzial, dass durch die hergestellten Verknüpfungen auch der Aufbau von SRCK mit gefördert wird.

9.1.4 Schnittstellenaufgaben als Lösungsvorschlag

Ein Lösungsvorschlag zur Überwindung der doppelten Diskontinuität ist die Verwendung spezieller Aufgaben mit dem Ziel, explizit Verbindungen zwischen Schul- und Hochschulmathematik zu beschreiben und bearbeiten. Bauer (2013, S. 40) nennt als einen Vorteil die einfache Realisierbarkeit solcher Aufgaben mit den „‚Bordmitteln' eines Mathematikfachbereiches". Aufgaben dieser Art werden und wurden bereits in verschiedenen Projekten eingesetzt, wie folgende (unvollständige) Übersicht verdeutlicht:

- Ableitinger et al. (2013): Aufgaben zur Vernetzung von Schul- und Hochschulmathematik (Universität Duisburg-Essen)
- Bauer (2012, 2013): Schnittstellenaufgaben (Universität Marburg)
- Beutelspacher et al. (2011): *Mathematik Neu Denken* (Universität Gießen, Universität Siegen)
- Eichler und Isaev (2017): ffu-Projekt (Universität Kassel)
- Hoffmann: Schnittstellenaufgaben in verschiedenen Veranstaltungen im gymnasialen Lehramtsstudium (Universität Paderborn; Details und Referenzen findet man in Abschn. 9.2.)
- Rachel et al. (2018): Problemorientierte Aufgaben zur Intensivierung des Berufsfeldbezugs im Lehramtsstudium Mathematik (LMU),
- Suzuka et al. (2009): MKT-Tasks

Mit dem Konzept der *Schnittstellenaufgaben* verfolgt Bauer (2013, S. 39 f.) das Ziel, Schnittstellenaktivitäten anzuregen, durch die Lehramtsstudierende „stabile Verknüpfungen zwischen den Vorkenntnissen und Vorerfahrungen aus der Schulmathematik und den zu erarbeiteten Inhalten und Denkweisen der Hochschulmathematik" aufbauen können. Schulmathematik und Hochschulmathematik sollen als „füreinander nützlich und aufeinander bezogen" (S. 41) erlebt werden.

Bauer (2013, S. 40 f.) erwähnt explizit, dass Schnittstellenaufgaben zwischen Schul- und Hochschulmathematik in beide Richtungen wirken können. Somit sollen die Studierenden bei der Bearbeitung – in der Sprache des SRCK-Konzepts – Top-down- und Bottom-up-Beziehungen zwischen Schul- und Hochschulmathematik herstellen.

Dies wird auch in den von Bauer (2013, S. 41 ff.) vorgestellten Unterkategorien von Schnittstellenaufgaben deutlich:

A. Grundvorstellungen aufbauen und festigen
B. Unterschiedliche Zugänge verstehen und analysieren
C. Mit hochschulmathematischen Werkzeugen Fragestellungen der Schulmathematik vertieft verstehen
D. Mathematische Arbeitsweisen üben und reflektieren

Keine explizite Rolle spielt bei Bauer der erste Bereich von SRCK (Wissen über die Struktur des Curriculums und der Schulmathematik). Dafür ist in Bauers Konzept der Erwerb von SRCK immer an den Erwerb von CK geknüpft: Schnittstellenaufgaben dienen auch dazu, ein besseres Verständnis für die universitäre Mathematik zu erwerben. Nicht deutlich wird in Bauers Konzept die oben ausgeführte Unterscheidung zwischen Schnittstellenaufgaben zur ersten und zur zweiten Diskontinuität. In den Kategorienbeschreibungen finden sich stets Aspekte beider Problemstellungen.

Es soll nun, basierend auf den obigen Vorüberlegungen und anschlussfähig an die konzeptionellen Überlegungen von Bauer (2013), folgende Definition einer Schnittstellenaufgabe vorgeschlagen werden:

> **Schnittstellenaufgabe**
> Eine (mathematische) *Schnittstellenaufgabe* ist eine Aufgabe, in der Beziehungen zwischen Schulmathematik und Hochschulmathematik expliziert werden.
>
> Unterschieden werden Schnittstellenaufgaben erster und zweiter Art, die auf die Überwindung der ersten bzw. zweiten Diskontinuität abzielen.
>
> Schnittstellenaufgaben erster Art zeichnen sich dadurch aus, dass schulmathematische Bezüge genutzt werden, um den Aufbau hochschulmathematischer Kompetenzen zu unterstützen.
>
> Im Rahmen von Schnittstellenaufgaben zweiter Art werden Bezüge zwischen akademischer Mathematik und Schulmathematik genutzt, um professionstypische Handlungsanforderungen aus einer mathematischen Perspektive zu analysieren und die so gewonnenen Erkenntnisse dann als Grundlage professionellen Lehrerhandelns zu nutzen.

Durch Schnittstellenaufgaben dieser Arten werden Aspekte des *school-related content knowledge (SRCK)* (und damit der Lehrerkompetenz) adressiert, entweder um des SRCK selbst willen oder aber um fachmathematisches Fachwissen (CK) zu fördern.

Die oben erwähnten Jobanalysen von Ball und Bass (2002) sowie Prediger (2013) liefern Ausgangspunkte zur Konstruktion professionstypischer Kontexte für Schnittstellenaufgaben zweiter Art. Beispiele sind hier *Bewertung von Schulbuchzugängen (3)*,

Äußerungen bzw. *Fehler von Lernenden analysieren (7, 8)* oder *Zwischen Sprachebenen hin- und herwechseln (10)*.

Die gewählte Formulierung grenzt Schnittstellenaufgaben explizit auf Lehramt und Fachmathematik ein. Nichtsdestotrotz lassen sich durch leichte Schwerpunktverschiebungen auch Aufgaben mit weiter gehenden Anwendungsbereichen beschreiben:

- Schnittstellenaufgaben erster Art können auch für *Nicht-Lehramtsstudierende* interessant sein. Wie bereits beschrieben, kann eine Bezugnahme zur Schulmathematik im Sinne des Anknüpfens an relevantes Vorwissen den fachmathematischen Lernprozess unterstützen.
- In den Ausführungen zum SRCK (Dreher et al. 2018) wird explizit erwähnt, dass dieses keine Überschneidungen mit fachdidaktischem Wissen habe, und auch in obiger Definition spielen fachdidaktische Überlegungen keine Rolle. Dennoch kann es im Sinne der Professionsorientierung sinnvoll sein, zur Förderung von vernetztem Wissen in Schnittstellenaufgaben auch thematisch passende fachdidaktische Anteile zu berücksichtigen. Grundsätzlich legen Schnittstellenaufgaben zweiter Art (nach dem oben formulierten Verständnis) den Schwerpunkt auf das Einnehmen von und Agieren mit einer fachmathematischen Perspektive auf und in professionstypischen Situationen. Andere Perspektiven (pädagogische Psychologie, allgemeine Didaktik, Bildungswissenschaften …) spielen hier keine Rolle.

9.2   Einsatzszenarien an der Universität Paderborn

Im Rahmen der Lehramtsausbildung der Universität Paderborn konnten bereits an verschiedenen Stellen praktische Erfahrungen im Einsatz von Schnittstellenaufgaben gesammelt werden, über die im Folgenden ein Überblick gegeben wird.

Im Rahmen der Vorlesung „Einführung in mathematisches Denken und Arbeiten (EmDA)" (1. Semester, Lehramt Gymnasium und Gesamtschule) wurden in den Wintersemestern 2013/2014 sowie 2014/2015 Schnittstellenaufgaben eingesetzt (vgl. Hilgert et al. 2015a; b). Teile der Aufgaben wurden von Hoffmann (2014) im Rahmen einer Bachelor-Arbeit in das Modell von Bauer eingeordnet.

Auch in der Vorlesung „Analysis I" (1. Semester, Fachmathematik; 3. Semester, Lehramt GyGe) wurden in den Durchgängen 2015/2016 bzw. 2016/2017 Schnittstellenaufgaben eingesetzt und im zweiten Durchgang auch im Rahmen einer kleinen Studie evaluiert. Details zu dieser Evaluation können bei Hoffmann und Biehler (2018) nachgelesen werden.

Der Einsatz von Schnittstellenaufgaben in einer Elementargeometrievorlesung für Lehramtsstudierende wird im Rahmen des Dissertationsprojekts des Autors durchgeführt und beforscht. Hier soll für das 6. Semester (Lehramt GyGe) eine neue Vorlesung, „Geometrie für Lehramtsstudierende" als ganze *Schnittstellenvorlesung* konzipiert werden. In einer Master-Arbeit wurde bereits ein Schnittstellenmodul zur mehrdimensionalen

Integrationstheorie entwickelt (Hoffmann 2018). Auch hierzu wurden verschiedene Schnittstellenaufgaben auf Basis theoretischer Überlegungen erarbeitet. Die Aufgaben konnten bis jetzt noch nicht in der Praxis eingesetzt werden.

9.3   Aufgabenbeispiele

In diesem Abschnitt werden nun exemplarisch an der Universität Paderborn entstandene Schnittstellenaufgaben vorgestellt. Für jede Aufgabe werden zunächst die Aufgabenstellung und eine Lösungsskizze vorgestellt. Anschließend wird der Schnittstellencharakter der Aufgabe dargelegt und Vorschläge für das weitere Vorgehen nach dem Einsatz der Aufgabe gegeben. Dadurch wird deutlich, dass sich an die Schnittstellenaufgaben weitere sinnvolle (und nicht zwingend schnittstellenbezogene) Lernaktivitäten anknüpfen lassen.

9.3.1   Euklidischer Algorithmus

Die Schnittstellenaufgabe „Euklidischer Algorithmus" entstammt der EmDA-Vorlesung (vgl. Hilgert et al. 2015a, S. 83 ff.) und beruht auf einem Schulbuchauszug aus dem *Lambacher Schweizer NRW 6* (siehe Abb. 9.1)), in dem Schülerinnen und Schüler den euklidischen Algorithmus mit Schere und Papier handlungsorientiert durchführen sollen.

9.3.1.1 Aufgabenstellung
Die entsprechende Schnittstellenaufgabe lautet in zum Original leicht abgewandelter Form:

Aufgabe

In der Mathematik-Fachkonferenz Ihrer Schule wird diskutiert, ob sich die obige Schulbuchseite zum Einsatz im Unterricht eignet. Sie werden beauftragt, die Korrektheit des Vorgehens zu überprüfen. Beweisen Sie dazu, dass dieses Verfahren den ggT zweier Zahlen korrekt bestimmt. Zeigen Sie dafür die Äquivalenz einzelner oder der Zusammenfassung mehrerer Schritte zu den Schritten des euklidischen Algorithmus. ◀

9.3.1.2 Lösungsskizze
Seien $a, b \in \mathbb{N}$ mit $b \geq a$. Betrachte ein Rechteck mit den Seitenlängen a und b.

Wenn $a = b$ gilt, dann ist das Rechteck ein Quadrat und das Verfahren liefert korrekterweise $a = b = ggT(a, b)$.

Wenn $b > a$ gilt, zieht man so oft a von b ab, bis eine Zahl herauskommt, die kleiner oder gleich a ist. Wenn man dazu k-mal a abgezogen hat, gilt $b - k \cdot a \leq a < b - (k-1) \cdot a$. Wenn $b - k \cdot a = a$, dann gilt $b = (k+1) \cdot a$ und

Einen Bruch kann man vollständig kürzen, wenn man mit dem größten gemeinsamen Teiler (ggT) von Zähler und Nenner kürzt. Diesen ggT kann man auch ohne Rechnung mit Schere und Papier ermitteln.

Beispiel

Gesucht ist der ggT von 21 und 6.

1. Schneide von einem 21 cm langen und 6 cm breiten Rechteck auf die angegebene Weise ein Quadrat ab. Jede Länge, die in 21 cm und 6 cm aufgeht, geht auch in den Seiten des verbleibenden Rechtecks auf, denn jeder Teiler von 21 und 6 teilt auch 21 − 6.

2. Schneide von dem verbleibenden Rechteck auf die gleiche Weise ein Quadrat ab. Du erhältst ein neues Rechteck. Jede Länge, die in den Seiten des ursprünglichen Rechtecks aufgeht, muss auch in den Seiten des neuen Rechtecks aufgehen.

3. Entsprechendes gilt, wenn Du nochmals ein Quadrat abschneidest. Es bleibt ein Rechteck übrig, das „auf dem Kopf steht".

4. Verfahre mit dem verbleibenden Rechteck analog zu dem ursprünglichen. Diesmal bleibt als besonderes Rechteck ein Quadrat übrig und das Verfahren endet. Die Seitenlängen des Quadrates ist die größte Länge, die in beiden Seiten des ursprünglichen Rechtecks aufgeht. Ihre Maßzahl 3 ist der größte gemeinsame Teiler von 21 und 6.

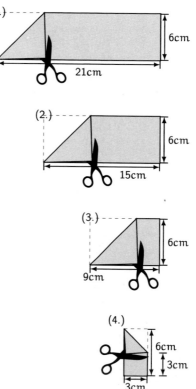

Abb. 9.1 Schulbuchauszug aus *Lambacher Schweizer NRW 6* (Baum et al. 2009, S. 53) (abgezeichnet vom Autor)

$ggT(a, b) = a$, was das Verfahren korrekt als Ergebnis liefert, weil man nach diesen k Schritten das Quadrat der Seitenlänge a erhalten hat. Ist dagegen $b - k \cdot a < a$, dann ist $b = k \cdot a + r_1$ gerade die Division von b durch a mit Rest r_1, der $0 \le r_1 < a$ erfüllt. Das bedeutet, aus dem Rechteck mit den Seitenlängen b und a ist das Rechteck mit den Seitenlängen a und r_1 geworden.

Aus dem euklidischen Algorithmus weiß man, dass $ggT(b, a) = ggT(a, r_1)$ gilt. Fährt man mit dem Verfahren fort, so ist das genauso, als hätte man mit dem Rechteck mit den Seitenlängen a und r_1 begonnen. Das Verfahren liefert also im nächsten Schritt entweder ein Quadrat mit Seitenlänge $r_1 = ggT(a, r_1)$ oder aber ein Rechteck mit den Seitenlängen r_1 und r_2, wobei $a = l \cdot r_1 + r_2$ die Division mit Rest von a durch r_1 ist. Jede diese Mehrfachsubtraktionen entspricht also einem Schritt im euklidischen Algorithmus.

Das Verfahren endet, wenn die längere Seite ein Vielfaches der kürzeren Seite ist. In diesem Fall ist die Länge der kürzeren Seite der ggT der beiden Seitenlängen. Das Verfahren bestimmt also korrekt den ggT zweier Zahlen.

9.3.1.3 Einordnung und Anknüpfungspunkte

Die Bestimmung des größten gemeinsamen Teilers spielt schon in der Unterstufe beim Finden eines möglichst kleinen Hauptnenners eine Rolle. Der euklidische Algorithmus stellt einen systematischen Weg dar, den ggT zweier Zahlen zu bestimmen.

In der Aufgabe wird der schulisch-anschauliche und enaktive Zugang zum euklidischen Algorithmus mithilfe eines formalen hochschulmathematischen Zugangs (elementare Zahlentheorie) analysiert und vertieft betrachtet. Hierbei soll formal die Korrektheit des Zugangs bewiesen werden. Somit werden *Bottom-up*-Beziehungen zwischen Schul- und Hochschulmathematik im Sinne des SRCK hergestellt. Ein Professionsbezug ist über die Kategorien *(3) Zugänge (...) analysieren und bewerten* und *(6) geeignete Darstellungen und Exaktheitsstufen auswählen und nutzen sowie zwischen ihnen vermitteln* gegeben. Die gelernte Zahlentheorie wird unter Verwendung einer professionstypischen Handlungsanforderung mit der Schulmathematik verknüpft. Somit handelt es sich entsprechend der obigen Definition um eine Schnittstellenaufgabe zweiter Art. Der Schwerpunkt liegt auf dem Einnehmen einer fachmathematischen Perspektive auf den Schulbuchauszug. Eine Rückführung in den professionellen Kontext, über die Einschätzung der Korrektheit des Schulbuches hinaus, wird nicht gefordert.

Zwei Möglichkeiten (innermathematisch und schnittstellenbezogen), an diese Aufgabe in einer Mathematikveranstaltung anzuschließen, sind die folgenden:

1. Die Grundidee zur Umsetzung des euklidischen Algorithmus mit Schere und Papier kann in abgewandelter Form eingesetzt werden, um den euklidischen Algorithmus mittels Papierfalten zu veranschaulichen: Statt Quadrate abzuschneiden, werden diese nach hinten umgeklappt. Der Algorithmus terminiert, wenn man nach dem Wegfalten eines Quadrats ein Quadrat übrig behält. Faltet man das Blatt Papier nun wieder auseinander, so erhält man neben dem ggT auch dessen Vielfachheiten, um die beiden Ausgangszahlen darzustellen. Dies bietet wiederum neue Begründungsanlässe.
2. Es kann darauf eingegangen werden, dass der euklidische Algorithmus auch über die bloße Ermittlung des größten gemeinsamen Teilers hinaus wertvoll ist. Insbesondere können diophantische Gleichungen der Art $xa + yb = ggT(a, b)$ für gegebene $a, b \in \mathbb{Z}$ mittels „Rückwärtsanwenden" des euklidischen Algorithmus (Stichwort: erweiterter euklidischer Algorithmus) gelöst werden. Diese Methode findet dann wieder Anwendung bei der Berechnung multiplikativ inverser Elemente in Restklassenringen.

9.3.2 Umgekehrte Implikation

Die Schnittstellenaufgabe „Umgekehrte Implikation" entstammt der EmDA-Vorlesung (vgl. Hilgert et al. 2015a, S. 110 ff.) und beschäftigt sich mit der Umkehrung logischer Schlüsse. Dazu wird an aus der Schule bekannte Beispiele angeknüpft.

9.3.2.1 Aufgabenstellung

Aufgabe

a. Aus der Schule kennen Sie den *Satz des Pythagoras*.
  1. Formulieren Sie den Satz des Pythagoras als Implikation der Form „$A \Rightarrow B$".
  2. Formulieren Sie die umgekehrte Implikation („$B \Rightarrow A$") als deutschen Satz.
b. In der Schule haben Sie gelernt, wie man Funktionen auf Extremstellen untersucht.
  1. Formulieren Sie das (aus der Schule bekannte) notwendige Kriterium für Extremstellen stetig differenzierbarer Funktionen als Implikation der Form „$A \Rightarrow B$".
  2. Formulieren Sie die umgekehrte Implikation („$B \Rightarrow A$") als deutschen Satz.
  3. Ist die in 2. formulierte umgekehrte Implikation wahr?
c. Zeigen Sie, dass die Implikation „$A \Rightarrow B$" nicht logisch äquivalent zur umgekehrten Implikation „$B \Rightarrow A$" ist. Verwenden Sie dazu eine Wahrheitstafel. ◄

9.3.2.2 Lösungsskizze

Zu a):
Wir definieren die Aussagen A und B durch

- A: „D ist ein rechtwinkliges Dreieck (in der euklidischen Ebene) und die Längen der Katheten werden mit a und b und die Länge der Hypotenuse mit c bezeichnet."
- B: „Für reelle Zahlen a,b und c gilt $a2 + b2 = c2$. Der Satz des Pythagoras ergibt sich dann durch $A \Rightarrow B$.

Die umgekehrte Implikation ist dann der Satz: „Gilt für drei reelle Zahlen a, b und c der Zusammenhang $a^2 + b^2 = c^2$, dann hat ein Dreieck mit diesen Seitenlängen gegenüber der Seite mit der Länge c einen rechten Winkel."

Zu b):
$A = $„$f : \mathbb{R} \to \mathbb{R}$ ist eine stetig differenzierbare Funktion mit einer Extremstelle in x_E."
$B = $„$f : \mathbb{R} \to \mathbb{R}$ ist eine stetig differenzierbare Funktion und es gilt $f'(x_E) = 0$ für eine Stelle $x_E \in \mathbb{R}$." Das notwendige Kriterium für
  Extremstellen ist dann $A \Rightarrow B$.

Die umgekehrte Implikation ist dann der Satz: „Hat eine stetig differenzierbare Funktion f in einer Stelle die Ableitung null, so hat f in dieser Stelle ein Extremum." Die Aussage ist falsch, wie das Beispiel $x \mapsto x^3$ in der Stelle $x_E = 0$ zeigt.

Zu c):

A	B	$A \Rightarrow B$	$B \Rightarrow A$
f	f	w	w
f		w	f
w	f	f	w
w	w	w	w

Die mittleren beiden Zeilen der Tabelle widerlegen die Äquivalenz.

9.3.2.3 Einordnung und Anknüpfungspunkte.

Die Unterscheidung von Implikationsrichtungen spielt für das Verständnis verschiedenen Aussagen der gesamten Schulmathematik und akademischen Mathematik eine wichtige Rolle. Ziel dieser Aufgabe ist es, den in der akademischen Mathematik neu eingeführten Begriff der Implikation an aus der Schule bekannte Beispiele anzudocken und so mit Inhalt zu füllen.

Die schulmathematischen Inhalte dienen in dieser Aufgabe somit als Beispiel für das neu eingeführte hochschulmathematische Konzept der Implikation. Im Sinne des SRCK wird vor allem eine *Bottom-up*-Verbindung hergestellt.

Im Gegensatz zur ersten vorgestellten Aufgabe zum euklidischen Algorithmus liegt dieser Aufgabe über das bloße Auftreten der Schulmathematik hinaus kein professioneller Handlungskontext zugrunde. Es handelt sich um eine Schnittstellenaufgabe erster Art, in der schulmathematisches Vorwissen genutzt wird, um den hochschulmathematischen Kompetenzerwerb zu unterstützen.

Es folgen, wie bei der ersten Schnittstellenaufgabe, zwei Vorschläge für das weitere Vorgehen:

1. Es bietet sich an, das bereits erwähnte Thema „Lösen nichtlinearer Gleichungen" in den Fokus zu rücken und Gleichungen explizit als Aussagen zu sehen. Somit kann dann der Themenbereich der Gewinn-, Verlust- und Äquivalenzumformungen aussagenlogisch bearbeitet werden.
2. Es können weitere Ausschärfungen der Vorstellungen zur Implikation angeregt werden, indem weitere „ähnliche" Konzepte wie der Umkehrschluss oder der Widerspruchsbeweis behandelt werden.
3. Die Aufgabe könnte um einen Schnittstellenteil zweiter Art ergänzt werden, indem mithilfe der Aussagenlogik eine fachmathematische Perspektive auf eine fehlerhafte Schüleraussage eingenommen werden soll und anschließend eine

lernförderliche Reaktion für den Schüler erarbeitet wird. Dazu ist aber erforderlich, dass die Studierenden das Konzept der Implikation selbst gut verstanden haben.

9.3.3 Cavalieri in 2D

Nachfolgende Schnittstellenaufgabe entstammt (in abgeänderter Form) dem Konzept einer Master-Lehramtsvorlesung zur *mehrdimensionalen Riemann-Integration* (Hoffmann 2018, S. 66 f.). In Vorbereitung der Aufgabe wurde in der Vorlesung der Satz von Fubini bewiesen und darauf aufbauend eine dreidimensionale Version des Cavalieri-Prinzips unter Verwendung des mehrdimensionalen Riemann-Integrals und des Jordan-Volumens behandelt. Die Aufgabe beschäftigt sich nun mit einer zweidimensionalen Deutung des Calvalieri-Prinzips und ist als einzige Aufgabe dieser Sammlung im fortgeschrittenen Teil des Studiums angesiedelt.

9.3.3.1 Aufgabenstellung

Aufgabe

a. Formulieren Sie die zweidimensionale Version des Cavalieri-Prinzips fachmathematisch.
b. Formulieren Sie eine zweidimensionale *relationale* Version des Cavalieri-Prinzip in einer für SuS der Sekundarstufe I geeigneten Weise.
c. Nutzen Sie Aufgabenteil b), um ein Arbeitsblatt für Schülerinnen und Schüler der Mittelstufe zu erstellen, auf dem zwei typische Flächeninhaltsformeln ihrer Wahl unter Verwendung des zweidimensionalen Cavalieri-Prinzips begründet werden. ◄

9.3.3.2 Lösungsskizze

a. Sei $A \subset \mathbb{R}^2$ nichtleer und Jordan-messbar und seien $Q, I \subset \mathbb{R}$ Quader mit $A \in Q \times I$. Für $h \in I$ definieren wir den Querschnitt auf der Höhe h durch $A(h) = \{x \in Q | (x, h) \in A\}$. Ist $A(h)$ für jedes $h \in I$ Jordan-messbar, so gilt:

$$Jvol_2(A) = \int_I JVol_1(A(h))dh$$

b. Zwei Flächen haben gleich lange Grundseiten und stimmen in ihrer Höhe bezüglich dieser Seiten überein. Wenn die beiden Flächen dann auf jeder Höhe gleich breit sind, haben sie denselben Flächeninhalt. (Die Erklärung kann ggf. durch eine geeignete Skizze unterstützt werden.)
c. Über das Prinzip erhält man die Flächeninhaltsformel für das Parallelogramm sofort aus der Rechteckformel (durch Scherung). Ebenfalls durch eine Scherung kann man die Flächeninhaltsformel für ein beliebiges Dreieck auf den Flächeninhalt eines rechtwinkligen Dreiecks zurückführen (welchen man wiederum sofort durch Rechteckhalbierung erhält). Zusammen erhält man dann sofort die Formel für ein Trapez.

9.3.3.3 Einordnung und Anknüpfungspunkte

Die Berechnung von Flächeninhalten elementarer geometrischer Formen spielt im Mathematikunterricht der Sekundarstufe 1 eine wichtige Rolle. Die vorgestellte Aufgabe zeigt, wie man abseits von den üblichen Zerlege-Argumenten ein dynamisches Argument (Stichwort: Scherung) für die einzelnen Formen finden kann. Hinter der anschaulichen Aussage, dass der Flächeninhalt scherungsinvariant ist, verbirgt sich der wichtige Satz von Fubini.

Bei dieser Aufgabe werden schwerpunktmäßig *Top-down*-Verbindungen zwischen Schul- und Hochschulmathematik aufgezeigt, indem eine fachinhaltliche Perspektive didaktisch reduziert wird.

Der Professionsbezug ist durch *(6) geeignete Darstellungen und Exaktheitsstufen auswählen und nutzen (...) sowie (10) zwischen verschiedenen Sprachebenen (...) flexibel hin- und herwechseln (...) gegeben.* Außerdem wird die Fähigkeit gestärkt, im angesprochenen Themengebiet fachlich substantiell (9) zu agieren. Somit handelt es sich um eine Schnittstellenaufgabe zweiter Art. Bei dieser Aufgabe steht nicht das Einnehmen der fachlichen Perspektive im Fokus (dies ist durch die Aufgabenstellung beschrieben), sondern die Reduktion aus dieser hinaus und in den Schulkontext hinein.

Bei dieser Aufgabe bieten sich verschiedene mathematikdidaktische Anknüpfungspunkte an:

1. Die Studierenden können eine Lernumgebung mit einer dynamischen Geometriesoftware entwickeln, die das Entdecken des zweidimensionalen Cavalieri-Prinzips unterstützt.
2. Die Studierenden können diskutieren: Wie unterscheiden sich aus mathematikdidaktischer Sicht Begründungen von Flächeninhaltsformeln über Zerlegungen von Begründungen mithilfe des Cavalieri-Prinzips?

9.3.4 Teilbarkeitsregeln

Relativ früh in der Sekundarstufe I lernen die Schülerinnen und Schüler einfache Teilbarkeitsregeln kennen. Dazu gehört die Teilbarkeit durch 2, 5 oder Später kommen dann die Teilbarkeit durch 3 und 9 in Form von Quersummenregeln dazu. In der Tat kann man für die Teilbarkeit durch jede ganze Zahl eine entsprechende (gewichtete) Quersummenregel anbieten und auch die Überprüfung der Teilbarkeit durch 2, 5 oder 10 auf eine solche zurückführen. In der folgenden Schnittstellenaufgabe aus der Veranstaltung EmDA (vgl. Hilgert et al. 2015a, S. 28 ff.) wird die Entwicklung solcher Teilbarkeitsregeln unter Verwendung von Restklassen behandelt.

9.3.4.1 Aufgabenstellung

Aufgabe

In der Schule ist es an verschiedenen Stellen nützlich (sowohl für die Schülerinnen und Schüler als auch für die Lehrerinnen und Lehrer), schnell überprüfen zu können, ob eine ganze Zahl n durch eine andere ganze Zahl teilbar ist.

a. Nennen Sie eine Ihnen bekannte Teilbarkeitsregel für die Teilbarkeit durch $2, 3, 4, 5$.
b. Formulieren Sie die Regeln aus a) als *gewichtete Quersummenregel* um.
c. Verwenden Sie die aus der Vorlesung bekannte Methode, um eine Teilbarkeitsregel für die Teilbarkeit durch 13 zu entwickeln (vgl. auch Hilgert und Hilgert 2012, S. 21, Beispiel 1.5).
d. Überprüfen Sie mithilfe von c), ob die Zahlen 59.527 und 74.754 durch 13 teilbar sind. ◄

9.3.4.2 Lösungsskizze

a. Eine Zahl $n \in \mathbb{Z}$ ist durch ...
   - 2 teilbar, wenn ihre letzte Ziffer durch 2 teilbar ist.
   - 3 teilbar, wenn ihre Quersumme durch 3 teilbar ist.
   - 4 teilbar, wenn ihre letzten zwei Ziffern – als zweistellige Zahl – durch 4 teilbar sind.
   - 5 teilbar, wenn ihre letzte Ziffer durch 5 teilbar ist.
b. Eine Zahl $n \in \mathbb{Z}$ ist durch   teilbar, wenn die nach folgenden Regeln gebildete gewichtete Quersumme durch q teilbar ist:
   - $q = 2$: die Einer mit 1, alle anderen Stellen mit 0.
   - $q = 3$: alle Stellen mit .
   - $q = 4$: die Einer mit 1, die Zehner mit 10, alle anderen Stellen mit 0.
   - $q = 5$: die Einer mit 1, alle anderen Stellen mit 0.
c. Wir überlegen uns zunächst, welche Reste die Zehnerpotenzen bei Division durch 13 haben:

$1 \equiv_{13} 1; 10 \equiv_{13} 10; 100 \equiv_{13} 9; 1000 \equiv_{13} 12; 10000 \equiv_{13} 3; 100000 \equiv_{13} 4; 1000000 \equiv_{13} 1, \ldots$

Von da an wiederholen sich die Reste nur noch, denn: Für $n \in \mathbb{N}_0$ gilt $\left[10^{n+1}\right]_{13} = [10^n]_{13} \cdot [10]_{13}$ und mit Induktion zeigt man dann sofort mit $10^n \equiv_{13} 10^{n \bmod 6}$ die Periodizität. Wir erhalten insgesamt also die folgende Quersummenregel:
Um die Teilbarkeit einer beliebigen ganzen Zahl durch 13 zu überprüfen, multiplizieren wir die Einer mit 1, die Zehner mit 10, die Hunderter mit 9, die Tausender mit 12, die Zehntausender mit 3, die Hunderttausender mit 4, die 1000000er mit 1, die 10000000er mit 10 usw., die Gewichtetenfolge wiederholt sich nur noch. Wir

summieren die Ergebnisse auf (gewichtete Quersumme). Die Zahl ist durch 13 teilbar genau dann, wenn die Summe durch 13 teilbar ist.

d. Wir zeigen, dass 59527 durch 13 teilbar ist. Dazu bilden wir die gewichtete Quersumme nach der Regel aus c. und erhalten:

$$5 \cdot 3 + 9 \cdot 12 + 5 \cdot 9 + 2 \cdot 10 + 7 \cdot 1 = 195$$

Es gilt $195 = 5 \cdot 39 = 5 \cdot 3 \cdot 13$. Also ist die gewichtete Quersumme durch 13 teilbar und somit auch 59527.

Wir zeigen, dass 74754 nicht durch 13 teilbar ist. Dazu bilden wir wieder die gewichtete Quersumme nach obiger Regel und erhalten:

$$7 \cdot 3 + 4 \cdot 12 + 7 \cdot 9 + 5 \cdot 10 + 4 \cdot 1 = 186$$

Um zu überprüfen, ob 186 durch teilbar ist, können wir z. B. erneut die gewichtete Quersumme bilden und erhalten dann $1 \cdot 9 + 8 \cdot 10 + 6 \cdot 1 = 95$. Die Zahl $95 = 5 \cdot 19$ ist nicht durch 13 teilbar. Damit haben wir gezeigt, dass 186 und damit auch 74754 nicht durch 13 teilbar sind.

9.3.4.3 Einordnung und Anknüpfungspunkte

Die Behandlung der Teilbarkeitsregeln für 2, 3, 5 und 10 wird explizit in den Kompetenzerwartungen zum Ende der Jahrgangsstufe 6 im Kernlehrplan NRW gefordert. Somit liegt der fachmathematischen Behandlung von Teilbarkeitsregeln ein expliziter Schulbezug zugrunde. Die Frage, ob es auch für andere Zahlen entsprechende Teilbarkeitsregeln gibt, ist in diesem Zusammenhang naheliegend und lässt sich mit elementarem Wissen über Restklassen instruktiv und umfassend beantworten. Das verwendete Vorgehen ist auf jede beliebige Zahl verallgemeinerbar.

Ein weiteres wichtiges Thema der Aufgabe ist das Stellenwertsystem. Dies ist ein typisches Beispiel für ein grundlegendes mathematisches Konstrukt, dessen Kenntnis im Fachmathematikstudium vorausgesetzt wird. Für angehende Lehrkräfte ist es allerdings von besonderer Bedeutung, den Begriff zu dekomprimieren, um genau verorten zu können, welche Teile der Schulmathematik implizit oder explizit auf dem Stellenwertsystem aufbauen. Neben den in dieser Aufgabe angesprochenen Teilbarkeitsregeln stellen die schriftlichen Algorithmen der Grundrechenarten eine wichtige Klasse von Beispielen dar.

In der hier betrachteten Schnittstellenaufgaben werden somit die Verwendung von Restklassen und die Verwendung des Dezimalsystems mit dem Ziel verknüpft, einen systematischen Zugang zu Teilbarkeitsregeln darzustellen. Dabei werden auch nicht in „Quersummen-Sprache" bekannte Teilbarkeitsregeln auf dieselbe zurückgeführt und somit ein systematischer Zugang zu allen Teilbarkeitsregeln vorgestellt. Damit werden Grundvorstellungen zur Teilbarkeit aufgebaut bzw. gefestigt und außerdem wird die Teilbarkeitsfrage der Schulmathematik mit hochschulmathematischen Werkzeugen vertieft verstanden.

Da es bei der Aufgabe nicht darum geht, das Thema Restklassen didaktisch zu reduzieren, sondern die Teilbarkeitsregeln fachmathematisch zu fundieren, werden *Bottom-up*-Verbindungen zwischen Schul- und Hochschulmathematik hergestellt. Bezogen auf die vorgestellten Kategorien für den Professionsbezug ist die Aufgabe, *(1) Anforderungen an Schülerinnen und Schüler (...) selbst* [zu] *bewältigen und auf verschiedenen Niveaus bearbeiten [zu] können* sowie *(9) fachlich substantielle, produktive Diskussionen* (über Teilbarkeitsregeln und entsprechende Schülerfragen) [zu] *moderieren.* Insgesamt lässt sich somit auch für diese Aufgabe festhalten, dass es sich im Sinne der oben genannten Definition um eine Schnittstellenaufgaben zweiter Art handelt, bei der der Schwerpunkt auf dem Einnehmen der fachlichen Perspektive liegt.

Auch für diese Schnittstellenaufgabe bieten sich verschiedene Möglichkeiten der Anknüpfung an.

1. Es besteht die Möglichkeit, die Entwicklung der Quersummenregel formal zu algorithmisieren und bspw. in der Programmiersprache *Python* umzusetzen.
2. Fachmathematisch bietet es sich an, die allgemeine Korrektheit des Vorgehens zu beweisen. Das zentrale Argument liefert dabei folgender Zusammenhang:
3. $\left[\sum a_j 10^j\right] = \sum \left[a_j\right]\left[10^j\right]$
4. Aufbauend auf das Stellenwertsystem können die üblichen schriftlichen Rechenalgorithmen formalisiert und genauer untersucht werden.
5. Eine weitere Möglichkeit besteht darin, das Thema Teilbarkeitsregeln zu vertiefen und zusammengesetzte Regeln der Form „Eine Zahl ist durch 12 teilbar, genau dann, wenn sie durch 4 und 3 teilbar ist" zu beweisen.
6. Die Aufgabe könnte um einen Schnittstellenteil zur didaktischen Reduktion ergänzt werden, indem eine Antwort auf eine Schülerfrage zur Teilbarkeit formuliert oder ein Arbeitsblatt zu diesem Thema erstellt werden soll.

Grundsätzlich kann an diesem Beispiel sehr gut verdeutlicht werden, dass das Stellenwertsystem für die Schulmathematik von hoher Relevanz ist, da es die Grundlage für die Funktionsfähigkeit aller arithmetischen algorithmischen Vorgehensweisen darstellt. In dieser Rolle sollte es von den Studierenden wahrgenommen werden.

9.3.5 Schüleräußerungen zur Symmetrie

Die Aufgabe „Schüleräußerungen zur Symmetrie" entstammt der im Rahmen des Promotionsprojekts des Autors entwickelten Vorlesung „Geometrie für Lehramtsstudierende". Im Vorlauf dieser Aufgabe wurden systematisch die Isometrien der euklidischen Ebene und Verknüpfungen solcher Abbildungen klassifiziert sowie das Konzept der Symmetriegruppe ebener Figuren eingeführt und besprochen. Die folgende Aufgabe verknüpft nun dieses Wissen im Kontext zweier möglicher Schüleräußerungen.

Aufgabenteil a) wurde ein erstes Mal bereits *vor* der Behandlung des Themas in der Veranstaltung bearbeitet. So können die Studierenden ihren eigenen Fortschritt reflektieren.

9.3.5.1 Aufgabenstellung

Aufgabe

Antworten Sie differenziert und lernförderlich auf die folgenden beiden Schüleräußerungen (Klasse 7) jeweils in Brief- oder Mail-Form. Nutzen Sie gerne auch visualisierende Elemente.

a. „Außer Kreisen bzw. Kreisscheiben kann es keine anderen $100°$-drehsymmetrischen Figuren geben."

b. „Ich glaube, dass eine Figur mit zwei Achsensymmetrien immer auch drehsymmetrisch ist."

Reflektieren Sie anschließend, wie sich durch die letzten beiden Veranstaltungswochen Ihre Antwort auf solche Fragen im Vergleich zu Ihrer Antwort von vor zwei Wochen verändert hat. ◄

9.3.5.2 Lösungsskizze

a. Aus der Vorlesung ist bekannt, dass die Verknüpfung zweier Drehsymmetrien mit gleichem Drehzentrum wieder zu einer Drehsymmetrie mit einem Drehwinkel, der sich durch Addition der beiden Ausgangsdrehwinkel ergibt, führt. Da die Symmetriegruppe als Gruppe abgeschlossen ist, folgt daraus, dass die Figur für jedes $k \in \mathbb{N}$ auch $k \cdot 100°$-drehsymmetrisch ist. Geht man die entstehenden Drehsymmetrien modulo $360°$ durch, entdeckt man, dass die Figur dann auch $20°$-drehsymmetrisch sein muss, somit beispielsweise ein regelmäßiges 18-Eck die gewünschte Eigenschaft hat und die Schüleräußerung somit nicht korrekt ist. Dies ist der fachliche Hintergrund, der dann lernförderlich dargestellt werden muss. Hilfreich können hier systematische Tabellen, Skizzen oder DGS-Umgebungen sein.

b. Wieder nutzen wir die Abgeschlossenheit der Symmetriegruppe aus. Die Schüleräußerung erweist sich als teilweise korrekt, da sie nur gilt, wenn sich die Symmetrieachsen schneiden. Ansonsten erhalten wir eine Verschiebesymmetrie und somit ein Bandornament bzw. ein Parkett. Beide Eigenschaften ergeben sich aus behandelten Theoremen über die Verknüpfung zweier Spiegelungen. Auch dieses auf beschriebene Art und Weise fachlich gelöste Problem muss dann zu einer didaktisch reduzierten Antwort auf die Schüleräußerung reduziert werden.

Im Reflexionsteil der Aufgabe stellen die Studierenden optimalerweise fest, dass erst die fachliche Auseinandersetzung mit dem Thema „Symmetrie" auf Hochschulebene sie dazu in die Lage versetzt, eine begründete und fundierte fachliche Antwort zu finden. Dies kann sich dann positiv auf die Qualität der Reaktion auf die Schüleräußerungen auswirken.

9.3.5.3 Einordnung

Das Untersuchen von Symmetrieeigenschaften ebener Figuren spielt über die ganze Schulzeit hinweg immer wieder eine wichtige Rolle, insbesondere auch als Strategie zum Lösen von Problemen. Die allermeisten Aufgaben in Schulbüchern haben nur eine geringe Anzahl an Drehsymmetrien, sodass die 100°-Drehsymmetrie in aller Regel nicht auftaucht. Damit ist die Frage danach, ob sie generell nicht möglich ist, durchaus plausibel. Eine Äußerung wie in b) kann durchaus bei der Arbeit mit Doppelspiegeln auftauchen, da hier stets offensichtlich spiegelsymmetrische Figuren auch drehsymmetrisch sind.

Bei dieser Aufgabe werden sowohl *Bottom-up-* als auch *Top-down*-Verbindungen zwischen Schul- und Hochschulmathematik aufgezeigt, da zunächst eine fachmathematische Perspektive auf eine Fragestellung der Schulmathematik eingenommen werden soll und die Erkenntnisse anschließend didaktisch reduziert werden.

Der Professionsbezug ist durch *(6) geeignete Darstellungen und Exaktheitsstufen auswählen und nutzen (...), Äußerungen* bzw. *Fehler von Lernenden analysieren (7, 8)* sowie durch *(10) zwischen verschiedenen Sprachebenen (...) flexibel hin- und herwechseln (...)* gegeben. Außerdem wird die Fähigkeit gestärkt, im angesprochenen Themengebiet *fachlich substantiell (9)* zu agieren. Somit handelt es sich um eine Schnittstellenaufgabe zweiter Art, wobei sowohl das Einnehmen der fachlichen Perspektive als auch die Reduktion aus dieser herausgefordert sind.

9.4   Erfahrungen beim Aufgabeneinsatz

Bis auf die Aufgabe „Cavalieri in 2D" wurden alle Aufgaben mindestens einmal in der Praxis eingesetzt. Zu diesem Zeitpunkt handelte es sich um praktische Lehrinnovationen ohne begleitende Evaluationsstudie. Daher sollen in diesem Abschnitt allein mögliche Anforderungen für den Einsatz der Aufgaben diskutiert werden, die auf ersten Erfahrungen basieren. Diese werden sortiert nach vier strukturierenden Überschriften beschrieben.

Im Rahmen des Dissertationsprojekts des Autors werden dann der Einsatz von Schnittstellenaufgaben und diese erste Version von Einflussgrößen systematisch beforscht.

9.4.1   Fachmathematischer Hintergrund

Damit im Sinne des SRCK *Top-down-* und *Bottom-up*-Verbindungen zwischen Schul-
und Hochschulmathematik hergestellt werden können, ist es notwendig, dass die
benötigten fachmathematischen Inhalte verstanden worden sind. Ein Problem einer
Schnittstellenaufgabe zur „Bleistiftstetigkeit" (Hoffmann 2019) zeigte, dass bei einigen
Studierenden das Konzept der Stetigkeit an sich noch nicht gut genug verstanden worden
war, um weiterführende Überlegungen anzustellen.

   An dieser Stelle muss berücksichtigt werden, dass der reale Wissensstand der
Studierenden (insbesondere wenn die Aufgabe zeitnah nach der entsprechenden inhalt-
lichen Vorlesung eingesetzt wird) deutlich von dem idealen, durch die intendierten
Lernziele definierten Wissensstand abweichen kann. Zwar kann man sich auf den Standpunkt stellen, dass die jeweiligen Themen behandelt wurden und somit vorausgesetzt
werden können. In diesem Fall kann die Schnittstelle jedoch in der Praxis nicht von allen
Studierenden sinnvoll genutzt werden; eine solche Sichtweise ist also im Kontext von
Schnittstellenaufgaben kontraproduktiv. Es gilt vielmehr immer genau zu antizipieren,
welches fachmathematische Wissen tatsächlich bei den Studierenden erwartbar ist.

9.4.2   Erkennen von Bezügen

Nur weil erfahrene Lehrende in einem Aufgabenkontext eine Vielzahl an Verknüpfungen
zwischen Schul- und Hochschulmathematik sehen („Denkmögliche Bezüge"), bedeutet
das nicht automatisch, dass Studierende die Verknüpfungen ebenfalls herstellen können
(„Unter den gegebenen Umständen von den Studierenden erwartbare Bezüge"). Hierbei kann insbesondere auch die Art der Lerngelegenheit einen Unterschied machen.
Während sich die Studierenden bei der Aufgabe „Euklidischer Algorithmus" zu Hause
teilweise überfordert gefühlt haben, hätte die gleiche Aufgabe, eingesetzt in einer
Präsenzübung, vielleicht erfolgreicher laufen können, da ein Tutor den Bearbeitungsprozess hätte unterstützen können.

9.4.3   Relevanz des Themas für die Schule

Rückmeldungen in den Veranstaltungen lassen die Vermutung zu, dass es wichtig ist,
dass die Studierenden den gegebenen Schulbezug tatsächlich als relevanten Teil von
Schulmathematik wahrnehmen. Die Rückmeldungen zeigen, dass selbst objektive Argumente wie eine explizite Kopie aus einem Schulbuch nicht zwingend wirken, falls das
jeweilige Thema in der Schulzeit der Studierenden, ihrer Erinnerung nach, keine Rolle
gespielt hat. Es ist plausibel anzunehmen, dass eine Schnittstellenaufgabe besser zur
Professionalisierung beiträgt, wenn die gewählte Schnittstelle von den Studierenden

tatsächlich als relevant angesehen wird. Gegebenenfalls ist es somit nötig, die Schulrelevanz verstärkt zu Beginn der Schnittstellenaufgabe zu explizieren.

9.4.4 Allgemeine Aufgabenmerkmale

Während die drei vorgestellten Einflussgrößen sehr schnittstellenspezifisch waren, haben natürlich auch allgemeine Merkmale von Mathematikaufgaben einen Einfluss auf das Gelingen. Hierzu gehören neben Darstellungsmerkmalen (bspw. Übersichtlichkeit, sinnvolle Visualisierungen), Länge/ Textlastigkeit und einer angemessenen Einstiegsschwierigkeit auch sprachliche Merkmale der Aufgabe; eine gut gedachte Schnittstellenaufgabe nützt nichts, wenn die Aufgabenstellung unübersichtlich und/oder unverständlich ist.

9.5 Zusammenfassung, Fazit und Ausblick

Im vorliegenden Artikel wurde zunächst eine auf aktuellen wissenschaftlichen Konzepten zur Lehrerprofessionalität basierende Definition für *Schnittstellenaufgaben* vorgeschlagen. Insbesondere wurde ausgeführt, dass sich dieses Konzept auch auf Aufgaben für Nicht-Lehramtsstudierende (die erste Diskontinuität könnte auch für diese Zielgruppe relevant sein) oder auf Aufgaben mit einem zusätzlichen mathematikdidaktischen Anteil erweitern lässt. Anschließend wurden verschiedene Schnittstellenaufgaben ausführlich vorgestellt und es wurde jeweils begründet, warum die jeweiligen Aufgaben die in der Definition formulierten Anforderungen tatsächlich erfüllen. Es zeigt sich, dass die Definition zusammen mit dem zugrunde liegenden theoretischen Hintergrund in der Tat eine funktionierende Möglichkeit darstellt, um Aufgaben, die den Bezug zwischen Schul- und Hochschulmathematik herstellen, danach zu klassifizieren, welche Funktion die Verknüpfung für den Lernprozess der Studierenden haben soll: fachinhaltlicher Kompetenzerwerb oder Hintergrundtheorie auf Schulmathematik und/oder didaktische Reduktion fachinhaltlicher Einsichten.

Es muss betont werden, dass sich solche Aufgaben genuin stark auf fachinhaltliches bzw. fachmethodisches Agieren der Studierenden beziehen. Insbesondere ist nicht klar, von welcher Qualität die didaktischen Reduktionen aus mathematikdidaktischer oder allgemein pädagogischer bzw. psychologischer Sicht sind. Somit sind Schnittstellenaufgaben (insb. zweiter Art) natürlich kein Allheilmittel für die Lehramtsausbildung. Nichtsdestotrotz haben sie das Potenzial, fachinhaltliche Veranstaltungen zu bereichern.

Dieser Beitrag liefert den Vorschlag für eine Klassifikation von Schnittstellenaufgaben sowie Aufgabenbeispiele aus der Lehrpraxis, die mithilfe dieser Klassifikation beschrieben wurden. Noch nicht geliefert, aber im nächsten Schritt erforderlich sind empirische Untersuchungen zum Einsatz von Schnittstellenaufgaben unterschiedlicher Art. Eine unvollständige Liste möglicher und wichtiger Fragestellungen ist die folgende:

- Wie werden Schnittstellenaufgaben unterschiedlicher Art von den Studierenden evaluiert?
- Welchen Einfluss haben Schnittstellenaufgaben unterschiedlicher Art auf die Motivation der Studierenden?
- Wie wirken sich Schnittstellenaufgaben unterschiedlicher Art auf die Akzeptanz der inhaltlichen Ausgestaltung der Fachvorlesungen aus?
- Von welcher Qualität sind die im Rahmen der Schnittstellenaufgaben erstellten didaktischen Reduktionen und welche (neuen) Anforderungen an das didaktische Studiencurriculum ergeben sich daraus?

Es zeigt sich im reflektierten Praxiseinsatz, dass Schnittstellenaufgaben nicht zwingend funktionieren. Die beim Einsatz der Schnittstellenaufgaben gemachten Erfahrungen wurden strukturiert durch einen von vier Oberbegriffen dargestellt. Dies ersetzt keine systematische Evaluation, kann aber einen Ausgangspunkt für eine solche liefern. Die These ist, dass anhand dieser Obergriffe der Einsatz einer Schnittstellenaufgabe systematisch reflektiert bzw. evaluiert werden kann. Ein nächster Schritt ist es nun, diese These zu prüfen. Eine Idee ist dazu die Entwicklung und Pilotierung eines Fragebogens, der genau diese Einflussgrößen abbildet. Die Einflussgrößen könnten außerdem eine Funktion als Planungshilfe für den Einsatz von Schnittstellenaufgaben haben im Sinne der Leitfrage: „Habe ich die vier Einflussgrößen berücksichtigt?" Kurz: Die Arbeit mit den Einflussgrößen muss sich in der Lehrpraxis bewähren.

Ein weiterer, sich logisch anschließender Schritt ist die Erweiterung des Konzepts für Schnittstellenaufgaben zu einem Konzept für ganze Schnittstellenveranstaltungen, bei denen der Schnittstellengedanke das komplette Vorlesungskonzept prägt. Eine erste Idee in diese Richtung, in Form des Konzeptentwurfs für eine Schnittstellenvorlesung zur mehrdimensionalen Riemann-Integrationstheorie, wurde in Hoffmann (2018) bereits vorgestellt. Im Rahmen des Dissertationsprojekts des Autors soll in den kommenden Semestern eine entsprechende Geometrie-Schnittstellenvorlesung konzipiert, implementiert und evaluiert werden. Schnittstellenaufgaben und die Rolle der vorgestellten Einflussgrößen werden auch bei diesem Projekt eine wichtige Rolle spielen.

Literatur

Ableitinger, C., Hefendehl-Hebeker, L., & Herrmann, A. (2013). Aufgaben zur Vernetzung von Schul- und Hochschulmathematik. In H. Allmendinger, K. Lengnink, A. Vohns, & G. Wickel (Hrsg.), *Mathematik verständlich unterrichten* (S. 217–233). Wiesbaden: Springer Spektrum.

Allmendinger, H. (2016). Die Didaktik in Felix Kleins „Elementarmathematik vom höheren Standpunkte aus". *Journal für Mathematik-Didaktik, 37*(1), 209–237.

Ball, D. L. & Bass, H. (2002). Toward a practice-based theory of mathematical knowledge for teaching. In *Proceedings of the 2002 annual meeting of the Canadian mathematics education study group* (S. 3–14).

Bauer, T. (2012). *Analysis-Arbeitsbuch: Bezüge zwischen Schul- und Hochschulmathematik sichtbar gemacht in Aufgaben mit kommentierten Lösungen.* Wiesbaden: Springer Spektrum.

Bauer, T. (2013). Schnittstellen bearbeiten in Schnittstellenaufgaben. In C. Ableitinger, J. Kramer, & S. Prediger (Hrsg.), *Zur doppelten Diskontinuität in der Gymnasiallehrerbildung* (S. 39–56). Wiesbaden: Springer Spektrum.

Baum, M., Bellstedt, M., Buck, H., Dürr, R., Freudigmann, H., Haug, F., Hußmann, S., Jörgens, T., Jürgensen-Engl, T., Leuders, T., Richter, K., Riemer, W., Schmitt-Hartmann, R., Sonntag, R., & Surrey, I. (2009). *Lambacher Schweizer 6, Mathematik für Gymnasien, Nordrhein-Westfalen.* Stuttgart: Ernst Klett Verlag.

Beutelspacher, A., Danckwerts, R., Nickel, G., Spies, S., & Wickel, G. (2011). *Mathematik Neu Denken: Impulse für die Gymnasiallehrerbildung an Universitäten.* Wiesbaden: Vieweg+Teubner.

Bromme, R. (2014). *Der Lehrer als Experte: Zur Psychologie des professionellen Wissens* (Bd. 7). Waxmann Verlag.

Dreher, A., Lindmeier, A., Heinze, A., & Niemand, C. (2018). What kind of content knowledge do secondary mathematics teachers need? *Journal für Mathematik-Didaktik, 39*(2), 319–341.

Eichler, A., & Isaev, V. (2017). Disagreements between mathematics at university level and school mathematics in secondary teacher education. In R. Göller, R. Biehler, R. Hochmuth, & H.-G. Rück (Hrsg.), *Didactics of Mathematics in Higher Education as a Scientific Discipline. Conference Proceedings* (S. 52–59).

Heinze, A., Dreher, A., Lindmeier, A., & Niemand, C. (2016). Akademisches versus schulbezogenes Fachwissen – ein differenzierteres Modell des fachspezifischen Professionswissens von angehenden Mathematiklehrkräften der Sekundarstufe. *Zeitschrift für Erziehungswissenschaft, 19*(2), 329–349.

Hilgert, I., & Hilgert, J. (2012). *Mathematik – ein Reiseführer.* Berlin: Springer.

Hilgert, J., Hoffmann, M., & Panse, A. (2015a). *Einführung in mathematisches Denken und Arbeiten: tutoriell und transparent.* Berlin Heidelberg: Springer Spektrum.

Hilgert, J., Hoffmann, M., & Panse, A. (2015b). Kann professorale Lehre tutoriell sein? Ein Modellversuch zur „Einführung in mathematisches Denken und Arbeiten". In W. Paravicini & J. Schnieder (Hrsg.), *Hanse-Kolloquium zur Hochschuldidaktik der Mathematik 2014 : Beiträge zum gleichnamigen Symposium am 7. & 8. November 2014 an der Westfälischen Wilhelms-Universität Münster* (S. 23–36). Münster: WTM-Verlag.

Hoffmann, M. (2014). *Entwicklung von Schnittstellenaufgaben zwischen Hochschulmathematik und Schulmathematik im Rahmen einer gymnasialen Lehramtsanfängerveranstaltung.* (Unveröffentlichte Bachelorarbeit) Universität Paderborn. https://math.uni-paderborn.de/fileadmin/mathematik/ag-lie-theorie/Qualifikationsarbeiten/Hoffmann_2014_Entwicklung_von_Schnittstellenaufgaben_zwischen_Hochschulmathematik_und_Schulmathematik_im_Rahmen_einer_gymnasialen_Lehra.pdf. Zugegriffen: 28. Apr. 2020.

Hoffmann, M. (2018). *Konzeption von fachmathematischen Schnittstellenmodulen für Lehramtsstudierende am Beispiel ausgewählter Themen der höheren Analysis. Masterarbeit - Überarbeitete Version.* Khdm-Report, 18–6. https://nbn-resolving.de/urn:nbn:de:hebis:34-2017110153692. Zugegriffen: 28. Apr. 2020

Hoffmann, M. (2019). Schnittstellenaufgaben im Praxiseinsatz: Aufgabenbeispiel zur „Bleistiftstetigkeit" und allgemeine Überlegungen zu möglichen Problemen beim Einsatz solcher Aufgaben. In Fachgruppe der Didaktik der Mathematik der Universität Paderborn (Hrsg.), *Beiträge zum Mathematikunterricht 2018.* (S. 815–818). Münster: WTM-Verlag.

Hoffmann, M., & Biehler, R. (2018). Schnittstellenaufgaben für die Analysis I – Konzept, Beispiele und Evaluationsergebnisse. In U. Kortenkamp & A. Kuzle (Hrsg.), *Beiträge zum Mathematikunterricht 2017* (S. 441–444). Münster: WTM-Verlag.

Klein, F. (1908). *Elementarmathematik vom höheren Standpunkte aus. Teil I: Arithmetik, Algebra, Analysis*. Leipzig: Teubner.

Prediger, S. (2013). Unterrichtsmomente als explizite Lernanlässe in fachinhaltlichen Veranstaltungen. In C. Ableitinger, J. Kramer, & S. Prediger (Hrsg.), *Zur doppelten Diskontinuität in der Gymnasiallehrerbildung* (S. 151–168). Wiesbaden: Springer Spektrum.

Rachel, A., Schadl, C., & Ufer, S. (2018). Problemorientierte Aufgaben zur Intensivierung des Berufsfeldbezugs im Lehramtsstudium Mathematik. In Fachgruppe Didaktik der Mathematik der Universität Paderborn (Hrsg.), Beiträge zum Mathematikunterricht 2018 (S. 1451–1454). Münster: WTM-Verlag.

Shulman, L. S. (1986). Those who understand: Knowledge growth in teaching. *Educational Researcher, 15*(2), 4–14.

Speer, N. M., King, K. D., & Howell, H. (2015). Definitions of mathematical knowledge for teaching: using these constructs in research on secondary and college mathematics teachers. *Journal of Mathematics Teacher Education, 18*(2), 105–122.

Suzuka, K., Sleep, L., Ball, D. L., Bass, H., Lewis, J., & Thames, M. H. (2009). Designing and using tasks to teach mathematical knowledge for teaching. In D. S. Mewborn & H. S. Lee (Hrsg.), *Scholarly practices and inquiry in the preparation of mathematics teachers* (S. 7–23). Association of Mathematics Teacher Educator.

Vollrath, H.-J. (1979). Die Bedeutung von Hintergrundtheorien für die Bewertung von Unterrichtssequenzen. *Der Mathematikunterricht, 25*(5), 77–89.

Hochschulmathematik in einem Lehramtsstudium: Wie begründen Studierende deren Relevanz und wie kann die Wahrnehmung der Relevanz gefördert werden?

Silke Neuhaus und Stefanie Rach

Zusammenfassung

Ein Lehramtsstudium im Fach Mathematik zu wählen ist meistens gleichbedeutend damit, später Mathematik an einer Schule unterrichten zu wollen. Jedoch brechen viele Studierende ihr bewusst gewähltes Studium aus fehlender Motivation ab. Ein Grund dafür liegt wahrscheinlich darin, dass in fachlichen Lehrveranstaltungen häufig eine wissenschaftliche Form von Mathematik im Vordergrund steht, die die Studierenden so aus ihrer eigenen Schulzeit nicht kennen. Die Lernenden erkennen dann nicht die Relevanz der mathematischen Inhalte und sind möglicherweise wenig motiviert, sich mit diesen zu beschäftigen. Im vorliegenden Beitrag stellen wir eine Schnittstellenaktivität für fachliche Lehrveranstaltungen vor, mit der die Studierenden die Relevanz der fachlichen Inhalte eigenständig konstruieren können. Um diese zu konstruieren, steht den Studentinnen und Studenten ein Text zur Verfügung. Dieser Text beschäftigt sich inhaltlich mit dem Bereich reellwertiger Folgen und verbindet diesen mathematischen Begriff beispielsweise mit alltäglichen Kontexten sowie Kontexten aus dem späteren Beruf als Lehrkraft. In einer Analysis-Veranstaltung für das Sekundarstufen-I-Lehramt wurde in einem Kontrollgruppendesign die Schnittstellenaktivität evaluiert.

S. Neuhaus (✉) · S. Rach
FMA/IAG, Otto-von-Guericke-Universität Magdeburg,
Magdeburg, Deutschland
E-Mail: silke.neuhaus@ovgu.de

S. Rach
E-Mail: stefanie.rach@ovgu.de

10.1   Einführung

„Wozu brauch' ich das überhaupt?" – So oder so ähnlich äußern sich viele Lehramtsstudierende im Fach Mathematik, wenn sie mit hochschulmathematischen Inhalten in
Berührung kommen. Dabei argumentieren viele von ihnen vor dem Hintergrund ihres
späteren Berufsbildes. In ihrem künftigen Berufsleben werden Lehramtsstudierende
bestimmte Inhalte z. B. in der Sekundarstufe I unterrichten, die sie gut durchdringen
müssen. Warum sie sich mit weiteren Inhalten, die nicht Bestandteil des schulischen
Lehrplanes sind, auch beschäftigen sollten, erscheint manchen Lehramtsstudierenden auf
den ersten Blick nicht plausibel. Oft fehlt dann die Motivation, sich intensiv mit solchen
Inhalten, die den Studierenden als nicht relevant für ihr späteres Berufsziel erscheinen,
zu beschäftigen. Diese fehlende Motivation kann sich zu einer Unzufriedenheit aus-
bauen, die dann möglicherweise zum Studienabbruch führt.

Anhand der hier beschriebenen Lehrinnovation sollen die Studierenden angeregt
werden, den Wert der Hochschulmathematik für sich und ihr späteres Berufsfeld selbst zu
konstruieren. Dazu werden Bezüge zwischen dem Inhalt und der Lebenswirklichkeit bzw.
dem späteren Berufsfeld in einem Text zusammengefasst und die Studierenden sollen nach
dem Lesen dieses Textes erläutern, inwiefern der fachliche Inhalt eine Nützlichkeit besitzt.

Diese Lehrinnovation haben wir anhand des Themas „reellwertige Folgen"
konkretisiert und mit Sekundarstufen-I-Lehramtsstudierenden im dritten Semester
evaluiert. Die Lehrinnovation und deren Evaluation stellen wir in den Abschn. 10.3 und
Abschn. 10.4 genauer vor. In Abschn. 10.2 wird geklärt, welche verschiedenen Facetten
mathematische Inhalte auszeichnet (Abschn. 10.2.1), wie Wertüberzeugungen – speziell
Nützlichkeitsüberzeugungen – von Studierenden beschrieben werden (Abschn. 10.2.2)
und wie diese gesteigert werden können (Abschn. 10.2.3).

10.2   Theoretischer Hintergrund

10.2.1 Inhalte im Lehramtsstudium

Das Lehramtsstudium im Fach Mathematik ist die erste Phase der Lehrerausbildung
und hat das Ziel, dass Studierende Kenntnisse zur Bewältigung der Anforderungen
von Lehrkräften gewinnen (KMK 2008). Zu diesem Ziel gehört, dass die Studierenden
Mathematik als Wissenschaft kennenlernen und fachliche Kompetenzen erwerben. Im
Bereich fachlicher Kompetenzen werden auch Kompetenzen zu mathematischen Inhalten
aufgeführt, die nicht als Inhalte der jeweiligen Schulstufe auftreten. Beispielsweise
werden für das Sekundarstufen-I-Lehramt im Bereich der Analysis auch „Elemente
der Differential- und Integralrechnung: Grenzwert, Stetigkeit, Differenzierbarkeit,
Integral" (KMK 2008, S. 39) genannt. Anhand dieser Inhalte, die im Moment nicht in
den Lehrplänen für die Sekundarstufe I zu finden sind, sollen die Arbeitsweisen und
Erkenntnismethoden der Mathematik kennengelernt und somit ein realistisches Bild der
(wissenschaftlichen Disziplin) Mathematik vermittelt werden.

Die wissenschaftliche Disziplin Mathematik unterscheidet sich von der Schul-mathematik insbesondere in den durchgeführten Aktivitäten. Während beispielsweise mit gleichen Begriffen in der Schule und in der Studieneingangsphase gearbeitet wird, z. B. Ableitung, Vektor oder Wahrscheinlichkeit, unterscheiden sich die Aktivitäten erheblich (Rach 2014). In der Schule werden diese mathematischen Begriffe häufig dazu verwendet, mittels Berechnungen außermathematische Problemstellungen zu lösen. Es wird bzw. soll laut dem Allgemeinbildungscharakter des Schulunterrichts die Nützlich-keit der Mathematik für Problemstellungen anderer Wissenschaften oder des Alltags herausgestellt werden. Die Problemstellungen sind beispielsweise persönlicher, beruf-licher, gesellschaftsbezogener oder wissenschaftlicher Natur (Reiss et al. 2016). An der Hochschule steht dagegen die wissenschaftliche Disziplin Mathematik im Vordergrund, die auf formal definierten Begriffen und deduktiven Beweisen mathematischer Aus-sagen basiert (Gueudet 2008). Mathematik als wissenschaftliche Disziplin ist primär an einem stringenten Theorieaufbau interessiert und weniger an den Anwendungsmöglich-keiten. Diese Unterschiede zwischen Schul- und Hochschulmathematik werden bei-spielsweise im Bereich der Analysis deutlich: In der Schule steht ein eher informeller Ableitungsbegriff auf Basis eines propädeutischen Grenzwertbegriffs im Vordergrund, zu dem verschiedene Grundvorstellungen wie lokale Änderungsrate und Tangentensteigung angesprochen werden. In der Hochschulmathematik steht ein stärker formal definierter Ableitungsbegriff im Vordergrund, z. B. mittels des Differentialquotienten oder Folgen-grenzwerte (vgl. Engelbrecht 2010).

Insgesamt stehen Fachinhalte in einem Lehramtsstudium im Vordergrund, die nicht im momentanen Lehrplan zu finden sind. Somit sind diese Inhalte auch den Lehramts-studierenden aus ihrem eigenen Mathematikunterricht nicht zwangsläufig bekannt. Zudem werden die Inhalte aus der Schule in eine andere Form von Mathematik, die Hochschulmathematik, eingebettet.

10.2.2 Wertüberzeugungen von Studierenden

Im ersten Abschnitt haben wir uns mit den Inhalten auseinandergesetzt, mit denen sich Lehramtsstudierende im Fach Mathematik befassen. Nun konzentrieren wir uns stärker auf die Studierenden, die durch individuelle Merkmale geprägt sind und sich so von-einander unterscheiden.

Individuelle Merkmale werden grob in zwei Klassen eingeteilt: in kognitive Merkmale, z. B. Vorleistungen, Vorwissen etc., und in motivationale Merkmale (auch als affektive Merkmale bezeichnet), z. B. Interesse, Selbstkonzept oder Wertüber-zeugungen. Individuelle Merkmale werden sowohl als Lernvoraussetzungen als auch als Prozessmerkmale und Prozessziele für erfolgreiche Lernprozesse angesehen. Betrachtet man diese Merkmale als Lernvoraussetzungen, dann ist aus der Literatur bekannt, dass kognitive Merkmale eher objektive oder zertifizierte Studienerfolgsmaße wie z. B. Wissenszuwachs, Modulerfolg etc. beeinflussen (Laging und Voßkamp 2017; Rach und Heinze 2017). Dagegen wirken motivationale Merkmale eher auf subjektive Erfolgsmaße wie z. B. Studienzufriedenheit, Studienmotivation etc. (Kosiol et al. 2018). Diese Erfolgsmaße zusammen bedingen dann einen Studienabbruch (Brandstätter et al. 2006).

In diesem Projekt fokussieren wir auf motivationale Merkmale von Studierenden, konkret deren *Wertüberzeugungen*. Dieser Begriff ist in verschiedenen Theorien der Pädagogischen Psychologie zentral, z. B. in Interessenstheorien und in Erwartungs-Wert-Theorien. Im Bereich der Interessenstheorien spricht man häufig von einer wertbezogenen Facette von Interesse, die in Erwartungs-Wert-Modellen noch stärker differenziert wird. Erwartungs-Wert-Modelle werden mit dem Ziel verwendet, leistungsspezifische Verhaltensweisen zu erklären, und verknüpfen das Ergebnis von Bildungs- und Lernprozessen, z. B. Bildungsentscheidungen oder Leistungen, direkt mit den individuellen Erwartungen und Wertüberzeugungen zu einer Tätigkeit oder Aufgabe (Eccles und Wigfield 2002). Erwartungen sind dabei beispielsweise Erfolgserwartungen bezüglich der Bewältigung einer Aufgabe, also mit welcher Wahrscheinlichkeit man die Anforderungen der Aufgabe bewältigen kann (Wigfield und Cambria 2010). Die Wertüberzeugung zu einer Tätigkeit wird als „value (or valence) of an activity with respect to its importance to the individual" (Wigfield und Cambria 2010, S. 3) bezeichnet. Bei dem Wert einer Tätigkeit legt Eccles einen Fokus auf den Wert von Aufgaben und hat so den Begriff *task value,* die Bewertung der Aufgabe durch den Lernenden, geprägt (Eccles und Wigfield 2002). Der Begriff umfasst vier Komponenten: *intrinsic or interest value* (Wie viel Freude macht die Bearbeitung der Aufgabe?), *attainment value and importance* (Wie relevant ist es, die Aufgabe gut zu bewältigen und kompetent bei der Aufgabenbearbeitung zu sein?), *utility value or usefulness of the task* (Wie sinnvoll ist die Bearbeitung der Aufgabe für weiterführende Ziele?) und *cost* (Wie viel muss investiert werden, um die Aufgabe zu bewältigen?). Diese vier Hauptkomponenten von Wertüberzeugungen, intrinsischer Wert, Wichtigkeits-, Nützlichkeits- und Kostenüberzeugungen, die sich nicht nur auf Aufgaben, sondern auch auf gesamte Lehrveranstaltungen beziehen können, werden in aktuellen Arbeiten noch weiter unterschieden. Beispielsweise unterteilen Gaspard et al. (2015) die Komponente *utility* (Nützlichkeit) in eine Nützlichkeit für die Schule, für das tägliche Leben, für den sozialen Bereich, für den (späteren) Beruf und eine generelle Nützlichkeit für das spätere Leben (siehe auch Gaspard et al. 2017).

Empirische Studien belegen die Zusammenhänge zwischen Erwartungen bzw. Wertüberzeugungen und Indikatoren eines förderlichen Lernprozesses, z. B. Aufgabenwahl, Anstrengungsbereitschaft oder Leistung (Dietrich et al. 2017; Guo et al. 2015). Beispielsweise berichten Dietrich et al. (2017) von einem engen Zusammenhang zwischen Wertüberzeugungen und Anstrengungsbereitschaft in einer Lehrveranstaltung für Lehramtsstudierende. Demgegenüber werden Wertüberzeugungen direkt von individuellen Merkmalen wie den Vorleistungen, dem Selbstkonzept, persönlichen Zielen und Schwierigkeitseinschätzungen von Aufgaben bedingt bzw. bedingen sich gegenseitig (Eccles und Wigfield 2002; Gaspard et al. 2015; Schreier et al. 2014). In unserem Projekt konzentrieren wir uns auf die Facette „Nützlichkeit" im Bereich der Wertüberzeugungen und definieren Nützlichkeit in Anlehnung an Schreier et al. (2014, S. 227) oder Urhahne (2008, S. 154) als Überzeugung, dass antizipierte Konsequenzen einer Handlung positiv

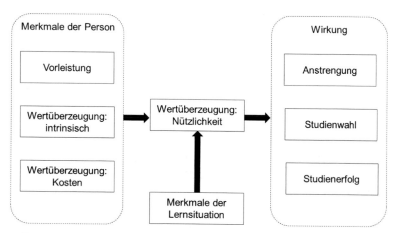

Abb. 10.1 Übersicht über die Zusammenhänge zwischen Wertüberzeugungen und Personen- bzw. Situationsmerkmalen sowie den Wirkungen im Lernprozess

sind, z. B. in der Einsicht, dass das im Studium aufgebaute mathematische Wissen helfen kann, um individuelle Ziele zu erreichen (z. B. erfolgreich als Lehrkraft zu arbeiten).

Wir untergliedern die Facette „Nützlichkeit" in die folgenden Unterfacetten: „Nützlichkeit für das Berufsleben", „Nützlichkeit für das Studium" und „Nützlichkeit für den Alltag". Im Folgenden werden die Begriffe „Nützlichkeit" und „Relevanz" synonym verwendet.

Abb. 10.1 zeigt mögliche Zusammenhänge zwischen individuellen Merkmalen, Wertüberzeugungen (speziell Nützlichkeit) und deren Wirkungen. Dieses theoretische Modell geht von kausalen Einflüssen aus, auch wenn empirisch meistens nur korrelative Zusammenhänge zwischen den Merkmalen nachgewiesen wurden. Nach diesem Modell sind Wertüberzeugungen nicht nur von Merkmalen der Person abhängig, sondern auch von der Lernsituation. Inwiefern Merkmale der Lernsituation einen Einfluss auf individuelle Wertüberzeugungen haben könnten, wird im nächsten Abschnitt vorgestellt.

10.2.3 Lernsituationen zur Steigerung von Wertüberzeugungen

Lehramtsstudierende zu überzeugen, dass Mathematik einen wichtigen Wert besitzt, scheint auf den ersten Blick etwas merkwürdig, da diese Studierenden sich gerade für das Fach Mathematik entschieden haben. Allerdings sind die Gründe, warum sich Studierende für Mathematik entscheiden, durchaus divers. Das Fachinteresse und die persönliche Neigung zum Fach Mathematik sind bei Lehramtsstudierenden ein wichtiges Motiv. Allerdings sind auch der Wunsch nach einer sicheren Berufsposition und die guten Chancen am Arbeitsmarkt bezeichnend (vgl. z. B. Briedis et al. 2008). Zusätzlich kann auch für Personen mit Affinität zur Mathematik eine Maßnahme sinnvoll sein, die die Nützlichkeit von Mathematik anspricht: Erstens sind Lehramtsstudierende nicht per se von der außerschulischen Nützlichkeit von Mathematik überzeugt (siehe Maaß 2006) und zweitens gibt es den oft zitierten Unterschied zwischen Schulmathematik und Hochschulmathematik (vgl. Abschn. 10.2.1).

Um Wertüberzeugungen von Lehramtsstudierenden für die Hochschulmathematik zu steigern, könnten verschiedene Unterstützungsmaßnahmen hilfreich sein. Eine sehr bekannte Maßnahme ist der Einsatz von Schnittstellenaufgaben, die in anderen Beiträgen im Vordergrund stehen (siehe z. B. Eichler Kap. 7). In diesen Schnittstellenaufgaben wird beispielsweise eine Verbindung zwischen mentalen Begriffsrepräsentationen, die in der Schule in Form von Grundvorstellungen auftreten, und formalen Begriffsrepräsentationen in Form von Begriffsdefinitionen hergestellt (Bauer 2013).

Die meisten der bisher veröffentlichten Schnittstellenaufgaben, die sich in diese Kategorien einordnen lassen, haben das „Format klassischer Übungsaufgaben" (Bauer 2018, S. 204) und werden in hochschulmathematische Veranstaltungen eingebunden. Bisher ist bei diesen Schnittstellenaufgaben noch nicht geklärt, inwiefern diese auf die motivationalen Merkmale von Studierenden wirken.

Im Schulunterricht ist dagegen eine Innovation eingesetzt und evaluiert worden, die nachweislich einen großen Effekt auf die Wertüberzeugungen von Lernenden hat. In einer US-amerikanischen Studie hat sich die *Explizierung der Relevanz eines Lerninhalts* positiv auf die Motivation und die Erfolgserwartungen von Lernenden ausgewirkt (Hulleman und Harackiewicz 2009). Die Lernenden waren Highschool-Schülerinnen und -Schüler der neunten Klasse im Bereich Naturwissenschaften. Im Rahmen der Studie wurden die Schülerinnen und Schüler in zwei Gruppen eingeteilt, wobei eine Gruppe als Kontrollgruppe fungierte. Während diese Kontrollgruppe Zusammenfassungen des jeweiligen Unterrichtsmaterials anfertigen sollte, wurde die Experimentalgruppe beauftragt, Aufsätze über die *Relevanz der Lerninhalte für ihr alltägliches Leben* zu verfassen. Es stellte sich heraus, dass das Interesse und die Schulleistungen insbesondere von Lernenden mit niedrigen Erfolgserwartungen von dieser Lerninnovation profitierten. Basierend auf dieser Idee wurden im Bereich der Mathematik weitere Labor- und Feldstudien angestellt, bei denen es um das Erlernen einer neuen mathematischen Technik geht. Zusammenfassend zeigt sich, dass leistungsstärkere Lernende eher von einem expliziten Aufzeigen der Relevanz des Lerninhalts profitieren, während leistungsschwächere eher von einem eigenständigen Konstruieren der Relevanz profitieren (vgl. z. B. die Übersicht von Hulleman et al. 2017). Eine Kombination der beiden Methoden, erst explizites Aufzeigen und dann eigenständiges Konstruieren, zeigte in späteren Studien gute Erfolge. In diesem Beitrag stellen wir eine mögliche Adaption dieser Verfahren im hochschulmathematischen Kontext vor.

10.3 Darstellung der Schnittstellenaktivität

10.3.1 Ziele der Schnittstellenaktivität

Ziel der Aktivität ist es, die Nützlichkeitsüberzeugungen der Studierenden zu einem bestimmten Inhalt der Hochschulmathematik für das Berufsfeld Lehramt zu fördern. Als kognitives Lernziel soll dabei erreicht werden, dass Studierende eigenständig Verknüpfungen zwischen den in einem Text genannten Argumenten für die Relevanz des Themas und ihrem späteren Beruf des Lehramts, ihrem Alltag oder ihrem Studium herstellen können. Als motivationales Lernziel sollen die Studierenden die Relevanz des in einem Text behandelten Themas erkennen.

10.3.2 Auswahl des mathematischen Themas für die Schnittstellenaktivität

Wie schon in Abschn. 10.2.1 erläutert wurde, gibt es im Lehramtsstudium mehrere hochschulmathematische Inhalte, die Studierenden für ihr Berufsziel Lehramt per se als nicht relevant erscheinen. In dieser Schnittstellenaktivität soll den Studierenden die Relevanz für das Thema „reellwertige Folgen", welches eine wichtige Grundlage für den Bereich der Differential- und Integralrechnung bildet, verdeutlicht werden. Dieses Thema ist im Moment nicht explizit Bestandteil des Lehrplans für die Sekundarstufe I. Gerade Lehramtsstudierende mit dem Ziel, ausschließlich in der Sekundarstufe I zu unterrichten, könnten deswegen evtl. gegen die Relevanz dieses Themas für ihren späteren Beruf argumentieren.

10.3.3 Konzipierung der konkreten Schnittstellenaktivität

Die Schnittstellenaktivität besteht aus einem Text und einer darauf aufbauenden Aufgabe. Zunächst wird die Konzipierung des Informationstextes zur Relevanz von „reellwertigen Folgen" beschrieben und dann die konkrete Aufgabenstellung vorgestellt.

Zum ausgewählten Thema „reellwertige Folgen" wurden Argumente für die Relevanz des Themas im späteren Berufsleben eines Lehrers bzw. einer Lehrerin zusammengestellt. Zusätzlich wurden auch Argumente für die Relevanz des Themas im Alltag der Studierenden, für ihr weiteres Studium und Informationen zum Nutzen des Themas in anderen wissenschaftlichen Gebieten wie zum Beispiel der Informatik identifiziert. Dafür wurden verschiedene Quellen genutzt (Prüfungsordnung 2016; KMK 2003; KMK 2004; Ableitinger und Heitzer 2013 und vor allem Weigand 1993). Auf Basis dieser Argumente wurde ein Text entwickelt, der die Relevanz des Themas „reellwertige Folgen" für den Alltag, den späteren Beruf und das weitere Studium für die Studierenden verdeutlicht. Der Text war dabei so konzipiert, dass den Studierenden nicht explizit die Gründe für die Relevanz des Themas „reellwertige Folgen" für das Berufsfeld des Lehramts dargestellt, sondern Beispiele für eine mögliche Verwendung innerhalb und außerhalb des Schulunterrichtes erläutert wurden. Das Thema wurde demnach in verschiedene persönliche, berufliche, gesellschaftsbezogene oder wissenschaftliche Kontexte (Reiss et al. 2016) eingebettet. Die anschließenden Aufgaben zielen darauf ab, die Studierenden eigenständig die Relevanz des Themas für ihren späteren Beruf als Lehrkraft für Mathematik herausarbeiten zu lassen.

Dieser Aufbau der Schnittstellenaktivität entspricht den Ergebnissen der in Abschn. 10.2.3 angegebenen Studien zur Explizierung der Relevanz von Lerninhalten (vgl. z. B. Hulleman et al. 2017). Es werden explizit Informationen für die Nützlichkeit des Themas für den Beruf und Alltag angegeben, aber auch ein eigenständiges Konstruieren von den Studierenden verlangt. Zusätzlich sollen die Informationen über den Nutzen von reellwertigen Folgen in fachfremden Gebieten sowie im Alltag dem Aufbau der Nützlichkeitsüberzeugung von leistungsschwächeren Lernenden dienen.

10.3.3.1 Konzeption des Informationstextes

Der Informationstext mit dem Titel „Folgen in der Wissenschaft und im Alltag" (siehe Abb. 10.2) liefert Argumente für den Nutzen reellwertiger Folgen. Als Grundlage für diesen Text diente vor allem das Buch von Weigand (1993) zur Didaktik des Folgenbegriffs.

Der Text beginnt mit der Fragestellung, warum das Thema „reellwertige Folgen" in einem Lehramtsstudium behandelt wird. Zunächst wird argumentiert, dass das Thema ein Bestandteil der Prüfungsordnung (2016) des Lehramtsstudiums für die Sekundarstufe I in Paderborn ist. Zusätzlich wird auf die Bildungsstandards (KMK 2003; KMK 2004) verwiesen. Obwohl sich das Thema „reellwertige Folgen" zurzeit nicht im Lehrplan für die Sekundarstufe I wiederfindet, ist es möglich, dass es später wieder thematisiert wird. Dies wird als Überleitung genutzt, um mathematische Bereiche aufzuzeigen, für die reellwertige Folgen bedeutsam sind. So können Folgen genutzt werden, um die Grundbegriffe der Differential- und Integralrechnung zu definieren. Nach Ableitinger und Heitzer (2013) sollte deswegen schon in der Sekundarstufe I ein intuitives Wissen zum Grenzwertbegriff zumindest vorbereitet werden. Als ein Beispiel zur Konkretisierung im Bereich der Differentialrechnung wird danach die Veranschaulichung des Tangentenbegriffs durch eine Folge von Sekanten genannt (Weigand 1993) und durch eine Abbildung mit genaueren Erläuterungen näher ausgeführt.

Als Einführung in außermathematische Nutzungsmöglichkeiten wird danach die Relevanz des Themas „Folgen" als Darstellungsmittel zur Beschreibung der realen Welt mit einer Beispielaufgabe dokumentiert. Daraufhin wird der Nutzen von Folgen in der Informatik genannt. Da grundlegende Datenstrukturen der Informatik wie z. B. Listen, Tabellen oder Bäume theoretisch auf Folgen basieren, ist hier ein außermathematischer Bezug zum Thema „reellwertige Folgen" gegeben. Abschließend werden noch die Kunst, die Literatur und die Filmindustrie als mögliche Anwendungsfelder von Folgen genannt. Ein Beispiel ist das Buch *Sakrileg* von Dan Brown, in dem die Fibonacci-Folge für das Verschlüsseln einer geheimen Botschaft genutzt wird. Abb. 10.2 zeigt einen Ausschnitt aus dem Informationstext der Schnittstellenaktivität.

10.3.3.2 Konzeption der sich anschließenden Aufgaben

Nach dem Informationstext über den Nutzen reellwertiger Folgen schließen sich in der Schnittstellenaktivität zwei Aufgaben an. Als Erstes soll von den Studierenden eine kurze Zusammenfassung des Textes erstellt werden. Diese Aufgabe stellt sicher, dass sich die Studierenden noch einmal intensiv mit dem Text beschäftigen. In der zweiten

Folgen in der Wissenschaft und im Alltag

Folgen findet man im Alltag – abgesehen von zu vervollständigen (Zahlen-)Folgen in Rätseln oder IQ-Tests – eher selten. Auch in der Schule werden sie meist, wenn überhaupt, nur kurz im Gymnasium während der Oberstufenzeit angesprochen. Trotzdem ist das Thema „Folgen" Teil der Ausbildung zur Lehrerin bzw. zum Lehrer im Fach Mathematik. Warum? Natürlich könnte man damit argumentieren, dass es in der Prüfungsordnung (2016) vorgeschrieben ist. Zusätzlich sind die Themen aber auch relevant für angehende Lehrkräfte. Auch wenn die Bildungsstandards für den Hauptschulabschluss (KMK, 2004) oder für die mittlere Reife (KMK, 2003) das Thema „Folgen" im Moment nicht explizit thematisieren, ist es doch möglich, Aufgaben zu diesem Thema in den Unterricht einzubinden.

Folgen als Veranschaulichungshilfe von Tangenten

Folgen bieten einen Einstieg in den Grenzwertbegriff, der die Grundlage für die Differential- und die Integralrechnung bildet. Deswegen sollte schon in der Sekundarstufe I ein intuitives Wissen dazu vorhanden sein oder zumindest eingeführt werden (Ableitinger & Heitzer, 2013). Ein anderes innermathematisches Beispiel ist die Veranschaulichung des Tangentenbegriffs durch eine Folge von Sekanten (Weigand, 1993), wie in Abb. 1 dargestellt.

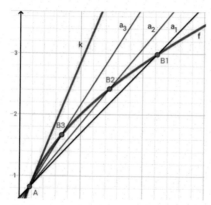

Sei $(a_n)_{n\in\mathbb{N}}$ eine Folge, wobei a_n für alle $n \in \mathbb{N}$ bezüglich einer Funktion f eine Sekante durch einen Punkt A und einen Punkt B_n auf dem Graphen der Funktion darstellt. Wenn sich der Punkt B_n mit jedem Iterationsschritt dem Punkt A auf dem Graphen der Funktion annähert, nähert sich die Folge der Sekanten $(a_n)_{n\in\mathbb{N}}$ immer mehr der Tangente k (rot) von dem Punkt A bezüglich der Funktion f (grün) an.

Abb. 1: Annäherung der Tangente durch eine Folge von Sekanten

Abb 10.2 Einblick in den Informationstext der Schnittstellenaktivität

Aufgabe sollen die Studierenden eigenständig ihre eigene Meinung zur Relevanz des Themas „reellwertige Folgen" für das spätere Berufsfeld des Lehramts wiedergeben. Konkret lauten die beiden Aufgaben:

Aufgaben

a. Formulieren Sie drei Hauptaussagen des Textes als kurze Zusammenfassung.
b. Stellen Sie die Relevanz des Themas „Folgen" für Ihren späteren Beruf als Lehrkraft für Mathematik dar. ◄

10.3.4 Möglicher Einsatzort derartiger Schnittstellenaktivitäten

Als möglichen Einsatzort für eine solche Form der Schnittstellenaktivität ist eine Fachveranstaltung in Lehramtsstudiengängen vorgesehen. In Fachveranstaltungen werden
z. T. auch Inhalte der Hochschulmathematik thematisiert, deren Nutzen Lehramtsstudierenden für ihr späteres Berufsziel möglicherweise nicht sofort ersichtlich erscheint.

Konkret eignet sich für den Einsatz der Schnittstellenaktivität eine Präsenzübung,
in der Aufgaben direkt bearbeitet werden, oder die Einbindung in eine Hausaufgabe,
da sich die Studierenden länger intensiv mit dem Text auseinandersetzen müssen.
Allerdings entziehen sich die anschließenden Aufgaben einer differenzierten Bewertung
mit falsch oder richtig und sind damit schwer zu korrigieren bzw. zu bepunkten.
Andererseits führt eine Bewertung der Aufgabe, z. B. mit den Kategorien „bearbeitet"
versus „nicht bearbeitet", dazu, dass alle beteiligten Personen auch derartige Reflexions-
aufgaben als wichtig ansehen.

10.3.5 Bezug zu bestehenden Schnittstellenaufgaben zur Hochschulmathematik

Die Idee der hier vorgestellten Schnittstellenaktivität wurde aus dem Bereich der Natur-
wissenschaftsdidaktik im Schulbereich übernommen und ist dort bereits sehr populär
(vgl. z. B. Hulleman und Harackiewicz 2009; Hulleman et al. 2017). Die Schnittstellenaktivität unterscheidet sich von den in der Literatur bereits veröffentlichten
Schnittstellenaufgaben im Hochschulbereich (vgl. z. B. Bauer 2013; Eichler und Isaev
2015; Hoffmann 2018) in einigen Aspekten. Die Studierenden sollen anhand von aus-
formulierten Texten einen höheren Wertbezug für ein mathematisches Thema aufbauen,
in dem sie wahrscheinlich den Wert für ihren Alltag, ihren späteren Beruf als Lehrkraft
oder ihr weiteres Leben nicht sofort erkennen. In diesem Fall wurde ein Text zu dem
Thema „reellwertige Folgen" entwickelt.

Auch andere Schnittstellenaufgaben sollen einen Bezug zwischen Themen der Hochschulmathematik und dem späteren Berufsumfeld der Lehramtsstudierenden, der Schulmathematik, herstellen. Gemeinsam haben alle diese Schnittstellenaufgaben, dass sie
die Lehramtsstudierenden motivieren sollen, sich auch mit Themen der Hochschulmathematik zu beschäftigen, von denen sie nicht erkennen, dass sie die Schulmathematik
vertiefen und Kenntnisse darüber für den Lehrerberuf nützlich sind. Von der aktiven
Beschäftigung mit solchen „Schnittstellenfragen" zwischen Schulmathematik und Hochschulmathematik (vgl. Bauer 2018) erhofft man sich zusätzlich ein tieferes Verständnis der mathematischen Themen. Bauer (2013, 2018) bezeichnet zwei Richtungen, in
die Schnittstellenaufgaben wirken können: von der Hochschulmathematik zur Schulmathematik und umgekehrt. Die meisten der bisher veröffentlichten Schnittstellenaufgaben, die sich in diese Bereiche einordnen lassen, haben das Format „klassischer"
Übungsaufgaben (vgl. Bauer 2018) und werden in hochschulmathematische Ver-

anstaltungen eingebunden. Auch die hier vorgestellte Schnittstellenaktivität mit Texten kann in den hochschulmathematischen Unterrichtsbetrieb eingebunden werden. Allerdings hat sie nicht das „klassische" Format einer Übungsaufgabe. Statt mathematisch fachlich zu arbeiten, sollen die Studierenden einen Text lesen und sich eine eigene Meinung zur Relevanz eines mathematischen Themas für ihr späteres Berufsleben als Lehrkraft bilden. Ein weiterer Unterschied zu Schnittstellenaufgaben, die sich in die obere Kategorisierung einordnen lassen, ist eine unterschiedliche Wirkweise. Die im Text zur Schnittstellenaktivität behandelten hochschulmathematischen Themen dienen in erster Linie nicht dazu, die Schulmathematik besser oder vertieft zu verstehen oder mathematische Arbeitsweisen zu üben oder zu reflektieren. Stattdessen soll die Relevanz von hochschulmathematischen Themen, die für den Schulunterricht eher bedeutungslos erscheinen oder nicht in der Schule unterrichtet werden, dargestellt werden. Dadurch sollen die Studierenden motiviert werden, sich auch mit Themen zu beschäftigen, die für ihr weiteres (Berufs-)Leben zunächst als unwichtig erscheinen. Die fachliche Beschäftigung mit diesen Themen ist allerdings nicht ein Hauptteil dieser Schnittstellenaktivität und steht in anderen Phasen des Lernprozesses im Fokus.

10.4 Evaluation

Wir haben diese Art der Schnittstellenaktivität im Wintersemester 2017/2018 an der Universität Paderborn in der Fachveranstaltung „Funktionen und Elemente der Analysis" während einer Präsenzübung eingesetzt und evaluiert. Die Fachveranstaltung ist laut Studienordnung für Lehramtsstudierende der Haupt-, Real- und Gesamtschule im dritten Semester verortet. Präsenzübung bezeichnet hier eine Veranstaltungsform, in der zum einen zu schon bearbeiteten Übungsaufgaben Lösungen diskutiert werden und zum anderen Studierende neue Aufgaben während der Übungszeit bearbeiten.

Aus der vorherigen Durchführung dieser Veranstaltung waren Anmerkungen von Studierenden bekannt, die darauf schließen ließen, dass die Studierenden den Nutzen von reellwertigen Folgen für ihren späteren Beruf nicht erkannten, weshalb wir uns für diese Art der Schnittstellenaktivität entschieden haben.

Die Evaluation basiert auf der Beantwortung der folgenden Fragestellung:

Welchen Einfluss besitzt der Einsatz der Schnittstellenaktivität auf die Nützlichkeitsüberzeugung von Studierenden bzgl. des Themas „reellwertige Folgen" für Beruf, Alltag und Studium?

Hypothese: Durch die Schnittstellenaktivität wird die Wertüberzeugung von Studierenden bzgl. der Nützlichkeit des Themas „reellwertige Folgen" für das spätere Berufsfeld Lehramt gesteigert, ebenso bzgl. der Nützlichkeit des Themas für den Alltag und für das Studium.

In der nachfolgende Abb. 10.3 ist diese Fragestellung in der theoretischen Übersicht über die Zusammenhänge zwischen Wertüberzeugungen und Personen- bzw. Situationsmerkmalen und der Wirkung im Lernprozess verortet.

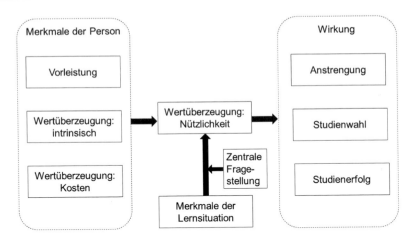

Abb. 10.3 Verortung der zentralen Fragestellung

10.4.1 Methodisches Vorgehen

10.4.1.1 Design der Evaluation

Die Evaluation war in einem *Kontrollgruppendesign* gestaltet. Die Lehramtsstudierenden für Haupt-, Real- und Gesamtschule wurden während der Präsenzübungen der Veranstaltung „Funktionen und Elemente der Analysis" (drittes Semester laut Regelstudienplan) an der Universität Paderborn randomisiert in zwei Gruppen eingeteilt. Dazu wurde den Studierenden jeweils ein Manual vorgelegt, das sich zwischen den Gruppen nur in der Form des Informationstextes unterschied. Die eine Gruppe bekam den in Abschn. 10.3.3 beschriebenen Text zur Relevanz von „reellwertigen Folgen" für Studium, Beruf und Alltag (im Folgenden auch „Schnittstellen-Text" genannt). Für die Kontrollgruppe wurde in dieser Evaluation ein Informationstext mit historischem Inhalt zum Thema „reellwertige Folgen" konzipiert. Ebenso diente bei der Konzipierung des historischen Textes zunächst das Buch von Weigand (1993) als Vorlage.

Der historische *Text für die Kontrollgruppe* beginnt mit einer kurzen Einleitung über die Beurteilung der Bedeutung mathematischer Begriffe im historischen Kontext und nennt dann die Nutzung von reellwertigen Folgen in der vorgriechischen Zeit. Dafür werden auch Informationen aus der Dissertation von Vogel (1959) genutzt. Im weiteren Verlauf wird die Nutzung von reellwertigen Folgen von der griechischen Mathematik bis in die Neuzeit mit Informationen aus den Artikeln von Neugebauer und Boyer (1952) sowie Hoppe (1919, 1928) beschrieben.

Dabei wurde darauf geachtet, keine moderne Nutzung von reellwertigen Folgen oder Argumente für deren Relevanz in Bezug auf das Berufsfeld der Lehrkraft mit einzubringen. Die beiden Texte unterschieden sich nicht substanziell im Aufbau, der Länge der Textpassagen, der Anzahl der Abbildungen oder der sprachlichen Formulierung. Abb. 10.4 zeigt einen kurzen Ausschnitt aus dem historischen Text. Die sich anschließenden Aufgaben waren die gleichen wie in der Schnittstellenaktivitätsgruppe.

Die *Stichprobe* besteht aus 46 Lehramtsstudierenden für Haupt-, Real- und Gesamtschule (ca. drittes Semester) aus fünf Präsenzübungsgruppen der oben genannten Veranstaltung, die von drei verschiedenen Tutorinnen bzw. Tutoren an zwei aufeinanderfolgenden Tagen gehalten wurden. Die Studierenden haben informiert in die Studienteilnahme eingewilligt, bevor sie die Manuals in Einzelarbeit bearbeiteten. Dafür hatten sie ca. 45 min Zeit. Danach wurde auch der jeweils andere Text an die Studierenden verteilt und in der folgenden Präsenz-übung wurden beide Texte noch einmal diskutiert. Die an der Studie Teilnehmenden unter-schieden sich nicht substanziell bezüglich ihres Alters. Es war ein leicht erhöhter Frauenanteil zu verzeichnen. Da wir aus theoretischer Sicht keine Unterschiede bzgl. des Geschlechts oder des Alters erwartet haben, wurden diese Merkmale nicht weiter in die Evaluation eingebunden.

10.4.1.2 Evaluationsinstrumente

Im Folgenden werden die in der Evaluation genutzten Instrumente dargestellt. Mittels etablierter Fragebogeninstrumente (Ufer et al. 2017; Gaspard et al. 2015) wurden zunächst diejenigen individuellen Merkmale der Studierenden als Kontrollvariablen erhoben, die möglicherweise mit den Nützlichkeitsüberzeugungen in Zusammenhang stehen könnten. Auf motivationaler Ebene wurden die Kosten durch die *emotionalen Kosten,* die die Studierenden mit dem Aufwand, Mathematik zu lernen oder zu betreiben, verbinden, erhoben (4 Items, Cronbachs $\alpha = .73$). Ebenso wurde der *intrinsische Wert* für Hochschulmathematik (3 Items, Cronbachs $\alpha = .84$) berücksichtigt. Die Studierenden schätzten dafür vorgelegte Aussagen auf einer vierstufigen Likert-Skala von „trifft zu" bis „trifft nicht zu" ein. Zusätzlich wurden auch die schulischen Leistungen in Form der Abiturnote als Indikator für die *Vorleistung* der Studierenden erfragt. Diese Kontroll-variablen wurden alle vor der Bearbeitung der Schnittstellenaktivität erhoben (T1).

Zusätzlich sollten die Studierenden ihre Einschätzung zur *Nützlichkeit des Themas „Folgen" für Studium, Alltag und Beruf* angeben. Auch hier schätzten die Studierenden Aussagen auf einer vierstufigen Likert-Skala von „trifft zu" bis „trifft nicht zu" ein. In der folgenden Tab. 10.1 sind die verschiedenen Skalen zu den Nützlichkeitsüber-zeugungen mit der Anzahl der Items und jeweils einem Beispielitem angegeben. Das erste Merkmal aus Tab. 10.1 (*Nützlichkeit des Themas „Folgen" für den Beruf*) wurde sowohl vor der Schnittstellenaktivität (T1) als auch danach (T2) erhoben. Die anderen Merkmale wurden nur nach der Bearbeitung der Aufgabe (T2) erfasst. Das jeweilige Cronbachs Alpha der Skalen kann aufgrund der kleinen Stichprobe für alle Skalen noch als mindestens zufriedenstellend bezeichnet werden. Sind mehr als die Hälfte der Items einer Skala beantwortet, wurde der Mittelwert für diese Skala errechnet.

Die Nützlichkeitsüberzeugung des Themas „Folgen" für den Beruf zu T1 wies keine signifikanten Zusammenhänge zu den emotionalen Kosten, dem intrinsischen Wert für die Hochschulmathematik oder der Abiturnote auf. Zudem galt für alle bivariaten Korrelationen $|r| \leq .27$. Somit weist diese Skala der Nützlichkeitsüberzeugung nur wenige Zusammenhänge mit diesen Variablen auf.

Für den Bearbeitungsprozess der Studierenden wurde nach Bearbeitung der Aufgabe zusätzlich das *situationale Interesse* (abgewandelt nach Linnenbrink-Garcia et al. 2010 und Schukajlow et al. 2012) bezogen auf die Aufgabe gemessen.

Folgen in der Entwicklungsgeschichte der Mathematik

Jeder mathematische Begriff kann hinsichtlich seiner Bedeutung in der Entwicklungsgeschichte der Mathematik nach unterschiedlichen Kriterien beurteilt werden. Hier werden exemplarisch Problemstellungen aufgezählt, anhand derer sich die Rolle des Folgenbegriffs in der Geschichte aufzeigen lässt.

Folgen in der vorgriechischen Mathematik

In der vorgriechischen Zeit waren Folgen Hilfsmittel beim Durchführen von Rechenoperationen. So wurden bei den Ägyptern mit Hilfe von endlichen Zahlenfolgen Rechenoperationen durchgeführt, indem etwa bei der Multiplikation zweier Zahlen ein Faktor fortlaufend verdoppelt und anschließend entsprechende „Folgenglieder" der so konstruierten Zahlenfolge addiert wurden. Analog wurde die Zerlegung der $\frac{2}{n}$-Brüche in Stammbrüche durchgeführt. Die Folge $\frac{1}{2}, \frac{1}{4}, \frac{1}{8}, \dots$ bildet dabei die Grundlage der $\frac{2}{n}$-Tabelle des `Papyrus Rhind` (siehe Abb. 1). In dieser Schriftrolle finden sich darüber hinaus Aufgaben, bei denen die Glieder arithmetischer und geometrischer Folgen addiert werden müssen. Folgen werden dabei sowohl bei Anwendungsaufgaben als auch bei „Rätsel- oder Phantasieaufgaben" (Vogel, 1959) verwendet. Damit zeigt sich bereits ein Interesse der alten Ägypter an Eigenschaften und Gesetzmäßigkeiten von speziellen Folgen.

Das Papyrus Rhind wurde 1858 vom britischen Anwalt Alexander Henry Rhind erworben. Die Schriftrolle ist (in Fragmenten) etwa 5 m lang, 32 cm breit und beidseitig beschrieben. Ungefähr 84 Aufgaben aus dem Bereich der Arithmetik, Geometrie, Algebra, Trigonometrie und Bruchrechnung werden darauf beschrieben, weswegen das Papyrus als eine der wichtigsten Informationsquellen über die Mathematik im alten Ägypten gilt.

Abb. 1 Papyrus Rhind, ca. 1550 vor Christus[1]

Abb. 10.4 Einblick in den historischen Text der Kontrollgruppe

10.4.2 Evaluationsergebnisse

Da die Stichprobengröße mit 46 Personen relativ klein ist, können die folgenden Ergebnisse nur einen ersten Einblick liefern.

Tab. 10.1 Übersicht über die Nützlichkeitsüberzeugungen

Skala	Itemanzahl	Beispielitem	Quelle	Reliabilität (Cronbachs Alpha)
Nützlichkeit des Themas „Folgen" für den Beruf	4	„Gute Kenntnisse zum Thema „Folgen" werden mir in meinem zukünftigen Berufsleben helfen."	adaptiert aus Gaspard et al. 2017; Dietrich et al. 2017	Zu T1: $\alpha = .86$ Zu T2: $\alpha = .90$
Nützlichkeit des Themas „Folgen" für das Studium	4	„Gute Kenntnisse zum Thema „Folgen" werden in meinem weiteren Studium nützlich sein."	adaptiert aus Gaspard et al. 2017; Dietrich et al. 2017	Zu T2: $\alpha = .86$
Nützlichkeit des Themas „Folgen" für den Alltag	3	„Das Thema „Folgen" ist im Alltag anwendbar."	adaptiert aus Gaspard et al. 2015	Zu T2: $\alpha = .81$

10.4.2.1 Wirkung der Schnittstellenaktivität

Um die Wirkung der Schnittstellenaktivität zu analysieren, werden die Nützlichkeits-überzeugungen der beiden verschiedenen Gruppen nach der Aktivität miteinander verglichen. Während die Interventionsgruppe die Schnittstellenaktivität bearbeitete, lag der Kontrollgruppe ein historischer Text über „Folgen" vor. Um die Gruppen vergleichen zu können, wurde zunächst analysiert, ob sich die randomisiert gebildeten Gruppen in den vor der Aktivität erhobenen Merkmalen unterscheiden. Die Kontrollgruppe wies signifikant geringere emotionale Kosten auf als die Gruppe mit dem Informations-text zur Nützlichkeit von reellwertigen Folgen, was nicht zu erwarten war. Aufgrund der Tatsache, dass die Kosten nicht substanziell mit den Nützlichkeitsüberzeugungen zusammenhängen, wird diese Variable in den weiteren Auswertungen nicht beachtet. Ansonsten sind keine signifikanten Unterschiede in den erhobenen Merkmalen zwischen den beiden Gruppen festzustellen.

Für den Vergleich der Nützlichkeitsüberzeugungen zwischen den beiden Gruppen zeigt eine multivariate Varianzanalyse (MANOVA) ein tendenziell signifikantes Ergebnis ($F(3, 41) = 2.44$, $p = .078$, $\eta^2 = .15$). In Tab. 10.2 sind die Mittelwerte, Standardabweichungen und Ergebnisse der einzelnen Varianzanalysen angegeben. Die Wertüberzeugungen zur „Nützlichkeit des Themas „Folgen" für den Beruf" und zur „Nützlichkeit des Themas „Folgen" für den Alltag" unterschieden sich in den beiden Gruppen signifikant. Tendenziell signifikant ist der Unterschied in der Wertüberzeugung der „Nützlichkeit des Themas „Folgen" für das Studium" zwischen den beiden Gruppen. Die Kontrollgruppe weist stets einen niedrigeren Mittelwert auf als die Gruppe, die sich mit der Schnittstellenaktivität beschäftigt hat. Bei allen Variablen sind Unterschiede mit mittlerem Effekt zu berichten. Allerdings sind diese Ergebnisse mit Vorsicht zu deuten, da für die Skalen „Nützlichkeit des Themas „Folgen" für das Studium" und „Nützlich-keit des Themas „Folgen" für den Alltag" keine Daten vor der Schnittstellenaktivität erhoben wurden. Somit kann nicht eindeutig gesagt werden, ob sich die beiden Gruppen bereits vor der Intervention in diesen Variablen unterschieden.

Tab. 10.2 Mittelwerte der Wertüberzeugung zur Nützlichkeit für die beiden Gruppen

Skala	Kontrollbedingung	Schnittstellenaktivität	partielles η^2
Nützlichkeit des Themas „Folgen" für den Beruf	2.51 (0.62)	2.91 (0.63)	.098*
Nützlichkeit des Themas „Folgen" für das Studium	2.70 (0.60)	3.00 (0.58)	.064^t
Nützlichkeit des Themas „Folgen" für den Alltag	2.04 (0.82)	2.56 (0.52)	.129*

*$p < .05$, $^t p < .10$; vierstufige Likert-Skala von 1 („trifft nicht zu") bis 4 („trifft zu").

Da wir die abhängige Variable *Nützlichkeit des Themas „Folgen" für den Beruf* sowohl vor als auch nach der Aktivität gemessen haben, nutzen wir eine Varianzanalyse mit Messwiederholung. Die Analyse zeigt, dass die Nützlichkeitsüberzeugungen des Themas „Folgen" für den Beruf nach der Aktivität durchschnittlich höher sind als vor der Aktivität ($F(1, 43) = 16.22$, $p < .001$, $\eta = .27$). Der Interaktionseffekt Zeit*Gruppe ist jedoch nicht signifikant, sodass dieses Ergebnis keinen Hinweis auf den Einfluss der Gruppenzugehörigkeit (Schnittstellenaktivität versus historischer Text) auf die Entwicklung der Nützlichkeitsüberzeugungen gibt. Dieser nicht signifikante Effekt hängt wahrscheinlich damit zusammen, dass sich die Gruppen schon vor der Aktivität (nicht signifikant) in dieser Variable unterschieden haben (vgl. Tab. 10.3).

10.4.2.2 Einblick in den konkreten Bearbeitungsprozess

Um einen genaueren Einblick in den konkreten Bearbeitungsprozess der Studierenden mit den Texten zu erhalten, haben wir auch das emotionale, situationale Interesse der Studierenden bezüglich der Aufgabe („Es hat mir Spaß gemacht, mich mit diesem Text zu beschäftigen.") und das wertbezogene, situationale Interesse („In diesem Text werden wertvolle Dinge für mein Berufsleben thematisiert.") erhoben. Das situationale, wertbezogene Interesse der Studierenden ist in der Gruppe mit der Schnittstellenaktivität höher ($M = 2.50$, $SD = 0.88$) als in der Kontrollgruppe ($M = 1.61$, $SD = 0.78$)[1]. Für das situationale, emotionsbezogene Interesse der Studierenden bezüglich der Aufgabe liegen die Mittelwerte zwischen den Gruppen enger zusammen (vgl. Neuhaus und Rach 2019).

Neben dem situationalen Interesse wurden noch weitere Merkmale des Lernprozesses untersucht. So wurden in den Aufgabenbearbeitungen zu der in Abschn. 10.3.2 beschriebenen zweiten Aufgabe von den Studierenden Argumente für und gegen die Relevanz von reellwertigen Folgen für das Berufsfeld des Lehramts genannt. Diese Argumente unterscheiden sich in beiden Gruppen teilweise stark. Die Studierenden in der Gruppe „Schnittstellenaktivität" geben häufig Argumente für die Relevanz von reellwertigen Folgen an, die sich auf die Relevanz von Folgen in anderen Fächern

---

[1]Vierstufige Likert-Skala von „trifft zu" bis „trifft nicht zu". Aufgrund der kleinen Stichprobengröße und der Verwendung von Einzelitems verzichten wir auf die Testung auf Signifikanz.

Tab. 10.3 Deskriptive Daten zur Nützlichkeit des Themas „Folgen" für den Beruf als Lehrkraft

Zeitpunkt	Kontrollbedingung	Schnittstellenaktivität
T1	2.26 (0.67)	2.50 (0.52)
T2	2.51 (0.62)	2.91 (0.63)

Einzelitems auf einer vierstufigen Likert-Skala von 1 („trifft nicht zu") bis 4 („trifft zu").

beziehen oder darauf, dass Folgen ein Hilfsmittel zum Übersetzen von Situationen der Realität seien.

Ein Beispiel ist die folgende Aussage:

> Folgen sind fest in unserem Leben verankert. Mit ihnen kann man lebensweltbezogene Probleme modellieren und die Grundlagen der Mathematik verstehen. Außerdem baut beispielsweise die Informatik auf Folgen auf. Die Aufgabe von Lehrkräften besteht also in der Schaffung von Grundlagen, um ein algorithmisches Verständnis aufbauen zu können. Vor allem in Hinblick auf den in der Oberstufe thematisierten Grenzwertbegriff ist dieses von enormer Bedeutung. Außerdem können anhand von Folgen viele spannende Entdeckungen gemacht werden, die die SuS sonst als gegeben hinnehmen bzw. die sie sonst nicht hinterfragen, z. B. $0,99999\ldots = 1$ (geometrische Reihe).

Diese Argumente finden sich auch im Schnittstellen-Text wieder. Ebenso kommen in den Studierendenbearbeitungen der Kontrollgruppe Argumente für die Relevanz von Folgen im Schulunterricht vor. Allerdings werden die Argumente für den Nutzen von Folgen im Lehramt oftmals nur genannt und nicht durch genauere Begründungen oder Beispiele erklärt. Ein Beispiel ist das folgende:

> Das Thema „Folgen" wird mir im Mathematikunterricht an der Schule als Lehrperson sehr hilfreich sein, da ich durch dieses Thema gutes Hintergrundwissen habe und den Schülern Zusammenhänge gut erklären kann.

Es werden in beiden Gruppen auch Argumente gegen die Relevanz von reellwertigen Folgen für den Beruf der Lehrkraft genannt, z. B. äußerte sich jemand in der Kontrollgruppe folgendermaßen:

> Ich selbst habe Folgen erst in der gymnasialen Oberstufe kennengelernt, wodurch für mich das Thema für den Studiengang an Gymnasien eher relevant ist als für HRSGe.

Und aus der Interventionsgruppe schrieb jemand:

> Später, denke ich, dass ich es nicht wirklich brauchen werde, da sich die Schule bis dato verändert. In der Sek I wird fast kein Schüler auf die Idee kommen, mit Folgen zu rechnen. Außerdem ist es im Kernlehrplan der Sek I nicht mehr so relevant wie früher.

Auch eher abwägende bzw. neutrale Meinungen sind zu finden. Einige Studierende weisen Folgen eine gewisse Relevanz zu, allerdings verorten sie das Thema nicht in ihrem Unterricht. Die folgende Beantwortung ist ein Beispiel aus der Kontrollgruppe:

> Meiner Meinung nach sind Folgen schon relevant für den späteren Beruf als Lehrperson,
> aber es gibt auch wichtigere Inhalte [...], auf die sich intensiver fokussiert werden sollte,
> wie zum Beispiel das Umstellen und Lösen von Gleichungen, Zins- und Zinseszins-
> rechnung, da diese Themen im späteren Leben unabhängig vom Beruf deutlich größere
> Relevanz haben.

Insgesamt finden sich in beiden Gruppen eher positive Argumente für die Relevanz von Folgen.

Neben den Argumenten bzgl. der Relevanz von reellwertigen Folgen gaben die Studierenden auch ihre Meinung zu dem von ihnen gelesenen Text und den zu bearbeitenden Aufgaben an. In der Gruppe mit der Schnittstellenaktivität wurde die folgende Meinung geäußert:

> Durch die zweite Aufgabe ist mir bewusst geworden, welchen Nutzen Folgen im Unterricht
> haben könnten.

Aber auch in der Kontrollgruppe wurden ähnliche Argumente genannt, z. B.:

> ... durch die Aufgaben hat man darüber nachgedacht, ob das Thema Folgen wichtig für den
> Alltag ist und wie man den SuS beibringen kann, wieso es nützlich ist, die Eigenschaften
> von Folgen zu kennen.

Besonders gefallen hat einer Person auch, dass für diese Art der Aufgabe „keine falschen Antworten" möglich sind.

10.5   Diskussion

10.5.1 Zusammenfassung

In einem Lehramtsstudium mit Fach Mathematik werden fachliche Inhalte betrachtet, die Studierenden nicht unbedingt aus ihrer eigenen Schulzeit bekannt sind. Aus diesem Grund sind manche Lehramtsstudierende von der Nützlichkeit bestimmter mathematischer Inhalte nicht überzeugt. In diesem Beitrag wurde eine Adaption des im Schulkontext bereits etablierten Verfahrens für die Explizierung der Relevanz eines Lerninhalts (vgl. z. B. Hulleman und Harackiewicz 2009; Hulleman et al. 2017) für die Hochschulmathematik vorgestellt. Die Schnittstellenaktivität, die sich von bisherigen Schnittstellenaufgaben in der Hochschulmathematik substanziell unterscheidet (vgl. z. B. Bauer 2013), beinhaltete, dass die Studierenden einen Text lesen sollten, in dem Argumente für die Relevanz des Themas „reellwertige Folgen" dargestellt waren. Außerdem sollten die Studierenden ihre eigene Nützlichkeitsüberzeugung des Themas „reellwertige Folgen" für den späteren Beruf als Lehrkraft reflektieren. Die Kontrollgruppe las dagegen eine historische Abhandlung des Themas „reellwertige Folgen".

Bezüglich der Schnittstellenaktivität ist festzuhalten, dass bereits die Beschäftigung mit dem Thema zu einer Steigerung der Nützlichkeitsüberzeugung des Themas für den späteren Beruf zu führen scheint (vgl. Abschn. 10.4.2). Dafür sprechen auch die Aufgabenbearbeitungen, in denen sowohl in der Gruppe der Schnittstellenaktivität als auch in der Kontrollgruppe weitestgehend Argumente für eine Relevanz von reellwertigen Folgen für den Unterricht zu finden sind. Bezüglich des Effekts der Schnittstellenaktivität im Vergleich zur Kontrollbedingung ist Folgendes festzuhalten: Die Nützlichkeitsüberzeugungen von Studierenden in der Schnittstellenaktivitätsgruppe des Themas „Folgen" für den späteren Beruf, den Alltag und für das Studium unterschieden sich substanziell von den Überzeugungen von Studierenden in der Kontrollgruppe. Allerdings konnte für die Nützlichkeitsüberzeugung bezüglich des Themas „Folgen" für den späteren Beruf kein signifikanter Effekt für die Schnittstellenaktivität festgestellt werden. Für die anderen abgefragten Facetten der Nützlichkeit können wir nicht genau differenzieren, ob diese Unterschiede durch die Intervention entstanden sind oder ob sich die Gruppen bereits vorher in diesen Variablen unterschieden, da sie nur zum Zeitpunkt nach der Intervention gemessen wurden.

10.5.2 Limitationen

Bei der Auswertung und Analyse der Ergebnisse ist zu bedenken, dass es sich hier um eine kleine, selektive Stichprobe und eine einmalige Messung in einer Fachveranstaltung zu einem mathematischen Thema handelt. Zudem wurde nicht kontrolliert, was den Studierenden bereits vor der Intervention zum Nutzen reellwertiger Folgen in Beruf, Alltag oder Studium bekannt war. Zusätzlich muss mit einer hohen „sozialen Erwünschtheit" gerechnet werden, da die Studie durch die Dozentin und Mitarbeiterin der Vorlesung durchgeführt wurde, was aber keinerlei Auswirkungen auf die Gruppenunterschiede haben sollte. Denn innerhalb der Übungsgruppen wurden die Studierenden in die beiden Bedingungen Kontroll- und Schnittstellenaktivitätsgruppe eingeteilt. Auch wurden in dieser Studie nur kurzfristige Wirkungen betrachtet. Eine längerfristige Wirkung ist bei dieser Lehrinnovation allerdings auch nur zu erwarten, wenn mehrfach solche Aufgaben genutzt werden.

10.5.3 Ausblick

Um genauer abschätzen zu können, ob verschiedene Inhalte der Texte substanziell unterschiedliche Auswirkungen haben, müsste die Studie mit einer größeren Stichprobe wiederholt werden. Zusätzlich sollte der historische Text noch einmal genau daraufhin analysiert werden, ob manche Aspekte von den Studierenden als „nützlich für den späteren Beruf als Lehrkraft" interpretiert werden können. Eine weitere Idee wäre es, den Text der Schnittstellenaktivität noch genauer zu analysieren, z. B. durch eine Think-Aloud-Studie. Mithilfe der Gedanken der Studierenden könnte man untersuchen, inwiefern die Argumente des Textes zur Nützlichkeit verstanden werden. Zusätzlich ließen sich aus der Beantwortung der Aufgabe durch die Studierenden weitere Argumente für die Nützlichkeit des Themas identifizieren. Dadurch könnten sowohl der Text als auch die Aufgabenformulierung weiter verbessert werden.

Aber auch so zeigt die Studie, dass eine Beschäftigung mit dem Thema „reellwertige Folgen" bereits positive Auswirkungen auf die Nützlichkeitsüberzeugungen von Studierenden haben kann. Somit könnten auch bereits „kleinere" Interventionen einen positiven Effekt haben. Ein Beispiel wäre, anstatt vorformulierter Texte zu einem hochschulmathematischen Thema historische Abhandlungen lesen zu lassen und den Studierenden danach eine Aufgabe zu stellen, in der sie ihre Wertüberzeugungen bzgl. des Themas darstellen müssen. Eine andere Variante wäre, die Studierenden selbstständig Argumente für die Relevanz eines Themas der Hochschulmathematik identifizieren zu lassen. Beide Varianten weisen eine geringere Vorbereitungszeit auf und lassen sich gut in den hochschulmathematischen Alltag einbauen. Ob diese Varianten auch eine signifikante Wirkung auf eine positive Entwicklung der Nützlichkeitsüberzeugungen von Studierenden haben, müsste allerdings noch durch weitere Studien bestätigt werden.

Eine offene Frage ist auch, inwieweit eine derartige Schnittstellenaktivität eine besondere Wirkung auf leistungsschwächere bzw. weniger interessierte Studierende hat (vgl. z. B. Hulleman et al. 2017). Hier könnte auch die weiterführende Analyse von konkreten Studierendenbearbeitungen Hinweise auf die Konstruktion von adäquaten Schnittstellenaktivitäten geben.

10.5.4 Fazit

Die Wertexplizierung von hochschulmathematischen Lerninhalten scheint eine positive Wirkung auf Nützlichkeitsüberzeugungen von Studierenden zu besitzen. Dabei ist es sinnvoll, dass die Studierenden mithilfe von Aufgaben motiviert werden, sich eine eigene Meinung über die Relevanz eines Themas zu bilden (vgl. Hulleman et al. 2017). Texte mit Argumenten für die Relevanz des Themas im Alltag, späteren Beruf oder weiteren Leben oder auch nur historische Abhandlungen zu dem Thema können dabei hilfreich sein.

Insgesamt wäre es wünschenswert, wenn derartige Schnittstellenaktivitäten für fachliche Veranstaltungen im Lehramtsstudium in Zukunft häufiger entwickelt und implementiert werden. Studierende können dann Nützlichkeitsüberzeugungen fachlicher Inhalte für sich selbst konstruieren.

Literatur

Ableitinger, C., & Heitzer, J. (2013). Grenzwerte unterrichten: propädeutische Erfahrungen und Präzisierungen. *Mathematik lehren, 180,* 2–10.

Bauer, T. (2013). Schnittstellen bearbeiten in Schnittstellenaufgaben. In C. Ableitinger, J. Kramer, & S. Prediger (Hrsg.), *Zur doppelten Diskontinuität in der Gymnasiallehrerbildung* (S. 39–56). Wiesbaden: Springer Spektrum.

Bauer, T. (2018). Schnittstellenaufgaben als Ansatz zur Vernetzung von Schul- und Hochschulmathematik: Design-Iterationen und Modell. In Fachgruppe Didaktik der Mathematik der Universität Paderborn (Hrsg.), *Beiträge zum Mathematikunterricht 2018* (S. 201–204). Münster: WTM-Verlag.

Brandstätter, H., Grillich, L., & Farthofer, A. (2006). Prognose des Studienabbruchs. *Zeitschrift für Entwicklungspsychologie und Pädagogische Psychologie, 38*(3), 121–131.

Briedis, K., Egorova, T., Heublein, U., Lörz, M., Middendorff, E., Quadt, H., & Spangenberg, H. (2008). *Studienaufnahme, Studium und Berufsverbleib von Mathematikern - Einige Grunddaten zum Jahr der Mathematik.* Hannover: HIS Hochschul-Informations-System GmbH.

Dietrich, J., Viljaranta, J., Moeller, J., & Kracke, B. (2017). Situational expectancies and task values: Associations with students' effort. *Learning and Instruction, 47,* 53–64.

Eccles, J. S., & Wigfield, A. (2002). Motivational beliefs, values, and goals. *Annual Review of Psychology, 53,* 109–132.

Eichler, A., & Isaev, V. (2015). Disagreements between mathematics at university level and school mathematics in secondary teacher education. In R. Göller, R. Biehler, R. Hochmuth, & H.-G. Rück (Hrsg.), *KHDM Proceedings Hannover Deutschland Dezember 2015* (S. 52–59). Hannover: Khdm.

Engelbrecht, J. (2010). Adding structure to the transition process to advanced mathematical activity. *International Journal of Mathematical Education in Science and Technology, 41*(2), 143–154.

Gaspard, H., Dicke, A.-L., Flunger, B., Schreier, B., Häfner, I., Trautwein, U., & Nagengast, B. (2015). More value through greater differentiation: Gender differences in value beliefs about math. *Journal of Educational Psychology, 107*(3), 663–677.

Gaspard, H., Häfner, I., Parrisius, C., Trautwein, U., & Nagengast, B. (2017). Assessing task values in five subjects during secondary school: Measurement structure and mean level differences across grade level, gender, and academic subject. *Contemporary Educational Psychology, 48,* 67–84.

Gueudet, G. (2008). Investigating the secondary-tertiary transition. *Educational Studies in Mathematics, 67*(3), 237–254.

Guo, J., Marsh, H. W., Parker, P. S., Morin, A. J. S., & Yeung, A. S. (2015). Expectancy-value in mathematics, gender and socioeconomic background as predictors of achievement and aspirations: A multi-cohort study. *Learning and Individual Differences, 37,* 161–168.

Hoffmann, M. (2018). Schnittstellenaufgaben im Praxiseinsatz: Aufgabenbeispiel zur „Bleistiftstetigkeit" und allgemeine Überlegungen zu möglichen Problemen beim Einsatz solcher Aufgaben. In Fachgruppe Didaktik der Mathematik der Universität Paderborn (Hrsg.), *Beiträge zum Mathematikunterricht 2018* (S. 815–818). Münster: WTM-Verlag.

Hoppe, E. (1919). *Das älteste Zeugnis für die Erkenntnis der Bedeutung des Differentialquotienten.* Archiv der Mathematik und Physik III, Bd. XXVIII.

Hoppe, E. (1928). Zur Geschichte der Infinitesimalrechnung bis Leibniz und Newton. *Jahresbericht der Deutschen Mathematiker-Vereinigung, 37,* 148–186.

Hulleman, C., & Harackiewicz, J. (2009). Promoting interest and performance in high school science classes. *Science, 326,* 1410–1412.

Hulleman, C. S., Thoman, D. B., Dicke, A.-L., & Harackiewicz, J. M. (2017). The promotion and development of interest: The importance of perceived values. In P. A. O'Keefe & J. M. Harackiewicz (Hrsg.), *The science of interest* (S. 189–208). Cham: Springer.

KMK. (2003). *Bildungsstandards im Fach Mathematik für den Mittleren Schulabschluss (Jahrgangsstufe 10).* https://www.kmk.org/fileadmin/Dateien/veroeffentlichungen_ beschluesse/2003/2003_12_04-Bildungsstandards-Mathe-Mittleren-SA.pdf. Zugegriffen: 19. Dez. 2017.

KMK. (2004). *Bildungsstandards im Fach Mathematik für den Hauptschulabschluss (Jahrgangsstufe 9).* https://www.kmk.org/fileadmin/Dateien/veroeffentlichungen_beschluesse/2004/2004_10_15-Bildungsstandards-Mathe-Haupt.pdf. Zugegriffen: 19. Dez. 2017.

KMK. (2008). *Ländergemeinsame inhaltliche Anforderungen für die Fachwissenschaften und Fachdidaktiken in der Lehrerbildung.* https://www.kmk.org/fileadmin/Dateien/

veroeffentlichungen_beschluesse/2008/2008_10_16-Fachprofile-Lehrerbildung.pdf. Zugegriffen: 04. Juni 2018.

Kosiol, T., Rach, S., & Ufer, S. (2018). (Which) Mathematics interest is important for a successful transition to a university study program? *International Journal of Science and Mathematics Education, 17*(7), 1359–1380.

Laging, A., & Voßkamp, R. (2017). Determinants of maths performance of first-year business administration and economics students. *International Journal of Research in Undergraduate Mathematics Education, 3*(1), 108–142.

Linnenbrink-Garcia, L., Durik, A. M., Conley, A. M., Barron, K. E., Tauer, J. M., Karabenick, S. A., & Harackiewicz, J. M. (2010). Measuring situational interest in academic domains. *Educational and Psychological Measurement, 70,* 647–671.

Maaß, K. (2006). Bedeutungsdimensionen nützlichkeitsorientierter Beliefs: Ein theoretisches Konzept zu Vorstellungen über die Nützlichkeit von Mathematik und eine erste empirische Annäherung bei Lehramtsstudierenden. *Mathematica Didactica, 29*(2), 114–138.

Neugebauer, O., & Boyer, C. B. (1952). The exact sciences in antiquity. *American Journal of Physics, 20*(8), 521–522.

Neuhaus, S. & Rach, S. (2019). Situationales Interesse von Lehramtsstudierenden für hochschulmathematische Themen steigern. In M. Klinger, A. Schüler-Meyer, & L. Wessel (Hrsg.), *Hansekolloquium zur Hochschuldidaktik der Mathematik 2018* (S. 149–156). Münster: WTM.

Prüfungsordnung. (2016). *Besondere Bestimmungen der Prüfungsordnung für den Bachelor- studiengang Lehramt an Haupt-, Real-, Sekundar- und Gesamtschulen mit dem Unter- richtsfach Mathematik an der Universität Paderborn.* https://plaz.uni-paderborn.de/ lehrerbildung/lehramtsstudium-und-pruefungen/lehramtsstudium-bachelor-of-education/ bachelor-of-education-fuer-die-lehraemter-g-hrsge-gyge-bk-mit-gleichwertigen-faechern- und-sp/pruefungsordnungen-bed-vor-wise-201617. Zugegriffen: 19. Dez. 2017.

Rach, S. (2014). *Charakteristika von Lehr-Lern-Prozessen im Mathematikstudium: Bedingungs- faktoren für den Studienerfolg im ersten Semester. Dissertation.* Münster: Waxmann.

Rach, S., & Heinze, A. (2017). The transition from school to University in mathematics: Which influence do school-related variables have? *International Journal of Science and Mathematics Education, 15*(7), 1343–1363.

Reiss, K., Sälzer, C., Schiepe-Tiska, A., Klieme, E., & Köller, O. (2016). *PISA 2015. Eine Studie zwischen Kontinuität und Innovation.* Münster: Waxmann.

Schreier, B., Dicke, A.-L., Gaspard, H., Häfner, I., Flunger, B., Lüdtke, O., Nagengast, B., & Trautwein, U. (2014). Der Wert der Mathematik im Klassenzimmer – Die Bedeutung relevanz- bezogener Unterrichtsmerkmale für die Wertüberzeugungen der Schülerinnen und Schüler. *Zeitschrift für Erziehungswissenschaft, 17*(2), 225–255.

Schukajlow, S., Leiss, D., Pekrun, R., Blum, W., Müller, M., & Messner, R. (2012). Teaching methods for modelling problems and students' task-specific enjoyment, value, interest and self- efficacy expectations. *Educational Studies in Mathematics, 79,* 215–237.

Ufer, S., Rach, S., & Kosiol, T. (2017). Interest in mathematics = Interest in mathematics? What general measures of interest reflect when the object of interest changes. *ZDM, 49*(3), 397–409.

Urhahne, D. (2008). Sieben Arten der Lernmotivation Ein Überblick über zentrale Forschungs- konzepte. *Psychologische Rundschau, 59*(3), 150–166.

Vogel, K. (1959). *Vorgriechische Mathematik II: die Mathematik der Babylonier.* Hannover: Hermann Schroedel Verlag KG.

Weigand, H.-G. (1993). *Zur Didaktik des Folgenbegriffs.* Mannheim: BI-Wiss.-Verlag.

Wigfield, A., & Cambria, J. (2010). Students' achievement values, goal orientations, and interest: Definitions, development, and relations to achievement outcomes. *Developmental Review, 30,* 1–35.

Integration fachwissenschaftlicher und fachdidaktischer Komponenten in der Lehramtsausbildung Mathematik Grundschule am Beispiel einer Veranstaltung zur Leitidee „Daten, Häufigkeit und Wahrscheinlichkeit"

11

Daniel Frischemeier, Susanne Podworny und Rolf Biehler

Zusammenfassung

Mit der Etablierung der Bildungsstandards hält die Leitidee „Daten, Häufigkeit und Wahrscheinlichkeit" und somit die Stochastik vermehrt Einzug in den Mathematikunterricht der Grundschule. Die Vermittlung fachlicher und fachdidaktischer Kompetenzen im Bereich der Stochastik sowie das Wirken gegen Vorbehalte gegenüber der Stochastik stellen eine Herausforderung für die universitäre Ausbildung zukünftiger Grundschullehrerinnen und Grundschullehrer dar.

Wir haben uns zum Ziel gesetzt, eine Stochastik-Lehrveranstaltung für Studierende des Lehramts „Mathematik für die Primarstufe" auf Grundlage des Constructive-Alignment-Ansatzes zu konzipieren und umzusetzen. Ein wesentliches Merkmal der Veranstaltung ist der Einsatz realer Datensätze sowie die kontinuierliche Verwendung digitaler Werkzeuge zur Datenanalyse und zur stochastischen Simulation. Neben der Vermittlung fachlicher und fachdidaktischer Kompetenzen – u. a. anhand der Implementation von Aktivitäten, die die Vermittlung der fachlichen und fachdidaktischen Kompetenzen verbinden – wird vor allem versucht, die Theorie mit der (Unterrichts-)Praxis zu verzahnen. In diesem Beitrag werden im Sinne eines Good-

D. Frischemeier (✉) · R. Biehler
Institut für Mathematik, Universität Paderborn, Paderborn, Deutschland
E-Mail: dafr@math.upb.de

R. Biehler
E-Mail: biehler@math.upb.de

S. Podworny
Institut für Mathematik, Universität Paderborn, Paderborn, Deutschland
E-Mail: podworny@math.upb.de

© Springer-Verlag GmbH Deutschland, ein Teil von Springer Nature 2021
R. Biehler et al. (Hrsg.), *Lehrinnovationen in der Hochschulmathematik*,
Konzepte und Studien zur Hochschuldidaktik und Lehrerbildung Mathematik,
https://doi.org/10.1007/978-3-662-62854-6_11

Practice-Beispiels für Lehrinnovationen das Design sowie typische Aufgabentypen, die in dieser Lehrveranstaltung eingesetzt wurden, beschrieben. Ergänzt wird die Darstellung mit einigen Evaluationsergebnissen. 2016 wurde diese Lehrveranstaltung mit dem Lehrpreis für den wissenschaftlichen Nachwuchs der Universität Paderborn ausgezeichnet.

11.1 Ausgangslage und Motivation

Durch die Etablierung der Bildungsstandards in der Sekundarstufe I und in der Primarstufe hat die Stochastik im Schulunterricht an Bedeutung gewonnen und insbesondere mit der Leitidee „Daten, Häufigkeit und Wahrscheinlichkeit" (Hasemann und Mirwald 2012) auch Einzug in den Mathematikunterricht der Primarstufe gehalten. Die Bildungsstandards im Rahmen der Leitidee „Daten, Häufigkeit und Wahrscheinlichkeit" fordern grundlegende Kompetenzen, so z. B. im Bereich der Datenanalyse, dass Schülerinnen und Schüler lernen sollen, …

- „wie man Daten über Objekte oder Ereignisse erfasst.
- wie man sie dokumentiert, insbesondere dann, wenn sie flüchtig (vergänglich) sind.
- dass es erforderlich ist, vor der Datenerhebung Kriterien oder Merkmale festzulegen, nach denen die beobachteten Objekte oder Ereignisse unterschieden werden sollen.
- wie man die so erfassten Daten für andere Personen übersichtlich in Tabellen und Diagrammen darstellt.
- dass es hilfreich oder sogar notwendig sein kann, die Daten noch weiter zu bearbeiten, um ihren Informationswert zu erhöhen.
- wie man solchen Darstellungen Informationen entnimmt und diese dann benutzt." (Hasemann und Mirwald 2012, S. 145)

Von einer internationalen Perspektive aus betrachtet, finden sich z. B. in den amerikanischen NCTM-Standards (siehe Bescherer und Engel 2001) ähnliche Empfehlungen. So fordern diese, dass Schülerinnen und Schüler befähigt werden sollen, …

> „Fragen zu formulieren, die mit Daten angegangen werden können, und relevante Daten so zu sammeln, zu organisieren und darzustellen, dass die Fragen beantwortet werden können.
> geeignete statistische Methoden auszuwählen und einzusetzen, um Daten zu analysieren, sowie auf Daten basierende Schlussfolgerungen und Vorhersagen herzuleiten und zu bewerten" (Bescherer und Engel 2001, S. 11).

Zusammenfassend aus der Perspektive der Datenanalyse lässt sich schließen, dass sowohl national als auch international von Schülerinnen und Schülern bereits in der Primarstufe in gewissem Sinne gefordert wird, einen Datenanalysezyklus mit den Komponenten (1) *Problemstellung,* (2) *Entwicklung einer statistischen Fragestellung,* (3)

Datenerhebung anhand einer Umfrage, eines Experiments oder einer Beobachtung, (4) *Darstellung und Analyse der gesammelten Daten* und (5) *Interpretation der Ergebnisse* zu durchlaufen.

Darüber hinaus gibt es weitere unterrichtspraktische Vorschläge zur Thematisierung von stochastischen Inhalten in der Primarstufe. So fordern zum Beispiel Garfield und Ben-Zvi (2008) unter anderem den Einsatz von realen und großen Datensätzen bei der Analyse von Daten. Die Exploration solcher Datensätze macht den Einsatz einer Datenanalysesoftware unausweichlich. Die Software TinkerPlots (Konold und Miller 2011) ist ein digitales Werkzeug zur explorativen Datenanalyse und stochastischen Simulation, die das stochastische Denken von Schülerinnen und Schülern bereits ab der Primarstufe fördern kann. Insbesondere kann die Software Schülerinnen und Schüler beim Dokumentieren von gesammelten Daten unterstützen und helfen, bereits erlernte Strategien wie das Sortieren von Datenkarten und das Erstellen konventioneller Diagramme, wie Säulendiagramme oder eindimensionale Streudiagramme, auf größere Datensätze zu übertragen.

Um diese Inhalte lehren zu können, müssen auch die Lehrerinnen und Lehrer entsprechend ausgebildet werden: Anknüpfend an die Kompetenzanforderungen an Schülerinnen und Schüler finden sich nationale (Sill 2018) und internationale (Pfannkuch und Ben-Zvi 2011) Forderungen zur Ausbildung von Grundschullehrkräften im Bereich Stochastik. So ist das Vermitteln stochastischer Kompetenzen eine Herausforderung nicht nur für die Schule und ihre Lehrkräfte, sondern vor allem auch für die Hochschule, die die zukünftigen Lehrkräfte ausbildet. Durch den Einsatz digitaler Werkzeuge müssen zusätzlich neben den notwendigen fachlichen und fachdidaktischen Wissenskomponenten auch technologische Wissenskomponenten bei den Lehramtsstudierenden vermittelt werden (siehe u. a. Mishra und Koehler 2006).

Damit war unser vorrangiges Ziel, eine Lehrveranstaltung zu entwickeln (und weiterzuentwickeln), die zum einen die Einstellung der zukünftigen Lehrerinnen und Lehrer zum Unterrichtsthema „Stochastik" positiv beeinflusst und zum anderen deren fachliche, fachdidaktische und technologische Kompetenzen im Bereich der Stochastik schult sowie Umsetzungsmöglichkeiten stochastischer Inhalte für die Schulpraxis aufzeigt. Im Zuge der Neustrukturierung der Lehramtsstudiengänge an der Universität Paderborn wurde daher eine Veranstaltungssequenz für den Bereich „Stochastik für die Grundschule" entwickelt, die wir in diesem Kapitel beschreiben werden. Eine wesentliche Frage, die uns durch dieses Kapitel leiten soll, ist: „Inwiefern können Aktivitäten, die die Förderung aller drei Wissensbereiche (fachlich, fachdidaktisch und technologisch) vereinen, den Lehramtsstudierenden praktische Anregungen für ihren späteren Beruf geben?" Dabei werden wir vor allem das Design der Lehrveranstaltung, ausgewählte Aktivitäten zur Förderung der fachlichen, fachdidaktischen und technologischen Wissenskomponenten sowie exemplarische Ergebnisse einer begleitenden Evaluation vorstellen, um die obige Frage zu beantworten. Das Hauptaugenmerk wird dabei auf Aktivitäten zur Datenanalyse liegen, um hieran exemplarisch das Design und Aktivitäten vorzustellen.

11.2   Theoretische Grundlagen

Dieser Abschnitt beginnt zunächst mit der Überlegung, welche Wissenskomponenten für Lehrerinnen und Lehrer im Allgemeinen relevant sind. Eine erste Unterscheidung findet sich bei Shulman (1986). Hier wird zwischen *content knowledge* (CK), *pedagogical content knowledge* (PCK) und *pedagogical knowledge* (PK) differenziert. Hill et al. (2008) unterteilen *content knowledge* weiter in die Bereiche *common content knowledge* (CCK), *knowledge at the mathematical horizon* und *special content knowledge* (SCK). Der Begriff *horizon knowledge* wird in Ball et al. (2008, S. 403) spezifiziert als „Horizon knowledge is an awareness of how mathematical topics are related over the span of mathematics included in the curriculum". *Pedagogical content knowledge* kann darüber hinaus nach Ball et al. (2008) in die Bereiche *knowledge of content and students* (KCS), *knowledge of content and teaching* (KCT) und *knowledge of curriculum* (KC) unterteilt werden. KCS ist dabei nach Ball et al. (2008) u. a. das Wissen über typische Strategien (korrekt, nichtkorrekt) und Fehler, um sich in das mathematische Denken von Lernenden hineinzuversetzen. KC ist das Wissen darüber, wie mathematische Konzepte und Kompetenzen in unterschiedlichen Kontexten vermittelt werden. KCT umfasst u. a. das Wissen über didaktische Ansätze (z. B. verschiedene Repräsentationslevel). Der Einsatz eines digitalen Werkzeugs fügt eine weitere Wissensdomäne hinzu, die von den Lehrerinnen und Lehrern benötigt wird: das *technological knowledge*. Im Hinblick auf die technologische Komponente durch den Einsatz der Software TinkerPlots in unserer Lehrveranstaltung spezifiziert das TPACK-Framework von Mishra und Koehler (2006) die Domäne des technologischen Wissens. Das Schema von Mishra und Koehler (2006) besteht aus sieben Komponenten: *content knowledge* (CK), *pedagogical knowledge* (PK) und *technological knowledge* (TK), *technological pedagogical knowledge* (TPK), *technological content knowledge* (TCK), *pedagogical content knowledge* (PCK) und schließlich als „Schnittmenge" aller Komponenten *technological pedagogical content knowledge* (TPACK). Daraus lassen sich spezifisch für das Lehren von stochastischen Inhalten vier Komponenten herauskristallisieren, die sich auch in einem Modell zum Professionswissen von Lehrerinnen und Lehrern in der Stochastik bei Groth (2007) oder bei Wassong und Biehler (2010) wiederfinden (siehe z. B. das Schema von Groth in Abb. 11.1). Dies sind Komponenten, die aus unserer Sicht eine Lehrveranstaltung für Lehramtsstudierende zur Stochastik beinhalten sollte: eine fachwissenschaftliche Komponente (*statistical knowledge*), eine fachdidaktische Komponente (*pedagogical content knowledge*), eine curriculare Komponente (*curricular knowledge*) sowie eine technologische Komponente (*technological knowledge*).

Pfannkuch und Ben-Zvi (2011, S. 324) formulieren mit Blick auf die Wissenskomponenten zukünftiger Lehrerinnen und Lehrer drei Ziele, die eine Lehrveranstaltung zur Stochastik (und ihrer Didaktik) verfolgen sollte:

Abb. 11.1 Schema zum *technological pedagogical statistical knowledge* nach Groth (2007)

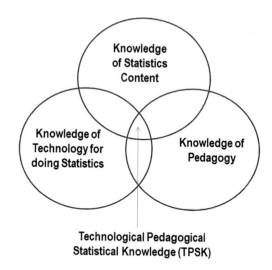

Knowledge of Statistics Content

Knowledge of Technology for doing Statistics

Knowledge of Pedagogy

Technological Pedagogical Statistical Knowledge (TPSK)

The first goal is to develop and improve teachers' understanding of statistics, since it is generally acknowledged that they lack statistical knowledge, good statistical thinking and points of view that are now required by new curricula [...]. The second goal is to enable teachers to understand the prior knowledge, beliefs and reasoning prevalent in their students, the value in listening carefully to their students' emerging reasoning processes and how to build and scaffold students' conceptions. The third goal is to facilitate teachers' understanding of how curricula, technology and sequences of instructional activities build students' concepts across the year levels.

Konkrete inhaltliche Anforderungen, die Pfannkuch und Ben-Zvi (2011, S. 328) an eine solche Lehrveranstaltung stellen, sind die Nutzung realer Daten, die eigenständige Datenerhebung und Konstruktion eines Messinstruments (Fragebogen), die Exploration multivariater Daten, die Generierung eigener Fragen an die Daten, der Einsatz adäquater Software sowie die Entwicklung und der Ausbau der Fähigkeit, statistisch argumentieren zu können. Diese decken sich auch mit den Forderungen von Sill (2018) sowie mit den Empfehlungen der GDM, DMV und MNU (2008) für die Ausbildung von Lehrkräften für das Lehramt „Mathematik in der Primarstufe".

Aus hochschuldidaktischer Perspektive legen wir besonders auf die folgenden Aspekte Wert. Studierende gehen bei der Planung ihres Lernprozesses häufig von der zu erwartenden Prüfung aus. Im Gegensatz dazu gestalten Lehrende ihr Angebot oft aus der Perspektive der Lehrinhalte. Um diese beiden Perspektiven in Einklang miteinander zu bringen, haben wir der Entwicklung der Lehrveranstaltung den theoretischen Rahmen des „Constructive Alignment" nach Biggs (1996) und Baumert und May (2013, S. 23 ff.) zugrunde gelegt. Das Constructive Alignment

Abb. 11.2 Passung von
Lehr-Lern-Ziel, Lehr-Lern-
Aktivität und Prüfung nach
dem Constructive Alignment
(angelehnt an Baumert und
May 2013, S. 23)

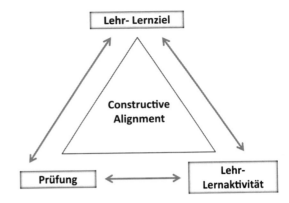

orientiert sich an drei Kernpunkten der Lehrgestaltung, da es die Lehr-Lernziele, die Lehr-
Lernsituation und die Prüfung in einen Gesamtzusammenhang einordnet […]. Kernaussage
des Konzeptes ist, dass alle drei Kernpunkte voneinander abhängig sind und auf einander
abgestimmt werden müssen (Baumert und May 2013, S. 23).

Die grundlegende Idee des Constructive Alignment illustriert Abb. 11.2.

Nach Baumert und May (2013) erfüllt eine Lehrveranstaltung die Kriterien des
Constructive Alignment, wenn (1) die Lehr-Lern-Ziele im Voraus transparent dargelegt
werden, (2) die Lehr-Lern-Aktivitäten so gestaltet sind, dass die Studierenden die Lernziele erreichen können, und (3) die Prüfung die Kompetenzen misst, die in den Lernzielen tatsächlich auch vorgegeben sind.

11.3 Design der Lehrveranstaltung „Stochastik und ihre Didaktik für die Grundschule"

11.3.1 Grundprinzipien der Lehrveranstaltung

Die Lehrveranstaltung „Stochastik und ihre Didaktik" ist von der Autorin und den
Autoren dieses Kapitels im Wintersemester 2012/13 entwickelt und im Sommersemester
2013 erstmalig an der Universität Paderborn angeboten worden. Insgesamt wird sie seit
dem Sommersemester 2013 angeboten und kontinuierlich weiterentwickelt. Die Veranstaltung besteht aus vier inhaltlichen Hauptmodulen: Datenanalyse, Kombinatorik,
Wahrscheinlichkeitsrechnung und Inferenzstatistik. In diesem Abschnitt gehen wir dabei
gezielt auf das Modul „Datenanalyse" ein.

Insbesondere auch mit Blick auf den Stochastikunterricht in der weiterführenden
Schule sollen die Lehramtsstudierenden stochastische Inhalte (wie auch Elemente der
schließenden Statistik) kennenlernen und erlernen. Strukturell besteht die Lehrveranstaltung aus zwei Veranstaltungskomponenten: einer wöchentlichen zweistündigen
Vorlesung und einer zugehörigen wöchentlichen zweistündigen Übung. Während in
der Vorlesung der primäre Fokus auf der Förderung des *statistical content knowledge*

liegt, besteht der Fokus der Begleitveranstaltung (Übung) darin, darüber hinaus das *pedagogical content knowledge* und das *technological content knowledge* sowie das *technological pedagogical content knowledge* weiterzuentwickeln.

Eine grundlegende Designidee für die Lehrveranstaltung sind die Komponenten des „Statistical Reasoning Learning Environment"-Konzepts (SRLE) nach Garfield und Ben-Zvi (2008, S. 45f.). Daher wurde die Lehrveranstaltung entlang der folgenden Forderungen konzipiert:

a. Einsatz von realen und motivierenden Datensätzen,
b. Einsatz gezielter Aktivitäten, um die Entwicklung der Argumentationsfähigkeit der Lernenden zu unterstützen,
c. Integration geeigneter technologischer Hilfsmittel, die es Lernenden ermöglichen, Daten zu explorieren und ihre statistische Argumentationsfähigkeit zu entwickeln, sowie
d. Anregung von Gesprächsprozessen unter den Lernenden, die statistische Argumente einschließen, sowie Anregung eines tragfähigen Austauschs, der sich auf zentrale Ideen der Statistik konzentriert.

11.3.2 Die Software TinkerPlots

Eine besondere Rolle kommt dabei dem Punkt c), der Integration geeigneter technologischer Hilfsmittel, zu. Eine Software, die wir in diesem Hinblick als adäquat sowohl für Schülerinnen und Schüler als auch für Primarstufenlehrerinnen und -lehrer erachten, ist die von Konold und Miller (2011) entwickelte Software TinkerPlots. Auch für die Implementierung dieser Software in die Lehrveranstaltung wurde sie von der Autorin und den Autoren dieses Artikels in die deutsche Sprache übertragen und kann unter www.tinkerplots.com/get heruntergeladen werden. Allgemein beschrieben lässt sich sagen, dass die Software TinkerPlots für den Einsatz im Stochastikunterricht der Klassen 3 bis 8 vorgesehen ist und sich durch den Verzicht auf Formeln sowie eine kurze Lernzeit zur Einarbeitung (Konold 2007) auszeichnet. Eine grundlegende Philosophie der Software ist das Arbeiten mit Datenkarten sowie das Erstellen von statistischen Diagrammen auf Basis der Grundoperationen „Stapeln", „Trennen" und „Ordnen" (Biehler et al. 2013). So werden, wie in Abb. 11.3 zu sehen, die Daten in Datenkarten (in Abb. 11.3 links) in TinkerPlots repräsentiert. Die realen Daten von 809 Schülerinnen und Schülern, die auch in der hier beschriebenen Veranstaltung genutzt werden, sind im Rahmen eines Projekts zum Medien- und Freizeitverhalten von Grundschülerinnen und Grundschülern in NRW erhoben worden (Engels 2018). Der Graph (in Abb. 11.3 rechts), in dem jede Datenkarte eindeutig zu einem Symbol (hier: Personensymbol) zugeordnet ist, ermöglicht ein Drehen und Wenden der Daten anhand der Operationen Trennen, Stapeln und Ordnen.

Für die Darstellung der Verteilung des Merkmals „Wie_zur_Schule" (Fragestellung: Wie kommst du zur Schule?) kann beispielsweise zunächst nach den Ausprägungen des

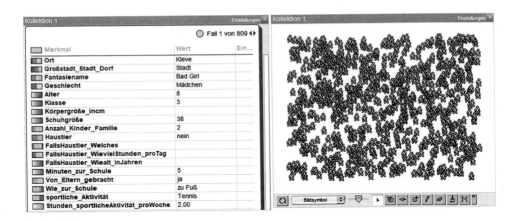

Abb. 11.3 Arbeitsfläche für die Datenanalyse in TinkerPlots (Datenkartenstapel links, Graph rechts)

Merkmals „Wie_zur_Schule" getrennt werden (Abb. 11.4, links), dann im Weiteren die Personensymbole innerhalb der Klassen gestapelt (in Abb. 11.4 mittig) und schließlich zu einem Säulendiagramm verschmolzen werden (in Abb. 11.4 rechts).

Weitere Anregungen für eine unterrichtspraktische Einführung der Software im Mathematikunterricht der Primarstufe finden sich in Frischemeier (2018).

Darüber hinaus ermöglicht TinkerPlots (im Hinblick auf die Förderung des CK der Teilnehmerinnen und Teilnehmer) im Bereich der Datenanalyse auch die Exploration von Zusammenhängen von zwei oder drei Merkmalen und beispielsweise das Durchführen von Verteilungsvergleichen anhand arithmetischer Mittelwerte und Boxplots. So lassen sich in dem Grundschuldatensatz beispielsweise die Dritt- und die Viertklässler hinsichtlich der Anzahl der Spiele auf ihrem Smartphone mit TinkerPlots vergleichen, wie in Abb. 11.5 zu sehen ist.

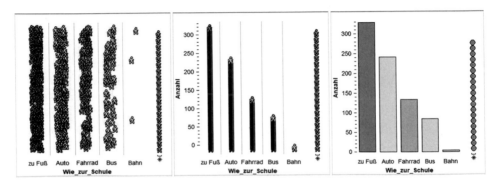

Abb. 11.4 Auf dem Weg zum Säulendiagramm zur Verteilung des Merkmals „Wie_zur_Schule" in TinkerPlots (Datensatz: Grundschulen NRW 2017)

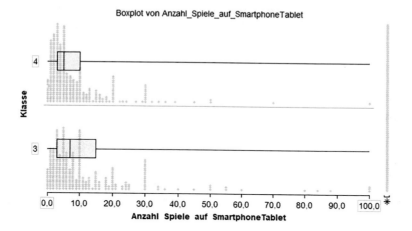

Abb. 11.5 Vergleich der Verteilungen des Merkmals „Anzahl_Spiele_auf_SmartphoneTablet" anhand von Boxplots und arithmetischen Mittelwerten in TinkerPlots (Datensatz: Grundschulen NRW 2017)

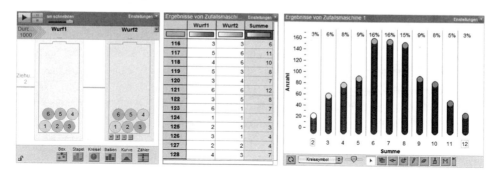

Abb. 11.6 Modellierung zum Zufallsexperiment „Werfen zweier Würfel"

Weitere Details zum Datenanalysepotenzial der Software finden sich in Frischemeier (2017).

Neben der Datenanalyse bietet die Software auch einen einfachen Zugang zum Modellieren stochastischer Zufallsexperimente. Will man beispielsweise per Simulation entscheiden, ob beim doppelten Würfelwurf die Augensumme 5 oder die Augensumme 8 die höhere Gewinnwahrscheinlichkeit hat (in Anlehnung an Müller 2005), so bietet die Zufallsmaschine in TinkerPlots eine einfache Umsetzung. Abb. 11.6 (links) zeigt die Modellierung des Zufallsexperiments „Werfen zweier Würfel" bei 1000-facher Wiederholung. Die Würfel sind jeweils durch sechs beschriftete Kugeln in zwei Urnen (Boxen) modelliert. Aus jeder Box wird pro Durchgang einmal gezogen, um die zwei Würfelwürfe darzustellen.

Die Ergebnisse der Simulation werden automatisch in einer Tabelle dargestellt, zu der das Merkmal „Summe" (Abb. 11.6, Mitte) hinzugefügt werden kann. Schließlich kann dieses Merkmal in einem Graph dargestellt werden, und anhand der eingeblendeten Prozentwerte können (mit Grundlage des Gesetzes der großen Zahlen) die Wahrscheinlichkeiten für die Augensummen 5 und 8 geschätzt werden. Es ergibt sich eine Wahrscheinlichkeit von ungefähr 9 % für die Augensumme 5 und eine Wahrscheinlichkeit von ca. 15 % für die Augensumme 8. Somit lässt sich schließen, dass die Augensumme 8 in dieser Simulation eine höhere Wahrscheinlichkeit zu haben scheint. Für eine ausführliche Analyse zum Simulationspotenzial der Software TinkerPlots wird auf Podworny (2018) verwiesen.

11.3.3 Der Einsatz der Software TinkerPlots in der Lehrveranstaltung

Der Einsatz der Software TinkerPlots erfüllt in dieser Lehrveranstaltung einen doppelten Zweck, vor allem im Hinblick auf die Schnittstelle zwischen zukünftigen Lehrerinnen und Lehrern und Schülerinnen und Schülern: Zum einen sollen Lehramtsstudierende zunächst selbst in die Rolle eines Lernenden schlüpfen und mithilfe der Software statistische Fragestellungen untersuchen (Bereich Datenanalyse) und stochastische Zufallsexperimente modellieren (Bereich Wahrscheinlichkeitsrechnung), zum anderen sollen die Lehramtsstudierenden das didaktische Potenzial der Software sowie Einsatzmöglichkeiten für den Unterricht reflektieren. Sowohl bei der Auswertung von statistischen Fragestellungen als auch bei der Wahrscheinlichkeitsrechnung ist die Unterstützung durch die Software TinkerPlots von Vorteil, da sie durch die Modellierung von Zufallsexperimenten mittels ihrer Zufallsmaschine die formale Berechnung von Ereigniswahrscheinlichkeiten zu umgehen erlaubt und somit komplexe und interessante Fragestellungen für jüngere Schülerinnen und Schüler (und auch für Studierende) zugänglich macht.

11.3.4 Prüfungsformen

Als Prüfungsform wird für die Lehrveranstaltung neben einer Semesterabschlussklausur die Portfoliomethode (Stratmann et al. 2009) ausgewählt, um den Lehramtsstudierenden die Möglichkeit zu geben, den eigenen Lernverlauf zu dokumentieren und zu reflektieren. Die Inhalte der Lehrveranstaltung sowie die Passung zwischen Lehr-Lern-Zielen, Lehr-Lern-Aktivitäten und Prüfungsformen kann der Tab. 11.1 entnommen werden.

Tab. 11.1 Inhalte sowie Passung von Lehr-Lern-Zielen, Lehr-Lern-Aktivitäten und Prüfungsformen nach dem Constructive Alignment

Lehr-Lern-Ziele (und welche Wissenskomponenten gefördert werden)	Lehr-Lern-Aktivität	Prüfungsform
Statistische Erhebungen planen, durchführen und auswerten mit Softwareunterstützung (CK, TCK)	Moodle-Umfrage „Studierendendatensatz" planen, erstellen, Daten erheben und mit/ohne Software in Teilaufgaben auswerten (vgl. Wild und Pfannkuch 1999)	Bestandteil des Portfolios
Grafische Darstellungen (Kreisdiagramme, Säulendiagramme, Balkendiagramme, Piktogramme, Punktdiagramme, Histogramme, Boxplots, Streudiagramme) für uni- und bivariate Daten mit/ohne Softwareunterstützung erstellen und in den verschiedenen Stufen nach Friel et al. (2001) interpretieren (CK, TCK, KCT)	Statistik nach dem EIS-Prinzip (enaktive, ikonische, symbolische Repräsentation) auf mehreren Ebenen erleben (Lebendige Statistik, Arbeiten mit Datenkarten, Explorationen mit TinkerPlots; vgl. Frischemeier 2018) sowie kritische Reflexion von Zeitungsberichten basierend auf realen Datensätzen (vgl. Biehler und Frischemeier 2015)	Präsentation und Diskussion in Kleingruppen Diagramme der Präsentationen als Bestandteil des Portfolios Grafische Darstellungen zu gegebenen Daten ohne Softwareunterstützung erstellen im Rahmen einer Aufgabe in der Klausur
Mehrstufige Zufallsversuche mit/ohne Software modellieren, simulieren und auswerten (CK, TCK, *horizon knowledge*)	Händische Simulation von Zufallsexperimenten, computergestützte Simulation von Zufallsexperimenten mit TinkerPlots u. a. an der Aufgabe „Augensumme 5 oder 8" (Müller 2005)	Dokumentation der Simulation als Bestandteil des Portfolios Mehrstufige Zufallsversuche ohne Software modellieren und auswerten im Rahmen einer Aufgabe in der Klausur
Randomisierungstests als Einführung in statistisches Schließen kennenlernen und durchführen (CK, TCK, *horizon knowledge*)	Händische und computergestützte Durchführung von Randomisierungstests (Podworny 2018)	Dokumentation der Durchführung als Bestandteil des Portfolios Einen Randomisierungstest interpretieren im Rahmen einer Aufgabe in der Klausur
Didaktische Fachliteratur und Schulbücher für Unterrichtsgestaltung kennenlernen und reflektieren (KCS, *knowledge of content and curriculum*)	Artikel aus der Unterrichtspraxis sowie Schulbuchaufgaben kritisch lesen und im Hinblick auf mögliche Schüler(fehl-)vorstellungen reflektieren	Analyse als Ausarbeitung für das Portfolio

(Fortsetzung)

Tab. 11.1 (Fortsetzung)

Lehr-Lern-Ziele (und welche Wissenskomponenten gefördert werden)	Lehr-Lern-Aktivität	Prüfungsform
Fachwissenschaftliche Inhalte mit konkreter Unterrichtsplanung verknüpfen (CK, TCK, KCS, *knowledge of content and curriculum*)	Verteilungsvergleiche experimentell erleben: Projekt durchführen, Daten mit TinkerPlots analysieren und unter fachdidaktischen Gesichtspunkten für den Mathematikunterricht reflektieren („Weitspringen der Papierfrösche" gemäß Eichler und Vogel 2013, S. 7), Hypothesentesten experimentell mit Randomisierungstests in TinkerPlots durchführen (Podworny 2018)	Projektberichte als Bestandteil des Portfolios

Die Aktivität „Weitspringen der Papierfrösche", die in der letzten Zeile der Tabelle beschrieben ist, fördert die Verknüpfung der drei Wissensbereiche CK, PCK und TCK. Bevor eine solche Aktivität durchgeführt werden kann, müssen zunächst die Wissensbereiche einzeln gefördert werden. Daher werden wir im Folgenden ausgewählte Lehr- und Lernaktivitäten der Lehrveranstaltung „Stochastik und ihre Didaktik" vorstellen und Beispiele für eine Aufgabe zur Förderung der fachlichen Kompetenzen, eine Aufgabe zur Förderung der fachdidaktischen Kompetenzen sowie schließlich die „Weitspringen der Papierfrösche"-Aktivität, die die Förderung fachlicher, fachdidaktischer und technologischer Wissenskomponenten vereint, betrachten.

11.4 Beispielhafte Aktivitäten zur Förderung des fachlichen und fachdidaktischen Wissens

11.4.1 Aufgaben zur Förderung der fachlichen Kompetenzen

Bevor Datenanalyse mit digitalen Werkzeugen betrieben werden kann, müssen erst einmal grundlegende stochastische Kompetenzen der Studierenden aufgebaut werden. Ein Beispiel für eine Aufgabe zum Ausbau der fachlichen Kompetenzen (CK, *statistical content knowledge*) im Bereich der Datenanalyse liefert der Ausschnitt einer Aufgabe in Abb. 11.7.

In dieser Aufgabe ist eine Verteilung eines numerischen Merkmals anhand von sechs Datenpunkten auf einer nicht lesbaren Skala gegeben. Die Studierenden sollen zunächst (Aufgabenteil a) den Median einzeichnen und dann (Aufgabenteil b) abwägen, wo das arithmetische Mittel in Bezug auf den Median liegt. Die Teilnehmerinnen und Teilnehmer müssen dafür die Definitionen des Medians und des arithmetischen Mittels und deren Eigenschaften kennen und diese für die Problemstellung anwenden können (CK).

Weiterführend kann den Teilnehmenden dann eine Aktivität zur Förderung des *statistical content knowledge* und zusätzlich des *technological content knowledge* gegeben werden. Zunächst sollen die Studierenden in der Übung statistische Fragestellungen generieren und nach der „Think-Pair-Share"-Methode (Barzel 2006) weiterentwickeln (Förderung CK). Anhand dieser selbst und weiterentwickelten Frage-

Gegeben ist die Verteilung einer numerischen Variablen mit sechs Punkten (siehe Abbildung). Leider ist die Skala nicht mehr lesbar.

a) Trotz der nicht lesbaren Skala kann man den Median einzeichnen. Zeichnen Sie den Median möglichst exakt in die obige Abbildung ein.

b) Liegt das arithmetische Mittel in obiger Abbildung links vom Median, rechts vom Median oder auf dem Median?

Abb. 11.7 Beispiel für eine Aufgabe zur Förderung der fachlichen Kompetenzen

stellungen sollen die Studierenden dann einen Datensatz zum Freizeit- und Medienverhalten von Grundschülern in NRW explorieren (Abb. 11.8).

In dieser Aufgabe wenden die Studierenden ihr zuvor erworbenes Wissen an, um ihre Fragestellungen beantworten zu können. Sie müssen dabei statistische Darstellungen wie Säulendiagramme, Boxplots und Histogramme mit TinkerPlots erstellen, beschreiben und interpretieren (Förderung CK und TCK). So können die Studierenden beispielsweise bei Fragestellungen, die zu einem Verteilungsvergleich führen, Verteilungen anhand ihrer Zentren, Streuungen oder anhand ihrer Formen vergleichen. Dabei sollen sie neben der beschreibenden Ebene der Unterschiede auch die interpretative Ebene miteinbeziehen. Im Hinblick auf weiterführende Aufgaben und Aktivitäten bietet diese Aufgabe vielfältige Aspekte, die Datenanalysekompetenz und insbesondere die Verteilungsvergleichskompetenz der Studierenden in einem multivariaten Datensatz und damit die Wissenskomponenten CK und TCK zu entwickeln.

11.4.2 Teilaufgabe zur Förderung der fachdidaktischen Kompetenzen

Ein weiteres Ziel der Veranstaltung „Stochastik und ihre Didaktik" ist die Förderung der fachdidaktischen Kompetenzen, also des *pedagogical content knowledge* (PCK). Eine Idee ist es, dass sich die Teilnehmerinnen und Teilnehmer der Veranstaltung grundlegende fachdidaktische Kompetenzen wie KCS (Kennenlernen von Schülervorstellungen) und KC (Wissen, wie mathematische Kompetenzen vermittelt werden können) durch das Bearbeiten und das in den Übungen gemeinsame Reflektieren fachdidaktischer Artikel aneignen.

Aufgabe 1: Exploration des Datensatzes „Grundschule NRW 2017"
In der Präsenzübung am 7.5.2018/8.5.2018 haben Sie zwei Fragestellungen zur Exploration des Datensatzes Grundschule NRW 2017 entwickelt.
   a) Explorieren Sie den Datensatz „Grundschule NRW 2017" mit TinkerPlots unter der Perspektive ihrer finalen Fragestellung 1 und schreiben Sie einen kurzen Report zur Beantwortung dieser Fragestellung (max. fünf Sätze plus TinkerPlots Graphiken). Finden Sie außerdem für die Beantwortung der Fragestellung einen aussagekräftigen Titel (evtl. in Form einer Schlagzeile in den Medien).
   b) Explorieren Sie den Datensatz „Grundschule NRW 2017" mit TinkerPlots unter der Perspektive ihrer finalen Fragestellung 2 und schreiben Sie einen kurzen Report zur Beantwortung dieser Fragestellung (max. fünf Sätze plus TinkerPlots Graphiken). Finden Sie außerdem für die Beantwortung der Fragestellung einen aussagekräftigen Titel (evtl. in Form einer Schlagzeile in den Medien).

Abb. 11.8 Beispiel für eine Hausaufgabe zum Ausbau der fachlichen Kompetenzen

Ein Beispiel zur Förderung der fachdidaktischen Kompetenzen ist es, bestimmte didaktische Konzepte, die in der Veranstaltung „Stochastik und ihre Didaktik" diskutiert werden, besser kennenzulernen und nachzuvollziehen. So geben wir beispielsweise Aufträge zum Bearbeiten fachdidaktischer Artikel zur Verwendung von Vorstufen von Boxplots, sogenannten Hutplots (Watson et al. 2008) und zu natürlichen Häufigkeiten (Wassner et al. 2007) aus mit dem Ziel, dass sich die Lehramtsstudierenden intensiv mit den didaktischen Ideen und Intentionen dieser Konzepte (Förderung KCT) sowie mit möglichen Schülervorstellungen beim Verwenden dieser Konzepte (Förderung KCS) auseinandersetzen. Dazu ist jeweils zum Bearbeitungsauftrag eine entsprechende Leitfrage an den Artikel formuliert. Exemplarisch (siehe Abb. 11.9) ist die Aufgabenstellung für den Auftrag zu „natürlichen Häufigkeiten" zum Artikel von Wassner et al. (2007) zu sehen. Die Studierenden sollen hier über die Verwendung natürlicher Häufigkeiten reflektieren und diese als wertvolle Unterstützung zur Vermittlung der Konzepte „Zeilen-, Spalten-, Zellenprozente" (die in der Vorlesung thematisiert worden sind) betrachten. Über natürliche Häufigkeiten werden diese Konzepte auch für die unteren Jahrgangsstufen zugänglich.

11.5 Beispielhafte Aktivitäten zur Förderung der Verzahnung fachlicher und fachdidaktischer Wissensbereiche

11.5.1 Die Aktivität „Weitspringen der Papierfrösche"

Wir stellen nun die Aktivität „Weitspringen der Papierfrösche" vor, die als Intention hat, fachliche, fachdidaktische und technologische Inhalte zu verbinden (Förderung CK, PCK, TCK). Dabei sollen die Teilnehmerinnen und Teilnehmer zunächst eine Projektaufgabe eigenständig bearbeiten und in einem zweiten Schritt unter fachdidaktischen Gesichtspunkten diskutieren.

Zu der Aufgabe „Weitspringen der Papierfrösche" haben wir in Anlehnung an Eichler und Vogel (2013) folgenden Aufgabentext formuliert:

Aufgabe 3: Natürliche Häufigkeiten

Lesen Sie bitte den 3. und 4. Abschnitt (S. 36-39) des Artikels „Das Konzept der natürlichen Häufigkeiten im Stochastikunterricht" von Wassner et al. (2007) gründlich.

a)   Was verstehen die Autoren unter einer „natürlichen" Häufigkeit?

b)   Welche Argumente werden für die durchgängige Verwendung natürlicher Häufigkeiten im Mathematikunterricht vorgebracht?

Abb. 11.9 Beispiel für eine Aufgabe zur Förderung der fachdidaktischen Kompetenzen

Aufgabe

Am Abschlussfest der Jahrgangsstufe 4 soll es neben anderen Aktivitäten einen Wettbewerb zwischen den Klassen im Papierfrosch-Weitspringen geben, zu der jede Klasse einen Papierfrosch ins Rennen schicken darf. Die Klasse 4a entscheidet sich dafür, Frösche aus leichtem Papier (80 g/m^2) zu nehmen, die Klasse 4b bastelt Frösche aus schwerem Papier (120 g/m^2). – Welche Frösche springen wohl weiter? Ihr sollt nun selbst (in Zweiergruppen) ein Experiment planen und durchführen, mit dem ihr herausfinden könnt, ob ihr lieber einen leichten oder einen schweren Frosch ins Rennen schicken würdet.

Dabei können euch folgende Fragen/Ideen helfen:

- Schreibt erst eure Vermutungen und Begründungen auf, welcher Frosch wohl am weitesten springen wird.
- Plant das Experiment: Bastelt mithilfe der Bastelanleitung jeweils einen Papierfrosch aus leichtem und aus schwerem Papier. Überlegt euch: Wer übernimmt welche Rolle (springen lassen, messen, notieren) in eurem Experiment?
- Leitfragen zur Messung: Wie oft soll ein Test-Frosch springen? Wie wird gemessen? Bei welchem Startpunkt und bei welchem Endpunkt werden die Werte abgenommen?
- Tragt eure einzelnen Ergebnisse in die vorgefertigte Tabelle ein.
- Leitfragen zur Auswertung: Welcher Wert eines Test-Froschs soll zur Beurteilung genommen werden: Mittelwert, höchster Wert, Median, häufigster Wert? Wie wollt ihr die Messwerte darstellen?
- Sammelt die Ergebnisse der ganzen Klasse und vergleicht die beiden Froscharten. Nutzt gegebenenfalls Software.
- Entscheidet euch am Ende anhand des vorher festgelegten Werts zur Beurteilung der Frösche, welche Froschart ihr ins Rennen schicken wollt, und begründet diese Entscheidung. ◄

Als Meta-Aufgabenstellung zur Aufgabe „Weitspringen der Papierfrösche" und zur Förderung der Komponenten CK, PCK und TCK haben wir für die Lehramtsstudierenden die folgende Aufgabenstellung formuliert:

Didaktikanalyse der Aufgabe
Sie sollen im Folgenden das oben beschriebene Projekt in Zweiergruppen durchführen und dabei den didaktischen Gehalt dieses Projekts analysieren. Gehen Sie dabei wie folgt vor:

1. Versetzen Sie sich in die Rolle von Schülerinnen und Schülern der Jahrgangsstufe 4 und führen Sie das oben beschriebene Experiment mit allen Unterauf-

gaben/Leitfragen durch. Machen Sie sich dabei zusätzlich Notizen bezüglich Ihrer didaktischen Reflexion der Aufgabenteile. Die Anregungen unten können Ihnen dabei helfen.

2. Diskutieren Sie die Aufgabe „Weitspringen der Papierfrösche". Nachfolgend haben wir einige Anregungen zur Diskussion:

   a. Welche Voraussetzungen benötigen Schülerinnen und Schüler, um dieses Experiment durchzuführen? Was muss der Unterricht vorher geleistet haben?

   b. Beurteilen Sie diese Aufgabe hinsichtlich der Ziele Ihres Stochastikunterrichts. Was können die Schülerinnen und Schüler lernen?

   c. Welche Lösungsalternativen gibt es in der Aufgabe?

   d. Wo können Schwierigkeiten bei der Bearbeitung entstehen?

Die Intention der Aufgabenstellung 1) ist, dass sich die Lehramtsstudierenden in Gruppen zunächst mit der Bearbeitung des Projekts auseinandersetzen, weil eine umfassende Auseinandersetzung mit dem fachlichen Gegenstand und ein eigenständiges Lösen unabdingbar für eine Implementierung eines solchen Projekts im Unterricht sind. Dabei müssen die Lehramtsstudierenden den PPDAC-Zyklus (Wild und Pfannkuch 1999) durchlaufen, indem sie das Experiment planen, durchführen und die entsprechenden Daten sammeln (Förderung CK). Im Anschluss müssen diese dann in TinkerPlots importiert und mithilfe der Software ausgewertet werden (Förderung TCK). Dies sieht vor allem das Erstellen von Verteilungsvergleichsgrafiken in TinkerPlots (Förderung TCK) sowie deren Interpretation unter Nutzung von Lage- und Streumaßen vor (Förderung CK). Im Aufgabenteil 2) sollen die Lehramtsstudierenden mit Blick auf ihre spätere Unterrichtsplanung reflektieren, welche Vorkenntnisse die Schülerinnen und Schüler auch im Bereich der Nutzung der Software TinkerPlots benötigen, welche Ziele mit der Aufgabe erreicht werden können, welche verschiedenen Lösungswege es gibt und an welchen Stellen Schwierigkeiten bei der Bearbeitung entstehen können. Das setzt nach Ball et al. (2008) vor allem *curricular knowledge* (KC) sowie *knowledge of content and students* (KCS) voraus. In der Lehrveranstaltung „Stochastik und ihre Didaktik" haben sich die Teilnehmerinnen und Teilnehmer im Rahmen einer Hausaufgabe mit dem Lehrplan und mit den Bildungsstandards beschäftigt, dabei sind entsprechende TinkerPlots-Kompetenzen dort nicht abgebildet. So können die Teilnehmerinnen und Teilnehmer die benötigten inhaltsbezogenen und prozessbezogenen Voraussetzungen im Bereich der Leitidee „Daten, Häufigkeit und Wahrscheinlichkeit" sowie darüber hinaus (z. B. in Bezug auf die Inhaltsbereiche „Umgang mit Größen", „Messen von Längen" oder in Bezug auf die Softwareverwendung) herausarbeiten. Von der inhaltsbezogenen Perspektive aus betrachtet, können die Lehramtsstudierenden beispielsweise feststellen, dass die Schülerinnen und Schüler eigenständig einen Datenanalysezyklus durchlaufen müssen, indem sie das Experiment planen, durchführen und die entsprechenden Daten erheben. Weiterhin können diese dann in TinkerPlots importiert und mithilfe der Software ausgewertet werden. Besonders die Auswertung der Daten mit Blick auf die Frage, ob schwerere oder leichtere Papierfrösche weiter springen, kann auf verschiedene Arten anspruchsvoll sein, weil diese Aktivität auf einen Verteilungsvergleich hinausläuft. Hier können die Lehramtsstudierenden vermuten, dass die Schülerinnen und Schüler zunächst Verteilungsvergleichsgrafiken in TinkerPlots erstellen und dann anhand von modalen Klumpen (für Details siehe Konold et al. 2002), Medianen oder Hutplots (für Details siehe Watson et al. 2008) vergleichen können müssen. Diese Konzepte wurden den Lehramtsstudierenden in der Vorlesung vorgestellt und sie haben sich damit in weiterführenden Arbeitsaufträgen (siehe z. B. Abschn. 11.4.2) auseinandergesetzt. In Unteraufgabe b) müssen die Lehramtsstudierenden dann entsprechende Lernziele formulieren: Neben dem Anwenden und Durchlaufen des Datenanalysezyklus sowie dem vertieften Kennenlernen der einzelnen Facetten können hier ebenfalls die kompetente Nutzung von TinkerPlots innerhalb dieses Projekts sowie die Förderung der Verteilungsvergleichskompetenzen der Schülerinnen und Schüler genannt werden. Aus prozessbezogener Perspektive werden außerdem kooperative Lernstrategien sowie das mathematische Kommunizieren und Argumentieren benötigt. Bei der Unteraufgabe c) können die Lehramtsstudierenden mögliche Lösungsalternativen der Schülerinnen und Schüler antizipieren. Insbesondere bei der Auswertung der Daten dürften unterschiedliche Vorgehensweisen zu erwarten sein. So ist beispielsweise zu erwarten, dass einige Gruppen die Verteilungen anhand von Lagemaßen wie dem arithmetischen Mittel oder dem Median vergleichen, andere Gruppen werden die Verteilungen möglicherweise anhand von Streuungsmaßen vergleichen. Besonders modale Klumpen und auch Hutplots bieten sich als Vergleichsinstrumente für Verteilungen in der Primarstufe an, daher sind auch diese Vorgehensweisen von den Schülerinnen und Schülern als Alternative zu erwarten, sofern diese vorher unterrichtet wurden. Mögliche Schwierigkeiten seitens der Schülerinnen und Schüler, die die Lehramtsstudierenden in der Veranstaltung, aber auch durch Leseaufträge im Selbststudium kennengelernt haben, sind vor allem im Prozess des Messens, im adäquaten Dokumentieren der Ergebnisse, in der Erstellung adäquater statistischer Diagramme und beim Auswerten der Daten (Vergleich von Verteilungen) zu erwarten.

11.5.2 Evaluation zur Aktivität „Weitspringen der Papierfrösche"

Um das Potenzial der „Weitspringen der Papierfrösche"-Aktivität zu evaluieren, haben wir eine Online-Befragung nach der Durchführung der Aktivität mit den Teilnehmerinnen und Teilnehmern im Sommersemester 2018 durchgeführt. An der Umfrage, die auf freiwilliger Basis stattfand, haben 202 Teilnehmerinnen und Teilnehmer teilgenommen. Mit Blick auf die eingangs formulierte Fragestellung „Inwiefern können Aktivitäten, die die Förderung aller drei Wissensbereiche (fachlich, fachdidaktisch und technologisch) vereinen, den Lehramtsstudierenden praktische Anregungen für ihren späteren Beruf geben?" haben wir sieben geschlossene und ein offenes Item konzipiert.

Die geschlossenen Items wurden dabei parallel zur Aufgabenstellung formuliert, wobei Item 1 eine affektive Einschätzung („Es hat mir gut gefallen") und die Items 2 bis 6 eine Selbsteinschätzung („Mir hat es sehr geholfen, ...") von den Teilnehmerinnen und Teilnehmern einfordern. Item 7 zielt auf deren Einschätzung mit Blick auf das didaktische Potenzial der Aktivität „Weitspringen der Papierfrösche" ab. Die einzelnen Items sind:

- Item 1: „Mir hat es sehr gut gefallen, das Datenanalyse-Projekt selbst durchzuführen."
- Item 2: „Mir hat es sehr geholfen, für das Datenanalyse-Projekt die Schülerperspektive einzunehmen, um die Inhalte selbst zu verstehen."
- Item 3: „Mir hat es sehr geholfen, das Datenanalyse-Projekt durchzuführen, um notwendige Lernvoraussetzungen für den Einsatz im Unterricht zu identifizieren."
- Item 4: „Mir hat es sehr geholfen, das Datenanalyse-Projekt durchzuführen, um mögliche Lösungswege aufzudecken."
- Item 5: „Mir hat es sehr geholfen, das Datenanalyse-Projekt durchzuführen, um mögliche Schwierigkeiten zu identifizieren."
- Item 6: „Mir hat es sehr geholfen, das Datenanalyse-Projekt durchzuführen, um relevante Lernziele zu formulieren."
- Item 7: „Aus meiner Sicht besitzt das Datenanalyse-Projekt sehr hohes didaktisches Potenzial für den Einsatz im Mathematikunterricht der Grundschule."

Bei den geschlossenen Items (1 bis 7) haben wir uns als Antwortmöglichkeiten für eine fünfstufige Likert-Skala entschieden. Item 8 ist ein offenes Item, in welchem den Teilnehmerinnen und Teilnehmern die Möglichkeit eingeräumt wurde, einen offenen Kommentar zur Aktivität zu formulieren.

Die Auswertung der geschlossenen Items findet sich in Tab. 11.2.

Mit Blick auf die Auswertung in Tab. 11.2 fällt zunächst auf, dass den Teilnehmerinnen und Teilnehmern das Datenanalyse-Projekt „Weitspringen der Papierfrösche" tendenziell sehr gut gefallen hat, denn ca. 70 % aller Befragten geben bei Item 1 eine positive Zustimmung („Trifft zu" oder „Trifft eher zu"). Dieses zeigt sich auch in den offenen Kommentaren (Item 8):

Tab. 11.2 Auswertung der Items 1 bis 7

	Trifft zu	Trifft eher zu	Neutral	Trifft eher nicht zu	Trifft nicht zu
Item 1 (n = 202)	34,65 %	33,66 %	23,76 %	7,43 %	0,50 %
Item 2 (n = 202)	22,28 %	48,02 %	20,79 %	8,42 %	0,50 %
Item 3 (n = 202)	27,23 %	52,97 %	14,36 %	5,45 %	0,00 %
Item 4 (n = 202)	21,29 %	46,04 %	24,75 %	7,43 %	0,50 %
Item 5 (n = 202)	35,64 %	44,06 %	15,84 %	3,96 %	0,50 %
Item 6 (n = 202)	16,34 %	39,11 %	34,16 %	8,42 %	1,98 %
Item 7 (n = 202)	30,69 %	47,03 %	20,30 %	1,98 %	0,00 %

- „Ein schönes Beispiel, ganz besonders für Grundschulkinder. Danke für diese tolle Vorlage für eine Unterrichtseinheit!"
- „Ich fand das Datenanalyse-Projekt sehr hilfreich, denn wir haben es selbst ausprobiert, und dies half mir, dieses Projekt viel besser nachzuvollziehen und zu verstehen. Das Projekt hat mir sehr geholfen, um die Lernvoraussetzungen und Lernschwierigkeiten zu identifizieren, z. B. kann es den Kindern schwerfallen, die Frösche überhaupt zu basteln und die Anleitung zu verstehen."
- „Mir persönlich hat das Datenanalyse-Projekt sehr gefallen, da es sehr abwechslungsreich war und es uns ermöglicht wurde, die Perspektive der Grundschulkinder einzunehmen."

Auch die (Selbst-)Einschätzung des Potenzials im Hinblick auf wichtige Komponenten und Kompetenzen (KC, KCS) von Lehrkräften bei der Aufgabenanalyse (Items 2 bis 6) fällt positiv aus. So geben ca. 70 % der Befragten an, dass das Projekt ihnen geholfen habe, die Inhalte selbst zu verstehen (Item 2) und notwendige Lernvoraussetzungen für den Einsatz im Unterricht zu reflektieren (Item 3). Ungefähr zwei Drittel der Befragten geben an, dass das Projekt ihnen geholfen habe, mögliche Lösungswege aufzudecken (Item 4). Sehr große Zustimmung seitens der Teilnehmerinnen und Teilnehmer findet sich im Antwortverhalten zu Item 5: Rund 80 % der Befragten geben an, dass ihnen das Datenanalyse-Projekt dabei geholfen habe, mögliche Schwierigkeiten zu identifizieren. Einzig bei Item 6 fällt die Zustimmung im Vergleich zur Auswertung der anderen Items geringer aus: „Nur" etwas mehr als die Hälfte der Befragten habe es geholfen, das Datenanalyse-Projekt durchzuführen, um relevante Lernziele zu formulieren. Erfahrungsgemäß ist das Formulieren von spezifischen Lernzielen generell eine Schwierigkeit für Lehramtsstudierende, hier sollten bei der Neuauflage dieser Veranstaltung weitere Unterstützungsmaßnahmen angeboten werden. Schließlich sehen mehr als drei Viertel der Befragten ein sehr hohes didaktisches Potenzial dieses Datenanalyse-Projekts für den Einsatz im Mathematikunterricht der Grundschule (Item 7).

11.6   Fazit

In diesem Kapitel wurden Komponenten des Designs und die Durchführung einer Lehrveranstaltung zu „Stochastik und ihre Didaktik" für Lehramtsstudierende des Unterrichtsfachs „Mathematik für die Primarstufe" sowie entsprechende Aktivitäten zur Förderung relevanter Wissensbereiche wie CK, PCK und TCK der angehenden Lehrerinnen und Lehrer im Bereich der Datenanalyse vorgestellt. Zu der eingangs gestellten Frage „Inwiefern können Aktivitäten, die die Förderung aller drei Wissensbereiche (fachlich, fachdidaktisch und technologisch) vereinen, den Lehramtsstudierenden praktische Anregungen für ihren späteren Beruf geben?" kann auf Grundlage der hier vorgestellten Auswertung und mit Blick auf die Datenanalyse-Aktivität „Weitspringen der Papierfrösche" geantwortet werden, dass die vorgestellte Aktivität den Lehramtsstudierenden eine sehr gute Möglichkeit gibt, sich mit den fachlichen Inhalten, aber auch mit den für die Unterrichtspraxis relevanten fachdidaktischen Konzepten der Leitidee „Daten, Häufigkeit und Wahrscheinlichkeit" auseinanderzusetzen. Die Aktivität verbindet die verschiedenen Wissensbereiche, so wie beispielsweise Mishra und Koehler (2006) es fordern. Die Umfrageergebnisse (in Tab. 11.2) belegen die positive Einschätzung der Durchführung der Aktivität „Weitspringen der Papierfrösche" – zum einen im Hinblick auf den eigenen Lernprozess, zum anderen aber auch im Hinblick auf eine mögliche Implementierung dieser Sequenz im Mathematikunterricht der Primarstufe. Ein Indiz dafür zeigt auch die Umsetzung dieser und ähnlicher Unterrichtsprojekte im Rahmen von Bachelor- und Master-Arbeiten (z. B.Schäfers 2017; Breker 2018; Wasmuth 2018). Damit ist eine zentrale Botschaft dieses Kapitels, dass das Durchführen von Aktivitäten, die die Vermittlung von fachlichen, fachdidaktischen und technologischen Kompetenzen (CK, PCK, TCK) verbinden, gewinnbringend für Lehramtsstudierende sein kann: Zum einen mit Blick auf die Entwicklung der eigenen Kompetenzen, zum anderen aber auch im Hinblick auf eine positive Einstellung zur Implementation solcher Unterrichtsprojekte im Mathematikunterricht der Primarstufe.

Die Software TinkerPlots eignet sich in diesem Prozess hervorragend als digitales Werkzeug mit hohem didaktischem Potenzial und geringer Lernzeit. Besonders praktisch ist, dass TinkerPlots zum einen als Werkzeug zur Datenanalyse, andererseits aber auch als didaktisches Werkzeug eingesetzt werden kann.

Die Veranstaltung „Computergestützte Lernumgebungen zu Modellieren, Größen, Daten und Zufall I" (als Vorgängerveranstaltung der hier vorgestellten Veranstaltung „Stochastik und ihre Didaktik") wurde 2016 mit dem Lehrpreis für den wissenschaftlichen Nachwuchs der Universität Paderborn ausgezeichnet.

Literatur

Ball, D. L., Thames, M. H., & Phelps, G. (2008). Content knowledge for teaching what makes it special? *Journal of Teacher Education, 59*(5), 389–407.

Barzel, B. (2006). Ich-Du-Wir... Sich mit einem Thema wirklich auseinandersetzen. *mathematik lehren, 139,* 19–21.

Baumert, B., & May, D. (2013). Constructive Alignment als didaktisches Konzept. *journal hochschuldidaktik, 1–2,* 23–27.

Bescherer, C., & Engel, J. (2001). Prinzipien und Standards für Schulmathematik: Datenanalyse und Wahrscheinlichkeit (Übersetzung aus dem Englischen). In M. Borovcnik, J. Engel, & D. Wickmann (Hrsg.), *Anregungen zum Stochastikunterricht - Die NCTM-Standards 2000 - Klassische und Bayessche Sichtweise im Vergleich* (S. 9–42). Hildesheim: Franzbecker.

Biehler, R., Ben-Zvi, D., Bakker, A., & Makar, K. (2013). Technology for enhancing statistical reasoning at the school level. In M. A. Clements, A. J. Bishop, C. Keitel-Kreidt, J. Kilpatrick, & F.K.-S. Leung (Hrsg.), *Third international handbook of mathematics education* (S. 643–689). New York: Springer Science + Business Media.

Biehler, R., & Frischemeier, D. (2015). „Verdienen Männer mehr als Frauen?" – Reale Daten im Stochastikunterricht mit der Software TinkerPlots erforschen. *Stochastik in der Schule, 35*(1), 7–18.

Biggs, J. B. (1996). Enhancing teaching through constructive alignment. *Higher Education, 32*(3), 347–364.

Breker, R. (2018). *Verteilungen vergleichen mit der Software TinkerPlots – Eine Interviewstudie mit Schülerinnen und Schülern der Klasse 3.* (Master of Education), Universität Paderborn, Paderborn.

Deutsche Mathematiker Vereinigung-Gesellschaft für Didaktik der Mathematik-Deutscher Verein zur Förderung des mathematischen und naturwissenschaftlichen Unterrichts. (2008). Standards für die Lehrerbildung im Fach Mathematik. https://madipedia.de/images/2/21/Standards_Lehrerbildung_Mathematik.pdf. Zugegriffen: 22. April 2020.

Eichler, A., & Vogel, M. (2013). *Leitidee Daten und Zufall* (2 Auflage). Springer Spektrum.

Engels, A. (2018). *Design, Durchführung und Auswertung einer Umfrage zu Freizeitgewohnheiten von Grundschülern sowie Design einer möglichen Unterrichtssequenz zum Einsatz der erhobenen Daten im Mathematikunterricht der 4. Klasse.* (Bachelor of Education), University of Paderborn.

Friel, S. N., Curcio, F. R., & Bright, G. W. (2001). Making sense of graphs: Critical factors influencing comprehension and instructional implications. *Journal for Research in Mathematics Education, 32*(2), 124–158.

Frischemeier, D. (2017). *Statistisch denken und forschen lernen mit der Software TinkerPlots.* Wiesbaden: Springer Fachmedien Wiesbaden.

Frischemeier, D. (2018). Statistisches Denken im Mathematikunterricht der Primarstufe mit digitalen Werkzeugen entwickeln: Über Lebendige Statistik und Datenkarten zur Software TinkerPlots. In B. Brandt & H. Dausend (Hrsg.), *Digitales Lernen in der Grundschule* (S. 73–102). Münster: Waxmann.

Garfield, J., & Ben-Zvi, D. (2008). *Developing students' statistical reasoning. Connecting research and teaching practice.* The Netherlands: Springer.

Groth, R. E. (2007). Toward a conceptualization of statistical knowledge for teaching. *Journal for Research in Mathematics Education, 38*(5), 427–437.

Hasemann, K., & Mirwald, E. (2012). Daten, Häufigkeit und Wahrscheinlichkeit. In G. Walther, M. van den Heuvel-Panhuizen, D. Granzer, & O. Köller (Hrsg.), *Bildungsstandards für die Grundschule: Mathematik konkret* (S. 141–161). Berlin: Cornelsen Scriptor.

Hill, H. C., Ball, D. L., & Schilling, S. G. (2008). Unpacking pedagogical content knowledge: Conceptualizing and measuring teachers' topic-specific knowledge of students. *Journal for Research in Mathematics Education, 39,* 372–400.

Konold, C., Robinson, A., Khalil, K., Pollatsek, A., Well, A., Wing, R., & Mayr, S. (2002). *Students' use of modal clumps to summarize data.* Paper presented at the Sixth International Conference on Teaching Statistics, Cape Town, South Africa.

Konold, C. (2007). Designing a data tool for learners. In M. Lovett & P. Shah (Hrsg.), *Thinking with data: The 33rd Annual Carnegie Symposium on Cognition* (S. 267–292). Hillside, NJ: Lawrence Erlbaum Associates.

Konold, C., & Miller, C. (2011). *TinkerPlots 2.0.* Emeryville, CA: Key Curriculum Press.

Mishra, P., & Koehler, M. (2006). Technological pedagogical content knowledge: A framework for teacher knowledge. *The Teachers College Record, 108*(6), 1017–1054.

Müller, J. H. (2005). Die Wahrscheinlichkeit von Augensummen – Stochastische Vorstellungen und stochastische Modellbildung. *Praxis der Mathematik in der Schule, 47*(4), 17–22.

Pfannkuch, M., & Ben-Zvi, D. (2011). Developing teachers' statistical thinking. In C. Batanero, G. Burrill, & C. Reading (Hrsg.), *Teaching statistics in school mathematics-challenges for teaching and teacher education* (S. 323–333). Dordrecht: Springer.

Podworny, S. (2018). *Simulationen und Randomisierungstests mit der Software TinkerPlots*. Paderborn: Universität Paderborn.

Schäfers, C. (2017). *Durchführung und qualitative Evaluation einer redesignten Unterrichtsreihe zur Entwicklung der Kompetenz "Verteilungen zu vergleichen" in einer Jahrgangsstufe 4 unter Verwendung der Software TinkerPlots*. (Bachelor of Education), University of Paderborn.

Shulman, L. (1986). Those who understand: Knowledge growth in teaching. *Educational Researcher, 15*(2), 4–14.

Sill, H.-D. (2018). Zur Stochastikausbildung im Primarstufenlehramt. In R. Möller & R. Vogel (Hrsg.), *Innovative Konzepte für die Grundschullehrerausbildung im Fach Mathematik* (S. 71–93). Wiesbaden: Springer Spektrum.

Stratmann, J., Preussler, A., & Kerres, M. (2009). Lernerfolg und Kompetenz: Didaktische Potenziale der Portfolio-Methode im Hochschulstudium. *Zeitschrift für Hochschulentwicklung, 4*(1), 90–103.

Wasmuth, M. (2018). *Design, Durchführung und Evaluation einer Unterrichtsreihe zur Förderung der Datenkompetenz im Kontext der Gesundheitserziehung in einem dritten Schuljahr*. (Bachelor of Education), Universität Paderborn, Paderborn.

Wassner, C., Biehler, R., & Martignon, L. (2007). Das Konzept der natürlichen Häufigkeiten im Stochastikunterricht. *Der Mathematikunterricht, 53*(3), 33–44.

Wassong, T., & Biehler, R. (2010). A model for teacher knowledge as a basis for online courses for professional development of statistics teacher. Paper presented at the 8th International Conference on Teaching Statistics, Ljubljana, Slovenia.

Watson, J., Fitzallen, N., Wilson, K., & Creed, J. (2008). The representational value of HATS. *Mathematics Teaching in Middle School, 14*(1), 4–10.

Wild, C. J., & Pfannkuch, M. (1999). Statistical thinking in empirical enquiry. *International Statistical Review, 67*(3), 223–248.

Aufgaben an der Schnittstelle von Schulmathematik, Hochschulmathematik und Mathematikdidaktik – Theoretische Überlegungen und exemplarische Befunde aus einer einführenden Fachdidaktikveranstaltung

Sarah Khellaf, Reinhard Hochmuth und Jana Peters

Zusammenfassung

Der Übergang von der Schule zur Hochschule wird im Bereich Mathematik häufig als eine kritische Phase charakterisiert, in der sich Situationen der Begegnung mit Mathematik entscheidend verändern. Dies stellt Studierende vor Herausforderungen. Neben einer grundlegend veränderten Mathematik kommt für Lehramtsstudierende unter anderem auch noch die Fachdidaktik der Mathematik als neuer Wissensbereich hinzu. Um Lehramtsstudierende bei der Aneignung und Verknüpfung vorgängiger und neuer Wissensbereiche zu unterstützen, wurde in Hannover im Rahmen des BMBF-geförderten Projektes „Leibniz-Prinzip" aus der Förderlinie der „Qualitätsoffensive Lehrerbildung" die Neukonzeption einer einführenden mathematikdidaktischen Veranstaltung für das gymnasiale Lehramt vorgenommen. Im Rahmen dieses Beitrags sollen die mithilfe der Subjektwissenschaft und der Anthropologischen Theorie der Didaktik formulierten speziellen Zielsetzungen der Veranstaltung sowie daran orientierte Prinzipien der Aufgabenentwicklung erläutert werden. Zusätzlich verorten wir zentrale Ideen verwandter Ansätze zur Adressierung der Übergangsphase

S. Khellaf (✉) · R. Hochmuth · J. Peters
Leibniz Universität Hannover, Hannover, Deutschland
E-Mail: khellaf@idmp.uni-hannover.de

R. Hochmuth
E-Mail: hochmuth@idmp.uni-hannover.de

J. Peters
E-Mail: peters@idmp.uni-hannover.de

© Springer-Verlag GmbH Deutschland, ein Teil von Springer Nature 2021
R. Biehler et al. (Hrsg.), *Lehrinnovationen in der Hochschulmathematik*,
Konzepte und Studien zur Hochschuldidaktik und Lehrerbildung Mathematik,
https://doi.org/10.1007/978-3-662-62854-6_12

in unserem theoretischen Rahmenkonzept, um sie für unsere Veranstaltung fruchtbar zu machen. Wir illustrieren unsere Überlegungen durch die ausführliche Darstellung einer Aufgabe, wobei auch Erfahrungen aus Übungen und studentischen Aufgabenbearbeitungen referiert und daraus resultierende Weiterentwicklungsideen diskutiert werden.

12.1 Einleitung

Der Übergang von der Schule zur Hochschule wird im Bereich Mathematik häufig als eine kritische Phase charakterisiert (siehe *critical transition* bei Gueudet et al. 2016), in der sich Studierende sowohl des Lehramts als auch des Fachs damit arrangieren müssen, dass sich in universitären Lehrveranstaltungen Situationen der Begegnung mit Mathematik im Vergleich zur Schulzeit entscheidend verändern. Die Bereiche, die eine Umgewöhnung erfordern, sind vielfältig. So werden in fachdidaktischer Literatur unter anderem die mathematische Fachsprache und der Formalismus genannt (Liebendörfer 2018) sowie Faktoren wie ein veränderter didaktischer Vertrag oder eine neue Wissensorganisation und Denkkultur (Gueudet 2008). Ein Misslingen der Anpassung an die neue Situation wird oft als Grund für z. B. hohe Studienabbrecherzahlen oder mangelnde Fachkenntnisse in fortgeschrittenen Semestern angegeben und der Übergang in diesem Sinne als Problem konstruiert.

Während sich diese Übergangsproblematik allgemein auf den Studienbeginn im Fach Mathematik und in mathematikhaltigen Studienfächern bezieht, gibt es bezüglich der gymnasialen Mathematiklehrerbildung in Deutschland eine um die *doppelte Diskontinuität* nach Felix Klein erweiterte Diskussion: Hier kommt zu der von Studierenden häufig erlebten Unverbundenheit von Schul- und Universitätsmathematik noch diejenige des Fachs Mathematik und seiner Didaktik hinzu (vgl. Bauer und Partheil 2009). Zum anderen wird nicht nur der Übertritt von der Schule an die Universität, sondern auch umgekehrt der von der Universität zurück in die Schule problematisiert (etwa bei Prediger 2013), wobei vor allem die Frage nach der Anwendbarkeit universitärer Inhalte in der späteren Berufspraxis thematisiert wird.

Insgesamt scheint in der aktuellen Diskussion um diese Schwierigkeiten weitgehend Konsens über die Reformbedürftigkeit der Lehrerbildung zu bestehen. Dabei nehmen konkrete Reformvorschläge im Allgemeinen jeweils Teilausschnitte der Gesamtsituation in den Fokus, und ein Teil dieser Vorschläge, darunter unserer, befasst sich mit der Unverbundenheit verschiedener Wissensbestände im Lehramtsstudium.

In einem Unterprojekt des BMBF-geförderten Projektes „Leibniz-Prinzip"[1] aus der Förderlinie der „Qualitätsoffensive Lehrerbildung" arbeiten wir an der Neukonzeption

---

[1]https://www.leibniz-prinzip.uni-hannover.de/ (zuletzt abgerufen am 10.11.2019).

einer mathematikdidaktischen Einführungsveranstaltung für das erste Studienjahr. Im Rahmen dieses Designprojektes versuchen wir insbesondere spezifische Verknüpfungen ausgewählter Wissensbereiche der Mathematik und ihrer Didaktik zu fördern. Leitgedanke ist dabei die *Förderung reflektierter Handlungsfähigkeit* als fachübergreifendes Bildungsziel (Ruge et al. 2019a). In der Veranstaltung werden zunächst fachdidaktische Konzepte, Prinzipien und Theorieelemente eingeführt (etwa Kompetenzbegriff, Grundvorstellungen, EIS- und Spiralprinzip) und an schulischen Gegenständen und idealtypischen Lernprozessen, Lernhürden und Vorschlägen für den Unterricht erläutert. Solches Wissen, das gewissermaßen zum Standardkanon der Mathematikdidaktik zählt, wird anschließend darüber hinausgehend mit hochschulmathematischem Wissen, das in üblichen mathematischen Anfängervorlesungen gelehrt wird, verknüpft. Wie solch eine Verknüpfung von Wissensbereichen aussehen kann, wird weiter unten exemplarisch an einer Beispielaufgabe verdeutlicht, die im Sinne dieses Kapitels als *Schnittstellenaufgabe* aufgefasst werden kann.

Die Entwicklung von Aufgaben für die Veranstaltung basiert im Wesentlichen auf zwei *Designprinzipien* (siehe Ruge et al. 2019a), von denen eines die Erstellung der in diesem Beitrag vorgestellten Aufgabe leitete. Diese Designprinzipien stellen gewissermaßen eine aufgabenbezogene Konkretisierung des allgemeinen Ziels der Förderung reflektierter Handlungsfähigkeit dar. Die Designprinzipien adressieren zwar schon in einem allgemeinen Sinne *Aktivitäten an der Schnittstelle zwischen Schule und Hochschule, Fach und Fachdidaktik,* sind aber noch fachunspezifisch formuliert. Deshalb bedürfen sie noch einer weiteren Konkretisierung mit Blick auf den spezifischen mathemati(kdidakti)schen Kontext unserer Lehrveranstaltung. Als Hilfsmittel zur inhaltlichen Anreicherung und Konkretisierung der Designprinzipien führen wir in diesem Beitrag Elemente der *Anthropologischen Theorie der Didaktik (ATD)* nach Chevallard (1992, 1999) ein. Die ATD ermöglicht es, gewisse Aspekte an Wissen(sbeständen) hervorzuheben (etwa zwischen Anwendungsaspekten und Begründungsdiskursen zu unterscheiden). Bezüglich dieser Aspekte können dann Spezifika der jeweils betrachteten Wissensbestände (bei uns etwa Unterschiede zwischen Schul- und Hochschulmathematik sowie fachdidaktischem Wissen) identifiziert und für Aufgabenkonstruktionen sowie für darauf bezogene Analysen genutzt werden. Wir illustrieren diese Möglichkeit im vorliegenden Beitrag in der ausführlichen Erläuterung der Beispielaufgabe.

Im kommenden Abschn. 12.2 werden nun zunächst die beiden übergeordneten Zielsetzungen der Veranstaltungsentwicklung näher beschrieben (Abschn. 12.2.1). Dabei handelt es sich bei Zielsetzung I (Förderung reflektierter Handlungsfähigkeit) um die fachunspezifische allgemeine Projektzielsetzung, bei Zielsetzung II (Zusammenhänge stiften zwischen Schul- und Universitätsmathematik sowie zwischen Fach und Fachdidaktik) um die Ausformulierung der mathematik(didaktik)bezogenen Schnittstellenausrichtung. In Abschn. 12.2.2 wenden wir uns dann den Designprinzipien zu. Mithilfe der Designprinzipien erfolgt später die Umsetzung von Zielsetzung II. Für die Entwicklung und Formulierung des Konzepts der reflektierten Handlungsfähigkeit spielten die *Subjektwissenschaftliche Theorie des Lernens* nach Holzkamp (1985, 1995) und die Methode der *subjektwissenschaftlichen Reinterpretation* (Markard 2009, S. 299 ff.) zentrale Rollen. Da sich dies in den Formulierungen der zwei Designprinzipien widerspiegelt, werden wir in Abschn. 12.2.3 kurz auf die für diesen Beitrag relevanten Ideen und Begriffe aus dieser Theorie eingehen. Im selben Abschnitt werden wir auch die für diesen Beitrag relevanten Aspekte der ATD einführen. In Abschn. 12.3 erfolgt dann eine ATD-bezogene Reinterpretation von drei Perspektiven auf mathematikbezogene Schnittstellenaufgaben (Bauer und Partheil 2009; Bauer 2013; Prediger 2013; Prediger und Hefendehl-Hebeker 2016), die sich für die Umsetzung unserer Zielsetzungen als fruchtbar erwiesen haben. In Abschn. 12.4 beschreiben wir schließlich ausführlich die für diesen Beitrag ausgewählte Aufgabe, wobei wir besonders auf die Verknüpfung von Wissensbeständen und auf antizipierte Potenziale der Aufgabe hinsichtlich dieser Verknüpfungen eingehen. In Abschn. 12.5 referieren wir Eindrücke aus den Studierendenbearbeitungen von 2018 sowie durch diese Eindrücke motivierte Ideen zur Verbesserung der zugehörigen Aufgabe. Abschn. 12.6 gibt ein Fazit und einen Ausblick.

12.2 Zielsetzungen, Designprinzipien und ihre theoretische Einordnung

12.2.1 Zielsetzungen der Veranstaltungsentwicklung

I) Allgemeines lehramtsbezogenes Ziel: Reflektierte Handlungsfähigkeit fördern
Die mathematikdidaktische Einführungsveranstaltung als Ganzes verfolgt als Teil des (Mathematik-)Lehramtsstudiums in Hannover die standortspezifischen allgemeinen Ziele der Lehrerbildung. Diese wurden im Rahmen des BMBF-geförderten Projektes „Leibniz-Prinzip" neu formuliert. Dabei wurden die beiden komplementär verstandenen professionstheoretischen Richtungen der *Struktur-* (Helsper 2014) und der *Kompetenztheorie* (Baumert und Kunter 2006) im Zielkonstrukt der reflektierten Handlungsfähigkeit vereint, ohne sie allerdings auch theoretisch kohärent miteinander zu verknüpfen. Deshalb entwickelten wir auf Basis der Subjektwissenschaftlichen Theorie des Lernens (Holzkamp 1985, 1995) und einer Reinterpretation (Markard 2009, S. 299 ff.) der beiden zugrunde gelegten Professionalisierungstheorien in Ruge et al. (2019a) ein integriertes und für unseren Kontext konkretisiertes Verständnis der Förderung reflektierter Handlungsfähigkeit. Dieses kann wie folgt umrissen werden:

In der universitären Phase der Lehrerbildung soll eine explizite Beschäftigung mit unterschiedlichen Diskursen und Sichtweisen, die in berufsrelevanten Institutionen (und dazu zählen maßgeblich die Wissenschaften) gepflegt werden, und mit deren Begründungsstrategien aufseiten der Studierenden zu einem Ausbau verfügbarer Perspektiven auf berufsrelevante Fragestellungen führen, dadurch zur Reflexion befähigen und letztlich eine Erweiterung des Spektrums an wahrgenommenen Handlungsmöglichkeiten in berufsspezifischen Situationen begünstigen. Neben kognitiven Aspekten sollen bei der Entwicklung von Lernumgebungen auch affektiv-motivationale Aspekte und der spezielle Charakter wissenschaftlicher Erfahrung (Bachelard 2002) berücksichtigt werden.

Unser Verständnis reflektierter Handlungsfähigkeit impliziert vorgängige *Diskrepanz-erfahrungen* (Ruge et al. 2019a). Diese stellen eine Art subjektiv empfundener Irritation dar, die aus Situationen resultiert, in denen die eigene Handlungsfähigkeit als eingeschränkt oder eigenes Wissen als unzureichend erlebt wird. Dabei kann natürlich nicht davon ausgegangen werden, dass ein bestimmtes Veranstaltungselement Diskrepanzerfahrungen mit Sicherheit auslöst, jedoch können über die gezielte Gestaltung von Lernumgebungen Diskrepanzerfahrungen zumindest begünstigt werden. Das allgemeine Anliegen muss im jeweils konkreten Fall aber noch inhaltlich fokussiert werden. Da *Wissenschaftlichkeit* ein zentrales Anliegen unserer Veranstaltung und Bestandteil der reflektierten Handlungsfähigkeit ist, setzen unsere Entwicklungsideen hier an. Die Grundidee ist, Aufgaben und Kursinhalte zu entwerfen, die den Alltagsdiskurs und schulisches Vorwissen der Studierenden mit unterschiedlichen wissenschaftlichen Diskursen konfrontieren, um diese in Interaktion treten zu lassen. Durch das Auslösen von Diskrepanzerfahrungen sollen bisherige Erfahrungen infrage gestellt und schließlich das Stiften neuer sinnhafter Zusammenhänge im Sinne von fachspezifischem wissenschaftlichem Wissen und bezogen auf Schule und Universität ermöglicht werden. Eine Diskrepanzerfahrung könnte sich für Studierende insbesondere an Stellen ergeben, an denen sich Widersprüche zwischen zu lernendem Wissen und Vorwissen bzw. Alltagswissen auftun. Inspiriert wurden wir zu dieser Idee von Gaston Bachelard (2002). Dieser entwickelte in den 30er- und 40er-Jahren aufbauend auf der Konzeptualisierung eines Bruchs zwischen Alltagserfahrung und wissenschaftlicher Erfahrung den Begriff des *Erkenntnishindernisses (obstacle épistémologique)* (siehe u. a. Bachelard 2002), der später von Guy Brousseau (2002) in die Mathematikdidaktik eingeführt wurde. Anschlussfähig sind unsere Überlegungen zu Diskrepanzerfahrungen weiterhin zu Combe und Gebhard (2009), die aufzeigen, wie Krisen und Irritationen als konstruktive Aspekte von Lernprozessen aufgefasst werden können.

II) Fachspezifische Ziele: Zusammenhänge zwischen Schul- und Universitätsmathematik sowie zwischen Fach und Fachdidaktik stiften

Zusammenhänge zu stiften bedeutet zunächst einmal, bei der Planung unserer Veranstaltung Wissensbereiche mit Bezug zum Lehramt aus den Fachgebieten Mathematik und Mathematikdidaktik zu beschreiben und zu vergleichen, und dabei Aspekte zu identifizieren, die für Studierende des Lehramts relevant erscheinen. In einem zweiten

Schritt müssen diese Erkenntnisse dann in geeigneter Form in unsere Veranstaltung einfließen, etwa in Form von Aufgaben. Die Explikation und der Vergleich verschiedener Begründungsdiskurse oder der Vergleich mathematischer Arbeitstechniken in Schul- und Universitätsmathematik sowie die Diskussion fachdidaktischer Perspektiven hierauf erscheinen uns im Hinblick auf die Förderung reflektierter Handlungsfähigkeit als sinnvolle Ansatzpunkte für die Aufgabenentwicklung in unserer konkreten Veranstaltung.

12.2.2 Die Designprinzipien

1. **Verstehens- und Vergleichsprozesse verschiedener Bedeutungsanordnungen:**
   Diese können in der Konfrontation von wissenschaftlichem Wissen mit Alltagswissen, schulischem Vorwissen oder auch alternativen Theoriezugängen bestehen. Das Begünstigen von wissenschaftlichen Erfahrungen erfordert dabei eine reichhaltige Aufgabenstellung, die über das Angebot neuer Techniken zur Bewältigung von Handlungsproblemen hinausgeht und das Eindringen in die (und somit auch Hinterfragen der) dahinter- bzw. darunterliegenden spezifischen Bedeutungsanordnungen ermöglichen muss (siehe hierzu Ludwig 2003; Combe und Gebhard 2009, Abschn. 3.2).
2. **Hinterfragen von Bedeutungsanordnungen und subjektiven Bedeutungshorizonten:**
   Die Beschäftigung mit typischen Handlungsproblemen kann mit Fixierungen auf unmittelbare Zusammenhänge und scheinbare Evidenzen einhergehen. Deren Überwindung kann dadurch begünstigt werden, dass die Handlungsprobleme durch Reformulierung aus unterschiedlichen Perspektiven dekonstruiert und rekonstruiert werden. Jede Perspektive verweist auf eine mögliche Deutung und enthält ggf. spezifische Lösungsansätze. So ein Perspektivwechsel kann deshalb das Reflektieren der Hintergründe typischer Lösungsansätze, subjektiver Bedeutungsanordnungen und gesellschaftlicher Möglichkeiten (sowie Beschränkungen) vertiefen. Außerdem kann er alternative Lösungsmöglichkeiten aufzeigen und dadurch erweiternd auf den subjektiv verfügbaren Handlungsraum der Lernenden wirken. „Diese Erweiterung der subjektiv verfügbaren Handlungsalternativen stellt eine Erweiterung der ‚eigenen‘ in den gesellschaftlichen Verhältnissen liegenden Möglichkeiten und somit eine Erweiterung bzw. Entwicklung der Handlungsfähigkeit dar (siehe hierzu Ludwig 2003; Oevermann 2002, 2004; Combe und Gebhard 2009, Abschn. 3.3)." (Ruge et al. 2019a, S. 129).

In Abschn. 12.4 wird anhand einer konkreten Aufgabe exemplarisch eine mögliche Umsetzung des ersten Designprinzips (Verstehens- und Vergleichsprozesse verschiedener Bedeutungsanordnungen) vorgestellt.

12.2.3 Beitrag der beiden Bezugstheorien

Zur Subjektwissenschaft

Die Subjektwissenschaft (Holzkamp 1985) und die in diesem Paradigma entwickelte Lerntheorie (Holzkamp 1995) bilden den theoretischen Rahmen für unsere Forschung. In der Subjektwissenschaft wird der Mensch grundsätzlich als vergesellschaftet begriffen, d. h., Individuen stehen in einer wechselseitigen (oder auch dialektischen) Beziehung zu den sie umgebenden gesellschaftlichen Verhältnissen (ebd., S. 192 ff.). Diese Verhältnisse können, mit Blick auf Subjekte, analytisch als *Bedeutungsanordnungen* rekonstruiert werden, die sich als individuelle Handlungsmöglichkeiten darstellen. Menschliche Handlungen, wie beispielsweise Lernen, werden dabei als subjektiv begründet verstanden. Die subjektiven Handlungsgründe gründen dabei in den gesellschaftlichen Bedeutungsanordnungen und können über das Verfahren der Bedeutungs-Begründungs-Analyse (etwa Ittner und Ludwig 2019) rekonstruiert werden[2]. „Lernen gilt in diesem Kontext als Differenzierung und Erweiterung der sachlich-sozialen Bedeutungsanordnungen im Rahmen der Lebensführung, mit dem Ziel, die eigene gesellschaftliche Teilhabe zu erweitern" (Ittner und Ludwig 2019, S. 44). Die Subjektwissenschaft sieht Lehr- und Lernhandlungen somit als in gesellschaftlich-institutionelle Strukturen eingebettete soziale Praktiken an. Hieraus ergibt sich, dass die lebensweltliche Situierung von Studierenden bei der Rekonstruktion von Lehr- und Lernhandlungen (und damit auch bei der Planung von Lehrinnovationen) in gesellschaftlichen Institutionen wie der Universität zu berücksichtigen ist. Eine zentrale Zielsetzung von im engeren Sinne subjektwissenschaftlich orientierten lehr-lern-prozessbezogenen Studien ist es, für die Subjekte (in ihrer Lage und Position) grundlegende Bedeutungsanordnungen (auf gesellschaftlicher Seite) zu analysieren (siehe hierzu etwa Hochmuth und Schreiber 2016; Hochmuth 2020; Hochmuth und Peters 2020). Da sich dieses Projekt primär mit der Entwicklung von Aufgaben zur Vernetzung von Wissensbeständen befasst, die Studierende des Lehramts Mathematik an der Universität erwerben sollen, werden bei einer Analyse, die der Entwicklung einer neuen Aufgabe vorgeschaltet ist, vor allem Bedeutungsanordnungen in den Blick genommen, die für diese Zielgruppe relevantes fachbezogenes Wissen repräsentieren sollen.

Zur Kombination von Subjektwissenschaft und Anthropologischer Theorie der Didaktik

Da der subjektwissenschaftliche Ansatz keine spezifischen Begriffe zur Verfügung stellt, um unterschiedliche institutionelle Diskurse hinsichtlich fachlicher Wissens-

---

[2]Subjektwissenschaftliche Bedeutungs-Begründungs-Analysen, also Analysen der subjektiven Handlungsgründe der Studierenden unserer Veranstaltung in Bezug auf Lernhandlungen, sind Gegenstand zukünftiger Forschung im Rahmen der Weiterentwicklung der Veranstaltung.

bestände im Einzelnen zu beschreiben und zu analysieren, dies aber für die Entwicklung unserer Schnittstellenaufgaben notwendig ist (siehe Zielsetzung II, Abschn. 12.2.1), greifen wir hierfür auf die Anthropologische Theorie der Didaktik (ATD) (Chevallard 1992, 1999; Bosch 2015) zurück. Eine methodisch relevante Stellung bei diesem Unterfangen (sowie an weiteren Stellen im Designprozess) nimmt das in der Subjektwissenschaft aufgegriffene und spezifisch weiterentwickelte Verfahren der Reinterpretation (Markard 2009, S. 299 ff.) ein. Es ermöglicht eine Integration von theoretischen Konzepten aus anderen Paradigmen in das subjektwissenschaftliche. Wie bereits in Abschn. 12.2.1 erwähnt, reinterpretierten wir zwei professionstheoretische Ansätze im Zuge der Entwicklung unseres Verständnisses von reflektierter Handlungsfähigkeit. Ebenso lassen sich durch Reinterpretation Sichtweisen und Begriffe der ATD ins subjektwissenschaftliche Paradigma integrieren. Die ATD liefert dabei eine geeignete Sprache für (mit Blick auf Zielsetzung II durchzuführende) fachliche Analysen und ermöglicht dadurch eine fachspezifische Ausdifferenzierung subjektwissenschaftlicher Begrifflichkeiten. Unserer Ansicht nach ist der theoretische Rahmen der ATD zur systematischen Analyse von fachbezogenem Wissen für uns besonders geeignet. Subjektwissenschaft und ATD teilen z. B. bereits einen zentralen Standpunkt, indem sie sich beide gegen begriffliche Personalisierungen gesellschaftlich-institutioneller Zusammenhangs- und Anerkennungsverhältnisse wenden. Für eine weiter gehende Begründung, warum und in welchem Sinne wir den theoretischen Rahmen der ATD nicht nur für verträglich mit subjektwissenschaftlichen Vorstellungen, sondern deren Werkzeuge auch für das Mittel der Wahl halten, institutionell-gesellschaftliches (Fach-) Wissen mit Blick auf Lehr-Lern-Prozesse zu beschreiben und zu analysieren, verweisen wir auf Ruge et al. (2019b). Auf die Reinterpretation kommen wir nochmals kurz in Abschn. 12.3 im Zusammenhang mit anderen mathematikdidaktischen Ansätzen zum Thema Schnittstellenaufgaben zurück.

Zur Anthropologischen Theorie der Didaktik

Im Sinne von Zielsetzung II (Abschn. 12.2.1) ist insbesondere die fachspezifische Ausdifferenzierung gesellschaftlich-institutioneller Bedeutungsanordnungen relevant. Die beiden hierfür zentralen theoretischen Elemente der ATD sind zum einen der *institutionelle Standpunkt* der ATD, nach dem menschliche Aktivitäten und zugehöriges Wissen immer in Institutionen verortet sind und institutionelle Bedingungen bestimmen, welche Handlungen und Begründungen als adäquat gelten, zum anderen die Konzeptualisierung von Handlungen und Wissen als *Praxeologien*. Wir gehen nun zunächst auf den Praxeologiebegriff der ATD ein.

Als Praxeologien werden menschliche Handlungen hinsichtlich zweier miteinander verknüpfter Aspekte analysiert und beschrieben: Der *Praxisblock P* beschreibt dabei praktisches, auf Handlungen bezogenes Wissen (das Know-how) und der *Logosblock L* den zugehörigen Begründungs- und Rechtfertigungsdiskurs (das Know-why). Praxis und Logos stehen in wechselseitiger Beziehung zueinander:

How are P [Praxis] and L [Logos] interrelated within the praxeology [P/L], and how do they affect one another? The answer draws on one of the fundamental principle of ATD [...] according to which no human action can exist without being, at least partially, "explained", made "intelligible", "justified", "accounted for", in whatever style of "reasoning" such as an explanation or justification may be cast. Praxis thus entails logos which in turn backs up praxis. For praxis needs support – just because, in the long run, no human doing goes unquestioned. [...] Following the French anthropologist Marcel Mauss (1872–1950), I will say that a praxeology is a "social idiosyncrasy", that is, an organised way of doing and thinking contrived in a given society (Chevallard 2006, S. 23).

Praxisblock und Logosblock können jeweils weiter ausdifferenziert werden: Der Praxisblock P besteht aus *Aufgabentypen* (T) und relevanten (Lösungs-)*Techniken* (τ), der Logosblock L wird gebildet durch zwei Ebenen eines *Begründungsdiskurses*. Auf der ersten Ebene erfassen *Technologien* (θ) die Beschreibungen, Erklärungen, Rechtfertigungen und Begründungen der Techniken und auf der zweiten Ebene organisiert, unterstützt, erklärt und ordnet die *Theorie* (Θ) die Technologien. Je nach Tiefe der Analyse können menschliche Handlungen und zugehörige Wissenselemente nun entweder im Rahmen des gröberen $[P, L]$-Modells oder im Rahmen des ausdifferenzierteren 4T-Modells $[T, \tau, \theta, \Theta]$ analysiert werden. Mit dem Begriff der *Organisation* werden Praxeologien zusammengefasst und somit breitere Wissensbestände beschrieben und analysiert: *Lokale Organisationen* integrieren Praxeologien, die einen gemeinsamen technologischen Diskurs teilen, und *regionale Organisationen* integrieren darüber hinaus Praxeologien hinsichtlich eines gemeinsamen theoretischen Diskurses. In diesem Beitrag fokussieren wir auf die beiden Themenbereiche *mathematisches Wissen* und *mathematikdidaktisches Wissen*. Diese werden im Rahmen der ATD als *Mathematische Organisationen (MOs)* und *Didaktische Organisationen (DOs)* gefasst.

Das Konzept der Praxeologie hängt eng mit dem Begriff der *Institution* zusammen: In der ATD werden grundsätzlich alle begründeten menschlichen Handlungen, die praxeologisch beschrieben und analysiert werden, als unter institutionellen Rahmenbedingungen stehend aufgefasst. Institutionen wirken dabei über Verhaltensregeln, Normen, Konventionen und Traditionen. Sie bestimmen gültiges Wissen und angebrachte Handlungen und erfüllen gewisse formative Funktionen (vgl. Chevallard 2019). Diese institutionelle Abhängigkeit bedeutet, dass in unterschiedlichen Institutionen je andere Aufgabentypen relevant, andere Lösungstechniken adäquat und andere Begründungsdiskurse akzeptabel sind. Bezogen auf einen gegebenen Wissensbereich (z. B. Bruchzahlen) lassen sich bezüglich verschiedener Institutionen (beispielsweise Schule und Universität oder Fachwissenschaft und Fachdidaktik) verschiedene Praxeologien identifizieren. Im Rahmen unserer subjektwissenschaftlichen Reinterpretation fassen wir Institutionen (im Sinne der ATD), und damit auch die unter institutionellen Bedingungen konstituierten Praxeologien, als fachspezifische gesellschaftlich-institutionelle Bedeutungsanordnungen auf. Damit leisten praxeologische Analysen einen Beitrag zur Untersuchung von Bedeutungs-Begründungs-Zusammenhängen.

Wir nutzen die Konzeptualisierung von Wissen als Praxeologien im Folgenden bei der Entwicklung von Schnittstellenaufgaben, um zu verbindende Stoffgebiete systematisch auf Techniken und Begründungsdiskurse zu befragen und um damit Verknüpfungs- möglichkeiten (in Form von Parallelen, Unterschieden oder auch Widersprüchen) bezogen auf die verschiedenen betrachteten Institutionen zu identifizieren. Illustrieren werden wir dies, indem wir zunächst im folgenden Kapitel relevante Literatur zu Schnitt- stellenaufgaben rezipieren. Anschließend stellen wir in Abschn. 12.4 exemplarisch eine Aufgabe sowie unsere auf diese bezogenen fachlichen Analyseergebnisse vor. Während für das Entwerfen von Aufgaben außerfachliche Diskurse nur eine untergeordnete Rolle spielen, kommen diese bei der Untersuchung von Studierendenerzeugnissen prominenter zum Zuge. Diese Möglichkeit wird in der ATD durch die *scale of levels of didactic code- termination* (Chevallard 2002) gefasst. Aufgrund der inhaltlichen Offenheit sowohl der Subjektwissenschaft als auch der ATD, was die institutionellen Bezüge bzw. ent- sprechende Bedeutungsanordnungen angeht, sind auf deren Konzepten basierende empirische Analysen also nicht auf fachliche Aspekte beschränkt.

12.3 Aufgabenbezogene praxeologische Reinterpretation und Integration verwandter Ansätze

Um anhand der in Abschn. 12.2.2 formulierten Designpinzipien Aufgaben zu erstellen, die die in Abschn. 12.2.1 formulierten Ziele verfolgen, betrachteten wir solche Arbeiten, in denen Schnittstellenaufgaben entwickelt und zugehörige Mathematische sowie Didaktische Organisationen (MOs bzw. DOs) zumindest angedeutet wurden: Bauer und Partheil (2009), Bauer (2013), Prediger (2013), Prediger und Hefendehl-Hebeker (2016).

Über eine Reinterpretation unter Zuhilfenahme der ATD ließen sich für uns relevante Praxeologien aus den Beiträgen herausarbeiten und über geeignete Erweiterungen für Aufgaben nutzbar machen. Es ist klar, dass damit nicht die jeweiligen theoretischen Rahmungen der Arbeiten in ihrer Gesamtheit berücksichtigt werden, sondern nur insoweit sie unseres Erachtens mit Blick auf Aufgabenentwicklung und unsere dies- bezüglichen Zielsetzungen von Bedeutung sind. Eine darüber hinausgehende Dis- kussion von Bezügen oder gar deren subjektwissenschaftliche Reinterpretation geht über den Rahmen dieser Arbeit hinaus. Wichtig ist uns aber festzustellen, dass es uns im Folgenden gelingt, verschiedene Zugänge und Vorschläge trotz deren heterogenen theoretischen Rahmungen und Zielrichtungen im Hinblick auf die Gestaltung und Ana- lyse von Aufgaben zu integrieren und kohärent zu berücksichtigen. In gewissem Sinne handelt es sich dabei um eine (hier weitgehend implizit bleibende) praxeologisch orientierte Ausgestaltung einer lokalen Theorie im Sinne der sogenannten Networking- Debatte (siehe etwa Bikner-Ahsbahs und Prediger 2014).

12.3.1 Der Schnittstellenansatz nach Bauer und Partheil (2009)

Bauer und Partheil (2009) nennen in ihrem Artikel „Schnittstellenmodule in der Lehramtsausbildung im Fach Mathematik" als durch die Community zu bearbeitende Problemfelder Unterschiede in den Diskursen zwischen Schul- und Hochschulmathematik einerseits, die fehlende zeitliche und inhaltliche Verknüpfung fachlicher und fachdidaktischer Studienanteile andererseits. Die Bearbeitung der vorgelegten Problembeschreibung im Buch *Analysis – Arbeitsbuch* (Bauer 2013) konzentriert sich auf die Verknüpfung von schulischer und universitärer Mathematik (speziell Analysis). Entsprechend fokussieren dort vorgeschlagene Schnittstellenaufgaben vor allem auf Techniken und technologische Aspekte der Universitätsmathematik der ersten Semester. Die Aufgaben sollen bei der Ausbildung von Grundvorstellungen helfen und Tätigkeiten anleiten, die allgemein als charakteristisch für eine universitär-mathematische Arbeitsweise gelten (vgl. Bauer 2013, Vorwort und S. 1 ff.).

Für uns von besonderem Interesse ist die Tatsache, dass einige von Bauers Aufgaben zur Explikation mathematischer Begründungsdiskurse auffordern: „Einige der Aufgaben in diesem Buch haben das Ziel, solche Unterschiede in Zugängen zu beleuchten und die Gründe zu verstehen, die zur Wahl des einen oder anderen Zugangs führen können." (S. 2) Der fachliche Vergleich von Zugängen zu mathematischen Themen kann Argumente für didaktische Entscheidungen liefern (siehe etwa ebd. Aufgabe 5.8 ab S. 171). Solche Argumente sind im Fall von Bauer überwiegend dem hochschulmathematischen Begründungsdiskurs zuzuordnen. Da wir in unserer Veranstaltung neben hochschulmathematischen auch fachdidaktische Argumentationen[3] ansprechen möchten, müssen wir daher die Aufgaben von Bauer (2013) für unsere Zwecke geeignet anpassen und ergänzen.

Unsere unten vorgestellte Aufgabe orientiert sich zwar nicht an einer konkreten Aufgabe aus dem Arbeitsbuch von Bauer (2013), setzt aber Elemente der Zielsetzung „Grundvorstellungen aufbauen und festigen" (S. 1) um.

12.3.2 Der Ansatz der Anforderungsanalyse bzw. Job-Analysis nach Prediger (2013)

Den Ausgangspunkt dieses Zugangs bilden Lehrkrafttätigkeiten im Kontext von mathematischem Fachunterricht. Ziel der im Artikel von Prediger (2013) weitergeführten Job-Analysis von Bass und Ball (2004) ist die Bestimmung didaktischer

---

[3]Zu *fachdidaktischen Argumentationen* zählen wir z. B. auch solche auf Basis normativer politischer Forderungen, da Normen ein Moment der jeweiligen gesellschaftlich-institutionellen Einbettungen der mathematischen Praktiken darstellen. Außerdem solche, die auf Theorien aus den Bereichen Psychologie, (allgemeine) Didaktik oder Soziologie beruhen.

Handlungsanforderungen mit mathematischem Bezug, vor denen Lehrkräfte im Rahmen ihres Fachunterrichts (beispielsweise bei der Auswahl und Gestaltung von Unterrichtsmaterial) stehen. Der oben vorgestellte theoretische Rahmen lässt zu, die Anforderungssituation und die in Prediger (2013) zu findenden Beschreibungen von Lehrkrafttätigkeiten praxeologisch zu reformulieren. Mittels Anforderungsanalyse identifizierte didaktische Kernaufgaben können dabei als Aufgabe(ntyp) im Sinne der ATD aufgefasst werden. Als zur Bearbeitung der Aufgabe nützlich identifizierte Techniken und sonstige Wissensbestände können dann in die weiteren Ebenen des praxeologischen Modells eingeordnet werden.

Ein spezifischer, im Rahmen der Job-Analysis ermittelter Aufgabentyp, den wir in der weiter unten beschriebenen Aufgabe zum EIS-Prinzip auf basaler Ebene anlegen, war die Handlungsanforderung „choosing and using representations" (Prediger 2013, S. 155). Im Sinne des weiterführenden Kommentars zu dieser Anforderung auf derselben Seite – und mit dem Ziel der Vernetzung der schulbezogenen Praxeologien mit hochschulmathematischen – ließen wir die Teilnehmerinnen und Teilnehmer unserer Einstiegsveranstaltung hier zunächst den eigenen (flexiblen) „Umgang mit mathematischen Inhalten" (Prediger 2013, S. 155) erproben.

12.3.3 Das Konstrukt der epistemologischen Bewusstheit nach Prediger und Hefendehl-Hebeker (2016)

Hier geht es unseres Erachtens um Thematiken, die sich auf Inhalte der beiden vorher dargestellten Ansätze beziehen. Den Ausgangspunkt dieses dritten Ansatzes bildet die Frage danach, wie das fachspezifische professionelle Wissen von Lehrkräften in deren Bewusstsein repräsentiert sein muss, damit fachbezogene Lernprozesse möglichst erfolgreich angeleitet werden können. Der Beantwortung der Frage wird sich genähert, indem zunächst auf Basis von Arbeiten Arnold Kirschs (z. B. Kirsch 1980) eine Facette dieses notwendigen Wissens näher charakterisiert wird. Der fragliche Wissensbestand, auf den das Adjektiv „epistemologisch" im Konstruktnamen verweist, wird von den Autorinnen mit *episteme* bezeichnet, in Anlehnung an die Benutzung dieses Terminus im Bereich Philosophie. Die Konkretisierung des Begriffs *episteme* führt dabei zu einer Charakterisierung dieses Wissensbestandes, die Parallelen zum theoretischen Rahmen der ATD aufweist (etwa folgendes Zitat aus Schadewaldt 1979, S. 30, zitiert nach Prediger und Hefeldehl-Hebeker 2016, S. 242): „Dies Wissen ist der einfachen Erfahrung überlegen, weil […] der Erfahrene nur das ‚dass' weiß, der wirklich Wissende aber auch das ‚warum'. Dies führt auf ein Verfügen über die archai und aitiai, die Prinzipien und Ursachen." Im Anschluss an diese Überlegungen wird die Methode der Anforderungsanalyse nach Bass und Ball (2004 u. a.) herangezogen, um die zunächst allgemeinen Gedanken anhand konkreter Beispiele von Lehrkrafttätigkeiten zu explizieren. Insbesondere wird hierbei der identifizierte Wissensbestand mit Blick auf spezifische mathematische Fragestellungen inhaltlich konkretisiert. Dies geschieht anhand von Problematisierungen beobachteten oder fiktiven Handelns von Lehrerinnen und Lehrern. Auffällig dabei ist, dass viele der dargestellten Aspekte *epistemologischer Bewusstheit,* die aus diesen vorgeschalteten Problematisierungen hergeleitet werden, in universitätsmathematischen Praxeologien zu finden sind. So zum Beispiel Aspekt 3.1.2 „Logischen Status mathematischer Wissenselemente klären" (Prediger und Hefeldehl-Hebeker 2016, S. 252), der die Fähigkeit der Unterscheidung zwischen Axiomen und Definitionen einerseits sowie mathematischen Sätzen andererseits als relevant hervor-hebt. Oder Aspekt 3.1.3 „Spezifika mathematischer Praktiken vermitteln" (S. 252), der etwa die Kenntnis mathematischer Beweisprinzipien voraussetzt. Das Konstrukt der epistemologischen Bewusstheit stellt somit in unserer Interpretation eine Verknüpfung zwischen fachmathematischen und mathematikdidaktischen Praxeologien her. Während die Beschreibungen „zentraler Handlungsanforderungen" (S. 155) von Prediger (2013) zumeist auf der praxeologischen Ebene der Aufgabentypen verbleiben, stellt die Beschreibung des Konstruktes der epistemologischen Bewusstheit auf Basis dieser Auf-gabentypen eine Verbindung zu hochschulmathematischen technologisch-theoretischen Blöcken her. Ein Ziel der Ausschärfung des Konstruktes besteht somit nach unserem Ver-ständnis darin, Anteile hochschulmathematischer Praxeologien (vor allem technologisch-theoretische Blöcke) zu identifizieren, die in Praxeologien zu den von Prediger (2013) genannten Aufgabentypen (möglicherweise ebenfalls in technologisch-theoretischen Blöcken) vorkommen.

Einige der von Prediger und Hefendehl-Hebeker (2009) genannten Aspekte halten wir vor dem Hintergrund der Erfahrungen aus unserer Veranstaltung für zu anspruchs-voll für Studierende der ersten beiden Semester. So zum Beispiel diejenigen Aspekte, die bereits die Perspektive der Lernenden als zu berücksichtigenden Faktor enthalten. Mit unseren Studierenden fokussieren wir zunächst eher auf die eigene Erarbeitung eines umfassenderen Verständnisses ausgewählter mathematischer und didaktischer Gegenstände und Arbeitsweisen. Zu den Aspekten der von Prediger und Hefendehl-Hebeker (2016) genannten epistemologischen Anforderungen, die wir in der unten vor-gestellten Aufgabe berücksichtigten, zählen die Aspekte „Wissenselemente zueinander in Beziehung setzen" und „verschiedene Niveaus des mathematischen Diskurses adressieren" (S. 251).

12.4 Eine exemplarische Aufgabenbeschreibung

In diesem Kapitel wird zunächst das für diesen Beitrag ausgewählte Aufgabenblatt im Veranstaltungskontext vorgestellt. Anschließend wird das Ergebnis unserer ATD-geleiteten Analyse aufgabenbezogener Bedeutungsanordnungen (Wissensbestände) präsentiert und im Zuge dessen die mit dem Aufgabenblatt verknüpften Lehrziele ver-deutlicht. Im Anschluss werden vor diesem Hintergrund inhaltliche Potenziale des Auf-gabenblattes aufgezeigt, wobei auf den Auftrag „schriftliche Ausarbeitung" und den Auftrag „Lernaktivität" getrennt eingegangen wird. Unsere Ausführungen verweisen dabei jeweils auf Bedeutungsanordnungen, die der Mehrzahl der Studierenden in unserer Veranstaltung verfügbar gewesen sein sollten, weil sie entweder durch unsere Veranstaltung, eine einführende Mathematikvorlesung oder vorgängigen Schulunterricht nahegelegt wurden. Zum Abschluss erwähnen wir einige Ideen für weiterführende Fragestellungen zum Thema des Blattes in konsekutiven Veranstaltungen.

12.4.1 Das Aufgabenblatt im Veranstaltungskontext

Die Übungen zur Veranstaltung „Einführung in die Mathematikdidaktik" waren im Sommersemester 2018 so aufgebaut, dass jede Woche ein Thema behandelt wurde. In einer Woche fanden immer sechs 45-minütige Übungen statt. Die Teilnehmenden waren auf die sechs Übungen aufgeteilt, d. h., eine Woche lang wurde in jeder Übung das Gleiche gemacht, aber jeweils mit anderen Studierenden.

Das Aufgabenblatt, um das es im Folgenden geht, trug den Titel „Verschiedene Darstellungsweisen von Bruchzahlen" und wurde folgendermaßen eingeleitet:

> Bruchzahlen werden zumeist bereits in Klasse 5 eingeführt und in Klasse 6 vertieft. Dieses Thema wirkt so basal, dass man sich im Laufe der eigenen Schulzeit meist keine weiteren Gedanken darüber macht. Dabei sind Bruchzahlen ein vergleichsweise reichhaltiges Thema im Bereich Mathematikdidaktik und stehen außerdem in enger Beziehung zum universitären Konzept der Äquivalenzrelation.

Auf diese Einleitung folgten zwei Arbeitsaufträge: Eine Gruppe Studierender aus jeder Übung sollte für die jeweilige zum Blatt gehörige Übungssitzung eine **30-minütige Lernaktivität** vorbereiten, die sie mit den anderen Sitzungsteilnehmern durchführen würde. Die Lernaktivität sollte folgendes Lernziel verfolgen:

> **Lernziel:** Die Lerngruppe soll nach der Aktivität konkrete Bruchzahlen unterschiedlich darstellen können (enaktiv, ikonisch, symbolisch – darunter auch Bruch- und Dezimalschreibweise). Es sollte jeweils bekannt sein, ob (und wie) man in den einzelnen Darstellungen ganze Äquivalenzklassen oder einzelne Vertreter einer Äquivalenzklasse zur Äquivalenzrelation „ $\sim$ " (siehe Vorlesung) abbilden kann.

Zu diesem Arbeitsauftrag gab es einen zusätzlichen Hinweis unter dem Lernziel:

> Fragen, deren Beantwortung in diesem Kontext sinnvoll erscheint, sind unter anderem:
> - Was ist die Menge, für die die Äquivalenzrelation „$\sim$" definiert ist?
> - Wofür steht die Menge der Äquivalenzklassen? Warum möchte man diese betrachten?
> - Weiterführend: Was ist „der Wert eines Bruchs" aus Sicht der Fachmathematik?

Als Arbeitsgrundlage bereitgestellt waren (neben der Vorlesung) Auszüge aus folgenden Fachbüchern: Padberg (2009, S. 13–22) und Padberg et al. (1995, S. 64–71).

Neben dem Arbeitsauftrag „Lernaktivität" gab es (abermals in jeder Übung) andere Studierende, die zu dem Thema dieses Aufgabenblattes bzw. dieser Woche eine

schriftliche Ausarbeitung anfertigen sollten, die zwei Wochen nach der thematisch zugehörigen Übungssitzung abgegeben werden musste. Diese Studierenden nahmen in der Regel an den zugehörigen Übungen teil. Der Arbeitsauftrag lautete:

> Schreiben Sie einen Aufsatz, in dem Sie auf übersichtliche Art und Weise die Ihnen bekannten Darstellungen von Bruchzahlen allgemein vorstellen und diese mit dem Begriff der Äquivalenzrelation in Beziehung setzen. Es sollte mindestens ein Verweis auf eine formale Definition aller verwendeten mathematischen Begriffe gegeben werden.

12.4.2 Analyse aufgabenbezogener Bedeutungsanordnungen

Das zentrale Thema des Arbeitsblattes war die Darstellung konkreter Bruchzahlen und Unterschiede in den Darstellungen von Brüchen und Bruchzahlen. Das Aufgabenblatt entstand mit der Zielsetzung, den hochschulmathematischen Wissensbereich der Äquivalenzrelation mit einem Wissensbestand, den wir unter „fachdidaktisch reflektierte Schulmathematik" einordnen würden (siehe Org A unten), zu verknüpfen.

Zu verknüpfende Organisationen
Erste zu verknüpfende Organisation (Org 1): Äquivalenzrelation
Der Wissensbereich der *Äquivalenzrelation* kommt prominent im Themengebiet der Zahlbereichserweiterung vor. In hannoverschen Fachvorlesungen sind Äquivalenzrelationen meist Gegenstand einer der beiden einführenden Vorlesungen „Analysis I" oder „Lineare Algebra I". Der zu diesem Konzept gehörige Logosblock kann je nach Veranstaltung und Dozent unterschiedlich geartet sein, sollte aber zumindest die allgemeinen Definitionen von Relation und Äquivalenzrelation sowie das zu deren Verständnis nötige fachliche Vorwissen (Mengenschreibweise etc.) enthalten. Auch Interpretationen des Konzepts, etwa als *Sortieren gleichartiger Elemente in disjunkte Teilmengen,* gehören diesem Block an. Typische Techniken, die in einführenden Vorlesungen vorkommen, sind z. B. das Prüfen der drei Kriterien Reflexivität, Symmetrie und Transitivität.

Zusätzlich zu diesem Grundwissen behandelten wir das Thema in spezifisch auf Bruchzahlen bezogener Weise (siehe Padberg et al. 1995) in unserer Vorlesung. Unter anderem wurde dort die spezielle Äquivalenzrelation definiert, die die Mengen $\mathbb{N} \times \mathbb{N}$ bzw. $\mathbb{Z} \times (\mathbb{Z} \setminus \{0\})$ auf bekannte Weise in Äquivalenzklassen gleichwertiger Brüche unterteilt. Erfahrungsgemäß stellt das Konzept für Studierende im ersten Jahr eine Herausforderung dar. Da es jedoch in unterschiedlichen Bereichen der Schulmathematik und Mathematikdidaktik eine Rolle spielt (siehe z. B. Prediger und Hefendehl-Hebeker 2016, S. 249), halten wir es für sinnvoll, das Konzept in unserer Veranstaltung noch einmal an einem relevanten Beispiel zu wiederholen. Dieser fachliche Wissensbereich stellt die erste zu verknüpfende Organisation dar und wird von uns *Organisation 1,* abkürzend *Org 1,* genannt.

Zweite zu verknüpfende Organisation (Org 2): Darstellungsarten und -wechsel nach dem EIS-Prinzip

Der mathematikdidaktische Wissensbereich, den wir mit dem Bereich Äquivalenzrelation verknüpfen wollten, war *Darstellungsarten und -wechsel nach dem EIS-Prinzip*. Dieses häufig in der Literatur zitierte didaktische Prinzip reflektiert unter anderem die hervorgehobene Bedeutung von Darstellungen für die Schulmathematik und spielt bei der Einführung von Bruchzahlen für die Bildung von Grundvorstellungen eine zentrale Rolle. Der zugehörige Logosblock besteht aus dem Wissen, das in unserer Veranstaltung über das EIS-Prinzip nach Bruner erarbeitet wurde (Zech 2002; Wittmann 1981). Der Praxisblock erlaubt es, enaktive, ikonische und symbolische (darunter sprachliche) Darstellungen zu unterscheiden, die zum Zeitpunkt des Einsatzes der oben vorgestellten Aufgabe in der Veranstaltung bereits behandelt worden waren. Dieser didaktische Wissensbereich stellt die zweite zu verknüpfende Organisation dar und wird im Folgenden als *Organisation 2* (bzw. *Org 2*) bezeichnet.

Einzuführende Organisationen

Erste Zielorganisation (Org A): *Fachdidaktisch reflektierte Schulmathematik*

Der erste Wissensbereich, der im Rahmen der Aufgabenbearbeitung neu erarbeitet werden sollte, stellt aus unserer Sicht ein Stück fachdidaktisch reflektierte Schulmathematik dar und umfasst im Wesentlichen folgende Kenntnisse und Fähigkeiten:

- Kenntnis der in den Kapiteln II und III von Padberg (2009) erwähnten Bruchdarstellungen
- Fähigkeit, konkrete Brüche und Bruchzahlen auf diese verschiedenen Arten darzustellen
- Fähigkeit, die Darstellungsarten den Kategorien des EIS-Schemas zuzuordnen
- Kenntnis relevanter technologischer Elemente (etwa Bezug zu Grundvorstellungen)

Die zugehörige Organisation, im Folgenden auch als *Organisation A* (oder *Org A*) bezeichnet, enthält zwar Elemente aus Themenbereichen, die im Rahmen unserer Veranstaltung getrennt voneinander behandelt wurden (EIS-Prinzip/Org 2, Grundvorstellungen). Wir fassen sie jedoch nicht als Verknüpfung im hier relevanten Sinne auf. Dafür sind die einzelnen Verbindungen aus unserer Sicht zu rudimentär, da sie lediglich in der unveränderten Übernahme einzelner Elemente bekannter Praxeologien in einem neuen thematischen Kontext bestehen (Techniken von Org 2 und technologische Elemente bzgl. Grundvorstellungen).

Zweite Zielorganisation (Org B): *Verknüpfung der Organisationen 1 und A*

Die zweite einzuführende Organisation (im Folgenden auch *Organisation B* oder *Org B*) ist im Sinne dieses Beitrags als Verknüpfung intendiert. Und zwar verknüpft sie die hochschulmathematische Org 1 mit dem Stück fachdidaktisch reflektierter Schulmathematik Org A. Im zugehörigen Praxisblock sind im Wesentlichen folgende Handlungen repräsentiert:

- Für eine gegebene Bruchdarstellung angeben, ob sie Brüche, Bruchzahlen oder beides darstellen kann. (Hierzu gehört natürlich auch, geeignet mit Grenzfällen und Unklarheiten umzugehen.)
- Darstellungen in Bezug hierauf und auf Geeignetheit für die Schule miteinander vergleichen.
- An den Ergebnissen Aussagen über die Notwendigkeit von Darstellungswechseln begründen.

Diesen Handlungen ist gemeinsam, dass es zu ihrem jeweiligen Vollzug nicht ausreicht, ein einzelnes Element einer bekannten Praxeologie unmodifiziert zu übernehmen. Vielmehr müssen Elemente der Organisationen 1, 2 und A auf verschiedenen Ebenen des 4T-Modells miteinander in Verbindung gebracht werden.

Auf diesen Punkt möchten wir im kommenden Abschnitt näher eingehen, in dem wir insbesondere den Zusammenhang zwischen den beiden Organisationen A und B und den konkreten Formulierungen des Arbeitsauftrages auf dem Blatt beleuchten.

Zusammenhang zur konkreten Formulierung der Aufgabe, insbesondere des Lernziels
Das Lernziel des Übungsblattes, das auf beide Aufgabenstellungen zu beziehen ist (Lernaktivität sowie schriftliche Ausarbeitung), ist so formuliert, dass es ein Problem aufwirft, für dessen vollständige Durchdringung Wissen aus den Organisationen 1, 2 und A notwendig ist (sowie allgemeine Techniken der Textrezeption und des Umgangs mit Fachterminologie).

Der erste Teil des Lernziels, „konkrete Bruchzahlen unterschiedlich darstellen können", verlangt von den Studierenden aus der bereitgestellten Literatur (oder sonstigen Quellen) mögliche Darstellungen von Bruchzahlen herauszufinden und sich so eigenständig Org A anzueignen. Diese Aufgabe bewegt sich im Bereich der Mathematikdidaktik und war unserer Ansicht nach von geringer Schwierigkeit.

Der zweite Teil erfordert, diese Vorarbeit mit anderen Wissensbeständen im Sinne von Org B zu verknüpfen. Da man jeweils beschreiben soll, „ob (und wie) man in den einzelnen Darstellungen ganze Äquivalenzklassen oder einzelne Vertreter einer Äquivalenzklasse zur Äquivalenzrelation ‚$\sim$' […] abbilden kann", muss klar sein, was die Begriffe *Äquivalenzklasse* und *Äquivalenzrelation* in diesem Kontext bedeuten. „In diesem Kontext" verweist auf das Problem, dass es offenbar nicht ausreichend ist, die allgemeine Definition aus typischen Einstiegsvorlesungen auswendig zu kennen. Zum einen muss die Verknüpfung zwischen allgemeinem Konzept und Beispiel gezogen werden, was ein Einsetzen der konkret gewählten Grundmenge ($\mathbb{N} \times \mathbb{N}$) und von deren Elementen in die allgemeine Definition notwendig macht (wobei aus fachlicher Sicht noch eine Prüfung der drei Kriterien am konkreten Beispiel anzuschließen wäre). Dieser Schritt wurde zwar in unserer Vorlesung vollzogen (siehe Org 1), der Umgang mit der damit verbundenen Symbolik stellt für viele Studierende im ersten Jahr aber noch eine Herausforderung dar, sodass man sich diesen Zusammenhang im Rahmen der Aufgabenbearbeitung ggf. nochmal aktiv vergegenwärtigen muss. Zum anderen müssen

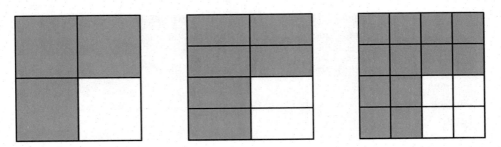

Abb. 12.1 Ikonische Repräsentation der Bruchzahl 3/4 (in Anlehnung an Padberg und Wartha 2017, S. 44)

diese fachlichen Inhalte mit schulischen Darstellungen, darunter auch ikonische und enaktive, in Beziehung gesetzt werden. Dies könnte etwa durch geeignete sprachliche Beschreibungen der Gemeinsamkeiten der jeweiligen Darstellungen geschehen.[4]

Im Folgenden möchten wir nun ausführen, wie die identifizierten Verknüpfungen im Einzelnen aussehen könnten. Dazu präsentieren wir in Abschn. 12.4.3 einen von uns erstellten Bearbeitungsvorschlag, der auf Vorwissen zurückgreift, das wir in Reichweite einer Mehrzahl unserer Studierenden vermuten. Dieser Bearbeitungsvorschlag soll im Folgekapitel als Referenzrahmen zur Beschreibung von Studierendenerzeugnissen genutzt werden.

12.4.3 Mögliche gute Bearbeitung des Auftrags „schriftliche Ausarbeitung"

Vor dem Hintergrund der in der Veranstaltung mehrfach betonten Wichtigkeit von Textarbeit im Bereich Mathematikdidaktik bestand ein naheliegender Ansatz, sich einer Lösung der Aufgabe zu nähern, darin, auf die bereitgestellten Texte (siehe Abschn. 12.4.1) zurückzugreifen. Da auf dem Blatt verlangt wird, Bruchzahlen unterschiedlich darzustellen, erscheint es sinnvoll, zunächst einmal verschiedene Bruchdarstellungen aus den Texten herauszuschreiben und diese in das EIS-Schema einzuordnen (siehe Org A oben).

Hat man diese Vorarbeit geleistet, könnte der nächste Schritt der Aufgabenbearbeitung darin bestehen, die gefundenen Darstellungen daraufhin zu untersuchen, ob und inwiefern sie sowohl einzelne Vertreter einer Äquivalenzklasse als auch die zugehörige Klasse repräsentieren können oder inwiefern nur jeweils einer dieser beiden mathematischen Objekttypen darstellbar ist. Mithilfe der fachdidaktischen Texte wäre

---

[4]Somit ist das EIS-Prinzip nicht nur Veranstaltungsinhalt, sondern auch Teil unserer eigenen Didaktischen Organisation.

es möglich gewesen, diesen zweiten Teil des Lernziels sinngemäß so umzuformulieren: „Welche Darstellungsweisen/-elemente bilden ausschließlich eine Bruchzahl, welche ausschließlich einen einzelnen Bruch ab, und welche können beides gleichzeitig erfassen?"

Zur Beantwortung dieser Frage liegt folgender Gedanke nahe:

Wenn man sich vergegenwärtigt, dass in einer spezifischen Äquivalenzklasse zu liegen, eine gemeinsame Eigenschaft aller Brüche dieser Klasse darstellt, so könnte man erwarten, dass diese als konstantes Element in einer Darstellung auftritt, die in der Lage sein soll, auf die Klasse als Ganzes zu verweisen. Betrachten wir hierzu Abb. 12.1. In dieser ikonischen Darstellung (die Darstellung soll hierbei alle drei Quadrate umfassen) ist der Anteil an farbiger Fläche von einer Zeichnung zur nächsten gleich bleibend, während sich die Unterteilung in Vierecke gleicher Größe durch schwarze Linien von einem Quadrat zum nächsten ändert. Man kann diesbezüglich formulieren, dass die Bruchzahl bzw. Äquivalenzklasse (anschaulich auch *der Wert* des Bruches) in der Darstellung eine (visuelle) Repräsentation – nämlich den farbigen Flächenanteil – besitzt, während die Unterteilungen durch die schwarzen Markierungen (aber immer im Zusammenspiel mit der Einfärbung) einzelne Repräsentanten anzeigen. Mit Blick auf unsere Aufgabe ist diese Darstellungsweise demnach in der Lage, sowohl einen Bruch/Repräsentanten als auch eine Bruchzahl/Äquivalenzklasse abzubilden.

Über ein Repräsentations- bzw. Symbolsystem hingegen, das jeder Bruchzahl genau eine Repräsentation bzw. genau ein Symbol zuordnet, könnte man sagen, dass es Bruchzahlen darstellen kann, aber keine Brüche. Dies wäre z. B. der Fall bei der Dezimaldarstellung von Bruchzahlen ohne Neunerenden, denn hier gibt es genau ein Symbol für jede Bruchzahl. Als Repräsentations- bzw. Symbolsystem, das in gewissem Sinne nur Brüche abbildet, würden wir als Beispiel die symbolische Bruchschreibweise (ohne das Anwenden von Kürzen und Erweitern) vorschlagen. In dieser Schreibweise existiert zunächst kein gesondertes Symbol für die Äquivalenzklasse. Erst die Hinzunahme der Handlungen des Kürzens und Erweiterns zu diesem Repräsentationssystem lässt etwa eine Einigung auf Kernbrüche als *Namen der Äquivalenzklasse* zu.

Die bis hier erläuterten Gedankengänge zur Aufgabenbearbeitung stellen eine mögliche gute Lösung der gestellten Aufgabe zur Darstellung von Bruchzahlen dar. Unsere Erwartung war, dass jemand, der ein gutes Verständnis des Konzepts Äquivalenzrelation hat, die Aufgabe so oder so ähnlich lösen würde. Gleichzeitig vermuteten wir jedoch, dass ein großer Teil unserer Studierenden Schwierigkeiten mit Org 1 haben würde, sodass sich Anlässe für Diskussionen auftun würden.

Abschließend sei noch ein kleiner Kommentar in Bezug auf unsere Bearbeitungsziele erlaubt: Da die Aufgabe keine fachmathematische ist, kann eine (mathematisch) korrekte Lösung nicht das alleinige Ziel einer Bearbeitung sein. Allerdings bestehen wir darauf, dass jegliche Mathematik, die in einer Lösung herangezogen wird, auch korrekt wiedergegeben wird.

12.4.4 Zum Diskussionspotenzial im Rahmen der „Lernaktivitäten"

Auf fachdidaktischer Ebene sollte für die verschiedenen Bedeutungen von Darstellungen, deren Wechsel und die ggf. damit verbundenen Verständnisschwierigkeiten sensibilisiert werden. Da die folgenden Gedankengänge weder in der bereitgestellten Literatur geäußert noch explizit in der Aufgabenstellung adressiert wurden, wurden sie, wenn möglich, in den Übungen durch die Übungsleiter thematisiert.

Über die Bearbeitung der Aufgabenstellung konnte zum einen erkannt werden, dass Lerner nicht ohne Weiteres von einer herkömmlichen symbolischen Bruchdarstellung auf die zugehörige Bruchzahl schließen können, sondern hierfür zunächst konkrete Aktivitäten notwendig sind, die ihrerseits als Darstellungen von Bruchzahlen gedeutet werden können. Hierzu gehören das Kürzen und das Erweitern sowie vergleichende ikonische Darstellungen verschiedener Ergebnisse dieser Handlungen. Bei dem Vergleich solcher Ergebnisreihen von Handlungsfolgen repräsentiert die gefundene Gemeinsamkeit dann die Bruchzahl. Erst wenn die Handlung bzw. Handlungsfolge abgeschlossen ist, lassen sich Aussagen auf Ebene der Bruchzahlen treffen. Streng genommen legt diese Interpretation der Darstellung einer Handlungsfolge immer auch einen symbolischen Anteil in die Darstellung hinein, weil das Weiterdenken der Handlungsfolge, z. B. aller möglichen Faltungen eines Papiers, selbst nicht abgebildet ist, sondern erst hineingelesen werden muss. Mit letzteren Überlegungen ist erfahrungsgemäß die obere Komplexitäts- bzw. Abstraktionsstufe dessen erreicht, was im Rahmen unseres Kurses an fachdidaktischen Inhalten gewinnbringend diskutiert werden kann.

Zum zweiten sollte die Aufgabe auf die Vermengung von Bruch und Bruchzahl in den verwendeten Darstellungsweisen sensibel machen. So kommt es etwa vor, dass Kernbrüche gleichzeitig als Bezeichnung für spezielle Brüche und für die zugehörigen Äquivalenzklassen verwendet werden. Hier ist in einem durch Handlung entstandenen Bild oder Symbol die herstellende Aktivität zwar auf Darstellungsebene ausgelöscht, aber nach wie vor implizit mitgedacht. Die behandelten Darstellungen liefern Mittel, um diese Aktivitäten bei Bedarf nochmals deutlich zu machen. Dies gelingt besonders gut bei ikonischen Repräsentationen, wo mit gestrichelten Linien und Bildfolgen gearbeitet werden kann (siehe Abb. 12.1 oben). Ähnliche Zweideutigkeiten in den Repräsentationen gibt es auch in der Universitätsmathematik. Um in bestimmten Kontexten Bruch von Bruchzahl zu unterscheiden, werden lokal eigene Notationen eingeführt. So kann für Brüche z. B. die Paarschreibweise eingeführt werden, während die übliche Bruchschreibweise für die Bruchzahl reserviert bleibt; oder es wird über dem Bruch ein Strich bzw. um den Bruch eine Klammer eingeführt, um die Bruchzahl und damit die Klasse anzuzeigen.

12.4.5 Weiterführendes inhaltliches Potenzial des Übungsblattes

Nun beleuchten wir die drei als Hilfestellung bzw. weiterführende Anregung gedachten Fragen (unter dem Lernziel), die in den Übungen aus Zeitgründen nicht alle behandelt werden konnten, sowie deren Potenzial. In zeitlich ausgedehnteren Veranstaltungen könnte und sollte u. E. diesen Fragen aber nachgegangen werden.

Frage 1: „Was ist die Menge, auf der die Äquivalenzrelation ,∼' definiert ist?"

Die Antwort soll hier in Vorlesungsunterlagen, Skripten bzw. Büchern nachgeschlagen und insbesondere die Gesamtkonstruktion der Äquivalenzrelation an diesem Beispiel nochmal vergegenwärtigt werden. Hierbei handelt es sich um u. E. einfache, im engeren Sinne der Universitätsmathematik zugehörige Techniken und Technologien.

Frage 2: „Wofür steht die Menge der Äquivalenzklassen? Warum möchte man diese betrachten?"

Im *universitären fachmathematischen Diskurs* stehen eine allgemeine Konstruktion und der Übergang von einer Halbgruppe zu einer Gruppe im Vordergrund[5], also die Schaffung eines reicheren algebraischen Gebildes, in dem „mehr möglich ist" und über das sich in der Folge auch mehr aussagen lässt. Eine Antwort dieser Art geht offenbar über die Erreichung des formulierten Lernziels unseres Blattes hinaus. Darüber hinaus besteht die grundsätzliche Frage, ob Studierende niedriger Semester überhaupt Zugang zu diesen fachmathematischen Bedeutungen hätten. In Einstiegsvorlesungen besteht das übliche Vorgehen darin, die für das Folgende geeignete Äquivalenzrelation zunächst definierend einzuführen, ohne in dem Moment Fragen der Sinnhaftigkeit oder Notwendigkeit zu thematisieren. Sinn gewinnt die Konstruktion im Wesentlichen dadurch, dass sie erlaubt, das jeweils gewünschte Objekt einzuführen. Mit Blick auf gängige Curricula (deutscher Universitäten) sind der fachlichen Behandlung obiger Fragestellungen im zweiten Semester somit enge Grenzen gesetzt.

Strebt man an, Studierenden diesen technologisch-theoretischen Diskursausschnitt näherzubringen, wäre eine Idee, problemorientiert vorzugehen. Etwa könnte man die Frage stellen, wie man seine Ausgangshalbgruppe in dem Kreuzprodukt identifizieren kann oder wie sich die Ausgangsverknüpfung auf dem Kreuzprodukt (naiv) fortsetzen ließe. Aufgaben von dieser Art wären am ehesten dem Schnittstellenansatz nach Bauer und Partheil (siehe Abschn. 12.3.1) zuzuordnen.

Im *fachdidaktischen Diskurs* sind Antworten naheliegender, die eine Verknüpfung schulbezogener Vorstellungen wie etwa *gleichwertige Brüche* in Beziehung mit dem mathematischen Konzept der Äquivalenzrelation setzen. Die Gleichwertigkeit kann etwa im Kontext unterschiedlicher Aktivitäten bei der Herstellung gleicher Längen (und damit gleicher Anteile) eingeführt werden: Ob ich eine Strecke/Länge in acht gleiche

---

[5]Beim Übergang von einer regulären und kommutativen Halbgruppe zu einer Abelschen Gruppe wird auf dem Kreuzprodukt bezüglich der Verknüpfung in der Halbgruppe eine Äquivalenzrelation eingeführt und nachfolgend wird die Verknüpfung in geeigneter Weise auf den durch die Äquivalenzrelation auf dem Kreuzprodukt erzeugten Objekten erweitert. Dabei muss insbesondere geprüft werden, dass die neue Verknüpfung wohldefiniert ist.

Teile aufteile und dann vier Teile davon betrachte oder ob ich die Strecke/Länge in zwei gleiche Teile aufteile und dann einen Teil betrachte, die entstandenen Strecken sind evidenterweise gleich lang. Eine Sicht wäre dann, dass die Äquivalenzrelation diejenigen Brüche (Folgen von Handlungen) miteinander identifiziert, welche gleiche Längen bedeuten (bzw. zu gleichen Längen führen). Und dieser Sachverhalt soll letztlich durch die (Bruch-)Zahlen ausgedrückt werden.

Frage 3: „Weiterführend: Was ist ‚der Wert eines Bruches' aus Sicht der Fachmathematik?"

Wurde Frage 2 adäquat bearbeitet, so ergäbe sich daraus zunächst unmittelbar die mögliche Antwort: „Der Wert eines Bruches wird durch die zugehörige Äquivalenzklasse verkörpert." Darüber könnte eine weitergehende Explizierung der schulischen Formulierung *Wert eines Bruchs,* etwa im Kontext verschiedener Bruchzahlaspekte wie Anteil, Division oder Größen, weitere (und in gewissem Sinne tiefere) Beziehungen herstellen, hier etwa Anteilsbildung vs. konkrete Gestalt der Äquivalenzrelation, Größen vs. Anwendung von Brüchen in der Physik (über Messvorgänge) sowie Division und Dezimaldarstellung vs. Erweiterung des Dezimalsystems (hier Festlegung auf Zehnerpotenzen im Nenner usw.). Praxeologisch scheint uns hier kein wirklich neuer Aspekt bemerkenswert zu sein.

12.5 Eindrücke aus den Studierendenbearbeitungen von 2018

In diesem Kapitel möchten wir einen Eindruck von den Studierendenbearbeitungen aus 2018 geben. Bei unserer Beschreibung gehen wir so vor, dass wir uns am Lösungsvorschlag (Abschn. 12.4.3) orientieren und nacheinander auf die dort angesprochenen Organisationen A, 1 und B eingehen, wobei wir vor allem Abweichungen von unserem Vorschlag in den Bearbeitungen thematisieren. Dabei werden wir zwischen den Lernaktivitäten in den Übungsgruppen und den nach den Übungsgruppensitzungen erstellten schriftlichen Ausarbeitungen unterscheiden.

Im Sommersemester 2018 wurden zu dem Aufgabenblatt „Verschiedene Darstellungsweisen von Bruchzahlen" sechs Lernaktivitäten abgehalten (eine davon durch eine der Übungsleiterinnen) und insgesamt 13 Ausarbeitungen abgegeben, wobei wir nur solche berücksichtigen, die mit „bestanden" bewertet wurden. In drei Fällen waren hierfür Überarbeitungen durch die Studierenden nötig.

12.5.1 Zu Organisation A: Fachdidaktisch reflektierte Schulmathematik

Im Rahmen der Lernaktivitäten gelang es allen Studierendengruppen, eine Reihe an Darstellungen von (konkreten) Brüchen/Bruchzahlen zusammenzustellen (Org A) und diesen im Sinne von Org 2 passende Kategorien des EIS-Schemas zuzuordnen.

Unter den schriftlichen Ausarbeitungen fanden sich vier, in denen nur oder stark überwiegend symbolische Darstellungen angesprochen wurden. Von diesen vier Abgaben erwähnten zwei das EIS-Prinzip überhaupt nicht (kein Gebrauch von Org 2), und drei der vier waren gleichzeitig diejenigen (von allen) Ausarbeitungen, die praktisch reine Textzusammenfassungen darstellten, ergo nicht den eigentlichen Arbeitsauftrag verfolgten.

Diese Beobachtung nahmen wir zum Anlass, die Erarbeitungsanforderungen unserer Veranstaltung nochmals zu explizieren und von anderen, möglicherweise aus dem schulischen Kontext übernommenen abzugrenzen.

12.5.2 Zu Organisation 1: Äquivalenzrelation

Bei der Durchführung der Lernaktivitäten kam es vor, dass das Konzept der Äquivalenzklasse zwar in dem Sinne korrekt wiedergegeben wurde, dass zum Beispiel eine Definition an die Tafel geschrieben und erklärt wurde. Häufig gelang es den Studierenden dann aber nicht, weiterführende Erläuterungen in eigenen Worten zu geben oder die allgemeine Definition an passenden Beispielen zu veranschaulichen. Vereinzelt wurde explizit durch Teilnehmende verbalisiert, dass trotz der Vorbereitung anhand der Literatur und unserer Vorlesung der Zusammenhang zwischen dem Begriff Äquivalenzrelation und dem Thema Bruchzahlen unklar geblieben war. Daher wurden in einzelnen Übungsgruppen Teile der mit dem Äquivalenzbegriff verbundenen Praxeologien wiederholt (etwa das Erstellen einer konkreten Äquivalenzklasse zur gegebenen Menge und Relation).

Die schriftlichen Ausarbeitungen stellten sich in Bezug auf Org 1 als heterogen heraus. In einer Arbeit wurde das fachliche Konzept überhaupt nicht dargestellt. Unter den anderen zwölf Bearbeitungen gab es vier leistungsstarke, die alle sowohl das allgemeine Konzept der Äquivalenzrelation als auch die spezifische Relation „~" auf der Menge der Brüche verständig erklärten. Unter diesen vier Bearbeitungen fanden sich eine rein verbale Erläuterung sowie ein Nachweis der Eigenschaften einer Äquivalenzrelation. Auf der leistungsschwächeren Seite kamen manchmal bloß allgemeine Definitionen vor und zwei Bearbeitungen verwendeten Fachvokabular fehlerhaft.

Diese Beobachtungen in Bezug auf Org 1 verweisen auf eine allgemeine Schwierigkeit: In den Fachvorlesungen behandelte Inhalte können in frühen Semestern (noch?) nicht vorausgesetzt werden und müssen deshalb in gewisser Ausführlichkeit und mit Bezug zum konkreten mathematischen Gegenstand (hier Bruchzahlen) im Rahmen fachdidaktischer Veranstaltungen wiederholt werden, um sie dann auch für fachdidaktische Diskurse verfügbar zu machen. Möglicherweise ergeben sich aber gerade aus einer Wiederholung im Bereich Didaktik besondere Chancen, das Verständnis des Faches zu vertiefen (etwa im Sinne von Bauer 2013, S. 1, Ziel A: „Grundvorstellungen aufbauen und festigen").

12.5.3 Zu Organisation B: Verknüpfung der Organisationen 1 und A

In Bezug auf die Verknüpfung der Organisationen 1, 2 und A beobachteten wir eine ganze Reihe an Abweichungen von unserem Lösungsvorschlag. Diese sollen im Folgenden zunächst einfach aufgelistet werden.

I) Äquivalenzklasse wird nicht als Objekt (Zahl) erkannt

Eine Interpretation des Lernziels, die wir so nicht antizipiert hatten, welche die Studierenden aber in drei von sechs Übungssitzungen favorisierten, war eine Deutung wie folgt: Eine Äquivalenzklasse zur Relation „$\sim$" wird dargestellt, wenn durch die Darstellung ein Verfahren angedeutet wird, über das (theoretisch) alle Elemente der Äquivalenzklasse erzeugt werden können. Die Darstellung einer Äquivalenzklasse legt also den gesamten Inhalt der Menge offen bzw. bildet alle Vertreter der Klasse gleichsam gleichzeitig ab. Diese Sichtweise trat nicht nur während drei der Lernaktivitäten zutage, sondern auch in Einzel- und Gruppengesprächen mit Veranstaltungsteilnehmern außerhalb der Veranstaltung und in einer Ausarbeitung. Dieser Ansatz wirft einerseits die Frage nach dem genauen Inhalt einer Äquivalenzklasse auf, andererseits stellt die Konfrontation mit Dezimalbrüchen ein nicht unerhebliches Problem dar, das als Diskussionsanlass genutzt werden kann. Tatsächlich beobachteten wir in Bezug auf Dezimalbrüche diverse Reaktionen. Etwa fragten vereinzelte Studierende, ob die Dezimaldarstellung überhaupt „dazuzähle". Andere gaben an, Dezimalbrüche seien als Vertreter einer Äquivalenzklasse aufzufassen. Offenbar hatten diese Studierenden Schwierigkeiten bei der Interpretation des Objektes *Äquivalenzklasse* als *Zahl*.

II) Äquivalenzklassen als mögliche (schulische) Darstellung unter vielen

In vier studentischen Ausarbeitungen wurde das fachmathematische Konzept der Äquivalenzrelation als ein möglicher Weg der Einführung des Themas „Bruchzahlen" in der Schule bzw. als eine mögliche Art der Darstellung von Bruchzahlen anderen Ansätzen bzw. Darstellungen gleichwertig gegenübergestellt. Zum Teil verwarfen die Studierenden sodann Äquivalenzklassen als legitimen schulischen Ansatz mit Verweis auf deren hohe Abstraktheit. In diesem Zusammenhang entstand auf Dozierendenseite der Eindruck, dass diese Veranstaltungsteilnehmenden Bruchzahlen als Zahlen eine gewisse Form der Existenz (möglicherweise in platonischem Sinne) zuschrieben und sie insbesondere nicht mit Äquivalenzklassen identifizierten. Letztere sind in dieser Sicht nämlich „nur" eine weitere mögliche Darstellungsform für einen außerhalb der Fachmathematik existenten Sachverhalt. Eine solche Sichtweise beschreibt eine spezifische Einschätzung über das Verhältnis zwischen fachmathematischem und schulmathematischem bzw. didaktischem Diskurs und stellt auf subjektiv begründete Weise den Nutzen einer eingehenderen Beschäftigung mit dem für Lerner eher schwierigen Äquivalenzklassenbegriff im Rahmen des Lehramtsstudiums infrage.

III) Geltungshoheit des Fachdiskurses

Der Sichtweise II) steht eine stärker fachmathematische Interpretation entgegen, in der das zu lehrende Objekt (nämlich die rationalen Zahlen) mit seiner Äquivalenzklassen-beschreibung identifiziert wird. Die Frage „Was ist eine Bruchzahl?" kann man hier mit „Eine Äquivalenzklasse." beantworten. Nimmt man dies an, liegt es unmittelbar nahe, Eigenschaften des fachmathematischen Konzepts analysieren und mit schulischen Darstellungsweisen in Beziehung setzen zu wollen. Denn möchte man Bruchzahlen lehren, so möchte man ja im Kern Äquivalenzklassen behandeln, nur eben auf didaktisch angemessene Weise. Von diesem Standpunkt aus wird dem fachmathematischen Diskurs in dem Sinne Autorität eingeräumt, dass alles, was in der Schule gelehrt werden kann, ein fachmathematisches Äquivalent besitzt, das es zu konsultieren gilt, bevor man sich der didaktischen Transposition des Lerngegenstands in den schulischen Kontext widmet. Unter unseren Ausarbeitungen fanden sich vier Beispiele, die diese Interpretation zumindest vordergründig reproduzierten, indem sie feststellten, dass es notwendig sei, zunächst den mathematischen Hintergrund zu klären, bzw. dass es für die Klärung des Themas wichtig sei, eindeutige Begriffsdefinitionen einzuführen. Es bleibt in den Dokumenten jedoch weitgehend unklar, ob die Studierenden die Identifikation des zu lehrenden Gegenstands mit seinem fachlichen Äquivalent mathematisch vollständig nachvollziehen konnten.

IV) Konzept der Gleichwertigkeit/Prinzip der Klassenbildung

Drei Ausarbeitungen identifizierten Bruchzahlen zwar nicht mit Äquivalenzklassen und schienen dem fachmathematischen Diskurs auch keine Geltungshoheit einzuräumen, stellten aber fest, dass das Phänomen der Klassenbildung für Bruchzahlen didaktische Relevanz besitzt (mit Verweisen auf die „Gleichwertigkeitsbeziehung", das „Konzept der Gleichwertigkeit" oder das „Prinzip der Klassenbildung"). Diese Arbeiten legten den Fokus auf Informationen, die wir in Abschn. 8.4.5 unter „Frage 2" als dem fachdidaktischen Diskurs zugehörig kennzeichneten.

Unter allen 13 Ausarbeitungen wurde das Konzept der Gleichwertigkeit in acht Texten eingehender erwähnt. Drei Arbeiten verwiesen dabei auf die Umwandlung von Brüchen in Dezimalzahlen, um den Wert eines Bruches zu ermitteln. Dabei wurden Dezimalzahlen z. T. mit dem Wert des Bruches identifiziert.

V) Darstellungswechsel als Äquivalenzrelation

Eine weitere Sichtweise, die wir in zwei Ausarbeitungen vorfanden, bestand in der Argumentation, dass das Konzept der Äquivalenzrelation eine geeignete Beschreibung des Sachverhaltes der Existenz verschiedener Darstellungsweisen von Bruchzahlen (im Sinne von Org A) liefere und hierin eine bzw. die Beziehung zwischen dem Konzept der Äquivalenzrelation und Bruchzahlen bestünde. In diesen Arbeiten wurde beschrieben, dass eine Äquivalenzklasse verschiedene Darstellungen derselben Bruchzahl als Elemente enthalten könne und der Wechsel zwischen Darstellungen als Relation aufzufassen sei. Hier wurden offenbar der fachmathematische und der didaktische Diskurs auf unübliche Weise miteinander vermischt, indem Strukturen eines fachmathematischen Gegenstands einem Sachverhalt zugeschrieben wurden, der selbst Teil des didaktischen Diskurses ist. In diesen Ansätzen wurde keine Interpretation der Bedeutung einer Äquivalenzklasse gegeben. Ebenso blieb unklar, auf welcher Menge die behauptete Äquivalenzrelation definiert sein sollte.

12.5.4 Einige weitere Gedanken zu den Studierendenbearbeitungen

Wir würden unseren Versuch, mit der vorgestellten Aufgabe Designprinzip 1 umzusetzen, insofern als gelungen bezeichnen, als sich unserer Ansicht nach vor allem in den Ausarbeitungen zeigte, dass sich die Studierenden im Zuge der Aufgabenbearbeitung Gedanken über das Verhältnis zwischen der spezifischen wissenschaftlichen Org 1 und der alltagsnäheren Org A machten. Im Rahmen dieser Beschäftigung kam es zum Teil zu Schwierigkeiten im Umgang mit Org 1.

Diese Schwierigkeiten äußerten sich einerseits durch Phänomene wie die falsche Verwendung von Fachsprache oder Beobachtung V) oben. Da der Anteil an Studierenden mit massiven Problemen jedoch aus unserer Sicht akzeptabel gering ausfällt, halten wir es nicht für angemessen, den Inhalt generell als zu schwer für unsere Zielgruppe zu bewerten.[6]

Andererseits trat eine spezifische Schwierigkeit zutage, die zwar möglicherweise mit fachlichen Verständnisproblemen zusammenhängt, aber nicht auf diese reduzierbar ist. Und zwar meinen wir in Beobachtungen II) und III) unterschiedliche Arten der Legitimation von Org 1 zu erkennen. Dabei würden wir III) als Teil einer Art *fachmathematischen Grundhaltung* auffassen, die im Rahmen der Sozialisation in den fachmathematischen Diskurs im ersten Studienjahr erworben werden kann, während II) von dem großen Interesse mancher Studierender zeugt, in universitären Veranstaltungen für die Schule unmittelbar verwertbares Wissen zu erlernen (*Nutzendiskurs*). Dieses Interesse scheint recht verbreitet zu sein, denn es zeigt sich nicht nur in unserem Kurs in diversen Formen, sondern fakultäts- und standortübergreifend, etwa wenn Studierende fehlenden Praxisbezug monieren (siehe bspw. Wenzl et al. 2018). Im Fall unseres Arbeitsblattes brachte die auf eine spätere Verwertbarkeit gerichtete Legitimation der Inhalte (insbes. von Org 1) auf Studierendenseite Ansichten hervor, innerhalb derer auch ohne ein Verständnis des Äquivalenzklassenbegriffs die Handlungsmöglichkeiten

---

[6]Im Gegenteil könnte man Beobachtung I) im Sinne der APOS-Theorie (Arnon et al. 2013) so interpretieren, dass einige Studierende womöglich gerade vor der *encapsulation* des Konzepts der Äquivalenzklassen in ein Objekt stehen, und dieser Prozess könnte evtl. durch gezielte Diskussion in unserem Kurs erleichtert bzw. angestoßen werden.

einer Mathematiklehrkraft nicht als eingeschränkt adressiert werden.[7] Mit Blick auf bestimmte Lernmotivationen („um Lehrer zu werden") besteht in diesen Fall dann kein Grund zu einer inhaltlichen Auseinandersetzung mit Äquivalenzrelationen. Man kann also konstatieren, dass unser Veranstaltungsdesign offenbar Bedeutungsanordnungen adressiert, die manchen Studierenden subjektiv nicht relevant erscheinen. Die Diskrepanz zwischen subjektiver Relevanzeinschätzung und der institutionellen Bewertung bestimmter Inhalte stellt für Studierende eine institutionell-gesellschaftliche Widerspruchskonstellation dar (in der Form, dass eine externe Instanz – die Universität – auf die Möglichkeit einer eingeschränkten Handlungsfähigkeit im späteren Beruf bei Nichterlernen des angebotenen Lernstoffs hinweist). Ihre Bearbeitung weist Potenzial für Diskrepanzerfahrungen und damit verbundene Lernprozesse auf. Gleichzeitig besteht die Gefahr, dass mit Blick auf Lernen zur Verfügungserweiterung über Handlungsmöglichkeiten der Schluss, Äquivalenzrelationen kämen in der Schule nicht vor, zu einer (subjektiv begründeten) Abkehr vom Lerngegenstand Org 1 führen kann, da keine Handlungserweiterung durch Lernen mit Blick auf den späteren Beruf antizipiert wird.

12.5.5 Aus den Beobachtungen abgeleitete Weiterentwicklungen der Veranstaltung

Was die Weiterentwicklung der Veranstaltung anbelangt, konzentrieren wir uns auf die beobachteten mathematischen Schwierigkeiten sowie auf oben beschriebene Phänomene und Probleme bezüglich der Legitimation der Inhalte.

Um den Studierenden entgegenzukommen, die fachliche Schwierigkeiten mit Org 1 hatten, verbindet das Lehrmaterial ab 2019 explizit die (allgemeinen) Wissensbestände zur Äquivalenzrelation aus Fachvorlesungen mit den bruchzahlbezogenen aus der Mathematikdidaktik. Hierfür wird in einem eigens erstellten Lehrtext eine allgemeine Definition vorgestellt und dann erläutert, wie diese im Rahmen des konkreten Beispiels der Bruchzahlen angewendet wird. Der Lehrtext enthält auch Aufgaben und deren Lösungen.

In Bezug auf die Legitimation der Inhalte konnten wir feststellen, dass die Möglichkeit, im Rahmen unserer Veranstaltung eigene Lehre abzuhalten, von vielen Studierenden in dem Sinne positiv aufgenommen wird, dass dies als nützlich für die Berufsvorbereitung bewertet wird. Insofern sehen wir keinen Anlass, unser Übungsblatt

---

[7]Obwohl wir das oben beschriebene Argument, dass Äquivalenzrelationen in der Schule nicht vorkämen bzw. aufgrund ihrer Abstraktheit dort nichts zu suchen hätten, als kurzschlüssig bezeichnen würden, ist unserer Einschätzung nach zumindest die Verwendung der mit Org 1 verbundenen Symbolik im Rahmen der Planung schulischen Unterrichts tatsächlich nicht notwendig, sofern man im Sinne von Beobachtung IV) das Prinzip der Klassenbildung zumindest auf anschaulicher Ebene durchdrungen hat. Insofern möchten wir an dieser Stelle nicht aussagen, dass solche Argumentationen per se falsch seien.

bzw. die Organisation der Übungen auf methodischer Ebene abzuändern mit dem Ziel, die subjektiv wahrgenommene Relevanz zu erhöhen.

Auf inhaltlicher Ebene sahen wir diesbezüglich jedoch Möglichkeiten, durch eine Modifikation der für die Aufgabe zur Verfügung gestellten Materialien (Sommersemester 2018: Textausschnitte, siehe Abschn. 12.4.1) einige aus unserer Sicht interessante Aspekte des Themenkomplexes expliziter hervorzuheben. Bei diesen Aspekten handelt es sich unter anderem um die Erkenntnis, dass die hochschulmathematische Darstellung die einzige (naheliegende bzw. von uns behandelte) symbolische Darstellung ist, die sowohl die ganze Klasse als auch ihren Inhalt abbilden kann. Dies illustriert unserer Einschätzung nach die Mächtigkeit mathematischer Symbolik und liefert gleichzeitig ein Argument, warum Darstellungswechsel in der Schule sinnvoll sind – nämlich weil in der symbolischen Bruchdarstellung die Äquivalenzklasse, also der Wert nicht automatisch mit abgebildet ist, was das Heranziehen anderer Darstellungsweisen praktisch notwendig macht. Diese Punkte wurden 2018 zwar bereits in einigen Übungen diskutiert (siehe Abschn. 12.4.4), kamen ab 2019 aber dann in schriftlicher Form im neuen Lehrmaterial vor. Eine systematische Sichtung der Ergebnisse von 2019 steht noch aus.

12.6   Fazit und Ausblick

In diesem Beitrag wurde zunächst theoriebezogen unsere Herangehensweise bei der Entwicklung von Schnittstellenaufgaben für die Veranstaltung „Einführung in die Mathematikdidaktik" am Standort Hannover vorgestellt. Die Subjektwissenschaftliche Theorie des Lernens und die Anthropologische Theorie der Didaktik dienten dabei dazu, ausgewählte Beiträge zur Professionalisierung in der (Mathematik-)Lehrerbildung zu verknüpfen und auf dieser Grundlage veranstaltungs- und aufgabenbezogen Zielsetzungen (Abschn. 12.2.1) und Designprinzipien (Abschn. 12.2.2) zu formulieren. In einem zweiten Schritt wurden Vorschläge zum Thema „mathematische Schnittstellenaufgaben" und allgemeine Lehrwerke der Mathematik und Mathematikdidaktik herangezogen, um diese Zielsetzungen mit Blick auf ein spezifisches mathematikdidaktisches Themengebiet inhaltlich zu konkretisieren und eine zugehörige Aufgabe zu entwickeln, die eine mögliche Umsetzung von Designprinzip 1 im Rahmen unserer Veranstaltung darstellt.

Die in diesem Beitrag beschriebene Aufgabe hatte zum Ziel, über die Erarbeitung und den Vergleich verschiedener praxeologischer Organisationen (Abschn. 12.4.2) wissenschaftliche Erfahrungen dadurch zu begünstigen, dass Begründungsdiskurse, also technologisch-theoretische Diskurse im Sinne der ATD, adressiert wurden. Dabei zielten wir mit unserer Aufgabe primär auf fachliche Aspekte von Begründungen bezüglich Verknüpfungen des hochschulmathematischen Begriffs der Äquivalenzrelation (Org 1) mit Wissensbeständen einer fachdidaktisch reflektierten Schulmathematik (Org A) (siehe Abschn. 12.4.3). In den Studierendenbearbeitungen konnten dann Elemente weiterer Begründungsdiskurse identifiziert werden, die thematisch mit der Legitimation von

Org 1 als Lerninhalt der Mathematiklehrerausbildung zusammenhingen und uns Ideen für eine Verbesserung bzw. Erweiterung der Aufgabe und des zugehörigen Materials lieferten (Abschn. 12.5).

Unsere Beobachtungen zeigen, dass es prinzipiell möglich ist, durch geeignet konstruierte Aufgabenstellungen die Explizierung von Begründungen anzuregen und letztere auch in Aufgabenbearbeitungen zutage zu fördern. Hier sehen wir für die Mathematikdidaktik großes Potenzial. Fachdidaktische Lehre kann dafür genutzt werden, Begriffe so zu kontextualisieren, dass sie nicht bloß gegeneinandergesetzt (etwa im Rahmen zeitlich und räumlich getrennter Veranstaltungen), sondern in Aufgaben und deren Bearbeitungen an der Schnittstelle von Schulmathematik, Hochschulmathematik und Mathematikdidaktik verknüpft und dadurch integriert verhandelbar werden.

Aktualempirische Studien zur weiteren qualitativen Untersuchung subjektbezogener Lernprozesse in hierauf ausgelegten Lehr-Lern-Szenarien stellen einen nächsten notwendigen Schritt dar. Dabei gilt es, die Deutungen und Interpretationen unserer Beobachtungen aus den Übungsgruppen und anhand der Aufgabenbearbeitungen mit Blick auf unsere Ziele und die Anliegen der Designprinzipien weiter auszudifferenzieren und auf der Grundlage systematisch erhobener Daten empirisch zu substanziieren.

Literatur

Arnon, I., Cottrill, J., Dubinsky, E., Oktaç, A., Roa, S., Roa Fuentes, S., Trigueros, M., & Weller, K. (2013). *APOS theory – A framework for research and curriculum development in mathematics education*. New York: Springer.

Bachelard, G. (2002). *The formation of the scientific mind. A contribution to a psychoanalysis of objective knowledge*. Avon: The Bath Press.

Bass, H., & Ball, D. L. (2004). A practice-based theory of mathematical knowledge for teaching: The case of mathematical reasoning. In W. Jianpan & X. Binyan (Hrsg.), *Trends and challenges in mathematics education* (S. 107–123). Shanghai: East China Normal University Press.

Bauer, T. (2013). *Analysis – Arbeitsbuch. Bezüge zwischen Schul- und Hochschulmathematik – sichtbar gemacht in Aufgaben mit kommentierten Lösungen*. Wiesbaden: Springer Fachmedien.

Bauer, T., & Partheil, U. (2009). Schnittstellenmodule in der Lehramtsausbildung im Fach Mathematik. *Mathematische Semesterberichte, 56*(1), 85–103.

Baumert, J., & Kunter, M. (2006). Stichwort: Professionelle Kompetenz von Lehrkräften. *Zeitschrift für Erziehungswissenschaft, 9*(4), 469–520.

Bikner-Ahsbahs, A., & Prediger, S. (Hrsg.). (2014). *Networking of theories as a research practice in mathematics education*. Dordrecht: Springer.

Bosch, M. (2015). Doing research within the anthropological theory of the didactic: The case of school algebra. In S. J. Cho (Hrsg.), *Selected regular lectures from the 12th international congress on mathematical education* (S. 51–69). Basel: Springer International Publishing.

Brousseau, G. (2002). *Theory of didactical situations in mathematics. Didactique des Mathématiques, 1970–1990*. New York: Kluwer Academic Publishers.

Chevallard, Y. (1992). Fundamental concepts in didactics: Perspectives provided by an anthropological approach. In R. Douady & A. Mercier (Hrsg.), *Research in didactics of mathematics, selected papers* (S. 131–167). Grenoble: La Pensée Sauvage.

Chevallard, Y. (1999). L'analyse des pratiques enseignantes en théorie anthropologique du didactique. *Recherches en Didactique des Mathématiques (RDM), 19*(2), 221–266.

Chevallard, Y. (2002). Organiser l ' étude. 3. Ecologie & régulation. In J.-L. Dorier, M. Artaud, M. Artigue, R. Berthelot, & R. Floris (Hrsg.), *Actes de la XIe école d'été de didactique des mathématiques* (S. 41–56). Grenoble: La Pensée Sauvage.

Chevallard, Y. (2006). Steps towards a new epistemology in mathematics education. *Proceedings of the 4th Conference of the European Society for Research in Mathematics Education*, 21–30.

Chevallard, Y. (2019). Introducing the anthropological theory of the didactic: An attempt at a principled approach. *Hiroshima Journal of Mathematics Education, 12*, 71–114.

Combe, A., & Gebhard, U. (2009). Irritation und Phantasie. *Zeitschrift für Erziehungswissenschaft, 12*(3), 549–571.

Gueudet, G. (2008). Investigating the secondary–tertiary transition. *Educational Studies in Mathematics, 67*(3), 237–254.

Gueudet, G., Bosch, M., diSessa, A. A., Kwon, O. N., & Verschaffel, L. (2016). *Transitions in mathematics education*. Basel: Springer International Publishing.

Helsper, W. (2014). Lehrerprofessionalität – der strukturtheoretische Professionsansatz zum Lehrerberuf. In E. Terhart, H. Bennewitz, M. Rothland (Hrsg.), *Handbuch der Forschung zum Lehrerberuf*. Münster: Waxmann Verlag.

Hochmuth, R. (2018). A general scheme for a heterogeneous manifold of transitions. *6th International congress of anthropological theory of didactics*. Grenoble *(22nd–26th Jan. 2018)*.

Hochmuth, R. (2020). A General Scheme for a Heterogeneous Manifold of Transitions.*Educação Matemática Pesquisa: Revista do Programa de Estudos Pós-Graduados em Educação Matemática, 22*(4), 343-349.

Hochmuth, R., & Peters, J. (2020). About the "mixture" of discourses in the use of mathematics in signal theory. *Educação Matemática Pesquisa: Revista Do Programa de Estudos Pós-Graduados Em Educação Matemática, 22*(4), 454-471.

Hochmuth, R., & Schreiber, S. (2016). Überlegungen zur Konzeptualisierung mathematischer Kompetenzen im fortgeschrittenen Ingenieurwissenschaftsstudium am Beispiel der Signaltheorie. In A. Hoppenbrock, R. Biehler, R. Hochmuth, & H.-G. Rück (Hrsg.), *Lehren und Lernen von Mathematik in der Studieneingangsphase* (S. 549–566). Wiesbaden: Springer Fachmedien.

Holzkamp, K. (1985). *Grundlegung der Psychologie*. Frankfurt/Main: Campus Verlag.

Holzkamp, K. (1995). *Lernen: Subjektwissenschaftliche Grundlegung*. Frankfurt/Main: Campus Verlag.

Ittner, H., & Ludwig, J. (2019). Bedeutungs-Begründungs-Zusammenhänge des künstlerisch-pädagogischen Handelns. In J. Ludwig & H. Ittner (Hrsg.), *Forschung zum pädagogisch-künstlerischen Wissen und Handeln* (S. 43–72). Wiesbaden: Springer Fachmedien GmbH.

Kirsch, A. (1980). Zur Mathematik-Ausbildung der zukünftigen Lehrer – im Hinblick auf die Praxis des Geometrieunterrichts. *Journal für Mathematik-Didaktik, 1*(4), 229–256.

Liebendörfer, M. (2018). *Motivationsentwicklung im Mathematikstudium. Studien zur Hochschuldidaktik und zum Lehren und Lernen mit digitalen Medien in der Mathematik und in der Statistik*. Wiesbaden: Springer Spektrum.

Ludwig, J. (2003). Kompetenzentwicklung als reflexiver Selbstverständigungsprozess. In A. Bolder, R. Dobischat, & W. Hendrich (Hrsg.), *Heimliche Kompetenzen. Jahrbuch Arbeit und Bildung*. https://www.pro-jekt-be-online.de/veroeffentlichungen/pdf/kompetenzentwicklungselbst.pdf. Zugegriffen: 22. Apr. 2020.

Markard, M. (2009). *Einführung in die Kritische Psychologie*. Hamburg: Argument Verlag.

Oevermann, U. (2002). *Klinische Soziologie auf der Basis der Methodologie der objektiven Hermeneutik: Manifest der objektiv hermeneutischen Sozialforschung.* Frankfurt/Main. https://publikationen.ub.uni-frankfurt.de/frontdoor/index/index/docId/4958. Zugegriffen: 28.04.2020

Oevermann, U. (2004). Sozialisation als Prozess der Krisenbewältigung. In D. Geulen & H. Veit (Hrsg.), *Sozialisationstheorie interdisziplinär* (S. 155–181). Stuttgart: Lucius & Lucius.

Padberg, F. (2009). *Didaktik der Bruchrechnung* (4. Aufl.). Heidelberg: Springer Akademischer Verlag.

Padberg, F., Danckwerts, R., & Stein, M. (1995). *Zahlbereiche – Eine elementare Einführung.* Heidelberg: Spektrum Akademischer Verlag.

Padberg, F., & Wartha, S. (2017). *Didaktik der Bruchrechnung* (5. Aufl.). Berlin: Springer Spektrum.

Prediger, S. (2013). Unterrichtsmomente als explizite Lernanlässe in fachinhaltlichen Veranstaltungen. Ein Ansatz zur Stärkung der mathematischen Fundierung unterrichtlichen Handelns. In C. Ableitinger, J. Kramer, & S. Prediger (Hrsg.), *Zur doppelten Diskontinuität in der Gymnasiallehrerbildung* (S. 151–168). Wiesbaden: Springer Fachmedien.

Prediger, S., & Hefendehl-Hebeker, L. (2016). Zur Bedeutung epistemologischer Bewusstheit für didaktisches Handeln von Lehrkräften. *Journal für Mathematik-Didaktik, 37*(1), 239–262.

Ruge, J., Khellaf, S., Hochmuth, R., & Peters, J. (2019a). Die Entwicklung reflektierter Handlungsfähigkeit aus subjektwissenschaftlicher Perspektive. In S. Dannemann, J. Gillen, A. Krüger, & Y. von Roux (Hrsg.), *Reflektierte Handlungsfähigkeit in der Lehrer*innenbildung – Leitbild, Konzepte und Projekte.* Berlin: Logos Verlag.

Ruge, J., Peters, J., & Hochmuth, R. (2019b). A Reinterpretation of Obstacles to Teaching. In J. Subramanian (Hrsg.), *Proceedings of the Tenth International Mathematics Education and Society Conference.* Hydarabad, India.

Schadewaldt, W. (1979). *Die Anfänge der Philosophie bei den Griechen.* Frankfurt a. M.: Suhrkamp.

Wenzl, T., Wernet, A., & Kollmer, I. (2018). *Praxisparolen. Dekonstruktionen zum Praxiswunsch von Lehramtsstudierenden.* Wiesbaden: Springer VS.

Wittmann, E. (1981). *Grundfragen des Mathematikunterrichts* (6. Aufl.). Wiesbaden: Vieweg.

Zech, F. (2002). *Grundkurs Mathematikdidaktik – Theoretische und praktische Anleitungen für das Lehren und Lernen von Mathematik* (10. Aufl.). Basel: Beltz Verlag.

Teil III
Mathematikvorkurse als Brücke in das Studium

Mathematikvorkurse als Brücke in das Studium – Einführung

13

Rolf Biehler

Zusammenfassung

Es wird die Rolle von Vorkursen für die Erleichterung des Übergangs in ein mathematikhaltiges Studium beschrieben und in die bildungspolitische Diskussion zum Übergang Schule-Hochschule eingeordnet. Die Entwicklung unterschiedlicher Vorkurskonzepte innerhalb und außerhalb des khdm wird aufgezeigt sowie die Bemühungen des khdm um die Vernetzung und theoretische Fundierung der Vorkurskonzepte und ihrer Evaluation.

Mathematische Vor- und Brückenkurse sind in Deutschland schon länger ein wichtiges Element, um Studierenden den Übergang von der Schule zur Hochschule zu erleichtern. Die grundsätzliche Problematik dieses Übergangs ist nicht neu. Sie stellt sich aber in jeder historischen Situation immer wieder anders. Ein frühes Beispiel ist das „Mathematische Vorsemester", das 1970 und 1971 an der Reformuniversität Bielefeld im Medienverbund (mit Präsenzanteilen) entwickelt wurde. Das Vorsemester richtete sich ausschließlich an zukünftige Studierende der Mathematik mit Abschluss Diplom oder Lehramt Gymnasium. Es ging nicht um die Wiederholung oder Aktivierung schulmathematischen Wissens, sondern darum, in die Hochschulmathematik einzuführen. Mengensprache und formale Logik, der schrittweise Aufbau des Zahlsystems auf Basis der Mengenlehre und die Boolesche Algebra als ein Beispiel für eine (überschaubare) formal-axiomatische Theorie standen im Fokus (Universität Bielefeld 1971). Mittlerweile haben sich die Zielsetzungen adressatenbezogen ausdifferenziert.

R. Biehler (✉)
Institut für Mathematik, Universität Paderborn, Paderborn, Deutschland
E-Mail: biehler@math.upb.de

© Springer-Verlag GmbH Deutschland, ein Teil von Springer Nature 2021
R. Biehler et al. (Hrsg.), *Lehrinnovationen in der Hochschulmathematik*,
Konzepte und Studien zur Hochschuldidaktik und Lehrerbildung Mathematik,
https://doi.org/10.1007/978-3-662-62854-6_13

In der aktuellen Diskussion des Jahres 2020 spielen schulmathematische Defizite der Studienanfängerinnen und -anfänger, und das vor allem in den Wi-INT-Fächern (Wirtschaftswissenschaften, Informatik, Naturwissenschaften, Technik), eine zentrale Rolle. Abbruchquoten in den Wi-INT-Fächern, für die insbesondere die Schwächen der Studierenden in der Mathematik verantwortlich gemacht werden, stellen eine von den Hochschulen zu bearbeitende Herausforderung dar, und zwar nicht nur für die Gestaltung von Vorkursen, sondern auch für die Umgestaltung der mathematikbezogenen Lehre im ersten Studienjahr. Auch außerhalb der Wi-INT-Fächer haben die mathematischen Anforderungen tendenziell zugenommen. Ein Beleg für diese These ist, dass sehr viele Fächer der Hochschulen in NRW das Portal www.studicheck.nrw nutzen, um die mathematischen Anforderungen an ihre Studienanfänger zu spezifizieren. Umgekehrt können Studieninteressierte für bestimmte Studiengänge die geforderten Mathematikkenntnisse testen und bei festgestellten Defiziten werden sie auf den digitalen Mathematikvorkurs studiVEMINT verwiesen (www.studiport.de, https://go.upb.de/studivemint). Alternativ können sie das Angebot des Online-Brückenkurses Mathematik (www.ombplus.de) in Anspruch nehmen.

Von diesen Defiziten in Bezug auf Kenntnisse, Verstehensleistungen und Fertigkeiten in Mathematik sind weitaus mehr Studierende betroffen als beim Fachstudium Mathematik, wiewohl auch in letzterem die Notwendigkeit der Brückenbildung eher zugenommen hat. Auch in diesem Studium wird deutlich, dass sich die Schulmathematik weiter von der Hochschulmathematik entfernt hat. Ein zentraler Grund dafür ist, dass die Schule einen wachsenden Anteil einer Schülerkohorte zu einem allgemeinbildenden Abschluss führen muss (Blömeke 2016).

Es gilt unterschiedliche Ansätze zu spezifizieren, was die Schule leisten kann und soll, was die Hochschulen erwarten, welche Maßnahmen welche der beiden Seiten ergreifen kann und sollte – und welche Rolle dabei Vorkurse spielen können und sollen. Unter Vorkursen sind dabei Unterstützungsangebote zu verstehen, die vor Studienbeginn als Präsenz- oder E-Learning-Veranstaltungen an den jeweiligen Hochschulen angeboten werden oder als jederzeit zugreifbare digitale Vorkurse verfügbar sind.

Die Diskussion ist teilweise kontrovers, aber die drei Fachverbände DMV, GDM und MNU haben hierzu mehrere gemeinsame Stellungnahmen publiziert (https://www.mathematik-schule-hochschule.de/stellungnahmen/aktuelle-stellungnahmen.html). In der jüngsten Stellungnahme werden 19 Maßnahmen auf verschiedenen Ebenen (Schule, Hochschule, Brücken- und Vorkurse, „nulltes Semester") vorgeschlagen. Man kann von unterschiedlichen Lösungen des „Spezifizierungsproblems von Anforderungen an Studienanfängerinnen und Studienanfänger" (Biehler 2018) sprechen. Einflussreich in diesem Diskurs waren und sind der Anforderungskatalog der cosh-Gruppe (cosh cooperation schule:hochschule 2014), der Ansatz des MNU „Grundlegendes Wissen und Können am Ende der Sekundarstufe II: Zentrale Begriffe und Verfahren beherrschen und verstehen" (Pinkernell et al. 2017) und die auf einer umfangreichen repräsentativen Befragung von Hochschullehrenden beruhende malemint-Studie (Neumann et al. 2017; Pigge et al. 2017). Ein Konzept, um die

Anforderungen der Bildungsstandards (KMK 2012) mit Anforderungen der Hochschule abzugleichen, hat außerdem die IGeMa-Gruppe in Niedersachsen entwickelt (Niedersächsisches Kultusministerium & Niedersächsisches Ministerium für Wissenschaft und Kultur 2019).

Vorkurse operieren in diesem Anforderungsbereich für Unterstützungsansätze und gleichzeitig im Spannungsfeld zwischen Schule und Hochschule. Von Beginn an waren Mathematikvorkurse ein wichtiges Thema des khdm, und Erfahrungen im Bereich der Brückenkurse bildeten einen der Bausteine bei der erfolgreichen Einwerbung von Drittmitteln der Volkswagen Stiftung und der Stiftung Mercator für die Gründung des khdm im Jahre 2010. Bereits 2003 war das VEMA-Projekt (Virtuelles Eingangstutorium Mathematik) ins Leben gerufen worden (heute VEMINT, www.vemint.de), in dem seither multimediale Vorkursmaterialien für Blended-Learning-Szenarien entwickelt und erforscht werden – auch nach Gründung des khdm weiterhin zusammen mit der TU Darmstadt (Bausch et al. 2014b; Biehler et al. 2012, 2014). Eine umfassende theoretische Fundierung und Evaluation des VEMA-Vorkurses mit seinen unterschiedlichen Blended-Learning-Szenarien hat Fischer (2014) vorgelegt. Hinsichtlich der zu fördernden mathematischen Kompetenzen wurden die Facetten „rechnerisch-technische Kompetenz", „Verständnis", „Anwenden (inner- und außermathematisch)" und „Fehlerdiagnose" zugrunde gelegt und von vornherein eine zu enge Festlegung auf rechnerisch-technische Kompetenzen in Vorkursen vermieden. Material wurde für alle mathematikhaltigen Studiengänge entwickelt und für Vorkurse, die sich an spezifische Adressatengruppen richteten, spezielle Modulempfehlungen, was die Inhalte und die mathematischen Kompetenzen angeht. Aus VEMINT hat sich der frei zugängliche Vorkurs studiVEMINT (https://go.upb.de/studivemint) und, darauf aufbauend, das laufende Projekt studiVEMINTvideos entwickelt, im dem passende Erklärvideos als Anreicherung des Materials entwickelt werden (https://www.khdm.de/ag-vor-math/studivemintvideos/). Hierzu finden sich in den Kap. 14, 15 und 16 dieses Bandes Beiträge, die das Design, die verwendeten Lehr-Lern-Szenarien und empirische Begleit- und Evaluationsstudien thematisieren.

Ein Anliegen des khdm war von Beginn, Vorkursaktivitäten in Deutschland zu vernetzen und den praktischen Austausch zu Design, Evaluation und theoretischer Fundierung von Vorkursen zu fördern. Die erste nationale Arbeitstagung des khdm hatte Vorkurse als das zentrale Thema (Bausch et al. 2014a). Und auch auf der zweiten nationalen Arbeitstagung (Hoppenbrock et al. 2013, 2016) stellte der Austausch zu Vorkursen einen zentralen Punkt dar.

Es erwies sich aber als sinnvoll, theoretische Konzepte zu entwickeln, um die unterschiedlichen Ansätze der vorhandenen Vorkurse besser einordnen und vergleichen zu können. Ein Ansatz in diese Richtung mithilfe der Anthropologischen Theorie der Didaktik (ATD) wurde von Biehler und Hochmuth (2017) vorgelegt, mit der es gelingt, unterschiedliche mathematische Praxeologien in verschiedenen Institutionen unterscheidend zu charakterisieren und die jeweilige mathematische Epistemologie von Vorkursen zwischen der institutionalisierten Schul- und Hochschulmathematik herauszuarbeiten. Ein systematischer Zugang zur vergleichenden theoretischen Einordnung und empirischen Evaluation von Vorkursen und anderen Maßnahmen der

Studieneingangsphase wurde im WiGeMath-Projekt (Hochmuth et al. 2019) entwickelt und auf eine Auswahl von Vorkursen in Deutschland angewendet (Biehler et al. 2018).

Einordnung der Beiträge

In diesem Teil des Bandes werden in drei der fünf Kapitel Weiterentwicklungen der Vorkurse der VEMINT-Gruppe diskutiert. Das Online-Assessment und das individuelle Feedback für Mathematikaufgaben stellen eine große Herausforderung dar. Die üblichen Multiple-Choice-Aufgaben bilden nur unzureichend die Kompetenzen ab, die mit dem Vorkurs erreicht werden können. Allerdings hat bereits Fischer (2014) umfassende Vorschläge für Mathematikaufgaben für den VEMINT-Vorkurs vorgelegt auf Basis der technischen Möglichkeiten, die seinerzeit Moodle geboten hat. Seit einigen Jahren ist sowohl bei Vorkursen als auch in der Studieneingangsphase das Aufgabenentwicklungssystem STACK (Sangwin 2013) verbreitet, das mit einem Computeralgebrasystem im Hintergrund und einem Feedbacksystem ganz andere Aufgabentypen zu stellen gestattet. Der Artikel von Mai, Wassong und Becher (Kap. 14) zeigt auf, wie dieses Potenzial im Rahmen von VEMINT-Vorkursen genutzt wird.

Kap. 15 und 16 beziehen sich auf den Vorkurs studiVEMINT. Die Integration von Online-Materialien in einen Vorkurs, der im Wesentlichen als Präsenzkurs durchgeführt wird, stellt eine didaktische Herausforderung dar. Es ist bekannt, dass unverbindliche Hinweise auf Vertiefungs- und Übungsmöglichkeiten mit den Online-Materialien von den Studierenden oft nicht in angemessenem Umfang aufgegriffen werden. Hier setzt der Beitrag von Fleischmann, Biehler, Gold und Mai (Kap. 15) an. Darin wird aufgezeigt, wie man das Online-Material sowohl zur kognitiven Aktivierung als auch zur Erhöhung der methodischen Vielfalt während der Vorkursvorlesung gewinnbringend einsetzen kann. Dies kann auch für die Unterstützung des selbstregulativen Arbeitens der Studierenden an den Selbstlerntagen genutzt werden, wenn diese Tage geeignet strukturiert werden. Neben der Beschreibung des Designs des Lehr-Lern-Szenarios werden Evaluationsergebnisse berichtet, die aufzeigen, dass das Konzept bei Studierenden sehr gut ankam, wenn auch deren Engagement an Selbstlerntagen hinter den Erwartungen zurückblieb.

Eine zentrale Frage besteht ferner darin, wie denn Studierende an Selbstlerntagen im Detail mit den Online-Materialien arbeiten und wie viel Zeit sie in die verschiedenen Komponenten des Materials investieren, z. B. in Form von Erklärtexten, Interaktionen mit Visualisierungen oder interaktiven Aufgaben. Dies wurde in der Studie von Gold, Fleischmann, Mai, Biehler und Kempen (Kap. 16) untersucht. Um das selbstständige Lernen zu erfassen, wurden die Studierenden zu „begleiteten" Selbstlerntagen an die Universität eingeladen, wo ihre Lernprozesse mit dem studiVEMINT-Material unter Laborbedingungen aufgezeichnet wurden. Ferner wurden die Studierenden nach ihrer Lernerfahrung mit dem Material befragt.

In Kap. 17 wird von Hattermann, Salle, Bärtl und Hofrichter eine weitere empirische Studie aus dem mamdim-Projekt (Salle et al. 2021) im Kontext anderer Vorkurse vorgestellt. Dabei geht es um den Vergleich der Wirksamkeit und Akzeptanz unterschiedlicher multimedialer Lernformate, die in Vorkursen eingesetzt werden. Im Fokus dieses Artikels steht der Vergleich von Lernvideos und instruktionalen Texten, die am Beispiel von Themen aus der deskriptiven Statistik untersucht wurden. Bei der Gestaltung und Evaluation des Ansatzes spielten auch kontextuelle Bedingungen eine zentrale Rolle, vor allem welche fokussierenden Fragen für die Anleitung der Studierenden gestellt wurden und ob die Studierenden allein oder zu zweit arbeiteten.

In Kap. 18 stellen Ruge, Hochmuth, Frühbis-Krüger und Fröhlich ein semester-begleitendes Angebot vor, das auf Erfahrungen zu Vorkursen aufbaut, aber gezielt Studierende anspricht, die ohne allgemeine Hochschulreife an den ingenieur-mathematischen Lehrveranstaltungen teilnehmen. Studierende werden sowohl hinsicht-lich fachlicher Aspekte und Defizite unterstützt als auch im Hinblick auf die Vermittlung aufgabenbearbeitungsstrategischer Aspekte, da in diesen beiden Bereichen, bei inhalt-lichen sowie bei prozessbezogenen Kompetenzen, Unterstützungsbedarf herrschte. Im Beitrag wird das Design der Maßnahmen dargestellt, theoretisch begründet und hinsicht-lich des Erfolgs anhand von ersten Evaluationsdaten beurteilt.

Literatur

Bausch, I., Biehler, R., Bruder, R., Fischer, P. R., Hochmuth, R., Koepf, W., Schreiber, S., & Wassong, T. (Hrsg.). (2014a). *Mathematische Brückenkurse: Konzepte, Probleme und Perspektiven*. Wiesbaden: Springer Spektrum.

Bausch, I., Fischer, P. R., & Oesterhaus, J. (2014b). Facetten von Blended Learning Szenarien für das interaktive Lernmaterial VEMINT – Design und Evaluationsergebnisse an den Partneruni-versitäten Kassel, Darmstadt und Paderborn. In I. Bausch, R. Biehler, R. Bruder, P. R. Fischer, R. Hochmuth, W. Koepf, S. Schreiber, & T. Wassong (Hrsg.), *Mathematische Brückenkurse: Konzepte, Probleme und Perspektiven* (S. 87–102). Wiesbaden: Springer Spektrum.

Biehler, R. (2018). Die Schnittstelle Schule - Hochschule – Übersicht und Fokus. *Der Mathematik-unterricht, 64*(5), 3–15.

Biehler, R., Bruder, R., Hochmuth, R., Koepf, W., Bausch, I., Fischer, P. R., & Wassong, T. (2014). VEMINT – Interaktives Lernmaterial für mathematische Vor- und Brückenkurse. In I. Bausch, R. Biehler, R. Bruder, P. R. Fischer, R. Hochmuth, W. Koepf, S. Schreiber, & T. Wassong (Hrsg.), *Mathematische Brückenkurse: Konzepte, Probleme und Perspektiven* (S. 261–276). Wiesbaden: Springer Spektrum.

Biehler, R., Fischer, P. R., Hochmuth, R., & Wassong, T. (2012). Self-regulated learning and self assessment in online mathematics bridging courses. In A. A. Juan, M. A. Huertas, S. Trenholm, & C. Steegman (Hrsg.), *Teaching mathematics online: Emergent technologies and methodologies* (S. 216–237). Hershey, PA: IGI Global.

Biehler, R., & Hochmuth, R. (2017). Relating different mathematical praxeologies as a challenge for designing mathematical content for bridging courses. In R. Göller, R. Biehler, R. Hochmuth, & H.-G. Rück (Hrsg.), *Didactics of Mathematics in Higher Education as a Scientific Discipline – Conference Proceedings* (S. 14–20). Kassel: Universitätsbibliothek Kassel. https://nbn-resolving.de/urn:nbn:de:hebis:34-2016041950121

Biehler, R., Lankeit, E., Neuhaus, S., Hochmuth, R., Kuklinski, C., Leis, E., Liebendörfer, M., Schaper, N., & Schürmann, M. (2018). Different goals for pre-university mathematical bridging courses – Comparative evaluations, instruments and selected results. In V. Durand-Guerrier,

R. Hochmuth, S. Goodchild, & N. M. Hogstad (Hrsg.), *PROCEEDINGS of INDRUM 2018 Second conference of the International Network for Didactic Research in University Mathematics* (S. 467–476). Kristiansand, Norway: University of Agder and INDRUM.

Blömeke, S. (2016). Der Übergang von der Schule in die Hochschule: Empirische Erkenntnisse zu mathematikbezogenen Studiengängen. In A. Hoppenbrock, R. Biehler, R. Hochmuth, & H.-G. Rück (Hrsg.), *Lehren und Lernen von Mathematik in der Studieneingangsphase - Herausforderungen und Lösungsansätze* (S. 3–13). Wiesbaden: Springer Spektrum.

cosh cooperation schule:hochschule. (2014). *Mindestanforderungskatalog Mathematik (Version 2.0).* Quelle: https://lehrerfortbildung-bw.de/u_matnatech/mathematik/bs/bk/cosh/katalog/Zugriff 18.4.2021

Fischer, P. (2014). *Mathematische Vorkurse im Blended Learning Format - Konstruktion, Implementation und wissenschaftliche Evaluation.* Wiesbaden: Springer Spektrum.

Hochmuth, R., Biehler, R., Schaper, N., Kuklinski, C., Lankeit, E., Leis, E., Liebendörfer, M., & Schürmann, M. (2019). *Wirkung und Gelingensbedingungen von Unterstützungsmaßnahmen für mathmatikbezogenes Lernen in der Studieneingangsphase: Schlussbericht: Teilprojekt A der Leibniz Universität Hannover, Teilprojekte B und C der Universität Paderborn: Berichtszeitraum: 01.03.2015–31.08.2018.* Hannover: TIB Universitätsbibliothek.

Hoppenbrock, A., Biehler, R., Hochmuth, R., & Rück, H.-G. (Hrsg.). (2016). *Lehren und Lernen von Mathematik in der Studieneingangsphase - Herausforderungen und Lösungsansätze.* Wiesbaden: Springer Spektrum.

Hoppenbrock, A., Schreiber, S., Göller, R., Biehler, R., Büchler, B., Hochmuth, R., & Rück, H.-G. (2013). *Mathematik im Übergang Schule/Hochschule und im ersten Studienjahr - Extended Abstracts zur 2. khdm-Arbeitstagung.* Kassel: Universität Kassel. https://kobra.bibliothek.uni-kassel.de/handle/urn:nbn:de:hebis:34-2013081343293

KMK. (2012). Bildungsstandards im Fach Mathematik für die Allgemeine Hochschulreife (Beschluss der Kultusministerkonferenz vom 18.10.2012). https://www.kmk.org/fileadmin/veroeffentlichungen_beschluesse/2012/2012_10_18-Bildungsstandards-Mathe-Abi.pdf.Zugriff 10.2.2021

Neumann, I., Heinze, A., & Pigge, C. (2017). Welche mathematischen Lernvoraussetzungen erwarten Hochschullehrende für ein MINT-Studium? Eine Delphi-Studie. https://www.ipn.uni-kiel.de/de/das-ipn/abteilungen/didaktik-der-mathematik/forschung-und-projekte/malemint/malemint-studie. Zugriff 10.2.2021

Niedersächsisches Kultusministerium, & Niedersächsisches Ministerium für Wissenschaft und Kultur. (2019). *MINT in Niedersachsen. Mathematik für einen erfolgreichen Studienstart Basispapier Mathematik. Ergebnis des Institutionalisierten Gesprächskreises Mathematik Schule-Hochschule IGeMa.* Quelle: https://www.mint-in-niedersachsen.de/assets/MINT/Dokumente/IGeMa_Basispapier_Mathematik_MK_MWK_190401.pdf. Zugriff 10.2.2021

Pigge, C., Neumann, I., & Heinze, A. (2017). MaLeMINT Mathematische Lernvoraussetzungen für MINT-Studiengänge – Eine Delphi-Studie mit Hochschullehrenden – Ergebnisüberblick. https://www.ipn.uni-kiel.de/de/das-ipn/abteilungen/didaktik-der-mathematik/forschung-und-projekte/malemint/onlineveroeffentlichung. Zugriff 10.2.2021

Pinkernell, G., Elschenbroich, H.-J., Heintz, G., Körner, H., Langlotz, H., & Pallack, A. (2017). Grundlegendes Wissen und Können am Ende der Sekundarstufe II: Zentrale Begriffe und Verfahren beherrschen und verstehen. https://www.mnu.de/images/publikationen/Mathematik/MNU-BaKo-Papier_korr3.pdf. Zugriff 10.2.2021

Salle, A., Schumacher, S., & Hattermann, M. (Hrsg.). (2021). *Mathematiklernen mit digitalen Medien - Das Projekt mamdim.* Wiesbaden: Springer Spektrum.

Sangwin, C. (2013). *Computer aided assessment of mathematics.* Oxford: Oxford University Press.

Universität Bielefeld Fakultät für Mathematik Projektgruppe Fernstudium. (1971). *Mathematisches Vorsemester.* Berlin: Springer.

Über das Potenzial computergestützter Aufgaben zur Mathematik am Beispiel eines auf Blended Learning basierenden Vorkurses

14

Tobias Mai, Thomas Wassong und Silvia Becher

Zusammenfassung

Selbstdiagnose und Selbsteinschätzung sind wichtige Aspekte für das Gelingen von Lernprozessen zu mathematischen Themen. Dabei sind Rückmeldungen durch einen Lehrenden bzw. Lernbegleiter unerlässlich, da Lernende unter anderem das angestrebte Zielniveau zu Beginn eines Lernprozesses nicht selbst einschätzen können. In E-Learning-Kontexten sind solche Formen externen Feedbacks durch Außenstehende nur mittelbar möglich. Hier gilt es, alternative Optionen zu erarbeiten und zu entwickeln, z. B. durch automatisierte individuelle Rückmeldungen zu bereitgestellten Aufgaben. Die von Learning-Management-Systemen wie Moodle oder ILIAS angebotenen Aufgabenformate sind in ihrer diagnostischen Leistung und seitens ihres Feedbackpotenzials noch ausbaufähig. Zudem sind sie nur bedingt für mathematische Aufgabenstellungen geeignet. Aufgaben mit computergestützter Auswertung der Antworten, wie z. B. STACK sie ermöglicht, versprechen durch ihren Einsatz von Computeralgebrasystemen eine größere Bandbreite an Aufgabenformaten und Feedbackmöglichkeiten sowie eine deutlich verbesserte diagnostische Leistung. In diesem Beitrag wird dieses Potenzial an vielen Beispielen illustriert und zugleich kritisch reflektiert. Dazu wird der Einsatz von STACK im VEMINT-Vorkurs

T. Mai (✉) · T. Wassong
Institut für Mathematik, Universität Paderborn, Paderborn, Deutschland
E-Mail: tmai@math.upb.de

S. Becher
Institut für Produktentwicklung und Konstruktionstechnik, TH Köln, Köln, Deutschland
E-Mail: becher@khdm.de

© Springer-Verlag GmbH Deutschland, ein Teil von Springer Nature 2021
R. Biehler et al. (Hrsg.), *Lehrinnovationen in der Hochschulmathematik,*
Konzepte und Studien zur Hochschuldidaktik und Lehrerbildung Mathematik,
https://doi.org/10.1007/978-3-662-62854-6_14

in den vergangenen Jahren vorgestellt. Anhand dessen wird aufgezeigt, welche Rolle computergestützte Aufgaben in den komplexen Lehr-Lern-Szenarien eines Vorkurses einnehmen. Im Zuge dessen werden Chancen sowie Wirkungen des Einsatzes digitaler Aufgaben diskutiert.

14.1 Einleitung

Seit einiger Zeit erfahren multimediale Lernmaterialien eine zunehmende Verwendung und Beachtung. Dieses äußert sich bspw. bei der Diskussion zur Umsetzung klassischer Bücher als e-Books (König und Ebner 2012). Sobald mit einem digitalen Format gearbeitet wird, erschließen sich neue Umsetzungsmöglichkeiten für Inhalte. Reger Gebrauch davon wird im Bereich der Gestaltung von Vor- und Brückenkursen für Mathematik in MINT-Fächern bzw. WiMINT-Fächern gemacht. So setzt z. B. das viaMINT-Lernmaterial primär auf den Einsatz von Videos zur Vermittlung der Inhalte und setzt auf dieser Basis einen Online-Kurs zum Lernen von Mathematik um (Landenfeld et al. 2014). Als Beispiele für MINT-Brückenkurse sind neben dem viaMINT-Kurs (https://viamint.haw-hamburg.de) der Online Brückenkurs Mathematik des VE&MINT Projekts (https://www.ve-und-mint.de), der Online Mathematik Brückenkurs Plus (OMB+, https://www.ombplus.de), studiVEMINT (https://go.upb.de/studivemint) und VEMINT (https://vemint.de) zu nennen. Der studiVEMINT-Kurs stellt eine eigenständige Weiterentwicklung und Umstrukturierung des VEMINT-Kurses dar und ist online frei verfügbar. Durch den Einsatz solcher Lernmaterialien im Übergangsprozess der Lernenden von der Schule zur Hochschule ergeben sich unter anderem Wünsche nach einer bestmöglichen Eignung für selbstständiges E-Learning, womöglich direkt nach der Abiturprüfung sowie beim integrierten und begleitenden Einsatz in studienvorbereitenden Lehrveranstaltungen (Vorkursen). Darüber hinaus besteht auch der Wunsch, solche Materialien für Lernende begleitend zu ihren Studienverläufen anzubieten für den Fall, dass Lücken aus dem Bereich des Schulwissens im Rahmen von Veranstaltungen an der Hochschule auffallen.

Beim selbstregulierten Lernen (Konrad und Traub 2011, S. 8) mit multimedialen Lernmaterialien stehen (zukünftige) Studierende im Wesentlichen vor zwei verschiedenen Arten von Herausforderungen. Zum einen sind metakognitive Kompetenzen (Rapp 2014, S. 1023) gefordert, um den Lernprozess zu strukturieren und zu gestalten. Hier können Studierende durch gezieltes Training unterstützt werden, was sich letztlich auch auf die Zufriedenheit mit einem Vorkurs auswirken kann, wie Bellhäuser und Schmitz (2014) zeigen. Zum anderen ist die Bewältigung des inhaltlichen Pensums erforderlich und der effektive Umgang mit dem Lernmaterial selbst und dessen didaktischen Angeboten muss erlernt werden (Mai und Biehler 2017). An der Schnittstelle zwischen der metakognitiven Kompetenz und dem Lernen selbst liegt die Selbsteinschätzung der Lernenden bezüglich ihrer eigenen fachlichen Voraussetzungen, um das weitere Vorgehen reflektiert zu planen. Ibabe und Jauregizar (2010) kommen in ihrer Studie zu dem Schluss, dass die Nutzung von Materialien, die Selbsttests mit automatisiertem Feedback enthalten, sich positiv auf den Lernerfolg von Studierenden auswirkt. In der Literatur findet sich häufig die Bezeichnung Self-Assessment bzw. Online-Self-Assessment für Selbsttests dieser Art (vgl. Hasenberg und Schmidt-Atzert 2014, S. 10), die Lernende bei der Selbstein-schätzung unterstützen sollen. Calm et al. (2017) konnten unter dem Einsatz der Software Wiris Quizzes zur Gestaltung digitaler Mathematikaufgaben in Moodle feststellen, dass sich durch deren Einsatz sowohl der Anteil der Lernenden mit kontinuierlicher Nutzung der angebotenen Hilfen zur Selbsteinschätzung als auch der letztliche Erfolg bei den Klausuren, verglichen mit dem Erfolg in den vorangegangenen Semestern, deutlich ver-bessern ließ.

Neben diesem Einzelbeispiel gibt es noch eine Reihe weiterer Beispiele für den Einsatz von Online-Tools zur Selbsteinschätzung des eigenen Lernstandes. Das MINTFIT-Projekt der Hamburger Universitäten bietet ein Self-Assessment über die mathematischen Grundfertigkeiten an und verweist die Studierenden anschließend auf die Online-Kurse OMB+ und viaMINT, um festgestellte Defizite aufzuarbeiten. Beide Kurse bieten zusätzlich Aufgaben an, die automatisch ausgewertet werden und dem Lernenden ein Feedback geben. MINTFIT und viaMINT setzen dabei die später ein-gehend vorgestellte Software STACK ein. Auf der Plattform Studiport (https://www.studiport.de) wird kein übergreifender Test angeboten, sondern 13 thematisch ein-gegrenzte Tests, die passgenau zu den 13 Wissensbereichen des ebenfalls auf dieser Plattform angebotenen studiVEMINT-Kurses entwickelt wurden. Mit diesem Angebot können Lernende fehlende Vorkenntnisse gezielt aufdecken und bei Bedarf aufarbeiten. Der Online Brückenkurs aus dem VE&MINT-Projekt kommt sogar ohne Verbindung zu einem Server für die Nutzung der Self-Assessment-Komponenten aus (Haase 2016), wobei sowohl die Eingabe von einfachen Termen also auch komplexere Eingaben wie Fallunterscheidungen und deren Auswertung möglich sind. Mit zunehmender Häufig-keit werden digitale Mathematikaufgaben auch gezielt zur Ergänzung veranstaltungs-bezogener Lehrkonzepte von Dozierenden eingesetzt (z. B. Glasmachers et al. 2017).

Im Folgenden wird die die Rolle von Self-Assessments im VEMINT-Projekt erläutert, wobei ein Fokus auf dem Zusammenspiel mit dem Lernmaterial bei der Integration in die Präsenzlehre oder in E-Learning- bzw. Blended-Learning-Szenarien liegt. Dazu wird zunächst auf das VEMINT-Projekt und die dort angelegten Rahmenbedingungen für den Einsatz der dort entwickelten Self-Assessments eingegangen, bevor anschließend mehrere Beispiele für in der Praxis mit realistischem Aufwand umsetzbaren Auf-gaben vorgestellt werden. Deren didaktisches Potenzial wird eingehend erläutert und anschließend die Perspektiven digitaler Mathematikaufgaben mit STACK allgemein dis-kutiert.

14.2 Das VEMINT-Projekt

Das VEMINT-Projekt ist ein seit 2003 bestehendes Kooperationsprojekt von Expertinnen und Experten für Mathematik, Mathematikdidaktik und Hochschuldidaktik, in dem derzeit die Technische Universität Darmstadt, die Leibniz Universität Hannover, die Universität Kassel und die Universität Paderborn zusammenarbeiten. Ziel des Projekts ist die (Weiter-)Entwicklung von vielseitigen Online-Lernmaterialien für den Einsatz in Mathematikvorkursen (Biehler et al. 2012, 2014). Dabei unterstützt das Lernmaterial durch seinen strukturierten Aufbau sowohl dessen Einsatz in Blended-Learning-Szenarien als auch in der Präsenzlehre (Bausch et al. 2014). Auf welche Weise die interaktiven Lernmaterialien dies ermöglichen, wird im Folgenden näher ausgeführt.

14.2.1 Aufbau und Struktur des VEMINT-Kurses

Die Inhalte werden dreistufig strukturiert nach Kapiteln, Unterkapiteln und thematisch abgeschlossenen Lerneinheiten (Modulen) angeboten. Obwohl die Lerneinheiten jeweils in sich abgeschlossen sind, ergibt die Gliederung der Kapitel insgesamt eine Sortierung von Einstiegsthemen zu Beginn (die erste Lerneinheit behandelt die binomischen Formeln) hin zu spezifischeren Themen im späteren Verlauf (bspw. Differential- oder Vektorrechnung). In der aktuellen Version 6.2 des interaktiven Buches lauten die Kapitelüberschriften:

1. Rechengesetze
2. Logik
3. Potenzen
4. Funktionen
5. Höhere Funktionen
6. Analysis
7. Vektorrechnung
8. Lineare Gleichungssysteme
9. Stochastik

Derzeit umfasst das Skript ungefähr 1000 Seiten in der für den Druck optimierten PDF-Version. Dieser inhaltliche Umfang ist in 68 thematisch abgeschlossene Lerneinheiten gegliedert, die insbesondere auch Aufgaben sowie deren Musterlösungen enthalten. Hieraus wird durch die jeweiligen Dozenten je nach Einsatzzweck und Kurszielen eine Auswahl getroffen. Durch diese Selektionsmöglichkeiten ist das Lernmaterial für den Einsatz in Vorkursen zu verschiedenen Studienfächern geeignet. Lernende haben Zugriff auf ein Kurz- und ein Aufgabenskript als Alternative zum Online-Material, das über den Text hinaus viele Visualisierungen und interaktive Experimente enthält.

Jede Lerneinheit im interaktiven Buch orientiert sich an der folgenden Struktur:

1. Übersicht
2. Genetische Hinführung
3. Begründung/Interpretation/Herleitung
4. Anwendung
5. Fehler
6. Aufgaben
7. Information
8. Visualisierung
9. Ergänzungen

Damit finden Lernende stets eine vertraute Umgebung in den verschiedenen Lerneinheiten wieder. Aus inhaltlichen Gründen können einzelne Bereiche in einer Lerneinheit wahlweise entfallen.

Die Interaktivität des Materials wird dadurch erreicht, dass das komplette Material in digitaler Form verfügbar ist und verschiedene multimediale Formate integriert sind. Neben der Text- und Bildform werden Inhalte durch Videos, interaktive Aufgaben oder dynamische Applets dargestellt. Mit dynamischen Applets können Lernende durch systematische Veränderung von Parametern (anhand von Schiebereglern) Ergebnisse für verschiedene Parameterkonstellationen betrachten. Zudem ermöglichen Applets auch die Gestaltung dynamischer Lernumgebungen mit fokussierenden Arbeitsaufträgen.

Die Lernenden finden zu allen Aufgaben im Lernmaterial eine Musterlösung vor. Das interaktive Buch verbirgt diese Lösungen zunächst, sodass Aufgaben ohne Kenntnis ihrer Lösung bearbeitet werden können. Alle Lösungen sind jedoch auf Wunsch direkt im Kontext der Aufgabe verfügbar und aufrufbar.

Während der Arbeit mit dem interaktiven Buch wird der Lernfortschritt semiautomatisch erfasst. Die Lernenden können für alle Lernobjekte – das sind z. B. Aufgaben, Sätze, Beispiele oder interaktive Elemente im Material – ihren Lernfortschritt erfassen, indem sie die Lernobjekte als unbearbeitet, teilweise bearbeitet oder vollständig bearbeitet markieren. Das interaktive Buch unterstützt die Lernenden dabei, indem der Fortschritt entlang der Lernobjekte automatisch markiert wird. Diese Erfassung heißt semiautomatisch, da die endgültige Kontrolle über diese Erfassung und damit die Verantwortung für die Dokumentation des eigenen Lernens bei den Lernenden verbleibt. Beim Design des interaktiven Buches wurden Elemente für eine einfache Bedienbarkeit eingeführt. So ist jeder Bereich eines Moduls durch ein wiederkehrendes Icon repräsentiert, ebenso gibt es jeweils ein wiederkehrendes Icon für die unterschiedlichen Lernobjekte. Zudem haben Lernende zwei Möglichkeiten, eine Einführung in die Benutzung des Materials zu erhalten: Zum einen liegt dem interaktiven Buch eine Hilfe zur Bedienung des Systems bei. Zum anderen findet sich im ersten Modul des Lernmaterials eine interaktive Anleitung, die den Aufbau des Lernmaterials und dessen Bedienung erläutert. Das Besondere an der Anleitung besteht in der direkten Interaktion mit dem Lernmaterial und mit den Lernenden (Mai und Biehler 2017).

14.2.2 Integration in Learning-Management-Systeme (LMS)

Bei der Entwicklung der VEMINT-Lernmaterialien wurde darauf geachtet, dass eine nahtlose Integration in verschiedene, an Hochschulen übliche LMS wie Moodle oder ILIAS ermöglicht wird, um einen Wechsel zwischen Lernplattform und VEMINT-Materialien zu vermeiden.

Als wesentliche Maßnahme für die Integration in verschiedene LMS wurden daher die Voraussetzungen geschaffen, die einzelnen Lerneinheiten aus dem VEMINT-Kurs in SCORM[1]-Pakete zu unterteilen. Durch diese Einteilung können die gesamten Lernmaterialien direkt in ein LMS integriert werden, da das SCORM-Format standardisiert ist, sodass diese Art der Einbindung in der Regel unterstützt wird. Für das LMS Moodle wird zusätzlich ein Plug-in angeboten, welches ein Inhaltsverzeichnis zu einem Kurs erstellt, sodass die Lernenden schnell auf die für sie gerade relevanten Inhalte zugreifen können. Dozierende können durch die modulare Struktur eine Vorauswahl an Inhalten treffen und für ihre Studierenden den Kurs inhaltlich passgenau zu ihrem Vorkurskonzept gestalten. Über den Kurs hinausgehende oder nichtrelevante Inhalte können wahlweise ausgeblendet werden. Gleichzeitig stehen die Materialien den Lernenden auch zum Download digital als interaktives Buch oder statisch als PDF (als Voll-, Kurz- oder Aufgabenskript) zur Verfügung. Zusätzlich zu den Inhalten im interaktiven Buch ist es beim Einsatz des LMS Moodle möglich, zu den einzelnen Lerneinheiten Online-Self-Assessments anzubieten, welche die Studierenden beim selbstregulierten Lernen unterstützen oder von den Dozierenden in ihre didaktischen Konzepte integriert werden können. Im VEMINT-Material werden diese Self-Assessments als diagnostische Tests bezeichnet (Fischer 2014) und sind ausschließlich online verfügbar. Der folgende Abschnitt stellt diese eingehender vor.

14.2.3 Diagnostische Tests

Im Learning-Management-System verankert, bietet VEMINT zu (beinahe) allen Lerneinheiten diagnostische Tests für die Studierenden an. Um das selbstregulierte Lernen im Vorkurs zu unterstützen, werden diese Tests als Vortests und als Nachtests zu den Lerneinheiten angeboten (Fischer 2014). Alle Tests werden automatisch ausgewertet und

---

[1]SCORM (**S**harable **C**ontent **O**bject **R**eference **M**odel) wurde zum Austausch von Lerninhalten im Internet geschaffen und stellt einen Standard bereit, der den Einsatz entsprechend gestalteter Lerneinheiten in vielen Kontexten ermöglicht.

geben den Lernenden sofort ein Feedback über ihren Lernerfolg in Form der erreichten Gesamtpunktzahl sowie einer Bewertung aller Teilaufgaben eines Tests. Darüber hinaus wird nach der Abgabe eines Tests auch die Lösung der Aufgaben – je nach Kontext auch zusammen mit einem Lösungsweg – angegeben, sodass Lernende sich daran orientieren können, falls sie eine Aufgabe nicht lösen konnten. Anhand der Testergebnisse der Lernenden kann eine dreistufige Rückmeldung gegeben werden, ob und mit welcher Intensität sich der Lernende (nochmal) mit der zugehörigen Lerneinheit beschäftigen sollte. Für das weitere Lernen werden dabei in Verbindung mit den einzelnen Aufgaben gezielte Hinweise zum Weiterarbeiten gegeben. Grundlage für diese Hinweise ist das von VEMINT verwendete vierdimensionale mathematische Kompetenzmodell (Fischer 2014, S. 66 ff.), bestehend aus den Dimensionen rechnerisch-technische Kompetenz, Verständnis, Anwenden und Fehlerdiagnose sowie der besonderen Berücksichtigung dieser Dimensionen in spezifischen Bereichen einer Lerneinheit: Die rechnerisch-technische Kompetenz wird in den Bereichen *Info* und *Aufgaben* erarbeitet. Das Verständnis der Inhalte wird in den Bereichen *Genetische Hinführung* und *Begründung/ Interpretation/Herleitung* erarbeitet und durch die Bearbeitung einzelner Aufgaben vertieft. Die Kompetenz Anwenden ist Thema im Bereich *Anwendung*. Und die Kompetenz Fehlerdiagnose wird im Bereich *Fehler* entwickelt. Eine detaillierte Beschreibung des VEMINT-Kompetenzmodells findet sich z. B. in Fischer (2014, S. 66 ff.).

Durch das automatisierte Feedback wird das multimediale Lernmaterial um eine Facette erweitert, die den Lernenden durch ihren formativen, die Lerneinheit begleitenden Charakter zu mehr Kontrolle über ihre eigenen Lernprozesse verhilft und dabei gleichzeitig die Reflexion des eigenen Lernens anregen soll. Für die Studierenden erfüllt das Feedback der Tests primär eine Rückmeldefunktion. Es wird keine Benotung vorgenommen und die Lernenden behalten die volle Kontrolle über ihre zukünftigen Lernwege. Damit sind die diagnostischen Tests ein wichtiger Bestandteil des Lernangebots (vgl. Ibabe und Jauregizar 2010). Die diagnostischen Tests in VEMINT wurden kürzlich auf der Basis der Aufgabensoftware STACK wesentlich weiterentwickelt. Die neuen technischen Möglichkeiten und das damit erweiterte didaktische Potenzial der Tests werden in den folgenden Abschnitten dargestellt.

14.2.4 Integrationsmöglichkeiten für die Präsenzlehre

In Paderborn wurde seit 2014 ein Konzept entwickelt, wie das multimediale Lernmaterial in einen vierwöchigen Präsenzvorkurs in die Vorlesungen integriert werden kann. Grundlage dafür war die zuvor erfolgte Anpassung der Materialien für deren Verwendung auf mobilen Endgeräten. Anschließend wurde das Konzept umgesetzt und evaluiert. Im Präsenzvorkurs gab es jede Woche drei Präsenztage (je drei Stunden Vorlesung, zwei Stunden Übung) und zwei Selbstlerntage.

Ergänzend zur Verbindung der Präsenzlehre mit dem multimedialen Kurs von VEMINT wurden auch davon unabhängige Erweiterungen bzgl. klassischer Vorlesungen eingebracht. Durch ein Audience Response System (ARS) konnte der Dozent alle Teilnehmenden zur Partizipation an Hörsaalaktivitäten auffordern. So wurden u. a. mithilfe des ARS gemeinsam Mindmaps zum Einstieg in ein Thema erstellt oder Abstimmungen zu Aufgaben über fachliche Inhalte durchgeführt. Aus dem multimedialen Lernmaterial wurden ergänzend interaktive Applets zur Erkundung der Bedeutung von Parametern in Formeln oder zum geleiteten Entdecken von Gesetzmäßigkeiten eingesetzt. Ebenso wurde das Lernmaterial eingesetzt, um gezielt Phasen von Flipped-Classroom-Situationen herzustellen und so das Methodenrepertoire der Lehr-Lern-Situation zu erweitern. Die im vorherigen Abschnitt beschriebenen diagnostischen Tests wurden selektiv als Hausaufgaben an den Selbstlerntagen eingesetzt. Die Dozierenden können im Anschluss Statistiken zur Lösungsquote abrufen. Dies konnte in der darauffolgenden Vorlesung berücksichtigt werden, z. B. um gemeinsam mit den Studierenden zu diskutieren und reflektieren oder um einzelne Aufgaben aus den Tests, deren Lösung den Studierenden insgesamt weniger gut gelungen war, noch einmal aufzugreifen. Damit erlangen die diagnostischen Tests – über die Relevanz für das selbstregulierte Lernen hinaus – auch eine Bedeutung für das präsenzzentrierte Lernen im Vorkurs. Dieser sehr knappe Einblick in die grundsätzlichen Möglichkeiten eines Integrationskonzepts für die Präsenzlehre hat exemplarischen Charakter und basiert auf Kempen und Wassong (2017), die die genannten Aspekte ausführlicher erläutern und auch an konkreten Beispielen näher ausführen.

14.2.5 Weiterführende Hilfen in Ergänzung des Lernmaterials

Als Ergänzung zum Lernmaterial selbst werden den Lernenden im Vorkurs verschiedene Unterstützungsangebote gemacht, die das selbstregulierte Lernen unterstützen sollen. Dies ist notwendig, um die Studierenden durch die vorhandene Materialfülle nicht zu überfordern. Zugleich sind die Angebote als allgemeine Hilfestellung für ihr Studium zu verstehen, in dem sie eine stärkere Eigenverantwortung für ihr Lernen übernehmen müssen (z. B. Bellhäuser und Schmitz 2014). Kraft (1999, S. 835) folgend können wir die Unterstützungsangebote von VEMINT in verschiedene Gruppen einteilen.

Das VEMINT-Material ist für verschiedene Studiengänge konzipiert worden und entsprechend umfangreich, um die verschiedenen Anforderungen abzudecken. Da die Studierenden am Anfang ihres Studiums nicht einschätzen können, welche Module für ihren Studiengang relevant und welche weniger bedeutsam sind, wurden in Hinblick auf die Vorlesungen in der Eingangsphase des Studiums für die verschiedenen Studiengänge unterschiedliche Modulempfehlungen gegeben (*Lernzielbestimmung*). Darin werden die einzelnen Bereiche einer Lerneinheit in drei Kategorien farblich eingestuft: „unbedingt machen" (grün), „wichtig" (gelb) und „gut zu wissen" (orangefarben). Gleichzeitig wird durch Asteriske gekennzeichnet, inwieweit es sich dabei um Schulstoff, optionalen Schulstoff oder Inhalte, die in der Schule vermutlich nicht thematisiert wurden, handelt.

Der Bereich der *Lernorganisation und -koordination* wird durch einen wöchentlichen Stundenplan unterstützt. In diesem ist vorgesehen, zunächst die festen Termine der jeweiligen Woche einzutragen (*Lernkoordination*), um die möglichen Lernzeitfenster und die verfügbare Lernzeit festzustellen. Danach kann dort eingetragen werden, welche Lerneinheiten an welchem Tag und wie lange bearbeitet werden sollen. Mithilfe der Lerneinheitsempfehlungen und den Wochenstundenplänen können die Studierenden ihre Zeit während des Vorkurses strukturieren und erkennen, wie viel Zeit neben dem Kernprogramm für ergänzende Themen bleibt.

Zur *Lern(erfolgs)kontrolle* können die Studierenden sowohl die diagnostischen Nachtests als auch die zu jeder Lerneinheit bereitgestellten Checklisten einsetzen. Die Checklisten erfordern zwar die Selbsteinschätzung der Lernenden, dafür werden jedoch die Lerneinheiten jeweils differenzierter aufgeschlüsselt, als die diagnostischen Tests dies tun.

14.3 Die Aufgabensoftware STACK

14.3.1 Überblick

STACK ist ein Akronym und steht für „**S**ystem for **T**eaching and **A**ssessment using a **C**omputer algebra **K**ernel". Die Software ist als Plug-in konzipiert, das derzeit für die Lernplattformen Moodle und ILIAS angeboten wird (vgl. Sangwin 2013). Durch den Einsatz von STACK erhält der Lehrende die Möglichkeit, Fragen bzw. Aufgaben zu stellen, deren Antworten anschließend mit der Unterstützung eines Computeralgebrasystems (CAS) ausgewertet werden können. Das in STACK verwendete Computeralgebrasystem ist *Maxima*. Für die detaillierte Auswertung von Antworten bietet STACK ferner die Gestaltung von Feedbackbäumen an. Mit deren Hilfe können verschiedene Abfragen hintereinandergeschaltet werden, sodass eine komplexe Prüfung der Antwort hinsichtlich verschiedener Facetten möglich wird. Zugleich kann beim Durchlaufen der Feedbackbäume anhand jeder getroffenen Abfrage eine individuelle Rückmeldung an den Lernenden, dessen Antwort ausgewertet wurde, zurückgegeben werden. Darüber hinaus bietet STACK noch weitere Möglichkeiten an. Dazu gehören die Randomisierung von Aufgabenparametern und – seit der STACK-Version 3.6 – ein weiteres eigenständiges Eingabeformat, das die Eingabe mehrerer Schritte bei Äquivalenzumformungen von Gleichungen ermöglicht. Letzteres bietet ein Textfeld zur Eingabe von mehreren Gleichungen oder einer Gleichungskette an und kann so auf Umformungsfehler in einzelnen Schritten hinweisen und auf Folgefehler beim Umformen eingehen.

STACK wird inzwischen weltweit eingesetzt und in der Community werden Aufgaben, Anwendungskonzepte für Veranstaltungen sowie Weiterentwicklungen der Software diskutiert. Im April 2020 fand bereits die dritte internationale STACK-Konferenz (3rd international STACK Conference 2020) statt. STACK wurde in seiner ersten Version

2004 veröffentlicht und hat bereits zu diesem Zeitpunkt viele der hier im Folgenden vorgestellten Features enthalten (Harjula 2008). Sangwin (2010) dokumentiert in dem Bericht die damalige Nutzung von STACK an Universitäten in Portugal, Großbritannien, Finnland und Japan basierend auf den Rückmeldungen zu einem Aufruf zur Teilnahme an einem Online-Fragebogen und direkten Rückmeldungen per E-Mail an ihn. Michael Kallweit hat die STACK-Software 2012 schließlich auch ins Deutsche übersetzt (Kallweit 2012) und somit die Grundlage für eine weitere Verbreitung im deutschsprachigen Raum geschaffen. Einführungen in STACK sind oft überblicksartig und knapp gehalten (z. B. Kallweit 2016), finden sich als begleitende Zusammenfassung im Kontext der Vorstellung einer durchgeführten Studie oder Entwicklungsarbeit (z. B. Rasila et al. 2007; Nakamura et al. 2012) oder sind in der Art eines Benutzerhandbuchs mehr an der technischen Umsetzung als an didaktischen Konzeptionen orientiert (z. B. STACK (Maxima) 2019). Eine informative Zusammenstellung von Aufgabenbeispielen zur elementaren Algebra zusammen mit einer Diskussion der damit verbundenen Herausforderungen für die Auswertung in Verbindung mit einem Computeralgebrasystem findet sich in Sangwin (2007).

Im Folgenden wird ausführlich die Funktionalität von STACK aufgaben- und praxisorientiert erläutert. Dazu werden verschiedene Features von STACK anhand von Aufgabenbeispielen aus den diagnostischen Tests vorgestellt. Weitere Aufgabenbeispiele, die ebenfalls in den diagnostischen Tests des VEMINT-Kurses eingesetzt werden, sind zudem in Abschn. 14.4 zu finden. Alle vorgestellten Aufgaben wurden in ähnlicher Form bereits zuvor im VEMINT-Projekt für den Einsatz in Vorkursen entwickelt und eingesetzt. Auf diese Weise soll dokumentiert werden, dass interessante Aufgaben auf der Basis vorhandener Aufgaben entstehen können, ohne einen erhöhten Aufwand zur Aufgabenentwicklung zu betreiben. Da VEMINT sich über STACK hinaus auf die Entwicklung von Vorkurslernmaterialien im Allgemeinen konzentriert, ist eine ressourceneffektive Einbindung von STACK wichtig. Aus diesem Grund wurde auch auf eine Randomisierung der Aufgaben in VEMINT zunächst verzichtet, ohne damit eine spätere Erweiterung der Aufgaben in diesem Sinne auszuschließen.

Andere Arbeiten mit STACK zeigen das Potenzial für Weiterentwicklungen auf. Vasko (2018) stellt Aufgaben vor, die mithilfe von JSXGraph (einer dynamischen Geometrie-Software) neue Eingabemöglichkeiten bereitstellen. Dadurch können bspw. komplexe Zahlen auf der Gaußschen Zahlenebene dargestellt werden. Wird nun nach der Komplexkonjugierten einer gegebenen komplexen Zahl gefragt, kann diese Frage durch das Ziehen eines in der Ebene dargestellten Punktes auf die Koordinaten der gesuchten Zahl beantwortet werden. Vasko stellte seinen Zugang auf der internationalen STACK-Konferenz in Fürth vor. Dort präsentierte auch Lutz (2018) einen analogen Ansatz, der auf GeoGebra als dynamische Geometrie-Software zurückgriff, mit weiteren Aufgabenideen für dieses Format.

An der Technischen Universität Darmstadt wird derzeit ein Plug-in für Moodle entwickelt (vgl. Schaub 2018), das es ermöglicht, in einem Test verschiedene Aufgabenpfade mit individuellen Abzweigungen anzulegen, sodass Lernenden individuelle

Aufgaben zugewiesen werden können. Die Auswahl des konkreten Pfades kann dabei von Lösungseingaben der Lernenden bzw. ihrer Korrektheit abhängig gemacht werden. Liegt nun eine Elementarisierung einer Aufgabe in Unteraufgaben vor, die einzelne Anforderungen der Aufgabe in den Blick nehmen sollen (vgl. Feldt-Caesar 2017), kann mithilfe des neuen Plug-ins ein Unterpfad zu einer Aufgabe angelegt werden, der beschritten wird, wenn die Aufgabe nicht gelöst werden kann. Schaub (2018) zeigt exemplarisch die Umsetzung eines solchen elementarisierenden Pfades und wie dadurch ein noch deutlich präziseres Feedback an den Lernenden gegeben werden kann. Anhand der Bearbeitung der elementarisierten Aufgaben kann ein dynamisches Feedback erzeugt werden, das den Lernenden auch über mögliche Ursachen seiner Probleme mit einer Aufgabe aufklärt.

14.3.2 Das Potenzial zur Aufgabengestaltung, von und mit STACK illustriert an in der Praxis eingesetzten Aufgaben

Alle Aufgabenbeispiele, die im Folgenden zur Illustration der Features von STACK vorgestellt werden, sind Teil des VEMINT-Kurses und kommen damit auch in der Praxis zum Einsatz. Damit streben wir an, dass die Vorstellung von STACK einsatz- und anwendungsorientiert erfolgt.

Beim Einsatz von STACK als Aufgabenformat steht es den Lehrenden frei, verschiedene Eingabeformate einzusetzen. STACK unterstützt über die Eingabe mathematischer Formeln hinaus auch bewährte Formate wie u. a. Multiple-Choice-Verfahren, Ja-Nein-Fragen oder einfache Eingaben von Zeichenketten, sogenannten Strings. In Abb. 14.1 ist eine Aufgabe zur Bestimmung einfacher Mengen dargestellt. Die Ergebnismengen müssen hier in der üblichen Notation für Mengen (mit Kommata

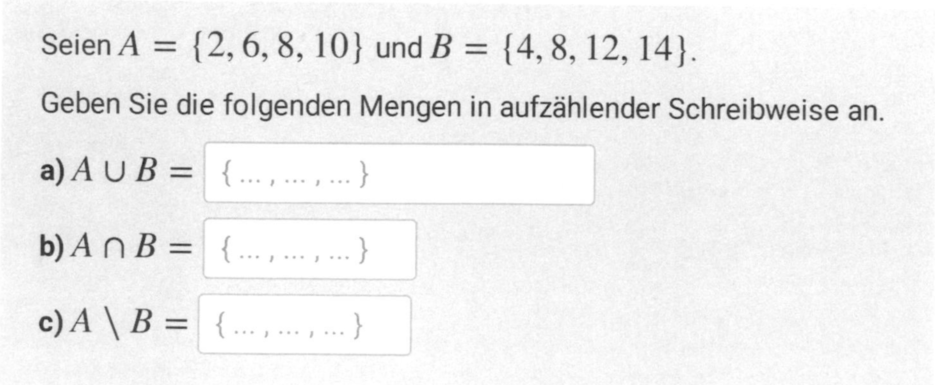

Seien $A = \{2, 6, 8, 10\}$ und $B = \{4, 8, 12, 14\}$.

Geben Sie die folgenden Mengen in aufzählender Schreibweise an.

a) $A \cup B = $ { … , … , … }

b) $A \cap B = $ { … , … , … }

c) $A \setminus B = $ { … , … , … }

Abb. 14.1 Die Abbildung zeigt ein STACK-basiertes Aufgabenbeispiel zu Operationen zwischen Mengen

als Trennzeichen und geschweiften Klammern) eingegeben werden. Durch STACK bereiten hierbei Leerzeichen und beliebige Reihenfolgen in der Angabe der Elemente keine Probleme, da die Eingabe intern tatsächlich als Menge verarbeitet wird. Ferner wird bei der Auswertung erkannt, ob ein Element mehrfach eingetragen wurde, worauf der Lernende dann aus didaktischen Gründen hingewiesen wird, obwohl Antworten mit doppelten Elementen als korrekt akzeptiert werden. Dazu wird die Eingabe zusätzlich noch als Liste verarbeitet, damit doppelte Elemente nicht durch eine automatisierte Vereinfachung von eingegebenen Mengen entfernt werden. Weitere Fälle wie fehlende Elemente (die eingegebene Antwort ist eine echte Teilmenge der Lösung) oder weitere inkorrekt angegebene Elemente (die eingegebene Antwort enthält Elemente, die keine Elemente der korrekten Lösungsmenge sind) werden ebenso erkannt und rückgemeldet.

Mit STACK können verschiedene Eingabemöglichkeiten kombiniert und voneinander abhängig ausgewertet werden. In Abb. 14.2 ist eine Aufgabe zur Bestimmung eines Grenzwertes dargestellt, die zusätzlich eine Checkbox anbietet, da der reelle Grenzwert einer gegebenen Folge nicht existieren könnte. Im gezeigten Beispiel ist der Grenzwert null. Gibt ein Lernender hier einen konkreten Grenzwert an und setzt zugleich den Haken, dass kein reeller Grenzwert existiere, erkennt das System die widersprüchlichen Eingaben und weist den Lernenden entsprechend darauf hin. Eleganter wäre es, wenn das Eingabefeld deaktiviert würde, falls der Haken gesetzt ist. Ein solches Verhalten unterstützte STACK zum Zeitpunkt der Implementation der Aufgaben allerdings nicht.

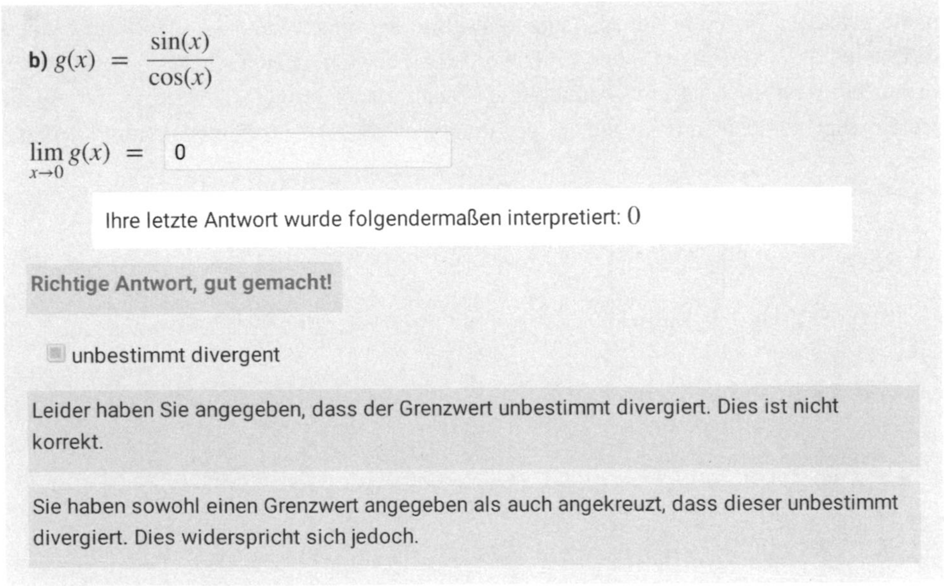

b) $g(x) = \dfrac{\sin(x)}{\cos(x)}$

$\lim\limits_{x \to 0} g(x) = $ | 0 |

Ihre letzte Antwort wurde folgendermaßen interpretiert: 0

Richtige Antwort, gut gemacht!

☐ unbestimmt divergent

Leider haben Sie angegeben, dass der Grenzwert unbestimmt divergiert. Dies ist nicht korrekt.

Sie haben sowohl einen Grenzwert angegeben als auch angekreuzt, dass dieser unbestimmt divergiert. Dies widerspricht sich jedoch.

Abb. 14.2 Ein Beispiel für die Verknüpfung verschiedener Eingabemethoden in einer Aufgabe mit STACK. Die unterlegten Blöcke im Aufgabentext sind das vom System generierte Feedback zu den exemplarischen Antworteingaben

Nachfolgend werden in Abb. 14.5 und 14.7 noch Beispiele vorgestellt, die mehrere freie Eingabefelder verknüpfen.

Die Eingabe von Formeln als Antwort auf eine STACK-Frage unterteilt sich in zwei Schritte. Es beginnt im ersten Schritt mit der Eingabe für die Formel, wozu die Lernenden ihre Antworten in das Eingabefeld tippen. Anschließend folgt im zweiten Schritt die Auswertung der Antwort, nachdem die Aufgabe explizit für die Bewertung abgegeben wird. Für die Formeleingabe bietet STACK die Möglichkeit einer syntaktischen Validierung der Eingabe in Echtzeit an, d. h., beim Tippen einer Antwort wird simultan die Eingabe als Formel interpretiert und die Interpretation in der Nähe des Eingabefeldes an den Lernenden zurückgemeldet. Ein Beispiel dafür ist in Abb. 14.3 zu sehen. Dort wird der Slash in der Eingabe als Divisionsoperator interpretiert, welcher durch einen Bruch in der Interpretation dargestellt wird. Ebenfalls geht deutlich aus der Anzeige hervor, dass die Variable x nicht im Nenner des Bruches steht. Auf diese Weise hilft STACK, Eingabeprobleme auf der Ebene der Syntax zu vermeiden, denn die Lernenden können ihre intendierte Eingabe mit der Interpretation vergleichen.

Bei der Syntaxprüfung im Vorfeld der Abgabe wird zunächst außer Acht gelassen, ob die Eingabe semantisch, also im Sinne der Aufgabenstellung korrekt ist (dies wird im nachfolgenden Schritt nach der Abgabe geprüft). Kommt es zu (syntaktischen) Problemen bei der Eingabe, sodass eine mathematische Interpretation der Formel fehlschlägt, erfolgt eine entsprechende Rückmeldung. Darüber hinaus gibt das System nach Möglichkeit eine Rückmeldung, die beim Beheben des Eingabefehlers helfen kann. In Abb. 14.4 ist ein Beispiel zu sehen, wie das konkret aussehen kann: Das System weist auf ein Problem mit der Syntax der Eingabe hin, nämlich dass der Slash kein gültiges Endzeichen ist. Es verbleibt bei den Lernenden zu entscheiden, ob der Slash versehentlich eingegeben wurde (und wieder entfernt wird) oder er den fehlenden Nenner des

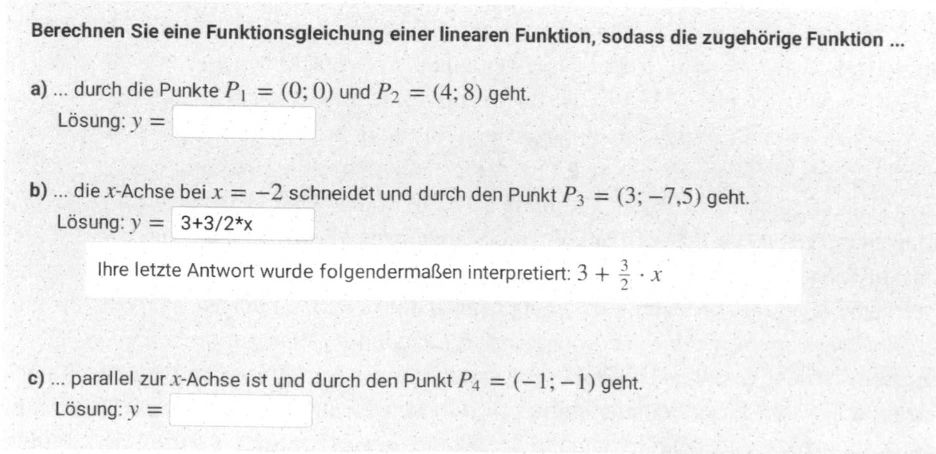

Berechnen Sie eine Funktionsgleichung einer linearen Funktion, sodass die zugehörige Funktion …

a) … durch die Punkte $P_1 = (0; 0)$ und $P_2 = (4; 8)$ geht.

Lösung: $y =$ [   ]

b) … die x-Achse bei $x = -2$ schneidet und durch den Punkt $P_3 = (3; -7{,}5)$ geht.

Lösung: $y =$ [3+3/2*x   ]

Ihre letzte Antwort wurde folgendermaßen interpretiert: $3 + \frac{3}{2} \cdot x$

c) … parallel zur x-Achse ist und durch den Punkt $P_4 = (-1; -1)$ geht.

Lösung: $y =$ [   ]

Abb. 14.3 Ein Beispiel für die Formelvorschau bei der Eingabe eines Funktionsterms

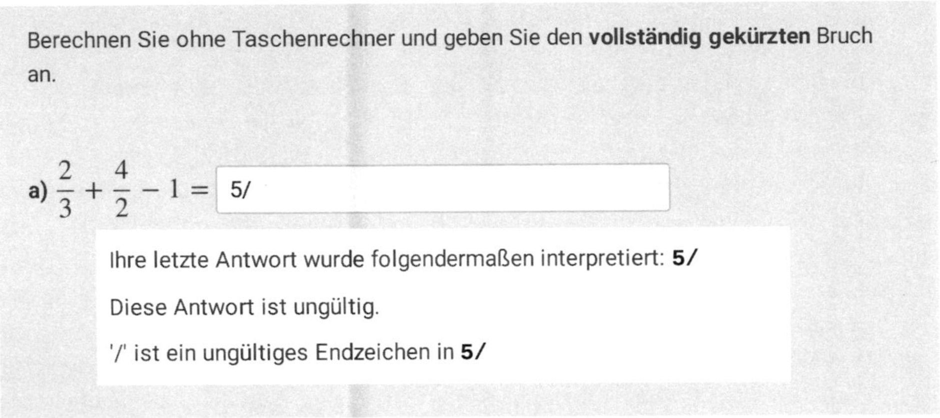

Berechnen Sie ohne Taschenrechner und geben Sie den **vollständig gekürzten** Bruch an.

a) $\dfrac{2}{3} + \dfrac{4}{2} - 1 =$ | 5/

Ihre letzte Antwort wurde folgendermaßen interpretiert: **5/**

Diese Antwort ist ungültig.

'/' ist ein ungültiges Endzeichen in **5/**

Abb. 14.4 STACK unterstützt Lernende bei Eingabeproblemen mit Hinweisen auf eine mögliche Ursache

Bruches ergänzt. Insgesamt ergibt sich somit eine Trennung zwischen der Syntaxprüfung bei der Eingabe und der nachfolgenden semantischen Prüfung der Antwort, nachdem diese ans System „abgegeben" wurde.

Zu allen in einer Aufgabe verwendeten Eingabefeldern können Dozierende in STACK Feedbackbäume anlegen. Ein Feedbackbaum kann im einfachsten Fall aus einer isolierten Abfrage bestehen: „Ist die Eingabe des Lernenden algebraisch äquivalent zur korrekten Lösung?" Damit wird semantische Korrektheit geprüft, was erst nach der Abgabe der Aufgabe erfolgt. Die einfache Prüfung auf algebraische Äquivalenz kann bspw. gewünscht sein, wenn nach einem Funktionsterm mit gewissen Eigenschaften gefragt ist (wie in Abb. 14.3) oder die Nullstellen einer Funktion bestimmt werden sollen (wie in der Aufgabe aus Abb. 14.5). Aus der Aufgabenstellung ergibt sich keine Einschränkung für die Form des Terms in der Eingabe. Es ist für die Auswertung unerheblich, ob die Nullstelle x_1 mit $x_1 = 1$, $x_1 = 5/5$ oder anderweitig nichtvereinfacht angegeben wird.

Für die Aufgabe aus Abb. 14.4 ist im Gegensatz zu den Aufgaben aus Abb. 14.3 und 14.5 jedoch eine Prüfung der eingegebenen Antwort auf weitere Eigenschaften notwendig. Ausschließlich die algebraische Äquivalenz zu prüfen, ist nicht ausreichend, da ein vollständig gekürzter Bruch gefordert wird. Wenn nur eine Prüfung auf algebraische Äquivalenz erfolgt, wäre es nämlich möglich, einen Term aus der Aufgabenstellung als Antwort einzugeben, um die Aufgabe zu lösen. Hierfür kann die Prüfung auf kommutative und assoziative Äquivalenz genutzt werden, die strenger ist als die Prüfung auf algebraische Äquivalenz, da die korrekte Darstellung als gekürzter Bruch (hier $\frac{5}{3}$) eindeutig ist. Diese erkennt Terme mit Variablen als „kommutativ und assoziativ äqui-valent" an, wenn diese sich ausschließlich mit dem Kommutativ- und dem Assoziativ-gesetz ineinander überführen lassen. So ist $a + a + b$ bei dieser Form der Prüfung nicht kommutativ-assoziativ-äquivalent zu $2a + b$. Jedoch ist $a + (a + b)$ kommutativ

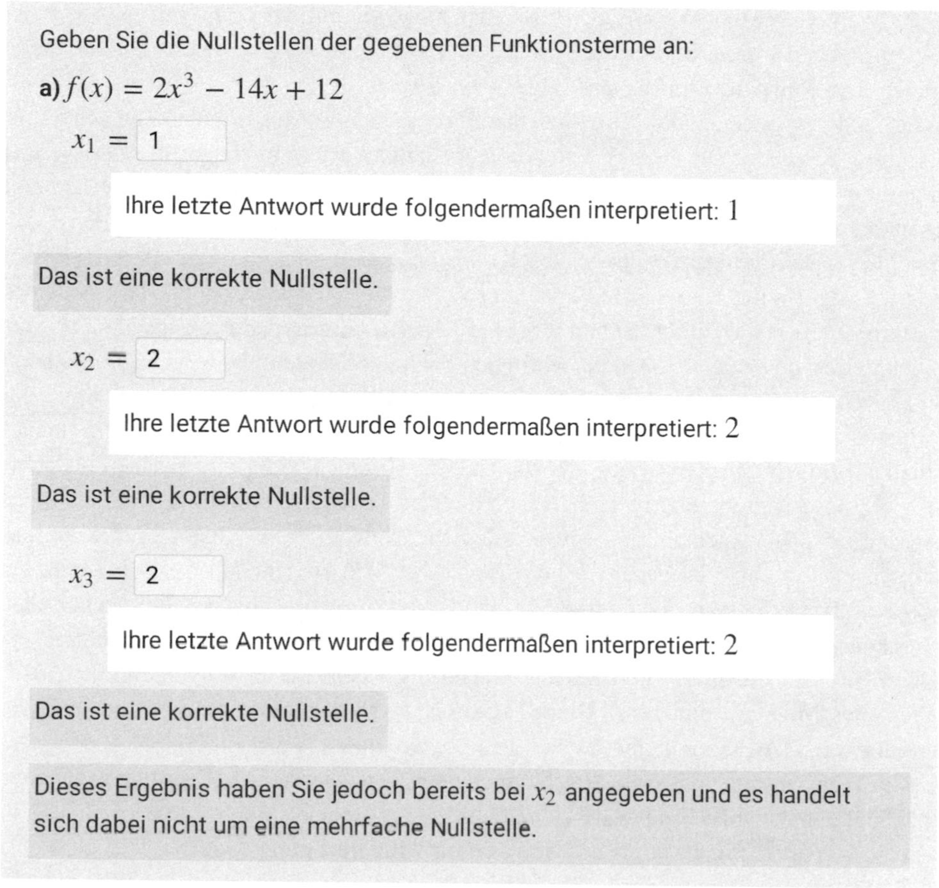

Geben Sie die Nullstellen der gegebenen Funktionsterme an:

a) $f(x) = 2x^3 - 14x + 12$

$x_1 = \boxed{1}$

Ihre letzte Antwort wurde folgendermaßen interpretiert: 1

Das ist eine korrekte Nullstelle.

$x_2 = \boxed{2}$

Ihre letzte Antwort wurde folgendermaßen interpretiert: 2

Das ist eine korrekte Nullstelle.

$x_3 = \boxed{2}$

Ihre letzte Antwort wurde folgendermaßen interpretiert: 2

Das ist eine korrekte Nullstelle.

Dieses Ergebnis haben Sie jedoch bereits bei x_2 angegeben und es handelt sich dabei nicht um eine mehrfache Nullstelle.

Abb. 14.5 Eine Aufgabe zur Bestimmung von Nullstellen mit Prüfung auf algebraische Äquivalenz unter Berücksichtigung der weiteren eingegebenen Lösungen

assoziativ-äquivalent zu $b + a + a$ (vgl. zur Problematik der Auswertung von Äquivalenzen auch Rapin et al. 2007, S. 30 ff.). STACK bietet zudem für Dozierende auch nativ Prüfungsmöglichkeiten an, die prüfen, ob eine Eingabe aus einem einzigen Bruch besteht oder ob die Eingabe so weit wie möglich gekürzt wurde. Dies kann genutzt werden, um Rückmeldungen über die Form der Eingabe zu geben.
Die Stärken der Auswertung durch die Feedbackbäume werden besonders sichtbar, wenn mehrere Abfragen erfolgen, die mit passendem Feedback versehen werden. So ist in Abb. 14.5 nach drei Nullstellen gefragt. Die Auswertung zu der Aufgabe ist derart gestaltet, dass die Antworteingaben im Einzelnen auf Korrektheit geprüft und zugleich mit den weiteren eingegebenen Nullstellen bei der Auswertung in Bezug gesetzt werden. Entsprechend erhält der Lernende zu jeder Eingabe einer Nullstelle zunächst das Feedback, ob es sich dabei um eine Nullstelle handelt. Falls eine Nullstelle mehrfach

als Antworten eingegeben wurde, wird darauf hingewiesen, dass die Nullstelle wiederholt eingegeben wurde, es sich aber (in diesem Fall) nicht um eine mehrfache Nullstelle handelt. Die Nullstellen im Beispiel liegen bei $1, 2$ und -3.

Ein anderes Beispiel für die Nützlichkeit komplexerer Antwortauswertungen ist in Abb. 14.6 zu sehen. Die dargestellte Aufgabe stammt aus dem diagnostischen Vortest zu den binomischen Formeln. Neben der Prüfung auf eine korrekte Lösung werden hier zusätzlich antizipierte Fehler erkannt und dem Lernenden didaktisch reflektiert zurückgemeldet, wie es in der Abbildung gezeigt wird. Geprüft wird hierbei, ob vermeintlich die erste oder zweite binomische Formel verwendet wurde. Außerdem wird die Antwort, insofern sie als ein Term, bestehend aus zwei Klammern, gegeben ist, auf mögliche Vorzeichenfehler untersucht. Letztlich wird noch nach Problemen mit den Quadraten beim Umformen des Terms geschaut: Die Umformung der Quadrate der Zahlenwerte, der Variablen oder auch beider könnten vergessen worden sein. Unvorhergesehene Fehler erhalten kein spezifisches Feedback zur Ursache, werden jedoch trotzdem durch das CAS entsprechend als inkorrekte Eingabe bewertet. Zusätzlich werden zu den Aufgaben stets ein Lösungsvorschlag und, soweit möglich, Hinweise zum zielgerichteten Weiterarbeiten im Lernmaterial gegeben. Für die in Abb. 14.6 zu sehende Aufgabe lautet ein solcher: „Hinweis zum Weiterarbeiten: In dieser Aufgabe wurden Ihre technischen Fertigkeiten bzgl. der Inhalte des Moduls getestet. Wenn Sie hier Fehler gemacht haben, sollten Sie sich die Infokästen anschauen und die Rechentechniken im Bereich ‚Aufgaben' des Moduls trainieren." Diese Funktion wurde bereits vor der Umsetzung der Aufgabe mit STACK im diagnostischen Test implementiert (Fischer 2014, S. 70 ff.).

Auf Wunsch kann die oder der Lehrende für verschiedene Auswertungsergebnisse einer Eingabe die volle Punktzahl, keine Punkte oder eine entsprechende Anzahl an Teilpunkten vergeben. So könnte in der Aufgabe zur Bruchrechnung aus Abb. 14.4 ein Punkt

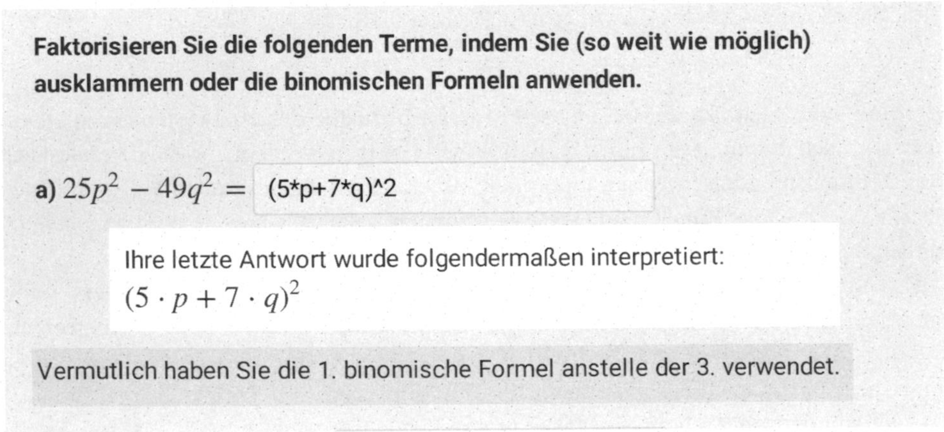

Faktorisieren Sie die folgenden Terme, indem Sie (so weit wie möglich) ausklammern oder die binomischen Formeln anwenden.

a) $25p^2 - 49q^2 = $ (5*p+7*q)^2

Ihre letzte Antwort wurde folgendermaßen interpretiert:

$$(5 \cdot p + 7 \cdot q)^2$$

Vermutlich haben Sie die 1. binomische Formel anstelle der 3. verwendet.

Abb. 14.6 STACK prüft in dieser Aufgabe aus dem Vortest zu den binomischen Formeln auf typische Fehler wie die Verwendung der falschen binomischen Formel

für die Eingabe eines korrekten, aber nicht vollständig gekürzten Bruches abgezogen werden. Ein zweites Beispiel findet sich in Abb. 14.6. Hier könnte bei einer Antwort, die mutmaßlich unter Verwendung einer inkorrekten binomischen Formel zum Faktorisieren zu Stande kam, ein Punkt für die Idee, eine binomische Formel anzuwenden, gegeben werden. Dies gelingt mit STACK, da für die Auswertung einer Eingabe zugleich Punkte für die verschiedenen Fälle, die eintreten können, vergeben werden.

STACK bietet darüber hinaus die Möglichkeit, „Aufgaben dosiert [zu] öffnen" (Büchter 2006, S. 15 ff.) und adäquate Bewertungen der Antworten vorzunehmen. Beispiele für solche Fragestellungen wären: „Geben Sie ein Beispiel für einen Funktionsterm einer quadratischen Funktion ein, deren Graph nicht durch den Koordinatenursprung verläuft." Oder: „Denken Sie sich eine Bruchrechenaufgabe aus und lösen Sie diese anschließend selbst." Oder: „Geben Sie eine 3×3-Matrix an, deren Determinante -5 beträgt." All diese Aufgabenformulierungen sind mit STACK umsetzbar und adäquat auswertbar. Zunächst kann STACK auswerten, ob die Eingabe zu solchen Fragestellungen korrekt war. Des Weiteren können zur Eingabe mithilfe des CAS und der Feedbackbäume individuelle Rückmeldungen gegeben werden. So kann für das erstgenannte Aufgabenbeispiel ein Graph zum eingegebenen Funktionsterm gezeigt und analytisch geprüft werden, ob der Koordinatenursprung auf dem Graphen liegt. In der Bruchrechenaufgabe kann STACK prüfen, ob als ausgedachte Rechenaufgabe ein Term eingegeben wurde, in dem es etwas zum Berechnen gibt, und ferner, ob dieser korrekt berechnet wurde. Bei der Aufgabe mit vorgegebener Determinante kann mit STACK geprüft werden, ob die Eingabe eine Matrix in Diagonalgestalt ist. Falls dies nicht der Fall ist, kann STACK angewiesen werden, einen entsprechenden Tipp zurückzumelden. Auf welche Weise diese Rückmeldungen und weitere möglich werden, wird im anschließenden Abschn. 14.3.3 mit der Diskussion der Feedbackbäume erläutert.

Die zuvor diskutierten Aufgabenbeispiele sind bisher nicht randomisiert worden. Alle Aufgabenbeispiele wären jedoch mit STACK auch randomisiert gestaltbar. Dazu können in STACK Variablen angelegt und mit einer zufälligen (rationalen) Zahl belegt werden. Diese können anschließend sowohl zur Darstellung der Aufgabe als auch zu deren Auswertung verwendet werden. In Abb. 1.5 geht es um die Nullstellenberechnung der Funktionsgleichung $f(x) = 2x^3 - 14x + 12$. Eine Randomisierungsstrategie für diese Aufgabe könnte wie folgt aussehen: Zuerst werden entsprechend für die drei Nullstellen die Variablen A, B und C mit ganzen Zahlen belegt und eine vierte Variable D als Leitkoeffizient. Nun hätte die Funktionsgleichung $f(x) = D(x - A)(x - B)(x - C)$ die zuvor randomisierten ganzzahligen Nullstellen. Mit STACK kann nun den Lernenden der erzeugte Funktionsterm in ausmultiplizierter Form in der Aufgabenstellung angezeigt werden, während die Randomisierung durch die Variablen auch in der Auswertung berücksichtigt werden kann. Die Menge der möglichen Werte für die Variablen kann weiter eingeschränkt werden. Hier bietet es sich an, maximal einstellige Zahlen zuzulassen. Des Weiteren bietet es sich an, die Null als möglichen Wert auszunehmen. Auf Wunsch könnten auch doppelte Nullstellen ausgeschlossen werden, also dieselbe Belegung zweier Variablen.

14.3.3 Einblick in die Dozentenperspektive bei der Aufgabengestaltung

Für die Erstellung von Aufgaben bietet STACK eine grafische Oberfläche an. Beim ersten Kontakt kann diese als unübersichtlich und kompliziert empfunden werden. Dennoch ist damit die Gestaltung von komplexen digitalen Aufgaben mit individuellem Feedback ohne Programmierkenntnisse möglich. Für die Aufgabenstellung ist ein Textfeld vorgesehen, das grundlegende Textgestaltungsfunktionen unterstützt und zugleich für Experten auch die direkte Einsicht und Bearbeitung des HTML-Codes ermöglicht. Feedbackbäume zu einer Aufgabe werden mit einer grafischen Oberfläche erstellt. Als Hilfestellung erzeugt STACK automatisch eine Visualisierung des Feedbackbaums. Durch das Hinzufügen weiterer Knoten kann eine Eingabe auf beliebig viele Eigenschaften geprüft werden. Mit jedem Knoten kann eine Rückmeldung zur Eingabe ausgegeben und die Bewertung der Eingabe angepasst werden. Die Komplexität eines Feedbackbaums hängt von den Anforderungen der Aufgabenstellung sowie der Detailliertheit der gewünschten Rückmeldungen ab.

Bei komplexeren Abfragen ist entsprechend zu beachten, dass der Erstellungsaufwand mit dem Umfang des Auswertungsbaums zunimmt. Dieser Gestaltungsprozess einer vorhergehenden Version der Aufgabe wird zu dem vorliegenden Beispiel aus Abb. 14.7 in Mai (2018) detailliert erläutert. Der zugehörige Feedbackbaum besteht aus insgesamt sechs Knoten, die durch die in Tab. 14.1 angegebenen Auswertungsschritte sowie die damit verfolgten Intentionen erläutert werden.

Die Nummerierung der Auswertungsfragen entspricht der Nummerierung der Knoten in Abb. 14.8. Die Auswertung beginnt entsprechend mit der ersten Abfrage. Wird eine Frage mit „Nein" beantwortet, wird der Knoten nach unten rechts verlassen (rote Kante); wird eine Frage mit „Ja" beantwortet, wird der Knoten nach unten links (grüne Kante) verlassen. Alle Kanten, die nicht in einem weiteren Knoten enden, beenden die weitere Auswertung der Eingabe. Zum Beispiel endet die weitere Auswertung unverzüglich mit

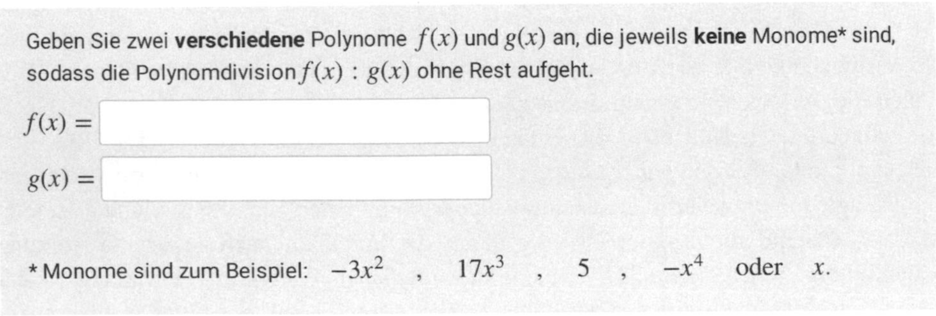

Geben Sie zwei **verschiedene** Polynome $f(x)$ und $g(x)$ an, die jeweils **keine** Monome* sind, sodass die Polynomdivision $f(x) : g(x)$ ohne Rest aufgeht.

$f(x) =$ [   ]

$g(x) =$ [   ]

* Monome sind zum Beispiel: $-3x^2$, $17x^3$, 5 , $-x^4$ oder x.

Abb. 14.7 Ein Beispiel für eine komplexe Aufgabenstellung mit erhöhtem Auswertungsaufwand

Tab. 14.1 Die Auswertungsfragen und ihre Intentionen zur Polynomdivision-Aufgabe aus Abb. 14.7

Auswertungsfrage	Erläuterung
1) Sind beide Eingaben algebraisch äquivalent?	Die Aufgabenstellung fragt bewusst nach verschiedenen Polynomen, um diese triviale Lösung auszuschließen
2) Sind $f(x)$ und $g(x)$ Polynome?	Sinn der Aufgabenstellung ist es, dass Polynome angegeben werden sollen. Deshalb wird dies an dieser Stelle geprüft und ggf. die Auswertung der Antwort beendet
3) Gilt $grad(f(x)) < grad(g(x))$ für die Normalform der Polynome?	Sollte diese Frage positiv beantwortet werden, kann die Polynomdivision in keinem Fall aufgehen. Entsprechend erfolgt eine Rückmeldung an die/den Lernenden mit einem diesbezüglichen Hinweis
4) Ist $f(x)$ ein Monom?	Falls ja, wird eine entsprechende Rückmeldung gegeben
5) Ist $g(x)$ ein Monom?	Analog zu 6
6) Gibt es einen Rest, wenn die Polynomdivision mit den eingegebenen Polynomen durchgeführt wird?	Falls es einen Rest gibt, ist die Aufgabe inkorrekt gelöst und es gibt eine entsprechende Rückmeldung, dass die Polynomdivision mit den eingegebenen Polynomen nicht aufgeht

dem ersten Knoten, wenn $f(x) = g(x)$ für alle x aus $\mathbb{R}$ gilt. Das Durchlaufen der aus einem Knoten ausgehenden Kanten im Verlauf der Auswertung kann jeweils mit einer Rückmeldung an die Lernende bzw. den Lernenden versehen werden. Typischerweise ist dies insbesondere bei Auswertungen abschließenden Kanten der Fall. Zu Knoten 1 wird eine entsprechende Rückmeldung gegeben, wenn $f(x) = g(x)$ für alle x aus $\mathbb{R}$ gilt und die Auswertung damit endet. Andernfalls wird (an dieser Stelle) keine Rückmeldung erzeugt und die Auswertung fortgesetzt. Die Beispielaufgabe gibt einen Hinweis auf die Ursache, wenn die Auswertung frühzeitig abgebrochen wird. So wird die Auswertung bspw. mit einem diesbezüglichen Hinweis abgebrochen, falls $g(x)$ ein Monom ist.

Zur Überprüfung, ob es sich bei $f(x)$ und $g(x)$ um Polynome handelt (vgl. 2.) in Tab. 14.1), bedarf es noch einiger Detailerläuterungen. Nativ bietet STACK oder Maxima keine Funktion an, die angibt, ob ein Term ein Polynom (oder algebraisch äquivalent zu einem) ist. Maxima kann jedoch für alle ganzzahligen Potenzen von x die zugehörigen Koeffizienten angeben, unabhängig davon, ob der Ausgangsterm ein Polynom ist. Der Trick für die Auswertung ist nun, von der Eingabe alle vorkommenden natürlichen Potenzen von x multipliziert mit den entsprechenden Koeffizienten abzuziehen. Ist das Resultat (algebraisch äquivalent zu) null, ist im Rückschluss klar, dass nur Potenzen von x mit natürlichem Exponenten in der Eingabe auftreten. Zusätzlich muss noch auf eine weitere Besonderheit geachtet werden. Teilterme wie $\sin(x + 1)$ werden von Maxima als Teil des betreffenden Koeffizienten behandelt. Neben dem Test auf natürliche Exponenten muss also zusätzlich sichergestellt werden, dass kein Koeffizient von x abhängig ist. Diese

Abb. 14.8 Die Abbildung
zeigt eine automatisiert
durch STACK generierte
Visualisierung des
Feedbackbaums für die
Aufgabe zur Polynomdivision

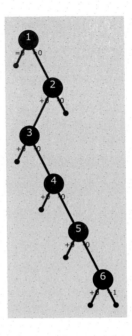

Überprüfung wird insgesamt unter der Prämisse durchgeführt, dass für Schülerinnen und Schüler eine Funktion genau dann als Polynom verstanden wird, wenn es eine algebraisch äquivalente Darstellung des Funktionsterms zu einem Polynom gibt.

Parallel zur Auswertung durch den Feedbackbaum können Punkte bzw. Bewertungen der Eingabe vorgenommen werden. Beim Durchlaufen einer Kante kann die Punktzahl explizit festgelegt werden. Dabei arbeitet STACK mit prozentualen Angaben, damit die maximale Punktzahl zu einer Aufgabe beliebig gewählt werden kann und nicht durch den Feedbackbaum festgelegt wird. In Abb. 14.8 wird dies durch die Beschriftung beider Kanten zu Knoten 1 mit „$=0$" visualisiert, d. h., hier wird zunächst die Punktzahl auf null gesetzt. Alternativ kann die Punktzahl beim Durchlaufen einer Kante auch relativ zu ihrem aktuellen Wert erhöht oder gesenkt werden. In Abb. 14.8 gibt die relative Veränderung um $+0$ an nahezu allen Kanten an, dass die Bewertung dort nicht verändert werden soll. Lediglich wenn der Baum bis Knoten 9 durchlaufen wurde und die Polynomdivision ohne Rest durchführbar ist, wird die Punktzahl um $+1$ erhöht. Die relativen Veränderungen sind dabei als Prozentzahlen zu lesen in Bezug auf eine festgelegte Höchstpunktzahl. Lernende erhalten in diesem Fall des Beispiels also die volle Punktzahl und sonst keine Punkte.

14.4 Veränderung der Aufgaben aus den diagnostischen Tests durch den Einsatz von STACK

Vor der Verwendung von STACK wurde im VEMINT-Projekt zur Entwicklung der diagnostischen Tests auf die technisch von Moodle bereitgestellten Möglichkeiten zurückgegriffen. Im Wesentlichen waren damit Multiple-Choice- bzw. Single-Choice-Aufgaben in verschiedenen Detailgestaltungen und freie Texteingaben der Art möglich, dass bspw. eine numerische Eingabe bzw. die Eingabe einer Zeichenkette erwartet wird, z. B. um nach einzelnen Wörtern als Antwort zu fragen. Dazu sind auch umfangreichere freie Texteingaben möglich. Letztere erfordern jedoch die Bewertung durch einen Tutor und können nicht mit automatisiertem Feedback belegt werden. Fischer (2014, S. 40) beschreibt die Situation so: „Aus technischer Sicht sind zudem die meisten mathematischen Aufgaben, die in traditionellen Paper–Pencil-Tests realisierbar sind, nicht umsetzbar, da der Computer im Unterschied zum Menschen nicht alle Lösungen eines Lerners automatisch erkennen und prüfen kann." Durch die Verwendung von STACK hat sich die Ausgangslage in Bezug auf die Möglichkeiten zur Aufgabengestaltung deutlich verbessert, wie im vorherigen Abschnitt gezeigt wurde.

Wie die Fragen aus den diagnostischen Tests mit STACK freier gestaltet, das individuelle Feedback verbessert und gezielt Frageformate aufgewertet wurden, wird nun nachfolgend dargestellt. Dazu wird anhand einiger Beispiele erläutert, wie die Transformation der Aufgabenstellungen vorgenommen wurde und welche Auswirkungen sich daraus für die Rückmeldungen an die Lernenden ergeben.

14.4.1 Einblick in die verbesserten Eingabe- und Feedbackmöglichkeiten durch den Einsatz von STACK

Das Feedback der ohne STACK umgesetzten diagnostischen Tests beschränkt sich auf eine Richtig-falsch-Auswertung der einzelnen Eingaben. Entsprechend wurden Punkte vollständig für diese Aufgabenteile vergeben oder keine Punkte, falls die Aufgabe als falsch bewertet wird. Mit STACK können Punkte und Feedback differenziert gegeben werden. Ein Beispiel dafür war bereits in Abb. 14.6 zu sehen, mit der Rückmeldung, dass vermutlich die falsche binomische Formel beim Faktorisieren verwendet wurde.

Abb. 14.9 zeigt, dass STACK bei einer Aufgabe zur Termumformung mit Brüchen erkennt, dass eine korrekte Termumformung durchgeführt wurde. Ferner wird auch erkannt und darauf hingewiesen, falls die Form der Lösung noch nicht der gewünschten Form entspricht – in diesem Beispiel also einem vollständig gekürzten Bruch. Hierzu bietet STACK zwei nützliche Funktionen zur Prüfung der Eingabe an: Einerseits kann STACK prüfen, ob die Eingabe nur aus einem Bruch besteht, andererseits aber auch, ob alle Brüche in der Eingabe vollständig gekürzt wurden (d. h., der ggT von Nenner und

Zähler ist 1). Zusammen kann somit die Form der Eingabe geprüft werden, zusätzlich ist auch zu prüfen, ob neben der Form des Eingabeterms auch das korrekt ist (mittels algebraischer Äquivalenz). In der Aufgabe aus Abb. 14.9 sind bei den Rückmeldungen weitere Möglichkeiten wie die Behandlung der Division als Multiplikation ohne den Kehrwert berücksichtigt. Ursprünglich wurde die Aufgabe als Single-Choice-Aufgabe mit fünf Auswahlmöglichkeiten – davon vier Distraktoren – umgesetzt.

Darüber hinaus ist es auch möglich, noch speziellere Eigenschaften von Eingaben zu ermitteln. Dazu folgen nun illustrierende Beispiele. In Abb. 14.10 ist zu sehen, dass bei der Polynomdivision auf ein Problem bei der Eingabe des Rests zielgerichtet hingewiesen werden kann. Intern formt die Aufgabe für diese Rückmeldung die Eingabe des Lernenden algebraisch äquivalent so um, dass sie als ein Bruch dargestellt wird. Anschließend kann der Zähler des Bruches durch den Nenner geteilt werden. Maxima liefert dann zwei Terme zurück: das Ergebnis der Division und den Rest. Mit diesem Rückgabewert kann STACK auf einen Fehler beim Bestimmen bzw. Eingeben des Restes hinweisen. So werden auch falsche Eingaben für den Nenner des Restes erkannt.

Abb. 14.11 zeigt, dass STACK eine Eingabe ablehnt, weil die Eingabe zweier Polynome gefordert war und die zweite Eingabe diese Eigenschaft nicht erfüllt. Die Eingabe $e^x - e^x + 5x + 7$ wäre jedoch von der Aufgabe akzeptiert worden, da der Term für die Auswertung zu $x + 7$ vereinfacht würde. In der ursprünglich ohne STACK entwickelten Version wurden die beiden Aufgaben ohne Eingabemöglichkeiten und automatisiertes Feedback ausschließlich zur Selbstbewertung anhand vorgeschlagener Musterlösungen angeboten. Insgesamt werden seit der Umstellung auf STACK in den diagnostischen Tests von VEMINT deutlich mehr Aufgaben mit freier Eingabe von Termen angeboten. Aufgabenformate mit Auswahlmöglichkeiten werden deutlich weniger genutzt.

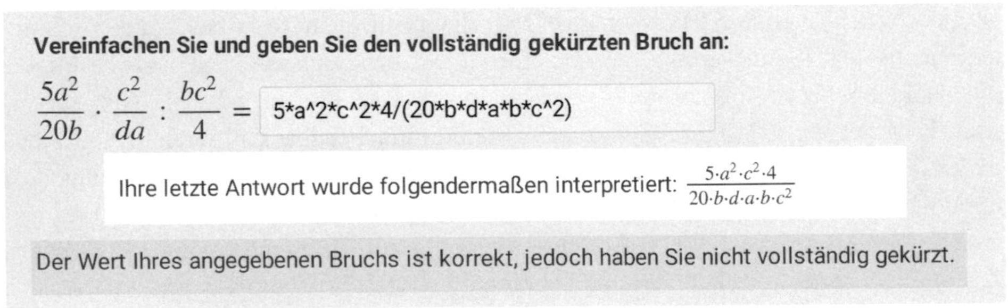

Vereinfachen Sie und geben Sie den vollständig gekürzten Bruch an:

$$\frac{5a^2}{20b} \cdot \frac{c^2}{da} : \frac{bc^2}{4} = \boxed{5\text{*}a\text{\textasciicircum}2\text{*}c\text{\textasciicircum}2\text{*}4/(20\text{*}b\text{*}d\text{*}a\text{*}b\text{*}c\text{\textasciicircum}2)}$$

Ihre letzte Antwort wurde folgendermaßen interpretiert: $\frac{5 \cdot a^2 \cdot c^2 \cdot 4}{20 \cdot b \cdot d \cdot a \cdot b \cdot c^2}$

Der Wert Ihres angegebenen Bruchs ist korrekt, jedoch haben Sie nicht vollständig gekürzt.

Abb. 14.9 STACK kann Feedback zu speziellen Eigenschaften der Lösung geben und damit auch individuelle Hinweise zum Weiterarbeiten liefern

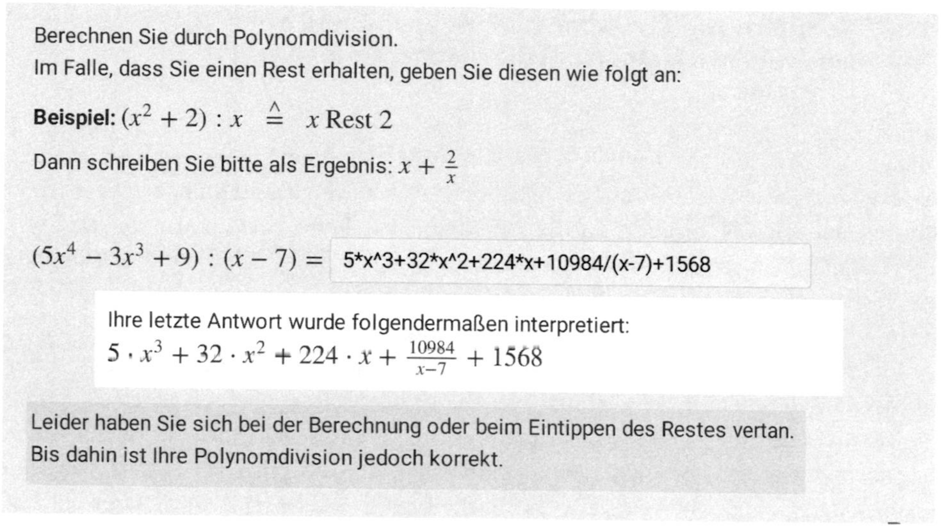

Berechnen Sie durch Polynomdivision.

Im Falle, dass Sie einen Rest erhalten, geben Sie diesen wie folgt an:

Beispiel: $(x^2 + 2) : x \overset{\wedge}{=} x \operatorname{Rest} 2$

Dann schreiben Sie bitte als Ergebnis: $x + \frac{2}{x}$

$(5x^4 - 3x^3 + 9) : (x - 7) =$ | 5*x^3+32*x^2+224*x+10984/(x-7)+1568

Ihre letzte Antwort wurde folgendermaßen interpretiert:
$$5 \cdot x^3 + 32 \cdot x^2 + 224 \cdot x + \frac{10984}{x-7} + 1568$$

Leider haben Sie sich bei der Berechnung oder beim Eintippen des Restes vertan. Bis dahin ist Ihre Polynomdivision jedoch korrekt.

Abb. 14.10 STACK bewertet eine Polynomdivision. Korrekt wäre der Zähler 10.985 im Rest der Division gewesen

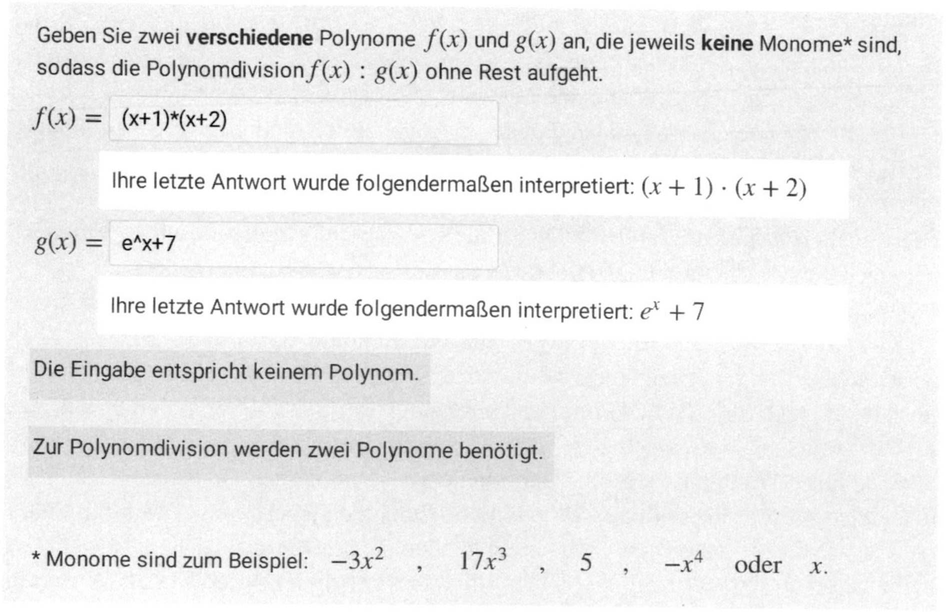

Geben Sie zwei **verschiedene** Polynome $f(x)$ und $g(x)$ an, die jeweils **keine** Monome* sind, sodass die Polynomdivision $f(x) : g(x)$ ohne Rest aufgeht.

$f(x) =$ | (x+1)*(x+2)

Ihre letzte Antwort wurde folgendermaßen interpretiert: $(x + 1) \cdot (x + 2)$

$g(x) =$ | e^x+7

Ihre letzte Antwort wurde folgendermaßen interpretiert: $e^x + 7$

Die Eingabe entspricht keinem Polynom.

Zur Polynomdivision werden zwei Polynome benötigt.

* Monome sind zum Beispiel: $-3x^2$, $17x^3$, 5 , $-x^4$ oder x.

Abb. 14.11 STACK prüft für das Feedback bei Bedarf die Eingabeformen auch in spezifischer Hinsicht (s. auch Erläuterung des Feedbackbaums in Abschn. 14.3.3)

14.4.2 Vergleich von Aufgabenstellungen mit und ohne STACK sowie Auswirkungen auf die diagnostischen Tests durch die Umstellung

Anhand des Beispiels des diagnostischen Vortests zu den binomischen Formeln erläutern wir exemplarisch, welche Veränderungen sich in den Aufgabenstellungen durch einen Umstieg auf STACK ergeben. In der ursprünglichen Form bestand der diagnostische Test zu den binomischen Formeln aus drei Fragen mit jeweils mehreren Unteraufgaben. Der Test prüft die Fähigkeiten und Fertigkeiten der Lernenden zum Faktorisieren und Ausmultiplizieren (unter Verwendung der binomischen Formeln), zur Anwendung der binomischen Formeln zum Kopfrechnen sowie zum Erkennen von Fehlern in vorgegebenen Beispielen. In der Ursprungsversion ist die Mehrheit der Aufgaben als Single-Choice-Aufgaben umgesetzt worden und die Studierenden mussten jeweils aus einem Dropdown-Menü die korrekte Antwort auswählen, um die Frage zu beantworten. Die Ausnahme dazu bildet hier Frage 2, zu der die Eingabe des Rechenergebnisses als Zahl erforderlich war. Alle Fragen aus dem Vortest sind in Abb. 14.12 zu sehen.

Als STACK eingesetzt wurde, um den diagnostischen Test zu überarbeiten, sind in Frage 1 alle Dropdown-Menüs durch freie Eingabefelder für Formeln ersetzt worden. In Frage 2 wurden die einfachen Eingabefelder für Zahlen ebenfalls durch Formeleingabefelder aus STACK ersetzt, da so die Auswertung der Eingabe erweitert werden konnte (s. Abschn. 14.4.1 zur Veränderung des Feedbacks). Dementsprechend erhalten Lernende mit der Umstellung der Aufgabe zusätzliche Hinweise, inwiefern sie ggf. korrekte Termumformungen vorgenommen, aber das Ergebnis nicht berechnet haben. Frage 3 erfordert die Kompetenz, den vorliegenden Fehler diagnostizieren und benennen zu können. Ein Eingabefeld für einen korrekten Term hätte die Aufgabenstellung diesbezüglich zu einer Variante von Frage 1 verändert. Da dies nicht gewünscht war, ist Frage 3 unverändert geblieben. Ferner wurden teilweise die Formulierungen der einzelnen Aufgabenstellungen bei der Überarbeitung leicht angepasst.

Ein Vergleich der Testnutzung zum Test über die binomischen Formeln zweier kleiner Teilgruppen (Teilnehmer des Vorkurses für das Lehramt an Grund-, Haupt-, Real-, Gesamtschulen und Sonderpädagogik aus den Jahren 2014 ohne den Einsatz ($n = 13$) von STACK und 2017 ($n = 24$) mit der Umsetzung von STACK weist darauf hin, dass es noch weitere Unterschiede bzgl. der Schwierigkeit zwischen beiden Testversionen geben könnte. Während die durchschnittliche Bearbeitungszeit in beiden Jahrgängen etwa gleich ist, fällt die arithmetisch gemittelte Punktzahl jedoch von 8,7 auf 6,3 Punkte von insgesamt 14 möglichen Punkten in beiden Tests. Ein zweiseitiger ungepaarter T-Test liefert $p = 0,0019$ bzgl. des Unterschieds zwischen den Mittelwerten. Allerdings ist zu bedenken, dass es sich um kleine Stichproben handelt, zwischen den verglichenen Kohorten drei Jahre liegen und somit dieses Ergebnis mit Vorsicht interpretiert werden sollte.

In der ersten Aufgabe des Tests werden die Lernenden aufgefordert: „Geben Sie für die folgenden Terme die richtigen Produktschreibweisen an, sofern dies möglich

Frage 1

a) Geben Sie für die folgenden Terme die richtigen Produktschreibweisen an, sofern dies möglich ist.

(i) $25p^2 - 49q^2$

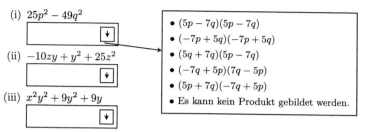

- $(5p - 7q)(5p - 7q)$
- $(-7p + 5q)(-7p + 5q)$
- $(5q + 7q)(5p - 7q)$
- $(-7q + 5p)(7q - 5p)$
- $(5p + 7q)(-7q + 5p)$
- Es kann kein Produkt gebildet werden.

(ii) $-10zy + y^2 + 25z^2$

(iii) $x^2y^2 + 9y^2 + 9y$

b) Wandeln Sie folgende Terme mit Hilfe der binomischen Formeln in Summen um.

(i) $(2z - 7m)^2$

(ii) $(-c + 4d)(c + 4d)$

Frage 2

Mit der [▾] Binomischen Formel gilt $(2{,}03)^2 =$ [   ]

Mit der [▾] Binomischen Formel gilt $1002 \cdot 998 =$ [   ]

Mit der [▾] Binomischen Formel gilt $(2{,}999)^2 =$ [   ]

Frage 3 Korrigieren Sie die auftretenden Fehler:

(i) $(-z + 3m)^2 = z^2 + 6mz + 9m^2$

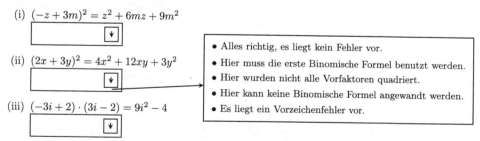

- Alles richtig, es liegt kein Fehler vor.
- Hier muss die erste Binomische Formel benutzt werden.
- Hier wurden nicht alle Vorfaktoren quadriert.
- Hier kann keine Binomische Formel angewandt werden.
- Es liegt ein Vorzeichenfehler vor.

(ii) $(2x + 3y)^2 = 4x^2 + 12xy + 3y^2$

(iii) $(-3i + 2) \cdot (3i - 2) = 9i^2 - 4$

Abb. 14.12 Die Aufgabenstellungen aus dem diagnostischen Vortest zu der Lerneinheit „Binomische Formeln" vor der Überarbeitung mit STACK (für eine kompaktere Darstellung mit TeX gesetzt anstelle eines Screenshots). Zur jeweils ersten Teilaufgabe von Frage 1 und 3 sind die Auswahlmöglichkeiten des Dropdown-Menüs in dem nebenstehenden Kasten angegeben

ist." In Tab. 14.2 werden für drei Teilaufgaben die relativen Lösungshäufigkeiten im Test insgesamt gezeigt. Empirisch sind alle drei Teilaufgaben durch die freie Eingabe des Antwortterms schwieriger geworden, was nicht verwundert, weil die Multiple-

Choice-Variante immer auch die richtige Lösung anbietet und verschiedene Strategien der Negativauswahl und des Zurückrechnens von einer angegebenen Lösung möglich sind. Ein Blick in die gespeicherten Eingaben der Teilnehmer zeigt, dass die erhöhte Schwierigkeit sich nicht durch syntaktische Eingabefehler erklären lässt, da solche nicht vorkamen. Insofern scheint die Idee der Unterscheidung von Syntax und Semantik für STACK-Aufgaben Erfolg zu haben. Andererseits zeigt sich, dass die Reihung der Aufgaben nach der relativen Lösungshäufigkeit konstant bleibt. Das ist ein Hinweis darauf, dass ein Kern der Aufgaben invariant gegenüber der Transformation in das neue Format sein könnte. Außerdem fällt in der Tabelle auf, dass die dritte Teilaufgabe im 2017er-Test nur äußerst selten gelöst werden konnte. Offensichtlich war sie schon zuvor schwierig, obwohl es in dieser Teilaufgabe neben der richtigen Antwort nur zwei Distraktoren zur Auswahl gab. Ein Grund für den deutlichen weiteren Abfall könnte hier sein, dass der Term nicht mithilfe einer der binomischen Formeln faktorisiert werden kann. Während der 2014er-Test noch zwischen den Distraktoren die richtige Lösung zur Auswahl angeboten hat, mussten die Lernenden im 2017er-Test eigenständig erkennen, dass keine binomische Formel angewendet werden kann, und selbstständig im Sinne der Aufgabe faktorisieren. Zugleich bestand in der Version von 2014 wie bei allen Single- (und auch Multiple-)Choice-Aufgaben die Möglichkeit, eine Lösung zu raten oder aber durch „Rückwärtsrechnen", in diesem Fall durch Ausmultiplizieren der vorgegebenen Lösungsmöglichkeiten, die richtige Lösung zu finden.

Die hier beobachteten Phänomene der Umstellung stehen im Einklang mit der Studie von Sangwin und Jones (2017), die Multiple-Choice-Aufgaben zu Aufgaben mit freier Termeingabe kontrastieren. Multiple-Choice-Aufgaben stellten sich dort verglichen mit Aufgaben zur freien Termeingabe als leichter zu lösen heraus. Untersucht wurde dies in der genannten Studie im Rahmen des sogenannten „foundation programme" an einer Universität der Vereinigten Königreiche. Dort wurde ein obligatorischer Online-Test eingesetzt, dessen Ergebnis in die Abschlussnote eingeflossen ist und dessen Antworten zudem für die Studie ausgewertet wurden. In die Auswertung sind die Antworten von 116 Teilnehmern eingeflossen. Im Test wurden 40 Items verwendet. Zum Einsatz kamen dabei Multiple-Choice-Fragen und Fragen mit freier Formeleingabe zu den Bereichen „Faktorisieren", „Ausmultiplizieren", „Gleichungen lösen" sowie „den Wert eines Terms bei gegebener Variablenbelegung ausrechnen". Bei den Ergebnissen der Studie zeigte sich ein hochsignifikanter Unterschied zwischen der korrekten Beantwortung

Tab. 14.2 Zu faktorisierende Terme aus der Aufgabenstellung von Aufgabe 1a) zu den binomischen Formeln sowie die relativen Lösungshäufigkeiten aus den Tests 2014 und 2017 im Vergleich

Term	Relative Lösungshäufigkeit 2014 (ohne STACK); $n = 13$	Relative Lösungshäufigkeit 2017 (mit STACK); $n = 23$
$25p^2 - 49q^2$	69 %	52 %
$-10yz + y^2 + 25z^2$	85 %	61 %
$x^2y^2 + 9y^2 + 9y$	45 %	13 %

der Multiple-Choice-Fragen und der freien Formeleingaben. Dieser Effekt stellte sich sogar ein, obwohl die 20 Aufgaben zur freien Formeleingabe jeweils aus den Multiple-Choice-Fragen direkt abgeleitet wurden, d. h., im Wesentlichen wurde statt einer Auswahl an Antwortmöglichkeiten die manuelle Eingabe einer Formel erwartet. Somit gab es für jedes Multiple-Choice-Item ein Pendant mit manueller Formeleingabe. Für die Probanden wurde die Reihenfolge der 40 Items individuell randomisiert; bis zur Abgabe des Tests waren jedoch alle Fragen zugänglich. Die Autoren weisen selbst darauf hin, dass eine Verallgemeinerung der Ergebnisse u. a. wegen der einzelnen Kohorte an nur einem Standort nicht ohne Weiteres möglich ist, sind diesbezüglich aber zuversichtlich (Sangwin und Jones 2017).

Durch die freien Eingaben von Formeln müssen bei entsprechenden Aufgaben keine geeigneten Distraktoren gefunden werden. Zum einen müssen keine guten Distraktoren für eine Aufgabe entwickelt werden, was sehr aufwendig sein kann (vgl. Winter 2011). Das Wissen um antizipierbare Fehler kann jedoch in die Gestaltung der Rückmeldebäume einfließen. Zum anderen können Lehrende beim Durchgehen der verschiedenen falschen Antworten wertvolle Hinweise auf systematische Probleme ihrer Lerngruppe erhalten und nach Bedarf darauf eingehen. Bekannte Distraktoren eignen sich jedoch für die Integration in den Auswertungsbaum, um das Feedback zu den Antworten zu verbessern.

14.5   Ausblick

Mit dem Durchbruch von Software zur Gestaltung komplexer Aufgaben, wie dem in diesem Beitrag intensiv diskutierten STACK, sind vielseitige und neuartige Mathematikaufgaben umsetzbar geworden. In Abschn. 14.3 und 14.4 wurden viele solcher Aufgaben, die sich bereits regelmäßig im Praxiseinsatz in den VEMINT-Vorkursen befinden, vorgestellt. Neben der tiefergehenden Überarbeitung von Aufgaben und Aufgabenkonzepten können Aufgaben zur Formeleingabe aber auch durch die bloße Umstellung von einer Zeichenkettenüberprüfung hin auf die Abfrage nach (kommutativer) Äquivalenz bereits deutlich verbessert werden. Zudem lassen sich neue Aufgaben mit einfachen CAS-Prüfungen der Antworten ebenso schnell erstellen wie andere Fragetypen mit freier Texteingabe; im Vergleich zu Fragetypen, die das Finden von Distraktoren erfordern, sogar deutlich schneller. Eine vielversprechende Perspektive bietet darüber hinaus die Erstellung von randomisierten Testaufgaben, die in diesem Beitrag nicht erwähnt wurden. Es wird spannend sein, die hier versteckten Möglichkeiten und didaktischen Potenziale zu erkunden und herauszuarbeiten.

Parallel zu den neuen Aufgaben(formaten) und Feedbackmöglichkeiten ergibt sich eine ganze Reihe ungeklärter Anknüpfungspunkte als Ausgangspunkt für potenzielle Forschungsfragen. Wie ist die Akzeptanz verschiedener Aufgabentypen bei den Lernenden? Nutzen die Lernenden das detaillierte Feedback zur Gestaltung ihrer eigenen Lernprozesse? Was können wir aus den erhaltenen Antworten zu Aufgaben über die Lernenden individuell sowie als Gruppe bspw. bei der Durchführung von Lehr-veranstaltungen lernen? Verbessert sich der allgemeine Lernerfolg durch den Einsatz komplexer digitaler Aufgaben?

Was momentan noch Neuland in der digitalen Aufgabengestaltung sein mag, könnte sich in Zukunft immer breiter durchsetzen. Auch Schülerinnen und Schüler werden in Zukunft immer häufiger mit solchen Materialien lernen können. Mit dem DigitalPakt Schule sollen in den nächsten Jahren 5 Mrd. Euro in den Schulen investiert werden, um das Vorhandensein von technischer Ausstattung, Zugriff auf das Internet und quali-fiziertem Personal sicherzustellen (vgl. Wissenswertes zum DigitalPakt Schule 2020). Langfristig könnte damit die Akzeptanz für weniger elaborierte Aufgaben in Hochschul-kontexten wie Vorkursangeboten fallen und darüber hinaus eine Erwartungshaltung für elaborierte Aufgaben entstehen. Insgesamt wird die Bedeutung digitaler Mathematik-aufgaben voraussichtlich in den nächsten Jahren noch zunehmen. Parallel zu den Ent-wicklungen in den Schulen werden digitale Lernangebote auch für Zielgruppen in universitären Kontexten erarbeitet und zur Verfügung gestellt, z. B. im Rahmen von Digitale Hochschule NRW (vgl. Digitale Hochschule NRW 2020). Es wird die Aufgabe der Hochschulen sein, die fachdidaktischen Potenziale digitaler Aufgaben weiterhin auf-zudecken und kontinuierlich zu erweitern.

Literatur

3rd International STACK Conference. (2020). https://fienta.com/3rd-international-stack-conference. Zugegriffen: 8. Januar 2020.

Bausch, I., Fischer, P. R., & Oesterhaus, J. (2014). Facetten von Blended Learning Szenarien für das interaktive Lernmaterial VEMINT – Design und Evaluationsergebnisse an den Partner-universitäten Kassel, Darmstadt und Paderborn. In I. Bausch, R. Biehler, R. Bruder, P. R. Fischer, R. Hochmuth, W. Koepf, S. Schreiber, & T. Wassong (Hrsg.), *Mathematische Vor- und Brückenkurse* (S. 87–102). Wiesbaden: Springer Fachmedien.

Bellhäuser, H., & Schmitz, B. (2014). Förderung selbstreguliertem Lernens für Studierende in mathematischen Vorkursen - ein web-basiertes Training. In I. Bausch, R. Biehler, R. Bruder, P. R. Fischer, R. Hochmuth, W. Koepf, S. Schreiber, & T. Wassong (Hrsg.), *Mathematische Vor- und Brückenkurse* (S. 343–358). Wiesbaden: Springer Fachmedien.

Biehler, R., Bruder, R., Hochmuth, R., Koepf, W., Bausch, I., Fischer, P. R., & Wassong, T. (2014). VEMINT - Interaktives Lernmaterial für mathematische Vor- und Brückenkurse. In I. Bausch, R. Biehler, R. Bruder, P. R. Fischer, R. Hochmuth, W. Koepf, S. Schreiber, & T. Wassong (Hrsg.), *Mathematische Vor- und Brückenkurse* (S. 261–276). Wiesbaden: Springer Fach-medien.

Biehler, R., Fischer, P. R., Hochmuth, R., & Wassong, T. (2012). Self-regulated learning and self assessment in online mathematics bridging courses. In A. A. Juan, M. A. Huertas, S. Trenholm, & C. Steegmann (Hrsg.), *Teaching mathematics online: Emergent technologies and methodologies* (S. 216–237). Hershey: IGI Global.

Büchter, A. (2006). Verstehensorientierte Aufgaben als Kern einer neuen Kultur der Leistungs-überprüfung. https://www.sinus-transfer.de/fileadmin/MaterialienBT/Buechter_Modul_10.pdf. Zugegriffen: 08. Januar 2020.

Calm, R., Masià, R., Olivé, C., Parés, N., Pozo, F., Ripoll, J., & Sancho-Vinuesa, T. (2017). Use of WIRIS quizzes in an online calculus course. *Journal of Technology and Science Education, 7*(2), 221–230.

Digitale Hochschule NRW. (2020). https://www.dh.nrw. Zugegriffen: 08. Januar 2020.

Feldt-Caesar, N. (2017). *Konzeptualisierung und Diagnose von mathematischem Grundwissen und Grundkönnen. Eine theoretische Betrachtung und exemplarische Konkretisierung am Ende der Sekundarstufe II*. Wiesbaden: Springer Fachmedien.

Fischer, P. R. (2014). *Mathematische Vorkurse im Blended Learning Format Konstruktion, Implementation und wissenschaftliche Evaluation*. Wiesbaden: Springer Spektrum.

Glasmachers, E., Kallweit, M., & Püttman, A. (2017). Von der Datenbank zu Trainingsparcours - Digitale Aufgaben im Hochschuleinsatz. In U. Kortenkamp & A. Kuzle (Hrsg.), *Beiträge zum Mathematikunterricht 2017* (S. 1189–1192). Münster: WTM-Verlag.

Haase, D. (2016). Onlineplattformen basierend auf dem COSH-Mindestanforderungskatalog. In R. Dürr, K. Dürrschnabel, F. Loose, & R. Wurth (Hrsg.), *Mathematik zwischen Schule und Hochschule* (S. 117–124). Wiesbaden: Springer Fachmedien.

Harjula, M. (2008). *Mathematics exercise system with automatic assessment* (Masterarbeit).

Hasenberg, S., & Schmidt-Atzert, L. (2014). Internetbasierte Selbsttests zur Studienorientierung. *Beiträge Zur Hochschulforschung, 31*(1), 8–28.

Ibabe, I., & Jauregizar, J. (2010). Online self-assessment with feedback and metacognitive knowledge. *Higher Education, 59*(2), 243–258.

Kallweit, M. (2012). STACK-3-german-language. https://github.com/m-r-k/STACK-3-german-language/commits/master. Zugegriffen: 08. Januar 2020.

Kallweit, M. (2016). CAS-unterstütztes Assessment von Mathematik. *Computeralgebra-Rundbrief, 59*, 22–24.

Kempen, L., & Wassong, T. (2017). VEMINT mobile with Apps: Der gezielte Einsatz von mobilen Endgeräten in einem Mathematik-Vorkurs unter Verwendung der multimedialen VEMINT-Materialien. In R. Kordts-Freudinger, D. Al-Kabbani, & N. Schaper (Hrsg.), *Hochschuldidaktik im Dialog* (S. 15–40). Bielefeld: W. Bertelsmann Verlag.

König, M., & Ebner, M. (2012). E-Books in der Schule: Eine Evaluierung von E-Book-Formaten und E-Book-Readern hinsichtlich ihrer Eignung für Schulbücher. *Bildungsforschung, 9*(1), 68–103.

Konrad, K., & Traub, S. (2011). *Selbstgesteuertes Lernen: Grundwissen und Tipps für die Praxis*. Baltmannsweiler: Schneider-Verl. Hohengehren.

Kraft, S. (1999). Selbstgesteuertes Lernen. *Zeitschrift Für Pädagogik, 45*(6), 833–845.

Landenfeld, K., Göbbels, M., Hintze, A., & Priebe, J. (2014). viaMINT - Aufbau einer Online-Lernumgebung für videobasierte interaktive MINT-Vorkurse. *Zeitschrift Für Hochschulentwicklung, 9*(5), 201–217.

Lutz, T. (2018). GeoGebra and STACK: Creating tasks with randomized interactive objects with the GeoGebraSTACK_HelperTool. In *Contributions to the 1st International STACK conference 2018*. Fürth: Friedrich-Alexander-Universität Erlangen-Nürnberg.

Mai, T. (2018). Einblicke in den Entstehungsprozess einer auf STACK basierenden digitalen Mathematikaufgabe zur Division von Polynomen. In G. Pinkernell & F. Schacht (Hrsg.), *Digitales Lernen im Mathematikunterricht* (S. 103–114). Hildesheim: Franzbecker.

Mai, T., & Biehler, R. (2017). Design, conception and realization of an interactive manual for e-learning materials in a mathematical domain. In R. Göller, R. Biehler, R. Hochmuth, & H.-G. Rück (Hrsg.), *Didactics of mathematics in higher education as a scientific discipline – Conference proceedings* (S. 481–485). Kassel: khdm-Report 17-05.

Nakamura, Y., Ohmata, Y., & Nakahara, T. (2012). Development of a question-authoring tool for math e-learning system STACK. In M. B. Nunes & M. McPherson (Hrsg.), *Proceedings of the IADIS international conference e-learning 2012* (S. 435–440).

Rapin, G., Wassong, T., Wiedmann, S., & Koospal, S. (2007). *MuPAD: Eine Einführung.* Heidelberg: Springer.

Rapp, A. (2014). Metakognition. In M. A. Wirtz (Ed.), *Dorsch – Lexikon der Psychologie* (18. Aufl.). Bern: Hogrefe Verlag.

Rasila, A., Harjula, M., & Zenger, K. (2007). Automatic assessment of mathematics exercises: Experiences and future prospects. In *The second ReflekTori 2007 symposium of Engineering Education* (S. 70–80).

Sangwin, C. (2007). Assessing elementary algebra with STACK. *International Journal of Mathematical Education in Science and Technology, 38*(8), 987–1002.

Sangwin, C. (2010). *Who uses STACK? A report on the use of the STACK CAA system.*

Sangwin, C. (2013). *Computer aided assessment of mathematics.* Oxford: Oxford University Press.

Sangwin, C., & Jones, I. (2017). Asymmetry in student achievement on multiple-choice and constructed-response items in reversible mathematics processes. *Educational Studies in Mathematics, 94*(2), 205–222.

Schaub, M. (2018). Einsatz des Elementarisierenden Testens im Ein- und Ausgangstest des online-Vorkurses VEMINT. In Fachgruppe Didaktik der Mathematik der Universität Paderborn (Hrsg.), *Beiträge zum Mathematikunterricht 2018* (S. 1567–1570). Münster: WTM-Verlag.

STACK (Maxima). (2019). https://doku.tu-clausthal.de/doku.php?id=multimedia:moodle:stack_maxima. Zugegriffen: 08. Januar 2020.

Vasko, M. (2018). Interaktive grafische Aufgaben mit STACK und JSXGraph. In Fachgruppe Didaktik der Mathematik der Universität Paderborn (Hrsg.), *Beiträge zum Mathematikunterricht 2018* (S. 1855–1858). Münster: WTM-Verlag.

Winter, K. (2011). *Entwicklung von Item-Distraktoren mit diagnostischem Potential zur individuellen Defizit- und Fehleranalyse - Didaktische Überlegungen, empirische Untersuchungen und konzeptionelle Entwicklung für ein internetbasiertes Mathematik-Self-Assessment.* Westfälische Wilhelms - Universität Münster.

Wissenswertes zum DigitalPakt Schule. (2020). https://www.bmbf.de/de/wissenswertes-zum-digitalpakt-schule-6496.html. Zugegriffen: 08. Januar 2020.

Integration digitaler Lernmaterialien in die Präsenzlehre am Beispiel des Mathematikvorkurses für Ingenieure an der Universität Paderborn

15

Yael Fleischmann, Rolf Biehler, Alexander Gold und Tobias Mai

Zusammenfassung

In diesem Beitrag beschäftigen wir uns mit der Integration von digitalem Lernmaterial aus dem studiVEMINT-Online-Vorkurs für Mathematik in die Präsenzlehre. Beispielhaft vorgestellt wird ein solches Szenario anhand des Vorkurses für angehende Studierende der Ingenieurwissenschaften, der im September 2017 an der Universität Paderborn abgehalten wurde. Wir beschreiben ausführlich unsere Vorgehensweise zur Einbindung des digitalen Lernmaterials in die Präsenzlehre und geben damit ein Beispiel für ein detailliert ausgearbeitetes Konzept zur Verzahnung eines klassischen, an der Universität angebotenen Präsenz-Vorkurses mit einem Online-Vorkurs. Die Vorgehensweise wird exemplarisch anhand eines Vorkurs-Vorlesungstages zum Thema „Trigonometrie" dargestellt. In diesem Zusammenhang wird

Y. Fleischmann (✉)
Institutt for matematiske fag, Norges teknisk-naturvitenskapelige universitet, Trondheim, Norwegen
E-Mail: yael.fleischmann@ntnu.no

R. Biehler · A. Gold · T. Mai
Institut für Mathematik, Universität Paderborn, Paderborn, Deutschland
E-Mail: biehler@math.upb.de

A. Gold
E-Mail: alexander.gold@ensou.de

T. Mai
E-Mail: tmai@math.upb.de

© Springer-Verlag GmbH Deutschland, ein Teil von Springer Nature 2021
R. Biehler et al. (Hrsg.), *Lehrinnovationen in der Hochschulmathematik*,
Konzepte und Studien zur Hochschuldidaktik und Lehrerbildung Mathematik,
https://doi.org/10.1007/978-3-662-62854-6_15

auch eine in jeden Vorkurstag integrierte Methode zur Akzeptanzbefragung bezüglich der neu entwickelten didaktischen Elemente präsentiert. Zur Erhebung der Daten kam unter anderem ein Live-Feedbacksystem zum Einsatz. Zudem stellen wir einige Ergebnisse aus der gesamten, parallel zum Vorkurs durchgeführten Begleitstudie vor, die ebenfalls Aufschluss über die Akzeptanz der durchgeführten Maßnahmen geben.

15.1 Einleitung

15.1.1 Motivation und Hintergründe

Dozentinnen und Dozenten, die ihre Hochschullehre zu Mathematik innovativ gestalten wollen, stehen zahlreichen Herausforderungen gegenüber. Als Bedingung zur Umgestaltung von Lehrveranstaltungen wird häufig genannt, dass didaktisch motivierte Innovationen (zum Beispiel die Ergänzung der Materialien um digitale Medien) in bereits bestehende Konzepte eingearbeitet werden sollen, ohne dass dies eine Kürzung des Lernstoffes erforderlich macht. Gleichzeitig eröffnen sich durch den Einsatz digitaler Medien zahlreiche neue Felder zur Integration neuer Lehr- und Lernmethoden sowohl in den klassischen Tafelvortrag der Dozentin oder des Dozenten als auch aufseiten der sonst oft durchgehend auf Zuhören, Mitschreiben und Mitdenken beschränkten Zuhörerschaft.

Der Einsatz geeigneter digitaler Elemente kann dazu beitragen, die Studierenden aktiv in die Gestaltung der Lehrveranstaltung mit einzubeziehen und durch methodische Auflockerungen des Dozentenvortrages die Aufmerksamkeit zu erhöhen. Gleichzeitig können digitale Elemente, zum Beispiel beim gezielten Einsatz von Visualisierungen, auch neue Verständnisebenen eröffnen und die gelehrten Inhalte zugänglicher und leichter erinnerbar machen (z. B. Mayer 2009; Niegemann et al. 2008; Bausch et al. 2014). In diesem Beitrag zeigen wir, wie sich ein bestehendes Lehrkonzept eines mathematischen Vorkurses ohne inhaltliche Reduktion ergänzen lässt, und analysieren zugleich, wie die umgesetzten Maßnahmen von den Lernenden wahrgenommen werden.

Bisherige Arbeiten zur Integration digitaler Lernelemente in die Universitätslehre der Mathematik und insbesondere in mathematisch Vorkurse ergaben, dass innovative Methoden und neuartige Lehrmittel von den Studierenden in sehr unterschiedlicher Weise wahr- und angenommen werden (z. B. Biehler et al. 2014). Folglich erfordert es eine detaillierte Auseinandersetzung sowohl mit den Inhalten als auch mit den Rahmenbedingungen einer Lehrveranstaltung, um in der Praxis wirklich vom Einsatz neuartiger Methoden profitieren zu können. Ein mathematischer Vorkurs, in dem das Lernmaterial aus dem VEMINT-Projekt (Virtuelles Eingangstutorium Mathematik, www.vemint.de) zum Einsatz kommt, wurde am Beispiel der Universität Kassel von Pascal Fischer im Rahmen seiner Dissertation detailliert evaluiert (Fischer 2014).

Im vorliegenden Bericht wird nun dargelegt, wie die Lernmaterialien aus einem mathematischen Online-Vorkurs in einen 2017 an der Universität Paderborn stattfindenden Mathematikvorkurs integriert werden können. Weiterhin werden die hinsichtlich Akzeptanz und subjektiver Bewertung dieser Integration durchgeführten Befragungen, deren Ergebnisse und die Methodik der Befragung vorgestellt. Im Vergleich zu der von Fischer durchgeführten Evaluation liegt hierbei also der Schwerpunkt auf der Ergänzung und methodischen Erweiterung eines bestehenden Vorkurskonzepts, nicht auf der Neuentwicklung eines kompletten Kurses.

Die hier vorgestellte Studie war Teil eines anschließend fortgesetzten und noch andauernden Prozesses, der die schrittweise Entwicklung, Erprobung und wissenschaftliche Begleitung eines methodisch vielfältigen Mathematikvorkurs-Konzepts zum Ziel hatte und hat. Dabei kann im Rahmen des vorliegenden Beitrags nur die erste „Schleife" dieser Vorgehensweise aus dem Vorkurs im Jahr 2017 vorgestellt werden, in dem die erstmalige Erprobung neu entwickelter Ideen zur Verzahnung des klassischen Vorlesungskonzepts mit digitalen Elementen im Vordergrund stand. Bei der Beforschung dieses Vorhabens wurde ein pragmatischer Ansatz gewählt, um die Akzeptanz der Studierenden zu ermitteln. Wir als Forschungsteam wollten zudem eine Methode zur Verfügung stellen, die eine unkomplizierte und unmittelbare Rückmeldung spontaner Eindrücke der Studierenden an uns als Begleitforscher und an den Dozenten ermöglichte.

An der Universität Paderborn werden vierwöchige Mathematik-Vorkurse in zwei unterschiedlichen Formaten bereits seit mehreren Jahren angeboten. Angehende Studierende haben die Wahl zwischen der stärker präsenzbasierten Variante, die in diesem Beitrag im Fokus steht, und einem elektronisch basierten E-Kurs mit geringeren Präsenzanteilen an der Universität. Gleichzeitig wird seit 2014 der digitale Online-Mathematikvorkurs studiVEMINT[1] entwickelt. Das studiVEMINT-Material wurde, aufbauend auf dem Material aus dem VEMINT-Projekt, als eigenständiger Online-Vorkurs konzipiert und erstellt, der Lernenden zum Selbststudium zur Verfügung steht und zur Vorbereitung der mathematischen Inhalte eines Hochschul- oder Universitätsstudiums eingesetzt werden kann (Börsch et al. 2016; Mai et al. 2016; Colberg et al. 2017; Biehler et al. 2017, 2018). Auf der der Webseite www.studiport.de hat jedermann freien Zugriff auf das studiVEMINT-Lernmaterial.

Den Ansatzpunkt für die hier vorgestellten Eingriffe und Auswertungen im Zusammenhang mit der Präsenzvariante des Vorkurses bildeten Überlegungen, inwieweit das bestehende Präsenzvorkurskonzept durch die Integration digitaler Elemente aus dem studiVEMINT-Material bereichert und verbessert werden könnte. Die Ausgangslage des Präsenzkurses bot, wie sich in den Vorjahren gezeigt hatte, insbesondere in zweierlei Hinsicht Ansatzpunkte für mögliche Verbesserungen: Zunächst findet die Wissensvermittlung des Vorkurses schwerpunktmäßig im Rahmen von Vorlesungen statt. Diese sind jeweils mit drei Zeitstunden Dauer recht lang, sodass vonseiten der Dozenten die Einschätzung bestand, dass methodische Auflockerungen zur Konzentrationsförderung und Interessenssteigerung der Studierenden beitragen könnten. Zweitens basiert der Präsenzvorkurs auf einem Lernkonzept, das zweimal pro Woche sogenannte *Selbstlerntage*

---

[1]Projektwebseite: go.upb.de/studivemint.

vorsieht, an denen die Studierenden nicht in der Universität im Rahmen von Lehrveranstaltungen, sondern selbstständig zu Hause den Lernstoff des Vorkurses vertiefen und wiederholen sollen. Für diese Selbstlerntage lag vor den im Rahmen unserer Studie gestalteten Innovationen noch kein ausgearbeitetes Konzept vor. Die Verantwortung für die Auswahl geeigneter Themen, Materialien und Arbeitsaufträge lag ausschließlich bei den einzelnen Studierenden. Aufseiten der Lehrpersonen bestand der Eindruck, dass diese Aufgabe für die (angehenden) Studierenden eine große Herausforderung darstellte und die Selbstlerntage entsprechend nicht im erwünschten Maße genutzt wurden. Daher lag ein Interesse an der Ausarbeitung detaillierterer und konkreterer Arbeitsaufträge und einer Auswahl geeigneter Lernmaterialien vor, die den Studierenden für die Selbstlerntage zur Verfügung gestellt werden sollten. Ziel war es hierbei, die Studierenden an eine Art des selbstständigen Arbeitens heranzuführen, die sie in ähnlicher Form auch im weiteren Verlauf ihres Studiums beibehalten konnten. Gleichzeitig sollten sie mit Lernmaterial vertraut gemacht werden, das zur selbstständigen Arbeit geeignet ist und auch über die Dauer des Vorkurses hinaus zum Wissenserwerb und zur Wiederholung verwendet werden kann.

Die uns gestellten Aufgaben bestanden also in der Integration didaktischer Innovationen, basierend auf digitalen Lernmaterialien in die Vorlesungen, sowie in der Entwicklung von Lehr-Lern-Konzepten für die selbstständigen Arbeitsphasen im Mathematikstudium. Beides sind Herausforderungen, die sich bei der didaktischen Aufarbeitung von Lehrveranstaltungen in vielen Kontexten und bei unterschiedlichen Studierendengruppen ergeben. Das hier vorgestellte Projekt kann als Ausgangspunkt genommen werden, wenn die Integration von digitalen Lernmaterialien in die mathematische (Präsenz-)Lehre auch an anderen Universitäten oder Hochschulen geplant und umgesetzt werden soll, ohne dass hierzu selbst digitale Materialien entwickelt werden müssen. Es dient als Good-Practice-Beispiel zur Integration von E-Learning in der Studieneingangsphase.

Während Evaluationsergebnisse zum Einsatz des VEMINT-Lernmaterials und dessen Akzeptanz (Bausch et al. 2014) sowie Vergleiche des Materials zu anderen digitalen Lernplattformen (Biehler et al. 2014) bereits vorlagen, war zum Zeitpunkt der Durchführung der hier vorgestellten Studie eine Evaluation des studiVEMINT-Kurses und von dessen Einsatzmöglichkeiten noch nicht erfolgt.

Der Evaluation sowohl solcher digitaler als auch traditioneller Lehrkonzepte wird zu Recht eine hohe Bedeutung beigemessen. Basierend auf dem Beschluss der Kultusministerkonferenz zur Qualitätssicherung in der Lehre vom 22. September 2005 wurden in allen Bundesländern Normen zur Lehrevaluation in den Landeshochschulgesetzen festgelegt (zum Beispiel in § 7, Abs. 2 und 3 des Hochschulgesetzes des Landes Nordrhein-Westfalen, Fassung vom 16.9.2014). Die konkrete Integration von digitalen Einzelelementen in die Präsenzlehre stellte uns in diesem Zusammenhang zwar vor zusätzliche Herausforderungen, bot aber auch neue Chancen. Einerseits kamen im Rahmen einer abwechslungsreich gestalteten Einbindung, wie wir sie in unserer Umsetzung anstrebten, mehrere stark unterschiedliche Elemente zum Einsatz, die zugunsten einer differenzierten Analyse nicht pauschal und gemeinsam bewertet werden sollten. Andererseits kann gerade der regelmäßige Einsatz digitaler Medien in der Lehre dazu genutzt werden, häufigere kleinere Abfragen zur Evaluation durchzuführen, ohne den Fluss der Lehrveranstaltung dadurch übermäßig zu stören. Der vorliegende Bericht stellt die von uns entwickelte Evaluationsmethode sowie einige ihrer Ergebnisse vor.

Zusammenfassend nennen wir die drei Punkte, auf denen der Schwerpunkt des nachfolgenden Beitrags liegt:

1. Vorstellung der Integration des Materials des studiVEMINT-Online-Kurses in die Präsenzlehre eines mathematischen Vorkurses an der Universität Paderborn und Erläuterung der hierbei zugrunde gelegten didaktischen Konzeption
2. Vorstellung einer im Rahmen dieses Integrationsprojekts entwickelten und erprobten Befragungsmethode zum Einsatz der digitalen Materialien, insbesondere mit dem Anspruch hoher Rücklaufquoten und der Erhebung aktueller und detaillierter Daten nach jedem Einsatz des Online-Materials
3. Präsentation ausgewählter Ergebnisse der Akzeptanzbefragung

Lehrinnovationen, die seitens der Lehrveranstaltungteilnehmerinnen und -teilnehmer das eigenständige Mitbringen und Nutzen digitaler Endgeräte erfordern, können nur bei entsprechender Kooperationsbereitschaft der Studierenden und unter geeigneten technischen Bedingungen gelingen. Um die Nutzbarkeit und Übertragbarkeit der hier vorgestellten Ergebnisse für ähnlich konzipierte Lehr- und Lernprojekte zu erhöhen, gehen wir daher am Ende dieses Beitrags auf einige diesbezügliche Ergebnisse unserer Studie ein.

15.1.2 Die Ausgangslage: Der Vorkurs P1 an der Universität Paderborn

In diesem Abschnitt wird der Vorkurs P1 an der Universität Paderborn vorgestellt, wie er vor der Integration der in diesem Beitrag vorgestellten didaktischen Elemente seit Jahren durchgeführt wurde und damit den Ausgangspunkt unserer Überarbeitung darstellt. Im nächsten Abschnitt folgt dann eine Erläuterung der neu hinzugekommenen Elemente.

Der Mathematik-Vorkurs P1 an der Universität Paderborn richtet sich an angehende Studierende der Fächer Maschinenbau, Wirtschaftsingenieurwesen mit Schwerpunkt Maschinenbau, Chemie, Chemieingenieurwesen, Elektrotechnik, Wirtschaftsingenieurwesen mit Schwerpunkt Elektrotechnik, Computer Engineering und Wirtschaftsinformatik. Das „P" im Namen kennzeichnet hierbei die Vorkurse mit hohem Präsenzanteil, im Gegensatz zu dem ebenfalls angebotenen elektronischen „E-Kurs" mit geringem Präsenzanteil. Der Vorkurs findet jährlich im September vor dem Wintersemester statt und wurde in den Jahren 2011 bis 2017 von Herrn Jörg Kortemeyer geleitet. Die Teilnahme ist freiwillig, wird nicht bewertet und den Studierenden im nachfolgenden Studium nicht angerechnet.

Für den Vorkurs im September 2017 waren insgesamt 290 Teilnehmerinnen und Teilnehmer angemeldet, die Mehrzahl hiervon zur Vorbereitung auf die Studiengänge Maschinenbau und Elektrotechnik.

Für die Studierenden war in dem vierwöchigen Vorkurs pro Woche eine Kombination von drei Präsenztagen (Montag, Mittwoch und Freitag) an der Universität und zwei Selbstlerntagen (Dienstag und Donnerstag) vorgesehen (s. Tab. 15.1).

Das Programm der Präsenztage bestand aus einem Vorlesungs- und einem Übungsblock. Dabei fand eine dreistündige Vorlesung (einschließlich Pausen) am Vormittag statt, in der die mathematischen Inhalte im Hörsaal vom Dozenten erklärt wurden. Dazu ergänzend wurden zweistündige Übungen am Nachmittag angeboten, in denen die Studierenden in Kleingruppen unter Anleitung eines Tutors an Aufgaben zu Inhalten aus der Vorlesung am Vormittag arbeiteten, Fragen stellen konnten und Feedback zu ihren Bearbeitungen erhielten. Da die insgesamt acht Übungsgruppen nach Angabe der Tutoren von durchschnittlich 20 Studierenden besucht wurden, muss angesichts der Anmeldezahl von 290 Studierenden davon ausgegangen werden, dass nur ca. 120 bis 160 Studierende (Tendenz während des Vorkurses fallend) sich tatsächlich aktiv und regelmäßig am Vorkurs und dessen Präsenzveranstaltungen beteiligten. Die weiter unten vorgestellten Evaluationsergebnisse mit i. d. R. zwischen 80 und 160 Rückmeldungen pro Frage, die in der Vorlesung erhoben wurden, stützen diese Annahme.

Die beiden wöchentlichen Selbstlerntage dienten der eigenständigen Wiederholung und Vertiefung der in den Vorlesungen und Übungen vermittelten mathematischen Inhalte nach dem Prinzip des *selbstregulierten Lernens* (im Sinne von Biehler et al. 2012; zur genaueren Konzeption der Selbstlerntage und Hintergründen siehe Abschn. 15.2.3 dieses Beitrags).

Die Vorlesungen des Dozenten bestanden aus mehreren unterschiedlichen Lehrmethoden zur Stoffvermittlung. Zum einen wurde durch einen klassischen Vorlesungsstil mit Vortrag und Tafelanschrieb mathematisches Wissen in Form von Definitionen, Sätzen, Beweisen (oder Beweisansätzen) und Beispielen vorgestellt. Zur Förderung des selbstständigen Mitdenkens der Teilnehmerinnen und Teilnehmer sowie der methodischen Auflockerung werden zusätzlich seit einigen Jahren zunehmend „PINGO-Fragen" in die Vorlesung integriert. PINGO ist ein Audience Response System (ARS), in dem die Studierenden Fragen (Multiple- oder Single-Choice-Fragen oder mit Freitexteingabe) anonym beantworten können und die Antworten sofort dem Dozenten zugestellt

Tab. 15.1 Allgemeine Struktur der Vorkurswochen des insgesamt vierwöchigen Präsenzkurses P1 (September 2017, Universität Paderborn)

Montag	Dienstag	Mittwoch	Donnerstag	Freitag
9:00–12:00 Vorlesung	Selbstlerntag	9:00–12:00 Vorlesung	Selbstlerntag	9:00–12:00 Vorlesung
13:00–15:00 Übungen		13:00–15:00 Übungen		13:00–15:00 Übungen

werden. An einigen Stellen der Vorlesung (i. d. R. ein- bis zweimal pro Vorlesungstag) nutzte der Dozent dieses Mittel in Zusammenhang mit aktivierenden Arbeitsphasen, die nach dem Konzept der *Peer Instruction* aufgebaut waren. Diese Phasen bestanden aus zwei Bearbeitungsrunden: In der ersten Phase wurden die Studierenden gebeten, sich kurz selbstständig mit einer Aufgabe zu beschäftigen und anhand des ARS PINGO eine der vorgeschlagenen Antwortmöglichkeiten auszuwählen. Die so gegebenen (anonymen) Antworten der Studierenden wurden danach per Beamer im Hörsaal gezeigt. Die Aufgaben waren hierbei zumeist so ausgewählt, dass in dieser ersten Umfrage noch nicht alle Teilnehmer und Teilnehmerinnen die richtige Antwort nennen konnten. Nach dieser ersten Bearbeitungsrunde wurden die Studierenden i. d. R. aufgefordert, nun ihren Nachbarn von der Richtigkeit ihrer jeweiligen Antwort zu überzeugen, worin im Anschluss eine zweite Umfrage durchgeführt wurde, bei der sich der Anteil der korrekten Lösungen zumeist deutlich erhöhte. Gegebenenfalls wurden die Aufgabe und ihre Lösung danach von dem Dozenten an der Tafel diskutiert. Diese Phasen dienten neben der Aktivierung und Einübung des Stoffes auch als Feedback sowohl für Studierende als auch für den Dozenten.

Auf den Aufbau und Ablauf der Übungen wird im Folgenden nicht detaillierter eingegangen, da die Integration der Elemente ausschließlich in der Vorlesung bzw. an den Selbstlerntagen stattfand. Der Grund hierfür lag einerseits in dem deutlich erhöhten Aufwand, der sich aus einer grundlegenden Umgestaltung der acht parallel stattfindenden Übungsgruppen ergeben hätte. Andererseits wurde sowohl vom Dozenten als auch von den Tutorinnen und Tutoren in Zusammenhang mit den Übungen ein geringerer Bedarf an Überarbeitung und Erweiterung des bestehenden Konzepts wahrgenommen.

15.2 Integration des digitalen Lernmaterials in die Präsenzlehre

In diesem Abschnitt stellen wir die unterschiedlichen Integrationsformen des Online-Vorkursmaterials in die Präsenzlehre des P1-Vorkurses vor.

Ziel der von uns im Jahr 2017 zum bestehenden Vorkurskonzept ergänzten Integration von digitalen Lernmaterialien in den Vorkurs war die methodische Bereicherung der Vorlesungskomponente sowie der Selbstlerntage des Präsenzkurses. Durch den Einsatz multimedialer Inhalte innerhalb der Vorlesung sollte diese sowohl abwechslungsreicher als auch eingängiger und einprägsamer gestaltet werden. Darüber hinaus sollten die Teilnehmerinnen und Teilnehmer mit dem online frei verfügbaren Mathematikkurs studiVEMINT vertraut gemacht werden und sich in den eigenständigen Arbeitsphasen des Vorkurses mit dessen Inhalten beschäftigen. Durch den Online-Kurs hatten bzw. haben die Teilnehmerinnen und Teilnehmern sowohl während des Vorkurses als auch darüber hinaus Zugang zu vielfältig aufbereiteten mathematischen Inhalten, Aufgaben mit entsprechenden Lösungen und weiteren Anwendungsbeispielen. Den Studierenden sollte somit im Vorkurs ein zusätzlicher Weg aufgezeigt werden, ihre mathematischen Kenntnisse selbstständig zu erproben und zu erweitern.

Der Vorkurs P1 wurde für die Integration der digitalen Elemente ausgewählt, da es sich um einen erprobten Vorkurs handelte, dessen inhaltliches Konzept seit Jahren erfolgreich eingesetzt wurde und der in den vorangegangenen Jahren bereits im Zuge der Integration von Aufgaben mit *Peer Instruction* durch aktivierende und digitale Elemente erweitert worden war. Diese Methode hatte sich für die Zielgruppe und innerhalb des durchgeführten Lehrkonzepts bereits bewährt. Der Dozent zeigte großes Interesse an einer Bereicherung der Methodenvielfalt seines Kurses und arbeitete eng mit uns bei der Planung und Umsetzung der konkreten Integrationsmaßnahmen zusammen. Unser Anspruch war es hierbei, den vielfältig erprobten strukturellen Aufbau des Vorkurses weitgehend unverändert zu lassen, wobei die methodische Erweiterung insbesondere keine Reduktion der Inhalte zur Folge haben sollte.

Somit handelte es sich bei der durchgeführten Integration der digitalen Lernmaterialien um eine geringfügige Intervention unter Berücksichtigung des vorhandenen Vorkurskonzepts und -inhalts. Grundsätzlich sind, insbesondere (aber nicht ausschließlich) bei der Neukonzeption von Vorkursen, auch Integrationsmaßnahmen möglich, bei denen die Erweiterung eines Präsenzvorkurses um digitale Elemente noch maßgeblicher das Gesamtkonzept des Kurses beeinflusst und der Anteil digitaler Elemente noch deutlich höher ist. Das hier vorgestellte Konzept soll exemplarisch für die Möglichkeit stehen, solche Erweiterungen vorhandener Vorkurse durch digitale Elemente auch ohne tiefgreifende Strukturänderungen durchzuführen. Wir sehen hierin eine bessere Grundlage für die Übertragbarkeit der vorgestellten Ideen auf möglichst viele andere Vorkurse. Die Motivation für die wissenschaftliche Untersuchung der Integration digitaler Elemente lag darin, Antworten auf die folgenden Forschungsfragen zu finden:

1. Wie lässt sich das studiVEMINT-Vorkursmaterial, das ursprünglich als eigenständiger digitaler Vorkurs zum individuellen Lernen und Üben von Mathematik entworfen wurde, in die Präsenzlehre einbinden?
2. Welche Akzeptanz und Bewertung erfährt das Konzept durch die Lernenden?

In Abschn. 15.2 beschäftigen wir uns zunächst mit den Integrationsmaßnahmen, auf die sich die erste der beiden Forschungsfragen bezieht, und im nachfolgenden Abschn. 15.3 dann mit der damit einhergehenden Methodik zur Erhebung der Rückmeldungen seitens der Studierenden, die zur Beantwortung der zweiten Forschungsfrage erhoben wurden. Die Ergebnisse dieser Erhebung werden in Abschn. 15.4 detaillierter vorgestellt.

Die digitalen Lernmaterialen kamen sowohl in der Vorlesung als auch an den Selbstlerntagen zum Einsatz. In der Vorlesung waren hierbei zwei unterschiedliche Varianten vertreten:

1. Einbindung von Lernmaterialen in den Vortrag des Dozenten, z. B. anhand von per Beamer präsentierten (grafischen und/oder animierten) Visualisierungen mathematischer Sachverhalte

2. Eigenständige Arbeit mit studiVEMINT-Lernmaterialien (z. B. Texte, Visualisierungen, Aufgaben) der Studierenden während der Vorlesung an einem eigenen digitalen Endgerät

Eine dritte Verwendungsmöglichkeit der Lernmaterialien wurde an den Selbstlerntagen des Vorkurses realisiert:

3. Für die Selbstlerntage wurden den Studierenden konkrete Aufträge zur selbstständigen Arbeit mit dem studiVEMINT-Online-Kurs gestellt.

Für den Erwerb von Wissen an der Universität ist das selbstregulierte Lernen eine entscheidende Kompetenz (z. B. Bellhäuser und Schmitz 2014; Nota et al. 2004). Vor diesem Hintergrund wurde die Hinführung zum selbstregulierten Lernen im Vorkurs angestrebt. Der Definition von Bellhäuser und Schmitz (basierend auf Schmitz und Wiese 2006) zufolge umfasst selbstreguliertes Lernen drei Phasen. Die erste ist die Lernvorbereitung/präaktionale Phase, in der Lernziele gesetzt und ein Handlungsplan entworfen wird. Darauf folgt die aktionale Phase, in der kognitive, metakognitive und ressourcenorientierte Strategien (letzteres umfasst zum Beispiel die Zusammenarbeit mit anderen) zum Einsatz kommen. Zuletzt folgt die postaktionale Phase, in der eine Evaluation der vorangegangenen Phasen anhand eines Ist-Soll-Abgleichs erfolgt und ggf. Vorsätze für zukünftiges Lernen gebildet werden.

Durch die Vorauswahl an Materialien aus dem studiVEMINT-Kurs und die Kommunikation von Lernzielen (während der Vorlesung) wurde die präaktionale Phase im Rahmen des hier vorgestellten ersten Studiendurchlaufs weitgehend vom Dozenten und unserem begleitenden Team übernommen. Die oben beschriebenen Integrationsmaßnahmen adressierten schwerpunktmäßig die aktionale Phase und in Teilen die postaktionale Phase. Letztere fand im Rahmen der Vorlesung allerdings häufig auch im Plenum durch eine Diskussion der vorher selbstständig erarbeiteten Inhalte statt. In diesem Sinne kann von einer Heranführung an selbstreguliertes Lernen, aber nicht vom umfassenden Einüben desselben im Rahmen der Integrationsmaßnahmen gesprochen werden.

15.2.1 Einsatz in der Vorlesung

Die dreistündigen Vorlesungen des Vorkurses wurden in einem Hörsaal mit Tafel und Beamerprojektion vom Dozenten gehalten. Dabei kam schwerpunktmäßig ein klassisches Vorlesungskonzept mit Tafelvortrag zum Einsatz, das bereits vor unserer Einbindung digitaler Elemente aus dem studiVEMINT-Material durch gelegentliche Einsätze von Aufgaben mit *Peer Instruction,* verbunden mit einer Nutzung des Live-Feedbacksystems PINGO, unterbrochen wurde (siehe Abschn. 15.1.2).

Sowohl die Aufnahmefähigkeit als auch das Erinnern von Lernelementen wird bei einer aktiven Beteiligung an einer Vorlesung unterstützt (z. B. Herbst 2016). Die didaktischen Elemente, die von uns für die Vorlesung konzipiert wurden, hatten daher das Ziel, weitere Aktivierungselemente einzubringen oder den Dozentenvortrag methodisch zu erweitern.

Unter den möglichen Einsatzformen für digitale Lernelemente ist unsere Vorgehensweise in der Vorlesung dem Typ des sogenannten *Enrichment* zuzuordnen (Weigel 2006, in Anlehnung an Albrecht 2003; vgl. auch Fischer 2014). Dabei werden Präsenzveranstaltungen in unregelmäßigen Abständen durch den Einsatz digitaler Elemente bereichert. Dies steht zum Beispiel im Kontrast zu *Blended-Learning*-Konzepten, bei denen Präsenz- und virtuelle Phasen gleichbedeutend nebeneinanderstehen, oder auch reiner *virtueller Lehre* ganz ohne Präsenzanteile.

Da das studiVEMINT-Material ursprünglich als eigenständiger Online-Vorkurs und damit für das individuelle Lernen von Einzelpersonen entwickelt wurde, war unser Ansatz zur Erweiterung der Aktivierung der Studierenden in der Vorlesung zunächst, im studiVEMINT-Material nach Elementen zu suchen, die sich als „abgeschlossene Einheit" zur selbstständigen Arbeit mit dem Material in die Vorlesung einbetten ließen. Diese konnten dann als aktivierende Einheit in kurzen Zeitfenstern während der Vorlesung bearbeitet werden.

Die Bereicherung der Methodenvielfalt in der Vorlesung durch den Einsatz visueller Hilfsmittel wie Videos oder dynamischen Applets während des Dozentenvortrags stellte neben der Integration von Aktivierungselementen die zweite Kategorie der didaktischen Innovationen in der Vorlesungsgestaltung dar. Durch den Einsatz visueller Hilfsmittel wird die Aufmerksamkeit erhöht, die Vorstellungskraft und damit das Verständnis gefördert (vgl. Brauer 2014, u. a. auf Basis von Kulik 2003). Über den Einsatz in den instruktiven Phasen hinaus wurden die Visualisierungen und dynamischen Applets auch während den aktivierenden Phasen eingesetzt, um ein dynamisches Entdecken mathematischer Zusammenhänge zu unterstützen (Roth 2008).

Die nachfolgende Tab. 15.2 enthält alle Kategorien von Aktivitäten, die zur Integration in die Vorlesungen des Vorkurses entwickelt wurden und mit dem Online-Vorkurs studiVEMINT in Verbindung stehen. Dabei kamen nicht alle Aktivitäten in jeder Vorlesung zum Einsatz. Es wurde gemeinsam mit dem Dozenten für jeden Tag ein auf die Inhalte der Vorlesung zugeschnittener Ablaufplan erstellt.

Für die finale Planung zur Integration der entwickelten Elemente fand vor jedem Vorkurstag ein Treffen des Studienprojektteams mit dem Dozenten der Vorlesung statt. Die mathematischen Inhalte des bevorstehenden Tages standen aufgrund des aus den Vorjahren bekannten Curriculums, das auch in einem Skript zur Vorlesung festgehalten war, bereits im Vorfeld fest. Darauf basierend wurden zur Vorbereitung auf das Treffen das Skript vom Projektteam analysiert und geeignete Stellen zur Integration digitaler Elemente identifiziert. Ansatzpunkte hierfür waren beispielsweise geometrische Zusammenhänge, die anhand eines dynamischen Applets exakter als an der Tafel und zum Teil anhand einer Vielzahl von (z. B. anhand eines Parameters variierten) Beispielen veranschaulicht werden können. Auch im Skript bereits vorgesehene Aufgaben, die die Studierenden während der Vorlesung bearbeiten sollten, konnten teilweise

Tab. 15.2 Aufstellung der in die Präsenzlehre integrierten Aktivitäten

Aktivität	Didaktische und inhaltliche Ziele
Kategorie: Aktivierungselemente	
Selektiertes/begleitetes Selbstlesen während der Vorlesungszeit *Nach Instruktion durch den Dozenten erarbeiten sich die Studierenden Inhalte aus dem Online-Kurs durch Selbstlesen während der Vorlesungszeit (am eigenen Gerät), z. B. mathematische Texte mit eingestreuten Aufgaben. Im Anschluss findet ggf. eine Besprechung im Plenum statt*	– Förderung der aktionalen (und z. T. der postaktionalen) Phase des selbstregulierten Lernens – Selbstbestimmung des Lerntempos durch die Studierenden, die Texte mehrfach lesen und eingestreute Aufgaben ggf. wiederholen können
Powerrechnen *„Rechenwettbewerb": Studierende werden auf eine Aufgabensammlung im studiVEMINT-Kurs verwiesen. Diese Aufgaben enthalten i. d. R. die Möglichkeit der Lösungseingabe und der digitalen Überprüfung der Lösung auf Knopf-druck sowie eine ausführliche Musterlösung, die ausgeklappt werden kann. Die Studierenden erhalten den Arbeitsauftrag, möglichst viele Aufgaben in einer vorgegebenen Zeitspanne (ca. 5 bis 10 Min.) zu rechnen und die eigenen Ergebnisse durch Eingabe in das Lösungsein-gabefeld und Vergleich mit der Musterlösung zu überprüfen. Im Anschluss wird im Plenum anhand einer Umfrage mit PINGO anonym erhoben, wie viele Aufgaben jeweils gelöst wurden. Der Dozent stellt die Ergebnisse der Umfrage dem Plenum vor*	– Förderung der aktionalen und postaktionalen Phase des selbstregulierten Lernens – Festigung des Lernstoffs; Motivation und Anregung – Selbstbestimmung des Lerntempos
Applet erkunden *Studierende erkunden einen mathematischen Sachverhalt mithilfe eines in das Material eingebetteten Applets am eigenen Gerät. Der Dozent erteilt hierfür einen konkreten Arbeits-auftrag*	– Visualisierung und Verständnisförderung – Entdecken von mathematischen Zusammen-hängen; eigenständige Beschäftigung mit einer dynamischen Veranschaulichung (z. B. durch eine geometrische Anschauung, die Darstellung eines Graphen in Abhängigkeit von variablen Funktionsparametern o. Ä.) eines mathematischen Sachverhalts
Verweis auf weiterführende Inhalte im digitalen Material durch den Dozenten zur freiwilligen Bearbeitung außerhalb der Vor-lesung *Studierende werden im Skript/Tafelanschrieb auf weiterführende Angebote im Online-Material hingewiesen und erhalten einen direkten Link/QR-Code*	– Anregung zum selbstregulierten Lernen durch Bereitstellung weiteren Lernmaterials – Förderung von Studierenden mit Interesse an vertiefenden und ergänzenden Inhalten – Auslagerung von mathematischen Inhalten in die Selbstlernphasen des Vorkurses. Inhalte, die nicht in der Vorlesung behandelt werden konnten, sollen eigenständig anhand des digitalen Lernmaterials erarbeitet werden

(Fortsetzung)

Tab. 15.2 (Fortsetzung)

Aktivität	Didaktische und inhaltliche Ziele
Kategorie: Mediale Bereicherung des Dozentenvortrags	
Video vorführen *Dozent zeigt ein Video und erläutert mit dessen Hilfe einen mathematischen Sachverhalt*	– Visualisierung – Veranschaulichung dynamischer Zusammen- hänge und räumlicher Darstellungen

Applet vorführen
Dozent verwendet ein Applet zur Darstellung und Erklärung eines Sachverhalts
	– Visualisierung
	– Einbindung dynamischer Darstellungen
	  in den Vortrag, u. a. Veranschaulichung
	  durch Exemplifizierung von Definitionen,
	  Plausibilisierung der (Allgemein-)Gültigkeit
	  von mathematischen Aussagen für mehrere
	  (anhand des dynamischen Applets variierte
	  und gezeigte) Fälle

durch Aufgaben aus dem studiVEMINT-Kurs ersetzt werden, was den Vorteil bot, dass die Studierenden ihre Antworten selbst kontrollieren konnten und eine Muster-lösung einsehbar war. Die Einleitungs- und Abschlussphasen eines mathematischen Themenkomplexes waren ebenfalls häufig geeignete Anknüpfungspunkte für das digitale Lernmaterial. Als Einstieg kam zum Beispiel die Vorbereitung auf ein Thema anhand des Online-Kurses infrage, als Abschluss eine Sicherungsphase, bei der die Studierenden sich selbstständig mit den soeben vorgestellten Themen auseinandersetzen sollten. Zusätzlich boten sich auch längere Phasen eher „trockenen" Inhalts (also z. B. der rein frontalen Theorieentwicklung an der Tafel durch den Dozenten) an, mittels einer methodischen Unterbrechung und den Einsatz digitaler Elemente aufgelockert zu werden. Hierbei wurde angestrebt, in die Vorlesung etwa alle 15 bis 20 min einen Methodenwechsel zu integrieren, um die Aufmerksamkeit der Studierenden zu erhöhen, ohne einen andauernden, zu hektischen Wechsel zwischen den Methoden zu bewirken (z. B. Brauer 2014, in Anlehnung an Middendorf und Kalish 1996).

Auf dieser Basis wurde anschließend das studiVEMINT-Online-Material zu den ent-sprechenden Themen des Vorkurses nach geeigneten Elementen durchsucht mit dem Ziel, spezifische didaktische Elemente an genau festgelegten Stellen in die Vorlesung zu integrieren. Gleichzeitig wurden dabei zu den Inhalten und Elementtypen (Applets, Videos, Texte, Abbildungen und (Rechen-)Aufgaben) passende Aufträge für den Selbstlerntag konzipiert, die auf dem Online-Material aufbauen (auf die Arbeitsaufträge für die Selbstlerntage wird in Abschn. 15.2.3 näher eingegangen). Hierbei wurde, je nach den Ergebnissen der Sichtung des Skriptes zur Vorlesung, besonders nach geeigneten Visualisierungen, Aufgaben und Ergänzungen zu den mathematischen Inhalten der Vor-lesung gesucht. Der Schwerpunkt lag auf einer inhaltlichen Relevanz der integrierten Elemente, wobei auch beispielsweise auf eine passende Notation zu achten war, da das Online-Material an manchen Stellen von der vom Dozenten verwendeten Notation zu weit abwich.

Darauf aufbauend wurde ein detaillierter Ablaufplan für die anstehende Vorlesung ausgearbeitet, mit dem Dozenten durchgesprochen und bei Bedenken ggf. angepasst. Der Dozent erhielt einen schriftlich ausgearbeiteten Ablaufplan, um den Überblick über die geplanten didaktischen Elemente während der Vorlesung zu behalten und diese zum richtigen Zeitpunkt einzusetzen.

Für das Projekt wurde eine eigene Vorkurs-Webseite erstellt. Dort wurden an jedem Vorlesungstag alle Links zur Verfügung gestellt, die die Studierenden während der Vorlesung brauchten, um entsprechend unserer Planung und nach Anleitung des Dozenten die gewünschten Seiten im studiVEMINT-Material direkt aufzurufen. Wenn im Folgenden von der „Vorkurs-Homepage" die Rede ist, ist damit diese eigens erstellte Seite gemeint.

Im nachfolgenden Abschnitt wird ein Beispiel für den konkreten Ablauf eines Vorlesungstages mit detaillierten Beschreibungen der integrierten digitalen Elemente gegeben.

15.2.2 Exemplarische Gestaltung eines Vorlesungstages

Nachfolgend wird exemplarisch die Integration des Materials in den Vorlesungstag 4 vorgestellt. Inhaltlich deckt dieser Vorlesungstag das Thema „Trigonometrie" ab, enthält also sowohl den Einstieg zu diesem Thema als auch den Abschluss. Dabei werden die folgenden Inhalte behandelt:

1. Einführung des Bogenmaßes eines Winkels
2. Definition von Sinus, Cosinus und Tangens als Seitenverhältnisse am rechtwinkligen Dreieck, Satz des Pythagoras
3. Einheitskreis und (Neu-)Definition von Sinus- und Cosinusfunktion als Achsenprojektionen am Einheitskreis
4. Trigonometrische Identitäten in Gestalt des trigonometrischen Satzes des Pythagoras und einiger Additionstheoreme
5. Einführung der Umkehrfunktionen der trigonometrischen Funktionen (Arkusfunktionen)

Die gesamte Vorlesung war auf 180 min abzüglich einer Pause von 30 min in der Mitte angelegt. Inhaltlich boten sich bei der Integration digitaler Elemente bei diesem Thema insbesondere (dynamische) Visualisierungen an, um die geometrischen Zusammenhänge anschaulicher und leichter erfassbar zu gestalten.

Im Folgenden werden die Elemente der Vorlesung, deren chronologische Abfolge in Tab. 15.3 dargestellt wird, aufgegriffen und deren Ablauf, mathematische Inhalte sowie inhaltliche und didaktische Ziele detailliert erklärt, wobei der Schwerpunkt auf die im Rahmen der Studienintervention neu in die Vorlesung integrierten didaktischen Elemente gelegt wird.

Tab. 15.3 Ablauf von Vorlesungstag 4 zum Thema „Trigonometrie"

Nummerierung der Abschnitte	Zeitlicher Ablauf	Aktivität	Akteur	Ziele der Aktivität
1	9:00–9:10 Beginn der Vorlesung	Organisation	Dozent	Klärung organisatorischer Punkte im Zusammenhang des Vorkurses
	9:10–9:20 Inhaltlicher Beginn der Vorlesung, Thema „Trigonometrie"	Selektiertes/begleitetes Selbstlesen während der Vorlesungs-zeit	Studierende	Aufwärmphase, Wiederholung des Winkelbegriffs
2	9:20–10:15	Tafelvortrag	Dozent	Wissensvermittlung
	10:15–10:45	Pause	–	Erholungsphase
3	10:45–10:55	Powerrechnen	Studierende	Wiederholung und Anwendung
4	10:55–11:00	PINGO-Umfrage als Feedback zum Powerrechnen	Dozent	Rückmeldung an den Dozenten
5	11:00–11:20	Tafelvortrag	Dozent	Wissensvermittlung
6		Video vorführen	Dozent	Veranschaulichung mathematischer Inhalte
7	11:20–11:25	Tafelvortrag	Dozent	Wissensvermittlung
8		Applet vorführen	Dozent	Veranschaulichung mathematischer Inhalte
9	11:25–11:55	Tafelvortrag	Dozent	Wissensvermittlung
10	11:55–12:00, Abschluss der Vorlesung	Befragung der Studierenden per PINGO (Evaluation)	Studierende	Wissenschaftliche Erhebung; Feedback

1. Selektiertes/begleitetes Selbstlesen während der Vorlesungszeit (Innovation)

Als Einstieg wurde in Abstimmung mit dem Dozenten eine Phase der allgemeinen Beschäftigung mit dem Winkelbegriff konzipiert, um die Studierenden auf die (für die meisten Teilnehmerinnen und Teilnehmer) neuartige Definition von Winkeln anhand des Bogenmaßes vorzubereiten. Hierzu erteilte der Dozent den Studierenden den Arbeitsauftrag, sich ca. 10 min lang selbstständig mit dem Kapitel „Grundbegriffe der elementaren Geometrie", genauer mit den darin enthaltenen Ausführungen zum Winkelbegriff zu beschäftigen, aus dem ein Ausschnitt in Abb. 15.1 zu sehen ist (im studiVEMINT-Online-Material: LE 6, Kapitel „Grundbegriffe der elementaren Geometrie", Abschnitt „Winkel").

Die in diesem Abschnitt präsentierte geometrische und damit eher gewohnte Beschreibung des Winkels im Gradmaß sollte die Teilnehmerinnen und Teilnehmer auf die im Anschluss in der Vorlesung eingeführte ungewohnte Definition eines Winkels über das Bogenmaß vorbereiten und diente somit als inhaltliche „Aufwärmphase" zum Thema „Winkel" durch eine kurze Erinnerung an Bekanntes. In der zur Verfügung gestellten Zeit sollten mindestens die Abschnitte „Winkel" und „Messung von Winkeln" (im Gradmaß) bis zu einer Definition der Begriffe „spitzer Winkel", „rechter Winkel", „gestreckter Winkel" etc. gelesen werden. Das Tempo in dieser Phase konnte individuell gewählt werden, ohne dass zum Beispiel langsameres Arbeiten zwangsläufig eine direkte Auswirkung auf das Verständnis der nachfolgenden neuen Inhalte hatte, da mit dem Beginn des Kapitels zur Trigonometrie im Anschluss ein komplett neues Thema eröffnet wurde und kein direkter inhaltlicher Rückbezug mehr genommen wurde. Aus diesem Grund bot es sich an dieser Stelle auch an, diesen Abschnitt in eine Phase der

Messung von Winkeln

Man könnte Winkelmaße in % vom Vollwinkel angeben, wie z. B. hier

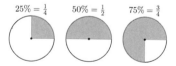

Es ist aber üblich als Vergleichsgröße $\frac{1}{360}$ des Vollwinkels zu nehmen.
Dieses Winkelmaß nennt man Grad und es hat das Einheitenzeichen °. Winkel werden als Vielfache (ggf. gebrochene) von 1° angegeben

In der Praxis bestimmt man Winkelmaße mit einem Winkelmesser oder Geodreieck.

In der Mathematik – sowie im weiteren Verlauf – werden Winkel häufig mit kleinen griechischen Buchstaben angegeben wie z. B.:

α … Alpha
β … Beta
γ … Gamma
δ … Delta

Abb. 15.1 Ausschnitt aus dem studiVEMINT-Online-Material (LE 6, Kapitel „Grundbegriffe der elementaren Geometrie", Abschnitt „Winkel")

Selbsterarbeitung im Online-Material einzubetten, anstatt das an der Tafel entwickelte Kursskript durch einen kurzen Exkurs zum Thema „Winkel" zu unterbrechen.

2. Dozentenvortrag (ohne Innovation)

In Anschluss an die Einstiegsphase zur selbstständigen Beschäftigung mit dem Winkel-begriff erfolgte der Einstieg in das Thema „Trigonometrie", umgesetzt als Tafelvortrag des Dozenten. Dabei wurde zunächst der Winkel anhand des Bogenmaßes am Kreis definiert und im Anschluss Sinus, Cosinus und Tangens als Seitenverhältnisse am rechtwinkligen Dreieck eingeführt. In dieser mit einer knappen Stunde relativ langen Phase konnte das weiter oben formulierte Ziel, möglichst nach 15 bis 20 min einen Methodenwechsel in die Vorlesung zu integrieren, nicht erreicht werden. Es folgte eine 30-minütige Pause.

3.+4. Powerrechnen mit anschließender PINGO-Umfrage (Innovation)

Direkt im Anschluss an die Pause kam das didaktische Element des „Powerrechnens" zum Einsatz. Hierbei handelt es sich um eine Art „Rechenwettbewerb", den wir für den Einsatz im Vorkurs entwickelt hatten: In einer Phase von zehn Minuten sollten die Studierenden so viele Aufgaben wie möglich aus einem festgelegten Abschnitt des studiVEMINT-Online-Kurses bearbeiten und lösen. Die zur Verfügung stehende Zeit war den Studierenden bekannt. Dabei durfte ein Taschenrechner verwendet werden. Im Anschluss wurde die Anzahl der korrekt gelösten Aufgaben untereinander verglichen. Diese Methode sollte hier, im direkten Anschluss an die Pause, die Studierenden wieder zum konzentrierten Arbeiten anregen und das vor der Pause behandelte Thema ins Gedächtnis zurückrufen und festigen.

Bei den verlinkten Aufgaben (im studiVEMINT-Kurs: LE 7, Kapitel „Trigonometrie an rechtwinkligen Dreiecken", Abschnitt „Aufgaben") handelte es sich um mehrere, vom Aufbau her ähnliche Aufgaben, in denen an einem rechtwinkligen Dreieck durch Anwendung von Sinus, Cosinus oder Tangens Seitenlängen oder Winkel berechnet werden sollten (vgl. Abb. 15.2). Inhaltlich knüpften die Aufgaben damit direkt an die vor der Pause vermittelten Inhalte an.

In der Vorlesung zeichnete der Dozent zu Beginn der zehnminütigen Phase des „Powerrechnens" noch ein beschriftetes „Standarddreieck" an die Tafel, um die einheit-liche Verwendung der Bezeichnungen für die Seiten und Ecken des Dreiecks festzulegen, und rief selbst die Online-Seite mit den zu bearbeitenden Aufgaben mittels Beamer auf.

Der Wettbewerbscharakter des Powerrechnens wurde durch die an die Arbeits-phase angeschlossene Umfrage zur Anzahl der richtig gelösten Aufgaben umgesetzt. Dabei wurden die Studierenden aufgefordert, anhand einer PINGO-Umfrage (die eben-falls auf der Vorlesungshomepage verlinkt war und direkt aufgerufen werden konnte) anonym anzugeben, wie viele Aufgaben sie innerhalb der gegebenen Zeit erfolgreich lösen konnten. Über den Kontrollbutton der Aufgabe konnten die eigenen Lösungen bereits vorher überprüft werden. Nach Abschluss dieser Umfrage zeigte der Dozent die (anonymen) Angaben aller Studierenden mittels des Beamers. Damit konnten die Studierenden ihre eigene Leistung im Vergleich zu den anderen Teilnehmerinnen und

Aufgabe 1

Von einem rechtwinkligen Dreieck ABC sind folgende Angaben bekannt:

- $a = 4$ (in cm)

- $\beta = 90°$

- $\alpha = 25°$

Bestimmen Sie die Länge der Seite b auf zwei Nachkommastellen genau!

Die Länge der Seite b beträgt ⟨?⟩ cm.

| Kontrolle | Lösung anzeigen |

Abb. 15.2 Exemplarische Aufgabe zum Powerrechnen (im studiVEMINT-Kurs: LE 7, Kapitel „Trigonometrie an rechtwinkligen Dreiecken", Abschnitt „Aufgaben")

Teilnehmern einordnen. Bei dieser Methode wurde natürlich vorausgesetzt, dass die Studierenden ehrliche Angaben über ihre Leistung machten, wovon allerdings aufgrund der Anonymität beim „Powerrechnen" ausgegangen wurde.

Gleichzeitig bekam der Dozent durch das Element des „Powerrechnens" eine Rückmeldung, ob die Studierenden zu diesem Zeitpunkt der Vorlesung in der Lage waren, die Winkelverhältnisse korrekt anzuwenden und damit Aufgaben dieses Typs lösen zu können. Wäre an dieser Stelle also festgestellt worden, dass dies für die Studierenden noch ein großes Problem darstellte, hätte er vor Abschluss des Themas „Winkelverhältnisse" noch einmal auf Fragen eingehen oder Missverständnisse aufklären können (dies war nicht der Fall).

5. + 6. Dozentenvortrag mit Vorführung eines Videos (Innovation)

Auf das „Powerrechnen" folgte eine ca. 20-minütige Phase des Tafelvortrags in der Vorlesung. Hierbei schloss der Dozent das Thema „Trigonometrie an rechtwinkligen Dreiecken" ab und begann mit dem Abschnitt „Trigonometrie am Einheitskreis". Inhaltlich sind für diesen Abschnitt die folgenden Sachverhalte zentral: Durch die Wahl eines beliebigen Punktes P auf dem Einheitskreis kann ein rechtwinkliges Dreieck mit Hypotenusenlänge 1 festgelegt werden, dessen Katheten auf die x- bzw. y-Achse projiziert werden können. Wird der Punkt P dabei außerhalb des ersten Quadranten gewählt, so ergibt sich durch eine (bei der Wahl von P im zweiten oder vierten Quadranten) oder beide (wenn P im dritten Quadranten gewählt wird) dieser Projektionen ein negativer Wert (dessen Betrag dann der jeweils projizierten Seitenlänge entspricht). Durch diesen Wert wird der Sinus (y-Achse) bzw. Cosinus (x-Achse) des Winkels definiert, der zwischen der positiven x-Achse und der Hypotenuse des jeweiligen Dreiecks liegt. So können Sinus und Cosinus auch für Winkel über 90 Grad als sinnvolle

Verallgemeinerung festgelegt werden, und es wird deutlich, dass der Sinus eines Winkels zwischen 0 und 180 Grad positiv und der eines Winkels zwischen 180 und 360 Grad negativ ist (und analog entsprechende Folgerungen für den Cosinus).

Dieser Sachverhalt kann für den Fall des Sinus durch ein Video, das im studiVEMINT-Material (LE 7, Kapitel „Trigonometrie am Einheitskreis", Video zum Zusammenhang zwischen Einheitskreis und Sinusfunktion, siehe Abb. 15.3) enthalten ist, anschaulich erklärt werden. In dem Video umläuft der Punkt (oben P genannt), beginnend im Punkt (1;0) den Einheitskreis, während die y-Achsenprojektion beim „Abrollen" des Kreises eine Sinuskurve beschreibt.

Dieses Video wurde an der entsprechenden Stelle im Vortrag vom Dozenten mittels Beamer gezeigt und erläutert. Hier wurde durch den Einsatz des Videos eine Visualisierung ermöglicht, die allein anhand einer Zeichnung an der Tafel kaum oder nur schwer zu erzielen gewesen wäre. Gleichzeitig hatten die Studierenden auch im Anschluss an die Vorlesung weiterhin Zugriff auf das Video und konnten es sich bei Bedarf jederzeit wieder ansehen. Durch die Unterbrechung des Tafelvortrags fand an dieser Stelle ein methodischer Wechsel statt.

7.+8. Dozentenvortrag mit Erkundung eines Applets (Innovation)

Im anschließenden Vortrag ging der Dozent zunächst auf die Bestimmung bestimmter Sinus- und Cosinuswerte für Winkelangaben im Bogenmaß ein und kam anschließend auf einige grundlegende Eigenschaften der Sinus- und Cosinusfunktion zu sprechen.

Zur Demonstration der Symmetrieeigenschaften (Achsensymmetrie der Cosinus- und Punktsymmetrie der Sinusfunktion) enthält das studiVEMINT-Online-Material

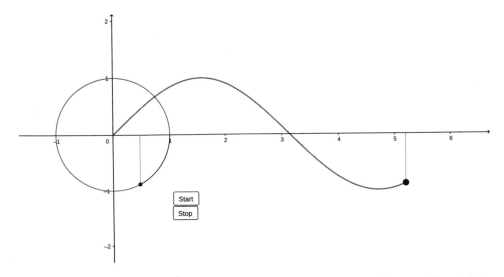

Abb. 15.3 Screenshot des vom Dozenten in der Vorlesung eingesetzten Videos zur Sinusfunktion (im studiVEMINT-Material: LE 7, Kapitel „Trigonometrie am Einheitskreis")

zwei dynamische Applets (LE 7, Kapitel „Trigonometrie am Einheitskreis", Applets zur Punktsymmetrie der Sinus- und Achsensymmetrie der Cosinusfunktion). In dem Applet zur Sinusfunktion (siehe Abb. 15.4) kann ein Punkt auf der Sinuskurve bewegt werden, während das Applet automatisch den Punkt auf der Sinuskurve zeigt, der genau die negative x-Koordinate zu dem bewegten Punkt hat. Gleichzeitig wird die Verbindungs-strecke zwischen beiden Punkten angezeigt, die aufgrund der Punktsymmetrie zum Ursprung immer durch den Ursprung verläuft. Analog wird im zweiten Applet (siehe Abb. 15.5) für die Cosinuskurve für einen bewegten Punkt automatisch sein Pendant mit negativer x-Koordinate gezeigt; hierbei ist die Verbindung immer eine horizontale Strecke und die „Spiegelung" der Kurve an der y-Achse wird direkt sichtbar.

Diese beiden Applets wurden vom Dozenten in der Vorlesung eingesetzt, um die beschriebenen Symmetrien der beiden Kurven zu illustrieren. Die Applets wurden an dieser Stelle zudem auch eingesetzt, um den Aufwand eines selbst gezeichneten Tafel-bildes mit Sinus- und Cosinusfunktion zu vermeiden (da die erforderliche Exaktheit zur Veranschaulichung der Symmetrie insbesondere für die Studierenden beim Abzeichnen Schwierigkeiten bereiten könnte). Da allerdings nur kurz ein Sachverhalt illustriert werden sollte, bevor die Vorlesung sich inhaltlich anderen Themen zuwendete, wurde von einer eigenständigen Erprobungsphase der Applets durch die Studierenden (die bei der Nacharbeitung der Vorlesung ggf. jederzeit wieder auf das Applet zugreifen konnten) im Vorkurskonzept abgesehen.

9. Dozentenvortrag (ohne Innovation)
Den inhaltlichen Abschluss der Vorlesung bildete erneut ein Tafelvortrag des Dozenten. Es wurden die Themen „Trigonometrische Identitäten" mit den Additionstheoremen einschließlich eines Beweises des „trigonometrischen Pythagoras" und ein kurzer

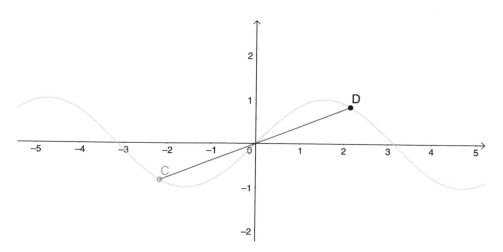

Abb. 15.4 Screenshot des Applets zur Punktsymmetrie der Sinusfunktion (im studiVEMINT-Material: LE 7, Kapitel „Trigonometrie am Einheitskreis")

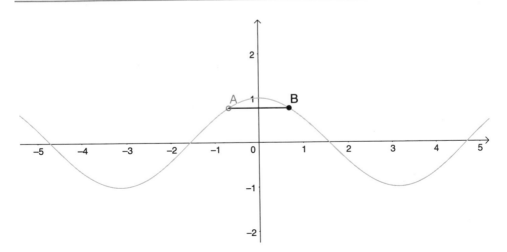

Abb. 15.5 Screenshot des Applets zur Achsensymmetrie der Cosinusfunktion (im studiVEMINT-Material: LE 7, Kapitel „Trigonometrie am Einheitskreis")

Abschnitt zum Thema „Umkehrfunktionen trigonometrischer Funktionen" mit den Definitionen der Arkusfunktionen behandelt.

10. Befragung der Studierenden per PINGO (Evaluation)

Am Ende der Vorlesung wurden die Studierenden durch den Dozenten dazu aufgefordert, über die auf der Vorlesungshomepage verfügbaren Links die PINGO-Umfragen zur Evaluation der digitalen Elemente der heutigen Vorlesung aufzurufen. Dort beantworteten die Studierenden innerhalb von ca. 5 min sieben Fragen, bei denen sie die in der Vorlesung eingesetzten innovativen didaktischen Elemente nach unterschiedlichen Kriterien bewerten konnten. Auf Aufbau und Ziele der Evaluation wird in Abschn. 15.3 näher eingegangen.

15.2.3 Einsatz an den Selbstlerntagen

Die Selbstlerntage im Rahmen des Vorkurses fanden zweimal pro Woche, jeweils am Dienstag und Donnerstag, statt.

Empirische Studien im Bereich der Hochschuldidaktik deuten darauf hin, dass eine Aufteilung der zur Verfügung stehenden Lernzeit etwa je zur Hälfte auf den Besuch von Lehrveranstaltungen und auf das Selbststudium zum Lernerfolg beiträgt (z. B. Brauer 2014, auf Basis von Handelsman et al. 2004).

Die Lernzeit an den Selbstlerntagen unseres Vorkurses sollte eine den individuellen Anforderungen anpassbare Möglichkeit zum Wissenserwerb und zur Wiederholung bieten, die auch das erneute Durcharbeiten theoretischer Inhalte der Vorlesung bei Bedarf mit einschließt.

Neben der inhaltlichen Wiederholung dienten die Selbstlerntage auch der lernmethodischen Vorbereitung auf das Studium durch eine konkrete Förderung des selbstregulierten Lernens (insbesondere deren aktiver Phase und, in geringerem Maße, jeweils auch der prä- und postaktiven Phase). Damit sollten die Vorkursteilnehmerinnen und -teilnehmer darauf vorbereitet werden, dass diese Art des Lernens auch im Studium eine zentrale Rolle spielt, da an der Universität im Vergleich zur Schule ein größerer selbstständiger Arbeitsaufwand außerhalb der Lehrveranstaltungen zu bewältigen ist.

Der zu Beginn des Vorkurses vom Dozenten für *alle* Selbstlerntage formulierte Auftrag war die eigenständige Beschäftigung mit den behandelten mathematischen Inhalten zur Wiederholung und Vertiefung. Dieser Auftrag wurde anhand der speziellen, auf die Inhalte des jeweils vorangegangenen Präsenztages angepassten Arbeitsaufträge mit dem studiVEMINT-Lernmaterial jeweils für jeden einzelnen Selbstlerntag konkretisiert.

Für die Nutzung der studiVEMINT-Online-Materialien an den Selbstlerntagen sprachen die folgenden Argumente:

1. Das Lernmaterial des studiVEMINT-Kurses wurde ursprünglich vorrangig zum individuellen Lernen außerhalb von Präsenzveranstaltungen konzipiert. Hierdurch bietet es einige Vorteile in der selbstständigen Anwendung wie zum Beispiel die Möglichkeit der Selbstkontrolle beim Lösen der enthaltenen Aufgaben durch die bereitgestellten ausführlichen Musterlösungen.
2. Die Studierenden sollten durch die Arbeit mit konkreten Arbeitsaufträgen dazu angeregt werden, an den Selbstlerntagen ausreichend Zeit in die Wiederholung des Stoffes zu investieren. Ein allgemein formulierter Auftrag zur selbstständigen Wiederholung der jeweils in der Vorlesung und den Übungen behandelten Inhalte erschien uns hierbei deutlich weniger erfolgversprechend und motivierend.
3. Wie weiter oben erläutert, sollten durch die Arbeit mit den Arbeitsaufträgen Strategien aus dem Bereich des selbstregulierten Lernens, insbesondere aus dessen aktionaler und postaktionaler Phase, unterstützt werden. Gleichzeitig sollte hierbei ein Lernmaterial eingesetzt werden, mit dem die Studierenden auch über den Vorkurs hinaus bei Bedarf selbstständig Inhalte nachschlagen und wiederholen konnten bzw. können.

Pro Selbstlerntag wurden drei bis vier Arbeitsaufträge zur Bearbeitung auf die Rückseite des Übungsblattes, das in den (Präsenz-)Übungen bearbeitet wurde, aufgenommen. Die Übungsblätter wurden von den Tutorinnen und Tutoren in den Übungen verteilt; damit lagen die Arbeitsaufträge allen in den Übungen anwesenden Teilnehmerinnen und Teilnehmern schriftlich vor oder konnten (z. B. bei Abwesenheit in den Übungen) auf der Lernplattform zum Vorkurs zusammen mit dem jeweiligen Übungsblatt heruntergeladen werden. Die Arbeitsaufträge wurden für eine Bearbeitungszeit von insgesamt ca. drei bis vier Stunden konzipiert. Dabei wurde davon ausgegangen, dass neben der Bearbeitungszeit auch noch Zeit zur Beschäftigung mit den Vorlesungs- und Übungsunterlagen zur Verfügung stehen und die Bearbeitung der Arbeitsaufträge damit zeitlich und inhaltlich keinen vollen Lerntag (von fünf bis sechs Stunden, vergleichbar zu den Präsenztagen) abdecken sollte. Die Arbeitsaufträge waren konkret auf den mathematischen Inhalt des jeweils vorhergehenden Präsenztages abgestimmt und enthielten unter anderem Aufträge zur Selbstevaluation des Wissensstandes, Übungsaufgaben zur Einübung von Rechentechniken sowie Verweise auf Kapitel des studiVEMINT-Online-Kurses mit ergänzenden Inhalten, die in der Vorlesung nicht thematisiert werden konnten. Eine Vorauswahl an möglichen geeigneten Arbeitsaufträgen wurde von uns bei einer Sichtung des Materials zum passenden Vorlesungstag getroffen (siehe dazu Abschn. 15.2.1) und im Anschluss mit dem Dozenten abgestimmt.

Für die Samstage und Sonntage wurden keine solchen Arbeitsaufträge erteilt, da nach der vom Gesamtkonzept vorgesehenen umfangreichen Beschäftigung mit den Lerninhalten von Montag bis Freitag nicht noch zusätzliche Wochenendarbeit obligatorisch gemacht werden sollte.

Das didaktische Konzept der Arbeitsaufträge für die Selbstlerntage, verdeutlicht am Beispiel des dritten Selbstlerntages zum Thema „Trigonometrie"

Abb. 15.6 zeigt exemplarisch die vier Arbeitsaufträge zum Thema „Trigonometrie" für den dritten Selbstlerntag. Diese konkreten Arbeitsanweisungen für den Selbstlerntag waren in den vorangegangenen Jahren nicht erteilt worden, sondern wurden im Rahmen unserer Studie ergänzt. Ähnliche Arbeitsanweisungen gab es für jeden der insgesamt acht Selbstlerntage des Vorkurses.

Die Ziele der Arbeitsaufträge für die Selbstlerntage waren dabei:

1. Wiederholung des in den Präsenzveranstaltungen (Vorlesung, Übung) vermittelten Lernstoffes,
2. in Kombination mit dem vorigen Punkt insbesondere das Einüben von Rechentechniken und Lösungsverfahren,
3. die Vermittlung von zusätzlichen Inhalten und Anwendungsbereichen, die in der Vorlesung und/oder den Übungen nicht thematisiert werden konnten (dies waren i. d. R. aufbauende oder speziellere Inhalte, die bei der Konzeption der Inhalte der Präsenzveranstaltungen zurückgestellt werden mussten),
4. die Selbstevaluation des eigenen Wissensstandes durch die Studierenden mit dem Ziel, eigene Defizite und Wissenslücken identifizieren zu können und damit ggf. dazu zu motivieren, sich noch einmal vertieft und nötigenfalls auch über den Vorkurs hinaus mit den entsprechenden Inhalten zu beschäftigen.

Weiterhin wurden die Teilnehmerinnen und Teilnehmer über die Möglichkeit informiert, sich bei ggf. auftretenden inhaltlichen Schwierigkeiten, die sich bei der Arbeit am Selbstlerntag ergeben könnten, an ihren jeweiligen Tutor bzw. ihre Tutorin zu wenden.

Der Aufbau der Arbeitsaufträge für den Selbstlerntag orientierte sich an der Aufteilung der Kapitel aus der Lerneinheit „Trigonometrie" (LE 7) im studiVEMINT-Material. Auf die Inhalte, Hintergründe und Ziele dieser vier Arbeitsaufträge gehen wir

Arbeitsaufträge für Selbstlerntag 5 (Di 19.9.2017)

Alle nachfolgenden Arbeitsaufträge beziehen sich auf die Lerneinheit 7 zum Thema *Trigonometrie*, die Sie online im Mathematik-Kurs unter

https://www.studiport.de/mathematik/

finden.

1. **Intro zum Thema *Trigonometrie***
   Beurteilen Sie selbst: Wenn Sie mit dem Thema Trigonometrie bisher wenig in Kontakt waren oder in der Vorlesung gemerkt haben, dass sie mit den Inhalten noch nicht vertraut sind, arbeiten Sie zunächst die Einstiegsaufgabe durch, die Sie in LE 7 in dem Kapitel *Intro Trigonometrie* finden. Darin wird anhand eines Anwendungsbeispiels ein Querschnitt der Themen vorgestellt, zu denen Sie in den nachfolgenden Kapiteln zur Trigonometrie weitere Erklärungen und Aufgaben finden.

2. **Kapitel *Trigonometrie am rechtwinkligen Dreieck***
   Bearbeiten Sie im Kapitel *Trigonometrie am rechtwinkligen Dreieck* im Abschnitt *Aufgaben* die Übungsaufgaben 4-8. Lesen Sie im Abschnitt *Anwendungen* das Beispiel 5 zur Bestimmung der Breite eines Flusses anhand der Trigonometrie. Arbeiten Sie anschließend den Abschnitt *Ergänzungen* durch. Machen Sie sich insbesondere mit den beschriebenen Möglichkeiten vertraut, Sinus- und Cosinuswerte ohne Taschenrechner zu bestimmen.

3. **Kapitel *Trigonometrie am Einheitskreis***
   Bearbeiten Sie im Kapitel *Trigonometrie am Einheitskreis* im Abschnitt *Aufgaben* die Übungsaufgaben 3, 7, 8 und 9.

4. **Kapitel *Ergänzungen zur Trigonometrie***
   Bearbeiten Sie im Kapitel *Ergänzungen zur Trigonometrie* im Abschnitt *Aufgaben* die Aufgaben 1, 6 und 7. Arbeiten Sie anschließend das im Abschnitt *Anwendungen* beschriebene Beispiel zur Verwendung der Trigonometrie in der Vermessungstechnik durch.

Abb. 15.6 Arbeitsaufträge für den dritten Selbstlerntag des Vorkurses zur Vertiefung und Erweiterung der Kenntnisse zum Thema „Trigonometrie"

im Folgenden exemplarisch näher ein. Durch die nachfolgend formulierten Arbeitsaufträge sollten die oben genannten Ziele 4 (in Arbeitsaustrag 1), 1 bis 3 (in den Arbeitsaufträgen 2 und 4) bzw. 1 bis 2 (in Arbeitsauftrag 3) verfolgt werden.

- *1. Arbeitsauftrag:* Der Dozent berichtete in einem Vorgespräch zur Entwicklung der Lernmaterialien für diesen Vorlesungstag, dass das Thema „Trigonometrie" bei vielen Vorkursteilnehmerinnen und -teilnehmern der Vorjahre als große Hürde wahrgenommen wurde, die zu diesem Thema gar keine oder nur sehr wenige Vorkenntnisse mitbrachten. Aus diesem Grund sollten die Studierenden, die sich beim Thema „Trigonometrie" auch nach der Vorlesung noch nicht sicher fühlten, anhand von Arbeitsauftrag 1 am Selbstlerntag das Intro des studiVEMINT-Materials (im studiVEMINT-Kurs: LE 7, Kapitel „Intro Trigonometrie") durcharbeiten. Die Formulierung der Aufgabenstellung sollte eine bewusste Selbsteinschätzung der

Studierenden und damit eine Reflexion der eigenen Vorkenntnisse anregen. Das Intro enthält einen thematischen Querschnitt der Lerneinheit zur Trigonometrie und kann sowohl zum Einstieg, zur Reaktivierung vorhandenen Wissens als auch zur Selbstevaluation genutzt werden. Der Erfolg bei der Bearbeitung der im Intro gestellten Aufgaben sollte den Studierenden Aufschluss darüber geben, inwieweit sie bereits einige Vorkenntnisse der relevanten Inhalte besaßen, und ggf. konnten auf diesem Wege Lücken identifiziert werden, die dann im Anschluss anhand des gesamten Vorkurs-Lernmaterials in Eigenverantwortung geschlossen werden konnten.

- *2. Arbeitsauftrag:* Dieser bezog sich auf das Kapitel „Trigonometrie an rechtwinkligen Dreiecken" aus der Lerneinheit zur Trigonometrie im studiVEMINT-Kurs. Inhaltlich schloss er direkt an die Aufgaben des „Powerrechnens" aus der Vorlesung an und forderte zur Bearbeitung der anderen, zunehmend komplexeren Aufgaben zum Thema „Seitenverhältnisse" auf. Weiterhin wurde auf eine konkrete Anwendungsaufgabe und einen ergänzenden Abschnitt verwiesen, in dem Beziehungen zwischen Sinus, Cosinus und Tangens thematisiert wurden, die in der Vorlesung nicht behandelt werden konnten. Zusätzlich enthielt der Bereich „Anwendungen" des studiVEMINT-Lernmaterials noch einen Abschnitt, in dem die Berechnung von Sinus- und Cosinuswerten für bestimmte Parameter ohne Taschenrechner erklärt wird. Da dies nach Aussage des Dozenten auch in den Mathematikveranstaltungen in ingenieurwissenschaftlichen Studiengängen häufig verlangt wird, wurde diese Aufgabe auf das Blatt für den Selbstlerntag aufgenommen.

- *3. Arbeitsauftrag:* Hier sollte durch die Bearbeitung von Aufgaben aus dem Kapitel „Trigonometrie am Einheitskreis" (im studiVEMINT-Kurs enthalten in der Lerneinheit 7 zur Trigonometrie) unter anderem die Umrechnung zwischen Grad- und Bogenmaß sowie das Lösen von Gleichungen, die trigonometrische Terme enthalten, wiederholt und gefestigt werden. Zudem sollte ein konkretes, anwendungsbezogenes Beispiel (Berechnung von Einfallswinkel und Brechungswinkel eines Lichtstrahls im Wasser) durchgearbeitet und der Umgang mit Winkeln im Bogenmaß eingeübt werden.

- *4. Arbeitsauftrag:* Grundlage ist hier das Kapitel „Ergänzungen zur Trigonometrie", welches den Abschluss der Lerneinheit zur Trigonometrie im studiVEMINT-Online-Material bildet. Bei der Bearbeitung sollten die Verwendung von Sinus- und Cosinussatz, die Anwendung von Additionstheoremen und der Umgang mit den Umkehrfunktionen der trigonometrischen Funktionen eingeübt und anhand eines Anwendungsbeispiels aus der Vermessungstechnik (Messung von Strecken im Gelände mithilfe von Winkelmessungen) illustriert werden.

Insgesamt wurden durch die Aufgaben für diesen Selbstlerntag alle in der Vorlesung thematisierten Inhalte (vgl. Abschn. 15.2.2) noch einmal aufgegriffen und durch beispielhafte Anwendungen erweitert. Einige in der Praxis relevante, aber in der Vorlesung nicht thematisierte mathematische Inhalte (z. B. Berechnung von Sinus- und Cosinuswerten für bestimmte Parameter ohne Taschenrechner) wurden damit ausschließlich durch die Arbeit mit dem studiVEMINT-Material abgedeckt. Es waren sowohl Aufgaben zur Selbstevaluation als auch zur reinen Wiederholung und Vertiefung sowie zur Erweiterung des in der Vorlesung vermittelten Wissens enthalten.

15.3 Evaluation der Integration der studiVEMINT-Materialien in den Präsenzkurs

15.3.1 Leitfragen und Methoden der Evaluation

Neben dem Ziel der methodischen und medialen Erweiterung des Vorkurses im Sinne des Einsatzes neuer, verständnisfördernder Lernmaterialien war die Evaluation der eingesetzten Lehrmethoden hinsichtlich ihrer Akzeptanz und Praktikabilität Ausgangspunkt der hier vorgestellten Studie. Die Integration digitaler Lernmaterialien in die Präsenzlehre sollte nicht nur praktisch erprobt, sondern auch dokumentiert sowie detailliert evaluiert werden. Hierfür entwickelten wir eine Evaluationsmethode, die eine sehr differenzierte Sicht auf die Effekte der neu entwickelten didaktischen Elemente zulässt.

Dabei orientierten wir uns an den folgenden Leitfragen:

Wie gehen die Studierenden mit dem studiVEMINT-Lernmaterial um? Insbesondere:
1. Wie bewerten sie das Material am Ende des Vorkurses insgesamt?
2. Wie bewerten sie das Material direkt nach der Benutzung in der Vorlesung? Wie werden hierbei die einzelnen Elementtypen und ihre Integration in die Vorlesung (Applets und Videos, Texte und Abbildungen, Aufgaben) und deren Einsatzformen (also passiv/nur vom Dozenten eingesetzt oder aktiv/durch selbstständige Arbeit mit dem Material) von den Vorkursteilnehmerinnen und -teilnehmern subjektiv eingestuft? Insbesondere:
   - Machen sie Spaß und
   - werden sie als hilfreich für das Verständnis empfunden?
3. Wie arbeiten die Studierenden im Zusammenhang mit den Selbstlerntagen? Insbesondere: Wie viel Zeit investieren die Studierenden in die Arbeitsaufträge, die für die Selbstlerntage gestellt werden?

Für die Formulierung dieser Schwerpunkte ausschlaggebend war das Interesse aufseiten des Dozenten und des Studienteams, Einsatzmöglichkeiten der Integration neuer didaktischer Elemente in die Lehrveranstaltung zu entwickeln und deren Wirkung zu evaluieren. Dabei stand weniger eine normative Erhebung von Leistungsdaten im Zusammenhang mit den neu entwickelten didaktischen Elementen im Fokus als die Bewertung der Maßnahmen durch die Studierenden. Dieser Schwerpunkt ist einerseits damit zu begründen, dass eine direkte Messung etwaiger Effekte auf die Leistungen der Studierenden nicht im Rahmen einer Befragung stattfinden konnte, die die Vorlesung nicht in erheblicher Weise zeitlich beeinträchtigt und damit im Widerspruch zu unserer Maßgabe, den Stoff nicht zu kürzen, gestanden hätte. Weiterhin ist fraglich, inwieweit eine (selbst im unmittelbaren Anschluss an den Einsatz einer didaktischen Innovation durchgeführte) Leistungsüberprüfung eine tatsächliche Aussagekraft auf die Wirksamkeit der eingesetzten Lehrmethode hat. Darüber hinaus stünde eine solche engmaschige Leistungskontrolle auch dem erklärten Ziel im Wege, die Studierenden im Rahmen des Vorkurses an eine selbstverantwortliche Arbeitsweise heranzuführen, bei der die Einschätzung des eigenen Leistungsstandes und des Nutzens unterschiedlicher Lehrmittel von den Studierenden zunehmend selbst übernommen werden muss.

Im Sinne einer individuellen Einschätzung der eingesetzten didaktischen Elemente durch die Studierenden wurde auch die Frage nach dem Spaß bei der Arbeit mit einem bestimmten didaktischen oder digitalen Element mit aufgenommen. Hintergrund war, dass neben der Frage nach der inhaltlichen Eignung eines didaktischen Elementes auch die Frage, ob dieses der Motivation zuträglich ist, bei der Auswahl entscheidend ist. Die Herausforderung bestand also darin, die emotionalen Aspekte der eigenen Motivation lokal in einer für die Studierenden leicht zu erfassenden und zu beantwortenden einzelnen Frage abzubilden. Der hierfür gewählte Begriff „Spaß" ist in diesem Zusammenhang als Synonym zu „Freude" zu verstehen, das im Bildungskontext stärker konzeptualisiert ist (z. B. Brandmayr 2016), wir aber zugunsten einer umgangssprachlicheren Formulierung in unserer Befragung vermeiden wollten.

Durch die Befragungen zu den Selbstlerntagen sollten einerseits Daten erhoben werden, in welchem Maße diese von den Studierenden tatsächlich genutzt wurden, und damit die diesbezüglich eher pessimistischen Eindrücke der Lehrpersonen aus den Vorjahren verglichen werden. Andererseits sollte durch die Befragung festgestellt werden, inwieweit die neu formulierten Arbeitsaufträge für die Selbstlerntage, die für eine mehrstündige Bearbeitung konzipiert waren, von den Studierenden angenommen und umgesetzt wurden.

Zum Einsatz kamen im Vorkurs zwei unterschiedliche Methoden der Datenerhebung. Am ersten und am letzten Vorkurstag wurden Fragebögen (auf Papier) in der Vorlesungszeit ausgegeben und ausgefüllt (im Folgenden mit Anfangs- und Abschlussbefragung bezeichnet).

Außerdem wurden mithilfe des Live-Feedbacksystems PINGO, das in der Vorlesung auch in mathematisch-inhaltlichen Kontexten eingesetzt wurde, an allen Präsenztagen des Vorkurses während der Vorlesung gezieltes Feedback zum Einsatz der digitalen Lernmaterialien eingeholt (im Folgenden „PINGO-Umfragen" genannt).

So konnte der zeitliche Abstand zwischen dem Einsatz der didaktischen Elemente und der Erhebung minimiert und das jeweilige Element im relevanten Kontext der Vorlesung beurteilt werden, ohne dabei die Vorlesung durch das häufige Verteilen und Einsammeln von Fragebögen zu unterbrechen. Die Nutzung desselben Systems für mathematisch-inhaltliche Fragen sowie zur Feedbackerhebung begünstigte dabei eine hohe Rücklaufquote.

Die Fragen, die in den PINGO-Evaluationen gestellt wurden, sollten kurz und leicht zu beantworten sein und nicht zu viel Zeit in der Vorlesung beanspruchen, weshalb wir uns bei den per PINGO gestellten Evaluationsfragen auf einige wenige, sich wiederholende Fragetypen zur Beurteilung der eingesetzten digitalen Elemente beschränkten (vgl. Tab. 15.2). Dabei standen die Fragen „Hat der Einsatz von (…) Spaß gemacht?" und „War der Einsatz von (…) hilfreich für das Verständnis?" sowie die regelmäßige Befragung zu den Selbstlerntagen im Fokus. Die einheitliche Formulierung sollte auch zu einem „Wiedererkennungswert" der Fragen beitragen.

Je Vorlesung wurden zwischen zwei und sieben Evaluationsfragen gestellt, die die Studierenden z. B. per Smartphone oder Laptop beantworten konnten. Dies geschah gesammelt zu einem Zeitpunkt, i. d. R. nach dem Einsatz des letzten digitalen Elementes oder am Ende der Vorlesung. Hierdurch konnten zwar nicht für alle integrierten Elemente unmittelbar im Anschluss an deren Einsatz Daten erhoben werden, dafür blieb der reguläre Vorlesungsablauf durch die Erhebung möglichst unbeeinträchtigt.

Die Anfangs- und Abschlussbefragungen ermöglichten eine weiter gehende Evaluation durch stärker ausdifferenzierte Fragen sowie eine Erhebung zur Gesamtbeurteilung der innovativen Elemente durch die Studierenden.

Alle von uns erhobenen Daten basieren auf den Angaben, die die Teilnehmerinnen und Teilnehmer im Rahmen unserer freiwilligen Befragungen über ihr eigenes Arbeitsverhalten machten. Alle so erhobenen Daten wurden anonym erfasst. Einige Ergebnisse aus der Auswertung dieser Befragungen finden sich in Abschn. 15.4 dieses Berichtes.

Neben der in den folgenden Abschn. 15.4.1 und 15.4.2 vorgestellten Beantwortung der oben formulierten Leitfragen wenden wir uns in Abschn. 15.4.3 noch der Frage zu, inwieweit sich das vorgestellte Konzept zur Integration digitaler Elemente in die Präsenzveranstaltung durch das selbstständige Mitbringen digitaler Endgeräte durch die Teilnehmer und Teilnehmerinnen des Vorkurses realisieren ließ und welche Geräte hierbei bevorzugt eingesetzt wurden.

15.3.2 Exemplarische Gestaltung der PINGO-Evaluationen am Beispiel von Vorlesungstag 4

In der PINGO-Umfrage zu der in Abschn. 15.2.2 vorgestellten Vorlesung zum Thema „Trigonometrie" konnten die Studierenden die eingesetzten digitalen Lernelemente bewerten. Wegen der schweren nachträglichen Unterscheidbarkeit zwischen der Vorführung eines dynamischen Applets und eines Videos durch den Dozenten wurden diese beiden Integrationsformen (vgl. Tab. 15.3) als Kategorie zusammengefasst und sollten am Ende der Vorlesung gemeinsam bewertet werden. Entsprechend unserer in Abschn. 15.3.1 vorgestellten Leitfrage 1 waren die Fragestellungen, ob der Einsatz des Elementes als für das Verständnis hilfreich angesehen wurde und ob er Spaß gemacht habe, unsere Hauptkriterien für die Bewertung aller Elemente.

Die Umfrage bestand aus mehreren Aussagen, die anhand einer fünfstufigen Likert-Skala („trifft zu" – „trifft eher zu" – „trifft eher nicht zu" – „trifft nicht zu" – „habe ich nicht mitgemacht") in einer PINGO-Abfrage bewertet werden konnten.

Abgefragt wurden die beiden Hauptkriterien für die eingesetzten Elemente „Lesephase mit Material zu Beginn der Vorlesung", „Powerrechnen" und „Einsatz der Videos und Applets":

1. Die Präsentation zu den Themen „Winkel" und „Winkelmessung" zu Beginn der Vorlesung mithilfe der Studiport-Materialien war für mein Verständnis hilfreich.
2. Die Präsentation zu den Themen „Winkel" und „Winkelmessung" zu Beginn der Vorlesung mithilfe der Studiport-Materialien hat mir Spaß gemacht.
3. Das Powerrechnen war für mein Verständnis hilfreich.
4. Das Powerrechnen hat mir Spaß gemacht.
5. Die interaktiven Veranschaulichungen zu Sinus und Cosinus waren für mein Verständnis hilfreich.
6. Die interaktiven Veranschaulichungen zu Sinus und Cosinus haben mir Spaß gemacht.

Für die selbstständige Lesephase zum Einstieg der Vorlesung wurde um eine weitere Einschätzung nach dem Nutzen der selbständigen Arbeit mit dem Material gebeten:

7. Es war für mein Verständnis hilfreich, dass ich die Studiport-Materialien zu den Themen Winkel und Winkelmessung am eigenen Gerät direkt mitverfolgen konnte.

Die obige Auflistung ist repräsentativ für fast alle anderen Umfragen, in denen dieselben Formulierungen und Antwortmöglichkeiten verwendet und anstelle des Powerrechnens bzw. der interaktiven Visualisierungen die jeweils eingesetzten didaktischen Elemente, die die Teilnehmer zuvor in der Vorlesung erlebt hatten, genannt wurden. Da der Vorlesungstag 4 auf einen Montag fiel, gab es an diesem Tag keine Befragung zum Selbstlerntag.

15.4   Auswertung der zur Evaluation erhobenen Daten

In diesem Abschnitt geben wir Antworten auf die zweite, zu Beginn in Abschn. 15.2 gestellte Forschungsfrage nach der Akzeptanz und Bewertung unserer in den Vorkurs eingebrachten didaktischen Elemente durch die Teilnehmerinnen und Teilnehmer.

Wie im vorangegangen Abschnitt beschrieben, wurden Daten sowohl für die einzelnen Elementtypen getrennt an den einzelnen Vorlesungstagen mit dem digitalen Live-Feedbacksystem PINGO als auch zusammenfassend durch Anfangs- und Abschlussbefragungen am ersten bzw. letzten Tag des Vorkurses erhoben. Im Folgenden sollen einige der Ergebnisse dieser Befragungen vorgestellt werden, wobei der Schwerpunkt auf den Ergebnissen der Abschlussbefragung und der PINGO-Umfragen zu den eingesetzten digitalen Lernelementen in der Vorlesung und an den Selbstlerntagen liegt, während die Ergebnisse der (inhaltlich anders fokussierten) Anfangsbefragung in diesem Beitrag im Hintergrund stehen.

15.4.1 Feedback zum Einsatz digitaler Elemente in der Vorlesung

Wir unterscheiden hier zwischen den Einzelevaluationen, die direkt nach dem Einsatz der digitalen Elemente per PINGO durchgeführt wurden, und der zusammenfassenden Gesamtevaluation am Ende des Vorkurses.

15.4.1.1 Ergebnisse der PINGO-basierten Umfragen

Wie in Abschn. 15.3.1 erläutert, waren die Umfragen an den anderen Vorkurstagen sowohl vom Umfang her als auch inhaltlich vergleichbar. Damit konnten schließlich alle Einzelbefragungen einerseits nach dem Typ des konkret evaluierten digitalen Lernelements (Aufgaben, Texte und Abbildungen, Applets und Lernvideos) und andererseits nach dem jeweiligen Fokus der Frage (Verständnisförderung oder Spaß) zusammengefasst und ausgewertet werden.

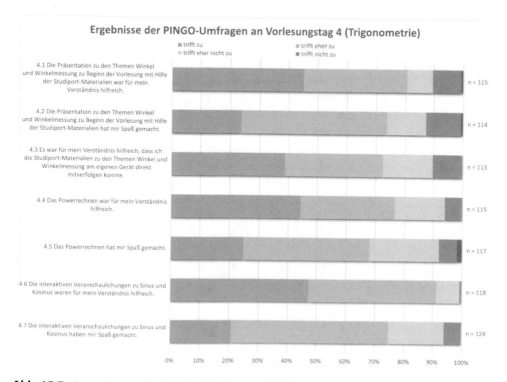

Abb. 15.7 Auswertungen der PINGO-Umfrage am Vorlesungstag 4

Ergebnisse zu Vorlesungstag 4

Beispielhaft für die einzelnen Befragungen an den Vorlesungstagen wird an dieser Stelle die Auswertung der Ergebnisse der PINGO-Umfrage zu Vorlesungstag 4, der in Abschn. 15.2.2 beschrieben wurde, vorgestellt (siehe Abb. 15.7).

Die Integrationsmaßnahmen an Vorlesungstag 4 wurden überwiegend positiv bewertet. Auch die Beteiligung an den zur Aktivierung konzipierten Elementen wie dem „Power-rechnen" und der Lesephase war hoch. Insgesamt zeigt sich, dass die Elemente in Bezug auf die Frage, ob sie für das Verständnis hilfreich gewesen seien, besser bewertet wurden als in Bezug auf die Frage nach dem Spaß. Insbesondere die interaktiven Visualisierungen von Sinus und Cosinus werden von den Studierenden als besonders hilfreich bewertet.

Zusammenfassende Ergebnisse der PINGO-basiert erhobenen Evaluationsfragen

Im Rahmen der hier vorgestellten Studie wurden in unterschiedlichen Vorlesungen insgesamt sechs PINGO-Umfragen zum Einsatz von Applets und Videos durchgeführt. Jede Umfrage enthielt eine Frage nach dem Spaß beim Einsatz (im Folgenden als das Kriterium „Spaß" bezeichnet) und eine Frage, ob der Einsatz des Applets oder Videos als hilfreich für das Verständnis angesehen wurde (im Folgenden als das Kriterium „Verständnisförderung" bezeichnet). Zur Kategorie „Texte und Visualisierungen" wurden insgesamt drei und zur Kategorie „Aufgaben" sieben Befragungen im Verlauf des Vorkurses durchgeführt.

Tab. 15.4 enthält die Ergebnisse zu den einzelnen Kategorien, zusammengefasst aus allen Umfragen. Dabei ist beim Lesen zu beachten, dass mit der Anzahl der zugrunde liegenden Antworten (z. B. „n = 677" für Applets und Videos) alle Einzelantworten aus allen Befragungen zusammen gemeint sind. Dies schließt insbesondere mit ein, dass dabei einzelne Personen durch ihre Teilnahme an mehreren Befragungen auch mehrere Antworten zum Gesamtergebnis beitrugen.

Die Antwortmöglichkeiten bei diesen Fragen waren immer: „trifft zu" – „trifft eher zu" – „trifft eher nicht zu" – „trifft nicht zu" – „habe ich nicht mitgemacht".

Insgesamt ergab sich eine sehr hohe Akzeptanz der integrierten Elemente. Die Bewertung nach dem Kriterium „Spaß" beim Einsatz der integrierten Elemente war in Regel etwas niedriger als die nach dem Kriterium „Verständnisförderung". Dies entspricht auch den weiter oben erläuterten Ergebnissen der PINGO-Befragung zu Vor-

Tab. 15.4 Ergebnisse der Gesamtauswertung der PINGO-Evaluationen

Kriterium / Kategorie	„(…) war für mein Verständnis hilfreich" Angaben: „trifft zu" oder „trifft eher zu"	„(…) hat mir Spaß gemacht" Angaben: „trifft zu" oder „trifft eher zu"
Applets und Videos (n = 677)	80 %	70 %
Aufgaben (n = 812)	78 %	78 %
Texte und Abbildungen (n = 359)	73 %	60 %

lesungstag 4. Es ist zu erkennen, dass die dynamischen Elemente wie Applets und Videos sowie die selbstständige Bearbeitung von Aufgaben sowohl in Bezug auf die „Verständnisförderung" als auch hinsichtlich des Faktors „Spaß" besser bewertet wurden als der Einsatz von Texten und nichtdynamischen Visualisierungen.

15.4.1.2 Ergebnisse der Abschlussbefragung

In der Abschlussbefragung am letzten Tag des Vorkurses wurden die Studierenden retroperspektiv noch einmal ausführlicher zu ihren Eindrücken bezüglich der eingesetzten digitalen Elemente in den Vorkurs befragt.

Einzelbewertungen der Elemente

Die während der Vorlesung eingesetzten Elemente aus dem studiVEMINT-Lernmaterial wurden von den Teilnehmerinnen und Teilnehmern hinsichtlich der folgenden Aspekte bewertet:

1. War der Einsatz hilfreich für das mathematische Verständnis? (Kriterium „Verständnisförderung")
2. Hat der Einsatz Spaß gemacht? (Kriterium „Spaß")
3. Stellte der Einsatz des Elementes eine (nach jeweils subjektiven Kriterien) wertvolle methodische Auflockerung der Vorlesung dar? (Kriterium „methodische Auflockerung")

Texte und Abbildungen kamen in der Vorlesung häufig gemeinsam zum Einsatz, etwa in den Phasen, in denen sich die Studierenden selbstständig während der Vorlesungszeit mit den Inhalten eines Kapitels aus dem studiVEMINT-Kurs befassen sollten. Daher

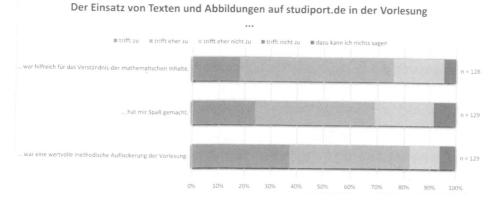

Abb. 15.8 Beurteilungen des Einsatzes von Texten und Abbildungen des studiVEMINT-Kurses in der Vorlesung

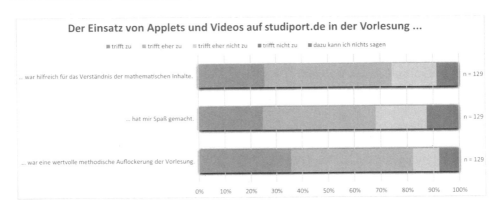

Abb. 15.9 Beurteilungen des Einsatzes von Applets und Videos aus dem studiVEMINT-Kurs in der Vorlesung

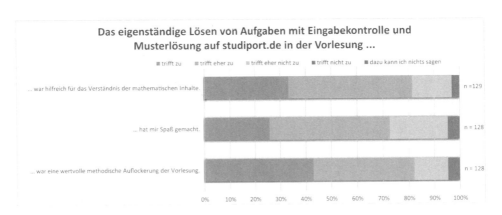

Abb. 15.10 Beurteilungen des Einsatzes von Aufgaben mit Eingabekontrolle aus dem studiVEMINT-Kurs in der Vorlesung

wurde auch bei der Befragung nicht zwischen einem Text und den darin enthaltenen Abbildungen unterschieden (Abb. 15.8).

Ebenso wurde bei den dynamischen Elementen Applet und Video (Abb. 15.9) verfahren, die z. B. beim Einsatz durch den Dozenten für die Studierenden ähnlich wahrgenommen werden konnten. Auch bei der Befragung zum Einsatz von Aufgaben mit Eingabekontrolle (Abb. 15.10) gaben die Studierenden vergleichbare Rückmeldungen.

Die Auswertung der Daten zeigt eine insgesamt positive Bewertung aller eingesetzten Elemente aus dem studiVEMINT-Lernmaterial. Ähnlich wie bereits oben für die Ergebnisse der PINGO-Befragungen beschrieben, zeigt sich, dass die Elemente hinsichtlich des Kriteriums „Verständnisförderung" meist besser abschneiden als bezüglich des Kriteriums „Spaß". Die Elemente aller drei Kategorien werden überwiegend als „wertvolle methodische Auflockerung" angesehen.

Abb. 15.11 Gesamtbewertung des studiVEMINT-Online-Kurses durch die Teilnehmerinnen und Teilnehmer des Vorkurses

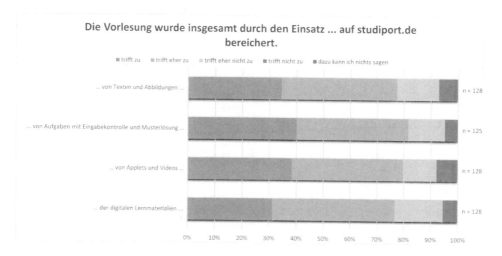

Abb. 15.12 Gesamtbeurteilung der in der Vorlesung eingesetzten digitalen Elemente

Allgemeine Bewertung des studiVEMINT-Materials

Sowohl die einzelnen Elemente als auch insgesamt der Einsatz des Online-Materials in der Vorlesung wurde von den Teilnehmerinnen und Teilnehmern überwiegend positiv bewertet (siehe Abb. 15.11, 15.12 und 15.13).

Die Mehrheit der Studierenden gab an, sich vorstellen zu können, das studiVEMINT-Lernmaterial auch über den Vorkurs hinaus zum Lernen von Mathematik während des Studiums zu nutzen. Dieses (neben anderen) erklärte Ziel der Integrationsmaßnahmen konnte also durch die Heranführung der Studierenden an die Materialien erreicht werden.

Leicht kritischer wurde die Lösungseingabefunktion des studiVEMINT-Online-Materials bewertet, bei der knapp die Hälfte der Studierenden angab, Schwierigkeiten bei der Lösungseingabe gehabt zu haben.

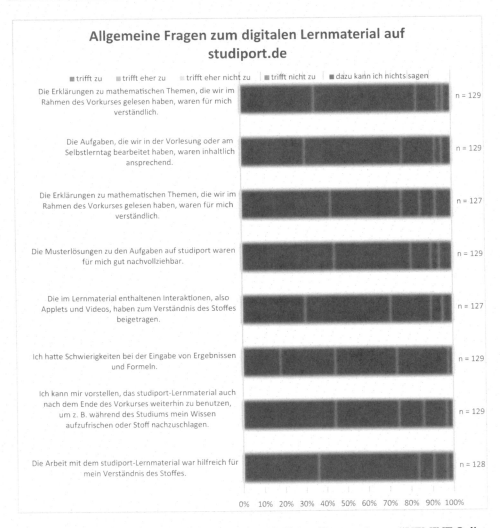

Abb. 15.13 Allgemeine Beurteilungen der unterschiedlichen Einsätze des studiVEMINT-Online-Kurses im Vorkurs

15.4.2 Auswertungsergebnisse zum Selbstlerntag

Zu den Selbstlerntagen und der Bearbeitung der hierfür erteilten Arbeitsaufträge wurden die Teilnehmerinnen und Teilnehmer sowohl nach jedem Selbstlerntag in der Vorlesung (also jeweils am Mittwoch und Freitag) in Rahmen einer PINGO-Abfrage als auch in der Abschlussbefragung am letzten Vorkurstag befragt.

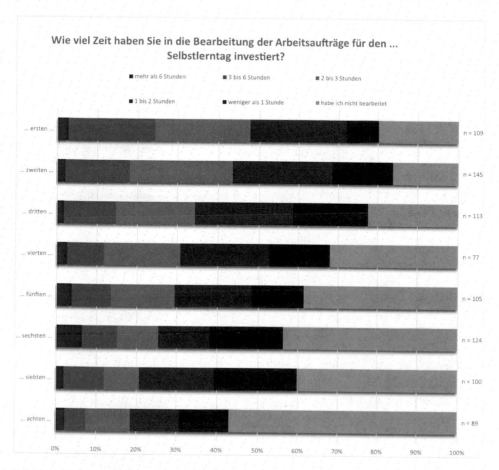

Abb. 15.14 Entwicklung der für die Arbeitsaufträge am Selbstlerntag investierten Zeit im Verlauf des Vorkurses (nach Angaben der Teilnehmerinnen und Teilnehmer)

15.4.2.1 PINGO-Befragungen zum Selbstlerntag

Im Rahmen der PINGO-Evaluationen in den Vorlesungen wurden die Studierenden am Mittwoch und Freitag jeweils auch nach dem Zeitumfang befragt, den sie am Vortag zur Bearbeitung der ausgeteilten Arbeitsaufträge für den Selbstlerntag investiert hatten.

Die Auswertung der erhobenen Daten zeigt, dass die für die Arbeitsaufträge des Selbstlerntags aufgewendete Zeit während der vier Wochen deutlich abnahm (siehe Abb. 15.14). Hierbei ist vom ersten zum achten Selbstlerntag eine kontinuierliche Abnahme der investierten Zeit zu beobachten. Während für den ersten Selbstlerntag nur 20 % der Befragten angaben, keine Zeit mit den Arbeitsaufträgen verbracht zu haben, waren es am achten Selbstlerntag 57 %. Auch der Anteil derjenigen, die mehr als drei Stunden mit der Bearbeitung der Aufträge verbracht haben, sank in diesem Zeitraum von 47 % auf 18 %.

Abb. 15.15 Angaben der Teilnehmerinnen und Teilnehmern in der Abschlussbefragung zur durchschnittlich, pro Selbstlerntag in die Arbeitsaufträge investierten Zeit

15.4.2.2 Retrospektive Befragung zum Selbstlerntag in der Abschlussbefragung

In der Abschlussbefragung wurden die Studierenden erneut zu ihrem Umgang mit den Arbeitsaufträgen für die Selbstlerntage befragt. Die Antworten auf die Fragen (siehe Abb. 15.15) nach der durchschnittlich für einen Selbstlerntag aufgewendeten Zeit festigen das aus den einzelnen PINGO-Befragungen hervorgehende Bild (vgl. Abb. 15.14). Demnach beschäftigte sich mit etwas über 10 % nur ein sehr geringer Anteil der Studierenden durchschnittlich am Selbstlerntag länger als drei Stunden lang mit den Selbstlernaufträgen. Die durchschnittlich für die Arbeitsaufträge aufgewendete Zeit liegt damit deutlich unter der bei der Konzeption vorgesehenen Bearbeitungszeit von drei bis vier Stunden.

Bei einer Untersuchung der Frage nach den Ursachen für diese – im Vergleich zu mindestens ca. fünf Stunden an den Präsenztagen für den Vorkurs aufgewendeten – sehr geringen Zeit kann unter anderem die ebenfalls in der Abschlussbefragung gestellte Frage herangezogen werden, ob die Bearbeitung der Arbeitsaufträge an den Selbstlerntagen den Teilnehmerinnen und Teilnehmern Spaß gemacht hatte. Die Auswertung liefert hierzu ein eher gemischtes Bild mit positiven oder eher positiven Eindrücken bei etwa der Hälfte der Befragten und (eher) negativer Rückmeldung oder der Angabe, sich mit den Arbeitsaufträgen gar nicht beschäftigt zu haben, bei der anderen Hälfte (siehe Abb. 15.16).

In der Abschlussbefragung wurden die Teilnehmerinnen und Teilnehmer danach befragt, ob sie ihrer eigenen Einschätzung nach ausreichend Zeit in die Selbstlerntage investiert hatten. Die Auswertung der diesbezüglichen Angaben zeigt, dass die

Abb. 15.16 Angaben in der Abschlussbefragung zum Spaß bei der Bearbeitung der Arbeitsaufträge für die Selbstlerntage

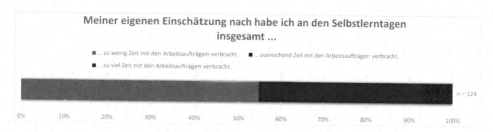

Abb. 15.17 Selbsteinschätzung der Studierenden zur Angemessenheit ihres an den Selbstlerntagen für die Arbeitsaufträge investierten Zeitaufwandes

Teilnehmerinnen und Teilnehmer hierbei ein selbstkritisches Bild ihres eigenen Engagements hatten, da die Mehrheit hierbei selbst einräumte, zu wenig Zeit in die Selbstlerntage investiert zu haben (siehe Abb. 15.17).

Es bliebe an dieser Stelle noch die Frage offen, wie viel Zeit die Teilnehmer zusätzlich in die allgemeine Wiederholung der mathematischen Inhalte aus der Vorlesung und den Übungen investierten, und inwieweit diese Zeit in den obigen Angaben mit eingeschlossen ist. Daran schließt sich die Frage an, ob die Teilnehmer an den späteren Selbstlerntagen möglicherweise proportional mehr Zeit in die Wiederholung der mathematischen Inhalte aus der Vorlesung und die Übungsaufgaben investierten oder ob die Arbeit am Selbstlerntag insgesamt zurückging. Diese Fragen boten Ansatzpunkte sowohl zur weiteren Untersuchung als auch zur Verbesserung des Vorkurskonzepts und wurden in der erneuten Durchführung des P1-Vorkurses im September 2018 in den Fokus gerückt. Insbesondere wurde hierbei die Frage adressiert, ob durch eine Überarbeitung der Arbeitsaufträge für die Selbstlerntage bzw. deren stärkere Vernetzung mit den Präsenzveranstaltungen den oben beschriebenen unerwünschten Trends entgegengewirkt werden kann.

15.4.3 Einsatz mobiler Endgeräte

An dieser Stelle gehen wir noch dem folgenden Fragekomplex nach, der sich uns im Zusammenhang mit dem Studiendesign stellte und von Interesse sein kann, wenn ein vergleichbares Konzept zur Integration digitaler Elemente in eine präsenzbasierte Lehrveranstaltung anvisiert wird:

Stehen den Teilnehmerinnen und Teilnehmern des Vorkurses die zur Nutzung digitaler Elemente in der Präsenzlehre erforderlichen digitalen Endgeräte zur Verfügung? Und sind sie darüber hinaus dazu bereit, diese regelmäßig mitzubringen? Welche Geräte werden dabei bevorzugt eingesetzt?

Die Teilnehmerinnen und Teilnehmer wurden vor Beginn des Vorkurses befragt, ob sie digitale Endgeräte (Laptops, Tablets oder Smartphones) mit zur Vorlesung bringen könnten, um dort selbstständig mit dem digitalen Lernmaterial zu arbeiten. Hierdurch konnte auch für die Auswertung erhoben werden, ob und welche Geräte zur Verfügung

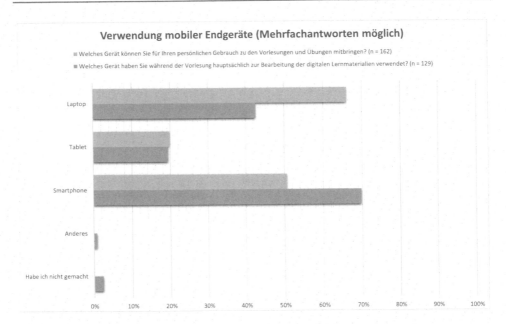

Abb. 15.18 Einsatz mobiler Endgeräte durch die Vorlesungsteilnehmerinnen und -teilnehmer, Gegenüberstellung von Anfangs- und Abschlussbefragung

standen. Insgesamt ergab sich hierbei eine große Bereitschaft zum Mitbringen von geeigneten Geräten seitens der Studierenden, sodass die Integration der digitalen Lernelemente wie geplant vorgenommen wurde. In der Abschlussbefragung wurde nachgefragt, inwiefern die angekündigten Geräte tatsächlich zum Einsatz kamen. Aus den in Abb. 15.18 dargestellten Differenzen zwischen Anfangs- und Abschlussbefragung lässt sich ablesen, dass während des Vorkurses eine Tendenz zum präferierten Einsatz von Smartphones gegenüber Laptops entstand. Mögliche Ursache hierfür könnte sein, dass die meisten Studierenden ihr Smartphone vermutlich ohnehin regelmäßig bei sich trugen und, nachdem sie feststellten, dass sie auch mit diesem Gerät an den digitalen Bestandteilen des Vorkurses teilnehmen konnten, auf das zusätzliche Mitbringen eines Laptops verzichteten.

Da viele der Teilnehmerinnen und Teilnehmer zum Zeitpunkt des Vorkurses (September 2017, also vor dem offiziellen Beginn des Wintersemesters) noch nicht als Studierende der Universität Paderborn eingeschrieben waren, wurden für alle temporäre Internetzugänge für das Netzwerk der Universität Paderborn erstellt und auf Anfrage zur Verfügung gestellt.

Aus Abb. 15.19 ist abzulesen, dass während des Vorkurses selten technische Probleme die Studierenden bei der Mitarbeit bei den digitalen Lernelementen behinderten.

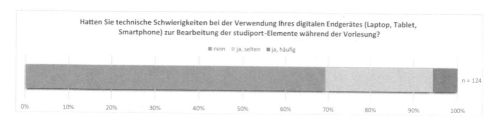

Abb. 15.19 Angaben zu technischen Schwierigkeiten beim Einsatz mobiler Endgeräte im Rahmen der Abschlussbefragung

15.5 Diskussion der Übertragbarkeit des Konzepts auf andere Lehrveranstaltungen

Nach der Vorstellung unseres Vorkurskonzepts und dessen Evaluationsmethoden und -ergebnissen stellt sich die Frage, inwieweit das vorgestellte Vorgehen auf andere Vorkurse, Vorkurskonzepte oder Veranstaltungen mit Bezug zu schulmathematischen Themen auch auf andere Universitäten oder Hochschulen übertragbar ist.

Zunächst ist zu bemerken, dass durch die freie Zugänglichkeit der studiVEMINT-Online-Materialien über das Online-Portal www.studiport.de für jeden Dozierenden die Möglichkeit besteht, die Materialien auch im eigenen Kurs einzusetzen. Das Mitbringen eigener digitaler Endgeräte stellt in Zeiten, in denen fast jeder und jede Studierende immer ein Smartphone bei sich trägt, kein Hindernis mehr dar. Unsere Ergebnisse legen sogar nahe, dass die Studierenden auch bei Verfügbarkeit anderer Alternativen (Laptop, Tablet), die eine bessere optische Darstellung des Materials bieten, die Nutzung des Smartphones vorziehen. Hier stellt sich die Frage, wie weit dies auf eine tatsächlich gleichwerte Nutzbarkeitswahrnehmung beider Gerätetypen durch die Studierenden zurückzuführen ist, oder ob die Bequemlichkeit, kein weiteres Gerät mitführen zu müssen, entscheidend ist. Ebenso ist das kostenlose webbasierte Live-Feedbacksystem PINGO online verfügbar und kann daher überall zum Einsatz kommen, wo detailliertes Live-Feedback inhaltlicher oder evaluativer Art innerhalb einer Lehrveranstaltung erhoben werden soll; es kann aber nach Bedarf auch durch ein vergleichbares System ersetzt werden.

In Bezug auf die inhaltliche Passung der Materialien kann unsererseits festgestellt werden, dass das Konzept des hier betrachteten Präsenzvorkurses P1 an der Universität Paderborn, in dem die Materialien integriert wurden, unabhängig von der Erstellung und Konzeption der studiVEMINT-Materialien erfolgte. Dennoch war die Einbindung an vielen Stellen ohne besondere Schwierigkeiten möglich.

Im Zusammenhang mit eventuellen Abweichungen in den verwendeten Notationen sind eine sorgfältige Durchsicht und Auswahl der einzubindenden Inhalte erforderlich. Hürden dieser Art müssen Studierende allerdings voraussichtlich ebenso beim Hinzuziehen von Fachliteratur überwinden. Im hier vorgestellten Vorkursszenario wurde dieser Punkt im Vorfeld immer im Rahmen der Materialauswahl mit dem Dozenten besprochen, der gegebenenfalls entsprechende Hinweise über abweichende Notationen direkt beim Einsatz des Materials in der Vorlesung thematisierte.

Weiterhin ist bei der Auswahl der Materialien für die Vorlesung oder die selbstständigen Arbeitsphasen aufgefallen, dass die Reihenfolge der Inhalte zwischen Präsenzkurs und studiVEMINT-Kurs abweichen kann, sodass die für einen bestimmten Abschnitt des studiVEMINT-Materials als Vorkenntnisse vorausgesetzten Inhalte im Vorfeld bedacht werden müssen, um eine passgenaue Einbindung der Online-Materialien zu ermöglichen.

Aus unserer Sicht spricht basierend auf der gemachten Erfahrung nichts dagegen, auch andere erprobte Konzepte für präsenzbasierte Vorkurse in analoger Weise zu ergänzen. Im Gegenteil, das überwiegend positive Feedback der Studierenden zeigt, dass die Integration der Online-Materialien großes Potenzial zur Bereicherung einer Veranstaltung hat. Für andere mathematikbezogene Lehrveranstaltungen bleibt die enge Passung zur Schulmathematik und damit zu den Kursinhalten nicht erhalten. In der beschriebenen Form wäre das Konzept damit nicht übertragbar. Für Veranstaltungen im Studieneingangsbereich sind dennoch Integrationsmöglichkeiten denkbar. Die Kursinhalte könnten genutzt werden, um eine gemeinsame Basis von Vorwissen zu schaffen und eine Möglichkeit zur Schließung von Lücken einzuführen. Aufgaben aus dem Online-Material können zusätzliches Übungsmaterial bieten, das durch ihre niederschwellige Anlage einen positiven Einfluss auf das Selbstwirksamkeitsempfinden der Studierenden haben kann und durch die durchgängige Verfügbarkeit von Musterlösungen dabei selbsterklärend ist. Des Weiteren können ausgearbeitete Anwendungsbeispiele aus dem Material übernommen und die verschiedenen, teilweise interaktiven Visualisierungen (Applets, Videos etc.) in Vorlesungen eingebunden werden.

Über den Einsatz in Vorlesungen und Selbstlernphasen hinaus kommt natürlich im Rahmen eines Mathematik-Vorkurses auch die Einbindung in Übungsgruppen/Tutorien, in denen unter Anleitung Aufgaben gelöst werden, infrage. Davon wurde in unserem Vorkurs aufgrund einer vorliegenden vollständigen und genau an die Vorlesungsinhalte angepassten Sammlung von Übungsaufgaben verzichtet. Trotzdem besteht auch hier eine Nutzungsmöglichkeit.

Eine noch stärkere Einbindung der Online-Materialien in einen Präsenzvorkurs ist unseres Erachtens ebenfalls vorstellbar, insbesondere wenn ein Kurs neu geplant und konzipiert wird und nicht, wie in unserem Fall, bereits seit Jahren erprobt und bewährt ist. Hierbei bieten sich unterschiedliche, noch weiter gehende Adaptionsmöglichkeiten im Sinne eines Blended-Learning-Konzepts an (vgl. Fischer 2014).

Die Verknüpfung des Live-Feedbacksystems PINGO als Forschungsinstrument mit dessen Verwendung zur Erweiterung der didaktischen Lehrmethoden, zum Beispiel im Rahmen von *Peer-Instruction*-Elementen, kann als Anregung in unterschiedlichsten Lernszenarien dienen. Dies bietet die Möglichkeit, vielfältige Lehrideen in analoger Weise zu evaluieren und die Vorteile der zeitnahen, möglichst reibungslosen Erhebung von Eindrücken der Lernenden zu nutzen.

15.6   Fazit und Ausblick

Am Beispiel unseres Vorkurses konnten wir zeigen, dass eine Einbindung in ein bereits feststehendes, erprobtes Vorkurskonzept mit Gewinn möglich ist und die Umsetzung an die eigenen Vorstellungen des Dozenten angepasst werden kann. Dabei war es nicht erforderlich, inhaltliche Kürzungen vorzunehmen.

Die Integration von digitalen Lernelementen in den Vorkurs P1 im September 2017 ließ sich durch eine enge Abstimmung mit dem Dozenten in der Vorbereitung auf jeden einzelnen Vorkurstag und eine passgenaue Auswahl der Lernelemente für die Vorlesung gut umsetzen. Sie wurde von den Studierenden sowohl in Hinsicht auf Spaß als auch auf Verständnisförderung weitgehend positiv bewertet. Insgesamt wird für alle eingesetzten Lernelemente die Verständnisförderung höher eingeschätzt als der Spaß. Die methodische Auflockerung der Vorlesung durch den Einsatz der studiVEMINT-Materialien wurde von den meisten Befragten positiv bewertet.

Da für alle bis auf einen Vorlesungstag[2] inhaltlich passende Lernmaterialien durch den studiVEMINT-Online-Vorkurs zur Verfügung standen, konnte der Vorkurs in weiten Teilen durch den Einsatz digitaler Elemente erweitert und methodisch aufgelockert werden, auch wenn die Arbeit mit den digitalen Elementen insgesamt nur einen kleinen Teil der Vorlesungszeit ausfüllte und ansonsten das bewährte Vorlesungskonzept beibehalten wurde. Diese Aufteilung scheint aber in Hinblick auf den Charakter des Kurses als Präsenzveranstaltung durchaus angemessen. Insgesamt lässt sich auf Grundlage unserer Datenanalysen das Resümee ziehen, dass die Verbindung der Vorlesung mit dem erweiterten Medien- und Methodenrepertoire gut gelungen ist.

Das Mitbringen geeigneter Endgeräte durch die Studierenden stellte kein Problem dar, wenn auch Smartphones im Verlauf des Vorkurses häufiger zum Einsatz kamen als Laptops oder Tablet-Computer, die eine komfortablere Nutzung des Materials bieten. Technisch konnten die Arbeitsaufträge während der Vorlesungszeit somit reibungslos ablaufen und Bedenken über mögliche Probleme auf dieser Ebene im Vorfeld haben sich nicht bestätigt.

Somit ist für den Einsatz der digitalen Materialien in der Vorlesung insgesamt ein positives Fazit zu ziehen. Die Verwendung in anderen Lehrformaten (über die Studienvorbereitungsphase hinaus) kann somit in Betracht gezogen werden.

Kritischer zu bewerten ist der Verlauf der Selbstlerntage, für die konkrete Arbeitsaufträge im Lernmaterial erteilt wurden. Diese Arbeitsaufträge waren in der Regel für eine Bearbeitungszeit von drei bis vier Stunden konzipiert, die von einem Großteil der Teilnehmerinnen und Teilnehmer des Vorkurses nicht investiert wurde. Hier stellt sich

---

[2]An diesem Tag wurde das Thema „komplexe Zahlen" behandelt, das bisher vom studiVEMINT-Material noch nicht abgedeckt wird.

die Frage, ob durch anders konzipierte Arbeitsaufträge oder stärkere Bezugnahme der nachfolgenden Vorkurstage auf die selbstständig zu erarbeitenden Inhalte eine größere eigenständige Leistung der Studierenden zu erzielen ist. Auch die Förderung des selbstregulierten Lernens bietet noch viel Potenzial für Folgestudien. Hierbei können insbesondere die eigenständige Lernvorbereitung und das Setzen und Überprüfen eigener Lernziele in Zusammenhang mit den Selbstlerntagen in den Fokus rücken. In diesem Zusammenhang kann auch die Frage nach den Gründen für die festgestellte abnehmende Arbeitsbereitschaft der Studierenden adressiert werden. So kann zum Beispiel die These überprüft werden, ob das Festlegen eigener Lernziele und das nachgelagerte Überprüfen des Lernerfolges (zum Beispiel durch den Einsatz von Quizfragen zu Vorlesungsbeginn) zu einer Verlängerung der Lernzeiten führt. Darüber hinaus soll eine weitere Integration von digitalen Lernelementen in der Vorlesung erprobt werden. Aus der hierzu geplanten Begleitstudie erhoffen wir uns weiteren Aufschluss.

Literatur

Albrecht, R. (2003). *E-Learning in Hochschulen: Die Implementierung von E-Learning an Präsenzhochschulen aus hochschuldidaktischer Perspektive*. Dissertation, TU Braunschweig: Braunschweig. https://www.raineralbrecht.de/app/download/824284/Dissertation_albrecht_030723.pdf. Zugegriffen: 6. März 2020.

Bausch, I., Fischer, P. R., & Oesterhaus, J. (2014). Facetten von Blended Learning Szenarien für das interaktive Lernmaterial VEMINT – Design und Evaluationsergebnisse an den Partneruniversitäten Kassel, Darmstadt und Paderborn. In I. Bausch, R. Biehler, R. Bruder, P. R. Fischer, R. Hochmuth, W. Koepf, S. Schreiber, & T. Wassong (Hrsg.), *Mathematische Vor- und Brückenkurse: Konzepte, Probleme und Perspektiven* (S. 87–102). Wiesbaden: Springer Spektrum.

Bellhäuser, H., & Schmitz, B. (2014). Förderung selbstregulierten Lernens für Studierende in mathematischen Vorkursen – ein web-basiertes Training. In I. Bausch, R. Biehler, R. Bruder, P. R. Fischer, R. Hochmuth, W. Koepf, S. Schreiber, & T. Wassong (Hrsg.), *Mathematische Vor- und Brückenkurse: Konzepte, Probleme und Perspektiven* (S. 343–358). Wiesbaden: Springer Spektrum.

Biehler, R., Fischer, P. R., Hochmuth, R., & Wassong, T. (2012). Self-regulated learning and self assessment in online mathematics bridging courses. In A. A. Juan, M. A. Huertas, S. Trenholm, & C. Steegmann (Hrsg.), *Teaching mathematics online: Emergent technologies and methodologies* (S. 216–237). Hershey: IGI Global.

Biehler, R., Fischer, P. R., Hochmuth, R., & Wassong, T. (2014). Eine Vergleichsstudie zum Einsatz von Math-Bridge und VEMINT an den Universitäten Kassel und Paderborn. In I. Bausch, R. Biehler, R. Bruder, P. R. Fischer, R. Hochmuth, W. Koepf, S. Schreiber, & T. Wassong (Hrsg.), *Mathematische Vor- und Brückenkurse: Konzepte, Probleme und Perspektiven* (S. 103–122). Wiesbaden: Springer Spektrum.

Biehler, R., Fleischmann, Y., & Gold, A. (2018). Konzepte für die Gestaltung von Online-Vorkursen für Mathematik und für ihre Integration in Blended-Learning-Szenarien. In P. Bender & T. Wassong (Hrsg.), *Beiträge Zum Mathematikunterricht 2018* (S. 277–280). Münster: WTM-Verlag.

Biehler, R., Fleischmann, Y., Gold, A., & Mai, T. (2017). Mathematik online lernen mit studiVEMINT. In C. Leuchter, F. Wistuba, C. Czapla, & C. Segerer (Hrsg.), *Erfolgreich studieren mit E-Learning: Online-Kurse für Mathematik und Sprach- und Textverständnis* (S. 51–62). Aachen: RWTH Aachen University.

Börsch, A., Biehler, R., & Mai, T. (2016). Der Studikurs Mathematik NRW – Ein neuer Online-Mathematikvorkurs – Gestaltungsprinzipien am Beispiel linearer Gleichungssysteme. In Institut für Mathematik und Informatik der Pädagogischen Hochschule Heidelberg (Hrsg.), *Beiträge Zum Mathematikunterricht 2016* (S. 177–180). Münster: WTM-Verlag.

Brandmayr, M. (2016). Warum soll Lernen Spaß machen? *Zeitschrift für Bildungsforschung, 6*(2), 121–134.

Brauer, M. (2014). *An der Hochschule lehren*. Berlin: Springer-Verlag.

Colberg, C., Mai, T., Wilms, D., & Biehler, R. (2017). Studifinder : Developing e-learning materials for the transition from secondary school to university. In R. Göller, R. Biehler, R. Hochmuth, & H.-G. Rück (Hrsg.), *Didactics of mathematics in higher education as a scientific discipline – Conference proceedings*. (S. 466–470). Kassel: Universität Kassel: Khdm-report 17-05. https://kobra.bibliothek.uni-kassel.de/handle/urn:nbn:de:hebis:34-2016041950121

Fischer, P. R. (2014). *Mathematische Vorkurse im Blended-Learning-Format*. Wiesbaden: Springer Spektrum.

Handelsman, J., Ebert-May, D., Beichner, R., Bruns, P., Chang, A., DeHaan, R., Gentile, J., Lauffer, S., Stewart, J., Tilghman, S., & Wood, W. B. (2004). Scientific Teaching. *Science, 304*(5670), 521–522.

Herbst, J.-P. (2016). Kommunikation und Wissenskonstruktion – Eine quantitative Studie zum Einsatz kommu- nikationsanregender Methoden in der Vorlesung. *Die Hochschullehre, 2*, 1–21.

Kulik, J. (2003). Effects of using instructional technology in elementary and secondary schools : What controlled evaluation studies say: Final report (SRI Project Number S. 10446.003). Arlington: SRI International. https://www.ic.unicamp.br/~wainer/cursos/2s2004/impactos2004/Kulik_ITinK-12_Main_Report.pdf. Zugegriffen: 6. März 2020.

Mai, T., Biehler, R., Börsch, A., & Colberg, C. (2016). Über die Rolle des Studikurses Mathematik in der Studifinder-Plattform und seine didaktischen Konzepte. In Institut für Mathematik und Informatik der Pädagogischen Hochschule Heidelberg (Hrsg.), *Beiträge zum Mathematikunterricht 2016* (S. 645–648). Münster: WTM-Verlag.

Mayer, R. E. (2009). *Multimedia learning. Multi-media learning* (Vol. 2). Cambridge: Cambridge University Press.

Middendorf, J., & Kalish, A. (1996). The "change-up" in lectures. *The National Teaching and Learning Forum, 5*(2), 1–5.

Niegemann, H. M., Domagk, S., Hessel, S., Hein, A., Hupfer, M., & Zobel, A. (2008). *Kompendium multimediales Lernen. Evaluation*. Berlin: Springer-Verlag.

Nota, L., Soresi, S., & Zimmerman, B. J. (2004). Self-regulation and academic achievement and resilience: A longitudinal study. *International Journal of Educational Research, 41*(3), 198–215.

Roth, J. (2008). Dynamik von DGS – Wozu und wie sollte man sie nutzen? In U. Kortenkamp, H.-G. Weigand, & T. Weth (Hrsg.), *Informatische Ideen im Mathematikunterrich* (S. 1–9). Hildesheim: Verlag Franzbecker.

Schmitz, B., & Wiese, B. (2006). New perspectives for the evaluation of training sessions in self-regulated learning: Time-series analyses of diary data. *Contemporary Educational Psychology, 31*(1), 64–96.

Weigel, W. (2006). Grundlagen zur Organisation virtueller Lehre an Beispielen aus dem Bereich der Mathematik. In E. Cohors-Fresenborg & I. Schwank (Hrsg.), *Beiträge zum Mathematikunterricht 2006* (S. 537–540). Hildesheim: Franzbecker.

Die Online-Lernmaterialien im Online-Mathematikvorkurs studiVEMINT: Konzeption und Ergebnisse von Nutzer- und Evaluationsstudien

Alexander Gold, Yael Fleischmann, Tobias Mai, Rolf Biehler und Leander Kempen

Zusammenfassung

In diesem Beitrag berichten wir von Nutzer- und Evaluationsstudien zu den Online-Lernmaterialien aus dem studiVEMINT-Projekt, die im Kontext der Paderborner Mathematikvorkurse 2016 durchgeführt wurden. Im Rahmen der Nutzerstudie wurde der Umgang von Studierendengruppen mit den Online-Lernmaterialien aufgezeichnet und deren Beschäftigung mit den verschiedenen didaktisch motivierten studiVEMINT-Strukturelementen (Hinführung, Inhalte mit Erklärungen, Aufgaben etc.) ausgewertet. Schließlich konnten u. a. verschiedene Schwerpunktsetzungen der Lernenden („Üben und Anwenden" vs. „Inhalte und Erklärungen") herausgearbeitet werden.

A. Gold (✉) · T. Mai · R. Biehler · L. Kempen
Institut für Mathematik, Universität Paderborn, Paderborn, Deutschland
E-Mail: alexander.gold@ensou.de

Y. Fleischmann
Institutt for matematiske fag, Norges teknisk-naturvitenskapelige universitet, Trondheim, Norwegen
E-Mail: yael.fleischmann@ntnu.no

T. Mai
E-Mail: tmai@math.upb.de

R. Biehler
E-Mail: biehler@math.upb.de

L. Kempen
E-Mail: kempen@khdm.de

© Springer-Verlag GmbH Deutschland, ein Teil von Springer Nature 2021
R. Biehler et al. (Hrsg.), *Lehrinnovationen in der Hochschulmathematik*,
Konzepte und Studien zur Hochschuldidaktik und Lehrerbildung Mathematik,
https://doi.org/10.1007/978-3-662-62854-6_16

Auf Basis der durchgeführten Evaluationsstudie lassen sich das Gesamtmaterial und die erwähnten Strukturelemente auch in Hinblick auf das selbstregulierte Lernen der Vorkursteilnehmenden auswerten. Insgesamt konnte eine hohe Akzeptanz der Lernmaterialien festgestellt werden.

16.1 Einführung

In diesem Abschnitt werden zunächst die Lernmaterialien aus dem studiVEMINT-Projekt kurz vorgestellt. Anschließend wird die Zielsetzung der hier beschriebenen Nutzer- und Evaluationsstudien beschrieben. Übergeordnet lassen sich unsere Untersuchungen in das Feld der Evaluationsstudien von Online-Lernmaterialien sowie von Vor- und Brückenkursen eingliedern. Zusammen mit der Erhebung der Nutzer- und Evaluationsdaten möchten wir die Einbindung der studiVEMINT-Lernmaterialien in die Paderborner Vorkurse als Good-Practice-Beispiel für ein Blended-Learning-Szenario im Übergang Schule/Hochschule vorstellen und diskutieren. Anhand der erhobenen Daten werden auch Perspektiven zur Verbesserung des Szenarios erörtert.

16.1.1 studiVEMINT

Der Kurs studiVEMINT bezeichnet Online-Lernmaterialien, die seit 2014 im Auftrag des Ministeriums für Innovation, Wissenschaft und Forschung des Landes Nordrhein-Westfalen (seit 2017 Ministerium für Kultur und Wissenschaft) entwickelt werden. Konzeptionell basieren die Lerninhalte auf denen des VEMINT-Projekts[1], in dem seit dem Jahr 2003 elektronische Lernmaterialien zu adressatenspezifischen Mathematikvorkursen beständig weiterentwickelt werden. Sie stellen eine Umstrukturierung und teilweise Neukonzeption der VEMINT-Materialien dar. Alle neu- und weiterentwickelten Lerninhalte aus studiVEMINT[2] sind seit 2016 auf der Plattform Studiport[3] öffentlich zugänglich.

Die Neukonzeption und Weiterentwicklung von studiVEMINT berücksichtigt Anforderungen aus vier Bereichen. Zunächst schließen die Lernmaterialien unmittelbar an die Inhalte aus den sogenannten *Studichecks* an; hierbei handelt es sich um Wissenstests, mit denen Personen ihr Vorwissen (Inhalte und Fertigkeiten) in Vorbereitung auf ein mathematikhaltiges Studium überprüfen können. Die Studichecks sind ebenfalls auf Studiport verfügbar. In Bezug auf die Schulmathematik wurden die Inhalte mit

---

[1]VEMINT: „Virtuelles Eingangstutorium Mathematik, Informatik, Naturwissenschaft und Technik" (www.vemint.de).

[2]https://go.upb.de/studivemint

[3]https://studiport.de

den Forderungen der nationalen Bildungsstandards (KMK 2012) und mit den inhaltlichen Vorgaben des Kernlehrplans Mathematik für die Sekundarstufe 2 (Gymnasium/Gesamtschule) des Landes Nordrhein-Westfalen (vgl. Ministerium für Schule und Weiterbildung des Landes Nordrhein-Westfalen 2013) abgeglichen. Schließlich wurden bei der Erstellung der Lernmaterialien auch die im sogenannten COSH-Papier[4] aufgeführten Anforderungen berücksichtigt, die für Studienanfängerinnen und -anfänger mathematikhaltiger Studiengänge formuliert wurden. (Das COSH-Papier beinhaltet die Ergebnisse von Arbeitstagungen zur Thematik „Übergangsschwierigkeiten in Mathematik an der Schnittstelle Schule und Hochschule", an denen Vertreter aus Schule und Hochschule aus Baden-Württemberg teilgenommen haben.)

Entsprechend diesen konzeptionellen Grundlagen ist das mathematische Niveau der neuen Lerninhalte von studiVEMINT zwischen Schule und Hochschule zu verorten. Hiermit soll insbesondere der Tatsache Rechnung getragen werden, dass sich der Kurs in erster Linie an StudienanfängerInnen bzw. Personen in der Vorbereitungsphase auf einen mathematikhaltigen Studiengang richtet. In den Kursmaterialien wird eine explizit formal korrekte Darstellung der mathematischen Inhalte angestrebt, um die Vorbereitung auf die Hochschulmathematik zu unterstützen. Die Inhalte, die über den Schulstoff hinausgehen, werden in sogenannten „Ergänzungen" ausgewiesen oder können als Zusatz gesondert aufgerufen werden. Damit wird den Lernenden die Wahl gelassen, auf welchem Niveau sie die Inhalte wiederholen oder ggf. neu erarbeiten wollen.

Die bewusste Ausgestaltung der Kursinhalte auf einem Niveau, das zwischen Schule und Hochschule anzusiedeln ist, ermöglicht es, den Kurs in unterschiedlichen Lernkontexten zu verwenden; neben der Vorbereitung auf ein Studium können die Lernmaterialien im Oberstufenunterricht in der Schule oder semesterbegleitend, etwa als Nachschlagewerk bzw. als Aufgabensammlung, an der Universität eingesetzt werden.

16.1.2 Aufbau und Ziele des Artikels

Im Kontext der kontinuierlichen Evaluation und der damit einhergehenden Optimierung von studiVEMINT wurde im Rahmen der Mathematikvorkurse an der Universität Paderborn 2016 der Umgang von Lernenden mit den Materialien und deren Bewertung durch Studierende genauer untersucht. Eine Stichprobe von Dyaden aus Studierenden wurde beim Umgang mit dem Material genauer beobachtet, die Interaktion untereinander sowie mit dem Material über eine Videokamera und eine Screencast-Software aufgezeichnet. Bei der im Folgenden als „Nutzungsstudie" bezeichneten Untersuchung lag der Fokus darauf, wie die Nutzerinnen und Nutzer mit den studiVEMINT-Lernmaterialien arbeiten. Die Kernfrage war, welche Schwerpunkte sie bei der Arbeit mit dem Material selbstständig, d. h. ohne konkrete Vorgabe eines bestimmten Lernweges, setzen. Um dies

---

[4]„cosh – cooperation schule:hochschule. Mindestanforderungskatalog Mathematik (Version 2.0) der Hochschulen Baden-Württembergs für ein Studium von WiMINT-Fächern." (vgl. cosh – cooperation schule:hochschule 2014)

quantitativ erfassen und bewerten zu können, wurden die Zeiten gemessen, die die Nutzerinnen und Nutzer mit den verschiedenen Elementen des studiVEMINT-Materials (und ggf. auch außerhalb des Materials auf anderen Webseiten) und mit dem Lernmaterial insgesamt verbrachten. Weiterhin wurde untersucht, inwiefern die bei der Erstellung der Lernmaterialien intendierten Lernwege (s. Abschn. 16.2.2) von den Lernenden tatsächlich eingeschlagen werden.

Um das Lernmaterial des studiVEMINT-Kurses in Hinblick auf mögliche Einsatzszenarien in unterschiedlichen Lernkontexten, also sowohl im Rahmen von präsenzbasierten angeleiteten Lehrveranstaltungen als auch außerhalb, einschätzen zu können, ist der Faktor Zeit von grundlegender Bedeutung. Unter Berücksichtigung angemessener Zeitfenster für die eigenständigen Arbeitsphasen kann der Einsatz der digitalen Lernmaterialien von Lehrenden bei der Konzeption einer Lehrveranstaltung eingeplant werden.

Durch die Erhebung der Bearbeitungszeiten und Lernwege und die damit einhergehende direkte Dokumentation der Vorgehensweise von Lernenden bei der Arbeit mit digitalen Lernmaterialien soll eine Forschungslücke geschlossen werden, die im folgenden Abschn. 16.1.3 aufgezeigt wird.

Im Kontext des Einsatzes von studiVEMINT im Rahmen der Paderborner Mathematikvorkurse war es außerdem von Interesse zu erfahren, wie die Nutzerinnen und Nutzer nach entsprechenden Bearbeitungsphasen die Qualität der Lernmaterialien bewerten. Daher wurde eine Auswahl von Studierenden, die mit dem studiVEMINT-Material gearbeitet hatten, mit einem Fragebogen zu den Lernmaterialien befragt („Evaluationsstudie").

In diesem Beitrag wird zunächst die genannte Nutzungsstudie im Hinblick auf die Nutzungsdauer insgesamt und die Nutzungsdauer einzelner Strukturelemente des Materials ausgewertet. Darüber hinaus wurden die erhobenen Videodaten auch informell für eine formative Evaluation und Materialverbesserung genutzt. Sie können ebenso für eine tiefere, fachdidaktisch orientierte qualitative Analyse der Materialien verwendet werden, die zukünftigen Publikationen vorbehalten ist. Die Ergebnisse der Evaluationsstudie werden im Anschluss an die Nutzungsstudie vorgestellt.

16.1.3 Evaluationsstudien von Online-Lernmaterialien für mathematische Vorkurse

Bereits im Jahr 2001 gaben Schaumburg und Rittmann einen Überblick über mögliche Werkzeuge und Methoden zur Evaluation des webbasierten Lernens. In ihren Analysen stehen insbesondere Evaluationsansätze des klassisch-systemischen computerbasierten Instruktionsdesigns im Fokus, um die Übertragbarkeit der damals noch recht neuen Lernangebote im Internet einschätzen zu können (Schaumburg und Rittmann, 2001). Die Autoren fordern bereits die Evaluation webbasierter Lernangebote in Hinblick auf die Kernfragen eines kognitivistischen Instruktionsdesigns. Kriterien hierbei sind unter anderem der Aufbau des Kurses nach lerntheoretischen Prinzipien und die Qualität und Präsentation der bereitgestellten Informationen.

Mit der immer weiteren Verbreitung von Online-Lernmaterialien in der Hochschullehre wurde in den vergangenen Jahren auch zunehmend der Bedarf an Methoden identifiziert, die zur Evaluation dieses Mediums im universitären Lehreinsatz geeignet sind. Aufgrund des relativ jungen Forschungsfeldes gingen die Evaluationsbemühungen hierbei bisher in der Regel von denjenigen aus, die auch das Lernmaterial entwickelten und daher an systematisch erhobenem Feedback zu dessen Einsatz interessiert waren. Beispiele für entsprechende Online-Angebote mit Evaluationsstudien sind etwa Brunner et al. (2016) oder Derr et al. (2016).

Es sei angemerkt, dass die verschiedenen Unterstützungsmaßnahmen zur Studienvorbereitung in der Mathematik sehr vielfältig gestaltet und daher, wie auch aufgrund ihrer inhaltlichen Ausgestaltungen und funktionalen Zielsetzungen, nur schwer konzeptionell vergleichbar sind. Bisher gibt es kaum Untersuchungen bezüglich der Wirksamkeit dieser Unterstützungsmaßnahmen (vgl. Colberg et al., 2016). Die verschiedenen Unterstützungsmaßnahmen in der Studieneingangsphase werden in dem Projekt „WiGeMath: Wirkung und Gelingensbedingungen von Unterstützungsmaßnahmen für mathematikbezogenes Lernen in der Studieneingangsphase" konzeptionell vergleichend in ein theoretisches Rahmenmodell eingeordnet. Aufbauend auf der Untersuchung von Wirkungen und Gelingensbedingungen dieser Maßnahmen soll anschließend die Ausarbeitung von Empfehlungen für die wirksame Gestaltung von mathematikbezogenen Unterstützungsmaßnahmen in der Studieneingangsphase erfolgen.

Ein Beispiel eines bisher breit evaluierten Vorkursprojekts stellt das bereits oben aufgezeigte VEMINT-Projekt (ehemals VEMA) dar, auf dessen Material das studiVEMINT-Projekt aufbaut (Biehler et al. 2012a; b. Die Konstruktion, Implementation und wissenschaftliche Evaluation des VEMINT-Materials ist Gegenstand der Dissertationsschrift von Fischer (2014), der darin sowohl das Lernverhalten als auch die Auswirkungen des onlinebasierten Vorkurses auf die Kompetenzen und Selbstwirksamkeitserwartungen der Teilnehmerinnen und Teilnehmer (letztere basierend auf deren Selbstauskünften) untersucht. Standortspezifische Unterschiede beim Einsatz des VEMINT-Materials wurden von Bausch, Fischer und Oesterhaus für die Universitäten Kassel, Darmstadt und Paderborn untersucht (Bausch et al., 2014), wobei insbesondere die unterschiedliche Verwendung des Materials im Rahmen verschiedener Blended-Learning-Konzepte im Vordergrund steht. Weiterhin wurden von Mai (2014) Strategien im Umgang mit dem VEMINT-Lernmaterial untersucht und typische Lernwege herausgearbeitet. Diese wurden bei der Konzeption von studiVEMINT aufgegriffen und den Nutzerinnen und Nutzern als Empfehlungen für mögliche Lernwege mit dem Material an die Hand gegeben (Biehler et al., 2017). Untersuchungen, ob diese Lernwege von den Nutzerinnen und Nutzern tatsächlich auch beschritten werden, lagen allerdings bislang nicht vor und werden erstmals in der vorliegenden Studie untersucht.

In einer Vergleichsstudie der Einsätze von Materialien aus den Projekten VEMINT und Math-Bridge[5] an den Universitäten Paderborn und Kassel (Biehler et al., 2014) wurde die Nutzerzufriedenheit im Umgang mit den beiden Systemen untersucht. Dabei konnten im Rahmen einer formativen Evaluation spezifische Verbesserungspotenziale identifiziert werden. Die Auswertung der Ergebnisse dieser Studie zeigt sowohl die hohe Relevanz einer Optimierung der Kurse in Bezug auf deren Navigationsmöglichkeiten im Material als auch den Bedarf an wissenschaftlichen Erhebungen, die das tatsächliche Nutzungsverhalten der Studierenden untersuchen (Biehler et al., 2014). Letzteres stellte einen der Ausgangspunkte der Nutzungsstudie dar, deren Ergebnisse in diesem Bericht dokumentiert werden.

Mit dem Evaluationsbericht zum Einsatz von Online-Vorkursen in Mathematik an der Universität Gießen (Frenger und Müller, 2016) liegen weitere Daten zur Nutzung und Nutzer-Einschätzung des VEMINT-Kurses vor, aus denen Empfehlungen für die Erweiterung und bessere Verzahnung von Vorkursangeboten abgeleitet werden konnten. Hierbei wurden durch die Auswertung automatisch generierter, anonymisierter Nutzerdaten der Lernplattform ILIAS statistische Daten erhoben. Auf diese Weise konnten Daten ermittelt werden, die nicht auf der Selbsteinschätzung und Befragung von Studierenden beruhen und Rückschlüsse darauf zulassen, wie groß der Anteil der (freiwilligen) Nutzer im Vergleich zur Gesamtkohorte war. Aus den dort erhobenen quantitativen Daten können allerdings keine Aussagen zu Nutzungsdauer oder Fokussierung einzelner Lernelemente des untersuchten Online-Kurses getroffen werden, was Gegenstand der vorliegenden Untersuchung ist.

16.2 Der strukturelle Aufbau der studiVEMINT-Lernmaterialien

Die Gliederung der studiVEMINT-Materialien in Form von Strukturelementen (Hinführung, Inhalte mit Erklärungen etc.) basiert auf dem Strukturkonzept der VEMINT-Materialien. Die in studiVEMINT empfohlenen Lernwege können als Synthese der Lernzugänge aus dem VEMINT-Projekt und den pädagogischen Lernzugängen aus dem Projekt Math-Bridge betrachtet werden, die in Mai (2014) konzeptionell herausgearbeitet sind. Im Folgenden werden der Aufbau und die Struktur der studiVEMINT-Lernmaterialien dargestellt und die damit verbundenen didaktischen Intentionen (u. a. die empfohlenen Lernwege) erläutert.

---

[5]https://www.math-bridge.org/

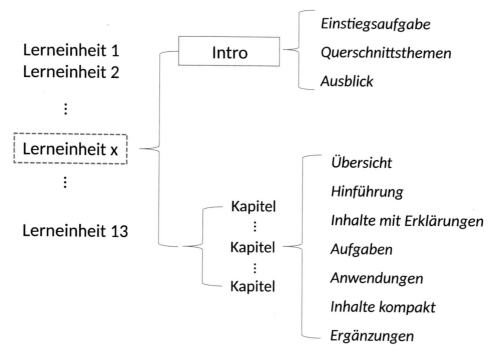

Abb. 16.1   Die Struktur der studiVEMINT-Lernmaterialien

16.2.1 Die Struktur von studiVEMINT

Der studiVEMINT-Kurs ist in 13 Lerneinheiten aufgeteilt, die jeweils ein mathematisches Themengebiet umfassen[6]. Diese Lerneinheiten sind wiederum in weitere thematische Kapitel unterteilt (s. Abb. 16.1). Die Unterteilung der einzelnen Lerneinheiten ermöglicht die Verwendung der Materialien im Rahmen verschiedener Lernwege (s. u.).

Zu jeder Lerneinheit wird dem Lernenden zunächst ein sogenanntes „Intro" angeboten. In diesem wird im Kontext einer zumeist anwendungsbezogenen Einstiegsaufgabe in die jeweilige Thematik eingeführt und ein Überblick über die zu behandelnden Inhalte gegeben. Die Intros starten mit einem inner- oder außermathematischen motivierenden Einstiegsbeispiel, in dem verschiedene Aspekte des

---

[6]Die 13 Lerneinheiten sind: (1) Rechenregeln und -gesetze, (2) Rechnen mit rationalen Wurzeln, (3) Potenzen, Wurzeln und Logarithmen, (4) Terme und Gleichungen, (5) Elementare Funktionen, (6) Elementare Geometrie, (7) Trigonometrie, (8) Höhere Funktionen, (9) Differentialrechnung, (10) Integralrechnung, (11) Lineare Gleichungssysteme, (12) Vektoren und Analytische Geometrie und (13) Stochastik.

zugehörigen Wissensbereichs angewendet werden müssen. Den Lernenden stehen bei der Bearbeitung gestufte Hilfen (etwa in Form von Zwischenlösungen) zur Verfügung. Verlinkungen im Material zu kompakt dargestellten ausgewählten Inhalten ermöglichen ein gezieltes Einholen von Informationen. Ein Ziel der Intros ist es, erste positive Lernerfolge zu vermitteln. Dabei wird ein Einblick in die verschiedenen Inhalte der Lerneinheit gewährt, wodurch die Nutzerinnen und Nutzer dazu motiviert werden sollen, sich näher mit den jeweiligen Kapiteln zu beschäftigen. Ebenso könnte der Lernende nach der Beschäftigung mit einem Intro die Schlussfolgerung ziehen, mit den Inhalten relativ gut vertraut zu sein und daher zunächst eine andere Lerneinheit zu bearbeiten.

Zu den Inhalten einer Lerneinheit werden neben dem Intro ausführliche Kapitel angeboten. Jedes Kapitel besitzt dabei eine einheitliche Darstellungsstruktur (*Übersicht, Hinführung, Inhalte mit Erklärungen* etc.), die dazu anregen soll, unterschiedliche, fachdidaktisch sinnvolle Bearbeitungsweisen der Inhalte zu unterstützen (s. Abb. 16.2). Ist der oder die Lernende erst einmal mit der Struktur vertraut, so findet er oder sie sich schnell in jedem Kapitel einer jeden Lerneinheit zurecht. Die Konzeption der Strukturelemente baut auf der Struktur der Materialien aus dem VEMINT-Projekt auf. Die entsprechenden Strukturelemente und ihre didaktische Intention werden im Folgenden genauer erläutert.

- In der **Übersicht** wird über die zu lernenden Inhalte informiert.
- Die **Hinführung** bietet einen kurzen motivierenden Einstieg in die Thematik eines Kapitels.
- Im Bereich **Inhalte mit Erklärungen** werden die theoretischen Grundlagen eines Kapitels dargelegt. Hierbei werden sowohl Definitionen als auch mathematische Aussagen in Form von Sätzen wiedergegeben. Um die Erklärungen gut zu veranschaulichen, sind sie mit diversen medialen Elementen wie z. B. Bildern, kurzen Animationen oder GeoGebra-Applets angereichert. Des Weiteren werden immer wieder Beispiele und kleinere Aufgaben zu den Inhalten eingestreut.

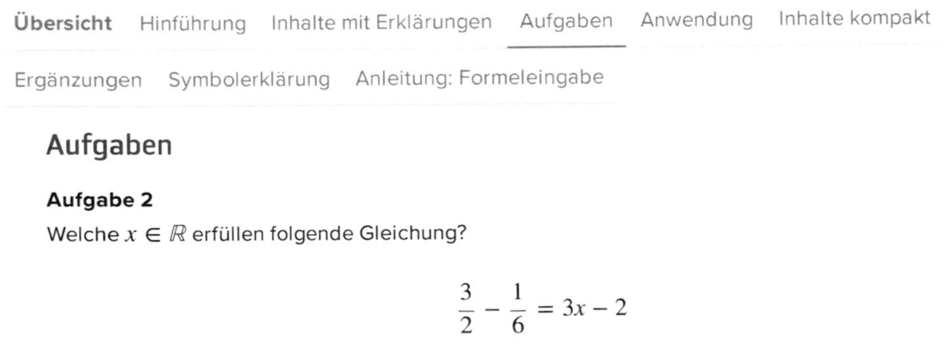

Übersicht   Hinführung   Inhalte mit Erklärungen   Aufgaben   Anwendung   Inhalte kompakt

Ergänzungen   Symbolerklärung   Anleitung: Formeleingabe

Aufgaben

Aufgabe 2

Welche $x \in \mathbb{R}$ erfüllen folgende Gleichung?

$$\frac{3}{2} - \frac{1}{6} = 3x - 2$$

Abb. 16.2 Strukturelemente der Kapitel in studiVEMINT

- Die *Aufgaben* enthalten verschiedene Übungen, in denen das vermittelte Wissen aus dem Bereich *Inhalte mit Erklärungen* angewendet werden kann. Hierbei gibt es sowohl Verständnis- als auch Berechnungsaufgaben. Damit die Studierenden ein unmittelbares Feedback zu ihren Lösungen bekommen, können die Ergebnisse der meisten Berechnungsaufgaben eingegeben und mithilfe eines Kontrollbuttons überprüft werden. Neben der Lösungskontrolle kann zu jeder Aufgabe per Mausklick eine ausführliche Musterlösung aufgeklappt werden, mit der die Studierenden ihre eigenen schriftlichen Lösungsskizzen vergleichen können.

- Der Fokus der *Anwendungen* liegt im Gegensatz zu den *Aufgaben* nicht auf dem Üben der Inhalte, sondern auf dem Aufzeigen interessanter inner- und außermathematischer Anwendungsmöglichkeiten. Dieses Strukturelement hat sowohl motivierenden als auch informierenden Charakter.

- Die *Inhalte kompakt* stellen eine Zusammenfassung aller Definitionen, Sätze und wichtigen Informationen aus den *Inhalten mit Erklärungen* dar. Sie enthalten keine neuen Inhalte und dienen als übersichtliches Nachschlagewerk, das z. B. bei der Bearbeitung der Aufgaben herangezogen werden kann.

- *Ergänzungen* sind nicht in allen Kapiteln enthalten. Die hier dargelegten Inhalte und Informationen gehen zumeist über den Schulstoff hinaus, können aber je nach Studiengang für die Vorbereitung auf ein Studium als wichtig erachtet werden. Darüber hinaus bieten die *Ergänzungen* Anknüpfungspunkte zur weiteren Beschäftigung mit einem Themenbereich für besonders interessierte Nutzerinnen und Nutzer.

Entsprechend den Lernvoraussetzungen bzw. Lernzielen der Nutzerinnen und Nutzer können die Strukturelemente nicht nur sequenziell, sondern auf unterschiedliche Weise durchgearbeitet werden. Durch die Reihenfolge und Intensität der Bearbeitung der Strukturelemente werden verschiedene Lernwege (s. u.) definiert. Den Nutzerinnen und Nutzern werden verschiedene Lernwege durch das Material im Rahmen eines Einführungsvideos vorgestellt. Diese Lernwege werden im folgenden Abschnitt thematisiert.

16.2.2 Die empfohlenen Lernwege in studiVEMINT

Die oben genannte einheitliche Struktur eines Kapitels ermöglicht es, das Material je nach Bedarf zu verwenden. Die Autoren der Lernmaterialien schlagen die folgenden vier Lernwege vor (s. Biehler et al., 2017, S. 53 ff.): (i) Standardlernweg, (ii) Erinnerung und Kurzwiederholung, (iii) Üben und Anwenden und (iv) Lernweg nach Bedarf[7]. Diese

---

[7]Die verschiedenen Umgangsweisen mit dem studiVEMINT-Material werden auch in dem Video auf der folgenden Internetseite genauer beschrieben: https://fddm.uni-paderborn.de/projekte/studivemint/allgemeines/

vier Lernwege, verstanden als Umgang mit dem Material, werden den Nutzerinnen und Nutzern zu Beginn der Lernmaterialien durch ein einführendes Video sowie in der Übersicht eines jeden Kapitels vorgestellt. Zu den Lernwegen im Einzelnen:

- Der *Standardlernweg* stellt die umfangreichste Art dar, mit dem Material zu lernen. Hierbei werden die Kapitel und die darin enthaltenen Strukturelemente sukzessiv bearbeitet. Der Lernweg führt somit von den Bereichen *Hinführung* und *Inhalte mit Erklärungen* zu den Bereichen *Aufgaben* und *Anwendung*. Je nach Verfügbarkeit gehören hierzu auch die *Ergänzungen*. In diesem Lernweg kann jedes Strukturelement sein intendiertes fachdidaktisches Potenzial voll entfalten.
- Der Lernweg *Erinnerung und Kurzwiederholung* ist für Lernende vorgesehen, die sich eher kurz über die Inhalte eines Kapitels informieren und die wichtigsten Aussagen wiederholen möchten. In diesem Fall soll direkt mit dem Bereich *Inhalte kompakt* gearbeitet werden. Fallen hier größere Wissenslücken auf oder bestehen Verständnisschwierigkeiten, kann nach Bedarf weiter mit dem Material gelernt werden.
- Bei dem Lernweg *Üben und Anwenden* steht das Üben von mathematischen Verfahren und deren Anwendungen im Fokus. Dementsprechend wird auf die Bereiche *Aufgaben* und *Anwendung* verwiesen. Sollten hier Schwierigkeiten beim Lösen der Aufgaben oder Probleme beim Nachvollziehen der Beispiele bzw. Musterlösungen auftreten, können die entsprechenden Inhalte gezielt entweder im Abschnitt *Inhalte kompakt* oder in *Inhalte mit Erklärungen* nachgeschlagen werden.
- Der *Lernweg nach Bedarf* meint den individuellen Umgang mit den Lernmaterialien. Je nach Lernvoraussetzungen, Lernzielen etc. können Lernende eigene Wege durch das Material als sinnvoll erachten.

16.3 Der Kontext der Studien

16.3.1 Der Vorkurs P1 an der Universität Paderborn

Die hier betrachtete Evaluationsstudie wurde im Rahmen des Mathematikvorkurses P1[8] an der Universität Paderborn im September 2016 durchgeführt. Dieser vierwöchige Vorkurs richtet sich an angehende Studierende der Fächer Maschinenbau, Wirtschaftsingenieurwesen mit Schwerpunkt Maschinenbau, Chemie, Chemieingenieurwesen,

---

[8]Die Abkürzung „P" steht dabei für die Präsenzvariante eines Vorkurses, in der die Teilnehmenden vorwiegend präsent an der Universität sind und vor Ort arbeiten. Alternativ können die Teilnehmenden auch eine „E"-Variante (E-Learning) wählen, bei der mehrheitlich zu Hause gearbeitet wird. Beide Kursvarianten sind Blended-Learning-Konzepte, beinhalten also eine Verzahnung von Präsenz- und E-Learning-Anteilen; nur fällt in den Präsenzvarianten der E-Learning-Anteil geringer aus. (Der Zusatz „1" bezeichnet hierbei die oben aufgeführte Adressatengruppe der Studierenden.)

Elektrotechnik, Wirtschaftsingenieurwesen mit Schwerpunkt Elektrotechnik, Computer Engineering und Wirtschaftsinformatik. Ziel des Vorkurses ist es, die angehenden Studierenden auf die mathematischen Inhalte ihres Studiums vorzubereiten und eventuelle Wissenslücken bezüglich der Schulmathematik aufzudecken bzw. nach Möglichkeit zu schließen.

Im Rahmen des vierwöchigen Vorkurses finden jeweils montags, mittwochs und freitags am Vormittag dreistündige Vorlesungen an der Universität statt. Hieran schließen sich am Nachmittag zweistündige Tutorien in Kleingruppen mit ca. 20 bis 30 Studierenden an. Die Dienstage und Donnerstage stehen den Teilnehmenden als Selbstlerntage zur Verfügung. An diesen sollen sie die jeweiligen Inhalte anhand gegebener Aufgabenstellungen und unter Verwendung der Online-Lernmaterialien wiederholen und festigen (siehe hierzu auch den Beitrag von Fleischmann et al. in Kap. 15). Im Jahr 2016 wurden an diesen Selbstlerntagen zum ersten Mal die neuen studiVEMINT-Lernmaterialien eingesetzt.

16.3.2 Die Gestaltung der Selbstlerntage mit studiVEMINT und das Konzept der „betreuten Selbstlerntage"

Für die einzelnen Selbstlerntage der Vorkurse wurden durch den Dozenten zu den Vorlesungs- und Übungsinhalten passende Lerneinheiten im studiVEMINT-Material ausgewählt. Zu diesen Lerneinheiten wurden passende Arbeitsaufträge zum Durcharbeiten der entsprechenden Materialien erteilt, wodurch die Selbstlerntage gut strukturiert wurden. Um die Arbeit der Studierenden mit dem Material untersuchen zu können, wurde das Konzept des betreuten Selbstlerntages entwickelt: Die Studierenden erhielten die Möglichkeit, für einzelne Selbstlerntage von 9 bis 15 Uhr einen Computerraum an der Universität für das Lernen mit dem Online-Material zu nutzen. Um für die Studierenden einen Anreiz zu schaffen, am entsprechenden Selbstlerntag an die Universität zu kommen und sich intensiv mit den jeweiligen Arbeitsaufträgen zu beschäftigen, stand den Teilnehmenden in den Universitätsräumen ein Tutor für etwaige Hilfestellungen zur Verfügung. So konnte jedem der anwesenden Studierenden die Möglichkeit geboten werden, sich an einem Tag unter Anleitung mit dem Online-Lernmaterial auseinanderzusetzen. Die betreuten Selbstlerntage konnten außerdem zu Forschungszwecken genutzt werden. Die Studierenden vor Ort konnten nun bei ihrem Umgang mit dem studiVEMINT-Material beobachtet und dazu befragt werden. Es nahmen 95 von 230 Studierenden an jeweils einem betreuten Selbstlerntag teil. Genauere Informationen zum Design der Studien werden in den folgenden Abschnitten gegeben.

16.4 Forschungsfragen

Der Fokus der hier dargestellten Studie liegt zunächst im Sinne einer Grundlagen-
studie auf dem konkreten Umgang der Nutzerinnen und Nutzer mit dem Material:
Welche Strukturelemente der Kapitel werden von den Nutzerinnen und Nutzern überhaupt bearbeitet und wie viel Zeit verbringen sie mit den verschiedenen Elementen?[9]
Die Frage, wie viel Bearbeitungszeit den einzelnen Strukturelementen eines Kapitels
gewidmet wird (Forschungsfragen 1a) und 1b)), ist relevant, um Rückschlüsse auf die
Arbeitsschwerpunkte der Lernenden zu ziehen, was z. B. eine Priorisierung gewisser
Strukturelemente und damit gewisser Lern- und Arbeitsweisen beinhalten könnte.[10] Mit
diesem Fokus untersuchen wir die von Schaumburg und Rittmann (2001) thematisierte
und auch Biehler et al. (2014) bestätigte hohe Bedeutung des Aufbaus und der
Strukturierung digitaler Lernmaterialien als Qualitätsmerkmal für Nutzbarkeit. Im
Zusammenhang einer möglichen Priorisierung von Strukturelementen stellt sich ebenso
die Frage, ob die Nutzerinnen und Nutzer tatsächlich die von uns intendierten Lernwege
(auf Basis von Mai, 2014) durch das Material verwenden (s. Abschn. 16.2.2) oder ggf.
individuelle bzw. alternative Lernwege wählen (Forschungsfrage 2). Schließlich wird im
Sinne einer Evaluationsstudie auch erhoben, wie die Nutzerinnen und Nutzer insgesamt
die Qualität der Lernmaterialien bewerten. Diese Gesamtbeurteilung des Materials
differenzieren wir anhand der Hauptfunktion des Lernmaterials zum selbstständigen
Lernen mithilfe vorstrukturierter Lerneinheiten und Kapitel (Forschungsfrage 3).

Entsprechend der obigen Ausführungen werden die folgenden Forschungsfragen
formuliert:

1. Forschungsfragen der Nutzungsstudie: Nutzungsdauern
   a. Wie lange arbeiten die Nutzerinnen und Nutzer an den verschiedenen thematischen
      Kapiteln?
   b. Wie lange werden die jeweiligen Strukturelemente eines Kapitels von den
      Nutzerinnen und Nutzern im Durchschnitt bearbeitet?
2. Forschungsfragen der Nutzungsstudie: Lernwege
   a. Welche der in studiVEMINT intendierten bzw. empfohlenen Lernwege können bei
      den Nutzerinnen und Nutzern beobachtet werden?
   b. Inwiefern können „Lernwege nach Bedarf" nutzerübergreifend ausgemacht
      werden?

---

[9]Dieser Faktor „Zeit" soll dabei über diesen Aspekt der Schwerpunktsetzung nicht weiter inhaltlich interpretiert werden, da für entsprechende Aussagen tiefergehende qualitative Analysen nötig
wären.

[10]Entsprechende Erkenntnisse würden dabei über den hier beschriebenen Nutzerkreis und das
konkrete Lernmaterial hinausweisen. Übergeordnet soll die Frage beantworten werden, welche
Umgangsweisen und Lernaktivitäten von Nutzerinnen und Nutzern von Online-Lernmaterialien im
Übergang Schule/Hochschule bevorzugt werden.

3. Forschungsfragen der Evaluationsstudie: Bewertung
   Wie bewerten die Studierenden das studiVEMINT-Material …
   a. bzgl. der Eignung zum selbstständigen Lernen?
   b. bzgl. der Unterteilung der Kapitel in die einzelnen Strukturelemente?
   c. insgesamt?

Mithilfe dieser Forschungsfragen soll die Verwendung von studiVEMINT durch Studierende im Kontext eines Vorkurses untersucht werden. Übergeordnetes Ziel ist dabei die Optimierung von Blended-Learning-Szenarien im Kontext mathematischer Vorkurse.

16.5 Design, Datenerhebung und Stichprobe

16.5.1 Nutzungsstudie

Um den selbstständigen Umgang mit dem Material und die Lernwege der Studierenden genauer erfassen zu können (Forschungsfragen 1 und 2), war eine detaillierte Beobachtung der Studierenden notwendig. Die Datenerhebung der Studie fand an den betreuten Selbstlerntagen des Vorkurses an der Universität Paderborn statt (s. Abschn. 16.3). Hierzu wurden Gruppen von Freiwilligen gesucht, die einer genaueren Beobachtung zustimmten. Den Freiwilligen wurde in Zweier- bzw. Dreiergruppen der Auftrag erteilt, sich mit einer bestimmten Lerneinheit des studiVEMINT-Materials auseinanderzusetzen. Diese Gruppengröße wurde gewählt, damit auch Gespräche während der Bearbeitung beobachtet werden konnten. Die Gruppen arbeiteten eigenständig; das Forschungsdesign trug damit dem kollaborativen Lernen Rechnung. Insgesamt nahmen 95 Studierende an den betreuten Selbstlerntagen teil. Für die Aufzeichung der Aktivitäten an den Online-Lernmaterialien wurden die Studierenden in 28 Gruppen eingeteilt. Mithilfe eines Screencast-Programms wurden deren Aktivitäten am Computer und der gesprochene Ton aufgezeichnet.

Für die Bearbeitungen wurde kein Hinweis auf etwaige Lernwege oder Schwerpunktsetzungen im Material gegeben. Durch dieses Szenario konnten die Studierenden möglichst frei selbst mit dem Material arbeiten, wodurch deren selbstständiger Umgang mit den Lerninhalten möglichst gut erfasst werden sollte. Die Vorgabe von bestimmten Lerneinheiten bzw. Kapiteln widerspricht dieser Forschungsidee in gewisser Weise, erwies sich aber als notwendig, um alle Materialabschnitte bearbeiten und evaluieren zu lassen. Der Lernweg Kurzwiederholung wird mit der Vorgabe, ganze Kapitel zu bearbeiten, implizit ausgeschlossen. Aus diesem Grund wird er auch in den nachfolgenden Auswertungen nicht betrachtet.

Jede der 13 Lerneinheiten wurde an einem der betreuten Selbstlerntage bearbeitet. Der Bearbeitung gingen jeweils eine dreistündige Vorlesung und eine zwei-stündige Übung zum entsprechenden mathematischen Inhalt am Vortag voraus. Für die Bearbeitungen der Lerneinheit wurden den Studierenden vormittags bis zu drei Stunden und nachmittags bis zu zwei Stunden eingeräumt. Die Stichprobe umfasste 28 Studierendengruppen.

Die Aufzeichnung der Lernaktivitäten jeweils einer freiwilligen Studierendengruppe erfolgte in einem separaten Raum mithilfe eines Screencast-Programms, wobei den Studierenden auch ein Tutor für eventuelle Fragen zur Verfügung stand[11]. Mithilfe des Screencast-Programms konnten alle Bildschirmaktivitäten der Nutzerinnen und Nutzer und somit ihr Umgang mit den Lernmaterialien genau festgehalten werden. Insgesamt wurden an den acht betreuten Selbstlerntagen elf verschiedene Gruppen von jeweils zwei bis drei Studierenden beobachtet. Damit können 35 Bearbeitungen einzelner Kapitel nachvollzogen werden, wodurch alle Lerneinheiten abgedeckt werden. Insgesamt liegt Datenmaterial in einer Gesamtlänge von ca. 32 Stunden vor.

Bei der Konzeption der Studie wurde die Auswahl einer möglichst repräsentativen Stichprobe der Vorkursteilnehmerinnen und Teilnehmer angestrebt. Aufgrund des frei-willigen Charakters der gesamten Lehrveranstaltung war allerdings nicht damit zu rechnen, dass alle für den Vorkurs angemeldeten Studierenden sich an den (zur Vorlesung und regulären Tutorien) zusätzlichen Veranstaltungen beteiligten, in denen die Studie durchgeführt werden sollte. Aus diesem Grund wurden diese zusätzlichen Treffen unter der Bezeichnung „betreuter Selbstlerntag" in der Veranstaltung angekündigt und die Teil-nahme daran möglichst verbindlich angesetzt. Die Zahl an tatsächlichen und regelmäßig teilnehmenden Studierenden des gesamten Vorkurses ist aufgrund starker Schwankungen im Laufe des vierwöchigen Vorkurses schwer festzulegen, kann aber auf Grundlage der Teilnehmerzahl von insgesamt 159 am ersten Vorkurstag in etwa eingeschätzt werden. An den betreuten Selbstlerntagen nahmen insgesamt 95 Studierende teil, sodass im Ver-gleich zur Gesamtteilnehmerzahl von einer gewissen, mutmaßlich positiven Selektion ausgegangen werden muss.

16.5.2 Evaluationsstudie

Für die Erhebung der studentischen Bewertungen der Lernmaterialien von studiVEMINT (Forschungsfrage 3) wurde ein Fragebogen entwickelt, der nach Bearbeitung einer konkreten Lerneinheit aus studiVEMINT von den Teilnehmenden der Selbstlerntage

---

[11]Dieser Tutor war gleichzeitig auch ein Entwickler der Lernmaterialien und wirkte als Forscher bei den Evaluationsstudien mit. Neben den Bildschirmaktivitäten wurde außerdem der Ton auf-gezeichnet, um ggf. ergänzende Informationen aus der Kommunikation der Teilnehmenden ent-nehmen zu können.

Tab. 16.1 Fragebogenitems zur Bewertung der Materialstruktur des Lernmaterials aus studiVEMINT

In welchem Maß treffen folgenden Aussagen auf die bearbeitete Lerneinheit des studiVEMINT-Lernmaterials zu?	
A1	Die Lerneinheit ist zum selbstständigen Lernen gut geeignet
A2	Ich kann mir vorstellen, das Online-Lernmaterial auch nach Ende des Vorkurses weiterhin zu benutzen, um z. B. während des Studiums mein Wissen aufzufrischen oder Stoff nachzuschlagen
A3	Die Arbeit mit dem Material war hilfreich für mein Verständnis des behandelten Stoffes
A4	Die Gestaltung des Materials ist übersichtlich
A5	Die Strukturierung der Lerneinheiten in *Übersicht, Hinführung, Inhalte mit Erklärungen, Aufgaben, Anwendungen, Inhalte kompakt, Ergänzungen* war hilfreich
A6	Die *Hinführung* hat mein Interesse an der Lerneinheit geweckt
A7	Die *Erklärungen* in der Lerneinheit sind für mich verständlich
A8	Die *Aufgaben* finde ich inhaltlich ansprechend
A9	Die Musterlösungen zu den Aufgaben konnte ich gut nachvollziehen
A10	Der Teil *Inhalte mit Erklärungen* bereitet gut auf die Aufgaben vor

ausgefüllt wurde. Die Konzeption basiert auf den im Rahmen des VEMINT-Projekts eingesetzten Fragebögen zum elektronischen Vorkurs (E-Vorkurs), der seit 2007 jährlich an der Universität Paderborn durchgeführt und wissenschaftlich begleitet wird (Fischer, 2014).

Damit alle 13 Lerneinheiten aus studiVEMINT evaluiert werden konnten, wurden an einigen der betreuten Selbstlerntage mehrere Lerneinheiten nacheinander bearbeitet und mithilfe verschiedener Fragebögen bewertet. Es nahmen alle 95 Teilnehmerinnen und Teilnehmer der betreuten Selbstlerntage an der Studie teil und es liegen 140 Fragebögen zur Auswertung vor.

Der Fragebogen beinhaltete Items, in denen ausgewählte Aspekte des Kurses (Struktur, Inhalte, Aufgaben etc.) von den Nutzerinnen und Nutzern auf einer vierstufigen Likert-Skala von 1 (= trifft nicht zu) bis 4 (= trifft zu) bewertet werden sollten. Die hier verwendeten Items werden in der Tab. 16.1 aufgelistet. Für die Bewertung der Eignung des Lernmaterials zum selbstständigen Lernen wurden die Items A1 bis A5 formuliert, die Items A6 bis A10 thematisieren die Strukturelemente in studiVEMINT.

Schließlich sollten die Nutzerinnen und Nutzer noch anhand einer vierstufigen Likert-Skala von 1 (= trifft nicht zu) bis 4 (= trifft zu) eine Gesamtbewertung der Lernmaterialien abgeben (A11: „Wie ist Ihr Gesamteindruck des Materials?").

Die Fragebögen wurden an jedem betreuten Selbstlerntag verteilt und die Nutzerinnen und Nutzer dazu aufgefordert, die Bewertung auf die an diesem Tag bearbeiteten Lerneinheiten zu beziehen. Auf diese Weise konnte ein großes Spektrum der Lerneinheiten abgedeckt werden. Wir werten die Daten in dieser Arbeit nur global und nicht getrennt nach Lerneinheiten aus.

Der Fragebogen für die Erhebung der Bewertung der Materialien wurde am betreuten Selbstlerntag an alle anwesenden Studierenden ausgegeben, nachdem sie in Zweier- bzw. Dreiergruppen eine Lerneinheit bearbeitet hatten.

16.6 Auswertung und Ergebnisse der Nutzungsstudie

16.6.1 Methoden der Datenauswertung der Screencast-Dateien

Für die Analyse der aufgezeichneten Bearbeitungsvorgänge wurden die Bearbeitungsabläufe der Studierenden mithilfe der Software MAXQDA codiert und in Hinblick auf die Bearbeitungsdauern ausgewertet. Für die Bearbeitung jedes Strukturelements (…, Inhalte mit Erklärungen, Aufgaben, …) wurde jeweils ein eigener Code verwendet. Zudem wurde codiert, wenn die Studierenden in eine andere Lerneinheit als die gerade fokussierte wechselten. Schließlich wurde ein weiterer Code vergeben, um Aktivitäten außerhalb des Materials (Verwendung anderer Internetseiten, anderer Programme etc.) vermerken zu können (s. Abschn. 16.1.1). Ausschlaggebend für eine Codierung war dabei das jeweils aktuell dargestellte Bild auf dem Computermonitor.

Insgesamt wurden die in Tab. 16.2 verzeichneten Codes bzgl. der Strukturmerkmale vergeben:

Tab. 16.2 Übersicht über die vergebenen Codes bzgl. der verschiedenen Strukturelemente im studiVEMINT-Material

#1	Intro/Einstiegsaufgabe
#2	Intro/Kurzinhalte
#3	Hinführung
#4	Inhalte mit Erklärung
#5	Aufgaben
#6	Anwendungen
#7	Ergänzungen
#8	Inhalte kompakt
#9	nicht studiVEMINT (Hiermit wurden alle Stellen codiert, in denen keine studiVEMINT-Inhalte auf dem Bildschirm zu sehen waren.)

Tab. 16.3 Statistische Kennwerte bzgl. der Bearbeitungszeiten der einzelnen Kapitel in studiVEMINT (n = 28)

	Bearbeitungszeiten der einzelnen Kapitel [Minuten]
Median	54,7
a-Mittel	64,4
SD	33,9

Die Vergabe der Codes erwies sich dabei als verhältnismäßig unproblematisch, da diese keinen Interpretationsaufwand erforderte. Die vergebenen Codes wurden stichpunktartig durch andere Forscher des Projekts überprüft. Die sehr gute Übereinstimmung der stichpunktartigen Überprüfungen betrachten wir an dieser Stelle als ein hinreichendes Argument für den Nachweis einer reliablen Codierung.

Für die Beantwortung der Forschungsfragen 2a) und b) über die Lernwege im Material musste zunächst eine Operationalisierung dieser Lernwege vorgenommen werden, damit diese mit den erhobenen Daten in Beziehung gesetzt werden konnten. Diese erfolgte in Bezug auf die theoretische Konzeption der Lernwege (s. Abschn. 16.2.1).

- Der *Standardlernweg* zeichnet sich durch eine sukzessive Bearbeitung der Strukturelemente aus, wie sie im studiVEMINT-Material angeboten werden.
- Die Befolgung des Lernwegs Erinnerung und Kurzwiederholung entspricht einer schwerpunktmäßigen Arbeit mit dem Strukturelement Inhalte kompakt.
- Im Fokus des Lernwegs Üben und Anwenden steht die Beschäftigung mit den Strukturelementen Aufgaben und Anwendungen. Für die Operationalisierung dieser Schwerpunktsetzung wurde die folgende Charakterisierung festgesetzt: Eine Kapitelbearbeitung wird diesem Lernweg zugeschrieben, wenn die Summe der Bearbeitungszeiten der Strukturelemente Aufgaben und Anwendungen über 60 % der Gesamtbearbeitungszeit ausmacht. (Die Marke von 60 % ergab sich hierbei durch Anlehnung an den Median der Bearbeitungszeiten in den Datensätzen (s. Abb. 16.9).)
- Da der Lernweg nach Bedarf alle sonstigen Umgänge mit dem Lernmaterial beschreibt, wird er an dieser Stelle nicht gesondert operationalisiert.

16.6.2 Ergebnisse bzgl. der aufgewendeten Bearbeitungszeit

Im ersten Schritt wurde die Frage untersucht, wie viel Zeit die Studierenden mit der Bearbeitung eines Kapitels (innerhalb einer Lerneinheit) verbringen (Forschungsfrage 1a). Aus dem vorhandenen Datensatz wurden alle Bearbeitungen entfernt, die

Bearbeitungszeiten der einzelnen Kapitel

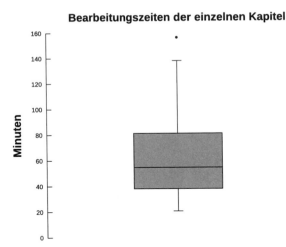

Abb. 16.3 Bearbeitungszeiten der Kapitel in studiVEMINT in Minuten (n = 28)

offensichtlich „vorzeitig abgebrochen" wurden bzw. deren Bearbeitungszeit unter 15 min lag[12]. Abzüglich dieser 13 „Abbrecher" liegt eine Datengrundlage von 28 Kapitelbearbeitungen vor. In Tab. 16.3 und Abb. 16.3 werden die statistischen Werte der Bearbeitungszeiten der Studierenden für ein Kapitel angegeben. Im Durchschnitt wird ein Kapitel 64,4 min (a-Mittel) bearbeitet, wobei die Streuung der Ergebnisse sehr hoch ist (SD = 33,9; vgl. auch den Boxplot in Abb. 16.3).

Nach Betrachtung der Verteilung der Gesamtdauer der Bearbeitungszeiten für die Kapitel beschäftigen wir uns mit der Frage, wie viel Zeit die Nutzerinnen und Nutzer innerhalb eines Kapitels bei den einzelnen Strukturelementen (*Hinführung, Inhalte mit Erklärungen, Aufgaben, Anwendungen, Inhalte kompakt* und *Ergänzungen*) verbringen (Forschungsfrage 1b) bzw. ob sie den Computer dazu verwenden oder auf andere Ressourcen außerhalb des Lernmaterials zuzugreifen (im Folgenden als *nicht studiVEMINT* bezeichnet). Für die Untersuchung dieser Forschungsfragen wurden die Bearbeitungszeiten der einzelnen Strukturelemente aus den verschiedenen Kapiteln zusammengefasst. An dieser Stelle variiert die Anzahl der Datensätze stark (zwischen 6 und 28). Dieser Unterschied resultiert aus der Tatsache, dass nicht in allen Kapiteln alle Strukturelemente vorhanden sind. In Abb. 16.4 werden die Verteilungen der absoluten Bearbeitungszeiten der einzelnen Strukturelemente dargestellt, die zugehörigen statistischen Kennwerte sind in Tab. 16.4 angegeben.

---

[12]Dieses Kriterium wurde pragmatisch angesetzt, um „vorzeitige" Abbrecher identifizieren zu können.

Verteilung der absoluten Bearbeitungszeiten der Strukturelemente

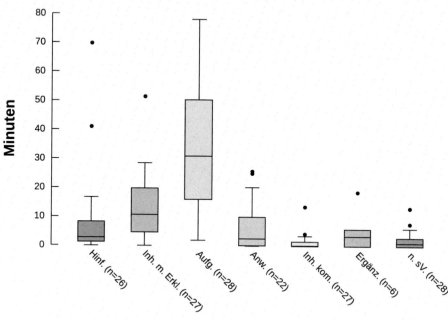

Abb. 16.4 Verteilung der absoluten Bearbeitungszeiten der Strukturelemente („Hinf."=Hin-führung; „Inh. m. Erkl."=Inhalte mit Erklärungen; „Aufg."=Aufgaben; „Anw".=Anwendungen „Inh. kom."=Inhalte kompakt; „Ergänz."=Ergänzungen; „n. sV."=nicht studiVEMINT)

Es zeigt sich, dass die Studierenden im Mittel mit Abstand die meiste Zeit mit der Bearbeitung der *Aufgaben* verbringen (a-Mittel=33,8 Min.; Median=31,0 Min.). Des Weiteren werden vor allem *Inhalte mit Erklärungen* (a-Mittel=13,1 Min.) und *Hin-führung* (a-Mittel=8,2 Min.) bearbeitet.

Tab. 16.4 Statistische Kennwerte bzgl. der Bearbeitungszeiten der Strukturelemente in studiVEMINT in Minuten

	Hinf. Farbigkeit	Inh. M	Aufg	Anw	Inh	Ergänz	n. sV
Median	2,8	10.7	21.0	2,5	0,2	3,4	0,0
a-Mittel	8,2	13,1	33,8	6,5	1,3	5,2	0,4
SD	15,2	11,1	21,3	8,4	2,8	7,0	1,5
n	26	27	28	22	27	6	28

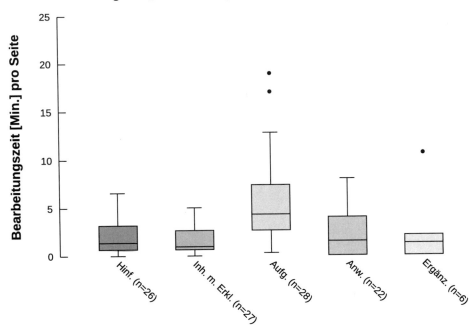

Abb. 16.5 Verteilung der Bearbeitungszeiten pro Seite der Strukturelemente („Hinf."=Hinführung; „Inh. m. Erkl."=Inhalte mit Erklärungen; „Aufg."=Aufgaben; „Anw."=Anwendungen; „Ergänz."=Ergänzungen)

Tab. 16.5 Verteilung der Bearbeitungszeiten pro Seite der Strukturelemente in Minuten („Hinf."=Hinführung; „Inh. m. Erkl."=Inhalte mit Erklärungen; „Aufg."=Aufgaben; „Anw."=Anwendungen; „Ergänz."=Ergänzungen)

	Hinf	Inh. m. Erkl	Aufg	Anw	Ergänz
Median	1,4	1,0	4,3	1,9	1,3
a-Mittel	2,0	1,7	6,0	2,6	2,6
SD	1,9	1,4	4,8	2,6	4,1
n	26	27	28	22	6

Bei Betrachtung der absoluten Bearbeitungszeiten der verschiedenen Strukturelemente muss allerdings beachtet werden, dass der Umfang der einzelnen Strukturelemente im Material unterschiedlich ist. Damit diese Unterschiede in der Auswertung berücksichtigt werden können, wurde das ausdruckbare Skript von studiVEMINT heran-

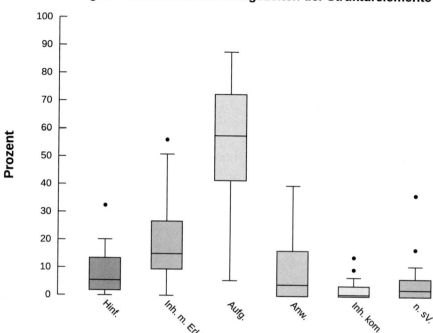

Abb. 16.6 Anteile der Bearbeitungszeiten der Strukturelemente in Bezug auf ein Kapitel in Prozent („Hinf." = Hinführung; „Inh. m. Erkl." = Inhalte mit Erklärungen; „Aufg." = Aufgaben; „Anw." = Anwendungen; „Inh. kom." = Inhalte kompakt; „n. sV." = nicht studiVEMINT)

gezogen. Mit diesem Skript kann man den Anteil der Strukturelemente als Anteil der jeweiligen Seiten am Gesamtumfang ermitteln, der ca. 955 DIN-A4-Seiten beträgt. Die *Inhalte mit Erklärungen* nehmen 43 % des Gesamtumfangs ein, die *Aufgaben* 33 %, die *Hinführung* 11 % und die *Anwendungen* 10 %.

Um die Bearbeitungsintensität der verschiedenen Strukturelemente zu messen, haben wir als Näherung bei jedem Strukturelement eines Kapitels zunächst die Anzahl der Skriptseiten ermittelt und anschließend den Quotienten „Bearbeitungszeit pro Seite" berechnet[13] (s. Abb. 16.5 und Tab. 16.5). Diese Kennzahlen wurden ermittelt, um der Tatsache Rechnung zu tragen, dass sowohl die Kapitel als auch die Strukturelemente teilweise sehr unterschiedliche Umfänge besitzen und sich aus der ausschließlichen Betrachtung der absoluten Bearbeitungszeiten somit auch Fehlinterpretationen ergeben könnten. In erster Näherung sieht man, dass auch hier die Bearbeitungsintensität bei

---

[13]Da das Strukturelement *Inhalte kompakt* nicht in der entsprechenden PDF-Version enthalten ist, liegen hierzu keine Angaben zu der entsprechenden Seitenzahl vor. Aus diesem Grund wird das Strukturelement *Inhalte kompakt* bei den folgenden Auswertungen nicht berücksichtigt.

Tab. 16.6 Statistische Kennwerte bzgl. der relativen Bearbeitungsdauer der Strukturelemente in studiVEMINT in Bezug auf die Gesamtbearbeitungslänge eines Kapitels, Angaben in Prozent (n = 19) (s. hierzu auch Abb. 16.6)

	Hinf	Inh. m. Erkl	Aufg	Anw	Inh. Kom	n. sV
Median	5,437	15,06	57,64	4,04	0,55	2,36
a-Mittel	8,145	19,97	54,84	9,05	2,53	5,46
SD	8,35	15,56	22,1	10,93	3,88	8,71

den Aufgaben wesentlich höher ausfällt als bei den anderen Elementen; die anderen Strukturelemente gleichen sich gegenüber den absoluten Zeiten einander an. Die Verteilungen sind leicht schief, was sich sowohl im Boxplot zeigt als auch daran, dass die arithmetischen Mittel über den Medianen liegen. Das heißt, es gibt durchaus eine Minderheit von Kapiteln und Studierenden, bei denen eine deutlich höhere Intensität vorliegt. In mindestens 25 % der Fälle werden die *Anwendungen* und *Ergänzungen* gar nicht bearbeitet. Vermutlich stand hierfür keine Zeit mehr zur Verfügung.

Um die absoluten Bearbeitungszeiten der Strukturelemente richtig einordnen zu können, ist es ebenfalls sinnvoll zu untersuchen, wie viel Zeit die Nutzerinnen und Nutzer anteilig von der Gesamtbearbeitungszeit eines Kapitels bei den verschiedenen Strukturelementen verweilen. Da in verschiedenen Kapiteln das Element *Ergänzungen* fehlt, wurde die Bearbeitungszeit der *Ergänzungen* für die folgenden Berechnungen aus den Gesamtbearbeitungszeiten herausgerechnet. Die Datengrundlage für die folgenden Auswertungen besteht aus den 19 Kapitelbearbeitungen, in denen alle Strukturelemente (mit Ausnahme der *Ergänzungen*) vorhanden sind.[14]

Die entsprechenden Ergebnisse werden in Abb. 16.6 und Tab. 16.6 dargestellt. Es wird deutlich, dass die Nutzerinnen und Nutzer im Durchschnitt 54,8 % ihrer Gesamtbearbeitungszeit eines Kapitels mit den *Aufgaben* verbringen. Durchschnittlich 20,0 % der Kapitel-Bearbeitungszeit wird dem Abschnitt *Inhalte mit Erklärungen* gewidmet und nur ca. je 9 % den Elementen *Hinführung* und *Anwendungen* zusammen.

Der große Anteil der Aufgabenbearbeitungen an der Gesamtbearbeitungszeit eines Kapitels legt die Vermutung nahe, dass die unterschiedlich langen Bearbeitungszeiten eines Kapitels vor allem auf unterschiedlich intensive Aufgabenbearbeitungen zurückzuführen sind. Um dieser Vermutung weiter nachzugehen, wurden die oben betrachteten 19 Kapitelbearbeitungen in zwei Subgruppen eingeteilt. Für eine entsprechende Teilung

---

[14]Bei dieser Betrachtung der relativen Bearbeitungszeiten der Strukturelemente kann nicht (wie weiter geschehen) der Quotient „Bearbeitungszeit pro Seite" betrachtet werden, da die Strukturelemente in allen Kapiteln unterschiedliche Längen aufweisen. Entsprechende Berechnungen würden daher für diese Auswertungen einen nicht vergleichbaren Datensatz schaffen. Allerdings erscheint diese Betrachtungsweise an der Stelle auch nicht notwendig, weil hier gleichsam „naiv" geschaut werden soll, wie viel Zeit die Studierenden anteilig mit den verschiedenen Strukturelementen verbringen.

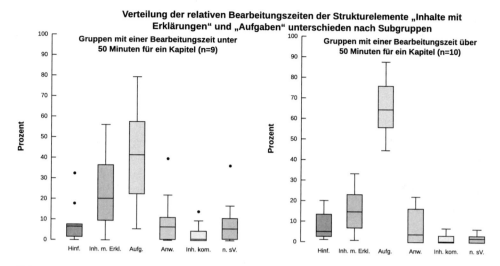

Abb. 16.7 Anteil der Bearbeitungszeiten der Strukturelemente, unterschieden nach Subgruppen („Hinf." = Hinführung; „Inh. m. Erkl." = Inhalte mit Erklärungen; „Aufg." = Aufgaben; „Anw." = Anwendungen; „Inh. kom." = Inhalte kompakt; n. sV. = nicht studiVEMINT)

erschien aufgrund der Verteilung der Gesamtbearbeitungszeiten eine Grenze von 50 min als sinnvoll. (Der Median dieser Verteilung beträgt 50,9 min.) Hierdurch konnten die Kapitelbearbeitungen in zwei etwa gleich große Subgruppen unterteilt werden. In Abb. 16.7 werden die Verteilungen der relativen Bearbeitungszeiten der Strukturelemente für die beiden so entstehenden Subgruppen dargestellt.

Es zeigt sich auch hier, dass in der Subgruppe mit einer Bearbeitungszeit von über 50 min der relative Anteil der *Aufgaben* im Vergleich wesentlich größer ausfällt. Dies stützt die These, dass vor allem eine vertiefte Bearbeitung der *Aufgaben* zu längeren Gesamtbearbeitungen eines Kapitels führt.

Zusammengefasst wird deutlich, dass die beiden Strukturelemente *Aufgaben* und *Inhalte mit Erklärungen* gemeinsam den größten Anteil an der Bearbeitungszeit ausmachen.

16.6.3 Ergebnisse bezüglich der verwendeten Lernwege

Für die Auswertung der Lernwege (s. Forschungsfragen 2a) und b)) wurden der bereits oben angesprochene Datensatz von 28 Kapitelbearbeitungen (s. Abschn. 16.6.2) verwendet. Bei der Untersuchung der Bildschirmmitschnitte der 28 Kapitelbearbeitungen wurde deutlich, dass sich die Lernwege der Nutzerinnen und Nutzer nicht durch die Abfolge der Bearbeitung der Strukturelemente charakterisieren lassen. Prinzipiell wird in allen beobachteten Kapitelbearbeitungen eine sukzessive Bearbeitung der Strukturelemente vorgenommen. Aus diesem Grund konnte der *Standardlernweg* Abschn. 16.2.2, wie dieser oben beschrieben bzw. operationalisiert wurde, nicht eindeutig identifiziert werden. Wohl aber zeigten sich große Unterschiede in den Bearbeitungszeiten der einzelnen Strukturelemente (auf dieses Phänomen soll unten weiter eingegangen werden). Der Lernweg *Üben und Anwenden* konnte bei 15 der 28 Gruppen beobachtet werden.

Zur Identifikation des Typus *Lernweg nach Bedarf* erschien es sinnvoll, nach weiteren Schwerpunktsetzungen in den Kapitelbearbeitungen zu suchen. Den Lernweg *Üben und Anwenden* wurde zunächst als „Aufgabenorientierung" umschrieben. Neben den *Aufgaben* und *Anwendungen* sind die Begründungen und Erklärungen als wichtiger Bestandteil des Materials anzusehen. Aus diesem Grund wurde neben der beobachteten „Aufgabenorientierung" ebenfalls untersucht, ob in den Bearbeitungen auch eine „Erklärungsorientierung" festgestellt werden kann, was als eine Schwerpunktsetzung der Lernenden auf die Begründungen und Erklärungen im Material gedeutet werden könnte. Während für die Aufgabenorientierung die Summe der relativen Bearbeitungszeiten der Strukturelemente *Aufgaben* und *Anwendungen* betrachten wurde, wurde für die Erklärungsorientierung die Summe der relativen Bearbeitungszeiten von *Hinführung* und *Inhalte mit Erklärungen* gebildet. Eine solche Zuordnung in die Kategorie „Erklärungsorientierung" wurde festgestellt, wenn die Summe dieser Bearbeitungszeiten über 60 % der Gesamtbearbeitungszeit eines Kapitels ausmachte.

In Abb. 16.8 sind die Ergebnisse bzgl. der formulierten Schwerpunktsetzungen „Aufgabenorientierung" und „Erklärungsorientierung" dargestellt, wodurch die Lernwege in dieser Studie operationalisiert wurden. Ein Punkt im Diagramm steht jeweils für eine Kapitelbearbeitung. Auf der Abszissenachse ist die Summe der Bearbeitungszeiten *Hinführung* und *Inhalte mit Erklärungen* anteilig zu der Gesamtbearbeitungszeit eines Kapitels in Prozent abgetragen, auf der Ordinatenachse die Summe der Bearbeitungszeiten *Aufgaben* und *Anwendungen* anteilig zu der Gesamtbearbeitungszeit eines Kapitels in Prozent. Neben den hierbei zu erkennenden 15 Gruppen mit einer Aufgabenorientierung (Ordinate $>= 60$ %) und zwei Gruppen mit einer ausgewiesenen Erklärungsorientierung (Abszisse $>= 60$ %) können neun weitere Gruppen als „Mischtyp" ausgemacht werden, bei denen die Anteile der jeweiligen Bearbeitungen über 30 % liegen, aber in keiner Richtung die 60-%-Marke überschreiten.

Schließlich bleiben zwei Gruppen der betrachteten 28 Bearbeitungen übrig, da sie mit den in der Darstellung kategorisierten Inhalten weniger als 30 % der Gesamtbearbeitungszeit verbringen. Die Betrachtung dieser zwei Restgruppen lässt sich wie folgt erklären: In einer der beiden Bearbeitungen werden vor allem die *Ergänzungen* bearbeitet. Die andere verbringt die meiste Zeit außerhalb der studiVEMINT-Lernmaterialien.

In Bezug auf die Forschungsfrage 2a) lässt sich hier festhalten, dass eine eindeutige Identifikation des *Standardlernwegs* im Rahmen unserer Studie nur bedingt möglich war. Insgesamt zeigten (fast) alle Gruppen die Tendenz, das Material zunächst in der

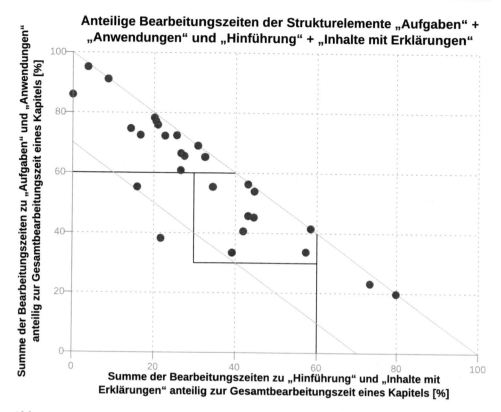

Abb. 16.8 Die anteiligen Bearbeitungszeiten der Strukturelemente *Aufgaben* und *Anwendungen* sowie *Hinführung* und *Inhalte mit Erklärungen* anteilig zu der Gesamtbearbeitungszeit eines Kapitels, Angaben in Prozent

angelegten Reihenfolge durchzugehen. Demnach hätte man all diese Bearbeitungen dem *Standardlernweg* zuordnen können. Wie allerdings deutlich zu erkennen war, setzten die Nutzerinnen und Nutzer sehr unterschiedliche Schwerpunkte bei der Bearbeitung des Materials, was die unterschiedlichen Bearbeitungszeiten der verschiedenen Strukturelemente belegen. Der Lernweg *Üben und Anwenden* konnte als „Aufgabenorientierung" bei 15 der 28 betrachteten Gruppen festgestellt werden. Die restlichen 13 Bearbeitungen wurden als *Lernweg nach Bedarf* eingestuft.

Zu Forschungsfrage 2b) wurde ermittelt, dass zwei der Beobachtungen des *Lernwegs nach Bedarf* der „Erklärungsorientierung" und neun dem Mischtyp zugeordnet werden können.

16.7   Die Evaluationsstudie von studiVEMINT

16.7.1 Ergebnisse der Evaluationsstudie

In diesem Abschnitt geht es um die Bewertung der studiVEMINT-Lernmaterialien durch die Nutzerinnen und Nutzer, wobei drei Aspekte im Fokus stehen: (i) die Bewertung der Eignung von studiVEMINT-Lernmaterialien für das selbstständige Lernen (Forschungs-frage 3a), (ii) die Bewertung der Strukturelemente (Forschungsfrage 3b) und (iii) die Gesamtbewertung der Lernmaterialien (Forschungsfrage 3c). Zu diesem Zweck sollten die Nutzerinnen und Nutzer nach der Bearbeitung einer Lerneinheit diese anhand eines Fragebogens bewerten (s. Abschn. 16.7.1).

Die Bewertung der Eignung von studiVEMINT-Lernmaterialien für das selbst-ständige Lernen
In der Abb. 16.9 werden die zu dieser Thematik gehörenden Items aus dem Fragebogen und die zugehörigen Ergebnisse angegeben.

Es zeigt sich, dass insgesamt über 90 % der Nutzerinnen und Nutzer die Eignung der jeweils bearbeiteten Lerneinheit als gut geeignet für das selbstständige Lernen bewerten („trifft zu" oder „trifft eher zu", s. die Ergebnisse zu Item A1 in Abb. 16.9). Diese positiven Zustimmungswerte zeigen sich auch bei der Betrachtung der weiteren Ergeb-nisse: So werden die Gestaltung des Materials und die Strukturierung der Lerneinheit

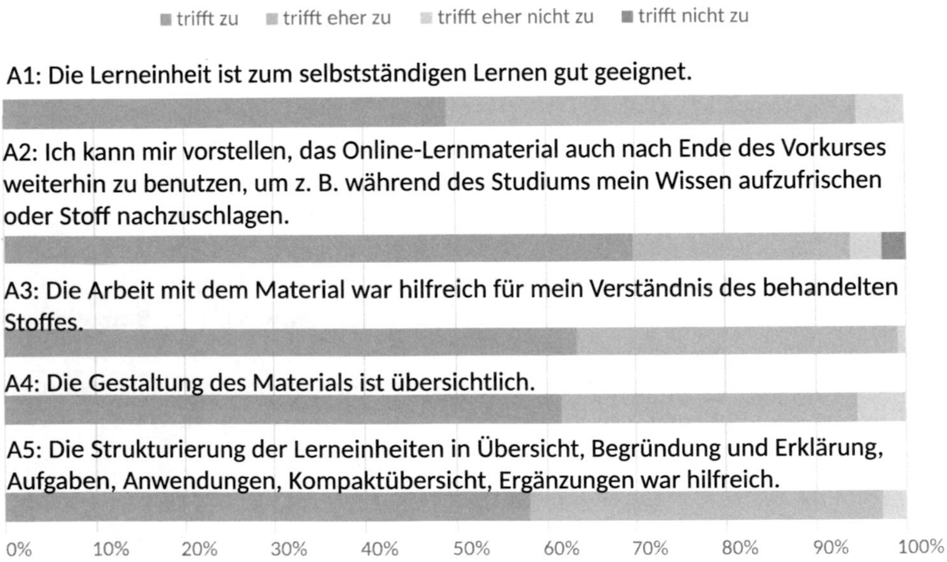

Abb. 16.9 Ergebnisse der Items bzgl. der Bewertungen der Eignung von studiVEMINT-Lernmaterialien für das selbstständige Lernen (n = 140)

von der großen Mehrheit der Nutzerinnen und Nutzer als positiv bewertet („trifft zu" oder „trifft eher zu"). Insgesamt stimmen gut 90 % der Befragten der Aussage voll oder eher zu, dass sie sich vorstellen können, das Online-Lernmaterial auch nach Ende des Vorkurses weiterhin zu benutzen.

Bewertung der Strukturelemente

In Abb. 16.10 werden die zu dieser Thematik passenden Items aus dem Fragebogen und die jeweiligen Ergebnisse angegeben.

Die Items A7 bis A10 erfahren eine hohe Zustimmung mit um die 90 % der Bewertungen der jeweiligen Aussage als mindestens „trifft eher zu". Die Bewertung der *Hinführung* (A6) fällt deutlich aus dem Muster heraus; auch wenn ca. 70 % mindestens eher zustimmen, liegt der Anteil der vollen Zustimmung nur bei etwa 15 %. Die Analysen ergeben, dass insbesondere die Hinführungen zu den Lerneinheiten „Integralrechnung", „Lineare Gleichungssysteme" und „Vektoren und Analytische Geometrie" verglichen mit den restlichen Lerneinheiten weniger Zustimmungswerte erzielten (s. Tab. 16.7). Dabei ist zu beachten, dass die Bewertungsgrundlage für eine konkrete Lerneinheit nur aufgrund einer sehr kleinen Stichprobe erfolgt ist ($n = 4$ bzw. $n = 5$) und damit nur vorsichtig interpretiert werden kann.

Die beiden umfangreichsten Strukturelemente der Lerneinheiten, *Inhalte mit Erklärungen* und *Aufgaben,* werden wie auch die Musterlösungen mit Zustimmungswerten von über 88 % sehr positiv bewertet (s. Abb. 16.10). Damit wurden also die umfangreichsten Abschnitte des Materials von den befragten Studierenden insgesamt sehr gut angenommen.

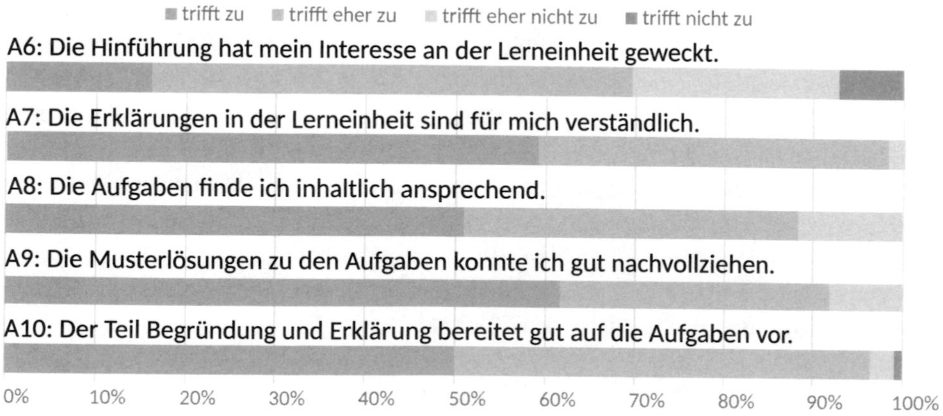

Abb. 16.10 Ergebnisse der Items bzgl. der Bewertungen der Strukturelemente in den studiVEMINT-Lernmaterialien ($n = 140$)

Tab. 16.7 Zustimmungswerte bzgl. des Items „Die Hinführung hat mein Interesse an der Lerneinheit geweckt" zu den Lerneinheiten „Integralrechnung", „Lineare Gleichungssysteme" und „Vektoren und Analytische Geometrie"

	trifft zu	trifft eher zu	trifft eher nicht zu	trifft nicht zu
LE10 – Integralrechnung	1	0	3	3
LE11 – Lineare Gleichungs-systeme	1	1	1	1
LE12 – Vektoren und Analytische Geometrie	0	1	0	3

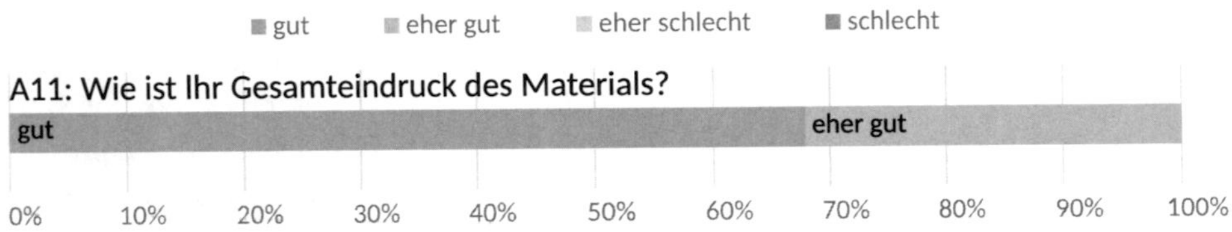

Abb. 16.11 Ergebnisse bzgl. des Items „Gesamteindruck des Materials" (n = 140)

Gesamtbewertung der Lernmaterialien

Die Gesamtbewertung der Lernmaterialien wurde mithilfe des Items A11 erfragt. Hier zeigt sich, dass alle Befragten den Gesamteindruck des Materials als positiv bewerten; knapp 70 % geben hierbei sogar die bestmögliche Bewertung ab (s. Abb. 16.11).

16.8 Diskussion und Zusammenfassung

In der vorgestellten Studie wurde mithilfe von Screencast-Aufnahmen eine Nutzungsstudie zum Umgang mit den studiVEMINT-Lernmaterialien durchgeführt und anhand von Fragebögen eine Evaluation der Lerninhalte vorgenommen. Im Folgenden werden die Ergebnisse kurz zusammengefasst, in den Projektkontext eingeordnet und diskutiert.

Zunächst konnte als Antwort auf die Forschungsfrage 1a) auf einer globalen Ebene gezeigt werden, dass die Lernenden im Mittel 64,4 min mit der Bearbeitung eines Kapitels verbrachten. Diese Bearbeitungszeit fügt sich in das rahmende Design der verwendeten „Selbstlerntage" ein, da die Studierenden an diesen Tagen ca. fünf Stunden für die Bearbeitung von bis zu sieben Kapiteln hatten. Die Gesamtbearbeitungszeiten variierten mit einer Standardabweichung von 33,9 min allerdings stark. Dabei gilt es zu beachten, dass die Bearbeitungen der Kapitel im Kontext eines Vorkurses erfolgten und somit in einen Gesamtrahmen aus vorangegangenen Vorlesungen und Übungen eingebettet sind. In dieser Rahmung erfolgte die Arbeit mit dem Material als Wiederholung und Vertiefung. Bei einer Neuerarbeitung von Inhalten kann eine längere Gesamtbearbeitungszeit erwartet werden.

Im Rahmen der Forschungsfrage 1b) wurde untersucht, wie lange die verschiedenen Strukturelemente eines Kapitels von den Nutzerinnen und Nutzern bearbeitet werden. Hier wurde deutlich, dass die Lernenden die meiste Zeit mit dem Element *Aufgaben* verbringen (a-Mittel: 33,8 Min.). Die Bearbeitungszeit der *Aufgaben* macht dabei im Durchschnitt gut die Hälfte der Gesamtbearbeitungszeit eines Kapitels aus (a-Mittel: 54,8 %). Bei der Betrachtung des Quotienten „Bearbeitungszeit pro Skriptseite" wurde darüber hinaus deutlich, dass dem Strukturelement *Aufgaben* auch pro Skriptseite mehr Zeit gewidmet wurde als den anderen Strukturelementen. Diese Abweichung bei *Aufgaben* erscheint nicht überraschend, da auch ein kurzer Aufgabentext eine längere Bearbeitungszeit induziert als das reine „Lesen" von Inhalten. In diesem Kontext möchten wir auch das folgende Ergebnis hervorheben: Die mittlere Bearbeitungszeit pro Skriptseite (Median) liegt bei den anderen Elementen unter 2 min, was für ein intensives Erarbeiten der Texte aus unserer Sicht kaum ausreichend ist. Der Verdacht liegt nahe, dass die Texte oft nur „überflogen" wurden. Auch zeigte sich, dass neben den *Aufgaben* vor allem das Strukturelement *Inhalte mit Erklärungen* bearbeitet wurde (a-Mittel der Bearbeitungsdauer: 13,1 Min.; a-Mittel des Anteils der Gesamtbearbeitung eines Kapitels: 20,0 %).

Dieses Ergebnis kann einmal in der Tatsache begründet sein, dass diese beiden Strukturelemente zusammen mehr als 76 % des Gesamtumfangs des Materials ausmachen. Eine mögliche Ursache für die Tatsache, dass sehr viel Zeit in die Aufgabenbearbeitung floss, könnte in der schulischen Sozialisation im Mathematikunterricht gesehen werden. So nimmt die Bearbeitung von Aufgaben im Mathematikunterricht und in den Prüfungen einen zentralen Stellenwert ein. Die Bearbeitung von Aufgaben könnte daher von den Nutzerinnen und Nutzern als besonders wichtig erachtet werden. Auch muss bedacht werden, dass die Lernenden mit den interaktiven Aufgaben eine direkte Rückmeldung bzgl. ihrer Leistungen erhalten und so auch unmittelbare Erfolgserlebnisse haben können. Eine entsprechende direkte (positive) Rückmeldung bleibt bei der Erarbeitung theoretischer Inhalte (etwa in der *Hinführung* oder den *Inhalten mit Erklärungen*) natürlich aus.

Schließlich konnte durch die Betrachtung der Subgruppen mit längeren und kürzeren Kapitelbearbeitungszeiten aufgezeigt werden, dass vor allem die Beschäftigung mit den *Aufgaben* zu längeren Gesamtbearbeitungszeiten der Kapitel führt.

Zu diesen Untersuchungsergebnissen muss allerdings angemerkt werden, dass die Nutzerinnen und Nutzer sich vor Ort in einer Art Laborsituation befanden. An den betreuten Selbstlerntagen an der Universität waren sie relativ frei von äußeren Einflüssen und Ablenkungen. Es kann vermutet werden, dass entsprechende Einflüsse bei der Heimarbeit sich auf die Bearbeitungszeiten auswirken würden. Die schwerpunktmäßige Bearbeitung der *Aufgaben* könnte hierbei auch mit der Eingliederung der Selbstlerntage in den Vorkursverlauf zusammenhängen. An den Selbstlerntagen fand zu einem großen Teil eine Vertiefung des Stoffes aus der Vorlesung des Vorkurses statt. Der Theorieteil war für die Nutzerinnen und Nutzer vermutlich weniger interessant, da einige dieser

Aspekte bereits von den Dozenten erläutert worden waren. Die Vertiefung erfolgte dann vielfach in Form von Aufgabenbearbeitungen.

Bei der Betrachtung der Aufgabenfokussierung kann eine mögliche Diskrepanz zu universitären Lernprozessen festgestellt werden, die eine erhöhte Aufmerksamkeit für Theorieanteile (Konzepte o. Ä.) beinhalten. Damit einhergehende Probleme müssen bei der Übergangsproblematik von Schule zu Hochschule mitbedacht werden. Eine Maßnahme zur Erhöhung der Attraktivität der „Leseelemente" könnte eine Ergänzung durch Erklärvideos sein.

Im Rahmen der Forschungsfragen 2a) und 2b) wurde untersucht, inwiefern die mit dem studiVEMINT-Material intendierten Lernwege bei den Bearbeitungen der Lernenden identifiziert werden konnten. Durch die Betrachtung von Schwerpunkt-setzungen bei den individuellen Bearbeitungen wurde neben dem Lernweg *Üben und Anwenden* ein auf Theorie fokussierender Lernweg sichtbar, bei dem insbesondere die Strukturelemente *Hinführung* und *Inhalte mit Erklärungen* bearbeitet werden. Schließlich konnte auch ein Mischtyp festgestellt werden, bei dem keine klare Schwer-punktsetzung hinsichtlich Theorie oder Übung erkennbar ist. Diese Ergebnisse zeigen, dass die Strukturierung der studiVEMINT-Materialien vielfältige Umgangs- und Bearbeitungsweisen zulässt. Die Nutzerinnen und Nutzer scheinen die zu bearbeitenden Strukturelemente entsprechend ihren individuellen Präferenzen und Bedürfnissen auszu-wählen.

Diese Ergebnisse müssen wiederum vor dem Hintergrund des Forschungssettings betrachtet werden. Es kann vermutet werden, dass die Behandlung der Inhalte am Vor-tag in Form von Vorlesung und Übung die Umgangsweisen der Lernenden mit dem Material beeinflusst haben. Derweil kann über die Gründe für die Auswahl und Reihen-folge gewisser Strukturelemente und den Wechsel zwischen ihnen an dieser Stelle keine Aussage gemacht werden. Solche Entscheidungen können von Lernenden (unbewusst) spontan oder auch (bewusst) gezielt getroffen werden. Entsprechende qualitative Erhebungen und Analysen stehen noch aus.

Im Rahmen des dritten Komplexes von Forschungsfragen wurden die studentischen Bewertungen zu den Lernmaterialien betrachtet. Bei der Gesamtevaluation von studiVEMINT durch die Lernenden wurde deutlich, dass die Nutzerinnen und Nutzer die Eignung der Materialien zum selbstständigen Lernen insgesamt sehr positiv bewerten. Hierbei stimmten die Nutzerinnen und Nutzer zu über 90 % den Aussagen zu, dass die Gestaltung des Materials übersichtlich und Strukturierung der Lerneinheiten hilfreich ist und dass die Arbeit mit dem Material zum Verständnis des behandelten Stoffes beitrug.

Ebenfalls positiv bewertet wurden die verschiedenen Strukturelemente mit Zustimmungswerten von ca. 90 % der Lernenden, wobei die Bewertung zur *Hin-führung* deutlich hinter den anderen zurückblieb. Bei einem tieferen Blick in die Daten wurde deutlich, dass insbesondere die Hinführungen zu den Lerneinheiten „Integral-rechnung", „Lineare Gleichungssysteme" und „Vektoren und Analytische Geometrie" noch verbesserungswürdig zu sein scheinen. Allerdings muss an dieser Stelle auch das verwendete Item („Die Hinführung hat mein Interesse an der Lerneinheit geweckt.")

kritisch hinterfragt werden, da der Begriff „Interesse" doch sehr offen erscheint. Schließlich geht es in der *Hinführung* auch darum, Zusammenhänge zu verdeutlichen und Themen zu vernetzen.

Insgesamt wurde der Gesamteindruck des Materials zu 32 % als „eher gut" und zu 68 % als „gut" bezeichnet. Da „gut" die beste Kategorie war, ist damit insgesamt eine sehr positive Bewertung vorgenommen worden. Wie bereits in vorherigen Studien zur Untersuchung digitaler Lernmaterialien für Mathematik (s. Abschn. 16.1.3) bestätigt sich auch hier, dass diese von Studierenden mindestens als Bereicherung traditioneller Lehr-Lern-Konzepte geschätzt werden.

Auf Basis der erfolgten Untersuchungen können weitere Verbesserungsmöglichkeiten zum studiVEMINT-Material identifiziert werden. Insbesondere die oben angesprochene Problematik der Hinführungen bietet hierfür einen Ansatzpunkt. Zusätzlich sollte darauf hingearbeitet werden, den Nutzwert der theoretischen Anteile des Lernmaterials für die Lernenden stärker herauszustellen, um entsprechendes konzeptuelles Lernen an der Universität vorzubereiten. Als Aspekte für die weitere Forschung verbleiben eine Untersuchung der Intros sowie die qualitative Untersuchung des Nutzerverhaltens mit dem Material, um weitere Erkenntnisse über mögliche Lernwege zu gewinnen.

Übergeordnet kann festgehalten werden, dass die Nutzerinnen und Nutzer das Online-Lernmaterial von studiVEMINT (sehr) positiv annehmen. Der Hauptfokus ihrer Lernaktivität konzentriert sich dabei auf das Bearbeiten von (Übungs-)Aufgaben. Bei der Konzipierung von Lernmaterialien sollte dies explizit berücksichtigt werden, was für den Einbezug eines entsprechenden Aufgaben-Pools mit Aufgaben auf verschiedenen Niveaus bzw. Kompetenzstufen spricht. Entsprechende Aufgaben bzw. Aufgabenformate könnten dann auch mit Softwareunterstützung randomisiert erzeugt werden, damit sich ein größerer Aufgabenumfang und so erweiterte Übungsmöglichkeiten ergeben. Mögliche Gründe für dieses Phänomen der Aufgabenorientierung wurden bereits oben erörtert. Es sei aber angemerkt, dass die Nutzerinnen und Nutzer auch die anderen Strukturelemente (*Erklärungen, Anwendungen* etc.) nutzen und diese generell positiv bewerten; die didaktische Bedeutung dieser Strukturelemente für den individuellen Lernprozess also nicht unterschätzt werden sollte. Insgesamt erscheint es sinnvoll, den Beitrag dieser nicht aufgabenbasierten Elemente zum Lernerfolg durch die Vermittlung geeigneter Lernstrategien speziell in eigenverantwortlichen Lernsituationen weiter zu stärken.

Literatur

Bausch, I., Fischer, P. R., & Oesterhaus, J. (2014). Facetten von Blended Learning Szenarien für das interaktive Lernmaterial VEMINT – Design und Evaluationsergebnisse an den Partneruniversitäten Kassel, Darmstadt und Paderborn. In I. Bausch, R. Biehler, R. Bruder, P. R. Fischer, R. Hochmuth, W. Koepf, S. Schreiber, & T. Wassong (Hrsg.), *Mathematische Vor- und Brückenkurse: Konzepte, Probleme und Perspektiven* (S. 87–102). Wiesbaden: Springer Spektrum.

Biehler, R. (2017). Das virtuelle Eingangstutorium studiVEMINT - Struktur und Inhalt. In C. Leuchter, F. Wistuba, C. Czapla, & C. Segerer (Hrsg.), *Erfolgreich studieren mit E-Learning: Online-Kurse für Mathematik und Sprach- und Textverständnis* (S. 18–30). Aachen: RWTH Aachen University.

Biehler, R., Fischer, P. R., Hochmuth, R., & Wassong, T. (2012a). Self-regulated learning and self assessment in online mathematics bridging courses. In A. A. Juan, M. A. Huertas, S. Trenholm, & C. Steegmann (Hrsg.), Teaching mathematics online: Emergent technologies and methodologies (S. 216–237). Hershey: IGI Global.

Biehler, R., Fischer, P. R., Hochmuth, R., & Wassong, T. (2012b). Mathematische Vorkurse neu gedacht: Das Projekt VEMA. In M. Zimmermann, C. Bescherer & C. Spannagel (Hrsg.), Mathematik lehren in der Hochschule. Didaktische Innovationen für Vorkurse, Übungen und Vorlesungen (S. 21–32). Hildesheim: Franzbecker.

Biehler, R., Fleischmann, Y., Gold, A., & Mai, T. (2017). Mathematik online lernen mit studiVEMINT. In C. Leuchter, F. Wistuba, C. Czapla, & C. Segerer (Hrsg.), Erfolgreich studieren mit E-Learning: Online-Kurse für Mathematik und Sprach- und Textverständnis (S. 51–62). Aachen: RWTH Aachen University.

Biehler, R., Bruder, R., Hochmuth, R., Koepf, W., Bausch, I., Fischer, P. R., & Wassong, T. (2014). VEMINT - Interaktives Lernmaterial für mathematische Vor- und Brückenkurse. In I. Bausch, R. Biehler, R. Bruder, P. R. Fischer, R. Hochmuth, W. Koepf, S. Schreiber, & Wassong (Hrsg.), *mathematische Vor- und Brückenkurse* (S. 261–276). Wiesbaden: Springer Spektrum.

Brunner, S., Hohlfeld, G., & Zawacki-Richter, O. (2016). Online-Studienvorbereitung für beruflich Qualifizierte am Beispiel „Mathematik für Wirtschaftswissenschaftler/innen". In A. Hoppenbrock, R. Biehler, R. Hochmuth, & H.-G. Rück (Hrsg.), *Lehren und Lernen von Mathematik in der Studieneingangsphase* (S. 67–85). Wiesbaden: Springer Spektrum.

Colberg, C., Biehler, R., Hochmuth, R., Schaper, N., Liebendörfer, M., & Schürmann, M. (2016). Wirkung und Gelingensbedingungen von Unterstützungsmaßnahmen für mathematikbezogenes Lernen in der Studieneingangsphase. In institut für Mathematik und Informatik der PH Heidelberg (Hrsg.) *Beiträge zum Mathematikunterricht 2016* (S. 213–216). Münster: WTM-Verlag für wissenschaftliche Texte und Medien.

cosh – cooperation schule:hochschule. (2014). *Mindestanfoderungskatalog Mathematik (Version 2.0) der Hochschulen Baden-Württembergs für ein Studium von WiMINT-Fächern.* https://lehrerfortbildung-bw.de/u_matnatech/mathematik/bs/bk/cosh/katalog/makv2.pdf. Zugegriffen: 27. Sept. 2020.

Derr, K., Jeremias, X. V., & Schäfer, M. (2016). Optimierung von (E-)Brückenkursen Mathematik: Beispiele von drei Hochschulen. In A. Hoppenbrock, R. Biehler, R. Hochmuth, & H.-G. Rück (Hrsg.), *Lehren und Lernen von Mathematik in der Studieneingangsphase* (S. 115–130). Wiesbaden: Springer Spektrum.

Fischer, P. R. (2014). *Mathematische Vorkurse im Blended Learning Format. Konstruktion, Implementation und wissenschaftliche Evaluation.* Wiesbaden: Springer Spektrum.

Frenger, R. P., & Müller, A. (2016). *Evaluationsbericht Online-Vorkurse Mathematik an der Justus-Liebig-Universität Gießen.* https://geb.uni-giessen.de/geb/volltexte/2016/12105/. Zugegriffen: 27. Sept. 2020.

KMK (2012). *Bildungsstandards im Fach Mathematik für die Allgemeine Hochschulreife. (Beschluss der Kultusministerkonferenz vom 18.10.2012).* https://www.kmk.org/fileadmin/Dateien/veroeffentlichungen_beschluesse/2012/2012_10_18-Bildungsstandards-Mathe-Abi.pdf. Zugegriffen: 27. Sept. 2020.

Mai, T. (2014). *Entwicklung, didaktische Begründung und technische Realisierung einer multimedialen Anleitung für das selbstständige Lernen mit dem VEMINT-Material.* (Erstes Staatsexamen [Hausarbeit]), Universität Paderborn.

Ministerium für Schule und Weiterbildung des Landes Nordrhein-Westfalen (Hrsg.) (2013). *Kernlehrplan für die Sekundarstufe II Gymnasium / Gesamtschule in Nordrhein-Westfalen Mathematik.* https://www.schulentwicklung.nrw.de/lehrplaene/lehrplan/47/KLP_GOSt_Mathematik.pdf. Zugegriffen: 27. Sept. 2020.

Schaumburg, H., & Rittmann, S. (2001). Evaluation des Web-basierten Lernens: Ein Überblick über Werkzeuge und Methoden. *Unterrichtswissenschaft, 29*(4), 342–356.

Instruktionale Texte und Lernvideos – Konzeption und Evaluation zweier multimedialer Lernformate

17

Mathias Hattermann, Alexander Salle, Mathias Bärtl und Ralph Hofrichter

Zusammenfassung

Bei der Konzeption von digitalen Lernmedien sind von Seiten der Entwickler viele Entscheidungen hinsichtlich der Präsentation von Lerninhalten zu treffen, was zum einen die mediale Darstellung und zum anderen die didaktische Aufbereitung der fachlichen Inhalte betrifft. Im vorliegenden Text werden zwei digitale Lernmedien auf der Basis von Einschätzungen von Studierenden wirtschaftswissenschaftlicher und technischer Studiengänge an den Hochschulstandorten Offenburg und Pforzheim analysiert. Die Konzepte der beiden Hochschulen unterscheiden sich deutlich voneinander. Während in Offenburg Lernvideos mit Audiokommentar Verwendung finden, wird in Pforzheim mit statischen instruktionalen Texten und obligatorischen

M. Hattermann (✉)
Technische Universität Braunschweig, Fakultät für Geistes- und Erziehungswissenschaft, Institut für Didaktik der Mathematik und Elementarmathematik, Braunschweig, Deutschland
E-Mail: m.hattermann@tu-braunschweig.de

A. Salle
Universität Osnabrück, Institut für Mathematik, Osnabrück, Deutschland
E-Mail: alexander.salle@uni-osnabrueck.de

M. Bärtl
Hochschule Offenburg, Fakultät für Betriebswirtschaft und Wirtschaftsingenieurwesen, Gengenbach, Deutschland
E-Mail: mathias.baertl@hs-offenburg.de

R. Hofrichter
Hochschule Pforzheim, Fakultät für Technik, Pforzheim, Deutschland
E-Mail: ralph.hofrichter@hs-pforzheim.de

Single-Choice-Übungsaufgaben in einer Moodle-Lernumgebung gearbeitet. Aus Sicht des Aufforderungscharakters, also der Motivation, sich mit den entsprechenden Materialien zu beschäftigen, werden sowohl die instruktionalen Texte als auch die Lernvideos von den Studierenden geschätzt. Es zeigt sich weiterhin, dass Studierende die Lernvideos mit einer gewissen Präferenz lieber allein als zu zweit bearbeiten, während die Bearbeitung der statischen Texte differenzierter betrachtet werden muss. Fokussierende Fragen bewerten nahezu alle Studierenden als lernförderlich für ihren Lernprozess. Allerdings finden sich Hinweise darauf, dass fokussierende Fragen von leistungsschwächeren im Vergleich zu leistungsstärkeren Studierenden als weniger hilfreich angesehen werden. Ebenso lässt sich die Hypothese aufstellen, dass manche Studierende sowohl auf die Unterstützung eines Lernpartners/einer Lernpartnerin als auch auf lernförderliche Fragen verzichten möchten, um ihren Lernprozess möglichst autonom organisieren zu können.

17.1   Einleitung

Im Zeitalter der Digitalisierung verwenden Lehrende an Hochschulen mehr und mehr Konzepte unter besonderer Berücksichtigung digitaler Medien in mathematischen Vorlesungen, Übungen, Brückenkursen und Seminaren (Bausch et al. 2014; Fischer 2014). Dies gilt insbesondere innerhalb der für Studierende besonders problematischen Studieneingangsphase, die sich als komplexes Problemfeld von individuellen, sozialen, epistemologischen, kulturellen, didaktischen und institutionellen Einflüssen, insbesondere im Fach Mathematik, darstellt (de Guzmán et al. 1998; Gueudet 2008).

Die verschiedenen Konzepte, welche digitale Medien einbeziehen, verfolgen unterschiedlichste Ziele. Neben dem sehr häufig im Fokus stehenden Lernzuwachs der Studierenden sind dies die Motivationsförderung, die (inter-)aktive Auseinandersetzung mit Mathematik, das Verringern von Heterogenität durch Ansprechen unterschiedlicher Lernkanäle oder das Bereitstellen von Übungsmaterial mit direktem und individuellem Feedback etc. Obgleich in den letzten Jahren sehr viele Formate entwickelt wurden, steht die systematische Beforschung dieser Konzepte noch relativ am Anfang (Biehler et al. 2014).

Für den Erfolg des Einsatzes eines digitalen Mediums sind auf der einen Seite die Entwicklerinnen und Entwickler verantwortlich, deren Hauptaufgabe darin besteht, ein gutes, fachlich einwandfreies Konzept mit digitaler Unterstützung zu präsentieren und dort fruchtbare Handlungsmöglichkeiten und Aufgabenstellungen für die späteren Nutzerinnen und Nutzer zur Verfügung zu stellen. Ebenso von Bedeutung wie diese Gestaltungsrichtlinien ist auf der anderen Seite die Frage, inwieweit das erstellte Material von den Nutzerinnen und Nutzern akzeptiert wird. Hierunter ist die Einschätzung der Lernenden zu fassen, inwiefern das fachliche Anforderungsniveau ihren individuellen Bedürfnissen entspricht, ob sich die Lernenden gerne und erfolgreich mit diesem Material beschäftigen bzw. hinsichtlich welcher Aspekte sie einen Mehrwert für den eigenen Lernprozess bei der Beschäftigung mit den jeweiligen Medien erkennen. Zudem kann davon ausgegangen werden, dass sich die Präferenzen von Nutzerinnen und Nutzern in Bezug auf die mediale Umsetzung, den Grad der Aktivität etc. auch aufgrund des Vorliegens verschiedener Lerntypen individuell unterscheiden (Schräder-Naef 1992).

Im vorliegenden Beitrag werden diese individuellen Präferenzen hinsichtlich zweier verschiedener medialer Umsetzungen näher untersucht, um der Bedeutung der Nutzerinnen- und Nutzerebene innerhalb der didaktischen Forschung zum Einsatz digitaler Medien gerecht zu werden und die Lernenden selbst, anhand ihrer Einstellungen und Haltungen gegenüber dem digitalen Lernmaterial, in den Blick zu nehmen. Dazu werden zwei digitale Formate – ein animiertes Lernvideo sowie eine statische Moodle-Lernumgebung – in einer empirischen Studie hinsichtlich ihrer Akzeptanz analysiert. Die Formate wurden in einem breiteren Rahmen im Projekt mamdim („Mathematiklernen mit digitalen Medien in der Hochschuleingangsphase") eingesetzt.

Das Ziel dieses Projekts besteht darin, die Konzeption und Nutzung digitaler Medien innerhalb des Übergangs Schule – Hochschule im ersten Studienjahr genauer zu beschreiben. Hierbei kooperieren die Hochschulstandorte Osnabrück, Paderborn, Bielefeld, Offenburg, Pforzheim und Cottbus-Senftenberg eng miteinander, wobei an den vier letztgenannten jeweils unterschiedliche digitale Medien in verschiedenen Studiengängen zum Lerninhalt der beschreibenden Statistik erstellt wurden. Allen an den verschiedenen Standorten konzipierten digitalen Medien liegt der gleiche Kompetenzkatalog zugrunde. Das Ziel dieses Kompetenzkatalogs besteht u. a. darin sicherzustellen, dass wichtige Inhalte der beschreibenden Statistik (z. B. arithmetisches Mittel, Median, Standardabweichung ...) in allen im Projekt mamdim untersuchten Lernmedien abgebildet sind, um entsprechende Leistungstests in einem Pre-Post-Testdesign durchführen und die Wirkung unterschiedlicher Medien auf den Lernerfolg untersuchen zu können (vgl. hierzu Salle et al. 2021). Der vorliegende Artikel nimmt Bezug auf die in Pforzheim (statisches Moodle-Lernmodul mit instruktionalem Text) und Offenburg (Lernvideo) entwickelten digitalen Medien.

Nach einer theoretischen Einordnung und der Darstellung des Forschungsstands in Bezug auf mögliche Bearbeitungsformen hinsichtlich der Sozialform (allein oder zu zweit) und gestalterischen Merkmalen von digitalen Lernumgebungen, insbesondere Animationen, auditiven Gestaltungsmöglichkeiten sowie dem Einsatz fokussierender Fragen (Abschn. 17.2), erfolgt die Explikation der Forschungsfragen (Abschn. 17.3), bevor eine detailliertere Vorstellung der zwei eingesetzten Formate (Abschn. 17.4) stattfindet. Im Anschluss werden die Anlage der Studie (Abschn. 17.5) sowie die empirischen Ergebnisse dargestellt (Abschn. 17.6). Der Artikel schließt mit einer Reflexion der Ergebnisse und einem darauf basierenden Ausblick.

17.2   Theoretische Einbettung: Konzepte digitaler Lernumgebungen

Speziell innerhalb der mathematikdidaktischen Forschungsgemeinschaft nimmt das Interesse an und die Beforschung von Lehr-Lern-Arrangements unter Einbezug von digitalen Medien in Schule und Hochschule stetig zu (Colberg et al. 2016; Fleischmann und Kempen 2019; Göbbels et al. 2016; Pinkernell und Schacht 2018). Dabei steht u. a. die Frage im Fokus, wie das Lernen mit neuen Medien bestmöglich arrangiert werden kann und welche Gestaltungsrichtlinien hierbei zu beachten sind (Mayer 2014a). Diese Gestaltungsrichtlinien erfahren auch in der Mathematikdidaktik besondere Beachtung bei der Entwicklung der zu untersuchenden Medien bzw. bei Empfehlungen, wie diese konzipiert werden sollten (vgl. hierzu Hillmayr et al. 2017). Da innerhalb der allgemein mediendidaktischen Forschung bereits belastbare Ergebnisse zur Konzeption von digitalen Medien vorliegen, steht die Untersuchung von spezifischen Gestaltungsrichtlinien für digitale Medien zum Lernen von Mathematik in aktuellen Untersuchungen der Mathematikdidaktik gegenüber inhaltlichen Fragestellungen und neueren Konzepten deutlich im Hintergrund. So sind der Einsatz von mobil zu verwendenden Apps in der Lehre (Kempen und Wassong 2017) oder die Einbindung von Computer-Algebra-Systemen in Blended-Learning-Szenarien, die selbstständig auch komplexe Eingaben und Rechnungen von Nutzerinnen und Nutzern auswerten, vgl. Mai, Wassong und Becher (Kap. 14), exemplarische Forschungsvorhaben, die aktuell in der Mathematikdidaktik diskutiert werden. Daher bezieht sich der aktuelle Theorieabschnitt häufig auf allgemein mediendidaktische Erkenntnisse, die durch Befunde, welche spezifisch der Mathematik zugeordnet werden können, ergänzt werden.

Hinsichtlich des Arrangements von Lernmöglichkeiten mit neuen Medien stellt sich für Entwicklerinnen und Entwickler die Frage, wie die zentral zu vermittelnden Inhalte in einem entsprechenden Medium präsentiert und repräsentiert werden können und sollten. Mayer et al. (2004, S. 389) identifizieren in einer Metastudie zwei Gestaltungsrichtlinien, die für das Lernen in multimedialen Lernumgebungen hilfreich sind:

> The two most important paths toward fostering meaningful learning are a) to design multimedia instructional messages in ways that reduce cognitive load, thus making more capacity available for deep cognitive processing during learning, and b) to increase the learner's interest, thus causing the learner to use the available capacity for deep processing during learning.

Als Konsequenz dieser Erkenntnis ist die zentrale Herausforderung aufseiten der Entwickler, sowohl eine für den Lernenden motivierende als auch dessen kognitive Kapazitäten nicht überlastende Lernumgebung bereitzustellen. Die zentrale theoretische Perspektive hierfür stellt die *Cognitive Load Theory* dar, deren Grundlegung Sweller (1988, 1994) maßgeblich bestimmte. Kern der Gestaltung sollte es dementsprechend sein, jegliche lernirrelevante Belastung (*extraneous load*) zu vermeiden, damit die kognitive lernrelevante Belastung (*intrinsic load*) maximiert werden kann (vgl. hierzu auch Paas et al. 2010). Folglich würde bspw. eine auf dem Bildschirm umherspringende Figur, die keinerlei Verbindung zum eigentlichen Lerninhalt aufweist, das Arbeitsgedächtnis der Lernenden unnötig belasten (*extraneous load*) und so den Lernprozess zur Durchdringung des Lerninhalts behindern.

Hieraus ergibt sich in multimedialen Lernumgebungen die Aufgabe, Gestaltungselemente zu wählen, die einerseits die Motivation der Lernenden erhöhen und andererseits für den Lernenden keinen *extraneous load* verursachen, der die Kapazitäten für die lernrelevante Belastung mindert. In diesem Zusammenhang stellen sich u. a. Fragen der folgenden Art: Soll das Medium statisch oder dynamisch, also bspw. unter Verwendung von Animationen erstellt werden? Soll es eine Sprecherin oder einen Sprecher geben, der einen Text vorliest bzw. eine Animation sprachlich begleitet oder soll das Lesen bzw. die restliche Informationsaufnahme allein der Nutzerin bzw. dem Nutzer überlassen werden?

Die theoretischen Hintergründe und Forschungsdesiderate zu diesen aufgeworfenen Fragen, die zentral für das vorliegende Forschungsanliegen sind, werden in den folgenden Unterkapiteln zusammenfassend dargestellt.

17.2.1 Hintergründe zu statischen und dynamischen Umsetzungen digitaler Formate

Die Umsetzung statischer Formate wie instruktionaler Texte oder Lösungsbeispiele hat eine lange Tradition im Rahmen der Cognitive Load Theory. In zahlreichen Studien wurden sehr detailliert verschiedene Eigenschaften von Lernvorlagen untersucht und hinsichtlich des Lernerfolgs bewertet. Aus den Ergebnissen konnten verschiedene Prinzipien für statische instruktionale Medien gewonnen werden. In Bezug auf die verwendeten instruktionalen Texte sind dies insbesondere:

- das Interaktivitätsprinzip: Durch die Möglichkeit, die Navigation durch einzelne Abschnitte zu steuern, wird der Lernerfolg erhöht (Mayer und Chandler 2001; Schmidt-Weigand 2006).
- das Prinzip der Aufmerksamkeitsfokussierung: Die Hervorhebung zentraler Elemente ermöglicht es Lernenden mit niedrigem Vorwissen, sich während des Lernens auf die wichtigen Aspekte des Lernmaterials zu fokussieren. Dies führt zu einer kognitiven Entlastung im Sinne der Cognitive Load Theory und erhöht den Lernerfolg (Harp und Mayer 1998).
- das Prinzip der Segmentierung: Die Einteilung der Inhalte in einzelne Abschnitte wirkt einer kognitiven Überlastung der Lernenden entgegen und regt sie zur abschnittsweisen Verarbeitung an (Mayer und Chandler 2001).

All diese Prinzipien lassen sich auch auf dynamische Lernumgebungen im Mathematikunterricht anwenden (Salle 2014). Diese unterscheiden sich von statischen Umsetzungen sehr häufig durch den Einsatz von *Animationen*. Als Begriffsdefinition dienen im Folgenden die Ausführungen von Lowe und Schnotz (2014, S. 515):

> We define an animation as a constructed pictorial display that changes its structure or other properties over time and so triggers the perception of a continuity change. Animation is distinct from video in that it is not the result of merely capturing images of the external world – rather, it is the product of deliberate construction processes such as drawing.[1]

In Bezug auf den Lernerfolg von Lernenden sind die Ergebnisse empirischer Untersuchungen animierter Lösungsbeispiele im Vergleich zu statischen Lösungsbeispielen nicht eindeutig. So wird Animationen, die inhaltlichen Zwecken dienen, von Höffler und Leutner (2007) ein deutlicher Mehrwert gegenüber statischen Präsentationen zugesprochen, während in einer Metastudie von Tversky et al. (2002) über Untersuchungen in den Bereichen der Biologie, der Physik und weiterer mathematischer Anwendungsdisziplinen nur wenige Vorteile konstatiert werden können. Scheiter et al. (2010) führen die unterschiedlichen Ergebnisse darauf zurück, dass Lernende lediglich beim Bearbeiten abstrakterer Lerninhalte, wie bspw. der Mathematik, vom Einsatz von Animationen im Gegensatz zu statischen Bildern profitieren. Doch auch animiert dargestellte, nicht relevante Informationen beeinflussen in Einklang mit der Cognitive Load Theory den Lernerfolg negativ (Scheiter et al. 2006). In der Zusammenschau der Forschungslage wird deutlich, dass ein eventueller Vorteil von Animationen gegenüber statischen Bildern von vielen Einflussfaktoren wie z. B. dem inhaltlichen Gegenstand, den individuellen Fähigkeiten der Lernenden sowie weiterer Einschränkungen abhängt und somit ein pauschales Urteil zugunsten eines animierten Lernarrangements nicht getroffen werden kann. Letztendlich ist auch jede auf eine Disziplin wie die Mathematik festgelegte Aussage pauschal nicht möglich, sondern muss immer am spezifischen Lerngegenstand und im Detail bewertet werden, insbesondere da sich im Bereich der Mathematik wiederum vielfältige Ziele ergeben, die für oder gegen einen Einsatz von Animationen sprechen (Salle 2014).

Die Voraussetzungen für den lernförderlichen Einsatz von Animationen fassen Lowe und Schnotz (2014, S. 517 ff.) in fünf Prinzipien zusammen: „People learn better from an animation …"

a. „when the instructional purpose of the animation has been clearly defined."
   Hierunter verstehen die Autoren die Möglichkeit, innerhalb von Animationen die Aufmerksamkeit des Lerners auf bestimmte, besonders relevante Aspekte bspw. mit Effekten der Hervorhebung durch Farbänderungen, Größenänderungen etc. zu lenken.

---

[1]Davon abzugrenzen sind beispielsweise Simulationen, die sich durch einen hohen Grad von Beeinflussungsmöglichkeiten auszeichnen, während eine Animation eine vorher festgelegte Bewegung zeigt.

b. „when appropriate emphasis is given to spatial versus temporal information."
Aufgrund der selektiven Wahrnehmung von Inhalten und der begrenzten Aufnahme-kapazität des Arbeitsgedächtnisses von Lernenden sprechen sich Lowe und Schnotz dafür aus, relevante Informationen weniger über einen längeren Zeitraum im zeit-lichen Verlauf, sondern eher punktuell und pointiert zu präsentieren, da diese Vor-gehensweise den Vorteil hat, dass der Lernende vorherige Zustände der Situation nicht wiederholt abrufen muss.

c. „when perceptual attributes and cognitive requirements are closely aligned."
Dieses Prinzip besagt, dass die vom Lernenden zu bildenden kognitiven Schemata möglichst eins zu eins innerhalb der medialen Animation abgebildet werden sollen. Als Beispiel dient die Wahrnehmung des Wachstums einer Pflanze, das innerhalb einer Animation im Zeitraffer dargestellt werden sollte, weil ansonsten das zu bildende mentale Konstrukt (die Pflanze wächst tatsächlich) nicht aufgebaut werden kann.

d. „when perceptual processing and cognitive processing are appropriately supported."
An dieser Stelle wird betont, dass bei Animationen häufig das Problem der fehlenden Fokussierung beim Lernenden auftritt, der seine Aufmerksamkeit zugleich mehreren Teilen der Animation widmet und daher nicht auf das für seinen Lernprozess Wesent-liche konzentriert ist. Daher ist es von besonderer Bedeutung, die Aufmerksamkeit der Lernenden möglichst eindeutig grafisch und verbal zu lenken.

e. „when interaction opportunities accord with aims and learner expertise."
Im verbleibenden Punkt betonen die Autoren, dass die Steuerung von Parametern zum Ablauf der Animationen es ermöglichen muss, die zu bearbeitenden Inhalte an das Vorwissen der Lernenden anzupassen. Darüber hinaus sollte diese Anpassung es auch erlauben, noch nicht erlernte Inhalte zu erkunden, wobei Anleitungen für die effektive Nutzung dieser Parametereinstellungen nach Möglichkeit gegeben werden sollen.

Da die bewegten Bilder einer Animation den visuellen Fokus der Lernenden festlegen, werden für die Erläuterung der dynamischen Darstellung häufig auditive Kommentare verwendet. So können Einbettungen des Inhalts, Fokussierungen, zusätzliche Erklärungen oder Verweise integriert werden, ohne weiteren visuell repräsentierten Text hinzufügen zu müssen.

Der folgende Abschnitt gibt einen Einblick zu theoretischen Hintergründen hinsicht-lich der auditiven Begleitung von digitalen Medien.

17.2.2 Hintergründe zur auditiven Begleitung digitaler Formate

Neben den Entscheidungen über diverse Designelemente muss auch eine Entscheidung für oder gegen die Verwendung von Audiounterstützung getroffen werden.

Die theoretische Grundlage hierfür stellt die *Dual-Coding Theory* (Paivio 1986) bereit, die im Zuge multimedialen Lernens zur *Cognitive Theory of Multimedia Learning* erweitert wurde (Mayer 2014c). Demnach nehmen Lernende Informationen auf einem visuellen und einem auditiven Kanal wahr. Werden Informationen sinnreich auf diese beiden Kanäle verteilt, führt dies zu einem höheren Lernerfolg als die rein visuelle oder rein auditive Darstellung (Tindall-Ford et al. 1997; Mayer 2014c).

Mayer und Pilegard (2014) stellen bei der Sichtung von 61 Studien, die mit einzelnen Ausnahmen innerhalb naturwissenschaftlicher und mathematischer Fachrichtungen durchgeführt wurden, fest, dass bei der Verwendung auditiver Elemente im Vergleich zu rein gedrucktem Text der Lernerfolg in 53 Studien bei einer mittleren Effektstärke von 0,76 nachhaltiger war. Die sich daraus ergebende Gestaltungsrichtlinie wird als *modality principle* bezeichnet. Zudem ist die Unterstützung einer Grafik durch gesprochenen Text der Gestaltung mit gedrucktem Text überlegen (Mayer und Pilegard 2014 S. 317). Diese Aussage ist umso stärker zu gewichten, (1) je komplexer das Material insgesamt ist und je stärker der Ablauf der Präsentation nicht vom Nutzer gesteuert werden kann, (2) je mehr animierte Grafiken im Gegensatz zu statischen Grafiken zum Einsatz kommen und (3) je weniger Vorwissen die Lernenden mitbringen (ebd., S. 332 ff.).

Relevanz für den Lernerfolg hat dabei insbesondere die Gestaltung des gesprochenen Textes. So konstatiert Mayer (2014b) unter Beachtung von 17 wissenschaftlichen Studien aus den Bereichen der Umweltwissenschaft, der Chemie und physikalisch-technischer Fachrichtungen einen starken Effekt hinsichtlich eines nachhaltigeren Lernens bei der Verwendung von Konversations- im Gegensatz zu formaler Sprache (vgl. hierzu auch Mayer et al. 2004). Diesen Effekt zur Optimierung von multimedialen Lernumgebungen bezeichnet Mayer (2014b) als *personalization principle* und ergänzt dieses um das *voice principle,* das *image principle* sowie das *embodiment principle,* deren Auswirkungen auf den Lernerfolg und auf vertieftes Lernen anhand von Metastudien untersucht wurden (vgl. hierzu Mayer 2014b).

Dem *voice principle* folgend wirkt sich eine menschliche Stimme im Vergleich zu einer Computerstimme positiv auf das Lernen aus, wobei sich jedoch bereits ein für den Lernenden ausländischer Akzent in der Audiospur negativ bemerkbar macht. Das *image principle* besagt weiterhin, dass ein Bild des Sprechers bzw. der Sprecherin auf dem Bildschirm, sei es als Cartoon, als sprechender Kopf oder als statisches Bild, einen nicht nachweisbaren Effekt auf das Lernen hat. Diesen Studien ist gemein, dass das Abbild des Sprechers bzw. der Sprecherin keine typisch menschlichen Verhaltensweisen wie Gesten, Bewegungen oder Augenbewegungen erkennen lässt. Sind solche Merkmale jedoch vorhanden (man spricht in diesem Fall von einem *high embodied on-screen agent*), so folgt die Gestaltung des betreffenden Mediums dem *embodiment principle* für das Mayer (2014b) mit der Hilfe von elf Untersuchungen, ausschließlich aus mathematisch-naturwissenschaftlichen Fachrichtungen, einen moderaten Effekt zugunsten von besseren Lernergebnissen bei den Probanden nachweist.

Neben dem Einfluss des Sprechertons zur Optimierung von Lernarrangements ist die Implementierung von Elaborations- und Reflexionsphasen ein wichtiger Baustein guter Lernumgebungen, welche durch spezifische Fragen angeregt werden können und den Lernenden die Gelegenheit geben sollen, die soeben erarbeiteten Inhalte zu vertiefen.

17.2.3 Hintergründe zu fokussierenden Fragen in digitalen Formaten

Wird die Lösung in einem Text oder einer Musterlösung erläutert bzw. dargestellt – sei es statisch oder dynamisch –, so bedeutet das nicht unbedingt, dass Lernende diese Lösung direkt derart verarbeiten, dass sie diese einer anderen Person im Detail erklären können. Die Verknüpfung der gegebenen Informationen mit dem Vorwissen und die Zusammenhänge zwischen verschiedenen dargestellten Informationen müssen vom Lernenden selbst vollzogen werden. Diese lernerseitigen Prozesse werden unter dem Begriff der Selbsterklärung gefasst (Wylie und Chi 2014, S. 413):

> Self explanation is a constructive or generative learning activity that facilitates deep and robust learning by encouraging students to make inferences using the learning materials, identify previously held misconceptions, and repair mental models.

Selbsterklärungen sind wichtige Faktoren für nachhaltige Lernprozesse (vgl. z. B. Chi et al. 1989; de Koning et al. 2011; Neuman und Schwarz 1998; Renkl et al. 2004; Renkl 2005). Dies gilt insbesondere für Studienanfängerinnen und -anfänger: In einer Untersuchung von Rach und Heinze (2013) zum Lernerfolg von Mathematikstudierenden innerhalb der Studieneingangsphase werden verschiedene Lerntypen identifiziert, wobei der Selbsterklärungstyp wesentliche Vorteile gegenüber dem nachvollziehenden Typ aufweist, der keine Selbsterklärungen beim Lernprozess verwendet. Allerdings liegt in einer Studie von Renkl (1997) der Anteil der Lernenden, die konsequent Selbsterklärungen im eigenen Lernprozess von sich aus einsetzen, unter 50 %.

Aufgrund der Lernförderlichkeit von Selbsterklärungen und der hohen Zahl an Lernenden, die keine Selbsterklärungen einsetzen, stellt sich die Frage, wie solche Prozesse bei möglichst vielen Lernenden angeregt werden können. Eine häufig verwendete und erfolgreiche Methode stellen *Selbsterklärungsprompts* oder *fokussierende Fragen* dar (z. B. Moos und Bonde 2016; Stark et al. 2008). Deren Ziel besteht in der Anregung von Prozessen, die eine tiefere Auseinandersetzung mit den Inhalten oder eine Reflexion derer anregen und daher das Bewusstmachen von Begriffen, Voraussetzungen, Einschränkungen etc. anstreben (Chi et al. 1994 S. 450). Ausgewählte Studien weisen die Integration von fokussierenden Fragen oder Prompts zur Unterstützung und Anregung der Lernenden in Lernphasen (*prompting*) als lernförderlich nach (Berthold und Renkl 2009; Chi et al. 1989; Wong et al. 2002). So bestätigt beispielsweise eine Studie mit Studierenden einer Statistikvorlesung (n = 124), dass die Lernenden, die fokussierende Fragen zur Begründung von Sachverhalten erhielten, signifikant mehr Wissen als ihre Kommilitonen erwarben, die ohne Fragen lernten (Stark und Krause 2009).

Bei der vergleichenden Betrachtung diverser Studien zum Einsatz von fokussierenden Fragen muss aufgrund der vorherrschenden Vielfalt das genaue Format beachtet werden. Es geht dabei insbesondere um die Frage, wann und in welcher Form die fokussierenden

Fragen mit welchem Inhalt den Lernenden zur Bearbeitung vorzulegen sind (vgl. Thillmann et al. 2009).

> Dabei scheint es lernförderlicher zu sein, Selbsterklärungsprompts während des Lernens mit einem instruktionalen Material zu präsentieren, als schon vorher Arbeitsaufträge oder Fragen zu formulieren, die Selbsterklärungen hervorlocken sollen (ebd., S. 113).

Der Einsatz fokussierender Fragen in digitalen Medien ist jedoch wenig untersucht (u. a. Salle 2014). Erste Befunde in digitalen Settings weisen Moos und Bonde (2016) nach, indem sie eine intensivere Auseinandersetzung mit dem Material in einer Video-Lernumgebung durch den Einsatz von *self-regulated learning prompts* zeigen konnten, welche schließlich zu einer positiven Beeinflussung des Lernprozesses führte. Inwieweit dieselben Prompts unterschiedliche Auswirkungen in verschiedenen digitalen Instruktionsformaten zu derselben Thematik haben können, ist bisher ungeklärt.

Die Wirksamkeit und der Einfluss fokussierender Fragen auf den Lernprozess variieren zudem in Bezug auf die Sozialform, ob also Studierende in Gruppen oder allein lernen.

17.2.4 Hintergründe zur Sozialform beim Lernen

Bei der Zugrundelegung eines sozial-konstruktivistischen Lernverständnisses spielt die Sprache eine entscheidende Rolle beim Lernen von Mathematik (Austin und Howson 1979), da Lernprozesse häufig in Interaktion und Kommunikation von Lernenden eingebunden sind (Steinbring 2015). In diesem Sinne ist der Austausch von Ideen, Vorstellungen und Verständnisschwierigkeiten für das Lernen von Mathematik von grundlegender Bedeutung.

Bei der Bearbeitung von digitalen Medien stellt sich ähnlich wie bei herkömmlichen Lehr-Lern-Arrangements die Frage nach der Sozialform, in der digitale Medien bearbeitet werden sollten (vgl. Krause et al. 2004; Slavin 2000). Die Forschungsergebnisse zum Lernen in Gruppen sind zum aktuellen Zeitpunkt ambivalent. Während einige Studien zu der Überzeugung gelangen, dass das Lernen in Kleingruppen vorteilhaft gegenüber dem alleinigen Lernen ist (Dillenbourg et al. 1996; Lavy 2006), gibt es ebenfalls Studien, deren Ergebnisse die gegenteilige Aussage bekräftigen (Krause et al. 2003 S. 5; Barron 2003). Einen Erklärungsversuch bietet die ICAP-Theorie[2] nach Chi und Wylie (2014), anhand derer Lernende in Kleingruppen nur dann profitieren, wenn das Engagement ihres Gegenübers dem ihrigen mindestens gleichwertig ist. Einen Beleg für diese Theorie bei der Arbeit mit digitalen Medien zu Inhalten der deskriptiven Statistik liefern Hattermann et al. (2018).

---

[2]Interactive – Constructive – Active – Passive.

In Bezug auf die Gruppengröße zeigen mehrere Studien, dass die optimale Zahl für das Lernen mit dem Computer zwei Personen beträgt im Vergleich zu einzeln Lernenden bzw. Gruppen mit mehr als zwei Mitgliedern (Lou et al. 2001; Hausmann et al. 2008). Bislang existieren jedoch nahezu keine Studien, welche die Einschätzung der Lernenden bei der Arbeit mit digitalen Medien berücksichtigen und der Frage nachgehen, wie die Lernenden selbst die Effektivität der Kleingruppenarbeit einschätzen.

17.3 Forschungsfragen

Im vorliegenden Artikel wird speziell die Studierendenperspektive auf die Arbeit mit digitalen Medien in den Blick genommen, da diese in Bezug auf den Einsatz fokussierender Fragen sowie das Arbeiten in Gruppen mit digitalen Medien kaum beforscht ist (vgl. Abschn. 17.2); vielmehr liegt der Schwerpunkt häufig auf dem Lernzuwachs der Lernenden in unterschiedlichen Szenarien. Wie Nutzerinnen und Nutzer selbst verschiedene Szenarien beurteilen, bleibt bislang zum Großteil unberücksichtigt. Daher soll in dieser Studie untersucht werden, ob Lernende es aus individueller Sicht bevorzugen, allein oder in der Gruppe zu arbeiten, bzw. ob sie es bevorzugen oder störend finden, fokussierende Fragen zu beantworten. Konkret wird in Bezug auf die Studierendenperspektive folgenden Leitfragen nachgegangen, die am skizzierten Erkenntnisinteresse und den vorliegenden Formaten orientiert sind:

1. Wie empfinden die Studierenden die Länge und das Anspruchsniveau der bearbeiteten Medien?
2. Welche Sozialform (allein oder zu zweit) der Bearbeitung präferieren die Studierenden bei der Arbeit mit den unterschiedlichen digitalen Medien und inwiefern unterscheiden sich diese Einschätzungen in Abhängigkeit vom Medium?
3. Inwiefern betrachten Studierende den Einsatz von fokussierenden Fragen (in Abhängigkeit von der Sozialform, in der sie arbeiten) als lernförderlich?
4. Welche motivationalen, konzeptionellen und inhaltlichen Aspekte der Formate werden von den Lernenden geschätzt bzw. kritisiert?

17.4 Untersuchte Medien

Im vorliegenden Artikel liegt der Fokus auf zwei Konzepten zur Gestaltung digitaler instruktionaler Medien, die zunächst beschrieben sowie anhand der allgemeinen mediendidaktischen Theorie eingeordnet und darüber hinaus aus Sicht der Nutzerinnen und Nutzer untersucht werden. Zum einen werden Lernvideos betrachtet, die primär für Studierende der Wirtschaftswissenschaften am Standort Offenburg erstellt wurden. Zum anderen werden instruktionale Texte (Standort Pforzheim) analysiert, die für Studierende der BWL sowie technischer Studiengänge konzipiert wurden.

Beide Instruktionsmaterialien setzen die vom Projektteam des mamdim-Projekts festgelegten und im Kompetenzkatalog (Abschn. 17.1) festgehaltenen Inhalte um und erlauben es somit, den Fokus auf die konzeptionellen Hintergründe der digitalen Medien zu richten, da die thematisierten Inhalte deckungsgleich sind und sich lediglich in ihrer Umsetzung im entsprechenden Medium unterscheiden.

17.4.1 Lernvideos am Standort Offenburg

Die von Mathias Bärtl erstellten Lernvideos verfolgen den allgemeinen Ansatz, in einer fiktiven, mit Computergrafiken erzeugten Kurzgeschichte wesentliche statistische Inhalte zu erläutern.[3] Der Autor spricht selbst im Hintergrund und erläutert die Szenarien. In der Darstellung sind sowohl Animationen[4] mathematischer Vorgehensweisen, Visualisierungen und typische Anwendungen enthalten als auch auditive Elemente, in denen Grafiken, Formeln oder Visualisierungen der angesprochenen Inhalte kommentiert und erläutert werden. Die Videos thematisieren einen inhaltlichen Fokus (hier Lagemaße sowie Streumaße) und dauern ca. 10–15 min. Zudem sind die visuellen Inhalte und der Kommentar mit einer Hintergrundmusik unterlegt. Die Nutzer haben die Möglichkeit, das Video an einer beliebigen Stelle zu stoppen, vor- oder zurückzuspulen und sich auf diese Weise Inhalte mehrmals anzuschauen. Das Konzept verfolgt die Idee, nicht die Rechenverfahren und Rechentechniken beim Umgang mit Statistik in den Vordergrund zu stellen, sondern stattdessen den Einstieg in das Statistiklernen zu erleichtern und die Frage, wozu sich das betreffende Verfahren eignet, in den Blick zu nehmen. Zu Beginn der Videos werden der Sinn und Zweck des Verfahrens prägnant formuliert, im Anschluss daran drei Anwendungsfälle aus unterschiedlichen Sachgebieten erläutert. Danach folgt ein ausführliches und animiertes Beispiel, in dem eine alltagsnahe Problemsituation, meist aus dem Kontext der Wirtschaftswissenschaften, anhand einer Geschichte ausführlich dargestellt wird. Nach dessen Thematisierung findet eine Zusammenfassung auf abstrakterer Ebene statt, in der auch Formeln präsentiert und mit deren Hilfe die Beispielprobleme gelöst werden. Das Lernvideo endet mit einer Zusammenfassung der Inhalte unter Rückbezug durch visuelle Anker auf den betrachteten Kontext und der Verabschiedung des Autors, der meist Hinweise auf weiterführende oder themenverwandte Lernvideos gibt.

Im Folgenden wird eine beispielhafte Animation aus dem Video zu Streumaßen dargestellt. In der Sequenz werden mittlere absolute Abweichung und Varianz anhand der Arbeitsstunden einer Unternehmensberaterin und eines Unternehmensberaters motiviert (Abb. 17.1).

---

[3]Das Lehrvideo-Konzept kann im YouTube-Kanal „Kurzes Tutorium Statistik" frei zugänglich eingesehen werden. Die obige Darstellung folgt der ausführlichen Darstellung in Bärtl (2021).

[4]Es handelt sich bei den Videos um keine mit einer Videokamera eingefangenen Bilder.

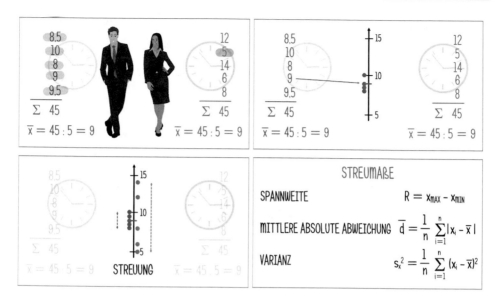

Abb. 17.1 Animation zur Motivation von mittlerer absoluter Abweichung und Varianz von links nach rechts und von oben nach unten. Für weitere Details zur Konzeption der Lernvideos vgl. Bärtl (2021)

Aus theoretischer Sicht orientiert sich Mathias Bärtl an mehreren im Theorieteil thematisierten Prinzipien und Forschungsergebnissen. Er befolgt teilweise das *embodiment principle,* indem er sich zu Beginn und am Ende der Videos selbst filmt und somit die Lernenden eine konkrete Person vor sich haben, die ihren Lernprozess anleitet und deren Stimme sie einer bekannten Person zuordnen können (*voice principle*). Über den Audioton wird darüber hinaus viel Information transportiert, die nicht zusätzlich in Textform wiedergegeben wird (*modality principle*), wobei der Autor eine nicht zu formale Sprache verwendet (*personalization principle*). Weiterhin kann der Ablauf des Videos von den Nutzerinnen und Nutzern in der üblichen Weise (Abspielen, Pause, Vorlauf etc.) gesteuert werden (*interactivity principle*). Die Orientierung wird durch verschiedene Farbgebung und nicht zu schnelle Bildfolgen erleichtert (*perceptual/cognitive processing*). Bezüglich der dargestellten Beispiele und deren Lösungen wird viel Wert auf die inhaltliche Durchdringung gelegt und sowohl die Situierung der Ausgangssituation als auch das weitere Vorgehen ausführlich erklärt.

17.4.2 Moodle-Lernumgebung am Standort Pforzheim

Die untersuchte Moodle-Lernumgebung zeichnet sich dadurch aus, dass zu den Lerninhalten „Lage- und Streumaße" bzw. den aufgeführten Kompetenzen instruktionale Texte in Moodle generiert wurden, die beispielbezogen die Inhalte thematisieren

Lagemaße als Maßzahlen der zentralen Tendenz

Median

Betrachten wir die Fahrtzeit eines Zuges von A nach B während einer Woche (Mo–Fr):

Wochentag	Montag	Dienstag	Mittwoch	Donnerstag	Freitag
Fahrtzeit in Minuten	23	23	22	24	54

Auffällig ist der "Ausreisser" am Freitag, der sich deutlich in der durchschnittlichen Fahrzeit (gewichtetes arithmetisches Mittel) bemerkbar macht. Die durchschnittliche Fahrtzeit beträgt damit 29,2 Minuten gegenüber 23 Minuten ohne den Ausreisser am Freitag.

Einen weiteren Mittelwert stellt der **Median** dar. Dazu sortieren wir den Datensatz aufsteigend:

Rangfolge i	1	2	3	4	5
Fahrtzeit in Minuten x_i	22	23	23	24	54
Wochentag	Mittwoch	Montag	Dienstag	Donnerstag	Freitag

Der **Median** $\tilde{x}$ ist jetzt der Wert, der genau in der Mitte liegt. Bei 5 Werten ist das der dritte Wert: $\tilde{x} = x_3 = 23$

Der Median verhält sich bei Ausreissern in Allgemeinen wesentlich unempfindlicher als das arithmetische bzw. gewichtete arithmetische Mittel. Deutlich wird dies, wenn wir den Ausreisser weglassen:

Rangfolge i	1	2	3	4
Fahrtzeit in Minuten x_i	22	23	23	24
Wochentag	Mittwoch	Montag	Dienstag	Donnerstag

Der Median ist jetzt wieder der Wert, der genau in der Mitte liegt. Bei 4 Werten ist die Mitte zwischen dem zweiten und dritten Wert. Deshalb berechnet sich in diesem Fall (immer bei einer gerade Anzahl von Werten) der Median als arithmetisches Mittel der beiden mittleren Werte:

$$\tilde{x} = \frac{x_2 + x_3}{2} = \frac{23 + 23}{2} = 23$$

In unserem speziellen Fall hat der Ausreisser überhaupt keinen Einfluss auf den Median.

Generell gilt für die Bestimmung des Median:

- **für gerade n:**

$$\tilde{x} = x_{\frac{n+1}{2}}$$

- **für ungerade n:**

$$\tilde{x} = \frac{x_{\frac{n}{2}} + x_{\frac{n}{2}+1}}{2}$$

Achtung unbedingt beachten: Der Datensatz **muss** zur Bestimmung des Median geordnet vorliegen / geordnet werden.

Abb. 17.2 Erklärungssequenz zum Median mit sich anschließender Übung

(Hofrichter 2021).[5] Hierbei ist kein Audiokommentar implementiert und die Lernenden können den vorhandenen Text im selbst zu bestimmenden Tempo lesen. Zwischen den Lerneinheiten müssen Fragen zu den konkreten Inhalten in einer Single-Choice-Umgebung mit verschiedenen Antwortmöglichkeiten beantwortet werden, um zur nächsten Lerneinheit übergehen zu können. Die Nutzerinnen und Nutzer erhalten ein unmittelbares Feedback, ob ihre Antwort richtig oder falsch ist, und die richtige Antwort wird gegebenenfalls eingeblendet (vgl. hierzu als exemplarisches Beispiel die Lernsequenz zum Median in Abb. 17.2 und 17.3).

---

[5]Das Konzept stammt von Ralph Hofrichter und wurde in einer Moodle-Lernumgebung realisiert. Die obige Darstellung folgt der ausführlichen Darstellung in Hofrichter (2021).

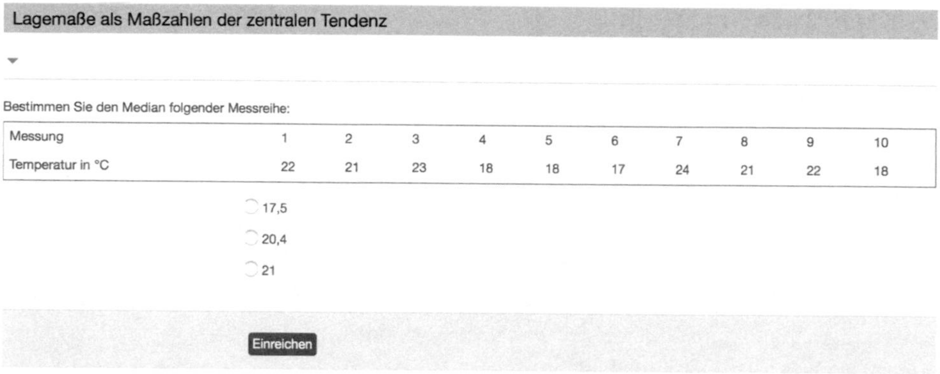

Lagemaße als Maßzahlen der zentralen Tendenz

Bestimmen Sie den Median folgender Messreihe:

Messung	1	2	3	4	5	6	7	8	9	10
Temperatur in °C	22	21	23	18	18	17	24	21	22	18

○ 17,5

○ 20,4

○ 21

Einreichen

Abb. 17.3 Übung zum Median

Die Lernumgebung ist an einer direkten Instruktion ausgerichtet. Die Lerninhalte sind dementsprechend streng hierarchisch strukturiert (Hofrichter 2021). Das Konzept aus Pforzheim ist an sechs Grundprinzipien orientiert, die sich aus Wiederholung, Präsentation, gestützter Übung, Korrektur und Rückmeldung, selbstständigem Anwenden sowie regelmäßigen Übungen und Tests zusammensetzen. Zunächst versuchen alle Lernmodule an bekannte Begriffe und Verfahren anzuknüpfen, um dann mit einem Instruktionstext fortzufahren, der an einem konkreten Beispiel ansetzt. Im Anschluss müssen die Nutzerinnen und Nutzer Single-Choice-Übungsaufgaben zu dem präsentierten Inhalt beantworten, wobei eine Rückmeldung mit evtl. Korrektur durch die Angabe der richtigen Antwort unmittelbar erfolgt. Als gestalterische Elemente nutzt der Autor den Fettdruck und eine größere Schriftgröße bei Formeldarstellungen sowie gleiche Schriftfarben, um Zusammenhänge zwischen Text und eingesetzten Maßzahlen bei Berechnungen deutlich zu machen. Eine Wiederholung sowie eine beliebige Bearbeitungsreihenfolge von Inhalten werden den Lernenden durch eine individuell bedienbare Navigationsleiste innerhalb der verschiedenen Lernmodule ermöglicht.

Auch beim Aufbau der Lerneinheiten mit instruktionalen Texten lassen sich Konzepte des Theorieteils wiederfinden. So bedient sich Ralph Hofrichter zur Orientierung der Lernenden gleicher Schriftfarben (*perceptual/cognitive processing*) und des Fettdrucks (Prinzip der Aufmerksamkeitsfokussierung) und setzt somit in einer statischen Umgebung eine Forderung für die gute Konzeption von Animationen um. Auch die Möglichkeit der selbstständigen Bedienbarkeit der Lernumgebung durch die Nutzerinnen und Nutzer ist gewährleistet (*interactivity principle*). Darüber hinaus sind die Kontexte möglichst ansprechend durch konkrete Anwendungssituationen motiviert, um im Sinne der Forderung von Mayer et al. (2004) das Interesse der Lernenden zu fördern. Ebenso sind die Materialien darauf ausgerichtet, jegliche zusätzliche Belastung (*extraneous load*) des Arbeitsgedächtnisses zu vermeiden, was an der Reduzierung der instruktionalen Texte auf die wesentlichen Inhalte erkennbar ist. Darüber hinaus werden die Lösungen der obligatorischen Übungsaufgaben den Studierenden direkt zurückgemeldet. Durch die inhaltlich motivierte Aufteilung auf mehrere Folien folgt das Material dem Segmentierungsprinzip.

17.5 Anlage der Studie

Die beiden vorgestellten digitalen Medien aus Offenburg und Pforzheim waren u. a. Untersuchungsgegenstand innerhalb des vom BMBF geförderten Projekts mamdim (für die Abschlusspublikation mit gesammelten Ergebnissen vgl. Salle et al. 2021). Insgesamt nahmen ca. 300 Probanden an der mamdim-Studie teil.

Die mamdim-Studie ist durch ein Pre-Post-Testdesign charakterisiert (s. Abb. 17.4), wobei während der Interventionsphase mit dem digitalen Medium des betreffenden Standortes gearbeitet wurde. Alle Probanden bearbeiteten identische Vor- und Nachtests. In diesem Design werden die beiden Faktoren „Sozialform" und „fokussierende Fragen" variiert, sodass vier Studierendenkohorten zu unterscheiden sind: einzeln Lernende mit fokussierenden Fragen, einzeln Lernende ohne fokussierende Fragen, Dyaden (zwei Studierende arbeiten gemeinsam im Team) mit fokussierenden Fragen und Dyaden ohne fokussierende Fragen. Die eingesetzten fokussierenden Fragen sollten während oder nach der Interventionsphase von den Studierenden in einem Word-Dokument bearbeitet werden. Die Aufgaben lauteten:

- Erklären Sie, wie man Mittelwerte (z. B. arithmetisches Mittel, Median etc.) und Streumaße (z. B. Spannweite, Standardabweichung etc.) gemeinsam zur Analyse von Daten und ihrer Verteilung einsetzen kann.
- Warum reicht es oftmals nicht, ausschließlich Mittelwerte oder ausschließlich Streumaße zur Datenanalyse einzusetzen?

Im vorliegenden Text werden die aufgeworfenen Fragestellungen hinsichtlich der Standorte Pforzheim und Offenburg gegenübergestellt. Die Datenauswertung der übrigen Standorte zu den im vorliegenden Text formulierten Fragestellungen steht noch aus. Für eine erste Gegenüberstellung wurden diese beiden Standorte gewählt, da sich die verwendeten digitalen Medien hinsichtlich ihrer Konzeption (Lernvideo gegenüber

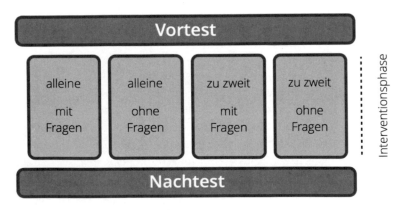

Abb. 17.4 Studiendesign der mamdim-Studie

instruktionalem Text) deutlich unterscheiden. Der in diesem Kapitel beschriebene Fragebogen zur Einschätzung des Lernmediums wurde nach der Interventionsphase und nach den fachlichen Fragen während der Nachtestphase von den Studierenden bei der Datenerhebung der Hauptstudie im Frühjahr 2016 individuell bearbeitet.

17.5.1 Probanden am Standort Offenburg

Die Teilnehmerinnen und Teilnehmer am Standort Offenburg stammten aus der Fakultät für Betriebswirtschaft und Wirtschaftsingenieurwesen (Fakultät B + W). Hierbei wurden die Studiengänge Betriebswirtschaft (BW), Logistik und Handel (LH), Wirtschaftsinformatik (WIN) und Wirtschaftsingenieurwesen (WI) angesprochen. Der Aufruf richtete sich zunächst an Studierende des ersten und zweiten Semesters. Die Hauptstudie war so terminiert, dass zum Zeitpunkt der Studiendurchführung die Inhalte der Lernvideos noch nicht Gegenstand der Statistik-Vorlesung waren, die von den Teilnehmerinnen und Teilnehmern im betreffenden Zeitraum besucht wurde. Es ist möglich, dass auch in Ausbildungsgängen vor dem Studium relevante Inhalte bereits thematisiert wurden. Konkret erhoben wurde jedoch lediglich der Wissensstand zum Thema der deskriptiven Statistik, ohne allgemein behandelten Stoff in früheren Bildungsinstitutionen zu erfragen. Vorkurse zu den Themen fanden an der HS Offenburg nicht statt.

In Offenburg nahmen insgesamt 61 Probanden teil, von denen 21 Probanden allein arbeiteten und 40 Probanden auf die 20 partizipierenden Dyaden aufgeteilt waren. Von den 20 Dyaden arbeiteten 10 ohne und 10 mit fokussierenden Fragen. Von den einzeln Lernenden arbeiteten 10 Probanden ohne und 11 mit fokussierenden Fragen.

17.5.2 Probanden am Standort Pforzheim

Am Standort Pforzheim nahmen 40 Studierende der Betriebswirtschaftslehre im zweiten Semester, 19 Studierende der Elektrotechnik/Informationstechnik des vierten Semesters, 3 Studierende der Elektrotechnik/Informationstechnik des zweiten Semesters und ein Studierender der Technischen Informatik des vierten Semesters an der Studie teil. Der Moodle-Kurs wurde zur selbstständigen Vorbereitung auf die Vorlesung „Statistik" konzipiert, die für BWL-Studierende im zweiten Semester vorgesehen ist. Die Studierenden hatten bis zur Teilnahme an der Studie noch keine Statistikvorlesung besucht. Einige von ihnen besuchten einen Vorkurs vor Beginn ihres Studiums, in dem allerdings keine Inhalte aus dem Bereich Statistik behandelt wurden. Ebenso wie in Offenburg wurde bereits behandelter Stoff zum Thema der deskriptiven Statistik in früher besuchten Bildungsinstitutionen nicht erhoben.

In Pforzheim nahmen 63 Probanden teil, wobei 21 allein arbeiteten und die restlichen 42 Probanden in 21 Dyaden aufgeteilt waren. Von den 21 Dyaden arbeiteten 11 ohne und 10 mit fokussierenden Fragen. Von den Einzelbearbeitungen arbeiteten 10 Probanden ohne und 11 mit fokussierenden Fragen.

17.5.3 Eingesetzter Fragebogen

Der eingesetzte Fragebogen thematisiert neben den hier untersuchten Fragen auch Items zu motivationalen Aspekten, wobei die verwendeten Skalen an pilotierte Untersuchungsinstrumente adaptiert sind (Lang und Fries 2006; Ramm et al. 2006; Rheinberg et al. 2001; Schumacher 2017; Schwanzer et al. 2005). Die Fragen zur Materialeinschätzung wurden von den Projektverantwortlichen des mamdim-Projekts in Anlehnung an diesbezüglich bewährte Formate im pädagogischen Bereich konzipiert.

Die Studierenden bearbeiteten die Fragen zur Materialeinschätzung nach der Arbeit mit dem jeweiligen digitalen Medium individuell innerhalb der Nachtestphase. Mit Ausnahme der frei zu formulierenden Antworten und der Angabe einer Präferenz für fokussierende Fragen/keine fokussierenden Fragen und der Präferenz für die Arbeit allein/zu zweit mussten alle weiteren Fragen durch Ankreuzen auf einer Likert-Skala beantwortet werden. Anhand der gewählten Fragestellungen erweist sich die Möglichkeit einer neutralen Einschätzung aus Sicht der Projektverantwortlichen des mamdim-Projekts als sinnvoll, weswegen eine fünfstufige Skala Verwendung fand.

Die Items des Fragebogens sind auf vier Ebenen angeordnet. Auf Ebene 1 sind Fragen formuliert, die für alle Standorte relevant sind. Innerhalb der sich anschließenden Ebene 2 wird die Einschätzung der Probandinnen und Probanden in Hinblick auf die präferierte Sozialform, die Nützlichkeit von fokussierenden Fragen und die Kenntnis des spezifischen Mediums vor der Datenerhebung erfragt. Auf Ebene 3 werden die Studierendeneinschätzungen für standortspezifische Gegebenheiten thematisiert, während auf Ebene 4 die freien Antworten der Probandinnen und Probanden bezüglich der offenen Fragestellungen zu positiven und negativen Anmerkungen zum Material erhoben werden.

1. *Standortunabhängige Fragestellungen*
    a. Das Lernen mit dem Video/den Materialien hat mir Spaß gemacht.
       (☐ trifft gar nicht zu, ☐ trifft eher nicht zu, ☐ teils/teils, ☐ trifft eher zu, ☐ trifft voll zu.)
    b. Das Anschauen der Videos/Materialien hilft mir beim Lernen von Statistik.
       (☐ trifft gar nicht zu, ☐ trifft eher nicht zu, ☐ teils/teils, ☐ trifft eher zu, ☐ trifft voll zu.)
    c. Das Video/Modul zu den Lagemaßen war …
       (☐ viel zu lang, ☐ etwas zu lang, ☐ angemessen, ☐ etwas zu kurz, ☐ viel zu kurz).

    d. Die im Video/Lernmodul thematisierten Inhalte (Lagemaße) waren ...
       (□ viel zu schwer, □ etwas zu schwer, □ angemessen, □ etwas zu leicht,
       □ viel zu leicht).

    e. Das Video/Modul zu den Streumaßen war ...
       (□ viel zu lang, □ etwas zu lang, □ angemessen, □ etwas zu kurz, □ viel zu kurz).

    f. Die im Video/Lernmodul thematisierten Inhalte (Streumaße) waren ...
       (□ viel zu schwer, □ etwas zu schwer, □ angemessen, □ etwas zu leicht,
       □ viel zu leicht).

2. *Fragen zur Sozialform und zu fokussierenden Fragen*
    a. Welche Lernsituation mit solchen Moodle-Lernmodulen/Lernvideos bevorzugen Sie?
       (□ Damit beschäftige ich mich lieber allein. □ Damit beschäftige ich mich lieber zu zweit.)

    b. (Falls Sie zu zweit gearbeitet haben:) Die Bearbeitung zu zweit war für mich ...
       (□ sehr störend, □ etwas störend, □ neutral, □ etwas hilfreich, □ sehr hilfreich).

    c. Helfen Ihnen unterstützende Impulse bzw. Fragen, die sich auf bestimmte Inhalte der Präsentationen konzentrieren? (z. B.: „Erklären Sie, warum man die Varianz einer Datenreihe berechnet.")
       (□ Unterstützende Impulse bzw. Fragen sind hilfreich für mich. □ Unterstützende Impulse bzw. Fragen benötige ich nicht.)

3. *Standortspezifische Fragestellungen*
    A. Offenburg
       a. Die Vermittlung der Inhalte (Lagemaße) erfolgt ...
          (□ viel zu schnell, □ etwas zu schnell, □ angemessen, □ etwas zu langsam,
          □ viel zu langsam)

       b. Die Vermittlung der Inhalte (Streumaße) erfolgt ...
          (□ viel zu schnell, □ etwas zu schnell, □ angemessen, □ etwas zu langsam,
          □ viel zu langsam)

    B. Pforzheim
       a. Eine (einzige) Übungsaufgabe zu einem Thema (Lagemaße) war ...
          (□ überflüssig, □ eher überflüssig, □ ausreichend, □ zu wenig, □ viel zu wenig)

       b. Eine (einzige) Übungsaufgabe zu einem Thema (Streumaße) war ...
          (□ überflüssig, □ eher überflüssig, □ ausreichend, □ zu wenig, □ viel zu wenig)

4. *Offene Fragen*
    a. Was fanden Sie besonders positiv?
    b. Was fanden Sie besonders störend?

Die Antworten der Fragebögen sowie die offenen Antworten der Studierenden sind in standardisierten Excel-Listen und SPSS-Dateien aufbereitet. Die Ergebnisse der

Auswertungen werden einer übersichtlicheren Darstellung wegen grafisch aufbereitet. In einer Detailanalyse zum Vergleich des Lernerfolgs zwischen Dyaden und einzeln Lernenden wird zusätzlich auf ungepaarte t-Tests zurückgegriffen.

17.6   Ergebnisse

Zur Einordnung der Evaluationsergebnisse der beiden Probandengruppen aus Offenburg und Pforzheim werden zunächst die Leistungen im Vortest miteinander verglichen, bevor im darauffolgenden Abschnitt die Auswertungen anhand der in Abschn. 17.5 beschriebenen Ebenen dargestellt werden: standortunabhängige Fragestellungen, Fragen zur Sozialform und zu fokussierenden Fragen, standortspezifische Fragestellungen sowie offene Fragen.

Die an den beiden Standorten mit einem Vortest erhobenen Ausgangskompetenzen der Probandengruppen können als vergleichbar betrachtet werden (vgl. Hattermann et al. 2021). Somit kann ausgeschlossen werden, dass die Ergebnisse der Einschätzung des jeweils bearbeiteten Materials aufgrund eines stark unterschiedlichen fachlichen Vorwissens der beiden beteiligten Studierendenkohorten zustande kamen. Daher unterstützen die Vortestergebnisse eine vergleichende Betrachtung verschiedener Aspekte der Einschätzung von Nutzerinnen und Nutzern hinsichtlich des Lernens mit dem standortspezifischen digitalen Medium.

Die in Abb. 17.5 aufgeführten Ergebnisse des Vortests stellen die Mittelwerte der Lösungsquoten aller am Standort Teilnehmenden in Prozentpunkten dar (Standort

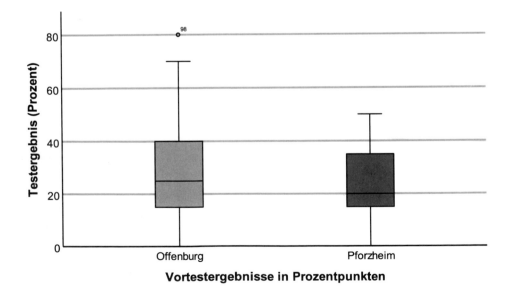

Abb. 17.5 Vortestergebnisse der Standorte Offenburg und Pforzheim in Prozentpunkten

Offenburg: Mittelwert: 29,34, Median 25,00, Stdabw: 17,26, Min: 0, Max: 80; Standort Pforzheim: Mittelwert: 22,46, Median 20,00, Stdabw: 12,92, Min: 0, Max: 50).

Bei den folgenden Ergebnispräsentationen ist zu beachten, dass nicht alle Probanden auch alle Fragen beantworteten, wodurch sich die Teilnehmerzahlen bei den betreffenden Auswertungen entsprechend reduzieren. In Pforzheim hat ein Proband die Frage zur präferierten Sozialform nicht beantwortet, ein weiterer hat die Frage zu den unterstützenden Impulsen nicht beantwortet. In Offenburg hat ein Proband die Frage zu den unterstützenden Impulsen nicht beantwortet. Diejenigen Probanden, die eine Frage oder bei der Untersuchung des Zusammenhangs zweier Merkmale mindestens eine Frage nicht beantwortet haben, werden in der betreffenden Auswertung nicht berücksichtigt, ohne dass dies erneut erwähnt wird.

17.6.1 Standortunabhängige Fragestellungen

In der Kategorie der standortunabhängigen Fragestellungen, welche die Einschätzung der Studierenden hinsichtlich der empfundenen Freude bei der Bearbeitung sowie die Nützlichkeit der Medien beim Lernen von Statistik und weiterhin die Einschätzung der angemessenen Schwierigkeit und Länge der Abschnitte zu Lage- und Streumaßen betrifft (für die konkreten Fragestellungen vergleiche Abschn. 17.5), zeigen die Antworten der beiden unterschiedlichen Studierendenkohorten ähnliche Tendenzen mit jedoch unterschiedlichen Ausprägungen (s. Abb. 17.6 und 17.7).

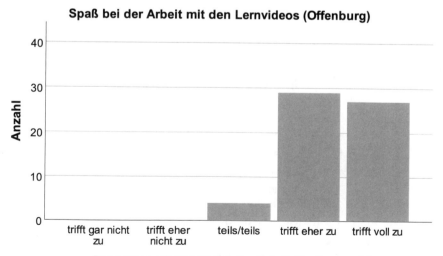

Abb. 17.6 Spaß bei der Arbeit mit den Lernvideos am Standort Offenburg, Item 1a: „Das Lernen mit dem Video/den Materialien hat mir Spaß gemacht."

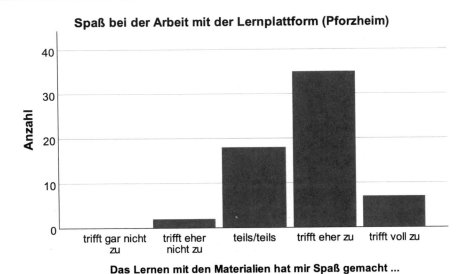

Abb. 17.7 Spaß bei der Arbeit mit dem Lernmodul am Standort Pforzheim

Die große Mehrheit der Studierenden an beiden Standorten reagiert auf die Frage, ob sie Spaß bei der Arbeit mit den Materialien hatten, mit „trifft eher zu" oder „trifft voll zu". Auffällig ist die Tatsache, dass am Standort Offenburg nahezu die Hälfte aller Studierenden die höchste Bewertung „trifft voll zu" ankreuzt, was für die hohe Attraktivität der Lernvideos aus Offenburg spricht (s. Abb. 17.6).

Ähnlich sind die Tendenzen bei der Einschätzung der Studierenden beider Standorte hinsichtlich der Unterstützung der jeweiligen Medien beim Lernen von Statistik (s. Abb. 17.8 und 17.9). Wiederum schätzt die große Mehrheit der Studierenden an beiden Standorten die Aussage, dass die Arbeit mit den Medien beim Lernen von Statistik helfe, mit „trifft eher zu" oder „trifft voll zu" ein.

Weiterhin kann die durch die Medien erreichte Motivation aufseiten der Studierenden als gut bis sehr gut betrachtet werden, wobei die mit Animationen ausgestatteten Lernvideos einen nochmals höheren Aufforderungscharakter, also der Motivation, sich mit den entsprechenden Materialien zu beschäftigen, als die statischen instruktionalen Texte innerhalb der Moodle-Umgebung aufweisen.

An dieser Stelle wird auf die numerische Darstellung aller Ergebnisse der Fragen 1c, d, e, und f zur Einschätzung von angemessener Schwierigkeit und Länge der Abschnitte zu Lage- und Streumaßen verzichtet, da sich die Antworten der Studierenden auf diese Fragen nur unwesentlich unterscheiden und sich bei allen Antworten eine sehr deutliche Tendenz zur Option „angemessen" ausmachen lässt, die bei allen Fragen von mindestens

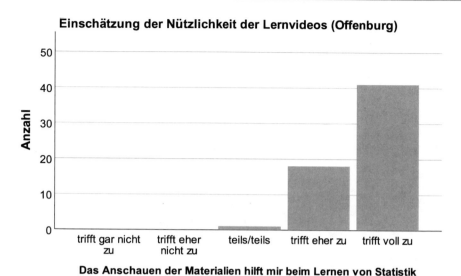

Abb. 17.8 Einschätzung der Nützlichkeit der Lernvideos am Standort Offenburg, Item 1b: „Das Anschauen der Videos/Materialien hilft mir beim Lernen von Statistik."

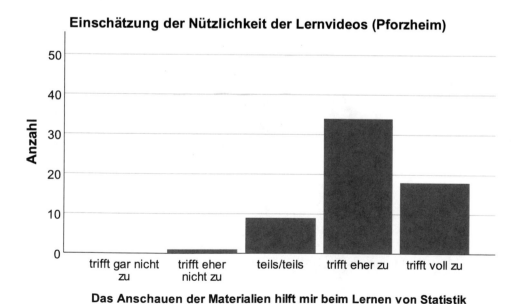

Abb. 17.9 Einschätzung der Nützlichkeit des Lernmoduls am Standort Pforzheim

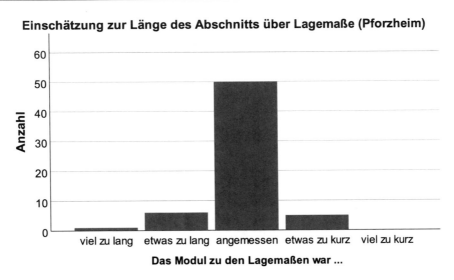

Abb. 17.10 Einschätzung zur Länge des Abschnitts über Lagemaße am Standort Pforzheim

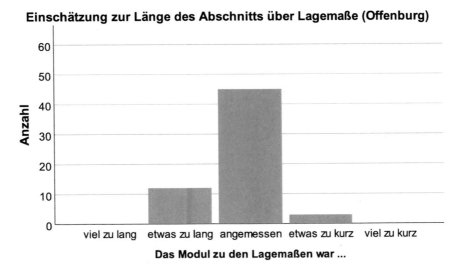

Abb. 17.11 Einschätzung zur Länge des Abschnitts über Lagemaße am Standort Offenburg

45 Studierenden an beiden Standorten ausgewählt wurde. Die Darstellung der Ergebnisse zur Einschätzung der Länge des Abschnitts über Lagemaße in den Abb. 17.10 und 17.11 besitzt somit exemplarischen Charakter für die Beantwortung der übrigen Fragen 1d, e und f.

Interpretation der Ergebnisse

Die sehr ähnlichen Tendenzen bei der Beantwortung beider Fragestellungen zeigen, dass an beiden Standorten eine hohe Zufriedenheit in Bezug auf die eingesetzten Medien besteht und die Nützlichkeit der Medien für das Lernen von den Studierenden eher hoch eingeschätzt wird. Dementsprechend können die weiteren Auswertungen auf der Basis einer ähnlichen Ausgangslage betrachtet werden, da keine systematische Verzerrung aufgrund hoher Unzufriedenheit besteht.

Einschränkend muss angemerkt werden, dass die Konzepte für die meisten Studierenden einen hohen Innovationscharakter besaßen und sie zum ersten Mal mit diesen arbeiteten, sodass die Nachhaltigkeit der empfundenen Freude weiter zu untersuchen ist.

17.6.2 Fragen zur Sozialform und zu fokussierenden Fragen

Die folgenden Darstellungen dienen dazu, zunächst die Präferenz aller Studierender für die Sozialform zu untersuchen sowie das Empfinden der Lernsituation speziell für diejenigen Studierenden näher zu analysieren, die in einer Dyade arbeiteten. Anschließend steht die Unterstützung durch fokussierende Fragen im Fokus.

Hinsichtlich der Bevorzugung der Lernsituation (Frage 2a) ergibt sich für die beiden Medien ein unterschiedliches Bild (s. Abb. 17.12 und 17.13).

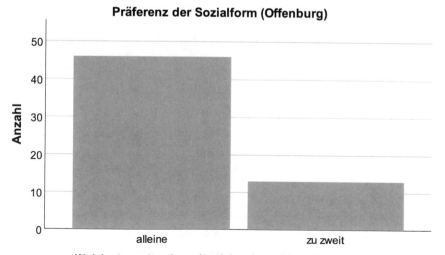

Abb. 17.12 Präferenz der Sozialform (Offenburg, Lernvideos)

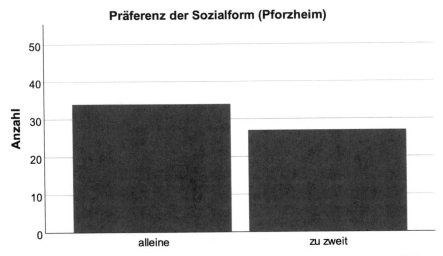

Abb. 17.13 Präferenz der Sozialform (Pforzheim, Lernmodul)

Während die Videos in Offenburg von der deutlichen Mehrheit der Teilnehmerinnen und Teilnehmer lieber allein bearbeitet werden (45 zu 13), stellt sich die Situation bei der Arbeit mit der Moodle-Lernumgebung aus Pforzheim ausgeglichener dar (35 zu 27). Hierbei ist zu beachten, dass die Frage nach der bevorzugten Sozialform sowohl den einzeln Lernenden als auch den Dyaden gestellt wurde.

Analysiert man die Fragestellung hinsichtlich der präferierten Sozialform differenzierter nach einzeln Lernenden und Dyaden, so bevorzugen von den 21 einzeln Lernenden in Offenburg auch 18 die Einzelarbeit, während lediglich 3 lieber zu zweit arbeiten. Innerhalb der Dyaden bevorzugen 28 das alleinige Lernen, während 11 die Partnerarbeit präferieren, sodass die Präferenz auf der Seite der Dyaden für die alleinige Arbeit weniger, aber dennoch deutlich ausgeprägt ist. Die Auswertung getrennt nach einzeln Lernenden und Dyaden unterstreicht somit die Präferenz für das alleinige Lernen der befragten Studierenden in Offenburg.

Die Detailanalyse in Pforzheim führt zu weniger einheitlichen Ergebnissen. Von den 21 einzeln Lernenden in Pforzheim sprechen sich 16 für das alleinige Arbeiten und 5 für die Partnerarbeit aus. Von den Dyaden präferieren 19 Lernende die Einzelarbeit, während 22 auch weiterhin lieber zu zweit arbeiten, sodass in Pforzheim ein deutlicher Unterschied der Einschätzungen zwischen einzeln Lernenden und Dyaden auszumachen ist. Während die Einschätzung der Dyaden hinsichtlich der präferierten Sozialform nahezu ausgeglichen ist, kann in Pforzheim eine deutliche Präferenz der allein Lernenden für die Einzelarbeit ausgemacht werden.

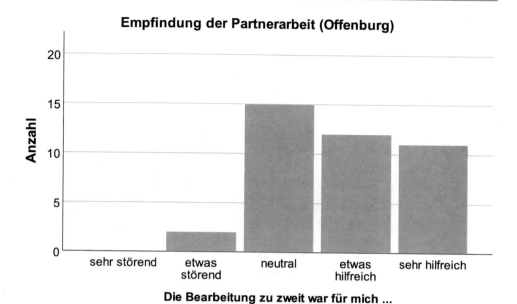

Abb. 17.14 Empfindung der Partnerarbeit (Offenburg, Lernvideos)

Die Einschätzungen der Dyaden werden unter Einbezug der Frage 2b im Folgenden weiter ausdifferenziert (siehe Abb. 17.14 und 17.15).

Während die Bearbeitung zu zweit in Pforzheim insgesamt als „sehr hilfreich" bzw. „etwas hilfreich" angesehen wird (18 zu 14), sind die Antworttendenzen in Offenburg deutlicher zur Mitte („neutral") hin verschoben (11 zu 11 zu 15), wobei die Bearbeitung in einer Dyade demnach am häufigsten mit „neutral" bewertet wurde. Allerdings empfinden in Offenburg auch mehr als die Hälfte der Dyaden die Sozialform als „etwas hilfreich" oder „sehr hilfreich". In Pforzheim ist die positive Einschätzung der Zusammenarbeit wesentlich deutlicher ausgeprägt, was u. a. daran erkennbar ist, dass knapp die Hälfte der Beteiligten die gemeinsame Arbeit als „sehr hilfreich" bewertet.

Betrachtet man die Einschätzung aller Studierenden zum Nutzen der fokussierenden Fragen (Frage 2c) ohne weitere Differenzierung, so werden diese mit großer Mehrheit (beide über 85 %) an beiden Standorten als hilfreich angesehen.

Differenziert man die Nützlichkeit der fokussierenden Fragen nach der jeweiligen Sozialform am betreffenden Standort (siehe Abb. 17.16 und 17.17), so benötigt ein Viertel der mit dem Lernvideo am Standort Offenburg allein Lernenden nach eigener Einschätzung keine zusätzliche Unterstützung durch fokussierende Fragen. Betrachtet man zusätzlich die erreichten Punktzahlen im Nachtest, so liegen vier der fünf einzeln lernenden Probanden, für die nach eigener Angabe fokussierende Fragen weniger hilfreich sind (siehe Abb. 17.16), unterhalb des Medians im Vergleich zu allen Probanden

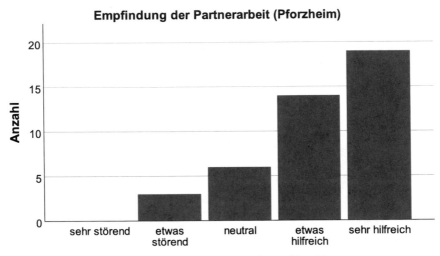

Abb. 17.15 Empfindung der Partnerarbeit (Pforzheim, Lernmodul)

Probanden aus Offenburg		Fragen_hilfreich		Zeilensumme
		benötige ich nicht	sind hilfreich	
Sozialform	Dyade	3	36	39
	einzeln Lernende	5	15	20
Spaltensumme		8	51	59

Abb. 17.16 Vierfeldertafel zu den Merkmalen „Sozialform" und „fokussierende Fragen" (Offenburg)

Probanden aus Pforzheim		Fragen_hilfreich		Zeilensumme
		benötige ich nicht	sind hilfreich	
Sozialform	Dyade	3	38	41
	einzeln Lernende	2	18	20
Spaltensumme		5	56	61

Abb. 17.17 Vierfeldertafel zu den Merkmalen „Sozialform" und „fokussierende Fragen" (Pforzheim)

aus Offenburg. Am Standort Pforzheim sind hier keine differenzierteren Aussagen möglich.

Aus quantitativer Sicht lässt sich ergänzen, dass die Dyaden (Mittelwert: 5,0; Stdabw: 2,6) in Pforzheim im Nachtest signifikant besser abschneiden als die einzeln Lernenden (Mittelwert: 3,5; Stdabw: 2,0; t-Test: $t=1,87$, $p=0,03$ einseitig, $p=0,06$ zweiseitig). In Offenburg schneiden die Dyaden (Mittelwert: 6,2; Stdabw: 3,5) nicht signifikant besser ab als die einzeln Lernenden (Mittelwert: 5,24; Stdabw: 3,34; t-Test: $t=1{,}24$, $p=0{,}11$ einseitig, $p=0{,}22$ zweiseitig). Für die Erklärung des Lernerfolgs hat sich jedoch gezeigt, dass die alleinige Betrachtung der Sozialform als Erklärung zu kurz greift und die stattfindenden Kommunikationsprozesse innerhalb der Dyaden entscheidende Auswirkungen auf den Lernerfolg haben (vgl. Hattermann et al. 2018).

Interpretation der Ergebnisse

Die präferierte Sozialform in Offenburg ist die alleinige Bearbeitung, was auch durch die differenzierte Betrachtung der einzeln Lernenden und der Dyaden bestätigt wird. Somit ist davon auszugehen, dass bei der Bearbeitung des Videos im Team Probleme auftreten, mit denen sich die Studierenden beim alleinigen Arbeiten nicht konfrontiert sähen. Mögliche Gründe ergeben sich einerseits (1) aufseiten der reinen sozialen Interaktion einer Dyade und andererseits (2) aus speziellen Eigenschaften des Lernvideos. Zu (1) sind unterschiedlichste Probleme wie Antipathie oder stark differierende Leistungsniveaus beim Zusammenarbeiten zweier Lernpartnerinnen bzw. -partner denkbar, während zu (2) die Eigenschaft eines Videos gehört, dass dieses fortlaufend ist und die Studierenden während des Anschauens gemeinsam darüber entscheiden müssen, ob sie das Video stoppen oder nicht, um eventuelle Verständnisfragen zu klären.

Beim Umgang mit den instruktionalen Texten in Pforzheim ist die Verteilung bei der Betrachtung aller Studierenden ausgeglichener mit einer leichten Tendenz zur Einzelarbeit. Die Detailanalyse zeigt allerdings, dass allein Lernende auch deutlich die Einzelarbeit präferieren und Dyaden mit einer leichten Tendenz die Arbeit im Team vorziehen. Dies kann dahingehend interpretiert werden, dass Probleme innerhalb der rein sozialen Interaktion auch am Standort Pforzheim aufgetreten sind und deshalb die Teamarbeit auch von Teilen der Dyaden kritisch gesehen wird. Ein anderer Teil steht der Dyadenarbeit allerdings sehr positiv gegenüber, woraus sich Vorteile der instruktionalen Materialien gegenüber dem Lernvideo zur Dyadenarbeit ableiten lassen, die eventuell darin begründet sein können, dass die Kommunikation innerhalb der Dyade nahezu immer möglich und keine Unterbrechung des instruktionalen Formates erforderlich ist.

Die Datenanalyse am Standort Offenburg gibt Hinweise darauf, dass leistungsschwächere Studierende fokussierende Fragen als für ihren Lernprozess weniger lernförderlich einschätzen, als es leistungsstärkere Studierende tun. Dies ergibt sich aus der Tatsache, dass vier der fünf einzeln Lernenden, die fokussierende Fragen als nicht lernförderlich betrachten (siehe Abb. 17.16), ausschließlich Leistungen erzielen, welche in der unteren Medianhälfte der Nachtestergebnisse einzuordnen sind. Ebenso erzielen alle drei Dyaden, welche die fokussierenden Fragen als nicht hilfreich betrachten (s. Abb. 17.16), Leistungen in der unteren Medianhälfte der Nachtests. Aus diesem Ergebnis lässt sich die Hypothese ableiten, dass leistungsschwächere Lernende nach eigener Einschätzung von fokussierenden Fragen nicht profitieren, weil diese eine Vernetzung von Wissen und erlernten Inhalten erfordern, wozu die Lernenden zu diesem Zeitpunkt des Lernprozesses möglicherweise noch nicht in der Lage sind und sie deshalb die fokussierenden Fragen als Überforderung und in Folge dessen als nicht hilfreich betrachten.

Zugleich geben alle fünf Probanden in Offenburg, welche die fokussierenden Fragen als nicht hilfreich betrachten, auch als präferierte Sozialform die Einzelarbeit bei der Bearbeitung des Lernvideos an. Standortübergreifend entscheiden sich mit einer Ausnahme alle Probanden, welche die fokussierenden Fragen als nicht hilfreich einschätzen, für die Einzelarbeit als präferierte Sozialform. Man kann an dieser Stelle vermuten, dass es Lernende gibt, die ihren Lernprozess gerne möglichst vollständig allein organisieren und weder von Mitlernenden noch von anderen äußeren Einflüssen wie fokussierenden Fragen in ihrem Vorgehen „beeinträchtigt" werden wollen.

In der Studie sollten die Studierenden aus zeitlichen Gründen einerseits mit möglichst wenigen, aber dennoch gehaltvollen Fragen, die eine möglichst umfassende und tiefgehende Auseinandersetzung mit den zu lernenden Inhalten ermöglichen, konfrontiert werden. Aufgrund der gegebenen Rückmeldungen der Studierenden kann darauf geschlossen werden, dass sowohl das Anspruchsniveau als auch die Anzahl und der Umfang der Fragen als adäquat und hilfreich betrachtet wurden, da auch in den offenen Antworten zum Material (vgl. Abschn. 17.6.4) diesbezüglich keine negativen Bemerkungen vonseiten der Studierenden auftraten.

17.6.3 Standortspezifische Fragestellungen

Offenburg

Für den Standort Offenburg ist von Relevanz, wie die Geschwindigkeit der Lernvideos von den Nutzerinnen und Nutzern wahrgenommen wird. Am häufigsten wird sowohl beim Thema „Lagemaße" als auch beim Thema „Streumaße" von den Studierenden angekreuzt, dass die Geschwindigkeit zur Vermittlung der Inhalte „angemessen" war. Jedoch bemängelt knapp ein Drittel der Studierenden beim Thema „Lagemaße" und etwas mehr als ein Drittel der Studierenden beim Thema „Streumaße" die Geschwindigkeit des Lernvideos und bewertet diese mit „etwas zu schnell". Die übrigen Kategorien „viel zu schnell", „etwas zu langsam" und „viel zu langsam" sind aufgrund der sehr geringen Zahl an Nennungen zu vernachlässigen, sodass eine Verlangsamung der Ablaufgeschwindigkeit überdacht werden kann, aber keineswegs als zwingend notwendig erscheint.

Pforzheim

Innerhalb der Moodle-Lernumgebung des Standortes Pforzheim ist zu jedem Lerninhalt genau eine Übungsaufgabe vorgesehen, die von den Lernenden bearbeitet werden muss. Die Einschätzungen der Studierenden können für die Übungsaufgabe zu Streumaßen und zu Lagemaßen aufgrund ihrer sehr ähnlichen Beantwortung zusammenfassend dargestellt werden. Bei beiden Inhalten votieren etwas mehr als die Hälfte der Studierenden dafür, dass eine Übungsaufgabe ausreichend ist, während etwas weniger als die

Hälfte der Studierenden eine Übungsaufgabe als „zu wenig" betrachtet. Die restlichen Nennungen „überflüssig", „eher überflüssig" und „viel zu wenig" sind vernachlässigbar, sodass am Standort Pforzheim für ca. 50 % der Studierenden mehr Übungsaufgaben das Lernmaterial aufwerten würden.

17.6.4 Offene Fragen

In den folgenden Analysen sind nur Bemerkungen der Studierenden berücksichtigt, die mehrfach in ähnlicher Form genannt wurden. Weiterhin wurden nur Kommentare berücksichtigt, die sich auf das digitale Medium und nicht auf die Erhebungssituation während der Studie beziehen.

In Bezug auf das mediale Konzept wurden in Offenburg mehrere Punkte positiv bewertet, so zum Beispiel die Möglichkeit der eigenen Steuerung (*interactivity principle*), der geringe Textanteil sowie die Verwendung heller und ansprechender Farben.

Der Audiokommentar wird überwiegend als positiv wahrgenommen. Dabei werden vor allem die einfache verständliche Sprache des Sprechers sowie die angenehme Klangfarbe und das angemessene Sprechtempo hervorgehoben. Allerdings gibt es etwa gleich viele Nennungen, die das Sprechtempo als zu langsam oder zu schnell empfinden. Die Hintergrundmusik wird ebenfalls mehrfach thematisiert, überwiegend jedoch kritisch. Dabei wird die Lautstärke im Vergleich zum Audiokommentar als zu laut empfunden sowie die Tatsache kritisiert, dass die Musik durchgängig zu hören ist.

Motivationale Aspekte finden sich lediglich in Bezug auf die Animationen wieder. Die Studierenden empfinden die dynamischen Darstellungen als unterhaltsam gestaltet. Bezüglich mathematisch-inhaltlicher Aspekte werden die Zusammenfassungen am Ende jedes Videos positiv hervorgehoben. In den Augen einiger Nutzerinnen und Nutzer sollte jedoch die Darstellung von Formeln ausführlicher gestaltet werden. Die Anschaulichkeit und der Alltagsbezug der Anwendungsbeispiele werden zudem gelobt.

Auf inhaltlicher Ebene werden auch bei der Moodle-Umgebung in Pforzheim die Zusammenfassungen am Ende der Einheit positiv bewertet. Die ausführlichen Beispiele, welche die Grundlage für die Aufgabenbearbeitungen bilden, heben die Studierenden ebenfalls positiv hervor. Die Konzeption der Einheiten mit integrierten Übungsaufgaben trifft zudem auf die Zustimmung der Probandinnen und Probanden. Diesbezüglich wird auch die nachhaltigste Kritik geäußert: Einige Studierende empfanden die Anzahl an Übungsaufgaben als nicht ausreichend.

Was die Gestaltung der Lernmodule betrifft, wird das direkte Feedback als hilfreich für den Lernprozess erachtet. Auf diese Weise erhalten die Lernenden unmittelbar nach der Eingabe eine Rückmeldung und müssen ggf. die Eingaben nochmals revidieren, um in der Lerneinheit weiterarbeiten zu können. Kritisiert werden von den Studierenden zudem auftauchende Probleme in Bezug auf die Interaktivität. Das technisch bedingte erschwerte Zurückgehen auf vorhergehende Seiten und die umständliche Bedienung des zur Verfügung stehenden Taschenrechners werden negativ kommentiert. In Bezug auf das unmittelbare Feedback treten mehrfach Wünsche auf, das Feedback bei der Bearbeitung der Aufgaben nicht nur mit „richtig" oder „falsch" zu versehen, sondern einen Lösungsweg zur richtigen Lösung anzugeben. Speziell welche Lernenden eine Musterlösung als Feedback bevorzugen, kann im Rahmen der Erhebung nicht geklärt werden.

Interpretation der Ergebnisse

Die dargestellten Rückmeldungen der Studierenden zu den offenen Fragen geben über die Antworten zu den geschlossenen Items (vgl. Abschn. 17.6.1 und 17.6.2) ergänzende Hinweise zur Optimierung der Lernmedien an beiden Standorten. Gemeinsamkeiten sind vor allem bei den inhaltlichen Zusammenfassungen am Ende eines Moduls bzw. Videos zu finden. Als Abschluss einer „Einheit" können diese den Studierenden die Möglichkeit eröffnen, die vorher thematisierten Inhalte in kompakter Form zu wiederholen und ggf. in Paaren zu rekapitulieren.

An beiden Standorten wird von den Lernenden zudem die Ausführlichkeit als hilfreiches Merkmal wahrgenommen. Während Ausführlichkeit in Offenburg in Bezug auf Formeln gefordert wird, wird sie in Pforzheim einerseits als positiv bei ausgeführten Beispielen genannt und andererseits in Form einer ausführlicheren Exemplifizierung durch zusätzliche Übungsaufgaben gewünscht.

Zusammenfassend sind beide Lernformate aus Sicht der Studierenden für ihren Lernprozess sinnvoll und hilfreich gestaltet, wobei die Konzepte aus Sicht der Studierenden in Einzelheiten noch optimierbar sind.

17.7 Reflexion und Ausblick

Aus den Ergebnissen zur Bearbeitung der digitalen Formate, die zum einen aus instruktionalen Texten innerhalb einer statischen Moodle-Lernumgebung am Standort Pforzheim und zum anderen aus dynamischen Lernvideos mit Animationen am Standort Offenburg bestanden, können wichtige Erkenntnisse und Anknüpfungspunkte für die weitere Forschung ausgemacht werden, wobei beachtet werden muss, dass an beiden Standorten die Mehrheit der Probanden aus BWL-Studierenden bestand und ca. ein Drittel der Studierenden in Pforzheim technische Fächer studiert.

Hinsichtlich der Forderungen von Mayer et al. (2004) gelingt es beiden Konzepten, Freude während der Bearbeitung bei den Studierenden zu generieren. In den Ergebnissen spiegelt sich jedoch auch die Hypothese wider, dass die bewegte und farbige Gestaltung der Lehrvideos im Durchschnitt zu etwas mehr Spaß führt als die Bearbeitung der instruktionalen Texte. Inwieweit dieser Effekt über einen längeren Zeitraum andauert oder ob relativ schnell eine Routine eintritt, welche die Freude verringert, müsste Gegenstand weiterer Studien sein.

Die Tatsache, dass an beiden Standorten die jeweiligen Medien als überwiegend nützlich von den Studierenden für das Lernen von Statistik eingeschätzt werden, ist ebenfalls erfreulich. Dieses Ergebnis ist darüber hinaus konform mit der Auswertung des Items zur Empfindung von Freude beim Lernen. Es ist bekannt, dass sich Motivation positiv auf den Lernerfolg auswirken kann; unklar ist allerdings, inwiefern die Materialien noch als hilfreich für das Lernen von Statistik angesehen werden, wenn eine Gewöhnung an die digitalen Medien vonseiten der Studierenden vollzogen ist und diese nicht mehr als neues und innovatives Lehr-Lern-Arrangement wahrgenommen werden.

Weiterhin wurden die erforderlichen Bearbeitungsdauern der digitalen Medien trotz der Unterschiede zwischen Videos mit fester Laufzeit, die nur im Ausnahmefall gestoppt wurden, gegenüber individuell sehr verschiedenen Bearbeitungsdauern des Mediums mit instruktionalen Texten zu den Einheiten „Lage- und Streumaße" als auch deren Schwierigkeit von den Studierenden im Wesentlichen als angemessen empfunden. Bei den instruktionalen Texten macht sich bemerkbar, dass es keine „getaktete Führung" durch die Materialien in Form eines Audiokommentars gibt. In Anbetracht von Studien zum Cognitive Load (vgl. Abschn. 17.2) und zur Aufrechterhaltung der Aufmerksamkeit ist davon auszugehen, dass längere Laufzeiten der Videos und längere Lernmodule nicht förderlich sind. Dies wäre jedoch speziell bei der Verwendung von digitalen Medien, die zusätzliche Potenziale zur Generierung kognitiver Belastung (wie Audiokommentar, Animationen etc.) besitzen, näher zu untersuchen.

Ein weiteres zentrales Ergebnis der Untersuchungen besteht in den unterschiedlichen Präferenzen der Studierenden für die Sozialform der Bearbeitung. Während die Videos lieber allein bearbeitet werden, stellt sich unter den Dyaden auch die Sozialform der Partnerarbeit als präferierte Bearbeitungsform für den Umgang mit den statischen instruktionalen Texten heraus. Es ist denkbar, dass die Kommunikation einer Dyade während des Anschauens eines Videos dadurch erschwert wird, dass sich deren Mitglieder zunächst entscheiden müssen, ob und wann das Video angehalten bzw. ob während des Abspielens untereinander kommuniziert werden soll, um eventuelle Verständnisschwierigkeiten zu thematisieren. Solche Fragen stellen sich Dyaden bei der Arbeit mit instruktionalen Texten nicht, da Lernprozesse unabhängig vom Eingriff in die Steuerung – abgesehen von der Auswahl der aktuellen Seite und des aktuellen Bildausschnitts – nebeneinander ablaufen und die Studierenden währenddessen nahezu beliebig kommunizieren können. Inwieweit die Ergebnisse jedoch Grundlage für eine Empfehlung sein können, wonach Videos vorrangig allein bearbeitet werden sollen, müsste in weiteren Studien geklärt werden. In Bezug auf das Design ließe sich ebenfalls fragen, inwiefern es möglich ist, das Medium Lernvideo so zu konzipieren, dass eine gewinnbringende Kommunikation der Studierenden ermöglicht oder vielleicht sogar begünstigt wird.

Darüber hinaus konnte festgestellt werden, dass die in der Studie formulierten fokussierenden Fragen von der großen Mehrheit der Lernenden als hilfreich für ihren Lernprozess angesehen wurde. Dies steht in Einklang mit den Ergebnissen zum Einsatz von fokussierenden Fragen bzw. Prompts beim alleinigen Lernen ohne weitere

Gruppenmitglieder (s. Abschn. 17.2). Weiterhin wäre zu untersuchen, inwiefern die Studierenden solche Fragen noch als lernförderlich betrachten, wenn die Anzahl erhöht wird bzw. die Fragen an mehreren Stellen auftauchen. In Bezug auf die Gestaltung von Lernumgebungen wäre es wünschenswert, Hypothesen über eine gewisse Dichte von fokussierenden Fragen in einem bestimmten Zeitraum zu erstellen, die möglichst lernförderlich wirkt und von den Studierenden noch als hilfreich empfunden wird.

Die Auswertungen ergeben, dass diejenigen Lernenden, die innerhalb der Untersuchung die Unterstützungsfragen als nicht hilfreich betrachten, überwiegend zu den leistungsschwächeren Studierenden gehören. Daher stellt sich die Frage, inwiefern man Studierende im Lernprozess unterstützen kann, die mit Fragen zur tieferen Durchdringung der Inhalte beim aktuellen Lernstand noch überfordert sind. Eventuell sind hier Szenarien denkbar, bei denen Lernenden konkrete Anwendungssituationen präsentiert werden, die möglichst spezifisch den entscheidenden Punkt der fokussierenden Frage ansprechen. Für Lage- und Streumaße könnte dies durch zwei verschiedene Datensätze mit gleichem Mittelwert, jedoch sehr unterschiedlicher Streuung realisiert werden. Damit könnten die fokussierenden Fragen durch Rückgriff auf ein konkretes Beispiel beantwortet werden.

Der hier vorgenommene Einblick ermöglicht es Lehrenden an Hochschulen, digitale Medien im Bereich der Mathematik auch vor dem Hintergrund der Lernendenperspektive zu gestalten und einzusetzen. In Kombination mit den teilweise vielfach bestätigten Ergebnissen zur Optimierung des Lernerfolgs besteht die Chance, wirksame und individuell anpassbare Formate zu entwickeln, die sowohl den inhaltlichen Zielen als auch den Ansprüchen der Zielgruppe – hier den Studienanfängerinnen und -anfängern – gerecht werden.

Danksagung Das Projekt mamdim wurde unter der Fördernummer 01PB14011 vom Bundesministerium für Bildung und Forschung finanziert und hatte eine Laufzeit vom 1. Januar 2015 bis 30. April 2018.

Literatur

Austin, J. L., & Howson, A. G. (1979). Language and mathematical education. *Educational Studies in Mathematics, 10*(2), 161–197.

Barron, B. (2003). When smart groups fail. *Journal of the Learning Sciences, 12*(3), 307–359.

Bärtl, M. (2021). Kurzes Tutorium Statistik – Statistik-Videos auf YouTube. In A. Salle, S. Schumacher, & M. Hattermann (Hrsg.), *Mathematiklernen mit digitalen Medien – Das Projekt mamdim*. Berlin: Springer Spektrum.

Bausch, I., Biehler, R., Bruder, R., Fischer, P., Hochmuth, R., Koepf, W., & Wassong, T. (2014). VEMINT – Interaktives Lernmaterial für mathematische Vor- und Brückenkurse. In I. Bausch, R. Biehler, R. Bruder, P. Fischer, R. Hochmuth, W. Koepf, S. Schreiber, & T. Wassong (Hrsg.), *Mathematische Vor- und Brückenkurse: Konzepte, Probleme und Perspektiven* (S. 261–276). Wiesbaden: Springer Spektrum.

Berthold, K., & Renkl, A. (2009). Instructional aids to support a conceptual understanding of multiple representations. *Journal of Educational Psychology, 101*(1), 70–87.

Biehler, R., Fischer, P., Hochmuth, R., & Wassong, T. (2014). Eine Vergleichsstudie zum Einsatz von Math-Bridge und VEMINT an den Universitäten Kassel und Paderborn. In I. Bausch, R. Biehler, R. Bruder, P. Fischer, R. Hochmuth, W. Koepf, S. Schreiber, & T. Wassong (Hrsg.), *Mathematische Vor- und Brückenkurse: Konzepte, Probleme und Perspektiven* (S. 103–122). Wiesbaden: Springer Spektrum.

Chi, M. T. H., Bassok, M., Lewis, M. W., Reimann, P., & Glaser, R. (1989). Self-explanations: How students study and use examples in learning to solve problems. *Cognitive Science, 13*(2), 145–182.

Chi, M. T. H., de Leeuw, N., Chiu, M.-H., & Lavancher, C. (1994). Eliciting self-explanations improves understanding. *Cognitive Science, 18*(3), 439–477.

Chi, M. T. H., & Wylie, R. (2014). The ICAP framework: Linking cognitive engagement to active learning outcomes. *Educational Psychologist, 49*(4), 219–243.

Colberg, C., Biehler, R., Hochmuth, R., Schaper, N., Liebendörfer, M., & Schürmann, M. (2016). Wirkung und Gelingensbedingungen von Unterstützungsmaßnahmen für mathematikbezogenes Lernen in der Studieneingangsphase. *Beiträge zum Mathematikunterricht 2016* (S. 213–216). Heidelberg: WTM-Verlag.

de Guzmán, M., Hodgson, R., Robert, A. & Villani, V. (1998). Difficulties in the passage from secondary to tertiary education. In G. Fischer & U. Rehmann (Hrsg.), *Invited lectures proceedings of the international congress of mathematicians Berlin* (Bd. 3, S. 747–762). Bielefeld: Deutsche Mathematiker-Vereinigung.

de Koning, B. B., Tabbers, H. K., Rikers, R. M. J. P., & Paas, F. (2011). Improved effectiveness of cueing by self-explanations when learning from a complex animation. *Applied Cognitive Psychology, 25*(2), 183–194.

Dillenbourg, P., Baker, M., Blaye, A., & O'Malley, C. (1996). The evolution of research on collaborative learning. In E. Spada & P. Reiman (Hrsg.), *Learning in humans and machine: Towards an interdisciplinary learning science* (S. 189–211). Oxford: Elsevier.

Fischer, P. R. (2014). Mathematische Vorkurse im Blended-Learning-Format. Konstruktion, Implementation und wissenschaftliche Evaluation. In R. Biehler (Hrsg.) *Studien zur Hochschuldidaktik und zum Lehren und Lernen mit digitalen Medien in der Mathematik und in der Statistik*. Wiesbaden: Springer.

Fleischmann, Y., & Kempen, L. (2019). Die online Lernmaterialien von studiVEMINT: Einsatzszenarien im Blended Learning Format in mathematischen Vorkursen. In M. Klinger, A. Schüler-Meyer, & L. Wessel (Hrsg.), *Tagungsband zum Hanse-Kolloquium 2018 – Schriften zur Hochschuldidaktik Mathematik*. Münster: WTM-Verlag.

Göbbels, M., Hintze, A., Priebe, J., Landenfeld, K., & Stuhlmann, A. S. (2016). A blended learning scenario for mathematical preparation courses – Video based learning and matching in-class lectures, In *Proceedings of the 18th SEFI (European Society for Engineering Education)* (S. 93–98). Brüssel: European Society for Engineering Education (SEFI). https://sefi.htw-aalen.de/Seminars/Gothenburg2016/Proceedings_SEFIMWG2016.pdf, Zugegriffen: 17. Jan. 2020.

Gueudet, G. (2008). Investigating the secondary–tertiary transition. *Educational Studies in Mathematics, 67*(3), 237–254.

Harp, S. F., & Mayer, R. E. (1998). How seductive details do their damage: A theory of cognitive interest in science learning. *Journal of Educational Psychology, 90*(3), 414–434.

Hattermann, M., Heinrich, D., Salle, A., & Schumacher, S. (2018). Instrument to Analyse Dyads' Communication at Tertiary-level. In E. Bergqvist, M. Österholm, C. Granberg, & L. Sumpter (Hrsg.), *Proceedings of the 42th Conference of the International Group for the Psychology of Mathematics Education* (Bd. 3, S. 27–34). Umea: PME.

Hattermann, M., Heinrich, D, Salle, A., & Schumacher, S. (2021). Umgang von Studierenden mit Lage- und Streumaßen: Quantitative Leistungsdaten und individuelle Fehlermuster. In A. Salle, S. Schumacher, & M. Hattermann (Hrsg.): *Mathematiklernen mit digitalen Medien - Das Projekt mamdim*. Berlin: Springer Spektrum.

Hausmann, R. G. M., van de Sande, B., & VanLehn, K. (2008). Shall we explain? Augmenting learning from intelligent tutoring systems and peer collaboration. In B. P. Woolf (Hrsg.) *Lecture Notes in Computer Science (including subseries Lecture Notes in Artificial Intelligence and Lecture Notes in Bioinformatics)* (Bd. 5091 LNCS, S. 636–645). Berlin: Springer.

Hillmayr, D., Reinhold, F., Ziernwald, L., & Reiss, K. (2017). *Digitale Medien im mathematisch-naturwissenschaftlichen Unterricht der Sekundarstufe: Einsatzmöglichkeiten, Umsetzung und Wirksamkeit*. Münster: Waxmann.

Höfler, T. N., & Leutner, D. (2007). Instructional animation versus static pictures: A meta-analysis. *Learning and Instruction, 17*(6), 722–738.

Hofrichter, R. (2021) Mathematiklernen mit digitalen Medien am Beispiel von moodle-Lernmodulen. In A. Salle, S. Schumacher, & M. Hattermann (Hrsg.), *Mathematiklernen mit digitalen Medien - Das Projekt mamdim*. Berlin: Springer Spektrum.

Kempen, L., & Wassong, T. (2017). VEMINT mobile with Apps: Der gezielte Einsatz von mobilen Endgeräten in einem Mathematik-Vorkurs unter Verwendung der multimedialen VEMINT-Materialien. In R. A.-K. Kordts-Freudinger, D. Al-Kabbani, & N. Schaper (Hrsg.), *Hochschuldidaktik im Dialog: Beiträge der Jahrestagung der Deutschen Gesellschaft für Hochschuldidaktik (dghd) 2015* (S. 13–38). Bielefeld: Bertelsmann.

Krause, U.-M., Stark, R., & Mandl, H. (2003). *Förderung des computerbasierten Wissenserwerbs im Bereich empirischer Forschungsmethoden durch kooperatives Lernen und eine Feedbackmaßnahme. Forschungsbericht Nr. 160*. München: LMU. https://doi.org/10.5282/ubm/epub.278

Krause, U.-M., Stark, R., & Mandl, H. (2004). Förderung des computerbasierten Wissenserwerbs durch kooperatives Lernen und eine Feedbackmaßnahme. *Zeitschrift für Pädagogische Psychologie, 18*(2), 125–136.

Lang, J. W., & Fries, S. (2006). A revised 10-item version of the achievement motives scale. *European Journal of Psychological Assessment, 22*(3), 216–224.

Lavy, I. (2006). A case study of different types of arguments emerging from exploration in an interactive computerized environment. *Journal of Mathematical Behavior, 25*(2), 153–169.

Lou, Y., Abrami, P. C., & d'Apollonia, S. (2001). Small group and individual learning with technology: A meta-analysis. *Review of Educational Research, 71*(3), 449–521.

Lowe, K. L., & Schnotz, W. (2014). Animation principles in multimedia learning. In R. E. Mayer (Hrsg.), *The Cambridge handbook of multimedia learning* (S. 515–546). Cambridge: Cambridge University Press.

Mayer, R. E. (2014a). *The Cambridge handbook of multimedia learning*. Cambridge: Cambridge University Press.

Mayer, R. E. (2014b). Principles based on social cues in multimedia learning: Personalization, voice, image, and embodiment. In R. E. Mayer (Hrsg.), *The Cambridge handbook of multimedia learning* (S. 345–368). Cambridge: Cambridge University Press.

Mayer, R. E. (2014c). Cognitive theory of multimedia leraning. In R. E. Mayer (Hrsg.), *The Cambridge handbook of multimedia learning* (S. 43–71). Cambridge: Cambridge University Press.

Mayer, R. E., & Chandler, P. (2001). When learning is just a click away: Does simple user interaction foster deeper understanding of multimedia messages? *Journal of Educational Psychology, 93*(2), 390–397.

Mayer, R. E., Fennell, S., Farmer, L., & Campbell, J. (2004). A personalization effect in multimedia learning: Students learn better when words are in conversational style rather than formal style. *Journal of Educational Psychology, 96*(2), 389–395.

Mayer, R. E., & Pilegard, C. (2014). Principles for managing essential processing in multimedia learning: Segmenting, pretraining, and modality principles. In R. E. Mayer (Hrsg.), *The Cambridge handbook of multimedia learning* (S. 316–344). Cambridge: Cambridge University Press.

Moos, D. C., & Bonde, C. (2016). Flipping the classroom. Embedding self-regulated learning prompts in videos. *Technology, Knowledge and Learning, 21*(2), 225–242.

Neuman, Y., & Schwarz, B. (1998). Is self-explanation while solving problems helpful? The case of analogical problem-solving. *British Journal of Educational Psychology, 68*(1), 15–24.

Paas, F., van Gog, T., & Sweller, J. (2010). Cognitive load theory: New conceptualizations, specifications, and integrated research perspectives. *Educational Psychology Review, 22*(2), 115–121.

Paivio, A. (1986). *Mental representations: A dual coding approach.* New York: Oxford University Press.

Pinkernell, G., & Schacht, F. (Hrsg.). (2018). *Digitales Lernen im Mathematikunterricht: Arbeitskreis Mathematikunterricht und digitale Werkzeuge in der GDM in der Gesellschaft für Didaktik der Mathematik - Herbsttagung vom 22. bis 24. September 2017 an der Pädagogischen Hochschule Heidelberg.* Hildesheim: Franzbecker.

Rach, S., & Heinze, A. (2013). Welche Studierenden sind im ersten Semester erfolgreich? Zur Rolle von Selbsterklärungen beim Mathematiklernen in der Studieneingangsphase. *Journal für Mathematik-Didaktik, 34*(1), 121–147.

Ramm, G., Adamsen, C., & Neubrand, M. (Hrsg.). (2006). *PISA 2003. Dokumentation der Erhebungsinstrumente.* Münster: Waxmann.

Renkl, A. (1997). Learning from worked-out examples: A study on individual differences. *Cognitive Science, 21*(1), 1–29.

Renkl, A. (2005). The worked-out examples principle in multimedia learning. In R. E. Mayer (Hrsg.), *The Cambridge handbook of multimedia learning* (S. 229–245). Cambridge: Cambridge University Press.

Renkl, A., Schworm, S., & Hilbert, T. S. (2004). Lernen aus Lösungsbeispielen: Eine effektive, aber kaum genutzte Möglichkeit, Unterricht zu gestalten. In M. Prenzel & J. Doll (Hrsg.), *Bildungsqualität von Schule* (S. 77–92). Münster: Waxmann.

Rheinberg, F., Vollmeyer, R., & Burns, B. D. (2001). FAM: Ein Fragebogen zur Erfassung aktueller Motivation in Lern- und Leistungssituationen. *Diagnostica, 47*(2), 57–66.

Salle, A. (2014). *Arbeitsverhalten und Argumentationsprozesse beim Lernen mit interaktiven animierten Lösungsbeispielen.* Dissertation, Springer Spektrum, Wiesbaden.

Salle, A., Schumacher, S., & Hattermann, M. (Hrsg.). (2021). *Mathematiklernen mit digitalen Medien - Das Projekt mamdim.* Berlin: Springer Spektrum.

Scheiter, K., Gerjets, P., & Catrambone, R. (2006). Making the abstract concrete: Visualizing mathematical solution procedures. *Computers in Human Behavior, 22*(1), 9–25.

Scheiter, K., Gerjets, P., & Schuh, J. (2010). The acquisition of problem-solving skills in mathematics: How animations can aid understanding of structural problem features and solution procedures. *Instructional Science, 38*(5), 487–502.

Schmidt-Weigand, F. (2006). *Dynamic visualizations in multimedia learning: The Influence of verbal explanations on visual attention, cognitive load and learning outcome.* Dissertation, Justus-Liebig-Universität, Gießen.

Schräder-Naef, R. (1992). *Besser Lernen lernen.* Weinheim: Beltz.

Schumacher, S. (2017). *Lehrerprofessionswissen im Kontext beschreibender Statistik. Entwicklung und Aufbau eines Testinstrumentes BeST Teacher mit ausgewählten Analysen*. Dissertation, Springer Spektrum, Berlin.

Schwanzer, A. D., Trautwein, U., Lüdtke, O., & Sydow, H. (2005). Entwicklung eines Instruments zur Erfassung des Selbstkonzepts junger Erwachsener. *Diagnostica, 51*(4), 183–194.

Slavin, R. E. (2000). *Cooperative learning. Theory, research, and practice* (Aufl. 2). Boston: Allyn and Bacon.

Stark, R., & Krause, U.-M. (2009). Effects of reflection prompts on learning outcomes and learning behaviour in statistics education. *Learning Environments Research, 12*(3), 209–223.

Stark, R., Tyroller, M., Krause, U.-M., & Mandl, H. (2008). Effekte einer metakognitiven Promptingmaßnahme beim situierten, beispielbasierten Lernen im Bereich Korrelations-rechnung. *Zeitschrift für Pädagogische Psychologie, 22*(1), 59–71.

Steinbring, H. (2015). Mathematical interaction shaped by communication, epistemological constraints and enactivism. *ZDM, 47*(2), 281–293.

Sweller, J. (1988). Cognitive load during problem solving: Effects on learning. *Cognitive Science, 12*(2), 257–285.

Sweller, J. (1994). Cognitive load theory, learning difficulty and instructional design. *Learning and Instruction, 4*(4), 295–312.

Thillmann, H., Künsting, J., Wirth, J., & Leutner, D. (2009). Is it merely a question of 'what' to prompt or also 'when' to prompt? *Zeitschrift für Pädagogische Psychologie, 23*(2), 105–115.

Tindall-Ford, S., Chandler, P., & Sweller, J. (1997). When two sensory modes are better than one. *Journal of Experimental Psychology: Applied, 3*(4), 257–287.

Tversky, B., Morrison, J. B., & Betrancourt, M. (2002). Animation: Can it facilitate? *International Journal of Human–Computer Studies, 57*(4), 247–262.

Wong, R. M. F., Lawson, M. J., & Keeves, J. (2002). The effects of self-explanation training on students' problem solving in high-school mathematics. *Learning and Instruction, 12*(2), 233–262.

Wylie, R., & Chi, M. T. H. (2014). The self-explanation principle in multimedia learning. In R. E. Mayer (Hrsg.), *The Cambridge handbook of multimedia learning* (S. 413–432). Cambridge: Cambridge University Press.

Ein Unterstützungsangebot für Studierende ohne allgemeine Hochschulreife in ingenieurmathematischen Übungen

Johanna Ruge, Reinhard Hochmuth, Anne Frühbis-Krüger und Josephine Fröhlich

Zusammenfassung

Im Projekt „Einstieg in die Ingenieurmathematik aus der Berufspraxis" wurde ein Unterstützungsangebot für Studienanfängerinnen und -anfänger ohne oder mit weit zurückliegender allgemeiner Hochschulreife in der Veranstaltung „Mathematik für Ingenieure" an der Leibniz Universität Hannover entwickelt und etabliert. Der Fokus des Angebots lag auf der Unterstützung des Erwerbs von mathematischem Fachwissen, kombiniert mit der Förderung des Erlernens mathematikbezogener Lern- und Aufgabenbearbeitungsstrategien. Für die Zielgruppe wurden im Rahmen der regulären Veranstaltung ein Lernstrategieworkshop konzipiert, Übungsaufgaben des Mathematik-Vorkurses modifiziert und die Übungsgruppen im Mathematik-Vorkurs und in der semesterbegleitenden Veranstaltung auf die Bedürfnisse dieser Studierendengruppe mit dem spezifischen Ziel einer integrierten fachbezogenen Förderung von Lern- und

J. Ruge (✉) · R. Hochmuth · J. Fröhlich
Institut für Didaktik der Mathematik und Physik, Leibniz Universität Hannover, Hannover, Deutschland
E-Mail: ruge@idmp.uni-hannover.de

R. Hochmuth
E-Mail: hochmuth@idmp.uni-hannover.de

J. Fröhlich
E-Mail: phine.froehlich@gmail.com

A. Frühbis-Krüger
Institut für Mathematik, Carl-von-Ossietzki-Universität Oldenburg, Oldenburg, Deutschland
E-Mail: anne.fruehbis-krueger@uol.de

© Springer-Verlag GmbH Deutschland, ein Teil von Springer Nature 2021
R. Biehler et al. (Hrsg.), *Lehrinnovationen in der Hochschulmathematik*,
Konzepte und Studien zur Hochschuldidaktik und Lehrerbildung Mathematik,
https://doi.org/10.1007/978-3-662-62854-6_18

Aufgabenbearbeitungsstrategien angepasst. Der Beitrag beschreibt die verschiedenen Elemente des Angebots und deren Verknüpfung. Dabei wird die Anpassung der Übungsaufgaben mit Blick auf Leitvorstellungen reflektiert, die auf der Grundlage des praxeologischen Modells der Anthropologischen Theorie der Didaktik, stoffdidaktische sowie lern- und aufgabenbearbeitungsstrategische Aspekte vernetzen. Die fachspezifische Ausrichtung und die Abstimmung der einzelnen Elemente des Unterstützungsangebots wurden von den Studierenden als positiv wahrgenommen. Insgesamt konnte die Bestehensquote der Zielgruppe erhöht werden.

18.1   Einleitung und Überblick

Im Rahmen des von der NTH[1] geförderten Projekts „Einstieg in die Ingenieurmathematik aus der Berufspraxis" wurde für Studienanfängerinnen und -anfänger ohne oder mit weit zurückliegender allgemeiner Hochschulreife ein zusätzliches Unterstützungsangebot entwickelt (siehe auch Wegener et al. 2015; Ruge und Wegener 2016).

Ziel dieses Angebots war es, eine an die lokalen Gegebenheiten angepasste Unterstützung des Erwerbs von Lern- und Arbeitstechniken sowie mathematischer Inhalte für die Ingenieurmathematik zu realisieren, die sich an spezifischen Bedarfen der Zielgruppe orientiert. Zusätzlich zum regulären Lehrangebot für alle Studierenden in den ingenieurwissenschaftlichen Studiengängen wurde ein Lernstrategieworkshop entwickelt und eine spezielle Gruppenübung im Mathematik-Vorkurs sowie im Semester angeboten. Die Aufgaben auf den Übungsblättern im Vorkurs wurden für die spezielle Übungsgruppe ergänzt und modifiziert, zudem wurde auch das didaktisch-methodische Vorgehen in den Gruppenübungen des Mathematik-Vorkurses und semesterbegleitend angepasst. Der Lernstrategieworkshop und die Anpassungen im didaktisch-methodischen Vorgehen waren dabei mit den Anpassungen im Lernmaterial abgestimmt.

Insgesamt umfasste das Unterstützungsangebot also den Mathematik-Vorkurs und das gesamte erste Semester der Veranstaltung „Mathematik I für Ingenieure". So wurden zunächst Lern- und Arbeitstechniken vermittelt, die dann während des Mathematik-Vorkurses unter Anleitung durch die Tutorinnen und Tutoren angewendet werden sollten. Bei der Anpassung der Übungsaufgaben an den Bedarf der Zielgruppe wurden unter anderem Einstiegsaufgaben gestaltet und zusätzliche Abstufungen des

---

[1]Die Niedersächsische Technische Hochschule (NTH) war eine Allianz der drei Universitäten TU Braunschweig, TU Clausthal und der Leibniz Universität Hannover. Die NTH wurde am 31.12.2015 aufgelöst. Das NTH-Plus-Projekt „Einstieg in die Ingenieurmathematik aus der Berufspraxis" wurde von 2014 bis 2016 finanziell gefördert.

Schwierigkeitsgrades hinzugefügt. Zur stoffdidaktischen Analyse und Reflexion der Aufgaben und deren Modifikation wird auf die Begriffe aus der Anthropologischen Theorie der Didaktik (vgl. Chevallard 1992) Bezug genommen, die Rodriguez et al. (2008) zur Vernetzung und Reformulierung stoffdidaktischer und metakognitiver Aspekte verwendeten. In unserem Kontext erlaubt dieser Zugang die Formulierung von Leitvorstellungen und eine kohärente und integrierte Darstellung der inhaltlichen Modifikationen der Aufgaben in Bezug auf die Förderung mathematikbezogener Lern- und Aufgabenbearbeitungsstrategien. Die Anpassung beinhaltete auch das bewusste Auslassen bestimmter eher fortgeschrittener Themen im Mathematik-Vorkurs. Diese inhaltlichen Lücken wurden dann im Laufe des Semesters in der speziellen Gruppenübung der Zielgruppe behandelt, ehe in der Vorlesung darauf aufbauender Stoff thematisiert wurde. Gleichzeitig sollte im Semester die explizite Behandlung von Arbeitstechniken kontinuierlich in den Hintergrund treten und die Selbstständigkeit der Studierenden immer stärker eingefordert werden. Ab Beginn des zweiten Studiensemesters nahm diese Studierendengruppe dann am regulären Übungsbetrieb der Veranstaltung „Mathematik II für Ingenieure" teil.

Nach einer erfolgreichen Pilotierung im Wintersemester 2014/15, an der Studierende des Studienganges „Technical Education Metallbau" teilnahmen, wurde das Projekt im darauffolgenden Wintersemester 2015/16 auf alle ingenieurwissenschaftlichen Studiengänge an der Leibniz Universität Hannover ausgeweitet.

Im Folgenden wird zunächst die Ausgangslage des Projekts dargestellt. Dabei werden Vorerfahrungen von Lehrenden und Ergebnisse aus Fokusgruppeninterviews mit Studierenden berichtet, die eine Nichtpassung bereits bestehender und zuvor angebotener Unterstützungsmaßnahmen mit den Bedarfen der hier betrachteten Studierendengruppe dokumentieren. Anschließend werden die einzelnen Elemente des Unterstützungsangebots – Lernstrategieworkshop, Auswahl und Modifikation der Aufgaben, didaktisch-methodische Gestaltung der Übungsgruppen – genauer beschrieben. Ein fachlicher Schwerpunkt des Beitrags liegt auf der Darstellung und Illustration der Auswahl und Modifikation der Aufgaben im Mathematik-Vorkurs. Die während der Projektlaufzeit gewonnenen Anhaltspunkte über Wirkweisen des Unterstützungsangebotes werden in einem Rückblick vorgestellt.

18.2   Ausgangslage des Projekts „Einstieg in die Ingenieurmathematik aus der Berufspraxis"

Die Entwicklung des Angebots hatte zum Ziel, die spezifische Zielgruppe beim Einstieg in die Ingenieurmathematik, angepasst an deren Bedarfe und an die lokalen universitären Gegebenheiten, zu unterstützen. Daher wird der Kontext des Projekts vorgestellt, indem vorab Einblicke in die Ingenieurmathematik-Veranstaltungen an der Leibniz Universität Hannover, die Historie des Projekts und die Bedarfe aus der Perspektive der Zielgruppe gegeben werden. Dabei wird auch die Passung des regulären Angebotes mit den Bedarfen der Zielgruppe reflektiert.

Die in diesem Kapitel geschilderten Erfahrungen und Überlegungen flossen in die Entwicklung eines zusätzlichen Angebots für diese Studierendengruppe ein (Abschn. 18.3 und Abschn. 18.4). Das Angebot kombiniert die Vermittlung von Lern- und Arbeitsstrategien mit der Vermittlung mathematischer Inhalte und wurde in die reguläre Veranstaltung integriert, die sich an alle Studierenden der ingenieurwissenschaftlichen Fächer wendet (siehe Kap. 3).

18.2.1 Ingenieurmathematik-Veranstaltungen an der Leibniz Universität Hannover

An der Leibniz Universität Hannover beginnen jedes Jahr zwischen 1600 und 2000 Studienanfängerinnen und Studienanfänger ein Studium in einem der zwölf ingenieurwissenschaftlichen Studiengänge[2]. All diesen ist eine zentrale Veranstaltung des ersten Semesters gemein: „Mathematik I für Ingenieure" mit 4 SWS Vorlesung (in drei parallelen Vorlesungstranchen), 2 SWS Gruppenübung (in Gruppen mit mehr als 40 Teilnehmerinnen und Teilnehmern) und 2 SWS Zentralübung (mit ca. 450 Teilnehmerinnen und Teilnehmern im Hörsaal und zusätzlicher Videoaufzeichnung). Für all diese Studierenden stellt der Übergang ins Studium eine große Herausforderung dar (vgl. Hochmuth et al. 2021). Dieser Übergang soll durch einen zweiwöchigen Mathematik-Vorkurs erleichtert werden. Dieser zielt einerseits darauf ab, schulbezogene Mathematikkenntnisse und Rechentechniken aus der Sekundarstufe I und II zu wiederholen, und bietet andererseits durch die Strukturierung in eine Zentralübung (die wie eine Vorlesung gestaltet ist) und Gruppenübungen Gelegenheit, erste Erfahrungen mit typischen Lehrformen des Hochschulstudiums zu machen. Dabei ist der Vorkurs bewusst so gestaltet, dass er für die Teilnehmerinnen und Teilnehmer mit den Veranstaltungen „Mathematik I und II für Ingenieure" eine Einheit bildet, aber für die Teilnahme an diesen beiden Veranstaltungen nicht zwingend erforderlich ist. Eine genauere Vorstellung der Ingenieurmathematik-Veranstaltungen und des Mathematik-Vorkurses in Hannover findet sich in diesem Band in Kap. 3.

18.2.2 Historie des Projekts

Die Zulassung von Studierenden aus der Berufspraxis, auch ohne allgemeine Hochschulreife, ist an der Leibniz Universität Hannover schon seit Längerem in einer Reihe

---

[2]Folgende ingenieurwissenschaftliche Studiengänge werden an der Leibniz Universität Hannover angeboten: Maschinenbau, Produktion und Logistik, Technical Education Metallbau, Bau- und Umweltingenieurwesen, Geodäsie und Geoinformatik, Elektrotechnik und Informationstechnik, Mechatronik, Energietechnik, Technische Informatik, Technical Education Elektrotechnik, Wirtschaftsingenieur, Nanotechnologie.

von Ingenieur-Studiengängen möglich. Gerade im Bereich der Lehramtsausbildung für berufsbildende Schulen (Technical Education) ist diese Studierendengruppe von großer Bedeutung, da sie potenziell in der Lage ist, später an der Schule durch ihre eigene Berufspraxis eine unmittelbar berufsbezogene Perspektive mit einzubringen. Allerdings ist gerade für diese Gruppe der Studieneinstieg in die Ingenieurmathematik besonders schwer. Die sehr geringe Bestehensquote (nach Auskunft des Lehrpersonals von unter 10 %) und Erfahrungswerte des Lehrpersonals legten die Vermutung nahe, dass diese Studierendengruppe gegenüber Abiturientinnen und Abiturienten über geringere mathematische Kenntnisse und Fertigkeiten und weniger für das universitäre Studium adäquate mathematikbezogene Lern- und Arbeitsweisen verfügt. Bezüglich dieser beiden Problemfelder wurden bereits in den Jahren 2008 bis 2013 verschiedene Unterstützungsmaßnahmen erprobt. Das Zentrum für Didaktik der Technik bot einen speziellen Kurs zu Lern- und Arbeitstechniken für diese Studierendengruppe an, der aber nicht gut angenommen wurde, da er vor allem als zusätzliche zeitliche Belastung gesehen wurde. Zudem schien diese Gruppe von Studierenden aus den bereits bestehenden fachlichen Unterstützungsangeboten in der „Mathematik I für Ingenieure" nicht hinreichend Nutzen ziehen zu können. Wir vermuteten, dass es ihnen hierfür an Strategien fehlte.

18.2.3   Erhebung der Bedarfe aus Perspektive der Zielgruppe

Neben den Erfahrungen aus vorherigen Maßnahmen zur Unterstützung dieser Studierendengruppe und Berichten des Lehrpersonals wurden bei der Gestaltung und Anpassung des in diesem Beitrag dargestellten Unterstützungsangebots mittels Fokusgruppeninterviews (vgl. Morgan 1997) erhobene Erfahrungen von Studierenden der Zielgruppe mit dem Mathematik-Vorkurs und der Veranstaltung „Mathematik I für Ingenieure" berücksichtigt. Es konnten nur Studierende befragt werden, die zum Zeitpunkt der Befragung noch studierten und ihr Studium noch nicht abgebrochen hatten.

Die Studierenden gaben unter anderem an, sie hätten Übungsaufgaben häufig nicht selbstständig als Vorbereitung zu den Gruppenübungen lösen können. Sie hätten sich nicht getraut, in den Gruppenübungen Fragen zu stellen. Als Strategie in den Lehrveranstaltungen (sowohl in „Mathematik I für Ingenieure" wie auch im Mathematik-Vorkurs) wurde passives Mitschreiben genannt. Die Studierenden hatten darüber hinaus Probleme damit, die verschiedenen Funktionen von Vorlesung und Übung zu benennen. Zur Nachbereitung der Lehrveranstaltung bzw. Klausurvorbereitung gaben die Studierenden an, sie hätten Übungsaufgaben wieder und wieder durchgerechnet. Jedoch seien sie in Klausuren häufig von den Aufgabenstellungen überrascht gewesen und hätten diese nicht mit den zuvor gelernten Lösungstechniken in Verbindung bringen können.

Den Studierenden war bewusst, dass sie Lücken im mathematischen Vorwissen im Bereich der Sekundarstufe I und II haben. In den Fokusgruppeninterviews wurde der grundsätzliche Wunsch nach Aufgaben zum Aufbau von Grundverständnis ebenso geäußert wie die Bitte um Unterstützung bei der allmählichen Gewöhnung an die Begriffsweisen der Mathematik an der Universität.

Nach eigenen Angaben investierten die Studierenden viel Zeit in das Lernen für die Veranstaltung „Mathematik I für Ingenieure". Dieses führte dazu, dass sie andere Veranstaltungen ihres Studiengangs vernachlässigten. Trotzdem hätten sie zumeist mehrere Versuche gebraucht, die Veranstaltung zu bestehen.

18.2.4 Vorüberlegungen zur Passung des regulären Angebotes für die Zielgruppe

Die Konzeption des regulären Mathematik-Vorkurses zielt auf eine Vermittlung zwischen Schulmathematik und Mathematik auf universitärem Level. Dabei werden mathematische Inhalte der Sekundarstufe I und II thematisiert. Die Art und Weise der Vermittlung orientiert sich allerdings an der universitären Lehrstruktur. Auch werden Spezifika der universitären Mathematik aufgezeigt.

Die universitäre Lehrstruktur unterscheidet sich von der Vermittlungsform, die sich in der Schule oder in beruflichen Ausbildungen finden lässt, und kann durch folgende vier Elemente charakterisiert werden: Vorlesung, die Bearbeitung von Übungsblättern, Übungsgruppen und die Prüfungsform Klausur (vgl. Liebendörfer 2018, S. 20–24). Der didaktische Vertrag – implizite Regeln, die die Rolle von Lehrenden und Lernenden im Lehr-Lern-Prozess festschreiben – ändert sich entsprechend. Typisch für diese Lehrstruktur ist, dass am Beginn des Lehr-Lern-Prozess die Darstellung von mathematischem Wissen durch die Lehrperson steht und Phasen der Exploration überwiegend in der Verantwortlichkeit der Studierenden liegen (vgl. Grønbæk et al. 2009).

Die universitäre Mathematik folgt einem deduktiven Aufbau und einer formalen Logik und unterscheidet sich somit von der Schulmathematik, in der neue Inhalte eher anschaulich eingeführt und begründet werden (vgl. Witzke 2014; Liebendörfer 2018). Einen wissenschaftspropädeutischen Anspruch, der zukünftige Studierende auf die universitäre Mathematik vorbereitet und es ihnen erlaubt, entsprechende Lern- und Arbeitstechniken auszubilden, wird der gymnasialen Oberstufe zugeschrieben (vgl. Köller 2013). Bei Studierenden ohne allgemeine Hochschulreife kann daher nicht davon ausgegangen werden, dass sie bereits Möglichkeiten hatten, entsprechende Erfahrungen zu sammeln.

Die universitäre Mathematik in den Ingenieurfächern unterscheidet sich zwar von der Mathematik im Hauptfach und ist stärker auf Ergebnisse, Verfahren und Rechentechniken ausgerichtet, jedoch folgt auch diese an der Leibniz Universität Hannover in erster Linie einem deduktiven Aufbau (vgl. Kap. 3) im Unterschied zu einer eher anschauungsbasierten Schulmathematik. Zudem wird eine formale mathematische Fachsprache zur exakten, kompakten Darstellung als wichtig für die Ingenieurwissenschaften betrachtet und deshalb bereits im Mathematik-Vorkurs angestrebt (vgl. Kap. 3). Für einen Überblick verschiedener Ausgestaltungsformen mathematischer Fachsprache und deren Bedeutung in der Ingenieurmathematik vergleiche man etwa Bissell und Dillon (2000).

Zusammenfassend können also zunächst zwei verschiedene Zielsetzungen des regulären Vorkurses identifiziert werden: Zum einen die Wiederholung von mathematischen Inhalten und zum anderen die Hinführung zur universitären Mathematik.

Diese Konzeption erscheint angemessen, um Studienanfängerinnen und Studienanfängern mit allgemeiner Hochschulreife den Übergang von der Schulmathematik zur universitären Mathematik zu erleichtern. Dabei wird an der Universität Hannover davon ausgegangen, dass es sich bei den im Vorkurs behandelten Inhalten um eine Wiederholung handelt, diese also nicht neu erlernt und allenfalls einzelne Lücken im behandelten Stoff aufgeholt werden müssen. Des Weiteren wird angenommen, dass Studierende bereits über adäquate bzw. anschlussfähige mathematikbezogene Lernstrategien verfügen, um gegebenenfalls Lücken in den schulmathematischen Inhalten selbstständig schließen zu können.

Diese Voraussetzungen können jedoch nicht für die Studierendengruppe, die ohne allgemeine Hochschulreife ihr Studium beginnt, angenommen werden. Somit ergibt sich bezogen auf diese spezifische Gruppe eine Nichtpassung der standardmäßig angebotenen Unterstützung: Zum einen muss davon ausgegangen werden, dass es sich bei Themen aus der Sekundarstufe II um neu zu erlernende Inhalte handelt und somit dafür unter anderem tragfähige Grundvorstellungen erst aufgebaut werden müssen. Für die Ingenieurwissenschaften grundlegende mathematische Wissensbestände, wie beispielsweise Differential- und Integralrechnung, sind häufig in der schulischen Laufbahn dieser Gruppe nicht behandelt worden. Auch von Lücken im mathematischen Vorwissen im Bereich der Sekundarstufe I muss ausgegangen werden (Abschn. 18.2.3). Zum anderen kann nicht ohne Weiteres davon ausgegangen werden, dass die Studierendengruppe über Lernstrategien verfügt, die für diese Inhaltsbereiche und für die spezifischen Kontextbedingungen der universitären Lehre adäquat bzw. anschlussfähig sind.

Diese Überlegungen führten zur Entwicklung eines zusätzlichen Angebots für diese Studierendengruppe. Das Angebot kombiniert die Vermittlung von Lern- und Arbeitsstrategien mit der Vermittlung mathematischer Inhalte und wurde in die reguläre Veranstaltung integriert, die sich an alle Studierenden der ingenieurwissenschaftlichen Fächer wendet, siehe den Beitrag von Kortemeyer und Frühbis-Krüger in diesem Band (Kap. 3).

18.3 Lernstrategieworkshop

Der Lernstrategieworkshop wurde unter Berücksichtigung der von den Studierenden berichteten Bedarfe (Abschn. 18.2.3) der Zielgruppe neu entwickelt. Bei diesem handelt es sich um eine zweitägige Veranstaltung (je vier Blöcke mit je 1,5 Zeitstunden). Der Lernstrategieworkshop rahmte zeitlich wie auch konzeptionell den Mathematik-Vorkurs ein: Der erste Workshoptag wurde vor dem Beginn des Mathematik-Vorkurses, der zweite Workshoptag im Anschluss durchgeführt. Die Konzeption orientierte sich an dem Aufbau eines direkten Trainings (vgl. Nüesch et al. 2003): Nach einer Sensibilisierung für die Relevanz einer Strategie folgte die Phase des Wissenserwerbs über mögliche Lernstrategien und Übungsphasen anhand prototypischer Aufgaben. Eine Routinisierung fand im Rahmen der Übungsgruppe im Vorkurs und im laufenden Semester statt (vgl. Nüesch et al. 2003).

Der Workshop wurde von einer wissenschaftlichen Mitarbeiterin gemeinsam mit den Lehrenden der speziellen Gruppenübung im Mathematik-Vorkurs und im Semester geleitet. Dies entsprach zum einem dem im Fokusgruppeninterview geäußerten Wunsch nach fortlaufend konstanten Ansprechpersonen und gab dem Lehrendenteam zudem eine erste Gelegenheit, einen Eindruck über den Kenntnisstand der Studierenden zu gewinnen, um dann auf dieser Basis gezielt Inhalte vertieft im Vorkurs aufzugreifen.

Die Ratio, welche die Gestaltung des Lernstrategieworkshops prägte, um dieser Studierendengruppe für das universitäre Lernen adäquate Strategien anzubieten, gliedert sich in drei Bereiche:

1. Allgemeine Lernstrategien für das selbstregulierte Lernen
2. Mathematikspezifische Lernstrategien zum Aufbau eines reichhaltigen und adäquaten *concept image* (siehe Vinner 1991)
3. Explizierung kontextspezifischer und durch die Rahmenbedingungen gegebener Besonderheiten der Lehre an der Universität Hannover

Diese werden im Folgenden näher erläutert.

18.3.1 Allgemeine Lernstrategien für das selbstregulierte Lernen

Im Allgemeinen wird davon ausgegangen, dass das Lernen im institutionellen Kontext des universitären Studiums erhöhte Anforderungen an das selbstregulierte Lernen stellt (vgl. u. a. Bellhäuser und Schmitz 2014; Friedrich und Mandl 2006; Mandl und Friedrich 2006; Streblow und Schiefele 2006). In der expliziten Adressierung von Lernstrategien wird daher ein Potenzial gesehen, das selbstregulierte Lernen zu fördern (vgl. Friedrich und Mandl 2006). Diese Förderung umfasst eine Schulung kognitiver und metakognitiver Strategien sowie von Strategien des Ressourcenmanagements (vgl. Streblow und Schiefele 2006):

- Kognitive Strategien umfassen neben Memorisierungs- und Wiederholungsstrategien auch Elaborationsstrategien.
- Metakognitive Strategien können in allgemeine und fachbezogene metakognitive Strategien unterschieden werden. Allgemeine metakognitive Strategien beziehen sich auf die Planung und Steuerung des Lernprozesses.

- Strategien des Ressourcenmanagements umfassen Strategien zur Gestaltung der Lern- und Arbeitsumgebung, der Beschaffung von Informationen und des Hilfesuchens und Strategien zur Regulation von Anstrengung und Aufmerksamkeit.

Die aufgeführten Strategien sind nicht mathematikspezifisch, werden jedoch als wichtige Grundvoraussetzungen für ein selbstreguliertes Lernen betrachtet (vgl. Streblow und Schiefele 2006).

Da davon ausgegangen werden konnte, dass viele Aspekte der Strategien dieser Gruppe der Studienanfängerinnen und Studienanfänger bereits aus ihren vorherigen Ausbildungswegen und Berufskontexten bekannt sind, wurde auf eine angeleitete Reflexion bisheriger Erfahrungen gesetzt. So wurden von den Workshopteilnehmenden in Gruppen Checklisten bzw. visuelle Darstellungen erarbeitet und gegebenenfalls im Gespräch ergänzt. Als Orientierung dienten jeweils Checklisten von Elke (2006). Thematisch lag der Fokus bei den kognitiven Strategien auf Elaborationsstrategien, da diese Hilfestellungen bieten, sich eigenständig neue Wissensinhalte anzuzeigen. Angebotene metakognitive Strategien bezogen sich vor allem auf Strategien der Organisation des Lernens und des Zeitmanagements. Im Bereich Ressourcenmanagement wurden verschiedene Strategien zur Aufrechterhaltung der Motivation angeboten. Ebenso wurde die Bedeutung einer konstruktiven Gestaltung der Lernumgebung thematisiert. Ein Explizieren und das Bewusstmachen von Strategien werden als hilfreich für eine spätere Verwendung betrachtet (vgl. Elke 2006).

18.3.2 Mathematikspezifische Lernstrategien

Betrachtet man die doppelte Herausforderung an diese Gruppe, gleichzeitig Grundlagen nachholen und sich neues mathematisches Wissen aneignen zu müssen, sollten die vorgeschlagenen mathematikbezogenen Lernstrategien die Studierenden dabei unterstützen, selbstständig und zielgerichtet (I.) mathematische Inhalte der Sekundarstufe II sowie (II.) Inhalte der universitären Lehre zu erwerben.

I. Um Lerntätigkeiten zur Aufarbeitung von mathematischen Inhalten zielgerichtet zu gestalten, ist eine „Selbstdiagnose" zentral, die sowohl das Erkennen von Lücken als auch das Benennen von bereits bekannten Wissenselementen und Techniken beinhaltet. So ist beispielsweise die Unterscheidung wichtig, ob es sich um fehlende Wissensbestände handelt, die aufgearbeitet werden müssen, oder ob die Schwierigkeiten in der Integration neuer Wissenselemente in vorhandene Wissensbestände bestehen, um den weiteren Lernprozess fokussiert gestalten zu können (vgl. u. a. Bellhäuser und Schmitz 2014).

II. Vinner (1991) führte die Unterscheidung zwischen *concept image* und *concept definition* ein, um Spezifika und Hürden des Lerngegenstandes der universitären Mathematik zu benennen. Es wird betont, dass für einen flexiblen Umgang mit mathematischen Objekten reichhaltige und tragfähige *concept images*[3] benötigt werden (Vinner 1991). Diese müssen von den Studierenden selbstständig erarbeitet werden.

Am ersten Workshoptag bearbeiteten die Workshopteilnehmenden im Anschluss an die Thematisierung fachunspezifischer Lernstrategien in Gruppen mathematische Aufgaben unterschiedlichen Schwierigkeitsgrades aus dem Bereich der Sekundarstufe I und II. Anhand dieser konkreten Erfahrungen wurden Strategien für eine „Selbstdiagnose" besprochen. Die Teilnehmenden wurden dazu angeregt, ihren eigenen Lern- und Aufgabenbearbeitungsprozess anhand von Fragen zu strukturieren. Es wurde daran gearbeitet, Verständnishürden konkret zu formulieren. Die Formulierung von Verständnishürden erachten wir auch als hilfreich, um bestehende reguläre Unterstützungsangebote (z. B. Dozierendensprechstunden) besser nutzen zu können. Die Bearbeitung der Aufgaben fand bewusst in Gruppen statt, um die Bildung von Lerngruppen zu fördern. Als Hilfsmittel zur Erarbeitung tragfähiger *concept images* wurde die Verwendung von Lernkarten vorgeschlagen, was explizit eine strukturierte Form der Darstellung von Definitionen, Vorstellungsbildern, Beispielen und Gegenbeispielen einfordert (vgl. Dietz 2016).

Am zweiten Workshoptag wurde in Gruppen anhand von Inhalten des Mathematik-Vorkurses die Erstellung von Lernkarten eingeübt. Die Auswahl der Themen hierfür wurde von Studierenden selbst getroffen, um auf deren selbstständig formulierte Bedarfe einzugehen. Zudem wurden Aspekte mathematischer Sprache und Formulierungsspezifika von Aufgaben besprochen. Hierzu wurden verschiedene sprachliche Elemente, wie sie typischerweise in Aufgaben der Ingenieurmathematik vorkommen, gemeinsam mit den Teilnehmenden in alltägliche Sprache übersetzt. Dieser Bestandteil wurde in den Lernstrategieworkshop mit aufgenommen, da sich in den Fokusgruppeninterviews ergeben hatte, dass für die Studierenden in dieser Zielgruppe Aufgabenformulierungen häufig unklar geblieben waren und sie sich teilweise auch daher nicht in der Lage gesehen hatten, sich selbstständig mit den Übungsaufgaben auseinanderzusetzen.

Fachbezogene metakognitive Strategien wurden in den Anpassungen des Lernmaterials für die Gruppenübungen und bei der didaktisch-methodischen Gestaltung der Übungsgruppen berücksichtigt (vgl. Abschn. 18.5) und nicht explizit im Workshop thematisiert.

---

[3]Der Begriff *concept image* beschreibt „the total cognitive structure that is associated with the concept, which includes all the mental pictures and associated properties and processes" (Tall und Vinner 1981, S. 152). Somit unterscheidet sich das *concept image* des jeweiligen mathematischen Konzepts (im Gegensatz zu formalen Definitionen) individuell und der Aufbau stellt eine notwendige Eigenleistung der Studierenden dar.

18.3.3 Explizierung der Rahmenbedingungen an der Leibniz Universität Hannover

Im Rahmen des Lernstrategieworkshops wurden darüber hinaus allgemeine sowie für die Universität Hannover standortspezifische Rahmenbedingungen und Besonderheiten des universitären Lehr-Lern-Kontextes der Ingenieurmathematik erläutert. Dieses fand vor allem am zweiten Tag des Lernstrategieworkshops statt und wurde von einer Reflexion der Erfahrungen der Studierenden innerhalb des Vorkurses begleitet. Es wurden die Studienstruktur und der Aufbau der Veranstaltung „Mathematik I für Ingenieure" sowie das Zusammenspiel der einzelnen Veranstaltungselemente zueinander dargestellt. Hier wurde unter anderem der Stellenwert von Vorlesung und Übung besprochen, da sich im Fokusgruppeninterview herausgestellt hatte, dass die Studierenden Probleme damit hatten, die verschiedenen Funktionen dieser beiden Veranstaltungselemente zu benennen. Anschließend hatten die Studierenden die Möglichkeit, einen eigenen Wochenplan aufzustellen. Auf diese Weise wurden Strategien zur Planung des Lernprozesses, die am ersten Workshoptag besprochen worden waren, wiederholt.

18.4 Auswahl und Modifikation von Aufgaben im Mathematik-Vorkurs

Das Bearbeiten von Aufgaben durch Studierende sowie die Vor- und Nachbesprechung von Aufgabenbearbeitungen in Übungsgruppen stellen zentrale Momente des mathematikbezogenen Studienanteils in den Ingenieurwissenschaften dar. Dabei kommt der Auswahl geeigneter Aufgaben eine große Bedeutung zu. Dies trifft in besonderer Weise für die hier im Fokus des Beitrags stehende Studierendengruppe zu. Wie üblich sollen und müssen die Aufgaben zunächst im jeweiligen inhaltlichen Kontext der Lehrveranstaltung stehen und sowohl von ihrem Schwierigkeitsgrad als auch dem Zeitaufwand der Bearbeitung her angemessen sein. Die Aufgaben dürfen insbesondere nicht zu leicht sein, aber die Studierenden auch nicht überfordern. Im Rahmen des vorliegenden Projekts bildeten die Aufgaben und der Umgang mit ihnen darüber hinaus ein zentrales Verbindungsglied zur Verknüpfung der Förderung mathematikbezogener Lern- und Aufgabenbearbeitungsstrategien einerseits und der Vermittlung wichtiger grundlegender mathematischer Kenntnisse andererseits.

Wir gehen im Folgenden davon aus, dass sich an Lern- und Aufgabenbearbeitungsstrategien analytisch eine fachübergreifende und eine fachbezogene Dimension unterscheiden lassen. Unsere didaktisch-methodischen Bemühungen fokussierten auf diese Dimensionen in unterschiedlicher Weise: Die im Lernstrategieworkshop bearbeiteten Themen fokussierten vor allem auf fachübergreifende Aspekte. Fachbezogene Facetten spielten insbesondere bei der Auswahl und Modifikation der Aufgaben, die die Studierenden bearbeiten sollten, eine wichtige Rolle. Der didaktisch-methodischen Gestaltung der Übungen kam insbesondere die Aufgabe zu, die Verknüpfung beider Aspekte im Fortgang des Semesters zu fördern.

Bei der Beschreibung der Ziele und der Gestaltung des Lernstrategieworkshops haben wir mit Blick auf die fachbezogenen Aspekte bereits auf die Bedeutung und Förderung eines adäquaten *concept image* zentraler mathematischer Begriffe hingewiesen: Ein reichhaltiges und handlungsbezogenes *concept image* stellt eine notwendige inhalts-bezogene Grundlage für strategische mathematische Handlungen dar (Vinner 1991). Für die Auswahl und gegebenenfalls Modifizierung von Aufgaben liefert dieses kognitivistische Konstrukt jedoch keine hinreichende Differenzierungsmöglichkeit[4]. Zur detaillierten Reflexion der Auswahl der Aufgaben griffen wir deshalb auf Konstrukte der Anthropologischen Theorie der Didaktik (ATD) zurück. Diese bietet insbesondere auf-gabenbezogene Begriffe für detailliertere stoffdidaktische Überlegungen und erlaubt, wie wir nachfolgend noch skizzieren werden, inhaltsbezogene Aufgabenaspekte so zu adressieren, dass diese systematisch mit den Aktivitäten zur Förderung mathematik-bezogener Lern- und Aufgabenstrategien verknüpft werden können.

18.4.1 Leitvorstellungen für die Anpassung des Lernmaterials

ATD zielt auf eine präzise Beschreibung und Analyse mathematischen Wissens und seiner epistemologischen Verfasstheit (vgl. Chevallard 1992; Winsløw et al. 2014). Sie erlaubt insbesondere die institutionelle Spezifik des mathematischen Wissens und die damit verknüpften Praktiken hinsichtlich eines praktischen Moments (Praxis) und eines begründenden und rechtfertigenden Moments (Logos) zu analysieren. Diesbezüglich stellen „4 T-Modelle $(T, \tau, \theta, \Theta)$" ein zentrales Konzept und die zentrale Analyseein-heit dar. Diese bestehen aus einem praktischen Block, der den Aufgabentyp (T) und die darauf bezogene Technik (τ) umfasst, sowie einem Logos-Block, der die Technologie (θ), die unter anderem die Technik erklärt, interpretiert, rechtfertigt und validiert, und die Theorie (Θ) umfasst. Letztere stellt in der Regel einen konstitutiven, stützenden und einen im tieferen Sinne rechtfertigenden Rahmen für die Technologie dar. Den Logos-Block werden wir im Folgenden auch technologisch-theoretischen Block nennen. Ein einfaches Beispiel wäre etwa die Aufgabe, die Funktion $f(x) = 2\sin x$ zu differenzieren. Die Technik bestünde darin, $f'(x) = 2\cos x$ zu berechnen, die Technologie wäre hier durch die Rechtfertigung der für die Aufgabe relevanten Ableitungsregeln gegeben und die Theorie etwa durch die Theorie der Differentialrechnung. Bekanntermaßen hängen die konkrete Formulierung und Rechtfertigung der Ableitungsregeln sowie die konkrete Ausgestaltung der Differentialrechnung vom jeweiligen institutionellen Kontext, bei-spielsweise den verschiedenen Schulformen oder der Universität, ab. So würde in

---

[4]Dies gilt insbesondere im vorliegenden ingenieurmathematischen Kontext, da hier der Gegenpol, die *concept definition*, eine weniger bedeutende Rolle spielt als im reinen Mathematikstudium. Somit müssen neben dem Verhältnis von *concept images* und *concept definitions* weitere Aspekte berücksichtigt werden.

der Schule die Ableitung der Sinus-Funktion in der Regel lediglich genannt und dann eventuell anschaulich am Funktionsgraphen plausibilisiert (schulische Technologie), während in der Universität ein vollständiger Beweis auf der Grundlage eines präzisen Grenzwertbegriffs gegeben würde (universitäre Technologie). Mit den Begriffen *concept definition* und *concept image* angesprochene Aspekte können sowohl die Festlegung von Aufgabentypen, die zugehörige Technik als auch deren Rechtfertigungen und theoriebezogene Einbettungen betreffen. So können Veranschaulichungen durch Diagramme oder die spezifische Verwendung ingenieurwissenschaftlicher Begriffe eigene Aufgabentypen generieren, aber auch Elemente eines aufgabenübergreifenden Theorieelements darstellen. Man vergleiche dazu auch die Analysen der Verwendung von Mathematik in der Signaltheorie von Peters und Hochmuth in diesem Band (Kap. 6).

Der Übergang aus der Schule oder dem Beruf in die Universität impliziert neben epistemologischen Unterschieden zwischen dem jeweiligen institutionellen Wissen – Schule und Beruf auf der einen sowie Universität auf der anderen Seite – auch Veränderungen der Position der Lernenden in den jeweiligen Institutionen und dem auch dadurch bestimmten Verhältnis der Lernenden zum Wissen. Dies schließt unter anderem Aspekte wie den didaktischen Vertrag (vgl. Brousseau 1997) ein, der auch die wechselseitigen Verantwortlichkeiten von Lehrenden und Lernenden im Lehr-Lern-Kontext berücksichtigt. Diesbezügliche Aspekte sind vor allem bei der Begleitung der Studierenden bei deren sukzessiver Verantwortungsübernahme für den jeweils eigenen Lernprozess zu beachten. Für eine nähere Ausführung der Möglichkeiten, epistemologische Unterschiede des Wissens und Veränderungen bezüglich der Position der Lernenden im Übergang zur Universität theoretisch zu fassen, sei auf Hochmuth (2018) verwiesen[5]. Im Folgenden fokussieren wir nun auf inhaltliche Aspekte, die mithilfe des 4 T-Modells beschrieben werden können.

Mithilfe des 4 T-Modells lässt sich das allgemeine Ziel des Projekts so reformulieren, dass die Studierenden dabei unterstützt werden sollen, auf der Grundlage elementarer mathematischer Techniken und Technologien der Schulmathematik komplexere mathematische Techniken und darauf bezogene Technologien der ingenieurwissenschaftlich bezogenen Hochschulmathematik zu erwerben. Hinsichtlich der spezifischen Ziele des Projekts und der Verwendung des 4 T-Modells geht es darüber hinaus darum, fachliche Aspekte an Aufgaben zu identifizieren, die mit Blick auf eine Vernetzung und einen Ausbau bereits verfügbarer Techniken und Technologien sowie deren strategische Verwendung den Studierenden erfahrungsgemäß besondere Schwierigkeiten bereiten. Diese Aspekte wurden zum Anlass genommen, Aufgaben im Mathematik-Vorkurs zu ergänzen, zu modifizieren oder zunächst wegzulassen, um sie dann während des Semesters zu bearbeiten.

---

[5]Auf der Grundlage des 4 T-Modells wird in Hochmuth (2018) ein allgemeines Schema vorgeschlagen, in dem zentrale Aspekte diesbezüglicher Übergänge und deren vielfältigen Formen adressiert werden können.

Bezüglich mathematikbezogener Lern- und Aufgabenbearbeitungsstrategien, darauf bezogener metakognitiver Kompetenzen sowie Techniken, Technologien und entsprechenden Praxeologien lassen sich zunächst die im Folgenden weiter konkretisierten Leitvorstellungen zur Auswahl und Modifizierung von Aufgaben formulieren (vgl. dazu auch Rodriguez et al. 2008, S. 295 f.):

a) Auswahl und Planung mathematikbezogener Strategien schließen die Verortung von Aufgaben und deren technischer und technologischer Anforderungen in einen größeren Kontext ein, da die Auswahl von Strategien von den verfügbaren mathematischen Praktiken und der Einbettung einer neuen Aufgabe vor diesem Hintergrund abhängt. Dies impliziert hinsichtlich der Aufgaben insbesondere, dass durch diese punktuelle Praxeologien zu lokalen Praxeologien erweitert werden sollen, also zu Praxeologien, deren technologisch-theoretischer Block sich auf mehrere Aufgabentypen und damit verknüpfte Techniken bezieht.

b) Strategien der Kontrolle bei der Durchführung von Aufgabenbearbeitungen erfordern die Entwicklung und Einsicht in Bedeutungs- und Sinnzusammenhänge mathematischer Praktiken. Dies impliziert insbesondere Aufgaben zu wählen, die einen darauf bezogenen inneren Ausbau von Technologien und der dafür relevanten Techniken bzw. deren diesbezüglichen Neubau erfordern.

c) Evaluationsstrategien basieren einerseits auf a) und b) und erfordern insbesondere ein sicheres Verfügen über Techniken und Technologien zur jeweiligen Aufgabe eng verwandter Praxeologien sowie gegebenenfalls ein Verknüpfen spezifischer Blöcke jener Praxeologien. Dabei hängt das Monitoring des jeweils eigenen Bearbeitungsprozesses auch von den Möglichkeiten ab, Herangehensweisen und Strategien vor dem Hintergrund eher globaler Bewertungen verfügbarer und gegebenenfalls notwendiger mathematischer Praktiken zu ändern. Die Nutzung überfachlicher Kenntnisse über (unter anderem) heuristische Strategien kann durch geeignete didaktisch-methodische Maßnahmen angeregt und ggf. erweitert werden.

Die drei beschriebenen Leitvorstellungen verknüpfen Strategien der Aufgabenbearbeitung mit inhaltlichen Aspekten von Aufgaben. Aufgabenbezogen lassen sie sich wie folgt kurz zusammenfassen: Die Leitvorstellung a) impliziert insbesondere eine Sicherung und den Ausbau von Techniken im Hinblick auf einzelne technologisch-theoretische Blöcke, b) impliziert insbesondere die Erweiterung und Förderung technologischer Aspekte. Die Leitvorstellung c) schließlich impliziert die Förderung von Techniken und Technologien, die zu bereits verfügbaren Praxeologien benachbart sind.

Ein generell zu beachtender Aspekt ist, dass Überforderungen bei der Aufgabenauswahl zu vermeiden sind. Dies schließt für unseren Kontext ein, dass nicht nur ggf. Aufgaben hinsichtlich der Punkte a) bis c) ergänzt wurden, sondern auch Aufgaben zunächst

Aufgabe 1.1 Multiplizieren, dividieren und addieren Sie $\frac{2}{15}$, $\frac{3}{10}$, $\frac{5}{6}$.

Abb. 18.1 Reguläre Aufgabe 1.1

Aufgabe 1.1 Berechnen Sie (a) $\frac{3}{8} + \frac{2}{5}$, $51 + \frac{5}{11}$, (b) $3\frac{1}{4} - \frac{7}{4}$, $\frac{3}{5} - \frac{3}{9}$.

Abb. 18.2 Modifizierte Aufgabe 1.1a) und b)

weggelassen werden mussten, die dann auf eine Bearbeitung während des Semesters verschoben wurden. Erste Wahl waren diesbezüglich Aufgaben, die erfahrungsgemäß sehr weit vom jeweils vorhandenen Kenntnisstand entfernt waren. Dies kann als unsere Leitvorstellung d) angesehen werden.

Der Wissensstand wurde im Projekt nicht systematisch erhoben, sondern darauf bezogene Aussagen beruhen auf den langjährigen Erfahrungen der Lehrenden. Diese Erfahrungen gaben jeweils den Anstoß für die im Folgenden dargestellten Modifikationen.

18.4.2 Beispiele

Im Folgenden werden anhand der zuvor beschriebenen Leitvorstellungen Vorgehensweisen und konkrete Anpassungen der Übungsaufgaben des Mathematik-Vorkurses beispielhaft dargestellt. Insgesamt gab es acht Übungsblätter im Mathematik-Vorkurs, die sich thematisch auf die jeweilige Zentralübung bezogen.

18.4.2.1 Leitvorstellung a)

Unter die Leitvorstellung a) lassen sich die folgenden drei Vorgehensweisen subsumieren:

Zusätzliche einfachere Versionen von Grundaufgaben:

Das modifizierte Übungsblatt 1 begann mit einer Aufgabe zur Wiederholung der Bruchrechnung (Abb. 18.2.). Auf dem regulären Übungsblatt (Abb. 18.1) fand sich ebenfalls eine Aufgabe zur Wiederholung der Grundrechenarten. Dabei waren drei Brüche gegeben, die addiert, multipliziert und dividiert werden sollten.

Diese Gestaltung der Aufgabe wurde so interpretiert, dass sie Techniken der Bruchrechnung als bekannt und in der Schule bereits geübt voraussetzt. Für die Zielgruppe wurde eine umfangreichere Wiederholung des Themas „Bruchrechnung" angestrebt. Dazu wurde die Einstiegsaufgabe des regulären Übungsblatts stärker untergliedert.

Aufgabe 2.4 Berechnen Sie die Funktionsgleichung $g(x)$ der linearen Funktion g mit den gegebenen Eigenschaften bzw. Schnittpunkten, sofern gefragt.

(a) g_1 verläuft durch $P(2,3)$ und $Q(-1, -4)$.

(b) g_2 ist parallel zu g_1 und verläuft durch $(0,5)$.

(c) g_3 ist senkrecht zu g_2 und verläuft durch den Ursprung.

Abb. 18.3 Reguläre Aufgabe 2.4

Aufgabe 2.4 Gegeben seien die Punkte $P(2,3)$ und $Q(-1, -4)$. Die Gerade g_1 verläuft durch die Punkte P und Q. Zeichnen Sie g_1 in ein geeignetes Koordinatensystem. Bestimmen Sie die Steigung und anschließend die Geradengleichung von g_1.

Abb. 18.4 Modifizierte Aufgabe 2.4

Der Fokus wurde in den Aufgabenteilen a) und b) der Aufgabe 1.1[6] auf Techniken zur Addition und Subtraktion von Brüchen sowie Bruchrechentechniken für natürliche Zahlen und Zahlen in gemischter Schreibweise gelegt. Diese Modifizierung durch explizite Adressierung einzelner Techniken sollte darüber hinaus eine detaillierte Diagnose des Kenntnisstands der Studierenden und ein darauf bezogenes Feedback durch die Lehrenden erleichtern.

Ähnliche Überlegungen liegen der folgenden modifizierten Aufgabe 2.4 (Abb. 18.4) aus dem regulären Vorkurs zugrunde, die sich mit dem Thema „Geraden in der Ebene" befasste.

Als Vorwissen wurden in der regulären Aufgabe (Abb. 18.3) die in der Sekundarstufe II behandelten Inhaltsbereiche – Geradengleichung, Parallelität, Lot, Schnittpunkte – und die damit verknüpften Vorgehensweisen vorausgesetzt. Dieser Inhaltsbereich kann erfahrungsgemäß jedoch für unsere Zielgruppe nicht als Vorwissen vorausgesetzt werden. Daher wurden bei der Modifikation Zwischenschritte wie das Einzeichnen einer Gerade in ein Koordinatensystem und die Bestimmung der Steigung ergänzt und damit spezifische Grundtechniken explizit adressiert.

---

[6]Zur Erläuterung der Stufungen der Aufgaben zur Bruchrechnung vergleiche man etwa Padberg und Wartha (2017).

Aufgabe 1.1 Berechnen Sie (c) $\frac{6}{10} \cdot \frac{3}{10}$, $3 \cdot \frac{2}{9}$, $2\frac{1}{5} \cdot \frac{3}{7}$, $2\frac{1}{3} \cdot 2\frac{1}{4}$, (d) $\frac{4}{5} : \frac{5}{3}$, $\frac{\frac{1}{2}}{\frac{5}{6}}$ und $\frac{2\frac{4}{5}}{\frac{3}{5}}$.

Abb. 18.5 Modifizierte Aufgabe 1.1 c) und d)

Aufgabe 2.1 Kürzen Sie so weit wie möglich:
(a) $\frac{a^2b}{2ab}$, (b) $\frac{a+b}{a-b}$, (c) $\frac{a^2b}{a^2+a}$, (d) $\frac{a^2b}{a^2-a}$, (e) $\frac{a+b}{b+a}$, (f) $\frac{a-b}{b-a}$.

Abb. 18.6 Reguläre Aufgabe 2.1

Aufgabe 2.1 Kürzen Sie so weit wie möglich die folgenden Brüche.
(a) $\frac{4}{12}$, (b) $\frac{3a^2}{6a}$, (c) $\frac{4a+4}{8-8a}$, (d) $\frac{5a^2}{a^2+5}$, (e) $\frac{a^2b}{2ab}$, (f) $\frac{a^2b}{a^2+a}$, (g) $\frac{a+b}{b+a}$, (h) $\frac{a-1}{1-a}$.

Abb. 18.7 Modifizierte Aufgabe 2.1

Zusätzliche kalkülorientierte Aufgaben fein gestuften Schwierigkeitsgrades:
Die oben bereits vorgestellten Aufgabenteile a) und b) der angepassten Aufgabe 1.1 deckten nur einen Teil des Inhalts der regulären Aufgabe 1.1 zur Bruchrechnung ab. Bei den Teilaufgaben c) und d) der Aufgabe 1.1 (Abb. 18.5) wurden zusätzliche Multiplikationsaufgaben mit gemischten Zahlen als Faktoren und Divisionsaufgaben in Doppelbruchschreibweise ergänzt. Damit wurden nicht nur wie auf dem regulären Übungsblatt Multiplikation und Division von Brüchen in der Grundsituation, sondern auch in komplexeren Situationen angesprochen.

Im Vergleich zum regulären Übungsblatt (Abb. 18.6) wurden auch in der Aufgabe 2.1 weitere Stufungen hinzugefügt (Abb. 18.7). Zunächst gibt es als Erstes ein zusätzliches einfaches Zahlenbeispiel. Damit wurde die Einstiegsschwelle gesenkt.

Der Übergang bis zu den Anforderungen der ursprünglichen Aufgabe mit bivariaten Zählern und Nennern (vgl. e), f) und g)) erfolgt über die Teilaufgaben b), c), d) und h), die nur eine Variable aufweisen. Hier sollten nicht nur jeweils Regeln und deren Anwendung erinnert, sondern auch ein gestufter Übergang zu Brüchen mit einer und mehreren Variablen unterstützt werden.

Aufgabe 1.4 Sortieren Sie die folgenden rationalen Zahlen nach ihrer Größe:

(a) $\dfrac{22}{7}, \dfrac{22}{3+\sqrt{17}}, \dfrac{1}{\frac{1}{3}}, \dfrac{333}{106}, \dfrac{33}{8+\sqrt{5}}$;

(b) $\dfrac{4}{\sqrt{17}}, \dfrac{4}{1+\sqrt{17}}, \dfrac{5}{\sqrt{17}}, \dfrac{5}{2+\sqrt{17}}, 1, \dfrac{6}{3+\sqrt{17}}, \dfrac{6}{\sqrt{17}}, \dfrac{6}{1+\sqrt{17}}, \dfrac{7}{\sqrt{17}}$.

Tipp: Betrachten Sie den Quotienten der beiden Zahlen, deren Größe Sie vergleichen wollen.

$$\frac{a}{b+\sqrt{c}} = \frac{a(b-\sqrt{c})}{b^2 - c}.$$

Abb. 18.8 Reguläre Aufgabe 1.3

Aufgabe 1.4 Sortieren Sie die folgenden Zahlen nach ihrer Größe:

(a) $\dfrac{5}{6}, \dfrac{4}{5}, \dfrac{\frac{3}{2}}{2}, \dfrac{100}{119}$; (b) $\dfrac{4}{3}, 1, \dfrac{3}{4}, \dfrac{3}{\sqrt{17}}, \dfrac{\sqrt{10}}{4}$; (c) $\left(3 - 2\sqrt{3}\right), \dfrac{2}{2+\sqrt{3}}$.

Tipp: Der Nenner eines Quotienten kann durch Erweitern des Bruchs wie folgt rational gemacht werden

$$\frac{a}{b+\sqrt{c}} = \frac{a(b-\sqrt{c})}{(b+\sqrt{c})(b-\sqrt{c})} = \frac{a(b-\sqrt{c})}{b^2 - c}.$$

Abb. 18.9 Modifizierte Aufgabe 1.4

Prinzip der Lokalisierung von Schwierigkeiten:

Die zugrunde liegende reguläre Vorkursaufgabe 1.3[7] (Abb. 18.8) thematisierte den Größenvergleich zwischen reellen Zahlen in verschiedenen Schreibweisen, wobei Brüche und Wurzeln in nahezu jedem Ausdruck vorkamen. Vielfalt und Komplexität der dabei auftretenden Schwierigkeiten sind für die Zielgruppe erfahrungsgemäß zu schwer.

Im Unterschied dazu fokussieren die modifizierten Teilaufgaben (Abb. 18.9) auf jeweils verschiedene Probleme und darauf bezogene Techniken. So müssen in Teilaufgabe a) nur einfache Brüche verglichen werden. In Teilaufgabe b) kommen Brüche mit einfachen Wurzelausdrücken im Nenner und Zähler hinzu, während in der regulären Aufgabe sofort Nenner bzw. Zähler vom Typ $3 + \sqrt{17}$ auftauchen, für die der Tipp notiert wurde. Dieser ist nun nur in Teilaufgabe c) anzuwenden und auch nur im Vergleich von zwei Termen. Auf dem regulären Übungsblatt wurden hingegen durchweg Aufgaben gestellt, die eine Kombination solcher Techniken erforderten.

---

[7]Die fachlichen Inhalte der regulären Aufgabe 1.3 wurden auf dem modifizierten Übungsblatt in der Aufgabe 1.4 behandelt.

Aufgabe 3.1 Wir möchten nun quadratische Funktionen der Form $ax^2 + bx + c$ bestimmen.

(a) Bestimmen Sie die Funktion 2. Grades, die $\left(\frac{1}{4}, \frac{85}{8}\right)$ als Scheitelpunkt hat und auf der noch der Punkt $\left(-\frac{7}{4}, \frac{277}{8}\right)$ liegt.

(b) Bestimmen Sie die Funktion 2. Grades, die $(2, 57)$ als Scheitelpunkt hat und auf der noch der Punkt $(0, 53)$ liegt.

(c) Bestimmen Sie die Schnittpunkte der Funktionen aus Teil (a) und Teil (b).

(d) Bestimmen Sie die Schnittpunkte der Funktionen mit der Gerade $-20x + 4y = 2$.

Abb. 18.10   Reguläre Aufgabe 3.1

Aufgabe 3.1 Wir möchten uns nun mit quadratischen Funktionen der Form $f(x) = ax^2 + bx + c$ beschäftigen.

(a) Gegeben sei die Funktion $f(x) = 6x^2 - 3x + 11$. Füllen Sie die folgende Wertetabelle aus. Zeichnen Sie $f(x)$ anschließend in ein geeignetes Koordinatensystem und markieren Sie den Scheitelpunkt.

X	-3	-2	-1	0	1	2	3
f(x)							

(b) Bestimmen Sie die Funktion 2.Grades $g(x)$, die den Punkt $(2, 57)$ als Scheitelpunkt hat und auf der noch der Punkt $(0, 53)$ liegt.

(c) Bestimmen Sie die Schnittpunkte der Funktionen $f(x)$ und $g(x)$.

(d) Bestimmen Sie die Schnittpunkte der Funktionen mit der Gerade $-20x + 4y = 2$. Bringen Sie die Funktion dazu zunächst auf Standardgeradenform.

Abb. 18.11   Modifizierte Aufgabe 3.1

18.4.2.2 Leitvorstellung b)

Unter die Leitvorstellung b) lassen sich die folgenden beiden Vorgehensweisen subsumieren:

Feinere Stufungen bei der Formulierung von Aufgaben:

Im Vergleich zur Aufgabe auf dem regulären Übungsblatt (Abb. 18.10) wurde die Aufgabe 3.1 feingliedriger formuliert (Abb. 18.11) und die Teilaufgabe a) zur Aufstellung einer Wertetabelle und der nachfolgenden grafischen Visualisierung wurde hinzugefügt, um der Zielgruppe den Einstieg in die (eventuell neue) Thematik

Aufgabe 3.3 Leiten Sie eine Formel zur Berechnung von x für quadratische Gleichungen folgender Form her:

$$ax^2 + bx + c = 0.$$

Tipp: Quadratisch ergänzen.

Abb. 18.12 Reguläre Aufgabe 3.3

Aufgabe 3.5 Im Folgenden soll die Formel zur Berechnung von x für quadratische Gleichungen hergeleitet werden.

(a) Leiten Sie die Formel zur Berechnung von x ohne Zuhilfenahme der pq-Formel für die folgende Gleichung her:

$$2x^2 + 6x + c = 0.$$

(b) Leiten Sie die Formel zur Berechnung von x ohne Zuhilfenahme der pq-Formel für die folgende Gleichung her:

$$ax^2 + bx + c = 0.$$

Tipp: Ergänzen Sie quadratisch.

Abb. 18.13 Modifizierte Aufgabe 3.5

quadratischer Funktionen zu erleichtern[8]. Damit wurde eine Teilaufgabe ersetzt, die ähnlich zu b) war und in der die auftretenden Punkte Brüche enthielten. Ergänzt wurde darüber hinaus im Aufgabenteil d) der Hinweis, die Funktion zunächst auf die Standardgeradenform zu bringen. Unterschiede zur Aufgabe auf dem regulären Übungsblatt bestehen also darin, dass zusätzliche Darstellungsformen adressiert und nur einfachere Punkte zur Berechnung gewählt wurden, um nicht zusätzliche technische Schwierigkeiten auftreten zu lassen, sowie im zusätzlichen Hinweis im letzten Teil der Aufgabe. Darüber hinaus ist die ursprüngliche Aufgabe in mehrere Teilschritte zerlegt worden. Daran konnte exemplarisch die Strategie aufgezeigt werden, komplexere Aufgaben in ggf. einfachere Teilaufgaben zu zerlegen und diese dann sukzessive zu bearbeiten. Dies dient insbesondere der Ausdifferenzierung und damit der Erweiterung und Förderung technologischer Aspekte, etwa der Rechtfertigung von Zwischenschritten, der Begründung der Reihenfolge von Zwischenschritten und der Validierung des Gesamtvorgehens.

---

[8]Die mittlerweile auch in der Schule vermiedene Schreibweise „Zeichnen Sie f(x)" wird hier verwendet, da sie in der Ingenieurmathematik üblich ist.

Herleitungen zunächst am Beispiel, dann für den allgemeinen Fall:

Aufgabe 5.1 Vereinfachen Sie, falls möglich, die folgenden Terme.

(a) $3 \cdot 3^3$, (b) $2^3 \cdot 2^{-3}$, (c) $2^2 + 2^3$, (d) $(2^3)^2$, (e) $2^{(2^3)}$, (f) $2 \cdot a \cdot a \cdot a$.

Abb. 18.14 Zusätzliche Aufgabe 5.1

Bei der Aufgabe 3.5[9] ging es um den technologisch-theoretischen Block der *pq*-Formel, die auch in der Vorlesung behandelt wurde und hier nachgearbeitet werden sollte.

Die reguläre Aufgabe (Abb. 18.12) enthielt nur Aufgabenteil b) der modifizierten Aufgabenstellung. Die *pq*-Formel soll mithilfe quadratischer Ergänzung und anschließender Verwendung einer binomischen Formel begründet werden. Durch dieses Vorgehen erhalten die binomischen Formeln eine ergänzende Rechtfertigung ihrer Behandlung. Da angenommen werden musste, dass die Studierenden keine Erfahrungen im Umgang mit Beweisen mitbringen, wurde zunächst zur Bearbeitung einer Beispielklasse aufgefordert, an der den Studierenden die quadratische Ergänzung vermutlich leichter fällt, da in der Aufgabenstellung zwei Variablenterme durch konkrete Zahlenwerte ersetzt wurden. Erst nachdem dies durchgeführt wurde, sollte der allgemeine Fall bearbeitet werden. Dabei konnte dann im Wesentlichen analog zu Aufgabenteil a) – mit Ausnahme der vorher vereinfachten Stellen – vorgegangen werden. Durch die Aufgabenmodifikation (Abb. 18.13) sollte zum einen die Technik des Vorgehens erleichtert und damit der technologisch-theoretische Block der *pq*-Formel einfacher zugänglich werden. Zum anderen konnte hier auf die in der Mathematik typische Vorgehensweise des Untersuchens von Beispielen und des anschließenden Versuchs der Übertragung des Vorgehens auf allgemeinere Fälle hingewiesen werden. Am Beispiel dieser Aufgabe sollte auch die Nützlichkeit dieser Strategie erfahren werden.

18.4.2.3 Leitvorstellung c)

Unter die Leitvorstellung c) lassen sich schließlich die folgenden beiden Vorgehensweisen subsumieren:

Echte zusätzliche Aufgaben:

Potenzfunktionen bildeten den zentralen Inhalt des Übungsblatts 5. Die Multiplikation von Zahlen und Potenzen kam zwar in verschiedenen Aufgaben des Mathematik-Vorkurses vor, der Umgang mit Potenzen und Rechenregeln wurde aber nicht speziell angesprochen. Deshalb adressiert die zusätzliche Aufgabe 5.1 (Abb. 18.14) zur Vorbereitung der anderen Aufgaben des Übungsblatts explizit zum einen die Potenzrechnung und deren Regeln und zum anderen die Relevanz des Ortes der Klammern in

---

[9]Die fachlichen Inhalte der regulären Aufgabe 3.3 wurden auf dem modifizierten Übungsblatt in der Aufgabe 3.5 behandelt.

Aufgabe 5.5 Zeigen Sie die folgende Identität:

$$\sinh(2x) = 2\sinh(x)\cosh(x).$$

Zusätzliche Aufgabe: Vereinfachen Sie den Term

$$\frac{e^{2x} + e^{x^2}}{(e^x)^2}$$

und überprüfen Sie Ihr Ergebnis für $x = 3$.

Abb. 18.15 Zusätzliche Aufgabe 5.5

den Teilaufgaben d) und e), also die Abhängigkeit des Zahlenwerts von der Reihenfolge der Potenzbildung. Hier werden also Techniken (Potenzrechnung und Klammerregeln) und Technologien (Potenzrechenregeln) zu grundsätzlich bekannten benachbarten Praxeologien adressiert.

Differenzierende fakultative Aufgaben:

In der ursprünglichen Aufgabe sollten drei Additionstheoreme nachgerechnet und der Umgang mit der Definition der Hyperbolicus-Funktionen mittels Exponentialfunktionen geübt werden. Die Aufgabe 5.5 des modifizierten Aufgabenblatts (Abb. 18.15) adressiert zunächst nur ein Additionstheorem. Die „Zusätzliche Aufgabe" erfordert eine Verknüpfung von Vorgehensweisen in den regulären Aufgaben 5.1 und 5.5 und hat insbesondere das Rechnen mit der Exponentialfunktion nicht nur implizit, sondern auch explizit zum Gegenstand. Dabei wird auch hier auf gegebenenfalls vorher erworbene bzw. erprobte Techniken und Technologien zurückgegriffen, die auf eine Kombination verwandter Situationen angewendet werden sollen. Auch dies stellt als solche eine für die Mathematik typische Strategie dar.

18.4.2.4 Leitvorstellung d)

Unter die Leitvorstellung d) lassen sich zuletzt die folgenden zwei Vorgehensweisen subsumieren:

Weglassen (und Verschieben) von Aufgaben, wenn sie bekanntermaßen schwierig sind und bereits sicher angeeignete lokale Praxeologien erfordern:

Dazu zählen etwa Aufgaben zur Verkettung von Funktionen, bei denen Funktionen als eigene Gedankenobjekte und darauf bezogene Techniken und Technologien zur Verfügung stehen sollten, um diese verständig bearbeiten zu können. Als weiteres Beispiel seien Matrizen genannt. Auch auf diese wurde hier im Unterschied zu den regulären Übungsgruppen verzichtet, und zwar sowohl hinsichtlich Matrizen als eigenen Objekten, mit denen operiert wird, als auch hinsichtlich Matrizen als besonderer Schreibweise bei Gleichungssystemen. Erfahrungsgemäß hat die hier adressierte Studierendengruppe noch keine Erfahrungen mit Gleichungssystemen. Im hier dargestellten Vorkurs wurde deshalb der Fokus auf Gleichungssysteme gelegt. Während der Veranstaltung „Mathematik I für Ingenieure" wurde im Laufe des Semesters diese Lücke dann geschlossen.

Weglassen (und Verschieben) von Aufgaben, wenn sie technisch schwierig sind, also etwa einfachere Techniken verknüpfen, jene aber noch nicht hinreichend zur Verfügung stehen:

Dazu zählen beispielsweise einzelne Aufgaben im Bereich der Differential- und Integralrechnung. So wurde etwa beim Differenzieren auf bestimmte Funktionstypen verzichtet. Alle üblichen Regeln wurden jedoch behandelt und geübt. In analoger Weise wurde bei der Integralrechnung vorgegangen.

18.4.2.5 Zusammenfassung

Generell sollten die Übungsaufgaben natürlich auch dem Einüben von Techniken dienen. Das Beherrschen bestimmter Techniken stellt eine notwendige Voraussetzung zur Aneignung komplexerer Praxeologien dar. Darüber hinaus sollten die häufig feiner gestuft angebotenen kalkülorientierten Aufgaben eine Diagnose durch Lehrende mit Blick auf die Bereitstellung von Hilfen und adäquaten Erklärungen unterstützen. Zum Zeitpunkt des Mathematik-Vorkurses war unseres Erachtens davon auszugehen, dass die Studienanfängerinnen und -anfänger in dieser Gruppe ihre Schwierigkeiten und Wissenslücken häufig nicht hinreichend eruieren und präzise formulieren konnten, um gezielt Unterstützung einzufordern. Dies wurde ebenfalls bei der didaktisch-methodischen Gestaltung der Übungsgruppen berücksichtigt. Auf diese gehen wir im nächsten Abschnitt dieses Beitrags ein.

18.5 Didaktisch-methodische Gestaltung der Übungsgruppen

Im Rahmen des regulären Vorkurses und der Veranstaltung „Mathematik I für Ingenieure" wurde der Zielgruppe das Arbeiten in einer eigenen Gruppenübung angeboten[10]. Die didaktisch-methodische Gestaltung dieser Übungsgruppe war, wie im Folgenden erläutert wird, auf die bereits dargestellten Elemente des Unterstützungsangebotes abgestimmt.

Während des Mathematik-Vorkurses wurden in den Übungsgruppen vor allem Aufgaben bearbeitet. Diese waren, wie zuvor anhand von ausgewählten Beispielen beschrieben, an die Bedarfe der Zielgruppe angepasst. In den Gruppenübungen im Semester wurde davon ausgegangen, dass die Aufgaben der jeweiligen Übungsblätter zuvor von den Studierenden selbstständig bearbeitet wurden und innerhalb der

---

[10]Da der Lernstrategieworkshop und der Mathematik-Vorkurs vor Vorlesungsbeginn stattfanden, konnten nicht alle Studierende der Zielgruppe daran teilnehmen. Diesen wurde ein späterer Einstieg in diese spezielle Übungsgruppe ermöglicht.

Gruppenübungen konkrete Verständnishürden thematisiert werden. Im Gegensatz zum Mathematik-Vorkurs wurden während des Semesters die regulären Übungsaufgaben bearbeitet. Die Aufgabenstellungen waren also nicht mehr spezifisch an die Zielgruppe angepasst. Die Studierenden mussten nun zur Bearbeitung der Aufgaben die Aufgabenformulierungen selbstständig zerlegen und die universitätsspezifische mathematische Sprache entsprechend für sich übersetzen.

Die Gruppenübungen im Mathematik-Vorkurs und während des Semesters wurden im Co-Teaching-Verfahren (vgl. Bauwens und Hourcade 1997) von einer wissenschaftlichen Mitarbeiterin und einem erfahrenden studentischen Mitarbeiter gemeinsam betreut. Durch das Co-Teaching-Verfahren konnte vor allem ein besseres Betreuungsverhältnis gewährleistet werden. Die Notwendigkeit dieses Betreuungsverhältnisses rechtfertigt sich vor allem durch den erfahrungsgemäß vermehrten Bedarf des Dialogs zwischen Lehrenden und Studierenden, um im Mathematik-Vorkurs das angepasste Material gezielt nutzen und während des Semesters auf Lücken im mathematischen Vorwissen eingehen zu können. Grundsätzlich gingen wir nicht davon aus, dass die Anpassungen im Lernmaterial quasi automatisch zu kognitiven Verknüpfungen führen, die Praxeologien und deren Zusammenhänge widerspiegeln. Auch ein Transfer von Praxeologien und deren Blöcken auf andere Kontexte erschien uns keinesfalls selbstverständlich. Zur Förderung solcher Verknüpfungen erachten wir unter anderem das explizite Ansprechen und Bewusstmachen metakognitiver Aspekte mathematikbezogener Lern- und Arbeitsstrategien als hilfreich. Um dieser Studierendengruppe einen Lernprozess hin zu einem selbstständigen Umgang mit den Anforderungen der Veranstaltung „Mathematik I für Ingenieure" zu erleichtern, sehen wir es darüber hinaus als sinnvoll an, fächerübergreifende Aspekte, wie sie vor allem im Lernstrategieworkshop thematisiert wurden, mit fachbezogenen Aspekte, die sich unter anderem in den Anpassungen des Lernmaterials widerspiegeln, zu verknüpfen. Außerdem wurden didaktisch-methodische Rahmenbedingungen geschaffen, die den Zugriff auf fachbezogene metakognitive Aspekte im Dialog zwischen Lehrenden und Studierenden verstärkt möglich machen.

Folgende Gestaltungselemente wurden beispielsweise zur Verknüpfung der verschiedenen zuvor präsentierten Elemente des Unterstützungsangebotes genutzt:

I. In der Gruppenübung wurden „Bearbeitungsschemata" für technische Komponenten fixiert. Diese wurden zunächst anhand von Tafelbildern und kurzen Instruktionsvorträgen von den Lehrenden vorgestellt und anhand der konkreten Aufgaben eingeübt. Der Einsatz von Instruktionsvorträgen zum Erwerb punktueller Praxeologien, um Lücken im mathematischen Vorwissen zu schließen (siehe Leitvorstellung a)), wurde an den Bedarfen der Gruppe orientiert. Diese wurden jeweils eingesetzt, wenn davon auszugehen war, dass es sich um für die Studierenden noch unbekannte Praxeologien handelt oder diese Schwierigkeiten bei der Bearbeitung der entsprechenden Aufgaben haben. Das Zuordnen einer Aufgabenstellung zu einer bestimmten Lösungstechnik (oder Praxeologie) und die Umsetzung dieser anhand von „Bearbeitungsschemata" sollte den Studierenden Hilfestellung bei der Bearbeitung der konkreten Aufgabe, bei ähnlichen Aufgaben und bei dem selbstständigen Auffinden von Fehlern bei der Aufgabenbearbeitung bieten. Neben diesem Angebot von durch die Lehrenden strukturiert-dargestellten „Bearbeitungsschemata" wurden die Studierenden dazu angeleitet, eigenständig oder in Lerngruppen „Bearbeitungsschemata" zu formulieren. In der ersten Gruppenübung im Mathematik-Vorkurs wurde beispielsweise der Tipp in Aufgabe 1.4 (Abb. 18.9) zum Anlass genommen, die Arbeit mit allgemein formulierten „Bearbeitungsschemata" zu illustrieren. Hierzu wurden die in der Ausformulierung vorkommenden Fachbegriffe nochmals erläutert und auf die Verwendung der binomischen Formeln explizit hingewiesen. Das geschah zum einen, um diese Technik noch einmal zu wiederholen, zum anderen um bekannte Techniken miteinander zu verknüpfen. Um dieser spezifische Kombination von Techniken und deren technologischen Aspekten einen Kontext zu geben, musste zunächst erkannt werden, für welche Aufgabenstellungen der Einsatz dieser Technik von Relevanz ist. Anhand des Bruchs $2/\left(2 + \sqrt{3}\right)$ wurde die Anwendung dieses Tipps Schritt für Schritt in einem Lehrgespräch besprochen.

Auch während des Semesters wurde weiterhin mit „Bearbeitungsschemata" gearbeitet. Der Fokus richtete sich hier jedoch stärker auf die Erweiterung von Praxeologien. Die Verortung der jeweiligen in den „Bearbeitungsschemata" dargestellten Techniken wurde umfassender behandelt. Verschiedene Techniken wurden vergleichend besprochen und es wurde thematisiert, welche Möglichkeiten die jeweils zur Verfügung stehenden Techniken in verschiedenen Aufgabenkontexten bieten, und damit der jeweilige technologisch-theoretische Block ausgebaut. Neben dem Einüben der Anwendung von Techniken wurde so zunehmend auch die Verantwortung für die Evaluation der zur Verfügung stehenden Techniken sukzessive den Studierenden übergeben.

II. Das bessere Betreuungsverhältnis ermöglichte persönliche Gespräche mit den Studierenden, um einen Einblick in deren tatsächliche Wissensbestände zu erhalten und ihnen gezielte Hilfestellungen anzubieten. Wir erachten eine Lokalisierung von Schwierigkeiten als wesentlich, um gezielte Hilfestellungen geben zu können. Für die Eingrenzung konnte das angepasste Lernmaterial der Gruppenübung im Mathematik-Vorkurs genutzt werden, um mithilfe der Abstufungen der Aufgaben (siehe Leitvorstellung a) bis c)) zu benennen, was die Studierenden jeweils schon konnten bzw. woran sie hierauf aufbauend weiterarbeiten mussten. Die Abstufungen in Aufgabe 1.1 (Abb. 18.2 u. Abb. 18.5) wurden beispielsweise anhand von bekannten typischen Fehlern ausgewählt. Dies ermöglichte den Lehrenden hier gegebenenfalls eine genauere Lokalisierung von Schwierigkeiten, auf die die Studierenden dann gezielt aufmerksam gemacht werden konnten. Durch die feineren Abstufungen in den angepassten Aufgaben war es im Vergleich zu den regulären Aufgaben möglich, auch fehlende Wissensbestände in schon bekannten Thematiken (z. B. Bruchrechnung) zu lokalisieren. Zudem ermöglichten die thematischen Verknüpfungen in den Aufgaben wie Beispielaufgabe 5.5 (Abb. 18.15), die Aufmerksamkeit der Studierenden auch auf die Übertragung von bekannten Techniken in neue Anwendungskontexte zu lenken. Diese Gespräche führten auch dazu, dass bestimmte mathematische Wissenselemente nochmals vertieft in der Gruppenübung aufgegriffen wurden.

Während des Semesters wurde zunehmend davon ausgegangen, dass die Studierenden ihre Schwierigkeiten eigenständig lokalisieren können und diese dann entsprechend in der Gruppenübung artikulieren.

III. Zeitweise wurde die Gruppenübung in zwei Untergruppen geteilt. Hier wurde die Möglichkeit des Co-Teaching-Verfahrens genutzt, um zwei verschiedene Stränge der Bearbeitung eines bestimmten Themas gleichzeitig anzubieten. Die Studierenden mussten sich jeweils selbst einer Untergruppe zuordnen. Im Mathematik-Vorkurs wurden beispielsweise im Rahmen des Themas „Differential- und Integralrechnung" nach einer ersten Beschäftigung mit dem Thema zwei Angebote zur Weiterbeschäftigung im Rahmen der Gruppenübung gemacht: So konnte sich ein Teil der Studierenden gemeinsam mit einer Lehrperson mit den Grundlagen beschäftigen und zuvor thematisierte Regeln an weiteren Beispielen einüben. Die andere Lehrperson thematisierte Aufgaben, bei denen eine Kombination verschiedener Regeln zur Lösung notwendig ist.

18.6   Erfahrungen und Rückblick

9 von 16 Studierenden, die am Unterstützungsangebot in der Pilotierungsphase teilgenommen hatten, legten die Prüfung zur Veranstaltung „Mathematik I für Ingenieure" mit Erfolg ab. Damit lag die Bestehensquote für diese Studierendengruppe in der Nähe der durchschnittlichen Quote der Veranstaltung (61 %). Aufgrund der geringen Gruppengröße wurde keine weiter gehende quantitativ-empirischen Evaluation durchgeführt.

Einblicke in die Wirkweisen des Unterstützungsangebots wurden durch teilnehmende Beobachtung (vgl. Lamnek und Krell 2016) gewonnen. Bei dem Beobachtungszugang handelte es sich um eine offene Beobachtung einzelner Veranstaltungssitzungen durch eine den Studierenden bekannte und an dem Projekt beteiligte wissenschaftliche Mitarbeiterin. Mit Zustimmung der Studierenden beinhaltete die Beobachtung auch die Sichtung von innerhalb der Veranstaltung produzierten Dokumenten (z. B. Mitschriften, Bearbeitungen von Aufgaben). Die Beobachtungen waren strukturiert durch die in dem Fokusgruppeninterview aufgeworfenen Problemfelder (Abschn. 18.2.3). Die im Folgenden berichteten Beobachtungen bieten Anhaltspunkte hinsichtlich der Wirkung des Unterstützungsangebots im Ganzen. Die jeweiligen Wirkungen der einzelnen Elemente wurden nicht genauer betrachtet. Die Ziel- und Umsetzung des Unterstützungsangebots orientierte sich an den lokalen Gegebenheiten des Lehrangebots in der Ingenieurmathematik an der Universität Hannover. Die Studierendengruppe sollte darin unterstützt werden, ab dem zweiten Semester das reguläre Lehrangebot erfolgreich nutzen zu können. Indizien für eine in diesem Sinne positive Entwicklung durch das Unterstützungsangebot zeigen sich zum einem darin, dass die Studierenden die Möglichkeiten nachzufragen nutzten, und zum anderen in der sichtbar zunehmenden Strukturierung der Aufgabenbearbeitung (z. B. separates Aufschreiben von in der Aufgabe gegebenen Information, von Zwischen- und Kontrollrechnungen) der Studierenden.

Wie sich in den Fokusgruppeninterviews herauskristallisiert hatte, wurde die Möglichkeit des Nachfragens zuvor von dieser Studierendengruppe für die aktive Gestaltung des Lernprozesses häufig nicht in Anspruch genommen. Neben dem Aufmerksam-Machen auf diese Möglichkeit und der Gestaltung entsprechender Rahmenbedingungen ist die fachliche Komponente nicht zu unterschätzen. Indizien für eine erfolgreiche Adressierung durch das Unterstützungsangebot zeigten sich in einer konstanten aktiven Beteiligung der Studierenden in den Präsenzübungen. Diese besuchten die Präsenzübungen nicht nur regelmäßig, sondern nutzten sie aktiv, um Nachfragen zu stellen. Aufgrund der vielfältigen Bedürfnisse und Nachfragen der Studierenden wurden die Gruppenübungen regelmäßig verlängert. Im Rahmen des Mathematik-Vorkurses betrug diese Verlängerung ein Drittel der regulären Übungszeit. Während des Semesters dauerte die Gruppenübung teilweise doppelt so lang wie die regulären Übungsgruppen. Sprechstunden der Dozierenden wurden für Nachfragen in Anspruch genommen, und vereinzelt trauten sich Studierende auch in der Vorlesung Fragen zu formulieren. Vor allem im Kontrast zu der zuvor im Rahmen der Lehrveranstaltung häufig gewählten Strategie des passiven Mitschreibens ist diese Entwicklung hin zu einer aktiveren Nutzung des Lehrangebots positiv hervorzuheben.

In dem Umgang der Studierenden mit den Lernmaterialien wurde eine zunehmende Strukturierung der Lernprozesse, unter anderem mittels Fragen, ersichtlich. Indizien hierfür fanden sich zum einen in einer fokussierten Artikulation der jeweiligen Verständnishürden in den Gruppenübungen. Die verlängerte Übungszeit kam vor allem durch die dialogische Komponente dieses Unterstützungsangebots zustande. Instruktionsvorträge und das Vorrechnen von Musterlösungen wurden ebenso als didaktische Komponenten genutzt, nahmen jedoch im Vergleich zu regulären Übungsgruppen weniger Raum in Anspruch. Zum anderen wurde auch das Aufschreiben von Aufgabenbearbeitungen strukturierter. So ließ sich eine zunehmend klarere Dokumentation der Lösungswege bei den Studierenden beobachteten. Ebenso wurden Visualisierungen und Randnotizen zur eigenen Strukturierung von den Studierenden genutzt. Dies spricht für eine zielgerichtete Herangehensweise an die Aufgabenstellung und erleichtert den selbstständigen Abgleich mit Musterlösungen. Das ist eine wichtige Voraussetzung, um auch reguläre Gruppenübungen, in denen weniger Zeit für die dialogische Komponente zur Verfügung steht, aktiv für den jeweils eigenen Lernprozess nutzen zu können.

Da vorherige Zusatzangebote von Studierenden nicht wahrgenommen wurden, erscheinen die fachspezifische Ausrichtung und die Abstimmung der einzelnen Elemente dieses Unterstützungsangebots als zentrale Punkte für die Akzeptanz durch die Studierenden. Bislang wurde der zusätzliche zeitliche Aufwand als Grund für die fehlende Inanspruchnahme von vorherigen Angeboten, die keine fachspezifische Ausrichtung der Vermittlung von Lern- und Arbeitsstrategien und keine Anpassung des

Lernmaterials boten, benannt. Durch dieses aufeinander abgestimmte Angebot waren die Studierenden bereit, sich aktiv an dem im Vergleich zu den regulären Veranstaltungselementen zeitlich aufwendigeren Angebot zu beteiligen.

18.7 Ausblick

Inwieweit sich die von uns interpretierten Anhaltspunkte und Reflexionen bezüglich der Wirkungen des Unterstützungsangebots als zutreffend erweisen, bedarf weiterer Studien: Die Effekte der einzelnen Elemente des Angebotes und deren Zusammenspiel wurden bislang nicht systematisch empirisch erfasst und ausgewertet. Somit können derzeit insbesondere auch keine Aussagen über die Verallgemeinerbarkeit der in diesem Beitrag berichteten Erfahrungen getroffen werden.

Eine qualitative Untersuchung der Lernerfahrungen und Entwicklungsprozesse der teilnehmenden Studierenden könnte unseres Erachtens in besonderer Weise vertiefende Einblicke in die Wirkweisen des Unterstützungsangebotes geben. So könnte etwa ein stärkerer Einbezug der Studierendenperspektive (siehe bspw. Ittner und Zurwehme 2014) zu erweiterten Einsichten bezüglich der folgenden Aspekte führen:

- Der Lernstrategieworkshop zielte unter anderem auf eine dem Kontext angemessene Gestaltung der jeweils eigenen Lernprozesse der Studierenden ab. Eine Analyse der Handlungsbegründungen der Gestaltung der je eigenen Lernprozesse der Studierenden könnte weitere Aufschlüsse über die Relevanz und Effektivität der von uns im Workshop vorgeschlagenen Strategien bieten.
- Die Modifikation der Aufgaben des Vorkurses war unseres Erachtens nach ein wichtiges Element innerhalb des Unterstützungsanagebotes (Abschn. 18.4). Die Leitvorstellungen und deren Differenzierung stellen einen Versuch dar, die durch Erfahrungen der Lehrenden angeregte Modifikation von Aufgaben nach handlungsbezogenen und praxeologischen Gesichtspunkten zu reflektieren, zu ordnen und zu systematisieren. Ein zentrales Anliegen dabei war, fachbezogen-inhaltliche Aspekte mit lern- und aufgabenbearbeitungsstrategischen Aspekten kohärent und integrativ zu verknüpfen. Da sich die Reflexion auf eine Analyse der fachlichen Anforderungen an die Studierenden stützt, lassen sich aus diesen Aspekten Hypothesen über potenzielle Lernprozesse ableiten, die etwa im Rahmen einer qualitativen Studie beforscht und geprüft werden könnten.

Schließlich könnte die von uns vorgeschlagene Strukturierung der Modifikation der Aufgaben hilfreich für Lehrende sein, um Aufgabenstellungen für vergleichbare Angebote anzupassen. Inwieweit dieser Vorschlag für andere Angebote tatsächlich passend und hilfreich ist, bedarf ebenfalls noch weiterer Erfahrungen und Untersuchungen.

Literatur

Bauwens, J., & Hourcade, J. J. (1997). Cooperative teaching: Pictures of possibilities. *Intervention in School and Clinic, 33*(2), 81–85.

Bellhäuser, H., & Schmitz, B. (2014). Förderung selbstregulierten Lernens für Studierende in mathematischen Vorkursen – ein web-basiertes Training. In I. Bausch et al. (Hrsg.), *Mathematische Vor- und Brückenkurse: Konzepte, Probleme und Perspektiven. Konzepte und Studien zur Hochschuldidaktik und Lehrerbildung Mathematik* (S. 343–358). Wiesbaden: Springer Fachmedien.

Bissell, C., & Dillon, C. (2000). Telling tales: models, stories and meanings. *For the Learning of Mathematics, 20*(3), 3–11.

Brousseau, G. (1997). *Theory of didactical situations in mathematics.* Dordrecht: Kluwer Academic Publishers.

Chevallard, Y. (1992). Fundamental concepts in didactics: Perspectives provided by an anthropological approach. In R. Douady & A. Mercier (Hrsg.), *Recherches en didactique des mathématiques. Selected Papers* (S. 131–167). Grenoble: La Pensée Sauvage.

Dietz, H. M. (2016). CAT–ein Modell für lehrintegrierte methodische Unterstützung von Studienanfängern. In A. Hoppenbrock, R. Biehler, R. Hochmuth, & H. G. Rück (Hrsg.), *Lehren und Lernen von Mathematik in der Studieneingangsphase* (S. 131–147). Wiesbaden: Springer Fachmedien.

Elke, A. (2006). *Unterrichten zur Förderung von selbstreguliertem Lernen in der Berufsbildung: Lehrervoraussetzung, Lehrerentwicklung und Perspektiven: eine Interventionsstudie* .Dissertation, Universität Basel. https://edoc.unibas.ch/540/1/DissB_7758.pdf. Zugegriffen: 20. Febr. 2020.

Friedrich, H. F., & Mandl, H. (2006). Analyse und Förderung selbstgesteuerten Lernens. In F. E. Weinert & H. Mandl (Hrsg.), *Psychologie der Erwachsenenbildung, D/I/4, Enzyklopädie der Psychologie* (S. 237–293). Göttingen: Hogrefe.

Grønbæk, N., Misfeldt, M., & Winsløw, C. (2009). Assessment and contract-like relationships in undergraduate mathematics education. In O. Skovsmose, P. Valero, & O. R. Christensen (Hrsg.), *University science and mathematics education in transition* (S. 85–105). Boston, MA: Springer.

Hochmuth, R. (2018). A general scheme for a heterogeneous manifold of transitions. In *Pre-Proceedings of the 6th International Congress of Anthropological Theory of Didactics*, Grenoble (22 –26 Jan. 2018) (S. 720–725). Abgerufen am 23. Februar 2020, von https://citad6.sciencesconf.org/data/pages/Pre_proceedings_citad_8.pdf.

Hochmuth, R., Broley, L. & Nardi, E. (2021). Transitions to, across and beyond university. In V. Durand-Guerrier, R. Hochmuth, E. Nardi, & C. Winsløw (Hrsg.). *Research and Development in University Mathematics Education*. Routledge ERME Series: European Research in Mathematics Education (S. 193–215). New York: Routledge.

Ittner, H., & Zurwehme, A. (2014). Qualität für das Lernen? Konzeption einer Wirkungsstudie zum Qualitätsmanagement nach Q2E an beruflichen Schulen des Landes Bremen. *Zeitschrift für Evaluation, 13*(1), 85–112.

Köller, O. (2013). Wege zur Hochschulreife und Sicherung von Standards. In D. Bosse, F. Eberle, & B. Schneider-Taylor (Hrsg.), *Standardisierung in der gymnasialen Oberstufe* (S. 15–25). Wiesbaden: Springer VS.

Lamnek, S., & Krell, C. (2016). *Qualitative Sozialforschung.* Weinheim, Basel: Beltz.

Liebendörfer, M. (2018). *Motivationsentwicklung im Mathematikstudium.* Wiesbaden: Springer Spektrum.

Mandl, H., & Friedrich, H. F. (Hrsg.). (2006). *Handbuch Lernstrategien.* Göttingen: Hogrefe.

Morgan, D. L. (1997). *Focus groups as qualitative research*. Thousand Oaks: Sage Publications.

Nüesch, C., Metzger, C., & Zeder, A. (2003). *Unterrichtseinheiten zur Förderung von Lernkompetenzen (Teil 1)*. St. Gallen: IWP, Inst. für Wirtschaftspädagogik.

Padberg, F., & Wartha, S. (2017). *Didaktik der Bruchrechnung* (5. Aufl.). Berlin: Springer Spektrum.

Rodríguez, E., Bosch, M., & Gascón, J. (2008). A networking method to compare theories: Metacognition in problem solving reformulated within the Anthropological Theory of the Didactic. *ZDM Mathematics Education, 40*(2), 287–301.

Ruge, J., & Wegener, J. (2016). Unterstützung für Studierende ohne allgemeine Hochschulreife in ingenieurmathematischen Übungen. In W. Paravicini, & J. Schnieder (Hrsg.), *Hanse-Kolloquium zur Hochschuldidaktik der Mathematik 2015* (S. 194–205). Münster: WTM.

Streblow, L., & Schiefele, U. (2006). Lernstrategien im Studium. In H. Mandl & H. F. Friedrich (Hrsg.), *Handbuch Lernstrategien* (S. 352–364). Göttingen: Hogrefe.

Tall, D., & Vinner, S. (1981). Concept image and concept definition in mathematics with particular reference to limits and continuity. *Educational Studies in Mathematics, 12*(2), 151–169.

Wegener, J., Ruge, J., Frühbis-Krüger, A., & Hochmuth, R. (2015). Einstieg in die Ingenieurmathematik aus der Berufspraxis - Unterstützung in Mathematik und fachadäquaten Lernstrategien. In F. Caluori, H. Linneweber-Lammerskitten, & C. Streit (Hrsg.), *Beiträge zum Mathematikunterricht 2015* (S. 776–779). Münster: WTM-Verlag.

Vinner, S. (1991). The role of definitions in the teaching and learning of mathematics. In D. Tall (Hrsg.), *Advanced mathematical thinking* (S. 65–81). Dordrecht: Kluwer.

Wilson, J., & Clarke, D. (2004). Towards the modelling of mathematical metacognition. *Mathematics Education Research Journal, 16*(2), 25–48.

Winsløw, C., Barquero, B., de Vleeschouwer, M., & Hardy, N. (2014). An institutional approach to university mathematics education: from dual vector spaces to questioning the world. *Research in Mathematics Education, 16*(2), 95–111.

Witzke, I. (2014). Zur Problematik der empirisch-gegenständlichen Analyse des Mathematikunterrichtes. *Der Mathematikunterricht, 60*(2), 19–32.

Teil IV
Förderung mathematikspezifischer Arbeitsweisen und Lernstrategien an der Hochschule

Förderung mathematikspezifischer Arbeitsweisen und Lernstrategien an der Hochschule – Einführung

19

Niclas Schaper und Stefanie Rach

Zusammenfassung

Das Studium der Mathematik stellt sowohl im Hauptfach als auch in mathematik-haltigen Studiengängen besondere Anforderungen an den Wissens- und Kompetenz-erwerb und erfordert somit auch darauf zugeschnittene Strategien des Lernens. Vor diesem Hintergrund werden in diesem Teil des Herausgeberbandes spezifische Ansätze zum Erlernen von mathematischen Arbeitsweisen und mathematischen Begriffen und Konzepten vorgestellt. Einleitend werden dazu zunächst die besonderen Anforderungen beim Lernen von Mathematik an der Hochschule charakterisiert. Darauf aufbauend werden die in diesem Teil des Bandes aufgenommenen Beiträge kurz vorgestellt, die sich damit beschäftigen, wie man aus hochschulmathematik-didaktischer Perspektive besser mit diesen Lehr-Lern-Anforderungen umgehen kann.

Die besonderen Anforderungen an das mathematische Lernen ergeben sich vor allem aus dem Charakter der Mathematik: zum einen als eigenständige Wissenschaft und zum anderen als Hilfswissenschaft (Rach 2014). Mathematik ist eine auf deduktiven Methoden ausgelegte Wissenschaft, d. h. eine beweisende Disziplin (Jahnke und Ufer 2015). Die Gegenstände der Mathematik sind abstrakte Konzepte, die im Wesent-lichen über Darstellungen vermittelt werden, für die eine eigene Symbolsprache ent-

N. Schaper (✉)
KW, Universität Paderborn, Paderborn, Deutschland
E-Mail: niclas.schaper@upb.de

S. Rach
FMA/IAG, Otto-von-Guericke-Universität Magdeburg, Magdeburg, Deutschland
E-Mail: stefanie.rach@ovgu.de

© Springer-Verlag GmbH Deutschland, ein Teil von Springer Nature 2021
R. Biehler et al. (Hrsg.), *Lehrinnovationen in der Hochschulmathematik,*
Konzepte und Studien zur Hochschuldidaktik und Lehrerbildung Mathematik,
https://doi.org/10.1007/978-3-662-62854-6_19

wickelt wurde. Das Ziel ist somit die Generierung von wahren Aussagen über abstrakte Objekte und deren Relationen mithilfe eines festgelegten Systems von Theoremen und Definitionen (Biehler und Kempen 2016). Darüber hinaus ist die Mathematik im Rahmen anderer wissenschaftlicher Disziplinen auch eine Hilfswissenschaft, die dazu dient, Problemstellungen anderer Wissenschaften darzustellen und zu lösen. Hierbei steht die Modellierung außermathematischer Problemsituationen im Vordergrund (Blum et al. 2002).

Mit Bezug auf diese Charakteristika von Mathematik als Wissenschaft ergeben sich bestimmte Ziele mathematischer Lernprozesse an der Hochschule, wobei hier schwerpunktmäßig auf Lernziele des Hauptfach- und Lehramtsstudiums eingegangen wird. An vielen Hochschulen stehen solche Lernziele zu einem gewissen Teil auch in mathematischen Veranstaltungen für wirtschaftliche und INT- (ingenieurwissenschaftliche, naturwissenschaftliche, technische) Studiengänge im Vordergrund. Übergeordnetes Ziel eines Mathematikstudiums ist es, die Studierenden in die Welt der Mathematik und der Mathematik betreibenden Personen einzuführen, Einblicke in mathematisch-wissenschaftliche Arbeitsweisen und Erkenntnisse zu geben sowie fachspezifische Argumentationskompetenzen zu erwerben. Diese Ziele unterscheiden sich deutlich von den Lernzielen des schulischen Unterrichts, bei dem aufgrund des Allgemeinbildungscharakters von Schulunterricht eine anwendungsorientierte Perspektive auf mathematische Konzepte im Vordergrund steht und weniger die formalistische, abstrakte Sicht der wissenschaftlichen Mathematik (Rach 2014; Winter 1995).

Insbesondere in der Studieneingangsphase wird die Mathematik als Lerngegenstand häufig in einem statischen „DTP-Schema" (*definition – theorem – proof*) präsentiert, d. h., die Darstellung mathematischer Inhalte und die Kommunikation über Mathematik an der Hochschule erfolgen häufig anhand dieses Schemas (Bergsten 2007). Durch diese statische Darstellung kommen zentrale, dynamische, mathematische Arbeitstätigkeiten, wie z. B. das Generieren von Beispielen oder Explorieren von Aussagen, häufig zu kurz und die Studierenden erhalten dadurch nur wenige Gelegenheiten, diese Arbeitstätigkeiten selber kennenzulernen, bzw. sie nutzen diese Gelegenheiten zu wenig. Im Folgenden werden diese Arbeitstätigkeiten und das mathematische Denken an der Hochschule charakterisiert, um daraus Anforderungen an das Lernen von Studierenden abzuleiten.

In Bezug auf das mathematische Denken an der Hochschule hat sich ein eigenes Forschungsfeld entwickelt, das als „Advanced Mathematical Thinking" bezeichnet wird und sich mit den psychologischen Besonderheiten des Mathematiklernens auf Hochschulniveau beschäftigt. Nach Tall (2008) ist diese Art des Denkens vor allem durch zwei Aspekte charakterisiert: präzise mathematische Definitionen sowie die logische Ableitung bzw. Deduktion von Theoremen. Im Rahmen seines „Three Worlds"-Modells teilt er mathematische Denkprozesse in drei verschiedene Welten bzw. Ebenen ein (Tall 2008): in die *conceptual-embodied world* (basiert auf der Wahrnehmung und dem Nachdenken über mathematische Merkmale von Objekten der realen Welt), die *proceptual symbolic world* (entsteht aus der physischen Umwelt durch Handlungen wie z. B. Zählen und wird symbolisiert als kognitives Konzept, das zum einen als Prozess funktioniert und zum anderen auch als Konzept, über das nachgedacht wird) und die *axiomatic-formal world* (basiert auf formalen Definitionen und Beweisen, bei denen die Konstruktion von Sinn umgedreht wird, indem formale Konzepte anhand von theoretisch-abstrakten Definitionen hergeleitet werden und nicht anhand real-konkreter Objekte). Beim Übergang von der Schule zum Mathematikstudium an einer Hochschule wird der Schritt von der *proceptual-symbolic world* zur *axiomatic-formal world* vollzogen. Dies bedeutet, dass weitestgehend neue mathematische Denkprozesse im Studium benötigt werden und daher ein höheres Denkniveau erreicht werden muss, um Mathematik erfolgreich zu studieren. Dies betrifft sowohl das Erlernen von Fähigkeiten zum mathematischen Beweisen als auch den Erwerb von und Umgang mit mathematischen Begriffen.

Formal deduktives Beweisen ist somit eine zentrale und sehr bedeutsame Aktivität in der Wissenschaft Mathematik. Vor diesem Hintergrund steht das Beweisen auch im Fokus der Studieneingangsphase eines Mathematikstudiums. Der Prozess des Beweisens wird in diesem Zusammenhang vom Produkt des Beweisens abgegrenzt. Ein Beweis als Produkt zeichnet sich demnach dadurch aus, dass er von Voraussetzungen (in Form von Axiomen oder schon bewiesenen Aussagen) mithilfe deduktiver Schlussfolgerungen zu einer Behauptung führt (Jahnke und Ufer 2015). Im schulischen Unterricht spielen im Unterschied zum Lernen an der Hochschule formal-deduktive Beweise eine eher untergeordnete Rolle. Es geht eher um das Kennenlernen präformaler Beweise als um die Befähigung zum Durchführen formal-deduktiver Beweise (Biehler und Kempen 2016), sodass beim Übergang an die Hochschule die Mathematikstudierenden sich auch mit anderen Beweistypen und damit deutlich anderen Lernanforderungen vertraut machen müssen. Die Studierenden durchlaufen beim Übergang in ein mathematikhaltiges Studium in Bezug auf Beweisen einen Enkulturationsprozess und lernen wünschenswerterweise die Normen der universitären Community kennen. Für diese Anforderung im Lernprozess ist es hilfreich, wenn in den universitären Veranstaltungen metakognitive Elemente eingebaut und diese Standards transparent gemacht werden. Vom Beweis als Produkt wird der Prozess des Beweisens als komplexer, problemlösender Prozess abgegrenzt. Zur Beschreibung, welche Handlungen und Denkprozesse für das Beweisen relevant sind bzw. benötigt werden, liegen Beobachtungs- und Befragungsstudien vor (z. B. Weber und Meja-Ramos 2011). Auf der Grundlage solcher Studien oder konzeptioneller Überlegungen wurden u. a. Phasenmodelle des Vorgehens beim Beweisen (z. B. Boero 1999) entwickelt. Entscheidend bei solchen Modellen ist, dass sie neben Formulierungsphasen auch Explorationsphasen enthalten, die auf den Problemlösungscharakter des Beweisprozesses Bezug nehmen. Während in den Formulierungsphasen Axiome bzw. Theoreme und axiomatisch definierte Begriffe sowie formale Begriffsdefinitionen zur Systematisierung der inhaltlichen Ideen und zur Kommunikation von Beweisen genutzt werden, spielen in den Explorationsphasen auch informelle Repräsentationen und daraus resultierende mentale Modelle von Begriffen eine wichtige Rolle (Weber und Meja-Ramos 2011). Diese Explorationsphasen sind in manchen Vorlesungen und Übungen nach dem DTP-Schema jedoch unterrepräsentiert, sodass die

Studierenden diese wichtigen Arbeitstätigkeiten nicht in ihr Strategierepertoire aufnehmen können (Rach et al. 2016). Das Konstruieren und der Umgang mit Beweisen sind zudem eng verknüpft mit der Bildung von Begriffen, auf die wir im Folgenden eingehen.

Charakteristisch für mathematische Begriffe ist, dass sie sich nicht auf reale Objekte beziehen, sondern rein gedankliche, d. h. abstrakte Objekte umfassen. Hierzu bedarf es spezifischer Repräsentationsformate in Form von sprachlichen Ausdrücken und mathematischer Symbolik, um mathematische Begriffe benennen, beschreiben und mit ihnen arbeiten zu können. Der Prozess der Begriffsbildung in der Mathematik basiert auf spezifischen Formen der Abstraktion, Konstruktion und Spezifikation, wobei eine Begriffsdefinition in der Regel mithilfe schon bekannter und definierter Begriffe eines Systems von Theoremen erfolgt. Neben formalen Begriffsdefinitionen und -repräsentationen werden aber auch informelle Repräsentationen verwendet, z. B. in Form von Graphen oder Wertetabellen. Ein umfassendes Begriffsverständnis beinhaltet die Repräsentation des Begriffs auf mehreren Darstellungsebenen (EIS-Prinzip, vgl. Bruner 1971). Um diese verschiedenen Zugänge zu einem mathematischen Begriff systematischer zu charakterisieren, wurde von Tall und Vinner (1981) die Unterscheidung zwischen *concept definition* und *concept image* eingeführt. Die *concept definitions* beziehen sich auf formale Begriffsdefinitionen mithilfe formaler Notationen, unabhängig von einem speziellen Objekt ausgedrückt, sodass wenig bis kein Interpretationsspielraum zugelassen wird. Beim *concept image* stehen hingegen mentale Vorstellungen des Lernenden im Vordergrund, die aus konkreten Repräsentationen des Begriffs gebildet werden. Ein entsprechendes *concept image* kann in diesem Zusammenhang durch Beispiele, grafische Veranschaulichungen oder andere Erfahrungen generiert werden und ist nicht zwangsläufig kohärent und beinhaltet ggf. auch Fehlvorstellungen des Begriffs. Auch in Bezug auf die Begriffsbildung unterscheidet sich der schulische Mathematikunterricht erheblich von den Anforderungen im Studium. Während in der Schule das *concept image* verstärkt im Vordergrund steht, steigt die Bedeutung der *concept definition* beim Übergang in ein Studium (Rach 2014). Aus diesem Grund müssen die Studierenden auch im Bereich der Begriffsbildung Strategien entwickeln, um mit mathematischen Begriffen adäquat umzugehen.

Neben diesen veränderten, inhaltlichen Anforderungen, die detaillierter im Cluster „fachliche Analysen" (Kap. 2) untersucht werden, ist die Lehrorganisation für die meisten Studierenden unbekannt. In Vorlesungen werden Inhalte vom Dozierenden präsentiert, im Selbststudium herausfordernde Aufgaben gelöst, die dann in Tutorien diskutiert werden. Um dieses Lehrangebot sinnvoll nutzen zu können, sind selbstregulative Fähigkeiten und mathematikspezifische Lernstrategien notwendig. Eine aktuelle Konzeptualisierung und Operationalisierung von Lernstrategien, der LimST-Fragebogen (Liebendörfer et al. 2020), basiert auf dem LIST-Fragebogen und interpretiert bekannte Strategien wie „Elaboration" oder „Organisation" in Hinblick auf das Lernen von Mathematik an der Hochschule, z. B. durch Unterskalen wie „Nutzung von Beispielen" oder „Nutzung von Beweisen".

Um die Studierenden an die komplexen und schwierigen Anforderungen des mathematischen Arbeitens und Denkens in universitären Studiengängen heranzuführen und sie beim Übergang von schulischer zur universitärer Mathematik zu unterstützen, wurden verschiedene Maßnahmen in mathematischen bzw. mathematikhaltigen Studiengängen entwickelt. Sehr verbreitet sind vor allem Vorkurse zu Beginn des Studiums, die nicht nur für Mathematikstudierende im Hauptfach, sondern auch für verschiedene andere Studiengänge angeboten werden, in denen die Studierenden insbesondere zu Beginn des Studiums verpflichtende Veranstaltungen zur Mathematik absolvieren müssen (z. B. Ingenieurswissenschaften, siehe Kap. 13). Vorkurse führen in Teilen die Studienanfänger/-innen auch in die für sie neuen mathematischen Arbeitsweisen und Konzepte ein. Der Schwerpunkt liegt hier allerdings meistens in der Aufarbeitung von schulischem Mathematikwissen und -fähigkeiten, die für ein Studium von Mathematik bzw. mathematikhaltiger Lehrangebote mehr oder weniger vorausgesetzt werden. In Tutorien im Studium wird gezielt auf Schwierigkeiten und Probleme der Studierenden beim Verstehen der Vorlesungsinhalte sowie der Übungsaufgaben eingegangen. Die in diesen Lehrformaten eingesetzten Tutor/-innen sollten daher auch darauf vorbereitet werden, angemessen mit diesen Schwierigkeiten umzugehen und die Studierenden bei deren Bewältigung wirkungsvoll zu unterstützen (z. B. Püschl 2019). In einer Reihe von Studiengängen der Mathematik werden darüber hinaus besondere Vorlesungen angeboten (meist als Brückenvorlesungen bezeichnet), die die Studierenden in das universitäre mathematische Arbeiten und Denken gezielt und explizit einführen (z. B. Grieser 2017). Hierbei werden insbesondere Techniken des mathematischen Problemlösens und Beweisens sowie der Begriffsbildung angesprochen und in einer problemorientierten Form behandelt (siehe auch Kap. 7). Auch in mathematischen Lernzentren erhalten Studierende der Mathematik besonderen Support im Umgang mit Schwierigkeiten in Bezug auf mathematische Arbeits- und Denkweisen, die insbesondere bei der Bearbeitung von Übungsaufgaben aus Anfängervorlesungen zu mathematischen Themengebieten zutage treten. Der Schwerpunkt liegt hier auf der Bereitstellung einer Lernumgebung, die Lernmittel und -ressourcen zur individuellen oder kooperativen Bearbeitung von mathematischen Lerninhalten bereitstellt und in der die Lernenden im Umgang mit den schwierigen Anforderungen individuell durch studentische Tutor/-innen oder wissenschaftliche Mitarbeiter/-innen beraten werden (Schürmann et al. in Vorber.). Damit sind nur die wichtigsten und am häufigsten eingesetzten Maßnahmen zur Unterstützung von Studierenden beim Erwerb von Wissen und Fähigkeiten im Bereich mathematischen Arbeitens und Denkens angesprochen.

Einordnung der Beiträge

Die Beiträge im vorliegenden Herausgeberband zu der skizzierten Thematik beziehen sich auf entsprechende Maßnahmen, legen den Fokus der Darstellung aber stärker auf spezifische Methoden oder Konzepte zur Optimierung der Unterstützungsangebote. Im Folgenden geben wir einen kurzen Überblick über die Entwicklungsmaßnahmen und

Evaluationsstudien, die im Rahmen von Projekt- oder Qualifikationsarbeiten des khdm zu dieser Thematik entstanden sind:

Der Beitrag von Kempen und Biehler (Kap. 20) beschäftigt sich mit einer Lehrveranstaltung zur „Einführung in die Kultur der Mathematik" für Lehramtsstudierende mit der Ausrichtung auf das Lehramt Haupt-/Real- und Gesamtschulen, wobei die Studierenden prozessorientiert in das mathematische Beweisen sowie verschiedene Beweisformen und die Verwendung fachmathematischer Symbolsprache eingeführt werden. Es wird berichtet, wie in einem Design-Based Research-Ansatz die Vermittlung von Fähigkeiten zum Beweisen anhand von konkreten Anwendungsbeispielen gestaltet und auf der Basis von Erprobungsergebnissen schrittweise verbessert werden kann.

Im Beitrag von Feudel und Dietz (Kap. 21) liegt der Fokus auf der Unterstützung von Studierenden der Wirtschaftswissenschaften im Rahmen einer verpflichtenden Anfängervorlesung zu Grundlagen der Mathematik. Hierzu wurde ein Ansatz zur Vermittlung fachbezogener Lernstrategien – insbesondere mathematikspezifischer Arbeitsweisen – entwickelt. Der Schwerpunkt des Beitrags liegt auf der Einführung und Verwendung einer sog. Konzeptbasis. Dabei handelt es sich um eine Methode, mit der die mathematische Begriffsbildung systematisch unterstützt wird. Zum Umgang und zur Nutzung der Konzeptbasis beim Lernen wurde ein Coaching-Ansatz entwickelt und evaluiert. Die Evaluationsergebnisse zeigen, dass das Coaching nicht nur positiv von den Studierenden aufgenommen wird, sondern auch mit vertretbarem Aufwand in großen Lehrveranstaltungen eingesetzt werden kann und zu besseren Ergebnissen in der Abschlussklausur führt.

Im Beitrag von Püschl (Kap. 22) steht die Arbeit von Tutor/-innen in Mathematikveranstaltungen für Lehramtsstudierende im Vordergrund und wie diese ihre Studierenden beim Erlernen mathematischer Arbeitsweisen unterstützen können. Vorgestellt wird ein Ansatz, der auf einer Analyse der Schwierigkeiten der Studierenden mit mathematischen Arbeitsweisen und dem Verständnis mathematischer Konzepte aufbaut und herausarbeitet, wie Tutor/-innen auf diese Schwierigkeiten angemessen reagieren können. Auf dieser Grundlage werden verschiedene Maßnahmen, wie Tutor/-innen selbst bei diesen Aufgaben unterstützt bzw. geschult werden können, entwickelt und beschrieben.

Der Beitrag von Panse und Feudel (Kap. 23) beschäftigt sich mit einer spezifischen Unterstützungsmaßnahme von Studierenden im Hauptfach Mathematik zur Bewältigung der Lernanforderungen und -inhalte in Vorlesungen der Mathematik. Im Rahmen einer Veranstaltung zur Einführung in mathematisches Arbeiten und Denken (z. B. in Bezug auf das Beweisen oder die mathematische Begriffsbildung) wurden sog. „Lückenskripte" eingesetzt, um die Studierenden beim Mitschreiben der Vorlesungsinhalte an der Tafel zu entlasten und trotzdem aktivierende Aufgabenelemente in das Verstehen der Vorlesung zu integrieren. Neben der Beschreibung und Diskussion der Potenziale und Herausforderungen beim Einsatz dieser Methodik zur Lernunterstützung werden auch erste Evaluationsergebnisse präsentiert.

Im Beitrag von Hochmuth und Kollegen/-innen (Kap. 24) wird eine Lehrinnovation für die Fachvorlesung von Lehramtsstudierenden mit der Ausrichtung Grundschullehramt im Bereich Arithmetik vorgestellt, die auf die Förderung von Fähigkeiten zum mathematischen Argumentieren gerichtet ist. Dazu werden u. a. multiple Darstellungen von Lerninhalten, insbesondere die enaktive Ebene, und die metakognitive Explizierung bestimmter Inhaltsbereiche (Stellenwertsysteme und Teilbarkeitsregeln) eingesetzt bzw. dafür entwickelt und evaluiert. Die Ergebnisse einer Kontrollgruppenstudie mit Vor- und Nachtest stützen die Hypothese, dass die Lehrinnovation zu signifikant höheren Leistungsentwicklungen in den beiden Inhaltsbereichen führt.

Literatur

Bergsten, C. (2007). Investigating quality of undergraduate mathematics lectures. *Mathematics Education Research Journal, 19*(3), 48–72.

Biehler, R., & Kempen, L. (2016). Didaktisch orientierte Beweiskonzepte – Eine Analyse zur mathematikdidaktischen Ideenentwicklung. *Journal für Mathematik-Didaktik, 37,* 141–179.

Blum, W., et al. (2002). ICMI study 14: Applications and modelling in mathematics education – Discussion document. *Educational Studies in Mathematics, 51*(1–2), 149–171.

Boero, P. (1999). Argumentation and mathematical proof: a complex, productive, unavoidable relationship in mathematics and mathematics education. *International Newsletter on the Teaching and Learning of Mathematical Proof, 7,* 8.

Bruner, J. (1971). Über kognitive Entwicklung. In J. Bruner, R. R. Olver, & P. M. Green-field (Hrsg.), *Studien zur kognitiven Entwicklung – eine kooperative Untersuchung am „Center for Cognitive Studies" der Harvard-Universität* (S. 21–54). Stuttgart: Klett.

Grieser, D. (2017). *Mathematisches Problemlösen und Beweisen: Eine Entdeckungsreise in die Mathematik.* Heidelberg: Springer Spektrum.

Jahnke, H. N., & Ufer, S. (2015). Argumentieren und Beweisen. In R. Bruder, L. Hefendehl-Hebeker, B. Schmidt-Thieme, & H.-G. Weigand (Hrsg.), *Handbuch der Mathematikdidaktik* (S. 331–335). Heidelberg: Springer Spektrum.

Liebendörfer, M., Göller, R., Biehler, R., Hochmuth, R., Kortemeyer, J., Ostsieker, L., Rode, J., & Schaper, N. (2020). LimSt – Ein Fragebogen zur Erhebung von Lernstrategien im mathematikhaltigen Studium. *Journal für Mathematik-Didaktik 42,* 25–59. https://doi.org/10.1007/s13138-020-00167-y.

Püschl, J. (2019). *Kriterien guter Mathematikübungen: Potentiale und Grenzen in der Aus- und Weiterbildung studentischer Tutorinnen und Tutoren.* Heidelberg: Springer Spektrum.

Rach, S. (2014). *Charakteristika von Lehr-Lern-Prozessen im Mathematikstudium: Bedingungsfaktoren für den Studienerfolg im ersten Semester.* Münster: Waxmann.

Rach, S., Heinze, A., & Siebert, U. (2016). Operationalisierung und empirische Erprobung von Qualitätskriterien für mathematische Lehrveranstaltungen in der Studieneingangsphase. In A. Hoppenbrock, R. Biehler, R. Hochmuth, & H.-G. Rück (Hrsg.), *Lehren und Lernen von Mathematik in der Studieneingangsphase – Herausforderungen und Lösungsansätze* (S. 601–618). Wiesbaden: Springer.

Schürmann, M., Schaper, N., Hochmuth, R., Biehler, R. et al. (in Vorber.). Gestaltungsformate und Wirkfaktoren mathematischer Lernzentren.

Tall, D. (2008). The transition to formal thinking in mathematics. *Mathematics Education Research Journal, 20*(2), 5–24.

Tall, D., & Vinner, S. (1981). Concept image and concept definition in mathematics with particular reference to limits and continuity. *Educational Studies in Mathematics, 12*(7), 151–169.

Weber, K., & Mejía-Ramos, J. P. (2011). Why and how mathematicians read proofs: An exploratory study. *Educational Studies in Mathematics, 76*(3), 329–344.

Winter, H. (1995). Mathematikunterricht und Allgemeinbildung. *Mitteilungen der Gesellschaft für Didaktik der Mathematik, 61,* 37–46.

Design-Based Research in der Hochschullehre am Beispiel der Lehrveranstaltung „Einführung in die Kultur der Mathematik"

20

Leander Kempen und Rolf Biehler

Zusammenfassung

An der Universität Paderborn wurde von 2011 bis 2016 die Lehrveranstaltung „Einführung in die Kultur der Mathematik" für Lehramtsstudierende (Haupt-/Real-/Gesamtschule) nach dem Paradigma des Design-Based Research (weiter-)entwickelt. Ein Fokus der Lehrveranstaltung bestand darin, Lehramtsstudierende prozessorientiert in das mathematische Beweisen einzuführen und ihnen gleichsam Beweisformen zu vermitteln, die sie bei ihrer späteren Lehrtätigkeit an der Schule verwenden können. In diesem Kontext sollte auch die fachmathematische Symbolsprache sinnstiftend eingeführt und vermittelt werden. Grundlegend für dieses Lehrkonzept sind die Einbettung verschiedener Beweisformen in den Kontext von exemplarischen Forschungsprojekten, das Extrahieren von Vermutungen aus der Untersuchung von Beispielen, die Formulierung von Behauptungen und die Konstruktion entsprechender Beweise. Ergebnisse des forschungsbasierten fachdidaktischen Entwicklungsprozesses sind u. a. Lernumgebungen, um das Beweisen prozessorientiert zu vermitteln, und geeignete Beweisaufgaben für die Konstruktion sogenannter „multiple proof tasks". In dem Artikel wird ein Einblick in die fachdidaktische Entwicklungsforschung entsprechend dem Forschungsparadigma des Design-Based Research gegeben und daraus resultierende Lehr-Lern-Materialien vorgestellt.

L. Kempen (✉) · R. Biehler
Universität Paderborn, Institut für Mathematik, Paderborn, Deutschland
E-Mail: kempen@khdm.de

R. Biehler
E-Mail: biehler@math.upb.de

© Springer-Verlag GmbH Deutschland, ein Teil von Springer Nature 2021
R. Biehler et al. (Hrsg.), *Lehrinnovationen in der Hochschulmathematik,*
Konzepte und Studien zur Hochschuldidaktik und Lehrerbildung Mathematik,
https://doi.org/10.1007/978-3-662-62854-6_20

20.1 Einleitung

Hochschuldidaktische Bemühungen fokussieren bereits seit geraumer Zeit den Übergang von der Schule zur Hochschule. Neben verschiedenen Kurskonzepten, die zeitlich vor dem Studienbeginn gelagert sind, werden auch spezielle universitäre Lehrveranstaltungen für das erste Semester konzipiert, die den Studierenden den Einstieg in das Mathematikstudium bereiten sollen. Es bestehen bereits mehrere Konzepte für das gymnasiale Lehramt (Grieser 2013; Hilgert und Hilgert 2012; Hilgert et al. 2015). Für die Lehrämter für die Primarstufe und Sekundarstufe I existieren i. d. R. keine speziellen „Übergangsvorlesungen", wohl aber zahlreiche Bücher, die eine für diese Lehramtsstudiengänge spezifische Mathematik konzipieren (z. B. Leuders 2010; Neubrand und Möller 1990). Entsprechend ihrer jeweiligen Zielgruppe (häufig Bachelor-Studierende der Fachmathematik oder des Lehramts für verschiedene Schulformen) thematisieren die Konzepte jeweils unterschiedliche Lerninhalte auf unterschiedlichen Niveaustufen und Abstraktheitsgraden. Gemein ist den meisten Konzepten, dass sie eine Anbindung an die Schulmathematik zu knüpfen versuchen, um so das „neue Wissen" besser mit dem schulischen Vorwissen verbinden und auch dadurch die Besonderheiten der Hochschulmathematik herausarbeiten zu können. An der Universität Paderborn wurde im Wintersemester 2011 erstmals die Lehrveranstaltung „Einführung in die Kultur der Mathematik" für Lehramtsstudierende für Haupt-, Real- und Gesamtschule im ersten Semester in einem Umfang von 2 plus 2 Semesterwochenstunden mit dem Zweitautor als Dozenten durchgeführt, die als neue Veranstaltung in die neue Bachelor-Studienordnung aufgenommen worden war. Ein Anliegen der Lehrveranstaltung bestand darin, die Lehramtsstudierenden adressatenspezifisch in die Mathematik der Universität und speziell in das Beweisen einzuführen, wobei die Mathematik durchgängig als prozesshafte Wissenschaft dargestellt werden sollte (Biehler und Kempen 2014; Biehler 2015). Die Weiterentwicklung der Lehrveranstaltung nach den Prinzipien des Design-Based Research, ihre theoretische Fundierung sowie ihre wissenschaftliche Evaluation sind die Kernpunkte der Dissertation des Erstautors (Kempen 2019), die unter der Betreuung des Zweitautors angefertigt wurde. In diesem Artikel wird die mit dem Projekt einhergehende theoriebasierte fachdidaktische Entwicklungsforschung im Sinne des Design-Based zusammenfassend dargestellt, wobei sich die Ausführungen an den folgenden drei Schwerpunktsetzungen orientieren: (1) „der Einbezug von Elementarmathematik als Prozess", (2) „die Verwendung ausgewählter Beweisformen im Kontext der Lehrveranstaltung" und (3) „die sinnstiftende Vermittlung der fachmathematischen Symbolsprache". Am Ende des Artikels werden das aus dem Forschungsprozess resultierende Lehrkonzept zur Thematik „Begründen und Beweisen" im Übergang von der Schule zur Hochschule in Auszügen dargestellt und ausgewählte Ergebnisse bzgl. einer lokalen Instruktionstheorie formuliert.

20.2 Theoretische Fundierung der Lehrveranstaltung: Die Problematik der doppelten Diskontinuität

Im vorliegenden Kapitel erfolgt eine erste theoretische Fundierung der Lehrveranstaltung. Hierzu werden kurz die Problematik der „doppelten Diskontinuität" (Klein 1908, S. 1) skizziert und erste Leitprinzipien für die Gestaltung der Lehrveranstaltung „Einführung in die Kultur der Mathematik" erörtert.

Unter der Problematik der „doppelten Diskontinuität" wird nach Klein einmal das Problem verstanden, dass Studierende der Mathematik zu Beginn ihres Studiums die neuen Inhalte nicht mit ihrem schulischen Vorwissen zu verbinden vermögen. Überspitzt formuliert wird von den Studierenden sogar verlangt, ihre Vorkenntnisse zu vergessen, um das Theoriegebäude der Mathematik völlig neu auf Axiomen basierend aufbauen zu können. Nach dem absolvierten Mathematikstudium gelangen Studierende des Lehramts wieder zurück in die Schule. Doch in ihrer Lehrtätigkeit können die ehemaligen Studierenden nun keine Verbindung zwischen den Inhalten, die sie an der Universität gelernt haben, und den Anforderungen, die nun an der Schule auf sie zukommen, erkennen. Es ergibt sich häufig aus diesem Dilemma der „Unverträglichkeit" der Inhalte des Mathematikstudiums und der folgenden Lehrtätigkeit an der Schule, dass der zukünftige Unterricht der Lehrerinnen und Lehrer nur wenig von der fachmathematischen Ausbildung an der Universität beeinflusst wird. Um diesen beiden Übergangsproblematiken zu begegnen, die zusammen das Phänomen der doppelten Diskontinuität konstituieren, werden in der Literatur verschiedene Maßnahmen für die universitäre Lehre vorgeschlagen. Diese im Folgenden zusammengetragenen Aspekte bilden gleichsam einen theoretischen Grundrahmen für die Konstruktion der Lehrveranstaltung „Einführung in die Kultur der Mathematik" (vgl. Kempen 2019, S. 4 ff.). Die Aspekte (1) bis (3) adressieren vor allem die erste Diskontinuität, die Aspekte (4) bis (6) fokussieren die zweite.

1. Durch das Anknüpfen an schulische Vorerfahrungen soll die Hochschulmathematik als sinnvolle Weiterführung und Vertiefung des Vorwissens erlebt werden. (Zum Beispiel können Darstellungsformen oder sprachliche Wendungen der Schulmathematik aufgegriffen und weitergeführt bzw. elaboriert werden.)
2. Damit Anknüpfungspunkte zwischen der Schul- und der Hochschulmathematik überhaupt ausgewiesen bzw. wahrgenommen werden können, muss das schulische Vorwissen der Studierenden berücksichtigt und produktiv genutzt werden. (Es wäre z. B. denkbar, schulübliche Interpretationen mathematischer Konzepte (Grundvorstellungen oder propädeutische Sichtweisen) an der Universität zunächst aufzugreifen und anschließend auf eine formalere Ebene zu überführen.)
3. Da sich die Arbeits- und Darstellungsweisen der Hochschulmathematik deutlich von denen der Schulmathematik unterscheiden, müssen diese bewusst eingeführt und

entsprechende Unterschiede expliziert werden, damit die Studierenden den neuen Anforderungen besser gerecht werden können.

4. Damit das Lehramtsstudium von den Studierenden als sinnstiftend erlebt werden kann, muss eine Verbindung der neuen Inhalte mit der späteren beruflichen Lehrtätigkeit erkennbar sein. Dies bedeutet, dass auch fachliche Aspekte der Höheren Mathematik adressatenspezifisch durchdacht und vermittelt werden müssen. Auch sollte die schulische Relevanz von Inhalten und Methoden hervorgehoben werden.

Schließlich soll das Universitätsstudium Lehramtsstudierende darauf vorbereiten, schulischen Mathematikunterricht im Sinne der Bildungsstandards gestalten zu können. Dazu dienen fachdidaktische, schulpraktische und bildungswissenschaftliche Komponenten der universitären Lehramtsausbildung. Aber auch die fachwissenschaftliche Ausbildung sollte das entsprechend berücksichtigen, wobei die Spezifika der verschiedenen Lehramtsstudiengänge geeignet berücksichtigt werden müssen. Vor diesem Hintergrund können die folgenden Anforderungen an die universitäre Lehramtsausbildung im Fach Mathematik für Lehrkräfte der Primarstufe und der Sekundarstufe I formuliert werden (Bender et al. 1999; Müller et al. 2007; Wittmann 2007):

5. Es müssen auch explizit unterrichtsrelevante Inhalte vermittelt werden, mit denen die Studierenden in ihrer späteren Lehrtätigkeit umgehen werden.

6. Um Lernenden auf verschiedenen Schulstufen fachmathematische Phänomene verdeutlichen bzw. Sachzusammenhänge kommunizieren zu können, müssen die Studierenden in der Verwendung von sogenannten „inhaltlich-anschaulichen Darstellungen" (Wittmann 1989, S. 298) geübt sein. Es geht somit einmal um das Kommunizieren in einer nichtsymbolischen Sprache und außerdem um das Verfügen über anschauliche Darstellungen (z. B. Punktmuster), die ein Verstehen von Zusammenhängen und Sachverhalten begünstigen sollen.

20.3   Methodisches Vorgehen bei der Begleitforschung der Lehrveranstaltung

In diesem Abschnitt wird zunächst die allgemeine Forschungsmethode des Design-Based Research beschrieben (Abschn. 20.3.1). Die mit dieser Forschungsausrichtung einhergehende zyklische Strukturierung des Forschungsverlaufs war rahmengebend für die hier thematisierte fachdidaktische Entwicklungsforschung. Wie Bakker und van Eerde (2015) darlegen, werden im Kontext entsprechender Forschungsprojekte Leittheorien verwendet, durch deren Einbezug die Konstruktion und Modifikation entsprechender Lehr-Lern-Szenarien beeinflusst werden und die auch bei der Analyse und Interpretation entsprechender (empirischer) Forschungsergebnisse leitend sind. Für die vorliegende Forschung fungierten die Theorie des „diagrammatischen Schließens" nach Peirce (vgl. Hoffmann 2005) und die Theorie der „soziomathematischen Normen" nach Yackel und

Cobb (1996) als leitend. Aufgrund der Schwerpunktsetzung dieses Artikels wird die Sicht auf den Beweisprozess als „diagrammatisches Schließen" hier nicht weiter ausgeführt. Dahingegen wird die Theorie der „soziomathematischen Normen" in Abschn. 20.3.2 näher beleuchtet und auf den Beweiskontext übertragen, da im Verlauf der unteren Beschreibungen des Forschungsprojekts der Aspekt der Normen wiederholt auftreten wird. Schließlich wird der Vorgang einer retrospektiven Analyse beschrieben, in der die gewonnenen Erkenntnisse für die iterative Verbesserung der Lehrinnovation konstruktiv ausgewertet werden (Abschn. 20.3.3). Die konkrete Anwendung dieses Forschungsparadigmas auf den hier beschriebenen Kontext der Lehrveranstaltung „Einführung in die Kultur der Mathematik" wird in Abschn. 20.4 und folgenden beschrieben.

20.3.1 Design-Based Research

Design-Based Research kann übergreifend als eine strukturgebende Forschungskonzeption beschrieben werden, in der verschiedene Forschungsansätze und -methoden kombiniert werden, um im Kontext der Beforschung einer Lehrinnovation diese zu verbessern, Gelingensbedingungen für diese herauszuarbeiten und somit auch zu einer entsprechenden (lokalen) Instruktionstheorie beizutragen (vgl. Barab und Squire 2004, S. 2; Bakker und van Eerde 2015, S. 431). Ausgangspunkt entsprechender Forschungsprojekte sind (komplexe) Problemstellungen aus der Lehr-Lern-Praxis, für die es bisher keine theoretisch fundierten Lösungen gibt. Die erste Grundintention eines Design-Based Research-Projekts kann darin gesehen werden, auf der Basis einer umfassenden theoretischen Grundlagenarbeit (fachdidaktische Analysen, Analyse von Lernvoraussetzungen etc.) ein Lehr-Lern-Szenario zu konstruieren, mit dem die jeweilige Problemstellung angegangen werden soll. Im Verlauf der Forschung wird die Lehrinnovation durchgeführt, beforscht und auf Grundlage der Forschungsergebnisse und der gemachten Lehrerfahrungen im Rahmen einer retrospektiven Analyse modifiziert. Hieraus ergibt sich übergeordnet ein zyklischer Forschungsprozess (s. Abb. 20.1).

Im vorliegenden Fall erwies sich die Vermittlung der Thematik „Begründen und Beweisen" im Spannungsfeld der doppelten Diskontinuität der Lehramtsausbildung als ein komplexes Problemfeld (vgl. Abschn. 20.1), das im Sinne des

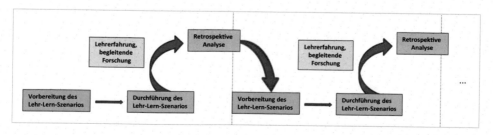

Abb. 20.1 Zyklischer Forschungsprozess im Design-Based Research

Design-Based Research-Paradigmas durch die Konstruktion der Lehrveranstaltung „Einführung in die Kultur der Mathematik" angegangen werden sollte.

Für die Weiterentwicklung der Lehrveranstaltung (anhand der gewählten Schwerpunktsetzungen) ist der Aspekt der „soziomathematischen Normen" eine grundlegende theoretische Kategorie.

20.3.2 Soziomathematische Normen und Anforderungen an mathematische Beweise

Yackel und Cobb (1996) beschreiben, wie (fachliche) Normen im unterrichtlichen Geschehen zwischen allen Beteiligten (Lernenden und Lehrenden) ausgehandelt werden, und prägen für die entsprechenden Resultate den Begriff „soziomathematische Normen". Grundlegend ist dabei die Sichtweise, dass normative Aspekte im Lernprozess nicht einfach von den Lehrenden auf die Lernenden übertragen werden, sondern dass sie in einem (impliziten und expliziten) Aushandlungsprozess ausgebildet werden. Solche (auszuhandelnden) Normen spielen gerade auch im Kontext von Beweisen eine Rolle, wenn es etwa um die Frage geht, was als „akzeptable" Argumentation oder als „akzeptabler" Beweis gelten kann:

> When students give explanations and arguments in the mathematics classroom their purpose is to describe and clarify their thinking for others, to convince others of the appropriateness of their solution methods, but not to establish the veracity of a new mathematical „truth" [...] The meaning of what counts as an acceptable mathematical explanation is interactively constituted by the teacher and the children [...] (Yackel und Cobb 1994, S. 3).

Unter entsprechenden normativen Aspekten zum Beweisen kann zunächst die Frage gefasst werden, was in einem Lehr-Lern-Kontext überhaupt unter einem korrekten mathematischen Beweis verstanden wird bzw. verstanden werden soll (vgl. etwa Stylianides 2007). Dieser Aspekt tangiert auch die Frage nach der Vollständigkeit bzw. Geschlossenheit einer Argumentationskette:

- Welche Zwischenschritte können im Rahmen einer Beweisführung (je nach Niveau- bzw. Klassenstufe) ausgelassen werden?
- Welches „Wissen" dürfen Lernende im Kontext von Beweisen als Argument verwenden?
- Sind in einer Argumentation nur Sachverhalte zugelassen, die explizit bewiesen wurden bzw. auf Axiomen gründen, oder können auch Sachverhalte verwendet werden, die als intuitiv einsichtig gelten können und daher keine tiefergehende Stützung mehr erfordern?

Darüber hinaus stellt sich die Frage nach zugelassenen Darstellungsmitteln für die Konstruktion von Beweisen.

Durch diese Sichtweise auf das Lernen normativer Aspekte zum Beweisen rückt der Aushandlungsprozess und damit die Bedeutung aller am Lernprozess Beteiligter (Dozenten, Übungsgruppenleitende und Studierende) in den Vordergrund. Es ist beim Design der Lehrveranstaltung zu klären, wie explizit und wie implizit solche Normen kommuniziert werden können und müssen und welche Aspekte solche Normen konkret beinhalten sollen. Entsprechende Konkretisierungen für die hier aufgeworfenen Frage-stellungen werden in Abschn. 20.4 gegeben.

20.3.3 Die Durchführung retrospektiver Analysen

Für die retrospektiven Analysen der verschiedenen Durchführungen der Lehrver-anstaltungen wurden die gemachten Lehrerfahrungen und die erhaltenen Forschungs-ergebnisse gesammelt und mit der im Voraus formulierten Zielsetzung (der sogenannten „intentionalen Dimension") abgeglichen (vgl. hierzu die Darstellungen in Gravemeijer und Cobb 2006). Auf diese Weise konnten spezielle Problembereiche herausgearbeitet werden, die wiederum unter den Perspektiven der Leittheorien hinterfragt und ausgewertet wurden. Aus dieser Erörterung resultierten schließlich die Modifikationen der Lehrveranstaltung, die innerhalb der folgenden Durchführung vorgenommen wurden (vgl. Abb. 20.2).

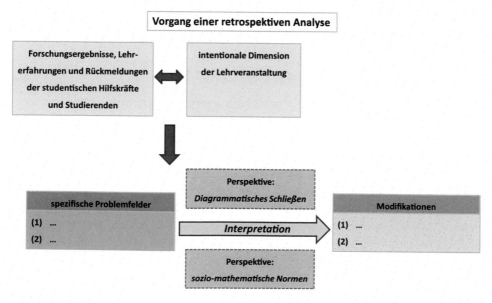

Abb. 20.2 Vorgang einer retrospektiven Analyse im Kontext der Lehrveranstaltung „Einführung in die Kultur der Mathematik"

20.4 Die (Weiter-)Entwicklung der Lehrveranstaltung „Einführung in die Kultur der Mathematik", aufgezeigt an drei ausgewählten Schwerpunkten

In diesem Kapitel werden zunächst die drei Aspekte näher beleuchtet, an denen sich im Sinne einer Schwerpunktsetzung die folgenden Darstellungen der (Weiter-)Entwicklung der Lehrveranstaltung orientieren: „der Einbezug von Elementarmathematik als Prozess", „die Verwendung ausgewählter Beweisformen im Kontext der Lehrveranstaltung" und „die sinnstiftende Vermittlung der fachmathematischen Symbolsprache". Anschließend wird ein tabellarischer Überblick über die Weiterentwicklung der Lehrveranstaltung anhand dieser drei Aspekte gegeben.

Im Kontext des prozessorientierten Einbezugs von Elementarmathematik können alle sechs der in die Abschn. 20.2 aufgezeigten Forderungen zum Adressieren der doppelten Diskontinuität aufgegriffen werden (s. Abschn. 20.4.1.1 und 20.6.2.1). Die Verwendung ausgewählter Beweisformen ist ebenfalls im Rahmen aller sechs Maßnahmen zu betrachten, da hier schulische Vorerfahrungen zum Begründen und Beweisen aufgegriffen und diese zu hochschulmathematischen Beweisformen fortgeführt werden sollen. Gleichsam werden aber auch solche Beweiskonzepte vermittelt, mit denen die Studierenden in ihrer späteren Berufstätigkeit agieren können (s. Abschn. 20.4.1.2 und 20.6.2.1). Bezüglich der sinnstiftenden Vermittlung der fachmathematischen Symbolsprache geht es vor allem um die bewusste Hinführung zu den Darstellungsweisen der Hochschulmathematik. Wie in der Forschung zur Lehrveranstaltung deutlich wurde, haben die Studienanfängerinnen und Studienanfänger nur marginale Vorerfahrungen in diesem Bereich (s. Abschn. 20.4.1.3 und 20.6.2.1).

20.4.1 Kurzdarstellung der vorgenommenen Schwerpunktsetzung

20.4.1.1 Der Einbezug von „Elementarmathematik als Prozess"

Während die Mathematik an der Universität (vor allem in den Grundlagenveranstaltungen) als ein fertiges Theoriegebäude dargestellt wird, soll in der Schule auch gerade ein prozessorientiertes Bild von dieser Wissenschaft vermittelt werden[1]. Mathematik soll von den Lernenden u. a. als ein kreatives Feld für Problemlöseprozesse erfahren werden, in dem sie aktiv neue Entdeckungen und Erfahrungen machen können. Aus diesem Grund erscheint es notwendig, dass Lehramtsstudierende selbst die Mathematik nicht nur als Fertigprodukt, sondern auch als prozessorientierte Wissenschaft erfahren, in der über Exploration, Hypothesenbildung und Verifikation „neues"

---

[1]Vgl. etwa den Aspekt „Mathematik als kreatives und intellektuelles Handlungsfeld" im Kernlehrplan Mathematik für das Gymnasium – Sekundarstufe I (G8) in Nordrhein-Westfalen, S. 11.

Wissen generiert und gesichert werden kann. Wenn Lehramtsstudierende aber selbst durch Exploration und Forschung im Kleinen eigene Entdeckungen machen sollen, so müssen die hierbei thematisierten Fachinhalte der Mathematik adressatenspezifisch und adressatengerecht ausgewählt sein, damit die Studierenden auch wirklich selbst forschend aktiv werden können. Nur in einem dem Fachniveau der Studierenden entsprechenden Umfeld können sie sich selbst mathematisch betätigen. Darüber hinaus erlangen die Studierenden im Umgang mit einer Elementarmathematik auch unterrichtsrelevantes (Fach-)Wissen und die Relevanz der behandelten Inhalte wird leichter deutlich. Einhergehend mit der Beschäftigung mit Elementarmathematik müssen auch die Verwendung und der Nutzen von Darstellungsmitteln mitbedacht werden. So plädiert auch Wittmann (1989) dafür, dass Lehramtsstudierende im Umgang mit sogenannten „inhaltlich-anschaulichen Darstellungen" (ebd., S. 298) geschult werden. Hierbei geht es zunächst um das Beherrschen von Darstellungsmitteln jenseits der mathematischen Symbolsprache für den Umgang mit Lernenden an der Schule. Darüber hinaus bergen verschiedene (anschauliche) Darstellungen (wie z. B. Punktmusterdarstellungen) auch verschiedene Zugänge und Verstehensaspekte zu mathematischen Sachverhalten.[2]

Im Kontext der Lehrveranstaltung wird dem Aspekt der „Elementarmathematik als Prozess" zunächst dadurch Rechnung getragen, dass bereits im Rahmen des ersten Kapitels Teilbarkeitsfragen der elementaren Arithmetik erforscht werden sollen. Ausgangspunkt ist dabei die Betrachtung der Summe von drei aufeinanderfolgenden Zahlen. Hierbei wird die Entdeckung gemacht, dass die Summe immer gleich dem Dreifachen der „mittleren Zahl" ist. Auf der Basis dieser Erkenntnis kann die Behauptung bewiesen werden, dass die Summe dreier aufeinanderfolgender Zahlen immer durch 3 teilbar ist. Im weiteren Verlauf wird sukzessiv die Frage der Teilbarkeit der Summe von 4, 5, 6, … $k \in \mathbb{N}$ aufeinanderfolgenden Zahlen erforscht. Hieraus resultiert die Erkenntnis (als neues Wissen), dass die Summe von k aufeinanderfolgenden Zahlen genau dann durch k teilbar ist, wenn k ungerade ist. Dieser Satz wird schließlich im Rahmen der Vorlesung bewiesen. Im Zuge der entsprechenden Untersuchungen sollen die Studierenden selbst Hypothesen entwickeln, Behauptungen formulieren und diese verifizieren bzw. widerlegen. Strukturgebend für diesen Forschungsprozess ist die Herausstellung von drei Strategien zum Umgang mit einer Behauptung: (1) „der Überprüfung einer Behauptung an einigen Zahlenbeispielen", (2) „operativen Beweisen" (s. Abschn. 20.4.1.2) und (3) „Beweisen mit Variablen".

---

[2]Im weiteren Verlauf des Artikels werden wir allgemein von „Diagrammsystemen" sprechen. Unter „Diagrammsystem" verstehen wir in Bezug auf die semiotische Erkenntnistheorie von Peirce (vgl. Hoffmann 2005) das ein Diagramm rahmende System aus Darstellungs- und Transformationsregeln. Beispiele für Darstellungssysteme sind etwa die Symbolsprache der Algebra oder Punktmusterdarstellungen.

Im Kontext der Leitidee „Elementarmathematik als Prozess" stellt sich auch die Frage nach schuladäquaten Begründungs- bzw. Beweisformen, mit denen Lehrende an der Schule agieren können. Dieser Frage begegnen wir mit der Thematisierung von vier verschiedenen Beweisformen im Kontext der Lehrveranstaltung.

20.4.1.2 Die Verwendung ausgewählter Beweisformen im Kontext der Lehrveranstaltung

Im Kontext der Vorlesung soll Vorwissen aus der Schule nicht abgewertet, sondern produktiv genutzt werden, aber auch eine Hinführung zu den Arbeitsweisen der Universitätsmathematik erfolgen. Dabei sollen allerdings auch Inhalte vermittelt werden, mit denen die Studierenden später als Lehrkraft in der Schule agieren können (s. Abschn. 20.2).

Innerhalb der ersten Durchführung der Lehrveranstaltung sollte durch den Einbezug sogenannter „operativer Beweise" (s. u.) eine Anknüpfung an schulmathematische Begründungsformen geschaffen werden. Auch lassen sich diese Beweisformen konzeptuell sehr gut in das Prinzip „Elementarmathematik als Prozess" einordnen. Durch den Einbezug „symbolischer Beweise" (s. u.) sollte der formale Beweis der Fachmathematik vorbereitet werden.

Der Verzicht auf mathematische Symbolik beim Beweisen wird (gerade im Schulkontext) durch die Verwendung sogenannter beispielgebundener Beweise ermöglicht (vgl. etwa die Beispiele in Leiß und Blum (2006, S. 37 f.), das Konzept operativer Beweise (unten) und generischer Beweise (Abschn. 20.5.2.1 und 20.6.2.1)). Zentral ist dabei, dass das allgemeingültige Beweisargument an konkreten Beispielen dargestellt und anschließend begründet verallgemeinert, also auf alle möglichen Fälle hin ausgeweitet wird. Ausgangspunkt der Verwendung von beispielgebundenen Beweisformen in der Lehrveranstaltung „Einführung in die Kultur der Mathematik" war das Konstrukt sogenannter „operativer Beweise" (vgl. Wittmann 2014; Wittmann und Ziegenbalg 2007). Wittmann (2014, S. 226) charakterisiert operative Beweise wie folgt:

Operative Beweise

- ergeben sich aus der Erforschung eines mathematischen Problems, insbesondere im Rahmen eines Übungskontextes, und klären einen Sachverhalt,
- gründen auf Operationen mit „quasi-realen" mathematischen Objekten,
- nutzen dazu die Darstellungsmittel, mit denen die Schüler auf der entsprechenden Stufe vertraut sind, und
- lassen sich in einer schlichten, symbolarmen Sprache führen.

Grundlegend ist hier, dass operative Beweise aus einem sogenannten operativen Setting heraus entstehen. Bei der Untersuchung der Auswirkungen von Operationen auf Objekte (vgl. das „operative Prinzip" in Wittmann 1985) können etwaige invariante Aspekte ausgemacht werden, die als Argument in einem Beweis verwendet werden können. Als Beispiel zitieren wir einen operativen und einen symbolischen Beweis zu der Behauptung, dass die Summe zweier ungerader Zahlen immer gerade ist. Das operative Setting besteht in diesem Fall aus der Beschäftigung mit Punktmusterdarstellungen, wobei sich ungerade Zahlen als Steinchen in Doppelreihen legen lassen, bei denen immer ein Steinchen übersteht.

Operativer Beweis (zitiert aus Wittmann und Ziegenbalg 2007, S. 36):

> Bei der Zusammensetzung zweier ungerader Zahlen, d. h. von zwei Doppelreihen mit je einem Einzelstein, lassen sich die beiden Einzelsteine zu einem Paar verbinden, und es entsteht als Summe stets eine volle Doppelreihe. [s. Abb. 20.3; Anmerkung von den Autoren].

Kontrastierend hierzu ein entsprechender **symbolischer Beweis** (zitiert aus Wittmann und Ziegenbalg 2007, S. 36):

> Wenn zwei ungerade Zahlen gegeben sind, $2n + 1$ und $2m + 1$, erhält man für die Summe $(2n + 1) + (2m + 1) = 2n + 1 + 2m + 1 = 2n + 2m + 2 = 2(n + m + 1)$. Dies ist ebenfalls eine gerade Zahl.

Im operativen Beweis wird anhand eines konkreten Beispiels (hier: $11 + 5$) im Diagrammsystem der Punktmuster ein allgemeines Prinzip verdeutlicht: Die Operation des „Zusammenfügens" der überstehenden Punkte zu gleich langen Punktreihen funktioniert genauso bei allen möglichen ungeraden Zahlen. Auf der Basis dieser Erkenntnis erhalten wir einen operativen Beweis, eine allgemeingültige Verifikation. Im „symbolischen Beweis" liegt der Unterschied zunächst in der Verwendung von Buchstabenvariablen und Zahlen, also der Verwendung anderer Darstellungsweisen. Durch die Verwendung von Buchstabenvariablen wird allerdings gleichsam eine Allgemeingültigkeit der Argumentation gesichert, da keine konkreten ungeraden Zahlen verwendet werden. Dabei kann das Beweisargument in beiden Beweisformen als gleich betrachtet werden: das Zusammenfügen „überstehender Einsen".

Zum Begriff des symbolischen Beweises sei hier noch angemerkt, dass explizit nicht von formalen Beweisen gesprochen wird, die einen Bezug bzw. eine Einbettung in eine axiomatisch-deduktive Struktur implizieren. Der symbolische Beweis wird mit Buchstabenvariablen unter Verwendung der Regeln der Algebra konstruiert und kann als Vorstufe zum formalen Beweisen betrachtet werden.

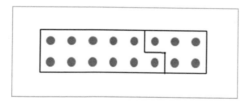

Abb. 20.3 Punktmusterdarstellung der Summe zweier ungerader Zahlen (Abbildung nach Wittmann und Ziegenbalg 2007, S. 36)

20.4.1.3 Die sinnstiftende Vermittlung der fachmathematischen Symbolsprache

Im Übergang von der Schule zur Hochschule wird die korrekte Verwendung der fachmathematischen Symbolsprache (Gebrauch und richtiger Umgang mit Variablen, Nutzung von Symbolen etc.) als häufiger Problempunkt benannt (etwa Gueudet 2008). Daher war es ein erklärtes Ziel der Lehrveranstaltung, die fachmathematische Symbolsprache sinnstiftend einzuführen bzw. zu vermitteln und gleichsam auch für ihre Verwendung zu werben. Im Rahmen des Leitprinzips „Elementarmathematik als Prozess" soll im Kontext der Verifikation einer Behauptung eine entsprechende Einführung erfolgen. Bei der Untersuchung von Sachverhalten und Behauptung wird die Formalisierung eines Sachverhalts als mögliche Strategie vorgestellt, um ein Problem handhabbar zu machen. Als Vorteil kann dabei gesehen werden, dass bloße (auch experimentelle) Termumformungen häufig bereits schnell zum Ziel führen. Es ist dieser Gebrauch von algebraischen Symbolen und Buchstabenvariablen, den wir im Rahmen der Lehrveranstaltung „Einführung in die Kultur der Mathematik" als fachmathematische Symbolsprache interpretieren (vgl. den symbolischen Beweis oben). In diesem Kontext der Exploration, Untersuchung und Verifikation von Sachverhalten könnten verschiedene Vorteile der fachmathematischen Symbolsprache herausgearbeitet werden (zitiert aus Kempen 2019, S. 101):

Die Symbolsprache der Algebra …

- birgt das Potential möglicher Entdeckungen. Termumformungen (o.Ä.) können, auch wenn sie rein explorativ erfolgen, bereits zu neuen Einsichten und Ergebnissen führen,
- übernimmt eine Kontrollfunktion bzgl. der Gültigkeit von (rechnerischen) Argumentationen,
- vermag bei Argumentationen restlos zu überzeugen, wo andere Darstellungen einen Zweifel an der Gültigkeit hinterlassen können,
- ermöglicht die Formulierung allgemeingültiger Zusammenhänge („expressing generality"; Mason et al. 2005, S. 2 ff.).

20.4.2 Das erste Kapitel („Beweisen und Entdecken in der Arithmetik") in der ersten Durchführung der Lehrveranstaltung im Wintersemester 2011/12

Im Folgenden wird das erste Kapitel der Lehrveranstaltung (gehalten im Wintersemester 2011/12) auf der Basis von Mitschriften in Auszügen „rekonstruiert" (Abschn. 20.4.2.1). Mündliche Erläuterungen zu diesem (gekürzten) Tafelanschrieb können dabei nicht wiedergegeben werden. Strukturierende Hinweise zum Fortgang der Vorlesung werden dabei in eckigen Klammern gegeben. Dabei wird deutlich, dass in den Vorlesungen bereits mehr Aspekte, als in „normalen" Fachveranstaltungen üblich, in den Tafelanschrieb übernommen wurden (etwa reflektierende Elemente oder Metaaspekte zum Vorgehen). Die folgende Zusammenfassung orientiert sich an der Verschriftlichung des Veranstaltungsskripts (Biehler 2015) in Kempen (2019, S. 168 ff.). Anschließend wird in Abschn. 20.4.2.2 auf die in diesem Durchgang verwendeten Übungs- und Hausaufgaben eingegangen, da erst die Summe all dieser Aspekte das Lernangebot definieren.

20.4.2.1 Kap. 1 „Beweisen und Entdecken in der Arithmetik"

Kapitel 1 „Entdecken und Beweisen in der Arithmetik"

Ziele:

- An einfachen Beispielen den Prozess des Beweisens und Entdeckens kennenlernen

- Funktionen des Beweisens:

  - Verifikation (Wahrheitssicherung)

  - Erklärung (Antwort auf die „Warum"-Frage)

- Unterscheidung von

  (1) der Überprüfung einer Behauptung an einigen Zahlenbeispielen

  (2) operativen Beweise

  (3) Beweisen mit Variablen

- Beweistechniken für Teilbarkeitsfragen

Jemand behauptet: „Die Summe von drei aufeinanderfolgenden natürlichen Zahlen ist immer durch 3 teilbar."

Strategie 1: Überprüfung der Behauptung an konkreten Zahlenbeispielen

$1 + 2 + 3 = 6, \quad 2 + 3 + 4 = 9, \quad 3 + 4 + 5 = 12,$

$10 + 11 + 12 = 33,$ wobei $33 : 3 = 11$

$500 + 501 + 502 = 1503,$ wobei $1503 : 3 = 501$

Neue Entdeckung: Nach der Division durch 3 kommt immer die mittlere Zahl als Ergebnis heraus.

Neue Behauptung (∗):

Die Summe von drei aufeinanderfolgenden (natürlichen) Zahlen ist immer durch drei teilbar und der Quotient ist die mittlere Zahl.

Die Begründung eines Schülers Martin:

$$2 \quad + \quad 3 \quad + \quad 4 \quad = \quad (3-1) \quad + \quad 3 \quad + \quad (3+1) \quad = \quad 3 \quad + \quad 3 \quad + \quad 3 \quad = 3 \cdot 3$$
$$500 \quad + \quad 501 \quad + \quad 502 \quad = \quad (501-1) \quad + \quad 501 \quad + \quad (501+1) \quad = \quad 501 \quad + \quad 501 \quad + \quad 501 \quad = 3 \cdot 501$$

Das geht genauso mit allen Zahlen!

[„Martins Begründung" wird im Plenum diskutiert und wie folgt gewertet:]

Martin stellt Operationen mit Zahlen an, die genauso mit allen anderen Zahlen machbar wären. Damit ist es etwas anderes als die vorherigen Überlegungen zu unserem Ausgangsprobem. Es ist ein „operativer Beweis" und ist als allgemeingültig zu bewerten. Weiter liefert er auch eine Erklärung dafür, warum die mittlere Zahl als Quotient auftaucht.

[Im Kontrast zum Vorgehen im operativen Beweis werden anschließend Variablen eingeführt, um die Allgemeingültigkeit der Umformungen auszudrücken. Auch werden die „Leistungen" dieses Beweises vermerkt:]

mittlere Zahl: n, Startzahl: $n-1$, Summe S_n

Behauptung: $S_n = 3n$, für alle $n \geq 2$.

Beweis:
Für alle $n \geq 2$ gilt: $S_n = (n-1) + n + (n+1) = 3n$.

Satz 1:
Für alle $n \geq 2$ gilt: $S_n = 3n$.

Leistungen des Beweises:

- Verifikation für alle $n \geq 2$.

- Die Umformungen erklären, warum die mittlere Zahl als Quotient auftritt.

- Benutzung von Variablen stellt sicher, dass nur Operationen verwendet werden, die für alle Zahlen möglich sind.

[Die Frage nach einer möglichen Verallgemeinerung der gemachten Entdeckung eröffnet den Weg für das weitere Forschungsvorhaben: Wie sieht es mit der Teilbarkeit bei $4, 5, 6, \dots$ aufeinanderfolgenden Zahlen aus? Diese verschiedenen Fälle werden nun sukzessiv untersucht:]

$n = 4$:

$$5 + 6 + 7 + 8 \ = 26$$
$$6 + 7 + 8 + 9 \ = 30$$

Vermutung: Diese Summen sind nie durch 4 teilbar.

$n = 5$:

$$5 + 6 + 7 + 8 + 9 \ = 35, \ 35 : 5 = 7$$
$$6 + 7 + 8 + 9 + 10 \ = 40, \ 40 : 5 = 8$$

Vermutung: Diese Summen sind immer durch 5 teilbar.

$n = 6$: $4 + 5 + 6 + 7 + 8 + 9 = 39$ ist nicht durch 6 teilbar

$n = 7$: $10 + 11 + 12 + 13 + 14 + 15 + 16 = 91$ ist durch 7 teilbar

$n = 8$: $10 + 11 + 12 + 13 + 14 + 15 + 16 + 17 = 108$ ist nicht durch 8 teilbar

$n = 9: 10 + 11 + 12 + 13 + 14 + 15 + 16 + 17 + 18 = 126$ ist durch 9 teilbar

$n = 2:$ *gerade + ungerade = ungerade*, $n + (n + 1) = 2n + 1$

[Diese Untersuchungen führen schließlich zu den folgenden Vermutungen, die anschließend, nach Einführung einer Notation, als Satz formuliert werden:]

Vermutung $(\ast\ast)$

(1) Wenn k ungerade ist, dann ist die Summe von k aufeinanderfolgenden Zahlen durch k teilbar.

(2) Wenn k gerade ist, dann ist die Summe von k aufeinanderfolgenden Zahlen nicht durch k teilbar.

$S_{n,k} :=$ *Summe von k aufeinanderfolgenden Zahlen mit der Startzahl* n.

Satz:

Für alle $k \geq 2$ und für jede natürliche Startzahl n gilt: $S_{n,k}$ ist genau dann durch k teilbar, wenn k ungerade ist.

[Im weiteren Verlauf des ersten Kapitels werden die algebraischen Darstellungen zu den Summen aufeinanderfolgender Zahlen miteinander vergleichen. Nach dem Ausmachen einer allgemeinen Struktur kann der obige Satz bewiesen werden.]

20.4.2.2 Die Übungs- und Hausaufgaben zur Thematik des ersten Kapitels der Lehrveranstaltung

Den Studierenden der Lehrveranstaltung wurden in Kleingruppenübungen (à ca. 30 Personen) Präsenzaufgaben zur Bearbeitung ausgehändigt. Außerdem mussten sie als Teil der Studienleistung wöchentliche Hausaufgaben bearbeiten. Allgemein wurden in den Präsenzübungen im Wintersemester 2011/12 symbolische Beweise fokussiert, da darin ein Hauptproblem bei den Studierenden gesehen wurde. Im Rahmen der ersten Hausaufgabe sollten die Studierenden u. a. die folgenden zwei Aufgaben bearbeiten, die sehr gut das Konzept „Elementarmathematik als Prozess" und die Verwendung symbolischer und operativer Beweise thematisieren:

Aufgabe 1

Formulieren Sie zunächst die nachfolgenden Behauptungen formal mit Variablen, beweisen Sie dann die Behauptungen oder widerlegen Sie sie durch ein Gegenbeispiel!

a. Die Summe von drei aufeinanderfolgenden natürlichen Zahlen ist gerade.
b. Die Differenz einer geraden natürlichen Zahl und ihrer Hälfte ist gerade.
c. Das Produkt zweier gerader Zahlen ist das Vierfache des Produktes der Hälften der beiden Zahlen. ◄

Aufgabe 2

Beweisen Sie die nachfolgenden Behauptungen jeweils operativ und symbolisch. Formulieren Sie vor dem symbolischen Beweis zunächst die Behauptung mit Variablen.

a. Die Summe aus einer ungeraden natürlichen Zahl und ihrem Doppelten ist immer ungerade.

b. Das Quadrat einer natürlichen Zahl ist gleich dem Produkt aus dem Vorgänger und Nachfolger plus eins. ◄

20.5 Die (Weiter-)Entwicklung der Lehrveranstaltung nach dem Forschungsparadigma des Design-Based Research

In dem vorliegenden Kapitel wird beschrieben, wie die Lehrveranstaltung „Einführung in die Kultur der Mathematik" innerhalb von vier Durchführungen vom Wintersemester 2011/12 bis zum Wintersemester 2014/15 im Sinne des Design-Based Research beforscht und iterativ weiterentwickelt wurde. Dabei wird die bereits oben beschriebene Fokussierung auf die Schwerpunkte „Elementarmathematik als Prozess", „Verwendung ausgewählter Beweisformen" und „sinnstiftende Vermittlung der fachmathematischen Symbolsprache" beibehalten. Die im Kontext der Forschungsarbeit erfolgte Begleitforschung kann dabei nur skizziert werden, da eine umfassende Darstellung der verschiedenen im Design enthaltenen Forschungsprojekte innerhalb dieses Artikels nicht möglich wäre. Aus diesem Grund werden im Rahmen der Begleitforschung der Lehrveranstaltung nur die methodologischen Aspekte aufgeführt und die Ergebnisse benannt, die für das Verständnis der fachdidaktischen Entwicklungsforschung hier notwendig sind. Für

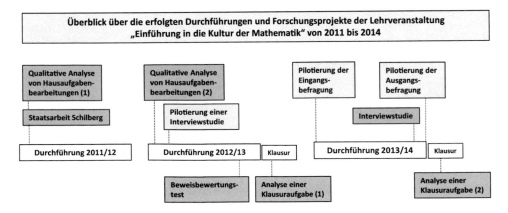

Abb. 20.4 Überblick über die erfolgten Durchführungen und Forschungsprojekte der Lehrveranstaltung „Einführung in die Kultur der Mathematik" von 2011 bis 2014 (Abbildung nach Kempen 2019, S. 164)

eine umfassende Darstellung aller Begleitforschungsprojekte und ihrer Ergebnisse wird auf Kempen (2019) verwiesen. In der Abb. 20.4 wird ein Überblick über die erfolgten Durchführungen und Forschungsprojekte der Lehrveranstaltung von 2011 bis 2014 gegeben.

20.5.1 Beforschung der ersten Durchführung der Lehrveranstaltung und retrospektive Analyse

20.5.1.1 Die Begleitforschung zu der Lehrveranstaltung im Wintersemester 2011/12

Im Kontext der ersten Durchführung der Lehrveranstaltung wurden u. a. die studentischen Hausaufgabenbearbeitungen zum operativen Beweis im Rahmen einer Staatsarbeit (Schilberg 2012) explorativ untersucht. Aufbauend auf diesen ersten Eindrücken erfolgte eine genauere Analyse der studentischen Beweisproduktionen. Es zeigte sich bei dieser Analyse u. a., dass 67,9 % der studentischen Bearbeitungen zum operativen Beweis aus bloßen Beispielüberprüfungen bestanden. Nur in 14 der insgesamt 53 untersuchten Beweisprodukte wurden überhaupt Operationen vorgenommen, die über das bloße Nachrechnen der gegebenen Behauptung hinausgingen. Nur sechs Bearbeitungen (11,3 %) konnten als vollständige operative Beweise betrachtet werden.

20.5.1.2 Retrospektive Analyse der Durchführung im Wintersemester 2011/12

Im Abgleich zu der intentionalen Dimension der ersten Durchführung der Lehrveranstaltung konnten u. a. die Art des Einbezugs operativer Beweise, der Pool an verwendeten Übungsaufgaben und die verwendeten Begrifflichkeiten zum Beweisen als problematisch identifiziert werden.

Zunächst schienen die Studierenden Schwierigkeiten mit dem Konzept operativer Beweise zu haben, wovon die häufig defizitären Hausaufgabenbearbeitungen zeugten. Allerdings zeigte sich bei der Durchsicht der durch die studentischen Hilfskräfte durchgeführten Korrekturen, dass auch die Hilfskräfte selbst Probleme mit dem Konzept zu haben schienen. Allgemein konnte festgehalten werden, dass die Thematisierung des Konzepts „operativer Beweise" in den ersten beiden Vorlesungssitzungen und im Rahmen der ersten Hausaufgabe nicht genügte, um den Studierenden diese Beweisform zu vermitteln. In Bezug auf die verwendeten Übungsaufgaben wurde erkannt, dass diese einmal in ihrem zahlenmäßigen Umfang nicht ausreichten, um die Thematik des operativen Beweises vertieft einüben zu können. Auch wurde deutlich, dass Aufgabenformate in den Übungsprozess integriert werden mussten, die spezifischer auf grundlegende Aspekte zur Thematik „(operative) Beweise" fokussieren. Schließlich wurden die im Kontext der Lehrveranstaltung verwendeten Begrifflichkeiten zum Beweisen kritisch betrachtet. Von den beteiligten Lehrenden (Dozenten, Mitarbeitern und studentischen Tutorinnen und Tutoren) wurde eine Vielzahl unterschiedlicher Begrifflichkeiten verwendet (wie „symbolischer Beweis", „Beweis mit Variablen", „formaler Beweis", „mathematische

Begründung", „operativer Beweis" ...). Hier mussten eine Einigung und Normierung im Hinblick auf die verwendeten Begrifflichkeiten erzielt werden.

Unter der Perspektive der Theorie soziomathematischer Normen wird deutlich, dass den Studierenden für die Konstruktion operativer Beweise genaue Normen an die Hand gegeben werden müssen, an denen sie ihre Beweiskonstruktionen ausrichten können.[3] In Bezug auf die Verwendung der unterschiedlichen Begrifflichkeiten zum Beweisen muss eine Vereinheitlichung und Normierung angestrebt werden, welche Begriffe mit welcher Bedeutung verwendet werden.

Die auf der Basis retrospektiven Analyse vorgenommenen Modifikationen der Lehrveranstaltung werden im folgenden Abschnitt beschrieben.

20.5.2 Die zweite Durchführung der Lehrveranstaltung im Wintersemester 2012/13

20.5.2.1 Modifikationen der Lehrveranstaltung

Die Modifikationen der Lehrveranstaltung im Wintersemester 2012/13 werden in diesem Artikel nur im Hinblick auf die vorgenommene Schwerpunktsetzung ausgewertet. Die Veränderungen in Bezug auf Vorlesung, Übung und Hausaufgaben werden in der Tab. 20.1 aufgelistet und im Folgenden begründet.

Im Kontext der **Vorlesung** sind zunächst die exemplarische Analyse der Ausgangsbehauptung und die explizite Thematisierung des Variablenbegriffs zu nennen. Hiermit wurde auf das Ergebnis aus der vorherigen Durchführung reagiert, dass den Studierenden die Bedeutung einer Für-alle-Aussage nicht deutlich zu sein schien. Auch wurde diese Analyse dazu verwendet, den Variablenbegriff (Wort- und Buchstabenvariablen) sowie Schreib- und Sprechweisen zu thematisieren. Es folgt der entsprechende Abschnitt aus der Vorlesungsmitschrift aus dem Wintersemester 2012/13:

Beispiel 1:
Jemand behauptet, die Summe von drei aufeinanderfolgenden natürlichen Zahlen sei immer durch 3 teilbar.
Analyse der Behauptung:
Egal mit welcher „Startzahl" man beginnt, die Summe aus dieser und den beiden folgenden Zahlen ist durch 3 teilbar.
Für alle Startzahlen gilt:
Die Summe *Startzahl* + (*Startzahl* + 1) + (*Startzahl* + 2) ist durch 3 teilbar.

---

[3]Für die Ausbildung bzw. Etablierung soziomathematischer Normen ist es grundlegend, dass (implizit oder explizit) entsprechende Normen angeboten werden. In diesem Fall erfolgte das Hereintragen von Normen explizit durch den Dozenten. Die weitere Entwicklung dieser Normen (im Kontext etwa von Aufgabenbearbeitungen, Aufgabenkorrektur, Tutorenrückmeldung, Lerngruppen etc.) ist dann als (impliziter) Aushandlungsprozess soziomathematischer Normen zu verstehen.

Tab. 20.1 Übersicht über die im Kontext der zweiten Durchführung der Lehrveranstaltung vorgenommenen Modifikationen in Bezug auf die in diesem Artikel vorgenommene Schwerpunktsetzung

Durchgang 2 (WS 2012/13)		Vorlesung	Kleingruppenübung	Hausaufgaben
	M als Prozess	• Logische Analyse der Ausgangsbehauptung ("All-Aussage") • Explizite Unterscheidung von Beispielbetrachtungen, generischen Beweisen[a] und formalen Beweisen • Unterscheidung zwischen der "Erarbeitung" und der "Reinschrift" bei formalen Beweisen	• Integration von generischen Beweisen	*keine Veränderung*
	Beweisformen	• Umbenennung[b]: "operativer" → "generischer Beweis" "symbolischer" → "formaler Beweis" • Kommunikation (soziomathematischer) Normen für die Konstruktion generischer Beweise	• "formaler Beweis" • "generischer Beweis"	• "formaler Beweis" • "generischer Beweis" (2-mal)
	Symbolsprache	• Analyse der Ausgangsbehauptung (Wortvariablen, Darstellung durch Buchstabenvariablen, Eingehen auf Darstellungs- und Sprechweisen)	• Kontrastierung von Symbolsprache (formale Beweise) und fachnaher "Alltagssprache" (generische Beweise)	*keine Veränderung*

[a] Im Kontrast zu "operativen Beweisen" muss "generischen Beweisen" konzeptionell kein operatives Setting zugrunde liegen. In generischen Beweisen wird in konkreten Beispiele ein beispielübergreifendes ("generisches") Argument ausfindig gemacht, durch dessen Anwendung eine gegebene Behauptung allgemeingültig verifiziert werden kann. Im Kontext der Lehrveranstaltung wird von einem generischen Beweis gesprochen, wenn generische Beispiele vorgeführt und die allgemeingültige Begründung anschließend narrativ expliziert wird. Ein Beispiel für einen (in diesem Sinne) vollständigen generischen Beweis wird in Abschn. 20.6.2.1 gegeben

[b] Im Verlauf des gesamten Forschungsprojekts wird sich das Ringen um das Finden geeigneter Begrifflichkeiten zu verschiedenen Aspekten des Beweisens als ein zentraler Aspekt der Weiterentwicklung herausstellen (vgl. hierzu auch Abschn. 20.5.1). Mit der Umbenennung des verwendeten Konzepts beispielgebundener Beweise von "operativem" zu "generischem" Beweis mit der damit verbundenen konzeptuellen Verschiebung (siehe Erläuterungen zu den Maßnahmen aus Tab. 20.1) wird hier bereits ein Schritt in diese Richtung unternommen.

[Hier wird *Startzahl* als eine sogenannte „Wortvariable" verwendet.]

Für alle Startzahlen n gilt: $n + (n + 1) + (n + 2)$ ist durch 3 teilbar.

Bei allen Variablen muss die zulässige Menge angegeben werden, aus der Werte für die Variable genommen werden können.

Sprechweisen:

$\mathbb{N} = \{1, 2, 3, 4, \ldots\}$ ist die Menge der natürlichen Zahlen.

$\mathbb{N}_0 = \{0, 1, 2, 3, 4, \ldots\}$ ist die Menge der natürlichen Zahlen mit der Null.

Man schreibt $n \in \mathbb{N}$, wenn n ein Element aus der Menge $\mathbb{N}$ ist.

Für alle Startzahlen $n \in \mathbb{N}$ gilt: Die Summe $n + (n + 1) + (n + 2)$ ist durch 3 teilbar.

Der Begriff „operativer Beweis" hatte sich in der Kommunikation mit den Lernenden als irreführend erwiesen: Wurden bei der Überprüfung einer Behauptung an einem konkreten Beispiel die notwendigen Rechenoperationen vorgenommen, so verwiesen die Studierenden auf diese Umformungen und behaupteten ohne weitere Begründung, dass diese auch allgemeingültig und mit jeder beliebigen Zahl genauso durchführbar seien. Die Notwendigkeit, weiterführende Argumente zu präsentieren, die überdies eine beispielübergreifende Struktur deutlich werden ließen, um eine allgemeingültige Begründung für die Behauptung auszumachen, war ihnen nur schwer einsichtig zu machen. Durch die Umbenennung zum „generischen Beweis" sollte nun der Fokus auf das generische Moment gelegt werden, das beispielübergreifend bei der Untersuchung konkreter Beispiele ausgemacht werden muss. Auch fand im Kontext der Umbenennung hin zum generischen Beweis eine konzeptuelle Ausschärfung statt, die sich wiederum in der Formulierung konkreter Normen für die Konstruktion generischer Beweise niederschlug, welche den Studierenden explizit kommuniziert wurde:

Ein generischer Beweis (mit Zahlen) besteht aus:

- allgemeingültigen Umformungen an Zahlenbeispielen,
- einer Begründung, warum die Behauptung in den Zahlenbeispielen wahr ist,
- einer Begründung, warum diese Argumentation mit allen Zahlenbeispielen so prinzipiell möglich ist.

Die Forderungen (2) und (3) erweisen sich als notwendig, damit der Betrachtende (und ggf. der Korrektor bzw. die Korrekteurin) generischer Beweise sicherstellen kann, dass der Beweiskonstruierende in seinen Beispielbetrachtungen wirklich ein generisches Moment erkannt hat. Die Umbenennung des „symbolischen" zum „formalen" Beweis war zunächst in der Anschlussfähigkeit des Wissens begründet, denn auch in den folgenden Lehrveranstaltungen in dem betroffenen Studiengang wird die Bezeichnung „formaler Beweis" verwendet. Hieran wollte man sich anschließen. Die explizite Unterscheidung von bloßen Beispielbetrachtungen, generischen Beweisen und formalen Beweisen erfolgte durch die Fokussierung der drei Strategien zur Überprüfung einer Behauptung, die nun wie folgt benannt wurden: (1) „Testen der Aussage an Zahlenbeispielen", (2) „Testen an Zahlenbeispielen mit dem Ziel zu erkennen, was an diesen Beispielen verallgemeinerungsfähig (generisch) ist", und (3) „algebraische Umformungen".

Das Anliegen bestand hierbei darin, den Unterschied zwischen den ersten beiden Strategien deutlicher herauszustellen und die Gemeinsamkeiten der zweiten und dritten

Strategie herauszustellen, um zu vermeiden, dass lediglich die dritte Strategie mit einem Beweis gleichgestellt wird. Um schließlich den Prozesscharakter der Mathematik, aber auch den Prozessaspekt der Erarbeitung mathematischer Beweise deutlicher herauszustellen, wurde in diesem Durchgang explizit zwischen „Vorüberlegungen zu einem Beweis" und der abschließenden „Reinschrift eines Beweises" unterschieden.

Der Erstautor dieser Arbeit war in dem zweiten Durchgang für die Durchführung der **Präsenzübungen** zuständig, während der Zweitautor der Dozent der Lehrveranstaltung war. Die Änderungen wurden gemeinsam diskutiert, insbesondere wurden neue Aufgaben und Aufgabenformate verstärkt in die Präsenzübungen integriert. Zunächst wurden Beweisaufgaben konstruiert, die auch mithilfe generischer Beweise bearbeitet werden konnten. Darüber hinaus wurden Aufgaben gestellt, bei denen Behauptungen mit generischen und formalen Beweisen bewiesen werden sollten.

20.5.2.2 Die Begleitforschung zu der Lehrveranstaltung im Wintersemester 2012/13

In der zweiten Durchführung der Lehrveranstaltung wurde zunächst die Studie der qualitativen Analyse der Hausaufgabenbearbeitungen der Studierenden zum generischen Beweis wiederholt (vgl. Abschn. 20.5.1.1). Des Weiteren wurde eine Interviewstudie pilotiert, ein Beweisbewertungstest durchgeführt und eine Analyse der Bearbeitungen einer Klausuraufgabe aus der Modulabschlussklausur vorgenommen. Im Folgenden werden kurz die für diesen Artikel wichtigen Ergebnisse der Studien angeführt. Eine ausführliche Darstellung erfolgt bei Kempen (2019, S. 206 ff.).

Bei der Auswertung der studentischen Hausaufgabenbearbeitungen zum generischen Beweis ($n = 114$) zeigte sich, dass im Vergleich zum Vorjahr der Anteil der Bearbeitungen, die nur aus bloßen Beispielüberprüfungen bestanden, von 67,9 % auf 28,1 % zurückgegangen war. Demgegenüber stieg der Anteil vollständiger generischer Beweise von 11,3 % auf 42,1 %. Diese Ergebnisse konnten dahingehend gedeutet werden, dass die Modifikationen der Lehrveranstaltung in die richtige Richtung zu weisen schienen.

Im Rahmen des Beweisbewertungstests sollten die Studierenden verschiedene Beweisproduktionen zu einer ihnen bekannten und einer unbekannten Behauptung auf einer fünfstufigen Likert-Skala (von $1 =$ unzureichend bis $5 =$ sehr gut) bewerten. Die zu bewertenden Beweisprodukte waren dabei so konstruiert, dass sie von bloßen Beispielüberprüfungen über lückenhafte und vollständige generische Beweise bis hin zu formalen Beweisen reichten. Dabei wurden auch solche Beispielüberprüfungen integriert, die nach der Studie von Martin und Harel (1989) besonders anfällig für Fehlvorstellungen sind, wie etwa die Darbietung einer Vielzahl von Beispielen in Tabellenform oder die Überprüfung scheinbar zufällig gewählter großer Zahlenbeispiele. Bei den Ergebnissen ($n = 94$) zeigte sich, dass die Studierenden im Allgemeinen die bloßen Beispielüberprüfungen als mangelhaft betrachteten und die generischen Beweise entsprechend ihrem Grad an Vollständigkeit immer positiver bewerteten. Diese Ergebnisse konnten sowohl in einem bekannten als auch in einem unbekannten mathematischen Kontext festgestellt werden. Allerdings fielen die positiven Bewertungen zum vollständigen generischen Beweis (Bewertungen mit [4] oder [5] auf der fünfstufigen Likert-Skala) mit 61,3 % im bekannten Sachverhalt und mit 68,5 % im unbekannten Sachverhalt doch relativ gering aus.

Die Aufgabenstellung für die Auswertung der studentischen Beweiskonstruktion zum generischen Beweis innerhalb der Modulabschlussklausur lautete wie folgt:

Aufgabe 4: Generischer und formaler Beweis.
[Hinweis: Für eine natürliche Zahl n $\in$ $\mathbb{N}$ heißt eine Zahl t $\in$ $\mathbb{N}$ Teiler von n, wenn ein a $\in$ $\mathbb{N}$ existiert mit $n = t \cdot a$.]
Wir betrachten die folgende Behauptung:
Für a, b, c $\in$ $\mathbb{N}$ gilt: Wenn a ein Teiler von b ist und a auch ein Teiler von c ist, dann ist a ein Teiler von $(b + c)$.
(a) Beweisen Sie die Behauptung mit einem generischen Beweis.
(b) Beweisen Sie die Behauptung mit einem formalen Beweis.

Bei den studentischen Bearbeitungen zum generischen Beweis ($n = 98$) bestanden nur noch 13,3 % aus bloßen Beispielüberprüfungen und sinnvolle Aspekte wurden insgesamt in 31,6 % der Bearbeitungen angeführt. Allerdings konnten nur 17,3 % der generischen Beweise als vollständig (in Bezug auf die dargelegte Argumentationskette) bewertet werden. Bei genauerer Untersuchung der Beweisprodukte der Studierenden zum formalen Beweis wurde deutlich, dass deren Gelingen mit der von den Studierenden verwendeten Operationalisierung von Teilbarkeit zusammenhing. Trotz des Hinweises in Aufgabe 4 verwendeten viele Studierende die „Quotientenschreibweise". Das kann als korrekt angesehen werden, wenn bei der Verwendung der Quotientenschreibweise begründet wird, warum z. B. der Quotient $\frac{(b+c)}{a}$ eine natürliche Zahl ist, was jedoch von keinem Studierenden getan wurde. Im Gegenteil führte diese Operationalisierung häufig zu einem Punktabzug bei der Korrektur, wenn in der Betrachtung der Quotienten $\frac{b}{a}$, $\frac{c}{a}$ und $\frac{(b+c)}{a}$ nicht angemerkt wurde, dass Teilbarkeit hier bedeutet, dass diese Bruchzahlen Elemente der natürlichen Zahlen sind bzw. sein müssen. Demgegenüber führte die Verwendung der Faktorschreibweise zu deutlich weniger Fehlern. Bei den Beweisbearbeitungen der Studierenden schienen sich folglich konzeptionelle Aspekte zum Beweisen mit fachlichen Problemen zu überlagern.

20.5.2.3 Retrospektive Analyse der Durchführung im Wintersemester 2012/13

Für die retrospektive Analyse dieser Durchführung der Lehrveranstaltung konnte zunächst festgehalten werden, dass die vorgenommenen Änderungen im ersten Kapitel der Lehrveranstaltung insgesamt in die richtige Richtung zu weisen schienen. Doch auch wenn die Ergebnisse der erneuten Analyse der Hausaufgabenbearbeitungen positiv gewertet werden konnten, so zeigte die Analyse der Klausurbearbeitungen, dass die Konstruktion von generischen Beweisen auch weiterhin ein Problem für die Studierenden darstellte. Allerdings mussten dabei neben konzeptuellen Schwierigkeiten mit diesen Beweisformen auch Probleme mit Fachinhalten (hier Teilbarkeit) berücksichtigt werden.

Folgte man den Ergebnissen des Beweisbewertungstests (s. Abschn. 20.5.2.2), so schienen die Probleme der Studierenden mit generischen Beweisen eher nicht auf Fehlvorstellungen bzgl. der Bedeutung von bloßen empirischen Verifikationen im Beweisprozess zurückführbar zu sein. Aufgrund der Rückmeldungen von Studierenden verfestigte sich bei den Lehrenden allerdings die Hypothese, dass viele Studierende generische Beweise subjektiv nicht als valides Mittel zur Verifikation einer Behauptung akzeptieren würden. Bei der mit dieser Fragestellung einhergehenden Reflexion der Lehrveranstaltung stellten wir fest, dass im Rahmen des ersten Kapitels mit einer Ausnahme alle Beweise in der Vorlesung formal geführt wurden. Nur für die Eingangsbehauptung wurde ein generischer Beweis konstruiert, der anschließend auch formal durchgeführt wurde. Dies schien den impliziten Zielen der Lehrveranstaltung entgegenzulaufen, generische Beweise als gleichberechtigt neben formale Beweise zu stellen.

Betrachtet unter der Perspektive der Theorie soziomathematischer Normen scheint die Explizierung der Normen für die Konstruktion generischer Beweise erfolgreich gewesen zu sein, da sich die Beweisproduktionen der Studierenden tendenziell deutlich verbesserten. Doch auch die fachliche Frage nach der Operationalisierung von Teilbarkeit lässt sich als Aspekt soziomathematischer Normen betrachten. Zwar sind sowohl die Faktor- als auch die Quotientenschreibweise korrekt, doch ist in der universitären Mathematik die erstere üblich und müsste daher im Sinne einer Propädeutik präferiert bzw. beworben werden. Auch lassen sich zwei Vorteile dieser Operationalisierung anmerken: Aufgabenbearbeitungen in der Klausur, in denen mithilfe dieser Operationalisierung gearbeitet wurde, waren deutlich erfolgreicher. Und auf einer Metaebene betrachtet herrscht in der Zahlentheorie die (implizite) Norm, dass eben diese Operationalisierung verwendet wird, da man sich in $\mathbb{N}$ oder $\mathbb{Z}$ bewegt und rationale Zahlen nicht zur Verfügung stehen.

20.5.3 Die dritte Durchführung der Lehrveranstaltung im Wintersemester 2013/14

20.5.3.1 Modifikationen der Lehrveranstaltung

Die vorgenommenen Modifikationen der Lehrveranstaltung im Wintersemester 2013/14 werden in Bezug auf die vorgenommene Schwerpunktsetzung in Tab. 20.2 zusammengefasst. Im Anschluss erfolgt eine genauere Beschreibung und Begründung der erfolgten Veränderungen.

Für die Fokussierung der in der vorherigen retrospektiven Analyse aufgezeigten Problembereiche wurden die folgenden Modifikationen im Kontext der **Vorlesung** vorgenommen. Im Zusammenhang der Untersuchung der Teilbarkeitsfragen wurde der

Tab. 20.2 Übersicht über die im Kontext der dritten Durchführung der Lehrveranstaltung vorgenommenen Modifikationen in Bezug auf die in diesem Artikel vorgenommene Schwerpunktsetzung

		Vorlesung	Kleingruppenübung	Hausaufgaben
Durchgang 3 (WS 2013/14)	M als Prozess	• Teilbarkeit zunächst aus einer prozeduralen Sicht, erst spätere Thematisierung durch Faktorschreibweise • Stärkerer Einbezug von generischen Beweisen • Integration von Punktmusterdarstellungen und Punktmusterbeweisen • Punktmusterdarstellungen als Veranschaulichung der Sachverhalte der Arithmetik im ersten Kapitel	• Exploration von arithmetischen Sachverhalten, figurierten Zahlen und Punktmustern	• Untersuchungen von Behauptungen • Exploration von Punktmustern bzw. figurierten Zahlen und Berechnungsvorschriften
	Beweisformen	• Generischer Beweis mit Zahlen • Generischer Beweis mit Punktmustern • Punktmusterbeweis mit geometrischen Variablen • Formaler Beweis	• Generischer Beweis mit Zahlen • Generischer Beweis mit Punktmustern • Formal-geometrische Beweise • Formaler Beweis	• Generischer Beweis mit Zahlen • Generischer Beweis mit Punktmustern • Formal-geometrische Beweise • Formaler Beweis
	Symbolsprache	• Erörterung der Vor- und Nachteile von formalen Beweisen		• Übertragen von Beweisargumenten in andere Darstellungsweisen • Expliziter Vergleich der verschiedenen Diagrammsysteme

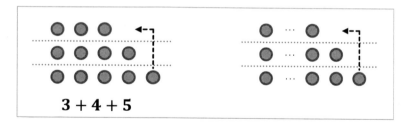

Abb. 20.5 Punktmusterdarstellungen der Summe von drei aufeinanderfolgenden Zahlen: links im konkreten Fall als Andeutung eines generischen Beweises, rechts „allgemein" mit geometrischen Variablen (Abbildung nach Kempen 2019, S. 233)

Teilbarkeitsbegriff vertiefend thematisiert. Um den Studierenden die Bedeutung und Tragweite der verschiedenen Operationalisierungen von Teilbarkeit zu verdeutlichen, wurde zu Beginn des ersten Kapitels zunächst eine prozedurale Sicht auf Teilbarkeit im Kontext der Quotientenschreibweise eingenommen[4]. Somit konnte auch das schulische Vorwissen der Studierenden aufgegriffen und elaboriert werden. Erst später wurde die Faktorschreibweise[5] als eine hilfreiche Strategie für formale Beweise als alternative Definition eingeführt.

Des Weiteren wurden Punktmusterdarstellungen und -beweise in das erste Kapitel integriert. Waren Punktmusterdarstellungen bisher vor allem Inhalt des zweiten Kapitels („Figurierte Zahlen") gewesen, so wurden diese nun auch konsequent im ersten Kapitel zur Veranschaulichung der thematisierten Sachverhalte der Arithmetik eingebunden. Speziell wurden dem Eingangsbeweis über die Teilbarkeit der Summe von drei aufeinanderfolgenden natürlichen Zahlen durch 3 auch ein generischer Beweis mit Punktmustern und ein Punktmusterbeweis mit geometrischen Variablen beigefügt (s. Abb. 20.5). Insgesamt wurden generische Beweise (mit Zahlen oder Punkmustern) verstärkt in den Fortgang des ersten Kapitels (und auch allgemeine in den Fortgang der gesamten Vorlesung) integriert, um den Studierenden zu verdeutlichen, dass neben formalen Beweisen eben auch generische Beweise vollgültige mathematische Verifikationsmittel darstellen. Dabei galt es allerdings zu bedenken, dass im Rahmen der Lehrveranstaltung auch die algebraische Symbolsprache als sinnvolles „Werkzeug" der Wissenschaft Mathematik verdeutlicht und vermittelt wird. Es galt somit, neben Vermittlung generischer Beweise, auch weiterhin für die formale Fachsprache und den

---

[4]„Teilbarkeit einer Zahl $a \in \mathbb{N}$ durch eine Zahl $b \in \mathbb{N}$ ist gegeben, wenn der Quotient $\frac{a}{b}$ eine natürliche Zahl ist." – In dieser Definition von Teilbarkeit wird implizit von der Einbettung der natürlichen Zahlen in die rationalen Zahlen Gebrauch gemacht. Im Sinne der Anknüpfung an schulisches Vorgehen erscheint uns dieser Zugang zur Teilbarkeit legitim. Eine Elaboration des Teilbarkeitsbegriffs erfolgt später.

[5]„Eine Zahl $a \in \mathbb{N}$ ist durch $b \in \mathbb{N}$ teilbar, wenn ein $n \in \mathbb{N}$ existiert, sodass $a = b \cdot n$."

formalen Beweis zu werben. Aus diesem Grund wurde in dem dritten Durchlauf der Lehrveranstaltung mit dem Plenum eine Erörterung der Vor- und Nachteile von formalen Beweisen vorgenommen. Zentral erschienen dabei, gerade im Kontrast zum generischen Beweis, die folgenden Aspekte:

I. Wenn man die Algebra korrekt beherrscht, werden in formalen Beweisen nur solche Umformungen vorgenommen, die für alle (natürlichen) Zahlen gelten, weswegen der Algebra eine Kontrollfunktion zukommt.
II. Bei algebraischen Termumformungen braucht der Beweisende u. U. keine „Idee" wie bei generischen Beweisen, da bloße Termumformungen bereits zum Ziel führen können.
III. Bei der korrekten Verwendung der Algebra muss der Aspekt der Allgemeingültigkeit der Begründung nicht expliziert werden, da für den Leser bzw. die Leserin die verwendeten Buchstabenvariablen diese implizieren und korrekte Umformungen (vgl. (I.)) diese garantieren.

Für die **Kleingruppenübungen** und die **Hausaufgaben** wurden verstärkt die folgenden Aufgabenformate verwendet:

- die Beurteilung und Korrektur fehlerhafter generischer Beweise,
- die Vervollständigung lückenhafter generischer Beweise,
- die Ausformulierung generischer Beweise, die durch Punktmusterdarstellungen angedeutet werden,
- die Formalisierung generischer Beweise sowie die Formalisierung von Punktmusterdarstellungen und -beweisen.

Insgesamt wird deutlich, dass der Fokus dieser Übungsaufgaben nun auf dem Umgang mit den verschiedenen Diagrammsystemen und dem Wechsel zwischen ihnen lag. Hinzu kam die vertiefende Einübung in die in der Lehrveranstaltung explizierten Normen für die Konstruktion entsprechender Beweise.

20.5.3.2 Die Begleitforschung zu der Lehrveranstaltung im Wintersemester 2013/14

Im Wintersemester 2013/14 wurde eine Ein- und Ausgangsbefragung zur Lehrveranstaltung zur Thematik „Begründen und Beweisen" pilotiert. Des Weiteren wurde eine Interviewstudie in der vorletzten Vorlesungswoche durchgeführt, in der die Studierenden eine Behauptung mit verschiedenen Beweisen verifizieren und anschließend korrekte Beweise miteinander vergleichen sollten. Außerdem wurden die Bearbeitungen zu einer Klausuraufgabe, in der dieses Mal eine Behauptung mit vier verschiedenen Beweisen verifiziert werden sollte, analysiert.

Ein gewichtiges Ergebnis der Interviewstudie ($n = 12$) war, dass sich die Wahrnehmungen der Studierenden zu den verschiedenen Beweisformen in einem Spannungs-

Tab. 20.3 Eine Vierfeldertafel zur Beschreibung der Grundkategorien der Wahrnehmung von verschiedenen Beweisformen

		Psychologische Überzeugung	
		liegt vor	*liegt nicht vor*
Logische Akzeptanz	*liegt vor*	*(1) Logische Akzeptanz und psychologische Überzeugung*	*(2) Logische Akzeptanz ohne psychologische Überzeugung*
	liegt nicht vor	*(3) Keine logische Akzeptanz, aber psychologische Überzeugung*	*(4) Weder logische Akzeptanz noch psychologische Überzeugung*

feld von logischer Akzeptanz und psychologischer Überzeugung beschreiben ließen. Während ein Beweis den Betrachtenden auf der subjektiven (psychologischen) Ebene bzgl. der Gültigkeit einer Behauptung zu überzeugen vermag (oder eben nicht), kann ein Beweis beim Betrachtenden auch eine logische (objektive) Akzeptanz erreichen (oder eben nicht). Insgesamt ergeben sich somit vier Grundkategorien für die Beschreibung der Wahrnehmung eines Beweises (s. Tab. 20.3).

Insgesamt wurde in der Studie deutlich, dass der Begriff „Beweis" bei den Studierenden noch stark mit dem Konstrukt des formalen Beweises verbunden war. Außerdem konnte herausgearbeitet werden, dass der formale Beweis von den Studierenden in Bezug auf die Sicherung der Gültigkeit einer Behauptung, aber auch in Bezug auf die Qualität der dem Beweis immanenten Erklärung am höchsten bewertet wurde. Im Umgang mit den Punktmusterdarstellungen zeigte sich, welche Probleme es den Studierenden bereitete, mit diesem Darstellungsmittel umzugehen und – im Fall des generischen Beweises mit Punktmustern – eine Erklärung der Argumentation unter sprachlicher Bezugnahme auf die Punktmuster zu explizieren.

Bei der Analyse der studentischen Bearbeitungen ($n = 139$) der Klausuraufgabe[6] zu den vier Beweisformen der Lehrveranstaltung zeigte sich u. a., dass im Fall des generischen Beweises mit Zahlen nur noch 7 % der Bearbeitungen aus bloßen Beispielüberprüfungen bestanden, insgesamt wurden in 54 % aller Fälle sinnvolle Argumente in der Beweisführung verwendet. Im Fall des formalen Beweises lag der Anteil der Bearbeitungen mit Verwendung sinnvoller Argumente mit 79 % deutlich höher; diese Beweisform schien den Studierenden deutlich besser zu gelingen. Im Fall der Punktmusterbeweise zeigte sich allerdings ein großer Anteil von „Pseudoantworten", also Beweisproduktionen, in denen falsche oder irrelevante Aspekte genannt werden. Auch stieg bei diesen Beweis-

---

[6]Aufgabenstellung: Wir betrachten die folgende Behauptung: „Die Summe von sechs aufeinanderfolgenden natürlichen Zahlen ist immer ungerade.". Beweisen Sie die Behauptung mit (a) einem generischen Beweis mit Zahlen, (b) einem formalen Beweis mit Mitteln der Algebra, (c) einem generischen Punktmusterbeweis und (d) einem Punktmusterbeweis mit geometrischen Variablen.

formen der Anteil der Nichtbearbeitungen der Aufgabenstellung an. (Generischer Beweis mit Punktmustern: „nicht bearbeitet" $=6\,\%$ und „Pseudoantworten" $=37\,\%$; Beweis mit geometrischen Variablen: „nicht bearbeitet" $=18\,\%$ und „Pseudoantworten" $=45\,\%$). Im Unterschied zu den Resultaten aus dem Vorjahr (bzgl. der Hausaufgaben- und Klausurbearbeitungen, s. Abschn. 20.5.2.2) zeigte sich aber, dass sich die Ergebnisse bzgl. des generischen Beweises mit Zahlen und dem formalen Beweis deutlich verbessert hatten.[7]

20.5.3.3 Retrospektive Analyse der Durchführung im Wintersemester 2013/14

Auch bei diesem Durchgang der Vorlesung konnten deutliche Verbesserungen in Bezug auf die Beweiskonstruktionen der Studierenden im Fall des generischen Beweises mit Zahlen und der formalen Beweise konstatiert werden. Problematisch erschien allerdings die scheinbar anhaltende Gleichsetzung des Beweisbegriffs mit der Beweisform des formalen Beweises. Dieses Phänomen war konträr zu dem Ziel der Lehrveranstaltung, die dort verwendeten vier Beweisformen den Studierenden als prinzipiell gleichwertige Verifikationsmethoden zu vermitteln, auch wenn Nutzen und Mehrwert der algebraischen Symbolsprache gleichzeitig herausgestellt werden sollten.

Im Kontext der durch die Interviewstudie herausgearbeiteten Grundkategorien zur Wahrnehmung von Beweisen war deutlich geworden, dass einige Studierende auch gegen Ende der Vorlesungszeit das Konzept des generischen Beweises nicht vollständig verstanden zu haben schienen und auch nach der Konstruktion korrekter generischer Beweise noch Zweifel auf einer logischen und einer psychologischen Ebene ausgemacht werden konnten. Die Bemühungen in der Vermittlung dieser Beweisform mussten also auch weiterhin intensiviert werden. Schließlich musste auch der defizitäre Umgang der Studierenden mit dem Diagrammsystem der Punktmuster betrachtet werden. Dieses Ergebnis war durchaus überraschend, da die Punktmusterdarstellungen ursprünglich als Hilfe für die Studierenden gedacht waren. Dieses Phänomen galt es sowohl empirisch als auch theoretisch genauer zu beforschen.

Für die Gleichsetzung des Beweisbegriffs mit dem Konstrukt des formalen Beweises stellt sich die Frage, wie dieser (implizit) vorliegenden (soziomathematischen) Norm entgegengewirkt werden kann. Offen ist dabei auch die Frage, in welchen Kontexten diese (implizite) Norm der Konstruktion formaler Beweise im Sinne einer Sozialisation der Lernenden stattgefunden hat und welches Konzept eines „formalen Beweises" bei den Studierenden überhaupt normativ erwünscht ist.

---

[7]Für eine ausführliche Darstellung der Studie inklusive Kategoriensystem und umfassenderen Ergebnissen siehe Kempen (2019, S. 264 ff.).

20.6 Die vierte Durchführung der Lehrveranstaltung im Wintersemester 2014/15

20.6.1 Modifikationen der Lehrveranstaltung

Im Folgenden werden die Modifikationen der Lehrveranstaltung im Wintersemester 2014/15 beschrieben, mit denen den oben beschriebenen Problemen der Studierenden entgegengewirkt werden sollte (vgl. Tab. 20.4).

Im Kontext der Vorlesung wurde im ersten Kapitel der Lehrveranstaltung der Forschungsprozess über die Teilbarkeitsfragen bzgl. der Summe aufeinanderfolgender Zahlen beibehalten. Um allerdings dem Konstrukt des formalen Beweises gerecht zu werden, wurden die entsprechende Sachverhalte der Teilbarkeit auch lokal-geordnet (Freudenthal 1973, S. 125 ff.). Durch diesen inneren Bezug der Definition und Sätze und deren Durchnummerierung wurde es möglich, innerhalb der formalen Beweise explizit die verwendeten Argumente zu benennen. In diesem Sinne sah ein vollständiger formaler Beweis in der vierten Durchführung der Lehrveranstaltung z. B. wie folgt aus (formaler Beweis zu der Behauptung, dass die Summe aus zwei ungeraden Zahlen immer gerade ist):

Beispiel für einen vollständigen formalen Beweis (im Sinne der vierten Durchführung der Lehrveranstaltung)

Seien $a, b \in \mathbb{N}$ beliebige, aber feste ungerade Zahlen.

Dann existieren nach Satz (xx) $n, m \in \mathbb{N}$ mit $a = 2n - 1$ und $b = 2m - 1$.

Weiter gilt: $a + b = 2n - 1 + 2m - 1 = 2n + 2m - 2 = 2(n + m - 1)$.

Da $(n + m - 1) \in \mathbb{N}$, ist das Ergebnis nach Satz (xx) gerade.

q.e.d.

Auf diese Weise konnte das Konstrukt „formaler Beweis" konkretisiert werden: Neben der Verwendung der fachmathematischen Symbolsprache wurde der explizite Bezug auf eine klare Argumentationsbasis (hier in Form von Definitionen und bereits bewiesenen Sätzen) gefordert. Aufgrund der nun notwendigen expliziten Formulierung und Nummerierung aller zu verwendenden Definitionen und Sätze wurde es notwendig, auch Nichtteilbarkeit und die Eigenschaften „gerade" und „ungerade" genauer zu thematisieren. Auch mussten diese Inhalte im Diagrammsystem der Punktmuster besprochen werden.

Für das Wintersemester 2014/15 wurden die Begrifflichkeiten für die vier in der Lehrveranstaltung verwendeten Beweisformen vollständig geklärt und einander angeglichen. Da sich konzeptuell immer mehr Unterschiede zwischen dem „formalen Beweis" und dem bis dahin so bezeichneten „formal-geometrischen Beweis" zeigten, wurde letzterer im weiteren Verlauf der Lehrveranstaltung als „Punktmusterbeweis mit geometrischen Variablen" bezeichnet. Die erarbeiteten Normen in Bezug auf den generischen Beweis

Tab. 20.4 Übersicht über die im Kontext der vierten Durchführung der Lehrveranstaltung vorgenommenen Modifikationen in Bezug auf die in diesem Artikel vorgenommene Schwerpunktsetzung

		Vorlesung	Kleingruppenübung	Hausaufgaben
Durchgang 4 (WS 2014/15)	M als Prozess	• Konstruktion einer lokal-geordneten Theorie zu den Themenbereichen der Teilbarkeit im ersten Kapitel	• Verwendung sogenannter „multiple proof tasks" • Verwendung von Beweisaufgaben, wobei die Verwendung der Beweisform freigestellt ist • Integration von Aufgaben mit freier Exploration	• Verwendung sogenannter „multiple proof tasks" • Verwendung von Beweisaufgaben, wobei die Verwendung der Beweisform freigestellt ist
	Beweisformen	• Konkretisierung des Konstrukts formaler Beweise • Sprachliche Angleichung der vier verwendeten Beweisformen (generischer Beweis mit Zahlen, generischer Beweis mit Punktmustern, Punktmusterbeweis mit geometrischen Variablen und formaler Beweis) • Konsequenter Einbezug aller vier Beweisformen in den Fortgang der Vorlesung	• Generischer Beweis mit Zahlen • Generischer Beweis mit Punktmustern • Punktmusterbeweis mit geometrischen Variablen • Formaler Beweis	• Generischer Beweis mit Zahlen • Generischer Beweis mit Punktmustern • Punktmusterbeweis mit geometrischen Variablen • Formaler Beweis
	Symbolsprache	*Konsequente (auch vergleichende) Verwendung der Diagrammsysteme der Arithmetik, Algebra und der Punktmuster*	*Konsequente (auch vergleichende) Verwendung der Diagrammsysteme der Arithmetik, Algebra und der Punktmuster*	*Konsequente (auch vergleichende) Verwendung der Diagrammsysteme der Arithmetik, Algebra und der Punktmuster*

Tab. 20.5 Die Bezeichnung der vier Beweisformen der Lehrveranstaltung im Wintersemester 2014/15

	Diagrammsystem	
	Arithmetik/Algebra	Punktmuster
Generischer Beweis	Generischer Beweis mit Zahlen	Generischer Beweis mit Punkt-mustern
Beweis mit Variablen	Formaler Beweis	Beweis mit geometrischen Variablen

mit Zahlen sollten unverändert auch für den generischen Beweis mit Punktmustern gelten. Insgesamt ergaben sich somit die in Tab. 20.5 dargestellten Bezeichnungen. Darüber hinaus sollten alle vier Beweisformen konsequenter und gleichberechtigt in der Vorlesung verwendet werden.

Im Kontext des Übungsbetriebs wurden neue Aufgabenformate entwickelt, um den Studierenden bessere und tiefergehende Erfahrungen mit dem Diagrammsystem und den Beweisformen zu ermöglichen. Zu diesen Aufgabenformaten gehören: (i) Aufgaben mit explorativen Anteilen, (ii) Beweisaufgaben, in denen eine Behauptung mit allen vier Beweisformen bewiesen werden muss (sogenannte „multiple proof tasks") und (iii) Beweisaufgaben, in denen den Studierenden die Wahl der Beweisform freigestellt ist. (Entsprechende Beispielaufgaben werden im folgenden Abschnitt angegeben.)

20.6.2 Die Durchführung der Lehrveranstaltung im Wintersemester 2014/15

20.6.2.1 Beschreibung des ersten Kapitels der Lehrveranstaltung auf der Basis der vorgenommenen Schwerpunktsetzung

Im Folgenden wird zusammenfassend dargelegt, wie die in Abschn. 20.4.1 vorgestellten Schwerpunktsetzungen im Wintersemester 2014/15, also nach drei erfolgten Forschungszyklen im Sinne des Design-Based Research, umgesetzt wurden.

(1) Der Einbezug von Elementarmathematik als Prozess
Thematischer Inhalt des ersten Kapitels der Lehrveranstaltung bildet nach wie vor die Teilbarkeitslehre in der elementaren Arithmetik (vgl. Abschn. 20.4.1.1). Dabei werden Teilbarkeitsfragen zu der Summe aufeinanderfolgender natürlicher Zahlen untersucht. (An diesem Fachinhalt werden auch exemplarisch die Unterschiede zwischen der Schul- und Hochschulmathematik thematisiert.) In diesem Kontext können die Studierenden in einem elementaren und schulrelevanten Sachverhalt selbst forschend-aktiv werden, d. h. Phänomene untersuchen und Hypothesen generieren. Schließlich wird das neue Wissen in Form eines mathematischen Satzes erzielt, „dass die Summe von $k \in \mathbb{N}$ aufeinanderfolgenden Zahlen genau dann durch k teilbar ist, wenn k ungerade ist". Somit ist der gesamte Fortgang des ersten Kapitels prozessorientiert angelegt. Hinzu kommt,

dass einzelne Aspekte in der Vorlesung immer wieder als kurze Forschungsaufträge an die Studierenden gegeben werden (etwa das Herausstellen von wahren und falschen Behauptungen zu geraden und ungerade Zahlen). Gleichzeitig wird die Prozesshaftigkeit der Mathematik aber auch auf einer deduktiven Ebene dargestellt: Durch das Aufstellen einer lokal-geordneten Theorie zur Teilbarkeit erfolgt eine Strukturierung der Inhalte, die prozessorientiert in einem axiomatischen Aufbau miteinander verbunden werden.

Die elementarmathematischen Aspekte werden sowohl im Kontext der Arithmetik und Algebra als auch im Diagrammsystem der Punktmuster beleuchtet, untersucht und verifiziert. Hierdurch wird zusätzlich eine „inhaltlich-anschauliche" Darstellungsweise verwendet und die Studierenden werden gleichsam im Umgang mit dieser geschult.

Eingepasst in den Forschungs- und Erkenntnisverlauf des ersten Kapitels der Lehrveranstaltung ist dabei die Verwendung von vier verschiedenen Beweisformen, die im folgenden Abschnitt zusammengefasst dargestellt wird.

(2) Die Verwendung ausgewählter Beweisformen im Kontext der Lehrveranstaltung
Im Kontext der in die Vorlesung eingebundenen kleinen Forschungsprojekte werden die Betrachtung und die Untersuchung von Beispielen zu einem natürlichen Werkzeug mathematischer Erkenntnistätigkeit. Bei der Untersuchung konkreter Beispiele kann ein beispielübergreifendes Argument ausgemacht werden, mit dessen Hilfe sich eine gegebene Behauptung allgemeingültig beweisen lässt. Aus solchen Beispieluntersuchungen entstehen dann „in natürlicher Weise" generische Beweise (vgl. Abschn. 20.5.2.1).[8] In der konkreten Umsetzung in der Lehrveranstaltung ergibt sich dabei allerdings die Problematik der Kommunikation zwischen dem Beweiskonstrukteur und dem Beweisbetrachtenden: Woher soll der Betrachtende eines Beweises wissen, für welche Aspekte die angegebenen Beispiele exemplarisch (generisch) stehen sollen? Aus diesem Grund wurde im Sinne soziomathematischer Normen eine Konkretisierung des Konzepts generischer Beweise eingeführt: Neben der Darstellung eines Arguments an konkreten (generischen) Beispielen gehört zu einem vollständigen Beweis auch, dass das beispielübergreifende Argument benannt wird, gefolgt von der Darlegung einer Begründung, warum dieses Argument auf alle möglichen Fälle angewendet werden kann (vgl. Abschn. 20.5.2.1).

Als Beispiel führen wir einen generischen Beweis für die Behauptung an, dass die Summe aus einer ungeraden Zahl und ihrem Doppelten immer ungerade ist (vgl. Biehler und Kempen 2013).

---

[8]Zentral ist bei dieser Beweisform, dass das allgemeingültige Beweisargument an einem konkreten Beispiel dargestellt und anschließend verallgemeinert, also auf alle mögliche Fälle ausgeweitet wird. In der internationalen Diskussion werden entsprechende Beweise auch als „generische Beweise" (etwa Dreyfus et al. 2012) bezeichnet, weswegen diese Begrifflichkeit auch in die Lehrveranstaltung übernommen wurde.

Generischer Beweis (mit Zahlen)

$$5 + 2 \cdot 5 = 5 + 10 = 15 \qquad 17 + 2 \cdot 17 = 17 + 34 = 51$$

Da das Doppelte einer ungeraden Zahl immer gerade ist, erhält man als Ergebnis der Rechnung immer die Summe aus einer ungeraden Zahl (der Ausgangszahl) und einer geraden Zahl (ihrem Doppelten). Da die Summe aus einer ungeraden Zahl und einer geraden Zahl immer ungerade ist, muss das Ergebnis immer ungerade sein.

Im Vergleich mit einem formalen Beweis werden die konzeptuellen Besonderheiten der Beweisformen deutlich: In generischen Beweisen werden konkrete Beispiele betrachtet und die Explizierung des (generischen) beispielübergreifenden Moments erfolgt in einer alltagsnäheren Sprache unter Verwendung von Wortvariablen. Aufgrund dieser Eigenschaft gelten generische Beweise auch als mögliche zugängliche Beweisformen für Schülerinnen und Schüler. Entsprechende Beweise können häufig unmittelbar an eine dem Beweis vorgeschaltete Explorationsphase angeschlossen werden. Im Gegensatz dazu wird in formalen Beweisen, wie sie im Kontext der Lehrveranstaltung eingesetzt werden, die fachmathematische Symbolsprache verwendet. Zugang zu entsprechenden Beweisen erhält man über einer Formalisierung des betreffenden Sachverhalts unter Verwendung von Buchstabenvariablen. Der Nachweis der in der Behauptung geforderten Eigenschaft (bzw. des Sachverhalts) erfolgt durch den expliziten Bezug auf einen Satz oder eine Definition aus der Vorlesung.

Formaler Beweis

(zu der Behauptung, dass die Summe aus einer ungeraden natürlichen Zahl und ihrem Doppelten immer ungerade ist).

Sei $n \in \mathbb{N}$ beliebig, aber fest. Dann gilt:

$$2n - 1 + 2(2n - 1) = 6n - 3 = 2(3n - 1) - 1$$

Da $(3n - 1) \in \mathbb{N}$, ist das Ergebnis nach Satz (xx) ungerade.

q.e.d.

Entsprechend der Wittmannschen Forderung nach dem Einbezug von inhaltlich-anschaulichen Darstellungen (s. Abschn. 20.4.1.1) werden die Sachverhalte der Arithmetik auch mithilfe von Punktmusterdarstellungen untersucht und bewiesen. Werden in einem generischen Beweis nicht Zahlenbeispiele, sondern Beispiele mit Punktmusterdarstellungen betrachtet, so sprechen wir von generischen Beweisen mit Punktmustern. Punktmusterdarstellungen können in der elementaren Algebra andere (strukturelle) Einsichten in Sachverhalte bieten bzw. (strukturelle) Eigenschaften auf einer anderen Darstellungsebene verdeutlichen. Auch wird entsprechenden Darstellungen der Vorteil zugeschrieben, dass sie den Übergang zur fachmathematischen Symbolsprache erleichtern würden (vgl. Flores 2002). In dem folgenden generischen Beweis mit Punktmustern zu der obigen Behauptung wird etwa die strukturelle Eigenschaft verdeutlicht, dass ungerade Zahlen bei einer Aufteilung durch 2 immer den Rest 1 besitzen (vgl. folgende Abbildung).

Generischer Beweis (mit Punktmustern)

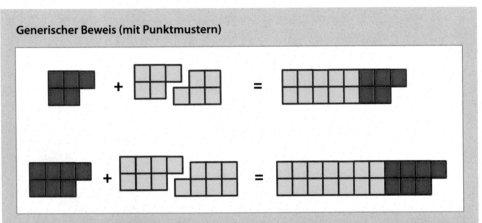

Bei Verwendung von Punktmustern lässt sich jede ungerade Zahl als Kombination zweier Punktreihen darstellen, wobei eine Reihe um einen Stein länger als die andere ist. Wenn man das Doppelte einer ungeraden Zahl bildet, dann ergänzen sich die jeweils überstehenden Steine, so dass man als Ergebnis eine gerade Zahl erhält. Addiert man nun die ungerade Ausgangszahl mit ihrem Doppelten, also einer geraden Zahl, so wird am Ende wieder ein Stein überstehen. Daher wird das Ergebnis immer ungerade sein.

Auch im Kontext der Punktmuster können („geometrische") Variablen dazu verwendet werden, um eine beliebige Anzahl von Punkten zu repräsentieren. Entsprechend der Behandlung von Buchstabenvariablen in formalen Beweisen, wird bei der Konstruktion von Punktmusterbeweisen mit geometrischen Variablen von den Studierenden der Lehrveranstaltung keine weitere narrative Begründung gefordert, um eine Allgemeingültigkeit zu begründen, da diese bereits durch den Variablengebrauch impliziert wird. Mithilfe dieser „geometrischen Variablen" wird es nun möglich, allgemeine Punktmusterbeweise zu konstruieren (vgl. folgende Abbildung).

Punktmusterbeweis mit geometrischen Variablen (wieder zu der obigen Behauptung)

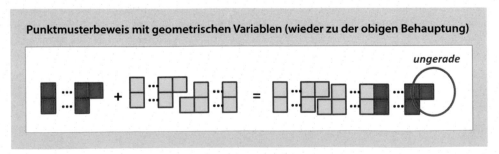

Insgesamt soll somit zunächst die Unterscheidung zwischen bloßen Beispielüberprüfungen und allgemeingültigen Beweisen betont werden. Während bei generischen Beweisen (mit Zahlen oder Punktmustern) ein konkreter Sachverhalt betrachtet wird, wobei das Argument dann noch begründet verallgemeinert werden muss, impliziert bei formalen Beweisen und Beweisen mit geometrischen Variablen die Verwendung der Variablen gleichsam die Allgemeingültigkeit der Argumentation.

(3) Die sinnstiftende Einführung und Vermittlung der fachmathematischen Symbolsprache

Im Rahmen des Leitprinzips „Elementarmathematik als Prozess" soll im Kontext der Verwendung der vier Beweisformen der Lehrveranstaltung eine sinnstiftende Einführung und Vermittlung der fachmathematischen Symbolsprache erfolgen. Im Kontext der Untersuchung von Sachverhalten und Behauptungen wird die Formalisierung eines Sachverhalts als mögliche Strategie vorgestellt, um ein Problem handhabbar zu machen. Als Vorteil kann dabei gesehen werden, dass bloße (auch experimentelle) Termumformungen häufig bereits schnell zum Ziel führen oder auch neue Einsichten liefern können. Es ist dieser Gebrauch von algebraischen Symbolen und Buchstabenvariablen, den wir im Rahmen der Lehrveranstaltung als fachmathematische Symbolsprache interpretieren (vgl. den formalen Beweis oben). Im Vergleich zu den bereits oben angeführten generischen Beweisen wird besonders das Moment des Allgemeinen in der Symbolsprache deutlich: Während bei generischen Beweisen die Allgemeingültigkeit narrativ expliziert werden sollte, wird der Symbolsprache der Algebra innerhalb formaler Beweise dieses Attribut gleichsam zugesprochen. Die bereits benannte Kontrollfunktion der Algebra sichert die Allgemeingültigkeit der verwendeten Operationen und damit die Allgemeingültigkeit entsprechender Beweise.

Die konkrete Umsetzung der benannten Aspekte im Kontext des ersten Kapitels der Lehrveranstaltung wird im folgenden Abschnitt aufgezeigt.

20.6.2.2 Das erste Kapitel Vorlesung im Wintersemester 2014/2015

In diesem Abschnitt wird ein Auszug aus der Vorlesungsmitschrift zum ersten Kapitel der Lehrveranstaltung aus dem Wintersemester 2014/15 gegeben. Mündliche Erläuterungen durch den Dozenten können dabei nicht wiedergegeben und müssen hinzugedacht werden.

Kapitel 1 „Entdecken und Beweisen in der Arithmetik"

Jemand behauptet: „Die Summe von 3 aufeinanderfolgenden natürlichen Zahlen ist immer durch 3 teilbar".

Stimmt das? - Wenn ja, warum?

Begriffsklärung

- *Summe* ist das Ergebnis einer Addition.

- *natürliche Zahlen* $1, 2, 3, \ldots$ In der Mengenschreibweise: $\mathbb{N}$.

- Was meint *teilbar*? Wir sagen, dass eine natürliche Zahl a durch b teilbar ist, wenn $\frac{a}{b}$ eine natürliche Zahl ist.

Definition 1.1 (Teilbarkeit)

Eine natürliche Zahl a ist genau dann durch eine natürliche Zahl b teilbar, wenn $\frac{a}{b} \in \mathbb{N}$ ist.

[Die Bedeutung der „Genau dann, wenn"-Konstruktion wird an dieser Stelle noch nicht mithilfe der Aussagenlogik konkretisiert. Bei dieser Definition wird die Existenz bzw. die Verwendung der rationalen Zahlen implizit vorausgesetzt. Die in der Zahlentheorie „übliche" Teilbarkeitsrelation wird später eingeführt.

Logische Analyse der Behauptung

Implizit liegt eine sogenannte Allaussage vor. (Sie soll für alle möglichen aufeinanderfolgenden Zahlen immer gelten.) Wenn wir die erst Zahl „Startzahl" nennen, dann lautet unsere Behauptung wie folgt: „Die Summe aus der Startzahl und ihrem Nachfolger und dessen Nachfolger ist immer durch 3 teilbar."

Drei Strategien zum Testen einer Aussage:

Strategie 1: Testen der Aussage an Zahlenbeispielen.

(Ziel: Prüfen, ob es stimmt.)

Strategie 2: Testen der Aussage an Zahlenbeispielen mit dem Ziel, zu erkennen, was an diesen Beispielen verallgemeinerungsfähig (generisch) ist.

(Ziel: Kann man an den Beispielen verstehen, warum die Aussage allgemein gilt?)

Strategie 3: Formalisierung der Aussage und algebraische Umformungen.

(Ziel: Einsatz der Algebra, um Richtigkeit der Aussage zu begründen)

Strategie 1:

$1 + 2 + 3 = 6$ stimmt; $2 + 3 + 4 = 9$ stimmt;

$500 + 501 + 502 = 1503$ stimmt; $1000 + 1001 + 1002 = 3003$ stimmt;

Wir haben vier Beispiele getestet, in diesen Fällen stimmt die Aussage. Allerdings kann man mit dem Überprüfen von endlich vielen Beispielen eine Aussage über unendlich viele Zahlen nie vollständig begründen.

Strategie 2 :

$1 + 2 + 3 = 6 = 3 \cdot 2$; $2 + 3 + 4 = 9 = 3 \cdot 3$; $500 + 501 + 502 = 1503 = 3 \cdot 501$

Als Summe der drei Zahlen kommt immer ein Vielfaches von 3 heraus.

Generischer Beweis

$$
\begin{aligned}
1 + 2 + 3 &= (2 - 1) + 2 + (2 + 1) &= 3 \cdot 2 \\
500 + 501 + 502 &= (501 - 1) + 501 + (501 + 1) &= 3 \cdot 501
\end{aligned}
$$

In den Beispielen wird deutlich, dass man die Summe von drei aufeinanderfolgenden natürlichen Zahlen immer schreiben kann als:

(„mittlere Zahl" -1) + („mittlere Zahl") + („mittlere Zahl" +1). Diese Summe lässt sich dann umschreiben als dreimal die „mittlere Zahl". Also ist die Summe von drei aufeinanderfolgenden natürlichen Zahlen immer gleich dem Dreifachen der mittleren Zahl und somit durch 3 teilbar.

Ein gültiger generischer Beweis soll die folgenden Aspekte umfassen:

1. Mit allgemeingültigen Umformungen wird an konkreten Zahlenbeispielen untersucht, was diese gemeinsam haben. Diese beispielübergreifende Idee muss dann in einen Zusammenhang mit der aufgestellten Behauptung gebracht

werden.

2. Es folgt eine Begründung, warum die Behauptung in den Zahlenbeispielen wahr ist.

3. Schließlich muss begründet werden, warum diese Argumentation auch für alle möglichen (zu betrachtenden) Fälle korrekt ist.

Strategie 3:

Wir ersetzen die Zahlen und Wortvariablen durch Buchstabenvariablen. Wir bezeichnen die „mittlere Zahl" als m. m soll dann eine beliebige natürliche Zahl sein. Sie darf aber nicht die „1" sein, denn dann wäre der Vorgänger keine natürliche Zahl.

Sei $m \in \mathbb{N} \setminus \{1\}$ beliebig aber fest. Dann gilt: $(m-1) + m + (m+1) = 3m$. Diese Zahl ist durch 3 teilbar, da $m \in \mathbb{N}$.

q.e.d.

Alternativ kann auch die Startzahl als Buchstabenvariable dargestellt werden: Bezeichnet man die Startzahl als m, wobei m eine natürliche Zahl ist, so erhält man die Summe: $m + (m+1) + (m+2) = 3m + 3 = 3(m+1)$. Diese Summe ist durch 3 teilbar, da $(m+1)$ eine natürliche Zahl ist.

Aber warum können wir an dem Ergebnis „$3(m+1)$" Teilbarkeit ablesen? Definition 1.1 besagt, dass eine natürliche Zahl a etwa durch 3 teilbar ist, wenn $\frac{a}{3} \in \mathbb{N}$ ist. Z. B. $\frac{a}{3} = q \in \mathbb{N}$. Dann gilt: $\frac{a}{3} = q \Leftrightarrow a = 3 \cdot q$.

Definition 1.1' (Teilbarkeit)

Eine natürliche Zahl a ist genau dann durch eine natürliche Zahl b teilbar, wenn eine natürliche Zahl q existiert mit $a = b \cdot q$.

Anmerkung:

Im Allgemeinen ist die Definition 1.1' leichter anzuwenden als Definition 1.1, denn:

1. meistens liegen die mathematischen Sachverhalte nicht in Bruchdarstellung vor,

2. bei der Anwendung von Definition 1.1' benötigt man keine Bruchrechnung, wodurch der Umgang mit ihr weniger fehleranfällig ist.

Betrachtung des Sachverhalts mit Punktmustern:

Teilbarkeit im Diagrammsystem der Punktmuster:

(1) *Verteilen:*

Wir teilen das Punktmuster in drei gleich große Teile (hier: Zeilen) ein. Wenn dies „ohne Rest" möglich ist, dann ist die Summe durch 3 teilbar (s. folgende Abbildung links).

(2) *Aufteilen:*

Wir teilen das Punktmuster in Dreiergruppen (hier: Spalten) ein (s. folgende Abbildung rechts). Wenn dies „ohne Rest" möglich ist, dann ist die Summe durch 3 teilbar.

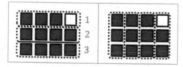

Generischer Beweis mit Punktmustern:

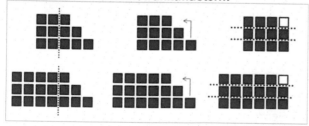

Bei jeder Summe von drei aufeinanderfolgenden natürlichen Zahlen entsteht immer die gleiche Treppenform, da sich die Punktelinien jeweils um einen Punkt unterscheiden. Durch Umgruppierung der Punkte (s. Beispiele) entstehen immer drei gleich lange Punktereihen. Also ist die Summe immer durch 3 teilbar.

Eine geometrische Variable steht für eine beliebige Anzahl von Punkten.

Beweis mit geometrischen Variablen

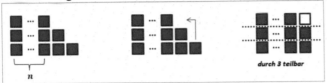

Formale Beweise:

Behauptung: Für alle natürlichen Zahlen n gilt, dass $n + (n + 1) + (n + 2)$ durch 3 teilbar ist.

Ziel: Wir wollen zeigen, dass die Summe durch 3 teilbar ist. Wir formen um: $n + (n + 1) + (n + 2) = 3n + 3 = 3(n + 1)$. Das Ergebnis ist nach Definition 1.1' durch 3 teilbar, da $(n + 1) \in \mathbb{N}$.

Formaler Beweis (Reinschrift):

Sei $n \in \mathbb{N}$ beliebig, aber fest. Dann gilt: $n + (n + 1) + (n + 2) = 3n + 3 = 3(n + 1)$. Da $(n + 1) \in \mathbb{N}$ ist, ist das Ergebnis nach Definition 1.1' durch 3 teilbar.

q.e.d.

Anmerkung

(1) Beinhaltet die Behauptung eine Allaussage, so wählt man zu Beginn des Beweises ein beliebiges Element aus, das es zu betrachten gilt, und behält genau dieses bei. „Sei ... beliebig, aber fest."

(2) Die Gesamtheit aller verwendeten wahren Aussagen bezeichnet man als Argumentationsbasis. Die wesentlichen Elemente (Definition, Satz) werden wir dabei immer angeben. Nicht extra aufschreiben wollen wir Regeln für verwendete Termumformungen und Rechenregeln wie etwa das Kommutativgesetz.

(3) Variablen bei Allaussagen heißen „gebundene Variablen" und können prinzipiell beliebig gewählt werden. Psychologisch wählt man oft mnemotechnisch günstige Bezeichnungen, logisch entscheiden ist aber die angegebene Grundmenge.

(4) Vorteil eines formalen Beweises: Wenn man die Algebra korrekt beherrscht, nimmt man nur Umformungen vor, die für alle (natürlichen) Zahlen gelten.

Nachteil eines formalen Beweises: Man mann die Algebra korrekt beherrschen. Manchmal findet man eine Regel oder einen Zusammenhang leichter, wenn man Beispiele untersucht.

Begriffsklärung: Nicht-Teilbarkeit

Beispiel: 17

$17 = 3 \cdot 5 + 2; \frac{17}{3} = 5 + \frac{2}{3}, 17 : 3$ ist 5 Rest 2

Eine natürliche Zahl $a \in \mathbb{N}$ ist *nicht* durch eine Zahl $b \in \mathbb{N}$ *teilbar*, wenn es keine natürliche Zahl q mit $\frac{a}{b} = q$ gibt. Der Bruch $\frac{a}{b}$ hat dann einen ganzzahligen Anteil $q \in \mathbb{N}_0$ und einen Rest R zwischen 0 und 1, den man als $\frac{r}{b}$ mit einer Zahl $0 < r < b$ schreiben kann.

$\frac{a}{b} = q + \frac{r}{b}$ ist äquivalent zu $a = q \cdot b + r$.

Satz 1.2 (Nicht-Teilbarkeit)

Eine Zahl $a \in \mathbb{N}$ ist genau dann durch eine Zahl $b \in \mathbb{N}$ nicht teilbar, wenn es Zahlen $q \in \mathbb{N}_0$ und $r \in \mathbb{N}, 0 < r < b$, gibt mit $a = q \cdot b + r$.

Bemerkung:

Wenn $a < b$ ist, dann gilt $\frac{a}{b} = 0 \cdot b + \frac{r}{b}$, wobei $r = a$ ist, d.h., a ist nicht teilbar durch b im Sinne der Definition.

Ungerade und gerade Zahlen

Definition:

Eine Zahl $n \in \mathbb{N}$ heißt gerade, wenn sie durch 2 teilbar ist, und ungerade, wenn sie nicht durch 2 teilbar ist.

Satz 1.3 (gerade und ungerade Zahlen)

(a) $g \in \mathbb{N}$ ist genau dann gerade, wenn es ein $n \in \mathbb{N}$ gibt mit $g = 2n$.

(b) $u \in \mathbb{N}$ ist genau dann ungerade, wenn es ein $m \in \mathbb{N}_0$ gibt mit $u = 2m + 1$.

[Der Beweis zu diesem Satz wurde in der Vorlesung vorgeführt. Wir sparen ihn hier aus Patzgründen aus.]

Aufgabe für die Studierenden (in der Vorlesung): Formulieren Sie wahre und falsche Aussagen über gerade und ungerade Zahlen. Beziehen Sie auch Rechenoperationen mit ein! [...]

Forschungsprojekt:

Gelten die folgenden Behauptungen?

(B2) Die Summe von 2 aufeinanderfolgenden natürlichen Zahlen ist immer durch 2 teilbar.

(B4) Die Summe von 4 aufeinanderfolgenden natürlichen Zahlen ist immer durch 4 teilbar.

(B5) Die Summe von 5 aufeinanderfolgenden natürlichen Zahlen ist immer durch 5 teilbar.

(B6) Die Summe von 6 aufeinanderfolgenden natürlichen Zahlen ist immer durch 6 teilbar.

$\vdots$

(Bk) Die Summe von $k \in \mathbb{N}$ aufeinanderfolgenden natürlichen Zahlen ist immer durch k teilbar.

[Im Rahmen der Untersuchung der Behauptungen wird die Rolle von Gegenbeispielen bei den falschen Aussagen thematisiert. Die wahren Aussagen werden mithilfe der vier Beweisformen der Lehrveranstaltung verifiziert. Hieraus resultiert die folgende übergreifende Vermutung, die am Ende des Kapitels durch verschiedene Beweise verifiziert wird].

Die Summe von $k \in \mathbb{N}$ aufeinanderfolgenden natürlichen Zahlen ist genau dann durch k teilbar, wenn k ungerade ist.

20.6.2.3 Zu den verwendeten Übungsaufgaben im Wintersemester 2014/15

In diesem Abschnitt werden exemplarisch einige Aufgabenformate dargestellt, die die erweiterte Aufgabenkultur der Lehrveranstaltung in der vierten Durchführung verdeutlichen sollen. Zentral war bei diesem Anliegen, dass die Studierenden ein Repertoire von Beweisformen im Kontext von Explorationen aufbauen und dabei das Agieren mit verschiedenen Darstellungen üben. Im Folgenden wird deutlich, wie die Aspekte „Elementarmathematik als Prozess", „ausgewählte Beweisformen" und „sinnstiftende Verwendung der fachmathematischen Symbolsprache" miteinander verwoben werden. (Die folgenden Beispiele aus der Lehrveranstaltung werden auch in Kempen (2019, S. 297 ff.) diskutiert.)

Aufgabe zur freien Exploration[9]

In entsprechenden Aufgabenstellungen steht das Forschen im Kleinen im Vordergrund. Werden Regelmäßigkeiten o.Ä. ausfindig gemacht, so sollen diese verifiziert oder widerlegt werden.

Beispielaufgabe

Wie gut kennen Sie eigentlich die Quadratzahlen?

Sicher, die Folge der Quadratzahlen ist Ihnen hinlänglich vertraut:

1, 4, 9, 16, 25, …

Aber steckt in dieser Zahlenliste noch mehr als die Tatsache, dass es Quadrate sind? Gibt es noch mehr Strukturen, Muster und Zusammenhänge? Untersuchen Sie die Quadratzahlen daraufhin und schreiben Sie möglichst viele verschiedene Vermutungen auf. Falls Sie nicht wissen, wo Sie anfangen sollen, hier einige Aspekte, die Sie betrachten können: Summen, Differenzen, bestimmte Ziffern, Teilbarkeiten durch 2, 3, 4 usw. ◄

Aufgaben zur formalen oder verallgemeinernden Formulierung von Behauptungen

In den folgenden Beweisaufgaben muss zunächst eine Behauptung gefunden und versprachlicht werden. Dadurch werden Beispielbetrachtungen als Ausgangspunkt explizit in den mathematischen Erkenntnisprozess eingebunden. Deutlich wird dabei auch, dass die Art und Weise, wie eine Behauptung formuliert wird, Auswirkungen auf den zu konstruierenden Beweis hat.

Beispielaufgabe

Wir betrachten die folgenden Gleichungen:

$3^2 - 1 = 8 = 8 \cdot 1, 5^2 - 1 = 24 = 8 \cdot 3, 7^2 - 1 = 48 = 8 \cdot 6.$

Verallgemeinern Sie das Prinzip, das in den Beispielen deutlich wird.

a) Formulieren Sie dieses Prinzip als Behauptung über alle natürlichen Zahlen mithilfe von Buchstabenvariablen.

b) Beweisen Sie die Behauptung mit einer Beweismethode Ihrer Wahl.

---

[9]Diese Aufgabe entstammt Leuders (2010, S. 41).

Aufgabe: Wir betrachten die folgenden Gleichungen[10]:

$$1 + 2 = 3 = 3D_1$$

$$4 + 5 + 6 = 15 = 5D_2$$

$$9 + 10 + 11 + 12 = 42 = 7D_3$$

$$16 + 17 + 18 + 19 + 20 = 90 = 9D_4$$

Verallgemeinern Sie das Prinzip, das in den Beispielen deutlich wird.

a) Formulieren Sie dieses Prinzip als Behauptung über alle natürlichen Zahlen mithilfe von Buchstabenvariablen.
b) Beweisen Sie die Behauptung mit einer Beweismethode Ihrer Wahl. ◀

Multiple proof tasks

In der folgenden Aufgabe muss eine Behauptung mit verschiedenen Beweisformen bewiesen werden. Durch das Arbeiten mit den verschiedenen Beweisformen und Diagrammsystemen werden die jeweiligen Vor- und Nachteile im Vergleich deutlich. Auch können vor dem Hintergrund solcher Erfahrungen individuelle Präferenzen ausgebildet werden.

Beispielaufgabe

Wir betrachten die folgenden Gleichungen:
$1^2 + 1 + 2 = 2^2, 2^2 + 2 + 3 = 3^2, 3^2 + 3 + 4 = 4^2.$
Verallgemeinern Sie das Prinzip, das in den Beispielen deutlich wird.

a) Formulieren Sie dieses Prinzip als Behauptung über alle natürlichen Zahlen mithilfe von Wortvariablen.
b) Beweisen Sie die Behauptung mit einem generischen Beweis mit Punktmustern.
c) Beweisen Sie die Behauptung mit einem Beweis mit geometrischen Variablen.
d) Beweisen Sie die Behauptung mit einem formalen Beweis mithilfe von Buchstabenvariablen. ◀

20.6.2.4 Auszüge aus der Begleitforschung zu der Lehrveranstaltung im Wintersemester 2014/15

Die Lehrveranstaltung im Wintersemester 2014/15 wurden von einer größer angelegten Ein- und Ausgangsbefragung gerahmt, um eine vorläufig abschließende und umfassende

---

[10]D_n steht im Folgenden für die n-te Dreieckszahl, die sich als Summe der ersten $n \in \mathbb{N}$ aufeinanderfolgenden natürlichen Zahlen ergibt: $D_1 = 1, D_2 = 1 + 2 = 3, D_3 = 1 + 2 + 3 = 6, \ldots$
    Im zweiten Kapitel der Lehrveranstaltung werden „figurierte Zahlen" thematisiert. In diesem Kontext beschäftigen sich die Studierenden auch ausführlich mit den Dreieckszahlen.

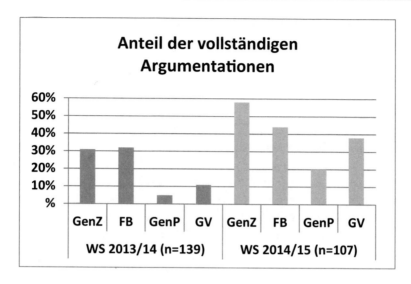

Abb. 20.6 Prozentualer Anteil der „vollständigen Argumentationen" von der Gesamtzahl der Bearbeitungen in den Beweisproduktionen der Studierenden in der Modulabschlussklausur der Wintersemester 2013/14 und 2014/15 („GenZ" = generischer Beweis mit Zahlen; „FB" = formaler Beweis; „GenP" = generischer Beweis mit Punktmuster; „GV" = Punktmusterbeweis mit geometrischen Variablen)

retrospektive Analyse der Lehrveranstaltung vornehmen zu können (s. Abschn. 20.3.3). In dieser Studie wurden u. a. die folgenden Aspekte untersucht: Vorerfahrungen zum Beweisen, Kompetenzaspekte zum Beweisen, Einstellungen zum Themenkomplex des Beweisens und zur Mathematik, Beweisakzeptanz, Lernziele im Hinblick auf das Beweisen und die Selbsteinschätzung des Lernzuwachses. Auch wurden wie im vorherigen Durchgang die Bearbeitungen einer Beweisaufgabe aus der Modulabschlussklausur analysiert[11]. Eine ausführliche Darstellung dieser „Effektivitätsstudie" zur Lehrveranstaltung erfolgt in Kempen (2019, S. 311 ff.). Es sei an dieser Stelle verkürzt angemerkt, dass den Studierenden auch in diesem Durchgang die Konstruktion der verschiedenen Beweisformen wiederum besser als im vorherigen gelang (s. Abb. 20.6). Auch konnten sie im Verlauf der Lehrveranstaltung mit der Bedeutung und Tragweite der verschiedenen Beweisformen vertraut gemacht werden, wovon die erhobene „Beweisakzeptanz" im Vergleich der Werte von der Ein- zur Ausgangsbefragung zeugen. Im Gegenzug zu der erhöhten Akzeptanz generischer Beweise sank die Fehlinterpretation bloßer Beispielbetrachtungen als gültige mathematische Beweise in der Gesamtgruppe von der Ein- zur Ausgangsbefragung im Wintersemester 2014/15 statistisch signifikant auf dem 5 %-Niveau von 17,6 % auf 5,4 %.

---

[11]Die Aufgabenstellung war hierbei die gleiche wie in der Studie in Abschn. 20.5.3.2.

20.7   Ergebnisse bzgl. der Entwicklung einer lokalen Instruktionstheorie

In diesem Abschnitt soll die Entwicklung einer lokalen Instruktionstheorie in der Domäne „Begründen und Beweisen" angedeutet werden, wie sie im Gesamtforschungsprojekt entwickelt wurde.

Ein übergeordnetes Ziel fachdidaktischer Entwicklungsforschung nach dem Paradigma des Design-Based Research ist die Konstruktion einer lokalen Instruktionstheorie. Im Kontext der diese Forschungsarbeit rahmenden Dissertation wurde dementsprechend eine solche Instruktionstheorie in der Domäne „Begründen und Beweisen" unter der Beachtung der Aspekte „mathematische Inhalte", „Beweisen als diagrammatisches Schließen" und „soziomathematische Normen" formuliert. Exemplarisch werden im Folgenden aus Platzgründen nur Auszüge bzgl. des Aspekts „soziomathematischer Normen" angegeben, deren Genese exemplarisch im Rahmen von Abschn. 20.6 aufgezeigt wurde (vgl. zu den folgenden Ausführungen ausführlich Kempen 2019, S. 446 ff.).

1. In der (universitären) Lehre sollte zunächst aufseiten der Lehrenden eine möglichst große Einigkeit bzgl. der Normen erreicht werden, die im Kontext fachlicher und methodischer Inhalte von den Lernenden eingehalten werden sollen. Dementsprechend müssen solche Normen transparent gemacht und expliziert werden. Doch auch wenn Normen durch die Lehrenden in ein Lernszenario hereingetragen werden, so muss davon ausgegangen werden, dass diese Normen einem weiterführenden Aushandlungsprozess unterliegen und somit ggf. nur modifiziert angenommen werden.
   (In der vorliegenden Arbeit standen Normen im Rahmen von Beweisprodukten im Vordergrund. Hierbei betrafen die Normen u. a. Aspekte der Darstellung, der geforderten Inhalte und der Ausführlichkeit.)
2. Neben fachlichen und methodischen Aspekten müssen im Kontext soziomathematischer Normen auch die Ausbildung und die Verwendung einer Metasprache zu den jeweiligen Fachinhalten mitbedacht werden. Über die Bedeutung der verwendeten Fachbegriffe muss eine möglichst hohe Einigkeit bei allen Beteiligten herrschen.
3. Die in einem Lernszenario intendierten Normen müssen von allen beteiligten Lehrenden vertreten und eingehalten werden. Das Abweichen von einer Norm sollte thematisiert werden.
   (Als Beispiel sei an dieser Stelle das Angeben von „Beweisskizzen" oder „Beweisideen" im Rahmen einer Vorlesung oder Übung genannt. Offensichtlich genügen entsprechende Darstellungen nicht den Anforderungen an solche Beweise, die von den Studierenden erwartet werden. Aus diesem Grund müssen etwaige Abweichungen von Normen thematisiert werden. Für das Erreichen einer möglichst hohen Einigkeit aufseiten aller am Lernprozess beteiligten Akteure wurde im Rahmen der Lehrveranstaltung eine Tutorenschulung vorgenommen (s. Kempen 2019, S. 203 f.).

4. Im Kontext soziomathematischer Normen ist schließlich auch der Umgang mit den verschiedenen Beweisformen zu nennen, die im Rahmen der Lehrveranstaltung verwendet wurden (s. o.). Das Ziel, auch generische Beweise und Punktmusterbeweise als vollgültige Beweise zu etablieren, konnte nur dadurch (annähernd) erreicht werden, dass die verschiedenen Beweisformen gleichberechtigt in den Verlauf der Lehrveranstaltung miteinbezogen wurden. Hierbei ging es also um das „Vorleben" der intendierten Gleichberechtigung. Diesem Anliegen wurde auch dadurch Rechnung getragen, dass nach Möglichkeit alle Beweisformen regelmäßig im Kontext von Übungsaufgaben verlangt wurden.

Schließlich soll angemerkt werden, dass eine weiterführende Validierung der erarbeiteten Designprinzipien noch aussteht. Die hier thematisierte Lehrveranstaltung wurde bewusst adressatenspezifisch auf das Lehramtsstudium Haupt-, Real- und Gesamtschule ausgerichtet und im Themenkomplex der elementaren Zahlentheorie konzipiert. Eine sinnhafte Übertragung auf andere Adressatenkreise unter Verwendung anderer Themenkomplexe steht somit noch aus. Der in Abschn. 20.2 dargelegte Grundrahmen für die Ausgestaltung der Lehrveranstaltung hat sich dabei als wichtige Grundlage für die (Weiter-)Entwicklung erwiesen. Auch konnte im Rahmen dieser Arbeit das Konzept der soziomathematischen Normen (Yackel und Cobb 1996) im Kontext von Beweisprozessen gewinnbringend auf die Hochschullehre übertragen werden.

20.8   Schlussbetrachtung

In diesem Artikel wurde exemplarisch gezeigt, wie eine Lehrveranstaltung im Kontext des Design-Based Research sukzessiv und iterativ weiter beforscht und modifiziert werden kann, wobei der Fokus der Betrachtungen hier auf die Schwerpunkte „Elementarmathematik als Prozess", „Verwendung ausgewählter Beweisformen" und „sinnstiftende Vermittlung der fachmathematischen Symbolsprache" gelegt wurde. Neue Erkenntnisse wurden in Bezug auf die Konzeption der verwendeten Beweisformen vor allem im pädagogischen Kontext gewonnen bzgl. der Probleme und Vorstellungen von Studienanfängerinnen und -anfängern mit den Fachinhalten „Teilbarkeit" und „Beweisen" und im Kontext der Konstruktion von zielgerichteten Aufgabenformaten. Als weiteres Ergebnis lässt sich auch die Erarbeitung von diversen Forschungsinstrumenten zählen, um verschiedene Aspekte von Beweisen überhaupt erforschen zu können. Übergreifend kann dieses Forschungsprojekt als Anstrengung verstanden werden, die universitäre Lehre adressatenspezifisch im Hinblick auf Inhalte, Methoden, Zielsetzungen und Normen zu durchdenken. Wir denken, dass hierin eine wichtige Aufgabe der Hochschuldidaktik Mathematik zu sehen ist.

Offene Fragen ergeben sich schließlich u. a. in Bezug auf die Beweiskompetenzen der Studierenden im Hinblick auf die Konstruktion generischer Beweise, das damit einhergehende Verständnis dieser Beweisform und speziell die Verwendung von

Punktmusterdarstellungen. Für die weitere Forschung in diesem Bereich konnte die vorgestellte Arbeit bereits fundierte Grundlagen und Ansatzpunkte legen. Die weitere Erforschung der Beweiskompetenzen von Studierenden (auch aufgefächert nach verschiedenen Studiengängen) mit Bezug auf verschiedene Beweisformen verbleibt als Aufgabe für die mathematikdidaktische Forschung.

Literatur

Bakker, A., & van Eerde, D. (2015). An introduction to design-based research with an example from statistics education. In A. Bikner-Ahsbahs, C. Knipping, & N. Presmeg (Hrsg.), *Approaches to qualitative research in mathematics education* (S. 429–466). Dordrecht: Springer.

Barab, S., & Squire, K. (2004). Design-based research: Putting a stake in the ground. *The Journal of the Learning Sciences, 13*(1), 1–14.

Bender, P., Beyer, D., Brück-Binninger, U., Kowallek, R., Schmidt, S., Sorger, P., & Wittmann, E. (1999). Überlegungen zur fachmathematischen Ausbildung der angehenden Grundschullehrerinnen und -lehrer. *Journal für Mathematik-Didaktik, 20*(4), 301–310.

Biehler, R. (2015). *Einführung in die Kultur der Mathematik - Unveröffentlichtes Skript.* Paderborn: Universität Paderborn.

Biehler, R., & Kempen, L. (2013). Students' use of variables and examples in their transition from generic proof to formal proof. In B. Ubuz, C. Haser, & M. A. Mariotti (Hrsg.), *Proceedings of the Eighth Congress of the European Society for Research in Mathematics Education* (S. 86–95). Ankara: Middle East Technical University.

Biehler, R., & Kempen, L. (2014). Entdecken und Beweisen als Teil der Einführung in die Kultur der Mathematik für Lehramtsstudierende. In J. Roth, T. Bauer, H. Koch, & S. Prediger (Hrsg.), *Übergänge konstruktiv gestalten. Ansätze für eine zielgruppenspezifische Hochschuldidaktik Mathematik* (S. 121–136). Wiesbaden: Springer Spektrum.

Dreyfus, T., Nardi, E., & Leikin, R. (2012). Forms of proof and proving in the classroom. In G. Hanna & M. de Villiers (Hrsg.), *Proof and proving in mathematics education: The 19th ICMI Study* (S. 191–214). Heidelberg: Springer Science + Business Media.

Flores, A. (2002). Geometric representations in the transition from arithmetic to algebra. In F. Hitt (Hrsg.), *Representation and Mathematics Visualization* (S. 9–30). Retrieved from https://www.er.uqam.ca/nobel/r21245/varia/Book_RMV_PMENA.pdf.

Freudenthal, H. (1973). *Mathematik als pädagogische Aufgabe.* Stuttgart: Klett.

Gueudet, G. (2008). Investigating the secondary–tertiary transition. *Educational Studies in Mathematics, 67*(3), 237–254.

Gravemeijer, K., & Cobb, P. (2006). Design research from the learning design perspective. In J. van den Akker, K. Gravemeijer, S. McKenney, & N. Nieveen (Hrsg.), *Educational design research: The design, development and evaluation of programs, processes and products* (S. 45–85). London: Routledge.

Grieser, D. (2013). *Mathematisches Problemlösen und Beweisen. Eine Entdeckungsreise in die Mathematik.* Wiesbaden: Springer Spektrum.

Hilgert, I., & Hilgert, J. (2012). *Mathematik – ein Reiseführer.* Heidelberg: Springer Spektrum.

Hilgert, J., Hoffmann, M., & Panse, A. (2015). *Einführung in mathematisches Denken und Arbeiten - tutoriell und transparent.* Heidelberg: Springer.

Hoffmann, M. (2005). *Erkenntnisentwicklung.* Frankfurt a. M.: Klostermann.

Kempen, L. (2019). *Begründen und Beweisen im Übergang von der Schule zur Hochschule. Theoretische Begründung, Weiterentwicklung und Evaluation einer universitären Erstsemester-veranstaltung unter der Perspektive der doppelten Diskontinuität*. Wiesbaden: Springer Spektrum.

Kempen, L., Krieger, M., & Tebaartz. (2016). Über die Auswirkungen von Operatoren in Beweis-aufgaben. In Institut für Mathematik und Information der Pädagogischen Hochschule Heidelberg (Hrsg.), *Beiträge zum Mathematikunterricht* (Band 1, S. 521–524). Münster: WTM-Verlag.

Klein, F. (1908). *Elementarmathematik vom höheren Standpunkte aus. Teil I: Arithmetik, Algebra, analysis*. Leipzig: Teubner.

Kroll, W. (1997). Diskussionsbeitrag. In R. Biehler & H. N. Jahnke (Hrsg.), *Mathematische Allgemeinbildung in der Kontroverse. Materialien eines Symposiums am 24. Juni 1996 im ZiF der Universität Bielefeld* (S. 84–88). Bielefeld: Universität Bielefeld.

Leiß, D., & Blum, W. (2006). Beschreibung zentraler mathematischer Kompetenzen. In W. Blum, C. Drüke-Noe, R. Hartung & O. Köller (Hrsg.), *Bildungsstandards Mathematik: konkret. Sekundarstufe I: Aufgabenbeispiele, Unterrichtsanregungen, Fortbildungsideen* (S. 33–80). Berlin: Cornelsen Scriptor.

Leuders, T. (2010). *Erlebnis Arithmetik - zum aktiven Entdecken und selbstständigen Erarbeiten*. Heidelberg: Spektrum Akademischer Verlag.

Martin, W. G., & Harel, G. (1989). Proof frames of preservice elementary teachers. *Journal for Research in Mathematics Education, 20*, 41–51.

Mason, J., Graham, A., & Johnston-Wilder, S. (2005). *Developing thinking in Algebra*. London: The Open University.

Ministerium für Schule und Weiterbildung des Landes Nordrhein-Westfalen (Hrsg.). (2007). *Kernlehrplan Mathematik für das Gymnasium – Sekundarstufe 1 (G8) in Nordrhein-Westfalen*. Frechen: Ritterbach Verlag.

Müller, G. N., Steinbring, H., & Wittmann, E. C. (Hrsg.). (2007). *Arithmetik als Prozess*. Seelze: Kallmeyer.

Neubrand, M., & Möller, M. (1990). *Einführung in die Arithmetik*. Bad Salzdetfurth: Verlag Barbara Franzbecker.

Schilberg, P. (2012). *Wie bearbeiten Erstsemester (HR) Beweisaufgaben? – didaktische Analyse von ausgewählten abgegebenen Hausaufgaben* (Erstes Staatsexamen [Hausarbeit]). Universität Paderborn.

Stylianides, A. J. (2007). The notion of proof in the context of elementary school mathematics. *Educational Studies in Mathematics, 65*(1), 1–20.

Wittmann, E. C. (1985). Objekte-Operationen-Wirkungen: Das operative Prinzip in der Mathematikdidaktik. *Mathematik lehren, 3*(11), 7–11.

Wittmann, E. C. (1989). The mathematical training for teachers from the point of view of education. *Journal für Mathematik-Didaktik, 10*, 291–308.

Wittmann, E. C. (2007). Die fachwissenschaftliche Basis des Lehrerwissens: Elementarmathematik. *Beiträge zum Mathematikunterricht 2007* (S. 420–423). Franzbecker: Hildesheim, Berlin.

Wittmann, E. C. (2014). Operative Beweise in der Schul- und Elementarmathematik. *Mathematica Didactica, 37*, 213–232.

Wittmann, E. C., & Ziegenbalg, J. (2007). Sich Zahl um Zahl hochangeln. In G. Müller, H. Steinbring, & E. C. Wittmann (Hrsg.), *Arithmetik als Prozess* (S. 35–53). Seelze: Kallmeyer.

Yackel, E., & Cobb, P. (1996). Sociomathematical norms, argumentation, and autonomy in mathematics. *Journal for Research in Mathematics Education, 27*(4), 458–477.

Yackel, E., & Cobb, P. (1994). *The development of yound childrens' understanding of mathematical argumentation*. Paper presented at the annual meeting of the American Educational Research Association, New Orleans.

Frank Feudel und Hans M. Dietz

Zusammenfassung

Schwierigkeiten von Studienanfängern(Stehen keine geschlechtsneutralen Bezeichnungen zur Verfügung, so wird hier für eine bessere Lesbarkeit stets die männliche Form verwendet, wobei natürlich weibliche Personen mitgemeint sind.) in mathematischen Anfängervorlesungen ergeben sich oft aus ungünstigen Studien- und Arbeitstechniken. Dazu zählen sowohl allgemeine Lernstrategien wie Selbstkontrolle oder Zeitmanagement als auch mathematikspezifische Arbeitsweisen wie Strategien zur Erarbeitung eines validen Konzeptverständnisses mathematischer Begriffe. Zur Unterstützung bei Letzterem wird den Studierenden der „Mathematik für Wirtschaftswissenschaftler" an der Universität Paderborn seit 2012 die sogenannte „Konzeptbasis" an die Hand gegeben. Trotz positiver Rückmeldungen einzelner Studierender zur Konzeptbasis wurde diese zunächst von vielen Studierenden nicht verwendet – teils wegen des als hoch empfundenen Zeitaufwandes, teils wegen Unsicherheiten bei der Arbeit damit. Mit dem Ziel, die Studierenden beim Einstieg in die Arbeit mit der Konzeptbasis zu unterstützen, wurde daher im Wintersemester 2016/17 ein Coaching entwickelt, durchgeführt und anschließend evaluiert. Bei der Entwicklung des Coachings wurde insbesondere Wert darauf gelegt, dass die damit verbundenen Maßnahmen auch in großen Lehrveranstaltungen mit vertretbarem Aufwand praktisch

F. Feudel (✉)
Institut für Mathematik, Humbold-Universität zu Berlin, Berlin, Deutschland
E-Mail: feudel@math.hu-berlin.de

H. M. Dietz
Institut für Mathematik, Universität Paderborn, Paderborn, Deutschland
E-Mail: dietz@upb.de

umsetzbar sind. Die anschließende Evaluation zeigte, dass die Studierenden das Coaching sehr positiv bewerteten und die Probanden des Coachings (bei im Mittel gleichen Mathematik-Schulnoten) deutlich bessere Ergebnisse in der Mathematik-Abschlussklausur erzielten als die übrigen Teilnehmer des Kurses. In diesem Beitrag werden das Instrument der Konzeptbasis und das zugehörige Coaching samt Evaluation ausführlich dargestellt.

21.1 Einleitung

Eines der wesentlichen Merkmale der Hochschulmathematik, das für große Schwierigkeiten bei Studienanfängern sorgt, ist die Notwendigkeit des Verständnisses mathematischer Konzepte (*conceptual knowledge,* vgl. Hiebert und Lefevre 1986) auf der Grundlage einer genauen formalen Definition (Tall und Vinner 1981). Auf Basis langjähriger Lehrerfahrung in der Mathematik für Wirtschaftswissenschaftler an der Universität Paderborn gelangte der zweite Autor Hans M. Dietz dieses Beitrags zu der Einschätzung, dass viele Studienanfänger weder von Beginn an über eine adäquate Arbeitsmethodik zum Erwerb eines solchen Konzeptverständnisses verfügen, noch diese ohne zielgerichtete Förderung hinreichend schnell entwickeln können. Als Reaktion entwickelte er ein Konzept zur studienmethodischen Unterstützung der Studierenden mit dem Namen CAT (Checkliste, Ampel, Toolbox), das er systematisch in den regulären Lehrbetrieb seiner Lehrveranstaltung „Mathematik für Wirtschaftswissenschaftler" an der Universität Paderborn integrierte (Dietz 2016). Im Rahmen dieses Ansatzes wird den Studierenden seit 2012 zur Unterstützung beim Lernen mathematischer Konzepte als Hilfsmittel die sogenannte „Konzeptbasis" an die Hand gegeben. Vereinfacht gesagt ist diese ein Kategoriensystem bestehend aus Aspekten zu einem mathematischen Konzept, mit denen sich die Studierenden für den Erwerb eines validen Konzeptverständnisses auseinandersetzen und die sie am Ende der Lehrveranstaltung beherrschen müssen. Das Kategoriensystem dient den Studierenden zugleich auch als Leitfaden für die Anfertigung schriftlicher Übersichten zu mathematischen Konzepten, welche die Studierenden dann zur unmittelbaren Klausurvorbereitung nutzen können.

Die Nutzung der Konzeptbasis wurde, wie die Nutzung aller anderen Hilfsmittel von CAT, den Studierenden freigestellt. Anfänglich nutzten trotz sorgfältiger Einführung der Konzeptbasis in Vorlesung und Übung nur etwa 15 % der Studierenden diese regelmäßig (Feudel 2015). In einem Forschungsprojekt zur Evaluation von Akzeptanz und Wirksamkeit des gesamten Methodenkonzepts CAT am Kompetenzzentrum für Hochschuldidaktik Mathematik (khdm) in den Jahren 2011 bis 2015 unter Federführung des ersten Autors dieses Beitrags Frank Feudel wurden folgende wesentliche Ablehnungsgründe für die Konzeptbasis ermittelt: (1) Schwierigkeiten bei der Arbeit mit der Konzeptbasis, (2) der Zeitaufwand bzw. ein als ungünstig eingeschätztes Aufwand-Nutzen-Verhältnis und (3) die Verwendung eigener Methoden (Feudel und Dietz 2019). Zur Adressierung der ersten beiden Ablehnungsgründe entwickelten die Autoren daher für das Wintersemester 2016/17 ein Trainingsprogramm mit dem Namen „Konzeptbasis-Coaching" (kurz: KB-Coaching). Dieses wurde dann mit einer Gruppe von 50 Studierenden in der „Mathematik für Wirtschaftswissenschaftler I" im Wintersemester 2016/17 durchgeführt und anschließend evaluiert. Bei der Entwicklung des Coaching-Programms wurde insbesondere Wert darauf gelegt, dass die damit verbundenen Maßnahmen auch in der gesamten Lehrveranstaltung bzw. ähnlich großen Lehrveranstaltungen mit vertretbarem Aufwand umsetzbar sind. In der anschließenden Evaluation ergab sich, dass die Coaching-Teilnehmer dieses sehr positiv bewerteten und bei der Abschlussklausur der „Mathematik für Wirtschaftswissenschaftler I" im Wintersemester 2016/17 im Mittel deutlich bessere Ergebnisse erzielten als die übrigen Teilnehmer des Kurses (bei im Mittel gleichen Mathematik-Schulnoten).

In Abschn. 21.2 wird zunächst das Hilfsmittel der Konzeptbasis und dessen Implementation in der Lehrveranstaltung „Mathematik für Wirtschaftswissenschaftler" *vor* der Entwicklung des Coaching-Programms vorgestellt. In Abschn. 21.3 wird dann das Coaching-Programm beschrieben. In Abschn. 21.4 und Abschn. 21.5 erfolgt eine Darstellung der Evaluation des Coachings. In Abschn. 21.6 werden die gewonnenen Erkenntnisse noch einmal zusammengefasst und die Verallgemeinerbarkeit der hier durchgeführten Unterstützungsmaßnahme diskutiert.

21.2   Das Instrument der Konzeptbasis zur Unterstützung beim Lernen mathematischer Begriffe

21.2.1   Das Lehren und Lernen universitärer mathematischer Begriffe und zugehörige Schwierigkeiten

Das Lernen von Begriffen/Konzepten der universitären Mathematik ist eine große Herausforderung für Studierende, was an vielen Beispielen in der Literatur dokumentiert ist. So zeigten Davis und Vinner (1986) am Beispiel des Grenzwertbegriffs, dass sich trotz sorgfältiger Erarbeitung der formalen Definition in einem späteren Test zahlreiche Fehlvorstellungen zeigten. Dazu gehörten z. B.

1. die Ansicht, dass der Grenzwert nicht erreicht wird,
2. die Gleichsetzung von Konvergenz mit monotoner Konvergenz,
3. die Verwechslung von Grenzwert und Schranke oder
4. die Auffassung des Grenzwertes als letztes Folgenglied.

Bei diesen Fehlvorstellungen wurde das Konzept des Grenzwertes nur unvollständig und zum Teil falsch erfasst. Ähnliche Schwierigkeiten sind bei vielen mathematischen Konzepten in der Literatur dokumentiert, insbesondere bei fundamentalen Begriffen der Analysis wie beim bereits genannten Grenzwertbegriff (Davis und Vinner 1986), beim Konzept der Stetigkeit (Tall und Vinner 1981), bei der Ableitung (Bingolbali et al.

2007) oder beim Funktionsbegriff (Breidenbach et al. 1992). Aber auch viele Begriffe der Linearen Algebra werden oft nur unvollständig verstanden, wie der Vektorbegriff (Mai et al. 2017) oder Konzepte wie Basis, lineare Unabhängigkeit und die lineare Hülle (Stewart und Thomas 2010).

Einen Erklärungsansatz lieferten Tall und Vinner (1981). Das Verständnis eines mathematischen Konzepts entwickelt sich laut ihnen über viele Jahre durch die Arbeit mit dem Konzept und ist durch vielfältige Assoziationen charakterisiert, was sie als *concept image* bezeichnen. Dieses *concept image* besteht aus allen mentalen Bildern und assoziierten Eigenschaften zu einem Konzept, aber auch aus Prozessen, die mit dem Konzept in Verbindung gebracht werden. Das *concept image* umfasst hierbei insbesondere Beispiele, Nicht-Beispiele und Visualisierungen eines Konzepts, mathematische Aussagen zu einem Konzept, Verbindungen zu anderen Konzepten sowie Anwendungen.

Leider passt das *concept image* eines Konzepts häufig nicht zu dessen formaler *concept definition* (Tall und Vinner 1981) bzw. steht in keiner Verbindung zu ihr. In diesem Fall ist davon auszugehen, dass die Studierenden die formale Definition nach einer Weile wieder vergessen und in ihrem Kopf durch eine aus ihrem *concept image* abgeleitete eigene Definition ersetzen (Vinner 1991). Dies führt dann häufig zu Fehlvorstellungen, wie oben beim Grenzwertbegriff skizziert. Ziel einer Lehrveranstaltung in Mathematik sollte es daher sein, dass die Studierenden zu den behandelten mathematischen Konzepten über ein valides *concept image* verfügen, das im Kopf eng mit der formalen *concept definition* verbunden ist.

21.2.2 Die Konzeptbasis als Hilfsmittel zum Lernen mathematischer Begriffe und ihre Einbettung in das Methodenkonzept CAT

Zur Unterstützung der Studierenden beim Lernen mathematischer Begriffe wird den Studierenden der „Mathematik für Wirtschaftswissenschaftler" an der Universität Paderborn, wie bereits erwähnt, seit 2012 die Konzeptbasis als Hilfsmittel an die Hand gegeben. Diese ist wiederum Bestandteil des umfangreichen Methodenkonzepts *CAT* („Checkliste, Ampel, Toolbox") zur Förderung mathematischer Arbeitstechniken. CAT besteht aus mehreren Hilfsmitteln: *Checkliste „Lesen", Checkliste „Vorlesung und Übung", Ampel, Toolbox, Vokabelliste* und *Konzeptbasis*. Aus Platzgründen beschränken wir uns hier bei der Darstellung auf die Konzeptbasis und die Hilfsmittel *Checkliste „Lesen"* und *Vokabelliste,* die eng mit der Konzeptbasis verbunden sind. Ausführlichere Darstellungen zu den anderen Hilfsmitteln befinden sich z. B. in Dietz (2016) oder Feudel und Dietz (2019).

Die Checkliste „Lesen" besteht aus notwendigen Arbeitsschritten für das selbstständige verstehende Lesen mathematischer Texte, wie sie auch von Experten durchgeführt werden (Shepherd und van de Sande 2014). Da sich die Studierenden im Rahmen ihrer Mathematikausbildung permanent mit mathematischen und insbesondere stark symbolhaltigen Texten auseinandersetzen müssen, ist ihre Verwendung eigentlich ständig nötig. Ihre Funktionsweise soll am Beispiel des verstehenden Lesens mathematischer Definitionen kurz erklärt werden. Im ersten Schritt *Buchstabieren* (S. 1) sollen die Studierenden die Bedeutung der einzelnen Textelemente der Definition genau erfassen. Bis dato unbekannte Symbole oder Begriffe sollen sie samt ihrer Definition in einer *Vokabelliste* notieren, sodass sie bei künftigen Leseprozessen darauf zurückgreifen können. Im zweiten Schritt *Vorlesen* (S. 2) sollen die Studierenden dann die einzelnen Textelemente zu einer flüssigen Formulierung zusammensetzen. Die Schritte *Beleben* (S. 3) und *Illustrieren* (S. 4) dienen schließlich der Erfassung der semantischen Bedeutung des Gelesenen. In S. 3 sollen sich die Studierenden Beispiele und Nicht-Beispiele, in S. 4 Visualisierungen für das in der Definition eingeführte mathematische Konzept überlegen. Dabei sollen sie stets am Definitionstext nachweisen, dass es sich auch um solche handelt.

Die bereits beim Buchstabieren auftretende *Vokabelliste* ist aber nicht nur für das Lesen relevant, sondern dient auch als ein davon unabhängiges Hilfsmittel zur Unterstützung des Lernens mathematischer Konzepte. Die Studierenden werden angehalten, zu allen in der Vorlesung behandelten Konzepten ihre genaue Definition in einer Vokabelliste zu notieren und sich diese auch einzuprägen, um später leicht darauf zugreifen zu können. Die Unkenntnis formaler *concept definitions* ist nämlich eine wesentliche Ursache für Probleme bei der Arbeit mit mathematischen Konzepten (Moore 1994).

Allerdings ist für ein Verständnis mathematischer Konzepte – wie in Abschn. 21.2.1 dargestellt – eben nicht nur die Kenntnis der formalen *concept definition* notwendig, sondern auch ein umfangreiches, valides *concept image,* das eng mit der *concept definition* verbunden ist. Zur Unterstützung beim Aufbau eines solchen *concept image* werden die Studierenden daher angehalten, ihre Vokabellisteneinträge um folgende Kategorien zur sogenannten *Konzeptbasis* zu erweitern: Beispiele, Nicht-Beispiele und Visualisierungen, wie sie auch beim verstehenden Lesen notwendig sind, sowie um wichtige Aussagen zu einem Begriff und um Anwendungen. Diese Kategorien werden auch in der deutschen didaktischen Literatur zum Begriffslehren als essentiell für den Erwerb von Verständnis mathematischer Begriffe angesehen (Vollrath 1984). In der Lehrveranstaltung dienen die Kategorien gleichzeitig als Prüfungsleitfaden für die Studierenden: Es sind die Aspekte, welche die Studierenden zu den in der Vorlesung behandelten Konzepten am Ende des Kurses beherrschen müssen.

Die Studierenden werden angehalten, zu allen in der Vorlesung eingeführten mathematischen Konzepten eine Konzeptbasis mental zu erstellen. Sie erhalten außerdem die Empfehlung, zu zentralen Konzepten, die Gegenstand von mindestens einer Vorlesungssitzung sind, schriftliche Konzeptbasen anzufertigen (also maximal eine pro Vorlesungssitzung). Die Anfertigung einer solchen schriftlichen Konzeptbasis dauert nach Schätzung der Autoren 20–30 min und sollte im Rahmen der Vorlesungsnachbereitung erfolgen. Als Unterstützung für die Anfertigung einer schriftlichen Konzeptbasis gibt es ein „Leerformular" mit den Kategorien der Konzeptbasis zum Herunterladen (siehe Abb. 21.1).

Name des Konzepts: Symbol:	
Definition:	
Beispiele: Nicht-Beispiele: Visualisierung: Wichtige Aussagen: Anwendungen: Weitere Ergänzungen:	

Abb. 21.1   Leerformular einer Konzeptbasis

Wichtig bei der Anfertigung einer Konzeptbasis ist, dass die vorgenannten Kategorien in der Konzeptbasis enthalten sind. Diese Kategorien zeichnen eine Konzeptbasis im Vergleich zu einer „beliebigen" Zusammenfassung zu einem mathematischen Konzept aus. Bezüglich deren Anordnung auf dem Papier können und sollen die Studierenden die Konzeptbasen aber ihren eigenen Bedürfnissen anpassen. Ein Beispiel für eine Konzeptbasis zur Ableitung, die in ähnlicher Form von Studierenden im Wintersemester 2014 in einer Übungsaufgabe eingereicht wurde, befindet sich in Abb. 21.2. Auch wenn sich diese bezüglich der Form von dem in Abb. 21.1 dargestellten Template unterscheidet, sind dennoch die Kategorien der Konzeptbasis in ihr erkennbar.

In einem weiteren Schritt sollten dann die einzelnen Konzeptbasen miteinander vernetzt werden. Ideale Anknüpfungspunkte sind hierbei wichtige Aussagen zu einem Begriff, die häufig mit anderen Begriffen in Verbindung stehen, oder auch Anwendungen. Durch die Verknüpfung dieser Konzeptbasen miteinander entsteht idealerweise ein mentales Konzeptnetz (Novak und Cañas 2008).

21.2.3 Implementation der Konzeptbasis in die Lehrveranstaltung (vor Durchführung des Konzeptbasis-Coachings)

Die Konzeptbasis wurde in den Jahren vor dem Coaching-Projekt, wie alle anderen Hilfsmittel von CAT, in mehreren Schritten in der Lehrveranstaltung eingeführt (siehe Tab. 21.1).

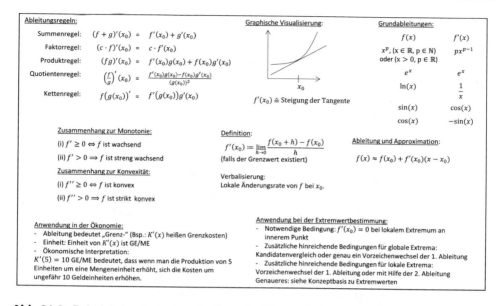

Abb. 21.2   Beispiel einer typischen „Studierenden-Konzeptbasis" zur Ableitung

Tab. 21.1   Schritte zur Implementation der Konzeptbasis in die Lehrveranstaltung in den Jahren vor dem Konzeptbasis-Coaching

Schritte der Implementation	Beispielhafte Umsetzung im Wintersemester 2014/15
0. Motivierung der Konzeptbasis in der Vorlesung	Motivierung der Konzeptbasis in der Vorlesung im Rahmen der Mengenlehre als System von Kategorien zu einem Begriff, die in der Prüfung beherrscht werden müssen (Prüfungsleitfaden)
1. Demonstration des Erstellens einer Konzeptbasis in der Vorlesung	Demonstration des Erstellens einer Konzeptbasis an verschiedenen Begriffen der Mengenlehre wie „Teilmenge" oder „Kartesisches Mengenprodukt" durch den Dozenten in der Vorlesung
2. Angeleitete Anfertigung einer Konzeptbasis in den Übungen	Angeleitete Anfertigung einer Konzeptbasis zum Thema „Relationen" in den Übungen
3. Aufgabe zur Anfertigung einer Konzeptbasis in den wöchentlich abgebbaren Übungsaufgaben	Übungsaufgabe zur Anfertigung und Abgabe einer Konzeptbasis zur Ableitung
4. Bezugnahme der Übungsleiter auf die Konzeptbasis in den Übungen	Mögliche Bezugnahme auf die Konzeptbasis in den Übungen bei den Themen „Monotonie" oder „Kostenfunktionen" (angeregt in der wöchentlichen Übungsleiterbesprechung)

Eine adäquate Anleitung der Studierenden bei der Arbeit mit der Konzeptbasis in den Übungen (Schritt 2) setzt eine entsprechende Befähigung der Tutoren (= Übungsleiter) voraus. Diese waren in der hier betrachteten Lehrveranstaltung „Mathematik für

Wirtschaftswissenschaftler" überwiegend studentische Hilfskräfte der Mathematik oder der Wirtschaftswissenschaften. Zu deren Anleitung im Umgang mit der Konzeptbasis und den anderen Hilfsmitteln von CAT wurde eine mehrteilige Schulung durchgeführt. Den Auftakt bildete ein Eingangsworkshop, in dem alle Hilfsmittel von CAT erstmals vorgestellt und im Kreise der Tutoren bezüglich ihres Nutzens diskutiert wurden. Anschließend fanden in den folgenden wöchentlichen Übungsleiterbesprechungen Schulungen zu den einzelnen Hilfsmitteln von CAT statt. In diesen Besprechungen sollten die Tutoren zunächst selbst jeweils mit den Hilfsmitteln von CAT arbeiten, und es wurden Vorschläge für ihre Behandlung in den Übungen diskutiert. Um die Gestaltungsfreiheit der Tutoren und ihre Möglichkeit, situativ zu reagieren, nicht unnötig einzuschränken, wurden ihnen jedoch keine einheitlich verbindlichen Vorgaben zum detaillierten Umgang mit den Hilfsmitteln von CAT in der Übung auferlegt.

21.2.4 Vergleich der Maßnahme „Konzeptbasis" mit anderen bereits existenten Unterstützungsmaßnahmen beim Lernen mathematischer Begriffe

Die in Abschn. 21.2.1 beschriebenen Schwierigkeiten beim Lernen mathematischer Begriffe sind kein neues Phänomen. Daher wurden in der Vergangenheit bereits einige Maßnahmen zur Förderung von Konzeptverständnis entwickelt und erprobt.

Bei vielen dieser Maßnahmen wurden spezielle Lernumgebungen, die die Studierenden beim Lernen bestimmter zentraler mathematischer Begriffe unterstützen, entwickelt, erprobt und anschließend evaluiert. Beispiele hierfür sind Lernumgebungen zur Förderung von Verständnis beim Grenzwertbegriff (Flores und Park 2016; Ostsieker 2020), beim Ableitungsbegriff (Asiala et al. 1997; Oldenburg und Weygandt 2013), beim Funktionsbegriff (Breidenbach et al. 1992) oder bei Begriffen der Linearen Algebra wie Basis, Erzeugendensystem oder lineare Unabhängigkeit (Schlarmann 2016). Die Idee der Konzeptbasis ist jedoch eine Unterstützungsmaßnahme, die bei allen mathematischen Begriffen verwendet werden kann.

Einen begriffsübergreifenden Unterstützungsansatz verfolgten auch Bikner-Ahsbahs und Schäfer (2013). Sie konzipierten zu verschiedenen Begriffen Übungsaufgaben, in denen die Studierenden dazu aufgefordert wurden, zu diesen Begriffen die Definition, Beispiele oder Nicht-Beispiele anzugeben. Auch wenn die in den Aufgaben von Bikner-Ahsbahs und Schäfer (2013) angestrebten Ergebnisse den Kategorien der Konzeptbasis zuzurechnen sind, unterscheidet sich deren Unterstützungsmaßnahme von der Idee, Konzeptbasen anfertigen zu lassen, in zweierlei Hinsicht. Zum einen wird die Auseinandersetzung mit den oben genannten Kategorien in deren Aufgaben zwar in Einzelbeispielen praktiziert, jedoch nicht als übergreifende mathematische Arbeitsweise sichtbar gemacht. Zum anderen tauchen die Kategorien dort in verschiedenen Aufgaben einzeln auf. Im Unterschied dazu wird bei der Idee, Konzeptbasen anfertigen zu lassen, die Auseinandersetzung mit den oben genannten Kategorien explizit als mathematische

Arbeitsweise thematisiert, die man auf alle in einer Mathematikvorlesung eingeführten mathematischen Konzepte anwenden kann. Außerdem werden die einzelnen Kategorien in ihr gebündelt und in einen einheitlichen Zusammenhang gestellt. Insofern hat die Konzeptbasis als ganzheitliches, universell anwendbares Hilfsmittel gegenüber bereits existierenden Unterstützungsmaßnahmen beim Lernen mathematischer Konzepte einen Mehrwert.

21.3 Beschreibung des Konzeptbasis-Coachings

21.3.1 Ziele des Konzeptbasis-Coachings

Auch wenn die Konzeptbasis unmittelbar nach ihrer Einführung in der Lehrveranstaltung im Jahr 2012 von einigen Studierenden gut angenommen wurde, nutzte die Mehrheit der Studierenden sie kaum. In dem bereits in der Einleitung genannten Forschungsprojekt der Autoren im Zeitraum 2011 bis 2015 zur Evaluation von Akzeptanz und Wirksamkeit des gesamten Methodenkonzepts CAT wurden Gründe für die Nichtverwendung der Konzeptbasis ermittelt (Feudel und Dietz 2019). Diese waren:

1. (Zeit-)Aufwand,
2. Schwierigkeiten bei der Anfertigung von Konzeptbasen,
3. Verwendung eigener Methoden,
4. die Ansicht, dass die Vokabelliste reichen würde, sowie
5. keine ausreichende Wahrnehmung des Nutzens der Konzeptbasis.

Insbesondere wurde dabei deutlich, dass der Nutzen des aufwendigen Prozesses des Anfertigens einer Konzeptbasis nicht gesehen wurde.

Um diesen Ablehnungsgründen zu begegnen, entwickelten die Autoren ein Coaching-Programm, das erstmals im Wintersemester 2016/17 durchgeführt wurde. Dieses Konzeptbasis-Coaching hatte das Ziel, die Studierenden bei der Arbeit mit der Konzeptbasis in der Anfangsphase nach deren Einführung in der Vorlesung stärker zu unterstützen. Dies sollte bei der Überwindung von Schwierigkeiten bei der Arbeit mit Konzeptbasen helfen, wodurch dann wiederum der Zeitaufwand zur Anfertigung einer Konzeptbasis sinken kann. Weiterhin hatten die Autoren die Erwartung, dass die Studierenden durch eine regelmäßige Anfertigung der Konzeptbasen in der Trainingszeit auch den Nutzen des Prozesses des Anfertigens sehen, weil dabei durch die vertiefte Auseinandersetzung mit den betreffenden Konzepten ein Teil der Klausurvorbereitung quasi „vorgezogen" wird. Alle diese Maßnahmen sollten idealerweise dazu führen, dass die Studierenden die Konzeptbasis nach dem Ende des Coachings weiterhin selbstständig nutzen. Weiterhin hatte das KB-Coaching natürlich auch das Ziel, den Studierenden zu einem besseren Verständnis der im Training vorkommenden mathematischen Konzepte zu verhelfen und damit die Klausurergebnisse zu verbessern.

Beim Design der Unterstützungsmaßnahmen im Rahmen des KB-Coachings war es den Autoren außerdem wichtig, dass die Maßnahmen mit vertretbarem Aufwand in großen Lehrveranstaltungen wie der „Mathematik für Wirtschaftswissenschaftler" umsetzbar sind.

21.3.2 Theoretischer Rahmen der Maßnahmen des Konzeptbasis-Coachings

Das Konzeptbasis-Coaching basiert auf dem „Decoding the Disciplines"-Modell von Middendorf und Pace (2004), das an der Indiana University aus der Praxis heraus von Fachvertretern verschiedener Disziplinen entwickelt wurde. Das Modell besteht aus sieben Schritten für eine erfolgreiche Implementation fachspezifischer Arbeitsweisen in universitäre Lehrveranstaltungen. Diese sind:

1. Identifizierung der Schwierigkeiten der Studierenden
2. Identifikation des methodischen Vorgehens von Experten zur Überwindung der Schwierigkeiten
3. Demonstration der Arbeitsweisen in der Lehrveranstaltung
4. Übung der vermittelten Arbeitsweisen mit Feedback
5. Motivierung der Studierenden zur anhaltenden Nutzung der Arbeitsweisen
6. Überprüfung der Wirksamkeit der vermittelten Arbeitsweisen
7. Teilen gemachter Erfahrungen

Die Schritte 1. bis 3. fanden bereits vor dem hier vorgestellten Coaching im Wintersemester 2016/17 statt: Zunächst bemerkte der zweite Autor Hans M. Dietz während seiner langjährigen Tätigkeit als Dozent der Lehrveranstaltung „Mathematik für Wirtschaftswissenschaftler" an der Universität Paderborn, dass viele Studierende dieses Kurses oft nur ein unvollständiges und teilweise fehlerhaftes Verständnis mathematischer Konzepte hatten. So kannten sie zum Beispiel oft nicht die Definition eines mathematischen Konzepts, konnten keine Beispiele, Nicht-Beispiele oder Visualisierungen angeben, und kannten keine mathematischen Sätze mit den Eigenschaften des jeweiligen Konzepts oder Verbindungen zu anderen Konzepten (Schritt 1 des Modells). Diese Schwierigkeiten stimmen auch mit Befunden aus der didaktischen Literatur überein (siehe Abschn. 21.2.1). Als Reaktion darauf entwickelte Hans M. Dietz das Hilfsmittel „Konzeptbasis", bei deren Anfertigung sich die Studierenden eben genau mit diesen Kategorien auseinandersetzen sollen (Schritt 2). Dieses Hilfsmittel intgrierte er dann seit 2012 in die Vorlesung (Schritt 3). Das eigentliche Coaching im Wintersemester 2016/17 umfasst nun die Schritte 4. bis 6. des „Decoding the Disciplines"-Modells. Zwar wurde die Arbeit mit der Konzeptbasis auch in den Semestern vor besagtem Semester geübt (siehe Tab. 21.1), allerdings mit einer beachtlichen Variationsbreite hinsichtlich Zeitumfang, Intensität und Effekt in den einzelnen Übungsgruppen, da die Übungsleiter dies eigenverantwortlich entscheiden durften.

21.3.3 Beschreibung des KB-Coachings

Ein Überblick über Maßnahmen des KB-Coachings im Wintersemester 2016/17 samt ihrer Einordnung ins „Decoding the Disciplines"-Modell befindet sich in Tab. 21.2. Ein zeitlicher Ablauf ist in Abb. 21.3 dargestellt.

Vor dem Coaching fand zunächst die Einführung der Konzeptbasis in der Vorlesung am Beispiel des Funktionsbegriffs statt. Außerdem erfolgte vor dem Coaching schon eine erstmalige Anfertigung einer Konzeptbasis in den Übungen zum Thema „Potenzfunktionen" unter Anleitung der Übungsleiter.

Das Coaching selbst bestand dann aus einem Workshop und der Einreichung von vier schriftlichen Konzeptbasen (siehe Tab. 21.2). Aus Kapazitätsgründen konnte es jedoch nicht für alle Teilnehmer der Veranstaltung „Mathematik für Wirtschaftswissenschaftler I" angeboten werden. Daher wurde eine Projektgruppe von 50 Personen gebildet. Für die Teilnahme an dem Projekt mussten sich die Studierenden namentlich bewerben. Nach der Teilnahme an allen Maßnahmen (Eingangsworkshop, Abgabe von vier schriftlichen Konzeptbasen, anonymisierte Abschlussbefragung, siehe Abb. 21.3) erhielten sie ein Zertifikat über den erfolgreichen Abschluss des Coachings. Die eventuell daraus entstehenden Selektionseffekte werden später bei der Auswertung der Evaluation berücksichtigt.

Tab. 21.2 Schritte des Konzeptbasis-Coachings samt Einordnung in das „Decoding the Disciplines"-Modell von Middendorf und Pace (2004)

Schritt im „Decoding the Disciplines"-Modell	Maßnahme im Konzeptbasis-Coaching
4. Übung der vermittelten Arbeitsweisen mit Feedback	Durchführung eines Workshops zur Übung des Anfertigens von Konzeptbasen
5. Motivierung der Studierenden zur anhaltenden Nutzung der vermittelten Arbeitsweisen	Abgabe von vier schriftlichen Konzeptbasen (zu festgelegten Zeitpunkten) mit Feedback
6. Überprüfung der Wirksamkeit der vermittelten Arbeitsweisen	Evaluation des Coachings durch Befragungen und Analyse der Klausurergebnisse

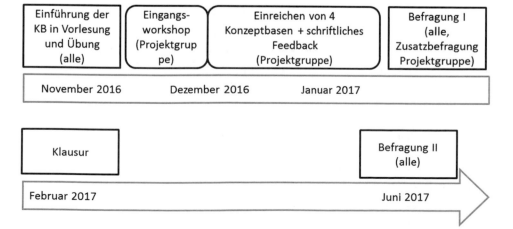

Abb. 21.3 Zeitlicher Ablauf des Konzeptbasis-Coachings

Detaillierte Beschreibung des Workshops

Der Workshop hatte zum Ziel, dass die Studierenden sich noch einmal gründlich gemeinsam (untereinander und mit den Moderatoren des Workshops) mit der Konzeptbasis auseinandersetzen. Er dauerte 100 min und wurde von zwei Übungsleitern des Kurses „Mathematik für Wirtschaftswissenschaftler I" gemeinsam zweimal, für je 25 Personen, durchgeführt. Die Workshopleiter (darunter der Autor Frank Feudel) waren hierbei mit dem Hilfsmittel „Konzeptbasis" bereits aus den Vorjahren vertraut.

Die wichtigste Intention des Workshops war es, dass die Studierenden vielfältige Anregungen erhalten, wie man Konzeptbasen gestalten kann, sie dabei deren Variabilität und Individualisierbarkeit erkennen und Unterstützung bei ersten Problemen bei der Anfertigung eigener Konzeptbasen erhalten. Der Workshop bestand aus vier Phasen:

1. Kurze nochmalige Erläuterung des Nutzens der Konzeptbasis durch die Moderatoren des Workshops
2. Anfertigung einer Konzeptbasis zum Thema „Präferenzrelationen" als Poster in Gruppen (Unterstützung durch die Moderatoren des Workshops bei Fragen)
3. Vergleich der Konzeptbasen der Teilnehmer in einem Posterrundgang
4. Nochmalige Überarbeitung der Konzeptbasen durch die Teilnehmer

Am Ende des Workshops wurden schließlich die fertigen Konzeptbasen abfotografiert und den Studierenden als Anregungsbeispiele für ihre eigenen zukünftigen Konzeptbasen zur Verfügung gestellt.

Beim Design des Workshops wurde insbesondere darauf geachtet, dass in dessen Ablauf keine außergewöhnlichen didaktischen Elemente enthalten sind, sodass er auch von anderen Übungsleitern in derselben Form durchgeführt werden kann (wenn sie mit der Konzeptbasis vertraut sind).

Beschreibung der Phase zur Anfertigung und Abgabe schriftlicher Konzeptbasen mit Feedback

Diese Phase hatte zum Ziel, die Studierenden kontinuierlich bei der Arbeit mit Konzeptbasen zu unterstützen. Sie sollte die Studierenden insbesondere daran gewöhnen, über einen gewissen Zeitraum regelmäßig Konzeptbasen anzufertigen. Konkret sollten die Studierenden zu folgenden vier Begriffen Konzeptbasen anfertigen: Monotonie, Ableitung, Konvexität und kartesisches Mengenprodukt. Die ersten drei Begriffe wurden zum Zeitpunkt der Anfertigung parallel in der Vorlesung behandelt, der letzte Begriff lag schon länger zurück. Die Hinzunahme des länger zurückliegenden Begriffs des kartesischen Mengenprodukts hatte das Ziel, die Studierenden anzuregen, nachträglich weitere Konzeptbasen zu Begriffen anzufertigen, die vor der Einführung der Konzeptbasis in der Lehrveranstaltung behandelt wurden.

Zu den abgegebenen Konzeptbasen gab es jeweils eine Rückmeldung auf einem vorgefertigten Feedbackbogen. Ein Beispiel für einen solchen Bogen ist in Abb. 21.4 dargestellt.

Wie man dort sieht, bestand das Feedback jeweils aus einer Checkliste und einem zusätzlichen Kommentarfeld. Die Checkliste enthielt die Aspekte des jeweiligen mathematischen Konzepts, deren Kenntnis von den Autoren erwartet wurde. In dem

Im Folgenden gibt es eine Übersicht von den Dingen, die unserer Meinung nach in eine Konzeptbasis zum Begriff „Ableitung" gehören.
Die Aspekte, die auch in Ihrer Konzeptbasis enthalten sind, sind mit einem ✓ gekennzeichnet. Die Kategorien, die fehlen, sind mit ✗ gekennzeichnet. Sie können überlegen, ob Sie diese noch ergänzen möchten.

	Definition der Ableitung
	Grundableitungen
	Ableitungsregeln
	Beispielableitung
	Geometrische Deutung als Steigung der Tangente
	Zusammenhang zwischen Ableitung und Monotonie
	Zusammenhang zwischen Ableitung und Konvexität
	Ableitung und Approximation
	Ökonomische Deutung der Ableitung
	Maßeinheiten der Ableitung
	Anwendung der Ableitung bei Extremwertproblemen (folgt noch)

Kommentar:

Abb. 21.4 Feedbackbogen zu den schriftlich abzugebenden Konzeptbasen am Beispiel der Ableitung

Kommentarfeld wurden dann zum einen zusätzliche methodische Hinweise für die nächste Konzeptbasis gegeben. War die abgegebene Konzeptbasis beispielsweise zu unübersichtlich, wurde das Streichen von überflüssigen Aspekten empfohlen (z. B. solche, die gar nicht zum betreffenden Konzept gehörten). Zum anderen wurde in dem Kommentarfeld auf fachliche Fehler hingewiesen. Insgesamt wurde bei diesem Teil darauf geachtet, das Feedback motivierend zu gestalten. Insbesondere begannen alle Kommentare zunächst mit etwas Positivem. Verbesserungsvorschläge wurden als Anregungen formuliert.

Insgesamt war die Korrektur nicht aufwendig. Der Korrektor und Autor Frank Feudel benötigte für die Korrektur einer Konzeptbasis etwa 6 min (studentische Hilfskräfte benötigen zu Anfang vermutlich etwas länger). Weiterhin waren für die Korrektur keine speziellen didaktischen Kenntnisse notwendig. Daher wäre auch diese Maßnahme in der gesamten Lehrveranstaltung umsetzbar, wenn man die Korrektur einer Konzeptbasis anhand eines Beispiels mit den Korrektoren geübt hat.

21.4 Evaluation des Konzeptbasis-Coachings

21.4.1 Ziel und Forschungsfragen der Evaluation

Die Evaluation des Konzeptbasis-Coachings hatte das Ziel herauszufinden, inwieweit dieses eine Unterstützung für die Studierenden beim Lernen mathematischer Begriffe darstellte und inwieweit es die Akzeptanz des Hilfsmittels „Konzeptbasis" verändert hat. Dementsprechend wurde die Evaluation unter folgende zwei Forschungsfragen gestellt:

1. Inwieweit war das Konzeptbasis-Coaching für die Studierenden hilfreich beim Lernen mathematischer Begriffe?
2. Inwieweit hat das Konzeptbasis-Coaching die Akzeptanz der Konzeptbasis verändert?

21.4.2 Überblick zur Methodik der Evaluation

Zur Evaluation des Konzeptbasis-Coachings wurden mehrere Befragungen durchgeführt und die Klausurergebnisse herangezogen. Insgesamt gab es drei Erhebungszeitpunkte:

1. Befragung der Coaching-Teilnehmer am Ende des Konzeptbasis-Coachings Ende Januar 2017
2. Ergebnisse der Klausur im Februar 2017
3. Retrospektive Befragung im Juni 2017 (in der Veranstaltung „Mathematik für Wirtschaftswissenschaftler II")

Zusätzlich wurde zur Gewinnung von Vergleichsdaten der übrigen Teilnehmer der Lehrveranstaltung „Mathematik für Wirtschaftswissenschaftler I" im Wintersemester 2016/17 in der Vorlesung am 30. Januar 2017 eine Befragung aller Teilnehmer („Vollbefragung") durchgeführt. Der zeitliche Verlauf der gesamten Evaluation ist in Abb. 21.3 zu sehen.

Die in diesem Beitrag vorgestellten Ergebnisse zu den im letzten Abschnitt genannten Forschungsfragen basieren im Wesentlichen auf der Befragung der Coaching-Teilnehmer, deren Fragebogen hier im Detail dargestellt wird, und den Klausurergebnissen.

21.4.3 Beschreibung des Fragebogens der Coaching-Teilnehmer

Der Fragebogen bestand aus drei Blöcken, die im Folgenden näher beschrieben werden.

I. Biografische Daten und Fragen zur subjektiv wahrgenommen Hilfe durch das KB-Coaching sowie zur Einschätzung des Aufwand-Nutzen-Verhältnisses
Dieser Teil des Fragebogens bestand (neben Fragen zu biografischen Daten wie den letzten beiden Mathematik-Schulnoten) aus Items, in denen die Coaching-Teilnehmer angeben sollten, inwieweit sie das Konzeptbasis-Coaching als hilfreich empfanden. Außerdem enthielt er Items zur Einschätzung des Aufwand-Nutzen-Verhältnisses des Coachings. Die konkreten Items befinden sich in Abb. 21.5.

II. Fragen zum empfundenen Nutzen der Konzeptbasis
Der zweite Teil des Fragebogens hatte das Ziel, die Änderung des subjektiv empfundenen Nutzens der Konzeptbasis durch das Coaching zu evaluieren. Dies erfolgte mithilfe der Items „*Vor dem KB-Coaching habe ich den Nutzen von Konzeptbasen in*

1) Allgemeine Fragen zum KB-Coaching:

	Trifft überhaupt nicht zu					Trifft vollkommen zu
Das KB-Coaching hat mir zu einem besseren Verständnis der Begriffe verholfen, zu denen eine Konzeptbasis angefertigt werden sollte.	❑	❑	❑	❑	❑	❑
Durch das KB-Coaching fühle ich mich besser auf die Klausur vorbereitet.	❑	❑	❑	❑	❑	❑
Die Anfertigung von Konzeptbasen sollte generell Gegenstand von ECORSys-Aufgaben sein.	❑	❑	❑	❑	❑	❑
Der Aufwand für die Konzeptbasen hat sich gelohnt, weil ich mich besser auf die Klausur vorbereitet fühle.	❑	❑	❑	❑	❑	❑
Durch die Anfertigung der Konzeptbasen muss ich jetzt kurz vor der Klausur für deren Vorbereitung weniger Zeit investieren.	❑	❑	❑	❑	❑	❑

2) Fragen zum Einführungsworkshop:

	Trifft überhaupt nicht zu					Trifft vollkommen zu
Der Workshop hat mir hilfreiche Anregungen gegeben, wie ich meine Konzeptbasen gestalten kann.	❑	❑	❑	❑	❑	❑
Durch den Workshop habe ich ein besseres Verständnis des Nutzens einer Konzeptbasis bekommen.	❑	❑	❑	❑	❑	❑
Der Einführungsworkshop war unnötig.	❑	❑	❑	❑	❑	❑
Ich habe im Workshop das Gefühl gehabt, bei Schwierigkeiten die Moderatoren jederzeit fragen zu können.	❑	❑	❑	❑	❑	❑

3) Fragen zur schriftlichen Korrektur:

	Trifft überhaupt nicht zu					Trifft vollkommen zu
Die Korrektur der Konzeptbasen war verständlich.	❑	❑	❑	❑	❑	❑
Die Korrektur der Konzeptbasen hätte ausführlicher sein sollen.	❑	❑	❑	❑	❑	❑
Der individuelle Kommentar zu meiner Konzeptbasis war ausreichend.	❑	❑	❑	❑	❑	❑
Durch die Korrektur der Konzeptbasen habe ich Anregungen bekommen, mit welchen Aspekten eines Begriffs ich mich zusätzlich beschäftigen sollte.	❑	❑	❑	❑	❑	❑
Durch die Korrektur von Konzeptbasen bin ich auf fachliche Fehler aufmerksam geworden.	❑	❑	❑	❑	❑	❑

Abb. 21.5 Items des Fragebogens an die Coaching-Teilnehmer zur subjektiv wahrgenommenen Hilfe durch das KB-Coaching sowie zur Einschätzung des Aufwand-Nutzen-Verhältnisses

Folgendem gesehen" und „*Jetzt sehe ich den Nutzen der Konzeptbasen in Folgendem*".
Bei beiden Items wurden die folgenden möglichen Antwortoptionen angeboten:

1. Wiederholung von relevanten Begriffen
2. Übersichten zur Klausurvorbereitung
3. Zusammenfassung von verschiedenen Aspekten eines Begriffs
4. Vertiefte Auseinandersetzung mit mathematischen Begriffen
5. Nachschlagen von Begriffen beim Lösen von Übungsaufgaben
6. Kein Nutzen
7. Anderer, nämlich …

Die Antwortoptionen wurden in dem 2011 bis 2015 durchgeführten Forschungsprojekt
zur Untersuchung von Akzeptanz und Wirksamkeit von CAT als Möglichkeiten des
wahrgenommenen Nutzens der Konzeptbasis identifiziert.

III. Abschließende allgemeine Fragen
Der Fragebogen für die Coaching-Teilnehmer endete schließlich mit drei einfachen allgemeinen Fragen:

1. „Haben Sie vor, im Sommersemester selbstständig weiter Konzeptbasen anzufertigen?"
2. „Würden Sie Ihren Kommilitonen eine Teilnahme am KB-Coaching empfehlen?"
3. „Haben Sie sonst noch Lob, Anregungen und Kritik?"

Die ersten beiden Fragen hatten jeweils Ja/Nein als Antwortoptionen, die letzte Frage
war offen.

21.4.4 Beschreibung der Fragebögen der Vollbefragung und der retrospektiven Befragung

Fragebogen der Vollbefragung
Der bei der Befragung aller Kursteilnehmer der „Mathematik für Wirtschaftswissenschaftler
I" am 30. Januar 2017 eingesetzte Fragebogen enthielt auch drei verschiedene Frageblöcke.

I. Biografische Daten
Zunächst enthielt auch dieser Fragebogen die Fragen zu den biografischen Daten (z. B. die
letzten beiden Mathematik-Schulnoten). Dies hatte zum Ziel herauszufinden, inwieweit
die Teilnehmer des Coachings von der Mathematikleistung her eine Positivauswahl waren.

II. Fragen zum empfundenen Nutzen der Konzeptbasis
Auch dieser Fragebogen enthielt das Item „*Den Nutzen einer Konzeptbasis sehe ich in
Folgendem*" mit den in Abschn. 21.4.3 genannten Antwortoptionen. Damit sollte heraus-

gefunden werden, ob die Teilnehmer des Coachings vielleicht schon vor dem Coaching einen anderen Nutzen der Konzeptbasis als die übrigen Kursteilnehmer sahen.

III. Fragen zur Generierung von Kontrollgruppen zur Evaluation der Wirksamkeit des Coachings anhand der Klausurergebnisse
Hierfür wurde zunächst folgende Frage gestellt: *„Würden Sie im nächsten Semester am KB-Coaching teilnehmen, falls es nochmal angeboten werden würde?"*

Diejenigen, die hier zugestimmt und selbst nicht am Coaching teilgenommen haben, bilden eine sinnvolle Kontrollgruppe. Wenn man nämlich unterstellt, dass nur motivierte Studierende am KB-Coaching teilgenommen haben, kann man annehmen, dass Studierende, die das im nächsten Semester tun wollten, ähnlich motiviert sind.

Außerdem wurde die Nutzungshäufigkeit der Konzeptbasis mithilfe einer Likert-Skala von 1 (= nie) bis 6 (= jede Woche) erfragt. Damit sollte herausgefunden werden, ob tatsächlich die Coaching-Maßnahmen einen Effekt hatten. Als Kontrollgruppe wurden diejenigen gewählt, die die Konzeptbasis in gewisser Regelmäßigkeit selbst nutzten (ab Stufe 5), aber nicht am Coaching teilgenommen hatten.

Fragebogen der retrospektiven Befragung
Hier soll aus Platzgründen nur ein Item genannt werden, auf das später im Ergebnisteil Bezug genommen wird. In der retrospektiven Befragung im Juni 2017 sollte insbesondere herausgefunden werden, ob sich das KB-Coaching nachhaltig positiv auf die Nutzungshäufigkeit der Konzeptbasis ausgewirkt hat. Daher enthielt der Fragebogen auch das bereits bei III. genannte Item zur Verwendungshäufigkeit der Konzeptbasis.

21.4.5 Erhebung der Daten

Die Probanden der Lehrveranstaltung „Mathematik für Wirtschaftswissenschaftler I" konnten sich Ende November 2016 für das Coaching bewerben (zur Zeit der Einführung der Konzeptbasis in Vorlesung und Übung). Dies führte zu 50 Bewerbungen von ca. 1000 Vorlesungsteilnehmern (man sieht hieran, dass da anscheinend doch eine Hemmschwelle bestand). 48 der 50 Probanden nahmen am gesamten Coaching-Programm teil. Am Ende des Coachings Ende Januar 2017 fand die Befragung der Coaching-Teilnehmer mithilfe des in Abschn. 21.4.3 beschriebenen Fragebogens statt. Parallel dazu fand die Befragung aller Kursteilnehmer in der Vorlesung „Mathematik für Wirtschaftswissenschaftler I" statt (siehe Abb. 21.3, n = 610).

Im folgenden Sommersemester 2017 fand im Juni schließlich in der Vorlesung „Mathematik für Wirtschaftswissenschaftler II" die retrospektive Befragung statt (n = 343). Leider nahmen an dieser nur noch 14 Coaching-Teilnehmer teil, sodass die Ergebnisse mit Vorsicht zu interpretieren sind. Wie im Ergebnisteil ausführlicher dargestellt wird, lag das aber nicht daran, dass viele Coaching-Teilnehmer die Klausur nicht bestanden hätten. Ein möglicher Grund für die starke Verringerung der Stichprobe unter den Coaching-Teilnehmern ist, dass viele Studierende die „Mathematik für Wirtschaftswissenschaftler II" wegen ihres Studienplans erst im vierten Semester hören.

21.5   Ergebnisse der Evaluation des Konzeptbasis-Coachings

21.5.1 Ergebnisse der Befragung der Coaching-Teilnehmer am Ende des KB-Coachings

I. Antworten bei den Items zur empfundenen Unterstützung durch das KB-Coaching sowie zur Einschätzung des Aufwand-Nutzen-Verhältnisses.
Die Ergebnisse der Items, inwieweit das Konzeptbasis-Coaching und seine Bestandteile als hilfreich empfunden wurden, sind in Tab. 21.3 dargestellt. Offensichtlich wurde das Coaching von fast allen teilnehmenden Studierenden als sehr hilfreich beim Lernen mathematischer Begriffe gesehen. Allerdings waren die Studierenden etwas weniger überzeugt, dass sie das Coaching auch besser auf die Klausur vorbereitet hat. Ein Grund dafür könnte sein, dass die Studierenden noch nicht einschätzen konnten, was in der Klausur erwartet wird.

Die Ergebnisse der Items zum Eingangsworkshop sind in Tab. 21.4 dargestellt. Ziel des Workshops war ja insbesondere, dass die Studierenden Anregungen zur individuellen Gestaltung von Konzeptbasen erhalten (siehe Abschn. 21.3.3). Aus Tab. 21.4 wird deutlich, dass dies bei der Mehrheit der Probanden klar erreicht wurde. Die Auseinandersetzung der Probanden mit den Konzeptbasen (mit eigenen und denen der anderen Workshopteilnehmer) führte aber auch dazu, dass die Studierenden deren Nutzen nach dem Workshop besser verstanden haben.

Die Ergebnisse zur Evaluation der schriftlich abzugebenden Konzeptbasen mit Feedback sind in Tab. 21.5 zu sehen. Offenbar empfanden die Coaching-Teilnehmer das eher pragmatische Korrekturschema, bestehend aus einer sehr leicht korrigierbaren Checkliste und einem kurzen individuellen Kommentar (siehe Abb. 21.4), als ausreichend und hilfreich.

Tab. 21.3 Antworten der Studierenden auf die Fragen nach der subjektiv empfundenen Hilfe durch das KB-Coaching von 1 (= trifft überhaupt nicht zu) bis 6 (= trifft vollkommen zu) (n = 48)

„Das KB-Coaching hat mir zu einem besseren Verständnis der Begriffe verholfen, zu denen eine Konzeptbasis angefertigt werden sollte."								
1	2	3	4	5	6	MW	Median	SD
-	-	4,3 %	10,6 %	40,4 %	44,7 %	5,26	5	0,820
„Durch das KB-Coaching fühle ich mich besser auf die Klausur vorbereitet."								
1	2	3	4	5	6	MW	Median	SD
-	2,1 %	8,5 %	34,0 %	38,3 %	17,0 %	4,60	5	0,948

Tab. 21.4 Antworten der Studierenden bei den Items zur subjektiv empfundenen Wirksamkeit des Workshops mit Antworten von 1 (= trifft überhaupt nicht zu) bis 6 (= trifft vollkommen zu) (n = 48)

„Der Workshop hat mir hilfreiche Anregungen gegeben, wie ich meine Konzeptbasen gestalten kann."

1	2	3	4	5	6	MW	Median	SD
–	6,4 %	4,3 %	14,9 %	29,8 %	44,7 %	5,02	5	1,170

„Durch den Workshop habe ich ein besseres Verständnis des Nutzens einer Konzeptbasis bekommen."

1	2	3	4	5	6	MW	Median	SD
2,1 %	2,1 %	2,1 %	19,1 %	38,3 %	36,2 %	4,98	5	1,093

„Der Einführungsworkshop war unnötig."

1	2	3	4	5	6	MW	Median	SD
48,9 %	27,7 %	14,9 %	4,3 %	4,3 %	–	1,87	2	1,096

„Ich habe im Workshop das Gefühl gehabt, bei Schwierigkeiten die Moderatoren jederzeit fragen zu können."

1	2	3	4	5	6	MW	Median	SD
2,1 %	–	2,1 %	4,3 %	29,8 %	61,7 %	5,45	6	0,951

Tab. 21.5 Antworten der Studierenden bei den Items zur subjektiv empfundenen Wirksamkeit der Korrekturen zu den schriftlich abgegebenen Konzeptbasen mit Antworten von 1 (= trifft überhaupt nicht zu) bis 6 (= trifft vollkommen zu) (n = 48)

„Die Korrektur der Konzeptbasen war verständlich."

1	2	3	4	5	6	MW	Median	SD
–	2,1 %	4,3 %	–	25,5 %	68,1 %	5,53	6	0,881

„Die Korrektur der Konzeptbasen hätte ausführlicher sein sollen."

1	2	3	4	5	6	MW	Median	SD
21,3 %	38,3 %	19,1 %	12,8 %	6,4 %	2,1 %	2,51	2	1,266

„Der individuelle Kommentar zu meiner Konzeptbasis war ausreichend."

1	2	3	4	5	6	MW	Median	SD
–	4,3 %	–	13,0 %	47,8 %	34,8 %	5,09	5	0,939

„Durch die Korrektur der Konzeptbasen habe ich Anregungen bekommen, mit welchen Aspekten eines Begriffs ich mich zusätzlich beschäftigen sollte."

1	2	3	4	5	6	MW	Median	SD
–	–	2,1 %	12,8 %	34,0 %	51,1 %	5,34	6	0,788

„Durch die Korrektur von Konzeptbasen bin ich auf fachliche Fehler aufmerksam geworden."

1	2	3	4	5	6	MW	Median	SD
–	4,3 %	–	8,5 %	42,6 %	44,7 %	5,23	5	0,937

Tab. 21.6 Antworten der Studierenden bei den Items zur subjektiven Einschätzung des Aufwand-Nutzen-Verhältnisses mit Antworten von 1 (= trifft überhaupt nicht zu) bis 6 (= trifft vollkommen zu) (n = 48)

„Der Aufwand für die Konzeptbasen hat sich gelohnt, weil ich mich besser auf die Klausur vorbereitet fühle."

1	2	3	4	5	6	MW	Median	SD
–	6,4 %	2,1 %	14,9 %	48,9 %	27,7 %	4,89	5	1,047

„Durch die Anfertigung der Konzeptbasen muss ich jetzt kurz vor der Klausur für deren Vorbereitung weniger Zeit investieren."

1	2	3	4	5	6	MW	Median	SD
2,1 %	6,4 %	17,0 %	29,8 %	27,7 %	17,0 %	4,26	4	1,242

Tab. 21.7 Empfundener Nutzen der Konzeptbasis durch die Coaching-Teilnehmer vor und nach dem KB-Coaching (n = 48)

Empfundener Nutzen	Vor dem KB-Coaching	Nach dem KB-Coaching
Wiederholung von relevanten Begriffen	81,3 %	91,7 %
Besseres Begriffsverständnis	79,2 %	89,6 %
Zusammenfassung von verschiedenen Aspekten eines Begriffs	68,8 %	87,5 %
Übersichten zur Klausurvorbereitung	60,4 %	85,4 %
Vertiefte Auseinandersetzung mit mathematischen Begriffen	37,5 %	72,9 %
Nachschlagen von Begriffen beim Lösen von Übungsaufgaben	35,4 %	56,3 %
Kein Nutzen	4,2 %	–
Anderer Nutzen	2,1 %	2,1 %

Auch bei der Frage, nach dem Aufwand-Nutzen-Verhältnis fielen die entsprechenden Antworten positiv aus (siehe Tab. 21.6). Dieses Ergebnis ist bemerkenswert, denn der Aufwand für die Teilnehmer des Coachings war doch erheblich (Workshop von 100 min, Anfertigung von vier Konzeptbasen mit einer Anfertigungszeit von schätzungsweise 20–30 min pro Stück, Teilnahme an der Abschlussbefragung). Insbesondere bestätigten laut Tab. 21.6 viele Coaching-Teilnehmer die Annahme der Autoren, dass sich die Zeitinvestition in die Konzeptbasen in der unmittelbaren Klausurvorbereitung auszahlte. Allerdings gab es hier auch einige Gegenmeinungen.

Insgesamt nahmen also die meisten Studierenden das Konzeptbasis-Coaching mit seinen Bestandteilen als sehr hilfreich wahr. 47 der 48 Teilnehmer würden dabei auch ihren Kommilitonen eine Teilnahme an diesem Coaching empfehlen (einer gab hier keine Antwort).

II. Antworten beim Item zum empfundenen Nutzen der Konzeptbasis

Die Studie hatte auch das Ziel herauszufinden, inwieweit das Coaching den wahrgenommenen Nutzen der Konzeptbasis veränderte (siehe Abschn. 21.4). Die Ergebnisse sind in Tab. 21.7 dargestellt.

Man sieht in Tab. 21.7, dass die Mehrheit der Probanden vor dem Coaching zwar den Nutzen der Konzeptbasis als fertige Übersicht sahen, aber nur eine Minderheit den Nutzen der vertieften Auseinandersetzung mit mathematischen Begriffen, die beim aufwendigen Prozess des Anfertigens von Konzeptbasen stattfindet. Dies passt zu den Ergebnissen früherer Forschung aus dem Projekt zur Evaluation von Akzeptanz und Wirksamkeit von CAT im Zeitraum 2011 bis 2015 (Feudel 2015). Durch das Coaching änderte sich das jedoch. Es bleibt daher die Hoffnung, dass die Probanden dann auch nach Abschluss des Coachings bereit sind, den Zeitaufwand für die Anfertigung von Konzeptbasen in Kauf zu nehmen, und weiterhin selbstständig Konzeptbasen anfertigen.

21.5.2 Evaluation des Konzeptbasis-Coachings auf Basis der Klausurergebnisse

Neben der Selbsteinschätzung der Studierenden, inwieweit das KB-Coaching und seine Bestandteile eine Hilfe für sie war, wurden zur Evaluation der Wirksamkeit des KB-Coachings auch die Ergebnisse der Abschlussklausur des Kurses „Mathematik für Wirtschaftswissenschaftler I" herangezogen. Die Bestehensquoten und die im Mittel erreichten Noten sind in Tab. 21.8 dargestellt. Von den 48 Probanden, die das KB-Coaching bis zum Ende durchliefen, haben alle an der Klausur teilgenommen.

Die Unterschiede in der Bestehensquote und in den Notenmittelwerten waren signifikant ($\alpha < 0{,}01$). Zur Testung der Signifikanz der Unterschiede wurden hier und auch bei allen folgenden Vergleichen t-Tests verwendet.

Nun könnte man meinen, dass am Coaching ohnehin nur die mathematisch besseren Studierenden teilgenommen haben. Dies ist aber nicht der Fall, denn sowohl Coaching-Teilnehmer als auch die übrigen Kursteilnehmer hatten im Mittel gleiche Mathematik-Schulnoten: Der Median des Mittels der letzten beiden lag bei den Coaching-Teilnehmern bei 9 Punkten (entspricht einer 3+), bei den übrigen Kursteilnehmern lag er bei 9,5 Punkten (also zwischen einer 3+ und einer 2− mit 10 Punkten).

Eine weitere Erklärung für das bessere Abschneiden der Coaching-Teilnehmer in der Klausur könnte auch sein, dass die Coaching-Teilnehmer ohnehin schon motivierter waren und daher auch ohne das Coaching besser abgeschnitten hätten. Daher wurde in der Befragung aller Teilnehmer der Lehrveranstaltung das Item „*Würden Sie im nächsten Semester am KB-Coaching teilnehmen, falls es nochmal angeboten werden würde?*" eingefügt (siehe Abschn. 21.4.4). Diejenigen, die dies bejahen, nicht aber im

Tab. 21.8 Vergleich der Klausurergebnisse der Teilnehmer des KB-Coachings mit den Nicht-Teilnehmern

	Coaching-Teilnehmer (n = 48)	Nicht-Teilnehmer (n = 767)
Bestehensquote	81,25 %	55,28 %
Median der Noten	3,3	4,0
Mittelwert der Noten	3,398	4,032

Tab. 21.9 Vergleich der Klausurergebnisse der Coaching-Teilnehmer mit der Kontrollgruppe derer, die im nächsten Semester am Coaching teilnehmen wollen

	Coaching-Teilnehmer (n = 48)	Kontrollgruppe (n = 91)
Bestehensquote	81,25 %	61,54 %
Median der Noten	3,3	4,0
Mittelwert der Noten	3,398	3,999

Tab. 21.10 Vergleich der Klausurergebnisse der Coaching-Teilnehmer mit der Kontrollgruppe derer, die die Konzeptbasis im Semester selbstständig ohne Coaching regelmäßig nutzten

	Coaching-Teilnehmer (n = 48)	Kontrollgruppe II (n = 49)
Bestehensquote	81,25 %	55,32 %
Median der Noten	3,3	4,0
Mittelwert der Noten	3,398	4,004

laufenden Semester am Coaching teilgenommen haben, können als ähnlich motiviert angesehen werden wie die Coaching-Teilnehmer. Sie bilden daher eine geeignete Kontrollgruppe (n = 91 versus n = 48 bei den Coaching-Teilnehmern). Die Unterschiede bei den Bestehensquoten und den im Mittel erreichten Klausurnoten sind in Tab. 21.9 zu sehen. Die Unterschiede in der Bestehensquote und bei dem Mittelwert der Noten waren signifikant ($\alpha < 0{,}012$). Dies ist ein Indiz dafür, dass das bessere Abschneiden der Coaching-Teilnehmer nicht nur auf eine mögliche höhere Motivation der Teilnehmer zurückzuführen ist.

Um zu untersuchen, ob tatsächlich die Coaching-Maßnahmen einen positiven Effekt hatten, wurde aus der Befragung aller Teilnehmer der Lehrveranstaltung noch eine zweite Kontrollgruppe gebildet: diejenigen, die die Konzeptbasis selbstständig regelmäßig nutzten, aber nicht am Coaching teilgenommen haben. Um diese Gruppe zu identifizieren, wurde in der Befragung die Nutzungshäufigkeit der Konzeptbasis erfragt, wobei das Antwortformat eine sechsstufige Likert-Skala von 1 (= nie) bis 6 (= jede Woche) war (siehe Abschn. 21.4.4). Zur Kontrollgruppe zugehörig wurden diejenigen gezählt, die hier mindestens die Stufe 5 angaben und nicht am Coaching teilgenommen hatten. Dies führte beim Vergleich der Klausurergebnisse zu einer Kontrollgruppe II von 49 Teilnehmern. Die im Mittel erreichten Noten in der Abschlussklausur sind in Tab. 21.10 zu sehen. Auch die in Tab. 21.10 dargestellten Unterschiede bei der Bestehensquote und den Mittelwerten der Klausurnoten waren signifikant ($\alpha < 0{,}01$).

Insgesamt sind also die hier geführten Betrachtungen zum Vergleich der Klausurergebnisse der Coaching-Teilnehmer mit den Nicht-Teilnehmern bzw. mit passenden Kontrollgruppen ein starkes Indiz dafür, dass das Konzeptbasis-Coaching tatsächlich eine Hilfe für die Studierenden war und nicht bloß von den Studierenden so wahrgenommen wurde.

Tab. 21.11 Verwendungshäufigkeit der Konzeptbasis in der Veranstaltung „Mathematik für Wirtschaftswissenschaftler II" bei der retrospektiven Befragung im Juni 2017 mit Antworten von 1 (= nie) bis 6 (= jede Woche)

	1	2	3	4	5	6	MW	Median	SD
Ehem. Coaching-Teilnehmer (n = 14)	–	–	7,7 %	46,2 %	7,7 %	38,5 %	4,77	4	1,092
Alle (n = 343)	38,1 %	19,3 %	17,2 %	16,9 %	4,8 %	3,6 %	2,41	2	1,440

21.5.3 Ergebnisse der retrospektiven Befragung im Juni 2017

In der retrospektiven Befragung im folgenden Semester in der Lehrveranstaltung „Mathematik für Wirtschaftswissenschaftler II" sollte schließlich herausgefunden werden, inwieweit sich das Konzeptbasis-Coaching nachhaltig positiv auf das Nutzungsverhalten der Konzeptbasis ausgewirkt hat. Hierfür sollten die Studierenden auf einer sechsstufigen Likert-Skala von 1 (= nie) bis 6 (= jede Woche) angeben, wie häufig sie die Konzeptbasis nutzten. Die Ergebnisse der Coaching-Teilnehmer im Vergleich mit allen Teilnehmern der Veranstaltung „Mathematik für Wirtschaftswissenschaftler II" sind in Tab. 21.11 zu sehen.

Wie man in Tab. 21.11 sieht, nutzten viele Coaching-Probanden die Konzeptbasis im nächsten Semester kontinuierlich weiter. Wie bereits in Abschn. 21.4.5 beschrieben wurde, nahmen aber an der Nachbefragung im Juni 2017 nur noch 14 der ursprünglichen 48 Teilnehmer des Konzeptbasis-Coachings teil, obwohl über 80 % der Coaching-Teilnehmer die Klausur „Mathematik für Wirtschaftswissenschaftler I" bestanden hatten (siehe Tab. 21.8). Daher können die Ergebnisse der retrospektiven Befragung höchstens Tendenzen aufzeigen.

21.6 Zusammenfassung und Fazit

21.6.1 Zusammenfassung der Ergebnisse des Projekts „Konzeptbasis-Coaching"

Obwohl viele Teilnehmer der „Mathematik für Wirtschaftswissenschaftler" Schwierigkeiten beim Erwerb eines validen Konzeptverständnisses hatten, nutzten zunächst nur wenige Studierende das seit 2012 im Rahmen des Methodenkonzepts CAT angebotene Hilfsmittel der Konzeptbasis. Wesentliche Gründe für die Nichtverwendung waren der Zeitaufwand (insbesondere im Vergleich zum wahrgenommenen Nutzen), Schwierigkeiten bei der Arbeit mit der Konzeptbasis sowie die Verwendung eigener Methoden (siehe Abschn. 21.3.1). Daraufhin wurden im Wintersemester 2016/17 Maßnahmen entwickelt, welche die Studierenden bei der Arbeit mit der Konzeptbasis nach deren Einführung in der Vorlesung unterstützen sollten. Diese waren:

1. ein Eingangsworkshop, in dem die Studierenden
   a. Anregungen für die Gestaltung von Konzeptbasen erhielten,
   b. Hilfestellungen und Tipps bei der Anfertigung der Konzeptbasen erhielten und
   c. den Zweck und Nutzen der Konzeptbasen besser verstehen sollten,
2. die verpflichtende Abgabe von vier Konzeptbasen (drei zu Konzepten, die parallel in der Vorlesung behandelt wurden, eine zu einem vor der Einführung der Konzeptbasen behandelten Konzept) mit anschließendem Feedback.

Das Coaching wurde dann im Wintersemester 2016/17 mit einer Projektgruppe von 50 Probanden durchgeführt und anschließend evaluiert. Die Forschungsfragen der Evaluation waren die folgenden:

1. Inwieweit war das Konzeptbasis-Coaching für die Studierenden hilfreich beim Lernen mathematischer Begriffe?
2. Inwieweit hat das Konzeptbasis-Coaching die Akzeptanz der Konzeptbasis verändert?

Zur Beantwortung der Forschungsfragen wurde eine Befragung der Projektgruppe am Ende des Coachings, eine Befragung aller Teilnehmer der Lehrveranstaltung am Ende des Wintersemesters 2016/17 sowie eine retrospektive Befragung im Sommersemester 2017 durchgeführt (siehe Abschn. 21.4.2). Außerdem wurden die Klausurergebnisse zur Evaluation herangezogen.

Zur ersten Forschungsfrage.
Die meisten Teilnehmer des Konzeptbasis-Coachings empfanden dieses als Hilfe beim Lernen mathematischer Begriffe (siehe Tab. 21.3). Der Eingangsworkshop gab, wie intendiert, vielen Teilnehmern Anregungen für die Gestaltung von Konzeptbasen und verhalf zu einem besseren Verständnis des Nutzens von Konzeptbasen (siehe Tab. 21.4). Auch das Feedbackschema in der Phase der schriftlichen Abgaben erwies sich als sehr praktikabel. Sowohl die Checkliste mit bestimmten Begriffsaspekten, die seitens des Dozenten erwartet wurden (siehe Feedbackbogen in Abb. 21.4), als auch den kurzen individuellen Kommentar sahen die Teilnehmer als hilfreich an (siehe Tab. 21.5). Außerdem zeigte die Evaluation, dass die Teilnehmer das Aufwand-Nutzen-Verhältnis für die Anfertigung der Konzeptbasen positiv einschätzten (siehe Tab. 21.6).

Dass das Konzeptbasis-Coaching für die Teilnehmer eine Hilfe war, spiegelt sich auch in den Klausurergebnissen wider. So lag die Bestehensquote bei der Abschlussklausur der „Mathematik für Wirtschaftswissenschaftler I" bei den Teilnehmern des Coachings mit 81,25 % wesentlich höher als bei den Nicht-Teilnehmern mit 55,28 % (siehe Tab. 21.8). Auch bei den Noten erzielten die Teilnehmer des Coachings im Mittel ein wesentlich besseres Ergebnis (Notenmittelwerte: 3,398 bei den Coaching-Teil-nehmern und 4,032 bei den Nicht-Teilnehmern, siehe Tab. 21.8). Dabei zeigte sich, dass der Unterschied der Klausurergebnisse nicht von der Mathematikleistung der Studierenden zu Beginn des Studiums abhing (Median des Mittels der letzten beiden Schulnoten in Mathematik bei den Coaching-Teilnehmern 9 Punkte, bei den übrigen Kursteilnehmern 9,5 Punkte). Der zusätzliche Vergleich der Ergebnisse der Coaching-Teilnehmer mit denen einer Kontrollgruppe von vermutlich ähnlich motivierten Studierenden (Studierende, die nicht am Coaching teilgenommen haben, dies aber im nächsten Semester tun würden) ergab denselben Unterschied (siehe Tab. 21.9). Dies ist ein Indiz dafür, dass der Unterschied bei den Klausurnoten nicht bloß durch eine höhere Motivation der Teilnehmer zustande kam. Ebenso war der Unterschied auch beim Vergleich der Coaching-Probanden mit einer zweiten Kontrollgruppe aus jenen Studierenden, die die Konzeptbasis regelmäßig selbst nutzten, nicht aber am Coaching teilgenommen hatten, erkennbar (siehe Tab. 21.10). Dies zeigt, dass tatsächlich das gesamte Konzeptbasis-Coaching mit den zugehörigen Maßnahmen – und nicht bloß die Konzeptbasis für sich genommen – eine Hilfe für die Studierenden war.

Zur zweiten Forschungsfrage
Auch bezüglich der zweiten Forschungsfrage, inwieweit das Coaching die Akzeptanz der Konzeptbasis durch die Studierenden veränderte, lieferte die Evaluation ein positives Ergebnis. Zu Beginn des Coachings nahmen viele Teilnehmer des Coachings den Nutzen des aufwendigen Prozesses des eigenständigen Anfertigens einer Konzeptbasis, durch den eine vertiefte Auseinandersetzung mit den zugehörigen Konzepten stattfindet, nicht wahr (nur 37,5 %, siehe Tab. 21.7). Dies änderte sich jedoch durch das Coaching: 72,9 % nahmen diesen Nutzen am Ende des Coachings wahr (siehe Tab. 21.7). Dies ist vermutlich auch eine Ursache dafür, dass das Aufwand-Nutzen-Verhältnis bei der Anfertigung der Konzeptbasen durch die Coaching-Teilnehmer am Ende des Coachings überwiegend positiv eingeschätzt wurde (siehe Tab. 21.6). Die Evaluation zeigte außerdem, dass viele Teilnehmer des Coachings auch im folgenden Sommersemester die Konzeptbasis selbstständig weiternutzten (38,5 % der Coaching-Teilnehmer sogar jede Woche, siehe Tab. 21.11).

21.6.2 Vorschläge für die praktische Umsetzung des Konzeptbasis-Coachings im Großbetrieb

Die Ergebnisse der Evaluation des Konzeptbasis-Coachings geben Anlass zur Hoffnung, dass sich die bei der Projektgruppe erzielten Erfolge durch das Konzeptbasis-Coaching in Bezug auf die Klausurergebnisse und auf die selbstständige Weiternutzung der Konzeptbasis nach Ende des Coachings auch auf die Gesamtpopulation übertragen lassen (zumindest auf motivierte Studierende). Dazu müssten die Maßnahmen nun in Großveranstaltungen umgesetzt werden.

Der Eingangsworkshop müsste dann in den jeweiligen Übungen verbindlich durchgeführt werden. Dazu ist es wichtig, die Übungsleiter entsprechend im Umgang mit der Konzeptbasis zu schulen. Bereits seit 2013 fand die in Abschn. 21.2.3 beschriebene Tutorenschulung zu den Methoden von CAT statt. In ihr stellte zunächst der Dozent in einem Eingangsworkshop das Methodenkonzept CAT mit seinen Bestandteilen vor. In den folgenden Wochen wurden dann die Tutoren im Umgang mit den einzelnen Hilfsmitteln von CAT geschult. Diesbezüglich hat sich jedoch im Laufe der Jahre gezeigt, dass einige Tutoren dennoch kaum Zeit für die Arbeit mit CAT in den Übungen aufwendeten. Dementsprechend sollte bei der Umsetzung des Eingangsworkshops zur Konzeptbasis in den regulären Übungen tatsächlich eine Verbindlichkeit in dessen Ablauf vorgegeben sein (feste zeitliche und inhaltliche Planung). Außerdem wäre eine Tandembesetzung, ähnlich wie beim Workshop der Projektgruppe (siehe Abschn. 21.3.3), sinnvoll. Dies ermöglicht eine Arbeitsteilung (Gräsel et al. 2006) und bietet den Studierenden eine breitere Expertise und höhere Variabilität im Umgang mit der Konzeptbasis (Wenger und Hornyak 1999). Außerdem ermöglicht eine Doppelbesetzung eine gewisse Kontrolle, da der Erfahrung nach einige Tutoren sich nicht an Absprachen aus den Übungsleiterbesprechungen zum Umgang mit CAT in den Übungen hielten.

Auch die Phase der schriftlichen Abgabe von Konzeptbasen müsste in den regulären Übungsbetrieb integriert werden. Dazu müssten wie beim Coaching zu den in der Vorlesung behandelten Konzepten parallel auf den Übungsblättern Aufgaben zur Erstellung von Konzeptbasen gestellt werden, die dann auch korrigiert werden. Wenn man das in Abschn. 21.3.3 dargestellte Feedbackmodell (mit dem in Abb. 21.4 dargestellten Feedbackbogen als Grundlage) wählt, ist die Korrektur auch zeiteffizient und nimmt nach Meinung der Autoren kaum mehr Zeit in Anspruch als die Korrektur von Rechenaufgaben unter Berücksichtigung von Folgefehlern. Jedoch ist auch hier zunächst eine Schulung der Korrektoren nötig. Eine sinnvolle Schulung könnte aus folgenden Teilen bestehen:

1. Anfertigung einer eigenen schriftlichen Konzeptbasis zu einem vorgegebenen Begriff durch die zukünftigen Korrektoren
2. Korrektur dieser Konzeptbasis durch einen im Umgang mit Konzeptbasen erfahrenen Korrektor (oder durch den Dozenten der Vorlesung) mithilfe des Feedbackbogens
3. Diskussion der Korrektur zwischen zukünftigem und erfahrenem Korrektor
4. Beispielhafte Korrektur einer Studierenden-Konzeptbasis durch den zukünftigen Korrektor unter Anleitung

Da das schriftliche Feedback bis auf die Regel, mit etwas Positivem zu beginnen, keine besonderen didaktischen Elemente enthält, dürfte diese „Kurzschulung" genügen.

21.6.3 Möglichkeiten der Adaption der Lehrinnovation

Das Hilfsmittel der Konzeptbasis ist in der Form, wie sie im Coaching vermittelt wurde (als System von Kategorien zu einem mathematischen Konzept, deren Anordnung auf dem Papier nach den Wünschen der Studierenden angepasst werden kann, und das auch von den Studierenden individuell erweitert werden kann), bereits Ergebnis einer mehrjährigen Entwicklung. Zu Beginn der Einführung der Konzeptbasis im Jahr 2012 wurde den Studierenden tatsächlich nahegelegt, genau das in Abb. 21.1 dargestellte Template zu verwenden. Das im Zeitraum 2011 bis 2015 durchgeführte Forschungsprojekt zur Akzeptanz und Wirksamkeit von CAT zeigte dann, dass die Studierenden sich durch dieses Template eingeengt fühlten (Feudel 2015). Dies führte dann zur Entscheidung, die Konzeptbasis auf das Kategoriensystem selbst zu reduzieren, deren Anordnung auf dem Papier bei schriftlichen Konzeptbasen individuell angepasst werden kann.

Aber selbst bei dieser Variante werden die Studierenden in gewisser Weise „eng geführt", was scheinbar einem selbstregulierten Lernen widerspricht (Zimmerman 1990). Diese Führung hat sich aber in der Vergangenheit bei Studierenden der Wirtschaftswissenschaften als notwendig erwiesen, weil sie von selbst keine geeigneten Arbeitstechniken oder Lernstrategien entwickelt, sondern „ungünstig" gelernt haben (zum Beispiel durch Auswendiglernen von Lösungen der Hausaufgaben oder von Schemata zur Lösung bestimmter Aufgabentypen). Für Studierende der Mathematik wäre es wahrscheinlich angemessen, die Studierenden weniger eng zu führen und lediglich das Kategoriensystem selbst als essentiell für die Entwicklung eines adäquaten Verständnisses mathematischer Konzepte herauszustellen.

21.6.4 Fazit

Das Konzeptbasis-Coaching hat sich bei der Projektgruppe als gute studienmethodische Unterstützung für die Studierenden beim Lernen mathematischer Begriffe erwiesen. Die Maßnahmen lassen sich mit den in Abschn. 21.6.2 gemachten Vorschlägen auch praktikabel und mit wenig zusätzlichem Zeit- und Ressourcenaufwand in großen mathematischen Lehrveranstaltungen umsetzen (auch in anderen als der „Mathematik für Wirtschaftswissenschaftler", bei Studierenden der Mathematik eventuell aber mit weniger „Führung", siehe Abschn. 21.6.3).

Bis auf die Schulungen von Tutoren und Korrektoren sowie die empfohlene Doppelbesetzung des Eingangsworkshops ist für die hier vorgeschlagene Maßnahme kein zusätzlicher Zeitaufwand notwendig, da die Korrektur der Konzeptbasen auf Grundlage des in Abb. 21.4 dargestellten Feedbackbogens sehr zeiteffizient ist. Auf die Schulung der Tutoren zum Zweck und Umgang mit der Konzeptbasis sowie die Schulung der Korrektoren zum Feedbackgeben auf fertige Konzeptbasen sollte jedoch *keinesfalls* verzichtet werden. Bereits in früheren Untersuchungen zu CAT hat sich nämlich gezeigt, dass der Umgang mit CAT in den Übungen und damit die Rolle der beteiligten Tutoren wesentlich ist, damit die Studierenden die durch CAT vermittelten Arbeitsweisen akzeptieren (Feudel und Dietz 2019). Wenn dies aber gelingt, so ist das in diesem Beitrag vorgestellte Konzeptbasis-Coaching eine praktikable und den Ergebnissen der Evaluation nach vielversprechende Maßnahme zur studienmethodischen Unterstützung von Studierenden beim Lernen mathematischer Begriffe, die auch nachhaltig die Adaption geeigneter Arbeitsweisen fördert.

Die hier dargestellten Ergebnisse zum Konzeptbasis-Coaching lassen sich darüber hinaus auf einer verallgemeinerten Ebene wie folgt interpretieren. Studienmethodische Förderung ist ein sinnvoller Ansatz zur Unterstützung von Studierenden in mathematischen Lehrveranstaltungen an der Universität. Wichtig für eine erfolgreiche Implementation von Arbeitstechniken und Lernstrategien in eine Lehrveranstaltung ist jedoch hierbei, dass die Studierenden deren Sinn genau verstehen, und den Umgang mit ihnen zunächst selbst üben und hierbei auch Unterstützung erhalten (zum Beispiel in Form eines Coachings). Gerade Letzteres ist von großer Wichtigkeit, damit die Studierenden die vermittelten Arbeitstechniken erfolgreich anwenden können. Dafür ist es aber notwendig, diese Arbeitsweisen wirklich in alle Bestandteile der Lehrveranstaltung zu integrieren (inklusive Übungen) und hierbei insbesondere auch die Übungsleiter im Umgang mit diesen Arbeitsweisen zu schulen (und sie hierbei gleichzeitig von der Wirksamkeit der Arbeitsweisen zu überzeugen). Dann kann davon ausgegangen werden, dass eine studienmethodische Förderung ein zeitsparender, erfolgversprechender Ansatz zur Unterstützung Studierender beim selbstständigen Lernen in mathematischen Lehrveranstaltungen an der Universität ist, gerade im ersten Studienjahr.

Danksagung Die Autoren danken hiermit herzlich Robert Kordts-Freudinger, Rebecca Schulte und Johanna Braukmann aus der Pädagogischen Psychologie bzw. der Hochschuldidaktik Paderborn für die begleitende Beratung bei der Durchführung des Projekts.

Literatur

Asiala, M., Cottrill, J., Dubinsky, E., & Schwingendorf, K. E. (1997). The development of students' graphical understanding of the derivative. *The Journal of Mathematical Behavior, 16*(4), 399–431.

Bikner-Ahsbahs, A., & Schäfer, I. (2013). *Ein Aufgabenkonzept für die Anfängervorlesung im Lehramt Mathematik Zur doppelten Diskontinuität in der Gymnasiallehrerbildung* (S. 57–76). Springer.

Bingolbali, E., Monaghan, J., & Roper, T. (2007). Engineering students' conceptions of the derivative and some implications for their mathematical education. *International Journal of Mathematical Education in Science and Technology, 38*(6), 763–777.

Breidenbach, D., Dubinsky, E., Hawks, J., & Nichols, D. (1992). Development of the process conception of function. *Educational Studies in Mathematics, 23*(3), 247–285.

Davis, R. B., & Vinner, S. (1986). The notion of limit: Some seemingly unavoidable misconception stages. *The Journal of Mathematical Behavior, 5*(3), 281–303.

Dietz, H. M. (2016). CAT – ein Modell für lehrintegrierte methodische Unterstützung von Studienanfängern. In A. Hoppenbrock, R. Biehler, R. Hochmuth, & H.-G. Rück (Hrsg.), *Lehren und Lernen von Mathematik in der Studieneingangsphase: Herausforderungen und Lösungsansätze* (S. 131–147). Wiesbaden: Springer Fachmedien Wiesbaden.

Feudel, F. (2015). Studienmethodische Förderung in der Mathematik für Wirtschaftswissenschaftler – Chancen und Schwierigkeiten. In F. Caluori, H. Linneweber-Lammerskitten, & C. Streit, *Beiträge zum Mathematikunterricht 2015* (S. 284–287).

Feudel, F., & Dietz, H. M. (2019). Teaching study skills in mathematics service courses—How to cope with students' refusal? *Teaching Mathematics and its Applications: An International Journal of the IMA, 38*(1), 20–42.

Flores, A., & Park, J. (2016). Students' guided reinvention of definition of limit of a sequence with interactive technology. *Contemporary Issues in Technology and Teacher Education, 16*(2), 110–126.

Gräsel, C., Fußangel, K., & Pröbstel, C. (2006). Lehrkräfte zur Kooperation anregen–eine Aufgabe für Sisyphos. *Zeitschrift für Pädagogik, 52*(2), 205–219.

Hiebert, J., & Lefevre, P. (1986). Conceptual and procedural knowledge in mathematics: An introductory analysis. In J. Hiebert (Hrsg.), *Conceptual and procedural knowledge: The case of mathematics* (S. 1–27). Hillsdale, NJ: Lawrence Erlbaum Associates.

Mai, T., Feudel, F., & Biehler, R. (2017). A vector is a line segment between two points?-Students' concept definitions of a vector during the transition from school to university. In T. Dooley & G. Gueudet (Eds.), *Proceedings of the Tenth Congress of the European Society for Research in Mathematics Education*. Dublin, Ireland: DCU Institute of Education and ERME.

Middendorf, J., & Pace, D. (2004). Decoding the disciplines: A model for helping students learn disciplinary ways of thinking. *New Directions for Teaching and Learning, 2004*(98), 1–12.

Moore, R. C. (1994). Making the transition to formal proof. *Educational Studies in Mathematics, 27*(3), 249–266.

Novak, J. D., & Cañas, A. J. (2008). *The Theory Underlying Concept Maps and How to Construct and Use Them*. Technical Report. Institute for Human and Machine Cognition, Pensacola.

Oldenburg, R., & Weygandt, B. (2016). Einsatzmöglichkeiten und Grenzen von Computeralgebrasystemen zur Förderung der Konzeptentwicklung. In A. Hoppenbrock, R. Biehler, R. Hochmuth, & H.-G. Rück (Hrsg.), *Lehren und Lernen von Mathematik in der Studieneingangsphase: Herausforderungen und Lösungsansätze* (pp. 355-370). Springer Fachmedien Wiesbaden.

Ostsieker, L. (2020). *Lernumgebungen für Studierende zur Nacherfindung des Konvergenzbegriffs: Gestaltung und empirische Untersuchung*. Heidelberg: Springer Spektrum.

Schlarmann, K. (2016). *Workshop zur Förderung der Begriffsbildung in der Linearen Algebra Lehren und Lernen von Mathematik in der Studieneingangsphase* (S. 435–449). Springer.

Shepherd, M. D., & van de Sande, C. C. (2014). Reading mathematics for understanding—From novice to expert. *The Journal of Mathematical Behavior, 35*, 74–86.

Stewart, S., & Thomas, M. O. J. (2010). Student learning of basis, span and linear independence in linear algebra. *International Journal of Mathematical Education in Science and Technology, 41*(2), 173–188.

Tall, D., & Vinner, S. (1981). Concept image and concept definition in mathematics with particular reference to limits and continuity. *Educational Studies in Mathematics, 12*(2), 151–169.

Vinner, S. (1991). The role of definitions in the teaching and learning of mathematics. In D. Tall (Hrsg.), *Advanced mathematical thinking* (S. 65–81). Dordrecht: Springer, Netherlands.

Vollrath, H. (1984). *Methodik des Begriffslehrens im Mathematikunterricht*. Stuttgart: Klett.

Wenger, M. S., & Hornyak, M. J. (1999). Team teaching for higher level learning: A framework of professional collaboration. *Journal of Management Education, 23*(3), 311–327.

Zimmerman, B. J. (1990). Self-regulated learning and academic achievement: An overview. *Educational Psychologist, 25*(1), 3–17.

Wie können Tutorinnen und Tutoren ihre Studierenden beim Erlernen universitärer Arbeitsweisen unterstützen?

Juliane Püschl

Zusammenfassung

Dieser Artikel betrachtet den Übergang Schule – Hochschule aus einer ungewohnten Perspektive: den studentischen Tutorinnen und Tutoren. Sie können als Bindeglied zwischen Studierenden und Lehrteam einen wichtigen Beitrag zur Überwindung der Hürden in den ersten Semestern eines Mathematikstudiums leisten. Aus der Diskussion zur Übergangsproblematik sind Studierendenschwierigkeiten auf verschiedenen Ebenen bekannt, die sich insbesondere in Übungen und Tutorien, den zu korrigierenden Studierendenbearbeitungen oder in Lernzentren zeigen. Demnach werden Tutorinnen und Tutoren häufiger mit den Problemen der Studierenden konfrontiert als jede andere Gruppe von Lehrenden. Anhand der verschiedenen Aufgabenbereiche von studentischen Tutorinnen und Tutoren wird in diesem Beitrag aufgezeigt, wie sie innerhalb dieser Tätigkeiten auf die Schwierigkeiten reagieren und die Studierenden beim Erlernen universitärer Arbeitsweisen fördern können. Dabei wird zudem immer im Blick behalten, welche Maßnahmen notwendig sind, um die Tutorinnen und Tutoren selbst bei diesen Tätigkeiten zu unterstützen. Aufgrund der vielfältigen Möglichkeiten, mit denen diese Gruppe der Lehrenden auf die Übergangsproblematik reagieren kann, lohnt sich eine genauere Auseinandersetzung mit der Arbeit von Tutorinnen und Tutoren.

J. Püschl (✉)
Institut für Mathematik, Universität Paderborn, Paderborn, Deutschland
E-Mail: juliane.pueschl@gmx.de

22.1   Einleitung

Der Übergang von der Schulmathematik zur universitären Mathematik ist ein bekanntes und viel diskutiertes Problem (Geudet 2008). Er stellt für viele Studierenden eine große Hürde dar und führt zu hohen Abbruchquoten in den ersten Semestern (Dieter 2012). Um diesen entgegenzuwirken, wurden zahlreiche Maßnahmen wie Vorkurse, Brückenveranstaltungen, Lernzentren etc. zur Unterstützung der Studierenden in der Studieneingangsphase entwickelt (siehe u. a. die Beiträge in diesem Band).

Der Fokus dieser Unterstützungsmaßnahmen liegt in der Regel auf der Bereitstellung und Aufbereitung von mathematischen Inhalten für Studierende. Das Verhalten der Lehrenden spielt dabei eine geringe Rolle. In einigen Veröffentlichungen (Mason 2002) werden auch Hinweise darauf gegeben, wie Dozentinnen und Dozenten den Übergang erleichtern können, weitere Lehrende wie wissenschaftliche Mitarbeiterinnen und Mitarbeitern oder studentische Tutorinnen und Tutoren werden im Rahmen dieser Thematik jedoch selten betrachtet. Studentische Tutorinnen und Tutoren können durch ihre besondere Rolle einen wesentlichen Beitrag dazu leisten, die Studierenden nicht nur im Rahmen von Lernzentren, Brückenveranstaltungen und Vorkursen, sondern auch in den regulären Anfängervorlesungen zu unterstützen.

Zu Beginn dieses Beitrags werden die bereits bekannten Studierendenschwierigkeiten beim Übergang von der Schule zur Hochschule zusammengefasst. Anschließend werden die einzelnen Aufgaben von Mathematiktutorinnen und -tutoren genauer aufgeschlüsselt und dabei jeder Tätigkeitsbereich wie folgt behandelt: Zuerst wird diskutiert, inwieweit sie die Studierenden im Rahmen der jeweiligen Tätigkeit beim Erlernen hochschulmathematischer Arbeitsweisen fördern können, darauf aufbauend folgen gezielte Maßnahmen für die Tutorinnen und Tutoren. Der Beitrag schließt mit einer Reflexion ihrer Tätigkeiten und damit verbundenen Anforderungen.

Das Ziel dieses Beitrags ist es, das Zusammenspiel zwischen Studierendenschwierigkeiten, Förderungsmaßnahmen durch die Tutorinnen und Tutoren zur Überwindung dieser Schwierigkeiten sowie Unterstützungsangeboten selbst offenzulegen. Viele der im Beitrag aufgeführten Förderungsmaßnahmen wurden u. a. im Rahmen von khdm-Projekten erprobt, eine gezielte Evaluation der einzelnen Maßnahmen liegt bisher nicht vor.

22.2   Studierendenschwierigkeiten beim Übergang von der Schul- zur Hochschulmathematik

Um festzustellen, in welchen Bereichen besondere Hürden für Studienanfängerinnen und -anfängern bestehen, müssen die zentralen Unterschiede zwischen dem Mathematikunterricht an der Schule und den Fachveranstaltungen an den Hochschulen identifiziert werden. Diese Thematik wurde in den letzten Jahrzehnten theoretisch und empirisch untersucht. Die Gründe für die Übergangsproblematik sind zahlreich und wurden daher unterschiedlichen Bereichen zugeordnet. In einem Übersichtsartikel spricht Geudet (2008) von den drei verschiedenen Übergängen, welche die Studierenden überwinden müssen:

- Übergang zu einer neuen Denkweise, oft auch als „Advanced Mathematical Thinking" (Tall 1991) bezeichnet
- Übergang zur Welt des Beweisens und einer unbekannten Form mathematischer Sprache
- Übergang zu einem neuen didaktischen Vertrag zwischen Lehrenden und Lernenden

De Guzmán et al. (1998) gehen von den Schwierigkeiten aus, denen Studien-anfängerinnen und -anfängern im Fach Mathematik ausgesetzt sind. Dabei werden die ersten beiden Übergänge von Geudet (2008) zusammengefasst unter „epistemologischen und kognitiven Schwierigkeiten". Den dritten Übergang teilen De Guzmán et al. in „soziologische und kulturelle Schwierigkeiten" und „didaktische Schwierigkeiten" auf. Probleme, die durch das neue Lernumfeld und das geänderte Verhältnis von Lehrenden und Lernenden entstehen, werden von Problemen getrennt, die sich durch das didaktische Handeln (z. B. die methodische Aufbereitung der Inhalte) der Lehrenden bedingen.

Entsprechend den Einteilungen von Geudet und De Guzmán et al. könnte man wesentliche Unterschiede zwischen der Mathematik an der Schule und der Hochschule in zwei große Bereiche einteilen:

1. An den Hochschulen wird eine andere Art der Mathematik vermittelt, die von den Studienanfängerinnen und Studienanfängern insbesondere neue Denkweisen und den Erwerb einer neuen mathematischen Sprache verlangt.
2. Die Fachinhalte werden an Schulen und Hochschulen sehr unterschiedlich vermittelt und verlangen daher andere Lernstrategien von den Studierenden.

Liebendörfer (2018) sieht u. a. wesentliche Herausforderungen der neuen Art von Mathematik in dem Verständnis und der Verwendung der Fachsprache sowie der mathematischen Logik (insbesondere im Vergleich zur Alltagslogik). Die Hochschul-mathematik führt seiner Meinung nach einen eigenen Diskurs, „der mit dem Diskurs der Schulmathematik kaum mehr als die Bezeichnung der Konzepte teilt" (Liebendörfer 2018, S. 69) und von den Lehrenden oft nicht explizit gemacht wird. Diese Explizierung könnte auch von studentischen Tutorinnen und Tutoren geleistet werden, sie könnten die Studierenden an die Fachsprache heranführen und sie beim Lösen von Aufgaben unterstützen, die über Standardprobleme hinausgehen. Die Tutorinnen und Tutoren sind jedoch selbst noch Studierende, manche erst im dritten Semester. Hier stellt sich also die Frage, inwieweit sie diesen Übergang selbst überwunden und auch hinreichend reflektiert haben. Entsprechend ist es vielleicht eher die Aufgabe der Dozentinnen und Dozenten bzw. der wissenschaftlichen Mitarbeiterinnen und Mitarbeiter, die Studierenden in diesem ersten Bereich zu unterstützen.

Neben der fachlichen Komponente können Mathematiktutorinnen und -tutoren auch einen wesentlichen Beitrag beim Übergang in die neue Lernsituation an der Hochschule leisten. Die Arbeitsverteilung zwischen Lehrenden und Lernenden ist in der Schule klar gegliedert: Die Lehrkraft vermittelt Inhalte in kleinen Portionen, die Schülerinnen und Schüler müssen diese nicht selbstständig aufarbeiten, sondern durch Üben und Auswendiglernen verinnerlichen. Häufig reicht ein „Mitmachen" im Unterricht für den Prüfungserfolg aus. In der Hochschule werden Inhalte zwar auch von den Dozentinnen und Dozenten vermittelt, die Portionen sind jedoch so umfangreich, dass eine Aufbereitung der Studierenden dringend erforderlich ist. Ein Üben findet nur bedingt statt, oft gibt es nur wenige Übungsaufgaben zu den Inhalten. Für den Prüfungserfolg ist also ein hohes Maß an Selbststudium notwendig (Pepin 2014).

Diese neue Lehr-Lern-Situation kann zu Schwierigkeiten bei Studienanfängerinnen und -anfängern auf verschiedenen Ebenen führen, die durch unterschiedliche Aspekte geprägt werden. Diese werden im Folgenden kurz vorgestellt.

22.2.1 Verhältnis zwischen Lehrendem und Lernendem

Das Verhältnis von Lehrenden und Lernenden ist ein wesentlicher Unterschied beim Übergang. Während in der Schule eine Lehrkraft kaum mehr als 30 Schülerinnen und Schüler betreut, können es an der Hochschule auch mal 300 oder mehr Studierende sein. Daher ist eine individuelle Betreuung, wie sie Lehrkräfte an der Schule leisten, für Hochschullehrende nicht realisierbar. Die Dozentinnen und Dozenten kennen in der Regel nur wenige ihrer Studierenden, und auch die Studierenden sind durch die vielen Kurszusammensetzungen untereinander nicht so vertraut, wie sie dies aus dem Klassenverband der Schule gewohnt sind. Ein „Gemeinschaftsgefühl" kann kaum auftreten und für die Studierenden fallen damit viele aus der Schule bekannte Anlaufmöglichkeiten für Hilfestellungen weg (De Guzmán et al. 1998). Eine individuelle Unterstützung kann in der Studieneingangsphase oft nur im Rahmen von Tutorien oder durch Zusatzangebote wie Lernzentren ermöglicht werden (Rach 2014).

22.2.2 Didaktische Aufbereitung der Inhalte

Ein großer Unterschied zwischen der Lehre an Schule und Hochschule ist die Aufbereitung der Inhalte. Die Lehre an der Hochschule ist weniger an die Vorkenntnisse der Lernenden angepasst, was sich unter anderem durch die Informationsfülle und hohe Präsentationsgeschwindigkeit in der Vorlesung zeigt (Rach 2014). Dies lässt sich einerseits durch den neuen didaktischen Vertrag begründen, andererseits durch die Tatsache, dass Dozentinnen und Dozenten die Studierenden nicht so intensiv und individuell begleiten können wie Lehrkräfte ihre Schülerinnen und Schüler.

Ein weiterer häufig genannter Aspekt bezieht sich auf die Prozessorientierung: Während im Mathematikunterricht viele Konzepte durch den Einbezug von Erfahrungen und Vorkenntnissen entwickelt werden, wird in der Hochschulmathematik häufig eine „fertige, formal-axiomatische Theorie nach dem Schema Definition-Satz-Beweis" präsentiert (Reichersdorfer, et al. 2014, S. 41). Die Dozentinnen und Dozenten machen mathematische Prozesse beim Problemlösen und Beweisen nicht vor, sondern diese bleiben implizit und müssen von den Studierenden rekonstruiert werden. Verschiedene Schritte wie das Präsentieren, Visualisieren, Schließen oder Reflektieren werden nicht einzeln gezeigt (Fischer et al. 2009). Rach erklärt, dass die Prozessorientierung auch in der Hochschulmathematik gestärkt werden könnte, insbesondere durch die Explizierung der Prozesse und Vermittlung von Methodenwissen (Rach 2014).

Auch die Übungsaufgaben sind anders aufbereitet, als Studierende dies aus der Schule gewohnt sind. Geudet (2008) gibt an, dass die Aufgaben an der Schule häufiger in kleine Teilaufgaben unterteilt sind und manchmal zusätzliche Hilfestellungen enthalten. Durch die Hilfestellungen und Sequenzierung haben Schülerinnen und Schüler schneller kleine Erfolgserlebnisse, was sich positiv auf die Motivation auswirken könnte. Bei der Bearbeitung von Übungsaufgaben an der Universität ist häufig viel Durchhaltevermögen notwendig, bis der Erfolg eintritt.

22.2.3 Fokus auf dem Selbststudium

Die Lehre an der Universität zeichnet sich durch einen hohen Anteil an Selbststudium aus. Dabei geht es aber nicht nur darum, dass die Studierenden viel Zeit mit dem Selbststudium verbringen, sondern auch dass sie diese Zeit effektiv nutzen (Schulmeister 2014). Bisher ist wenig darüber bekannt, was Studierende tatsächlich tun, um die ihnen dargebotenen Inhalte zu verstehen (Liebendörfer 2018). Dabei wird die Fähigkeit zur eigenständigen akademischen Arbeit als ein zentraler Erfolgsfaktor für ein erfolgreiches Studium genannt (Macrae et al. 2003). Zum Selbststudium in der Mathematik gehören vor allem die Nachbereitung der Vorlesung und die eigenständige Bearbeitung der Übungszettel. Göller (2016) hat gezeigt, dass die Studierenden den Schwerpunkt auf die Bearbeitung der Übungszettel legen, unter anderem weil diese oft eine Zulassungsvoraussetzung für die Klausur darstellen. Dabei sind viele Studierenden mit der Bearbeitung der Aufgaben überfordert. In einer Studie von Rach und Heinze (2013) gaben über 80 % der Studienanfängerinnen und -anfänger einer „Analysis I"-Veranstaltung an, die Aufgaben in der Regel nicht selbstständig lösen zu können. Die Vorlesung wird nur bedingt nachbereitet, vielmehr wird die Mitschrift als Hilfsmittel bei der Bearbeitung herangezogen. Der hohe Anteil des Selbststudiums wird nicht dadurch erzeugt, dass Studierende wesentlich mehr Aufgaben als Schülerinnen und Schüler bearbeiten müssen. Vielmehr ist es die Komplexität der einzelnen Aufgaben, die dafür verantwortlich ist (Rach 2014).

Grundsätzlich ist festzuhalten, dass das Selbststudium eine große Herausforderung für Studienanfängerinnen und -anfänger darstellt. Die Studierenden müssen ihren Lernprozess eigenständig organisieren, beispielsweise indem sie sich die zur Verfügung stehende Zeit sinnvoll einteilen, ihren Lernfortschritt diagnostizieren und ihren Lernprozess gegebenenfalls anpassen (Rach 2014).

22.2.4 Neue Lernstrategien

Durch die neue Art von Mathematik, bei dem „Advanced Mathematical Thinking" benötigt wird, reicht Imitation, ein erfolgreiche Strategie in der Schule (Geudet 2008), nicht mehr aus. Wichtiger werden Elaborationsstrategien, um das neue Wissen mit dem vorhandenen zu vernetzen und jederzeit flexibel nutzbar zu machen. Inwieweit Studienanfängerinnen und -anfänger sich diese Strategien schon in der Schule angeeignet haben, ist nicht klar. In Befragungen im Rahmen des Projekts LIMA (Biehler et al. 2013) zeigte sich, dass sie häufiger auf Memorisationsstrategien ($M = 3{,}57$ auf einer fünfstufigen Likert-Skala, wobei 1 „keine Nutzung" und 5 „hohe Nutzung" bedeutet) zurückgreifen als auf Elaborationsstrategien ($M = 3{,}08$). Die Ergebnisse legen aber auch nahe, dass beide Lernstrategien den Studierenden bekannt sind. Es ist jedoch unklar, ob die Studienanfängerinnen und -anfänger diese Strategien wirklich effektiv für ihr Lernen einsetzen können. Insbesondere für schwächere Studierende sind Elaborationsstrategien weniger geeignet, da dafür notwendige Wissensstrukturen fehlen (Rach 2014).

Auch Crawford et al. (1994) haben untersucht, welche Lernstrategien Studienanfängerinnen und -anfänger nutzen. Dabei konnten die Studierenden in zwei verschiedene Typen aufgeteilt werden: Typ 1 konzentriert sich auf die Reproduktion von Wissen, lernt vor allem Inhalte auswendig und versucht sich diese durch die Generierung vieler Beispiele deutlich zu machen. Auch Typ 2 nutzt viele Beispiele, löst zudem jedoch auch komplexe Probleme und versucht Theorien anzuwenden. Dieser Lerntyp konzentriert sich auf das Verständnis der Inhalte. Im Rahmen der Untersuchung konnten 183 der 236 untersuchten Studierenden als Typ 1 klassifiziert werden. Studierende dieses Typs zeigen im Schnitt schlechtere Ergebnisse in den Klausuren nach dem ersten Studienjahr als der Typ 2, der eher tiefergehende Lernstrategien nutzt.

Rach und Heinze (2013) haben Lernstrategien hinsichtlich der Nutzung von Selbsterklärungen im Mathematikstudium untersucht. Die 104 Mathematikstudierenden des ersten Semesters konnten in drei Typen eingeteilt werden: der selbstlösende, der selbsterklärende und der nachvollziehende Typ. Beim ersten Typ handelt es sich um Studierende, die die Übungsaufgaben selbstständig lösen können und auch überdurchschnittliche Leistungen in den Abschlussklausuren zeigen. Diese Studierenden verfügten jedoch auch über bessere Eingangsvoraussetzung, z. B. ein höheres Vorwissen. Die Studierenden, welche den anderen beiden Typen zugeordnet werden konnten, zeigten hingegen vergleichbare Eingangsvoraussetzungen. Sie unterschieden sich vor allem in der Nutzung von Selbsterklärungen bei der Bearbeitung von Übungsaufgaben. Während der selbsterklärende Typ die Übungsaufgaben in der Regel nicht selbstständig lösen konnte, legte er jedoch Wert darauf, die Lösungen anderer Studierenden oder sich selbst zu erklären. Der nachvollziehende Typ beschränkt sich auf das Nachvollziehen der Lösungen anderer Personen. Rach und Heinze konnten nachweisen, dass die Lernstrategie des selbsterklärenden Typs sich positiv auf den Studienerfolg auswirken konnte.

Offenbar zeigt sich, dass die Nutzung spezieller Lernstrategien zu besseren Studienleistungen und damit auch zu weniger Problemen im Übergang von der Schul- zur Hochschulmathematik führen kann. Viele Forscher (Crawford et al. 1994; Geudet 2008; Rach 2014) sind sich einig, dass die an der Universität benötigten Strategien jedoch explizit werden sollten. Die Studierenden verfügen über keine Vorgehensweisen für den Umgang mit Inhalten, die sie nicht kennen. Beispielsweise wäre es wichtig, dass die Studierenden Strategien für die Nachbereitung der Vorlesung erhalten, um die in der Vorlesung präsentierten Inhalte für den eigenen Lernprozess nutzen zu können (Rach 2014). Es gibt bereits erste Ansätze dafür, z. B. zum Lesen von mathematischen Texten (Alcock 2017).

Wegen des hohen Anteils des Selbststudiums sind zudem die oben genannten metakognitiven Lernstrategien wichtig.

Dieser Beitrag soll aufzeigen, inwieweit studentische Tutorinnen und Tutoren die Studierenden bei den oben aufgeführten Übergangsschwierigkeiten unterstützen können. Dabei soll jedoch explizit hervorgehoben werden, dass zum einen die Verantwortung nicht allein auf der Hochschule lastet, sondern die Studienanfängerinnen und -anfänger sowohl in der Schule auf den Übergang vorbereitet werden sollten als auch selbst Initiative zeigen müssen. Zum anderen gibt es auch an der Hochschule weitere Akteure wie Dozentinnen und Dozenten oder wissenschaftliche Mitarbeiterinnen und Mitarbeiter, aber auch die Studienberatung und Institute, die einen wesentlichen Beitrag dazu leisten können, den Einstieg in das Mathematikstudium zu erleichtern.

22.3   Tätigkeitsfelder studentischer Mathematiktutorinnen und -tutoren

An dieser Stelle wird kurz geklärt, welche Rolle und Aufgaben Tutorinnen und Tutoren im Rahmen von Mathematikveranstaltungen übernehmen. Betrachtet man den Aufbau von Mathematikveranstaltung an verschiedenen Universitäten oder analysiert mathematikspezifische Tutorenschulungen genauer (Liese 1994; Siburg und Hellermann 2009), lassen sich hauptsächlich drei Tätigkeitsfelder für Tutorinnen und Tutoren in der Mathematik identifizieren:

1. Durchführung von Übungen
2. Beratung von Studierenden
3. Korrektur von Studierendenbearbeitungen

Die Betreuung einer Übungsgruppe stellt meist die primäre Tätigkeit von Tutorinnen und Tutoren dar. Die Übungsgruppen sind dabei unterschiedlich groß, die Teilnehmerzahl liegt in der Regel zwischen 5 und 50 Studierenden. In manchen Fällen ist die Anwesenheit verpflichtend, was sich insbesondere auf die Motivation der Studierenden in den Übungen auswirken kann. Eine häufige Aufgabe der Tutorinnen und Tutoren ist es, die Hausaufgabenzettel zu besprechen, d. h. gute Lösungswege vorzustellen oder von Studierenden vorstellen zu lassen, Probleme aufzuzeigen und alternative Lösungsansätze anzubieten etc. Zusätzlich stellt eine Aufarbeitung des aktuellen Vorlesungsstoffes einen Teil der Übung dar. Hier können die Studierenden Fragen stellen oder sich die wesentlichen Inhalte von den Tutorinnen und Tutoren noch einmal in anderen Worten erklären lassen. Immer häufiger werden in Übungen auch neue Aufgaben bearbeitet. In Einzel- oder Gruppenarbeit lösen die Studierenden Aufgaben, die Inhalte wiederholen oder auf neue Themen vorbereiten. In manchen Fällen werden die Besprechung der Hausaufgaben und die Bearbeitung neuer Aufgaben getrennt, indem eine zusätzliche Hörsaalübung angeboten wird. Hier stellen in der Regel die Mitarbeiterinnen und Mitarbeiter oder die Dozentinnen und Dozenten die Lösungen der zu bearbeitenden Aufgaben allen Studierenden vor. In den Übungen ist dann mehr Zeit, die Studierenden neue Aufgaben bearbeiten zu lassen, wobei die Tutorinnen und Tutoren während dieser Bearbeitungsphase unterstützen.

Das zweite Tätigkeitsfeld umfasst unterschiedliche Beratungssituationen: inhaltliche Beratung, technische Hilfestellung oder auch Austausch über Fragen zum Studiengang. Bei der inhaltlichen Beratung handelt es sich meist um eine Art Nachhilfe, die Studierenden haben spezifische Fragen zu Inhalten oder Schwierigkeiten beim Lösen der Hausaufgaben und erhalten von den Tutorinnen und Tutoren inhaltliche Hilfestellung. Dies kann einzeln während sogenannter Studierendensprechstunden stattfinden oder in Lernzentren, in denen Tutorinnen und Tutoren ganze Gruppen von Studierenden betreuen. Technische Beratungen finden sich häufig in Veranstaltungen, in denen bestimmte Programme wie Computer-Algebra-Systeme, Geometriesoftware, Statistik- und Tabellenkalkulationsprogramme etc. verwendet werden. Die Einführung in solche Systeme wird meist von studentischen Tutorinnen und Tutoren übernommen. Gelegentlich beraten sie die Studierenden auch in studiengangspezifischen und organisatorischen Angelegenheiten, sie beantworten Fragen zur Auswahl von Lehrveranstaltungen sowie Anmeldung zu Prüfungen oder Praktika.

Die Korrektur von Studierendenbearbeitungen ist eine weitere zentrale Tätigkeit. In der Regel bearbeiten die Studierenden die Übungsaufgaben wöchentlich, die Tutorinnen und Tutoren korrigieren sie und bewerten dabei nicht selten die Leistung der Studierenden (z. B. über Punkte oder notenähnliche Codes). Häufig stellt die Rückmeldung der Tutorinnen und Tutoren die einzige Möglichkeit für die Studierenden dar, individuelles Feedback zu ihren Leistungen zu erhalten. Die Korrekturtätigkeit ist jedoch sehr komplex, die Tutorinnen und Tutoren benötigen neben der fachlichen u. a. Diagnosekompetenz, aber auch soziale Kompetenzen (z. B. Feedbackfähigkeiten).

Wie in den letzten Abschnitten beschrieben wurde, können die drei aufgeführten Tätigkeitsfelder von Mathematiktutorinnen und -tutoren je nach Veranstaltung ganz unterschiedlich aussehen. Auch übernehmen sie nicht unbedingt Aufgaben in allen drei Bereichen. So kann es z. B. vorkommen, dass in der betreffenden Veranstaltung keine Korrektur der Studierendenbearbeitungen vorgesehen ist.

22.4 Erfahrungsaustausch

Der Einsatz studentischer Tutorinnen und Tutoren hat einige Vorteile für die Studierenden: Sie sind selbst Studierende und damit näher an ihren Bedürfnissen als Dozentinnen und Dozenten oder wissenschaftliche Mitarbeiterinnen und Mitarbeiter (Wildt 2013). Idealerweise haben die Tutorinnen und Tutoren die Veranstaltung vor nicht allzu langer Zeit selbst besucht und kennen die typischen Probleme, mit denen die Studierenden konfrontiert werden. Sie können aufgrund ihrer eigenen Erfahrungen ihre Erklärungen eher dem Niveau der Studierenden anpassen. Die Frage, inwieweit sie eher als Modell für die Studierenden fungieren können als die restlichen Mitglieder des Lehrteams, hängt dabei sehr von den jeweiligen Persönlichkeiten ab.

22.4.1 Förderung neuer Arbeitsweisen durch den Erfahrungsaustausch

Ein häufig genannter Vorteil gegenüber Dozentinnen und Dozenten bzw. Mitarbeiterinnen und Mitarbeiter ist, dass die Studierenden gegenüber den Tutorinnen und Tutoren geringere Hemmungen haben, Fragen zu stellen oder eigene Probleme zu offenbaren (Antosch-Bardohn et al. 2016). Colvin (2015) bezieht sich auf Studien von Milburn (1996), die gezeigt haben, dass Studierende sich Informationen und Rat am ehesten bei Kommilitonen holen. Sie begründet dies mit den großen Unterschieden in der fachlichen Kompetenz der Dozentinnen und Dozenten: „In fact, at times students feel that the skills of their professors seem hopelessly beyond them but those of the more advanced peers are within their reach (Beck et al. 1978)." (Colvin 2015, S. 208).

Die Tutorinnen und Tutoren können diese Gelegenheiten nutzen und ihre eigenen Erfahrungen zu Studienbeginn weitergeben. Sie können erklären, welche Hürden sie selbst überwunden und welche Strategien und Arbeitsweisen ihnen geholfen haben. Dadurch, dass sie für die Studierenden eine Vorbildfunktion erfüllen, ist anzunehmen, dass sie die Tipps von Tutorinnen und Tutoren eher annehmen als vom restlichen Lehrteam. Da sie selbst in der Regel erfolgreiche Studierende sind, können Tutorinnen und Tutoren ihre eigenen Lernstrategien an die Studierenden weitergeben und somit als Modell fungieren. Diese idealisierte Vorstellung wird von Colvin (2015) etwas relativiert: Viele Tutorinnen und Tutoren stellten nicht unbedingt „ideale Studierende" dar, auch sie kämen mal zu spät, bereiteten sich nicht vor, etc. Oft könnten sich sie diese Freiheiten im eigenen Studium leisten, da sie selbst fachlich wenige Probleme hätten.

Auch auf inhaltlicher Ebene können Tutorinnen und Tutoren einen Beitrag leisten, um den Übergang für die Studierenden zu erleichtern. Da sie selbst erst in den letzten Jahren sowohl die Schulmathematik als auch die Hochschulmathematik erlebt haben, können sie aus ihrer Sicht erklären, wo sie die Unterschiede sehen. Beispielsweise können sie explizieren, dass der Formalismus in der universitären Mathematik eine wesentlich größere Rolle spielt als in der Schule. Auf diese Weise können sie zudem begründen, warum sie auf bestimmte Aspekte bei den Besprechungen in den Übungen oder auch bei der Korrektur der Studierendenbearbeitungen viel Wert legen.

22.4.2 Unterstützungsmaßnahmen für die Tutorinnen und Tutoren

Da die Rolle von Tutorinnen und Tutoren, die zum einen selbst noch Studierende sind, zum anderen einen Teil des Lehrteams darstellen, sehr komplex ist, ist eine Rollenklärung vor Beginn der Tätigkeit zentral. Ihnen sollte bewusst gemacht werden, dass sie ihre Erfahrungen als Mathematikstudierende weitergeben sollen. Dies ist sicherlich nicht für alle Tutorinnen und Tutoren naheliegend, insbesondere könnte es für sie unangenehm sein, vor der Gruppe zu erklären, welche Probleme sie selbst als zu Beginn ihres Studiums hatten. Nehmen die Tutorinnen und Tutoren diese Rolle jedoch nicht wahr, gehen viele Vorteile, die ihr Einsatz bezüglich der Unterstützung beim Übergang von der Schule zur Hochschule hat, verloren.

Der Weitergabe der Erfahrungen, inklusive der von ihnen genutzten Lernstrategien und Arbeitsweisen, kann für die Studierenden im Sinne des Peer Learning sehr hilfreich sein. Wichtig ist aber auch, die Tutorinnen und Tutoren bezüglich unterschiedlicher Lerntypen zu sensibilisieren. Nicht für jeden Studierenden ist die Lernstrategie oder Arbeitsweise ihrer Tutorinnen und Tutoren sinnvoll, was auch explizit deutlich gemacht werden sollte. Um Tutorinnen und Tutoren in diesem Bereich zu unterstützen, bildet die Rollenklärung in vielen Tutorenschulungen (Knauf 2007; Rumpf 2009) ein zentrales Thema. Die Reflexion des eigenen Verhaltens als Studienanfängerin – oder -anfängers und die Identifikation von hilfreichen Arbeitsweisen wird in Schulungskonzepten jedoch in der Regel nicht aufgeführt und sollte dringend mit aufgenommen werden. Insbesondere für Tutorinnen und Tutoren, die keine pädagogische Vorbildung mitbringen, sollten zudem einige Grundlagen zum Lehren und Lernen thematisiert werden.

Damit Tutorinnen und Tutoren die inhaltlichen Unterschiede zwischen Schul- und Hochschulmathematik mit den Studierenden diskutieren, sollte sie auch hierauf hingewiesen werden. Dafür müssen sie zum einen selbst reflektieren, wie sie den Übergang wahrgenommen haben. Zum anderen ist es sinnvoll, wenn die Dozentinnen und Dozenten oder Mitarbeiterinnen und Mitarbeiter bei den jeweiligen Inhalten und Aufgaben die Unterschiede beispielhaft aufzeigen. Da Tutorinnen und Tutoren auch selbst noch Studierende sind und die neue mathematische Denkweise, den Formalismus, sowie das mathematische Argumentieren und Beweisen in der universitären Mathematik noch nicht vollständig beherrschen, sollten Dozentinnen und Dozenten oder Mitarbeiterinnen und Mitarbeiter auch auf dieser Ebene Unterstützung anbieten, beispielsweise durch ausführliche Lösungsvorschläge oder durch Thematisierung dieser Aspekte in den regelmäßigen Besprechungen mit den Tutorinnen und Tutoren. Auch könnten die Tutorinnen und Tutoren hier durch entsprechende Literatur unterstützt werden (Bauer 2013; Hilgert et al. 2015; Mason 2002). Beispielsweise erläutert Mason (2002) sehr praxisnah, wie Lehrende an der Hochschule Studienanfängerinnen und -anfänger in verschiedenen Lehrsituationen konkret unterstützen können. Hilfreich sind hier vor allem Masons Anmerkungen, was Studierende häufig unter bestimmten Begriffen verstehen (z. B. unter einem „mathematischen Beispiel") und wie Lehrende mit dieser Diskrepanz zur Hochschulmathematik umgehen könnten.

22.5 Korrektur von Studierendenbearbeitungen

Ein weiteres wichtiges Tätigkeitsfeld besteht in der Korrektur von Studierendenbearbeitungen. Häufig wird von den Studierenden einer Mathematikveranstaltung erwartet, dass sie innerhalb eines gewissen Zeitraums, meist einer Woche, Aufgaben zu den Vorlesungsinhalten bearbeiten und diese zur Korrektur abgeben. Die Bearbeitung von Hausaufgaben ist zentral für den Lernprozess. Ufer (2015) konnte zeigen, dass Studierende, die häufiger Hausaufgaben bearbeiten und diese zur Korrektur einreichen, auch besser in der Klausur abschneiden.

Je nach Ziel der Dozentinnen und Dozenten werden unterschiedliche Anforderungen an die Korrektur gesetzt. Geht es allein um die Erfassung der erreichten Punkte, müssen Studierendenbearbeitungen nur nach ihrer Richtigkeit bewertet werden. Hat die Korrektur jedoch das Ziel, die Studierenden in ihrem Lernprozess zu unterstützen, müssen Tutorinnen und Tutoren auch die Fehlvorstellungen erfassen und gezielt Hilfestellung geben können (Püschl et al. 2016).

22.5.1 Förderung neuer Arbeitsweisen durch die Korrektur

Die Korrektur der Bearbeitungen kann dazu beitragen, Fehler als Lernchancen zu nutzen. Um eine produktive Lerngelegenheit zu erzeugen, geben Oser und Spychiger (2005) an, dass der Lernende die folgenden drei Schritte durchlaufen sollte:

1. den Fehler erkennen,
2. den Fehler erklären können,
3. die Möglichkeit haben, den Fehler zu korrigieren.

Insbesondere beim ersten Schritt können die Tutorinnen und Tutoren durch ihre Korrektur Unterstützung leisten, indem den Studierenden aufgezeigt wird, dass etwas

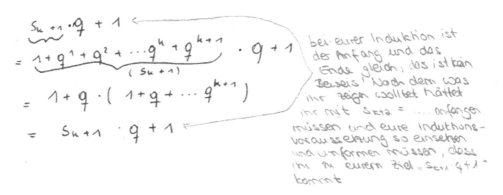

Abb. 22.1 Beispiel für die Korrektur: Die Tutorin erklärt Fehler der Studierenden

falsch und was genau falsch ist. Je nachdem, um welche Art von Fehler es sich handelt, können die Tutorinnen und Tutoren die Studierenden durch gezielte Kommentare auch in den anderen beiden Schritten unterstützen, sodass diese richtige Vorgehensweisen oder Vorstellungen erwerben können. Ein Beispiel zeigt die Anmerkung einer Tutorin in Abb. 22.1.

Der Induktionsschritt ist offenbar falsch durchgeführt worden. Dies hat die Tutorin nicht nur erkannt, sondern auch noch Hinweise dazu gegeben, wie der Student diesen korrigieren könnte. Die Anmerkung der Tutorin legt nahe, dass sie den Fehler darin begründet sieht, dass dem Studenten nicht klar ist, was er eigentlich zeigen möchte. Dieser Kommentar könnte den Studenten in allen drei oben aufgeführten Schritten unterstützen, wobei dies natürlich impliziert, dass sich der Student auch eingehender mit dem Hinweis auseinandersetzt.

Bei der Bearbeitung von Aufgaben zeigen sich die inhaltlichen Probleme der Studierenden, aber auch die Schwierigkeiten bei der Verwendung der „neuen Sprache" (Liebendörfer 2018). Die folgende Studierendenbearbeitung stammt aus einer Einführungsveranstaltung für Studierende des gymasialen Lehramts. Ein Ziel dieser Einführungsveranstaltung ist es, die Studierenden an die mathematische Schreibweise heranzuführen. Die Bearbeitung aus Abb. 22.2 stammt aus der Mitte des Semesters.

Das Vorgehen der Studentin ist richtig und sie erhält auch die volle Punktzahl für ihre Lösung. Jedoch gibt sie nicht explizit an, dass sie einen Widerspruchsbeweis führt, und erklärt auch nicht, wo genau der Widerspruch entsteht. Beides merkt der Tutor durch seine Korrektur „Kennzeichne den Widerspr! Weil …" an. Auf diese Weise legt der Tutor die neuen universitären Anforderungen an die Stringenz der Argumentation und Darstellung der Inhalte offen. Die Studentin erhält trotz der richtigen Bearbeitung der Aufgabe einen Hinweis darauf, wie sie ihre Argumentationsfähigkeit weiter verbessern kann.

Auch die Korrektur der Studierendenbearbeitung in Abb. 22.3 zeigt, wie Tutorinnen und Tutoren die Studierenden beim Aufschreiben von Beweisen unterstützen können. Es geht dabei um die folgende Aufgabe:

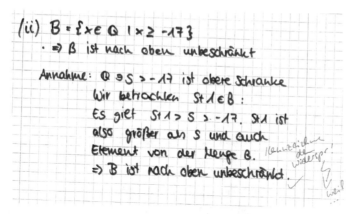

Abb. 22.2 Beispiel für die Korrektur: Der Tutor fordert stringente Argumentation ein

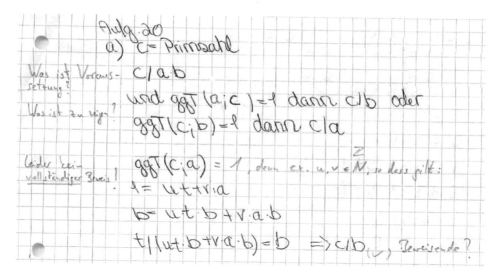

Abb. 22.3 Beispiel für die Korrektur: Der Tutor gibt Hilfestellungen zum Beweisen

---

Aufgabe

Beweise: Wenn eine Primzahl c das Produkt $a \cdot b$ zweier Zahlen a und b teilt, dann teilt sie wenigstens einen der beiden Faktoren a, b. ◄

Der Tutor gibt hier einige Strategien zum Beweisen durch seine Korrektur weiter. Beispielsweise ist es hilfreich, sich im Vorhinein deutlich zu machen, was man eigentlich voraussetzen kann und was man zeigen möchte. Dies scheint die Studentin, jedenfalls soweit sich dies anhand der Bearbeitungen rekonstruieren lässt, nicht gemacht zu haben.

An dieser Stelle könnte der Tutor sicherlich noch mehr kommentieren, beispielsweise auf die Fallunterscheidung eingehen. Aber aus Sicht des Lernstandes der Studentin würden diese weiteren Rückmeldungen sie wahrscheinlich überfordern.

Die drei Beispiele zeigen, dass die Korrektur der Studierendenbearbeitungen den Tutorinnen und Tutoren viele Gelegenheiten bietet, neue universitäre Anforderungen an das mathematische Denken, das Formulieren von Beweisen sowie die formale Darstellung von Inhalten weiterzugeben. Die Tutorinnen und Tutoren können durch gezielte Rückmeldungen die Studierenden so unterstützen, dass aus deren Fehlern Lerngelegenheiten werden können. Jedoch benötigen sie hierfür nicht nur fachliche Kompetenz: Sie müssen den Lernstand und die Schwierigkeiten der Studierenden diagnostizieren können, abwägen, auf welcher Ebene und in welchem Maß Hilfestellungen sinnvoll sind, sowie das Feedback abschließend geeignet formulieren. Die Komplexität dieser Aufgabe legt eine Ausbildung und Unterstützung der Tutorinnen und Tutoren in diesem Bereich nahe.

22.5.2 Unterstützungsmaßnahmen für die Tutorinnen und Tutoren

Die drei obigen Beispiele zeigen hilfreiche Korrekturen der Tutorinnen und Tutoren. Dies ist leider nicht immer der Fall. Bereits im Rahmen des LIMA-Projekts[1] wurden Korrekturen von Tutorinnen und Tutoren analysiert und Fehler auf verschiedenen Ebenen aufgedeckt (Püschl et al. 2016). In den Analysen fiel auf, dass sie die Hausaufgaben der Studierenden sehr unterschiedlich korrigierten. Ein Problem war, dass manche Fehler von den Tutorinnen und Tutoren gar nicht erst erkannt und kommentiert wurden. Es wurde also schon der erste Schritt zum Lernen aus Fehlern nicht bewältigt, die Fehler können also nicht als Lerngelegenheiten wahrgenommen werden (Oser und Spychiger 2005). Fachliche Defizite oder eine unzureichende Auseinandersetzung mit der dargebotenen Lösung könnten ein Grund dafür sein. Zudem waren die anfänglichen Rückmeldungen der Tutorinnen und Tutoren manchmal etwas oberflächlich: Beispielsweise wurden ganze Lösungen gegeben oder falsche Stellen mit „so geht das nicht" markiert. Da das Feedback sich somit nicht am Leistungsstand der Studierenden orientierte und ihnen in der Situation keine Hinweise zur Weiterarbeit gab, konnten die Studierenden auf diese Weise wenig aus ihren eigenen Fehlern lernen. Dies könnte dazu führen, dass die Studierenden sich nicht mehr eingehend mit den Kommentaren der Tutorinnen und Tutoren beschäftigen und auf andere Angebote (z. B. eine Musterlösung) zurückgreifen.

---

[1]Ein Projekt, das sich konkret mit der Förderung der Studierenden durch Tutorinnen und Tutoren beschäftigt, ist „Lehrinnovationen in der Studieneingangsphase ‚Mathematik im Lehramtsstudium' – Hochschuldidaktische Grundlagen, Implementierung und Evaluation" (LIMA, siehe Biehler et al. 2013).

Tab. 22.1 Ablauf des Korrekturworkshops

Dauer	Thema	Methoden	Benötigtes Material
10 Min.	Einstieg: Welche Ziele werden mit der Korrektur von Studierenden-bearbeitungen verfolgt?	Lehrgespräch	Tafel oder Flipchart
50 Min.	Besprechung und Nach-korrektur der zu Hause korrigierten Studierenden-lösungen	Gruppenarbeit	3 bis 5 Studierenden-bearbeitungen mit Lösungs-vorschlag
60 Min.	„Musterkorrektur" einer Studierendenlösung	Gruppenarbeit, Vortrag, Lehrgespräch	Dokumentenkamera (alternativ: Studierenden-bearbeitung auf Folie, Overhead)
30 Min.	Grundregeln zur Korrektur von Hausaufgaben	Lehrgespräch	Moderationskarten
45 Min.	Korrektur anhand der Grund-regeln	Einzelarbeit	Studierendenbearbeitung mit Lösungsvorschlag
30 Min.	Musterkorrektur anhand der Grundregeln	Lehrgespräch	Dokumentenkamera (alternativ: Studierenden-bearbeitung auf Folie, Overhead)
15 Min.	Abschluss		

Im Rahmen des Projekts wurden Maßnahmen entwickelt und durchgeführt, um die Tutorinnen und Tutoren zu unterstützen: Neben einem Korrekturworkshop gab es regelmäßige Nachkorrekturen mit Feedback an die Tutorinnen und Tutoren sowie zusätzliche Korrekturhinweise auf den Lösungsvorschlägen (Püschl et al. 2016). Tab. 22.1 zeigt einen typischen Ablauf des halbtägigen Korrekturworkshops. Eine genauere Beschreibung des Korrekturworkshops findet man in Püschl et al. (2016).

Zwei Aspekte sind bei der Konzeption des Korrekturworkshops besonders zentral: Es wird mit realen Studierendenlösungen gearbeitet, die im Idealfall aus der Veranstaltung der Tutorinnen und Tutoren (z. B. aus dem vorherigen Semester) kommen. Damit wird der Praxisbezug erhöht und auch fachliche Aspekte können in den Diskussionen mit aufgegriffen werden. Zudem werden die Studierendenbearbeitungen so ausgesucht, dass eine breite Varianz an Fehlerebenen auftritt. Auf diese Weise kann der Umgang mit fachlichen Problemen, alternativen Lösungen, aber auch formalen Darstellungsweisen thematisiert werden.

Insbesondere der Korrekturworkshop wurde von den Tutorinnen und Tutoren als sehr hilfreich eingeschätzt und seither schon häufig für verschiedene Zielgruppen an verschiedenen Universitäten durchgeführt. Neben den Studierendenbearbeitungen, die individuell ausgetauscht werden können, müssen vor allem bei der Erstellung der sogenannten „Grundregeln für die Korrektur" die Rahmenbedingungen vor Ort (beispielsweise die Wünsche der Dozentinnen und Dozenten bzgl. der Korrektur) berücksichtigt werden. Dies ist jedoch ohne viel Aufwand möglich.

Obwohl der Korrekturworkshop nur einen halben Tag in Anspruch nimmt, ist es nicht immer möglich, diesen für jede Veranstaltung umzusetzen (beispielsweise aufgrund fehlender Ressourcen oder Expertise). Aus diesem Grund entwickeln wir in Zusammenarbeit mit der Hochschuldidaktik der Universität Tübingen aktuell ein Online-Korrekturmodul, das sich auf verschiedenen Lernplattformen wie Ilias oder Moodle einsetzen lässt. Das Modul kann sowohl als eine erste Einführung in dieses Tätigkeitsfeld der Tutorinnen und Tutoren als auch ergänzend zu Schulungen eingesetzt werden.

Die Inhalte teilen sich in drei Bereiche, die sich jeweils in einen Input- und eine Übungsphase unterteilen:

- Leistungsbeurteilung und -bewertung
- Ebenen von Fehlern
- Hinweise für die Korrektur

Der kurze Input gibt den Tutorinnen und Tutoren eine erste Einführung in die Thematik, die Inhalte werden in der anschließenden Übungsphase vertieft. Der Input greift Erkenntnisse im Umgang mit Fehlern im (Mathematik-)Unterricht (Oser und Spychiger 2005; Prediger und Wittmann 2009) auf und überträgt diese auf den Hochschulkontext. Mithilfe von gezielten Anwendungsbeispielen sollen die Teilnehmenden an das Korrigieren herangeführt werden. Ein Schwerpunkt liegt dabei auf der Reflexion des eigenen Handelns, die Tutorinnen und Tutoren erhalten durch das System und durch die Betreuerinnen und Betreuer individuelles Feedback zu ihren Bearbeitungen.

Das Modul ist so gestaltet, dass die Anwendungsbeispiele leicht ausgetauscht werden können, um das Modul auf die jeweilige Veranstaltung und Tutorengruppe zuschneiden zu können und es damit flexibel einsetzbar zu machen. In einer ersten Pilotierung des Moduls im Sommersemester 2018 wurde dieses in den ersten Wochen des Semesters eingesetzt. Die Tutorinnen und Tutoren haben hier zurückgemeldet, dass sich die Inhalte des Moduls gut auf ihre Arbeit übertragen lassen, aber auch den Wunsch geäußert, das doch umfangreiche Modul bereits vor Semesterbeginn zugänglich zu machen. Auf diese Weise könnte die Belastung, die durch die Tätigkeit als Tutorin oder Tutor sowie das eigene Studium bereits sehr hoch ist, verringert werden.

Nicht nur die eingeschränkten Kapazitäten der Tutorinnen und Tutoren müssen bei der Entwicklung von Unterstützungsmaßnahmen beachtet werden. Auch andere Aspekte, z. B. die fachlichen und diagnostischen Kompetenzen, sollten berücksichtigt werden. Insbesondere bei der Korrektur spielen diese eine entscheidende Rolle: Die Tutorinnen und Tutoren müssen alternative Lösungswege als solche erkennen, müssen Fehler und dahinterliegende Fehlvorstellungen identifizieren können, müssen ihre Hilfestellungen entsprechend anpassen etc. Dies sind sehr hohe Anforderungen und sollten keineswegs als gegeben vorausgesetzt werden. Die vorgestellten Maßnahmen können erste Grundregeln aufstellen und die Tutorinnen und Tutoren zum Reflektieren anregen, haben aber nicht den Anspruch, zu einer diagnostischen Expertise zu führen (Helmke 2012).

22.6   Besprechung von Hausaufgaben im Plenum

Obwohl der Anteil der Übungszeit, die darauf verwendet wird, dass Studierenden in Gruppen neue Aufgaben lösen, sich in den letzten Jahren erhöht hat, wird immer noch viel Zeit darauf verwendet, vorher bearbeitete Aufgaben an der Tafel zu besprechen. Dies wird in der Regel von den Tutorinnen und Tutoren, aber in manchen Fällen auch von den Studierenden übernommen.

22.6.1 Förderung neuer Arbeitsweisen durch die Besprechung von Aufgaben im Plenum

Durch die Besprechung von Lösungen zu Übungsaufgaben können die Tutorinnen und Tutoren ganz unterschiedliche Ziele verfolgen. Dabei lassen sich insbesondere vier verschiedene Zielsetzungen identifizieren:

- Bereitstellung der Musterlösung,
- (individuelle) Beseitigung von Fehlvorstellungen in den Aufgabenbearbeitungen,
- Klärung wesentlicher fachlicher Ideen oder Konzepte, die für die Aufgabenbearbeitung relevant sind,
- beispielhafte Anleitung zum Lösen einer Klasse von ähnlichen Aufgaben.

Je nach Zielsetzung können Tutorinnen und Tutoren ganz gezielt auf unterschiedliche Aspekte der Übergangsproblematik eingehen. Eigene Studien (Püschl 2017) haben bereits gezeigt, dass sie mehrere Zielsetzungen gleichzeitig zu verfolgen scheinen. Der Übersicht halber werden die Zielsetzungen im Folgenden jedoch isoliert betrachtet.

Zielsetzung: Bereitstellung der Musterlösung
   Die Zielsetzung, mit der Hausaufgabenbesprechung den Studierenden eine Musterlösung zu liefern, erscheint im ersten Ansatz wenig sinnvoll: Die Musterlösung könnte den Studierenden auch auf andere Art und Weise bereitgestellt werden, sodass die knappe Übungszeit für andere Aspekte, z. B. die Behebung von Fehlvorstellungen oder das selbstständige Üben, genutzt werden könnte. Die Besprechung in der Übung hat jedoch den großen Vorteil, dass die Tutorinnen und Tutoren neben der Verschriftlichung einer Lösung gleichzeitig die Anforderungen an die Darstellung und die Stringenz der Argumentation aufzeigen können. Die neuen Erwartungen an die Studierenden werden somit explizit, sodass die Studierenden dieses nicht selbst aus dem ihnen vorgelegten Material extrahieren müssen.

Zudem könnten die Tutorinnen und Tutoren bei der Vorstellung der Lösung im Sinne der Phase des „Modeling" des „Cognitive Apprenticeship" (Collins et al. 1988) vorgehen. Mithilfe des lauten Denkens erhalten die Studierenden ein Modell, an dem sie sich in späteren Lernphasen orientieren können. Sie erfahren auf diese Weise, welche Gedanken erfahrene Studierende sich bei der Lösung einer Aufgabe machen, und können durch Imitation ihre Denkweisen an die der Hochschulmathematik anpassen.

Zielsetzung: Beseitigung von Fehlvorstellungen

Verfolgen Tutorinnen und Tutoren bei der Hausaufgabenbesprechung die zweite Zielsetzung, d. h. die Beseitigung von Fehlvorstellungen, steht nicht eine mustergültige Bearbeitung im Fokus, sondern die Klärung inhaltlicher Verständnisschwierigkeiten. Wie dies aussehen kann und wie Tutorinnen und Tutoren die Studierenden hier beim Erlernen neuer Arbeitsweisen fördern können, soll nun am Beispiel einer Aufgabenbesprechung illustriert werden. Die Aufgabenstellung ist folgende:

Aufgabe

Entscheide ohne formale Untersuchung, ob die Folgen $(b_n)_{n \in \mathbb{N}}$ bis $(g_n)_{n \in \mathbb{N}}$ konvergent sind. Begründe deine Entscheidung kurz und gib im Fall einer Konvergenz den Grenzwert an.

I. $b_n = \frac{n^2}{n+1}$

II. $c_n = \frac{3n-2}{2n+8}$

III. $d_n = \frac{\cos(n)}{2}$

IV. $e_n = (-1)^n \cdot \frac{1}{n^2}$

V. $f_n = \sqrt[n]{5}$

VI. $g_n = 7$ ◄

In dieser Aufgabe sollten die Studierenden nicht formal korrekt über Grenzwertsätze oder die Definition der Folgenkonvergenz den Nachweis führen, sondern eher über anschauliche Argumente eine Erklärung zur Konvergenz geben. Dies ist natürlich etwas problematisch, da nicht klar ist, welche Argumentation genügt und welche nicht. Die Besprechung dieser Aufgabe beginnt damit, dass der Tutor erklärt, manche Aufgabenteile nur mündlich besprechen zu wollen. Dann startet er das Lehrgespräch, indem er die Studierenden fragt, wie sie an die Aufgabe herangegangen sind. Nachdem ein Studierender erklärt hat, dass er durch Einsetzen von Werten für n auf die Konvergenz schließt, weist der Tutor auf ein häufiges Problem hin:

> T: Das Problem ist bei Beispielen, es haben viele bei Aufgabe / ich glaube bei c war das, Beispiele gemacht, und das war irreführend. Wenn man c mit Beispielen gemacht hat, dann denkt man, das konvergiert nicht. Also c_n. Deswegen kannst du es für dich mit Beispielen machen, aber dann hast du argumentativ nichts gezeigt. Das wären / nur Beispiele, wären quasi null Punkte.

S: Ja, wenn ich z. B. sage, dass n quadriert wird, und ich das daran mache, das ist ja eigentlich /

T (unterbricht S): Genau, du musst / quasi was du gesagt hast, der Zähler schneller wächst als der Nenner.

S: Ja, und so geht es für jedes n ins Unendliche.

T: Genau, so könnte man es tun.

S: Okay.

(D123, Min 01:47–2:22)

Der Tutor lehnt die erste Strategie des Studierenden, das Einsetzen „großer" Zahlen, nicht grundsätzlich ab. Anhand weiterer Diskussionen wird deutlich, dass der Tutor den heuristischen Wert von Beispielen zu schätzen weiß, jedoch möchte er die Studierenden darauf aufmerksam machen, dass ein Beispiel allein als Begründung nicht ausreicht. Möglicherweise hat er diesen Aspekt in vorherigen Besprechungen bereits diskutiert, weshalb er sich hier vergleichsweise kurzfasst. Hier macht er explizit darauf aufmerksam, dass die Auswahl des Beispiels bei der Konvergenz einen entscheidenden Faktor darstellt: Wählt der Studierende eine Beispielfolge mit $n < n_\varepsilon$, wird er die Konvergenz der Folge c_n nicht erkennen. Der Tutor geht nicht explizit darauf ein, dass die Strategie des Studierenden in vielen Fällen als erste Orientierung ausreicht, um zu bestimmen, ob eine Konvergenz vorliegt.

An diesem Auszug einer Besprechung, die als eine Zielsetzung die Beseitigung von Fehlvorstellungen hat, wird deutlich, dass Tutorinnen und Tutoren die Studierenden beim Übergang von der Schulmathematik zur Hochschulmathematik wesentlich unterstützen können. In der Schulmathematik reicht häufig eine Argumentation über „große n" aus, um die Konvergenz einer Folge zu bestimmen. Der Tutor macht in dem obigen Beispiel deutlich, dass diese Herangehensweise hilfreich ist, um eine Idee zu erhalten, jedoch als Argumentation allein nicht genügt. Die Erwartungen an die Argumentation werden expliziert.

Zielsetzung: Klärung fachlicher Ideen und Konzepte

Die Besprechung einer Aufgabe kann auch dazu genutzt werden, eine Idee oder ein mathematisches Konzept, das in der Aufgabe benötigt wird, näher zu thematisieren. Die eigentliche Aufgabenlösung steht also im Hintergrund, die Aufgabe selbst bildet vielmehr den Anlass, schwierige oder interessante Inhalte der Vorlesung aufzugreifen und zu vertiefen. Beispielsweise könnte bei der oben aufgeführten Aufgabe das Konzept der Konvergenz von dem Tutor genauer beleuchtet werden. Der Tutor könnte die Beispiele voneinander abgrenzen und weitere interessante Beispiele und Gegenbeispiele für konvergente Folgen heranziehen, um das Konzept klarer zu machen (Ostsieker 2016). Er könnte zudem Visualisierungen nutzen, die Definition wiederholen oder Bezüge zur Vorlesung herstellen, um den Studierenden beim Verständnis des Konvergenzbegriffs zu unterstützen.

Diese Form der Hausaufgabenbesprechung zeigt den Studierenden, wie sie Inhalte der Vorlesung aufbereiten und sich mit Konzepten und Begriffen auseinandersetzen können.

Die Tutorinnen und Tutoren leisten damit einen Beitrag, den Studierenden Herangehensweisen aufzuzeigen, die sie für ihr Selbststudium nutzen können.

Zielsetzung: Anleitung zum Lösen ähnlicher Aufgaben

Wenn Tutorinnen und Tutoren mit der Besprechung einer Aufgabe das Ziel verfolgen, den Studierenden eine Anleitung zum Lösen einer Klasse von Aufgaben zu vermitteln, steht nicht die Aufgabenlösung selbst im Fokus, sondern die Vermittlung von Heuristiken. Im dem folgenden Beispiel wird illustriert, wie Tutorinnen und Tutoren die Studierenden beim Erwerb neuer Heuristiken während der Besprechung von Hausaufgaben unterstützen können.

Aufgabe

Frei nach einem indischen Rechenbuch, um 850 n. Chr.: Aus Kirschen wurden 189 gleich große Haufen gebildet, wobei 21 Kirschen übrig blieben. Es kamen 69 Reisende, unter denen die Kirschen gleichmäßig ohne Rest verteilt wurden. Keiner und keinem der Reisenden wurde es nach dem Verspeisen aller ihrer bzw. seiner Kirschen schlecht. – Wie viele Kirschen waren es? – Stelle eine linDG auf und löse diese gemäß der Vorlesung. ◄

Das Ziel dieser Aufgabe ist es, die Textaufgabe in eine lineare diophantische Gleichung zu übersetzen, diese dann nach dem bekannten Algorithmus zu lösen und im Anschluss eine geeignete Lösung im Sinne des Sachkontextes zu finden. Der Tutor leitet die Aufgabenbesprechung wie folgt ein:

Zu der Kirschen-Aufgabe, wie gesagt, wir wollen jetzt gleich schnell modellieren und die Aufgabe ausrechnen und eine sinnvolle Lösung bekommen. Jetzt haben wir nur einmal kurz einen Überblick (zeigt auf vorgefertigte Liste auf Tafel) gegeben. Wie strukturiert man überhaupt so eine Lösung von einer linearen diophantischen Gleichung. Welche Schritte müssen wir machen? Und in welcher Reihenfolge? Und vielleicht auch, warum können wir die machen? Weil, das war auch nicht immer bei allen so klar. (MP423d, Min 00:00–00:29).

Schon diese einleitenden Sätze des Tutors zeigen, dass es ihm bei der Besprechung nicht um die eigentliche Lösung der Textaufgabe, d. h. die Anzahl der Kirschen pro Reisendem, geht, sondern das Vorgehen bei der Besprechung im Vordergrund steht. Unabhängig von der Aufgabe erarbeitet der Tutor nun in den ersten zehn Minuten die einzelnen Schritte zum Lösen einer diophantischen Gleichung im Plenum. Er ergänzt immer wieder die vorher schon an der Tafel notierten Schritte. Die Studierenden erhalten somit ein Schema, das sie auch auf ähnliche Aufgabentypen anwenden können.

Im Anschluss wird dieses Schema nun konkret genutzt. Dafür stellt eine Studentin ihre richtige Lösung vor. Anschließend sieht man den Strategiefokus des Tutors wieder durch folgende Bemerkung:

Also wenn ihr das jetzt mit hier oben vergleicht (zeigt auf „Ablaufplan" an der Tafel), hier hatten wir den ersten Schritt (ergänzt „1") in der Studierendenlösung), hier war der zweite mit der Ersatzgleichung (ergänzt „2") in der Studierendenbearbeitung). Und jetzt der dritte (ergänzt „3") in Studierendenlösung), also die eine spezielle Lösung mit dem ggT bestimmen. Ja, es wäre schön, wenn ihr / so wie wir an der Tafel, wir haben links die Überschriften stehen / aber dann ruhig da drüberschreibt, „wir bestimmen jetzt …" und „als Nächstes mache ich …". Dass ihr das [die Zwischenüberschriften] nochmal so dazwischenschreibt. Wenn das nur so da steht, ohne diese Zahlen, dann weiß niemand, warum ihr das gemacht habt. (MP423d, Min 16:07–16:46).

Dem Tutor geht es also darum, dass die Studierenden zum einen ihre Schritte explizit kennzeichnen, aber zum anderen auch verstehen, warum die einzelnen Schritte hintereinander folgen. Dieser Ausschnitt aus der Hausaufgabenbesprechung zeigt sehr deutlich, dass der Fokus des Tutors nicht auf der Lösung dieser einen Textaufgabe liegt, sondern vielmehr auf der gemeinsamen Erarbeitung eines Lösungsschemas und dessen Anwendung. Dies ähnelt Pólyas „Ausdenken eines Plans" (Pólya1995): Die Besprechung findet auf einer Metaebene statt, welche die Studierenden beim Lösen von Übungsaufgaben im Selbststudium auch immer wieder einnehmen sollten.

22.6.2 Unterstützungsmaßnahmen für die Tutorinnen und Tutoren

Die obige Ausführung zeigt, dass die Tutorinnen und Tutoren je nach Zielsetzung der Besprechung unterschiedliche Aspekte aufarbeiten und diskutieren müssen. Bei der Auswahl und Durchführung dieser unterschiedlichen Besprechungsvarianten sollten sie begleitet werden.

Im ersten Schritt müssen die Tutorinnen und Tutoren darin unterstützt werden, eine geeignete Zielsetzung für die Besprechung auszuwählen. Dies hängt einerseits von den Problemen der Studierenden ab, die z. B. bei der Korrektur der Studierendenbearbeitung sichtbar werden. Zeigten sich dort beispielsweise Probleme im logischen Aufbau der Argumente, könnte die Zielsetzung, eine mustergültige Lösung bereitzustellen, sinnvoll sein. Andererseits spielt das Lernziel, das mit der Aufgabe verfolgt wird, eine entscheidende Rolle. Wurde die Aufgabe gestellt, um einen zentralen Begriff der Veranstaltung zu vertiefen, macht es wenig Sinn, die Aufgabenlösung mustergültig vorzustellen.

Die Auswahl der geeigneten Zielsetzung ist also sehr aufgabenspezifisch, entsprechende Unterstützungsmaßnahmen für die Tutorinnen und Tutoren müssen in der semesterbegleitenden Betreuung stattfinden und können nicht in Workshops ausgelagert werden. Um die Tutorinnen und Tutoren hier zu unterstützen, müssen in den regelmäßigen Besprechungen die Probleme der Studierenden aus der Korrektur thematisiert werden. Zudem können Dozentinnen und Dozenten oder Mitarbeiterinnen und Mitarbeiter die Lernziele der Aufgabe in Besprechungen weitergeben, diese könnten aber auch im Lösungsvorschlag angegeben sein. Der Austausch zwischen den Tutorinnen und Tutoren und dem restlichen Lehrteam kann anschließend in der Auswahl einer geeigneten Zielsetzung für die Hausaufgabenbesprechung enden.

Im zweiten Schritt müssten die Tutorinnen und Tutoren auch bei der Umsetzung der unterschiedlichen Besprechungsvarianten unterstützt werden. Diese kann im Rahmen von Schulungen direkt geübt werden: Die Tutorinnen und Tutoren erhalten Aufgaben mit unterschiedlichen Zielsetzungen, simulieren eine Hausaufgabenbesprechung und erhalten Feedback dazu, was sie verbessern können, um die Zielsetzungen besser zu erreichen. Ergänzend kann ein speziell für die Hausaufgabenbesprechung entwickelter Verlaufsplan eine nötige Struktur zu deren Planung geben. Dieser beinhaltet neben den einzelnen Phasen der Besprechung (Einstieg, Hauptteil und Abschluss), Inhalten, Sozialform, Medien, etc. auch die Lernziele der Aufgabe sowie das Ziel der Besprechung, sodass die Tutorinnen und Tutoren auch darüber bewusst nachdenken. Der Verlaufsplan liegt sowohl in einer kommentierten Variante (Abb. 22.4) vor als auch als leere Tabelle, die von den Tutorinnen und Tutoren ausgefüllt werden könnte. In der kommentierten Variante erhalten sie durch gezielte Kommentare nicht nur Anregungen zur Auswahl einer geeigneten Besprechungsvariante, sondern noch viele weitere Hilfestellungen bei der Planung.

Die vorgestellten Maßnahmen wurden bereits in einer Schulung im Sommersemester 2018 erprobt, die Rückmeldung der Tutorinnen und Tutoren war diesbezüglich sehr positiv, insbesondere der Verlaufsplan wurde als sehr hilfreich für die ersten Übungen bewertet. Inwieweit die Tutorinnen und Tutoren die vorgestellten Besprechungsvarianten bewusst eingesetzt haben, wurde leider nicht empirisch untersucht.

22.7 Unterstützung von Arbeitsphasen

Bei der Besprechung von Hausaufgaben moderieren die Tutorinnen und Tutoren die Diskussion und leiten die Studierenden durch die zu besprechenden Inhalte. Es gibt jedoch auch Situationen, in denen die Studierenden die Lernsituation weitestgehend bestimmen und Tutorinnen und Tutoren nur das Lernen begleiten. Diese Situationen findet man in studentischen Arbeitsphasen in den Übungen oder bei der Betreuung von Studierenden in Lernzentren. In der Regel bearbeiten die Studierenden in diesen Situationen neue Aufgaben, was sie vor einige Herausforderungen stellt. Frischemeier et al. (2016) haben Studierende beim Bearbeiten von neuen Übungsaufgaben in Lernzentren beobachtet und konnten viele Probleme feststellen: So hatten die Studierenden Schwierigkeiten, den Arbeitsauftrag zu verstehen, fanden keinen Zugang zu der Aufgabe und nutzten selten gezielte Strategien (z. B. Anfertigen einer Skizze, Finden von Beispielen und Gegenbeispielen, das Nachschlagen wichtiger Begriffe im Vorlesungsskript). Genau an dieser Stelle können Studierende durch Tutorinnen und Tutoren gezielt gefördert werden.

Verlaufsplan für die Hausaufgabenbesprechung – kommentierte Vorlage

Lernziele der Aufgabe	Falls dir das Lernziel der Aufgabe nicht klar ist, sprich bitte den Dozenten bzw. die Dozentin oder Mitarbeiterin an. Die Lernziele können sich sowohl auf die Inhalte beziehen, aber auch übergreifende Kompetenzen (z. B. das Problemlösen) umfassen.
Ziel der Besprechung	Mögliche Ziele der Besprechung könnten sein: • Probleme der Studierenden zu beseitigen • den Studierenden Strategien zum Lösen dieser oder ähnlicher Aufgaben zu vermitteln • den Studierenden eine Musterlösung weiterzugeben • …
Vorwissen der Studierenden	Überlege, welches Wissen die Studierenden zum Lösen dieser Aufgabe benötigen. Dies kann Wissen aus der Schule, der Vorlesung, aus vorherigen Aufgaben, etc. sein. Welche Inhalte musst du ggfs. vorher ansprechen bzw. wiederholen?

Zeit	Phase	Inhalte	Sozialform / Methode	Medien / Material	Kommentar
	Einstieg	Kläre die Aufgabenstellung so, dass alle Studierenden wissen, worum es geht. Weitere Aspekte, die du hier ansprechen kannst: • Wie soll die Aufgabenbesprechung inhaltlich und methodisch ablaufen? • Wo gab es Probleme in den Studierendenbearbeitungen? • Was soll man bei dieser Aufgabe lernen? Wo liegt die Herausforderung bei dieser Aufgabe? • ggfs. Wiederholung für die Aufgabe benötigtes Vorwissen			
	Hauptteil (kann nochmals in verschiedene Phasen unterteilt werden)	Beachte bei der Planung auch die folgenden Aspekte: • Welche Inhalte der Vorlesung sind zum Lösen der Aufgabe wichtig? • Welche typischen Fehler sind aufgetaucht? Welche Fehler möchtest du hier besprechen? • Ist es sinnvoll, die gesamte Aufgabe zu besprechen oder nur einen Teil davon? • Wie komplex ist der Lösungsprozess? Welche Zwischenzusammenfassungen und Vorausschauen sind sinnvoll? • Welche alternativen Lösungswege gibt es? Inwieweit sollen diese besprochen werden? • Wie kannst du die Studierende zu einer inhaltlichen Diskussion anregen (z. B. über eine weiterführende Frage, die Umkehrung einer Aussage, …)?	Versuche, bei längeren Besprechungen einen Wechsel einzubauen. Verwende auch Methoden, die zu einem Austausch zwischen den Studierenden führen. Anregungen kannst du dir z. B. beim Münchener Methodenkoffer holen.	Überlege, welche Inhalte auf jeden Fall visualisiert werden müssen. Verschriftliche auch wichtige Bemerkungen. Welches zusätzliche Material würde sich eignen?	für Lehramtsveranstaltungen: Kannst du einen Bezug zum späteren Lehrerberuf herstellen?
	Abschluss	Am Ende der Besprechung solltest du sicherstellen, dass die Studierenden keine Fragen mehr haben. Weitere Aspekte, die du hier ansprechen kannst: • Zusammenfassung der wichtigsten Schritte und Argumente des Lösungsprozesses • Was sollten die Studierenden aus der Aufgabenbesprechung mitnehmen? • Welche Inhalte sollen die Studierenden sich nochmal anschauen? Wo herhalten Sie ggfs. Unterstützung? • Wie hängt diese Aufgabenbesprechung mit der nächsten Phase der Übung zusammen?			

Abb. 22.4   Kommentierter Verlaufsplan für die Hausaufgabenbesprechung

22.7.1 Förderung neuer Arbeitsweisen durch die Unterstützung von Studierenden bei der Bearbeitung von Aufgaben

Während Arbeitsphasen können Tutorinnen und Tutoren die Studierenden auf verschiedenen Ebenen unterstützen (diese sind angelehnt an die Klassen selbstregulierten Lernens von Boekaerts (1999)):

- auf motivationaler Ebene,
- auf metakognitiver Ebene,
- auf kognitiver Ebene.

Zur Förderung der motivationalen Ebene kann auf das Erwartungs-Wert-Modell von Eccles et al. (1983) zurückgegriffen werden. Dieses postuliert, dass sich die Leistung kurz-, mittel- und langfristig dann positiv entwickelt, wenn Lernende davon ausgehen, erfolgreich sein zu können, und das Fach interessant, wichtig oder nützlich finden. Entsprechend könnten die Tutorinnen und Tutoren während der Arbeitsphase unterstützen indem sie die Studierenden in ihren Selbstwirksamkeitserwartungen bestärken, beispielsweise aufzeigen, was sie bisher schon geleistet haben. Zudem können sie die Inhalte motivieren, z. B. erklären, welche Bezüge die aktuelle Aufgabe zu den Vorlesungsinhalten oder auch zu einem späteren Beruf hat.

Auf der metakognitiven Ebene geht es eher um die Steuerung des eigenen Lernens. Dies betrifft die Planung, Selbstbeobachtung und Reflexion des eigenen Lernprozesses. Erfolgreiche Lerner sind in der Lage, ihr Wissen und ihre Strategien einer neuen Situation anzupassen (Boekaerts 1999). In der Schule erfolgt die Regulation des Lernprozesses häufig external durch die Lehrkraft, welche z. B. die Schülerinnen und Schüler dazu anregt, weitere Übungsaufgaben zu bearbeiten oder zusätzliches Material zu nutzen. In der Hochschule muss die Regulation in der Regel durch den Lernenden selbst, d. h. internal erfolgen. Die Studierenden selbst müssen das eigene Lernen planen, überwachen, bewerten und ggf. korrigieren. Hier können die Tutorinnen und Tutoren die Studierenden unterstützen, indem sie beispielsweise verdeutlichen, dass die Bearbeitung von Übungsaufgaben einen längeren Zeitraum einnimmt, als die Studierenden dies aus der Schule gewohnt sind, und sie daher frühzeitig mit der Bearbeitung der Übungsaufgaben beginnen müssen. Auch dass der Besuch der Vorlesung allein nicht ausreicht, sondern die Inhalte nachbereitet werden müssen, können die Tutorinnen und Tutoren den Studierenden weitergeben. Die Explizierung von metakognitiven Strategien trägt auch dazu bei, den Studierenden den neuen didaktischen Vertrag, der häufig implizit bleibt, offenzulegen.

Diese dritte Ebene betrifft die Regulation des Informationsverarbeitungsprozesses. Die Lernenden müssen kognitive Lernstrategien auswählen, kombinieren und koordinieren (Boekaerts 1999). In der Mathematik ist dies besonders beim Problemlösen relevant. Gürtler et al. (2002) haben gezeigt, dass sich kognitive Strategien insbesondere im Zusammenspiel mit Selbstregulation auf metakognitiver Ebene bei Schülerinnen und Schüler durch Training gezielt fördern lassen und langfristig wirksam sind. Natürlich können Tutorinnen und Tutoren kein Strategietraining mit den Studierenden durchführen, dazu fehlen ihnen sowohl die nötigen Kenntnisse als auch die Zeit in der Übung. Sie können die Studierenden jedoch gezielt auf heuristische Hilfsmittel wie Vorwärts- und Rückwärtsarbeiten, Analogieschluss, systematisches Probieren und Rückführung von Unbekanntem auf Bekanntes hinweisen (Bruder und Collet 2011). Diese Strategien sind insbesondere bei der ersten Annäherung an die Aufgabe sehr hilfreich. Auf diese Weise werden Lernstrategien, die nicht nur auf Reproduktion ausgerichtet sind, gezielt gestärkt.

22.7.2 Unterstützungsmaßnahmen für die Tutorinnen und Tutoren

Die Tutorinnen und Tutoren können die Studierenden bei der Bearbeitung von Aufgaben auf der motivationalen und metakognitiven Ebene ggf. bereits durch das Weitergeben ihrer eigenen Erfahrungen helfen. Hier spielt der Erfahrungsaustausch eine besondere Rolle, auf den bereits in Abschn. 22.3 genauer eingegangen wurde. Die Unterstützung auf der kognitiven Ebene ist etwas komplexer. Sie müssen lernen, Hilfestellungen gezielt zu verwenden. Dazu müssen sie im ersten Schritt die Ursache von Studierendenproblemen bestimmen können, um im zweiten Schritt geeignete Hilfestellungen formulieren zu können.

Der erste Schritt verlangt eine gewisse Diagnosekompetenz von Tutorinnen und Tutoren, was eine hohe Anforderung darstellt. Die Ursachen für Studierendenprobleme können sehr unterschiedlich sein: Neben mangelnder Motivation und Organisation können auch fehlendes Fachwissen oder nicht vorhandene Strategien Studierende in der Arbeitsphase blockieren. Sicherlich ist es für Tutorinnen und Tutoren hilfreich, wenn sie Problemstellen schon im Vorhinein antizipieren, um sich entsprechend vorbereiten zu können. Zum einen kann es helfen, wenn sie dazu angeregt werden, die entsprechenden Aufgaben eigenständig zu lösen, und dabei gezielt schwierige Stellen identifizieren. Auch können typische Probleme von Studierenden und mögliche Hilfestellungen bereits im Lösungsvorschlag angegeben werden, wie dies beispielsweise im LIMA-Projekt praktiziert wurde. Hier wurden auf den sogenannten Präsenzhinweisen (Biehler et al. 2013) mögliche Problemstellen und entsprechende Hilfestellungen an die Tutorinnen und Tutoren weitergegeben.

Um den zweiten Schritt, die Formulierung von geeigneten Hilfestellungen, zusätzlich zu unterstützen, sollten Tutorinnen und Tutoren auch verschiedene Interventionsformen kennenlernen. In Anlehnung an Zech (2002) und Leiss (2007) können Hilfestellungen auf fünf verschiedenen Ebenen gegeben werden:

1. Motivationale Interventionen
2. Rückmeldende Intervention
3. Allgemein-strategische Interventionen
4. Inhaltlich-strategische Interventionen
5. Inhaltliche Interventionen

Eine Thematisierung dieser Hilfestellungen im Rahmen von Tutorenschulungen oder in den wöchentlichen Besprechungen kann die Tutorinnen und Tutoren auf zwei Weisen unterstützen: Zum einen lernen sie ihr Interventionsverhalten zu reflektieren und weniger rein inhaltliche Hilfestellungen zu verwenden, sodass die Studierenden im Sinne des „Prinzips der minimalen Hilfe" (Aebli 1994) selbstständiger die Aufgabe lösen. Zum anderen erhalten die Studierenden durch die Verwendung von strategischen Hilfestellungen Heuristiken, die sie auch ohne Anwesenheit von Tutorinnen und Tutoren bei der Auseinandersetzung mit Übungsaufgaben nutzen können.

Erfahrungen mit diesem Schulungsinhalt haben gezeigt, dass die Tutorinnen und Tutoren bereits im Workshop viel Unterstützung benötigen, um strategische Hilfestellungen zu formulieren. Auch in der Praxis, also in konkreten Betreuungssituationen mit Studierenden, fallen die Tutorinnen und Tutoren häufig wieder in ihr altes Interventionsmuster zurück und geben fast ausschließlich inhaltliche Hilfen. Dies konnte im Laufe des Semesters verbessert werden, indem die sie in den Betreuungssituationen von den Schulungsleiterinnen und -leiter besucht und zur Reflexion ihrer Hilfestellungen angeregt wurden. Dies ist jedoch ein Prozess, der eine intensive Zusammenarbeit benötigt.

22.8   Zusammenfassung und Diskussion

Zu Beginn dieses Beitrags wurden verschiedene Aspekte diskutiert, die den Übergang von der Schulmathematik zur Hochschulmathematik für die Studierenden erschweren. An dieser Stelle soll nochmal zusammengefasst werden, welche Rolle studentische Tutorinnen und Tutoren beim Eingewöhnen in den „neuen didaktischen Vertrag" und in die „neue Art von Mathematik" spielen können.

Rolle der Tutorinnen und Tutoren beim Übergang von der Schul- zur Hochschulmathematik

Ein großes Problem bei der häufig verbreiteten Vermittlung von Wissen mittels Vorlesungen ist, dass die mathematischen Prozesse, die den präsentierten Inhalten zugrunde liegen, nicht offengelegt werden (Reichersdorfer et al. 2014). Diese Prozessorientierung kann jedoch durch die Tutorinnen und Tutoren gestärkt werden: in den Korrekturen der Studierendenbearbeitungen, der Besprechung von Hausaufgaben und der Begleitung der Studierenden in Arbeitsphasen. Hier wird nicht nur fertige Mathematik präsentiert, sondern es werden verschiedene Herangehensweisen abgewogen und diskutiert, was in der Literatur zur Übergangsproblematik häufig gewünscht wird (Fischer et al. 2009; Rach 2014).

Im Vergleich zur festen Klassensituation in der Schule haben die Studierenden in ihren Lehrveranstaltungen weniger Anlaufmöglichkeiten für Hilfestellungen (De Guzmán et al. 1998). Studentische Tutorinnen und Tutoren fungieren als neue Anlaufstelle bei Schwierigkeiten: Sie sind in einer ähnlichen Lebenssituation wie die Studierenden und die fachlichen Unterschiede zu ihnen sind weniger groß als zum restlichen Lehrteam. Zudem können Tutorinnen und Tutoren durch geeignetes Klassenmanagement und das Schaffen einer lernförderlichen Atmosphäre in der Übung auch dazu beitragen, dass der Austausch zwischen den Studierenden gestärkt wird und diese sich ähnlich wie in der Schulklasse gegenseitig unterstützen.

Eine weitere große Hürde im Übergang stellt der hohe Anteil an Selbststudium dar. In der Regel ist es nicht Aufgabe studentischer Tutorinnen und Tutoren, die Studierenden im Selbststudium zu betreuen. Auch ist es fraglich, ob Tutorinnen und Tutoren, die zum Teil erst wenige Semester an der Universität studieren, selbst das eigenständige akademische Arbeiten beherrschen. Das Selbststudium der Studierenden sollte demnach eher von erfahreneren Lehrenden begleitet oder durch gezielte Innovationen oder Begleitmaterial (Alcock 2017) gefördert werden. Die Tutorinnen und Tutoren können aber im Rahmen eines Erfahrungsaustauschs ihre eigenen Strategien weitergeben.

In der Literatur zur Übergangsproblematik wird häufig von einer „neuen Art von Mathematik" gesprochen, die einem deduktiven Aufbau folgt und sich durch formale Definitionen und eine besondere mathematische Logik auszeichnet (Liebendörfer 2018; Tall 1991). Auch hier hängt es sehr von den fachlichen Kenntnissen der Tutorinnen und Tutoren ab, inwieweit sie die Studierenden unterstützen können: Sie müssen selbst die Hochschulmathematik durchdrungen haben, um gezielte Hilfestellungen geben zu können. Ist dies der Fall, fungieren sie als Vorbild und können im Rahmen der Korrekturen oder der Hausaufgabenbesprechungen beispielsweise Verknüpfungen zu Vorlesungsinhalten herstellen, neue Anforderungen an die Darstellung und die Argumentationsstruktur verdeutlichen und typische Strategien zum Bearbeitungen von Übungsaufgaben aufzeigen.

Diskussion der Unterstützungsmaßnahmen für Studierende und Tutorinnen und Tutoren

Die aufgelisteten Aspekte zeigen, dass Tutorinnen und Tutoren einen zentralen Beitrag im Übergang von der Schulmathematik zur Hochschulmathematik leisten können. Der Einbezug von studentischen Tutorinnen und Tutoren in die Diskussion der Übergangsproblematik ist neu und vielversprechend, wie durch die zahlreichen Ansatzpunkte gezeigt werden konnte.

Für den Erfolg ist sicherlich ein enges Zusammenspiel mit dem restlichen Lehrteam wichtig. Zudem benötigen die Tutorinnen und Tutoren in vielen Bereichen Unterstützung, um eine Habitusübertragung (Wildt 2013) zu vermeiden. Von einer Qualifizierung von Tutorinnen und Tutoren in der Mathematiklehre an der Hochschule profitieren nicht nur die Studierenden und Tutorinnen und Tutoren, sondern auch die Institute und Fachbereiche, denn auf diese Weise wird auch der eigene wissenschaftliche Nachwuchs gefördert.

Dieser Artikel sollte dazu beitragen, die Leserinnen und Leser für die Situation der Tutorinnen und Tutoren zu sensibilisieren. Die Tätigkeitsfelder sind vielfältig und die Anforderungen an ihre Kompetenzen (von der fachlichen über methodische und didaktische Kompetenz bis hin zu Diagnosekompetenzen) sehr hoch. Die Tutorinnen und Tutoren sind jedoch in der Regel „nur" Studierende eines höheren Semesters ohne jegliche Ausbildung. Entsprechend können die Maßnahmen, die in diesem Beitrag zur Unterstützung der Studierenden in der Studieneingangsphase aufgezeigt wurden, nur Ansatzpunkte bieten. Es ist sicherlich für die Tutorinnen und Tutoren nicht möglich, alle oben aufgeführten Unterstützungsmaßnahmen umzusetzen. Gleichzeitig ist es auch für Schulungsleiterinnen und -leiter sowie die anderen Mitglieder des Lehrteams kaum möglich, auf alle Bereiche intensiv einzugehen. Hier sollten gezielt Schwerpunkte gesetzt werden.

Viele der vorgestellten Maßnahmen, z. B. der Workshop zur Korrektur, das Korrektur-
modul, Workshopansätze zur Förderung der Besprechungsvarianten oder Interventionen,
wurden bereits mehrfach eingesetzt und von den Tutorinnen und Tutoren im Rahmen von
Evaluationen der Schulungsmaßnahmen positiv bewertet. Inwieweit die Maßnahmen tatsächlich in die Lehre der Tutorinnen und Tutoren eingeflossen sind, wurde bisher nicht
empirisch untersucht. Hierzu entsprechende Untersuchungsdesigns zu entwickeln, die
unter anderem auch die Persönlichkeit und das Vorwissen der Tutorinnen und Tutoren
berücksichtigen, stellt eine Herausforderung für weitere Forschungen dar. Dies ist jedoch
zwingend notwendig, um entsprechende Maßnahmen noch gezielter auf ihre Bedürfnisse
zuschneiden zu können.

Literatur

Aebli, H. (1994). *Zwölf Grundformen des Lehrens eine allgemeine Didaktik auf psychologischer Grundlage* (Aufl. 8). Stuttgart: Klett-Cotta.

Alcock, L. (2017). *Wie man erfolgreich Mathematik studiert: Besonderheiten eines nicht-trivialen Studiengangs*. Berlin, Heidelberg: Springer Spektrum.

Antosch-Bardohn, J., Beege, B., & Primus, N. (2016). *Tutorien erfolgreich gestalten: Ein Handbuch für die Praxis*. Paderborn: UTB.

Bauer, T. (2013). *Analysis-Arbeitsbuch: Bezüge zwischen Schul-und Hochschulmathematik–sichtbar gemacht in Aufgaben mit kommentierten Lösungen*. Wiesbaden: Springer.

Beck, P., Hawkins, T., Silver, M., Bruffee, K. A., Fishman, J., & Matsunobu, J. T. (1978). Training and Using peer tutors. *College English, 40*(4), 432–449.

Biehler, R., Hänze, M., Hochmuth, R., Becher, S., Fischer, E., Püschl, J., et al. (2013). *Lehrinnovation in der Studieneingangsphase „Mathematik im Lehramtsstudium" – Hochschuldidaktische Grundlagen, Implementierung und Evaluation - Gesamtabschlussbericht des BMBF-Projekts LIMA*. Hannover: TIB.

Boekaerts, M. (1999). Self-regulated learning: Where we are today. *International journal of educational research, 31*(6), 445–457.

Bruder, R., & Collet, C. (2011). *Problemlösen lernen im Mathematikunterricht*: Berlin: Cornelsen Scriptor.

Collins, A., Brown, J. S., & Newman, S. E. (1988). Cognitive apprenticeship: Teaching the craft of reading, writing and mathematics. *Thinking: The Journal of Philosophy for Children 8*(1), 2–10.

Colvin, J. W. (2015). Peer mentoring and tutoring in higher education. In M. Li & Y. Zhao (Hrsg.), *Exploring learning & teaching in higher education* (S. 207–229). Berlin, Heidelberg: Springer.

Crawford, K., Gordon, S., Nicholas, J., & Prosser, M. (1994). Conceptions of mathematics and how it is learned: The perspectives of students entering university. *Learning and Instruction, 4*(4), 331–345.

De Guzmán, M., Hodgson, B. R., Robert, A., & Villani, V. (1998). Difficulties in the passage from secondary to tertiary education. *Documenta Mathematica, Extra Volume (ICME) 1998 (III)*, 747–762.

Dieter, M. (2012). *Studienabbruch und Studienfachwechsel in der Mathematik*. Duisburg-Essen: Universität Duisburg-Essen.

Eccles, J. S., Adler, T. F., Futterman, R., Goff, S. B., Kaczala, C. M., Meece, J. L., & Midgley, C. (1983). Expectancies, values, and academic behaviors. In J. T. Spence (Hrsg.), *Achievement and achievement motivation* (S. 75–146). San Francisco, CA: W. H. Freeman.

Fischer, A., Heinze, A., & Wagner, D. (2009). Mathematiklernen in der Schule–Mathematiklernen an der Hochschule: die Schwierigkeiten von Lernenden beim Übergang ins Studium. In A. Heinze & M. Grüßing (Hrsg.), *Mathematiklernen vom Kindergarten bis zum Studium. Kontinuität und Kohärenz als Herausforderung beim Mathematiklernen* (S. 245–264). Münster: Waxmann.

Frischemeier, D., Panse, A., & Pecher, T. (2016). Schwierigkeiten von Studienanfängern bei der Bearbeitung mathematischer Übungsaufgaben. In A. Hoppenbrock, R. Biehler, R. Hochmuth, & H.-G. Rück (Hrsg.), *Lehren und Lernen von Mathematik in der Studieneingangsphase: Herausforderungen und Lösungsansätze* (S. 229–241). Wiesbaden: Springer Fachmedien Wiesbaden.

Geudet, G. (2008). Investigating the secondary-tertiary transition. *Educational Studies in Mathematics, 67*(3), 237–254.

Göller, R. (2016). Zur lernstrategischen Bedeutung von Übungsaufgaben im Mathematikstudium. In Gesellschaft für Didaktik der Mathematik (Hrsg.), *Beiträge zum Mathematikunterricht*. Münster: WTM.

Gürtler, T., Perels, F., Schmitz, B., & Bruder, R. (2002). Training zur Förderung selbstregulativer Fähigkeiten in Kombination mit Problemlösen in Mathematik. *Zeitschrift für Pädagogik, 45*, 222–239.

Helmke, A. (2012). *Unterrichtsqualität und Lehrerprofessionalität: Diagnose, Evaluation und Verbesserung des Unterrichts* (Aufl. 4.). Seelze: Klett/Kallmeyer.

Hilgert, J., Hoffmann, M., & Panse, A. (2015). *Einführung in mathematisches Denken und Arbeiten: Berlin*. Heidelberg: Springer Spektrum.

Knauf, H. (2007). *Tutorenhandbuch: Einführung in die Tutorenarbeit* (Aufl. 5). Bielefeld: Universitätsverlag Webler.

Leiss, D. (2007). *Hilf mir es selbst zu tun - Lehrerinterventionen beim mathematischen Modellieren*. Hildesheim: Franzbecker.

Liebendörfer, M. (2018). *Motivationsentwicklung im Mathematikstudium*. Wiesbaden: Springer Spektrum.

Liese, R. (1994). *Unterrichtspraktische Übungen für Übungsgruppenleiter in Mathematik - Ein Beitrag zur Verbesserung der Lehre durch Ausbildung und Training von Fachtutoren*: Darmstadt: TU Darmstadt.

Macrae, S., Brown, M., & Bartholomew, H. (2003). The tale of the tail: an investigation of failing single honours mathematics students in one university. *Proceedings of the British Society for Research into Learning Mathematics, 23*(2), 55–60.

Mason, J. H. (2002). *Mathematics teaching practice - A guide for university and college lecturers*. West Sussex: Horwood.

Milburn, K. (1996). *Peer Education: Young People and Sexual Health; a Critical Review*: Edinburgh: Health Education Board for Scotland.

Oser, F., & Spychiger, M. (2005). *Lernen ist schmerzhaft: Zur Theorie des negativen Wissens und zur Praxis der Fehlerkultur*. Weinheim: Beltz.

Ostsieker, L. (2016). Förderung des Begriffsverständnisses zentraler mathematischer Begriffe des ersten Semesters durch Workshopangebote – am Beispiel der Konvergenz von Folgen. In A. Hoppenbrock, R. Biehler, R. Hochmuth, & H.-G. Rück (Hrsg.), *Lehren und Lernen von Mathematik in der Studieneingangsphase: Herausforderungen und Lösungsansätze* (S. 371–385). Wiesbaden: Springer Fachmedien Wiesbaden.

Pepin, B. (2014). Student transition to university mathematics education: Transformation of people, tools and practices.(this volume). In S. Rezat, M. Hattermann, & A. Peter-Koop (Hrsg.), *Transformation - A Fundamental Idea of Mathematics Education* (S. 65–83). Berlin, Heidelberg: Springer.

Prediger, S., & Wittmann, G. (2009). Aus Fehlern lernen–(wie) ist das möglich. *Praxis der Mathematik in der Schule, 51*(3), 1–8.

Püschl, J. (2017). Identifying discussion patterns of teaching assistants in mathematical tutorials in Germany. In T. Dooley & G. Geudet (Hrsg.), *Proceedings of the Tenth Congress of the European Society for Research in Mathematics Education (CERME10, February 1 – 5, 2017).* Dublin: DCU Institute of Education and ERME.

Pólya, G. (1995). Schule des Denkens: Vom Lösen mathematischer Probleme (Aufl. 4). Tübingen, Basel: Francke.

Püschl, J., Biehler, R., Hochmuth, R., & Schreiber, S. (2016). Wie geben Tutoren Feedback? Anforderungen an studentische Korrekturen und Weiterbildungsmaßnahmen im LIMA-Projekt. In A. Hoppenbrock, R. Biehler, R. Hochmuth, & H.-G. Rück (Hrsg.), *Lehren und Lernen von Mathematik in der Studieneingangsphase: Herausforderungen und Lösungsansätze* (S. 387–404). Wiesbaden: Springer Fachmedien Wiesbaden.

Rach, S. (2014). *Charakteristika von Lehr-Lern-Prozessen im Mathematikstudium: Bedingungsfaktoren für den Studienerfolg im ersten Semester.* Münster: Waxmann.

Rach, S., & Heinze, A. (2013). Welche Studierenden sind im ersten Semester erfolgreich? *Journal für Mathematik-Didaktik, 34*(1), 121–147.

Reichersdorfer, E., Ufer, S., Lindmeier, A., & Reiss, K. (2014). Der Übergang von der Schule zur Universität: Theoretische Fundierung und praktische Umsetzung einer Unterstützungsmaßnahme am Beginn des Mathematikstudiums. In I. Bausch, R. Biehler, R. Bruder, P. R. Fischer, R. Hochmuth, S. Schreiber, & T. Wassong (Hrsg.), *Mathematische Vor- und Brückenkurse* (S. 37–53). Wiesbaden: Springer Spektrum.

Rumpf, M. (2009). *Tutorenqualifizierung - „Ich kann mir jetzt vorstellen, was da auf mich zukommt".* Friedberg: FH Gießen-Friedberg.

Schulmeister, R. (2014). Auf der Suche nach Determinanten des Studienerfolgs. In J. Brockmann & A. Pilniok (Hrsg.), *Studieneingangsphase in der Rechtswissenschaft* (S. 72–205). Baden-Baden: Nomos.

Siburg, K.-F., & Hellermann, K. (2009). Mathematik lehren lernen. *DVM Nachrichten, 17,* 174–176.

Tall, D. (1991). *Advanced mathematical thinking.* Dordrecht: Kluwer Academic Publishers.

Ufer, S. (2015). *The role of study motives and learning activities for success in first semester mathematics studies.* Paper presented at the Proceedings of the joint meeting of PME38 and PME-NA36, Hobart, Australia.

Wildt, J. (2013). Ein hochschuldidaktischer Blick auf die Tutorenqualifizierung. *Tutorienarbeit im Diskurs. Qualifizierung für die Zukunft,* 39–49.

Zech, F. (2002). *Grundkurs Mathematikdidaktik. Theoretische und praktische Anleitungen für das Lehren und Lernen von Mathematik.* Weinheim, Basel: Beltz.

Please mind the gap – Mathematikvorlesungen mit Lückenskript

Anja Panse und Frank Feudel

Zusammenfassung

Studierende der Mathematik werden beim Übergang Schule-Hochschule neben neuen sozialen Aspekten beziehungsweise fachlich andersartigen Inhalten mit einer ihnen unbekannten Art der Stoffvermittlung in Form von Vorlesungen konfrontiert. In traditionellen Mathematikvorlesungen präsentiert der Dozent (Stehen keine geschlechtsneutralen Bezeichnungen zur Verfügung, so wird hier für eine bessere Lesbarkeit stets die männliche Form verwendet, wobei natürlich weibliche Personen mitgemeint sind.) die Inhalte an der Tafel. Viele Studierende widmen dabei einen Großteil ihrer Aufmerksamkeit dem Mitschreiben. Den Erklärungen des Dozenten schenken sie eher wenig Beachtung.

Daher wurde im Wintersemester 2017/18 an der Universität Paderborn die Veranstaltung „Einführung in mathematisches Denken und Arbeiten" unter Verwendung eines Lückenskripts angeboten. In diesem Beitrag erfolgt eine ausführliche Darstellung dieses Vorlesungsstils. Dabei stehen neben der praktischen Umsetzung einhergehende Potentiale für die Gestaltung der Lehrveranstaltung und Herausforderungen des Ansatzes im Fokus. Außerdem werden erste studentische Rückmeldungen präsentiert.

A. Panse (✉)
Institut für Mathematik, Universität Paderborn, Paderborn, Deutschland
E-Mail: apanse@math.upb.de

F. Feudel
Institut für Mathematik, Humbold-Universität zu Berlin, Berlin, Deutschland
E-Mail: feudel@math.hu-berlin.de

© Springer-Verlag GmbH Deutschland, ein Teil von Springer Nature 2021
R. Biehler et al. (Hrsg.), *Lehrinnovationen in der Hochschulmathematik,*
Konzepte und Studien zur Hochschuldidaktik und Lehrerbildung Mathematik,
https://doi.org/10.1007/978-3-662-62854-6_23

23.1   Einleitung

Die Vermittlung neuer mathematischer Inhalte an der Hochschule findet derzeit hauptsächlich in Vorlesungen statt (Yoon et al. 2011). Diese erlauben eine hohe Informations-
dichte und eignen sich daher gut zur Vermittlung vieler Inhalte in kurzer Zeit (auch in
den Augen der Studierenden, siehe Yoon et al. 2011)). Außerdem sind sie im Vergleich
zu anderen Lehrveranstaltungsformaten wie Unterricht in Kleingruppen sehr ressourcen-
sparend (Pritchard 2010) und werden daher in Zukunft an Hochschulen auch weiterhin
eine wichtige Rolle spielen. Neben der Informationsvermittlung haben mathematische
Vorlesungen weitere Potentiale, die durch die Persönlichkeit des Dozenten bestimmt
sind. Als Experte seines Faches vermittelt der Lehrende einen gewissen „Habitus" der
Fachcommunity (Pritchard 2010). Weiterhin fungiert der Dozent in Vorlesungen idealerweise als Motivator. Durch das „Brennen für das eigene Fach" und den Wunsch, dieses
an die Studierenden zu vermitteln, kann er diese Begeisterung auf die Studierenden übertragen (Pritchard 2010; Rodd 2003).

Allerdings gibt es in traditionellen Mathematikvorlesungen zahlreiche Schwierigkeiten. Beispielsweise beklagen sich Studierende häufig über das hohe Tempo und
sind meistens während der Vorlesung die gesamte Zeit mit dem Erstellen der Mitschrift
beschäftigt. So gab zum Beispiel eine Studentin im Lernzentrum Mathematik der Universität Paderborn auf die Frage eines Betreuers, ob sie in Vorlesungen im Allgemeinen
etwas verstehen würde, die Antwort:

> Nein, in den Vorlesungen komme ich kaum hinterher und male blind die Zeichen von der
> Tafel ab.

Um diesem Problem zu begegnen, erprobten die Autoren im Wintersemester 2017/18
an der Universität Paderborn in der Lehrveranstaltung „Einführung in mathematisches
Denken und Arbeiten" einen Vorlesungsstil unter Verwendung eines Lückenskripts,
das in der didaktischen Literatur häufig als *guided notes* (Heward 1997), *partial notes*
(Annis 1981) oder *skeletal notes* (D'Inverno 1995) bezeichnet wird. In der universitären
Mathematiklehre ist die Verwendung solcher Lückenskripte allerdings bisher noch nicht
verbreitet (Iannone und Miller 2019).

Daher wird in diesem Beitrag der Einsatz eines Lückenskripts in einer
mathematischen Lehrveranstaltung vorgestellt, basierend auf Ideen von Alcock (2018).
In Abschn. 23.2 werden hierfür zunächst auf Basis der didaktischen Literatur typische
Schwierigkeiten der Studierenden beim Lernen in mathematischen Vorlesungen dargestellt. In Abschn. 23.3 wird dann als Reaktion auf diese Schwierigkeiten die Idee des
Lückenskripts und deren praktische Umsetzung in der Lehrveranstaltung „Einführung in
mathematisches Denken und Arbeiten" dargelegt. Anschließend werden in Abschn. 23.4
erste Ergebnisse einer Evaluation des Lückenskripteinsatzes präsentiert. Schließlich
endet der Beitrag in Abschn. 23.5 mit einer Diskussion der Herausforderungen bei der
Verwendung von Lückenskripten und einem abschließenden Fazit.

23.2 Schwierigkeiten der Studierenden beim Lernen in mathematischen Vorlesungen

Das Lernen in bzw. aus mathematischen Vorlesungen verlangt mehrere Schritte gemäß einem Modell von Lew et al. (2016) (basierend auf einem Modell zum Mitschreiben in Vorlesungen im Allgemeinen von Williams und Eggert (2002)):

1. Aufmerksames Zuhören
2. Mitschreiben
3. Nacharbeiten der Vorlesung auf Basis der Mitschrift

Zu jedem dieser Punkte werden spezifische Schwierigkeiten für Hörer von Vorlesungen in der Literatur beschrieben.

1. Zum aufmerksamen Zuhören
Bereits das aufmerksame Zuhören bereitet vielen Studierenden Probleme. So wurde für Vorlesungen verschiedener Fächer nachgewiesen, dass die Aufmerksamkeit der Teilnehmer im Mittel im Laufe der Zeit abnimmt (Bligh 2000; Stuart und Rutherford 1978). Dabei gibt es Unterschiede zwischen verschiedenen Vorlesungen und zwischen verschiedenen Lehrenden bei gleicher Vorlesung (Stuart und Rutherford 1978). Als besonders problematisch für die Aufrechterhaltung der Aufmerksamkeit erweist sich Zeitdruck während der Lehrveranstaltung, wie er in Mathematikvorlesungen üblich ist (Harris und Pampaka 2016).

Weiterhin werden Mathematikvorlesungen häufig als sogenannter *chalk talk* gehalten (Artemeva und Fox 2011). Bei diesem Format präsentiert der Dozent die Inhalte in einem Monolog an der Tafel. Dabei liest er den Tafelanschrieb vor und gibt eventuell zusätzlich mündliche erläuternde Kommentare (Artemeva und Fox 2011). Interaktion findet in solchen traditionellen Mathematikvorlesungen kaum statt (Harris und Pampaka 2016; Yoon et al. 2011). Dies führt schlimmstenfalls dazu, dass die Studierenden gedanklich abschalten und die präsentierten Informationen nicht mehr verarbeiten.

2. Zum Mitschreiben
Anthony (2000) zeigte, dass Studierende in mathematischen Lehrveranstaltungen das Mitschreiben als wichtig für den Studienerfolg ansehen. Ihrer Meinung nach hilft dies bereits bei einer ersten Verarbeitung der präsentierten Inhalte.

Jedoch ist das Erstellen einer geeigneten Mitschrift in Vorlesungen für Studierende nicht immer leicht. So fanden zum Beispiel Van Meter et al. (1994) in einer fächerübergreifenden Interviewstudie (252 Teilnehmer aus insgesamt 26 Fächern) zum Mitschreiben heraus, dass eine hohe Geschwindigkeit und eine mangelnde Strukturierung der Vorlesung für Studierende eine Verarbeitung der präsentierten Informationen sowie das Erstellen einer geeigneten Mitschrift erheblich erschweren. Eine besondere

Herausforderung ist hierbei das gleichzeitige Mitschreiben und Zuhören (Aiken et al. 1975; Van Meter et al. 1994). Dies könnte eine Ursache dafür sein, dass Mitschriften von Studierenden aus Vorlesungen oft wesentliche Informationen nicht enthalten (Hartley und Cameron 1967; Lew et al. 2016; Locke 1977; Williams und Eggert 2002). Bei Mathematikvorlesungen trifft dies insbesondere für die Informationen zu, die vom Dozenten nicht angeschrieben, sondern nur mündlich übermittelt werden (Fukawa-Connelly 2012; Lew et al. 2016). Dies ist besonders dann problematisch, wenn Heurismen bei der Begriffsbildung oder beim Beweisen ausschließlich mündlich präsentiert werden, obwohl diese für das Verständnis mathematischer Konzepte bzw. von Beweisideen zentral sind (Lew et al. 2016).

3. Zum Nacharbeiten der Vorlesung

Wenn Studierende ihre Mitschriften aus einer Vorlesung vor einer Prüfung erneut durchgehen, schneiden sie in Tests, die das vermittelte Wissen aus Vorlesungen abfragen, besser ab (siehe fächerübergreifende Metaanalyse von Kiewra (1985)). Die Nacharbeit einer Vorlesung in Mathematik hat jedoch nicht nur das Ziel, die vermittelten Informationen wiedergeben zu können. Vielmehr ist sie wesentlich, um die dargebotenen Inhalte zu verstehen und diese auf mathematische Probleme anwenden zu können (KMK 2002). Daher genügt ein bloßes nochmaliges Durchgehen der Mitschrift nicht. Eine aktive Auseinandersetzung mit ihr, bei der die Studierenden Verständnislücken bemerken und anschließend selbst schließen, ist unumgänglich (Dietz 2016). Leider findet häufig gar keine Nachbearbeitung der Vorlesung statt (Bauer 2015; Göller 2016). Stattdessen strukturieren viele Studierende ihre Selbststudienphase zunächst anhand wöchentlich abzugebender, vorlesungsbegleitender Übungsaufgaben (Göller 2016). Die Bearbeitung dieser Übungsaufgaben ist sehr zeitintensiv. Außerdem wird in der Regel eine gewisse Mindestpunktzahl für die Prüfungszulassung benötigt. Daher erfolgt die Nacharbeit der Vorlesung oft höchstens selektiv, und zwar an den Stellen, die unmittelbar für das Lösen der Übungsaufgaben benötigt werden (Bauer 2015; Göller 2016). Wird keine Verbindung zwischen der Vorlesung und den Übungsaufgaben gesehen, so findet folglich keine Nacharbeit der Vorlesung statt (evtl. erst zur unmittelbaren Klausurvorbereitung). Daraus resultiert häufig ein mangelhaftes Verständnis der in der Vorlesung vermittelten mathematischen Konzepte (Bauer 2015). Die Übungsaufgaben setzen ihrerseits aber oft die Kenntnis und ein Erstverständnis der in der Vorlesung vermittelten Konzepte voraus (Bauer 2015; Frischemeier et al. 2016). Das Unterlassen der Nacharbeit der Vorlesung führt somit zu einem erhöhten Zeitbedarf beim Lösen der Übungsaufgaben und zu Frustration.

Es gibt somit bei jedem der drei Schritte (*1. Aufmerksames Zuhören, 2. Mitschreiben, 3. Nacharbeiten der Vorlesung auf Basis der Mitschrift*) Schwierigkeiten beim Lernen in mathematischen Vorlesungen. Im nächsten Abschnitt unterbreiten wir mit dem Ansatz „Vorlesung unter Verwendung eines Lückenskripts" einen Vorschlag, der einige dieser Schwierigkeiten adressiert.

23.3 Die Idee des Lückenskripts und dessen praktische Umsetzung an der Universität Paderborn

Um den in Abschn. 23.2 genannten Schwierigkeiten der Studierenden beim Lernen in mathematischen Vorlesungen zu begegnen, erprobten die Autoren im Wintersemester 2017/18 die Verwendung eines Lückenskripts. In Vorlesungen der Mathematik an der Universität ist ein solcher Vorlesungsstil bisher, wie bereits in der Einleitung festgestellt, kaum verbreitet (Iannone und Miller 2019). Hier ist nach wie vor die in Abschn. 23.2 genannte klassische Vorlesungsmethode *chalk talk* üblich (Artemeva und Fox 2011).

Im Folgenden sollen die Idee des Lückenskripts und deren praktische Umsetzung am Beispiel der Brückenvorlesung „Einführung in mathematisches Denken und Arbeiten" (EmDA) an der Universität Paderborn im Wintersemester 2017/18 illustriert werden.

Die EmDA-Veranstaltung richtete sich an angehende Gymnasial- und Berufsschullehrer im ersten Semester. Der zeitliche Umfang betrug zwei Stunden Vorlesung und zwei Stunden Übung pro Woche. Inhaltlich wurden in der Vorlesung folgende Themen behandelt:

1. Elementare Zahlentheorie (insbesondere Teilbarkeitslehre)
2. Mengen und Relationen
3. Grundlegende algebraische Strukturen (Gruppen, Ringe, Körper)
4. Konstruktion der Zahlbereiche

Die Grundlage der Vorlesung bildete ein unvollständiges Skript. Dieses basierte auf dem (vollständigen) Skript der EmDA-Vorlesung der vergangenen Jahre von Prof. Dr. Joachim Hilgert. In dem daraus entstandenen Lückenskript wurden an einigen Stellen Leerfelder gelassen, die während der Veranstaltung ausgefüllt wurden. Eine Beispielseite zum Thema „Kommutative Ringe" ist in Abb. 23.1 dargestellt.

Vor jeder Lehrveranstaltung ließ die Dozentin, die gleichzeitig erste Autorin dieses Beitrags ist, jedem Studierenden einen entsprechenden Teil des Lückenskripts zukommen. Während der Vorlesung wurde dieses dann unter Verwendung eines Visualizers an eine Leinwand projiziert. Die Lehrperson füllte dann das Skript „live" aus. Die Teilnehmer konnten so die Notizen der Dozentin mitverfolgen und eigene Aufzeichnungen in ihre Kopie einfügen. Den Studierenden wurde nach jeder Veranstaltung das ausgefüllte Skript der Lehrperson online zur Verfügung gestellt.

23.3.1 Potential des Lückenskripts während der Vorlesung

Die Arbeit mit solch einem Lückenskript eröffnet einige Möglichkeiten während der Vorlesung, die bereits von Alcock (2018) genannt wurden. Sie setzt in ihren Lehrveranstaltungen schon seit Längerem Lückenskripte ein, die sie als *gappy notes* bezeichnet.

7.2   Ringe

Definition 7.3 (Kommutativer Ring). Eine Menge $R \neq \emptyset$ zusammen mit einer Addition $+ :$ $R \times R \to R$ und einer Multiplikation $\cdot : R \times R \to R$ heißt ein kommutativer Ring, wenn gilt

- $(R, +)$ ist

- $(R, \cdot)$ ist

- (D) Distributivität:

Wenn außerdem $(R, \cdot)$ ein neutrales Element e hat, dann heißt $(R, +, \cdot, e)$ ein kommutativer Ring mit Eins

---

Beispiel 7.19. $(\mathbb{Z}, +, \cdot, 1)$ ist ein

Beispiel 7.20. $(2\mathbb{Z}, +, \cdot)$ ist ein

Beispiel 7.21. $(\mathbb{Q}, +, \cdot, 1)$ ist ein

Beispiel 7.22. Für jedes $m \in \mathbb{N}$ ist die Menge $\mathbb{Z}/m\mathbb{Z}$ der Restklassen modulo m mit der Addition und der Multiplikation ist ein

---

Proposition 7.5. *Sei $(R, +, \cdot)$ ein kommutativer Ring und 0 die Null von $(R, +)$. Dann gilt*

(i) $\forall x, y, z \in R : (x + y)z =$

(ii) $\forall x, y, z \in R : x(y - z) =$

(iii) $\forall x \in R : 0x =$

(iv) $\forall x, y \in R : (-x)y =$

Beweis.

Abb. 23.1 Beispielseite des Lückenskripts der EmDA-Vorlesung zum Thema „Kommutative Ringe"

Bei der Verwendung von Lückenskripten kann der Dozent zunächst Textbausteine, die er nicht während der Vorlesung aufschreiben (lassen) möchte, vorher einfügen (Alcock 2018). Dies erspart dem Lehrenden und den Studierenden Schreibarbeit. Die Hörer können ihre Mitschriften durch die gelassenen Lücken dennoch individuell anpassen, was vielen Studierenden wichtig ist (Van Meter et al. 1994). Aber der entscheidende Vorteil des geringeren Schreibens ist, dass die Studierenden in der dabei gewonnenen Zeit nicht mehr gleichzeitig zuhören und mitschreiben müssen, was ein großes Problem in traditionellen Vorlesungen darstellt (siehe Abschn. 23.2). Sie können vielmehr den Erklärungen des Dozenten aufmerksam folgen.

Weiterhin kann der Lehrende einen Teil der gewonnenen Zeit für die Aktivierung der Studierenden oder zur Förderung des Verständnisses der präsentierten Inhalte verwenden und damit einem Teil der in Abschn. 23.2 genannten Schwierigkeiten begegnen. Typische Beispiele für passende Aktivitäten sind Clicker-Fragen mit anschließender *peer instruction* (Mazur 2017), kurze Arbeitsaufträge oder einfach nur kurze Pausen in der Vorlesung (Alcock 2018). Hierbei kann insbesondere das Lückenskript selbst als Grundlage für solche Aktivitäten genutzt werden. Alcock (2018), auf deren Ideen die praktische Umsetzung des Lückenskripts in der EmDA-Vorlesung beruht, schlägt drei Aktivitäten vor, die die Autoren ebenfalls in die Vorlesung eingebaut haben: *Ausfüllen*, *Entscheiden* sowie *Lesen und Erklären*. Diese werden nun näher beschrieben.

1. Ausfüllen

Beim *Ausfüllen* werden die Studierenden dazu aufgefordert, bestimmte Lücken im Skript zunächst selbst auszufüllen. Dies dient einerseits der Aktivierung der Studierenden. Andererseits fördert es das Verständnis der behandelten Inhalte durch eine vertiefte Auseinandersetzung mit ihnen. Den Teilnehmern wird für das selbstständige Ausfüllen der jeweiligen Lücken stets ein Zeitfenster (eine bis drei Minuten) vorgegeben. Danach werden die Ergebnisse verglichen oder, wenn nötig, diskutiert. Geeignete Stellen für die Aktivität *Ausfüllen* sind:

- Beispiele (z. B. Generierung eigener Beispiele durch die Studierenden)
- Mathematische Definitionen und Sätze (z. B. Vervollständigung von Aussagen zu einer sinnvollen mathematischen Aussage oder Vermutung einfacher mathematischer Zusammenhänge)
- Beweise (z. B. Begründungen für bestimmte Teilschritte in Beweisen)

Ein Beispiel für eine Lücke zum „Ausfüllen" im Lückenskript der EmDA-Vorlesung im Wintersemester 2017/18 war die Vervollständigung des folgenden Satzes:

Für $m \in \mathbb{N}$ betrachten wir zwei Zahlen $a, b \in \mathbb{Z}$, die bei Division durch m denselben Rest lassen, also

$$a = u \cdot \quad + r \text{ und } b = v \cdot \quad + \quad \text{ mit } u, v, r \in \mathbb{Z}.$$

2. Entscheiden

Die Aktivität *Entscheiden* ist eng an die Methode *peer instruction* nach Mazur (2017) angelehnt. Ziel ist zum einen abermals die Aktivierung der Studierenden. Zum anderen sollen die Studierenden beim Erwerb eines validen Verständnisses mathematischer Konzepte sowie beim Überwinden von Fehlvorstellungen (*conceptual change,* vgl. Vosniadou 1994)) unterstützt werden. Bei der *peer instruction* erhalten die Studierenden während der Vorlesung zunächst kurze Multiple-Choice-Fragen (sogenannte *ConcepTest*-Fragen) zu dargebotenen Konzepten (Mazur 2017). Die Teilnehmer werden dann aufgefordert abzustimmen. Abhängig vom Ergebnis erfolgt eine Diskussion im Plenum oder die Studierenden diskutieren mit dem Nachbarn. Anschließend stimmen sie erneut ab. Danach erläutert der Dozent die richtige Antwort und geht auf mögliche Fehlvorstellungen hinter den falschen Antworten ein.

Auch für die Aktivität *Entscheiden* kann das Lückenskript als Basis dienen. Durch die Lücken im Text ergeben sich oft mehrere naheliegende Möglichkeiten des Ausfüllens. Diese können in Form von Multiple-Choice-Fragen bzw. -Aufgaben direkt in das Skript eingebaut werden. Ein Beispiel dafür ist:

Für $a \in \mathbb{Z}$ mit $0|a$ gilt nach Definition (des Teilers t von z, wobei $t, z \in \mathbb{Z}$):

   i. $a \in \mathbb{Z}$ beliebig,

  ii. $a = 0$,

 iii. Das ist eine falsche Aussage, da man nicht durch null teilen darf.

Alternativ kann der Dozent zu einer Lücke verschiedene Antwortoptionen mündlich vorgeben. Ein Beispiel aus der EmDA-Vorlesung im Wintersemester 2017/18 ist in Abb. 23.2 dargestellt. Als Entscheidungsoptionen wurden von der Dozentin „a" und „$-a$ " genannt. Dabei bestand für die Studierenden die Aufgabe darin, die richtige Stelle für die jeweilige Option zu finden.

Bei den Entscheidungsaufgaben in der EmDA-Vorlesung wurden, wie von Mazur (2017) empfohlen, die Studierenden zunächst dazu aufgefordert, abzustimmen. Anschließend sollten sie über die Antwortalternativen mit ihrem Nachbarn diskutieren und erneut abstimmen. Alternativ erfolgte manchmal die Diskussion im Plenum oder das korrekte Ergebnis wurde ohne Diskussion, aber mit entsprechenden Erläuterungen der Dozentin, direkt im Skript festgehalten.

Definition 1.1. *Der Absolutbetrag $|a|$ einer Zahl $a \in \mathbb{Z}$ ist definiert durch*

$$|a| := \begin{cases} & \text{für} \quad a \geq 0 \\ & \text{für} \quad a < 0 \end{cases}$$

Abb. 23.2 Beispiel einer Lücke für die Aktivität *Entscheiden*

3. Lesen und erklären

Die dritte Aktivität *Lesen und Erklären* unterstützt die Studierenden beim Lesen mathematischer Texte. Diese zeichnen sich in der Regel durch eine hohe Komplexität und wenig Redundanz aus (Maier und Schweiger 1999). Um solch einen Text sinnentnehmend zu lesen, bedarf es in der Regel notwendiger Aktivitäten (Dietz 2016; Hefendehl-Hebeker 2016; Hilgert et al. 2015) wie:

1. Generierung von Beispielen (zum Beispiel für das Verständnis einer Definition)
2. Zeichnen von Skizzen
3. Einfügen zusätzlicher Erläuterungen, Argumente oder Nebenrechnungen (zum Beispiel bei Beweisen)

Studienanfängern fällt das Lesen dieser Texte in der Regel nicht leicht und sie verwenden selten die richtigen Techniken (Shepherd et al. 2012; Shepherd & van de Sande 2014). Häufig lesen sie zu oberflächlich und bemerken Verständnislücken nicht (Shepherd & van de Sande 2014). Daher sollten Studierende gerade zu Beginn des Studiums beim Lesen mathematischer Texte unterstützt werden.

Auch dafür bietet ein Lückenskript Potential. Basis für eine erste, stark geführte Hilfestellung kann ein sogenannter geschnipselter Text sein. Dafür wird ein (Original-)Text in Textschnipsel zerlegt. Die Schnipsel werden ins Lückenskript eingefügt, wobei zwischen ihnen leere Boxen platziert sind. Stellen, an denen ein Experte die oben genannten Aktivitäten zum Lesen mathematischer Texte durchführen würde, werden somit durch leere Boxen zwischen den Zeilen gekennzeichnet. Während der Vorlesung kann der Dozent an jeder Box Aktivitäten anleiten und auf Basis dieser die Lücken füllen (lassen).

Im Folgenden soll die Beziehung zwischen Text, Lücke und den oben genannten Aktivitäten zur Unterstützung beim Lesen mathematischer Texte in einem geschnipselten Text exemplarisch auf Basis eines Textes von Hilgert und Hilgert (2012) dargestellt werden. Zunächst wurde der Text in fünf Textschnipsel zerlegt (siehe Abb. 23.3, aus Urheberrechtsgründen verwischt dargestellt).

Beispielsweise befindet sich im vierten Textschnipsel die Aussage: „Wenn eine Zahl d die Zahlen a und b teilt, dann teilt sie auch jede Zahl der Form $ax + by \in \mathbb{N}$, wobei x, y ganze Zahlen sind." In der folgenden Lücke können die Studierenden sich diese Aussage dann durch Zahlenbeispiele verdeutlichen (Aktivität *Generierung von Beispielen* der oben genannten Aktivitäten zur Unterstützung des Lesens).

Im Laufe der Lehrveranstaltung sollte aber vermehrt auch das eigenständige Lesen geübt werden. Deshalb schlagen wir ab Mitte des Semesters folgendes Vorgehen vor: Der Text wird so präsentiert, wie er typischerweise in einem Mathematiklehrbuch steht. Hinter dem Text befindet sich eine große leere Box mit dem Titel „Ergänzungen zum Beweis/Text/ …" (siehe Abb. 23.4). In diese können die Studierenden dann eigene Notizen eintragen, die sich bei der Durcharbeitung des vorangestellten Textes unter Verwendung der oben genannten Aktivitäten zum Lesen mathematischer Texte ergeben.

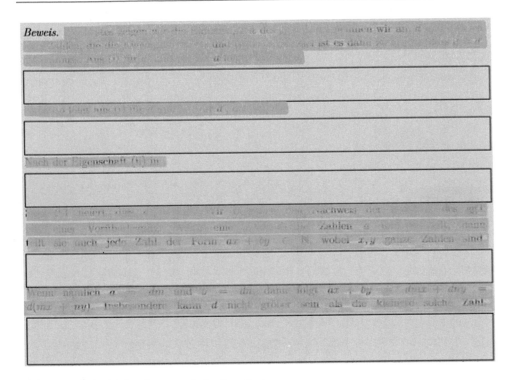

Abb. 23.3 Beispiel für einen geschnipselten Text

In der EmDA-Vorlesung im Wintersemester 2017/18 wurde die erste Variante (mit starker Anleitung) bei wichtigen Sätzen zu Beginn des Semesters durchgeführt. Beispiele hierfür waren der Satz über den euklidischen Algorithmus oder der Satz über Existenz und Eindeutigkeit der Primfaktorenzerlegung. Ab Mitte des Semesters wurde dann die zweite Variante mit der Zusatzbox umgesetzt.

Neben dem Potential, Zeit und Raum für studentische Aktivitäten in der Vorlesung zu schaffen, bietet das Lückenskript weitere organisatorische Vorteile für Studierende und Lehrende während der Vorlesung. Benutzt der Lehrende während der Veranstaltung zur Stoffvermittlung einen Visualizer, so steht die Tafel als weiteres Medium zur Verfügung. Dadurch hat er die Möglichkeit, Erläuterungen, die nicht im Skript festgehalten werden, an der Tafel zu verdeutlichen. Beispielsweise kann er Nebenrechnungen vorführen oder Antworten auf Fragen aus dem Publikum an der Tafel erklären. Insgesamt ist der Dozent hier sehr viel flexibler als bei einem vorgefertigten Tafelanschrieb. Für Studierende hat das Lückenskript den organisatorischen Vorteil, dass eine Grundstruktur bereits vorgegeben ist, denn das Strukturieren von Mitschriften ist für Studierende nicht immer leicht (siehe Abschn. 23.2). Dennoch können die Studierenden ihre Mitschrift immer noch individuell anpassen, was vielen von ihnen wichtig ist (Van Meter et al. 1994).

Beweis (von Satz 3.3). *Wir schauen uns einen Beweis dieses Satzes aus einem Buch empfohlen für Lehramtsstudierende für Grundschule und höher an.*

(i) Wir gehen davon aus, dass es genau k prime Restklassen   mod m gibt und bezeichnen diese mit

$$[x_1], [x_2], \ldots, [x_k].$$

Die Produkte

$$[a] \cdot [x_i], i = 1, 2, \ldots, k,$$

stellen wieder alle primen Restklassen dar.

Insbesondere gilt: $\mathrm{ggT}(1, m) = 1$, was bedeutet, dass $[1]$ eine prime Restklasse ist und somit eines der Produkte die prime Restklasse $[1]$ sein muss.

(ii) Nach Aussage (i) existiert genau eine Restklasse $[a']$ mit
Aus $[a] \cdot [x] = [b]$ folgt daher durch Multiplikation mit $[a']$

Lücken schließen im Beweis von Satz 3.3(i).

Abb. 23.4 Beispiel eines mathematischen Textes mit sich anschließender Zusatzbox für weitere Ergänzungen

23.3.2 Potential des Lückenskripts für die Selbststudienphase

Wie in Abschn. 23.2 näher beschrieben, arbeiten Studierende die Vorlesung oft höchstens selektiv beim Lösen der wöchentlich abzugebenden Übungsaufgaben nach. Daher ist es besonders wichtig, dass Studierende hier eine Verbindung zwischen Vorlesung und Übung herstellen können. Dafür bietet das Lückenskript mehrere Möglichkeiten. Folgende Varianten wären beispielsweise denkbar:

1. Aufgaben werden direkt in das Skript (meist am Ende eines Kapitels) eingefügt. Aus diesen können dann Aufgaben für die oben genannten Übungsaufgaben gewählt werden.
2. Lücken im Skript (Beispiele, zusätzliche Erklärungen zu Schritten in Beweisen, Beweise von Bemerkungen oder Korollaren) sollen durch die Bearbeitung von Übungsaufgaben geschlossen werden.

Durch die erste Variante wird bereits beim Stellen der Übungsaufgaben auf die Vorlesungsmitschrift verwiesen. Das Ziel dabei ist, dass die Studierenden diese dann auch

Betrachten Sie die Aussagen 10. bis 12. aus Satz 1 auf Seite 16 in [VS17].

(a) Veranschaulichen Sie sich zunächst die jeweiligen Aussagen anhand eines selbstgewählten Beispiels.

(b) Beweisen Sie unter Verwendung der Definition 2 die Aussagen.

Abb. 23.5 Beispiel für eine Übungsaufgabe im EmDA-Kurs im Wintersemester 2017/18

als Grundlage zum Finden von Lösungsansätzen für die Übung nutzen und die entsprechenden Abschnitte vorher gründlich nacharbeiten.

Bei der zweiten Möglichkeit werden Vorlesungsmitschrift und Übungsaufgabe konkreter und spezifischer miteinander verzahnt. Dies veranlasst die Studierenden günstigstenfalls dazu, sich vor der Bearbeitung von Aufgaben zum Schließen von Lücken im Skript auch intensiv mit den Teilen ihrer Mitschrift zu beschäftigen, die die entsprechenden Lücken umrahmen. Die Möglichkeit, bestimmte Teile der Vorlesung als Übungsaufgaben zu stellen, gibt es auch in traditionellen Vorlesungen. Bei der Variante mit Lückenskript besteht allerdings die Möglichkeit, im Skript entsprechend Platz in Form von leeren Boxen zu lassen. In diese kann die eigene Lösung (oder später die Musterlösung) anschließend, d. h. nach Lösung der Übungsaufgabe, eingetragen werden.

In der EmDA-Vorlesung im Wintersemester 2017/18 wurde von beiden beschriebenen Möglichkeiten Gebrauch gemacht. So befanden sich am Ende jedes Kapitels zahlreiche Übungsaufgaben für die Studierenden. Von diesen wurden dann ausgewählte Aufgaben auf die wöchentlich zu bearbeitenden Übungszettel übernommen. Dabei wurde direkt auf die jeweilige Aufgabe im Skript verwiesen. Weiterhin zielten viele der Übungsaufgaben direkt auf das Füllen von Lücken im Skript ab. So sollten zum Beispiel Lücken bei Beweisen bestimmter Teilbarkeitsregeln im Rahmen der wöchentlich abzugebenden Übungsaufgaben gefüllt werden (siehe Abb. 23.5).

23.4 Evaluation der Verwendung des Lückenskripts im Rahmen der EmDA-Vorlesung

23.4.1 Methodik der Evaluation

Zur Evaluation der Verwendung des Lückenskripts wurde zunächst die jährliche Veranstaltungskritik der Fachschaft der Universität Paderborn herangezogen. Diese dient den Dozenten als allgemeines Feedback zu ihrem Lehrangebot. Sie enthält neben vielen standardisierten Fragen mit vorgegebenen Antwortskalen zu Vorlesung und Übung (zum Beispiel zur Angemessenheit des Tempos) zwei offene Items, in denen die Studierenden „Positives" und „Negatives" zur Vorlesung angeben sollen. Im Wintersemester 2017/18 nahmen an der Veranstaltungskritik zur EmDA 85 Probanden teil. Von deren Antworten zu den beiden offenen Kommentaren wurden diejenigen untersucht, die sich auf das Lückenskript bzw. die Verwendung eines solchen bezogen.

Den Hauptteil der Evaluation bildete dann eine Befragung der Teilnehmer der EmDA-Vorlesung Ende Januar 2018 (n = 70). In dem entsprechenden Fragebogen wurden folgende offene Fragen gestellt:

> *„Was gefällt Ihnen an der Arbeit mit dem Lückenskript?"*
> *„Was gefällt Ihnen an der Arbeit mit dem Lückenskript nicht?"*

Die Antworten der Fragen wurden mithilfe einer qualitativen Inhaltsanalyse ausgewertet (Mayring 2015). Die Kategorienbildung erfolgte hierbei induktiv. Die Kategorisierung lief in vier Schritten ab:

- Schritt 1: Induktive Kategorisierung der Antworten durch den zweiten Autor (erster Entwurf eines Kategoriensystems)
- Schritt 2: Erneute Kategorisierung der Antworten durch die erste Autorin auf Basis dieses Systems und dessen Weiterentwicklung (Ausschärfung der Kategorien und Identifizierung weiterer Kategorien)
- Schritt 3: Erneute Kategorisierung der Antworten durch den zweiten Autor mithilfe des in Schritt 2 erstellten Kategoriensystems
- Schritt 4: Diskussion beider Autoren über abweichende Fälle und anschließende Einigung

23.4.2 Ergebnisse der Veranstaltungskritik

An der Veranstaltungskritik der EmDA-Vorlesung nahmen 85 Studierende teil. 18 Teilnehmer gaben in dem offenen Feld „Positives zur Vorlesung" einen Kommentar an, der sich direkt auf das Lückenskript bzw. dessen Verwendung in der Vorlesung bezieht. Beispiele sind:

> Das Skript zum Ausfüllen ist sehr gut. So kann man sich nebenbei auf die Inhalte konzentrieren und ist nicht nur damit beschäftigt abzuschreiben.
>   Das „Lücken-Text-Skript" ist zum einen gut, um aufmerksam die Vorlesung zu verfolgen, und zum anderen ist dieses Skript gut geordnet, um damit gut den Stoff nachzuarbeiten.
>   Gute Art der Vorlesung durch Mitschrift mit Lückentext. Somit kann man sich noch etwas auf das behandelnde Thema konzentrieren und mitdenken, anstatt nur stumpf abzuschreiben.
>   Das Skript ist gut. Dadurch muss man selbst mitdenken und durch die Mitschrift wird es vertieft.
>   Gut mit dem Skript. Man hat so auch Zeit mitzudenken und muss nicht jeden gesagten Satz mitschreiben. Viel effektiver.

Diese Äußerungen deuten an, dass den Studierenden folgender Vorteil des Lückenskripts besonders wichtig ist: Sie müssen während der Vorlesung nicht ununterbrochen mitschreiben. Vielmehr können sie der Vorlesung aufmerksam folgen sowie die Ausführungen des Dozenten durchdenken (siehe auch Beginn von Abschn. 23.3.1). Ebenfalls wurde positiv der Aspekt des „Selbstschreibens" hervorgehoben. Dabei findet eine erste inhaltliche Verarbeitung der präsentierten Informationen statt (siehe auch Abschn. 23.2). Außerdem wurde die gute Struktur des Skripts genannt. Eine gute Strukturierung der Vorlesung ist wesentlich für Studierende beim Erstellen einer für sie geeigneten Mitschrift (Van Meter et al. 1994).

In dem offenen Feld „Negatives zur Vorlesung" der Veranstaltungsevaluation der Fachschaft wurden sieben Kommentare verfasst, die sich auf das Lückenskript beziehen. Diese lassen sich zu vier inhaltlichen Kritikpunkten zusammenfassen, die die folgenden Zitate beispielhaft verdeutlichen:

> Der Scanner fokussiert auf der Hand bzw. ist die Hand über der Schrift, was ein ausreichend schnelles Mitschreiben unmöglich macht. [zwei weitere Kritiken zur technischen Umsetzung].
> Die Hausaufgaben jedes Mal im Skript zu suchen, ist super mühsam, am besten wäre es, wenn diese separat auf den Hausaufgabenzetteln stehen würden. [eine weitere analoge Kritik].
> Es sollte das Skript am Tag vor der Vorlesung hochgeladen werden.
> Fertig gedrucktes Skript; durch gegebene Beweise neigt man dazu, weniger selber drüber nachzudenken, als wenn man sie selber komplett einmal aufschreibt.

Genannt wurden hier also Probleme bei der technischen Umsetzung des gemeinsamen Ausfüllens des Lückenskripts während der Vorlesung, der Verweis auf das Lückenskript auf den Aufgabenzetteln sowie einmal die Meinung, dass man weniger als bei einer komplett eigenen Mitschrift mitdenken würde.

Mit der Veranstaltungskritik lässt sich allerdings nichts darüber sagen, inwieweit die hier von den Studierenden genannten positiven wie negativen Kritikpunkte von anderen Probanden EmDA-Veranstaltung geteilt werden oder nur Einzelmeinungen sind, weil sich die Fragen nicht direkt auf das Lückenskript bezogen. Hier liefert die explizite Befragung der Probanden zum Lückenskript im Januar 2018 genauere Ergebnisse.

23.4.3 Ergebnisse der Befragung im Januar 2018

Wie in Abschn. 23.4.1 beschrieben, erhielten die Studierenden die beiden offenen Fragen, was ihnen an der Arbeit mit dem Lückenskript gefällt und was nicht. Die Antworten wurden jeweils induktiv kategorisiert.

Ergebnisse zu den Vorteilen des Lückenskripts

Die Kategorisierung der Antworten der ersten Frage „*Was gefällt Ihnen an der Arbeit mit dem Lückenskript?*" lieferte ein System aus 12 Kategorien. Diese sind in Tab. 23.1 dargestellt.

Tab. 23.1 Übersicht über die Kategorien der Studierendenantworten bei der Frage „Was gefällt Ihnen an der Arbeit mit dem Lückenskript?"

	Kategorie
V1.	Mitdenken
V2.	Erstes Verständnis
V3.	Gute Struktur
V4.	Weniger mitschreiben
V5.	Selbst schreiben
V6.	Zusätzliche Notizen
V7.	Weniger Schreibfehler
V8.	Weniger Stress/Hektik
V9.	Mehr Interaktion/Nachfragen
V10.	Übungsaufgaben
V11.	Anderer Vorteil des Lückenskripts
V12.	Keine Antwort

Die Kategorien V1–V2 betreffen Auswirkungen des Lückenskripts auf die Informationsverarbeitung der Studierenden während der Vorlesung. Die Kategorien V3–V7 beinhalten von den Studierenden wahrgenommene Vorteile des Lückenskripts beim Erstellen ihrer Vorlesungsmitschrift. Die Kategorien V8–V9 betreffen die Auswirkungen des Lückenskripts auf den Ablauf der Vorlesung. Studierende in der Kategorie V10 hoben als positiv hervor, dass sich im Lückenskript Übungsaufgaben hinter den jeweiligen Kapiteln befanden. Kategorie V11 ist schließlich eine Restekategorie. Alle dortigen Antworten wurden seltener als dreimal genannt. Eine ausführliche Beschreibung der Kategorien mit Ankerbeispielen befindet sich in Tab. 23.2.

Die genaue Verteilung der Antworten ist in Abb. 23.6 dargestellt. Von den 70 Teilnehmern der Befragung nannten dabei 66 Probanden mindestens einen Vorteil des Lückenskripts, 37 Studierende sogar mehr. Die Prozentzahlen ergänzen sich zu mehr als 100 %, weil Mehrfachantworten möglich waren.

Aus Abb. 23.6 wird zunächst der von den Studierenden wahrgenommene Hauptvorteil sehr gut deutlich: Sie können in der Vorlesung neben dem Mitschreiben auch mitdenken bzw. erreichen in ihren Augen sogar ein besseres Verständnis der präsentierten Inhalte (Kategorien V1–V2).

Weiterhin wurde von rund einem Drittel der Studierenden positiv hervorgehoben, dass das Lückenskript eine gute Struktur vorgab (Kategorie V3), was eines der Potentiale des Lückenskripts ist (siehe Abschn. 23.3.1). Außerdem wurde von mehr als einem Viertel noch einmal positiv hervorgehoben, dass weniger mitgeschrieben werden muss (Kategorie V4). Dies ermöglichte dann ein Mitdenken bzw. ein erstes Verständnis der präsentierten Inhalte (Kombination der Kategorien V4 und V1 bzw. V4 und V2) oder es wurde einfach als Aufwandersparnis empfunden.

Tab. 23.2 Detaillierte Beschreibung der Kategorien bei den Antworten der Studierenden auf die Frage „Was gefällt Ihnen an der Arbeit mit dem Lückenskript?"

Kategorie		Beschreibung	Ankerbeispiele
V1.	Mitdenken	Die Studierenden heben positiv hervor, dass sie bereits in der Vorlesung mitdenken bzw. den Ausführungen des Dozenten folgen können.	„Es bleibt während der Veranstaltung mehr Zeit zum Mitdenken." „Man hat Zeit, aufmerksam den Erklärungen zu folgen."
V2.	Erstes Verständnis	Die Studierenden heben hervor, dass sie bereits in der Vorlesung ein erstes Verständnis erreichen können.	„Der Fokus liegt auf dem tatsächlichen Verständnis bzw. Aneignung von diesem, im Gegensatz zum Abschreiben und später verstehen."
V3.	Gute Struktur	Die Studierenden heben hervor, dass durch das Lückenskript bereits eine übersichtliche Grundstruktur vorgegeben ist.	„Man hat eine bessere Übersicht und eine gute Struktur in den Unterlagen."
V4.	Weniger mitschreiben	Die Studierenden heben positiv hervor, dass man nicht ständig mitschreiben bzw. weniger mitschreiben muss.	„Man ist nicht nur mit dem Mitschreiben beschäftigt."
V5.	Selbst schreiben	Die Studierenden heben positiv hervor, dass man beim Lückenskript auch selbst schreiben muss.	„Das Wichtigste muss selbst aufgeschrieben werden."
V6.	Zusätzliche Notizen	Die Studierenden heben positiv hervor, dass sie zusätzlich eigene Notizen und Kommentare in das Skript schreiben können.	„Möglichkeit, Kommentare zu ergänzen (oder Beispiele)"
V7.	Weniger Schreibfehler	Die Studierenden heben hervor, dass es bei der Arbeit mit dem Lückenskript seltener zu Schreibfehlern kommt (bei der Dozentin und beim Abschreiben).	„Ich habe keine Angst, durch Fehler beim Abschreiben den Sinn bzw. Inhalt dramatisch zu verfälschen."
V8.	Weniger Stress/Hektik	Die Studierenden heben positiv hervor, dass durch die Arbeit mit dem Lückenskript in der Vorlesung weniger Hektik entsteht und es auch mal Pausen vom Abschreiben gibt.	„Kein Hetzen" „Es ist weniger stressig."
V9.	Mehr Interaktion/ Nachfragen	Die Studierenden heben positiv hervor, dass das Lückenskript Zeit zur Interaktion bzw. zum Nachfragen lässt.	„Mehr Zeit für Nachfragen, mehr Interaktion"
V.10	Übungsaufgaben im Skript	Die Studierenden heben positiv hervor, dass das Lückenskript Übungsaufgaben hinter den Themenbereichen enthält.	„Übungsaufgaben direkt hinter dem Themenbereich"
V11.	Anderer Vorteil des Lückenskripts	Die Studierenden nennen einen anderen Vorteil des Lückenskripts.	„Auch im Fall von Abwesenheit gute Nacharbeit möglich"
V12.	Keine Antwort	Die Studierenden geben keine Antwort.	

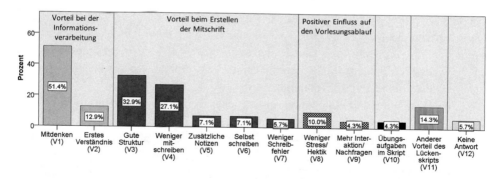

Abb. 23.6 Ergebnisse der Frage „Was gefällt Ihnen an der Arbeit mit dem Lückenskript?" (n = 70)

Andere Vorteile wurden wesentlich seltener genannt. So erachten zwar Mathematiklehrende das Einfügen zusätzlicher Kommentare für ein vollständiges Verständnis der präsentierten Inhalte als wesentlich (Lew et al. 2016), aber nur 7,1 % der hier befragten Studierenden nannten die Möglichkeit des Einfügens zusätzlicher Kommentare als Vorteil des Lückenskripts (Kategorie V5). Und auch die vermehrte Interaktion in der Vorlesung, zum Beispiel durch die in Abschn. 23.3.1 genannten Aktivitäten *Ausfüllen* oder *Entscheiden,* wurde nur selten als Vorteil genannt (Kategorie V9, nur von etwa 4 % der Studierenden genannt). Das könnte jedoch an der Formulierung der Frage „*Was gefällt Ihnen an der Arbeit mit dem Lückenskript?"* liegen. Diese zielt nämlich explizit auf das Lückenskript ab, nicht aber auf die Vorlesungsgestaltung. Ebenso wurde nur selten positiv hervorgehoben, dass sich auch Übungsaufgaben im Skript hinter den jeweiligen Themenbereichen befanden. Dies könnte darauf hindeuten, dass das Lückenskript hier in den Augen der Studierenden nicht in dem Maße zur Verzahnung von Vorlesung und Übung beitrug, wie es die Autoren erhofften.

Weiterhin sei angemerkt, dass in den Antworten vieler Studierender (34,3 %) explizit ein Zeitgewinn als Vorteil bei der Verwendung eines Lückenskripts genannt wurde. Dieser bot dann Raum für andere Aktivitäten wie Mitdenken, Verstehen, Nachfragen etc. Dies war eine der Hauptintentionen der Autoren (siehe Beginn von Abschn. 23.3).

Insgesamt zeigen die von den Studierenden genannten Vorteile des Lückenskripts, dass die Möglichkeit einer ersten aktiven Verarbeitung der präsentierten Informationen für die Hörer eine besondere Stärke von Vorlesungen mit Lückenskript ist. Allerdings wurden die in der EmDA-Vorlesung durchgeführten sozialen Aktivitäten zur Auseinandersetzung mit den Inhalten (sowohl die Interaktion mit der Dozentin als auch der Austausch untereinander) nur selten als Vorteil genannt. Ebenso wurde nur selten die Verzahnung von Vorlesung und Übung hervorgehoben.

Ergebnisse zu den Nachteilen am Lückenskript

Die in Abschn. 23.4.1 beschriebene Kategorisierung der Antworten auf die Frage „*Was gefällt Ihnen an der Arbeit mit dem Lückenskript nicht?*" lieferte insgesamt ein System aus 10 Kategorien (andere Kategorien mit mindestens drei Antworten ließen sich nicht finden). Diese sind in Tab. 23.3 dargestellt.

Bei den Antworten der Kategorien N1–N5 nannten die Studierenden aus ihrer Sicht Nachteile, die sich explizit auf das Lückenskript oder dessen Verwendung in der Vorlesung beziehen. Die Kategorien N6–N7 sind weitere allgemeine Kritiken an der Vorlesung bzw. der gesamten Lehrveranstaltung. Die Studierenden in den Kategorien N8–N10 haben keine Kritik genannt. Eine ausführliche Beschreibung der Kategorien mit Ankerbeispielen befindet sich in Tab. 23.4. Die genaue Verteilung der Antworten ist in Abb. 23.7 dargestellt. Die Prozentzahlen ergänzen sich wieder zu etwas mehr als 100 %, weil Mehrfachantworten möglich waren.

Unter der genannten negativen Kritik am Lückenskript war nur die Kategorie „Ungünstige Platzeinteilung" (Kategorie N1) in mehr als 10 % der Fälle vertreten. Die anderen geäußerten Nachteile können eher als Meinung einiger weniger angesehen werden. Insbesondere war die in der Veranstaltungskritik einmal genannte Ansicht, dass das Lückenskript weniger zum Mitdenken anrege als das Erstellen einer Mitschrift in einer traditionellen Vorlesung, tatsächlich nur eine Einzelmeinung.

Viele der bei der Frage „*Was gefällt Ihnen an der Arbeit mit dem Lückenskript nicht?*" genannten Kritiken bezogen sich auch gar nicht auf das Lückenskript, sondern auf die allgemeine Vorlesungsgestaltung oder die gesamte EmDA-Lehrveranstaltung (Kategorien N6–N7; zum Beispiel bemängelte ein Student wenige Beispiele in der Vorlesung). 50,0 % der Studierenden formulierten bei der Frage „Was gefällt Ihnen an der Arbeit mit dem Lückenskript nicht?" gar keine Kritik (Kategorien N8-N10). Dies ist sehr erfreulich.

Insgesamt ist aus der Evaluation der Kritiken erkennbar, dass Aspekte an der Verwendung des Lückenskripts beanstandet wurden, die sich in der Folge gut verändern ließen. Der Umgang mit dem Visualizer wurde mit wachsender Erfahrung routinierter.

Tab. 23.3 Übersicht über die Kategorien der Studierendenantworten bei der Frage „Was gefällt Ihnen an der Arbeit mit dem Lückenskript nicht?"

	Kategorie
N1.	Ungünstige Platzeinteilung
N2.	Ungünstiges Tempo bei Lückenskript
N3.	Technische Schwierigkeiten
N4.	Geringeres Verständnis
N5.	Andere Kritik am Lückenskript
N6.	Allgemeine Kritik an der Vorlesungsgestaltung
N7.	Allgemeine Kritik an der Lehrveranstaltung
N8.	Nur positiv
N9.	Gestrichenes Antwortfeld
N10.	Offenes Antwortfeld

Tab. 23.4 Detaillierte Beschreibung der Kategorien bei den Antworten der Studierenden auf die Frage „Was gefällt Ihnen an der Arbeit mit dem Lückenskript nicht?"

	Kategorie	Beschreibung	Ankerbeispiele
N1.	Ungünstige Platzeinteilung	Die Studierenden bemängeln, dass es zu wenig Platz für eigene Kommentare gibt bzw. die Größe der Lücken nicht immer passend ist.	„Manchmal kein Platz" „Man hat mal zu viel und mal zu wenig Platz."
N2.	Ungünstiges Tempo bei Lückenskript	Die Studierenden kritisieren die Zeiteinteilung in einer Vorlesung mit Lückenskript.	„Teilweise erhöhtes Tempo mit den Inhalten" „Man könnte sich schnell ablenken lassen durch zu viel Zeit."
N3.	Schwierigkeiten mit Visualizer	Die Studierenden beklagen sich über technische Schwierigkeiten bei der Arbeit mit dem Visualizer durch die Dozentin.	„Hand oft im Weg, daher nicht alles zu sehen"
N4.	Geringeres Verständnis	Die Studierenden beklagen, dass sie durch die Arbeit mit dem Lückenskript bei Beweisen ein geringeres Verständnis erzielen.	„Lange und komplexe Beweise verstehe ich weniger, wenn sie fertig aufgeschrieben schon vorliegen."
N5.	Andere Kritik am Lückenskript	Es wird eine andere Kritik geäußert, die explizit mit dem Lückenskript im Zusammenhang steht.	„Ich finde die Arbeit nicht gut, da ich gerne meine eigene Mitschrift habe. Und wenn man komplett in der Vorlesung mitschreibt, kann man sich direkt sein ‚eigenes' Skript bauen, zum Beispiel mit Anmerkungen oder Ähnlichem."
N6.	Allgemeine Kritik an der Vorlesungsgestaltung	Die Studierenden nennen eine allgemeine Kritik an der Vorlesungsgestaltung, die sich nicht explizit auf das Lückenskript bezieht.	„Wenige Beispiele"
N7.	Allgemeine Kritik an der Lehrveranstaltung	Es wird eine allgemeine Kritik an der Lehrveranstaltung abseits der Vorlesungsgestaltung genannt.	„Es kommt vor, dass das ausgefüllte Skript nicht online ist." (gemeint ist: nach der Vorlesung)
N8.	Nur positiv	Die Studierenden heben *explizit* hervor, dass sie *keine Kritik* am Lückenskript haben.	„Nichts, nur positiv"
N9.	Gestrichenes Antwortfeld	Die Studierenden machen einen „Strich" in das Antwortfeld.	
N10.	Offenes Antwortfeld	Die Studierenden lassen das Feld gänzlich offen.	

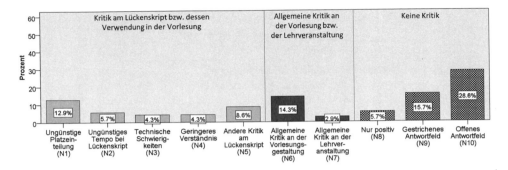

Abb. 23.7 Ergebnisse der Frage „Was gefällt Ihnen an der Arbeit mit dem Lückenskript nicht?"
(n = 70)

Das belegt auch die Veranstaltungskritik vom Wintersemester 2018/19. Darin gab es
keinen einzigen Kommentar zu technischen Problemen. Auch der Hauptkritikpunkt,
die teilweise ungünstige Platzeinteilung, wurde aufgegriffen. Zum einen bemerkte
die Dozentin beim eigenen Ausfüllen des Skripts ungünstige Platzverhältnisse. Zum
anderen wiesen die Studierenden im ersten Durchgang der EmDA-Vorlesung auf Basis
eines Lückenskripts auf ungünstige Platzeinteilungen hin. Die Kritiken zeigen also
Optimierungspotenzial, sprechen aber klar dafür, an der Methode des Lückenskripts festzuhalten.

23.5   Fazit und Diskussion

Insgesamt birgt die Verwendung eines Lückenskripts in mathematischen Vorlesungen
ein großes Potential. Der Hauptvorteil ist, dass es dadurch den Studierenden ermöglicht
wird, bereits während der Vorlesung mitzudenken und den Erklärungen des Dozenten
zu folgen. Außerdem schafft das Lückenskript Zeit und Raum zur Aktivierung der
Studierenden und zur Förderung von Verständnis. Besonders hervorzuheben ist weiterhin, dass trotz eines Zeitgewinns und zusätzlicher Maßnahmen zur Aktivierung der
Studierenden die mathematischen Inhalte nicht reduziert wurden. Das war den Autoren
sehr wichtig. Verglichen zu Vorjahren, in denen die Veranstaltung traditionell abgehalten
wurde, wurden bei den inhaltlichen Ansprüchen und dem Stoffumfang keine Abstriche
vorgenommen. Denn die Zeitslots für die zusätzlichen Aktivitäten ergaben sich durch
Zeiteinsparungen beim An- und Abschreiben.

Allerdings sollte an dieser Stelle auch auf ein paar potentielle Schwierigkeiten aufmerksam gemacht werden. Zunächst besteht eine solche in der Wahl geeigneter Leertextfelder. Dies erfordert eine Reflexion über die Funktion dieser Lücken. In Bezug auf diese
Problematik gibt es in der mathematikdidaktischen Literatur bisher wenige Aussagen.
Tonkes et al. (2009) erhoben, welche mathematischen Textbausteine (Definitionen,

mathematische Techniken, Beispiele) Studierende gern als Leertextfelder in den Vorlesungsunterlagen bevorzugen würden. Aus den Ergebnissen lassen sich allerdings keine klaren Ausschlusskriterien für Lücken beziehungsweise keine Vorgehensweisen zur Wahl geeigneter Leertextfelder ablesen.

Für das Lückenskript der EmDA-Vorlesung im Wintersemester 2017/18 wurden Leertextfelder sowohl bei Definitionen, Sätzen, mathematischen Techniken, Beweisen als auch bei Beispielen gelassen. Diese wurden häufig auf Basis der Lehrerfahrung der Dozentin festgelegt. Dabei fanden stets Überlegungen statt, welche Fertigkeiten und welche Aktivitäten an welcher Stelle adressiert werden sollten beziehungsweise an welches Vorwissen erinnert werden sollte. Anhand welcher Überlegungen die Lücken generiert wurden, soll beispielhaft durch den in Abb. 23.1 dargestellten Auszug des Lückenskripts zum Thema „Kommutative Ringe" kurz beschrieben werden. Die ersten Lücken befinden sich dort in Definition 14 bei den definitorischen Eigenschaften eines kommutativen Rings (Abelsche Gruppe bzgl. +, Abelsche Halbgruppe bzgl. ·, Distributivität). Die Strukturen „Abelsche Gruppe" und „Abelsche Halbgruppe" waren zu diesem Zeitpunkt bereits behandelt. Das Distributivgesetz war aus Schule bekannt. Daher sollten die Studierenden das Lückenskript unter Verwendung der Aktivität *Ausfüllen* eigenständig vervollständigen. Die Lücken bei den darauffolgenden Beispielen für kommutative Ringe dienten der Aktivität *Entscheiden*. Nach Peer-Diskussionen und Abstimmen wurde hier eingetragen, bei welchen Mengen es sich um einen kommutativen Ring handelt. Für die Formulierung der Proposition zu einfachen Rechenregeln in kommutativen Ringen (siehe Abb. 23.1) wurde wieder die Aktivität *Ausfüllen* herangezogen, da man auf Basis von Schulwissen passende Vermutungen finden und formulieren kann. Der Beweis dieser Eigenschaften ist ungewohntes Neuland und wurde deshalb mit entsprechenden Erläuterungen von der Dozentin vorgeführt.

Eine weitere Überlegung beim Entscheiden für die Lücken war der Schwierigkeitsgrad gewisser Textstellen. Dabei sollten die Teilnehmer eine erste Vertrautheit mit komplexeren Textbausteinen durch eigenes Aufschreiben erlangen. So befindet sich beispielsweise für die Definition der Konvergenz (Stichwort: Epsilontik) eine Lücke im Skript. Selbstverständlich gab es auch an dieser Stelle Erläuterungen und Aktivierungen während der Veranstaltung.

Weiterhin sollten die Studierenden beim Lesen mathematischer Texte unterstützt werden. Dafür wurden Texte im Skript in geschnipselte Teile zerlegt und Lücken an Stellen eingefügt, wo mathematische Experten weitere Aktivitäten durchführen, die dann auch in der Vorlesung durchgeführt wurden (siehe in Abschn. 23.3.1 Punkt 3 „Lesen und erklären").

Neben der Schwierigkeit der Auswahl geeigneter Lücken kann ein weiteres Problem die technische Umsetzung der Vorlesung mit dem Lückenskript sein, wie einige in Abschn. 23.4.3 genannte Kritiken zeigen. Der Dozent sollte sich also zunächst mit dem Umgang mit dem Visualizer vertraut machen.

Ein letztes Problem, das hier zu nennen ist, könnte die positive Wahrnehmung der Studierenden hinsichtlich des eigenen Verständnisses der Inhalte direkt nach der Vorlesung sein (siehe Abb. 23.6). Denn für ein tiefes Verständnis müssen sie sich mit den dargebotenen Inhalten noch einmal im Selbststudium auseinandersetzen. Durch dieses „gute Gefühl" des Verständnisses in der Vorlesung unterlassen sie vielleicht die notwendige Nacharbeit. Hier könnten Möglichkeiten zur eigenen Leistungsüberprüfung wie z. B. Tests den Studierenden helfen, ihr Verständnis besser einzuschätzen.

Ist man sich dieser Schwierigkeiten bewusst und adressiert sie dementsprechend, ist die Verwendung eines Lückenskripts in der Vorlesung jedoch eine vielversprechende (und für Dozenten nicht zu aufwendige) Methode zur Unterstützung der Studierenden bei einer ersten Verarbeitung der in der Vorlesung präsentierten Inhalte. Das kann dazu führen, dass dieser Stoff nun zugänglicher für sie ist. Daher kann dieser Ansatz helfen, dem Frust vieler Studienanfänger über Mathematikvorlesungen im ersten Semester entgegenzuwirken, ohne das fachliche Niveau der Vorlesung abzusenken.

Literatur

Aiken, E. G., Thomas, G. S., & Shennum, W. A. (1975). Memory for a lecture: Effects of notes, lecture rate, and informational density. *Journal of Educational Psychology, 67*(3), 439–444.

Alcock, L. (2018). Tilting the classroom. In I. Morphat (Ed.), *London mathematical society newsletter* (Vol. 474, S. 22–27). London, England.

Annis, L. F. (1981). Effect of preference for assigned lecture notes on student achievement. *The Journal of Educational Research, 74*(3), 179–182.

Anthony, G. (2000). Factors influencing first-year students' success in mathematics. *International Journal of Mathematical Education in Science and Technology, 31*(1), 3–14.

Artemeva, N., & Fox, J. (2011). The writing's on the board: The global and the local in teaching undergraduate mathematics through chalk talk. *Written Communication, 28*(4), 345–379.

Bauer, T. (2015). Übungsgelegenheiten im Mathematikstudium–Erproben neuer Konzepte. In H. Schelhowe, M. Schaumburg, & J. Jasper (Hrsg.), *Proceedings of the Teaching is Touching the Future. Academic teaching within and across disciplines*. Bielefeld: Webler.

Bligh, D. A. (2000). *What's the use of lectures?* New York NY: John Wiley & Sons.

D'Inverno, R. (1995). On the use of skeletal notes. *International Journal of Mathematical Education in Science and Technology, 26*(2), 195–204.

Dietz, H. M. (2016). CAT – ein Modell für lehrintegrierte methodische Unterstützung von Studienanfängern. In A. Hoppenbrock, R. Biehler, R. Hochmuth, & H.-G. Rück (Hrsg.), *Lehren und Lernen von Mathematik in der Studieneingangsphase: Herausforderungen und Lösungsansätze* (S. 131–147). Wiesbaden: Springer Fachmedien Wiesbaden.

Frischemeier, D., Panse, A., & Pecher, T. (2016). Schwierigkeiten von Studienanfängern bei der Bearbeitung mathematischer Übungsaufgaben. In A. Hoppenbrock, R. Biehler, R. Hochmuth, & H.-G. Rück (Hrsg.), *Lehren und Lernen von Mathematik in der Studieneingangsphase: Herausforderungen und Lösungsansätze* (S. 229–241). Wiesbaden: Springer Fachmedien Wiesbaden.

Fukawa-Connelly, T. P. (2012). A case study of one instructor's lecture-based teaching of proof in abstract algebra: Making sense of her pedagogical moves. *Educational Studies in Mathematics, 81*(3), 325–345.

Göller, R. (2016). *Zur lernstrategischen Bedeutung von Übungsaufgaben im Mathematikstudium Beiträge zum Mathematikunterricht* (S. 317–320). Münster: WTM-Verlag.

Harris, D., & Pampaka, M. (2016). 'They [the lecturers] have to get through a certain amount in an hour': First year students' problems with service mathematics lectures. *Teaching Mathematics and its Applications: An International Journal of the IMA, 35*(3), 144–158.

Hartley, J., & Cameron, A. (1967). Some observations on the efficiency of lecturing. *Educational Review, 20*(1), 30–37.

Hefendehl-Hebeker, L. (2016). Mathematische Wissensbildung in Schule und Hochschule. In A. Hoppenbrock, R. Biehler, R. Hochmuth, & H.-G. Rück (Hrsg.), *Lehren und Lernen von Mathematik in der Studieneingangsphase: Herausforderungen und Lösungsansätze* (S. 15–30). Wiesbaden: Springer Fachmedien Wiesbaden.

Heward, W. L. (1997). Four validated instructional strategies. *Behavior and Social Issues, 7*(1), 43–51.

Hilgert, I., & Hilgert, J. (2012). *Mathematik - ein Reiseführer*: Springer-Verlag.

Hilgert, J., Hoffmann, M., & Panse, A. (2015). *Einführung in mathematisches Denken und Arbeiten: tutoriell und transparent*. Berlin-Heidelberg, Deutschland: Springer-Verlag.

Iannone, P., & Miller, D. (2019). Guided notes for university mathematics and their impact on students' note-taking behaviour. *Educational Studies in Mathematics, 101*, 387–404.

Kiewra, K. A. (1985). Investigating notetaking and review: A depth of processing alternative. *Educational Psychologist, 20*(1), 23–32.

KMK (Kultusministerkonferenz). (2002). Rahmenordnung für die Diplomprüfung im Studiengang Mathematik. Retrieved from https://www.kmk.org/fileadmin/veroeffentlichungen_beschluesse/2002/2002_12_13-RO-Mathematik-HS.pdf, abgerufen am 27.4.2018.

Lew, K., Fukawa-Connelly, T. P., Mejia-Ramos, J. P., & Weber, K. (2016). Lectures in advanced mathematics: Why students might not understand what the mathematics professor is trying to convey. *Journal for Research in Mathematics Education, 47*(2), 162–198.

Locke, E. A. (1977). An empirical study of lecture note taking among college students. *The Journal of Educational Research, 71*(2), 93–99.

Maier, H., & Schweiger, F. (1999). *Mathematik und Sprache: Zum Verstehen der Fachsprache im Mathematikunterricht*. Wien, Österreich: öbv&hpt.

Mayring, P. (2015). *Qualitative Inhaltsanalyse: Grundlagen und Techniken*. Weinheim, Deutschland: Beltz.

Mazur, E. (2017). *Peer instruction*. Berlin, Heidelberg: Springer, Berlin Heidelberg.

Pritchard, D. (2010). Where learning starts? A framework for thinking about lectures in university mathematics. *International Journal of Mathematical Education in Science and Technology, 41*(5), 609–623.

Rodd, M. (2003). Witness as participation: The lecture theatre as site for mathematical awe and wonder. *For the Learning of Mathematics, 23*(1), 15–21.

Shepherd, M. D., Selden, A., & Selden, J. (2012). University students' reading of their first-year mathematics textbooks. *Mathematical Thinking and Learning, 14*(3), 226–256.

Shepherd, M. D., & van de Sande, C. C. (2014). Reading mathematics for understanding—From novice to expert. *The Journal of Mathematical Behavior, 35*, 74–86.

Stuart, J., & Rutherford, R. J. D. (1978). Medical student concentration during lectures. *The Lancet, 312*(8088), 514–516.

Tonkes, E., Isaac, P., & Scharaschkin, V. (2009). Assessment of an innovative system of lecture notes in first-year mathematics. *International Journal of Mathematical Education in Science and Technology, 40*(4), 495–504.

Van Meter, P., Yokoi, L., & Pressley, M. (1994). College students' theory of note-taking derived from their perceptions of note-taking. *Journal of Educational Psychology, 86*(3), 323–338.

Vosniadou, S. (1994). Capturing and modeling the process of conceptual change. *Learning and Instruction, 4*(1), 45–69.

Williams, R. L., & Eggert, A. C. (2002). Notetaking in college classes: Student patterns and instructional strategies. *The Journal of General Education, 51*(3), 173–199.

Yoon, C., Kensington-Miller, B., Sneddon, J., & Bartholomew, H. (2011). It's not the done thing: social norms governing students' passive behaviour in undergraduate mathematics lectures. *International Journal of Mathematical Education in Science and Technology, 42*(8), 1107–1122.

Fachwissen zur Arithmetik bei Grundschullehramtsstudierenden – Entwicklung im ersten Semester und Veränderungen durch eine Lehrinnovation

Reinhard Hochmuth, Rolf Biehler, Werner Blum, Kay Achmetli, Jana Rode, Janina Krawitz, Stanislaw Schukajlow, Peter Bender und Jürgen Haase

Zusammenfassung

In diesem Beitrag berichten wir über eine methodisch-inhaltliche Lehrinnovation in der Fachvorlesung „Arithmetik für die Grundschule" an der Universität Kassel und deren Untersuchung im Rahmen des KLIMAGS-Projekts. Die Untersuchung evaluierte Wirkungen der Innovation in einem Vortest-Nachtest-Design mit Experimental- und Kontrollgruppe (n = 131). Die hier hauptsächlich fokussierte Innovation ist die Verwendung mehrerer Darstellungen von Zahlen und Operationen, deren Wechsel sowie deren metakognitive und auf didaktischen Kenntnissen beruhende Explizierung in dem Inhaltsbereich „Stellenwertsysteme und Teilbarkeits-regeln". Dabei werden über die verschiedenen Darstellungsebenen schul- und hoch-schulmathematische Argumentations- und Arbeitsweisen miteinander verknüpft.

R. Hochmuth (✉)
IDMP, Leibniz Universität Hannover, Hannover, Deutschland
E-Mail: hochmuth@idmp.uni-hannover.de

R. Biehler · P. Bender · J. Haase
Institut für Mathematik, Universität Paderborn, Paderborn, Deutschland
E-Mail: biehler@math.upb.de

P. Bender
E-Mail: bender@math.upb.de

J. Haase
E-Mail: juergenh@mail.uni-paderborn.de

W. Blum
FB 10, Universität Kassel, Kassel, Deutschland
E-Mail: blum@mathematik.uni-kassel.de

© Springer-Verlag GmbH Deutschland, ein Teil von Springer Nature 2021
R. Biehler et al. (Hrsg.), *Lehrinnovationen in der Hochschulmathematik*,
Konzepte und Studien zur Hochschuldidaktik und Lehrerbildung Mathematik,
https://doi.org/10.1007/978-3-662-62854-6_24

Zur Evaluation wurden sowohl quantitative Verfahren verwendet als auch inhaltliche Detailanalysen zu ausgewählten Testitems durchgeführt. Die Befunde geben Hinweise darauf, dass die Lehrinnovation im Vergleich zu einer Fachvorlesung ohne diese Elemente zu signifikant höheren Leistungsentwicklungen in dem fokussierten Inhaltsbereich führt, ohne dass die Leistungen in anderen Bereichen nachlassen.

24.1 Fachbezogenes Professionswissen angehender Grundschullehrkräfte

Der Erwerb von Professionswissen gilt als ein zentrales Ziel der Lehramtsausbildung (KMK 2008). In welche Wissenskomponenten das Professionswissen einer Mathematik-Lehrperson unterteilt werden kann, wurde an verschiedenen Stellen und in unterschiedlichen Feinheitsgraden beschrieben. Viele Autoren knüpfen zunächst an der Unterteilung an, wie sie Shulman (1986) vorgeschlagen hat: Fachwissen (FW), fachdidaktisches Wissen (FDW) und pädagogisch-psychologisches Wissen (PW). Die Kenntnis der verschiedenen Facetten dieses Professionswissens ist eine entscheidende Grundlage für die Lehrerbildung und deren Erforschung.

In den letzten 15 Jahren wurde das fachbezogene Lehrerprofessionswissen in mehreren Studien genauer untersucht. Eine der ersten solcher Studien war das Michigan Project (Ball et al. 2005; Hill et al. 2005), in der insbesondere das „mathematical knowledge for teaching" von Grundschullehrkräften betrachtet und (siehe Ball et al. 2008) die Bedeutung des Fachwissens betont wurde. Die Projekte MT21 und TEDS-M (Schmidt et al. 2007; Tatto et al. 2008; speziell zur deutschen Projektkomponente siehe Blömeke et al. 2010a, 2010b) verglichen auf internationaler Ebene FW und FDW angehender Lehrkräfte für die Grundschule und die Sekundarstufe I. Sie fanden große Kompetenzunterschiede, die wesentlich durch unterschiedliche Lerngelegenheiten in der Lehrerausbildung erklärbar sind. Im COACTIV Project (Kunter et al. 2011) wurde in einer repräsentativen Stichprobe deutscher Sekundarstufenlehrkräfte u. a. deren FW und FDW erhoben. Da diese Studie mit der deutschen PISA-Längsschnittstudie 2003/04

K. Achmetli · J. Krawitz · S. Schukajlow
FB 10, WWU Münster, Münster, Deutschland
E-Mail: kay.achmetli@uni-muenster.de

J. Krawitz
E-Mail: krawitz@math.uni-muenster.de

S. Schukajlow
E-Mail: schukajlow@math.uni-muenster.de

J. Rode
Institut für Mathematik, Universität Kassel, Kassel, Deutschland
E-Mail: jana.kolter@gmx.de

verknüpft war, konnten Schüler- und Lehrerdaten zusammengespielt werden. Es zeigte sich ein hoher Zusammenhang des FW mit dem FDW, was wiederum einen großen Einfluss auf gewisse Facetten von Unterrichtsqualität und hierüber auf die Leistungen der Schüler hatte (für Details siehe Baumert et al. 2010).

Zusammenfassend zeigte sich in allen genannten Studien eine bedeutsame Rolle von FW und eine enge Verbindung zwischen FW und FDW (wobei dieser Zusammenhang natürlich von der jeweiligen Konzeptualisierung des FDW beeinflusst ist; siehe dazu Buchholtz et al. 2014). Gleichzeitig zeigte sich (Döhrmann 2012), dass das FW von (angehenden) Grundschullehrkräften in Deutschland normativ gesehen unbefriedigend und auch deutlich geringer ist als bei (angehenden) Lehrkräften für die Sekundarstufen, und das selbst in „grundschulrelevanten" Inhaltsbereichen. Einschränkend sollte hierzu aber ergänzt werden, dass es sich dabei um Durchschnittsbefunde handelt, die nicht zwischen Bundesländern differenzieren, in denen Lehramtsstudierende des Grundschullehramts Mathematikpflichtveranstaltungen absolvieren müssen, wie etwa im Bundesland Hessen an der Universität Kassel, oder auch nicht. Unabhängig davon legen die Durchschnittsbefunde aber nahe, das FW angehender Grundschullehrkräfte von Studienbeginn an genauer zu untersuchen und Möglichkeiten zu erproben, wie dieses FW besser gefördert werden kann, auch unter Bezug auf fachdidaktische Erkenntnisse.

An genau dieser Stelle setzt das Projekt KLIMAGS an, aus dem wir im vorliegenden Beitrag die implementierte Lehrinnovation beschreiben und darauf bezogene empirische Analysen, deren Instrumente und Ergebnisse vorstellen werden. Um zu verstehen, wie sich die Studie zur Arithmetik, über die wir hier berichten, in das Gesamtprojekt einordnet, sollen im folgenden Abschn. 24.2 dieses Projekt und sein spezifisches Anliegen vorgestellt werden. Zur Verortung von KLIMAGS im khdm wird dabei im Sinne der Weiterentwicklung eines Best-Practice-Beispiels auch kurz auf das Vorgängerprojekt LIMA eingegangen. Dabei werden insbesondere in LIMA offengebliebene Fragestellungen skizziert, an die dann KLIMAGS unter anderem anknüpfte. Das Design der Studie zur Arithmetik wird in Abschn. 24.3 beschrieben. Ergebnisse der Studie werden schließlich in Abschn. 24.4 berichtet. Eine Zusammenfassung und Diskussion folgen in Abschn. 24.5.

24.2 Lehrinnovationen im KLIMAGS-Projekt

24.2.1 Das KLIMAGS-Projekt

Das Forschungsprojekt KLIMAGS (**K**ompetenzorientierte **L**ehr**I**nnovationen im **MA**thematikstudium für die **G**rund**S**chule) startete im Oktober 2010 als Teilprojekt des khdm. KLIMAGS basierte auf Erkenntnissen und Ansätzen des Projekts LIMA (**L**ehr**I**nnovation in der Studieneingangsphase **MA**thematik im Lehramtsstudium), in dem das FW angehender Sekundarstufenlehrkräfte untersucht wurde.

Im BMBF-Projekt LIMA wurden im Rahmen einer bereits seit Längerem etablierten Einführungsvorlesung in die Mathematik („Elemente der Arithmetik und Algebra") an der Universität Kassel eine Reihe von Lehrinnovationen realisiert und einige ihrer Elemente in einem quasi-experimentellen Design anhand zweier Kohorten von Erstsemesterstudierenden des Lehramts Haupt-, Real- und Gesamtschulen untersucht. Daneben wurde jeweils begleitend eine Vielzahl weiterer individueller Merkmale wie etwa Beliefs, Interessen und Lernstrategien erhoben (vgl. Biehler et al. 2013).

Der Dozent und die bereits für die erste Kohorte (Kontrollgruppe) realisierte didaktische Optimierung der Vorlesungsinhalte wurden im Übergang zur zweiten Kohorte (Experimentalgruppe) nicht verändert. Die inhaltliche Innovation setzte unter anderem die beiden folgenden Ideen um (vgl. Hochmuth 2018): Vor dem Hintergrund von Brousseaus Konzept des „Didaktischen Vertrags" (Brousseau 1997) wurde in besonders expliziter Weise offengelegt, was jeweils von den Studierenden in der Vorlesung, in den Übungen und bei der Bearbeitung der Übungsaufgaben erwartet wurde. Dies sollte insbesondere auch diesbezügliche Umbrüche im Übergang von der Schule zur Universität verdeutlichen und notwendige Enkulturationsprozesse zu Studienbeginn erleichtern. Zentral war andererseits das durchgehende Bemühen, in der Vorlesung jeweils eine „Metaebene" bezogen auf Aspekte zu kultivieren, wie sie im Rahmen der Job-Analyse von Bass und Ball (2004) beschrieben wurden. Entsprechend wurde versucht, neben dem inhaltlichen Bezug von Vorlesungsinhalten zu Lehrinhalten in der Schule über fachdidaktische Kernaufgaben (vgl. Bass und Ball 2004) einen vertieften Schulbezug herzustellen. Explizit wurde dabei unter anderem auf die Auswahl, die Verwendung und den Wechsel von Darstellungen eingegangen. Begründungen, etwa im Kontext von Stellenwertsystemen und der Teilbarkeit, wurden in ikonischen und formal-symbolischen Darstellungen gegeben; dazu wurden deren jeweilige Vor- und Nachteile expliziert sowie Bezüge zwischen den Begründungen hergestellt. Diese für eine lehramtsbezogene Mathematikvorlesung naheliegende Idee wurde in KLIMAGS aufgegriffen und weiter ausgebaut.

Aufgrund von systematisch durchgeführten Beobachtungen anhand der ersten Kohorte, unter anderem die Tutoren betreffend, wurde für die zweite Kohorte darüber hinaus eine umfassende Änderung des Übungsbetriebs eingeführt (u. a. Tutorenschulung, Verbesserung der Feedbackqualität der Aufgabenkorrektur, hinführende Präsenzaufgaben als Vorbereitung für die Hausaufgaben, Etablierung von fachdidaktisch vorbereiteter Kleingruppenarbeit) (s. Biehler et al. 2012a, 2012b). Die Hypothese war, dass hierüber das Lernverhalten, die Lernqualität und die Lernergebnisse der Studierenden zu beeinflussen sind. Die Tutorenschulung wurde dann im Wesentlichen von KLIMAGS übernommen. Die in diesen Projekten entwickelten Tutorenschulungskonzepte wurden von Püschl (2019) weiterentwickelt und theoretisch und empirisch fundiert (siehe auch Kap. 22 in diesem Band).

Während die Qualitätsverbesserung des Übungsbetriebs im Übergang von der Kontroll- zur Experimentalgruppe in Studierendenbefragungen deutlich zum Ausdruck kam, konnten Effekte auf die Lernleistungen, die jeweils mittels einer üblichen Klausur am Ende des ersten Semesters erhoben wurden, im LIMA-Projekt nicht nachgewiesen werden (vgl. Biehler et al. 2013; Hänze et al. 2013). Als mögliche Erklärung hierfür bot sich an, dass insgesamt der Effekt zu gering war, um bei den relativ niedrigen Stichprobengrößen statistisch signifikant nachweisbar zu sein (n < 50). Es könnte zudem sein, dass im Gesamtsystem des Lernverhaltens der Studierenden allein eine im Untersuchungsfokus stehende Verbesserung des Übungsbetriebs noch keine starken Effekte bringt, da hiermit unter anderem die lange Zeit des Selbststudiums nicht hinreichend beeinflusst werden kann. Nicht zuletzt ist auch möglich, dass bewirkte Veränderungen bei den Studierenden durch die Klausur und ihre Aufgaben nicht erfasst wurden.

Das Projekt KLIMAGS setzte nun insbesondere an dieser letzten Überlegung an. So sollte zur Leistungserhebung statt einer Klausur ein eigens entwickelter Arithmetikspezifischer Test eingesetzt werden, der es unter anderem erlaubt, kompetenzbezogene Entwicklungen innerhalb einer Kohorte den üblichen IRT-Standards gemäß zu erheben. Damit sollte auch das Problem angegangen werden, dass eine übliche Abschlussklausur zur Leistungserhebung zu Semesterbeginn nur wenig geeignet ist und deshalb damit keine Leistungsentwicklung innerhalb einer Kohorte erhoben werden kann. Auf die Entwicklung und den grundsätzlichen Aufbau des Leistungstests gehen wir in Abschn. 24.3.4 ein (vgl. auch ausführlicher in Kolter et al. 2018). Die durch die Begleitung der Lehrveranstaltung in der ersten Kohorte festgestellten inhaltlichen Schwierigkeiten bei der Bearbeitung der Übungsaufgaben und des Leistungstests wurden in der späteren Tutorenschulung und bei der inhaltlichen Gestaltung des Feedbacks auf Übungsaufgaben berücksichtigt (vgl. Kolter et al. 2018; Haase et al. 2018).

Der neu entwickelte Leistungstest sollte im Rahmen von KLIMAGS ermöglichen, eine lokale, spezifisch-inhaltliche Innovation, die für die Vorlesung geplant und implementiert wurde, in ihrer Wirkung zu untersuchen. Die Lokalität und inhaltliche Spezifik der Lehrinnovation sollte dabei insbesondere erlauben, Effekte sowohl im Hinblick auf bestimmte mit der Innovation inhaltlich zusammenhängende Aufgaben als auch auf einen möglichen Transfer auf andere Inhaltsgebiete zu beobachten. Die Lehrinnovation im Übergang von der ersten zur zweiten Kohorte wird in Abschn. 24.2.2 genauer beschrieben, das Design der darauf bezogenen Evaluationsstudie in Abschn. 24.3.

Während LIMA die Sekundarstufenstudierenden untersuchte, nahm sich KLIMAGS der Primarstufenstudierenden an. Die Innovationen und Evaluationen wurden dabei gemeinschaftlich in KLIMAGS entwickelt. Dabei verfolgte das Projekt über den in diesem Beitrag berichteten Fokus auf eine Arithmetik-Lehrveranstaltung für Erstsemesterstudierende an der Universität Kassel hinausgehende Ziele. Diese sollen nun zum Abschluss dieses Abschnitts noch kurz skizziert werden.

So wurden in KLIMAGS Studienanfängerinnen und Studienanfänger nicht nur an der Universität Kassel, sondern auch an der Universität Paderborn untersucht. Zur Messung des FW der Studierenden wurden nicht nur für die Arithmetik, sondern auch für die Geometrie spezifische Tests entwickelt. Darüber hinaus wurden nicht nur Leistungstests entwickelt und diesbezügliche Daten erhoben, sondern auch Skalen zu Beliefs, Interessen und Lernstrategien aus anderen Studien adaptiert. Die in KLIMAGS verfolgten übergeordneten Leitfragen waren:

- Welches Wissen, welche Kompetenzen, Beliefs, Interessen und Lernstrategien haben Studienanfängerinnen und -anfänger des Primarstufenlehramts in den zentralen Themengebieten Arithmetik und Geometrie?
- Wie entwickeln sich dieses Wissen, diese Kompetenzen etc. in Arithmetik und Geometrie im ersten Studienjahr?
- Welche Effekte haben gezielte Lehrinnovationen in Arithmetik und Geometrie auf diese Entwicklungen im ersten Studienjahr?

Entsprechend diesen Leitfragen war das Untersuchungsdesign von KLIMAGS in seiner gesamten Breite folgendermaßen konzipiert:

- Studentenkohorte 1 (die Kontrollgruppe) im Studienjahr 2011/12 in Kassel und Paderborn mit Semesterkursen (je 2 SWS Vorlesung plus 2 SWS Übung) in Arithmetik und Geometrie ohne spezifische Innovationen; es gab vier Messzeitpunkte in diesem ersten Studienjahr.
- Studentenkohorte 2 (die Experimentalgruppe) im Studienjahr 2012/13 in Kassel und Paderborn mit Innovationen in beiden Semesterkursen und denselben Messzeitpunkten.

Für weitere Details zum Gesamtvorhaben von KLIMAGS sei auf Haase et al. verwiesen. KLIMAGS-Ergebnisse zu Beliefs und Interessen finden sich auch in Kolter et al. (2016) sowie Liebendörfer et al. (2020).

Wie bereits erwähnt, adressieren wir in diesem Beitrag ausschließlich die *Arithmetik-Kurse* in *Kassel*, sowohl im Hinblick auf die Lehrinnovation als auch auf empirische Ergebnisse.

24.2.2 Lehrinnovationen

Die in der Kasseler Experimentalgruppe im Wintersemester 2012/13 implementierte Innovation bestand aus zwei Elementen. Das erste, *methodisch* orientierte Innovationselement bezog sich auf den *Übungsbetrieb* und hier vor allem auf eine *Professionalisierung der Tutoren*. Zu Beginn des Semesters bekamen alle Tutorinnen und Tutoren (vorwiegend sehr gute Primarstufenstudierende höherer Semester) ein spezifisches Training in Diagnose, Feedback und Lernunterstützung (für Details vgl. Haase et al. 2018). Trotz guter subjektiver Eindrücke durch die Projektbeteiligten und die Tutoren selbst in Bezug auf die Umsetzung der Schulungen im laufenden Übungsbetrieb haben sich mit den in KLIMAGS verwendeten Instrumenten (Befragungen und Leistungstests bei den Studierenden) wie auch bei LIMA keine Auswirkungen der

Tutorenschulung identifizieren lassen, jedenfalls nicht in Form einer bei *allen* Inhaltsbereichen erkennbaren Verbesserung im Leistungstest (siehe Abschn. 24.4). Im Rahmen unseres Forschungsdesigns hätten wir allerdings selbst eine solche Verbesserung lediglich als einen Hinweis interpretieren können, da wir angesichts der insgesamt sehr komplexen Lehr-Lern-Situation nicht alle eventuell infrage kommenden Wirkfaktoren zuverlässig bestimmen und kontrollieren konnten. In diesem Beitrag konzentrieren wir uns auch deshalb ausschließlich auf das im Folgenden beschriebene zweite Innovationselement, das sich nur auf einen bestimmten Inhaltsbereich bezog und dessen Wirkung sich aufgrund der Ergebnisse plausibel erklären lässt. Inwieweit es in Bezug auf diesen Inhaltsbereich womöglich Interaktionseffekte zwischen den beiden Innovationselementen gab, lässt sich allerdings auf Grundlage unserer Daten nicht beantworten.

Das zweite, *inhaltlich* orientierte Innovationselement richtete sich auf die Ausgestaltung der Fachvorlesung. In der Arithmetik-Vorlesung für die Experimentalgruppe wurden in dem Themenbereich „Stellenwertsysteme und Teilbarkeitsregeln" *alle Darstellungsebenen* (enaktiv, ikonisch, symbolisch; s. Bruner 1971) behandelt, zudem der *Transfer* zwischen diesen Ebenen; und dieser Transfer wurde für die Studierenden explizit auf einer *Metaebene* bewusst gemacht. Zudem wurde für die Studierenden die Bedeutung von Darstellungen und Darstellungswechseln für ihre zukünftige Unterrichtspraxis und darauf bezogene fachdidaktische Überlegungen betont. Das geschah einerseits, um die Motivation der Studierenden positiv zu beeinflussen, und andererseits, um fachdidaktische Aspekte anzusprechen, die dann in den späteren fachdidaktischen Vorlesungen vertieft werden würden. Dieser Transfer war auch Thema auf einem der wöchentlichen Übungsblätter. In der Kontrollgruppen-Vorlesung im Jahr zuvor war die enaktive Ebene bewusst ausgelassen worden. Darüber hinaus hatte es keine Diskussionen über Darstellungswechsel und keine Reflexionen auf einer Metaebene gegeben; stattdessen waren zusätzliche Beispiele behandelt worden, sodass insgesamt die in der Vorlesung dem Themenbereich gewidmete Zeit konstant gehalten wurde.

Der Inhaltsbereich „Stellenwertsysteme und Teilbarkeitsregeln" bot sich aus einer Reihe von Gründen für eine inhaltliche Innovation an: Zunächst hatte er sich in den vergangenen Jahren immer auch als in der Abschlussklausur problematisch erwiesen. Stellenwertsysteme stellen zudem ein übergreifend wichtiges Thema für die Primarstufe dar. So ist es aus normativer Sicht sicherlich bedenklich, wenn ein relevanter Anteil angehender Grundschullehrkräfte nach einem Semester Fachausbildung mit Thematisierung eben dieser Inhalte z. B. nicht in der Lage ist, eine mehrstellige Zahl auf Teilbarkeit durch 4 zu prüfen (vgl. dazu Krämer et al. 2012). In qualitativen Interviewstudien mit Studierenden des Grundschullehramts in deren ersten Studiensemestern haben wir unbefriedigende Kompetenzen bei Bündelungshandlungen und deren Erläuterung im Dezimalsystem sowie erhebliche Schwierigkeiten beim enaktiven Bündeln in nichtdezimalen Stellenwertsystemen festgestellt (Kolter 2014; Krämer 2012). Dies harmoniert auch mit Befunden, die Hopkins und Cady (2007) über Verständnisprobleme bei Lehrkräften zu Stellenwertdarstellungen berichten. Nicht zuletzt erschien es uns auch so, dass in diesem Themenbereich in für die Universitätslehre besonders naheliegender Weise die enaktive Ebene adressiert werden konnte. Die Fokussierung der Innovation auf nur einen speziellen Inhaltsbereich ist (neben der Frage des Aufwands) methodisch begründet, denn durch diese Konzentration ist eine bessere Kontrolle der Effekte möglich (genaueres zu Hypothesen und Design siehe Abschn. 24.3).

Dass für die inhaltliche Innovation der Ansatz „Darstellungen und Darstellungs-wechsel" ausgewählt wurde, ist ebenfalls naheliegend. Schon Bruner (1971) hat, anknüpfend an die Lehre Piagets, die Wichtigkeit verschiedener „modes of representation" betont („EIS-Prinzip"). Für das Mathematiklernen auf Schulniveau haben sich die „Auswahl grundlegender Darstellungsweisen" und der „interaktive Zugang zu Darstellungsweisen" (Krauthausen und Scherer 2007, S. 133, in Anlehnung an Wittmann 1998) bzw. die „Interaktion der Darstellungsformen" (Wittmann 1981, S. 91; Fischer und Malle 2004) als hilfreich erwiesen, wie auch zahlreiche empirische Studien zeigen (u. a. Janvier 1987; Ainsworth et al. 2002; Kuhnke 2013). Dies sollte in weiten Teilen auch auf die Hochschulebene übertragbar sein. Dabei ist zu beachten, dass Darstellungen nicht bloß eine Lernhilfe, sondern immer auch ein zu verarbeitender Lerngegenstand sind (Biehler 1985; Laakmann 2013). Dies gilt insbesondere für die Hochschulmathematik, in der formal-symbolische Darstellungen ein wichtiges Kommunikations- und kognitives Arbeitsmittel darstellen. Für angehende Lehrkräfte ist der Bereich „Darstellungen" aber nicht nur als Hilfe für ihr eigenes Mathematiklernen relevant, sondern auch, wie eben angedeutet, weil sie in ihrem späteren Unterricht immer wieder mit der Auswahl von und dem Umgehen mit Darstellungen konfrontiert sind. „Darstellungen verwenden" ist ja eine der allgemeinen mathematischen Kompetenzen in den deutschen Bildungsstandards für die Grundschule, wozu auch „eine Darstellung in eine andere übertragen" und „Darstellungen vergleichen und bewerten" gehört (KMK 2004). Für die Planung von Unterricht und für das Entwickeln von Lernumgebungen ist es somit unabdingbar, dass Lehrpersonen für verschiedene Darstellungen, die Wechsel zwischen ihnen und mögliche Schwierigkeiten sensibel sind (s. z. B. Barzel & Huss-mann 2008; Duval 2006; Prediger und Leuders 2005; vom Hofe und Jordan 2009).

Um die Wahl geeigneter Darstellungen und das Wechseln zwischen Darstellungen als hilfreich zu erleben, bedarf es eines Transfers von Situationen, in denen man dies als Lernender kennengelernt hat, auf neue Situationen. Aus der Lehr-Lern-Forschung ist bekannt, dass ein Transfer von bestimmten Kontexten auf andere Kontexte tendenziell nicht von allein zu erwarten ist (Bauersfeld 1983; Sjuts 2003). Das Lernen erfolgt immer eher „situiert", d. h. zunächst auf bestimmte Kontexte bezogen (Brown et al. 1989), und Transfer kann in der Regel nur dann erwartet werden, wenn Gemeinsamkeiten ver-schiedener Situationen und Kontexte auf einer Metaebene bewusst gemacht werden und der Transfer explizit thematisiert wird (Niss 1999). Erst wenn das Lernen auch von solchen Reflexionen begleitet wird und die zugrunde liegenden Prinzipien expliziert werden, besteht Aussicht auf einen (begrenzten, strukturähnliche Bereiche betreffenden) Transfer. Deswegen gehört zu einer Behandlung von Darstellungen und von deren Wechseln auch eine Explizierung auf der Metaebene, so wie es in der Kasseler Lehr-innovation konzipiert wurde.

Auch und gerade bei dem ausgewählten Inhaltsbereich „Stellenwertsysteme und Teilbarkeitsregeln" ist es naheliegend, alle Darstellungsarten zu verwenden sowie die Übergänge dazwischen zu betonen und bewusst zu machen. Grundschullehrkräfte müssen diese Themen in ihrem Unterricht handelnd erschließen und bildlich veranschaulichen. „Handelnd" bedeutet, mit konkreten Materialien wie z. B. Plättchen, Steinen oder Kastanien zu bündeln und so zum einen Zahldarstellungen zu erzeugen und zum anderen Teilbarkeitsregeln herzuleiten, auch in nichtdezimalen Systemen. Beispielsweise wird durch das Arbeiten mit Materialien nebst begleitenden Argumentationen das Prinzip einsehbar, das hinter den Quersummenregeln steht (für ein Beispiel mit Nudeln als Material zum Arbeiten im System zur Basis 6 siehe Abb. 24.1): Nimm 1 aus jedem Bündel, der Rest ist sicher durch die um 1 verminderte Basis teilbar (und zudem durch jeden Teiler dieser Zahl), und die weggenommenen Stückchen konstituieren die Quersumme, die somit allein über die Teilbarkeit durch diese Zahl entscheidet.

Dasselbe lässt sich auch rein bildlich repräsentieren und ebenso in Worten formulieren. Zukünftige Grundschullehrkräfte sollten zudem lernen, all dies auch auf formaler Ebene auszudrücken, insbesondere das Bündeln als Division mit Rest und die daraus resultierenden Algorithmen zur Erzeugung von Zahldarstellungen ebenso wie die Teilbarkeitsregeln und ihre Beweise (Beispiel: $9|a \Leftrightarrow 9|q_{10}(a)$ als formalisierte Quersummenregel). Dieser Transfer von der ikonischen zur formal-symbolischen Darstellungsebene stellt eine wichtige Arbeitsweise in der fachmathematischen Ausbildung der Lehrkräfte dar.

Das mehrfach erwähnte *Bewusstmachen* dieser Formen und Übergänge auf einer Metaebene bedeutet bezogen auf Stellenwertsysteme und Teilbarkeitsregeln u. a., dass die Bündelungshandlungen in Bilder und formale Aussagen überführt werden müssen, dass umgekehrt formale Schreibweisen für Zahldarstellungen und Argumentationen anhand solcher formaler Darstellungen in Bilder und in Handlungen mit Plättchen

Abb. 24.1 Enaktive Darstellung der Quersummenregel zur Basis 6 am Beispiel $(132)_6$ mit konkretem Material (Penne Rigate) – Anfangs- und Zwischenzustand

usw. übersetzt werden müssen und dass diese Übergänge mit den Studierenden explizit thematisiert werden.

Auch wenn all dies in genau der Form kein Schulstoff ist, schon gar nicht in der Grundschule, so gehören sowohl das formalisierte Wissen als auch die Metaebene usw. zum sinnvollen Lehrerhintergrundwissen. Dies ist eine naheliegende Folgerung aus den in Abschn. 24.1 genannten empirischen Erhebungen zum Zusammenhang von Lehrerprofessionswissen und Schülerlernen. So fassen auch Baumert et al. (2011, S. 185) die Befundlage folgendermaßen zusammen:

> Es scheint, dass Ausbildungsprogramme, die Kompromisse in der fachwissenschaftlichen Ausbildung eingehen, negative Rückwirkungen auf die Entwicklung des fachdidaktischen Wissens und in der Konsequenz auf die erfolgreiche Unterrichtstätigkeit haben.

Bei der gewählten Lehrinnovation rücken die beiden im Zitat adressierten Dimensionen, nämlich das fachwissenschaftliche Wissen (FW) und das fachdidaktische Wissen (FDW), sowie deren jeweilige Förderung offensichtlich einander besonders nahe: Zum einen soll durch sie erreicht werden, dass sich die Studierenden im ausgewählten Inhaltsbereich ein vertieftes FW aneignen, zum anderen soll dies auch durch Wissenselemente geschehen, die zur Entwicklung des FDW beitragen.

Sicherlich praktizieren viele Dozenten die beschriebenen Elemente so oder ähnlich in ihren universitären Lehrveranstaltungen zur Arithmetik (Wittmann et al. 2007; Leuders 2010). Es fehlt bislang jedoch eine empirische Überprüfung der allseits erhofften positiven Effekte auf das FW der Studierenden. Der in KLIMAGS entwickelte Leistungstest fokussiert entsprechend auf das Fachwissen.

24.3 Das KLIMAGS-Untersuchungsdesign

24.3.1 Forschungsfragen

Wie eben in Abschn. 24.2.2 ausgeführt, konzentrieren wir uns im Folgenden auf das inhaltliche Innovationselement (Darstellungswechsel im Inhaltsbereich „Stellenwertsysteme und Teilbarkeitsregeln"), berücksichtigen aber auch mögliche Wirkungen der Innovationen im Übungsbetrieb. Anknüpfend an die allgemeinen Fragestellungen des Projekts KLIMAGS (s. am Ende von Abschn. 24.2.1) stellen sich somit für die Kasseler Stichprobe im Bereich der Arithmetik die folgenden Forschungsfragen:

1. Wie wirkt sich die Behandlung von verschiedenen Darstellungsebenen, deren Wechsel und deren metakognitive Explizierung (im Folgenden kurz „DWmE") im Inhaltsbereich „Stellenwertsysteme und Teilbarkeitsregeln" auf die Leistungen der Studierenden in diesem Inhaltsbereich aus?
2. Wie entwickelt sich die Leistung der Studierenden in den Inhaltsbereichen, auf die sich die inhaltsbezogene Innovation nicht bezieht?

3. In welcher Weise unterscheiden sich inhaltliche Bearbeitungen von Testitems zu Stellenwertsystemen und Teilbarkeitsregeln durch Studierende, die mit DWmE lernen, von Bearbeitungen durch Studierende, die ohne DWmE lernen? Insbesondere: Welche Unterschiede gibt es bezüglich auftretender Fehler in Bearbeitungen und wie stehen diese möglicherweise mit der Lehrinnovation in Zusammenhang?

Während Frage 1 vor allem quantitative Untersuchungen und Ergebnisse bezüglich eines leistungsorientierten Maßes anspricht, adressiert Frage 3 hauptsächlich qualitative Aspekte von Aufgabenbearbeitungen. Unsere Hypothese lautet, dass die Innovation zu gewünschten quantitativen und qualitativen Unterschieden in der Bearbeitung von Aufgaben führt, die mit dieser Innovation inhaltlich zusammenhängen. Zum anderen gehen wir unter Berücksichtigung der Situiertheit unserer Innovation davon aus, dass sich in den anderen Inhaltsbereichen keine differentiellen Wirkungen zeigen.

24.3.2 Stichprobe

Insgesamt haben 322 Studierende (mittleres Alter $M = 22{,}6$ Jahre, $SD = 4{,}8$; 80,6 % weiblich), die sich hauptsächlich in ihrem ersten Studienjahr befanden (91,6 % Ersthörende), an der Untersuchung teilgenommen.

Im Wintersemester 2011/12 wurden in der Fachvorlesung „Arithmetik" zum ersten Mal der Vor- und Nachtest eingesetzt. Die Studierenden dieses Jahrgangs bilden die *Kontrollgruppe* (KG) unserer Untersuchung, während sich die *Experimentalgruppe* (EG) aus Studierenden zusammensetzt, die an der innovierten Fachvorlesung im Wintersemester 2012/13 teilgenommen haben.

Für die weiteren Analysen, bei denen wir die unterschiedlichen Leistungsentwicklungen der Gruppen betrachten und analysieren wollen, sollen nur die Leistungsparameter von Studierenden verwendet werden, die an *beiden* Messzeitpunkten teilgenommen haben, weswegen sich die für uns relevante Stichprobe auf 131 Studierende (mittleres Alter $M = 21{,}9$ Jahre, $SD = 4{,}4$; 85,5 % weiblich; 95 % Ersthörende) verringert. Davon waren 69 Studierende in der Kontrollgruppe und 62 in der Experimentalgruppe.

Beim Vergleich dieser Stichprobe mit der Gesamtheit aller Studierenden, die unsere Tests absolvierten, konnten auf dem 5-%-Niveau keine Leistungsunterschiede festgestellt werden (für Details s. Abschn. 24.4). Dies weist darauf hin, dass es die Resultate nicht verfälscht, wenn wir nur diese Teilstichprobe betrachten.

24.3.3 Design und Treatment

Wir haben, um der Fragestellung nach der Kompetenzentwicklung der Studierenden nachzugehen, einen klassischen Kohortenvergleich mit Vortest-Intervention-Nachtest-

Design gewählt. Für die Arithmetik-Vorlesung wurden breit gefächerte Vor- und Nach-tests entwickelt, die sich auf das bestehende Vorlesungskonzept beziehen (siehe Abschn. 24.3.4). Dieses Instrument wurde im Wintersemester 2011/12 zum ersten Mal bei der Kontrollgruppe eingesetzt, die eine einsemestrige Fachvorlesung in Arithmetik ohne DWmE gehört hat. Der darauffolgende Studierendenjahrgang, die Experimental-gruppe, nahm im Wintersemester 2012/13 an der Fachvorlesung in Arithmetik mit DWmE teil. Bis auf die Innovationselemente (DWmE sowie Tutorenschulungen) waren beide Lehrveranstaltungen identisch aufgebaut, mit parallelen Vorlesungen an denselben Wochentagen und Uhrzeiten in denselben Räumen mit denselben Inhaltsgebieten und mit bis auf eine Aufgabe identischen Übungsblättern. Die behandelten Gebiete waren Teilbarkeit, Teilbarkeitsregeln, Primzahlen, ggT/kgV, Stellenwertsysteme, Induktion, natürliche, ganze und rationale Zahlen mit Ausblick auf reelle Zahlen sowie Relationen mit Ausblick auf Funktionen. Von der Lehrform her handelte es sich um eine klassische Vorlesung im Plenum mit einem Auditorium von etwa 150 Grundschullehramts-studierenden. In beiden Vorlesungen wurden jeweils dieselben Inhaltsgebiete an der Tafel bzw. über PowerPoint-Folien dargeboten, sodass es auch methodisch keinen Unterschied gab. Auch der Dozent, einer der Autoren dieses Beitrags (Werner Blum), war in beiden Vorlesungen identisch. Da er Fachdidaktiker ist, wurden an vielen weiteren Stellen fach-didaktische Elemente integriert, so etwa bei präformalen Beweisen der Unendlichkeit der Primzahlmenge oder der Irrationalität von $\sqrt{2}$.

Die drei Elemente des Innovationskonzepts „DWmE" waren also wie in Abschn. 24.2.2 beschrieben:

1. die Behandlung enaktiver, ikonischer und symbolischer Darstellungen bei den Teil-barkeitsregeln (Endstellen- und Quersummenregeln), basierend auf stellenwert-bezogenen Bündelungen,
2. das explizite Wechseln zwischen diesen Darstellungen sowie
3. die Thematisierung der Zusammenhänge zwischen diesen Darstellungen und die Reflexion über die Relevanz von Darstellungen und Darstellungswechseln für das eigene Lernen wie auch für die zukünftige Berufspraxis.

Im Rahmen der beiden Vorlesungen am 30. November 2012 und 7. Dezember 2012 wurden alle drei Elemente für die Experimentalgruppe implementiert. Beim Beweis von Teilbarkeitsregeln zu den Basen 10, 8 und 6 wurde nicht nur (wie schon ein Jahr zuvor mit der Kontrollgruppe) auf ikonischer und formaler Ebene gearbeitet, sondern außerdem (durch den Dozenten und einige Studenten gemeinsam am OHP) für die Basen 10 und 6 auch mit konkretem Material (Bündeln mit Nudeln, s. Abb. 24.1). Des Weiteren wurden rückblickend die Zusammenhänge thematisiert und ihre Bedeutung bewusst gemacht; hierzu ein kurzer Transkriptausschnitt:

Das hier hängt alles miteinander zusammen [Dozent zeigt zum Tafelanschrieb: handelnd, bildlich, formal]. Das Formale stelle ich handelnd dar, das Handelnde stelle ich bildlich dar, das Bildliche kann ich formalisieren. Ich kann dazwischen beliebig übersetzen. Das ist die Souveränität der Lehrkraft. […] Alles drei sind […] gültige Beweise [der Quersummenregeln].

Das erste und zweite Element hielt zusätzlich Einzug in die wöchentlichen Hausaufgaben (eine Aufgabe auf Übungsblatt 6) für die Experimentalgruppe sowie, durch die Besprechung derselben, auch in die Tutorien. Die Studierenden mussten durch Fotos dokumentieren, dass sie tatsächlich selber gebündelt und Zusammenhänge zwischen den Darstellungsebenen hergestellt hatten.

In der Vorlesung für die Kontrollgruppe im Jahr zuvor waren diese Elemente noch ausgespart worden, d. h., es wurden dort beim Beweis der Teilbarkeitsregeln anhand derselben Basen 10, 8 und 6 nur ikonische und formale Repräsentationen behandelt, es wurden keine Wechsel zwischen verschiedenen Darstellungen thematisiert und keine Reflexionen darüber angestellt. Dafür wurden in dieser Vorlesung weitere Beispiele für Teilbarkeitsregeln behandelt, u. a. weitere Endstellenregeln im Dezimalsystem sowie Teilbarkeitsregeln zur Basis 7. Alle anderen Teile der beiden Lehrveranstaltungen wurden konstant gehalten.

Die *Treatmentkontrolle* erfolgte anhand der Vorlesungsskripte und Hausaufgabenblätter beider Jahrgänge. Die Umsetzung der Treatmentelemente in den beiden „DWmE-Vorlesungen" der Experimentalgruppe wurde durch zusätzliche Videoaufnahmen und Analysen der studentischen Hausaufgaben nachgeprüft.

24.3.4 Der Leistungstest

Insgesamt wurden für das Themengebiet Arithmetik 52 Items für zwei 45-minütige Tests entwickelt, wobei auf eine möglichst breite Abdeckung der bei Niss und Højgaard (2011) und in den deutschen Bildungsstandards (konkretisiert bei Blum et al. 2006) formulierten allgemeinen mathematischen Kompetenzen sowie auf die Passung zum bestehenden Vorlesungskonzept geachtet wurde (Genaueres zum rahmengebenden Kompetenzstrukturmodell findet sich in Kolter et al. 2018). Die Items wurden breit pilotiert, sodass auch realistische Zeitschätzungen vorlagen. Nur Items, die den üblichen psychometrischen Gütekriterien entsprachen (z. B. Item-Test-Korrelation mindestens 0,3), wurden in den Haupttest übernommen.

Vor- und Nachtest sind im Rotationsdesign angelegt und setzen sich jeweils aus 15 zeitpunktspezifischen Stammitems (S. 1 und S. 2), die jeweils nur im Vor- bzw. Nachtest liefen, und je 11 Items pro Rotationsblock (A und B) zusammen. Studierende, die ein Item des Rotationsblocks A im Vortest bearbeitet hatten, erhielten im Nachtest ein ähnliches (paralleles) Item des Rotationsblocks B und umgekehrt (siehe Abb. 24.2). Durch dieses Rotationsdesign sollten Erinnerungseffekte weitgehend vermieden werden. Die Aufteilung der Stichprobe auf die beiden resultierenden Testhefte erfolgte im Vortest randomisiert.

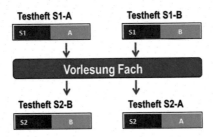

Abb. 24.2 Leistungstest im Rotationsdesign

Die im Vortest eingesetzten Items bewegen sich im Rahmen des Sekundarstufe-I-Schulstoffs oder sind direkt daran anschlussfähig, weswegen Studierende in der Lage sein sollten, sie zufriedenstellend zu lösen. Dagegen enthielt der Nachtest auch auf den Vorlesungsstoff bezogene Items. Durch eine Rasch-Skalierung wurden die Leistungen der Lernenden im Pre- und Post-Test auf einer gemeinsamen intervallskalierten Skala abgebildet. Mit einer Testzeit von 45 min, was durchschnittlich etwa 2 min pro Item bedeutet, hatten die Studierenden ausreichend Zeit.

Der Leistungstest umfasst die folgenden Inhaltsbereiche: b-adische Systeme (BS), Teilermengen (TM), Primfaktorzerlegung (PZ), Teilbarkeitsregeln (TR), Zahlbereiche ($\mathbb{Z}, \mathbb{Q}$) (ZB), Operationen (OP) und Relationen (RL). In einigen Items wird von den Studierenden gefordert, dass sie ihre Lösungswege darstellen oder detaillierte Begründungen liefern, während bei anderen nur anzukreuzen (Multiple Choice bzw. Complex Multiple Choice) oder ausschließlich ein Ergebnis aufzuschreiben ist.

Die Vor- und Nachtestitems wurden in zwei inhaltliche „Dimensionen" eingeteilt. Items der *Dimension 1* haben einen direkten Bezug zu den Inhaltsbereichen der Intervention. Dazu gehören alle Items, welche die Zahldarstellung im Stellenwertsystem behandeln, sowie Items, welche „einfache" (nicht zusammengesetzte) Teilbarkeitsregeln betreffen. Items der *Dimension 2* decken das restliche Spektrum der Arithmetik-Vorlesung ab. 11 der 52 Items gehören zur Dimension 1, 41 zur Dimension 2 (siehe Tab. 24.5 im Anhang). Wir sagen im Folgenden kurz: „Items mit bzw. ohne Interventionsbezug". Ein Beispielitem (BS05a) zu Dimension 1 ist in Abb. 24.3 wiedergegeben. Auf dieses gehen wir in Abschn. 24.4.2 noch genauer ein.

Um die zentralen Fragestellungen zu untersuchen, wurden die Items des Vor- und Nachtests auf einer zweidimensionalen Rasch-Skala abgebildet (manche der Items

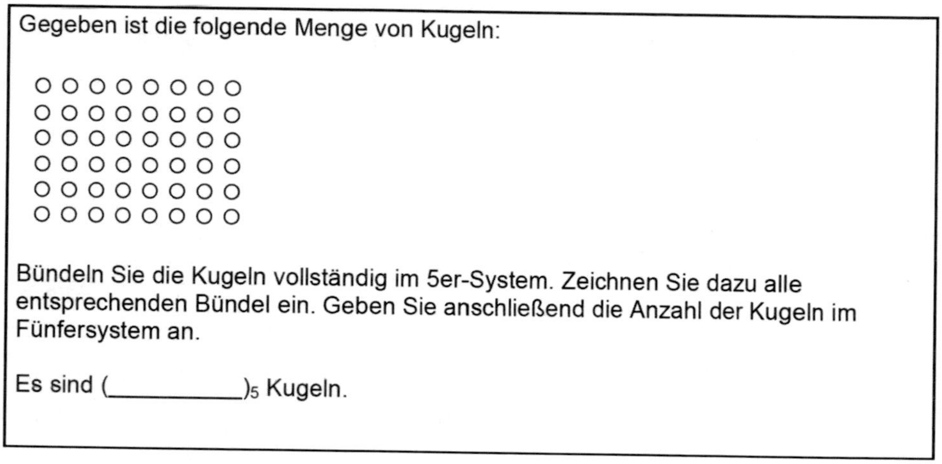

Gegeben ist die folgende Menge von Kugeln:

○ ○ ○ ○ ○ ○ ○
○ ○ ○ ○ ○ ○ ○
○ ○ ○ ○ ○ ○ ○
○ ○ ○ ○ ○ ○ ○
○ ○ ○ ○ ○ ○ ○
○ ○ ○ ○ ○ ○ ○

Bündeln Sie die Kugeln vollständig im 5er-System. Zeichnen Sie dazu alle entsprechenden Bündel ein. Geben Sie anschließend die Anzahl der Kugeln im Fünfersystem an.

Es sind (_____)$_5$ Kugeln.

Abb. 24.3 Beispielitem BS05a „Bündeln im Stellenwertsystem zur Basis 5"

wurden mit „partial credits" kodiert). Das mit der Software ConQuest berechnete dichotome Rasch-Modell weist die folgenden EAP/PV-Reliabilitäten auf: 0,69 (VT) bzw. 0,81 (NT), was im zufriedenstellenden Bereich liegt.

Die Frage, ob ein ein- oder zweidimensionales Modell besser zu unseren Daten passt, kann nicht nur rein psychometrisch beantwortet werden. Gemessen an den üblichen Kriterien (AIC, BIC und CAIC) zeigt das eindimensionale Modell etwas bessere Werte: 1-Dim: AIC 7595, BIC 7747, CAIC 7671; 2-Dim: AIC 8150, BIC 8311, CAIC 8230.

Auf Basis der Forschungsfragen ist die von uns gewählte zweidimensionale Modellierung jedoch sinnvoller. Da die Fitparameter nur unwesentlich schlechter als bei der eindimensionalen Modellierung sind, halten wir es für wissenschaftlich legitim, mit der zweidimensionalen Modellierung weiterzuarbeiten.

Die Itemparameter wurden wie üblich normiert, indem ihr Mittelwert auf 0 gesetzt wurde[1]. Das Spektrum der Itemschwierigkeiten unseres Tests reicht vom leichtesten Item (OP02b, schriftliches Dividieren „59.936: 8", Lösungsquote im Vortest 74 %) mit einen Parameter von –2,647 bis zum schwersten Item (TR04, siehe Abb. 24.4, Lösungsquote im Nachtest 3 %) mit einem Parameter von 3,652 (vgl. zu allem Tab. 24.5 im Anhang), womit der Test in einem typischen Wertebereich liegt (vgl. Rauch und Hartig 2007).

---

[1]Bei Rasch-Skalierungen ist es üblich, dass das letzte Item pro Dimension festgesetzt wird, um sicherzustellen, dass der Mittelwert der Itemschwierigkeiten bei 0 liegt. Dies hat zur Folge, dass diese Items für weitere Analysen nicht mehr verwendet werden können (Adams und Wu 2002).

Von a = 7654z₀ (Darstellung im Zehnersystem) ist die letzte Ziffer z_0 unbekannt.

Es gilt 6 | a.

Welche Werte kommen dann für z_0 in Frage? Begründen Sie Ihr Vorgehen. Geben Sie die Regel(n) an, die Sie verwendet haben.

Abb. 24.4 Beispielitem TR04 „Entscheidung über Teilbarkeit"

24.4 Ergebnisse

Zunächst wird in Abschn. 24.4.1 analysiert, ob es gemäß den Forschungsfragen 1 und 2 signifikante Unterschiede in der Leistungsentwicklung beider Gruppen gibt. Hierfür wurden aufbauend auf einer zweidimensionalen Rasch-Skalierung Varianzanalysen mit Messwiederholung über die latenten Personenfähigkeiten (Personenparameter) durchgeführt. Anschließend (Abschn. 24.4.2) wird die Leistungsentwicklung in beiden Dimensionen (Items mit und ohne Interventionsbezug, siehe Abschn. 24.3.4) analysiert. Schließlich werden einzelne Items und deren Bearbeitungen durch Studierende untersucht, die gemäß der Forschungsfrage 3 relative Stärken und Schwächen der Experimentalgruppe im Vergleich zur Kontrollgruppe veranschaulichen sollen.

Zuerst wurde die Kernstichprobe von 131 Personen mit vollständigen Daten für Vor- und Nachtest mit der Gesamtgruppe aller 322 Teilnehmer (im Vortest insgesamt 289 bearbeitete Testhefte, im Nachtest insgesamt 164) verglichen. Dies geschieht mittels einfaktorieller ANOVA. Dabei lassen sich auf dem 5-%-Niveau keine signifikanten Unterschiede zwischen der 131er-Kernstichprobe und den Gruppen, die aus allen Teilnehmern des jeweiligen Messzeitpunkts bestehen, finden. Die Mittelwerte und Standardabweichungen zu beiden Dimensionen in Vor- und Nachtest für die jeweiligen Stichproben können Tab. 24.1 entnommen werden (Mittelwerte und in Klammern Standardabweichungen).

Tab. 24.1 Mittelwerte und Standardabweichungen der Personenparameter für Gesamt- und Teilstichprobe

	Vortest		Nachtest	
	n = 289	n = 131	n = 164	n = 131
Dimension 1	−1,79 (1,23)	−1,83 (1,20)	−0,74 (1,40)	−0,66 (1,43)
Dimension 2	−1,48 (0,81)	−1,35 (0,78)	−0,07 (0,99)	0,00 (0,99)

Dimension 1: Items mit direktem Interventionsbezug
Dimension 2: Items ohne direkten Interventionsbezug

24.4.1 Leistungsentwicklungen

Im Rasch-Modell ist die Schwierigkeit eines Items üblicherweise definiert als Ausprägung auf der Fähigkeitsskala (Skala der Personenparameter), die erforderlich ist, um dieses Item mit einer Wahrscheinlichkeit von 50 % zu lösen (Rauch und Hartig 2007).

Die durchschnittlichen Personenparameter der Kontroll- und Experimentalgruppe für beide Dimensionen zu den verschiedenen Messzeitpunkten, die als WLE (Weighted Likelihood Estimate) berechnet werden, können Tab. 24.2 entnommen werden.

Ordnet man die Itemparameter und die Personenparameter auf eine gemeinsame Skala (und erstellt somit eine Wright-Map; vgl. Abb. 24.8 im Anhang), kann man erkennen, dass Items aus Dimension 1 schwerer ausfallen und für unsere Stichprobe tendenziell zu schwer sind. Wie eine Detailanalyse zeigt, gilt dies besonders, wenn sie im Vortest gelaufen sind und die Studierenden somit noch keine Fachvorlesung zu diesem Inhaltsbereich gehört haben. Allerdings fallen ebenfalls zwei reine Nachtestitems der interventionsbezogenen Dimension 1 unserer Stichprobe sehr schwer. Auch in Dimension 2 weisen vier Items einen Parameter auf, der von keinem Studierenden erreicht wird. Weitere Details zu den Schwierigkeiten der Items entnehme man der Wright-Map (Abb. 24.8) im Anhang.

Rein deskriptiv lässt sich festhalten, dass die durchschnittlichen Personenparameter in beiden Dimensionen vom Vor- zum Nachtest ansteigen (in Abb. 24.5 auch grafisch dargestellt), was nach einem Semester Vorlesung sicherlich zu erwarten ist. Für unsere weitere Analyse stellt sich nun die Frage (s. die Fragestellungen in Abschn. 24.3.1), ob es statistisch signifikante Unterschiede in den Leistungsentwicklungen der beiden Gruppen gibt. Des Weiteren werden Unterschiede in den Testdimensionen untersucht.

Zunächst stellen wir fest, dass sich die Vortestleistungen der beiden Gruppen nicht statistisch signifikant ($p > 0{,}05$) voneinander unterscheiden (Dimension 1: $t(129) = 0{,}702$; $p = 0{,}484$; $d = 0{,}12$ bzw. Dimension 2: $t(129) = 1{,}547$; $p = 0{,}124$; $d = 0{,}25$). Mittels einer zweifaktoriellen Varianzanalyse mit Messwiederholung und den Innersubjektfaktoren Zeit (VT, NT) und Dimension (1, 2) sowie dem Zwischensubjektfaktor der Gruppenzugehörigkeit (KG, EG) lässt sich zeigen, dass in der Interaktion von Zeit, Dimension

Tab. 24.2 Mittelwerte und Standardabweichungen der Personenparameter beider Gruppen je Messzeitpunkt und Dimension

	Vortest		Nachtest	
	Dimension 1	Dimension 2	Dimension 1	Dimension 2
KG	–1,76 (1,20)	–1,45 (0,80)	–0,98 (1,29)	–0,06 (1,09)
EG	–1,91 (1,21)	–1,24 (0,75)	–0,31 (1,50)	0,07 (0,89)

Dimension 1: Items mit direktem Interventionsbezug
Dimension 2: Items ohne direkten Interventionsbezug

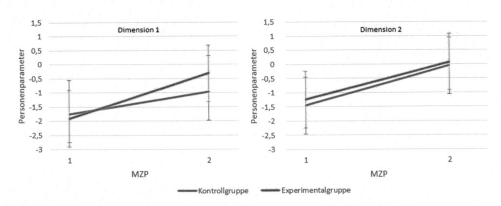

Abb. 24.5 Leistungsentwicklung von Kontroll- und Experimentalgruppe in beiden Test-dimensionen

und Gruppenzugehörigkeit statistisch signifikante Effekte vorliegen ($F(1,131) = 6,53$; $p = 0,002$; $\eta^2 = 0,074$).

Betrachtet man die einzelnen Dimensionen und führt jeweils eine einfaktorielle Varianzanalyse mit Messwiederholung und dem Innersubjektfaktor Zeit sowie dem Zwischensubjektfaktor Gruppenzugehörigkeit durch, kann man feststellen, dass es eine statistisch signifikant höhere Leistungsentwicklung der Experimentalgruppe in der interventionsbezogenen Dimension 1 ($F(1,131) = 8,764$; $p < 0,01$; $\eta^2 = 0,064$) und keine statistisch signifikanten Unterschiede in der Leistungsentwicklung in der nicht interventionsbezogenen Dimension 2 gibt ($F(1,131) = 0,199$; $p = 0,66$; $\eta^2 = 0,002$). Lernende, die im Inhaltsbereich „Stellenwertsystem und Teilbarkeitsregeln" mit DWmE gelernt haben, erzielen in dieser Dimension also statistisch signifikant höhere Leistungs-zuwächse (allerdings mit einer geringen Effektstärke, was sich aus unterschiedlichen Varianzen ergibt), während ihre Leistungsentwicklungen in der nicht interventions-bezogenen Dimension identisch zu den Entwicklungen der Lernenden ist, die ohne DWmE gelernt haben.

Wir können die Forschungsfrage 1 also in dem Sinne beantworten, dass die Behandlung von verschiedenen Darstellungsebenen und deren Wechsel sowie deren metakognitive Explizierung im Inhaltsbereich „Stellenwertsysteme und Teilbarkeits-regeln" bei Studierenden in diesem Inhaltsbereich zu statistisch signifikant höheren Leistungsentwicklungen führen als bei Studierenden, die ohne DWmE lernen.

Hinsichtlich der zweiten Forschungsfrage, also der Frage nach der Entwicklung der Leistung der Studierenden in den nicht innovierten Inhaltsbereichen, können wir fest-halten, dass es keinen statistisch nachweisbaren Unterschied zwischen den beiden Kohorten gab. Es bestätigt sich also auch hier das zentrale Ergebnis des LIMA-Projekts, dass allein die Innovation in den Übungen keinen nachweisbaren Effekt hat, und zwar auch dann nicht, wenn man statt einer üblichen Klausur einen nach psychometrischen und fachdidaktischen Kriterien entwickelten Leistungstest heranzieht.

Über diese Ergebnisse bezüglich der Forschungsfragen 1 und 2 hinaus konnten wir einen statistisch signifikanten Leistungszuwachs im Verlauf des ersten Semesters nachweisen, was nicht überraschend ist. Unter normativen Gesichtspunkten kann allerdings der Leistungsstand am Ende des ersten Semesters nicht zufriedenstellen.

Die Forschungsfragen 1 und 2 konnten damit erwartungskonform beantwortet werden. In der Kombination dieser beiden Forschungsfragen wird insbesondere auch die Existenz einer spezifischen inhaltlichen Wirkrichtung der Lehrinnovation nahegelegt: Studierende, die mit DWmE lernen, bearbeiten gerade die Aufgaben, die sich inhaltlich auf die Intervention beziehen lassen, insgesamt statistisch besser als Studierende, die ohne DWmE lernen. Mit Blick auf die Forschungsfrage 3 soll dieser inhaltliche Zusammenhang mittels Analysen studentischer Aufgabenbearbeitungen im nächsten Abschnitt weiter ausgeschärft werden.

24.4.2 Interventionsbezogene Unterschiede in Aufgabenbearbeitungen zweier Items

In diesem Abschnitt werden Ergebnisse bezüglich inhaltlicher Unterschiede in der Bearbeitung zweier Items durch Studierende, die mit bzw. ohne DWmE lernten, präsentiert. Insbesondere wird im Kontext von aufgetretenen Fehlern der Frage nachgegangen, ob und wie diesbezügliche Unterschiede mit der Lehrinnovation in Zusammenhang stehen. Dabei wurden die beiden Items mittels sog. DIF-Analysen (Differential Item Functioning; vgl. Zumbo 1999) ausgewählt, die von der Experimentalgruppe besser bearbeitet wurden als von der Kontrollgruppe. Im nächsten Abschnitt erläutern wir kurz, wie wir bei den DIF-Analysen vorgegangen sind. Danach betrachten wir dann die beiden Items einschließlich den studentischen Lösungen im Detail und formulieren insbesondere auch Hypothesen für inhaltliche interventionsbezogene Gründe für die unterschiedlichen Lösungsquoten.

Zur Auswahl der untersuchten Items.

Ein Item weist nach Definition (vgl. Zumbo 1999, S. 12) ein DIF auf, wenn Personen aus unterschiedlichen Stichproben mit gleichem Personenparameter unterschiedliche Wahrscheinlichkeiten haben, eben dieses Item zu lösen. Demnach bezeichnet ein DIF die Differenz der Schwierigkeit eines Items in zwei Teilpopulationen. ConQuest ermöglicht, mittels Zerlegung einer Gesamtpopulation in Teilpopulationen (in unserem Fall: Kontroll- und Experimentalgruppe) simultan für beide Gruppen separate Itemparameter zu berechnen (Wu et al. 1998) und so den DIF eines Items zu bestimmen. Von einem substanziellen DIF-Effekt spricht man, wenn die Differenz der Itemschwierigkeiten mindestens 0,50 logits bzw. der Betrag des DIF-Parameters mindestens 0,25 beträgt (Methode und Kriterien nach Draba 1977; Knoche und Lind 2004; Wang 2000). Da sich mögliche Interventionseffekte nur im Nach- und nicht im Vortest zeigen können, wurden zunächst die Nachtestitems analysiert und in einem zweiten Schritt wurde kontrolliert, ob die gefundenen Unterschiede schon im Vortest bestanden hatten.

Die DIF-Parameter der Nachtestitems streuten zwischen –0,754 und 0,729 (SD = 0,43), wobei die Orientierung so gewählt war, dass positive DIF-Werte eine relative Stärke der Experimentalgruppe gegenüber der Kontrollgruppe repräsentieren. In ihrem mittleren Leistungsparameter lagen die beiden Gruppen nur 0,124 logits auseinander und es ließen sich insgesamt 17 Items finden, die einen substanziellen DIF-Wert aufweisen, bei denen also der Betrag des DIF-Wertes größer als 0,25 ist. Dabei wurden die Unterschiede allerdings nur für drei Items auf dem 10-%- und für drei Items auf dem 5-%-Niveau signifikant. Wie nach den Varianzanalysen mit Messwiederholung (vgl. Abschn. 24.4.1) zu erwarten war, erwiesen sich die Items aus Dimension 1 als insgesamt tendenziell leichter für die Experimentalgruppe.

Von den Items mit direktem inhaltlichem Interventionsbezug wiesen genau drei Items einen substanziellen und statistisch signifikanten positiven DIF-Parameter auf. Von diesen besaßen TR05a und TR05c die größten (auf dem 5-%-Niveau signifikanten) DIF-Parameter. Beide Items sind inhaltlich fast identisch, da es sich um Parallelitems handelt, die im Rotationsteil des Leistungstests platziert sind. Folglich war es sinnvoll, die Bearbeitungen beider Items zusammenfassend zu analysieren (dazu mehr im Teil a des nächsten Abschnitts). Als drittes Item mit substanziellem DIF-Parameter, das den Inhalten der Intervention zugeschrieben werden kann und dessen DIF ebenfalls statistisch signifikant (nun auf dem 10-%-Niveau) war, erwies sich BS05a. Ergebnisse zu diesem Item werden im Teil b des nächsten Abschnitts diskutiert.

Um zu überprüfen, ob die interventionsbezogenen Items der Experimentalgruppe womöglich schon im Vortest signifikant leichter fielen als der Kontrollgruppe, haben wir ergänzend eine DIF-Analyse zum Vortest durchgeführt. Dabei konnten wir bezüglich aller Items der interventionsbezogenen Dimension im Vortest keine statistisch signifikanten Unterschiede nachweisen. Wir können deshalb davon ausgehen, dass die im Nachtest gefundenen Unterschiede nicht bereits im Vortest vorhanden waren, was für einen Effekt der Intervention spricht.

Fehleranalysen bei zwei ausgewählten Items.

In den beiden folgenden Unterabschnitten präsentieren wir nun inhaltliche Analysen für die Items (TR05a/c und BS05a). Zur Analyse erfolgte auf induktive Weise eine Kategorisierung der gewählten Lösungsmethoden und insbesondere der aufgetretenen Fehler. Dies soll einen differenzierteren Blick auf die Stärken und Schwächen der Experimentalgruppe im Vergleich zur Kontrollgruppe ermöglichen und insbesondere konkrete, itembezogene Hinweise liefern, wie Stärken der Experimentalgruppe inhaltlich mit der Intervention zusammenhängen.

a) Inhaltliche Analyse 1: Teilbarkeit durch 4

Inhaltlich sind die Items TR05a und TR05c (siehe Abb. 24.6) fast identisch. Es handelt sich um Parallelitems, die im Rotationsteil des Leistungstests platziert sind. Das bedeutet, dass Studierende, die im Vortest das Item TR05a bearbeitet hatten, im Nachtest das Item TR05c lösen mussten, und umgekehrt. Die beiden Items unterscheiden sich nur durch die Zahl, die auf Teilbarkeit durch 4 untersucht werden soll. In Item TR05a ist

Kreuzen Sie an, ob die folgende Aussage korrekt ist oder nicht, und begründen Sie
ihre Entscheidung mit Hilfe einer Teilbarkeitsregel.

548624 ist teilbar durch 4

Die Aussage…

☐ … ist korrekt, denn:

_____

☐ … ist nicht korrekt, denn: _____

_____

Abb. 24.6 Item TR05a (im Parallelitem TR05c ist die Zahl 743.930 zu prüfen)

die gegebene Zahl durch 4 teilbar, im Parallelitem nicht. Beide Beweise können über die
bekannte Teilbarkeitsregel für die Zahl 4 („genau dann, wenn") analog geführt werden.

Da das Item Wissen über Teilbarkeitsregeln erfordert, die in der Vorlesung behandelt
wurden, war anzunehmen, dass das Item im Nachtest von der Experimental- wie auch
von der Kontrollgruppe deutlich häufiger gelöst wird als im Vortest. Um Vor- und Nachtestlösungen einzelner Studierender zu vergleichen, fassen wir für die folgenden Analysen beide Items zu ein und demselben, im Weiteren mit „TR05" bezeichneten Item
zusammen und stellen nun zunächst das Bewertungssystem vor. Entsprechend der
Forschungsfrage 3 analysieren wir dann, ob sich interventionsbezogene Unterschiede bei
der Bearbeitung durch die Experimentalgruppe im Vergleich zur Kontrollgruppe finden
lassen, etwa bezüglich des Angebens und Anwendens der Regel.

Als richtig wurden nur Antworten gewertet, welche die jeweils korrekte Entscheidung mit Verweis auf die Endstellenregel zur 4 (etwa „die aus den letzten beiden
Ziffern gebildete Zahl ist (nicht) durch 4 teilbar" oder „4 teilt (nicht) $z_1 z_0$") beinhalteten.
Andere Antworten, insbesondere mit anderen Begründungen, wurden (sowohl hier als
auch in den quantitativen Auswertungen) als falsch gewertet. Dies gilt speziell, wenn
die letzten drei statt der letzten beiden Ziffern betrachtet wurden, obwohl die Zahl in
Item TR05a sogar durch 8 teilbar ist und damit mathematisch korrekterweise aus der
Teilbarkeit der aus den letzten drei Ziffern gebildeten Zahl tatsächlich auf die Teilbarkeit durch 4 geschlossen werden kann. Wir haben unterstellt, dass die Studierenden nicht
aus diesem Grund die andere Regel gewählt haben, sondern dass sie die Regeln für die
Teilbarkeit durch 4 und durch 8 verwechselt haben. Auch wenn nur durch konkretes Ausrechnen überprüft wurde, ob sich die gegebene Zahl durch 4 teilen lässt, wurde dies als
falsch gewertet, denn das erfüllt nicht die Anforderung des Items, anhand einer Teilbar-

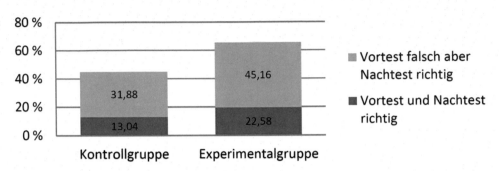

Abb. 24.7 Lösungshäufigkeiten im Nachtest des Items TR05 in KG und EG

keitsregel zu argumentieren. Die Formulierung „4 teilt (nicht) die letzten beiden Ziffern"
hingegen wurde trotz ihrer Mangelhaftigkeit noch als korrekt akzeptiert. Die Auswertung
zeigt, dass Item TR05 im Nachtest von der Experimentalgruppe tatsächlich deutlich
häufiger richtig gelöst wurde als von der Kontrollgruppe (KG: 31 von 69 (44,93 %);
EG: 42 von 62 (67,74 %) richtige Nachtestlösungen; siehe Abb. 24.7). Dieses Ergebnis bleibt auch unter Kontrolle der Vortestleistungen bestehen: Selbst wenn man nur die
Studierenden betrachtet, die das Item im Vortest falsch oder nicht beantworteten, ist der
Anteil an richtigen Lösungen im Nachtest bei der Experimentalgruppe größer als bei der
Kontrollgruppe (KG: 22 von 53 (41,51 %); EG: 28 von 41 (68,29 %) richtige Nachtest-
lösungen bei falscher Vortestlösung).

Im Folgenden soll differenzierter untersucht werden, welche Fehler besonders häufig
auftreten. Um die Leistungen im Vor- und Nachtest für beide Gruppen diesbezüglich
zu vergleichen, wurden die beobachteten Bearbeitungswege zu Kategorien zusammen-
geführt (vgl. Tab. 24.3). Auf dieser Ebene haben wir dann bestimmt, welche Fehler zu
welchem Zeitpunkt und in welcher Studierendengruppe mehr oder weniger häufig auftraten. Angegeben sind die absoluten Häufigkeiten sowie der prozentuale Anteil der
jeweiligen Fehlerkategorien an der gesamten Zahl der Lösungen in beiden Gruppen.

Insbesondere im Vortest nennen viele Studierende Regeln, die nicht geeignet sind, um
die Teilbarkeit durch 4 zu prüfen (u. a. Quersummenregeln). Solche falschen Lösungen
sind im Nachtest wesentlich seltener. Dies gilt ebenso für das bloße Ausrechnen anstelle
des Anwendens einer Regel (Kategorie F6 in Tab. 24.3); bei der Experimentalgruppe
trat dies im Nachtest gar nicht mehr auf. Die größte Differenz zwischen Kontroll- und
Experimentalgruppe zeigt sich im Nachtest bei Kategorie F1, der Verwendung der letzten
drei statt der letzten beiden Ziffern, was wir als einen Hinweis darauf interpretieren, dass
die Experimentalgruppe die Regel besser verstanden hat oder zumindest besser erinnert.
Unser methodisches Vorgehen schließt natürlich nicht aus, dass die Endstellenregeln in
der Experimentalgruppe, aus welchen Gründen auch immer, einfach besser auswendig
gelernt wurden. Außerdem fällt bezüglich F1 auf, dass diese Lösung in der Kontrollgruppe gehäuft erst im Nachtest auftrat. Dafür kann es viele Gründe geben. Über diese
ließe sich auf unserer Datengrundlage allerdings nur spekulieren.

Zusammenfassend lässt sich feststellen, dass in beiden Gruppen fast alle Fehler, die im Vortest gemacht wurden, im Nachtest deutlich seltener bis gar nicht mehr auftreten. Dabei zeigt die Experimentalgruppe deutlich bessere Nachtestlösungen bei diesem Item, das durch den Bezug zu Stellenwertsystemen einen inhaltlichen Interventionsbezug aufweist.

b) Inhaltliche Analyse 2: Bündeln im 5er-System

Wie im Abschnitt zur Auswahl der Items beschrieben, gibt es mit dem Item BS05a (dargestellt in Abb. 24.3) noch ein weiteres interventionsbezogenes Item, das einen substanziellen und statistisch signifikanten (10-%-Niveau) DIF-Parameter aufweist. Inhaltlich geht es dabei um die b-adische Darstellung von Zahlen. Da dies nicht zum kanonischen Schulstoff gehört, wurde diese Aufgabe nur im Nachtest gestellt. Das bedeutet für die Analyse, dass nicht wie bei der vorhergehenden Aufgabe Vor- und Nachtestlösungen miteinander verglichen werden, sondern Lösungen der Kontrollgruppe und der Experimentalgruppe. Wir gehen wieder der Frage nach, ob sich Hinweise auf eine Wirkung der Intervention finden lassen.

Das Item besteht aus zwei Teilaufgaben: Zum einen sollen alle Bündel eingezeichnet werden, die nötig sind, um die gegebenen (48) „Kugeln" vollständig im 5er-System zu bündeln, zum anderen soll die Anzahl der Kugeln symbolisch im 5er-System angegeben werden.

In einer Begleituntersuchung zu KLIMAGS hat sich gezeigt, dass enaktives Bündeln außerhalb des Dezimalsystems und diesbezüglich insbesondere das Bündeln ab der zweiten Stufe Studierenden große Probleme bereitet (Kolter 2014). So ist anzunehmen, dass bei der Bearbeitung dieses Items die größte Schwierigkeit darin besteht, dass eine mehrstufige Bündelung nötig ist. Der erste Bündelungsschritt führt zunächst auf neun 5er-Bündel und drei Einer. In einem zweiten Schritt müssen fünf der neun 5er-Bündel weiter in einem 5^2er-Bündel zusammengefasst werden. Am Ergebnis beider Bündelungsschritte kann man dann die Zahldarstellung $(143)_5$ ablesen. In den quantitativen Auswertungen zur Leistungsentwicklung (vgl. Abschn. 24.4.1) wurde („in dubio pro reo") als „noch richtig" gewertet, wenn die Studierenden auf der ikonischen Ebene nur das Ergebnis des ersten Bündelungsschritts eingezeichnet, auf der symbolischen Ebene den zweiten Schritt (die „$(90)_5$" wird zu $(140)_5$) aber vollzogen hatten. In der folgenden inhaltlichen Analyse werden diese qualitativen Unterschiede zwischen den Lösungen nun aber berücksichtigt.

Betrachtet man die Lösungen der Studierenden, in denen sowohl die vollständige Bündelung eingezeichnet ist als auch die symbolische Zahldarstellung im 5er-System korrekt angegeben wird, so zeigen sich große Unterschiede zwischen der Experimental- und der Kontrollgruppe. In der Experimentalgruppe haben immerhin 21 von 62 Studierenden (33,9 %) das Item komplett richtig gelöst, während es in der Kontrollgruppe nur 4 von 69 (5,8 %) waren. Beschränkt man sich auf die richtige Angabe der Zahldarstellung im 5er-System (ohne vollständig und korrekt eingezeichnete

Tab. 24.3 Fehlerkategorien bei Item TR05

Nr	Fehlerkategorien	Vortest		Nachtest	
		KG (n = 69)	EG (n = 62)	KG (n = 69)	EG (n = 62)
F1	Letzten drei Ziffern betrachtet	1 (1,45 %)	2 (3,23 %)	7 (10,14 %)	2 (3,23 %)
F2	Quersummenregel verwendet	11 (15,94 %)	8 (12,90 %)	3 (4,35 %)	4 (6,45 %)
F3	Nur letzte Ziffer betrachtet	7 (10,14 %)	3 (4,84 %)	3 (4,35 %)	3 (4,84 %)
F4	Quersumme letzte drei Ziffern	0	0	3 (4,35 %)	1 (1,61 %)
F5	Letzte zwei Ziffern teilen 4	0	0	2 (2,90 %)	1 (1,61 %)
F6	Ausgerechnet statt Regel	7 (10,14 %)	4 (6,45 %)	2 (2,90 %)	0 (0,00 %)
F7	Durch 2 teilbar	3 (4,35 %)	3 (4,84 %)	0	0
F8	Letzte Ziffer eine 4	4 (5,80 %)	1 (1,61 %)	0	0
F9	Sonstige	1 (1,45 %)	2 (3,23 %)	2 (2,90 %)	2 (3,23 %)
F10	Keine Antwort oder fehlende Begründung	17 (24,64 %)	19 (30,65 %)	16 (23,19 %)	7 (11,29 %)

Bündelung), ist der Unterschied immer noch deutlich, wenn auch geringer (KG: 21 von 69 (30,4 %); EG: 32 von 62 (51,6 %)).

Auffällig ist, dass in beiden Gruppen die Lösungen, in denen der zweite Bündelungsschritt in der Zeichnung fehlt, am häufigsten auftreten (siehe Kategorie B2 in Tab. 24.4). Allerdings haben die Studierenden der Kontrollgruppe wesentlich häufiger nur den ersten Bündelungsschritt eingezeichnet als die Studierenden der Experimentalgruppe (KG: 69,57 %; EG: 46,77 %). Dieser Fehler scheint sich oft dann auch auf die Angabe der Anzahl der Kugeln in der symbolischen Zahldarstellung zu übertragen: Betrachtet man nur Lösungen, in denen eine Zahl angegeben wurde, so finden sich bei 21,7 % der Kontroll- und 6,4 % der Experimentalgruppe die Zahldarstellungen $(93)_5$ oder $(9)_5$, was mit dem Fehlen des zweiten Bündelungsschritts in Zusammenhang stehen dürfte. Diese Fälle legen nahe, dass bei vielen Studierenden, vor allem in der Kontrollgruppe, Verständnisprobleme im Bereich der b-adischen Darstellung von Zahlen vorliegen. Wie bereits erwähnt, gab es auch einige Studierende, die trotz einer unvollständigen Einzeichnung der Bündel auf der symbolischen Ebene das richtige Ergebnis angegeben haben (KG: 17 von 69 (21,7 %), EG: 8 von 62 (16,1 %)). Unvollständiges Einzeichnen der Bündel (ikonische Darstellungsebene) führt also offensichtlich nicht notwendigerweise zu falschen symbolischen Zahldarstellungen. Die hier vorliegenden Zusammenhänge können auf der Grundlage unserer Daten aber nicht weiter aufgeklärt werden.

Ein weiterer bemerkenswerter Fehler besteht in der Bündelung zu 4er-Bündeln (KG: 13,0 %; EG: 8,1 %). Die Bündel werden dabei nicht bis zum Übertrag auf die Zahl $(10)_5$ gefüllt, was darauf hindeutet, dass eben dieser Übertrag oder die Interpretation der $(10)_5$ den Studierenden Probleme bereiten könnte. Diese fehlerhafte Bündelung geht des Öfteren damit einher, dass $(12)_5$ als Anzahl aller Kugeln angegeben wird, was wohl

Tab. 24.4 Kategorien zu den Bündelungen bei Item BS05a

Nr	Kategorien Bündelung	KG (n = 69)	EG (n = 62)
B1	Richtige Bündelung	4 (5,80 %)	24 (38,71 %)
B2	Zweiter Bündelungsschritt fehlt	48 (69,57 %)	29 (46,77 %)
B3	Viererbündel gebildet	9 (13,04 %)	5 (8,06 %)
B4	Keine Bündelung angegeben	6 (8,70 %)	2 (3,20 %)
B5	Sonstige	2 (2,90 %)	2 (3,23 %)

daran liegt, dass sich ja zwölf 4er-Bündel ergeben. Ein Grund für die Verwendung der 4er-Bündelung könnte darin liegen, dass im 5er-System die Ziffer 5 nicht existiert. Die Verwechslung der höchsten Ziffer mit der Mächtigkeit der Bündel hat sich auch mehrfach in Interviews mit Studierenden gezeigt (vgl. Krämer 2012).

Die Analyse des Items BS05a zeigt, dass in der Experimentalgruppe deutlich weniger Probleme bei der Bewältigung der Mehrschrittigkeit der Bündelung auftraten als in der Kontrollgruppe (vgl. Tab. 24.4). Eine wesentliche Anforderung dieses Items ist offensichtlich der Umgang mit (Zahl-)Darstellungen und (Zahl-)Darstellungswechseln. Da die Innovation genau darauf fokussierte, kann aufgrund der Auswertung der Daten begründet vermutet werden, dass sich das bessere Abschneiden der Experimentalgruppe durch die Intervention erklären lässt.

Zusammenfassend zeigen also auch die Detailanalysen zum Bündeln im 5er-System Unterschiede in den Bearbeitungen, je nachdem, ob die Studierenden mit oder ohne DWmE lernen. Insbesondere bezüglich auftretender Fehler ergaben sich inhaltliche Anhaltspunkte dafür, dass Unterschiede im Sinne der Forschungsfrage 3 mit der Lehrinnovation in Zusammenhang stehen.

24.5 Zusammenfassung und Diskussion

Zentrales Anliegen des vorliegenden Beitrags ist die Beschreibung und Begründung eines im KLIMAGS-Projekt entwickelten inhaltlichen Innovationskonzepts und die Untersuchung der Interventionswirkung. Im Fokus des Konzepts stand die Thematisierung verschiedener Darstellungsformen und vor allem das bewusste Explizieren und Begründen des dahinterliegenden Prinzips von der Interaktion der Darstellungsformen auf einer Metaebene (Wittmann 1981). Dadurch sollten ein tieferes Verständnis und höhere Leistungen in einem ausgewählten Inhaltsbereich der Arithmetik erreicht werden. Mit Blick auf das Vorgängerprojekt LIMA können wir einerseits feststellen, dass ein in KLIMAGS entwickelter kompetenzorientierter Leistungstest und ein auf dieser Basis modifiziertes Untersuchungsdesign es ermöglichten, Leistungsunterschiede empirisch zu erfassen und plausibel auf eine spezifische inhaltliche Lehrinnovation zurückzuführen.

Andererseits zeigte sich auch hier, dass hinsichtlich der Innovation im Übungsbetrieb allein kein höherer Leistungszuwachs nachgewiesen werden kann, was das LIMA-Ergebnis, das auf der Basis von Klausurleistungen gewonnen wurde, bestätigt.

In einem Vortest-Intervention-Nachtest-Design wurden dabei die Leistungen der Grundschullehramtsstudierenden in der Arithmetik-Fachveranstaltung im Wintersemester 2011/12 (Kontrollgruppe) mit den Leistungen der Studierenden in der innovierten Arithmetik-Fachveranstaltung im Wintersemester 2012/13 (Experimentalgruppe) verglichen. Der Kontrollgruppe waren jene Elemente der inhaltlichen Innovation gezielt nicht angeboten worden.

Bei der Analyse der Testergebnisse war der Fokus auf zwei Ebenen gerichtet: Auf der Personenebene ging es darum, differenzierte Aussagen über die Performanz von Studierenden zu zwei Messzeitpunkten und in zwei Dimensionen (Items mit bzw. ohne Interventionsbezug) sowie deren unterschiedliche Leistungsentwicklung herauszuarbeiten, während auf der Aufgabenebene detaillierte Auskünfte über die empirischen Schwierigkeiten der Testitems gewonnen und die relativen Stärken und Schwächen der jeweiligen Gruppen veranschaulicht werden sollten. Es zeigte sich, dass sich beide Gruppen im Mittel vom Vor- zum Nachtest in beiden Dimensionen statistisch signifikant verbessert haben (ein erwartetes Ergebnis), wobei die Leistungsentwicklung der Experimentalgruppe in der Dimension mit direktem Interventionsbezug statistisch signifikant höher war als der Leistungszuwachs der Kontrollgruppe (ein erhofftes, aber nicht selbstverständliches Ergebnis); in der Dimension ohne Interventionsbezug gab es hingegen keine statistisch signifikanten Unterschiede zwischen den Gruppen.

DIF-Analysen ergaben, dass im Nachtest insgesamt drei Items mit Interventionsbezug einen statistisch signifikanten und zugleich substanziellen DIF-Parameter aufweisen. Alle diese Items fallen der Experimentalgruppe leichter. Es konnte außerdem gezeigt werden, dass sich bei keinem Item mit Interventionsbezug bereits im Vortest ein statistisch signifikanter Unterschied (leichter für die Experimentalgruppe) nachweisen lässt, was Rückschlüsse auf positive Effekte der Intervention nahelegt. Das deutlich bessere Abschneiden der Experimentalgruppe bei diesen Items kann plausibel auf die Intervention zurückgeführt werden, da sie genau die Themengebiete der Intervention fokussiert. Das enaktive Bündeln mit Nudeln, die Verwendung ikonischer und symbolischer Darstellungen sowie das Bewusstmachen der Darstellungswechsel wirkten sich offenbar positiv auf die Leistung der Studierenden aus und spiegeln sich auch in der Lösungsqualität der analysierten Items wieder. Insofern hat unsere Untersuchung tatsächlich Hinweise auf den erhofften Effekt gezeigt, was Konsequenzen für die zukünftige Gestaltung solcher Lehrveranstaltungen nahelegt.

Der generelle Eindruck aus der Leistungsmessung sowie der inhaltlichen Analyse der studentischen Lösungen ist allerdings, normativ betrachtet, eher ernüchternd. Die Studierenden konnten im Durchschnitt nur drei der 26 Items mit einer Wahrscheinlichkeit von mindestens 50 % lösen, obwohl die Items zum Teil Wissen aus dem Mathematikunterricht der Grundschule bzw. insbesondere der Sekundarstufe 1 prüfen. Hinzu kommt, dass sich inhaltlich gut begründen lässt, dass das abgefragte Fachwissen hilfreich für unterrichtsbezogene Überlegungen und Handlungen von Grundschullehrkräften ist.

Der offensichtlich nicht vorhandene Transfer von dem innovierten Inhaltsbereich „Stellenwertsysteme und Teilbarkeitsregeln" auf andere Bereiche gibt darüber hinaus Anlass zu überprüfen, ob weitere metakognitive Explizierungen solche Transfereffekte begünstigen könnten. Unabhängig von den Ergebnissen dieser Studie könnte man vermuten, dass auch eine möglichst starke Verbindung zwischen der Fachveranstaltung und der (in Kassel ein Semester später stattfindenden) zugehörigen Fachdidaktikveranstaltung hinsichtlich einer Förderung fachwissenschaftlichen professionellen Wissens, wie es in dieser Studie beispielhaft fokussiert wurde, erfolgversprechend ist.

Grundsätzlich bergen Kohortenvergleiche immer das Problem, dass sich die Kohorten in einer von uns nicht beobachteten Weise unterscheiden, die für die beobachtete Wirkung relevant ist. Dies können wir für die Studierenden unserer Kontroll- und Experimentalgruppen nicht ausschließen. Unsere Ergebnisse bezüglich individueller Merkmale liefern dafür aber keine Hinweise.

Es soll schließlich nochmals darauf hingewiesen werden, dass die Experimentalgruppe zusätzlich einen veränderten Übungsbetrieb (mit methodisch geschulten Tutoren, Team-Teaching durch Tutorentandems sowie mit stärkerer Verzahnung von Hausaufgabenkorrektur und Übungsstunden, vgl. dazu Haase et al. 2018) erlebt hat. Die statistisch signifikanten positiven Leistungsunterschiede der Experimental- gegenüber der Kontrollgruppe zeigen sich jedoch nur im interventionsbezogenen Testteil. Daher kann man davon ausgehen, dass diese Effekte tatsächlich aus der hier vorgestellten inhaltlichen Neuerung im Vorlesungs-Lehrbetrieb entstammen. Dabei ist es aber auch denkbar, dass die Innovation des Übungsbetriebs als Katalysator für die positiven Effekte der Vorlesung im Inhaltsbereich „Stellenwertsystem und Teilbarkeitsregeln" gewirkt hat. Diese Frage können wir nicht beantworten, vielmehr wäre dies in weiteren, systematischen Variationen des Untersuchungsdesigns zu überprüfen. Natürlich sind die fehlenden globalen Effekte der Tutorenschulung Anlass, das ganze Konzept der Tutorenschulung zu überdenken – als weiterer Ansatzpunkt zur Verbesserung der Lehreffekte.

Insgesamt ermutigen die hier berichteten Ergebnisse, entsprechende Elemente in andere Fachvorlesungen zu integrieren. Wir haben dies im zweiten Fachsemester – mit ähnlichen Ergebnissen – für die Geometrie-Vorlesung getan.

Anhang

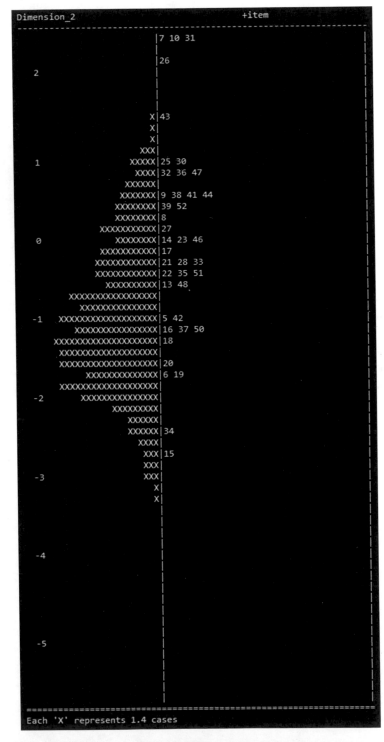

```
Dimension_2                                          +item
- - - - - - - - - - - - - - - - - - - - - - - - - - - - - - - - - - - - - - - - -
                                    |7 10 31                              |
                                    |                                     |
                                    |26                                   |
     2                              |                                     |
                                    |                                     |
                                    |                                     |
                                    |                                     |
                                  X|43                                    |
                                  X|                                      |
                                  X|                                      |
                                XXX|                                      |
     1                        XXXXX|25 30                                 |
                               XXXX|32 36 47                              |
                            XXXXXX|                                       |
                          XXXXXXX|9 38 41 44                              |
                        XXXXXXXX|39 52                                    |
                        XXXXXXX|8                                         |
                     XXXXXXXXXXX|27                                       |
     0                  XXXXXXXX|14 23 46                                 |
                    XXXXXXXXXXX|17                                        |
                   XXXXXXXXXXXX|21 28 33                                  |
                   XXXXXXXXXXX|22 35 51                                   |
                    XXXXXXXXXX|13 48                                      |
                XXXXXXXXXXXXXXXX|                                         |
                 XXXXXXXXXXXXXX|                                          |
    -1       XXXXXXXXXXXXXXXXXX|5 42                                      |
               XXXXXXXXXXXXXXX|16 37 50                                   |
            XXXXXXXXXXXXXXXXXXXX|18                                       |
             XXXXXXXXXXXXXXXXXX|                                          |
             XXXXXXXXXXXXXXXXXX|20                                        |
               XXXXXXXXXXXXXX|6 19                                        |
             XXXXXXXXXXXXXXXX|                                            |
    -2         XXXXXXXXXXXXXX|                                            |
                 XXXXXXXXX|                                               |
                  XXXXXX|                                                 |
                 XXXXX|34                                                 |
                  XXXX|                                                   |
                 XXX|15                                                   |
                 XXX|                                                     |
    -3           XXX|                                                     |
                   X|                                                     |
                   X|                                                     |
                    |                                                     |
                    |                                                     |
    -4              |                                                     |
                    |                                                     |
                    |                                                     |
                    |                                                     |
    -5              |                                                     |
                    |                                                     |
                    |                                                     |
                    |                                                     |
===================================================================================
Each 'X' represents 1.4 cases
```

Abb. 24.8 Wright Map: Item- und Personenfähigkeitsparameter auf einer Skala

Tab. 24.5 Zusammenfassung der Kategorien für das Item BS05a

Oben: Prozent KG
Unten: Prozent EG

Kategorien Bündelungen	Kategorien zur Anzahl der Kugeln im 5er-System						
	Richtige Anzahl	93 oder 9	12	14 oder 140	Keine Anzahl	Sonstige	Summe
Richtige Bündelung	5,80 % / 33,87 %	0,00 % / 0,00 %	0,00 % / 0,00 %	0,00 % / 0,00 %	0,00 % / 0,00 %	0,00 % / 4,80 %	5,80 % / 38,71 %
Zweiter Bündelungsschritt fehlt	21,74 % / 16,13 %	21,74 % / 6,45 %	0,00 % / 0,00 %	4,35 % / 3,23 %	10,14 % / 12,90 %	11,59 % / 8,06 %	69,57 % / 46,77 %
Viererpäckchen gebildet	1,45 % / 1,61 %	0,00 % / 0,00 %	5,80 % / 3,23 %	0,00 % / 0,00 %	1,45 % / 1,61 %	4,35 % / 1,61 %	13,04 % / 8,06 %
Keine Bündelung angegeben	0,00 % / 0,00 %	0,00 % / 0,00 %	0,00 % / 0,00 %	0,00 % / 0,00 %	8,70 % / 1,61 %	0,00 % / 1,61 %	8,70 % / 3,20 %
Sonstige	1,45 % / 0,00 %	0,00 % / 0,00 %	0,00 % / 0,00 %	0,00 % / 0,00 %	0,00 % / 0,00 %	1,45 % / 3,23 %	2,90 % / 3,23 %
Summe	30,43 % / 51,61 %	21,74 % / 6,45 %	5,80 % / 3,23 %	4,35 % / 3,20 %	20,29 % / 16,13 %	15,94 % / 19,35 %	

Literatur

Adams, R. J., & Wu, M. L. (2002). *PISA 2000 technical report*. Paris: OECD Publications.

Ainsworth, S., Bibby, P., & Wood, D. (2002). Examining the effects of different multiple representational systems in learning primary mathematics. *Journal of the Learning Sciences, 11*(1), 25–62.

Ball, D. L., Hill, H. C., & Bass, H. (2005). Knowing mathematics for teaching. *American Educator, 29*(3), 14–46.

Ball, D. L., Thames, M., & Phelps, G. (2008). Content knowledge for teaching. *Journal of Teacher Education, 59*(5), 389–407.

Barzel, B., & Hussmann, S. (2008). Schlüssel zu Variable, Term und Formel. In B. Barzel, T. Berlin, D. Bertalan, & A. Fischer (Hrsg.), *Entwicklung des algebraischen Denkens. Festschrift zum 60. Geburtstag von Lisa Hefendehl-Hebeker* (S. 6–17). Hildesheim: Franzbecker.

Bass, H., & Ball, D. L. (2004). A practice-based theory of mathematical knowledge for teaching: The case of mathematical reasoning. In W. Jianpan & X. Binyan (Hrsg.), *Trends and challenges in mathematics education* (S. 107–123). Shanghai: East China Normal University Press.

Bauersfeld, H. (1983). Subjektive Erfahrungsbereiche als Grundlage einer Interaktionstheorie des Mathematiklernens und -lehrens. In H. Bauersfeld, H. Bussmann, G. Krummheuer, J. H. Lorenz, & J. Voigt (Hrsg.), *Lernen und Lehren von Mathematik – Analysen zum Unterrichtshandeln II* (S. 1–56). Köln: Aulis.

Baumert, J., Kunter, M., Blum, W., Brunner, M., Voss, T., Jordan, A., Klusmann, U., Krauss, S., Neubrand, M., & Tsai, Y. (2010). Teachers' mathematical knowledge, cognitive activation in the classroom, and student progress. *American Educational Research Journal, 47*(1), 133–180.

Baumert, J., Kunter, M., Blum, W., Klusmann, U., Krauss, S., & Neubrand, M. (2011). Professionelle Kompetenz von Lehrkräften, kognitiv aktivierender Unterricht und die mathematische Kompetenz von Schülerinnen und Schülern (COACTIV) – Ein Forschungsprogramm. In M. Kunter, J. Baumert, W. Blum, U. Klusmann, S. Krauss, & M. Neubrand (Hrsg.), *Professionelle Kompetenz von Lehrkräften: Ergebnisse des Forschungsprogramms COACTIV* (S. 7–25). Münster u.a.: Waxmann.

Biehler, R. (1985). Graphische Darstellungen. *mathematica didactica, 8*, 57–81.

Biehler, R., Hochmuth, R., Klemm, J., Schreiber, S., & Hänze, M. (2012). Fachbezogene Qualifizierung von MathematiktutorInnen – Konzeption und erste Erfahrungen im LIMA-Projekt. In M. Zimmermann, C. Bescherer, & C. Spannagel (Hrsg.), *Mathematik lehren in der Hochschule – Didaktische Innovationen für Vorkurse, Übungen und Vorlesungen* (S. 45–56). Hildesheim, Berlin: Franzbecker.

Biehler, R., Hochmuth, R., Klemm, J., Schreiber, S., & Hänze, M. (2012). Tutorenschulung als Teil der Lehrinnovation in der Studieneingangsphase „Mathematik im Lehramtsstudium" (LIMA-Projekt). In M. Zimmermann, C. Bescherer, & C. Spannagel (Hrsg.), *Mathematik lehren in der Hochschule – Didaktische Innovationen für Vorkurse, Übungen und Vorlesungen* (S. 33–44). Hildesheim, Berlin: Franzbecker.

Biehler, R., Hänze, M., Hochmuth, R., Becher, S., Fischer, E., Püschl, J., & Schreiber, S. (2013). *Lehrinnovation in der Studieneingangsphase "Mathematik im Lehramtsstudium" – Hochschuldidaktische Grundlagen, Implementierung und Evaluation*. Gesamtabschlussbericht des BMBF-Projekts LIMA. Hannover: TIB. auch *Reprint mit Anhängen. khdm-Report: Nr. 18–07 (2018)*. nbn-resolving.de/urn:nbn:de:hebis:34–2018092556466.

Blömeke, S., Kaiser, G., & Lehmann, R. (2010). *TEDS-M 2008: Professionelle Kompetenz und Lerngelegenheiten angehender Mathematiklehrkräfte für die Sekundarstufe I im internationalen Vergleich*. Münster: Waxmann.

Blömeke, S., Kaiser, G., & Lehmann, R. (2010). *TEDS-M 2008: Professionelle Kompetenz und Lerngelegenheiten angehender Primarstufenlehrkräfte im internationalen Vergleich*. Münster: Waxmann.

Blum, W., Drüke-Noe, C., Hartung, R., & Köller, O. (2006). *Bildungsstandards Mathematik: konkret. Sekundarstufe I: Aufgabenbeispiele, Unterrichtsanregungen, Fortbildungsideen*. Berlin: Cornelsen Scriptor.

Brousseau, G. (1997). *Theory of didactical situations in mathematics 1970–1990*. Dordrecht: Kluwer.

Brown, J. S., Collins, A., & Duguid, P. (1989). Situated cognition and the culture of learning. *Educational Researcher, 32,* 32–42.

Bruner, J. (1971). Über kognitive Entwicklung. In J. Bruner, R. R. Olver, & P. M. Greenfield (Hrsg.), *Studien zur kognitiven Entwicklung – eine kooperative Untersuchung am „Center for Cognitive Studies" der Harvard-Universität* (S. 21–54). Stuttgart: Klett.

Buchholtz, N., Kaiser, G., & Blömeke, S. (2014). Die Erhebung mathematikdidaktischen Wissens – Konzeptualisierung einer komplexen Domäne. *Journal für Mathematik-Didaktik, 35*(1), 101–128.

Draba, R. E. (1977). *The Identification and Interpretation of Item Bias* (Memorandum No. 25). Chicago, IL, USA.

Döhrmann, M. (2012). TEDS-M 2008: Qualitative Unterschiede im TEDS-M 2008: Qualitative Unterschiede im mathematischen Wissen angehender Primarstufenlehrkräfte. In W. Blum, R. Borromeo Ferri, & K. Maaß (Hrsg.), *Mathematikunterricht im Kontext von Realität, Kultur und Lehrerprofessionalität. Festschrift für Gabriele Kaiser* (S. 230–237). Wiesbaden: Springer.

Duval, R. (2006). A cognitive analysis of problems of comprehension in a learning of mathematics. *Educational Studies in Mathematics, 61*(1–2), 103–131.

Fischer, R., & Malle, G. (2004). *Mensch und Mathematik*. München: Profil-Verlag.

Haase, J., Hochmuth, R., Bender, P., Biehler, R., Blum, W., Kolter, J., & Schukajlow, S. (2018). Tutorenschulung als Basis für ein kompetenzorientiertes Feedback in fachmathematischen Anfängervorlesungen. In R. Möller & R. Vogel (Hrsg.), *Innovative Konzepte für die Grundschullehrerausbildung im Fach Mathematik* (S. 178–191). Wiesbaden: Springer Spektrum.

Haase, J., Kolter, J., Bender, P., Biehler, R., Blum, W., Hochmuth, R., & Schukajlow, S. (2016). Mathematikausbildung von Grundschulstudierenden im Projekt KLIMAGS: Forschungsdesign und erste Ergebnisse bzgl. Weltbildern, Lernstrategien und Leistungen. In A. Hoppenbrock, S. Schreiber, R. Göller, R. Biehler, B. Büchler, R. Hochmuth, & G. Rück (Hrsg.), *Mathematik im Übergang Schule/Hochschule und im ersten Studienjahr* (S. 531–547). Wiesbaden: Springer Spektrum.

Hänze, M., Fischer, E., Schreiber, S., Biehler, R., & Hochmuth, R. (2013). Innovationen in der Hochschullehre: empirische Überprüfung eines Studienprogramms zur Verbesserung von vorlesungsbegleitenden Übungsgruppen in der Mathematik. *Zeitschrift für Hochschulentwicklung, 8*(4), 89–103.

Hill, H. C., Rowan, B., & Ball, D. L. (2005). Effects of teachers' mathematical knowledge for teaching on student achievement. *American Educational Research Journal, 42*(2), 371–406.

Hochmuth, R. (2018). Elemente der Arithmetik und Algebra I: Die curriculare LIMA-Lehrinnovation mit didaktischer Reflexion. In R. Biehler, R. Hochmuth, & A. Eichler (Hrsg.), *khdm-Report: Nr. 18-07 (Anhang 3)*. Kassel: Universitätsbibliothek Kassel. Zugriff: nbn-resolving.de/urn:nbn:de:hebis:34-2018092556466

Hopkins, T., & Cady, J. A. (2007). What is the value of @ #?: Deepening Teachers' Understanding of Place Value. *Teaching Children Mathematics*, 434–437.

Janvier, C. (1987). Representations and understanding: The notion of function as example. In C. Janvier (Hrsg.), *Problems of representations in the teaching and learning of mathematics* (S. 67–71). Hillsdale, NY: Erlbaum.

KMK (2004). *Bildungsstandards im Fach Mathematik für den Primarbereich - Beschluss vom 15.10.2004.* München: Luchterhand.

KMK (2008). *Ländergemeinsame inhaltliche Anforderungen für die Fachwissenschaften und Fachdidaktiken in der Lehrerbildung* (Beschluss der Kultusministerkonferenz vom 16.10.2008 i.d.F. vom 11.06.2015).

Knoche, N., & Lind, D. (2004). Eine differenzielle Itemanalyse zu den Faktoren Bildungsgang und Geschlecht. In M. Neubrand (Hrsg.), *Mathematische Kompetenzen von Schülerinnen und Schülern in Deutschland, Vertiefende Analysen im Rahmen von PISA 2000* (S. 73–86). Wiesbaden: VS Verlag für Sozialwissenschaften/GWV Fachverlage.

Kolter, J. (2014). So schwer kann das mit dem Bündeln doch nicht sein: Vorstellungen und Schwierigkeiten Studierender zum Bündelungsprinzip. In J. Roth & J. Ames (Hrsg.), *Beiträge zum Mathematikunterricht 2014* (S. 639–642). Münster: WTM.

Kolter, J., Liebendörfer, M., & Schukajlow, S. (2016). Mathe nein Danke? Interesse im und am Mathematikstudium von Grundschullehramtsstudierenden mit Pflichtfach. In A. Hoppenbrock, R. Biehler, & R. Hochmuth (Hrsg.), *Mathematik im Übergang Schule/Hochschule und im ersten Studienjahr* (S. 567–583). Wiesbaden: Springer Spektrum.

Kolter, J., Blum, W., Bender, P., Biehler, R., Haase, J., Hochmuth, R., & Schukajlow, S. (2018). Zum Erwerb, zur Messung und zur Förderung studentischen (Fach–)Wissens in der Vorlesung ‚Arithmetik für die Grundschule' – Ergebnisse aus dem KLIMAGS-Projekt. In R. Möller & R. Vogel (Hrsg.), *Innovative Konzepte für die Grundschullehrerausbildung im Fach Mathematik* (S. 76–96). Wiesbaden: Springer Spektrum.

Krämer, J. (2012). "14.057, das sind 7 Einer, 50 Zehner und 14 Tausender" – (Fehl–) Vorstellungen von Studierenden zum Bündelungsprinzip. In M. Ludwig & M. Kleine (Hrsg.), *Beiträge zum Mathematikunterricht 2012* (S. 489–492). Münster: WTM.

Krämer, J., Wendrich, L., Haase, J., Bender, P., Biehler, R., Blum, W., Hochmuth, R., & Schukajlow, S. (2012). Was bewirkt die Mathe-Pflichtvorlesung? Entwicklung von Arithmetik-Fachwissen und Einstellungen bei Studienanfängern des Grundschullehramts. In M. Ludwig & M. Kleine (Hrsg.), *Beiträge zum Mathematikunterricht 2012* (S. 493–496). Münster: WTM.

Krauthausen, G., & Scherer, P. (2007). *Einführung in die Mathematikdidaktik.* München: Elsevier Spektrum Akad. Verl.

Kuhnke, K. (2013). *Vorgehensweisen von Grundschulkindern beim Darstellungswechsel: Eine Untersuchung am Beispiel der Multiplikation im 2. Schuljahr.* Wiesbaden: Springer Spektrum.

Kunter, M., Baumert, J., Blum, W., Klusmann, U., Krauss, S., & Neubrand, M. (2011). *Professionelle Kompetenz von Lehrkräften: Ergebnisse des Forschungsprogramms COACTIV.* Münster, New York, NY, München, Berlin: Waxmann.

Laakmann, H. (2013). *Darstellungen und Darstellungswechsel als Mittel zur Begriffsbildung.* Wiesbaden: Springer Spektrum.

Leuders, T. (2010). *Erlebnis Arithmetik: zum aktiven Entdecken und selbstständigen Erarbeiten.* Wiesbaden: Springer Spektrum.

Liebendörfer, M., Hochmuth, R., Kolter, J., & Schukaijlow, S. (2020). The Mathematical Beliefs and Interest Development of Pre-Service Primary Teachers. In Inprasitha, M., Changsri, N. & Boonsena, N. (Hrsg). *Proceedings of the 44th Conference of the International Group for the Psychology of Mathematics Education,* Interim Vol, (S. 342–349). Khon Kaen, Thailand: PME.

Niss, M. (1999). Aspects of the nature and state of research in mathematics education. *Educational Studies in Mathematic, 40*, 1–24.

Niss, M., & Højgaard, T. (Hrsg.). (2011). *Competencies and Mathematical Learning*. Roskilde University

Prediger, S., & Leuders, T. (2005). Funktioniert's? – Denken in Funktionen. *Praxis der Mathematik in der Schule, 47*(2), 1–7.

Püschl, J. (2019). *Kriterien guter Mathematikübungen – Potentiale und Grenzen in der Aus- und Weiterbildung von studentischen TutorInnen*. Wiesbaden: Springer Spektrum.

Rauch, D., & Hartig, J. (2007). Interpretation von Testwerten in der IRT. In H. Moosbrugger & A. Kelava (Hrsg.), *Test- und Fragebogenkonstruktion* (S. 240–250). Berlin: Springer.

Schmidt, W. H., Tatto, M. T., Bankov, K., Blömeke, S., Cedillo, T., Cogan, L., et al. (2007). *The preparation gap: Teacher education for middle school mathematics in six countries (MT21 Report)*. East Lansing, MI: MSU Center for Research in Mathematics and Science Education.

Shulman, L. (1986). Those who understand: Knowledge growth in teaching. *Educational Reseacher, 15*(2), 4–14.

Sjuts, J. (2003). Metakognition per didaktisch-sozialem Vertrag. *Journal für Mathematik-Didaktik, 24*(1), 18–40.

Tatto, M. T., Schwille, J., Senk, S., Ingvarson, L., Peck, R., & Rowley, G. (2008). *Teacher Education and Development Study in Mathematics (TEDS-M): Conceptual framework*. East Lansing, MI: Michigan State University, Teacher Education and Development International Study Center.

Tsamir, P., Tirosh, D., Levenson, E., Tabach, M., & Barkei, R. (2014). Developing preschool teachers' knowledge of students' number conceptions. *Journal for Mathematic Teacher Education, 17*, 61–83.

vom Hofe, R., & Jordan, A. (2009). Wissen vernetzen. *mathematik lehren, 159*, 4-9.

Wang, W.-C. (2000). The simultaneous factorial analysis of differential item functioning. *Methods of Psychological Research Online, 5*, 57–76.

Wittmann, E. (1981). *Grundfragen des Mathematikunterrichts*. (6. Aufl.). Braunschweig: Vieweg.

Wittmann, E. Ch. (1998). Standard number representations in the teaching of arithmetic. *Journal für Mathematik-Didaktik, 19*(2–3), 149–178.

Wittmann, E. Ch., Müller, G. N., & Steinbring, H. (Hrsg.). (2007). *Arithmetik als Prozess*. Seelze: Kallmeyer.

Wu, M. L., Adams, R. J., & Wilson, M. R. (1998). *ACER Conquest*. Melbourne: The Australian Council for Educational Research Ltd.

Zumbo, B. D. (1999). *A handbook on the theory and methods of differential item functioning (DIF)*. Ottawa: National Defense Headquarter.

Printed in the United States
by Baker & Taylor Publisher Services